최신판

2023

산업위생관리 기사·산업기사 필기

이철한 · 최현준 저

PREFACE 머리말

본 교재는 다년간 출제되었던 모든 문제를 분석하여 한 권의 책으로 구성함으로써 필기시험은 물론 실기시험까지 완벽히 파악할 수 있도록 기획한 교재입니다. 무엇보다도 최소한의 시간 투자로 산업위생관리기사 · 산업기사 자격을 취득할 수 있도록 하는 데 초점을 두었습니다.

이 책의 특징은 다음과 같습니다.

1. 새로운 출제경향에 맞추어 내용을 구성하였습니다.
2. 핵심 테마 94선을 선정하여 효율적인 학습이 가능하도록 압축적으로 정리하였습니다.
3. 쉽고 자세한 해설로 비전공자일지라도 쉽게 접근할 수 있도록 하였습니다.
4. 변경이나 수정 보완이 되어야 할 부분은 주경야독 홈페이지(www.yadoc.co.kr)를 통해 실시간으로 Update 할 것입니다.

17년 이상 학교, 산업체, 학원, 온라인 등에서 강의를 하면서 쌓아온 노하우와 자료를 최대한 살려 누구나 쉽게 접근할 수 있는 교재가 되도록 애쓴 결과물을 내놓으려는 지금, 부족하고 아쉬움이 없지 않으나 선배 · 동료들의 애정 어린 관심과 성원을 부탁드립니다. 이 책이 시험 준비를 위해 애쓰는 모든 수험생들에게 부디 좋은 길잡이가 되어주길 기원합니다.

끝으로 이 책이 완성되기까지 물심양면으로 도와주신 주경야독 윤동기 대표님과 모든 식구들, 도서출판 예문사, 그리고 항상 옆에서 집필에 도움을 주신 장유화 님, 이준명 님, 이호정 님께 감사의 마음을 전합니다.

저자
이철한

산업위생관리기사 필기 출제기준

직무 분야	안전관리	중직무 분야	안전관리	자격 종목	산업위생관리기사	적용 기간	2020.1.1. ~ 2024.12.31.

○ 직무내용 : 작업장 및 실내 환경의 쾌적한 환경 조성과 근로자의 건강 보호와 증진을 위하여 작업장 및 실내 환경 내에서 발생되는 화학적, 물리적, 생물학적, 그리고 기타 유해요인에 관한 환경 측정, 시료분석 및 평가(작업환경 및 실내 환경)를 통하여 유해 요인의 노출 정도를 분석・평가하고, 그에 따른 대책을 제시하며, 산업 환기 점검, 보호구 관리, 공정별 유해 인자 파악 및 유해 물질 관리 등을 실시하며, 보건 교육 훈련, 근로자의 보건 관리 업무를 통하여 환경 시설에 대한 보건 진단 및 개인에 대한 건강 진단 관리, 건강증진, 개인위생 관리 업무를 수행하는 직무이다.

필기검정방법	객관식	문제 수	100	시험시간	2시간 30분

과목명	문제수	주요항목	세부항목	세세항목	
산업 위생학 개론	20	1. 산업위생	1. 정의 및 목적	1. 산업위생의 정의 3. 산업위생의 범위	2. 산업위생의 목적
			2. 역사	1. 외국의 산업위생 역사	2. 한국의 산업위생 역사
			3. 산업위생 윤리강령	1. 윤리강령의 목적	2. 책임과 의무
		2. 인간과 작업환경	1. 인간공학	1. 들기작업 3. VDT 증후군 5. 근골격계 질환 7. 작업 환경의 개선	2. 단순 및 반복작업 4. 노동 생리 6. 작업부하 평가방법
			2. 산업피로	1. 피로의 정의 및 종류 3. 에너지 소비량 5. 작업시간과 휴식 7. 산업피로의 예방과 대책	2. 피로의 원인 및 증상 4. 작업강도 6. 교대 작업
			3. 산업심리	1. 산업심리의 정의 3. 직무 스트레스 원인 5. 직무 스트레스 관리 7. 직업과 적성	2. 산업심리의 영역 4. 직무 스트레스 평가 6. 조직과 집단
			4. 직업성 질환	1. 직업성 질환의 정의와 분류 3. 직업성 질환의 진단과 인정 방법	2. 직업성 질환의 원인 4. 직업성 질환의 예방대책
		3. 실내 환경	1. 실내오염의 원인	1. 물리적 요인 3. 생물학적 요인	2. 화학적 요인
			2. 실내오염의 건강 장해	1. 빌딩 증후군 3. 실내오염 관련 질환	2. 복합 화학물질 민감 증후군
			3. 실내오염 평가 및 관리	1. 유해인자 조사 및 평가 3. 관리적 대책	2. 실내오염 관리기준
		4. 관련 법규	1. 산업안전보건법	1. 법에 관한 사항 3. 시행규칙에 관한 사항	2. 시행령에 관한 사항 4. 산업보건기준에 관한 사항

과목명	문제수	주요항목	세부항목	세세항목	
			2. 산업위생 관련 고시에 관한 사항	1. 노출기준 고시 2. 작업환경측정 및 지정측정기관 평가 등에 관한 고시 3. 물질안전보건자료(MSDS)에 관한 고시 4. 기타 관련 고시	
		5. 산업재해	1. 산업재해 발생 원인 및 분석	1. 산업재해의 개념 3. 산업재해의 원인 5. 산업재해의 통계	2. 산업재해의 분류 4. 산업재해의 분석
			2. 산업재해 대책	1. 산업재해의 보상	2. 산업재해의 대책
작업위생 측정 및 평가	20	1. 측정 및 분석	1. 시료채취 계획	1. 측정의 정의 3. 작업환경 측정의 종류 5. 작업환경 측정 순서와 방법 7. 유사 노출군의 결정 9. 단위작업장소의 측정설계	2. 작업환경 측정의 목적 4. 작업환경 측정의 흐름도 6. 준비작업 8. 유사 노출군의 설정방법
			2. 시료분석 기술	1. 보정의 원리 및 종류 3. 측정치의 오차 5. 유해물질 분석절차 7. 기기분석의 감도와 검출한계	2. 정도 관리 4. 화학 및 기기 분석법의 종류 6. 포집시료의 처리방법 8. 표준액 제조검량선, 탈착효율 작성
		2. 유해 인자 측정	1. 물리적 유해 인자 측정	1. 노출기준의 종류 및 적용 3. 이상기압 5. 진동	2. 고온과 한랭 4. 소음 6. 방사선
			2. 화학적 유해 인자 측정	1. 노출기준의 종류 및 적용 3. 입자상 물질의 측정	2. 화학적 유해인자의 측정원리 4. 가스 및 증기상 물질의 측정
			3. 생물학적 유해 인자 측정	1. 생물학적 유해 인자의 종류 3. 생물학적 유해 인자의 분석 및 평가	2. 생물학적 유해 인자의 측정원리
		3. 평가 및 통계	1. 통계학 기본 지식	1. 통계의 필요성 3. 자료의 분포	2. 용어의 이해 4. 평균 및 표준편차의 계산
			2. 측정자료 평가 및 해석	1. 자료 분포의 이해 3. 노출기준의 보정	2. 측정 결과에 대한 평가 4. 작업환경 유해위험성 평가
작업환경 관리대책	20	1. 산업 환기	1. 환기 원리	1. 산업 환기의 의미와 목적 3. 유체흐름의 기본개념 5. 공기의 성질과 오염물질 7. 압력손실	2. 환기의 기본 원리 4. 유체의 역학적 원리 6. 공기압력 8. 흡기와 배기
			2. 전체 환기	1. 전체 환기의 개념 3. 건강보호를 위한 전체 환기 5. 혼합물질 발생 시의 전체 환기	2. 전체 환기의 종류 4. 화재 및 폭발방지를 위한 전체 환기 6. 온열관리와 환기
			3. 국소 환기	1. 국소배기 시설의 개요 3. 국소배기 시설의 역할 5. 덕트 7. 공기정화장치	2. 국소배기 시설의 구성 4. 후드 6. 송풍기 8. 배기구
			4. 환기시스템 설계	1. 설계 개요 및 과정 3. 다중 국소배기시설의 설계 5. 필요 환기량의 설계 및 계산	2. 단순 국소배기시설의 설계 4. 특수 국소배기시설의 설계 6. 공기공급 시스템

과목명	문제수	주요항목	세부항목	세세항목	
			5. 성능검사 및 유지관리	1. 점검의 목적과 형태 3. 검사 장비 5. 압력 측정	2. 점검 사항과 방법 4. 필요 환기량 측정 6. 자체점검
		2. 작업 공정 관리	1. 작업공정관리	1. 분진 공정 관리 3. 기타 공정 관리	2. 유해물질 취급 공정 관리
		3. 개인보호구	1. 호흡용 보호구	1. 개념의 이해 3. 호흡용 보호구의 종류 5. 호흡용 보호구의 검정규격	2. 호흡기의 구조와 호흡 4. 호흡용 보호구의 선정방법
			2. 기타 보호구	1. 눈 보호구 3. 기타 보호구	2. 피부 보호구
물리적 유해 인자관리	20	1. 온열조건	1. 고온	1. 온열요소와 지적온도 3. 고열 측정 및 평가	2. 고열 장해와 생체 영향 4. 고열에 대한 대책
			2. 저온	1. 한랭의 생체 영향	2. 한랭에 대한 대책
		2. 이상기압	1. 이상기압	1. 이상기압의 정의 3. 감압환경에서의 생체 영향 5. 이상기압에 대한 대책	2. 고압환경에서의 생체 영향 4. 기압의 측정
			2. 산소결핍	1. 산소결핍의 개념 3. 산소결핍의 인체장해 4. 산소결핍 위험 작업장의 작업 환경 측정 및 관리 대책	2. 산소결핍의 노출기준
		3. 소음진동	1. 소음	1. 소음의 정의와 단위 3. 소음의 생체 작용 5. 소음의 측정 및 평가 7. 소음 관리 및 예방 대책	2. 소음의 물리적 특성 4. 소음에 대한 노출기준 6. 청력보호구
			2. 진동	1. 진동의 정의 및 구분 3. 진동의 생체 작용 5. 방진보호구	2. 진동의 물리적 성질 4. 진동의 평가 및 노출기준
		4. 방사선	1. 전리방사선	1. 전리방사선의 개요 3. 전리방사선의 물리적 특성 5. 관리대책	2. 전리방사선의 종류 4. 전리방사선의 생물학적 작용
			2. 비전리방사선	1. 비전리방사선의 개요 3. 비전리방사선의 물리적 특성 5. 관리대책	2. 비전리방사선의 종류 4. 비전리방사선의 생물학적 작용
			3. 조명	1. 조명의 필요성 3. 채광 및 조명방법 5. 조명의 생물학적 작용	2. 빛과 밝기의 단위 4. 적정조명수준 6. 조명의 측정방법 및 평가
산업 독성학	20	1. 입자상 물질	1. 종류, 발생, 성질	1. 입자상 물질의 정의 3. 입자상 물질의 모양 및 크기	2. 입자상 물질의 종류 4. 입자상 물질별 특성
			2. 인체 영향	1. 인체 내 축적 및 제거 3. 입자상 물질에 의한 건강 장해 5. 석면에 의한 건강장해	2. 입자상 물질의 노출기준 4. 진폐증 6. 인체 방어기전

과목명	문제수	주요항목	세부항목	세세항목	
		2. 유해 화학물질	1. 종류, 발생, 성질	1. 유해물질의 정의 3. 유해물질의 물리적 특성	2. 유해물질의 종류 및 발생원 4. 유해물질의 화학적 특성
			2. 인체 영향	1. 인체 내 축적 및 제거 3. 감작물질과 질환 5. 독성물질의 생체 작용 7. 인체의 방어기전	2. 유해화학물질에 의한 건강 장해 4. 유해화학물질의 노출기준 6. 표적장기 독성
		3. 중금속	1. 종류, 발생, 성질	1. 중금속의 종류 3. 중금속의 성상	2. 중금속의 발생원 4. 중금속별 특성
			2. 인체 영향	1. 인체 내 축적 및 제거 3. 중금속의 노출기준 5. 인체의 방어기전	2. 중금속에 의한 건강 장해 4. 중금속의 표적장기
		4. 인체 구조 및 대사	1. 인체구조	1. 인체의 구성 3. 순환계 및 호흡계	2. 근골격계 해부학적 구조 4. 청각기관의 구조
			2. 유해물질 대사 및 축적	1. 생체 내 이동경로 3. 생체막 투과 5. 분포작용	2. 화학반응의 용량–반응 4. 흡수경로 6. 대사기전
			3. 유해물질 방어기전	1. 유해물질의 해독작용	2. 유해물질의 배출
			4. 생물학적 모니터링	1. 정의와 목적 3. 체내 노출량 5. 생물학적 지표 7. 생물학적 모니터링의 평가기준	2. 검사 방법의 분류 4. 노출과 모니터링의 비교 6. 생체 시료 채취 및 분석방법

산업위생관리산업기사 필기 출제기준

직무 분야	안전관리	중직무 분야	안전관리	자격 종목	산업위생관리산업기사	적용 기간	2020.1.1. ~ 2024.12.31.

○ 직무내용 : 작업장 및 실내 환경의 쾌적한 환경 조성과 근로자의 건강 보호와 증진을 위하여 작업장 및 실내 환경 내에서 발생되는 화학적, 물리적, 생물학적, 그리고 기타 유해요인에 관한 환경 측정, 시료분석 및 평가(작업환경 및 실내 환경)를 통하여 유해 요인의 노출 정도를 분석・평가하고, 그에 따른 대책을 제시하며, 산업 환기 점검, 보호구 관리, 공정별 유해 인자 파악 및 유해 물질 관리 등을 실시하며, 보건 교육 훈련, 근로자의 보건 관리 업무를 통하여 환경 시설에 대한 보건 진단 및 개인에 대한 건강 진단 관리, 건강 증진, 개인위생 관리 업무를 수행하는 직무이다.

필기검정방법	객관식	문제 수	80	시험시간	2시간

과목명	문제수	주요항목	세부항목	세세항목
산업 위생학 개론	20	1. 산업위생	1. 역사	1. 외국의 산업위생 역사 2. 한국의 산업위생 역사
			2. 정의 및 범위	1. 산업위생의 정의 2. 산업위생의 범위
			3. 산업위생관리의 목적	1. 산업위생의 목적 2. 산업위생의 윤리강령
		2. 산업피로	1. 산업피로	1. 산업피로의 정의 및 종류 2. 피로의 원인 및 증상
			2. 작업조건	1. 에너지소비량 2. 작업강도 3. 작업시간과 휴식 4. 교대 작업 5. 작업 환경
			3. 개선대책	1. 산업피로의 측정과 평가 2. 산업피로의 예방 3. 산업피로의 관리 및 대책
		3. 인간과 작업환경	1. 노동생리	1. 근육의 대사과정 2. 산소 소비량 3. 작업자세
			2. 인간공학	1. 들기작업 2. 단순 및 반복작업 3. VDT 증후군 4. 노동 생리 5. 근골격계 질환 6. 작업부하 평가방법 7. 작업 환경의 개선
			3. 산업심리	1. 산업심리의 정의 2. 산업심리의 영역 3. 직무 스트레스 원인 4. 직무 스트레스 평가 5. 직무 스트레스 관리 6. 조직과 집단 7. 직업과 적성
			4. 직업성 질환	1. 직업성 질환의 정의와 분류 2. 직업성 질환의 원인 3. 직업성 질환의 진단과 인정 방법 4. 직업성 질환의 예방대책
		4. 실내 환경	1. 실내 오염의 원인	1. 물리적 요인 2. 화학적 요인 3. 생물학적 요인
			2. 실내 오염의 건강 장해	1. 빌딩 증후군 2. 복합 화학물질 민감 증후군 3. 실내오염 관련 질환
			3. 실내 오염 평가 및 관리	1. 유해인자 조사 및 평가 2. 실내오염 관리기준 3. 관리적 대책

과목명	문제수	주요항목	세부항목	세세항목
		5. 산업재해	1. 산업재해 발생 원인 및 분석	1. 산업재해의 개념 2. 산업재해의 분류 3. 산업재해의 원인 4. 산업재해의 분석 5. 산업재해의 통계
			2. 산업재해 대책	1. 산업재해의 보상 2. 산업재해의 대책
		6. 관련 법규	1. 산업안전보건법	1. 법에 관한 사항 2. 시행법령에 관한 사항 3. 시행규칙에 관한 사항 4. 산업보건기준에 관한 사항
			2. 산업위생 관련 고시에 관한 사항	1. 노출기준 고시 2. 환경 측정 및 정도관리 규정 3. 물질안전보건자료(MSDS)에 관한 고시
작업환경 측정 및 평가	20	1. 측정원리	1. 시료채취	1. 측정의 정의 2. 작업환경 측정의 목적 3. 작업환경 측정의 종류 4. 작업환경 측정의 흐름도 5. 작업환경 측정 순서와 방법 6. 준비작업 7. 유사 노출군의 결정 8. 유사 노출군의 설정방법 9. 단위작업장소의 측정설계
			2. 시료 분석	1. 보정의 원리 및 종류 2. 정도 관리 3. 측정치의 오차 4. 화학 및 기기분석법의 종류 5. 유해물질 분석절차 6. 포집시료의 처리방법 7. 기기분석의 감도와 검출한계 8. 표준액 제조검량선, 탈착효율 작성
		2. 분진 측정	1. 분진농도	1. 분진의 발생 및 채취 2. 분진의 포집기기 3. 분진의 농도계산
			2. 입자크기	1. 입자별 기준, 국제통합기준 2. 크기표시 및 침강속도 3. 입경 분포 분석
		3. 유해 인자 측정	1. 화학적 유해 인자	1. 노출기준의 종류 및 적용 2. 화학적 유해인자의 측정원리 3. 입자상 물질의 측정 4. 가스 및 증기상 물질의 측정
			2. 물리적 유해 인자	1. 노출기준의 종류 및 적용 2. 소음 진동 3. 고온과 한랭 4. 습도 5. 이상기압 6. 조도 7. 방사선
			3. 측정기기 및 기구	1. 측정 목적에 따른 분류 2. 측정기기의 종류 3. 흡광광도법 4. 원자흡광광도법, 유도결합플라스마(ICP) 5. 크로마토그래피
			4. 산업위생 통계 처리 및 해석	1. 통계의 필요성 2. 용어의 이해 3. 자료의 분포 4. 평균 및 표준편차의 계산 5. 자료 분포의 이해 6. 측정 결과에 대한 평가 7. 노출기준의 보정 8. 작업환경 유해도 평가
작업 환경 관리	20	1. 입자상 물질	1. 종류, 발생, 성질	1. 입자상 물질의 정의 2. 입자상 물질의 종류 3. 입자상 물질의 모양 및 크기 4. 입자상 물질별 특성
			2. 인체에 미치는 영향	1. 인체 내 축적 및 제거 2. 입자상 물질의 노출기준 3. 입자상 물질에 의한 건강 장해 4. 진폐증 5. 석면에 의한 건강장해 6. 인체 방어기전

과목명	문제수	주요항목	세부항목	세세항목	
			3. 처리 및 대책	1. 입자상 물질의 발생 예방	2. 입자상 물질의 관리 및 대책
		2. 물리적 유해 인자 관리	1. 소음	1. 소음의 생체 작용 3. 소음 관리 및 예방 대책	2. 소음에 대한 노출기준 4. 청력보호구
			2. 진동	1. 진동의 생체 작용 3. 진동 관리 및 예방 대책	2. 진동의 노출기준 4. 방진보호구
			3. 기압	1. 이상기압의 정의 3. 감압환경에서의 생체 영향	2. 고압환경에서의 생체 영향 4. 이상기압에 대한 대책
			4. 산소결핍	1. 산소결핍의 개념 3. 산소결핍의 인체장해 4. 산소결핍 위험작업장의 작업환경 측정 및 관리 대책	2. 산소결핍의 노출기준
			5. 극한온도	1. 온열요소와 지적온도 3. 고열 측정 및 평가 5. 한랭의 생체 영향	2. 고열 장해와 인체 영향 4. 고열에 대한 대책 6. 한랭에 대한 대책
			6. 방사선	1. 전리방사선의 개요 및 종류 3. 전리방사선의 생물학적 작용 5. 비전리방사선의 물리적 특성 7. 방사선의 관리대책	2. 전리방사선의 물리적 특성 4. 비전리방사선의 개요 및 종류 6. 비전리방사선의 생물학적 작용 8. 방사선의 노출기준
			7. 채광 및 조명	1. 조명의 필요성 3. 채광 및 조명방법 5. 조명의 생물학적 작용	2. 빛과 밝기의 단위 4. 적정조명수준 6. 조명의 측정방법 및 평가
		3. 보호구	1. 각종 보호구	1. 개념의 이해 3. 호흡용 보호구의 종류 및 선정방법 4. 호흡용 보호구의 검정규격 6. 피부 보호구	2. 호흡기의 구조와 호흡 5. 눈 보호구 7. 기타 보호구
		4. 작업공정 관리	1. 작업공정개선대책 및 방법	1. 작업공정분석 3. 유해물질 취급 공정 관리	2. 분진 공정 관리 4. 기타 공정 관리
산업 환기	20	1. 환기 원리	1. 유체흐름의 기초	1. 산업 환기의 의미와 목적 3. 유체의 역학적 원리 5. 공기압력 7. 흡기와 배기	2. 환기의 기본 원리 4. 공기의 성질과 오염물질 6. 압력손실
			2. 기류, 유속, 유량, 기습, 압력, 기온 등 환기인자	1. 기류의 종류, 원인, 대책 3. 유속의 계산 5. 압력의 영향	2. 기습의 원인 및 대책 4. 유량의 산출 6. 기온의 영향
		2. 전체 환기	1. 희석, 혼합, 공기 순환	1. 희석의 개요 3. 혼합의 개요 5. 공기순환 시스템	2. 희석의 방법 및 효과 4. 혼합방법 및 효과
			2. 환기량과 환기 방법	1. 유해물질에 대한 전체 환기량 3. 환기량 평가 5. 환기방법의 종류	2. 환기량 산정방법 4. 공기 교환횟수
			3. 흡 · 배기시스템	1. 환기시스템 3. 공기공급 방법 5. 배출물의 재유입	2. 공기공급 시스템 4. 공기혼합 및 분배 6. 설치, 검사 및 관리

과목명	문제수	주요항목	세부항목	세세항목	
		3. 국소 환기	1. 후드	1. 후드의 종류 3. 후드 제어속도 5. 후드의 정압 7. 후드의 유입손실	2. 후드의 선정방법 4. 후드의 필요 환기량 6. 후드의 압력손실
			2. 덕트	1. 덕트의 직경과 원주 3. 덕트의 반송속도 5. 설치 및 관리	2. 덕트의 길이 및 곡률반경 4. 덕트의 압력손실
			3. 송풍기	1. 송풍기의 기초이론 3. 송풍기의 선정방법 5. 송풍량 조절방법 7. 송풍기 상사법칙 9. 연합운전과 소음대책	2. 송풍기의 종류 4. 송풍기의 동력 6. 작동점과 성능곡선 8. 송풍기 시스템의 압력손실 10. 설치 및 관리
			4. 공기정화장치	1. 선정 시 고려사항 3. 입자상 물질의 처리 5. 압력손실 7. 흡수법 9. 연소법	2. 공기정화기의 종류 4. 가스상 물질의 처리 6. 집진장치의 종류 8. 흡착법
		4. 환기시스템	1. 성능검사	1. 국소배기 시설의 구성 3. 점검의 목적과 형태 5. 검사 장비 7. 압력측정	2. 국소배기 시설의 역할 4. 점검 사항과 방법 6. 필요 환기량 측정
			2. 유지관리	1. 국소배기장치의 검사 주기 3. 유지보수	2. 자체검사 4. 공기공급 시스템

이 책의 차례

PART 01 산업위생학 개론

THEMA 01. 산업위생의 정의 및 목적 ··· 3
THEMA 02. 산업위생 윤리강령 ··· 12
THEMA 03. 산업위생의 역사 ··· 21
THEMA 04. 허용기준(노출기준) ··· 28
THEMA 05. 노출기준의 종류 ··· 35
THEMA 06. 노출지수와 보정 ··· 43
THEMA 07. 인간공학 ··· 52
THEMA 08. 들기 작업(중량물) ··· 58
THEMA 09. VDT 증후군과 노동(직업)생리 ··· 69
THEMA 10. 근골격계 질환 ··· 77
THEMA 11. 산업피로 ··· 85
THEMA 12. 전신피로와 국소피로 ··· 98
THEMA 13. 작업강도 ··· 107
THEMA 14. 육체적 작업능력 ··· 111
THEMA 15. 작업대사율(에너지 대사율, RMR) ··· 119
THEMA 16. 교대작업과 직무스트레스 ··· 127
THEMA 17. 직업과 적성 및 직업성 질환 ··· 137
THEMA 18. 직업병 및 건강진단 ··· 148
THEMA 19. 실내환경 및 사무실 공기관리 지침 ··· 157
THEMA 20. 산업안전보건법 ··· 170
THEMA 21. 산업재해 ··· 194

PART 02 작업위생 측정 및 평가

THEMA 22. 작업환경측정의 정의 및 목적 ··· 213
THEMA 23. 시료채취(유량) 및 표준기구(보정기구) ··· 218
THEMA 24. 시료채취 방법 및 오차 ··· 227
THEMA 25. 기기분석 ··· 237
THEMA 26. 물리적 유해인자 측정 ··· 254
THEMA 27. 소음 ··· 267

THEMA 28. 화학적 유해인자 측정 ······ 274
THEMA 29. 실리카겔관(Silica Gel Tube) ······ 291
THEMA 30. 여과포집 ······ 299
THEMA 31. 입자상 물질의 시료채취 ······ 309
THEMA 32. 입자상 물질의 측정기기 ······ 317
THEMA 33. 표준가스의 법칙 ······ 326
THEMA 34. 가스 및 증기상 물질의 측정 ······ 332
THEMA 35. 평가 및 통계 ······ 341
THEMA 36. 측정자료의 해석 ······ 353
THEMA 37. 작업환경측정방법 (1) ······ 359
THEMA 38. 작업환경측정방법 (2) ······ 367
THEMA 39. 화학시험의 일반사항 ······ 378
THEMA 40. 기초화학 ······ 385

PART 03 작업환경 관리대책

THEMA 41. 환기의 원리 및 연속방정식 ······ 395
THEMA 42. 공기의 성질 및 압력 ······ 405
THEMA 43. 후드(정압, 압력손실) ······ 420
THEMA 44. 레이놀즈수(조도) ······ 428
THEMA 45. 덕트의 압력(마찰)손실 ······ 434
THEMA 46. 환기시스템계의 총압력손실 ······ 442
THEMA 47. 전체환기의 개념 ······ 449
THEMA 48. 필요환기량 ······ 459
THEMA 49. 실내 환기량 평가 ······ 471
THEMA 50. 국소배기시설 ······ 480
THEMA 51. 후드 ······ 486
THEMA 52. 후드의 종류 ······ 495
THEMA 53. 후드 형태별 필요환기량 ······ 503
THEMA 54. 환기시스템 ······ 514
THEMA 55. 덕트 ······ 520
THEMA 56. 국소배기장치의 성능시험 ······ 530
THEMA 57. 송풍기 ······ 535
THEMA 58. 송풍기의 상사법칙 ······ 543

THEMA 59. 공기정화장치 ······ 558
THEMA 60. 작업공정관리 ······ 576
THEMA 61. 개인보호구 ······ 588
THEMA 62. 기타 보호구 ······ 600

PART 04 물리적 유해인자 관리

THEMA 63. 온열조건과 고열장해 ······ 617
THEMA 64. 한랭의 생체 영향 ······ 630
THEMA 65. 이상기압(고압환경, 감압) ······ 641
THEMA 66. 산소결핍(적정공기, 저산소증) ······ 659
THEMA 67. 소음의 정의 및 음의 크기 ······ 667
THEMA 68. 소음의 영향 ······ 682
THEMA 69. 소음의 측정 및 평가 ······ 690
THEMA 70. 소음의 대책 ······ 696
THEMA 71. 진동 ······ 705
THEMA 72. 진동의 영향 ······ 712
THEMA 73. 전리방사선의 종류 ······ 721
THEMA 74. 전리방사선의 물리적 특성 ······ 728
THEMA 75. 비전리방사선(1) ······ 736
THEMA 76. 비전리방사선(2) ······ 747
THEMA 77. 조명 ······ 753

PART 05 산업독성학

THEMA 78. 입자상 물질의 정의 및 종류 ······ 767
THEMA 79. 입자상 물질이 인체에 미치는 영향 ······ 772
THEMA 80. 유해화학물질–유기용제(1) ······ 781
THEMA 81. 유해화학물질–유기용제(2) ······ 788
THEMA 82. 관련 용어 ······ 795
THEMA 83. 자극제, 질식제 ······ 801
THEMA 84. 유해화학물질이 인체에 미치는 영향 ······ 808
THEMA 85. 발암 ······ 814
THEMA 86. 중금속 ······ 818

THEMA 87. 수은(Hg) ········ 821
THEMA 88. 카드뮴(Cd), 크롬(Cr) ········ 825
THEMA 89. 납(Pb) ········ 831
THEMA 90. 기타 중금속 ········ 837
THEMA 91. 인체구조 및 대사 ········ 843
THEMA 92. 생물학적 모니터링(1) ········ 850
THEMA 93. 생물학적 모니터링(2) ········ 854
THEMA 94. 산업역학 ········ 862

PART 06 과년도 기출문제

01. 2018년 1회 기사 ········ 871
02. 2018년 2회 기사 ········ 888
03. 2018년 3회 기사 ········ 904
04. 2019년 1회 기사 ········ 921
05. 2019년 2회 기사 ········ 937
06. 2019년 3회 기사 ········ 953
07. 2020년 통합 1 · 2회 기사 ········ 969
08. 2020년 3회 기사 ········ 987
09. 2020년 4회 기사 ········ 1005
10. 2021년 1회 기사 ········ 1023
11. 2021년 2회 기사 ········ 1041
12. 2021년 3회 기사 ········ 1060
13. 2022년 1회 기사 ········ 1079
14. 2022년 2회 기사 ········ 1096
15. 2018년 1회 산업기사 ········ 1115
16. 2018년 2회 산업기사 ········ 1128
17. 2018년 3회 산업기사 ········ 1141
18. 2019년 1회 산업기사 ········ 1154
19. 2019년 2회 산업기사 ········ 1167
20. 2019년 3회 산업기사 ········ 1181
21. 2020년 통합 1 · 2회 산업기사 ········ 1194
22. 2020년 3회 산업기사 ········ 1208

PART 01

산업위생학 개론

THEMA 01

산업위생의 정의 및 목적

1. 산업위생의 정의

(1) 미국산업위생학회(AIHA)에서 정한 정의

근로자나 일반 대중에게 질병, 건강장애와 안녕 방해, 심각한 불쾌감 및 능률 저하 등을 초래하는 작업환경 요인과 스트레스를 예측(Anticipation), 인지(측정, Recognition), 평가(Evaluation), 관리(Control)하는 과학과 기술(Art)이다.

(2) 국제노동기구(ILO)와 세계보건기구(WHO) 공동위원회에서 정한 정의

① 근로자들의 육체적, 정신적, 사회적 건강을 유지 · 증진
② 근로자를 생리적, 심리적으로 적합한 작업환경에 배치
③ 작업조건으로 인한 질병 예방 및 건강에 유해한 취업 방지

2. 산업위생관리의 목적

① 작업자의 건강보호 및 생산성 향상
② 작업환경 및 작업조건의 인간공학적 개선
③ 작업환경 개선 및 직업병의 근원적 예방
④ 산업재해 예방과 작업능률 향상
⑤ 직업성 질환 유소견자의 작업 전환

3. 산업위생의 기본 과제

① 작업환경에 의한 정신적 영향과 적합한 환경 연구
② 노동 재생산과 사회 · 경제적 조건 연구
③ 작업능률 저하에 따른 작업조건에 관한 연구
④ 작업환경에 의한 신체적 영향과 최적 환경 연구
⑤ 작업근로자의 작업자세와 육체적 부담의 인간공학적 평가
⑥ 고령근로자 및 여성근로자의 작업조건과 정신적 조건 평가
⑦ 기존 및 신규화학물질의 유해성 평가 및 사용대책 수립

4. 산업위생 활동의 기본 4요소

① 예측 : 산업위생 활동에서 처음으로 요구되는 활동으로 근로자들의 건강장애, 영향을 사전에 예측
② 인지(측정) : 현존 상황에서 존재하거나 잠재할 수 있는 유해인자 파악, 구체적으로 정성 · 정량적으로 계측
③ 평가 : 유해인자에 대한 양, 정도가 근로자들의 건강에 어떤 영향을 미칠지 판단하는 의사결정단계
④ 관리 : 유해인자로부터 근로자를 보호하는 수단

연습문제

01 미국산업위생학회(AIHA)에서 정한 산업위생의 정의로 가장 적절한 것은?

① 국민의 육체적 건강을 최고조로 증진시키는 것이다.

② 지역주민에게 질병, 건강장애를 유발하고 안녕을 위협하는 인자를 관리하는 것이다.

③ 근로자와 지역주민들에게 건강장애와 불쾌감을 초래하는 작업환경요인을 측정하여 관리하는 것이다.

④ 지역주민과 근로자에게 심각한 불쾌감과 비능률을 초래하는 스트레스를 인지하는 것이다.

해설 산업위생의 정의
근로자나 일반 대중에게 질병, 건강장애와 안녕 방해, 심각한 불쾌감 및 능률 저하 등을 초래하는 작업환경 요인과 스트레스를 예측(Anticipation), 인지(측정, Recognition), 평가(Evaluation), 관리(Control)하는 과학과 기술(Art)

02 미국산업위생학회(AIHA)에서 정한 산업위생의 정의로 옳은 것은?

① 작업장에서 인종·정치적 이념·종교적 갈등을 배제하고 작업자의 알권리를 최대한 확보해 주는 사회과학적 기술이다.

② 작업자가 단순하게 허약하지 않거나 질병이 없는 상태가 아닌 육체적·정신적 및 사회적인 안녕 상태를 유지하도록 관리하는 과학과 기술이다.

③ 근로자 및 일반 대중에게 질병, 건강장애, 불쾌감을 일으킬 수 있는 작업환경 요인과 스트레스를 예측·측정·평가 및 관리하는 과학이며 기술이다.

④ 노동생산성보다는 인권이 소중하다는 이념하에 노사 간 갈등을 최소화하고 협력을 도모하여 최대한 쾌적한 작업환경을 유지·증진하는 사회과학이며 자연과학이다.

03 미국산업위생학회(AIHA)의 산업위생에 대한 정의로 가장 적합한 것은?

① 근로자나 일반 대중의 육체적, 정신적, 사회적 건강을 고도로 유지·증진시키는 과학과 기술

② 작업조건으로 인하여 근로자에게 발생할 수 있는 질병을 근본적으로 예방하고 치료하는 학문과 기술

③ 근로자나 일반 대중에게 육체적, 생리적, 심리적으로 최적의 환경을 제공하여 최고의 작업능률을 높이기 위한 과학과 기술

④ 근로자나 일반 대중에게 질병, 건강장애와 안녕 방해, 심각한 불쾌감 및 능률 저하 등을 초래하는 작업환경 요인과 스트레스를 예측, 측정, 평가하고 관리하는 과학과 기술

04 다음 중 국제노동기구(ILO)와 세계보건기구(WHO) 공동위원회에서 제시한 산업보건의 정의에 포함되지 않는 사항은?

① 근로자의 생산성을 향상시킨다.

② 건강에 유해한 취업을 방지한다.

③ 근로자의 건강을 고도로 유지 · 증진시킨다.
④ 근로자가 심리적으로 적합한 직무에 종사하게 한다.

해설 국제노동기구(ILO)와 세계보건기구(WHO) 공동위원회에서 정한 산업보건의 정의
㉠ 근로자들의 육체적, 정신적, 사회적 건강을 유지 · 증진
㉡ 근로자를 생리적, 심리적으로 적합한 작업환경에 배치
㉢ 작업조건으로 인한 질병 예방 및 건강에 유해한 취업 방지

05 ILO와 WHO공동위원회의 산업보건에 대한 정의와 가장 관계가 적은 것은?
① 작업 조건으로 인한 질병을 치료하는 학문과 기술
② 작업이 인간에게, 또 일하는 사람이 그 직무에 적합하도록 마련하는 것
③ 근로자를 생리적으로나 심리적으로 적합한 작업환경에 배치하여 일하도록 하는 것
④ 모든 직업에 종사하는 근로자들의 육체적, 정신적, 사회적 건강을 고도로 유지 · 증진시키는 것

06 다음 중 국제노동기구(ILO)의 "산업보건의 목표"와 가장 관계가 적은 것은?
① 노동과 노동조건으로 일어날 수 있는 건강장애로부터 근로자를 보호한다.
② 작업에 있어 근로자의 정신적 · 육체적 적응, 특히 채용 시 적정 배치한다.
③ 근로자의 정신적 · 육체적 안녕 상태를 최대한으로 유지 · 증진시킨다.
④ 근로자가 직업병으로 판단되었을 때 신속히 회복되도록 최대한으로 잘 치료한다.

해설 치료는 산업보건의 목표가 아니다.

07 다음 중 산업위생의 목적으로 가장 적합하지 않은 것은?
① 작업조건을 개선한다.
② 근로자의 작업능률을 향상시킨다.
③ 근로자의 건강을 유지 및 증진시킨다.
④ 유해한 작업환경으로 일어난 질병을 진단한다.

해설 산업위생의 목적
㉠ 작업조건 개선
㉡ 근로자의 작업능률 향상
㉢ 근로자의 건강을 유지 및 증진
㉣ 산업재해 예방
㉤ 직업성 질환 유소견자의 작업 전환

08 다음 중 산업위생의 중요성이 급속하게 대두된 원인과 거리가 가장 먼 것은?
① 산업현장에서 취업하는 근로자 수의 급격한 증가
② 근로자의 권익을 보호하고자 하는 시대적인 사회사조 대두
③ 노동생산성 향상을 위하여 인력관리 측면에서 근로자 보호가 필요
④ 대기오염에 의한 질병으로 비용 부담의 급속한 증가

해설 산업위생은 근로자와 작업환경을 다루는 분야이다.

09 다음 중 산업위생의 정의에 제시되는 주요 활동 4가지를 올바르게 나열한 것은?

① 예측, 인지, 평가, 치료
② 예측, 인지, 평가, 관리
③ 예측, 책임, 평가, 관리
④ 예측, 평가, 책임, 치료

10 다음 중 산업위생 활동의 순서로 올바른 것은?

① 관리 → 인지 → 예측 → 측정 → 평가
② 인지 → 예측 → 측정 → 평가 → 관리
③ 예측 → 인지 → 측정 → 평가 → 관리
④ 측정 → 평가 → 관리 → 인지 → 예측

ANSWER | 01 ③ 02 ③ 03 ④ 04 ① 05 ① 06 ④ 07 ④ 08 ④ 09 ② 10 ③

더 풀어보기

산업기사

01 미국산업위생학회(AIHA)에서 정한 산업위생의 정의를 맞게 설명한 것은?

① 모든 사람의 건강 유지와 쾌적한 환경 조성을 목표로 한다.
② 근로자의 생명 연장 및 육체적, 정신적 능력을 증진시키기 위한 일련의 프로그램이다.
③ 근로자의 육체적, 정신적 건강을 최고로 유지·증진시킬 수 있도록 작업조건을 설정하는 기술이다.
④ 근로자에게 질병, 건강장애, 불쾌감 및 능률 저하를 초래하는 작업환경 요인을 예측, 인식, 평가하고 관리하는 과학과 기술이다.

02 미국산업위생학회(AIHA)에서 정한 산업위생의 정의를 가장 올바르게 설명한 것은?

① 근로자의 신체발육, 생명 연장 및 육체적, 정신적 효율을 증진시키는 제반 역할이다.
② 일반 대중의 육체적 건강과 쾌적한 환경 조성을 목표로 하는 일이다.
③ 근로자의 육체적, 정신적 건강을 최고로 유지·증진시키고 작업조건에 의한 질병을 예방하는 일이다.
④ 근로자나 일반 대중에게 질병, 건강장해, 불쾌감, 능률 저하 등을 초래하는 작업환경 요인과 스트레스 등을 예측, 인식, 평가하고 관리하는 과학과 기술이다.

03 산업위생의 정의와 가장 거리가 먼 단어는?

① 예측
② 감사
③ 측정
④ 관리

04 산업위생의 정의에 대한 설명으로 틀린 것은?

① 직업병을 판정하는 분야도 포함된다.
② 작업환경관리는 산업위생의 중요한 분야이다.
③ 유해요인을 예측, 인지, 평가, 관리하는 학문이다.
④ 근로자와 일반 대중에 대한 건강장애를 예방한다.

05 다음 중 국제노동기구(ILO)와 세계보건기구(WHO) 공동위원회에서 정한 산업보건의 정의에 포함되어 있지 않은 내용은?

① 근로자의 건강 진단 및 산업재해 예방
② 근로자들의 육체적, 정신적, 사회적 건강을 유지 · 증진
③ 근로자를 생리적, 심리적으로 적합한 작업환경에 배치
④ 작업조건으로 인한 질병 예방 및 건강에 유해한 취업 방지

06 산업보건의 기본적인 목표와 가장 관계가 깊은 것은?

① 질병의 진단
② 질병의 치료
③ 질병의 예방
④ 질병에 대한 보상

07 다음 중 산업위생관리의 목적 또는 업무와 가장 거리가 먼 것은?

① 직업성 질환의 확인 및 치료
② 작업환경 및 근로조건 개선
③ 직업성 질환 유소견자의 작업 전환
④ 산업재해 예방과 작업능률 향상

08 다음 중 산업위생관리의 목적에 대한 설명과 가장 거리가 먼 것은?

① 작업자의 건강보호 및 생산성의 향상
② 작업환경 개선 및 직업병의 근원적 예방
③ 직업성 질병 및 재해성 질병의 판정과 보상
④ 작업환경 및 작업조건의 인간공학적 개선

09 다음 중 산업위생관리 담당자의 고유 업무와 가장 거리가 먼 것은?

① 배출되는 폐수가 기준치에 맞는지 확인하고 관리한다.
② 호흡기 보호구(마스크)를 구매하여 지급 · 관리하고, 착용 여부를 확인한다.
③ 새로 사용되는 화학물질에 대한 물리 · 화학적 성상 및 특징 등을 확인한다.
④ 작업장 밖에서 소음을 측정하여 인근 지역 주민에게 과도한 소음이 전파되는지 확인한다.

10 산업위생의 정의에 포함되지 않는 산업위생전문가의 활동은?

① 지역주민의 건강의식에 대하여 설문지로 조사한다.
② 지하상가 등에서 공기 시료 등을 채취하여 유해인자를 조사한다.
③ 지역주민의 혈액을 직접 채취하고 생체 시료 내 중금속을 분석한다.
④ 특정 사업장에서 발생한 직업병의 사회적인 영향에 대하여 조사한다.

11 산업위생의 일반적인 사항에 대한 설명 중 틀린 것은?

① 유독물질 발생으로 인한 중독증을 관리하는 것으로 제조업 근로자가 주 대상이다.
② 작업환경 요인과 스트레스에 대해 예측, 인식, 평가, 관리하는 과학과 기술이다.
③ 사업장의 노출 정도에 따라 사업장에서 발생하는 유해인자에 대해 적절한 관리와 대책을 제시한다.
④ 산업위생전문가는 전문가로서의 책임, 근로자에 대한 책임, 기업주와 고객에 대한 책임, 일반 대중에 대한 책임 등의 윤리강령을 준수할 필요가 있다.

12 다음 중 산업위생의 정의에 제시되는 주요 활동 4가지를 올바르게 나열한 것은?

① 예측, 인지, 평가, 치료
② 예측, 인지, 평가, 관리
③ 예측, 책임, 평가, 관리
④ 예측, 평가, 책임, 치료

13 다음 중 산업위생의 활동에서 처음으로 요구되는 활동은?

① 인지
② 평가
③ 측정
④ 예측

14 산업위생 활동의 기본 4요소와 거리가 먼 것은?

① 행정
② 예측
③ 평가
④ 관리

ANSWER | 01 ④ 02 ④ 03 ② 04 ① 05 ① 06 ③ 07 ① 08 ③ 09 ① 10 ③
11 ① 12 ② 13 ④ 14 ①

기 사

01 다음 중 산업위생의 정의를 가장 올바르게 설명한 것은?

① 근로자가 일반 대중의 건강점검과 질병의 치료를 연구하는 학문이다.
② 인간과 주위의 생화학적 관계를 조사하여 질병의 원인을 분석하는 기술이다.
③ 인간과 직업, 기계, 환경, 노동의 관계를 과학적으로 연구하는 학문이다.
④ 근로자나 일반 대중에게 질병 등을 초래하는 작업환경 요인과 스트레스를 예측, 측정, 평가, 관리하는 과학과 기술이다.

02 다음 중 산업위생의 정의와 거리가 먼 것은?

① 사회적 건강 유지 및 증진
② 근로자의 체력 증진 및 진료
③ 육체적, 정신적 건강 유지 및 증진
④ 생리적, 심리적으로 적합한 작업환경에 배치

03 산업위생의 목적과 거리가 먼 것은?

① 작업환경 개선
② 작업자의 건강 보호
③ 직업병 치료와 보상
④ 작업조건의 인간공학적 개선

해설 산업위생의 목적에 직업병의 치료와 보상은 해당하지 않는다.

04 산업위생의 목적과 가장 거리가 먼 것은?

① 근로자의 건강을 유지 · 증진시키고 작업 능률을 향상시킴
② 근로자들의 육체적, 정신적, 사회적 건강을 유지 · 증진시킴
③ 유해한 작업환경 및 조건으로 발생한 질병을 진단하고 치료함
④ 작업 환경 및 작업 조건이 최적화되도록 개선하여 질병을 예방함

05 산업위생관리에서 중점을 두어야 하는 구체적인 과제로 적합하지 않은 것은?

① 기계 · 기구의 방호장치 점검 및 적절한 개선
② 작업근로자의 작업자세와 육체적 부담의 인간공학적 평가
③ 기존 및 신규화학물질의 유해성 평가 및 사용대책의 수립
④ 고령근로자 및 여성근로자의 작업조건과 정신적 조건의 평가

해설 산업위생관리의 구체적인 과제

㉠ 작업환경 개선 및 직업병의 근원적 예방
㉡ 작업환경 및 작업조건의 인간공학적 개선
㉢ 작업자의 건강 보호 및 생산성 향상
㉣ 산업재해 예방 및 작업능률 향상

06 다음 중 산업위생의 기본적인 과제를 가장 올바르게 표현한 것은?

① 작업환경에 의한 정신적 영향과 적합한 환경의 연구
② 작업능력의 신장 및 저하에 따른 작업조건의 연구
③ 작업장에서 배출된 유해물질이 대기오염에 미치는 영향에 대한 연구
④ 노동력 재생산과 사회 · 심리적 조건에 관한 연구

해설 산업위생의 기본 과제
㉠ 작업능력의 신장 및 저하에 따른 작업조건과 정신적 조건 연구
㉡ 최적의 작업환경 조성에 관한 연구 및 유해작업환경에 의한 신체적 영향 연구
㉢ 노동력의 재생산과 사회 · 경제적 조건에 관한 연구

07 다음 중 산업위생의 기본적인 과제에 해당하지 않는 것은?

① 노동 재생산과 사회 · 경제적 조건의 연구
② 작업능률 저하에 따른 작업조건에 관한 연구
③ 작업환경의 유해물질이 대기오염에 미치는 연구
④ 작업환경에 의한 신체적 영향과 최적 환경의 연구

08 산업위생전문가의 과제가 아닌 것은?

① 작업환경 조사
② 작업환경조사 결과의 해석
③ 유해물질과 대기오염의 상관성 조사
④ 유해인자가 있는 곳에 경고 주의판 부착

09 다음 중 산업위생관리 업무와 가장 거리가 먼 것은?

① 직업성 질환에 대한 판정과 보상
② 유해작업환경에 대한 공학적인 조치
③ 작업조건에 대한 인간공학적인 평가
④ 작업환경에 대한 정확한 분석기법 개발

해설 산업위생관리의 업무
㉠ 근로자의 육체적, 정신적, 사회적 건강을 유지 및 증진
㉡ 근로자의 건강 보호 및 생산성 향상
㉢ 산업재해 예방 및 직업성 질환 유소견자의 작업 전환
㉣ 유해작업환경에 대한 공학적인 조치
㉤ 작업조건에 대한 인간공학적인 평가
㉥ 작업환경에 대한 정확한 분석기법 개발

10 산업위생의 정의에 있어 4가지 주요 활동에 해당하지 않는 것은?

① 관리 ② 평가
③ 인지 ④ 보상

11 산업위생의 정의에 포함되지 않는 것은?

① 예측 ② 평가
③ 관리 ④ 보상

12 산업위생의 정의에 나타난 산업위생의 활동단계 4가지 중 평가(Evaluation)에 포함되지 않는 것은?

① 시료의 채취와 분석
② 예비조사의 목적과 범위 결정
③ 노출 정도를 노출기준과 통계적인 근거로 비교하여 판정
④ 물리적, 화학적, 생물학적, 인간공학적 유해인자 목록 작성

해설 산업위생의 활동단계 중 평가는 유해인자에 대한 양, 정도가 근로자들의 건강에 어떤 영향을 미칠지 판단하는 의사결정단계이다. 물리적, 화학적, 생물학적, 인간공학적 유해인자의 목록 작성은 인지의 단계이다.

ANSWER | 01 ④ 02 ② 03 ③ 04 ③ 05 ① 06 ② 07 ③ 08 ③ 09 ① 10 ④ 11 ④ 12 ④

THEMA 02 산업위생 윤리강령

1. 산업위생전문가의 윤리강령

① 전문가로서의 책임
② 근로자에 대한 책임
③ 기업주와 고객에 대한 책임
④ 일반 대중에 대한 책임

2. 산업위생전문가로서 지켜야 할 책임

① 기업체의 기밀은 외부에 누설하지 않는다.
② 과학적 방법의 적용과 자료의 해석에서 객관성을 유지한다.
③ 근로자, 사회 및 전문직종의 이익을 위해 과학적 지식을 공개하여 발표한다.
④ 전문적인 판단이 타협에 의해서 좌우될 수 있거나 이해관계가 있는 상황에서는 개입하지 않는다.
⑤ 성실성과 학문적 실력 면에서 최고 수준을 유지한다.
⑥ 전문분야로서의 산업위생 발전에 기여한다.

3. 근로자에 대한 책임

① 근로자의 건강보호가 산업위생전문가의 1차적인 책임이라는 것을 인식해야 한다.
② 근로자와 기타 여러 사람의 건강과 안녕이 산업위생전문가의 판단에 좌우된다는 것을 깨달아야 한다.
③ 위험요소와 예방조치에 대하여 근로자와 상담해야 한다.
④ 위험요인의 측정, 평가 및 관리에서 외부 영향력에 굴하지 않고 중립적(객관적) 태도를 취한다.

4. 기업주와 고객에 대한 책임

① 쾌적한 작업환경을 만들기 위하여 산업위생의 이론을 적용하고 책임 있게 행동한다.
② 신뢰를 중요시하고, 결과와 권고사항에 대하여 사전 협의토록 한다.
③ 궁극적 책임은 기업주와 고객보다 근로자의 건강보호에 있다.
④ 결과와 결론을 뒷받침할 수 있도록 기록을 유지하고 산업위생사업을 전문가답게 운영 · 관리한다.

5. 일반 대중에 대한 책임

① 일반 대중에 관한 사항은 학술지에 정직하게 사실 그대로 발표한다.
② 정확하고 확실한 사실을 근거로 전문적인 견해를 발표한다.

6. 산업안전보건법상 산업위생지도사의 직무(업무)

① 작업환경의 평가 및 개선지도
② 산업위생에 관한 조사 및 연구
③ 작업환경개선과 관련된 계획서 및 보고서 작성
④ 기타 산업위생에 관한 사항으로서 대통령이 정하는 사항

연습문제

01 미국산업위생학술원(AAIH)은 산업위생분야에 종사하는 사람들이 지켜야 할 윤리강령을 채택하였다. 윤리강령의 주요 사항과 거리가 먼 것은?

① 전문가로서의 책임 ② 근로자에 대한 책임
③ 일반 대중에 대한 책임 ④ 환경관리에 대한 책임

해설 산업위생전문가의 윤리강령
㉠ 전문가로서의 책임
㉡ 근로자에 대한 책임
㉢ 기업주와 고객에 대한 책임
㉣ 일반 대중에 대한 책임

02 미국산업위생학술원(AAIH)에서 채택한 산업위생분야에 종사하는 사람들이 지켜야 할 윤리강령에 포함되지 않는 것은?

① 국가에 대한 책임 ② 전문가로서의 책임
③ 일반 대중에 대한 책임 ④ 기업주와 고객에 대한 책임

03 미국산업위생학술원(AAIH)에서 채택한 산업위생전문가로서의 책임에 해당되지 않는 것은?

① 직업병을 평가하고 관리한다.
② 성실성과 학문적 실력에서 최고 수준을 유지한다.
③ 과학적 방법의 적용과 자료 해석의 객관성을 유지한다.
④ 전문분야로서의 산업위생을 학문적으로 발전시킨다.

해설 산업위생전문가로서 지켜야 할 책임
㉠ 기업체의 기밀은 외부에 누설하지 않는다.
㉡ 과학적 방법의 적용과 자료의 해석에서 객관성을 유지한다.
㉢ 근로자, 사회 및 전문직종의 이익을 위해 과학적 지식을 공개하여 발표한다.
㉣ 전문적인 판단이 타협에 의해서 좌우될 수 있거나 이해관계가 있는 상황에서는 개입하지 않는다.
㉤ 성실성과 학문적 실력 면에서 최고 수준을 유지한다.
㉥ 전문분야로서의 산업위생 발전에 기여한다.

04 산업위생전문가의 윤리강령 중 전문가로서의 책임과 가장 거리가 먼 것은?

① 학문적으로 최고 수준을 유지한다.
② 이해관계가 상반되는 상황에는 개입하지 않는다.
③ 위험요인과 예방조치에 관하여 근로자와 상담한다.
④ 과학적 방법을 적용하고 자료 해석에서 객관성을 유지한다.

해설 ③은 '근로자에 대한 책임'에 해당하는 내용이다.

05 다음 중 미국산업위생학술원에서 채택한 산업위생전문가 윤리강령의 내용과 거리가 먼 것은?

① 기업체의 비밀은 누설하지 않는다.

② 성실성과 학문적 실력 면에서 최고 수준을 유지한다.

③ 사업주와 일반 대중의 건강보호가 1차적 책임이다.

④ 전문적인 판단이 타협에 의해서 좌우될 수 있으나 이해관계가 있는 상황에서는 개입하지 않는다.

해설 근로자의 건강보호가 산업위생전문가의 1차적인 책임이라는 것을 인식해야 한다.

06 미국산업위생학술원(AAIH)에서 채택한 산업위생전문가의 윤리강령 중 근로자에 대한 책임과 거리가 먼 것은?

① 근로자의 건강보호가 산업위생전문가의 1차적인 책임이라는 것을 인식해야 한다.

② 근로자와 기타 여러 사람의 건강과 안녕이 산업위생전문가의 판단에 좌우된다는 것을 깨달아야 한다.

③ 위험요인의 측정, 평가 및 관리에서 외부의 압력에 굴하지 않고 근로자 중심으로 태도를 취한다.

④ 위험요소와 예방조치에 대하여 근로자와 상담해야 한다.

해설 근로자에 대한 책임

㉠ 근로자의 건강보호가 산업위생전문가의 1차적인 책임이라는 것을 인식해야 한다.
㉡ 근로자와 기타 여러 사람의 건강과 안녕이 산업위생전문가의 판단에 좌우된다는 것을 깨달아야 한다.
㉢ 위험요소와 예방조치에 대하여 근로자와 상담해야 한다.
㉣ 위험요인의 측정, 평가 및 관리에서 외부 영향력에 굴하지 않고 중립적(객관적) 태도를 취한다.

07 1994년에 ACGIH와 AIHA 등에서 제정하여 공포한 산업위생전문가의 윤리강령에서 사업주에 대한 책임에 해당되지 않는 내용은 무엇인가?

① 결과와 결론을 위해 사용된 모든 자료들을 정확히 기록 · 유지하여 보관한다.

② 전문가의 의견은 적절한 지식과 명확한 정의에 기초를 두고 있어야 한다.

③ 신뢰를 중요시하고, 정직하게 충고하며 결과와 권고사항을 정확히 보고한다.

④ 쾌적한 작업환경을 달성하기 위해 산업위생 원리들을 적용할 때 책임감을 갖고 행동한다.

해설 기업주와 고객에 대한 책임

㉠ 쾌적한 작업환경을 만들기 위하여 산업위생의 이론을 적용하고 책임 있게 행동한다.
㉡ 신뢰를 중요시하고, 결과와 권고사항에 대하여 사전 협의토록 한다.
㉢ 궁극적 책임은 기업주와 고객보다 근로자의 건강보호에 있다.
㉣ 결과와 결론을 뒷받침할 수 있도록 기록을 유지하고 산업위생사업을 전문가답게 운영 · 관리한다.

08 산업위생전문가가 지켜야 할 윤리강령 중 "기업주와 고객에 대한 책임"에 관한 내용에 해당하는 것은?

① 신뢰를 중요시하고, 결과와 권고사항에 대하여 사전 협의토록 한다.
② 산업위생전문가의 첫 번째 책임은 근로자의 건강을 보호하는 것임을 인식한다.
③ 건강에 유해한 요소들을 측정 · 평가 · 관리하는 데 객관적인 태도를 유지한다.
④ 건강의 유해요인에 대한 정보와 필요한 예방대책에 대해 근로자들과 상담한다.

ANSWER | 01 ④ 02 ① 03 ① 04 ③ 05 ③ 06 ③ 07 ② 08 ①

더 풀어보기

산업기사

01 미국산업위생학술원(AAIH)에서 채택한 산업위생전문가의 윤리강령에 포함되지 않는 것은?

① 전문가로서의 책임
② 근로자에 대한 책임
③ 국가에 대한 책임
④ 일반 대중에 대한 책임

02 다음 중 미국산업위생학술원(AAIH)에서 채택한 산업위생전문가가 지켜야 할 윤리강령의 구성이 아닌 것은?

① 전문가로서의 책임
② 국가에 대한 책임
③ 근로자에 대한 책임
④ 기업주와 고객에 대한 책임

03 미국산업위생학술원(AAIH)에서는 산업위생분야에 종사하는 사람들이 반드시 지켜야 할 윤리강령을 채택하였는데, 이에 해당하지 않는 것은?

① 전문가로서의 책임
② 근로자에 대한 책임
③ 검사기관으로서의 책임
④ 일반 대중에 대한 책임

04 미국산업위생학술원(American Academy of Industrial Hygiene)은 산업위생분야에 종사하는 전문가들이 반드시 지켜야 할 윤리강령을 채택한다. 윤리강령에 대한 내용 중 틀린 것은?

① 궁극적 책임은 기업주와 고객보다 근로자의 건강보호에 있다.
② 근로자, 사회 및 전문 직종의 이익을 위해 과학적 지식을 공개하고 발표한다.
③ 근로자의 건강보호가 산업위생전문가의 1차적인 책임이라는 것을 인식한다.
④ 기업주와 근로자 간 이해관계가 있는 상황에서 적극적으로 개입하여 문제를 해결한다.

해설 전문적인 판단이 타협에 의해서 좌우될 수 있거나 이해관계가 있는 상황에서는 개입하지 않는다.

05 미국산업위생학술원(American Academy of Industrial Hygiene)은 산업위생분야에 종사하는 사람들이 반드시 지켜야 할 윤리강령을 채택하였다. 다음 설명 중 틀린 것은?

① 근로자, 사회 및 전문 직종의 이익을 위해 과학적 지식을 공개하고 발표한다.
② 전문적 판단이 타협에 좌우될 수 있거나 이해관계가 있는 상황에는 개입하지 않는다.
③ 위험요인의 측정, 평가 및 관리에 있어서 외부의 압력에 굴하지 않고 소신껏 주관적 태도를 취한다.
④ 기업체의 기밀은 누설하지 않는다.

해설 근로자들의 건강과 안녕이 산업위생전문가의 판단에 좌우될 수 있다는 것을 명심하여 외부의 영향에 굴복하지 말고, 위험요인의 측정, 평가 및 관리 시 중립적 태도를 유지한다.

06 다음 중 산업위생전문가로서의 책임에 대한 내용과 가장 거리가 먼 것은?

① 이해관계가 있는 상황에서는 개입하지 않는다.
② 전문분야로서의 산업위생을 학문적으로 발전시킨다.
③ 궁극적 책임은 기업주 또는 고객의 건강보호에 있다.
④ 과학적 방법의 적용과 자료의 해석에서 객관성을 유지한다.

해설 산업위생전문가의 첫 번째 책임은 근로자의 건강을 보호하는 것임을 인식한다.

07 미국산업위생학술원에서 채택한 산업위생전문가 윤리강령의 내용과 거리가 먼 것은?

① 기업체의 비밀은 누설하지 않는다.
② 사업주와 일반 대중의 건강보호가 1차적 책임이다.
③ 위험요소와 예방조치에 관하여 근로자와 상담한다.
④ 전문적 판단이 타협에 의해서 좌우될 수 있거나 이해관계가 있는 상황에서는 개입하지 않는다.

ANSWER | 01 ③ 02 ② 03 ③ 04 ④ 05 ③ 06 ③ 07 ②

기 사

01 미국산업위생학술원(AAIH)이 채택한 윤리강령 중 산업위생전문가로서 지켜야 할 책임과 가장 거리가 먼 것은?

① 기업체의 기밀은 외부에 누설하지 않는다.
② 과학적 방법의 적용과 자료의 해석에서 객관성을 유지한다.
③ 근로자, 사회 및 전문 직종의 이익을 위해 과학적 지식을 공개하여 발표한다.
④ 전문적 판단이 타협에 의하여 좌우될 수 있는 상황에 개입하여 객관적 자료에 의해 판단한다.

해설 전문적인 판단이 타협에 의해서 좌우될 수 있거나 이해관계가 있는 상황에서는 개입하지 않는다.

02 미국산업위생학회 등에서 산업위생전문가들이 지켜야 할 윤리강령을 채택한 바 있는데 다음 중 전문가로서의 책임에 해당하는 것은?

① 일반 대중에 관한 사항은 정직하게 발표한다.
② 위험요소와 예방조치에 관하여 근로자와 상담한다.
③ 성실성과 학문적 실력 면에서 최고 수준을 유지한다.
④ 신뢰를 존중하여 정직하게 권고하고, 결과와 개선점을 정확히 보고한다.

해설 산업위생전문가로서 지켜야 할 책임

㉠ 기업체의 기밀은 외부에 누설하지 않는다.
㉡ 과학적 방법의 적용과 자료의 해석에서 객관성을 유지한다.
㉢ 근로자, 사회 및 전문 직종의 이익을 위해 과학적 지식을 공개하여 발표한다.
㉣ 전문적인 판단이 타협에 의해서 좌우될 수 있거나 이해관계가 있는 상황에서는 개입하지 않는다.
㉤ 성실성과 학문적 실력 면에서 최고 수준을 유지한다.
㉥ 전문분야로서의 산업위생 발전에 기여한다.

03 산업위생전문가들이 지켜야 할 윤리강령에서 전문가로서의 책임에 해당하는 것은?

① 일반 대중에 관한 사항은 정직하게 발표한다.
② 위험요소와 예방조치에 관하여 근로자와 상담한다.
③ 과학적 방법의 적용과 자료의 해석에서 객관성을 유지한다.
④ 위험요인의 측정, 평가 및 관리에서 외부의 압력에 굴하지 않고 중립적 태도를 취한다.

04 미국산업위생학술원(AAIH)에서 채택한 산업위생전문가로서의 책임에 해당되지 않는 것은?

① 직업병을 평가하고 관리한다.
② 성실성과 학문적 실력에서 최고 수준을 유지한다.
③ 전문분야로서의 산업위생을 학문적으로 발전시킨다.
④ 과학적 방법의 적용과 자료 해석의 객관성을 유지한다.

05 미국산업위생학술원(AAIH)에서 정하고 있는 산업위생전문가로서 지켜야 할 윤리강령으로 틀린 것은?

① 기업체의 기밀은 누설하지 않는다.

② 성실성과 학문적 실력 면에서 최고 수준을 유지한다.

③ 쾌적한 작업환경을 만들기 위한 시설 투자 유치에 기여한다.

④ 과학적 방법의 적용과 자료의 해석에 객관성을 유지한다.

06 미국산업위생학술원(American Academy of Industrial Hygiene)에서 산업위생분야에 종사하는 사람들이 반드시 지켜야 할 윤리강령 중 전문가로서의 책임부분에 해당하지 않는 것은?

① 기업체의 기밀은 누설하지 않는다.

② 근로자의 건강보호 책임을 최우선으로 한다.

③ 전문분야로서의 산업위생을 학문적으로 발전시킨다.

④ 과학적 방법의 적용과 자료의 해석에서 객관성을 유지한다.

해설 ②는 '근로자에 대한 책임'에 해당하는 내용이다.

07 산업위생전문가의 윤리강령 중 "전문가로서의 책임"과 가장 거리가 먼 것은?

① 기업체의 기밀은 누설하지 않는다.

② 과학적 방법의 적용과 자료의 해석에서 객관성을 유지한다.

③ 근로자, 사회 및 전문 직종의 이익을 위해 과학적 지식은 공개하거나 발표하지 않는다.

④ 전문적 판단이 타협에 의하여 좌우될 수 있는 상황에는 개입하지 않는다.

해설 근로자, 사회 및 전문 직종의 이익을 위해 과학적 지식을 공개하여 발표한다.

08 미국산업위생학회 등에서 산업위생전문가들이 지켜야 할 윤리강령을 채택한 바 있는데 다음 중 전문가로서의 책임에 해당되지 않는 것은?

① 기업체의 기밀은 누설하지 않는다.

② 전문분야로서의 산업위생 발전에 기여한다.

③ 근로자, 사회 및 전문분야의 이익을 위해 과학적 지식을 공개한다.

④ 위험요인의 측정, 평가 및 관리에서 외부의 압력에 굴하지 않고 중립적 태도를 취한다.

09 1994년 ABIH(American Board of Industrial Hygiene)에서 채택된 산업위생전문가의 윤리강령 내용으로 틀린 것은?

① 산업위생 활동을 통해 얻은 개인 및 기업의 정보는 누설하지 않는다.

② 과학적 방법의 적용과 자료의 해석에서 경험을 통한 전문가의 주관성을 유지한다.

③ 전문적 판단이 타협에 의하여 좌우될 수 있거나 이해관계가 있는 상황에는 개입하지 않는다.

④ 쾌적한 작업환경을 만들기 위해 산업위생이론을 적용하고 책임 있게 행동한다.

해설 과학적 방법의 적용과 자료의 해석에서 경험을 통한 전문가의 객관성을 유지한다.

10 다음 중 산업위생전문가로서 근로자에 대한 책임과 가장 관계가 깊은 것은?

① 근로자의 건강보호가 산업위생전문가의 1차적인 책임이라는 것을 인식한다.
② 이해관계가 있는 상황에서는 고객의 입장에서 관련 자료를 제시한다.
③ 기업주에 대하여는 실현 가능한 개선점으로 선별하여 보고한다.
④ 적절하고도 확실한 사실을 근거로 전문적인 견해를 발표한다.

해설 근로자에 대한 책임
㉠ 근로자의 건강보호가 산업위생전문가의 1차적인 책임이라는 것을 인식해야 한다.
㉡ 근로자와 기타 여러 사람의 건강과 안녕이 산업위생전문가의 판단에 좌우된다는 것을 깨달아야 한다.
㉢ 위험요소와 예방조치에 대하여 근로자와 상담해야 한다.
㉣ 위험요인의 측정, 평가 및 관리에서 외부 영향력에 굴하지 않고 중립적(객관적) 태도를 취한다.

11 미국산업위생학술원(AAIH)에서 채택한 산업위생전문가의 윤리강령 중 근로자에 대한 책임과 가장 거리가 먼 것은?

① 위험요소와 예방조치에 대하여 근로자와 상담해야 한다.
② 근로자의 건강보호가 산업위생전문가의 1차적인 책임이라는 것을 인식해야 한다.
③ 위험요인의 측정, 평가 및 관리에서 외부의 압력에 굴하지 않고 근로자 중심으로 판단한다.
④ 근로자와 기타 여러 사람의 건강과 안녕이 산업위생전문가의 판단에 좌우된다는 것을 깨달아야 한다.

12 미국산업위생학술원에서 채택한 산업위생전문가의 윤리강령 중 기업주와 고객에 대한 책임과 관계된 것은?

① 기업체의 기밀은 누설하지 않는다.
② 전문적 판단이 타협에 의하여 좌우될 수 있는 상황에는 개입하지 않는다.
③ 근로자, 사회 및 전문 직종의 이익을 위해 과학적 지식을 공개하고 발표한다.
④ 결과와 결론을 뒷받침할 수 있도록 기록을 유지하고 산업위생사업을 전문가답게 운영 · 관리한다.

해설 기업주와 고객에 대한 책임
㉠ 일반 대중에 관한 사항은 정직하게 발표한다.
㉡ 신뢰를 중요시하고, 결과와 권고사항에 대하여 사전 협의토록 한다.
㉢ 궁극적 책임은 기업주와 고객보다 근로자의 건강보호에 있다.
㉣ 결과와 결론을 뒷받침할 수 있도록 기록을 유지하고 산업위생사업을 전문가답게 운영 · 관리한다.

13 산업안전보건법상 타인의 의뢰에 의한 산업위생지도사의 직무에 해당하지 않는 것은?

① 작업환경의 평가 및 개선지도
② 산업위생에 관한 조사 및 연구
③ 유해 · 위험의 방지대책에 관한 평가 · 지도
④ 작업환경개선과 관련된 계획서 및 보고서 작성

ANSWER | 01 ④ 02 ③ 03 ③ 04 ① 05 ③ 06 ② 07 ③ 08 ④ 09 ② 10 ① 11 ③ 12 ④ 13 ③

THEMA 03 산업위생의 역사

1. 외국의 역사

① Hippocrates(B.C. 4세기, 그리스) : 직업과 질병 사이의 상관관계 기술, 광산의 납중독(역사상 최초로 기록된 직업병)

② Pliny the Elder(A.D. 1세기, 로마) : 유해분진을 막기 위해 동물의 방광을 방진마스크로 사용할 것을 권장

③ Galen(A.D. 2세기, 그리스) : 광산에서 산 증기(mist)의 위험성 보고

④ Ulrich Ellenbog(1473년, 오스트리아) : 직업병과 위생에 관한 팸플릿 발간

⑤ Paracelsus(1493~1541년, 스위스) : 독성학의 아버지, "모든 물질에는 독이 있다. 다만 그 양이 문제이다."

⑥ Georgius Agricola(1499~1555년, 독일) : 광산학의 아버지, 「광물에 대하여」를 발간, 광부들의 질병에 대하여 언급

⑦ B. Ramazzini(1633~1714년, 이탈리아) : 산업보건의 시초, 산업의학의 아버지, 「직업인의 질병(De Morbis Artificum Diatriba)」을 발간

⑧ Percivall Pott(1713~1788년, 영국) : 직업성 암을 최초로 발견, 굴뚝청소부에게 발생한 음낭암의 원인물질을 검댕(soot)이라고 규명, 굴뚝청소부법 제정(1788년)

⑨ Sir George Baker(1772~1809, 미국) : 사이다 공장에서 납에 의한 복통 발표

⑩ 공장법(Factories Act, 1833년) : 산업보건에 관한 최초의 법

ㄱ 18세 미만 근로자의 야간작업을 금지

ㄴ 작업할 수 있는 연령을 13세 이상으로 제한

ㄷ 감독관을 임명하여 공장을 감독

ㄹ 근로자 교육 의무 부여

⑪ Alice Hamilton(1869~1970, 미국) : 유해물질 노출과 질병의 관계를 확인

⑫ Loriga(1911년) : 진동공구에 의한 수지의 레이노드(Raynaud)씨 현상을 상세히 보고

⑬ 1991년 : 국제노동기구(ILO) 창립

2. 우리나라의 역사

① 1953년 : 근로기준법 제정 공포

② 1962년 : 근로기준법 시행령 제정, 최초의 작업환경 측정 실시

③ 1977년 : 근로복지공단 설립

④ 1981년 : 산업안전보건법 공포

⑤ 1986년 : 산업위생관리기사 자격제도 도입

⑥ 1988년 : 15살 문송면 군이 온도계 제조회사에 입사한 지 3개월 만에 수은중독으로 사망하는 사건 발생
⑦ 1990년 : 한국산업위생학회 창립
⑧ 1991년 : 이황화탄소(CS_2) 중독사건 발생(원진레이온 공장에서 집단적 직업병 유발)
⑨ 2004년 : 노말헥산에 의한 외국인 근로자들의 하지 마비 사건 발생

연습문제

01 18세기 영국의 외과의사 Pott에 의해 직업성 암으로 보고되었고, 오늘날 검댕 속에 다환방향족 탄화수소가 원인인 것으로 밝혀진 질병은?

① 폐암　② 음낭암　③ 방광암　④ 중피종

해설 Percivall Pott는 직업성 암을 최초로 발견하였고, 굴뚝청소부에게 많이 발생하던 음낭암(Scrotal Cancer)의 원인 물질을 검댕(soot)이라고 규명하였다.

02 산업위생 역사에서 영국의 외과의사 Percivall Pott에 대한 내용 중 틀린 것은?

① 직업성 암을 최초로 보고하였다.
② 산업혁명 이전의 산업위생 역사이다.
③ 어린이 굴뚝청소부에게 많이 발생하던 음낭암(scrotal cancer)의 원인물질을 검댕(soot)이라고 규명하였다.
④ Pott의 노력으로 1788년 영국에서는 「도제 건강 및 도덕법(Health and Morals of Apprentices Act)」이 통과되었다.

해설 Pott의 노력으로 1788년 굴뚝청소부법이 제정되었다.

03 "모든 물질은 독성을 가지고 있으며, 중독을 유발하는 것은 용량(dose)에 의존한다."라고 말한 사람은?

① Galen　② Agricola　③ Hippocrates　④ Paracelsus

04 외국의 산업위생 역사에 대한 설명 중 인물과 업적이 잘못 연결된 것은?

① Galen – 구리광산에서 산 증기의 위험성 보고
② Georgious Agricola – 저서인 「광물에 관하여」를 남김
③ Pliny the Elder – 분진방지용 마스크로 동물의 방광 사용을 권장
④ Alice Hamilton – 폐질환의 원인물질을 Hg, S 및 염이라 주장

해설 Alice Hamilton은 유해물질 노출과 질병의 관계를 확인하였다.

05 다음 중 역사상 최초로 기록된 직업병은?

① 납중독　　② 음낭암
③ 진폐증　　④ 수은중독

해설 역사상 최초로 기록된 직업병은 납중독이다.

06 한국 산업위생 역사의 연혁으로 틀린 것은?

① 산업보건연구원 개원 – 1992년
② 수은중독으로 문송면 군 사망 – 1988년
③ 한국산업위생학회 창립 – 1990년
④ 산업위생 관련 자격제도 도입 – 1981년

해설 산업위생 관련 자격제도는 1986년 도입되었다.

07 우리나라 산업위생 역사와 관련된 내용 중 맞는 것은?

① 문송면 – 납 중독 사건
② 원진레이온 – 이황화탄소 중독 사건
③ 근로복지공단 – 작업환경측정기관에 대한 정도관리제도 도입
④ 보건복지부 – 산업안전보건법 · 시행령 · 시행규칙의 제정 및 공포

08 우리나라 산업위생 역사에서 중요한 원진레이온 공장에서의 집단적인 직업병 유발물질은 무엇인가?

① 수은　　② 디클로로메탄
③ 벤젠(Benzene)　　④ 이황화탄소(CS_2)

09 1800년대 산업보건에 관한 법률로서 실제로 효과를 거둔 영국의 공장법 내용과 거리가 가장 먼 것은?

① 감독관을 임명하여 공장을 감독한다.
② 근로자에게 교육을 시키도록 의무화한다.
③ 18세 미만 근로자의 야간작업을 금지한다.
④ 작업할 수 있는 연령을 8세 이상으로 제한한다.

해설 공장법(Factories Act, 1833년) : 산업보건에 관한 최초의 법
㉠ 18세 미만 근로자의 야간작업을 금지
㉡ 작업할 수 있는 연령을 13세 이상으로 제한
㉢ 감독관을 임명하여 공장을 감독
㉣ 근로자 교육 의무 부여

10 외국의 산업위생 역사에서 직업과 질병의 관계가 있음을 알렸고, 광산에서의 납중독을 보고한 사람은?

① Loriga ② Paracelsus
③ Percivall Pott ④ Hippocrates

해설 외국의 산업위생 역사에서 직업과 질병의 관계
㉠ Loriga : 레이노드씨 증상 보고
㉡ Paracelsus : 독성학의 아버지
㉢ Percivall Pott : 최초의 직업성 암인 음낭암을 발견하고, 암의 원인물질을 검댕이라 규명
㉣ Hippocrates : 광산노동자의 납중독을 보고(역사상 최초로 기록된 직업병 : 납중독)

ANSWER | 01 ② 02 ④ 03 ④ 04 ④ 05 ① 06 ④ 07 ② 08 ④ 09 ④ 10 ④

더 풀어보기

산업기사

01 세계 최초로 보고된 "직업성 암"에 관한 내용으로 틀린 것은?

① 보고된 병명은 진폐증이다.
② 18세기 영국에서 보고되었다.
③ Percivall Pott에 의하여 규명되었다.
④ 발병자는 어린이 굴뚝청소부로 원인물질은 검댕(soot)이었다.

해설 최초로 보고된 직업성 암은 음낭암이다.

02 1770년대 영국에서 굴뚝청소부로 일하던 10세 미만의 어린이에게서 음낭암을 발견하여 직업성 암을 최초로 보고한 사람은?

① T. M. Legge ② Gulen ③ Coriga ④ Percivall Pott

03 세계 최초의 직업성 암으로 보고된 음낭암의 원인물질로 규명된 것은?

① 납(lead) ② 황(sulfur) ③ 구리(copper) ④ 검댕(soot)

04 유해분진을 막기 위해 동물의 방광을 방진마스크로 사용할 것을 권장한 최초의 사람은?

① Hippocrates ② Gerogius Agricola
③ Pliny the Elder ④ Galen

해설 유해분진을 막기 위해 동물의 방광을 방진마스크로 사용할 것을 권장한 최초의 사람은 Pliny the Elder이다.

05 다음 중 인류 역사상 최초로 기록된 직업병은?

① 납중독 ② 진폐증 ③ 수은중독 ④ 카드뮴중독

06 우리나라 산업위생의 역사에 있어서 1981년에 일어난 일과 가장 관계가 깊은 것은?

① ILO 가입 ② 근로기준법 제정
③ 산업안전보건법 공포 ④ 한국산업위생학회 창립

해설 1981년 산업안전보건법이 공포되었다.

07 다음 중 우리나라 학계에 처음으로 보고된 직업병은?

① 직업성 난청 ② 납중독 ③ 진폐증 ④ 수은중독

해설 우리나라 학계에 처음으로 보고된 직업병은 진폐증이다.

08 우리나라의 산업위생 역사를 볼 때 1990년대 초반 각종 직업성 질환의 등장은 사회적으로 커다란 반향을 일으켰다. 인조견사를 만드는 데 쓰는 물질로서 특히 중추신경조직에 심각한 영향을 줌으로써 많은 직업병 환자를 양산하게 되었던 이 물질은 무엇인가?

① 벤젠 ② 톨루엔 ③ 이황화탄소 ④ 노말헥산

09 2004년 우리나라에서 외국인 근로자들의 하지 마비 사건 발생으로 크게 사회문제가 있었던 물질은?

① 수은 ② 이황화탄소 ③ DMF ④ 노말헥산

10 1833년 산업보건에 관한 법률로서 실제로 효과를 거둔 최초의 법안 「공장법」을 제정한 국가는?

① 미국 ② 영국 ③ 프랑스 ④ 독일

11 1700년대 「직업인의 질병」을 발간하였으며, 직업병의 원인을 크게 작업장에서 사용하는 유해물질과 근로자들의 불완전한 작업 자세나 동작 두 가지로 구분한 인물은?

① Hippocrates ② Georgius Agricola
③ Percivall Pott ④ Bernardino Ramazzini

12 산업위생의 역사적 인물과 업적을 잘못 연결한 것은?

① Galen – 광산에서의 산 증기 위험성 보고
② Robert Owen – 굴뚝청소부법 제정에 기여

③ Alice Hamilton – 유해물질 노출과 질병의 관계를 확인
④ Sir George Baker – 사이다 공장에서 납에 의한 복통 발표

해설 굴뚝청소부법 제정에 기여한 사람은 Percivall Pott(영국)이다.

13 착암기 또는 해머(Hammer) 같은 공구를 장기간 사용한 근로자에게 가장 유발되기 쉬운 국소진동에 의한 신체 증상은?

① 피부암 ② 소화 장애 ③ 불면증 ④ 레이노드씨 현상

해설 Loriga는 진동공구에 의한 수지의 레이노드씨 현상을 상세히 보고하였다.

14 1900년대 초 진동공구에 의한 수지의 Raynaud 증상을 보고한 사람은?

① Rehn ② Raynaud ③ Loriga ④ Rudolf Virchow

15 다음의 설명과 관련이 있는 것은?

진동 작업에 따른 증상으로 손과 손가락의 혈관이 수축하며 혈행(血行)이 감소하여 손이나 손가락이 창백해지고 바늘로 찌르듯이 저리며 통증이 심하다. 또한 추운 곳에서 작업할 때 더욱 악화될 수 있다.

① Raynaud's Syndrome ② Carpal Tunnel Syndrome
③ Thoracic Outlet Syndrome ④ Multiple Chemical Sensitivity

ANSWER | 01 ① 02 ④ 03 ④ 04 ③ 05 ① 06 ③ 07 ③ 08 ③ 09 ④ 10 ②
11 ④ 12 ② 13 ④ 14 ③ 15 ①

기 사

01 영국의 외과의사 Pott에 의하여 최초로 발견된 직업성 암은?

① 음낭암 ② 비암 ③ 폐암 ④ 간암

02 영국에서 최초로 보고된 직업성 암의 종류는?

① 폐암 ② 골수암 ③ 음낭암 ④ 기관지암

03 다음 중 역사상 최초로 기록된 직업병은?

① 수은중독 ② 음낭암 ③ 규폐증 ④ 납중독

04 우리나라의 직업병에 관한 역사 중 원진레이온(주)에서 발생한 사건의 주요 원인 물질은?

① 이황화탄소(CS_2) ② 수은(Hg) ③ 벤젠(C_6H_6) ④ 납(Pb)

05 직업병이 발생된 원진레이온에서 사용한 원인 물질은?

① 납 ② 사염화탄소 ③ 수은 ④ 이황화탄소

06 1980~1990년대 우리나라에 대표적으로 집단 직업병을 유발시켰던 이 물질은 비스코스레이온 합성에 사용되며 급성으로 고농도 노출 시 사망할 수 있고, 1,000ppm 수준에서는 환상을 보는 정신 이상을 유발한다. 만성독성으로는 뇌경색증, 다발성 신경염, 협심증, 신부전증 등을 유발하는 이 물질은 무엇인가?

① 벤젠 ② 이황화탄소 ③ 카드뮴 ④ 2-브로모프로판

07 이탈리아의 의사인 Ramazzini는 1700년에 「직업인의 질병(De Morbis Artificum Diatriba)」을 발간하였는데, 이 사람이 제시한 직업병의 원인과 가장 거리가 먼 것은?

① 근로자들의 과격한 동작 ② 작업장을 관리하는 체계
③ 작업장에서 사용하는 유해물질 ④ 근로자들의 불안전한 작업 자세

해설 Ramazzini가 제시한 직업병의 원인
㉠ 근로자들의 불안전한 작업 자세
㉡ 작업장에서 사용하는 유해물질
㉢ 근로자들의 과격한 동작

08 산업위생 역사에서 영국의 외과의사 Percivall Pott에 대한 내용 중 틀린 것은?

① 직업성 암을 최초로 보고하였다.
② 산업혁명 이전의 산업위생 역사이다.
③ 어린이 굴뚝청소부에게 많이 발생하던 음낭암(Scrotal Cancer)의 원인물질을 검댕(Soot)이라고 규명하였다.
④ Pott의 노력으로 1788년 영국에서는 「도제 건강 및 도덕법(Health and Morals of Apprentices Act)」이 통과되었다.

해설 도제 건강 및 도덕법은 1801년 영국의회에서 제정되었다.

09 아연과 황의 유해성을 주장하고 먼지 방지용 마스크로 동물의 방광을 사용토록 주장한 이는?

① Pliny ② Ramazzini ③ Galen ④ Paracelsus

해설 Pliny the Elder(로마)는 유해분진을 막기 위해 동물의 방광을 방진마스크로 사용할 것을 권장하였다.

ANSWER | 01 ① 02 ③ 03 ④ 04 ① 05 ④ 06 ② 07 ② 08 ④ 09 ①

THEMA 04 허용기준(노출기준)

1. 허용기준(노출기준)

거의 모든 근로자가 건강장해를 입지 않고 매일 반복하여 노출될 수 있다고 생각되는 공기 중 유해물질의 농도 또는 물리적 인자의 강도를 말한다.

2. 미국정부산업위생전문가협의회(ACGIH)에서 제시한 허용농도(TLV) 적용상의 주의사항

① 대기오염 평가 및 관리에 적용할 수 없다.
② 반드시 산업위생전문가에 의하여 적용되어야 한다.
③ 24시간 노출 또는 정상 작업시간을 초과한 노출에 대한 독성평가에 적용하여서는 아니 된다.
④ 안전농도와 위험농도를 정확히 구분하는 경계선으로 사용하여서는 아니 된다.
⑤ 독성의 강도를 비교할 수 있는 지표로 사용하지 않아야 한다.
⑥ 기존의 질병이나 육체적 조건을 판단하기 위한 척도로 사용될 수 없다.
⑦ 피부로 흡수되는 양은 고려하지 않은 기준이다.
⑧ 사업장의 유해조건을 평가하고 건강장해를 예방하기 위한 지침이다.
⑨ 작업조건이 다른 나라에서 ACGIH-TLV를 그대로 적용할 수 없다.

3. 국가별 노출기준 설정의 이론적 배경

① 사업장 역학조사 : 노출기준 설정 시 가장 중요
② 인체실험자료 : 안전한 물질을 대상으로 시행
③ 동물실험자료 : 인체실험이나 사업장 역학조사자료 부족 시 적용
④ 화학구조의 유사성 : 노출기준 추정 시 가장 기초적인 단계

4. 국가별 산업위생 관련 단체 및 노출기준 명칭

① 미국

㉠ 미국정부산업위생전문가협의회(ACGIH : American Conference of Governmental Industrial Hygienists) : 매년 "화학물질과 물리적 인자에 대한 노출기준 및 생물학적 노출지수"를 발간하여 노출기준 제정에 있어서 국제적으로 선구적인 역할을 담당하고 있는 기관이다.

- TLV(Threshold Limit Values, 허용기준) : 권고사항, 세계적으로 널리 이용
- BEI(Biological Exposure Indices, 생물학적 노출지수) : 작업자가 유해물질에 어느 정도 노출되었는지를 파악하는 지표로서 작업자의 생체시료에서 대사산물 등을 측정하여 유해물질의 노출량을 추정하는 데 사용

㉡ 미국국립산업안전보건연구원(NIOSH : National Institute for Occupational Safety and Health)

• REL(Recommended Exposure Limits) : 예방목적, 권고사항

ⓒ 미국산업안전보건청(OSHA : Occupational Safety and Health Administration)

• PEL(Permissible Exposure Limits) : 법적 효력을 가짐

• AL(Action Level) : PEL의 1/2

ⓔ 미국산업위생학회(AIHA : American Industrial Hygiene Association)

• WEEL(Workplace Environmental Exposure Level)

② 영국

영국산업위생학회(BOHS : British Occupational Hygiene Society)

• WEL(Workplace Exposure Limits)

③ 독일

MAK(Maximal Arbeitsplatz Konzentration)

④ 스웨덴

OEL(Occupational Exposure Limits)

⑤ 한국

한국산업안전보건협회(KOSHA)

• 화학물질 및 물리적 인자의 노출기준

연습문제

01 미국정부산업위생전문가협의회(ACGIH)에서 제시한 허용농도(TLV) 적용상의 주의사항으로 틀린 것은?

① 대기오염 평가 및 관리에 적용한다.

② 독성의 강도를 비교할 수 있는 지표로 사용하지 않아야 한다.

③ 24시간 노출 또는 정상 작업시간을 초과한 노출에 대한 독성평가에 적용하여서는 아니 된다.

④ 안전농도와 위험농도를 정확히 구분하는 경계선으로 사용하여서는 아니 된다.

해설 미국정부산업위생전문가협의회(ACGIH)에서 제시한 허용농도(TLV) 적용상의 주의사항

㉠ 대기오염 평가 및 관리에 적용할 수 없다.

㉡ 반드시 산업위생전문가에 의하여 적용되어야 한다.

㉢ 24시간 노출 또는 정상 작업시간을 초과한 노출에 대한 독성평가에 적용하여서는 아니 된다.

㉣ 안전농도와 위험농도를 정확히 구분하는 경계선으로 사용하여서는 아니 된다.

㉤ 독성의 강도를 비교할 수 있는 지표로 사용하지 않아야 한다.

㉥ 기존의 질병이나 육체적 조건을 판단하기 위한 척도로 사용될 수 없다.

㉦ 피부로 흡수되는 양은 고려하지 않은 기준이다.

㉧ 사업장의 유해조건을 평가하고 건강장해를 예방하기 위한 지침이다.

㉨ 작업조건이 다른 나라에서 ACGIH-TLV를 그대로 적용할 수 없다.

02 ACGIH-TLV 적용 시 주의사항으로 틀린 것은?

① 경험 있는 산업위생전문가가 적용해야 함
② 독성강도를 비교할 수 있는 지표가 아님
③ 안전농도와 위험농도를 구분하는 일반적 경계선으로 적용해야 함
④ 정상작업시간을 초과한 노출에 대한 독성평가에는 적용할 수 없음

해설 안전농도와 위험농도를 정확히 구분하는 경계선으로 사용하여서는 아니 된다.

03 다음 중 미국정부산업위생전문가협의회(ACGIH)에서 유해물질의 허용기준을 설정하는 데 이용되는 자료와 가장 거리가 먼 것은?

① 화학구조상의 유사성 ② 사업장 역학조사자료
③ 화학물질의 보관성 ④ 동물실험자료

해설 노출기준 설정의 이론적 배경
㉠ 사업장 역학조사 : 노출기준 설정 시 가장 중요
㉡ 인체실험자료 : 안전한 물질을 대상으로 시행
㉢ 동물실험자료 : 인체실험이나 사업장 역학조사자료 부족 시 적용
㉣ 화학구조의 유사성 : 노출기준 추정 시 가장 기초적인 단계

04 다음 중 허용농도를 설정할 때 가장 중요한 자료는?

① 사업장에서 조사한 역학자료 ② 인체실험을 통해 얻은 실험자료
③ 동물실험을 통해 얻은 실험자료 ④ 유사한 사업장의 비용편익분석 자료

05 허용농도 설정의 이론적 배경으로 '인체실험자료'가 있다. 이러한 인체실험 시 반드시 고려해야 할 사항으로 틀린 것은?

① 자발적으로 실험에 참여하는 자를 대상으로 한다.
② 영구적 신체장애를 일으킬 가능성은 없어야 한다.
③ 인류 보건에 기여할 물질에 대해 우선적으로 적용한다.
④ 실험에 참여하는 자는 서명으로 실험에 참여할 것을 동의해야 한다.

해설 인체실험자료
㉠ 안전한 물질을 대상으로 시행
㉡ 자발적 참여자를 대상으로 하고 그들에게 발생할 수 있는 모든 유해작용을 사전 공지
㉢ 영구적 신체장애를 일으킬 가능성이 없어야 함
㉣ 실험참여자는 서명으로 실험에 참가할 것을 동의

06 다음 중 산업위생 관련 기관의 약자와 명칭이 잘못된 것은?

① ACGIH : 미국산업위생협회 ② OSHA : 산업안전보건청(미국)
③ NIOSH : 국립산업안전보건연구원(미국) ④ IARC : 국제암연구소

해설 ACGIH : 미국정부산업위생전문가협의회

07 현재 우리나라에서 산업위생과 관련 있는 정부부처 및 단체, 연구소 등 관련 기관이 바르게 연결된 것은?

① 환경부 – 국립환경연구원
② 고용노동부 – 환경운동연합
③ 고용노동부 – 산업안전보건공단
④ 보건복지부 – 국립노동과학연구소

08 각 국가 및 기관에서 사용하는 노출기준의 용어가 틀린 것은?

① 미국 : PEL(Permissible Exposure Limits)
② 영국 : WEL(Workplace Exposure Limits)
③ 독일 : MAK(Maximal Arbeitsplatz Konzentration)
④ 스웨덴 : REL(Recommended Exposure Limits)

해설 스웨덴 : OEL(Occupational Exposure Limit)

09 국가와 노출기준 명칭의 연결이 틀린 것은?

① 영국 – WEL(Workplace Exposure Limits)
② 독일 – REL(Recommended Exposure Limits)
③ 스웨덴 – OEL(Occupational Exposure Limits)
④ 미국(ACGIH) – TLV(Threshold Limit Values)

해설 독일 : MAK(Maximal Arbeitsplatz Konzentration)

10 작업자가 유해물질에 어느 정도 노출되었는지를 파악하는 지표로서 작업자의 생체시료에서 대사산물 등을 측정하여 유해물질의 노출량을 추정하는 데 사용되는 것은?

① BEI
② TLV–TWA
③ TLV–S
④ Excursion Limit

해설 BEI(Biological Exposure Indices, 생물학적 노출지수)
작업자가 유해물질에 어느 정도 노출되었는지를 파악하는 지표로서 작업자의 생체시료에서 대사산물 등을 측정하여 유해물질의 노출량을 추정하는 데 사용한다.

ANSWER | 01 ① 02 ③ 03 ③ 04 ① 05 ③ 06 ① 07 ③ 08 ④ 09 ② 10 ①

더 풀어보기

산업기사

01 노출기준(TLV)의 적용에 관한 설명으로 적절하지 않은 것은?

① 대기오염 평가 및 관리에 적용할 수 없다.
② 반드시 산업위생전문가에 의하여 적용되어야 한다.
③ 독성의 강도를 비교할 수 있는 지표로 사용된다.
④ 기존의 질병이나 육체적 조건을 판단하기 위한 척도로 사용될 수 없다.

해설 미국정부산업위생전문가협의회(ACGIH)에서 제시한 허용농도(TLV) 적용상의 주의사항
㉠ 대기오염 평가 및 관리에 적용할 수 없다.
㉡ 반드시 산업위생전문가에 의하여 적용되어야 한다.
㉢ 24시간 노출 또는 정상 작업시간을 초과한 노출에 대한 독성평가에 적용하여서는 아니 된다.
㉣ 안전농도와 위험농도를 정확히 구분하는 경계선으로 사용하여서는 아니 된다.
㉤ 독성의 강도를 비교할 수 있는 지표로 사용하지 않아야 한다.
㉥ 기존의 질병이나 육체적 조건을 판단하기 위한 척도로 사용될 수 없다.
㉦ 피부로 흡수되는 양은 고려하지 않은 기준이다.
㉧ 사업장의 유해조건을 평가하고 건강장해를 예방하기 위한 지침이다.
㉨ 작업조건이 다른 나라에서 ACGIH-TLV를 그대로 적용할 수 없다.

02 다음 중 ACGIH-TLV의 적용상 주의사항으로 옳은 것은?

① 반드시 산업위생전문가에 의하여 적용되어야 한다.
② TLV는 안전농도와 위험농도를 정확히 구분하는 경계선이 된다.
③ TLV는 독성의 강도를 비교할 수 있는 지표가 된다.
④ 기존의 질병이나 육체적 조건을 판단하기 위한 척도로 사용될 수 있다.

03 다음 중 노출기준 설정의 이론적인 배경과 가장 거리가 먼 것은?

① 동물실험자료　② 화학적 성질의 안전성
③ 인체실험자료　④ 사업장 역학조사자료

해설 노출기준 설정의 이론적 배경
㉠ 사업장 역학조사 : 노출기준 설정 시 가장 중요
㉡ 인체실험자료 : 안전한 물질을 대상으로 시행
㉢ 동물실험자료 : 인체실험이나 사업장 역학조사자료 부족 시 적용
㉣ 화학구조의 유사성 : 노출기준 추정 시 가장 기초적인 단계

04 노출기준 설정의 근거자료로 가장 거리가 먼 것은?

① 동물실험자료　② 인체실험자료
③ 사업장 역학조사자료　④ 화학적 성질의 안정성

05 산업위생분야에 관련된 단체와 그 약자를 연결한 것으로 틀린 것은?

① 영국산업위생학회 – BOHS
② 미국산업위생학회 – ACGIH
③ 미국산업안전보건청 – OSHA
④ 미국국립산업안전보건연구원 – NIOSH

해설 미국산업위생학회 – AIHA

06 다음 중 산업위생과 관련된 정보를 얻을 수 있는 기관으로 관계가 가장 적은 것은?

① EPA ② AIHA ③ ACGIH ④ OSHA

해설 EPA는 미국환경청을 의미한다.

ANSWER | 01 ③ 02 ① 03 ② 04 ④ 05 ② 06 ①

기 사

01 다음 중 허용농도(TLV) 적용상의 주의사항으로 거리가 먼 것은?

① 대기오염 평가 및 관리에 적용해야 한다.
② 산업위생전문가에 의하여 적용되어야 한다.
③ 안전농도와 위험농도를 정확히 구분하는 경계선은 아니다.
④ 24시간 노출 또는 정상 작업시간을 초과한 노출에 대한 독성평가에는 적용될 수 없다.

해설 미국정부산업위생전문가협의회(ACGIH)에서 제시한 허용농도(TLV) 적용상의 주의사항

㉠ 대기오염 평가 및 관리에 적용할 수 없다.
㉡ 반드시 산업위생전문가에 의하여 적용되어야 한다.
㉢ 24시간 노출 또는 정상 작업시간을 초과한 노출에 대한 독성평가에 적용하여서는 아니 된다.
㉣ 안전농도와 위험농도를 정확히 구분하는 경계선으로 사용하여서는 아니 된다.
㉤ 독성의 강도를 비교할 수 있는 지표로 사용하지 않아야 한다.
㉥ 기존의 질병이나 육체적 조건을 판단하기 위한 척도로 사용될 수 없다.
㉦ 피부로 흡수되는 양은 고려하지 않은 기준이다.
㉧ 사업장의 유해조건을 평가하고 건강장해를 예방하기 위한 지침이다.
㉨ 작업조건이 다른 나라에서 ACGIH–TLV를 그대로 적용할 수 없다.

02 미국정부산업위생전문가협의회(ACGIH)에서 권고하는 있는 허용농도 적용상의 주의사항이 아닌 것은?

① 대기오염 평가 및 관리에 적용하지 않도록 한다.
② 독성의 강도를 비교할 수 있는 지표로 사용하지 않도록 한다.
③ 안전농도와 위험농도를 정확히 구분하는 경계선으로 이용하지 않도록 한다.
④ 사업장의 유해조건을 평가하기 위한 지침으로 사용하지 않도록 한다.

03 미국정부산업위생전문가협의회(ACGIH)에서 제정한 TLVs(Threshold Limit Values)의 설정근거가 아닌 것은?

① 허용기준 ② 동물실험자료
③ 인체실험자료 ④ 사업장 역학조사

해설 노출기준 설정의 이론적 배경
㉠ 사업장 역학조사 : 노출기준 설정 시 가장 중요
㉡ 인체실험자료 : 안전한 물질을 대상으로 시행
㉢ 동물실험자료 : 인체실험이나 사업장 역학조사자료 부족 시 적용
㉣ 화학구조의 유사성 : 노출기준 추정 시 가장 기초적인 단계

04 OSHA가 의미하는 기관의 명칭으로 맞는 것은?

① 세계보건기구 ② 영국보건안전부
③ 미국산업위생협회 ④ 미국산업안전보건청

해설 OSHA는 미국산업안전보건청을 의미한다.

05 여러 기관이나 단체 중에서 산업위생과 관계가 가장 먼 기관은?

① EPA ② ACGIH ③ BOHS ④ KOSHA

해설 EPA는 미국환경청을 의미한다.

06 국가 및 기관별 허용기준에 대한 사용 명칭을 잘못 연결한 것은?

① 영국 HSE – OEL
② 미국 OSHA – PEL
③ 미국 ACGIH – TLV
④ 한국 – 화학물질 및 물리적 인자의 노출기준

해설 영국산업위생학회(BOHS) – WEL(Workplace Exposure Limits)

07 매년 "화학물질과 물리적 인자에 대한 노출기준 및 생물학적 노출지수"를 발간하여 노출기준 제정에 있어서 국제적으로 선구적인 역할을 담당하고 있는 기관은?

① 미국산업위생학회(AIHA)
② 미국직업안전위생관리국(OSHA)
③ 미국국립산업안전보건연구원(NIOSH)
④ 미국정부산업위생전문가협의회(ACGIH)

해설 미국정부산업위생전문가협의회(ACGIH) : 매년 "화학물질과 물리적 인자에 대한 노출기준 및 생물학적 노출지수"를 발간하여 노출기준 제정에 있어서 국제적으로 선구적인 역할을 담당하고 있는 기관이다.

ANSWER | 01 ① 02 ④ 03 ① 04 ④ 05 ① 06 ① 07 ④

THEMA 05 노출기준의 종류

1. 시간가중 평균농도(TWA : Time Weighted Average)

① 1일 8시간 및 1주일 40시간의 평균농도로 거의 모든 근로자가 나쁜 영향을 받지 않고 노출될 수 있는 농도

② 1일 8시간 작업을 기준으로 하여 유해인자의 측정치에 발생시간을 곱하여 8시간으로 나눈 값을 말하며, 다음 식에 따라 산출한다.

$$\text{TWA 환산값} = \frac{C_1 \cdot T_1 + C_2 \cdot T_2 + \cdots + C_n \cdot T_n}{8}$$

여기서, C : 유해인자의 측정치(단위 : ppm, mg/m^3 또는 개/cm^3)
T : 유해인자의 발생시간(단위 : 시간)

2. 단시간노출농도(STEL : Short Term Exposure Limits)

① 근로자가 1회에 15분간 유해요인에 노출되는 경우의 기준

② 노출간격이 1시간 이상인 경우 1일 작업시간 동안 4회까지 노출이 허용되는 농도

③ 각 노출의 간격은 60분 이상

④ 만성중독이나 고농도에서 급성중독을 초래하는 유해물질에 적용

⑤ 시간가중 평균농도에 대한 보완적인 기준

3. 최고노출농도(Ceiling, C)

① 근로자가 1일 작업시간 동안 잠시라도 노출되어서는 아니 되는 기준

② 노출기준 앞에 "C"를 붙여 표시

③ 자극성 가스나 독작용이 빠른 물질 및 TLV-STEL이 설정되지 않는 물질 적용

4. Skin 또는 피부(ACGIH)

유해화학물질의 노출기준 또는 허용기준에 "피부" 또는 "Skin"이라는 표시가 있을 경우 그 물질은 피부로 흡수되어 전체 노출량에 기여할 수 있다는 의미

5. 단시간 상한값(Excursion Limits)

TLV-TWA가 설정되어 있는 유해물질 중 독성자료가 부족하여 TLV-STEL이 설정되어 있지 않은 물질에 적용

※ ACGIH에서의 노출 상한선과 노출시간 권고사항

- TLV-TWA의 3배인 경우 : 노출시간 30분 이하
- TLV-TWA의 5배인 경우 : 잠시라도 노출되어서는 안 됨

6. 노출기준에 피부(Skin) 표시를 하여야 하는 물질

① 손이나 팔에 의한 흡수가 몸 전체 흡수량의 많은 부분을 차지하는 물질(특히 노출기준이 낮은 물질)
② 반복하여 피부에 도포했을 때 전신작용을 발생시키는 물질
③ 급성동물실험 결과 피부 흡수에 의한 치사량(LD_{50})이 비교적 낮은 물질(1,000mg/체중kg 이하)
④ 옥탄올-물 분배계수가 높아 피부 흡수가 용이하고 다른 노출경로에 비해 피부 흡수가 전신작용에 중요한 역할을 하는 물질

7. 산업안전보건법에 따른 노출기준 사용상의 유의사항

① 각 유해인자의 노출기준은 해당 유해인자가 단독으로 존재하는 경우의 노출기준을 말한다.
② 2종 또는 그 이상의 유해인자가 혼재하는 경우에는 각 유해인자의 상가작용으로 유해성이 증가할 수 있으므로 주의해야 한다.
③ 노출기준은 1일 8시간을 기준으로 한다.
④ 근로시간, 작업의 강도, 온열조건, 이상기압 등이 노출기준 적용에 영향을 미칠 수 있으므로 이와 같은 제반요인을 특별히 고려하여야 한다.
⑤ 유해인자에 대한 감수성은 개인에 따라 차이가 있고, 노출기준 이하의 작업환경에서도 직업성 질병에 이환되는 경우가 있으므로 노출기준은 직업병 진단에 사용하거나 노출기준 이하의 작업환경이라는 이유만으로 직업성 질병의 이환을 부정하는 근거 또는 반증자료로 사용하여서는 아니 된다.
⑥ 노출기준은 대기오염의 평가 또는 관리상의 지표로 사용하여서는 아니 된다.

8. 화학물질 노출기준

① Skin 표시 물질은 점막과 눈 그리고 경피로 흡수되어 전신에 영향을 일으킬 수 있는 물질을 말함(피부자극성을 뜻하는 것이 아님)
② 발암성 정보물질의 표기는 「화학물질의 분류 · 표시 및 물질안전보건자료에 관한 기준」에 따라 다음과 같이 표기함
  ㉠ 1A : 사람에게 충분한 발암성 증거가 있는 물질
  ㉡ 1B : 시험동물에서 발암성 증거가 충분히 있거나, 시험동물과 사람 모두에게서 제한된 발암성 증거가 있는 물질
  ㉢ 2 : 사람이나 동물에게서 제한된 증거가 있지만, 구분 1로 분류하기에는 증거가 충분하지 않은 물질
③ 화학물질이 IARC 등의 발암성 등급과 NTP의 R등급을 모두 갖는 경우에는 NTP의 R등급은 고려하지 아니 함
④ 혼합용매추출은 에틸에테르, 톨루엔, 메탄올을 부피비 1 : 1 : 1로 혼합한 용매나 이외 동등 이상의 용매로 추출한 물질을 말함
⑤ 노출기준이 설정되지 않은 물질의 경우 이에 대한 노출이 가능한 한 낮은 수준이 되도록 관리하여야 함

연습문제

01 다음 중 유해물질의 최고노출기준의 표기로 옳은 것은?

① TLV−TWA ② TLV−S
③ TLV−C ④ BLV

해설 최고노출농도(Ceiling, C)
㉠ 근로자가 1일 작업시간 동안 잠시라도 노출되어서는 아니 되는 기준
㉡ 노출기준 앞에 "C"를 붙여 표시
㉢ 자극성 가스나 독작용이 빠른 물질 및 TLV−STEL이 설정되지 않는 물질 적용

02 미국산업위생전문가협의회(ACGIH)에서 1일 8시간 및 1주일 40시간의 평균농도로 거의 모든 근로자가 나쁜 영향을 받지 않고 노출될 수 있는 농도를 어떻게 표기하는가?

① MAC ② TLV−TWA
③ Ceiling ④ TLV−STEL

해설 시간가중 평균농도(TWA : Time Weighted Average)
㉠ 1일 8시간 및 1주일 40시간의 평균농도로 거의 모든 근로자가 나쁜 영향을 받지 않고 노출될 수 있는 농도
㉡ 1일 8시간 작업을 기준으로 하여 유해인자의 측정치에 발생시간을 곱하여 8시간으로 나눈 값

03 어떤 물질에 대한 작업환경을 측정한 결과 다음과 같은 TWA 결괏값을 얻었다. 환산된 TWA는 약 얼마인가?

농도(ppm)	100	150	250	300
발생시간(분)	120	240	60	60

① 169ppm ② 198ppm
③ 220ppm ④ 256ppm

해설 $\text{TWA} = \frac{(100\times120)+(150\times240)+(250\times60)+(300\times60)}{120+240+60+60} = 168.75\text{ppm}$

04 다음 ( ) 안에 알맞은 것은?

> "화학물질 및 물리적 인자의 노출기준에 있어서 단시간노출농도(STEL)라 함은 근로자가 1회에 (㉠)분간 유해요인에 노출되는 경우의 기준으로 1시간 이상인 경우 1일 작업시간 동안 (㉡) 이상 노출이 허용될 수 있는 농도를 말한다."

① ㉠ 30, ㉡ 6회 ② ㉠ 30, ㉡ 4회
③ ㉠ 15, ㉡ 6회 ④ ㉠ 15, ㉡ 4회

해설 화학물질 및 물리적 인자의 노출기준에 있어서 단시간노출농도(STEL)라 함은 근로자가 1회에 15분간 유해요인에 노출되는 경우의 기준으로 1시간 이상인 경우 1일 작업시간 동안 4회 이상 노출이 허용될 수 있는 농도를 말한다.

05 다음 중 우리나라의 노출기준 단위가 다른 하나는?

① 결정체 석영 ② 유리섬유 분진

③ 광물성 섬유 ④ 내화성 세라믹섬유

해설 노출기준 단위

㉠ 가스 및 증기의 노출기준 표시단위는 피피엠(ppm)을 사용한다.

㉡ 분진 및 미스트 등 에어로졸(Aerosol)의 노출기준 표시단위는 세제곱미터당 밀리그램(mg/m^3)을 사용한다.

㉢ 석면 및 내화성 세라믹섬유의 노출기준 표시단위는 세제곱센티미터당 개수($개/cm^3$)를 사용한다.

06 다음 중 허용농도 상한치(Excursion Limits)에 대한 설명으로 틀린 것은?

① 단시간허용노출기준(TLV-STEL)이 설정되어 있지 않는 물질에 대하여 적용한다.

② 시간가중평균치(TLV-TWA)의 3배는 1시간 이상을 초과할 수 없다.

③ 시간가중평균치(TLV-TWA)의 5배는 잠시라도 노출되어서는 안 된다.

④ 시간가중평균치(TLV-TWA)가 초과되어서는 아니 된다.

해설 시간가중평균치(TLV-TWA)의 3배는 30분 이상을 초과할 수 없다.

07 우리나라의 화학물질 노출기준에 관한 설명으로 틀린 것은?

① Skin이라고 표시된 물질은 피부 자극성을 뜻한다.

② 발암성 정보물질의 표기 중 1A는 사람에게 충분한 발암성 증거가 있는 물질을 의미한다.

③ Skin 표시 물질은 점막과 눈 그리고 경피로 흡수되어 전신에 영향을 일으킬 수 있는 물질을 말한다.

④ 화학물질이 IARC 등의 발암성 등급과 NTP의 R등급을 모두 갖는 경우에는 NTP의 R등급은 고려하지 아니 한다.

해설 Skin이라고 표시된 물질은 피부로 흡수되어 전체 노출량에 기여할 수 있다는 의미이다.

08 화학물질의 노출기준에 관한 설명으로 맞는 것은?

① 발암성 정보물질의 표기로 "2A"는 사람에게 충분한 발암성 증거가 있는 물질을 의미한다.

② "Skin" 표시 물질은 점막과 눈 그리고 경피로 흡수되어 전신에 영향을 일으킬 수 있는 물질을 의미한다.

③ 발암성 정보물질의 표기로 "2B"는 시험동물에서 발암성 증거가 충분히 있는 물질을 의미한다.

④ 발암성 정보물질의 표기로 "1"은 사람이나 동물에게서 제한된 증거가 있지만, 구분 "2"로 분류하기에는 증거가 충분하지 않은 물질을 의미한다.

해설 국제암연구위원회(IARC)의 발암물질 구분 Group

㉠ Group 1 : 확실한 발암물질(인체 발암성 확인 물질)

㉡ Group 2A : 가능성이 높은 발암물질(인체 발암성 예측, 추정 물질)

㉢ Group 2B : 가능성 있는 발암물질(인체 발암성 가능 물질, 동물 발암성 확인 물질)

㉣ Group 3 : 발암성이 불확실한 물질(인체 발암성 미분류 물질)
㉤ Group 4 : 발암성이 없는 물질(인체 미발암성 추정 물질)

09 다음 중 노출기준에 대한 설명으로 옳은 것은?

① 노출기준 이하의 노출에서는 모든 근로자에게 건강상의 영향을 나타내지 않는다.
② 노출기준은 질병이나 육체적 조건을 판단하기 위한 척도로 사용될 수 있다.
③ 작업장이 아닌 대기에서는 건강한 사람이 대상이 되기 때문에 동일한 노출기준을 사용할 수 있다.
④ 노출기준은 독성의 강도를 비교할 수 있는 지표가 아니다.

10 직업적 노출기준에 피부(Skin) 표시가 첨부되는 물질이 있다. 다음 중 피부 표시를 첨부하는 경우가 아닌 것은?

① 옥탄올–물 분배계수가 낮은 물질인 경우
② 반복하여 피부에 도포했을 때 전신작용을 일으키는 물질인 경우
③ 손이나 팔에 의한 흡수가 몸 전체 흡수에 지대한 영향을 주는 물질인 경우
④ 동물의 급성중독 실험결과 피부흡수에 의한 치사량(LD_{50})이 비교적 낮은 물질인 경우

해설 노출기준에 피부(Skin) 표시를 하여야 하는 물질
㉠ 손이나 팔에 의한 흡수가 몸 전체 흡수량의 많은 부분을 차지하는 물질(특히 노출기준이 낮은 물질)
㉡ 반복하여 피부에 도포했을 때 전신작용을 발생시키는 물질
㉢ 급성동물실험 결과 피부 흡수에 의한 치사량(LD_{50})이 비교적 낮은 물질(1,000mg/체중kg 이하)
㉣ 옥탄올–물 분배계수가 높아 피부 흡수가 용이하고 다른 노출경로에 비해 피부 흡수가 전신작용에 중요한 역할을 하는 물질

ANSWER | 01 ③ 02 ② 03 ① 04 ④ 05 ④ 06 ② 07 ① 08 ② 09 ④ 10 ①

더 풀어보기

산업기사

01 유해물질의 허용농도 종류 중 근로자가 1일 작업시간 동안 잠시라도 노출되어서는 아니 되는 기준을 나타내는 것은?

① PEL ② TLV–TWA ③ TLV–C ④ TLV–STEL

해설 최고노출농도(Ceiling, C)
㉠ 근로자가 1일 작업시간 동안 잠시라도 노출되어서는 아니 되는 기준
㉡ 노출기준 앞에 "C"를 붙여 표시
㉢ 자극성 가스나 독작용이 빠른 물질 및 TLV–STEL이 설정되지 않는 물질 적용

02 다음 중 노출기준에 피부(Skin) 표시를 첨부하는 물질이 아닌 것은?

① 옥탄올–물 분배계수가 높은 물질
② 반복하여 피부에 도포했을 때 전신작용을 일으키는 물질
③ 손이나 팔에 의한 흡수가 몸 전체에서 많은 부분을 차지하는 물질
④ 동물을 이용한 급성중독 실험결과 피부 흡수에 의한 치사량이 비교적 높은 물질

해설 노출기준에 피부(Skin) 표시를 하여야 하는 물질
㉠ 손이나 팔에 의한 흡수가 몸 전체 흡수량의 많은 부분을 차지하는 물질(특히 노출기준이 낮은 물질)
㉡ 반복하여 피부에 도포했을 때 전신작용을 발생시키는 물질
㉢ 급성동물실험 결과 피부 흡수에 의한 치사량(LD_{50})이 비교적 낮은 물질(1,000mg/체중kg 이하)
㉣ 옥탄올–물 분배계수가 높아 피부 흡수가 용이하고 다른 노출경로에 비해 피부 흡수가 전신작용에 중요한 역할을 하는 물질

03 크레졸의 노출기준에는 시간가중 평균노출기준(TWA) 외에 '피부(Skin)' 표시가 되어 있다. 이 표시에 대한 설명으로 틀린 것은?

① 피부자극, 피부질환 및 감각 등과 관련이 깊다.
② 피부의 상처는 이러한 물질의 흡수에 큰 영향을 미친다.
③ 점막과 눈 그리고 경피로 흡수되어 전신 영향을 일으킬 수 있는 물질을 뜻한다.
④ 공기 중 노출농도의 측정과 함께 생물학적 지표가 되는 물질도 병행하여 측정한다.

04 다음 중 주요 화학물질의 노출기준(TWA, ppm)이 가장 낮은 것은?

① 오존(O_3) ② 암모니아(NH_3)
③ 일산화탄소(CO) ④ 이산화탄소(CO_2)

해설 화학물질의 노출기준
㉠ 오존(O_3) : 0.08ppm
㉡ 암모니아(NH_3) : 25ppm
㉢ 일산화탄소(CO) : 30ppm
㉣ 이산화탄소(CO_2) : 5.0ppm

ANSWER | 01 ③ 02 ④ 03 ① 04 ①

기 사

01 이황화탄소(CS_2)가 배출되는 작업장에서 시료분석 농도가 3시간에 3.5ppm, 2시간에 15.2 ppm, 3시간에 5.8ppm일 때, 시간가중평균값은 약 몇 ppm인가?

① 3.7 ② 6.4 ③ 7.3 ④ 8.9

해설 $\text{TWA 환산값} = \dfrac{C_1 \cdot T_1 + C_2 \cdot T_2 + \cdots + C_n \cdot T_n}{8} = \dfrac{3.5\times3+15.2\times2+5.8\times3}{3+2+3} = 7.29\text{ppm}$

02 방직공장의 면분진 발생 공정에서 측정한 공기 중 면분진 농도가 2시간은 $2.5mg/m^3$, 3시간은 $1.8mg/m^3$, 3시간은 $2.6mg/m^3$일 때, 해당 공정의 시간가중평균노출기준 환산값은 약 얼마인가?

① $0.86mg/m^3$ ② $2.28mg/m^3$ ③ $2.35mg/m^3$ ④ $2.60mg/m^3$

해설 시간가중 평균노출기준(TWA) $= \frac{(2\times2.5+3\times1.8+3\times2.6)mg/m^3}{8} = 2.28mg/m^3$

03 다음은 미국 ACGIH에서 제안하는 TLV-STEL을 설명한 것이다. 여기에서 단시간은 몇 분인가?

> 근로자가 자극, 만성 또는 불가역적 조직장애, 사고유발, 응급 시 대처능력의 저하 및 작업능률 저하 등을 초래할 정도의 마취를 일으키지 않고 <u>단시간</u> 동안 노출될 수 있는 농도이다.

① 5분 ② 15분
③ 30분 ④ 60분

해설 단시간노출농도는 근로자가 1회에 15분간 유해요인에 노출되는 경우의 기준이다.

04 화학물질의 국내 노출기준에 관한 설명으로 틀린 것은?

① 1일 8시간을 기준으로 한다.
② 직업병 진단 기준으로 사용할 수 없다.
③ 대기오염의 평가나 관리상 지표로 사용할 수 없다.
④ 직업성 질병의 이환에 대한 반증자료로 사용할 수 있다.

해설 직업성 질병의 이환을 부정하는 근거 또는 반증자료로 사용하여서는 아니 된다.

05 다음 중 화학물질의 노출기준에 대한 설명으로 옳은 것은?

① 노출기준은 변할 수 있다.
② 대기환경에서의 노출기준이 없는 화합물은 사업장 노출기준을 적용한다.
③ 노출기준 이하의 노출에서는 모든 근로자에게 건강상의 영향이 나타나지 않는다.
④ 노출기준 이하에서는 직업병이 발생되지 않는 안전한 값이다.

06 다음 중 산업안전보건법에 따른 노출기준 사용상의 유의사항에 관한 설명으로 틀린 것은?

① 노출기준은 대기오염의 평가 또는 관리상의 지표로 사용할 수 있다.
② 각 유해인자의 노출기준은 해당 유해인자가 단독으로 존재하는 경우의 노출기준을 말한다.
③ 노출기준은 1일 8시간 작업을 기준으로 하여 제정된 것이므로 이를 이용할 경우에는 근로시간, 작업의 강도, 온열조건, 이상기압 등이 노출기준 적용에 영향을 미칠 수 있으므로 이와 같은 제반요인을 특별히 고려하여야 한다.
④ 유해인자에 대한 감수성은 개인에 따라 차이가 있고 노출기준 이하의 작업환경에서도 직업성 질병에 이환되는 경우가 있으므로 노출기준은 직업병 진단에 사용하거나 노출기준 이

하의 작업환경이라는 이유만으로 직업성 질병의 이환을 부정하는 근거 또는 반증자료로 사용하여서는 아니 된다.

해설 노출기준은 대기오염의 평가 또는 관리상의 지표로 사용하여서는 아니 된다.

07 다음 중 ACGIH에서 권고하는 TLV-TWA(시간가중평균치)에 대한 근로자 노출의 상한치와 노출 가능시간의 연결로 옳은 것은?

① TLV-TWA의 3배 : 30분 이하
② TLV-TWA의 3배 : 60분 이하
③ TLV-TWA의 5배 : 5분 이하
④ TLV-TWA의 5배 : 15분 이하

해설 ACGIH에서의 노출 상한선과 권고 노출시간
㉠ TLV－TWA의 3배인 경우 : 노출시간 30분 이하
㉡ TLV－TWA의 5배인 경우 : 잠시라도 노출되어서는 안 됨

08 다음의 ( ) 안에 들어갈 내용을 올바르게 나열한 것은?

> 단시간노출기준(STEL)이란 (㉠)간의 시간가중평균노출값으로서 노출농도가 시간가중평균노출기준(TWA)을 초과하고 단시간노출기준(STEL) 이하인 경우에는 (㉡) 노출 지속시간이 15분 미만이어야 한다. 이러한 상태가 1일 (㉢) 이하로 발생하여야 하며, 각 노출의 간격은 (㉣) 이상이어야 한다.

① ㉠ : 5분, ㉡ : 1회, ㉢ : 6회, ㉣ : 30분
② ㉠ : 15분, ㉡ : 1회, ㉢ : 4회, ㉣ : 60분
③ ㉠ : 15분, ㉡ : 2회, ㉢ : 4회, ㉣ : 30분
④ ㉠ : 15분, ㉡ : 2회, ㉢ : 6회, ㉣ : 60분

해설 단시간노출농도(STEL : Short Term Exposure Limit)
㉠ 근로자가 1회에 15분간 유해요인에 노출되는 경우의 기준
㉡ 노출간격이 1시간 이상인 경우 1일 작업시간 동안 4회까지 노출이 허용되는 농도
㉢ 각 노출의 간격은 60분 이상
㉣ 만성중독이나 고농도에서 급성중독을 초래하는 유해물질에 적용
㉤ 시간가중 평균농도에 대한 보완적인 기준

09 다음 중 화학물질의 노출기준에서 근로자가 1일 작업시간 동안 잠시라도 노출되어서는 아니 되는 기준을 나타내는 것은?

① TLV－C
② TLV－Skin
③ TLV－TWA
④ TLV－STEL

해설 "최고노출기준(C)"이란 근로자가 1일 작업시간 동안 잠시라도 노출되어서는 아니 되는 기준을 말하며, 노출기준 앞에 "C"를 붙여 표시한다.

ANSWER | 01 ③ 02 ② 03 ② 04 ④ 05 ① 06 ① 07 ① 08 ② 09 ①

THEMA 06 노출지수와 보정

1. 노출지수(EI : Exposure Index) : 공기 중 혼합물질

① 2가지 이상의 독성이 유사한 유해화학 물질이 공기 중에 공존할 때 유해성의 상가작용을 나타낸다고 가정하고 계산한 노출지수로 결정

② 노출지수는 1을 초과하면 노출기준을 초과한다고 평가

③ 독성이 서로 다른 물질이 혼합되어 있는 경우 혼합된 물질의 유해성이 상승작용 또는 상가작용이 없으므로 각 물질에 대하여 개별적으로 노출기준 초과 여부를 결정한다.(독립작용)

$$\text{노출지수(EI)} = \frac{C_1}{TLV_1} + \frac{C_2}{TLV_2} + \frac{C_3}{TLV_3} + \cdots + \frac{C_n}{TLV_n}$$

여기서, C_n : 혼합물질의 농도
TLV_n : 혼합물질의 허용농도

2. 액체 혼합물의 구성성분을 알 때 혼합물의 노출기준(허용농도)

$$\text{혼합물 허용농도} = \frac{1}{\frac{f_1}{TLV_1} + \frac{f_2}{TLV_2} + \cdots + \frac{f_n}{TLV_n}}$$

여기서, f_n : 중량구성비(%)
TLV_n : 허용농도(mg/m^3)

3. 비정상 작업시간에 대한 허용농도 보정

(1) OSHA의 보정방법

① 급성중독을 일으키는 물질(대표적 예 : 일산화탄소)

$$\text{보정 노출기준(허용농도)} = \text{8시간 노출기준(허용농도)} \times \frac{\text{8시간}}{\text{노출시간/일}}$$

② 만성중독을 일으키는 물질(대표적 예 : 납, 수은 등 중금속류)

$$\text{보정 노출기준(허용농도)} = \text{8시간 노출기준(허용농도)} \times \frac{\text{40시간}}{\text{노출시간/주}}$$

(2) Brief와 Scala의 보정방법

① 전신 중독 또는 기관장애를 발생시키는 물질에 대해 노출기준 보정계수(RF : Reduction Factor)를 구한 후 노출기준에 곱하여 계산

② 노출기준 보정계수(RF)

$$\text{TLV 보정계수} = \frac{8}{H} \times \frac{24-H}{16} \text{(1일 노출시간 기준)}$$

$$= \frac{40}{H} \times \frac{168-H}{128} \text{(1주 노출시간 기준)}$$

여기서, H : 비정상적인 작업시간(노출시간/일) ; 노출시간/주
168 : 일주일 시간 환산치(128은 일주일 휴식시간을 의미)

③ 보정된 노출기준 = RF × 노출기준(허용농도)

④ 노출기준(허용농도)의 보정이 필요 없는 경우

㉠ 천장값(Ceiling, C)으로 되어 있는 노출기준

㉡ 만성중독을 일으키지 않고 다만 가벼운 자극성을 일으키는 물질에 대한 노출기준

㉢ 기술적으로 타당성 및 실현성이 없는 노출기준

4. 공기 중 혼합물질의 상호작용

혼합물질의 상호작용	작용 내용	예시
상가작용 (Additive Action)	2종 이상의 화학물질이 혼재하는 경우 인체의 같은 부위에 작용함으로써 그 유해성이 가중되는 것	2+4=6
상승작용 (Synergism)	각각의 단일물질에 노출되었을 때보다 훨씬 큰 독성을 발휘	1+3=10
잠재작용 (가승작용, 강화작용, Potentiation)	인체에 영향을 나타내지 않은 물질이 다른 독성물질과 노출되어 그 독성이 커질 경우	2+0=5
길항작용 (Antagonism)	2종 이상의 화합물이 있을 때 서로의 작용을 방해하는 것	4+6=8

5. 체내 흡수량(안전흡수량, SHD)

SHD는 오염물질이 인간에게 안전하다고 여겨지는 양을 의미한다.

$$\text{체내 흡수량(mg)} = C \times V \times T \times R$$

여기서, C : 공기 중 유해물질 농도(mg/m^3)
V : 폐환기율, 호흡률(m^3/hr), 경작업 시(0.8~1.25)
T : 노출시간(hr)
R : 체내 잔류율(자료 없는 경우 1.0)

연습문제

01 공기 중의 혼합물로서 아세톤 400ppm(TLV = 750ppm), 메틸에틸케톤 100ppm(TLV = 200 ppm)이 서로 상가작용을 할 때 이 혼합물의 노출지수는 약 얼마인가?

① 0.82 ② 1.03 ③ 1.10 ④ 1.45

해설 노출지수(EI)$=\frac{C_1}{TLV_1}+\frac{C_2}{TLV_2}+\cdots+\frac{C_n}{TLV_n}=\frac{400}{750}+\frac{100}{200}=1.03$

02 공기 중에 혼합물로 Toluene 70ppm(TLV=100ppm), Xylene 60ppm(TLV=100ppm), n–Hexane 30ppm(TLV=50ppm)이 존재하는 경우 복합노출지수는 얼마인가?

① 1.1 ② 1.5 ③ 1.9 ④ 2.3

해설 노출지수(EI)$=\frac{C_1}{TLV_1}+\frac{C_2}{TLV_2}+\cdots+\frac{C_n}{TLV_n}=\frac{70}{100}+\frac{60}{100}+\frac{30}{50}=1.9$

03 아세톤 200ppm(TLV = 750ppm)과 톨루엔 45ppm(TLV = 100ppm)이 각각 노출되어 있는 실내 작업장에서 노출기준의 초과 여부를 평가한 결과로 올바른 것은?

① 복합노출지수가 약 0.72이므로 노출기준 미만이다.
② 복합노출지수가 약 5.97이므로 노출기준 미만이다.
③ 복합노출지수가 약 0.72이므로 노출기준을 초과하였다.
④ 복합노출지수가 약 5.97이므로 노출기준을 초과하였다.

해설 노출지수(EI)$=\frac{C_1}{TLV_1}+\frac{C_2}{TLV_2}+\cdots+\frac{C_n}{TLV_n}=\frac{200}{750}+\frac{45}{100}=0.72$

∴ 노출지수가 약 0.72이므로 노출기준 미만이다.

04 메틸에틸케톤(MEK) 50ppm(TLV = 200ppm), 트리클로로에틸렌(TCE) 25ppm(TLV = 50ppm), 크실렌(Xylene) 30ppm(TLV = 100ppm)이 공기 중 혼합물로 존재할 경우 노출지수와 노출기준 초과 여부로 맞는 것은?(단, 혼합물질은 상가작용을 한다.)

① 노출지수 0.5, 노출기준 미만 ② 노출지수 0.5, 노출기준 초과
③ 노출지수 1.05, 노출기준 미만 ④ 노출지수 1.05, 노출기준 초과

해설 노출지수(EI)$=\frac{C_1}{TLV_1}+\frac{C_2}{TLV_2}+\cdots+\frac{C_n}{TLV_n}=\frac{50}{200}+\frac{25}{50}+\frac{30}{100}=1.05$

∴ 노출지수가 1.05이므로 노출기준을 초과하였다.

05 메탄올(TLV = 200ppm)이 존재하는 작업환경에서 1주일 45시간을 작업할 경우 보정된 허용농도는 약 얼마인가?(단, Brief와 Scala의 보정방법을 적용한다.)

① 100ppm ② 123ppm ③ 156ppm ④ 171ppm

해설 $RF = \frac{40}{H} \times \frac{168-H}{128} = \frac{40}{45} \times \frac{168-45}{128} = 0.854$

∴ 허용농도 $= 0.854 \times 200ppm = 170.8ppm$

06 1일 10시간 작업할 때 전신 중독을 일으키는 Methyl Chloroform(노출기준 350ppm)의 노출기준을 얼마로 하여야 하는가?(단, Brief와 Scala의 보정 방법을 적용한다.)

① 200ppm ② 245ppm ③ 280ppm ④ 320ppm

해설 $RF = \frac{8}{H} \times \frac{24-H}{16} = \frac{8}{10} \times \frac{24-10}{16} = 0.7$

∴ 허용농도 $= 0.7 \times 350ppm = 245ppm$

07 톨루엔(TLV = 50ppm)을 사용하는 작업장의 작업시간이 10시간일 때 허용기준을 보정하여야 한다. OSHA 보정법과 Brief and Scala 보정법을 적용하였을 경우 보정된 허용기준치 간의 차이는 얼마인가?

① 1ppm ② 2.5ppm ③ 5ppm ④ 10ppm

해설 ㉠ OSHA

보정노출기준 $= 8$시간 노출기준 $\times \frac{8\text{시간}}{\text{노출기준/일}} = 50 \times \frac{8}{10} = 40ppm$

㉡ Brief and Scala

보정노출기준 $=$ 노출기준 $\times \frac{8}{H} \times \frac{24-H}{16} = 50 \times \frac{8}{10} \times \frac{24-10}{16} = 35ppm$

∴ 허용기준 간의 차 $= 40 - 35 = 5ppm$

08 구리(Cu)의 공기 중 농도가 $0.05mg/m^3$이다. 작업자의 노출시간은 8시간이며, 폐환기율은 $1.25m^3/hr$, 체내 잔류율은 1이라고 할 때, 체내흡수량은?

① 0.1mg ② 0.2mg ③ 0.5mg ④ 0.8mg

해설 체내 흡수량(mg) $= C \times V \times T \times R$

여기서, C : 공기 중 유해물질의 농도(mg/m^3), T : 노출시간(hr)

R : 체내 잔류율(1), V : 폐환기율, 호흡률(m^3/hr)

∴ 체내 흡수량(mg) $= \frac{0.05mg}{m^3} \left| \frac{1.25m^3}{hr} \right| \frac{1}{} \left| \frac{8hr}{} \right. = 0.5mg$

09 아연에 대한 인체실험 결과 안전흡수량이 체중 kg당 0.12mg이었다. 1일 8시간 작업에서의 노출기준은 약 얼마인가?(단, 근로자의 평균 체중은 70kg, 폐환기율은 $1.2m^3/hr$으로 한다.)

① $1.8mg/m^3$ ② $1.5mg/m^3$ ③ $1.2mg/m^3$ ④ $0.9mg/m^3$

해설 체내 흡수량(mg) $= C \times V \times T \times R$

$C = \frac{SHD}{V \times T \times R} = \frac{0.12mg/kg \times 70kg}{1 \times 8hr \times 1.2m^3/hr} = 0.875mg/m^3$

ANSWER | 01 ② 02 ③ 03 ① 04 ④ 05 ④ 06 ② 07 ③ 08 ③ 09 ④

더 풀어보기

산업기사

01 다음 물질이 공기 중에 완전 혼합되었다고 가정할 때 혼합물질의 노출지수는 약 얼마인가?(단, 각각의 물질은 서로 상가작용을 한다.)

- Acetone 400ppm(TLV=500ppm)
- Heptane 150ppm(TLV=400ppm)
- Methyl Ethyl Ketone 100ppm(TLV=200ppm)

① 1.1 ② 1.3 ③ 1.5 ④ 1.7

해설 $노출지수(EI)=\frac{C_1}{TLV_1}+\frac{C_2}{TLV_2}+\cdots+\frac{C_n}{TLV_n}=\frac{400}{500}+\frac{150}{400}+\frac{100}{200}=1.7$

02 톨루엔의 노출기준(TWA)이 50ppm일 때 1일 10시간 작업 시의 보정된 노출기준은 얼마인가?(단, Brief와 Scala의 보정방법을 이용한다.)

① 35ppm ② 50ppm ③ 75ppm ④ 100ppm

해설 $RF=\frac{8}{H}\times\frac{24-H}{16}=\frac{8}{10}\times\frac{24-10}{16}=0.7$

$\therefore$ 허용농도$=0.7\times 50ppm=35ppm$

03 Methyl Chloroform(TLV=350ppm)을 1일 12시간 작업할 때 노출기준을 Brief & Scala 방법으로 보정하면 몇 ppm으로 하여야 하는가?

① 150 ② 175 ③ 200 ④ 250

해설 $RF=\frac{8}{H}\times\frac{24-H}{16}=\frac{8}{12}\times\frac{24-12}{16}=0.5$

$\therefore$ 허용농도$=0.5\times 350ppm=175ppm$

04 어떤 물질의 독성에 관한 인체실험 결과 안전흡수량이 체중(kg)당 0.2mg이었다. 체중이 70kg인 사람이 1일 8시간 작업 시 이 물질의 체내흡수를 안전흡수량 이하로 유지하려면 이 물질의 공기 중 농도를 얼마 이하로 규제하여야 하겠는가?(단, 작업 시 폐환기율은 $1.25m^3/hr$, 체내 잔류율은 1.0이다.)

① $0.8mg/m^3$ ② $1.4mg/m^3$ ③ $2.0mg/m^3$ ④ $2.6mg/m^3$

해설 체내 흡수량$(mg)=C\times V\times T\times R$

$C=\frac{SHD}{V\times T\times R}=\frac{0.2mg/kg\times 70kg}{1\times 8hr\times 1.25m^3/hr}=1.4mg/m^3$

05 작업장에서 독성이 유사한 물질이 공기 중에 혼합물로 존재한다면 이 물질들은 무슨 작용을 일으키는 것으로 가정하여 혼합물 노출지수를 적용하는가?

① 상승작용 ② 상가작용 ③ 길항작용 ④ 독립작용

해설 공기 중 혼합물질의 상호작용

혼합물질의 상호작용	작용 내용	예시
상가작용 (Additive Action)	2종 이상의 화학물질이 혼재하는 경우 인체의 같은 부위에 작용함으로써 그 유해성이 가중되는 것	2+4=6
상승작용 (Synergism)	각각의 단일물질에 노출되었을 때보다 훨씬 큰 독성을 발휘	1+3=10
잠재작용 (가승작용, 강화작용, Potentiation)	인체에 영향을 나타내지 않은 물질이 다른 독성물질과 노출되어 그 독성이 커질 경우	2+0=5
길항작용 (Antagonism)	2종 이상의 화합물이 있을 때 서로의 작용을 방해하는 것	4+6=8

06 다음 중 자동차 배터리 공장에서 공기 중 납과 황산이 동시에 발생하여 근로자 체내로 유입될 경우 어떠한 상호작용이 발생하는가?

① 상가작용 ② 독립작용 ③ 길항작용 ④ 상승작용

해설 독립작용

독성이 서로 다른 물질이 혼합되어 있을 경우 반응 양상이 각각 달라 각 물질에 대하여 독립적으로 노출기준을 적용한다.

㉠ SO_2와 HCN
㉡ 질산과 카드뮴
㉢ 황산과 납

07 화학물질이 2종 이상 혼재하는 경우, 다음 공식에 의하여 계산된 EI값이 1을 초과하지 아니하면 기준치를 초과하지 아니하는 것으로 인정할 때, 이 공식을 적용하기 위하여 각각의 물질 사이의 관계는 어떤 작용을 하여야 하는가?(단, C는 화학물질 각각의 측정치, T는 화학물질 각각의 노출기준을 의미한다.)

$$EI = \frac{C_1}{T_1} + \frac{C_2}{T_2} + \cdots + \frac{C_n}{T_n}$$

① 가승작용 ② 상가작용
③ 상승작용 ④ 길항작용

ANSWER | 01 ④ 02 ① 03 ② 04 ② 05 ② 06 ② 07 ②

기 사°

01 디아세톤 200ppm(TLV = 500ppm)과 톨루엔 35ppm(TLV = 50ppm)이 각각 노출되어 있는 실내 작업장에서 노출기준의 초과 여부를 평가한 결과로 맞는 것은?(단, 두 물질 간에 유해성이 인체의 서로 다른 부위에 작용한다는 증거가 없는 것으로 간주한다.)

① 노출지수가 약 0.72이므로 노출기준 미만이다.
② 노출지수가 약 0.72이므로 노출기준을 초과하였다.
③ 노출지수가 약 1.1이므로 노출기준 미만이다.
④ 노출지수가 약 1.1이므로 노출기준을 초과하였다.

해설 노출지수(EI) $= \frac{C_1}{TLV_1} + \frac{C_2}{TLV_2} + \cdots + \frac{C_n}{TLV_n} = \frac{200}{500} + \frac{35}{50} = 1.1$

∴ 노출지수가 약 1.1이므로 노출기준을 초과하였다.

02 한 근로자가 트리클로로에틸렌(TLV=50ppm)이 담긴 탈지탱크에서 금속가공 제품의 표면에 존재하는 절삭유 등의 기름 성분을 제거하기 위해 탈지작업을 수행하였다. 또 이 과정을 마치고 포장단계에서 표면 세척을 위해 아세톤(TLV=500ppm)을 사용하였다. 이 근로자의 작업환경 측정 결과는 트리클로로에틸렌이 45ppm, 아세톤이 100ppm이었을 때, 노출지수와 노출기준에 관한 설명으로 맞는 것은?(단, 두 물질은 상가작용을 한다.)

① 노출지수는 0.9이며, 노출기준 미만이다.
② 노출지수는 1.1이며, 노출기준을 초과하고 있다.
③ 노출지수는 6.1이며, 노출기준을 초과하고 있다.
④ 트리클로로에틸렌의 노출지수는 0.9, 아세톤의 노출지수는 0.2이며, 혼합물로서 노출기준 미만이다.

해설 노출지수(EI) $= \frac{C_1}{TLV_1} + \frac{C_2}{TLV_2} + \cdots + \frac{C_n}{TLV_n} = \frac{45}{50} + \frac{100}{500} = 1.1$

∴ 노출지수가 약 1.1이므로 노출기준을 초과하였다.

03 Diethyl ketone(TLV = 200ppm)을 사용하는 근로자의 작업시간이 9시간일 때 허용기준을 보정하였다. OSHA 보정법과 Brief and Scala 보정법을 적용하였을 경우 보정된 허용기준치 간의 차이는 몇 ppm인가?

① 5.05 ② 11.11 ③ 22.22 ④ 33.33

해설 ㉠ OSHA

$$\text{보정노출기준} = \text{8시간 노출기준} \times \frac{\text{8시간}}{\text{노출기준/일}} = 200 \times \frac{8}{9} = 177.78\text{ppm}$$

㉡ Brief and Scala

$$\text{보정노출기준} = \text{노출기준} \times \frac{8}{H} \times \frac{24-H}{16} = 200 \times \frac{8}{9} \times \frac{24-9}{16} = 166.67\text{ppm}$$

∴ 허용기준 간의 차 = 177.78 − 166.67 = 11.11ppm

PART 01 PART 02 PART 03 PART 04 PART 05 PART 06

04 에틸벤젠(TLV = 100ppm)을 사용하는 작업장의 작업시간이 9시간일 때에는 허용기준을 보정하여야 한다. OSHA 보정방법과 Brief & Scala 보정방법을 적용하였을 때 두 보정된 허용기준치 간의 차이는 약 얼마인가?

① 2.2ppm ② 3.3ppm
③ 4.2ppm ④ 5.6ppm

해설 ㉠ OSHA

$$\text{보정노출기준} = \text{8시간 노출기준} \times \frac{\text{8시간}}{\text{노출기준/일}} = 100 \times \frac{8}{9} = 88.89\text{ppm}$$

㉡ Brief and Scala

$$\text{보정노출기준} = \text{노출기준} \times \frac{8}{H} \times \frac{24-H}{16} = 100 \times \frac{8}{9} \times \frac{24-9}{16} = 83.33\text{ppm}$$

∴ 허용기준 간의 차 = 88.89 − 83.33 = 5.56ppm

05 체중이 60kg인 사람이 1일 8시간 작업 시 안전흡수량이 1mg/kg인 물질의 체내 흡수를 안전흡수량 이하로 유지하려면 공기 중 농도를 몇 mg/m^3 이하로 하여야 하는가?(단, 작업 시 폐환기율은 $1.25m^3/hr$, 체내 잔류율은 1.0으로 가정한다.)

① $0.06mg/m^3$ ② $0.6mg/m^3$
③ $6mg/m^3$ ④ $60mg/m^3$

해설 체내 흡수량(mg) = C × V × T × R

$$C = \frac{SHD}{V \times T \times R} = \frac{1mg/kg \times 60kg}{1 \times 8hr \times 1.25m^3/hr} = 6mg/m^3$$

06 인체 내에서 독성이 강한 화학물질과 무독한 화학물질이 상호작용하여 독성이 증가되는 현상을 무엇이라 하는가?

① 상가작용 ② 상승작용
③ 가승작용 ④ 상쇄작용

해설 공기 중 혼합물질의 상호작용

혼합물질의 상호작용	작용 내용	예시
상가작용 (Additive Action)	2종 이상의 화학물질이 혼재하는 경우 인체의 같은 부위에 작용함으로써 그 유해성이 가중되는 것	2+4=6
상승작용 (Synergism)	각각의 단일물질에 노출되었을 때보다 훨씬 큰 독성을 발휘	1+3=10
잠재작용 (가승작용, 강화작용, Potentiation)	인체에 영향을 나타내지 않은 물질이 다른 독성물질과 노출되어 그 독성이 커질 경우	2+0=5
길항작용 (Antagonism)	2종 이상의 화합물이 있을 때 서로의 작용을 방해하는 것	4+6=8

07 인체 내에서 독성물질 간의 상호작용 중 그 성격이 다른 것은?

① 상가작용 ② 상승작용
③ 길항작용 ④ 가승작용

08 공기 중의 두 가지 물질이 혼합되어 상대적 독성수치가 '2+3 = 5'와 같이 나타날 때 두 물질 간에 일어난 상호작용을 무엇이라 하는가?

① 상가작용 ② 잠재작용
③ 상승작용 ④ 길항작용

09 화학물질 및 물리적 인자의 노출기준에 있어 2종 이상의 화학물질이 공기 중에 혼재하는 경우, 유해성이 인체의 서로 다른 조직에 영향을 미치는 근거가 없는 한, 유해물질들 간의 상호작용은 어떤 것으로 간주하는가?

① 상승작용 ② 강화작용
③ 상가작용 ④ 길항작용

ANSWER | 01 ④ 02 ② 03 ② 04 ④ 05 ③ 06 ③ 07 ③ 08 ① 09 ③

THEMA 07 인간공학

1. 인간공학의 정의

① 일반적 정의 : 인간의 신체적 · 정신적 능력 한계를 고려해 인간에게 적절한 형태로 작업을 맞추는 것을 말한다.

② NIOSH의 정의 : 일을 하는 사람의 능력에 업무의 요구도나 사업장의 상태와 조건을 맞추는 과학, 즉 인간과 기계의 조화 있는 상관관계를 만드는 것을 말한다.

2. 인간공학에서 고려해야 할 인간의 특성

① 인간의 습성
② 신체의 크기와 작업환경
③ 기술, 집단에 대한 적응능력
④ 감각과 지각
⑤ 운동력과 근력
⑥ 민족

3. 인간공학 활용 3단계

① 1단계(준비단계) : 인간과 기계 관계 구성인자의 특성이 무엇인지를 알아야 하는 단계

② 2단계(선택단계) : 작업수행에 필요한 직종 간의 연결성, 공장설계에 있어서 기능적 특성, 경제적 효율, 제한점 고려

③ 3단계(검토단계) : 인간과 기계 관계의 비합리적인 면을 수정 · 보완

4. 인간공학에서 적용되는 인체측정방법

① 정적 치수(구조적 인체 치수, Static Dimension)
  ㉠ 정적자세에서 움직이지 않는 피측정자를 인체 계측기로 측정한 것이다.
  ㉡ 동적 치수에 비하여 데이터가 많다.
  ㉢ 구조적 인체치수의 종류로는 팔길이, 앉은키, 눈높이 등이 있다.
  ㉣ 골격 치수(팔꿈치와 손목 사이와 같은 관절 중심거리 등)와 외곽 치수(머리둘레 등)로 구성된다.
  ㉤ 일반적으로 표(Table)의 형태로 제시된다.
  ㉥ 마틴측정기, 실루엣 사진기

② 동적 치수(기능적 인체 치수, Dynamic Dimension)
  ㉠ 움직이는 몸의 자세로부터 측정한 것이다.
  ㉡ 사람은 일상생활 중에 항상 몸을 움직이기 때문에 어떤 설계 문제에는 기능적 치수가 더 널리 사용된다.

㉢ 다양한 움직임을 표로 제시하기 어렵다.
㉣ 정적 치수로부터 기능적 인체 치수로 환산하는 일반적인 원칙은 없다.
㉤ 사이클그래프, 마르티스트로브, 시네필름, VTR

③ 인간공학이 현대 산업에서 중요시되는 이유
㉠ 인간존중사상에서 볼 때 종전의 기계는 개선되어야 할 문제점들이 많다.
㉡ 생산경쟁이 격심해짐에 따라 이 분야의 합리화를 통해 생산성을 증대시켜야 한다.
㉢ 근로자는 자동화된 생산과정 속에서 일하고 있으므로 기계와 인간의 관계가 연구되어야 한다.

5. 최대작업영역

① 정상작업영역(Normal Area) : 위팔(상완)을 자연스럽게 수직으로 늘어뜨린 채 아래팔(전완)만으로 뻗어 도달할 수 있는 범위(34~45cm 범위)
② 최대작업영역(Maximum Area) : 위팔과 아래팔을 곧게 뻗어 닿는 영역, 즉 상지를 뻗어서 닿는 범위(55~65cm 범위)
③ 파악한계 : 앉은 작업자가 특정한 수작업을 편히 수행할 수 있는 공간의 외곽한계

6. 작업대 높이

① 정밀작업 : 팔꿈치 높이보다 5~10cm 높게 설계
② 일반작업 : 팔꿈치 높이보다 5~10cm 낮게 설계
③ 힘든 작업(重작업) : 팔꿈치 높이보다 10~20cm 낮게 설계

연습문제

01 다음 중 인간공학에서 고려해야 할 인간의 특성과 가장 거리가 먼 것은?

① 감각과 지각
② 운동력과 근력
③ 감정과 생산능력
④ 기술, 집단에 대한 적응능력

해설 인간공학에서는 감정과 생산능력에 대해 고려하지 않는다.

02 공장의 기계 시설을 인간공학적으로 검토할 때 준비단계를 가장 적절하게 설명한 것은?

① 인간－기계 관계의 구성인자가 갖는 특성을 명확히 알아낸다.
② 공장설계에서의 기능적 특성, 제한점을 고려한다.
③ 인간－기계 관계 전반에 걸친 상황을 실험적으로 검토한다.
④ 각 작업을 수행하는 데 필요한 직종 간의 연결성을 고려한다.

해설 인간공학 활용 3단계
㉠ 1단계(준비단계) : 인간과 기계 관계 구성인자의 특성이 무엇인지를 알아야 하는 단계
㉡ 2단계(선택단계) : 작업수행에 필요한 직종 간의 연결성, 공장설계에서 기능적 특성, 경제적 효율, 제한점 고려
㉢ 3단계(검토단계) : 인간과 기계 관계의 비합리적인 면을 수정 · 보완

03 인간공학에서 적용하는 정적 치수(Static Dimension)에 관한 설명으로 틀린 것은?

① 동적인 치수에 비하여 데이터가 적다.
② 일반적으로 표(Table)의 형태로 제시된다.
③ 구조적 치수로 정적 자세에서 움직이지 않는 피측정자를 인체 계측기로 측정한 것이다.
④ 골격 치수(팔꿈치와 손목 사이와 같은 관절 중심거리 등)와 외곽 치수(머리둘레 등)로 구성된다.

해설 인간공학에서 적용하는 정적 치수(구조적 인체 치수, Static Dimension)
㉠ 정적 자세에서 움직이지 않는 피측정자를 인체 계측기로 측정한 것이다.
㉡ 동적 치수에 비하여 데이터가 많다.
㉢ 구조적 인체치수의 종류로는 팔길이, 앉은키, 눈높이 등이 있다.
㉣ 골격 치수(팔꿈치와 손목 사이와 같은 관절 중심거리 등)와 외곽 치수(머리둘레 등)로 구성된다.
㉤ 일반적으로 표(Table)의 형태로 제시된다.
㉥ 마틴측정기, 실루엣 사진기

04 인간공학적인 의자 설계의 원칙과 거리가 먼 것은?

① 의자의 안정성
② 체중의 분포 설계
③ 의자 좌판의 높이
④ 의자 좌판의 깊이와 폭

해설 인간공학적인 의자 설계의 원칙
㉠ 체중의 분포 설계
㉡ 의자 좌판의 깊이, 폭, 높이
㉢ 의자의 등 · 팔 · 발 받침대, 바퀴

05 인간공학이 현대 산업에서 중요시되는 이유로 가장 적합하지 않은 것은?

① 인간존중사상에서 볼 때 종전의 기계는 개선되어야 할 많은 문제점이 있다.
② 생산경쟁이 격심해짐에 따라 이 분야의 합리화를 통해 생산성을 증대시키고자 한다.
③ 근로자는 자동화된 생산과정 속에서 일하고 있으므로 기계와 인간의 관계가 연구되어야 한다.
④ 자동화에 따른 근로자의 실직과 새로운 화학물질 사용으로 인한 직업병 예방이 필요하다.

해설 인간공학이 현대 산업에서 중요시되는 이유
㉠ 인간존중사상에서 볼 때 종전의 기계는 개선되어야 할 문제점들이 많다.
㉡ 생산경쟁이 격심해짐에 따라 이 분야의 합리화를 통해 생산성을 증대시켜야 한다.
㉢ 근로자는 자동화된 생산과정 속에서 일하고 있으므로 기계와 인간의 관계가 연구되어야 한다.

06 인간공학에서 최대작업영역(Maximum Area)에 대한 설명으로 가장 적절한 것은?

① 허리의 불편 없이 적절히 조작할 수 있는 영역
② 팔과 다리를 이용하여 최대한 도달할 수 있는 영역
③ 어깨에서부터 팔을 뻗어 도달할 수 있는 최대 영역
④ 상완을 자연스럽게 몸에 붙인 채로 전완을 움직일 때 도달하는 영역

해설 최대작업영역(Maximum Area)
위팔과 아래팔을 곧게 뻗어 닿는 영역, 즉 상지를 뻗어서 닿는 범위(55~65cm 범위)

07 최대작업영역(Maximum Area)에 대한 설명으로 맞는 것은?

① 양팔을 곧게 폈을 때 도달할 수 있는 최대영역
② 팔을 위 방향으로만 움직이는 경우에 도달할 수 있는 작업영역
③ 팔을 아래 방향으로만 움직이는 경우에 도달할 수 있는 작업영역
④ 팔을 가볍게 몸체에 붙이고 팔꿈치를 구부린 상태에서 자유롭게 손이 닿는 영역

08 정상작업영역을 설명한 것으로 맞는 것은?

① 전박을 뻗쳐서 닿는 작업영역 ② 상지를 뻗쳐서 닿는 작업영역
③ 사지를 뻗쳐서 닿는 작업영역 ④ 어깨를 뻗쳐서 닿는 작업영역

해설 정상작업영역
위팔(상완)을 자연스럽게 수직으로 늘어뜨린 채 아래팔(전완)만으로 뻗어 도달할 수 있는 범위(34~45cm 범위)

09 다음 중 인간공학적 방법에 의한 작업장 설계 시 정상작업영역의 범위로 가장 적절한 것은?

① 서 있는 자세에서 팔과 다리를 뻗어 닿는 범위
② 서 있는 자세에서 물건을 잡을 수 있는 최대 범위
③ 앉은 자세에서 위팔과 아래팔을 곧게 뻗쳐서 닿는 범위
④ 앉은 자세에서 위팔은 몸에 붙이고, 아래팔만 곧게 뻗어 닿는 범위

해설 정상작업영역
위팔(상완)을 자연스럽게 수직으로 늘어뜨린 채 아래팔(전완)만으로 뻗어 도달할 수 있는 범위(34~45cm 범위)

ANSWER | 01 ③ 02 ① 03 ① 04 ① 05 ④ 06 ③ 07 ① 08 ① 09 ④

⊕ 더 풀어보기

산업기사

01 생산성 향상을 위해 기계와 작업대의 높이를 조절하고자 할 때 다음 중 작업자의 신체로부터 일할 수 있는 최대작업영역에 관한 설명으로 옳은 것은?

① 작업자가 작업할 때 시선이 닿는 범위
② 작업자가 작업할 때 상지(上肢)를 뻗어서 닿는 범위
③ 작업자가 작업할 때 사지(四肢)를 뻗어서 닿는 범위
④ 작업자가 작업할 때 아래팔과 손으로 조작할 수 있는 범위

해설 최대작업영역(Maximum Area)
위팔과 아래팔을 곧게 뻗어 닿는 영역, 즉 상지를 뻗어서 닿는 범위(55~65cm 범위)

02 인간공학적 방법에 의한 작업장 설계 시 정상작업영역의 범위로 가장 적절한 것은?

① 물건을 잡을 수 있는 최대 영역

② 팔과 다리를 뻗어 파악할 수 있는 영역

③ 상완과 전완을 곧게 뻗어서 파악할 수 있는 영역

④ 상완을 자연스럽게 수직으로 늘어뜨린 상태에서 전완을 뻗어 파악할 수 있는 영역

해설 정상작업영역

위팔(상완)을 자연스럽게 수직으로 늘어뜨린 채 아래팔(전완)만으로 뻗어 도달할 수 있는 범위(34~45cm 범위)

ANSWER | 01 ② 02 ④

기 사

01 인간공학에서 고려해야 할 인간의 특성과 가장 거리가 먼 것은?

① 인간의 습성

② 신체의 크기와 작업환경

③ 기술, 집단에 대한 적응능력

④ 인간의 독립성 및 감정적 조화성

해설 인간공학에서 고려해야 할 인간의 특성

㉠ 인간의 습성

㉡ 신체의 크기와 작업환경

㉢ 기술, 집단에 대한 적응능력

㉣ 감각과 지각

㉤ 운동력과 근력

㉥ 민족

02 최대작업영역을 설명한 것으로 맞는 것은?

① 작업자가 작업할 때 전박을 뻗쳐서 닿는 범위

② 작업자가 작업할 때 사지를 뻗쳐서 닿는 범위

③ 작업자가 작업할 때 어깨를 뻗쳐서 닿는 범위

④ 작업자가 작업할 때 상지를 뻗쳐서 닿는 범위

해설 최대작업영역(Maximum Area)

위팔과 아래팔을 곧게 뻗어 닿는 영역, 즉 상지를 뻗어서 닿는 범위(55~65cm 범위)

03 작업자의 최대작업영역(Maximum Area)이란 무엇인가?

① 하지(下肢)를 뻗어서 닿는 작업영역

② 상지(上肢)를 뻗어서 닿는 작업영역

③ 전박(前膊)을 뻗어서 닿는 작업영역

④ 후박(後膊)을 뻗어서 닿는 작업영역

04 다음 중 최대작업영역(Maximum Area)에 대한 설명으로 가장 적합한 것은?

① 팔을 위 방향으로만 움직이는 경우에 그려지는 작업영역
② 양팔을 곧게 폈을 때 도달할 수 있는 최대영역
③ 팔을 아래 방향으로만 움직이는 경우에 그려지는 작업영역
④ 팔을 가볍게 몸체에 붙이고 팔꿈치를 구부린 상태에서 자유롭게 손이 닿는 영역

05 다음 중 최대작업영역의 설명으로 가장 적당한 것은?

① 움직이지 않고 상지(上肢)를 뻗쳐서 닿는 범위
② 움직이지 않고 전박(前膊)과 손으로 조작할 수 있는 범위
③ 최대한 움직인 상태에서 상지(上肢)를 뻗쳐서 닿는 범위
④ 최대한 움직인 상태에서 전박(前膊)과 손으로 조작할 수 있는 범위

06 다음 중 최대작업영역에 관한 설명으로 옳은 것은?

① 상지를 뻗쳐서 닿는 작업영역 ② 전박을 뻗쳐서 닿는 작업영역
③ 사지를 뻗쳐서 닿는 작업영역 ④ 상체를 최대한 뻗쳐서 닿는 작업영역

해설 최대작업영역(Maximum Area)
위팔과 아래팔을 곧게 뻗어 닿는 영역, 즉 상지를 뻗어서 닿는 범위(55~65cm 범위)

07 정상작업영역에 대한 설명으로 맞는 것은?

① 두 다리를 뻗어 닿는 범위이다.
② 손목이 닿을 수 있는 범위이다.
③ 전박(前膊)과 손으로 조작할 수 있는 범위이다.
④ 상지(上肢)와 하지(下肢)를 곧게 뻗어 닿는 범위이다.

08 "서서하는 작업"에 관한 일반적 사항으로 틀린 것은?

① 경작업 시 권장작업대의 높이는 팔꿈치 높이와 같거나 약간 높게 설치하도록 한다.
② 중작업에서는 팔꿈치 높이보다 낮게 작업대를 설치하도록 한다.
③ 정밀작업에서는 팔꿈치 높이보다 약간 높게 설치된 작업대가 권장된다.
④ 작업대의 높이는 조절이 가능한 것으로 선정하는 것이 좋다.

해설 경작업 시 권장작업대의 높이는 팔꿈치 높이와 같거나 약간 낮게 설치하도록 한다.

ANSWER | 01 ④ 02 ④ 03 ② 04 ② 05 ① 06 ① 07 ③ 08 ①

THEMA 08 들기 작업(중량물)

1. 직업성 요통

① 재해성 요통 : 무거운 물건을 취급할 때 급격한 힘에 의해 근육, 인대, 건 등 조직의 손상이 나타나는 현상

② 직업성 요통 : 중량물 취급, 작업자세, 진동, 허리에 과도한 부담을 주는 작업에 의해 급성 또는 만성적인 요통으로 나타나며 일반적으로 장기간 반복하여 무리한 동작을 할 때 발생

③ L_5/S_1 디스크 : 인체의 구조에서 앉을 때, 서 있을 때, 물체를 들어 올릴 때 및 뛸 때 발생하는 압력이 가장 많이 흡수되는 척추의 디스크 부위

2. 중량물 들기 작업 시 동작 순서

① 중량물에 몸의 중심을 가깝게 한다.

② 발을 어깨너비 정도로 벌리고 몸은 정확하게 균형을 유지한다.

③ 무릎을 굽힌다.

④ 가능하면 중량물을 양손으로 잡는다.

⑤ 목과 등이 거의 일직선이 되도록 한다.

⑥ 등을 반듯이 유지하면서 무릎의 힘으로 일어난다.

3. 요통 발생에 관여하는 주요인

① 작업 습관(부적절한 자세와 작업방법)과 개인적인 생활 태도

② 작업빈도, 취급 물체의 위치와 무게 및 크기 등과 같은 물리적 환경

③ 근로자의 육체적 조건(신체의 유연성 부족, 근력 부족)

④ 요통 및 기타 장애 경력(과거 병력)

4. 감시기준

① 설정 배경

㉠ 역학조사 결과 : 소수 근로자에 대한 장애 위험

㉡ 생물역학적 연구 결과 : L_5/S_1 디스크에 가하는 압력이 3,400N 미만인 경우 대부분의 근로자가 견딤

㉢ 노동생리학적 연구 결과 : 에너지 대사량 3.5kcal/min

㉣ 정신물리학적 연구 결과 : 남자 99%, 여자 75% 이상에서 작업 가능

② 감시기준(AL : Action Limit)

$$AL(kg) = 40\left(\frac{15}{H}\right)(1-0.004\,|\,V-75\,|\,)\left(0.7+\frac{7.5}{D}\right)\left(1-\frac{F}{F_{max}}\right)$$

여기서, H : 대상물체의 수평거리
V : 대상물체의 수직거리
D : 물체의 이동거리
F : 중량물 취급 작업의 빈도(회/min), 최빈수(F_{max})

5. 최대허용기준(MPL : Maximum Permissible Limit)

① 설정 배경

㉠ 역학조사 결과 : 대부분 근로자에 대한 장애 위험

㉡ 인간공학적 연구 결과 : L_5/S_1 디스크 압력이 6,400N 압력 부하 시 대부분 못 견딤

㉢ 노동생리학적 연구 결과 : 에너지 대사량 5.0kcal/min

㉣ 정신물리학적 연구 결과 : 남자 25%, 여자 1% 미만 작업 가능

② 관계식

$$MPL = 3AL$$

6. 권고기준(RWL : Recommended Weight Limit)

$$RWL(kg) = LC \times HM \times VM \times DM \times AM \times FM \times CM$$

여기서, LC : 중량상수(23kg : 최적 작업상태에서의 권장무게)
HM : 수평거리계수, VM : 수직거리계수, DM : 물체이동거리계수
AM : 비대칭각도계수, FM : 작업빈도계수, CM : 손잡이 계수

7. 중량물 취급지수(들기지수, LI : Lifting Index)

$$LI = \frac{\text{물체무게}(kg)}{RWL(kg)}$$

8. NIOSH 권고기준에 의한 중량물 취급 작업의 분류와 대책

① MPL을 초과하는 경우 : 반드시 공학적 방법을 적용한 중량물 취급작업 재설계

② RWL(또는 AL)과 MPL 사이의 영역 : 적절한 근로자의 선택과 적정 배치 및 훈련, 작업방법 개선

③ RWL 이하의 영역 : 권고치 이하로서 대부분의 정상 근로자들에게 적합한 작업조건

연습문제

01 다음의 중량물 들기 작업의 구분 동작을 순서대로 나열한 것은?

> ㉠ 발을 어깨 너비 정도로 벌리고 몸은 정확하게 균형을 유지한다.
> ㉡ 무릎을 굽힌다.
> ㉢ 중량물에 몸의 중심을 가깝게 한다.
> ㉣ 목과 등이 거의 일직선이 되도록 한다.
> ㉤ 가능하면 중량물을 양손으로 잡는다.
> ㉥ 등을 반듯이 유지하면서 무릎의 힘으로 일어난다.

① ㉠ → ㉡ → ㉢ → ㉣ → ㉤ → ㉥
② ㉠ → ㉢ → ㉡ → ㉣ → ㉤ → ㉥
③ ㉢ → ㉠ → ㉡ → ㉤ → ㉣ → ㉥
④ ㉢ → ㉠ → ㉡ → ㉣ → ㉤ → ㉥

해설 중량물 들기 작업 시 동작 순서
㉠ 중량물에 몸의 중심을 가깝게 한다.
㉡ 발을 어깨너비 정도로 벌리고 몸은 정확하게 균형을 유지한다.
㉢ 무릎을 굽힌다.
㉣ 가능하면 중량물을 양손으로 잡는다.
㉤ 목과 등이 거의 일직선이 되도록 한다.
㉥ 등을 반듯이 유지하면서 무릎의 힘으로 일어난다.

02 인체의 구조에서 앉을 때, 서 있을 때, 물체를 들어 올릴 때 및 뛸 때 발생하는 압력이 가장 많이 흡수되는 척추의 디스크는?

① L_5/S_1
② L_3/S_2
③ L_2/S_1
④ L_1/S_5

해설 L_5/S_1 디스크 : 인체의 구조에서 앉을 때, 서 있을 때, 물체를 들어 올릴 때 및 뛸 때 발생하는 압력이 가장 많이 흡수되는 척추의 디스크 부위

03 다음 중 허리에 부담을 주어 요통을 유발할 수 있는 작업자세로서 가장 거리가 먼 것은?

① 큰 수레에서 물건을 꺼내기 위하여 과도하게 허리를 숙이는 작업 자세
② 높은 곳에 물건을 취급하기 위하여 어깨를 90° 이상 반복적으로 들리게 하는 작업 자세
③ 낮은 작업대로 인하여 반복적으로 숙이는 작업 자세
④ 측면으로 20° 이상 기우는 작업 자세

해설 요통 발생에 관여하는 주된 요인
㉠ 작업 습관(부적절한 자세와 작업방법)과 개인적인 생활 태도
㉡ 작업빈도, 취급 물체의 위치와 무게 및 크기 등과 같은 물리적 환경
㉢ 근로자의 육체적 조건(신체의 유연성 부족, 근력 부족)
㉣ 요통 및 기타 장애 경력(과거 병력)

04 요통이 발생되는 원인 중 작업동작에 의한 것이 아닌 것은?

① 작업 자세의 불량　② 일정한 자세의 지속
③ 정적인 작업으로 전환　④ 체력의 과신에 따른 무리

05 미국국립산업안전보건연구원(NIOSH)에서 정하고 있는 중량물 취급 작업기준이 아닌 것은?

① 감시시준(Action limit : AL)
② 허용기준(Threshold limit values : TLV)
③ 권고기준(Recommended weight limit : RWL)
④ 최대허용기준(Maximum permissible limit : MPL)

06 조건이 고려된 NIOSH에서 제안한 중량물 취급작업의 권고치 중 감시기준(AL)을 구하기 위한 식에 포함된 요소가 아닌 것은?

① 대상 물체의 수평거리　② 대상 물체의 이동거리
③ 대상 물체의 이동속도　④ 중량물 취급작업의 빈도

해설 감시기준(AL)을 구하기 위한 식에 포함된 요소
㉠ 대상 물체의 수평거리
㉡ 대상 물체의 이동거리
㉢ 중량물 취급작업의 빈도
㉣ 대상 물체의 수직거리

07 근로자로부터 40cm 떨어진 물체(9kg)를 바닥으로부터 150cm 들어 올리는 작업을 1분에 5회씩 1일 8시간 실시하였을 때 감시기준(AL : Action Limit)은 얼마인가?

$$AL(kg) = 40(\frac{15}{H})(1-0.004|V-75|)(0.7+\frac{7.5}{D})(1-\frac{F}{12})$$

(단, H는 수평거리, V는 수직거리, D는 이동거리, F는 작업빈도계수이다.)

① 2.6kg　② 3.6kg
③ 4.6kg　④ 5.6kg

해설 $AL(kg) = 40(\frac{15}{H})(1-0.004|V-75|)(0.7+\frac{7.5}{D})(1-\frac{F}{12})$

$= 40(\frac{15}{40})(1-0.004|0-75|)(0.7+\frac{7.5}{150})(1-\frac{5}{12}) = 4.6kg$

08 다음 중 L_5/S_1 디스크에 얼마 정도의 압력이 초과되면 대부분의 근로자에게 장해가 나타나는가?

① 3,400N　② 4,400N
③ 5,400N　④ 6,400N

해설 L_5/S_1 디스크 압력이 6,400N 압력 부하 시 대부분의 근로자에게 장해가 나타난다.

09 미국산업안전보건연구원(NIOSH)에서 제시한 중량물의 들기 작업에 관한 감시기준(Action Limit)과 최대허용기준(Maximum Permissible Limit)의 관계를 바르게 나타낸 것은?

① MPL＝3AL ② MPL＝5AL

③ MPL＝10AL ④ MPL＝ $\sqrt{2}$ AL

해설 최대허용기준(MPL)은 감시기준(AL)의 3배이다.

10 미국국립산업안전보건연구원에서는 중량물 취급 작업에 대하여 감시기준(Action limit)과 최대허용기준(Maximum Permissible Limit)을 설정하여 권고하고 있다. 감시기준이 30kg일 때 최대허용기준은 얼마인가?

① 45kg ② 60kg

③ 75kg ④ 90kg

해설 최대허용기준(MPL)＝3AL

∴ MPL＝3×30kg＝90kg

11 다음 표를 이용하여 산출한 권장무게한계(RWL)는 약 얼마인가?(단, 개정된 NIOSH의 들기 작업 권고기준에 따른다.)

계수 구분	값
수평계수	0.5
수직계수	0.955
거리계수	0.91
비대칭계수	1
빈도계수	0.45
커플링계수	0.95

① 4.27kg ② 8.55kg

③ 12.82kg ④ 21.6kg

해설 RWL(kg)＝ LC× HM× VM× DM× AM× FM× CM

여기서, LC : 중량상수(23kg : 최적 작업상태에서의 권장무게)

HM : 수평거리계수, VM : 수직거리계수, DM : 물체이동거리계수

AM : 비대칭각도계수, FM : 작업빈도계수, CM : 손잡이 계수

RWL(kg)＝ 23× 0.5× 0.955× 0.91× 1× 0.45× 0.95＝4.27kg

12 NIOSH의 권고중량한계(RWL : Recommended Weight Limit)에 사용되는 승수(Multiplier)가 아닌 것은?

① 들기거리(Lift Multiplier) ② 이동거리(Distance Multiplier)

③ 수평거리(Horizontal Multiplier) ④ 비대칭각도(Asymmetry Multiplier)

13 NIOSH에서 제시한 권장무게한계가 6kg이고 근로자가 실제 작업하는 중량물의 무게가 12kg라면 중량물 취급지수는 얼마인가?

① 0.5 ② 1.0 ③ 2.0 ④ 6.0

해설 $\text{중량물 취급지수(LI)} = \frac{\text{물체무게(kg)}}{\text{RWL(kg)}}$

$$LI = \frac{\text{물체무게(kg)}}{\text{RWL(kg)}} = \frac{12\text{kg}}{6\text{kg}} = 2$$

ANSWER | 01 ③ 02 ① 03 ② 04 ③ 05 ② 06 ③ 07 ③ 08 ④ 09 ① 10 ④ 11 ① 12 ① 13 ③

더 풀어보기

산업기사

01 들어 올리기 작업 중 적절하지 않은 자세는?

① 등을 굽히면서 다리를 핀다. ② 가능한 한 짐은 양손으로 잡는다.
③ 무릎을 굽혀 물건을 들어올린다. ④ 목과 등은 거의 일직선이 되게 한다.

해설 등을 반듯이 유지하면서 무릎의 힘으로 일어난다.

02 인체의 구조에 있어서 앉을 때, 서 있을 때, 물체를 들어 올릴 때 및 뛸 때 발생하는 압력이 가장 많이 흡수되는 척추의 디스크는?

① L_1/S_5 ② L_2/S_1
③ L_3/S_2 ④ L_5/S_1

해설 L_5/S_1 디스크 : 인체의 구조에서 앉을 때, 서 있을 때, 물체를 들어 올릴 때 및 뛸 때 발생하는 압력이 가장 많이 흡수되는 척추의 디스크 부위

03 척추의 디스크 중 물체를 들어 올릴 때나 뛸 때 발생하는 압력이 영향을 주어 추간판 탈출증이 주로 발생하는 요추 부분은?

① L_3/S_1 discs ② L_4/S_1 discs
③ L_5/S_1 discs ④ L_6/S_1 discs

04 중량물 취급 작업에 있어 미국국립산업안전보건연구원(NIOSH)에서 제시한 감시기준(Action Limit) 계산식에 적용되는 요인이 아닌 것은?

① 대상 물체의 수평거리 ② 물체의 이동거리
③ 중량물 취급작업의 빈도 ④ 중량물 취급작업의 시간

해설 감시기준(AL) 계산식 요소
㉠ 대상 물체의 수평거리
㉡ 대상 물체의 이동거리
㉢ 중량물 취급작업의 빈도
㉣ 대상 물체의 수직거리

05 NIOSH에서 정한 중량물 취급 작업 권고치(AL : Action Limit)에 영향을 가장 많이 주는 요인은 무엇인가?

① 빈도 ② 수평거리 ③ 수직거리 ④ 이동거리

해설 빈도 > 수평거리 > 수직거리 > 이동거리

06 다음 중 NIOSH의 중량물 취급에 관한 기준에 있어 최대 허용기준(MPL)과 감시기준(AL)의 관계로 옳은 것은?

① $MPL = 3AL$ ② $AL = 3 \times MPL$ ③ $MPL = \frac{3+AL}{AL}$ ④ $AL = \frac{3+MPL}{MPL}$

07 미국국립산업안전보건연구원(NIOSH)의 중량물 취급 작업에 대한 권고치 중 감시기준(AL)이 40kg일 때의 최대허용기준(MPL)은?

① 60kg ② 80kg ③ 120kg ④ 160kg

해설 최대허용기준(MPL) = 3AL
$\therefore$ $MPL = 3 \times 40kg = 120kg$

08 다음 중 NIOSH에서 권장하는 중량물 취급 작업 시 감시기준(Action Limit)이 20kg일 때 최대허용기준(MPL)은 몇 kg인가?

① 25 ② 30 ③ 40 ④ 60

해설 최대허용기준(MPL) = 3AL
$\therefore$ $MPL = 3 \times 20kg = 60kg$

09 다음 중 중량물 취급에 있어서 미국 NIOSH에서 중량물 최대허용한계(MPL)를 설정할 때의 기준으로 틀린 것은?

① MPL에 해당하는 작업은 L_5/S_1 디스크에 6,400N의 압력을 부하
② MPL에 해당하는 작업이 요구하는 에너지대사량은 5.0kcal/min를 초과
③ MPL에 해당하는 작업에서는 대부분의 근로자들에게 근육 · 골격 장애가 발생
④ 남성 근로자의 50% 미만과 여성 근로자의 10% 미만에서만 MPL 수준의 작업수행이 가능

해설 최대허용기준
㉠ 역학조사 결과 : 대부분 근로자에 대한 장애 위험
㉡ 인간공학적 연구 결과 : L_5/S_1 디스크 압력이 6,400N 압력 부하 시 대부분 못 견딤
㉢ 노동생리학적 연구 결과 : 에너지 대사량 5.0kcal/min
㉣ 정신물리학적 연구 결과 : 남자 25%, 여자 1% 미만 작업 가능

10 NIOSH Lifting Guide에서 모든 조건이 최적의 작업상태라고 할 때 권장되는 최대 무게(kg)는 얼마인가?

① 18 ② 23
③ 30 ④ 40

해설 NIOSH Lifting Guide에서 모든 조건이 최적의 작업상태라고 할 때 권장되는 최대 무게(kg)는 23kg이다.

11 다음 중 NIOSH의 들기 지침에서 권고중량물 한계기준(RWL : Recommended Weight Limit)을 산정할 때 고려되는 인자가 아닌 것은?

① 수평계수 ② 수직계수
③ 작업강도계수 ④ 비대칭계수

12 무게 10kg의 물건을 근로자가 들어 올리려고 한다. 해당 작업조건의 권고기준(RWL)이 5kg이고, 이동거리가 20cm일 때 중량물 취급지수(LI)는 얼마인가?(단, 1분 2회씩 1일 8시간 작업한다.)

① 1 ② 2 ③ 3 ④ 4

해설 중량물 취급지수(LI) $= \frac{\text{물체무게(kg)}}{\text{RWL(kg)}} = \frac{10\text{kg}}{5\text{kg}} = 2$

13 무게 8kg 물건을 근로자가 들어 올리는 작업을 하려고 한다. 해당 작업조건의 권장무게한계(RWL)가 5kg이고, 이동거리가 20cm일 때에 들기지수(LI : Lifting Index)는 얼마인가?(단, 근로자는 10분 2회씩 1일 8시간 작업한다.)

① 1.2 ② 1.6
③ 3.2 ④ 4.0

해설 $\text{LI} = \frac{\text{물체무게(kg)}}{\text{RWL(kg)}} = \frac{8\text{kg}}{5\text{kg}} = 1.6$

14 권장무게한계가 3.1kg이고, 물체의 무게가 8kg일 때 중량물 취급지수는 약 얼마인가?

① 1.91 ② 2.12
③ 2.58 ④ 2.90

해설 $\text{LI} = \frac{\text{물체무게(kg)}}{\text{RWL(kg)}} = \frac{8\text{kg}}{3.1\text{kg}} = 2.58$

15 미국국립산업안전보건청(NIOSH)의 들기작업기준(Lifting Guideline)의 평가요소와 거리가 먼 것은?

① 수평거리 ② 수직거리
③ 휴식시간 ④ 비대칭 각도

16 NIOSH에서는 권장무게한계(RWL)와 최대허용한계(MPL)에 따라 중량물 취급 작업을 분류하고, 각각의 대책을 권고하고 있는데 MPL을 초과하는 경우에 대한 대책으로 가장 적절한 것은?

① 문제 있는 근로자를 적절한 근로자로 교대시킨다.

② 반드시 공학적 방법을 적용하여 중량물 취급작업을 다시 설계한다.

③ 대부분의 정상근로자들에게 적정한 작업조건으로 현 수준을 유지한다.

④ 적절한 근로자의 선택과 적정배치 및 훈련, 그리고 작업방법의 개선이 필요하다.

해설 NIOSH의 중량물 취급 작업 분류와 대책

㉠ 최대허용한계(MPL) 초과 : 반드시 공학적 방법을 적용하여 중량물 취급 작업을 다시 설계한다.

㉡ 권장무게한계(RWL)와 최대허용한계(MPL)의 경우 : 적절한 근로자의 선택과 적정배치 및 훈련, 그리고 작업방법의 개선이 필요하다.

㉢ 권장무게한계(RWL) 미만 : 대부분의 정상근로자들에게 적정한 작업조건으로 현 수준을 유지한다.

ANSWER | 01 ① 02 ④ 03 ③ 04 ④ 05 ① 06 ① 07 ③ 08 ④ 09 ④ 10 ② 11 ③ 12 ② 13 ② 14 ③ 15 ③ 16 ②

기 사

01 다음 중 중량물 취급 시 주의사항으로 틀린 것은?

① 몸을 회전하면서 작업한다.

② 허리를 곧게 펴서 작업한다.

③ 다리 힘을 이용하여 서서히 일어선다.

④ 운반체 가까이 접근하여 운반물을 손 전체로 꽉 쥔다.

해설 중량물 들기 작업 시 동작 순서

㉠ 중량물에 몸의 중심을 가깝게 한다.

㉡ 발을 어깨너비 정도로 벌리고 몸은 정확하게 균형을 유지한다.

㉢ 무릎을 굽힌다.

㉣ 가능하면 중량물을 양손으로 잡는다.

㉤ 목과 등이 거의 일직선이 되도록 한다.

㉥ 등을 반듯이 유지하면서 무릎의 힘으로 일어난다.

02 중량물 취급과 관련하여 요통 발생에 관여하는 요인으로 가장 관계가 적은 것은?

① 근로자의 심리상태 및 조건

② 작업습관과 개인적인 생활태도

③ 요통 및 기타 장애(자동차 사고, 넘어짐)의 경력

④ 물리적 환경요인(작업빈도, 물체의 위치 · 무게 및 크기)

해설 요통 발생에 관여하는 주된 요인

㉠ 작업 습관(부적절한 자세와 작업방법)과 개인적인 생활 태도

㉡ 작업빈도, 취급 물체의 위치와 무게 및 크기 등과 같은 물리적 환경

㉢ 근로자의 육체적 조건(신체의 유연성 부족, 근력 부족)

㉣ 요통 및 기타 장애 경력(과거 병력)

03 중량물 취급작업 시 NIOSH에서 제시하고 있는 최대허용기준(MPL)에 대한 설명으로 틀린 것은?(단, AL은 감시기준이다.)

① 역학조사 결과 MPL을 초과하는 직업에서 대부분의 근로자들에게 근육, 골격 장애가 나타났다.

② 노동생리학적 연구결과, MPL에 해당되는 작업에서 요구되는 에너지 대사량은 5kcal/min를 초과하였다.

③ 인간공학적 연구결과 MPL에 해당되는 작업에서 디스크에 3,400N의 압력이 부과되어 대부분의 근로자들이 이 압력에 견딜 수 없었다.

④ MPL은 3AL에 해당되는 값으로 정신물리학적 연구결과, 남성근로자의 25% 미만과 여성근로자의 1% 미만에서만 MPL 수준의 작업을 수행할 수 있었다.

해설 인간공학적 연구결과 MPL에 해당되는 작업에서 디스크에 6,400N의 압력이 부과되어 대부분의 근로자들이 이 압력에 견딜 수 없었다.

04 NIOSH의 들기 작업에 대한 평가방법은 여러 작업요인에 근거하여 가장 안전하게 취급할 수 있는 권고기준(RWL : Recommended Weight Limit)을 계산한다. RWL의 계산과정에서 각각의 변수들에 대한 설명으로 틀린 것은?

① 중량물 상수(Load Constant)는 변하지 않는 상수값으로 항상 23kg을 기준으로 한다.

② 운반 거리값(Distance Multiplier)은 최초의 위치에서 최종 운반위치까지의 수직이동거리(cm)를 의미한다.

③ 허리 비틀림 각도(Asymmetric Multiplier)는 물건을 들어 올릴 때 허리의 비틀림 각도(A)를 측정하여 1－0.32×A에 대입한다.

④ 수평 위치값(Horizontal Multiplier)은 몸의 수직선상의 중심에서 물체를 잡는 손의 중앙까지의 수평거리(H, cm)를 측정하여 25/H로 구한다.

해설 RWL(kg) = LC× HM× VM× DM× AM× FM× CM

여기서, LC : 중량상수(23kg)

HM : 25/H [수평거리에 따른 계수]

VM : 1－0.003 | V－75 | [수직거리에 따른 계수]

DM : 0.82+(4.5/D) [물체의 이동거리에 따른 계수]

AM : 1－(0.0032A) [A : 물체의 위치가 사람의 정중면에서 벗어난 각도, 비대칭 계수]

FM : 작업빈도에 따른 계수(빈도계수표에서 값을 구함)

CM : 손잡이 계수(손잡이 계수표에서 값을 구함)

05 다음 중 개정된 NIOSH의 권고중량한계(RWL)에서 모든 조건이 가장 좋지 않을 경우 허용되는 최대중량은?

① 15kg ② 23kg ③ 32kg ④ 40kg

해설 NIOSH Lifting Guide에서 모든 조건이 최적의 작업상태라고 할 때 권장되는 최대 무게(kg)는 23kg이다.

06 물체의 실제 무게를 미국 NIOSH의 권고중량물 한계기준(RWL : Recommended Weight Limit)으로 나누어 준 값을 무엇이라 하는가?

① 중량상수(LC)
② 빈도승수(FM)
③ 비대칭승수(AM)
④ 중량물 취급지수(LI)

ANSWER | 01 ① 02 ① 03 ③ 04 ③ 05 ② 06 ④

THEMA 09 VDT 증후군과 노동(직업)생리

1. VDT 증후근의 정의

영상표시단말기를 취급하는 작업으로 인하여 발생되는 경견완증후군 및 기타 근골격계 증상, 눈의 피로, 피부증상, 정신신경계 증상을 일으키는 것을 말한다.

2. VDT 증후군과 관련된 근골격계 질환의 명칭

① 경견완증후군(산업재해보상보험법)－전화교환작업, 키펀치작업, 금전등록기 계산작업이 해당되며, 체인톱에 의한 벌목작업은 해당 사항 없음
② 작업 관련 근골격계 질환(미국) : WMSDs(Work－related Musculoskeletal Disorders)
③ 반복성 긴장장애(캐나다, 북유럽, 호주 등) : RSI(Repetitive Strain Injuries)
④ 누적외상성 질환 : CTDs(Cumulative Trauma Disorders)
⑤ 반복동작장애 : RMS(Repetitive Motion Disorders)
⑥ 과사용증후군 : Overuse Syndromes

3. VDT 작업자세 및 개선대책

① 위팔은 자연스럽게 늘어뜨리고 팔꿈치의 내각은 90~100°
② 눈으로부터 화면까지의 시거리는 40cm 이상 유지
③ 무릎의 내각은 90° 전후
④ 작업자의 시선은 수평선상으로부터 아래로 10~15° 이내
⑤ 아래팔은 손등과 일직선을 유지하여 손목이 꺾이지 않도록 조치
⑥ 작업장 주변 환경의 조도를 화면의 바탕색상이 검은색 계통일 때 300~500lux, 바탕색이 흰색 계통일 때 500~700lux
⑦ 작업자의 손목을 지지해 줄 수 있도록 작업대 끝 면과 키보드 사이는 15cm 이상을 확보할 것
⑧ 작업면에 도달하는 빛의 각도를 화면으로부터 45° 이내가 되도록 조명 및 채광 제한
⑨ 발의 위치는 발바닥 전체가 바닥면에 닿도록 할 것
⑩ 서류받침대는 화면과 같은 높이로 맞추어 작업
⑪ 화면상 문자와 배경의 휘도비 감소
⑫ 작업과 휴식시간을 조절하고 순환근무 실시
⑬ 몸통의 경사 각도를 90~110°로 유지
⑭ 작업자들에 대한 안전교육 및 정기적인 스트레칭 실시
⑮ 작업실 내의 온도 18~24℃, 습도 40~70% 유지

4. 노동(직업생리)

① 노동에 사용하는 에너지원은 근육에 저장된 화학에너지를 이용한 혐기성 대사와 구연산 회로 및 호기성 대사과정을 거쳐 생성되는 에너지로 구분된다.
② 혐기성과 호기성 대사에 모두 에너지원으로 작용하는 것은 포도당(Glucose)이다.
③ 근육운동에 동원되는 주요 에너지원 중에서 가장 먼저 소비되는 에너지원은 아데노신 삼인산(ATP)이다.

5. 혐기성 대사(Anaerobic Metabolism)

① 근육에 저장된 화학적 에너지
② 혐기성 대사 순서(시간대별)
ATP(아데노신삼인산) → CP(크레아틴인산) → Glycogen(글리코겐) or Glucose(포도당)
③ 혐기성 대사(근육운동)
㉠ ATP ⇆ ADP + P + Free Energy
㉡ Creatine Phosphate + ADP ⇆ Creatine + ATP
㉢ Glycogen 또는 Glucose + P + ADP → Lactate + ATP

6. 호기성 대사(Aerobic Metabolism)

① 대사과정(구연산 회로)을 거쳐 생성된 에너지
② 대사과정 : (포도당, 단백질, 지방) + 산소 ⇨ 에너지원

7. 식품과 영양소

① 5대 영양소 : 단백질(1g당 4.1kcal 열량 발생), 탄수화물(1g당 4.1kcal 열량 발생), 지방(1g당 9.3kcal 열량 발생), 무기질, 비타민
② 열량공급원 : 탄수화물, 지방, 단백질
③ 칼슘 : 치아와 골격 구성
④ 철분 : 혈액 중 헤모글로빈의 구성 성분
⑤ 생활기능 조절 : 비타민, 무기질, 물

8. 비타민 결핍증

① 비타민 A : 야맹증
② 비타민 B_1
㉠ 각기병, 신경염
㉡ 근육운동(노동) 시 섭취 필요
㉢ 작업강도가 높은 근로자의 근육에 호기적 산화 보조 영양소
③ 비타민 C : 괴혈병
④ 비타민 D : 구루병
⑤ 비타민 F : 피부병
⑥ 비타민 K : 혈액응고 지연작용

연습문제

01 영상표시단말기(VDT)의 작업자료로 틀린 것은?

① 발의 위치는 앞꿈치만 닿을 수 있도록 한다.
② 눈과 화면의 중심 사이 거리는 40cm 이상이 되도록 한다.
③ 위팔과 아래팔이 이루는 각도는 90° 이상이 되도록 한다.
④ 아래팔은 손등과 일직선을 유지하여 손목이 꺾이지 않도록 한다.

해설 발의 위치는 발바닥 전체가 바닥면에 닿도록 한다.

02 다음 중 영상표시단말기(VDT) 작업자의 건강장해를 예방하기 위한 방법으로 적절하지 않은 것은?

① 서류받침대는 화면과 같은 높이로 맞추어 작업한다.
② 작업자의 발바닥 전면이 바닥면에 닿는 자세를 취하도록 한다.
③ 위팔(Upper Arm)은 자연스럽게 늘어뜨리고, 팔꿈치의 내각은 90° 이상으로 한다.
④ 작업자의 시선은 수평선상으로 10~15° 위를 바라보도록 한다.

해설 작업자의 시선은 수평선상으로부터 아래로 10~15° 이내로 한다.

03 다음 중 누적외상성질환(CTDs)의 주요 요인과 가장 거리가 먼 것은?

① 저온 작업
② 근로자의 체중
③ 작업 자세
④ 물건을 잡는 손의 힘

해설 누적외상성질환(CTDs)의 주요인

㉠ 부적절한 작업자세
㉡ 반복적인 동작
㉢ 무리한 힘을 사용
㉣ 저온 및 진동

04 누적외상성장애(CTDs : Cumulative Trauma Disorders)의 원인이 아닌 것은?

① 불안전한 자세에서 장기간 고정된 한 가지 작업
② 고온 작업장에서 갑작스럽게 힘을 주는 전신작업
③ 작업속도가 빠른 상태에서 힘을 주는 반복작업
④ 작업내용의 변화가 없거나 휴식시간 없이 손과 팔을 과도하게 사용하는 작업

05 직업성 누적외상성질환(CTDs)과 관련이 가장 적은 직업의 형태는?

① 전화안내작업
② 컴퓨터 사무작업
③ Chain Saw를 이용한 벌목작업
④ 금전등록기의 계산작업

해설 체인톱에 의한 벌목작업은 해당하지 않는다.

06 혐기성 대사에 사용되는 에너지원이 아닌 것은?

① 포도당
② 크레아틴 인산
③ 단백질
④ 아데노신 삼인산

해설 혐기성 대사에 사용되는 에너지원
㉠ 아데노신 삼인산(ATP)
㉡ 크레아틴 인산(CP)
㉢ 포도당(Glucose)
㉣ 글리코겐(Glycogen)

07 근육운동에 필요한 에너지는 혐기성 대사와 호기성 대사를 통해 생성된다. 다음 중 혐기성과 호기성 대사에 모두 에너지원으로 작용하는 것은?

① 지방(Fat)
② 단백질(Protein)
③ 포도당(Glucose)
④ 아데노신 삼인산(ATP)

08 신체의 생활기능을 조절하는 영양소이며 작용 면에서 조절요소로만 나열된 것은?

① 비타민, 무기질, 물
② 비타민, 단백질, 물
③ 단백질, 무기질, 물
④ 단백질, 지방, 탄수화물

해설 식품과 영양소
㉠ 5대 영양소 : 단백질(1g당 4.1kcal 열량 발생), 탄수화물(1g당 4.1kcal 열량 발생), 지방(1g당 9.3kcal 열량 발생), 무기질, 비타민
㉡ 열량공급원 : 탄수화물, 지방, 단백질
㉢ 칼슘 : 치아와 골격 구성
㉣ 철분 : 혈액 중 헤모글로빈의 구성 성분
㉤ 생활기능 조절 : 비타민, 무기질

09 다음 중 영양소 부족에 의한 결핍증의 연결이 잘못된 것은?

① 비타민 B_1-구루병
② 비타민 A-야맹증
③ 단백질-전신 부종, 피부 반점
④ 비타민 K-혈액응고 지연작용

해설 비타민 B_1이 부족하면 각기병, 신경염의 증상이 나타난다.

10 다음 중 근육작업 근로자에게 비타민 B_1을 공급하는 이유로 가장 적절한 것은?

① 영양소를 환원시키는 작용이 있다.
② 비타민 B_1이 산화될 때 많은 열량을 발생한다.
③ 글리코겐합성을 돕는 효소의 활동을 증가시킨다.
④ 호기적 산화를 도와 근육의 열량공급을 원활하게 해 준다.

해설 비타민 B_1
㉠ 부족 시 각기병, 신경염 유발
㉡ 근육운동(노동)시 섭취 필요
㉢ 작업강도가 높은 근로자의 근육에 호기적 산화 보조 영양소

11 육체적 근육노동 시 특히 주의하여 보급해야 할 비타민의 종류는?

① 비타민 B_1 ② 비타민 B_2 ③ 비타민 B_6 ④ 비타민 B_{12}

ANSWER | 01 ① 02 ④ 03 ② 04 ② 05 ③ 06 ③ 07 ③ 08 ① 09 ① 10 ④ 11 ①

더 풀어보기

산업기사

01 사람이 머리를 숙이지 않고 정상적으로 VDT 작업을 할 때 모니터를 바라보는 작업자의 가장 적절한 시선 각도는?

① 수평선상으로부터 아래로 10~15° ② 수평선상으로부터 아래로 20~25°
③ 수평선상으로부터 위로 10~15° ④ 수평선상으로부터 위로 20~25°

02 영상표시단말기(VDT) 취급근로자 작업관리에 관한 설명으로 틀린 것은?

① 작업 화면상의 시야는 수평선상으로부터 아래로 15° 이상 25° 이하에 오도록 한다.
② 작업장 주변 환경의 조도를 화면의 바탕 색상이 검은색 계통일 때 300럭스 이상 500럭스 이하를 유지한다.
③ 단색화면일 경우 색상은 일반적으로 어두운 배경에 밝은 황 · 녹색 또는 백색문자를 사용하고 적색 또는 청색의 문자는 가급적 사용하지 않는다.
④ 연속작업을 수행하는 근로자에 대해서는 영상표시단말기 작업 외의 작업을 중간에 넣거나 또는 다른 근로자와 교대로 실시하는 등 계속해서 영상표시단말기 작업을 수행하지 않도록 한다.

해설 작업 화면상의 시야는 수평선상으로부터 아래로 10~15°가 좋다.

03 다음 중 영상표시단말기(VDT) 작업으로 인하여 발생되는 질환과 직접적으로 연관이 가장 적은 것은?

① 안(眼)장해
② 청력 저하
③ 정신신경계 증상
④ 경견완증후군 및 기타 근골격계 증상

해설 VDT 증후군의 정의
영상표시단말기를 취급하는 작업으로 인하여 발생되는 경견완증후군 및 기타 근골격계 증상, 눈의 피로, 피부증상, 정신신경계 증상을 일으키는 것을 말한다.

04 VDT 작업자세로 틀린 것은?

① 팔꿈치의 내각은 90° 이상이어야 함
② 발의 위치는 앞꿈치만 닿을 수 있도록 함
③ 화면과 근로자의 눈과의 거리는 40cm 이상이 되게 함
④ 의자에 앉을 때는 의자 깊숙이 앉아 의자등받이에 등이 충분히 지지되어야 함

해설 발의 위치는 발바닥 전체가 바닥면에 닿도록 한다.

05 직업성 경견완증후군 발생과 연관되는 작업으로 가장 거리가 먼 것은?

① 키펀치작업
② 전화교환작업
③ 금전등록기의 계산작업
④ 전기톱에 의한 벌목작업

해설 경견완증후군(산업재해보상보험법)
전화교환작업, 키펀치작업, 금전등록기 계산작업이 해당되며, 체인톱에 의한 벌목작업은 해당 사항 없음

06 누적외상성질환의 발생을 촉진하는 것이 아닌 것은?

① 진동
② 간헐성
③ 큰 변화가 없는 연속동작
④ 섭씨 21도 이하에서 작업

해설 누적외상성질환은 연속성(반복적)일 때 가중된다.

07 다음 중 근육운동에 필요한 에너지 중 혐기성 대사에 사용되는 것이 아닌 것은?

① 단백질
② 글리코겐
③ 크레아틴 인산(CP)
④ 아데노신 삼인산(ATP)

08 다음 중 혐기성 대사에서 혐기성 반응에 의해 에너지를 생산하지 않는 것은?

① 지방
② 포도당
③ 크레아틴 인산(CP)
④ 아데노신 삼인산(ATP)

해설 시간대별 혐기성 대사 순서
ATP(아데노신 삼인산) → CP(크레아틴 인산) → Glycogen(글리코겐) or Glucose(포도당)

09 근육운동에 필요한 에너지를 생성하는 방법에는 혐기성 대사와 호기성 대사가 있다. 다음 중 혐기성 대사의 에너지원이 아닌 것은?

① 지방
② 크레아틴 인산
③ 글리코겐
④ 아데노신 삼인산

10 다음 중 호기적 산화를 도와서 근육의 열량공급을 원활하게 해주기 때문에 근육노동에 있어서 특히 주의해서 보충해 주어야 하는 것은?

① 비타민 A ② 비타민 B_1 ③ 비타민 C ④ 비타민 D

해설 비타민 B_1
㉠ 부족 시 각기병, 신경염 유발
㉡ 근육운동(노동) 유발 시 섭취 필요
㉢ 작업강도가 높은 근로자의 근육에 호기적 산화 보조 영양소

11 작업강도가 높은 근로자의 근육에 호기적 산화로 연소를 도와주는 영양소는?

① 비타민 A ② 비타민 B_1 ③ 비타민 D ④ 비타민 E

12 호기적 산화를 도와서 근육의 열량공급을 원활하게 해주기 때문에 근육노동에 있어서 특히 주의해서 보충해 주어야 하는 것은?

① 비타민 A ② 비타민 C ③ 비타민 B_1 ④ 비타민 D_4

ANSWER | 01 ① 02 ① 03 ② 04 ② 05 ④ 06 ② 07 ① 08 ① 09 ① 10 ② 11 ② 12 ③

기 사

01 VDT 증후군의 예방을 위한 작업자세로 적절하지 않은 것은?

① 작업자의 시선은 수평선상으로부터 아래로 10~15° 이내일 것
② 눈으로부터 화면까지의 시거리는 40cm 이상을 유지할 것
③ 아래팔은 손등과 일직선을 유지하여 손목이 꺾이지 않도록 할 것
④ 위팔(Upper Arm)은 자연스럽게 늘어뜨리고, 팔꿈치의 내각은 90° 이내로 할 것

해설 위팔은 자연스럽게 늘어뜨리고 팔꿈치의 내각은 90~100°로 한다.

02 주로 정적인 자세에서 인체의 특정부위를 지속적 · 반복적으로 사용하거나 부적합한 자세로 장기간 작업할 때 나타나는 질환을 의미하는 것이 아닌 것은?

① 반복성 긴장장애 ② 누적외상성 질환
③ 작업관련성 근골격계 질환 ④ 작업관련성 신경계질환

03 다음 중 근육운동에 동원되는 주요 에너지원 중에서 가장 먼저 소비되는 에너지원은?

① CP ② ATP ③ 포도당 ④ 글리코겐

해설 시간대별 혐기성 대사 순서
ATP(아데노신 삼인산) → CP(크레아틴 인산) → Glycogen(글리코겐) or Glucose(포도당)

04 다음 중 근육운동을 하는 동안 혐기성 대사에 동원되는 에너지원과 가장 거리가 먼 것은?
① 아세트알데히드 ② 크레아틴 인산(CP)
③ 글리코겐 ④ 아데노신 삼인산(ATP)

05 근육운동의 에너지원 중에서 혐기성 대사의 에너지원에 해당되는 것은?
① 지방 ② 포도당 ③ 글리코겐 ④ 단백질

06 다음 중 근육운동에 필요한 에너지를 생산하는 혐기성 대사의 반응이 아닌 것은?
① ATP + H_2O ⇆ ADP + P + Free Energy
② Glycogen + ADP ⇆ Citrate + ATP
③ Glucose + P + ADP → Lactate + ATP
④ Creatine Phosphate + ADP ⇆ Creatine + ATP

해설 혐기성 대사(근육운동)
㉠ ATP ⇆ ADP+P+Free Energy
㉡ Creatine Phosphate+ADP ⇆ Creatine+ATP
㉢ Glycogen 또는 Glucose+P+ADP → Lactate+ATP

07 다음 중 영양소의 작용과 그 작용에 관여하는 주된 영양소의 종류를 잘못 연결한 것은?
① 체내에서 산화연소하여 에너지를 공급하는 것 – 탄수화물, 지방질 및 단백질
② 몸의 구성성분을 위해 보급하고 영양소의 체내 흡수기능을 조절하는 것 – 탄수화물, 유기질, 물
③ 체내조직을 구성하고, 분해 · 소비되는 물질의 공급원이 되는 것 – 단백질, 무기질, 물
④ 여러 영양소의 영양적 작용의 매개가 되고 생활기능을 조절하는 것 – 비타민, 무기질, 물

해설 몸의 구성성분을 위해 보급하고 영양소의 체내 흡수기능을 조절하는 것에는 단백질, 무기질, 물 등이 있다.

08 다음 중 근육 노동 시 특히 보급해 주어야 하는 비타민의 종류는?
① 비타민 A ② 비타민 B_1 ③ 비타민 C ④ 비타민 D

해설 비타민 B_1
㉠ 부족 시 각기병, 신경염 유발
㉡ 근육운동(노동) 시 섭취 필요
㉢ 작업강도가 높은 근로자의 근육에 호기적 산화 보조 영양소

ANSWER | 01 ④ 02 ④ 03 ② 04 ① 05 ③ 06 ② 07 ② 08 ②

10 근골격계 질환

1. 정의

반복적인 동작, 부적절한 작업자세, 무리한 힘의 사용, 날카로운 면과의 신체접촉, 진동 및 온도 등의 요인에 의하여 발생하는 건강장해로서 목, 어깨, 허리, 팔 · 다리의 신경 · 근육 및 그 주변 신체조직 등에 나타나는 질환을 말한다.

2. 근골격계 질환의 원인

① 부적절한 작업자세
② 짧은 주기의 반복 작업
③ 과도한 힘의 사용
④ 휴식시간 부족
⑤ 저온, 진동 환경
⑥ 신체접촉에 의한 과도한 압력 전달

3. 근골격계 질환의 특징

① 자각증상으로 시작된다.
② 손상의 정도를 측정하기 어렵다.
③ 관리의 목표는 최소화에 있다.
④ 회복과 악화가 반복적이다.
⑤ 환자 발생이 집단적이다.
⑥ 노동력 손실에 따른 경제적 피해가 크다.

4. 근골격계 질환을 예방하기 위한 조치

① 손잡이는 접촉면적을 크게 하고 완충물질을 사용한다.
② 동일한 자세 작업을 피하고 작업대사량을 줄인다.
③ 가능하면 손가락으로 잡는 핀치 그립(Pinch Grip)보다는 손바닥으로 감싸 안아 잡는 파워 그립(Power Grip)을 이용한다.
④ 동력공구는 그 무게를 지탱할 수 있도록 매단다.
⑤ 차단이나 진동 패드, 진동 장갑 등으로 손에 전달되는 진동 효과를 줄인다.
⑥ 손바닥 전체에 스트레스를 분포시키는 손잡이를 가진 수공구를 선택한다.
⑦ 작업방법이나 위치를 계속 변화시킨다.
⑧ 작업시간을 조절하고 과도한 힘을 주지 않는다.

5. 근골격계 부담작업

① 하루에 4시간 이상 집중적으로 자료입력 등을 위해 키보드 또는 마우스를 조작하는 작업
② 하루에 총 2시간 이상 목, 어깨, 팔꿈치, 손목 또는 손을 사용하여 같은 동작을 반복하는 작업
③ 하루에 총 2시간 이상 머리 위에 손이 있거나, 팔꿈치가 어깨 위에 있거나, 팔꿈치를 몸통으로부터 들거나, 팔꿈치를 몸통 뒤쪽에 위치하도록 하는 상태에서 이루어지는 작업
④ 지지되지 않은 상태이거나 임의로 자세를 바꿀 수 없는 조건에서, 하루에 총 2시간 이상 목이나 허리를 구부리거나 트는 상태에서 이루어지는 작업
⑤ 하루에 총 2시간 이상 쪼그리고 앉거나 무릎을 굽힌 자세에서 이루어지는 작업
⑥ 하루에 총 2시간 이상 지지되지 않은 상태에서 1kg 이상의 물건을 한 손의 손가락으로 집어 옮기거나, 2kg 이상에 상응하는 힘을 가하여 한 손의 손가락으로 물건을 쥐는 작업
⑦ 하루에 총 2시간 이상 지지되지 않은 상태에서 4.5kg 이상의 물건을 한 손으로 들거나 동일한 힘으로 쥐는 작업
⑧ 하루에 10회 이상 25kg 이상의 물체를 드는 작업
⑨ 하루에 25회 이상 10kg 이상의 물체를 무릎 아래에서 들거나, 어깨 위에서 들거나, 팔을 뻗은 상태에서 드는 작업
⑩ 하루에 총 2시간 이상, 분당 2회 이상 4.5kg 이상의 물체를 드는 작업
⑪ 하루에 총 2시간 이상 시간당 10회 이상 손 또는 무릎을 사용하여 반복적으로 충격을 가하는 작업

6. 근골격계 질환 평가방법

① JSI(Job Strain Index)
㉠ 상지 말단(손, 손목)의 작업 관련성 근골격계 위험요소 평가
㉡ 장점 : 손/손목 부분을 평가하는 데 유리
㉢ 단점 : 손목의 특이적인 위험성만 평가하고 있어 제한적인 작업에 대해서만 평가가 가능하고 진동에 대한 위험요인 배제

② RULA(Rapid Upper Limb Assessment)
㉠ 영국 노팅엄대학에서 1993년에 어깨, 팔목, 손목 등 상지에 초점을 맞추어 작업자세를 평가하기 위해 개발
㉡ 장점 : 특별한 장비가 필요 없이 작업부하 평가, 작업자들에게 방해를 주지 않고 평가 가능, 평가자 교육 간단
㉢ 단점 : 전신 작업자세 분석 한계

③ REBA(Rapid Entire Body Assessment)
㉠ Sue Hignett & Lynn Mcatamney가 RULA의 신체부위 그림을 중심으로 재구성하여 다양한 자세에서 이루어지는 신체부담작업을 평가하는 도구로 개발되었으며 주요 작업요소로는 반복성, 정적인 힘, 작업자세, 연속 작업시간이 있다.
㉡ 장점 : 상지작업을 중심으로 한 RULA와 비교하여 예측하기 힘든 다양한 자세에서 이루어지는 서비스업에서의 전체적인 신체에 대한 부담 정도와 유해인자의 노출정도를 파악할 수 있다.

④ OWAS(Ovako Working-posture Analysis System)

㉠ 핀란드 철강회사 Ovako사와 FIOH(핀란드 산업보건연구소)가 1970년대 중반 부적절한 작업자세를 구별할 목적으로 개발

㉡ 장점 : 기구 없이 관찰만으로 작업자세 분석 가능, 배우기 쉽고 현장 적용 용이, 작업자들에게 방해를 주지 않고 평가 가능, 평가자 교육 간단

㉢ 단점 : 세밀한 분석 불가능, 정성적 분석만 가능, 추가로 세부 분석과정 필요

연습문제

01 다음 중 근골격계 질환의 원인과 가장 거리가 먼 것은?

① 부적절한 작업자세
② 짧은 주기의 반복 작업
③ 고온 다습한 환경
④ 과도한 힘의 사용

해설 근골격계 질환의 원인

㉠ 부적절한 작업자세
㉡ 짧은 주기의 반복 작업
㉢ 과도한 힘의 사용
㉣ 휴식시간 부족
㉤ 저온, 진동 환경
㉥ 신체접촉에 의한 과도한 압력 전달

02 다음 중 근골격계 질환의 특징으로 볼 수 없는 것은?

① 자각증상으로 시작된다.
② 관리의 목표는 최소화에 있다.
③ 손상의 정도를 측정하기 어렵다.
④ 환자의 발생이 집단적으로 발생하지 않는다.

해설 근골격계 질환의 특징

㉠ 자각증상으로 시작된다.
㉡ 손상의 정도를 측정하기 어렵다.
㉢ 관리의 목표는 최소화에 있다.
㉣ 회복과 악화가 반복적이다.
㉤ 환자 발생이 집단적이다.
㉥ 노동력 손실에 따른 경제적 피해가 크다.

03 다음 중 근골격계 질환에 관한 설명으로 틀린 것은?

① 부자연스러운 자세를 피한다.
② 작업 시 과도한 힘을 주지 않는다.
③ 연속적이고 반복적인 동작일 경우 발생률이 높다.
④ 수공구의 손잡이와 같은 경우에는 접촉면적을 최대한 적게 하여 예방한다.

해설 손잡이는 접촉면적을 크게 하고 완충물질을 사용한다.

04 수공구를 이용한 작업의 개선 원리로 가장 적합하지 않은 것은?

① 동력공구는 그 무게를 지탱할 수 있도록 매단다.
② 차단이나 진동 패드, 진동 장갑 등으로 손에 전달되는 진동 효과를 줄인다.
③ 손바닥 중앙에 스트레스를 분포시키는 손잡이를 가진 수공구를 선택한다.
④ 가능하면 손가락으로 잡는 Pinch Grip보다는 손바닥으로 감싸 안아 잡은 Power Grip을 이용한다.

해설 손바닥 전체에 스트레스를 분포시키는 손잡이를 가진 수공구를 선택한다.

05 사업장에서 근로자가 하루에 25kg 이상의 중량물을 몇 회 이상 들면 근골격계 부담작업에 해당되는가?

① 5회 ② 10회 ③ 15회 ④ 20회

해설 하루에 10회 이상 25kg 이상의 물체를 드는 작업 또는 하루에 25회 이상 10kg 이상의 물체를 무릎 아래에서 들거나, 어깨 위에서 들거나, 팔을 뻗은 상태에서 드는 작업이 근골격계 부담작업에 해당한다.

06 우리나라 고시에 따르면 하루에 몇 시간 이상 집중적으로 자료입력을 위해 키보드 또는 마우스를 조작하는 작업을 근골격계 부담작업으로 분류하는가?

① 2시간 ② 4시간 ③ 6시간 ④ 8시간

해설 하루에 4시간 이상 집중적으로 자료입력 등을 위해 키보드 또는 마우스를 조작하는 작업은 근골격계 부담작업에 해당한다.

07 산업안전보건법령상 사업주는 근골격계 부담작업에 근로자를 종사하도록 하는 경우에는 몇 년마다 유해요인조사를 실시하여야 하는가?

① 1년 ② 2년 ③ 3년 ④ 5년

해설 유해요인조사
사업주는 근로자가 근골격계 부담작업을 하는 경우에 3년마다 다음 사항에 대한 유해요인 조사를 하여야 한다. 다만, 신설되는 사업장의 경우에는 신설일부터 1년 이내에 최초의 유해요인 조사를 하여야 한다.
㉠ 설비 · 작업공정 · 작업량 · 작업속도 등 작업장 상황
㉡ 작업시간 · 작업자세 · 작업방법 등 작업조건
㉢ 작업과 관련된 근골격계 질환 징후와 증상 유무 등

08 작업 자세는 피로 또는 작업능률과 관계가 깊다. 가장 바람직하지 않은 자세는?

① 작업 중 가능한 한 움직임을 고정한다.
② 작업대와 의자의 높이는 개인에게 적합하도록 조절한다.
③ 작업물체와 눈과의 거리는 약 30~40cm 정도 유지한다.
④ 작업에 주로 사용하는 팔의 높이는 심장 높이로 유지한다.

09 다음 약어의 용어들은 무엇을 평가하는 데 사용되는가?

OWAS, RULA, REBA, JSI

① 직무 스트레스 정도　② 근골격계 질환의 위험요인
③ 뇌심혈관계 질환의 정략적 분석　④ 작업장 국소 및 전체환기효율 비교

10 근골격계 질환을 예방하기 위한 작업환경 개선방법으로 인체측정치를 이용한 작업환경의 설계가 이루어질 때 가장 먼저 고려되어야 할 사항은?

① 조절 가능 여부　② 최대치의 적용 여부
③ 최소치의 적용 여부　④ 평균치의 적용 여부

해설 근골격계 질환을 예방하기 위한 작업환경 개선의 방법으로 인체측정치를 이용한 작업환경의 설계가 이루어질 때 가장 먼저 고려되어야 할 사항은 조절 가능 여부이다.

ANSWER | 01 ③ 02 ④ 03 ④ 04 ③ 05 ② 06 ② 07 ③ 08 ① 09 ② 10 ①

더 풀어보기

산업기사

01 근골격계의 질환의 특징을 설명한 것으로 틀린 것은?

① 생산 공정이 기계화, 자동화되어도 꾸준하게 증가하고 있다.
② 우리나라의 경우 산업재해는 50인 미만의 영세 중소기업에서 약 70% 정도를 차지한다.
③ 우리나라에서는 건설업에서 근골격계 질환 발생이 가장 많고 그 다음으로 제조업 순이었다.
④ 근골격계 질환을 최대한 줄이기 위하여 조기 발견, 작업환경 개선, 적절한 의학적 조치 등을 취하여야 한다.

해설 근골격계 질환 발생이 가장 많은 사업장은 제조업이고, 서비스업, 건설업순으로 발생한다.

02 다음 중 근골격계 질환에 대한 설명으로 틀린 것은?

① 연속적이고 반복적인 동작일 경우 발생률이 높다.
② 수공구의 손잡이와 같은 경우에는 접촉면적을 최대한 적게 하여 예방한다.
③ 부자연스러운 자세는 피한다.
④ 과도한 힘을 주지 않는다.

해설 손잡이는 접촉면적을 크게 하고 완충물질을 사용한다.

03 근골격계 질환을 예방하기 위한 조치로 적절한 것은?

① 손잡이에 완충물질을 사용하지 않는다.
② 작업의 방법이나 위치를 변화시키지 않는다.
③ 임팩트 렌치나 천공 해머를 사용하지 않는다.
④ 가능한 한 파워 그립보다 핀치 그립을 사용할 수 있도록 설계한다.

해설 근골격계 질환을 예방하기 위한 조치

㉠ 손잡이는 접촉면적을 크게 하고 완충물질을 사용한다.
㉡ 동일한 자세 작업을 피하고 작업대사량을 줄인다.
㉢ 가능하면 손가락으로 잡는 핀치 그립(Pinch Grip)보다는 손바닥으로 감싸 안아 잡는 파워 그립(Power Grip)을 이용한다.
㉣ 동력공구는 그 무게를 지탱할 수 있도록 매단다.
㉤ 차단이나 진동 패드, 진동 장갑 등으로 손에 전달되는 진동 효과를 줄인다.
㉥ 손바닥 전체에 스트레스를 분포시키는 손잡이를 가진 수공구를 선택한다.
㉦ 작업방법이나 위치를 계속 변화시킨다.
㉧ 작업시간을 조절하고 과도한 힘을 주지 않는다.

04 다음 중 어깨, 팔목, 손목, 목 등 상지(Upper Limb)의 분석에 초점을 두고 있기 때문에 하체보다는 상체의 작업부하가 많이 부과되는 작업의 작업자세에 대한 근육부하를 평가하는 도구로 가장 적합한 것은?

① OWAS　　② RULA
③ REBA　　④ 3DSSPP

ANSWER | 01 ③　02 ②　03 ③　04 ②

기 사

01 다음 중 근골격계 질환의 특징으로 가장 거리가 먼 것은?

① 한번 악화되면 완치가 쉽게 가능하다.
② 노동력 손실에 따른 경제적 피해가 크다.
③ 관리의 목표는 최소화에 있다.
④ 단편적인 작업환경개선으로 좋아질 수 없다.

해설 근골격계 질환의 특징

㉠ 자각증상으로 시작된다.
㉡ 손상의 정도를 측정하기 어렵다.
㉢ 관리의 목표는 최소화에 있다.
㉣ 회복과 악화가 반복적이다.
㉤ 환자 발생이 집단적이다.
㉥ 노동력 손실에 따른 경제적 피해가 크다.

02 근골격계 질환에 관한 설명으로 틀린 것은?

① 점액낭염(Bursitis)은 관절 사이의 윤활액을 싸고 있는 윤활낭에 염증이 생기는 질병이다.

② 건초염(Tenosynovitis)은 건막에 염증이 생긴 질환이며, 건염(Tendonitis)은 건의 염증으로, 건염과 건초염을 정확히 구분하기 어렵다.

③ 수근관 증후군(Carpal Tunnel Syndrome)은 반복적이고, 지속적인 손목의 압박, 무리한 힘 등으로 인해 수근관 내부에 정중신경이 손상되어 발생한다.

④ 근염(Myositis)은 근육이 잘못된 자세, 외부의 충격, 과도한 스트레스 등으로 수축되어 굳어지면 근섬유의 일부가 띠처럼 단단하게 변하여 근육의 특정 부위에 압통, 방사통, 목부위 운동제한, 두통 등의 증상이 나타난다.

해설 근염(근육염)

근육은 저항성이 강한 조직이기 때문에 좌상에 따른 화농이나 영양이 나쁜 중환자에게서 나타나며 주로 포도상구균에 의하여 발생한다. 근육, 힘줄, 인대 등에서 지속적인 자극이 척수를 거쳐서 관련 통증을 유발한다.

03 우리나라의 규정상 하루에 25kg 이상의 물체를 몇 회 이상 드는 작업일 경우 근골격계 부담작업으로 분류하는가?

① 2회 ② 5회 ③ 10회 ④ 25회

해설 근골격계 부담작업

㉠ 하루에 10회 이상 25kg 이상의 물체를 드는 작업

㉡ 하루에 25회 이상 10kg 이상의 물체를 무릎 아래에서 들거나, 어깨 위에서 들거나, 팔을 뻗은 상태에서 드는 작업

04 산업안전보건법령에 따라 근로자가 근골격계 부담작업을 하는 경우 유해요인조사의 주기는?

① 6개월 ② 2년 ③ 3년 ④ 5년

해설 유해요인조사

사업주는 근로자가 근골격계 부담작업을 하는 경우에 3년마다 다음 사항에 대한 유해요인 조사를 하여야 한다. 다만, 신설되는 사업장의 경우에는 신설일부터 1년 이내에 최초의 유해요인 조사를 하여야 한다.

㉠ 설비 · 작업공정 · 작업량 · 작업속도 등 작업장 상황

㉡ 작업시간 · 작업자세 · 작업방법 등 작업조건

㉢ 작업과 관련된 근골격계 질환 징후와 증상 유무 등

05 사업주가 근골격계 부담작업에 근로자를 종사하도록 하는 경우 3년마다 실시하여야 하는 조사는?

① 유해요인 조사 ② 근골격계부담 조사

③ 정기부담 조사 ④ 근골격계작업 조사

06 다음 중 근골격계 질환의 위험요인에 대한 설명으로 적절하지 않은 것은?

① 큰 변화가 없는 반복동작일수록 근골격계 질환의 발생 위험이 증가한다.

② 정적 작업보다 동적 작업에서 근골격계 질환의 발생 위험이 더 크다.

③ 작업공정에 장애물이 있으면 근골격계 질환의 발생 위험이 더 커진다.

④ 21℃ 이하의 저온작업장에서 근골격계 질환의 발생 위험이 더 커진다.

해설 근골격계 질환의 원인

㉠ 부적절한 작업자세
㉡ 짧은 주기의 반복 작업
㉢ 과도한 힘의 사용
㉣ 휴식시간 부족
㉤ 저온, 진동 환경
㉥ 신체접촉에 의한 과도한 압력 전달

07 작업 관련 질환은 다양한 원인에 의해 발생할 수 있는 질병으로 개인적인 소인에 직업적 요인이 부가되어 발생하는 질병을 말한다. 다음 중 작업 관련 질환에 해당하는 것은?

① 진폐증　② 악성중피종　③ 납중독　④ 근골격계 질환

해설 대표적 작업 관련성 질환으로는 근골격계 질환과 직업 관련성 뇌 또는 심혈관 질환이 있다.

08 근골격계 질환 평가방법 중 JSI(Job Strain Index)에 대한 설명으로 틀린 것은?

① 주로 상지작업 특히 허리와 팔을 중심으로 이루어지는 작업에 유용하게 사용할 수 있다.

② JSI 평가결과의 점수가 7점 이상은 위험한 작업이므로 즉시 작업개선이 필요한 작업으로 관리기준을 제시하게 된다.

③ 이 평가방법은 손목의 특이적인 위험성만을 평가하고 있어 제한적인 작업에 대해서만 평가가 가능하고, 손, 손목 부위에서 중요한 진동에 대한 위험요인이 배제되었다는 단점이 있다.

④ 평가과정은 지속적인 힘에 대해 5등급으로 나누어 평가하고, 힘을 필요로 하는 작업의 비율, 손목의 부적절한 작업자세, 반복성, 작업속도, 작업시간 등 총 6가지 요소를 평가한 후 각각의 점수를 곱하여 최종 점수를 산출하게 된다.

해설 JSI(작업긴장도지수)
①은 OWAS에 대한 설명이다.

09 근골격계 질환 작업위험요인의 인간공학적 평가방법이 아닌 것은?

① OWAS　② RULA　③ REBA　④ ICER

10 작업 관련 근골격계 장애(WMSDs : Work-related Musculoskeletal Disorders)가 문제로 인식되는 이유 중 가장 적절치 못한 것은?

① WMSDs는 다양한 작업장과 다양한 직무활동에서 발생한다.

② WMSDs는 생산성을 저하시키며 제품과 서비스의 질을 저하시킨다.

③ WMSDs는 거의 모든 산업 분야에서 예방하기 어려운 상해 내지는 질환이다.

④ WMSDs는 특히 허리가 포함되었을 때 가장 비용이 많이 소요되는 직업성 질환이다.

해설 WMSDs는 거의 모든 산업 분야에서 예방이 가능한 질환이다.

ANSWER | 01 ① 02 ④ 03 ③ 04 ③ 05 ① 06 ② 07 ④ 08 ① 09 ④ 10 ③

THEMA 11 산업피로

1. 피로의 정의

고단하다는 주관적인 느낌이 있으면서, 작업능률이 떨어지고 생체기능의 변화를 가져오는 현상이다.(가역적 생체 변화)

2. 피로의 3단계

① 보통피로 : 하루 잠을 자고 나면 완전히 회복되는 피로
② 과로 : 다음 날까지 계속되는 피로의 상태로 단시간 휴식으로 회복 가능
③ 곤비 : 과로의 축적으로 단기간 휴식으로 회복될 수 없는 발병단계의 피로

3. 피로의 발생기전

① 산소와 영양소 등의 에너지원 발생 감소
② 물질대사에 의한 피로물질(젖산, 초성포도당, 크레아티닌, 시스테인, 암모니아)의 체내 축적
③ 체내 생리대사의 물리 · 화학적 변화
④ 여러 가지 신체조절기능의 저하

4. 산업피로의 발생요인

① 외부적 요인 : 작업환경 조건, 작업시간과 작업자세의 적부, 작업의 강도와 양의 적절성
② 신체적 요인(개인) : 신체적 조건, 적응능력, 영양상태, 작업의 숙련 정도

5. 산업피로의 증상

① 맥박이 빨라진다.
② 혈당치가 낮아진다.
③ 젖산과 탄산량이 증가하여 산혈증이 발생한다.
④ 판단력이 흐려지고, 권태감과 졸음이 온다.
⑤ 체온조절의 장애가 나타나며, 에너지 소모량이 증가한다.
⑥ 호흡이 얕고 빨라지며, 혈액 중 이산화탄소량이 증가한다.
⑦ 소변의 양이 줄고, 단백질 및 교질물질의 배설량이 증가한다.
⑧ 혈압은 초기에 높아지나 피로가 진행되면 오히려 낮아진다.
⑨ 일반적으로 체온이 높아지나 피로 정도가 심해지면 오히려 낮아진다.

6. 산업피로의 예방 및 대책

① 작업과정에 적절한 간격으로 휴식시간을 둔다.
② 각 개인에 따라 작업량을 조절한다.
③ 개인의 숙련도 등에 따라 작업속도를 조절한다.
④ 동적인 작업을 늘리고, 정적인 작업을 줄인다.
⑤ 불필요한 동작을 피하고 에너지 소모를 줄인다.
⑥ 커피, 홍차, 엽차 및 비타민 B_1은 피로회복에 도움이 되므로 공급한다.
⑦ 작업환경을 정리·정돈한다.
⑧ 충분한 수면은 피로회복을 위한 최적의 대책이다.
⑨ 작업시간 중 적당한 때에 체조를 한다.
⑩ 일반적으로 단시간씩 여러 번 나누어 휴식하는 것이 장시간 한 번 휴식하는 것보다 피로회복에 도움이 된다.

7. 산업피로를 예방하기 위한 작업자세

① 작업에 주로 사용하는 팔은 심장높이에 두도록 한다.
② 작업물체와 눈과의 거리는 명시거리로 30cm 정도를 유지토록 한다.
③ 정적인 작업을 피하고, 동적인 작업을 도모한다.
④ 불안정한 자세를 피한다.
⑤ 힘든 노동은 가능한 한 기계화하여 육체적 부담을 줄인다.
⑥ 불필요한 동작을 피하고 에너지 소모를 줄인다.
⑦ 의자는 높이를 조절할 수 있고 등받이가 있는 것이 좋다.

8. 산업피로에 대한 일반적인 설명

① 산업피로는 생산성의 저하뿐만 아니라 재해와 질병의 원인이 된다.
② 산업피로는 질병이 아니라 가역적인 생체 변화이다.
③ 산업피로는 건강장해에 대한 경고반응이라고 할 수 있다.
④ 육체적, 정신적 노동부하에 반응하는 생체의 태도이다.
⑤ 정신적 피로와 신체적 피로는 보통 함께 나타나 구별하기 어렵다.
⑥ 충분한 영양을 취하는 것은 휴식과 더불어 피로방지의 중요한 방법이다.
⑦ 피로 현상은 개인차가 심하여 작업에 대한 개체의 반응을 어디서부터 피로 현상이라고 타각적 수치로 찾아내기는 어렵다.
⑧ 산업피로는 주관적 측정이 가능하며 개인차가 심하므로 과학적 개념으로 명확하게 파악할 수 없다.
⑨ 노동수명(Turn Over Ratio)으로서 피로를 판정할 수 있다.
⑩ 피로조사는 피로도를 판가름하는 데 그치지 않고 작업방법과 교대제 등을 과학적으로 검토할 필요가 있다.
⑪ 작업시간이 등차급수적으로 늘어나면 피로회복에 요하는 시간은 등비급수적으로 증가하게 된다.
⑫ 사업장에서 발생되는 피로는 작업부하, 작업환경, 작업시간 등의 영향을 받는다.

연습문제

01 피로의 일반적인 정의와 거리가 가장 먼 것은?

① 작업능률이 떨어진다.
② "고단하다"는 주관적인 느낌이 있다.
③ 생체기능의 변화를 가져오는 현상이다.
④ 체내에서의 화학적 에너지가 증가한다.

해설 피로의 정의
고단하다는 주관적인 느낌이 있으면서, 작업능률이 떨어지고 생체기능의 변화를 가져오는 현상이다.(가역적 생체 변화)

02 피로는 그 정도에 따라 보통 3단계로 나눌 수 있는데 피로도가 증가하는 순서대로 올바르게 배열된 것은?

① 곤비상태 → 보통피로 → 과로
② 보통피로 → 과로 → 곤비상태
③ 보통피로 → 곤비상태 → 과로
④ 곤비상태 → 과로 → 보통피로

해설 피로의 3단계
㉠ 보통피로 : 하루 잠을 자고 나면 완전히 회복되는 피로
㉡ 과로 : 다음 날까지 계속되는 피로의 상태로 단시간 휴식으로 회복 가능
㉢ 곤비 : 과로의 축적으로 단기간 휴식으로 회복될 수 없는 발병단계의 피로

03 산업피로의 종류 중 과로 상태가 축적되어 단기간의 휴식으로 회복할 수 없는 병적인 상태로, 심하면 사망에까지 이를 수 있는 것은?

① 곤비 ② 피로 ③ 과로 ④ 실신

04 다음 중 피로를 느끼게 하는 물질대사에 의한 노폐물이 아닌 것은?

① 젖산 ② 콜레스테롤 ③ 크레아티닌 ④ 시스테인

해설 피로물질
㉠ 젖산 ㉡ 초성포도당 ㉢ 크레아티닌 ㉣ 시스테인 ㉤ 암모니아

05 산업현장에서 근로자에게 일어나는 산업피로 현상은 외부적 요인과 신체적 요인 등 여러 인자들에 의해 복합적으로 발생되는데 다음 중 외부적 요인과 가장 관계가 적은 것은?

① 작업의 강도와 양의 적절성
② 작업시간과 작업자세의 적부
③ 작업의 숙련도 및 적응능력
④ 작업환경 조건

해설 산업피로의 발생요인
㉠ 외부적 요인 : 작업환경 조건, 작업시간과 작업자세의 적부, 작업의 강도와 양의 적절성
㉡ 신체적 요인(개인) : 신체적 조건, 적응능력, 영양상태, 작업의 숙련 정도

06 다음 중 피로를 일으키는 인자에 있어 외적 요인에 해당하는 것은?

① 적응 능력　② 영양 상태　③ 숙련 정도　④ 작업 환경

07 다음 중 산업피로의 증상으로 틀린 것은?

① 맥박이 빨라진다.
② 혈당치가 높아진다.
③ 젖산과 탄산량이 증가한다.
④ 판단력이 흐려지고, 권태감과 졸음이 온다.

해설 산업피로의 증상
㉠ 맥박이 빨라진다.
㉡ 혈당치가 낮아진다.
㉢ 젖산과 탄산량이 증가하여 산혈증이 발생한다.
㉣ 판단력이 흐려지고, 권태감과 졸음이 온다.
㉤ 체온조절의 장애가 나타나며, 에너지 소모량이 증가한다.
㉥ 호흡이 얕고 빨라지며, 혈액 중 이산화탄소량이 증가한다.
㉦ 소변의 양이 줄고, 단백질 및 교질물질의 배설량이 증가한다.
㉧ 혈압은 초기에 높아지나 피로가 진행되면 오히려 낮아진다.
㉨ 일반적으로 체온이 높아지나 피로 정도가 심해지면 오히려 낮아진다.

08 다음 중 산업피로의 증상에 대한 설명으로 틀린 것은?

① 혈당치가 높아지고 젖산, 탄산량이 증가한다.
② 호흡이 빨라지고 혈액 중 CO_2의 양이 증가한다.
③ 체온은 처음에 높아지다가 피로가 심해지면 나중에 떨어진다.
④ 혈압은 처음에 높아지나 피로가 진행되면 나중에 오히려 떨어진다.

해설 혈당치가 낮아지고 젖산과 탄산량이 증가하여 산혈증이 발생한다.

09 피로의 예방대책에 대한 설명으로 관계가 적은 것은?

① 작업환경을 정리 · 정돈한다.
② 불필요한 동작을 피하고 에너지 소모를 줄인다.
③ 너무 정적인 작업은 동적인 작업으로 전환한다.
④ 휴식은 한 번에 장시간 동안 취하는 것이 효과적이다.

해설 산업피로를 예방하기 위한 작업자세
㉠ 작업에 주로 사용하는 팔은 심장높이에 두도록 한다.
㉡ 작업물체와 눈과의 거리는 명시거리로 30cm 정도를 유지토록 한다.
㉢ 정적인 작업을 피하고, 동적인 작업을 도모한다.
㉣ 불안정한 자세를 피한다.
㉤ 힘든 노동은 가능한 한 기계화하여 육체적 부담을 줄인다.
㉥ 불필요한 동작을 피하고 에너지 소모를 줄인다.
㉦ 의자는 높이를 조절할 수 있고 등받이가 있는 것이 좋다.

10 작업자세는 에너지 소비량에 영향을 미친다. 바람직한 작업자세가 아닌 것은?

① 정적 작업을 피한다.
② 불안정한 자세를 피한다.
③ 작업물체와 몸의 거리를 약 30cm 유지토록 한다.
④ 원활한 혈액의 순환을 위해 작업에 사용하는 신체부위를 심장높이보다 아래에 두도록 한다.

해설 원활한 혈액의 순환을 위해 작업에 사용하는 신체부위를 심장높이보다 위에 두도록 한다.

11 다음 중 산업피로에 관한 설명으로 틀린 것은?

① 정신적, 육체적 노동 부하에 반응하는 생체의 태도라 할 수 있다.
② 피로는 가역적인 생체 변화이다.
③ 정신적 피로와 신체적 피로는 일반적으로 구별하기 어렵다.
④ 피로의 정도는 객관적 판단이 용이하다.

해설 산업피로는 주관적 측정이 가능하며 개인차가 심하므로 과학적 개념으로 명확하게 파악할 수 없다.

12 산업피로에 대한 설명으로 틀린 것은?

① 산업피로는 원천적으로 일종의 질병이며 비가역적 생체 변화이다.
② 산업피로는 건강장해에 대한 경고반응이라고 할 수 있다.
③ 육체적, 정신적 노동부하에 반응하는 생체의 태도이다.
④ 산업피로는 생산성의 저하뿐만 아니라 재해와 질병의 원인이 된다.

해설 산업피로는 질병이 아니라 가역적인 생체 변화이다.

ANSWER | 01 ④ 02 ② 03 ① 04 ② 05 ③ 06 ④ 07 ② 08 ① 09 ④ 10 ④ 11 ④ 12 ①

더 풀어보기

산업기사

01 다음 중 산업피로의 증상으로 옳은 것은?

① 체온조절의 장애가 나타나며, 에너지 소모량이 증가한다.
② 호흡이 얕고 빨라지며, 근육 내 글리코겐이 증가하게 된다.
③ 혈액 중의 젖산과 탄산량이 감소하여 산혈증을 일으킨다.
④ 소변의 양과 요 내 단백질이나 기타 교질 영양물질의 배설량이 줄어든다.

해설 산업피로의 증상
㉠ 맥박이 빨라진다.
㉡ 혈당치가 낮아진다.
㉢ 젖산과 탄산량이 증가하여 산혈증이 발생한다.
㉣ 판단력이 흐려지고, 권태감과 졸음이 온다.
㉤ 체온조절의 장애가 나타나며, 에너지 소모량이 증가한다.
㉥ 호흡이 얕고 빨라지며, 혈액 중 이산화탄소량이 증가한다.
㉦ 소변의 양이 줄고, 단백질 및 교질물질의 배설량이 증가한다.
㉧ 혈압은 초기에 높아지나 피로가 진행되면 오히려 낮아진다.
㉨ 일반적으로 체온이 높아지나 피로 정도가 심해지면 오히려 낮아진다.

02 다음 중 피로의 증상으로 틀린 것은?

① 혈압은 초기에는 높아지나 피로가 진행되면 오히려 낮아진다.
② 소변의 양이 줄고, 소변 내의 단백질 또는 교질물질의 농도가 떨어진다.
③ 혈당치가 낮아지고 젖산과 탄산량이 증가하여 산혈증으로 된다.
④ 체온은 높아지나 피로 정도가 심해지면 오히려 낮아진다.

해설 소변의 양이 줄고, 단백질 및 교질물질의 배설량이 증가한다.

03 다음 중 산업피로의 증상으로 볼 수 없는 것은?

① 혈당치가 높아지고, 젖산이 감소한다.
② 호흡이 빨라지고, 혈액 중 이산화탄소량이 증가한다.
③ 일반적으로 체온이 높아지나 피로 정도가 심해지면 오히려 낮아진다.
④ 혈압은 초기에 높아지나 피로가 진행되면 오히려 낮아진다.

해설 혈당치가 낮아지고, 젖산과 탄산량이 증가하여 산혈증이 발생한다.

04 다음 중 산업피로로 인한 생리적 증상과 가장 거리가 먼 것은?

① 맥박이 느려지고, 혈당치가 높아진다.
② 호흡은 얕아지고, 호흡곤란이 오기도 한다.

③ 판단력이 흐려지고 지각기능이 둔해진다.
④ 소변양이 줄고 진한 갈색으로 변하며 심한 경우 단백뇨가 나타난다.

해설 맥박이 빨라지고 혈당치가 낮아진다.

05 피로의 증상과 거리가 먼 것은?

① 소변의 양이 줄고 진한 갈색을 나타낸다.
② 맥박이 빨라지고 회복되기까지 시간이 걸린다.
③ 체온이 높아지나 피로 정도가 심해지면 도리어 낮아진다.
④ 혈당치가 낮아지고 젖산과 탄산량이 감소한다.

해설 혈당치가 낮아지고 젖산과 탄산량이 증가한다.

06 다음 중 산업피로를 예방하기 위한 방법으로 틀린 것은?

① 작업 과정에 적절한 휴식시간을 삽입한다.
② 불필요한 동작을 피하고 에너지 소모를 줄인다.
③ 동적인 작업은 운동량이 많으므로 정적인 작업으로 전환한다.
④ 개인에 따른 작업 부하량을 조절한다.

해설 산업피로를 예방하기 위하여 정적 작업을 피하고, 동적인 작업을 도모한다.

07 피로의 예방대책으로 가장 거리가 먼 것은?

① 작업 환경은 항상 정리 · 정돈한다.
② 작업시간 중 적당한 때에 체조를 한다.
③ 동적 작업은 피하고 되도록 정적 작업을 수행한다.
④ 불필요한 동작을 피하고 에너지 소모를 적게 한다.

08 산업피로를 예방하기 위한 개선대책으로 적당하지 않은 것은?

① 충분한 수면은 피로예방과 회복에 효과적이다.
② 작업속도를 빨리하여 되도록 작업시간을 단축시킨다.
③ 적절한 작업시간과 적절한 간격으로 휴식시간을 두어야 한다.
④ 과중한 육체적 노동은 기계화하여 육체적 부담을 줄이고, 너무 정적인 작업은 적정한 동적인 작업으로 전환한다.

해설 산업피로의 예방 및 대책
㉠ 작업과정에 적절한 간격으로 휴식시간을 둔다.
㉡ 각 개인에 따라 작업량을 조절한다.
㉢ 개인의 숙련도 등에 따라 작업속도를 조절한다.
㉣ 동적인 작업을 늘리고, 정적인 작업을 줄인다.
㉤ 불필요한 동작을 피하고 에너지 소모를 줄인다.

ⓑ 커피, 홍차, 엽차 및 비타민 B_1은 피로회복에 도움이 되므로 공급한다.
ⓢ 작업환경을 정리 · 정돈한다.
ⓞ 충분한 수면은 피로회복을 위한 최적의 대책이다.
ⓙ 작업시간 중 적당한 때에 체조를 한다.
ⓒ 일반적으로 단시간씩 여러 번 나누어 휴식하는 것이 장시간 한 번 휴식하는 것보다 피로회복에 도움이 된다.

09 산업피로의 예방과 회복 대책으로 틀린 것은?

① 작업환경을 정리 · 정돈한다.
② 커피, 홍차 또는 엽차를 마신다.
③ 적절한 간격으로 휴식시간을 둔다.
④ 작업속도를 가능한 늦게 하여 정적 작업이 되도록 한다.

해설 동적인 작업을 늘리고, 정적인 작업을 줄인다.

10 다음 중 피로의 예방대책으로 가장 적절하지 않은 것은?

① 불필요한 동작을 피하고 에너지 소모를 적게 한다.
② 동적 작업은 피하고 되도록 정적 작업을 수행한다.
③ 작업 환경은 항상 정리 · 정돈해 둔다.
④ 작업시간 중 적당한 때에 체조를 한다.

11 다음 중 산업피로의 방지대책으로 적당하지 않은 것은?

① 충분한 수면과 영양을 섭취하도록 한다.
② 개인의 숙련도에 따라 작업속도와 작업량을 조절한다.
③ 휴식시간을 자주 갖게 되면 신체리듬에 부담을 주게 되므로 장시간 작업 후 휴식하는 것이 효과적이다.
④ 너무 정적인 작업은 피로를 가중시키므로 동적인 작업으로 전환한다.

해설 일반적으로 단시간씩 여러 번 나누어 휴식하는 것이 장시간 한 번 휴식하는 것보다 피로회복에 도움이 된다.

12 다음 중 산업피로의 방지대책으로 가장 적절하지 않은 것은?

① 불필요한 동작을 피하고, 에너지 소모를 적게 한다.
② 작업시간 중 또는 전후에 간단한 체조 등의 시간을 갖는다.
③ 너무 정적인 작업은 피로를 더하게 되므로 동적인 작업으로 전환한다.
④ 일반적으로 단시간씩 여러 번 나누어 휴식하는 것보다 장시간 한 번 휴식하는 것이 피로회복에 도움이 된다.

13 다음 중 산업피로에 관한 설명으로 틀린 것은?

① 곤비는 과로의 축적으로 단기간에 회복될 수 없는 단계를 말한다.
② 국소피로와 전신피로는 신체피로 부위의 크기로 구분한다.
③ 피로는 비가역적인 생체의 변화로 건강장해의 일종이다.
④ 정신적 피로와 신체적 피로는 보통 함께 나타나 구별하기 어렵다.

해설 피로 자체는 질병이 아니라 가역적인 생체 변화이다.

14 작업에 기인한 피로현상을 나타낸 것으로 적합하지 않은 것은?

① 취업 후 6개월 이내의 이직은 노동부담이 큼으로써 오는 경우가 많다.
② 피로의 현상은 작업의 종류에 따라 차이가 있으며 개인적 차이는 작다.
③ 작업이 과중하면 피로의 원인이 되어 각종 질병을 유발할 수 있다.
④ 사업장에서 발생되는 피로는 작업부하, 작업환경, 작업시간 등의 영향으로 발생할 수 있다.

해설 피로 현상은 개인차가 심하여 작업에 대한 개체의 반응을 어디서부터 피로 현상이라고 타각적 수치로 찾아내기는 어렵다.

ANSWER | 01 ① 02 ② 03 ① 04 ① 05 ④ 06 ③ 07 ③ 08 ② 09 ④ 10 ②
11 ③ 12 ④ 13 ③ 14 ②

기 사

01 피로의 현상과 피로조사방법 등을 나타낸 내용 중 가장 관계가 먼 것은?

① 피로현상은 개인차가 심하므로 작업에 대한 개체의 반응을 수치로 나타내기 어렵다.
② 노동수명(Turn Over Ratio)으로서 피로를 판정하는 것은 적합하지 않다.
③ 피로조사는 피로도를 판가름하는 데 그치지 않고 작업방법과 교대제 등을 과학적으로 검토할 필요가 있다.
④ 작업시간이 등차급수적으로 늘어나면 피로회복에 요하는 시간은 등비급수적으로 증가하게 된다.

해설 노동수명(Turn Over Ratio)으로서 피로를 판정할 수 있다.

02 산업위생관리 측면에서 피로의 예방 대책으로 적절하지 않은 것은?

① 각 개인에 따라 작업량을 조절한다.
② 작업과정에 적절한 간격으로 휴식시간을 둔다.
③ 개인의 숙련도 등에 따라 작업속도를 조절한다.
④ 동적인 작업을 모두 정적인 작업으로 전환한다.

해설 산업피로를 예방하기 위한 작업자세

㉠ 작업에 주로 사용하는 팔은 심장높이에 두도록 한다.
㉡ 작업물체와 눈과의 거리는 명시거리로 30cm 정도를 유지토록 한다.
㉢ 정적인 작업을 피하고, 동적인 작업을 도모한다.
㉣ 불안정한 자세를 피한다.
㉤ 힘든 노동은 가능한 한 기계화하여 육체적 부담을 줄인다.
㉥ 불필요한 동작을 피하고 에너지 소모를 줄인다.
㉦ 의자는 높이를 조절할 수 있고 등받이가 있는 것이 좋다.

03 산업피로에 대한 대책으로 맞는 것은?

① 커피, 홍차, 엽차 및 비타민 B_1은 피로 회복에 도움이 되므로 공급한다.
② 피로한 후 장시간 휴식하는 것이 휴식시간을 여러 번으로 나누는 것보다 효과적이다.
③ 움직이는 작업은 피로를 가중시키므로 될수록 정적인 작업으로 전환하도록 한다.
④ 신체 리듬의 적용을 위하여 야간 근무는 연속으로 7일 이상 실시하도록 한다.

해설 산업피로의 예방 및 대책

㉠ 작업과정에 적절한 간격으로 휴식시간을 둔다.
㉡ 각 개인에 따라 작업량을 조절한다.
㉢ 개인의 숙련도 등에 따라 작업속도를 조절한다.
㉣ 동적인 작업을 늘리고, 정적인 작업을 줄인다.
㉤ 불필요한 동작을 피하고 에너지 소모를 줄인다.
㉥ 커피, 홍차, 엽차 및 비타민 B_1은 피로회복에 도움이 되므로 공급한다.
㉦ 작업환경을 정리 · 정돈한다.
㉧ 충분한 수면은 피로회복을 위한 최적의 대책이다.
㉨ 작업시간 중 적당한 때에 체조를 한다.
㉩ 일반적으로 단시간씩 여러 번 나누어 휴식하는 것이 장시간 한 번 휴식하는 것보다 피로회복에 도움이 된다.

04 다음 중 단기간 휴식을 통해서는 회복될 수 없는 발병단계의 피로를 무엇이라 하는가?

① 정신피로
② 곤비
③ 과로
④ 전신피로

해설 피로의 3단계

㉠ 보통피로 : 하루 잠을 자고 나면 완전히 회복되는 피로
㉡ 과로 : 다음 날까지 계속되는 피로의 상태로 단시간 휴식으로 회복 가능
㉢ 곤비 : 과로의 축적으로 단기간 휴식으로 회복될 수 없는 발병단계의 피로

05 다음 중 피로에 관한 내용과 거리가 먼 것은?

① 에너지원 소모
② 신체조절기능의 저하
③ 체내에서 물리 · 화학적 변조
④ 물질대사에 의한 노폐물의 체내 소모

해설 피로의 발생기전
㉠ 산소와 영양소 등의 에너지원 발생 감소
㉡ 물질대사에 의한 피로물질의 체내 축적
㉢ 체내 생리대사의 물리 · 화학적 변화
㉣ 여러 가지 신체조절기능의 저하
㉤ 피로물질 : 젖산, 초성포도당, 크레아티닌, 시스테인, 암모니아

06 산업피로의 발생현상(기전)과 가장 관계가 없는 것은?
① 생체 내 조절기능의 변화
② 체내 생리대사의 물리 · 화학적 변화
③ 물질대사에 의한 피로물질의 체내 축적
④ 산소와 영양소 등의 에너지원 발생 증가

해설 산소와 영양소 등의 에너지원 발생 감소

07 산업피로의 증상과 가장 거리가 먼 것은?
① 혈액 및 소변의 소견
② 자각증상 및 타각증상
③ 신경기능 및 체온의 변화
④ 순환기능 및 호흡기능의 변화

08 산업위생관리 측면에서 피로의 예방 대책으로 적절하지 않은 것은?
① 작업과정에 적절한 간격으로 휴식시간을 둔다.
② 각 개인에 따라 작업량을 조절한다.
③ 개인의 숙련도 등에 따라 작업속도를 조절한다.
④ 동적인 작업을 모두 정적인 작업으로 전환한다.

해설 동적인 작업을 늘리고, 정적인 작업을 줄인다.

09 산업피로에 대한 대책으로 거리가 먼 것은?
① 정신신경 작업에 있어서는 몸을 가볍게 움직이는 휴식을 취하는 것이 좋다.
② 단위시간당 적정 작업량을 도모하기 위하여 일 또는 월간 작업량을 적정화하여야 한다.
③ 전신의 근육을 쓰는 작업에서는 휴식 시에 체조 등으로 몸을 움직이는 편이 피로회복에 도움이 된다.
④ 작업 자세(물체와 눈과의 거리, 작업에 사용되는 신체 부위의 위치, 높이 등)를 적정하게 유지하는 것이 좋다.

해설 전신의 근육을 쓰는 작업에서는 휴식 시에 안정을 취하는 것이 피로회복에 도움이 된다.

10 산업피로의 대책으로 적합하지 않은 것은?

① 불필요한 동작을 피하고 에너지 소모를 적게 한다.

② 작업과정에 따라 적절한 휴식시간을 가져야 한다.

③ 작업능력에는 개인별 차이가 있으므로 각 개인마다 작업량을 조정해야 한다.

④ 동적인 작업은 피로를 더하게 하므로 가능한 한 정적인 작업으로 전환한다.

해설 산업피로의 예방 및 대책

㉠ 작업과정에 적절한 간격으로 휴식시간을 둔다.
㉡ 각 개인에 따라 작업량을 조절한다.
㉢ 개인의 숙련도 등에 따라 작업속도를 조절한다.
㉣ 동적인 작업을 늘리고, 정적인 작업을 줄인다.
㉤ 불필요한 동작을 피하고 에너지 소모를 줄인다.
㉥ 커피, 홍차, 엽차 및 비타민 B_1은 피로회복에 도움이 되므로 공급한다.
㉦ 작업환경을 정리·정돈한다.
㉧ 충분한 수면은 피로회복을 위한 최적의 대책이다.
㉨ 작업시간 중 적당한 때에 체조를 한다.
㉩ 일반적으로 단시간씩 여러 번 나누어 휴식하는 것이 장시간 한 번 휴식하는 것보다 피로회복에 도움이 된다.

11 산업피로의 예방대책으로 틀린 것은?

① 작업과정에 따라 적절한 휴식을 삽입한다.

② 불필요한 동작을 피하여 에너지 소모를 적게 한다.

③ 충분한 수면은 피로회복을 위한 최적의 대책이다.

④ 작업시간 중 또는 작업 전후의 휴식시간을 이용하여 축구, 농구 등의 운동시간을 삽입한다.

해설 작업과정에 적절한 휴식시간을 두고 충분한 영양을 취한다.

12 작업자세는 피로 또는 작업 능률과 밀접한 관계가 있는데, 바람직한 작업자세의 조건으로 보기 어려운 것은?

① 정적 작업을 도모한다.

② 작업에 주로 사용하는 팔은 심장높이에 두도록 한다.

③ 작업물체와 눈과의 거리는 명시거리로 30cm 정도를 유지토록 한다.

④ 근육을 지속적으로 수축시키기 때문에 불안정한 자세는 피하도록 한다.

해설 동적인 작업을 늘리고, 정적인 작업을 줄인다.

13 산업피로를 예방하기 위한 작업자세로서 부적당한 것은?

① 불필요한 동작을 피하고 에너지 소모를 줄인다.

② 의자는 높이를 조절할 수 있고 등받이가 있는 것이 좋다.

③ 힘든 노동은 가능한 한 기계화하여 육체적 부담을 줄인다.

④ 가능한 한 동적인 작업보다는 정적인 작업을 하도록 한다.

해설 동적인 작업을 늘리고, 정적인 작업을 줄인다.

14 다음 중 산업피로에 관한 설명으로 틀린 것은?

① 생체기능의 변화 현상이므로 객관적 측정이 가능하고, 과학적 개념을 명확하게 파악할 수 있다.

② 작업능률이 떨어지고 재해와 질병을 유인한다.

③ 피로 자체는 질병이 아니라 가역적인 생체 변화이다.

④ 정신적, 육체적 그리고 신경적인 노동 부하에 반응하는 생체의 태도이다.

해설 산업피로는 주관적 측정이 가능하며 개인차가 심하므로 과학적 개념으로 명확하게 파악할 수 없다.

ANSWER | 01 ② 02 ④ 03 ① 04 ② 05 ④ 06 ④ 07 ② 08 ④ 09 ③ 10 ④
11 ④ 12 ① 13 ④ 14 ①

THEMA 12 전신피로와 국소피로

1. 전신피로의 생리적 원인

① 젖산의 증가
② 작업강도의 증가
③ 혈중 포도당 농도 저하(가장 큰 원인)
④ 근육 내 글리코겐 감소
⑤ 산소공급의 부족

2. 산소공급 부족(Oxygen Debet)

작업 시 소비되는 산소소비량은 초기에 서서히 증가하다가 작업강도에 따라 일정한 양에 도달하고, 작업이 끝난 후에 남아 있는 젖산을 제거하기 위해서는 산소가 더 필요하며, 이때 동원되는 산소소비량을 산소부채(Oxygen Debt)라 한다.

① 산소소비량은 작업부하가 계속 증가하면 일정한 비율로 계속 증가하나 일정한계를 넘으면 산소소비량은 증가하지 않는다.
② 작업이 끝난 후에도 맥박과 호흡수가 작업개시 수준으로 즉시 돌아오지 않고 서서히 감소한다.
③ 작업부하 수준이 최대 산소소비량 수준보다 낮아지게 되면, 젖산의 제거 속도가 생성속도에 못 미치게 된다.

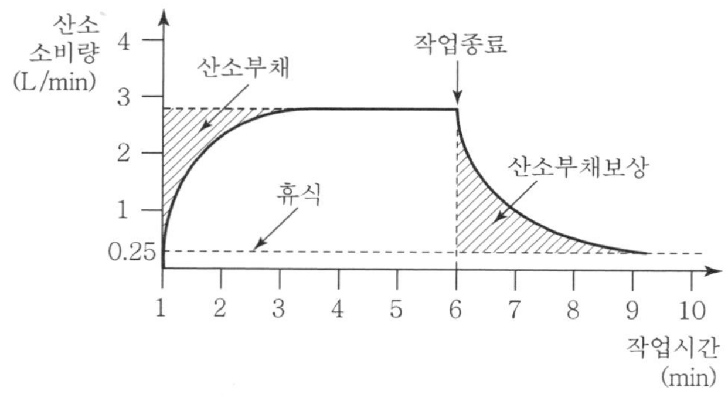

3. 전신피로 평가방법

작업을 마친 직후 회복기의 심박수를 측정하여 $HR_{30\sim60}$이 110을 초과, $HR_{150\sim180}-HR_{60\sim90}$이 10 미만일 때 전신피로로 평가한다.

① $HR_{30\sim60}$: 작업 종료 후 30~60초 사이의 맥박 수
② $HR_{60\sim90}$: 작업 종료 후 60~90초 사이의 맥박 수
③ $HR_{150\sim180}$: 작업 종료 후 150~180초 사이의 맥박 수

4. 국소피로의 정의

단순반복적인 작업으로 일부 근육에 국한하여 피로가 생기는 현상이다.

5. 국소피로의 증상

① 근육의 무력감
② 피로감
③ 통증
④ 경련
⑤ 근전도(EMG)의 변화

6. 국소피로 평가방법

피로한 근육에서 측정된 EMG와 정상근육에서 측정된 EMG를 비교한다.

① 총 전압 증가
② 저주파수(0~40Hz) 힘의 증가
③ 고주파수(40~200Hz) 힘의 감소
④ 평균 주파수의 감소

7. 지적속도

산업피로를 가장 적게 하고 생산량을 최고로 올릴 수 있는 경제적인 작업속도

8. Viteles의 산업피로의 3가지 본질

① 작업량의 감소(생산적)
② 피로 감각(심리학적)
③ 생체의 생리적 변화(의학적)

9. Shimonson의 산업피로 현상

① 활동자원의 소모
② 조절기능의 장애
③ 중간대사물질의 축적
④ 체내의 물리 · 화학적 변화

10. 객관적 산업피로 검사방법

① 생리심리적 검사(역치측정, 근력검사, 행위검사)
② 생화학적 검사(혈액검사, 요단백검사)
③ 생리적 검사(연속반응시간, 호흡순환기능, 대뇌피질활동)

11. 주관적 산업피로 검사방법

CMI(Cornel Medical Index) 조사는 피로의 주관적 측정을 위해 사용하는 방법으로 자각증상을 측정한다.

연습문제

01 다음 중 피로의 발생 원인과 가장 거리가 먼 것은?

① 산소공급의 부족 ② 혈중 포도당의 저하
③ 항상성(Homeostasis)의 상실 ④ 근육 내 글리코겐의 증가

해설 전신피로의 생리적인 원인
㉠ 젖산의 증가
㉡ 작업강도의 증가
㉢ 혈중 포도당 농도 저하(가장 큰 원인)
㉣ 근육 내 글리코겐 감소
㉤ 산소공급의 부족

02 다음 내용이 설명하는 것은?

> 작업 시 소비되는 산소소비량은 초기에 서서히 증가하다가 작업강도에 따라 일정한 양에 도달하고, 작업이 종료된 후 서서히 감소되어 일정시간 동안 산소가 소비된다.

① 산소부채 ② 산소섭취량 ③ 산소 부족량 ④ 최대산소량

해설 작업 시 소비되는 산소소비량은 초기에 서서히 증가하다가 작업강도에 따라 일정한 양에 도달하고, 작업이 끝난 후에 남아 있는 젖산을 제거하기 위해서는 산소가 더 필요하며, 이때 동원되는 산소소비량을 산소부채(Oxygen Debt)라 한다.

03 작업 시작 및 종료 시 호흡의 산소소비량에 대한 설명으로 틀린 것은?

① 산소소비량은 작업부하가 계속 증가하면 일정한 비율로 계속 증가한다.
② 작업이 끝난 후에도 맥박과 호흡수가 작업개시 수준으로 즉시 돌아오지 않고 서서히 감소한다.
③ 작업부하 수준이 최대 산소소비량 수준보다 낮아지게 되면, 젖산의 제거 속도가 생성속도에 못 미치게 된다.
④ 작업이 끝난 후에 남아 있는 젖산을 제거하기 위해서는 산소가 더 필요하며, 이때 동원되는 산소소비량을 산소부채(Oxygen Debt)라 한다.

해설 산소소비량은 작업부하가 계속 증가하면 일정한 비율로 계속 증가하나 일정한계를 넘으면 산소소비량은 증가하지 않는다.

04 다음 중 작업을 마친 직후 회복기의 심박수를 측정한 결과 심한 전신피로 상태로 판단될 수 있는 경우는?

① $HR_{30\sim60}$이 100 미만이고, $HR_{60\sim90}$과 $HR_{150\sim180}$의 차이가 20 이상인 경우
② $HR_{30\sim60}$이 100을 초과하고, $HR_{60\sim90}$과 $HR_{150\sim180}$의 차이가 20 미만이 경우
③ $HR_{30\sim60}$이 110 미만이고, $HR_{60\sim90}$과 $HR_{150\sim180}$의 차이가 10 이상인 경우
④ $HR_{30\sim60}$이 110을 초과하고, $HR_{60\sim90}$과 $HR_{150\sim180}$의 차이가 10 미만인 경우

해설 전신피로의 평가

작업을 마친 직후 회복기의 심박수를 측정하여 $HR_{30\sim60}$이 110을 초과, $HR_{150\sim180}-HR_{60\sim90}$이 10 미만일 때 전신피로로 평가한다.

㉠ $HR_{30\sim60}$: 작업 종료 후 30~60초 사이의 맥박 수
㉡ $HR_{60\sim90}$: 작업 종료 후 60~90초 사이의 맥박 수
㉢ $HR_{150\sim180}$: 작업 종료 후 150~180초 사이의 맥박 수

05 전신피로의 정도를 평가하기 위하여 맥박을 측정한 값이 심한 전신피로 상태라고 판단되는 경우는?

① $HR_{30\sim60}=107$, $HR_{150\sim180}=89$, $HR_{60\sim90}=101$
② $HR_{30\sim60}=110$, $HR_{150\sim180}=95$, $HR_{60\sim90}=108$
③ $HR_{30\sim60}=114$, $HR_{150\sim180}=92$, $HR_{60\sim90}=118$
④ $HR_{30\sim60}=116$, $HR_{150\sim180}=102$, $HR_{60\sim90}=108$

06 다음 중 산업피로를 측정할 때 국소피로를 평가하는 객관적인 방법은?

① 심전도 ② 근전도
③ 부정맥지수 ④ 작업 종료 후 회복 시의 심박수

해설 산업피로 측정방법

㉠ 국소피로 : 근전도
㉡ 전신피로 : 심박수

07 국소피로를 평가하는 데는 근전도(EMG : Electromyogram)가 가장 많이 이용되고 있다. 피로한 근육에서 측정된 EMG를 정상 근육에서 측정된 EMG와 비교할 때 차이가 있는데, 이 차이에 대한 설명으로 맞는 것은?

① 총 전압의 증가 ② 평균 주파수의 증가
③ 0~200Hz 저주파수에서의 힘의 증가 ④ 500~1,000Hz 고주파수에서의 힘의 감소

해설 국소피로 평가방법

피로한 근육에서 측정된 EMG와 정상근육에서 측정된 EMG 비교

㉠ 총 전압 증가
㉡ 저주파수(0~40Hz) 힘의 증가
㉢ 고주파수(40~200Hz) 힘의 감소
㉣ 평균 주파수의 감소

08 국소피로의 평가를 위하여 근전도(EMG)를 측정하였다. 피로한 근육이 정상 근육에 비하여 나타내는 근전도상의 차이를 설명한 것으로 틀린 것은?

① 총 전압이 감소한다.
② 평균 주파수가 감소한다.
③ 저주파수(0~40Hz)에서 힘이 증가한다.
④ 고주파수(40~200Hz)에서 힘이 감소한다.

09 피로한 근육에서 측정된 근전도(EMG)의 특징으로 맞는 것은?

① 저주파수(0~40Hz) 힘의 증가, 총 전압의 감소
② 고주파수(40~200Hz) 힘의 감소, 총 전압의 증가
③ 저주파수(0~40Hz) 힘의 감소, 평균 주파수의 증가
④ 고주파수(40~200Hz) 힘의 증가, 평균 주파수의 증가

10 산업피로의 검사방법 중에서 CMI(Cornel Medical Index) 조사에 해당하는 것은?

① 생리적 기능검사 ② 생화학적 검사
③ 피로자각증상 ④ 동작분석

해설 CMI(Cornel Medical Index) 조사는 피로의 주관적 측정을 위해 사용하는 방법으로 자각증상을 측정한다.

ANSWER | 01 ④ 02 ① 03 ① 04 ④ 05 ④ 06 ② 07 ① 08 ① 09 ② 10 ③

더 풀어보기

산업기사

01 전신피로가 나타날 때 발생하는 생리학적 현상이 아닌 것은?

① 혈중 젖산 농도의 증가 ② 혈중 포도당 농도의 저하
③ 산소소비량의 지속적 증가 ④ 근육 내 글리코겐양의 감소

해설 전신피로의 생리적인 원인
㉠ 젖산의 증가
㉡ 작업강도의 증가
㉢ 혈중 포도당 농도 저하(가장 큰 원인)
㉣ 근육 내 글리코겐 감소
㉤ 산소공급의 부족

02 전신피로에 있어 생리학적 원인에 해당되지 않는 것은?

① 산소공급부족 ② 체내 젖산 농도의 감소
③ 혈중 포도당 농도의 저하 ④ 근육 내 글리코겐양의 감소

03 다음 중 전신피로에 있어 생리학적 원인에 해당되지 않는 것은?

① 산소공급 부족 ② 혈중 포도당 농도의 저하
③ 근육 내 글리코겐양의 감소 ④ 소변 중 크레아틴양의 감소

04 산업피로를 측정할 때 전신피로를 측정하는 객관적인 방법은 무엇인가?

① 근력 ② 근전도

③ 심전도 ④ 작업 종료 후 회복 시의 심박수

해설 전신피로의 평가

작업을 마친 직후 회복기의 심박수를 측정하여 $HR_{30\sim60}$이 110을 초과, $HR_{150\sim180}-HR_{60\sim90}$이 10 미만일 때 전신피로로 평가한다.

㉠ $HR_{30\sim60}$: 작업 종료 후 30~60초 사이의 맥박 수

㉡ $HR_{60\sim90}$: 작업 종료 후 60~90초 사이의 맥박 수

㉢ $HR_{150\sim180}$: 작업 종료 후 150~180초 사이의 맥박 수

05 다음 중 "심한 전신피로 상태"로 판단할 수 있는 경우는?

① $HR_{30\sim60}$이 100을 초과하고 $HR_{150\sim180}$과 $HR_{60\sim90}$ 차이가 15 미만인 경우

② $HR_{30\sim60}$이 110을 초과하고 $HR_{150\sim180}$과 $HR_{60\sim90}$ 차이가 10 미만인 경우

③ $HR_{30\sim60}$이 100을 초과하고 $HR_{150\sim180}$과 $HR_{60\sim90}$ 차이가 10 미만인 경우

④ $HR_{30\sim60}$이 120을 초과하고 $HR_{150\sim180}$과 $HR_{60\sim90}$ 차이가 15 미만인 경우

06 산업피로를 측정할 때 국소 근육 활동 피로를 측정하는 객관적인 방법은 무엇인가?

① EMG ② EEG ③ ECG ④ EOG

해설 근전도(EMG : Electromyogram)

근육활동의 전위차를 기록한 것으로 근육활동의 피로를 측정하는 객관적인 방법이다.

07 국소피로를 평가하기 위하여 근전도(EMG) 검사를 실시한 결과 피로한 근육에서 측정된 현상이라 볼 수 없는 것은?

① 저주파수(0~40Hz) 영역에서 힘(전압)의 증가

② 고주파수(40~200Hz) 영역에서 힘(전압)의 감소

③ 평균 주파수 영역에서 힘(전압)의 증가

④ 총 전압의 증가

해설 국소피로 평가방법

피로한 근육에서 측정된 EMG와 정상근육에서 측정된 EMG 비교

㉠ 총 전압 증가 ㉡ 저주파수(0~40Hz) 힘의 증가

㉢ 고주파수(40~200Hz) 힘의 감소 ㉣ 평균 주파수의 감소

08 다음 중 피로한 근육에서 측정된 근전도(EMG)의 특징을 올바르게 나타낸 것은?

① 저주파(0~40Hz)에서 힘의 감소 – 총 전압의 감소

② 고주파(40~200Hz)에서 힘의 감소 – 총 전압의 감소

③ 저주파(0~40Hz)에서 힘의 증가 – 평균 주파수의 감소

④ 고주파(40~200Hz)에서 힘의 증가 – 평균 주파수의 감소

09 산업피로의 측정 시 생화학적 검사의 측정항목으로만 나열된 것은?

① 혈액, 요　　② 근력, 근활동
③ 심박수, 혈압　　④ 호흡수, 에너지대사

해설 객관적 산업피로 검사방법
㉠ 생리심리적 검사(역치측정, 근력검사, 행위검사)
㉡ 생화학적 검사(혈액검사, 요단백검사)
㉢ 생리적 검사(연속반응시간, 호흡순환기능, 대뇌피질활동)

10 다음 중 피로의 검사 및 측정방법에 있어 생리적 방법에 해당하지 않는 것은?

① 근력　　② 호흡순환기능
③ 연속반응시간　　④ 대뇌피질활동

11 다음 중 주관적 피로를 알아보기 위한 측정방법으로 가장 적절한 것은?

① CMI 검사　② 생리심리적 검사　③ PPR 검사　④ 생리적 기능 검사

ANSWER | 01 ③ 02 ② 03 ④ 04 ④ 05 ② 06 ① 07 ③ 08 ③ 09 ① 10 ① 11 ①

기 사

01 다음 중 전신피로에 있어 생리학적 원인에 속하지 않는 것은?

① 젖산의 감소　　② 산소공급의 부족
③ 글리코겐양의 감소　　④ 혈중 포도당 농도의 저하

해설 전신피로의 생리적인 원인
㉠ 젖산의 증가
㉡ 작업강도의 증가
㉢ 혈중 포도당 농도 저하
㉣ 근육 내 글리코겐 감소
㉤ 산소공급의 부족

02 다음 중 전신피로에 관한 설명으로 틀린 것은?

① 훈련받은 자와 그러지 않은 자의 근육 내 글리코겐 농도는 차이를 보인다.
② 작업강도가 증가하면 근육 내 글리코겐양이 비례적으로 증가되어 근육피로가 발생한다.
③ 작업강도가 높을수록 혈중 포도당 농도가 급속히 저하하며, 이에 따라 피로감이 빨리 온다.
④ 작업대사량이 증가하면 산소소비량도 비례하여 계속 증가하나 작업대사량이 일정한계를 넘으면 산소소비량은 증가하지 않는다.

해설 작업강도가 증가하면 근육 내 글리코겐양이 비례적으로 감소되어 근육피로가 발생한다.

03 다음 중 작업 시작 및 종료 시 호흡의 산소소비량에 대한 설명으로 틀린 것은?

① 산소소비량은 작업부하가 계속 증가하면 일정한 비율로 같이 증가한다.

② 작업부하 수준이 최대 산소소비량 수준보다 높아지게 되면, 젖산의 제거 속도가 생성속도에 못 미치게 된다.

③ 작업이 끝난 후에 남아 있는 젖산을 제거하기 위해서는 산소가 더 필요하며, 이때 동원되는 산소소비량을 산소부채(Oxygen Debt)라 한다.

④ 작업이 끝난 후에도 맥박과 호흡수가 작업개시 수준으로 즉시 돌아오지 않고 서서히 감소한다.

해설 산소소비량은 작업부하가 계속 증가하면 일정한 비율로 계속 증가하나 일정한계를 넘으면 산소소비량은 증가하지 않는다.

04 심한 전신피로 상태로 판단되는 경우는?

① $HR_{30\sim60}$이 100을 초과, $HR_{150\sim180}$과 $HR_{60\sim90}$의 차이가 15 미만인 경우

② $HR_{30\sim60}$이 105를 초과, $HR_{150\sim180}$과 $HR_{60\sim90}$의 차이가 10 미만인 경우

③ $HR_{30\sim60}$이 110을 초과, $HR_{150\sim180}$과 $HR_{60\sim90}$의 차이가 10 미만인 경우

④ $HR_{30\sim60}$이 120을 초과, $HR_{150\sim180}$과 $HR_{60\sim90}$의 차이가 15 미만인 경우

해설 전신피로의 평가

작업을 마친 직후 회복기의 심박수를 측정하여 $HR_{30\sim60}$이 110을 초과, $HR_{150\sim180}-HR_{60\sim90}$이 10 미만일 때 전신피로로 평가한다.

㉠ $HR_{30\sim60}$: 작업 종료 후 30~60초 사이의 맥박 수

㉡ $HR_{60\sim90}$: 작업 종료 후 60~90초 사이의 맥박 수

㉢ $HR_{150\sim180}$: 작업 종료 후 150~180초 사이의 맥박 수

05 전신피로 정도를 평가하기 위한 측정 수치가 아닌 것은?(단, 측정 수치는 작업을 마친 직후 회복기의 심박수이다.)

① 작업 종료 후 30~60초 사이의 평균 맥박 수

② 작업 종료 후 60~90초 사이의 평균 맥박 수

③ 작업 종료 후 120~150초 사이의 평균 맥박 수

④ 작업 종료 후 150~180초 사이의 평균 맥박 수

06 전신피로 정도를 평가하기 위해 작업 직후의 심박수를 측정한다. 작업 종료 후 30~60초, 60~90초, 150~180초 사이의 평균 맥박 수가 각각 $HR_{30\sim60}$, $HR_{60\sim90}$, $HR_{150\sim180}$일 때, 심한 전신피로 상태로 판단되는 경우는?

① $HR_{30\sim60}$이 110을 초과하고, $HR_{150\sim180}$과 $HR_{60\sim90}$의 차이가 10 미만인 경우

② $HR_{60\sim90}$이 110을 초과하고, $HR_{150\sim180}$과 $HR_{30\sim60}$의 차이가 10 미만인 경우

③ $HR_{150\sim180}$이 110을 초과하고, $HR_{30\sim60}$과 $HR_{60\sim90}$의 차이가 10 미만인 경우

④ $HR_{30\sim60}$, $HR_{150\sim180}$의 차이가 10 이상이고, $HR_{150\sim180}$과 $HR_{60\sim90}$의 차이가 10 미만인 경우

07 국소피로의 평가를 위하여 근전도(EMG)를 측정하였다. 피로한 근육이 정상 근육에 비하여 나타내는 근전도상의 차이를 설명한 것으로 틀린 것은?

① 총 전압이 감소한다.

② 평균 주파수가 감소한다.

③ 저주파수(0~40Hz)에서 힘이 증가한다.

④ 고주파수(40~200Hz)에서 힘이 감소한다.

해설 국소피로 평가방법

피로한 근육에서 측정된 EMG와 정상근육에서 측정된 EMG 비교

㉠ 총 전압 증가

㉡ 저주파수(0~40Hz) 힘의 증가

㉢ 고주파수(40~200Hz) 힘의 감소

㉣ 평균 주파수의 감소

08 국소피로를 평가하기 위하여 근전도(EMG)검사를 실시하였다. 피로한 근육에서 측정된 현상을 설명한 것으로 맞는 것은?

① 총 전압의 증가

② 평균 주파수 영역에서 힘(전압)의 증가

③ 저주파수(0~40Hz) 영역에서 힘(전압)의 감소

④ 고주파수(40~200Hz) 영역에서 힘(전압)의 증가

ANSWER | 01 ① 02 ② 03 ① 04 ③ 05 ③ 06 ① 07 ① 08 ①

THEMA **13** 작업강도

1. 정의

근로자가 가지고 있는 최대 힘에 대한 작업이 요구하는 힘의 비율(%)

2. 작업강도가 높아지는 요인

① 작업이 정밀할수록(조작방법 등)
② 작업의 종류가 많을수록
③ 열량소비량이 많을수록(평가기준)
④ 작업속도가 빠를수록
⑤ 작업이 복잡할수록
⑥ 위험부담을 크게 느낄수록
⑦ 대인 접촉이나 제약조건이 많을수록

3. 국소피로 작업강도 및 적정 작업시간

① 작업강도(%MS)

$$\%MS = \frac{\text{Required force}}{\text{Maximum strength}} \times 100$$

② 적정 작업시간

$$\text{적정 작업시간(sec)} = 671,120 \times \%MS^{-2.222}$$

4. 산소소비량

① 근로자가 휴식 중일 때의 산소소비량(Oxygen Uptake)≒0.25L/min
② 근로자가 운동할 때의 산소소비량(Oxygen Uptake)≒5L/min

5. 산소소비량과 작업대사량의 관계

산소소비량 1L≒에너지양(작업대사량) 5kcal

6. 에너지 소비율

① 가벼운 작업 : 2.5kcal/min 이하
② 보통작업 : 5~7kcal/min
③ 격렬작업 : 12.5kcal/min 이상

PART 01 PART 02 PART 03 PART 04 PART 05 PART 06

연습문제

01 다음 중 작업강도가 높아지는 요인으로 볼 수 없는 것은?

① 작업속도의 증가 ② 작업인원의 감소
③ 작업종류의 증가 ④ 작업변경의 감소

해설 작업강도가 높아지는 요인
㉠ 작업이 정밀할수록(조작방법 등)
㉡ 작업의 종류가 많을수록
㉢ 열량소비량이 많을수록(평가기준)
㉣ 작업속도가 빠를수록
㉤ 작업이 복잡할수록
㉥ 위험부담을 크게 느낄수록
㉦ 대인 접촉이나 제약조건이 많을수록

02 작업강도에 영향을 미치는 요인으로 틀린 것은?

① 작업밀도가 적다. ② 대인 접촉이 많다.
③ 열량소비량이 크다. ④ 작업대상의 종류가 많다.

03 작업이 요구하는 힘이 5kg이고, 근로자가 가지고 있는 최대 힘이 20kg라면 작업강도는 몇 %MS가 되는가?

① 4% ② 10% ③ 25% ④ 40%

해설 $\%MS = \frac{RF}{MF} \times 100 = \frac{5}{20} \times 100 = 25\%$

04 어떤 젊은 근로자의 약한 쪽 손의 힘이 평균 50kp(kilopound)이다. 이러한 근로자가 무게 10kg인 상자를 두 손으로 들어 올리는 작업을 할 때의 작업강도(%MS)는 얼마인가?(단, 1kp는 질량 1kg을 중력의 크기로 당기는 힘을 나타낸다.)

① 0.1 ② 1 ③ 10 ④ 100

해설 $\%MS = \frac{RF}{MF} \times 100 = \frac{5}{50} \times 100 = 10\%$

05 운반 작업을 하는 젊은 근로자의 약한 손(오른손잡이의 경우 왼손)의 힘은 40kp이다. 이 근로자가 무게 10kg인 상자를 두 손으로 들어 올릴 경우 적정 작업시간은 약 몇 분인가?(단, 공식은 671,120×작업강도$^{-2.222}$를 적용한다.)

① 25분 ② 41분 ③ 55분 ④ 122분

해설 $\%MS = \frac{5}{40} \times 100 = 12.5\%$

적정 작업시간(sec) $= 671,120 \times \%12.5^{-2.222} = 2,451.69\text{sec} \fallingdotseq 41\text{min}$

06 다음 중 일반적으로 근로자가 휴식 중일 때의 산소소비량(Oxygen Uptake)으로 가장 적절한 것은?

① 0.01L/min ② 0.25L/min ③ 1.5L/mi ④ 3.0L/min

07 일반적으로 성인 남성근로자가 운동할 때의 산소소비량(Oxygen Uptake)은 약 얼마까지 증가하는가?

① 0.25L/min ② 2.5L/min ③ 5L/min ④ 10L/min

08 인간의 육체적 작업능력을 평가하는 데에는 산소소비량이 활용된다. 산소소비량 1L는 몇 kcal의 작업대사량으로 환산할 수 있는가?

① 1.5 ② 3 ③ 5 ④ 8

ANSWER | 01 ④ 02 ① 03 ③ 04 ③ 05 ② 06 ② 07 ③ 08 ③

더 풀어보기

산업기사 · 기사

01 국소피로와 관련한 작업강도와 적정 작업시간의 관계를 설명한 것 중 틀린 것은?

① 힘의 단위는 kp(kilopound)로 표시한다.
② 적정 작업시간은 작업강도와 대수적으로 비례한다.
③ 1kp(kilopound)는 2.2pounds의 중력에 해당한다.
④ 작업강도가 10% 미만인 경우 국소피로는 오지 않는다.

해설 적정 작업시간은 작업강도와 대수적으로 반비례한다.

02 다음 중 작업강도의 일반적인 평가기준으로 가장 적절한 것은?

① 혈당치 변화량 ② 작업시간 및 밀도
③ 총 작업시간 ④ 열량소비량

해설 작업강도의 일반적인 평가기준은 열량소비량이다.

03 운반 작업을 하는 젊은 근로자의 약한 손(오른손잡이의 경우 왼손)의 힘이 50kp라 할 때 이 근로자가 무게 10kg인 상자를 두 손으로 들어 올릴 경우 작업 강도는 얼마인가?

① 5.0%MS ② 10.0%MS ③ 15.0%MS ④ 25.0%MS

해설 $\%MS = \frac{RF}{MF} \times 100 = \frac{5}{50} \times 100 = 10\%$

04 젊은 근로자의 약한 쪽 손의 힘은 평균 50kp이고, 이 근로자가 무게 10kg인 상자를 두 손으로 들어 올릴 경우에 한 손의 작업강도(%MS)는 얼마인가?(단, 1kp는 질량 1kg을 중력의 크기로 당기는 힘을 말한다.)

① 5 ② 10 ③ 15 ④ 20

해설 $\%MS = \frac{RF}{MF} \times 100 = \frac{5}{50} \times 100 = 10\%$

05 젊은 근로자에 있어서 약한 손(오른손잡이인 경우 왼손)의 힘은 평균 45kp(kilopond)라고 한다. 이런 근로자가 무게 20kg인 상자를 두 손으로 들어 올릴 경우 작업강도(% MS)는 약 얼마인가?

① 11.2% ② 16.2% ③ 22.2% ④ 26.2%

해설 $\%MS = \frac{RF}{MF} \times 100 = \frac{10}{45} \times 100 = 22.22\%$

06 젊은 근로자의 약한 손 힘의 평균은 45kp이고, 작업강도(%MS)가 11.1%일 때 적정 작업시간은?(단, 적정 작업시간(초) = 671,120 × %MS$^{-2.2222}$ 식을 적용한다.)

① 33분 ② 43분 ③ 53분 ④ 63분

해설 적정 작업시간(sec) $= 671,120 \times \%MS^{-2.222}$

$= 671,120 \times \%11.1^{-2.222} = 3,185.84\text{sec} \fallingdotseq 53\text{min}$

07 일반적으로 근로자가 휴식 중일 때의 산소소비량(Oxygen Uptake)은 대략 어느 정도인가?

① 0.25L/min ② 0.75L/min ③ 1.5L/min ④ 2.0L/min

해설 산소소비량

㉠ 근로자가 휴식 중일 때의 산소소비량(Oxygen Uptake)≒0.25L/min

㉡ 근로자가 운동할 때의 산소소비량(Oxygen Uptake)≒5L/min

08 산소소비량 1L를 에너지양, 즉 작업대사량으로 환산하면 약 몇 kcal인가?

① 5 ② 10 ③ 15 ④ 20

해설 산소소비량과 작업대사량의 관계

산소소비량 1L≒에너지양(작업대사량) 5kcal

ANSWER | 01 ② 02 ④ 03 ② 04 ② 05 ③ 06 ③ 07 ① 08 ①

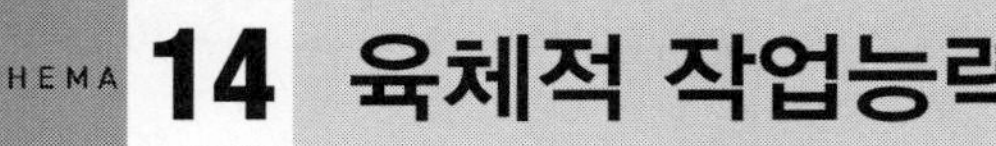

THEMA 14 육체적 작업능력

1. 육체적 작업능력(PWC : Physical Work Capacity)

① 피로를 느끼지 않고 하루에 4분간 계속할 수 있는 작업강도를 말한다.

㉠ 남성평균 : 16kcal/min

㉡ 여성평균 : 12kcal/min

② 하루 8시간 동안 작업할 수 있는 작업의 강도는 PWC의 1/3이다.

㉠ 남성평균 : 5.33kcal/min

㉡ 여성평균 : 4kcal/min

③ 육체적 작업능력(PWC)을 결정하는 것은 개인의 심폐기능이다.

2. 육체적 작업능력에 영향을 미치는 요소

① 정신적 요소 : 태도, 동기

② 육체적 요소 : 연령, 성별

③ 환경적 요소 : 온도, 습도, 소음

④ 작업 요소 : 강도, 시간

3. 최대 허용작업시간

$$\log(T_{end}) = 3.720 - 0.1949E$$

여기서, T_{end} : 허용작업시간(min)

E : 작업대사량(kcal/min)

4. 적정 휴식시간(T_{rest} : Hertig 식)

$$T_{rest} = \frac{E_{max} - E_{task}}{E_{rest} - E_{task}} \times 100$$

여기서, E_{max} : 1일 8시간 작업에 적합한 대사량(PWC의 1/3)

E_{task} : 해당 작업의 대사량

E_{rest} : 휴식 중 소모 대사량

연습문제

01 최대 육체적 작업능력이 16kcal/min인 남성이 8시간 동안 피로를 느끼지 않고 일을 하기 위한 작업강도는 어느 정도인가?

① 12kcal/min ② 5.3kcal/min ③ 4kcal/min ④ 3.4kcal/min

해설 작업의 강도는 PWC의 1/3이다.

$$\text{작업강도} = \text{PWC} \times \frac{1}{3} = 16\text{kcal/min} \times \frac{1}{3} = 5.33\,\text{kcal/min}$$

02 다음 중 육체적 작업능력(PWC)을 결정할 수 있는 기능으로 가장 적절한 것은?

① 개인의 심폐기능 ② 개인의 근력기능
③ 개인의 정신적 기능 ④ 개인의 훈련, 적응기능

해설 육체적 작업능력(PWC)을 결정하는 것은 개인의 심폐기능이다.

03 육체적 작업능력(PWC)이 16kcal/min인 근로자가 1일 8시간 동안 물체 운반작업을 하고 있다. 이때의 작업대사량은 7kcal/min일 때 이 사람이 쉬지 않고 계속 일을 할 수 있는 최대허용시간은 약 얼마인가?(단, $\log(T_{end}) = 3.720 - 0.1949E$)

① 4분 ② 83분 ③ 141분 ④ 227분

해설 $\log(T_{end}) = 3.720 - 0.1949E = 3.720 - 0.1949 \times 7 = 2.3557$

$T_{end} = 10^{2.3557} = 226.83\text{min}$

04 육체적 작업능력(PWC)이 16kcal/min인 근로자가 1일 8시간 동안 물체를 운반하고 있다. 이때의 작업대사량은 10kcal/min이고, 휴식 시의 대사량은 1.5kcal/min이다. 이 사람이 쉬지 않고 계속하여 일할 수 있는 최대 허용시간은 약 몇 분인가?(단, $\log(T_{end}) = b_0 + b_1 \cdot E$, $b_0 = 3.720$, $b_1 = -0.1949$이다.)

① 60분 ② 90분 ③ 120분 ④ 150분

해설 $\log(T_{end}) = 3.720 - 0.1949E = 3.720 - 0.1949 \times 10 = 1.771$

$T_{end} = 10^{1.771} = 59.02\text{min}$

05 MPWC가 17.5kcal/min인 사람이 1일 8시간 동안 물건 운반 작업을 하고 있다. 이때 작업대사량(에너지 소비량)이 8.75kcal/min이고, 휴식할 때 평균대사량이 1.7kcal/min이라면, 지속작업의 허용시간은 몇 분인가?(단, 작업에 따른 두 가지 상수는 3.720, 0.1949를 적용한다.)

① 88분 ② 103분 ③ 319분 ④ 383분

해설 $\log(T_{end}) = 3.720 - 0.1949E = 3.720 - 0.1949 \times 8.75 = 2.015$

$T_{end} = 10^{2.015} = 103.51\text{min}$

06 PWC가 16.5kcal/min인 근로자가 1일 8시간 동안 물체를 운반하고 있다. 이때의 작업대사량은 10kcal/min이고, 휴식 시의 대사량은 1.2kcal/min이다. Hertig의 식을 이용했을 때 적절한 휴식시간 비율은 약 몇 %인가?

① 41 ② 46 ③ 51 ④ 56

해설 $T_{rest} = \dfrac{E_{max} - E_{task}}{E_{rest} - E_{task}} \times 100 = \dfrac{(PWC \times \frac{1}{3}) - \text{작업 시 대사량}}{\text{휴식 시 대사량} - \text{작업 시 대사량}} \times 100$

$E_{max} = PWC \times \dfrac{1}{3} = 16.5 \times \dfrac{1}{3} = 5.5$

$T_{rest} = \dfrac{5.5 - 10}{1.2 - 10} \times 100 = 51.14\%$

07 육체적 작업능력(PWC)이 16kcal/min인 근로자가 물체운반작업을 하고 있다. 작업대사량은 7kcal/min, 휴식 시의 대사량이 2.0kcal/min 일 때 휴식 및 작업시간을 가장 적절히 배분한 것은?(단, Hertig의 식을 이용하며, 1일 8시간 작업기준이다.)

① 매시간 약 5분 휴식하고, 55분 작업한다.
② 매시간 약 10분 휴식하고, 50분 작업한다.
③ 매시간 약 15분 휴식하고, 45분 작업한다.
④ 매시간 약 20분 휴식하고, 40분 작업한다.

해설 $T_{rest} = \dfrac{E_{max} - E_{task}}{E_{rest} - E_{task}} \times 100 = \dfrac{(PWC \times \frac{1}{3}) - \text{작업 시 대사량}}{\text{휴식 시 대사량} - \text{작업 시 대사량}} \times 100$

$= \dfrac{(16 \times \frac{1}{3}) - 7}{2 - 7} \times 100 = 33.33\%$

적정 휴식시간(min) = 60 × 0.3333 = 20min
작업시간(min) = 60 × 0.6667 = 40min

ANSWER | 01 ② 02 ① 03 ④ 04 ① 05 ② 06 ③ 07 ④

더 풀어보기

산업기사

01 16kcal/min에 대한 작업시간은 4분이고, (16/3)kcal/min에 대한 작업시간이 480분일 때 육체적 작업능력(PWC)이 16kcal/min인 근로자에 대한 허용작업시간(T_{end}, 분)과 작업대사량(E, kcal/min)의 관계식으로 옳은 것은?

① $\text{Log } T_{end} = 3.150 - 0.1949 \cdot E$

② $\text{Log } T_{end} = 3.720 - 0.1949 \cdot E$

③ $\text{Log } T_{end} = 3.150 - 0.1847 \cdot E$

④ $\text{Log } T_{end} = 3.720 - 0.1849 \cdot E$

해설 $\log(T_{end}) = 3.720 - 0.1949E$

02 육체적 작업능력(PWC)이 16kcal/min인 근로자가 1일 8시간 동안 물체 운반작업을 하고 있다. 이때의 작업대사량은 7kcal/min 일 때 이 사람이 쉬지 않고 계속 일을 할 수 있는 최대허용시간은 약 얼마인가?(단, $\log T_{end} = 3.720 - 0.1949 \cdot E$이다.)

① 4분 ② 83분 ③ 141분 ④ 227분

해설 $\log(T_{end}) = 3.720 - 0.1949E = 3.720 - 0.1949 \times 7 = 2.3557$

$T_{end} = 10^{2.3557} = 226.83\text{min}$

03 육체적 작업능력(PWC)이 분당 16kcal인 근로자가 1일 8시간 동안 물체를 운반하고 있다. 이때의 작업대사량은 12kcal/min이다. 휴식 시의 대사량이 1.5kcal/min이었다면 이 사람이 쉬지 않고 계속하여 일을 할 수 있는 최대 허용시간은 약 얼마인가?

① 188분 ② 145분 ③ 24분 ④ 4분

해설 $\log(T_{end}) = 3.720 - 0.1949E = 3.720 - 0.1949 \times 12 = 1.3812$

$T_{end} = 10^{1.3812} = 24.05\text{min}$

04 어떤 근로자가 물체 운반작업을 하고 있다. 1일 8시간 작업에 적합한 작업대사량이 5.3kcal/분, 해당 작업의 작업대사량은 6kcal/분, 휴식 시의 대사량은 1.3kcal/분이라면 Hertig의 식을 이용한 적절한 휴식시간 비율(%)은?

① 약 15% ② 약 20% ③ 약 25% ④ 약 30%

해설 $T_{rest} = \dfrac{E_{max} - E_{task}}{E_{rest} - E_{task}} \times 100 = \dfrac{5.3 - 6}{1.3 - 6} \times 100 = 14.89\%$

05 육체적 작업능력이 15kcal/min인 성인 남성 근로자가 1일 8시간 동안 물체를 운반하고 있다. 작업대사량이 6.5kcal/min, 휴식 시의 대사량이 1.5kcal/min일 때 매시간별 휴식시간과 작업시간으로 가장 적합한 것은?(단, Hertig의 산식을 적용한다.)

① 12분 휴식, 48분 작업
② 18분 휴식, 42분 작업
③ 24분 휴식, 36분 작업
④ 30분 휴식, 30분 작업

해설 $T_{rest} = \frac{E_{max} - E_{task}}{E_{rest} - E_{task}} \times 100 = \frac{(PWC \times \frac{1}{3}) - \text{작업 시 대사량}}{\text{휴식 시 대사량} - \text{작업 시 대사량}} \times 100$

$= \frac{(15 \times \frac{1}{3}) - 6.5}{1.5 - 6.5} \times 100 = 30\%$

적정 휴식시간(min) $= 60 \times 0.3 = 18\text{min}$
작업시간(min) $= 60 \times 0.7 = 42\text{min}$

ANSWER | 01 ② 02 ④ 03 ③ 04 ① 05 ②

PART 01 PART 02 PART 03 PART 04 PART 05 PART 06

기 사

01 육체적 작업능력(PWC)이 12kcal/min인 어느 여성이 8시간 동안 피로를 느끼지 않고 일을 하기 위한 작업강도는 어느 정도인가?

① 3kcal/min
② 4kcal/min
③ 6kcal/min
④ 12kcal/min

해설 작업의 강도는 PWC의 1/3이다.
작업강도 $= PWC \times \frac{1}{3} = 12 \times \frac{1}{3} = 4\text{kcal/min}$

02 각 개인의 육체적 작업능력(PWC : Physical Work Capacity)을 결정하는 요인이라고 볼 수 없는 것은?

① 대사 정도
② 호흡기계 활동
③ 소화기계 활동
④ 순환기계 활동

해설 육체적 작업능력을 결정하는 요인
㉠ 대사 정도
㉡ 호흡기계 활동
㉢ 순환기계 활동

03 다음 중 육체적 작업능력에 영향을 미치는 요소와 내용을 잘못 연결한 것은?

① 작업 특징 – 동기
② 육체적 조건 – 연령
③ 환경 요소 – 온도
④ 정신적 요소 – 태도

해설 육체적 작업능력에 영향을 미치는 요소
㉠ 정신적 요소 : 태도, 동기
㉡ 육체적 요소 : 연령, 성별
㉢ 환경적 요소 : 온도, 습도, 소음
㉣ 작업 요소 : 강도, 시간

04 육체적 작업능력(PWC)이 15kcal/min인 근로자가 1일 8시간 물체를 운반하고 있다. 이때의 작업대사량이 6.5kcal/min이고, 휴식 시의 대사량이 1.5kcal/min일 때, 매시간당 적정 휴식시간은 약 얼마인가?(단, Hertig의 식을 적용한다.)

① 18분 ② 25분 ③ 30분 ④ 42분

해설 $T_{rest} = \frac{E_{max} - E_{task}}{E_{rest} - E_{task}} \times 100 = \frac{(PWC \times \frac{1}{3}) - \text{작업 시 대사량}}{\text{휴식 시 대사량} - \text{작업 시 대사량}} \times 100 = \frac{(15 \times \frac{1}{3}) - 6.5}{1.5 - 6.5} \times 100 = 30\%$

적정 휴식시간(min) $= 60 \times 0.3 = 18\text{min}$

05 육체적 작업능력이 16kcal/min인 근로자가 1일 8시간씩 일하고 있다. 이때 작업대사량은 8kcal/min이고, 휴식 시의 대사량은 1.2kcal/min이다. 1시간을 기준으로 할 때 이 근로자의 적정 휴식시간은 약 얼마인가?

① 18.2분 ② 23.4분 ③ 25.3분 ④ 30.5분

해설 $T_{rest} = \frac{E_{max} - E_{task}}{E_{rest} - E_{task}} \times 100 = \frac{(PWC \times \frac{1}{3}) - \text{작업 시 대사량}}{\text{휴식 시 대사량} - \text{작업 시 대사량}} \times 100$

$E_{max} = PWC \times \frac{1}{3} = 16 \times \frac{1}{3} = 5.33$

$T_{rest} = \frac{5.333 - 8}{1.2 - 8} \times 100 = 39.22\%$

적정 휴식시간(min) $= 60 \times 0.3926 = 23.53\text{min}$

06 육체적 작업능력(PWC)이 16kcal/min인 근로자가 1일 8시간 동안 물체를 운반하고 있고, 이때의 작업대사량은 9kcal/min, 휴식 시의 대사량은 1.5kcal/min이다. 적정 휴식시간과 작업시간으로 가장 적합한 것은?

① 매시간당 25분 휴식, 35분 작업
② 매시간당 29분 휴식, 31분 작업
③ 매시간당 35분 휴식, 25분 작업
④ 매시간당 39분 휴식, 21분 작업

해설 $T_{rest} = \frac{E_{max} - E_{task}}{E_{rest} - E_{task}} \times 100 = \frac{(PWC \times \frac{1}{3}) - \text{작업 시 대사량}}{\text{휴식 시 대사량} - \text{작업 시 대사량}} \times 100$

$= \frac{(16 \times \frac{1}{3}) - 9}{1.5 - 9} \times 100 = 48.89\%$

적정 휴식시간(min) = 60 × 0.4889 = 29.3min

작업시간(min) = 60 × 0.6667 = 30.7min

07 PWC가 16kcal/min인 근로자가 1일 8시간 동안 물체를 운반하고 있다. 이때 작업대사량은 6kcal/min이고, 휴식 시의 대사량은 2kcal/min이다. 작업시간은 어떻게 배분하는 것이 이상적인가?

① 5분 휴식, 55분 작업
② 10분 휴식, 50분 작업
③ 15분 휴식, 45분 작업
④ 25분 휴식, 35분 작업

해설 $T_{rest} = \frac{E_{max} - E_{task}}{E_{rest} - E_{task}} \times 100 = \frac{(PWC \times \frac{1}{3}) - \text{작업 시 대사량}}{\text{휴식 시 대사량} - \text{작업 시 대사량}} \times 100$

$= \frac{(16 \times \frac{1}{3}) - 6}{2 - 6} \times 100 = 16.67\%$

적정 휴식시간(min) = 60 × 0.1667 = 10min

작업시간(min) = 60 × 0.8333 = 50min

08 육체적 작업능력(PWC)이 15kcal/min인 어느 근로자가 1일 8시간 동안 물체를 운반하고 있다. 작업대사량(E_{task})이 6.5kcal/min, 휴식 시의 대사량(E_{rest})이 1.5kcal/min일 때 매시간당 휴식시간과 작업시간의 배분으로 가장 적절한 것은?(단, Hertig의 공식을 이용한다.)

① 18분 휴식, 42분 작업
② 20분 휴식, 40분 작업
③ 24분 휴식, 36분 작업
④ 30분 휴식, 30분 작업

해설 $T_{rest} = \frac{E_{max} - E_{task}}{E_{rest} - E_{task}} \times 100 = \frac{(PWC \times \frac{1}{3}) - \text{작업 시 대사량}}{\text{휴식 시 대사량} - \text{작업 시 대사량}} \times 100$

$= \frac{(15 \times \frac{1}{3}) - 6.5}{1.5 - 6.5} \times 100 = 30\%$

적정 휴식시간(min) = 60 × 0.3 = 18min

작업시간(min) = 60 × 0.7 = 42min

09 육체적 작업능력(PWC)이 15kcal/min인 근로자가 1일 8시간 동안 물체를 운반하고 있다. 이때의 작업대사량은 8kcal/min이고, 휴식 시 대사량은 3kcal/min이라면, 매시간당 휴식시간과 작업시간으로 가장 적절한 것은?(단, Hertig 식을 이용한다.)

① 휴식시간은 28분, 작업시간은 32분이다.
② 휴식시간은 30분, 작업시간은 30분이다.
③ 휴식시간은 32분, 작업시간은 28분이다.
④ 휴식시간은 36분, 작업시간은 24분이다.

해설 $T_{rest} = \frac{E_{max} - E_{task}}{E_{rest} - E_{task}} \times 100 = \frac{(PWC \times \frac{1}{3}) - \text{작업 시 대사량}}{\text{휴식 시 대사량} - \text{작업 시 대사량}} \times 100$

$= \frac{(15 \times \frac{1}{3}) - 8}{3 - 8} \times 100 = 60\%$

적정 휴식시간(min) $= 60 \times 0.6 = 36\text{min}$
작업시간(min) $= 60 \times 0.4 = 24\text{min}$

ANSWER | 01 ② 02 ③ 03 ① 04 ① 05 ② 06 ② 07 ② 08 ① 09 ④

THEMA 15 작업대사율(에너지 대사율, RMR)

1. 작업대사율(에너지 대사율, RMR : Relative Metabolic Rate)

① 작업대사량을 소요시간에 대한 가중평균으로 나타낸다.

② 연령을 고려한 지수이다.

③ RMR이 클수록 작업강도가 높다.

④ 작업대사율(RMR) $= \dfrac{\text{작업대사량}}{\text{기초대사량}} = \dfrac{\text{작업 시 소요열량} - \text{안정 시 소요열량}}{\text{기초대사량}}$

$= \dfrac{\text{작업 시 산소소비량} - \text{안정 시 산소소비량}}{\text{기초대사 시 산소소비량}}$

※ 기초대사량 : 생명을 유지하는 데 필요한 최소한의 에너지양을 말한다.

- 남자 : 1kcal/kg · hr≒1,680kcal/day
- 여자 : 0.9kcal/kg · hr≒1,080kcal/day

⑤ 작업강도와 작업대사율의 관계

작업강도	RMR	실동률(%)	예
경작업	0~1	80 이상	앉아서 하는 일, 독서
중등작업	1~2	76~80	청소(비질), 세탁
강작업	2~4	67~76	걸레질
중(重)작업	4~7	50~67	대패질
격심작업	7 이상	50 이하	삽 작업, 흙파기

2. 작업대사량에 대한 작업강도 분류

① 경작업 : 200kcal/h 소요되는 작업

② 중등도 작업 : 200~350kcal/h 소요되는 작업

③ 중작업 : 350~500kcal/h 소요되는 작업

3. 사이토(薺藤)와 오시마(大島) 공식

$$\text{실동률}(\%) = 85 - (5 \times \text{RMR})$$

4. 계속작업의 한계시간

$$\log(\text{계속작업의 한계시간}) = 3.724 - 3.25\log(\text{RMR})$$

연습문제

01 다음 중 작업대사율(RMR)에 관한 공식으로 틀린 것은?

① $\dfrac{\text{작업대사량}}{\text{기초대사량}}$

② $\text{작업대사량} - \dfrac{\text{기초대사량}}{\text{기초대사량}}$

③ $\dfrac{\text{작업 시 소요열량} - \text{안정 시 소요열량}}{\text{기초대사량}}$

④ $\dfrac{\text{작업 시 산소소비량} - \text{안정 시 산소소비량}}{\text{기초대사 시 산소소비량}}$

해설 $\text{작업대사량(RMR)} = \dfrac{\text{작업대사량}}{\text{기초대사량}} = \dfrac{\text{작업 시 열량소비량} - \text{안정 시 열량소비량}}{\text{기초대사량}}$

$= \dfrac{\text{작업 시 산소소비량} - \text{안정 시 산소소비량}}{\text{기초대사 시 산소소비량}}$

02 다음 중 상대 에너지 대사율(RMR)에 관한 설명으로 틀린 사항은?

① 연령은 고려하지 않는 지수이다.

② 작업대사량을 소요시간에 대한 가중평균으로 나타낸다.

③ $\dfrac{\text{작업 시 소비에너지} - \text{안정 시 소비에너지}}{\text{기초대사량}}$ 으로 산출한다.

④ RMR에 근거한 작업강도의 구분으로 경(經)작업은 0~1, 중(重)작업은 4~7, 격심(激甚)작업은 7 이상의 값을 나타낸다.

해설 에너지 대사율(RMR)은 연령을 고려한 지수이다.

03 작업대사율(RMR) 계산 시 직접적으로 필요한 항목과 가장 거리가 먼 것은?

① 작업시간 ② 안정 시 열량소비량

③ 기초대사량 ④ 작업에 소모된 열량

해설 $\text{작업대사량(RMR)} = \dfrac{\text{작업대사량}}{\text{기초대사량}} = \dfrac{\text{작업 시 열량소비량} - \text{안정 시 열량소비량}}{\text{기초대사량}}$

$= \dfrac{\text{작업 시 산소소비량} - \text{안정 시 산소소비량}}{\text{기초대사 시 산소소비량}}$

04 작업강도와 작업대사율의 연결이 적절한 것은?

① 경작업 : 0~4 ② 중등작업 : 4~5

③ 중(重)작업 : 5~6 ④ 격심한 작업 : 10 이상

해설 작업강도와 작업대사율의 관계

작업강도	RMR	실동률(%)	예
경작업	0~1	80 이상	앉아서 하는 일, 독서
중등작업	1~2	76~80	청소(비질), 세탁
강작업	2~4	67~76	걸레질
중(重)작업	4~7	50~67	대패질
격심작업	7 이상	50 이하	삽 작업, 흙파기

05 어떤 작업의 강도를 알기 위하여 작업 시 소요된 열량을 파악한 결과 3,500kcal로 나타났다. 기초대사량이 1,300kcal, 안정 시 열량이 기초대사량의 1.2배인 경우 작업대사율(RMR)은 약 얼마인가?

① 0.82 ② 1.22 ③ 1.31 ④ 1.49

해설 $\text{RMR} = \dfrac{\text{작업 시 소요열량} - \text{안정 시 소요열량}}{\text{기초대사량}} = \dfrac{(3{,}500 - 1.2 \times 1{,}300)\text{kcal}}{1{,}300\text{kcal}} = 1.49$

06 작업대사율(RMR)이 4인 작업을 하는 근로자의 실동률(%)은 얼마인가?(단, 사이토와 오시마 식을 적용한다.)

① 55 ② 65 ③ 75 ④ 85

해설 $\text{실동률}(\%) = 85 - (5 \times \text{RMR}) = 85 - (5 \times 4) = 65\%$

07 다음 중 작업에 소모된 열량이 4,500kcal, 안정 시 열량이 1,000kcal, 기초대사량이 1,500kcal 일 때 실동률은 약 얼마인가?(단, 사이토와 오시마의 경험식을 적용한다.)

① 70.0% ② 73.4% ③ 84.4% ④ 85.0%

해설 $\text{RMR} = \dfrac{\text{작업 시 소요열량} - \text{안정 시 소요열량}}{\text{기초대사량}} = \dfrac{(4{,}500 - 1{,}000)\text{kcal}}{1{,}500\text{kcal}} = 2.33$

$\text{실동률}(\%) = 85 - (5 \times 2.33) = 73.35\%$

08 다음 중 RMR이 10인 격심한 작업을 하는 근로자의 실동률과 계속작업의 한계시간으로 옳은 것은?

① 실동률 : 55%, 계속작업의 한계시간 : 약 5분
② 실동률 : 45%, 계속작업의 한계시간 : 약 4분
③ 실동률 : 35%, 계속작업의 한계시간 : 약 3분
④ 실동률 : 25%, 계속작업의 한계시간 : 약 2분

해설 $\text{실동률}(\%) = 85 - (5 \times 10) = 35\%$

$\log(\text{계속작업의 한계시간}) = 3.724 - 3.25\log(\text{RMR}) = 3.724 - 3.25\log 10 = 0.474$

$\therefore \text{계속작업의 한계시간} = 10^{0.474} = 2.98\text{min}$

09 다음 중 작업대사량에 따른 작업강도의 구분에 있어서 중등도작업(Moderate Work)에 해당하는 것은?

① 150kcal/h 소요되는 작업
② 300kcal/h 소요되는 작업
③ 450kcal/h 소요되는 작업
④ 500kcal/h 이상 소요되는 작업

해설 작업대사량에 대한 작업강도 분류
㉠ 경작업 : 200kcal/h 소요되는 작업
㉡ 중등도작업 : 200~350kcal/h 소요되는 작업
㉢ 중작업 : 350~500kcal/h 소요되는 작업

ANSWER | 01 ② 02 ① 03 ① 04 ③ 05 ④ 06 ② 07 ② 08 ③ 09 ②

더 풀어보기

산업기사

01 다음 중 에너지 대사율(RMR)을 올바르게 나타낸 것은?

① $\frac{\text{작업에 소요된 열량}}{\text{기초대사량}}$
② $\frac{\text{기초대사량}}{\text{작업대사량}}$
③ $\frac{\text{작업대사량}}{\text{기초대사량}}$
④ $\frac{\text{기초대사량}}{\text{작업에 소요된 열량}}$

02 에너지 대사율(RMR : Relative Metabolic Rate)에 대한 설명으로 틀린 것은?

① RMR=(작업 시 에너지 대사량 − 안정 시 에너지 대사량) / 기초대사량이다.
② RMR이 대략 4~7 정도이면 중(重)작업(동작, 속도가 큰 작업)에 속한다.
③ 총 에너지 소모량은 기초 에너지 대사량과 휴식 시 에너지 대사량을 합한 것이다.
④ 작업 시 에너지 대사량은 휴식 후부터 작업 종료 시까지의 에너지 대사량을 나타낸다.

해설 총 에너지 소모량은 작업 시 소비된 에너지 대사량에서 안정 시 소비된 에너지 대사량을 뺀(−) 값을 말한다.

03 작업강도는 작업대사율에 따라 5단계로 구분할 수 있다. 격심작업의 작업대사율은?

① 3 이상 ② 5 이상 ③ 7 이상 ④ 9 이상

해설 작업강도와 작업대사율의 관계

작업강도	RMR	실동률(%)	예
경작업	0~1	80 이상	앉아서 하는 일, 독서
중등작업	1~2	76~80	청소(비질), 세탁
강작업	2~4	67~76	걸레질
중(重)작업	4~7	50~67	대패질
격심작업	7 이상	50 이하	삽 작업, 흙파기

04 어떤 작업 시 소요된 열량이 3,500kcal로 파악되었다. 기초대사량이 1,100kcal이고, 안정 시 열량이 기초대사량의 1.2배인 경우 작업대사율(RMR : Relative Metabolic Rate)은 약 얼마인가?

① 1.82 ② 1.98 ③ 2.65 ④ 3.18

해설 $RMR = \frac{\text{작업 시 소요열량} - \text{안정 시 소요열량}}{\text{기초대사량}} = \frac{(3,500 - 1.2 \times 1,100)\text{kcal}}{1,100\text{kcal}} = 1.98$

05 어떤 작업의 강도를 알기 위하여 작업대사율(RMR)을 구하려고 한다. 작업 시 소요된 열량이 5,000kcal, 기초대사량이 1,200kcal, 안정 시 열량이 기초대사량의 1.2배인 경우 작업대사율은 약 얼마인가?

① 1 ② 2 ③ 3 ④ 4

해설 $RMR = \frac{\text{작업 시 소요열량} - \text{안정 시 소요열량}}{\text{기초대사량}} = \frac{(5,000 - 1.2 \times 1,200)\text{kcal}}{1,200\text{kcal}} = 2.97$

06 작업대사율이 7에 해당하는 작업을 하는 근로자의 실동률은?(단, 사이토와 오시마의 식을 활용한다.)

① 30% ② 40% ③ 50% ④ 60%

해설 $\text{실동률}(\%) = 85 - (5 \times RMR) = 85 - (5 \times 7) = 50\%$

07 작업대사율(RMR) = 7로 격심한 작업을 하는 근로자의 실동률(%)은?(단, 사이토와 오시마의 식을 이용한다.)

① 20 ② 30 ③ 40 ④ 50

해설 $\text{실동률}(\%) = 85 - (5 \times RMR) = 85 - (5 \times 7) = 50\%$

08 작업대사율이 4인 경우 실동률은 약 얼마인가?(단, 사이토와 오시마의 식을 적용한다.)

① 25% ② 40% ③ 65% ④ 85%

해설 $\text{실동률}(\%) = 85 - (5 \times RMR) = 85 - (5 \times 4) = 65\%$

09 기초대사량 1.5kcal/min이고, 작업대사량이 225kcal/hr인 작업을 수행할 때, 이 작업의 실동률(%)은 얼마인가?(단, 사이토와 오시마 경험식을 적용한다.)

① 61.5 ② 66.3 ③ 72.5 ④ 77.5

해설 $\text{실동률}(\%) = 85 - (5 \times RMR)$

$RMR = \frac{\text{작업대사량}}{\text{기초대사량}} = \frac{225\text{kcal/hr}}{1.5\text{kcal/min} \times 60\text{min/hr}} = 2.5$

$\therefore \text{실동률}(\%) = 85 - (5 \times 2.5) = 72.5\%$

10 기초대사량이 75kcal/hr이고, 작업대사량이 225kcal/hr인 작업을 수행할 때, 작업의 실동률은 약 얼마인가?(단, 사이토와 오시마의 경험식을 적용한다.)

① 50% ② 60% ③ 70% ④ 80%

해설 실동률(%) = 85 − (5 × RMR)

$$\text{RMR} = \frac{\text{작업대사량}}{\text{기초대사량}} = \frac{225\text{kcal/hr}}{75\text{kcal/hr}} = 3$$

∴ 실동률(%) = 85 − (5 × 3) = 70%

11 기초대사량이 75kcal/hr이고, 작업대사량이 225kcal/hr인 작업을 계속 수행할 때, 작업 한계시간은 약 얼마인가?(단, log(계속작업한계시간) = 3.724−3.25 × log(RMR)을 적용한다.)

① 1.5시간 ② 2시간 ③ 2.5시간 ④ 3시간

해설 log(계속작업의 한계시간) = 3.724 − 3.25log(RMR) = 3.724 − 3.25log3 = 2.173

∴ 계속작업의 한계시간 = $10^{2.173}$ = 148.94min = 2.48hr

여기서, $\text{작업대사량(RMR)} = \frac{\text{작업대사량}}{\text{기초대사량}} = \frac{225}{75} = 3$

12 미국정부산업위생전문가협의회(ACGIH)에서 제시한 작업대사량에 따라 작업강도를 구분할 때 경작업에 해당하는 소비열량은?

① 200kcal/hr 이하 ② 300kcal/hr 이하
③ 400kcal/hr 이하 ④ 500kcal/hr 이하

해설 작업대사량에 대한 작업강도 분류
㉠ 경작업 : 200kcal/h 소요되는 작업
㉡ 중등도작업 : 200~350kcal/h 소요되는 작업
㉢ 중작업 : 350~500kcal/h 소요되는 작업

13 미국정부산업위생전문가협의회(ACGIH)에서는 작업대사량에 따라 작업강도를 3가지로 구분하였다. 다음 중 중등도작업(Moderate Work)일 경우의 작업대사량에 해당하는 것은?

① 150kcal/h ② 250kcal/h
③ 400kcal/h ④ 500kcal/h

ANSWER | 01 ③ 02 ③ 03 ③ 04 ② 05 ③ 06 ③ 07 ④ 08 ③ 09 ③ 10 ④
11 ③ 12 ① 13 ②

기사

01 작업대사량(RMR)을 계산하는 방법이 아닌 것은?

① $\frac{작업대사량}{기초대사량}$

② $\frac{기초작업대사량}{작업대사량}$

③ $\frac{작업\ 시\ 열량소비량 - 안정\ 시\ 열량소비량}{기초대사량}$

④ $\frac{작업\ 시\ 산소소비량 - 안정\ 시\ 산소소비량}{기초대사\ 시\ 산소소비량}$

해설 $작업대사량(RMR) = \frac{작업대사량}{기초대사량} = \frac{작업\ 시\ 열량소비량 - 안정\ 시\ 열량소비량}{기초대사량}$

$= \frac{작업\ 시\ 산소소비량 - 안정\ 시\ 산소소비량}{기초대사\ 시\ 산소소비량}$

02 작업대사율(RMR : Relative Metabolic Rate)에 관한 식으로 틀린 것은?

① $\frac{작업대사량}{기초대사량}$

② $\frac{안정\ 시\ 대사량 - 기초대사량}{기초대사량}$

③ $\frac{작업\ 시\ 소요열량 - 안정\ 시\ 소요열량}{기초대사량}$

④ $\frac{작업\ 시\ 산소소비량 - 안정\ 시\ 산소소비량}{기초대사\ 시\ 산소소비량}$

03 작업대사율이 3인 중등작업을 하는 근로자의 실동률(%)을 계산하면?

① 50 ② 60 ③ 70 ④ 80

해설 $실동률(\%) = 85 - (5 \times RMR) = 85 - (5 \times 3) = 70\%$

04 기초대사량이 80kcal/h, 작업대사량이 240kcal/h인 육체적인 작업을 할 때 이 작업의 실동률(%)은 약 얼마인가?(단, 사이토와 오시마 식을 적용한다.)

① 60% ② 70% ③ 80% ④ 90%

해설 $실동률(\%) = 85 - (5 \times RMR)$

$RMR = \frac{작업대사량}{기초대사량} = \frac{240kcal/hr}{80kcal/hr} = 3$

$\therefore\ 실동률(\%) = 85 - (5 \times 3) = 70\%$

05 사이토와 오시마가 제시한 관계식을 기준으로 작업대사율이 7인 경우 계속작업의 한계시간은 약 얼마인가?

① 5분　② 10분　③ 20분　④ 30분

해설 log(계속작업의 한계시간) = 3.724 − 3.25log(RMR)
= 3.724 − 3.25log7 = 0.977

∴ 계속작업의 한계시간 = $10^{0.977}$ = 9.48(분)

ANSWER | 01 ② 02 ② 03 ③ 04 ② 05 ②

THEMA 16 교대작업과 직무스트레스

1. 교대근무제 관리원칙(바람직한 교대제)

① 야근의 주기를 4~5일, 연속은 2~3일로 하고 각 반의 근무시간은 8시간으로 한다.
② 교대방식은 역교대보다는 정교대(낮근무 → 저녁근무 → 밤근무) 방식이 좋다.
③ 야간근무 종료 후 휴식은 48시간 이상 부여한다.
④ 2교대면 3조, 3교대면 4조로 운영한다.
⑤ 야간근무 시 가면시간은 1시간 반 이상 부여해야 한다.(2~4시간)
⑥ 교대시간은 되도록 심야에 하지 않는다.(상오 0시 이전)
⑦ 일반적으로 오전근무의 개시 시간은 오전 9시로 한다.
⑧ 보통 근로자에게 3kg의 체중감소가 있을 때는 정밀검사를 권장하고, 야근은 가면을 하더라도 10시간 이내가 좋으며, 근무시간 간격은 15~16시간 이상으로 하는 것이 좋다.

2. 교대근무제를 기업에서 채택하는 이유

① 의료 · 방송 등 공공사업에서 국민생활과 이용자의 편의를 위하여 교대제를 채택하고 있다.
② 화학공업, 석유정제 등 생산과정이 주야로 연속되지 않으면 안 되는 경우 교대제를 채택하고 있다.
③ 기계공업, 방직공업 등 시설투자의 상각을 조속히 달성하기 위해 생산설비를 완전 가동하고자 하는 경우 교대제를 채택하고 있다.

3. 교대근무제가 생체에 미치는 영향

① 체중의 감소가 발생하고 주간근무에 비하여 피로가 쉽게 온다.
② 야간작업 시 체온 상승은 주간작업 시보다 낮기 때문에 작업능률이 떨어진다.
③ 주간 수면 시 혈액수분의 증가가 충분치 않고, 에너지 대사량이 저하되지 않아 잠이 깊이 들지 않는다.
④ 야근은 오래 계속하더라도 완전히 습관화되지 않는다.
⑤ 야간근무를 3일 이상 연속으로 하는 경우에는 피로축적 현상이 나타나게 된다.
⑥ 야간작업 시 새로 만들어지는 바이오리듬의 형성기간은 수개월 걸린다.
⑦ 교대근무자가 주간근무자에 비해 재해 발생률이 높다.

4. 직무스트레스의 일반사항

① 적응하기 어려운 환경에 처할 때 느끼는 심리적 · 신체적 긴장상태로 직무몰입과 생산성 감소의 직접적인 원인이 된다.
② 작업속도, 근무시간, 업무 반복성은 직무스트레스의 요인이다.
③ 스트레스를 지속적으로 받게 되면 인체는 자기조절능력을 상실한다.

④ 스트레스가 아주 없거나 너무 많을 때 역기능 스트레스로 작용한다.
⑤ 스트레스(stress)는 외부의 스트레스 요인(stressor)에 의해 신체의 항상성이 파괴되면서 나타나는 반응이다.
⑥ 인간은 스트레스 상태가 되면 부신피질에서 코티졸(cortisol)이라는 호르몬이 과잉 분비되어 뇌의 활동 등을 저해하게 된다.
⑦ 위협적인 환경 특성에 대한 개인의 반응이다.
⑧ 환경의 요구가 개인의 능력 한계를 벗어날 때 발생하는 개인과 환경의 불균형 상태이다.
⑨ 직장에서 당면문제를 진지한 태도로 해결하지 않고 현재보다 낮은 단계의 정신 상태로 되돌아가려는 행동반응을 나타내는 부적응 현상을 퇴행이라 한다.

5. 직무스트레스 원인(NIOSH)

① 작업요인 : 작업부하, 작업속도, 교대근무
② 환경요인 : 소음 · 진동, 고온 · 한랭, 환기상태 불량 및 부적정한 조명조건
③ 조직요인 : 관리유형, 역할요구, 역할갈등, 직무안정성

6. 스트레스에 의한 신체반응 증상

① 혈압의 상승
② 근육의 긴장 촉진
③ 소화기관에서의 위산 분비 촉진
④ 뇌하수체에서 아드레날린의 분비 증가

7. 산업 스트레스 결과

① 행동적 결과 : 흡연, 식욕감퇴, 행동의 격양(돌발적 사고), 알코올 및 약물 남용
② 심리적 결과 : 불면증, 성적 욕구 감퇴, 가정 문제
③ 생리적 결과 : 두통, 우울증, 심장질환, 위장질환 등

8. 개인 차원의 스트레스 관리 방안

① 건강 검사
② 명상, 요가 등 긴장이완훈련
③ 규칙적인 운동
④ 직무 외적인 취미활동 참여
⑤ 자신의 한계와 문제의 징후를 인식하여 해결방안을 도출

9. 조직(집단) 차원의 스트레스 관리 방안

① 코칭이나 카운슬링제도의 도입
② 작업량, 역할을 고려한 직무 재설계
③ 조직 내의 적극적 취미활동, 동호회 모임 등 우호적 직장 분위기 조성

④ 건강진단 및 규칙적 운동
⑤ 참여적 의사결정
⑥ 사회적 지원의 제공
⑦ 개인의 적응 수준 제고

연습문제

01 다음 중 교대근무와 보건관리에 관한 내용으로 가장 적합하지 않은 것은?

① 야간근무의 연속은 2~3일 정도가 좋다.
② 2교대는 최저 3조의 정원을, 3교대면 4조의 정원으로 편성한다.
③ 야근 후 다음 교대반으로 가는 간격은 최저 12시간을 가지도록 하여야 한다.
④ 채용 후 건강관리로서 정기적으로 체중, 위장 증상 등을 기록해야 하며 체중이 3kg 이상 감소 시 정밀검사를 받도록 한다.

해설 교대근무제 관리원칙(바람직한 교대제)
㉠ 야근의 주기를 4~5일, 연속은 2~3일로 하고 각 반의 근무시간은 8시간으로 한다.
㉡ 교대방식은 역교대보다는 정교대(낮근무 → 저녁근무 → 밤근무) 방식이 좋다.
㉢ 야간근무 종료 후 휴식은 48시간 이상 부여한다.
㉣ 2교대면 3조, 3교대면 4조로 운영한다.
㉤ 야간근무 시 가면시간은 1시간 반 이상 부여해야 한다.(2~4시간)
㉥ 교대시간은 되도록 심야에 하지 않는다.(상오 0시 이전)
㉦ 일반적으로 오전근무의 개시 시간은 오전 9시로 한다.
㉧ 보통 근로자에게 3kg의 체중감소가 있을 때는 정밀검사를 권장하고, 야근은 가면을 하더라도 10시간 이내가 좋으며, 근무시간 간격은 15~16시간 이상으로 하는 것이 좋다.

02 교대제에 대한 설명이 잘못된 것은?

① 산업보건 면이나 관리 면에서 가장 문제가 되는 것은 3교대제이다.
② 교대근무자와 주간근무자에 있어서 재해 발생률은 거의 비슷한 수준으로 발생한다.
③ 석유정제, 화학공업 등 생산과정이 주야로 연속되지 않으면 안 되는 산업에서 교대제를 채택하고 있다.
④ 젊은층의 교대근무자에게 있어서는 체중의 감소가 뚜렷하고 회복은 빠른 반면, 중년층에서는 체중의 변화가 적고 회복은 늦다.

해설 교대근무자가 주간근무자에 비해 재해 발생률이 높다.

03 다음 중 산업피로를 줄이기 위한 바람직한 교대근무에 관한 내용으로 틀린 것은?

① 근무시간의 간격은 15~16시간 이상으로 하여야 한다.
② 야간근무 교대시간은 상오 0시 이전에 하는 것이 좋다.

PART 01 PART 02 PART 03 PART 04 PART 05 PART 06

③ 야간근무는 4일 이상 연속해야 피로에 적응할 수 있다.
④ 야간근무 시 가면(假眠)시간은 근무시간에 따라 2~4시간으로 하는 것이 좋다.

해설 야근의 주기를 4~5일, 연속은 2~3일로 하고 각 반의 근무시간은 8시간으로 한다.

04 다음 중 교대작업장의 작업설계를 할 때 고려해야 할 사항으로 적절하지 않은 것은?

① 야간작업은 연속하여 3일을 넘기지 않도록 한다.
② 근무반 교대방향은 아침반 → 저녁반 → 야간반으로 정방향 순환이 되게 한다.
③ 교대작업자 특히 야간작업자는 주간작업자보다 연간 쉬는 날이 더 많이 있어야 한다.
④ 야간반 근무를 모두 마친 후 아침반 근무에 들어가기 전 최소한 12시간 이상 휴식을 하도록 한다.

해설 야간근무 종료 후 휴식은 48시간 이상 부여한다.

05 야간교대 근무자의 건강관리 대책상 필요한 조건 중 관계가 가장 작은 것은?

① 난방, 조명 등 환경조건을 갖출 것
② 작업량이 과중하지 않도록 할 것
③ 야근에 부적합한 자를 가려내는 검진을 할 것
④ 육체적으로나 정신적으로 생체의 부담도가 심하게 나타나는 순으로 저녁근무, 밤근무, 낮근무 순서로 할 것

해설 교대방식은 역교대보다는 정교대(낮근무 → 저녁근무 → 밤근무) 방식이 좋다.

06 다음 중 스트레스에 관한 설명으로 잘못된 것은?

① 위협적인 환경 특성에 대한 개인의 반응이다.
② 스트레스가 아주 없거나 너무 많을 때에는 역기능 스트레스로 작용한다.
③ 환경의 요구가 개인의 능력 한계를 벗어날 때 발생하는 개인과 환경의 불균형 상태이다.
④ 스트레스를 지속적으로 받게 되면 인체는 자기조절능력을 발휘하여 스트레스로부터 벗어난다.

해설 스트레스를 지속적으로 받게 되면 인체는 자기조절능력을 상실한다.

07 직장에서 당면문제를 진지한 태도로 해결하지 않고 현재보다 낮은 단계의 정신 상태로 되돌아가려는 행동반응을 나타내는 부적응 현상을 무엇이라고 하는가?

① 작업도피(evasion) ② 체념(resignation)
③ 퇴행(degeneration) ④ 구실(pretext)

08 미국국립산업안전보건연구원(NIOSH)에서 제시한 직무스트레스 모형에서 직무스트레스 요인을 작업요인, 환경요인, 조직요인으로 크게 구분할 때 다음 중 조직요인에 해당하는 것은?

① 교대근무 ② 소음 및 진동 ③ 관리유형 ④ 작업부하

해설 직무스트레스 원인(NIOSH)

㉠ 작업요인 : 작업부하, 작업속도, 교대근무
㉡ 환경요인 : 소음 · 진동, 고온 · 한랭, 환기상태 불량 및 부적정한 조명조건
㉢ 조직요인 : 관리유형, 역할요구, 역할갈등, 직무안정성

09 다음 중 산업피로의 원인이 되고 있는 스트레스에 의한 신체반응 증상으로 옳은 것은?

① 혈압의 상승 ② 근육의 긴장 완화
③ 소화기관에서의 위산 분비 억제 ④ 뇌하수체에서 아드레날린의 분비 감소

해설 스트레스에 의한 신체반응 증상

㉠ 혈압의 상승 ㉡ 근육의 긴장 촉진
㉢ 소화기관에서의 위산 분비 촉진 ㉣ 뇌하수체에서 아드레날린의 분비 증가

10 개인 차원의 스트레스 관리에 대한 내용으로 가장 거리가 먼 것은?

① 건강 검사 ② 긴장이완훈련
③ 직무의 순환 ④ 운동과 취미생활

해설 개인 차원의 스트레스 관리 방안

㉠ 건강 검사 ㉡ 명상, 요가 등 긴장이완훈련
㉢ 규칙적인 운동 ㉣ 직무 외적인 취미활동 참여
㉤ 자신의 한계와 문제의 징후를 인식하여 해결방안을 도출

ANSWER | 01 ③ 02 ② 03 ③ 04 ④ 05 ④ 06 ④ 07 ③ 08 ③ 09 ① 10 ③

⊕ 더 풀어보기

산업기사

01 다음 중 바람직한 교대제로 볼 수 없는 것은?

① 각 조의 근무시간은 8시간씩으로 한다.
② 연속된 야근의 종료 후 휴식은 최저 48시간을 가지도록 한다.
③ 야근근무의 연속은 일주일 정도가 좋다.
④ 교대방식은 역교대보다 정교대가 좋다.

해설 야근의 주기를 4~5일, 연속은 2~3일로 하고 각 반의 근무시간은 8시간으로 한다.

02 다음 중 바람직한 교대제 근무에 관한 내용으로 가장 거리가 먼 것은?

① 야간근무의 교대시간은 심야를 피해야 한다.
② 야간근무 종류 후 휴식은 48시간 이상으로 한다.
③ 교대 방식은 낮근무, 저녁근무, 밤근무 순으로 한다.
④ 야간근무는 신체의 적응을 위하여 최소 3일 이상 연속하여야 한다.

03 다음 중 교대제 근무가 생체에 주는 영향에 대한 설명으로 틀린 것은?

① 야간작업 시 주간작업보다 체온상승이 높으므로 작업능률이 떨어진다.
② 주간 수면 시 혈액수분의 증가가 충분치 않고, 에너지 대사량이 저하되지 않아 잠이 깊이 들지 않는다.
③ 야간근무는 오래 계속하더라도 습관화되기 어려우며 야간근무를 3일 이상 연속으로 하는 경우에는 피로축적 현상이 나타나게 된다.
④ 주간작업에서 야간작업으로 교대 시 이미 형성된 신체리듬은 즉시 새로운 조건에 맞게 변화되지 않으므로 활동력이 저하된다.

해설 야간작업 시 체온상승은 주간작업 시보다 낮기 때문에 작업능률이 떨어진다.

04 교대근무제를 실시하려고 할 때 교대근무자의 건강관리 대책을 위한 조건 중 거리가 먼 것은?

① 수면 · 휴식 시설을 갖출 것
② 야근작업 후의 휴식시간은 8시간으로 할 것
③ 야근작업 시 작업량이 과중하지 않도록 할 것
④ 난방, 조명 등 환경조건을 적정하게 갖추도록 할 것

해설 야간근무 종료 후 휴식은 48시간 이상 부여한다.

05 스트레스(stress)는 외부의 스트레스 요인(stressor)에 의해 신체의 항상성이 파괴되면 서 나타나는 반응이다. 다음의 설명 중 (　　)에 해당하는 용어로 맞는 것은?

> 인간은 스트레스 상태가 되면 부신피질에서 (　　)이라는 호르몬이 과잉 분비되어 뇌의 활동 등을 저해하게 된다.

① 코티졸(cortisol)　② 도파민(dopamine)
③ 옥시토신(oxytocin)　④ 아드레날린(adrenalin)

해설 인간은 스트레스 상태가 되면 부신피질에서 코티졸(cortisol)이라는 호르몬이 과잉 분비되어 뇌의 활동 등을 저해하게 된다.

06 다음 중 산업 스트레스의 반응에 따른 행동적 결과와 가장 거리가 먼 것은?

① 흡연 ② 불면증
③ 행동의 격양 ④ 알코올 및 약물 남용

해설 산업 스트레스 결과
㉠ 행동적 결과 : 흡연, 식욕감퇴, 행동의 격양(돌발적 사고), 알코올 및 약물 남용
㉡ 심리적 결과 : 불면증, 성적 욕구 감퇴, 가정 문제
㉢ 생리적 결과 : 두통, 우울증, 심장질환, 위장질환 등

07 산업 스트레스의 관리에 있어서 개인 차원에서의 관리방법으로 맞는 것은?

① 긴장이완훈련 ② 사회적 지원의 제공
③ 개인의 적응수준 제고 ④ 조직구조와 기능의 변화

해설 개인 차원의 스트레스 관리 방안
㉠ 건강 검사 ㉡ 명상, 요가 등 긴장이완훈련
㉢ 규칙적인 운동 ㉣ 직무 외적인 취미활동 참여
㉤ 자신의 한계와 문제의 징후를 인식하여 해결방안을 도출

08 산업 스트레스의 발생 요인으로 작용하는 집단 간의 갈등이 심한 경우 해결기법으로 가장 적절하지 않은 것은?

① 경쟁의 자극 ② 문제의 공동해결법 토의
③ 집단 구성원 간의 직무순환 ④ 새로운 상위의 공동목표 설정

해설 갈등촉진기법(집단 간의 갈등이 너무 심한 경우)
㉠ 자원의 확대 ㉡ 문제의 공동해결법 토의
㉢ 집단 구성원 간의 직무순환 ㉣ 새로운 상위의 공동목표 설정

ANSWER | 01 ③ 02 ④ 03 ① 04 ② 05 ① 06 ② 07 ① 08 ①

기 사

01 다음 중 바람직한 교대 근무제가 아닌 것은?

① 야간근무는 2~3일 이상 연속하지 않는다.
② 12시간 교대제는 적용하지 않는 것이 좋다.
③ 야근의 교대시간은 심야에 하는 것이 좋다.
④ 야근 근무기간 종료 후 다음 야근 근무 시작과의 간격은 최소 48시간 이상으로 한다.

해설 교대시간은 되도록 심야에 하지 않는다.

02 교대제에 대한 설명이 잘못된 것은?

① 산업보건 면이나 관리 면에서 가장 문제가 되는 것은 3교대제이다.
② 교대근무자와 주간근무자에 있어서 재해 발생률은 거의 비슷한 수준으로 발생한다.
③ 석유정제, 화학공업 등 생산과정이 주야로 연속되지 않으면 안 되는 산업에서 교대제를 채택하고 있다.
④ 젊은층의 교대근무자에게 있어서는 체중의 감소가 뚜렷하고 회복은 빠른 반면, 중년층에서는 체중의 변화가 적고 회복은 늦다.

해설 교대근무자가 주간근무자에 비해 재해 발생률이 높다.

03 다음 중 바람직한 교대제에 대한 설명으로 틀린 것은?

① 2교대 시 최저 3조로 편성한다.
② 각 반의 근무시간은 8시간으로 한다.
③ 야간근무의 연속일수는 2~3일로 한다.
④ 야근 후 다음 반으로 가는 간격은 24시간으로 한다.

해설 야간근무 종료 후 휴식은 48시간 이상 부여한다.

04 교대근무제에 관한 설명으로 맞는 것은?

① 야간근무 종료 후 휴식은 24시간 전후로 한다.
② 야근은 가면(假眠)을 하더라도 10시간 이내가 좋다.
③ 신체적 적응을 위하여 야간근무의 연속일수는 대략 1주일로 한다.
④ 누적 피로를 회복하기 위해서는 정교대 방식보다는 역교대 방식이 좋다.

해설 야간근무 시 가면시간은 1시간 반 이상 부여해야 한다.(2~4시간)

05 교대제를 기업에서 채택하고 있는 이유와 거리가 먼 것은?

① 섬유공업, 건설사업에서 근로자의 고용기회 확대를 위하여
② 의료, 방송 등 공공사업에서 국민생활과 이용자의 편의를 위하여
③ 화학공업, 석유정제 등 생산과정이 주야로 연속되지 않으면 안 되는 경우
④ 기계공업, 방직공업 등 시설투자의 상각을 조속히 달성하기 위해 생산설비를 완전가동하고자 하는 경우

해설 기업에서 교대근무제를 채택하는 이유
㉠ 의료 · 방송 등 공공사업에서 국민생활과 이용자의 편의를 위하여 교대제를 채택하고 있다.
㉡ 화학공업, 석유정제 등 생산과정이 주야로 연속되지 않으면 안 되는 경우 교대제를 채택하고 있다.
㉢ 기계공업, 방직공업 등 시설투자의 상각을 조속히 달성하기 위해 생산설비를 완전 가동하고자 하는 경우 교대제를 채택하고 있다.

06 산업 스트레스의 반응에 따른 심리적 결과에 해당되지 않는 것은?

① 가정 문제
② 돌발적 사고
③ 수면 방해
④ 성(性)적 역기능

해설 산업 스트레스 결과

㉠ 행동적 결과 : 흡연, 식욕감퇴, 행동의 격양(돌발적 사고), 알코올 및 약물 남용
㉡ 심리적 결과 : 불면증, 성적 욕구 감퇴, 가정 문제
㉢ 생리적 결과 : 두통, 우울증, 심장질환, 위장질환 등

07 작업장에서 누적된 스트레스를 개인 차원에서 관리하는 방법에 대한 설명으로 틀린 것은?

① 신체검사를 통하여 스트레스성 질환을 평가한다.
② 자신의 한계와 문제의 징후를 인식하여 해결방안을 도출한다.
③ 명상, 요가, 선(禪) 등의 긴장이완훈련을 통하여 생리적 휴식상태를 점검한다.
④ 규칙적인 운동을 피하고, 직무 외적인 취미, 휴식, 즐거운 활동 등에 참여하여 대처능력을 함양한다.

해설 개인 차원의 스트레스 관리 방안

㉠ 건강 검사
㉡ 명상, 요가 등 긴장이완훈련
㉢ 규칙적인 운동
㉣ 직무 외적인 취미활동 참여
㉤ 자신의 한계와 문제의 징후를 인식하여 해결방안을 도출

08 다음 중 산업 스트레스의 관리에 있어서 집단 차원에서의 스트레스 관리에 대한 내용과 가장 거리가 먼 것은?

① 직무 재설계
② 사회적 지원의 제공
③ 운동과 직무 외의 관심
④ 개인의 적응 수준 제고

해설 조직(집단) 차원의 스트레스 관리 방안

㉠ 코칭이나 카운슬링제도의 도입
㉡ 작업량, 역할을 고려한 직무 재설계
㉢ 조직 내의 적극적 취미활동, 동호회 모임 등 우호적 직장 분위기 조성
㉣ 건강진단 및 규칙적 운동
㉤ 참여적 의사결정
㉥ 사회적 지원의 제공
㉦ 개인의 적응 수준 제고

09 스트레스 관리 방안 중 조직적 차원의 대응책으로 가장 적합하지 않은 것은?

① 직무 재설계
② 적절한 시간 관리
③ 참여적 의사결정
④ 우호적인 직장 분위기 조성

10 다음 중 산업 스트레스 발생 요인으로 집단 간의 갈등이 너무 낮은 경우 집단 간의 갈등을 기능적인 수준까지 자극하는 갈등 촉진기법에 해당되지 않는 것은?

① 자원의 확대　　② 경쟁의 자극
③ 조직구조의 변경　　④ 커뮤니케이션의 증대

해설 갈등촉진기법(집단 간의 갈등이 너무 낮은 경우)
㉠ 자원의 축소　　㉡ 경쟁의 자극
㉢ 조직구조의 변경　　㉣ 커뮤니케이션의 증대(의사소통의 증대)

ANSWER | 01 ③ 02 ② 03 ④ 04 ② 05 ① 06 ② 07 ④ 08 ③ 09 ② 10 ①

THEMA 17 직업과 적성 및 직업성 질환

1. 적성의 정의

특정분야에 종사할 때 그 업무를 효과적으로 수행할 수 있는 가능성을 말한다.

2. 적성검사

신체검사	검사항목
생리적 기능검사	심폐기능검사, 감각기능검사, 체력검사
심리적 기능검사	지각동작검사, 지능검사(언어, 기억, 추리 등), 인성검사, 기능검사

3. 심리학적 적성검사 검사항목

검사종류	검사항목
인성검사	성격, 태도, 정신상태
기능검사	직무에 관한 기본지식, 숙련도, 사고력
지능검사	언어, 기억, 추리, 귀납
지각동작검사	수족협조, 운동속도, 형태지각

4. 직업성 변이(Occupational Stigmata)

신체 형태와 기능에 국소적인 변화가 일어나는 것을 말한다.

5. 직업성 질환의 일반사항

① 직업성 질환이란 어떤 직업에 종사함으로써 발생하는 업무상 질병을 말하며, 직업상의 업무에 의하여 1차적으로 발생하는 질환을 원발성 질환이라 한다.

② 개개인의 맡은 직무로 인하여 가스, 분진, 소음, 진동 등 유해성 인자가 몸에 장 · 단기간 침투, 축적되어 발생하는 질환을 총칭한다. 대표적인 예로 화학물질로 인한 직업병을 들 수 있다.

③ 직업성 질환은 재해성 질환과 직업병으로 나눌 수 있다.

④ 직업상 업무로 인하여 1차적으로 발생하는 질병을 원발성 질환이라 한다.

⑤ 직업성 질환과 일반 질환은 구별하기가 어렵다.

⑥ 직업성 질환이란 어떤 직업에 종사함으로써 발생하는 업무상 질병을 의미한다.

⑦ 직업병은 저농도 또는 저수준의 상태로 장시간 걸쳐 반복노출로 생긴 질병을 의미한다.

⑧ 합병증은 원발성 질환에서 떨어진 다른 부위에 같은 원인에 의한 제2의 질환을 일으키는 경우를 의미한다.

⑨ 노출에 따른 질병증상이 발현되기까지 시간적 차이가 크다.

⑩ 질병유발 물질에는 인체에 대한 영향이 확인되지 않은 새로운 물질들이 많다.
⑪ 주로 유해인자에 장기간 노출됨으로서 발생한다.

6. 직업성 질환의 범위

① 업무에 기인하여 1차적으로 발생하는 원발성 질환 포함
② 원발성 질환과 합병 작용하여 제2의 질환을 유발하는 경우 포함
③ 합병증이 원발성 질환과 불가분의 관계를 가지는 경우 포함
④ 원발성 질환과 떨어진 다른 부위에 동일한 원인에 의한 제2의 질환을 일으키는 경우 포함

7. 직업병의 원인

① 물리적 요인 : 소음 · 진동, 유해광선(전리방사선-흉선 및 림프조직에 영향, 비전리방사선), 온도, 이상기압, 한랭, 조명 등
② 화학적 요인 : 화학물질(유기용제, 타르, 피치, 페놀 등), 금속흄
③ 생물학적 요인 : 바이러스, 진균 등
④ 인간공학적 요인 : 작업방법, 작업자세, 중량물 취급 등
⑤ 직접원인 : 격렬한 근육운동, 단순반복작업, 부자연스러운 자세
⑥ 간접원인 : 작업시간, 작업강도, 연령, 체질 등

8. 직업성 질환의 예방대책

① 생산기술 및 작업환경의 개선 및 관리
　㉠ 유해물질의 발생 방지
　㉡ 안전하고 쾌적한 작업환경 관리
② 근로자 채용단계 시부터 의학적 관리
　㉠ 배치전건강진단
　㉡ 유해물질로 인한 이상소견을 조기 발견
　㉢ 적절한 조치 강구
　㉣ 정기적으로 근로자의 건강진단 실시
③ 개인위생 관리
　㉠ 근로자의 유해물질 폭로 최소화
　㉡ 적절한 보호장비 착용

9. 직업성 질환을 인정할 때 고려사항

① 작업환경과 그 작업에 종사한 기간 또는 유해작업의 정도
② 작업환경측정 자료와 취급물질의 유해성 자료
③ 유해화학물질에 의한 중독증(직업병)
④ 직업병에서 특이하게 볼 수 있는 증상
⑤ 의학상 특징적인 임상검사 소견의 유무

⑥ 유해물질에 폭로된 때부터 발병까지 시간적 간격 및 증상의 경로 추이
⑦ 발병 이전의 신체 이상과 과거력
⑧ 업무에 기인하지 않은 다른 질환과의 상관성
⑨ 같은 작업장에서 비슷한 증상을 나타내는 환자의 발생 유무

10. 직업성 피부질환의 특징

① 대부분 화학물질에 의한 접촉피부염이다.
② 정확한 발생빈도와 원인물질의 추정은 거의 불가능하다.
③ 접촉피부염의 대부분은 자극에 의한 원발성 피부염이다.(용제, 산, 알칼리, 금속염)
④ 직업성 피부질환의 간접요인으로는 인종, 연령, 계절 등이 있다.

연습문제

01 생리학적 적성검사 항목이 아닌 것은?

① 체력검사 ② 지각동작검사 ③ 감각지능검사 ④ 심폐기능검사

해설 적성검사

신체검사	검사항목
생리적 기능검사	심폐기능검사, 감각기능검사, 체력검사
심리적 기능검사	지각동작검사, 지능검사(언어, 기억, 추리 등), 인성검사, 기능검사

02 다음 중 심리학적 적성검사 항목이 아닌 것은?

① 감각기능검사 ② 지능검사 ③ 지각동작검사 ④ 인성검사

03 심리학적 적성검사 중 직무에 관한 기본지식과 숙련도, 사고력 등 직무평가에 관련된 항목을 가지고 추리검사의 형식으로 실시하는 것은?

① 지능검사 ② 기능검사 ③ 인성검사 ④ 직무능검사

해설 심리학적 적성검사 검사항목

검사종류	검사항목
인성검사	성격, 태도, 정신상태
기능검사	직무에 관한 기본지식, 숙련도, 사고력
지능검사	언어, 기억, 추리, 귀납
지각동작검사	수족협조, 운동속도, 형태지각

04 직업성 변이(Occupational Stigmata)의 정의로 맞는 것은?

① 직업에 따라 체온량의 변화가 일어나는 것이다.
② 직업에 따라 체지방량의 변화가 일어나는 것이다.
③ 직업에 따라 신체 활동량의 변화가 일어나는 것이다.
④ 직업에 따라 신체 형태와 기능에 국소적 변화가 일어나는 것이다.

해설 직업성 변이란 직업에 따라 신체 형태와 기능에 국소적인 변화가 일어나는 것을 말한다.

05 다음 중 직업성 질환과 가장 관련이 적은 것은?

① 근골격계 질환 ② 진폐증
③ 노인성 난청 ④ 악성중피종

06 직업성 질환에 관한 설명으로 틀린 것은?

① 재해성 질병과 직업병으로 분류할 수 있다.
② 장기적 경과를 가지므로 직업과의 인과관계를 명확하게 규명할 수 있다.
③ 직업상 업무로 인하여 1차적으로 발생하는 질병을 원발성 질환이라 한다.
④ 합병증은 원발성 질환에서 떨어진 다른 부위에 같은 원인에 의한 제2의 질환을 일으키는 경우를 의미한다.

해설 직업성 질환과 일반 질환은 구별하기가 어렵다.

07 직업성 질환의 범위에 대한 설명으로 틀린 것은?

① 합병증이 원발성 질환과 불가분의 관계를 가지는 경우를 포함한다.
② 직업상 업무에 기인하여 1차적으로 발생하는 원발성 질환은 제외한다.
③ 원발성 질환과 합병 작용하여 제2의 질환을 유발하는 경우를 포함한다.
④ 원발성 질환 부위가 아닌 다른 부위에서도 동일한 원인에 의하여 제2의 질환을 일으키는 경우를 포함한다.

해설 직업성 질환의 범위

㉠ 업무에 기인하여 1차적으로 발생하는 원발성 질환 포함
㉡ 원발성 질환과 합병 작용하여 제2의 질환을 유발하는 경우 포함
㉢ 합병증이 원발성 질환과 불가분의 관계를 가지는 경우 포함
㉣ 원발성 질환과 떨어진 다른 부위에 동일한 원인에 의한 제2의 질환을 일으키는 경우 포함

08 직업성 질환 중 직업상의 업무에 의하여 1차적으로 발생하는 질환을 무엇이라 하는가?

① 합병증 ② 원발성 질환
③ 일반질환 ④ 속발성 질환

해설 직업성 질환
어떤 직업에 종사함으로써 발생하는 업무상 질병을 말하며 직업상의 업무에 의하여 1차적으로 발생하는 질환을 원발성 질환이라 한다.

09 다음 중 직업성 질환 발생의 직접적인 원인이라고 할 수 없는 것은?
① 물리적 환경요인
② 화학적 환경요인
③ 작업강도와 작업시간적 요인
④ 부자연스런 자세와 단순반복작업 등의 작업요인

해설 직업병의 원인은 물리적 요인, 화학적 요인, 생물학적 요인 및 인간공학적 요인으로 나눌 수 있다.

10 직업병의 예방대책에 관한 설명으로 가장 거리가 먼 것은?
① 유해요인을 적절하게 관리하여야 한다.
② 유해요인에 노출되고 있는 모든 근로자를 보호하여야 한다.
③ 건강장해에 대한 보건교육을 해당 근로자에게만 실시한다.
④ 근로자들이 업무를 수행하는 데 불편함이나 스트레스가 없도록 하여야 하며, 새로운 유해요인이 발생되지 않아야 한다.

해설 직업성 질환의 예방대책
㉠ 생산기술 및 작업환경의 개선 및 관리
- 유해물질의 발생 방지
- 안전하고 쾌적한 작업환경 관리
㉡ 근로자 채용단계 시부터 의학적 관리
- 배치전건강진단
- 유해물질로 인한 이상소견을 조기 발견
- 적절한 조치 강구
- 정기적으로 근로자의 건강진단 실시
㉢ 개인위생 관리
- 근로자의 유해물질 폭로 최소화
- 적절한 보호장비 착용

11 직업성 피부질환에 대한 설명으로 틀린 것은?
① 대부분은 화학물질에 의한 접촉피부염이다.
② 접촉피부염의 대부분은 알레르기에 의한 것이다.
③ 정확한 발생빈도와 원인물질의 추정은 거의 불가능하다.
④ 직업성 피부질환의 간접요인으로는 인종, 연령, 계절 등이 있다.

해설 접촉피부염의 대부분은 자극에 의한 원발성 피부염이다.

12 알레르기성 접촉피부염의 진단법은 무엇인가?

① 첩포시험
② X-ray검사
③ 세균검사
④ 자외선검사

해설 알레르기성 접촉피부염의 진단법은 첩포시험이다.

ANSWER | 01 ② 02 ① 03 ② 04 ④ 05 ③ 06 ② 07 ② 08 ② 09 ③ 10 ③ 11 ② 12 ①

더 풀어보기

산업기사

01 다음 중 적성검사에 있어 생리적 기능검사에 속하지 않는 것은?

① 감각기능검사
② 심폐기능검사
③ 체력검사
④ 지각동작검사

해설 적성검사

신체검사	검사항목
생리적 기능검사	심폐기능검사, 감각기능검사, 체력검사
심리적 기능검사	지각동작검사, 지능검사(언어, 기억, 추리 등), 인성검사, 기능검사

02 다음 중 직업성 질환의 특성에 대한 설명으로 적절하지 않은 것은?

① 노출에 따른 질병증상이 발현되기까지 시간적 차이가 크다.
② 질병유발 물질에는 인체에 대한 영향이 확인되지 않은 새로운 물질들이 많다.
③ 주로 유해인자에 장기간 노출됨으로써 발생한다.
④ 임상적 또는 병리적 소견으로 일반 질병과 명확히 구분할 수 있다.

해설 직업성 질환과 일반 질환은 구별하기가 어렵다.

03 다음 중 화학적으로 원발성 접촉피부염을 일으키는 1차 자극물질과 가장 거리가 먼 것은?

① 종이
② 용제
③ 알칼리
④ 금속염

해설 원발성 접촉피부염의 원인물질은 산, 알칼리, 용제, 금속염 등 자극적인 물질이다.

04 다음 중 직업성 질환의 발생원인으로 볼 수 없는 것은?

① 국소적 난방 ② 단순반복작업
③ 격렬한 근육운동 ④ 화학물질의 사용

해설 직업성 질환의 원인
㉠ 직접적 원인 : 격렬한 근육운동, 단순반복작업, 부자연스러운 자세
㉡ 간접적 원인 : 작업시간, 작업강도, 연령, 체질 등

05 다음 중 직업병 예방대책과 가장 관계가 먼 것은?

① 개인보호구 지급 ② 작업환경의 정리 · 정돈
③ 근로자 후생 복지비 증액 ④ 기업주에 대한 안전 · 보건교육 실시

해설 직업성 질환의 예방대책
㉠ 생산기술 및 작업환경의 개선 및 관리
- 유해물질의 발생 방지
- 안전하고 쾌적한 작업환경 관리

㉡ 근로자 채용단계 시부터 의학적 관리
- 배치전건강진단
- 유해물질로 인한 이상소견을 조기 발견
- 적절한 조치 강구
- 정기적으로 근로자의 건강진단 실시

㉢ 개인위생 관리
- 근로자의 유해물질 폭로 최소화
- 적절한 보호장비 착용

06 직업성 질환을 인정할 때 고려해야 할 사항으로 틀린 것은?

① 업무상 재해라고 할 수 있는 사건의 유무
② 작업환경과 그 작업에 종사한 기간 또는 유해작업의 정도
③ 같은 작업장에서 비슷한 증상을 나타내는 환자의 발생 유무
④ 의학상 특징적으로 나타나는 예상되는 임상검사 소견의 유무

해설 직업성 질환을 인정할 때 고려사항
㉠ 작업환경과 그 작업에 종사한 기간 또는 유해작업의 정도
㉡ 작업환경측정 자료와 취급물질의 유해성 자료
㉢ 유해화학물질에 의한 중독증(직업병)
㉣ 직업병에서 특이하게 볼 수 있는 증상
㉤ 의학상 특징적인 임상검사 소견의 유무
㉥ 유해물질에 폭로된 때부터 발병까지 시간적 간격 및 증상의 경로 추이
㉦ 발병 이전의 신체 이상과 과거력
㉧ 업무에 기인하지 않은 다른 질환과의 상관성
㉨ 같은 작업장에서 비슷한 증상을 나타내는 환자의 발생 유무

07 직업성 피부장해를 예방하기 위한 방법 중 틀린 것은?

① 개인 방호　② 원료, 재료의 검토
③ 공정의 검토와 개선　④ 본인의 희망에 의한 배치

08 직업병 발생요인 중 간접요인에 대한 설명과 거리가 먼 것은?

① 작업강도와 작업시간 모두 직업병 발생의 중요한 요인이다.
② 작업장의 환경은 직업병의 발생과 증세의 악화를 조장하는 원인이 될 수 있다.
③ 일반적으로 연소자의 직업병 발병률은 성인보다 낮게 나타나는 것으로 알려져 있다.
④ 작업의 종류가 같더라도 작업방법에 따라서 해당 직장에서 발생하는 질병의 종류와 발생빈도는 달라질 수 있다.

해설 일반적으로 직업병은 성인보다 연소자(젊은 연령층)에게서 발병률이 높다.

ANSWER | 01 ④　02 ④　03 ①　04 ①　05 ③　06 ①　07 ④　08 ③

기 사

01 직업적성검사 중 생리적 기능검사라고 볼 수 없는 것은?

① 감각기능검사　② 체력검사
③ 심폐기능검사　④ 지각동작검사

해설 적성검사

신체검사	검사항목
생리적 기능검사	심폐기능검사, 감각기능검사, 체력검사
심리적 기능검사	지각동작검사, 지능검사(언어, 기억, 추리 등), 인성검사, 기능검사

02 직업과 적성에 대한 내용 중에서 심리적 적성검사에 해당되지 않는 것은?

① 지능검사　② 기능검사
③ 체력검사　④ 인성검사

03 근로자의 작업에 대한 적성검사 방법 중 심리학적 적성검사에 해당하지 않는 것은?

① 지능검사　② 감각기능검사
③ 인성검사　④ 지각동작검사

해설 심리학적 적성검사
㉠ 지능검사　㉡ 지각동작검사　㉢ 인성검사　㉣ 기능검사

04 심리학적 적성검사에서 지능검사 대상에 해당되는 항목은?

① 성격, 태도, 정신상태
② 언어, 기억, 추리, 귀납
③ 수족협조능, 운동속도능, 형태지각능
④ 직무에 관련된 기본지식과 숙련도, 사고력

05 직업성 질환에 관한 설명으로 틀린 것은?

① 직업성 질환과 일반 질환은 그 한계가 뚜렷하다.
② 직업성 질환은 재해성 질환과 직업병으로 나눌 수 있다.
③ 직업성 질환이란 어떤 직업에 종사함으로써 발생하는 업무상 질병을 의미한다.
④ 직업병은 저농도 또는 저수준의 상태로 장시간 걸쳐 반복노출로 생긴 질병을 의미한다.

해설 직업성 질환과 일반 질환은 구별하기가 어렵다.

06 다음 중 직업성 질환의 범위에 대한 설명으로 틀린 것은?

① 직업상 업무에 기인하여 1차적으로 발생하는 원발성 질환은 제외한다.
② 원발성 질환과 합병 작용하여 제2의 질환을 유발하는 경우를 포함한다.
③ 합병증이 원발성 질환과 불가분의 관계를 가지는 경우를 포함한다.
④ 원발성 질환에 떨어진 다른 부위에 같은 원인에 의한 제2의 질환을 일으키는 경우를 포함한다.

해설 직업상 업무에 기인하여 1차적으로 발생하는 원발성 질환을 포함한다.

07 직업성 질환의 범위에 해당되지 않는 것은?

① 합병증　　② 속발성 질환
③ 선천적 질환　　④ 원발성 질환

08 직업성 질환의 예방대책 중에서 근로자 대책에 속하지 않는 것은?

① 적절한 보호의의 착용
② 정기적인 근로자 건강진단의 실시
③ 생산라인 개조 또는 국소배기시설 설치
④ 보안경, 진동 장갑, 귀마개 등의 보호구 착용

09 직업성 질환의 예방에 관한 설명으로 틀린 것은?

① 직업성 질환의 3차 예방은 대개 치료와 재활과정으로, 근로자들이 더 이상 노출되지 않도록 해야 하며 필요시 적절한 의학적 치료를 받아야 한다.

② 직업성 질환의 1차 예방은 원인인자의 제거나 원인이 되는 손상을 막는 것으로, 새로운 유해인자의 통제, 알려진 유해인자의 통제, 노출관리를 통해 할 수 있다.

③ 직업성 질환의 2차 예방은 근로자가 진료를 받기 전 단계인 초기에 질병을 발견하는 것으로, 질병의 선별검사, 감시, 주기적 의학적 검사, 법적인 의학적 검사를 통해 할 수 있다.

④ 직업성 질환은 전체적인 질병 이환율에 비해서는 비교적 높지만, 직업성 질환은 원인인자가 알려져 있고 유해인자에 대한 노출을 조절할 수 없으므로 안전 농도로 유지할 수 있기 때문에 예방대책을 마련할 수 있다.

해설 직업성 질환

어느 특정물질이나 작업환경에 노출되어 생기는 것보다는 여러 독성물질이나 유해 작업환경에 노출되어 발생하는 경우가 많기 때문에 진단이 복잡하고 어렵다.

10 다음 중 직업병을 판단할 때 참고하는 자료로서 적합하지 않은 것은?

① 업무내용과 종사기간

② 발병 이전의 신체 이상과 과거력

③ 기업의 산업재해 통계와 산재보험료

④ 작업환경측정 자료와 취급물질의 유해성 자료

해설 직업병 판단 시 참고자료

㉠ 업무내용과 종사기간

㉡ 발병 이전의 신체 이상과 과거력

㉢ 작업환경측정 자료와 취급물질의 유해성 자료

㉣ 중독 등 해당 직업병의 특유한 증상과 임상소견의 유무

㉤ 다른 질병과의 상관성

㉥ 직업병에서 특이하게 볼 수 있는 증상

11 다음 중 직업성 피부질환에 대한 설명으로 틀린 것은?

① 대부분은 화학물질에 의한 접촉피부염이다.

② 정확한 발생빈도와 원인물질의 추정은 거의 불가능하다.

③ 접촉피부염의 대부분은 알레르기에 의한 것이다.

④ 직업성 피부질환의 간접요인으로는 인종, 연령, 계절 등이 있다.

해설 직업성 피부질환의 특징

㉠ 대부분 화학물질에 의한 접촉피부염이다.

㉡ 정확한 발생빈도와 원인물질의 추정은 거의 불가능하다.

㉢ 접촉피부염의 대부분은 자극에 의한 원발성 피부염이다.(용제, 산, 알칼리, 금속염)

㉣ 직업성 피부질환의 간접요인으로는 인종, 연령, 계절 등이 있다.

12 직업병의 발생요인 중 직접요인은 크게 환경요인과 작업요인으로 구분되는데 환경요인으로 볼 수 없는 것은?

① 진동현상 ② 대기조건의 변화
③ 격렬한 근육운동 ④ 화학물질의 취급 또는 발생

해설 직업병의 발생요인 중 직접요인
㉠ 환경요인 : 진동현상, 대기조건 변화, 화학물질의 취급 또는 발생
㉡ 작업요인 : 격렬한 근육운동, 높은 속도의 작업, 부자연스러운 자세, 단순반복작업, 정신작업

ANSWER | 01 ④ 02 ③ 03 ② 04 ② 05 ① 06 ① 07 ③ 08 ③ 09 ④ 10 ③ 11 ③ 12 ③

THEMA 18 직업병 및 건강진단

1. 유해인자별 직업병

① 크롬 : 신장장애, 피부염(접촉성), 크롬폐증, 폐암, 비중격천공(6가 크롬)
② 이상기압 : 감압병, 폐수종
③ 석면 : 악성중피종
④ 망간 : 파킨슨증후군(신경염), 신장염
⑤ 분진(유리규산) : 규폐증
⑥ 수은 : 무뇨증, 미나마타병

2. 작업공정별 직업성 질환

① 용광로 작업 : 열사병, 열경련 등 고온장애
② 갱 내 착암작업 : 산소 결핍
③ 샌드 블라스팅(Sand Blasting) : 호흡기 질환
④ 축전기 제조 : 납중독
⑤ 도금공업 : 비중격천공
⑥ 채석, 채광, 주물공장 : 규폐증
⑦ 제강, 요업 : 열사병
⑧ 잠수사 : 잠함병
⑨ 방직작업 : 면폐증
⑩ 초자공(전기, 용접, 용광로) : 백내장
⑪ 조선업 : 소음성 난청

3. 신체적 결함과 부적합 작업

① 평편족(평발) : 서서 하는 작업
② 진폐증 : 먼지유발 작업
③ 중추신경장애 : 이황화탄소 발생 작업
④ 경견완증후군 : 타이핑 작업
⑤ 간기능 장애 : 화학공업
⑥ 심계항진 : 격심작업, 고소작업
⑦ 고혈압 : 이상기온, 이상기압에서 작업
⑧ 빈혈 : 유기용제 취급작업
⑨ 당뇨증 : 외상받기 쉬운 작업

4. 근로자의 건강진단 목적

① 근로자가 가진 질병의 조기 발견
② 근로자가 일에 부적합한 인적 특성을 지니고 있는지 여부 확인
③ 일이 근로자 자신과 직장동료의 건강에 불리한 영향을 미치고 있는지 확인
④ 근로자의 질병 예방 및 건강 증진

5. 건강관리 구분

구분		내용
A		건강관리상 사후관리가 필요 없는 자(건강자)
C	C_1	직업성 질병으로 진전될 우려가 있어 추적조사 등 관찰이 필요한 자(요관찰자)
	C_2	일반질병으로 진전될 우려가 있어 추적관찰이 필요한 자(요관찰자)
D_1		직업성 질병의 소견을 보여 사후관리가 필요한 자(직업병 유소견자)
D_2		일반질병의 소견을 보여 사후관리가 필요한 자(일반질병 유소견자)
R		일반건강진단에서의 질환의심자(제2차 건강진단 대상자)

6. 건강진단의 종류

건강진단의 종류	주요 내용 및 실시주기
일반건강진단	• 상시 근로자의 건강관리를 위하여 주기적으로 실시하는 건강진단 • 사무직 : 2년에 1회, 비사무직 : 1년에 1회
특수건강진단	• 특수건강진단 대상 유해인자에 노출되는 업무 종사 근로자 • 해당 유해인자별 주기에 따름
배치전건강진단	특수건강진단 대상업무에 종사할 근로자에 대하여 배치 예정업무 적합성 평가를 위하여 실시하는 건강진단(특수건강진단의 한 종류)
수시건강진단	해당 유해인자로 인한 것이라고 의심되는 건강장애를 보이거나 의학적 소견이 있는 근로자에 대하여 실시하는 건강진단
임시건강진단	• 같은 부서에 근무하는 근로자 또는 같은 유해인자에 노출되는 근로자에게 유사한 질병의 자각 · 타각 증상이 발생한 경우 • 직업병 유소견자가 발생하거나 여러 명이 발생할 우려가 있는 경우 • 지방고용노동관서의 장이 필요하다고 판단하는 경우

연습문제

01 작업장에 존재하는 유해인자와 직업성 질환의 연결이 옳지 않은 것은?

① 망간 – 신경염 ② 무기분진 – 규폐증
③ 6가 크롬 – 비중격천공 ④ 이상기압 – 레이노씨병

해설 유해인자별 직업병
㉠ 크롬 : 신장장애, 피부염(접촉성), 크롬폐증, 폐암, 비중격천공(6가 크롬)
㉡ 이상기압 : 감압병, 폐수종
㉢ 석면 : 악성중피종
㉣ 망간 : 파킨슨증후군(신경염), 신장염
㉤ 분진 : 규폐증
㉥ 수은 : 무뇨증, 미나마타병

02 다음 중 원인별로 분류한 직업성 질환과 직종이 잘못 연결된 것은?

① 열사병 – 제강, 요업 ② 규폐증 – 채석, 채광
③ 비중격천공 – 도금 ④ 무뇨증 – 잠수, 항공기 조종

해설 작업공정별 직업성 질환
㉠ 용광로 작업 : 열사병, 열경련 등 고온장애
㉡ 갱 내 착암작업 : 산소 결핍
㉢ 샌드 블라스팅 : 호흡기 질환
㉣ 축전기 제조 : 납중독
㉤ 도금공업 : 비중격천공
㉥ 채석, 채광, 주물공장 : 규폐증
㉦ 제강, 요업 : 열사병
㉧ 잠수사 : 잠함병
㉨ 방직작업 : 면폐증
㉩ 초자공(전기, 용접, 용광로) : 백내장
㉪ 조선업 : 소음성 난청

03 석재공장, 주물공장 등에서 발생하는 유리규산이 주원인이 되는 진폐의 종류는?

① 면폐증 ② 활석폐증 ③ 규폐증 ④ 석면폐증

04 직업병과 관련 직종의 연결이 틀린 것은?

① 잠함병 – 제련공 ② 면폐증 – 방직공
③ 백내장 – 초자공 ④ 소음성난청 – 조선공

해설 잠수사 : 잠함병

05 유해인자와 그로 인하여 발생되는 직업병의 연결이 틀린 것은?

① 크롬 – 폐암 ② 이상기압 – 폐수종
③ 망간 – 신장염 ④ 수은 – 악성중피종

해설 수은 : 무뇨증, 미나마타병

06 다음 중 신체적 결함과 그 원인이 되는 작업이 가장 적합하게 연결된 것은?

① 평발 – VDT 작업
② 진폐증 – 고압, 저압 작업
③ 중추신경장해 – 광산작업
④ 경견완증후군 – 타이핑 작업

해설 신체적 결함과 부적합 작업
㉠ 평편족(평발) : 서서 하는 작업
㉡ 진폐증 : 먼지 유발 작업
㉢ 중추신경장애 : 이황화탄소 발생 작업
㉣ 경견완증후군 : 타이핑 작업

07 신체적 결함과 그에 따른 부적합 작업을 짝지은 것으로 틀린 것은?

① 심계항진 – 정밀작업
② 간기능 장해 – 화학공업
③ 빈혈증 – 유기용제 취급작업
④ 당뇨증 – 외상받기 쉬운 작업

해설 심계항진 : 격심작업, 고소작업

08 다음 중 신체적 결함으로 간기능 장애가 있는 작업자가 취업하고자 할 때 가장 적합하지 않은 작업은?

① 고소작업
② 유기용제 취급작업
③ 분진발생작업
④ 고열발생작업

해설 간기능 장애 : 화학공업

09 상용 근로자의 건강진단 목적과 가장 거리가 먼 것은?

① 근로자가 가진 질병의 조기 발견
② 질병이환 근로자의 질병 치료 및 취업 제한
③ 근로자가 일에 부적합한 인적 특성을 지니고 있는지 여부 확인
④ 일이 근로자 자신과 직장동료의 건강에 불리한 영향을 미치고 있는지 여부의 발견

해설 근로자의 건강진단 목적
㉠ 근로자가 가진 질병의 조기 발견
㉡ 근로자가 일에 부적합한 인적 특성을 지니고 있는지 확인
㉢ 일이 근로자 자신과 직장동료의 건강에 불리한 영향을 미치고 있는지 확인
㉣ 근로자의 질병 예방 및 건강 증진

10 근로자 건강진단 실시 결과 건강관리 구분에 따른 내용의 연결이 틀린 것은?

① R : 건강관리상 사후관리가 필요 없는 근로자
② C_1 : 직업성 질병으로 진전될 우려가 있어 추적검사 등 관찰이 필요한 근로자
③ D_1 : 직업성 질병의 소견을 보여 사후관리가 필요한 근로자
④ D_2 : 일반 질병의 소견을 보여 사후관리가 필요한 근로자

해설 건강관리 구분

구분		내용
A		건강관리상 사후관리가 필요 없는 자(건강자)
C	C_1	직업성 질병으로 진전될 우려가 있어 추적조사 등 관찰이 필요한 자(요관찰자)
	C_2	일반질병으로 진전될 우려가 있어 추적관찰이 필요한 자(요관찰자)
D_1		직업성 질병의 소견을 보여 사후관리가 필요한 자(직업병 유소견자)
D_2		일반질병의 소견을 보여 사후관리가 필요한 자(일반질병 유소견자)
R		일반건강진단에서의 질환의심자(제2차 건강진단 대상자)

11 다음 중 건강진단 결과 건강관리 구분 "D_1"의 내용으로 옳은 것은?

① 건강진단 결과 질병이 의심되는 자
② 건강관리상 사후관리가 필요 없는 자
③ 직업성 질병의 소견을 보여 사후관리가 필요한 자
④ 일반질병으로 진전될 우려가 있어 추적관찰이 필요한 자

12 산업안전보건법상 근로자 건강진단의 종류가 아닌 것은?

① 퇴직후건강진단　② 특수건강진단
③ 배치전건강진단　④ 임상건강진단

13 산업안전보건법상 다음 설명에 해당하는 건강진단의 종류는?

> 특수건강진단 대상업무에 종사할 근로자에 대하여 배치 예정업무에 대한 적합성 평가를 위하여 사업주가 실시하는 건강진단

① 일반건강진단　② 수시건강진단
③ 임시건강진단　④ 배치전건강진단

해설 건강진단의 종류

건강진단의 종류	주요 내용 및 실시주기
일반건강진단	• 상시 근로자의 건강관리를 위하여 주기적으로 실시하는 건강진단 • 사무직 : 2년에 1회, 비사무직 : 1년에 1회
특수건강진단	• 특수건강진단 대상 유해인자에 노출되는 업무 종사 근로자 • 해당 유해인자별 주기에 따름
배치전건강진단	특수건강진단 대상업무에 종사할 근로자에 대하여 배치 예정업무 적합성 평가를 위하여 실시하는 건강진단(특수건강진단의 한 종류)
수시건강진단	해당 유해인자로 인한 것이라고 의심되는 건강장애를 보이거나 의학적 소견이 있는 근로자에 대하여 실시하는 건강진단

건강진단의 종류	주요 내용 및 실시주기
임시건강진단	• 같은 부서에 근무하는 근로자 또는 같은 유해인자에 노출되는 근로자에게 유사한 질병의 자각 · 타각 증상이 발생한 경우 • 직업병 유소견자가 발생하거나 여러 명이 발생할 우려가 있는 경우 • 지방고용노동관서의 장이 필요하다고 판단하는 경우

ANSWER | 01 ④ 02 ④ 03 ③ 04 ① 05 ④ 06 ④ 07 ① 08 ② 09 ② 10 ①
11 ③ 12 ① 13 ④

더 풀어보기

산업기사

01 다음 중 원인별로 분류한 직업성 질환과 직종이 잘못 연결된 것은?

① 비중격천공 : 도금　② 규폐증 : 채석, 채광
③ 열사병 : 제강, 요업　④ 무뇨증 : 잠수, 항공기 조종

해설 무뇨증 : 전기분해, 농약, 계측기

02 규폐증은 공기 중 분진 내에 어느 물질이 함유되어 있을 때 발생하는가?

① 석면　② 탄소가루
③ 크롬　④ 유리규산

해설 규폐증은 규산분진 흡입으로 폐에 만성 섬유증식이 나타나는 진폐증이다.

03 작업장에 존재하는 유해인자와 직업성 질환의 연결이 잘못된 것은?

① 망간 – 신경염　② 분진 – 규폐증
③ 이상기압 – 잠함병　④ 6가 크롬 – 레이노씨병

해설 6가 크롬 : 비중격천공

04 금속작업 근로자에게 발생된 만성중독의 특징으로 코점막의 염증, 비중격천공 등의 증상을 일으키는 물질은?

① 납　② 6가 크롬
③ 수은　④ 카드뮴

05 신체적 결함과 부적합한 작업이 잘못 연결된 것은?

① 간기능 장애 – 화학공업 ② 편평족 – 앉아서 하는 작업
③ 심계항진 – 격심작업, 고소작업 ④ 고혈압 – 이상기온, 이상기압에서의 작업

해설 **편평족** : 서서 하는 작업

06 사업장에서 건강 영향이나 직업병 발생에 관여하는 것으로 작업요인이 큰 연관성을 갖고 있다. 다음 중 이러한 작업요인에 관한 설명으로 가장 적합하지 않은 것은?

① 작업시간은 하루 8시간, 1주 48시간을 원칙으로 가급적 준수한다.
② 작업요인으로는 적성배치 외에도 작업시간이나 교대제 등의 작업조건도 배려할 필요가 있다.
③ 교대제 근무에 대한 일주기 리듬의 생리적, 심리적 적응은 불완전하므로 생산적 이유 이외의 교대제는 하지 않는다.
④ 적성배치란 근로자의 생리적, 심리적 특성에 적합한 작업에 배치하는 것을 말한다.

해설 작업시간은 하루 8시간, 1주 40시간을 원칙으로 가급적 준수한다.

07 다음 중 산업안전보건법령상 건강진단결과의 판정결과 "C_1"의 의미로 옳은 것은?

① 경미한 이상소견이 있는 근로자
② 일반질병의 소견을 보여 사후관리가 필요한 근로자
③ 직업성 질병으로 진전될 우려가 있어 추적검사 등 관찰이 필요한 근로자
④ 건강진단 1차 검사결과 건강수준의 평가가 곤란하거나 질병이 의심되는 근로자

해설 C_1 : 직업성 질병으로 진전될 우려가 있어 추적조사 등 관찰이 필요한 자(요관찰자)

08 산업안전보건법상에 명시된 근로자 건강관리를 위한 건강진단의 종류에 해당되지 않는 것은?

① 배치전건강진단 ② 수시건강진단 ③ 종합건강진단 ④ 임시건강진단

해설 건강진단의 종류
㉠ 일반건강진단 ㉡ 특수건강진단 ㉢ 배치전건강진단 ㉣ 수시건강진단 ㉤ 임시건강진단

09 산업안전보건법령상 건강진단 기관이 건강진단을 실시하였을 때에는 그 결과를 고용노동부장관이 정하는 건강진단개인표에 기록하고, 건강진단 실시일부터 며칠 이내에 근로자에게 송부하여야 하는가?

① 15일 ② 30일 ③ 45일 ④ 60일

해설 건강진단 기관이 건강진단을 실시하였을 때에는 그 결과를 고용노동부장관이 정하는 건강진단개인표에 기록하고, 건강진단 실시일부터 30일 이내에 근로자에게 송부하여야 한다.

ANSWER | 01 ④ 02 ④ 03 ④ 04 ② 05 ② 06 ① 07 ③ 08 ③ 09 ②

기 사

01 다음 중 직업성 질환과 가장 거리가 먼 것은?

① 분진에 의하여 발생되는 진폐증
② 화학물질의 반응으로 인한 폭발 후유증
③ 화학적 유해인자에 의한 중독
④ 유해광선, 방사선 등의 물리적 인자에 의하여 발생되는 질환

해설 직업성 질환
㉠ 분진에 의하여 발생되는 진폐증
㉡ 유기용제, 금속 등 화학적 유해인자에 의한 중독
㉢ 온도, 복사열, 유해광선, 방사선 등의 물리적 인자에 의하여 발생되는 질환
㉣ 세균, 곰팡이 등 생물학적 원인에 의한 질환
㉤ 단순반복작업 또는 격렬한 근육운동에 의한 질환

02 다음 중 직업성 질환의 발생 요인과 관련 직종이 잘못 연결된 것은?

① 한랭 – 제빙
② 크롬 – 도금
③ 조명 부족 – 의사
④ 유기용제 – 인쇄

해설 조명 부족은 정밀작업이나 갱내부 작업 등에서 발생한다.

03 다음 중 작업공정에 따라 발생 가능성이 가장 높은 직업성 질환을 올바르게 연결한 것은?

① 용광로 작업 – 치통, 부비강통, 이(耳)통
② 갱내 착암작업 – 전광선 안염
③ 샌드 블래스팅 – 백내장
④ 축전기 제조 – 납중독

해설 작업공정에 따른 직업성 질환
㉠ 용광로 작업 – 고온장해
㉡ 샌드 블래스팅 – 호흡기 질환
㉢ 갱내 착암작업 – 산소 결핍

04 유리제조, 용광로 작업, 세라믹 제조과정에서 발생 가능성이 가장 높은 직업성 질환은?

① 요통
② 근육경련
③ 백내장
④ 레이노현상

해설 백내장 유발 작업
㉠ 유리제조
㉡ 용광로 작업
㉢ 세라믹 제조작업

05 다음 중 유해인자와 그로 인하여 발생되는 직업병이 올바르게 연결된 것은?

① 크롬 – 간암
② 이상기압 – 침수족
③ 석면 – 악성중피종
④ 망간 – 비중격천공

해설 유해인자별 직업병
㉠ 크롬 : 신장장애, 피부염(접촉성), 크롬폐증, 폐암, 비중격천공(6가 크롬)
㉡ 이상기압 : 감압병, 폐수종
㉢ 석면 : 악성중피종
㉣ 망간 : 파킨슨증후군(신경염), 신장염
㉤ 분진 : 규폐증
㉥ 수은 : 무뇨증, 미나마타병

06 다음 중 직업병의 원인이 되는 유해요인, 대상 직종과 직업병 종류의 연결이 잘못된 것은?

① 면분진－방직공－면폐증 ② 이상기압－항공기 조종－잠함병
③ 크롬－도금－피부점막 궤양, 폐암 ④ 납－축전지 제조－빈혈, 소화기장애

해설 항공기 조종 : 항공치통, 항공이염 등

07 다음 중 유해인자와 그로 인하여 발생되는 직업병이 잘못 연결된 것은?

① 크롬－폐암 ② 망간－신장염
③ 이상기압－폐수종 ④ 수은－악성중피종

해설 수은 : 무뇨증, 미나마타병

08 앉아서 운전작업을 하는 사람들의 주의사항에 대한 설명으로 틀린 것은?

① 큰 트럭에서 내릴 때는 뛰어내려서는 안 된다.
② 차나 트랙터를 타고 내릴 때 몸을 회전해서는 안 된다.
③ 운전대를 잡고 있을 때에서 최대한 앞으로 기울이는 것이 좋다.
④ 방석과 수건을 말아서 허리에 받쳐 최대한 척추가 자연곡선을 유지하도록 한다.

해설 운전대를 잡고 있을 때에는 상체를 앞으로 심하게 기울이지 않는다.

09 다음 중 화학적 원인에 의한 직업성 질환으로 볼 수 없는 것은?

① 정맥류 ② 치아산식증 ③ 수전증 ④ 시신경장해

해설 화학적 원인에 의한 직업성 질환
㉠ 수전증 ㉡ 치아산식증 ㉢ 시신경장해

10 다음 중 산업안전보건법에 의한 건강관리 구분 판정결과 직업성 질병의 소견을 보여 사후관리가 필요한 근로자를 나타내는 것은?

① C_1 ② C_2 ③ D_1 ④ R

ANSWER | 01 ② 02 ③ 03 ④ 04 ③ 05 ③ 06 ② 07 ④ 08 ③ 09 ① 10 ③

19 실내환경 및 사무실 공기관리 지침

1. 실내공기오염의 개요

① 실내공기오염이란 건물, 주택, 교통수단 등 다양한 실내공간의 공기가 오염된 상태를 의미한다.
② 실내공기는 호흡, 흡연, 연소기기, 공조시스템 등에 의해서 오염된다.
③ 실내공기오염의 지표가 되는 물질은 CO_2이다.

2. 실내공기오염의 원인

① 물리적 요인 : 소음, 진동, 조명, 온도, 습도, 전리방사선, 비전리방사선, 이상기압 등
② 화학적 요인 : 유기가스와 증기, 라돈, 석면, 다환방향족 탄화수소, 포름알데히드 및 담배연기, 이산화질소, 일산화탄소, 이산화탄소, 황화수소, 오존, 연소가스
③ 생물학적 요인 : 레지오넬라균, 과민성 폐렴균, 집먼지 진드기, 곰팡이 및 기타 미생물

3. 대표적 실내공기 오염물질

① 라돈(Rn)
㉠ 라돈은 무색, 무취의 기체로 액화되어도 색을 띠지 않는 물질이다.
㉡ 지구상에서 발견된 자연 방사능 물질 중 하나이다.
㉢ 반감기는 3.8일이며, 라듐의 핵분열 시 생성되는 물질이다.
㉣ 우라늄-238 계열의 붕괴과정에서 만들어진 라듐-226의 괴변성 생성물질로서 인체에는 폐암을 유발시키는 오염물질이다.
㉤ 화학적으로는 거의 반응을 일으키지 않고 흙 속에서 방사선 붕괴를 일으킨다.
㉥ 공기에 비하여 약 9배 무거워 지하공간에서 농도가 높게 나타나며 농도단위는 PCi/L(Bq)를 사용한다.
㉦ 자연계에 널리 존재하며, 주로 건축자재를 통하여 인체에 영향을 미친다.
㉧ 라듐의 α 붕괴에 의해 발생하며, 폐암을 유발한다.

② 석면
㉠ 석면은 자연계에서 산출되는 길고, 가늘고, 강한 섬유상 물질로서 내열성, 불활성, 절연성의 성질을 갖는다.
㉡ 석면의 유해성은 각섬석 계열의 청석면이 사문석 계열의 백석면보다 강하다.
㉢ 석면의 발암성 정보물질의 표기는 1A에 해당한다.
㉣ 석면은 규소, 수소, 마그네슘, 철, 산소 등의 원소를 함유하며, 그 기본구조는 산화규소의 형태를 취한다.
㉤ 폐암을 일으키는 발암성 물질로 관리기준은 0.01개/cc이다.

③ 포름알데히드

자극취가 있는 무색의 수용성 가스로 건축물에 사용되는 단열재와 섬유 옷감에서 주로 발생되고, 눈과 코를 자극하며 동물실험결과 발암성 있는 물질로 알려져 있다.

④ 벤젠

㉠ 체내에 흡수된 벤젠은 지방이 풍부한 피하조직과 골수에서 고농도로 축적되어 오래 잔존할 수 있다.

㉡ 체내에서 페놀로 대사하여 소변으로 배설된다.

⑤ 이산화탄소

사무실 실내오염 대표 지표물질로 관리기준은 1,000ppm, 각 지점에서 측정한 측정치 중 최곳값을 기준으로 평가한다.

⑥ 일산화탄소

일산화탄소(CO)는 혈중 헤모글로빈과 결합하여 COHb의 결합체를 형성하여 산소 운반능력을 저하시켜 중추신경계 기능에 영향을 준다.

4. 실내환경과 관련된 질환의 종류

① 빌딩증후군(SBS : Sick Building Syndrome)

빌딩 내 거주자가 건물에서 보내는 시간 동안 건강과 편안함에 불편을 느끼는 현상을 말한다. 대표적인 증상으로는 현기증, 두통, 메스꺼움 및 눈 · 인후의 자극 등이 있으며, HVAC(공기조화시스템)에 의한 외부 공기 유입비율 등이 낮고 실외에서 유입되거나 실내에 발생한 각종 오염물질들이 실내에 축적되면서 인체의 생리기능이 부적합 반응을 일으키는 환경유인성 증후군이다.

② 복합 화학물질 민감 증후군(MCS : Multiple Chemical Sensitivity)

실내공기에 존재하는 극미량의 화학물질에 의해 발생한다. 빌딩증후군과 유사한 증상을 나타내기도 하나 진단 치료방법이 정확히 밝혀지지 않았으며, 특정화학물질에 오랫동안 접촉하고 있으면 나중에 잠시 접하는 것만으로도 두통이나 기타 여러 가지 증상이 생기는 현상이다.

③ 새집증후군(SHS : Sick House Syndrome)

건축 신축 시 사용하는 각종 자재나 벽지 등에서 나오는 유해화학물질로 인해 거주자들이 느끼는 건강상 문제 및 불쾌감을 이르는 용어이며, 주요 원인물질은 마감재나 건축자재에서 발생하는 휘발성 유기화합물(VOCs)과 포름알데히드(HCHO)와 벤젠, 톨루엔, 스티렌 등이다.

④ 빌딩 관련 질병(BRI : Building Related Illness)

빌딩 거주와 관련한 질환의 증상이 확인되고 빌딩 실내에 존재하는 원인, 즉 오염물질과 직접적으로 관련지을 수 있는 질환을 말하며 대표적인 질환으로는 레지오넬라병(Legionnaire's Disease), 과민성 폐렴 등이 있다.

5. 사무실 공기관리 지침

(1) 오염물질 관리기준

오염물질	관리기준
미세먼지(PM10)	100μg/m^3
초미세먼지(PM2.5)	50μg/m^3
이산화탄소(CO_2)	1,000ppm
일산화탄소(CO)	10ppm
이산화질소(NO_2)	0.1ppm
포름알데히드(HCHO)	100μg/m^3
총휘발성유기화합물(TVOC)	500μg/m^3
라돈(Radon)	148Bq/m^3
총부유세균	800CFU/m^3
곰팡이	500CFU/m^3

주 1) 관리기준 : 8시간 시간가중평균농도 기준
2) 라돈은 지상 1층을 포함한 지하에 위치한 사무실에만 적용한다.

(2) 사무실의 환기기준

공기정화시설을 갖춘 사무실에서 근로자 1인당 필요한 최소 외기량은 분당 0.57m^3 이상이며, 환기횟수는 시간당 4회 이상으로 한다.

(3) 사무실 공기관리 상태 평가

사업주는 근로자가 건강장해를 호소하는 경우에는 다음 방법에 따라 해당 사무실의 공기관리상태를 평가하고, 그 결과에 따라 건강장해 예방을 위한 조치를 취한다.

① 근로자가 호소하는 증상(호흡기, 눈 · 피부 자극 등) 조사
② 공기정화설비의 환기량 적정 여부 조사
③ 외부의 오염물질 유입경로 조사
④ 사무실 내 오염원 조사 등

(4) 사무실 공기질 측정

오염물질	측정횟수(측정시기)	시료채취시간
미세먼지 (PM10)	연 1회 이상	업무시간 동안 – 6시간 이상 연속 측정
초미세먼지 (PM2.5)	연 1회 이상	업무시간 동안 – 6시간 이상 연속 측정
일산화탄소 (CO)	연 1회 이상	업무 시작 후 1시간 전후 및 종료 전 1시간 전후 – 각각 10분간 측정

오염물질	측정횟수(측정시기)	시료채취시간
이산화탄소 (CO_2)	연 1회 이상	업무 시작 후 2시간 전후 및 종료 전 2시간 전후 – 각각 10분간 측정
이산화질소 (NO_2)	연 1회 이상	업무 시작 후 1시간~종료 1시간 전 – 1시간 측정
포름알데히드 (HCHO)	연 1회 이상 및 신축(대수선 포함) 건물 입주 전	업무 시작 후 1시간~종료 1시간 전 – 30분간 2회 측정
총휘발성 유기화합물 (TVOC)	연 1회 이상 및 신축(대수선 포함) 건물 입주 전	업무 시작 후 1시간~종료 1시간 전 – 30분간 2회 측정
라돈 (Radon)	연 1회 이상	3일 이상~3개월 이내 연속 측정
총부유세균	연 1회 이상	업무 시작 후 1시간~종료 1시간 전 – 최고 실내온도에서 1회 측정
곰팡이	연 1회 이상	업무 시작 후 1시간~종료 1시간 전 – 최고 실내온도에서 1회 측정

(5) 시료채취 및 분석방법

오염물질	시료채취방법	분석방법
미세먼지 (PM10)	PM10 샘플러(sampler)를 장착한 고용량 시료채취기에 의한 채취	중량분석(천칭의 해독도 : 10㎍ 이상)
초미세먼지 (PM2.5)	PM10 샘플러(sampler)를 장착한 고용량 시료채취기에 의한 채취	중량분석(천칭의 해독도 : 10㎍ 이상)
이산화탄소 (CO_2)	비분산적외선검출기에 의한 채취	검출기의 연속 측정에 의한 직독식 분석
일산화탄소 (CO)	비분산적외선검출기 또는 전기화학검출기에 의한 채취	검출기의 연속 측정에 의한 직독식 분석
이산화질소 (NO_2)	고체흡착관에 의한 시료채취	분광광도계로 분석
포름알데히드 (HCHO)	2,4–DNPH(2,4–Dinitrophenylhydrazine)가 코팅된 실리카겔관(silicagel tube)이 장착된 시료채취기에 의한 채취	2,4–DNPH(2,4–Dinitrophenylhydrazine)–포름알데히드 유도체를 HPLC–UVD(High Performance Liquid Chromatography–Ultraviolet Detector) 또는 GC–NPD(Gas Chromatography–Nitrogen– Phosphorous Detector)로 분석
총휘발성 유기화합물 (TVOC)	고체흡착관 또는 캐니스터(canister)로 채취	• 고체흡착열탈착법 또는 고체흡착용매추출법을 이용한 GC로 분석 • 캐니스터를 이용한 GC로 분석
라돈 (Radon)	라돈연속검출기(자동형), 알파트랙(수동형), 충전막전리함(수동형) 측정 등	3일 이상 3개월 이내 연속 측정 후 방사능 감지를 통한 분석
총부유세균	충돌법을 이용한 부유세균채취기(bioair sampler)로 채취	채취 · 배양된 균주를 세어 공기 체적당 균주 수로 산출
곰팡이	충돌법을 이용한 부유진균채취기(bioair sampler)로 채취	채취 · 배양된 균주를 세어 공기 체적당 균주 수로 산출

(6) 시료채취 및 측정지점

① 공기의 측정시료는 사무실 안에서 공기질이 가장 나쁠 것으로 예상되는 2곳 이상에서 채취하고, 측정은 사무실 바닥면으로부터 0.9m 이상 1.5m 이하의 높이에서 한다.

② 사무실 면적이 $500m^2$를 초과하는 경우에는 $500m^2$마다 1곳씩 추가하여 채취한다.

(7) 측정결과의 평가

① 사무실 공기질의 측정결과는 측정치 전체에 대한 평균값을 오염물질별 관리기준과 비교하여 평가한다.

② 이산화탄소는 각 지점에서 측정한 측정치 중 최곳값을 기준으로 비교 · 평가한다.

(8) 사무실 건축자재의 오염물질 방출기준

구분 / 오염물질	오염물질 방출농도($mg/m^2 \cdot h$)	
	접착제	일반 자재
포름알데히드	4 미만	1.25 미만
휘발성유기화합물	10 미만	4 미만

연습문제

01 다음 중 주요 실내 오염물질의 발생원으로 가장 보기 어려운 것은?

① 호흡 ② 흡연
③ 연소기기 ④ 자외선

해설 실내공기는 호흡, 흡연, 연소기기, 공조시스템 등에 의해서 오염된다.

02 다음 중 실내공기 오염물질의 지표물질로서 가장 많이 이용되는 것은?

① 부유분진 ② 이산화탄소
③ 일산화탄소 ④ 휘발성 유기화합물

해설 실내공기오염의 지표가 되는 물질은 CO_2이다.

03 무색, 무취의 기체로서 흙, 콘크리트, 시멘트나 벽돌 등의 건축자재에 존재하였다가 공기 중으로 방출되며 지하공간에서 더 높은 농도를 보이고, 폐암을 유발하는 실내공기 오염물질은?

① 라듐 ② 라돈
③ 비스무스 ④ 우라늄

04 실내공기 오염물질 중 이산화탄소(CO_2)에 대한 설명과 가장 거리가 먼 것은?

① 일반적으로 실내오염의 주요 지표로 사용된다.
② 쾌적한 사무실 공기를 유지하기 위해 이산화탄소는 1,000ppm 이하로 관리한다.
③ 물질의 연소과정에서 산소의 공급이 부족할 경우 불완전 연소에 의해 발생된다.
④ 이산화탄소의 증가는 산소의 부족을 초래하기 때문에 주요 실내오염물질의 하나로 다루어진다.

해설 물질의 연소과정에서 산소의 공급이 부족할 경우 불완전 연소에 의해 발생되는 물질은 일산화탄소이다.

05 실내공기 오염물질 중 석면에 대한 일반적인 설명으로 거리가 먼 것은?

① 석면의 발암성 정보물질의 표기는 1A에 해당한다.
② 과거 내열성, 단열성, 절연성 및 견인력 등의 뛰어난 특성 때문에 여러 분야에서 사용되었다.
③ 석면의 여러 종류 중 건강에 가장 치명적인 영향을 미치는 것은 사문석 계열의 청석면이다.
④ 작업환경측정에서 석면은 길이가 5μm보다 크고, 길이 대 넓이의 비가 3 : 1 이상인 섬유만 개수한다.

해설 석면의 여러 종류 중 건강에 가장 치명적인 영향을 미치는 것은 각섬석 계열의 청석면이다.

06 실내 환경의 공기오염에 따른 건강 장해 용어와 관련이 없는 것은?

① 빌딩증후군(SBS)
② 새집증후군(SHS)
③ 복합 화학물질 과민증(MCS)
④ VDT 증후군(VDT Syndrome)

07 다음 중 실내공기오염(Indoor Air Pollution)과 관련 질환에 대한 설명으로 틀린 것은?

① 실내공기 문제에 대한 증상은 명확히 정의된 질병들보다 불특정한 증상이 더 많다.
② BRI(Building Related Illness)는 건물 공기에 대한 노출로 인해 야기된 질병을 지칭하는 것으로 증상의 진단이 불가능하며 공기 중에 있는 물질에 간접적인 원인이 있는 질병이다.
③ 레지오넬라균은 주요 호흡기 질병의 원인균 중 하나로서 1년까지도 물속에서 생존하는 균으로 알려져 있다.
④ SBS(Sick Building Syndrome)는 점유자들이 건물에서 보내는 시간과 관계하여 특별한 증상이 없이 건강과 편안함에 영향을 받는 것을 말한다.

해설 빌딩 관련 질병(BRI : Building Related Illness)
빌딩 거주와 관련한 질환의 증상이 확인되고 빌딩 실내에 존재하는 원인, 즉 오염물질과 직접적으로 관련지을 수 있는 질환을 말하며 대표적인 질환으로는 레지오넬라병(Legionnaire's Disease), 과민성 폐렴 등이 있다.

08 다음 중 산업안전보건법에 따른 사무실 공기질 측정대상 오염물질에 해당하지 않는 것은?

① 라돈
② 미세먼지
③ 일산화탄소
④ 총부유세균

해설 사무실 공기질 측정대상 오염물질

㉠ 미세먼지
㉡ 일산화탄소
㉢ 이산화탄소
㉣ 포름알데히드
㉤ 총휘발성유기화합물
㉥ 총부유세균
㉦ 이산화질소
㉧ 오존
㉨ 석면

09 사무실 실내환경의 복사기, 전기기구, 전기집진기형 공기정화기에서 주로 발생되는 유해 공기 오염물질은?

① O_3　② CO_2　③ VOC_S　④ HCHO

10 다음 중 "사무실 공기관리"에 대한 설명으로 틀린 것은?

① 관리기준은 8시간 시간가중평균농도 기준이다.
② 이산화탄소와 일산화탄소는 비분산적외선 검출기의 연속 측정에 의한 직독식 분석방법에 의한다.
③ 이산화탄소의 측정결과 평가는 각 지점에서 측정한 측정치 중 평균값을 기준으로 비교·평가한다.
④ 공기의 측정시료는 사무실 내에서 공기질이 가장 나쁠 것으로 예상되는 2곳 이상에서 사무실 바닥면으로부터 0.9~1.5m의 높이에서 채취한다.

해설 이산화탄소는 각 지점에서 측정한 측정치 중 최곳값을 기준으로 비교·평가한다.

11 산업안전보건법의 '사무실 공기관리 지침'에서 정하는 근로자 1인당 사무실의 환기기준으로 적절한 것은?

① 최소외기량 : $0.57m^3/h$, 환기횟수 : 시간당 2회 이상
② 최소외기량 : $0.57m^3/h$, 환기횟수 : 시간당 4회 이상
③ 최소외기량 : $0.57m^3/min$, 환기횟수 : 시간당 2회 이상
④ 최소외기량 : $0.57m^3/min$, 환기횟수 : 시간당 4회 이상

해설 공기정화시설을 갖춘 사무실에서 근로자 1인당 필요한 최소외기량은 분당 $0.57m^3$ 이상이며, 환기횟수는 시간당 4회 이상으로 한다.

12 다음 중 사무실 공기관리 지침에 관한 설명으로 틀린 것은?

① 사무실 공기의 관리기준으로 8시간 시간가중평균농도를 기준으로 한다.
② PM10이란 입경이 $10\mu m$ 이하인 먼지를 의미한다.
③ 총부유세균의 단위는 CFU/m^3로, $1m^3$ 중에 존재하고 있는 집락형성 세균 개체수를 의미한다.
④ 사무실 공기질의 모든 항목에 대한 측정결과는 측정치 전체에 대한 평균값을 이용하여 평가한다.

해설 측정결과의 평가

㉠ 사무실 공기질의 측정결과는 측정치 전체에 대한 평균값을 오염물질별 관리기준과 비교하여 평가한다.
㉡ 이산화탄소는 각 지점에서 측정한 측정치 중 최곳값을 기준으로 비교 · 평가한다.

13 산업안전보건법상 사무실 공기관리에 있어 오염물질에 대한 관리 기준이 잘못 연결된 것은?

① 곰팡이 – 100CFU/m^3 이하
② 일산화탄소 – 10ppm 이하
③ 이산화탄소 – 1,000ppm 이하
④ 포름알데히드(HCHO) – 100μg/m^3 이하

해설 오염물질 관리기준

오염물질	관리기준
미세먼지(PM10)	100μg/m^3
초미세먼지(PM2.5)	50μg/m^3
이산화탄소(CO_2)	1,000ppm
일산화탄소(CO)	10ppm
이산화질소(NO_2)	0.1ppm
포름알데히드(HCHO)	100μg/m^3
총휘발성유기화합물(TVOC)	500μg/m^3
라돈(Radon)	148Bq/m^3
총부유세균	800CFU/m^3
곰팡이	500CFU/m^3

14 사무실 공기관리 지침에서 정한 사무실 공기의 오염물질에 대한 시료채취시간이 바르게 연결된 것은?

① 미세먼지 : 업무시간 동안 4시간 이상 연속 측정
② 포름알데히드 : 업무시간 동안 2시간 단위로 10분간 3회 측정
③ 이산화탄소 : 업무 시작 후 1시간 전후 및 종료 전 1시간 전후 각각 30분간 측정
④ 일산화탄소 : 업무 시작 후 1시간 전후 및 종료 전 1시간 전후 각각 10분간 측정

해설 사무실 공기의 오염물질에 대한 시료채취시간

㉠ 미세먼지 : 업무시간 동안 6시간 이상 연속 측정
㉡ 포름알데히드 : 업무 시작 후 1시간부터 종료 1시간 전 30분간 2회 측정
㉢ 이산화탄소 : 업무 시작 후 2시간 전후 및 종료 전 2시간 전후 각각 10분간 측정

ANSWER | 01 ④ 02 ② 03 ② 04 ③ 05 ③ 06 ④ 07 ② 08 ① 09 ① 10 ③
11 ④ 12 ④ 13 ① 14 ④

더 풀어보기

산업기사

01 실내공기질관리법령상 다중이용시설에 적용되는 실내공기질 권고기준 대상 항목이 아닌 것은?

① 석면 ② 라돈 ③ 이산화질소 ④ 총휘발성유기화합물

해설 다중이용시설의 실내공기질 권고기준 항목
㉠ 이산화질소 ㉡ 라돈 ㉢ 총휘발성유기화합물 ㉣ 곰팡이

02 산업안전보건법의 '사무실 공기관리 지침'에서 오염물질로 관리기준이 설정되지 않은 것은?

① 총부유세균 ② 곰팡이
③ SO_2(이산화황) ④ NO_2(이산화질소)

03 산업안전보건법상 사무실 실내공기 오염물질의 측정방법(사무실 공기관리 지침)으로 틀린 것은?

① 석면분진 : PVC 필터에 의한 채취
② 이산화질소 : 고체흡착관에 의한 채취
③ 일산화탄소 : 전기화학검출기에 의한 채취
④ 이산화탄소 : 비분산적외선검출기에 의한 채취

해설 석면 : 멤브레인 필터에 의한 채취

04 산업안전보건법 시행규칙에 의거 근로를 금지하여야 하는 질병자에 해당되지 않는 것은?

① 정신분열증, 마비성 치매에 걸린 사람
② 전염의 우려가 있는 질병에 걸린 사람
③ 근골격계 질환으로 감염의 우려가 있는 질병을 가진 사람
④ 심장, 신장, 폐 등의 질환이 있는 사람으로서 근로에 의하여 병세가 악화될 우려가 있는 사람

해설 근로를 금지하여야 하는 질병자
㉠ 전염될 우려가 있는 질병에 걸린 사람. 다만, 전염을 예방하기 위한 조치를 한 경우에는 그러하지 아니하다.
㉡ 정신분열증, 마비성 치매에 걸린 사람
㉢ 심장 · 신장 · 폐 등의 질환이 있는 사람으로서 근로에 의하여 병세가 악화될 우려가 있는 사람

05 다음 중 산업안전보건법령상 기관석면 조사대상으로서 건축물이나 설비의 소유주 등이 고용노동부장관에게 등록한 자로 하여금 그 석면을 해체 · 제거하도록 하여야 하는 함유량과 면적기준으로 틀린 것은?

① 석면이 1Wt%를 초과하여 함유된 분무재 또는 내화피복재를 사용한 경우
② 파이프에 사용된 보온재에서 석면이 1Wt%를 초과하여 함유되어 있고, 그 보온재 길이의 합이 25m 이상인 경우

③ 석면이 1Wt%를 초과하여 함유된 개스킷의 면적의 합이 15m^2 이상 또는 그 부피의 합이 1m^3 이상인 경우
④ 철거 · 해체하려는 벽체재료, 바닥재, 천장재 및 지붕재 등의 자재에 석면이 1Wt%를 초과하여 함유되어 있고 그 자재의 면적의 합이 50m^2 이상인 경우

해설 파이프에 사용된 보온재에서 석면이 1%(무게%)를 초과하여 함유되어 있고 그 보온재 길이의 합이 80m 이상인 경우

06 방사성 기체로 폐암 발생의 원인이 되는 실내공기 중 오염물질은?
① 석면 ② 오존 ③ 라돈 ④ 포름알데히드

07 자극취가 있는 무색의 수용성 가스로 건축물에 사용되는 단열재와 섬유 옷감에서 주로 발생되고, 눈과 코를 자극하며 동물실험결과 발암성이 있는 것으로 나타난 실내공기 오염물질은?
① 벤젠 ② 황산화물 ③ 라돈 ④ 포름알데히드

ANSWER | 01 ① 02 ③ 03 ① 04 ③ 05 ② 06 ③ 07 ④

기 사

01 실내공기 오염물질 중 석면에 대한 일반적인 설명으로 거리가 먼 것은?
① 석면의 여러 종류 중 건강에 가장 치명적인 영향을 미치는 것은 사문석 계열의 청석면이다.
② 과거 내열성, 단열성, 절연성 및 견인력 등의 뛰어난 특성 때문에 여러 분야에서 사용되었다.
③ 석면의 발암성 정보물질의 표기는 1A에 해당한다.
④ 작업환경측정에서 석면은 길이가 5μm보다 크고, 길이 대 넓이의 비가 3 : 1 이상인 섬유만 개수한다.

해설 석면의 여러 종류 중 건강에 가장 치명적인 영향을 미치는 것은 각섬석 계열의 청석면이다.

02 실내 환경과 관련된 질환의 종류에 해당되지 않는 것은?
① 빌딩증후군(SBS) ② 새집증후군(SHS)
③ 시각표시단말증후군(VDTS) ④ 복합 화학물질 과민증(MCS)

03 실내 공기오염과 가장 관계가 적은 인체 내의 증상은?
① 광과민증(Photosensitization)
② 빌딩증후군(Sick Building Syndrome)
③ 건물 관련 질병(Building Related Disease)
④ 복합 화학물질 민감증(Multiple Chemical Sensitivity)

04 다음 중 실내공기의 오염에 따른 건강상의 영향을 나타내는 용어와 가장 거리가 먼 것은?

① 새차증후군 ② 화학물질 과민증
③ 헌집증후군 ④ 스티븐스존슨 증후군

해설 스티븐스존슨 증후군은 트리클로로에틸렌 중독에 의한 직업병이다.

05 다음 중 일반적인 실내공기질 오염과 가장 관계가 적은 질환은?

① 규폐증(Silicosis)
② 가습기 열(Humidifier Fever)
③ 레지오넬라병(Legionnaires Disease)
④ 과민성 폐렴(Hypersensitivity Pneumonitis)

해설 규폐증은 규산분진 흡입으로 폐에 만성 섬유증식이 나타나는 진폐증이다.

06 실내공기질관리법상 다중이용시설의 실내공기질 권고기준 항목에 해당하는 것은?

① 석면 ② 오존 ③ 라돈 ④ 일산화탄소

해설 다중이용시설의 실내공기질 권고기준 항목
㉠ 이산화질소 ㉡ 라돈 ㉢ 총휘발성유기화합물 ㉣ 곰팡이

07 새로운 건물이나 새로 지은 집에 입주하기 전 실내를 모두 닫고 30℃ 이상으로 5~6시간 유지시킨 후 1시간 정도 환기를 하는 방식을 여러 번 반복하여 실내의 휘발성유기화합물이나 포름알데히드의 저감 효과를 얻는 방법을 무엇이라 하는가?

① HeatiNg Up ② Bake Out
③ Room Heating ④ Burning Up

08 다음 중 사무실 공기관리 지침상 관리대상 오염물질의 종류에 해당하지 않는 것은?

① 오존(O_3) ② 호흡성 분진(RSP)
③ 총부유세균 ④ 일산화탄소(CO)

해설 사무실 공기질 측정대상 오염물질
㉠ 미세먼지(PM10) ㉡ 초미세먼지(PM2.5) ㉢ 이산화탄소(CO_2)
㉣ 일산화탄소(CO) ㉤ 이산화질소(NO_2) ㉥ 포름알데히드(HCHO)
㉦ 총휘발성유기화합물(TVOC) ㉧ 라돈(Radon) ㉨ 총부유세균
㉩ 곰팡이

09 산업안전보건법상 사무실 공기질의 측정대상물질에 해당하지 않는 것은?

① 석면 ② 일산화질소
③ 일산화탄소 ④ 총부유세균

10 사무실 등의 실내환경에 대한 공기질 개선 방법으로 가장 적합하지 않은 것은?

① 공기청정기를 설치한다.
② 실내 오염원을 제거한다.
③ 창문 개방 등에 따른 실외 공기의 환기량을 증대시킨다.
④ 친환경적이고 유해공기오염물질의 배출 정도가 낮은 건축자재를 사용한다.

해설 창문 개방 등에 따른 실내 공기의 환기량을 증대시킨다.

11 사무실 등 실내환경의 공기질 개선에 관한 설명으로 틀린 것은?

① 실내 오염원을 감소한다.
② 방출되는 물질이 없거나 매우 낮은(기준에 적합한) 건축자재를 사용한다.
③ 실외 공기의 상태와 상관없이 창문 개폐 횟수를 증가하여 실외 공기의 유입을 통한 환기개선이 될 수 있도록 한다.
④ 단기적 방법은 베이크 아웃(bake-out)으로 새 건물에 입주하기 전에 보일러 등으로 실내를 가열하여 각종 유해물질이 빨리 나오도록 한 후 이를 충분히 환기시킨다.

해설 실외 공기의 상태에 따라 창문 개폐 횟수를 조절하여 실외 공기의 유입을 통한 환기개선이 될 수 있도록 한다.

12 다음 중 사무직 근로자가 건강장해를 호소하는 경우 사무실 공기관리 상태를 평가하기 위해 사업주가 실시해야 하는 조사방법과 가장 거리가 먼 것은?

① 사무실 조명의 조도 조사
② 외부의 오염물질 유입경로 조사
③ 공기정화시설의 환기량이 적정한가에 대한 조사
④ 근로자가 호소하는 증상(호흡기, 눈, 피부 자극 등)에 대한 조사

해설 사무실 공기관리 상태 평가 항목
㉠ 근로자가 호소하는 증상(호흡기, 눈, 피부 자극 등)에 대한 조사
㉡ 외부의 오염물질 유입경로 조사
㉢ 공기정화설비의 환기량 적정 여부 조사
㉣ 사무실 내 오염원 조사

13 근로자가 건강장해를 호소하는 경우 사무실 공기관리 상태를 평가할 때 조사항목에 해당되지 않는 것은?

① 사무실 외 오염원 조사 등
② 근로자가 호소하는 증상 조사
③ 외부의 오염물질 유입경로 조사
④ 공기정화설비의 환기량 적정 여부 조사

14 사무실 공기관리 지침에서 관리하고 있는 오염물질 중 포름알데히드(HCHO)에 대한 설명으로 틀린 것은?

① 자극적인 냄새를 가지며, 메틸알데히드라고도 한다.

② 일반주택 및 공공건물에 많이 사용하는 건축자재와 섬유옷감이 그 발생원이 되고 있다.

③ 시료채취는 고체흡착관 또는 캐니스터로 수행한다.

④ 산업안전보건법상 사람에게 충분한 발암성 증거가 있는 물질(1A)로 분류되어 있다.

해설 포름알데히드는 2,4-DNPH(2,4-dinitrophenylhydrazine)가 코팅된 실리카겔관(silicagel tube)이 장착된 시료채취기로 채취한다.

ANSWER | 01 ① 02 ③ 03 ① 04 ④ 05 ① 06 ③ 07 ② 08 ② 09 ② 10 ③ 11 ③ 12 ① 13 ① 14 ③

THEMA 20 산업안전보건법

[산업안전보건법]

1. 산업안전보건법의 목적(법 제1조)

산업안전 및 보건에 관한 기준을 확립하고 그 책임의 소재를 명확하게 하여 산업재해를 예방하고 쾌적한 작업환경을 조성함으로써 노무를 제공하는 자의 안전 및 보건을 유지 · 증진함을 목적으로 한다.

2. 용어의 정의(법 제2조)

① 산업재해 : 노무를 제공하는 자가 업무에 관계되는 건설물 · 설비 · 원재료 · 가스 · 증기 · 분진 등에 의하거나 작업 또는 그 밖의 업무로 인하여 사망 또는 부상하거나 질병에 걸리는 것

② 중대재해 : 산업재해 중 사망 등 재해 정도가 심하거나 다수의 재해자가 발생한 재해

㉠ 사망자가 1명 이상 발생한 재해

㉡ 3월 이상의 요양이 필요한 부상자가 동시에 2명 이상 발생한 재해

㉢ 부상자 또는 직업성 질병자가 동시에 10명 이상 발생한 재해

③ 근로자 : 직업의 종류와 관계없이 임금을 목적으로 사업이나 사업장에 근로를 제공하는 자

④ 사업주 : 근로자를 사용하여 사업을 하는 자

⑤ 근로자 대표

㉠ 근로자의 과반수로 조직된 노동조합이 있는 경우에는 그 노동조합

㉡ 근로자의 과반수로 조직된 노동조합이 없는 경우에는 근로자의 과반수를 대표하는 자

⑥ 도급 : 명칭에 관계없이 물건의 제조 · 건설 · 수리 또는 서비스의 제공, 그 밖의 업무를 타인에게 맡기는 계약

⑦ 도급인 : 물건의 제조 · 건설 · 수리 또는 서비스의 제공, 그 밖의 업무를 도급하는 사업주를 말한다. 다만, 건설공사발주자는 제외

⑧ 수급인 : 도급인으로부터 물건의 제조 · 건설 · 수리 또는 서비스의 제공, 그 밖의 업무를 도급받은 사업주

⑨ 관계수급인 : 도급이 여러 단계에 걸쳐 체결된 경우에 각 단계별로 도급받은 사업주 전부

⑩ 안전보건진단 : 산업재해를 예방하기 위하여 잠재적 위험성을 발견하고 그 개선대책을 수립할 목적으로 조사 · 평가하는 것

⑪ 작업환경측정 : 작업환경 실태를 파악하기 위하여 해당 근로자 또는 작업장에 대하여 사업주가 유해인자에 대한 측정계획을 수립한 후 시료(試料)를 채취하고 분석 · 평가하는 것

3. 산업보건지도사의 직무

① 작업환경의 평가 및 개선 지도
② 작업환경 개선과 관련된 계획서 및 보고서의 작성
③ 근로자 건강진단에 따른 사후관리 지도
④ 직업성 질병 진단 및 예방 지도
⑤ 산업보건에 관한 조사 · 연구
⑥ 그 밖에 산업보건에 관한 사항으로서 대통령령으로 정하는 사항

4. 제조 등이 금지되는 유해물질

① 황린(黃燐) 성냥
② 백연을 함유한 페인트(함유 용량 비율 2% 이하 제외)
③ 폴리클로리네이티드터페닐(PCT)
④ 4－니트로디페닐과 그 염
⑤ 베타－나프틸아민과 그 염
⑥ 석면
⑦ 벤젠을 함유한 고무풀(함유된 용량 비율 5% 이하 제외)
⑧ ③~⑥번까지 어느 하나에 해당하는 물질을 함유한 제재(함유된 중량의 비율이 1% 이하인 것 제외)
⑨ 화학물질관리법 제2조 제5호에 따른 금지물질
⑩ 기타 보건상 해로운 물질로서 정책심의위원회의 심의를 거쳐 고용노동부장관이 정하는 유해물질

5. 유해성 · 위험성 조사 제외 화학물질

① 원소
② 천연으로 산출된 화학물질
③ 방사성 물질
④ 고용노동부장관이 명칭, 유해성 · 위험성, 조치사항 및 연간 제조량 · 수입량을 공표한 물질로서 공표된 연간 제조량 · 수입량 이하로 제조하거나 수입한 물질
⑤ 고용노동부장관이 환경부장관과 협의하여 고시하는 화학물질 목록에 기록되어 있는 물질

6. 작업환경 측정방법

① 작업환경측정을 하기 전에 예비조사를 할 것
② 작업이 정상적으로 이루어져 작업시간과 유해인자에 대한 근로자의 노출 정도를 정확히 평가할 수 있을 때 실시할 것
③ 모든 측정은 개인시료채취방법으로 하되, 개인시료채취방법이 곤란한 경우에는 지역시료채취방법으로 실시할 것

7. 작업환경 측정횟수

① 신규로 가동, 변경되어 측정해당작업장이 된 경우 30일 이내에 측정하고 6개월에 1회 이상 정기 측정

② 3개월에 1회 이상 작업환경측정을 실시하는 경우

㉠ 화학적 인자(발암성 물질(석면, 벤젠 등)만 해당한다)의 측정치가 노출기준을 초과

㉡ 화학적 인자(발암성 물질은 제외한다)의 측정치가 노출기준을 2배 이상 초과

③ 1년에 1회 이상 작업환경측정

㉠ 작업공정 내 소음의 작업환경측정 결과가 최근 2회 연속 85데시벨(dB) 미만

㉡ 작업공정 내 소음 외의 다른 모든 인자의 작업환경측정 결과가 최근 2회 연속 노출기준 미만

[보건관리자]

1. 보건관리자의 업무(직무)

① 산업안전보건위원회 또는 노사협의체에서 심의 · 의결한 업무와 안전보건관리규정 및 취업규칙에서 정한 업무

② 안전인증대상 기계 등과 자율안전확인대상 기계 등 중 보건과 관련된 보호구(保護具) 구입 시 적격품 선정에 관한 보좌 및 지도 · 조언

③ 물질안전보건자료의 게시 또는 비치에 관한 보좌 및 지도 · 조언

④ 위험성평가에 관한 보좌 및 지도 · 조언

⑤ 산업보건의의 직무

⑥ 해당 사업장 보건교육계획의 수립 및 보건교육 실시에 관한 보좌 및 지도 · 조언

⑦ 해당 사업장의 근로자를 보호하기 위한 다음의 조치에 해당하는 의료행위

㉠ 자주 발생하는 가벼운 부상에 대한 치료

㉡ 응급처치가 필요한 사람에 대한 처치

㉢ 부상 · 질병의 악화를 방지하기 위한 처치

㉣ 건강진단 결과 발견된 질병자의 요양 지도 및 관리

㉤ ㉠부터 ㉣까지의 의료행위에 따르는 의약품의 투여

⑧ 작업장 내에서 사용되는 전체 환기장치 및 국소 배기장치 등에 관한 설비의 점검과 작업방법의 공학적 개선에 관한 보좌 및 지도 · 조언

⑨ 사업장 순회점검 · 지도 및 조치의 건의

⑩ 산업재해 발생의 원인 조사 · 분석 및 재발 방지를 위한 기술적 보좌 및 지도 · 조언

⑪ 산업재해에 관한 통계의 유지 · 관리 · 분석을 위한 보좌 및 지도 · 조언

⑫ 법 또는 법에 따른 명령으로 정한 보건에 관한 사항의 이행에 관한 보좌 및 지도 · 조언

⑬ 업무수행 내용의 기록 · 유지

⑭ 그 밖에 보건과 관련된 작업관리 및 작업환경관리에 관한 사항

2. 보건관리자를 두어야 할 사업의 종류 · 규모 및 보건관리자의 수

업종	상시 근로자 수	보건관리자 수
광업, 섬유제품 염색업, 모피제조업, 신발, 석유정제, 화학물질, 의료용 물질, 고무, 1차 금속, 전자부품, 기계, 전기, 자동차 및 트레일러, 운송장비 제조업 등	2,000명 이상	2명 이상 (반드시 의사 또는 간호사 포함)
	500~2,000명	2명 이상
	50~500명	1명 이상
일반 제조업	3,000명 이상	2명 이상 (반드시 의사 또는 간호사 포함)
	1,000~3,000명	2명 이상
	50~1,000명	1명 이상
농업, 임업, 어업, 전기, 가스, 하 · 폐수 및 분뇨, 폐기물, 환경정화 및 보건업, 운수 · 운송업, 도 · 소매업, 출판업, 방송, 우편, 사진, 골프장 운영업 등	5,000명 이상	2명 이상
	50~5,000명(다만, 사진처리업 100~5,000명)	1명 이상
건설업	공사금액 800억 원 이상(토목공사업에 속하는 공사의 경우에는 1,000억 원 이상) 또는 상시 근로자 600명 이상	1명 이상[공사금액 800억 원(토목공사업은 1,000억 원)을 기준으로 1,400억 원이 증가할 때마다 또는 상시 근로자 600명을 기준으로 600명이 추가될 때마다 1명씩 추가한다]

3. 보건관리자의 자격

① 의료법에 따른 의사
② 의료법에 따른 간호사
③ 산업보건지도사
④ 산업위생관리산업기사 또는 대기환경산업기사 이상의 자격을 취득한 사람
⑤ 인간공학기사 이상의 자격을 취득한 사람
⑥ 전문대학 이상의 학교에서 산업보건 또는 산업위생 분야의 학과를 졸업한 사람

[물질안전보건자료(MSDS)]

1. 물질안전보건자료의 작성 · 비치 등

① 화학물질 및 화학물질을 함유한 제제(대통령령으로 정하는 제제는 제외한다) 중 고용노동부령으로 정하는 분류기준에 해당하는 화학물질 및 화학물질을 함유한 제제를 양도하거나 제공하는 자는 이를 양도받거나 제공받는 자에게 다음 각 호의 사항을 모두 기재한 자료를 고용노동부령으로 정하는 방법에 따라 작성하여 제공하여야 한다. 이 경우 고용노동부장관은 고용노동부령으로 물질안전보건자료의 기재 사항이나 작성 방법을 정할 때 「화학물질관리법」과 관련된 사항에 대하여는 환경부장관과 협의하여야 한다.

㉠ 대상화학물질의 명칭
㉡ 구성성분의 명칭 및 함유량
㉢ 안전 · 보건상의 취급주의 사항
㉣ 건강 유해성 및 물리적 위험성
㉤ 그 밖에 고용노동부령으로 정하는 사항

② 제공받은 물질안전보건자료를 대상화학물질을 취급하는 작업장 내의 취급근로자가 쉽게 볼 수 있는 장소에 게시하거나 갖추어 두어야 한다.
③ 대상화학물질을 양도하거나 제공하는 자는 이를 담은 용기 및 포장에 경고표시를 하여야 한다.
④ 작업장에서 사용 용기는 MSDS 경고표시를 하여야 한다.
⑤ 양도 제공자는 물질안전보건자료의 기재내용 변경 필요가 생긴 때에는 신속하게 제공하여야 한다.
⑥ 대상화학물질을 취급하는 근로자의 안전 · 보건을 위하여 근로자를 교육하는 등 적절한 조치를 하여야 한다.
⑦ 대상화학물질을 취급하는 작업공정별로 관리요령을 게시하여야 한다.

2. 물질안전보건자료의 작성 · 제출 제외 대상 화학물질

① 건강기능식품
② 농약
③ 마약 및 향정신성의약품
④ 비료
⑤ 사료
⑥ 원료물질
⑦ 안전확인대상 생활화학제품 및 살생물제품 중 일반소비자의 생활용으로 제공되는 제품
⑧ 식품 및 식품첨가물
⑨ 의약품 및 의약외품
⑩ 방사성 물질
⑪ 위생용품
⑫ 의료기기
⑬ 화약류
⑭ 폐기물
⑮ 화장품
⑯ ①부터 ⑮까지의 규정 외의 화학물질 또는 혼합물로서 일반소비자의 생활용으로 제공되는 것(일반소비자의 생활용으로 제공되는 화학물질 또는 혼합물이 사업장 내에서 취급되는 경우를 포함한다)
⑰ 고용노동부장관이 정하여 고시하는 연구 · 개발용 화학물질 또는 화학제품
⑱ 그 밖에 고용노동부장관이 독성 · 폭발성 등으로 인한 위해의 정도가 적다고 인정하여 고시하는 화학물질

[화학물질의 분류 · 표시 및 물질안전보건자료에 관한 기준]

1. 경고표시 기재항목의 작성방법

① "해골과 X자형 뼈"와 "감탄부호(!)"의 그림문자에 모두 해당되는 경우에는 "해골과 X자형 뼈"의 그림문자만을 표시한다.

② 피부 부식성 또는 심한 눈 손상성 그림문자와 피부 자극성 또는 눈 자극성 그림문자에 모두 해당되는 경우에는 피부 부식성 또는 심한 눈 손상성 그림문자만을 표시한다.

③ 호흡기 과민성 그림문자와 피부 과민성, 피부 자극성 또는 눈 자극성 그림문자에 모두 해당되는 경우에는 호흡기 과민성 그림문자만을 표시한다.

④ 5개 이상의 그림문자에 해당되는 경우에는 4개의 그림문자만을 표시할 수 있다.

2. 경고표지의 색상 및 위치

① 경고표지 전체의 바탕은 흰색으로, 글씨와 테두리는 검은색으로 하여야 한다.

② 경고표지는 취급근로자가 사용 중에도 쉽게 볼 수 있는 위치에 견고하게 부착하여야 한다.

3. 물질안전보건자료(MSDS) 작성 시 반드시 포함되어야 할 항목

① 화학제품과 회사에 관한 정보 ② 유해성, 위험성 ③ 구성성분의 명칭 및 함유량 ④ 응급조치요령 ⑤ 폭발, 화재 시 대처방법 ⑥ 누출사고 시 대처방법 ⑦ 취급 및 저장방법 ⑧ 노출방지 및 개인보호구 ⑨ 물리화학적 특성 ⑩ 안정성 및 반응성 ⑪ 독성에 관한 정보 ⑫ 환경에 미치는 영향 ⑬ 폐기 시 주의사항 ⑭ 운송에 필요한 정보 ⑮ 법적 규제현황 ⑯ 그 밖의 참고사항

4. 작성원칙

① 물질안전보건자료는 한글로 작성하는 것을 원칙으로 하되 화학물질명, 외국기관명 등의 고유명사는 영어로 표기할 수 있다.

② 제1항에도 불구하고 실험실에서 시험 · 연구목적으로 사용하는 시약으로서 물질안전보건자료가 외국어로 작성된 경우에는 한국어로 번역하지 아니할 수 있다.

③ 제10조 제1항 각 호의 작성 시 시험결과를 반영하고자 하는 경우에는 해당 국가의 우수실험실기준(GLP) 및 국제공인시험기관 인정(KOLAS)에 따라 수행한 시험결과를 우선적으로 고려하여야 한다.

④ 외국어로 되어 있는 물질안전보건자료를 번역하는 경우에는 자료의 신뢰성이 확보될 수 있도록 최초 작성기관명 및 시기를 함께 기재하여야 하며, 다른 형태의 관련 자료를 활용하여 물질안전보건자료를 작성하는 경우에는 참고문헌의 출처를 기재하여야 한다.

⑤ 물질안전보건자료 작성에 필요한 용어, 작성에 필요한 기술지침은 한국산업안전보건공단이 정할 수 있다.

⑥ 물질안전보건자료의 작성단위는 「계량에 관한 법률」이 정하는 바에 의한다.

⑦ 각 작성항목은 빠짐없이 작성하여야 한다. 다만, 부득이 어느 항목에 대해 관련 정보를 얻을 수 없는 경우에는 작성란에 "자료 없음"이라고 기재하고, 적용이 불가능하거나 대상이 되지 않는 경우에는 작성란에 "해당 없음"이라고 기재한다.

⑧ 제10조 제1항 제3호에 따른 구성 성분의 함유량을 기재하는 경우에는 함유량의 ±5퍼센트(%)의 범위에서 함유량의 범위(하한값~상한값)로 함유량을 대신하여 표시할 수 있다. 이 경우 함유량이 5퍼센트(%) 미만인 경우에는 그 하한값을 1퍼센트(%)[발암성 물질, 생식세포 변이원성 물질은 0.1퍼센트(%), 호흡기과민성물질(가스인 경우에 한정한다) 0.2퍼센트(%), 생식독성 물질은 0.3퍼센트(%)] 이상으로 표시한다.

⑨ 물질안전보건자료를 작성할 때에는 취급근로자의 건강보호목적에 맞도록 성실하게 작성하여야 한다.

5. 게시 또는 비치

사업주는 사업장에 쓰이는 모든 대상화학물질에 대한 물질안전보건자료를 취급근로자가 쉽게 볼 수 있는 다음 각 호의 장소 중 어느 하나 이상의 장소에 게시 또는 갖추어 두고 정기 또는 수시로 점검·관리하여야 한다.

① 대상화학물질 취급작업 공정 내

② 안전사고 또는 직업병 발생 우려가 있는 장소

③ 사업장 내 근로자가 가장 보기 쉬운 장소

[산업안전보건기준에 관한 규칙]

1. 용어의 정의

용어	정의
관리대상 유해물질	근로자에게 상당한 건강장해를 일으킬 우려가 있어 건강장해를 예방하기 위한 보건상의 조치가 필요한 원재료·가스·증기·분진·흄(fume), 미스트(mist)로서 유기화합물, 금속류, 산·알칼리류, 가스상태 물질
유기화합물	상온·상압(常壓)에서 휘발성이 있는 액체로서 다른 물질을 녹이는 성질이 있는 유기용제(有機溶劑)를 포함한 탄화수소계화합물
금속류	고체가 되었을 때 금속광택이 나고 전기·열을 잘 전달하며, 전성(展性)과 연성(延性)을 가진 물질
산·알칼리류	수용액(水溶液) 중에서 해리(解離)하여 수소이온을 생성하고 염기와 중화하여 염을 만드는 물질과 산을 중화하는 수산화화합물로서 물에 녹는 물질
가스상태 물질류	상온·상압에서 사용하거나 발생하는 가스 상태의 물질
특별관리물질	발암성, 생식세포 변이원성, 생식독성 물질 등 근로자에게 중대한 건강장해를 일으킬 우려가 있는 물질
임시작업	일시적으로 하는 작업 중 월 24시간 미만인 작업(다만, 월 10시간 이상 24시간 미만인 작업이 매월 행하여지는 작업은 제외)
단시간작업	관리대상 유해물질을 취급하는 시간이 1일 1시간 미만인 작업 (다만, 1일 1시간 미만인 작업이 매일 수행되는 경우는 제외)

2. 근로자가 상시 작업하는 장소의 작업면 조도(照度)

① 초정밀작업 : 750럭스(lux) 이상
② 정밀작업 : 300럭스 이상
③ 보통작업 : 150럭스 이상
④ 그 밖의 작업 : 75럭스 이상

3. 작업조건에 따른 적정 보호구

근로자에게 그 작업조건에 맞는 보호구를 작업하는 근로자 수 이상으로 지급하고 착용하도록 하여야 한다.

보호구	작업조건
안전모	물체가 떨어지거나 날아올 위험 또는 근로자가 추락할 위험이 있는 작업
안전대	높이 또는 깊이 2미터 이상의 추락할 위험이 있는 장소에서 하는 작업
안전화	물체의 낙하 · 충격, 물체에의 끼임, 감전 또는 정전기의 대전(帶電)에 의한 위험이 있는 작업
보안경	물체가 흩날릴 위험이 있는 작업
보안면	용접 시 불꽃이나 물체가 흩날릴 위험이 있는 작업
절연용 보호구	감전의 위험이 있는 작업
방열복	고열에 의한 화상 등의 위험이 있는 작업
방진마스크	선창 등에서 분진(粉塵)이 심하게 발생하는 하역작업
방한모 · 방한복 · 방한화 · 방한장갑	섭씨 영하 18도 이하인 급냉동어창에서 하는 하역작업
기준에 적합한 승차용 안전모	물건을 운반하거나 수거 · 배달하기 위하여 이륜자동차를 운행하는 작업

4. 작업시간 1시간당 필요환기량

$$\text{필요환기량}(m^3/hr) = \frac{24.1 \times \text{비중} \times \text{유해물질의 시간당사용량}(L/hr) \times K \times 10^6}{\text{분자량} \times \text{유해물질의 노출기준}}$$

여기서, K : 안전계수

① K = 1 : 작업장 내 공기 혼합이 원활한 경우
② K = 2 : 작업장 내 공기 혼합이 보통인 경우
③ K = 3 : 작업장 내 공기 혼합이 불완전한 경우

5. 국소배기장치의 제어풍속

물질의 상태	제어풍속(m/sec)
가스상태	0.5
입자상태	1.0

6. 소음 및 진동에 의한 건강장해의 예방

소음작업	1일 8시간 작업을 기준으로 85데시벨 이상의 소음이 발생하는 작업
강렬한 소음작업	• 90데시벨 이상의 소음이 1일 8시간 이상 발생하는 작업 • 95데시벨 이상의 소음이 1일 4시간 이상 발생하는 작업 • 100데시벨 이상의 소음이 1일 2시간 이상 발생하는 작업 • 105데시벨 이상의 소음이 1일 1시간 이상 발생하는 작업 • 110데시벨 이상의 소음이 1일 30분 이상 발생하는 작업 • 115데시벨 이상의 소음이 1일 15분 이상 발생하는 작업
충격소음작업(소음이 1초 이상의 간격으로 발생하는 작업)	• 120데시벨을 초과하는 소음이 1일 1만 회 이상 발생하는 작업 • 130데시벨을 초과하는 소음이 1일 1천 회 이상 발생하는 작업 • 140데시벨을 초과하는 소음이 1일 1백 회 이상 발생하는 작업
진동작업(기계 · 기구를 사용하는 작업)	• 착암기(鑿巖機) • 동력을 이용한 해머 • 체인톱 • 엔진 커터(Engine Cutter) • 동력을 이용한 연삭기 • 임팩트 렌치(Impact Wrench) • 그 밖에 진동으로 인하여 건강장해를 유발할 수 있는 기계 · 기구
청력보존 프로그램	소음노출 평가, 소음노출 기준 초과에 따른 공학적 대책, 청력보호구의 지급과 착용, 소음의 유해성과 예방에 관한 교육, 정기적 청력검사, 기록 · 관리 사항 등이 포함된 소음성 난청을 예방 · 관리하기 위한 종합적인 계획

7. 밀폐공간 작업으로 인한 건강장해의 예방

용어	정의
밀폐공간	산소결핍, 유해가스로 인한 질식 · 화재 · 폭발 등의 위험이 있는 장소
유해가스	탄산가스 · 일산화탄소 · 황화수소 등의 기체로서 인체에 유해한 영향을 미치는 물질
적정공기	• 산소농도의 범위가 18퍼센트 이상 23.5퍼센트 미만 • 탄산가스의 농도가 1.5퍼센트 미만 • 일산화탄소의 농도가 30피피엠 미만 • 황화수소의 농도가 10피피엠 미만인 수준의 공기
산소결핍	공기 중의 산소농도가 18퍼센트 미만인 상태
산소결핍증	산소가 결핍된 공기를 들이마심으로써 생기는 증상

연습문제

산업안전보건법

01 산업안전보건법의 목적을 설명한 것으로 맞는 것은?

① 헌법에 의하여 근로조건의 기준을 정함으로써 근로자의 기본적 생활을 보장, 향상시키며 균형있는 국가경제의 발전을 도모함

② 헌법의 평등이념에 따라 고용에서 남녀의 평등한 기회와 대우를 보장하고 모성보호와 작업 능력을 개발하여 근로여성의 지위향상과 복지증진에 기여함

③ 산업안전 및 보건에 관한 기준을 확립하고 그 책임의 소재를 명확하게 하여 산업재해를 예방하고 쾌적한 작업환경을 조성함으로써 노무를 제공하는 자의 안전 및 보건을 유지 · 증진함

④ 모든 근로자가 각자의 능력을 개발, 발휘할 수 있는 직업에 취직할 기회를 제공하고, 산업에 필요한 노동력의 충족을 지원함으로써 근로자의 직업안정을 도모하고 균형있는 국민경제의 발전에 이바지함

해설 **산업안전보건법의 목적**
산업안전 및 보건에 관한 기준을 확립하고 그 책임의 소재를 명확하게 하여 산업재해를 예방하고 쾌적한 작업환경을 조성함으로써 노무를 제공하는 자의 안전 및 보건을 유지 · 증진함을 목적으로 한다.

02 다음 중 산업안전보건법상 산업재해의 정의로 가장 적합한 것은?

① 예기치 않은, 계획되지 않은 사고이며, 상해를 수반하는 경우를 말한다.

② 작업상의 재해 또는 작업환경으로부터의 무리한 근로의 결과로부터 발생되는 절상, 골절, 염좌 등의 상해를 말한다.

③ 근로자가 업무에 관계되는 건설물 · 설비 · 원재료 · 가스 · 증기 · 분진 등에 의하거나 작업 또는 그 밖의 업무로 인하여 사망 또는 부상하거나 질병에 걸리는 것을 말한다.

④ 불특정 다수에게 의도하지 않은 사고가 발생하여 신체적, 재산상의 손실이 발생하는 것을 말한다.

해설 **산업재해**
노무를 제공하는 자가 업무에 관계되는 건설물 · 설비 · 원재료 · 가스 · 증기 · 분진 등에 의하거나 작업 또는 그 밖의 업무로 인하여 사망 또는 부상하거나 질병에 걸리는 것

03 산업안전보건법령에서 정하는 중대재해라고 볼 수 없는 것은?

① 사망자가 1명 이상 발생한 재해

② 3개월 이상의 요양을 요하는 부상자가 동시에 2명 이상 발생한 재해

③ 6개월 이상의 요양을 요하는 부상자가 동시에 1명 이상 발생한 재해

④ 부상자 또는 직업성 질병자가 동시에 10명 이상 발생한 재해

해설 중대재해

㉠ 사망자가 1명 이상 발생한 재해
㉡ 3개월 이상의 요양이 필요한 부상자가 동시에 2명 이상 발생한 재해
㉢ 부상자 또는 직업성 질병자가 동시에 10명 이상 발생한 재해

04 산업안전보건법에서 산업재해를 예방하기 위하여 잠재적 위험성을 발견하고 그 개선대책을 수립할 목적으로 고용노동부장관이 지정하는 자가 하는 조사 · 평가를 무엇이라 하는가?

① 위험성평가 ② 작업환경측정 · 평가
③ 안전 · 보건진단 ④ 유해성 · 위험성조사

해설 안전 · 보건진단

산업재해를 예방하기 위하여 잠재적 위험성을 발견하고 그 개선대책을 수립할 목적으로 조사 · 평가하는 것

05 산업안전보건법상 제조 등 금지 대상 물질이 아닌 것은?

① 황린 성냥 ② 청석면, 갈석면
③ 디클로로벤지딘과 그 염 ④ 4-니트로디페닐과 그 염

해설 제조 등이 금지되는 유해물질

㉠ 황린(黃燐) 성냥
㉡ 백연을 함유한 페인트(함유 용량 비율 2% 이하 제외)
㉢ 폴리클로리네이티드터페닐(PCT)
㉣ 4-니트로디페닐과 그 염
㉤ 베타-나프틸아민과 그 염
㉥ 벤젠을 함유한 고무풀(함유된 용량 비율 5% 이하 제외)
㉦ ㉢~㉤까지의 어느 하나에 해당하는 물질을 함유한 제제(함유된 중량의 비율이 1% 이하인 것 제외)
㉧ 화학물질관리법 제2조 제5호에 따른 금지물질
㉨ 기타 보건상 해로운 물질로서 정책심의위원회의 심의를 거쳐 고용노동부장관이 정하는 유해물질

06 우리나라 산업안전보건법에 의하면 시료채취는 무엇을 기본으로 하는가?

① 지역시료채취 ② 개인시료채취
③ 동일시료채취 ④ 고체 흡착 시료채취

해설 모든 측정은 개인시료채취방법으로 하되, 개인시료채취방법이 곤란한 경우에는 지역시료채취방법으로 실시할 것

07 산업안전보건법상 신규화학물질의 유해성 · 위험성 조사에서 제외되는 화학물질이 아닌 것은?

① 원소
② 방사성 물질
③ 일반 소비자의 생활용이 아닌 인공적으로 합성된 화학물질
④ 고용노동부장관이 환경부장관과 협의하여 고시하는 화학물질 목록에 기록되어 있는 물질

해설 유해성 · 위험성 조사 제외 화학물질

㉠ 원소
㉡ 천연으로 산출된 화학물질

㉢ 방사성 물질
㉣ 고용노동부장관이 명칭, 유해성 · 위험성, 조치사항 및 연간 제조량 · 수입량을 공표한 물질로서 공표된 연간 제조량 · 수입량 이하로 제조하거나 수입한 물질
㉤ 고용노동부장관이 환경부장관과 협의하여 고시하는 화학물질 목록에 기록되어 있는 물질

08 산업안전보건법에 따라 최근 1년간 작업공정에서 공정 설비의 변경, 작업방법의 변경, 설비의 이전, 사용 화학물질의 변경 등으로 작업환경측정결과에 영향을 주는 변화가 없는 경우로서 해당 유해인자에 대한 작업환경측정을 1년에 1회 이상으로 할 수 있는 것은?

① 작업장 또는 작업공정이 신규로 가동되는 경우
② 작업공정 내 소음의 작업환경측정 결과가 최근 2회 연속 90데시벨(dB) 미만인 경우
③ 작업공정 내 소음 외의 다른 모든 인자의 작업환경측정 결과가 최근 2회 연속 노출기준 미만인 경우
④ 작업환경측정 대상 유해인자에 해당하는 화학적 인자의 측정치가 노출기준을 초과하는 경우

해설 1년에 1회 이상 작업환경측정
㉠ 작업공정 내 소음의 작업환경측정 결과가 최근 2회 연속 85데시벨(dB) 미만
㉡ 작업공정 내 소음 외의 다른 모든 인자의 작업환경측정 결과가 최근 2회 연속 노출기준 미만

09 산업안전보건법상 최근 1년간 작업공정에서 공정 설비의 변경, 작업방법의 변경, 설비의 이전, 사용 화학물질의 변경 등으로 작업환경측정 결과에 영향을 주는 변화가 없는 경우 작업공정 내 소음 외의 다른 모든 인자의 작업환경측정 결과가 최근 2회 연속 노출기준 미만인 사업장은 몇 년에 1회 이상 측정할 수 있는가?

① 6월 ② 1년 ③ 2년 ④ 3년

10 산업안전보건법령상 작업환경측정에 관한 내용으로 틀린 것은?

① 모든 측정은 개인시료채취방법으로만 실시하여야 한다.
② 작업환경측정을 실시하기 전에 예비조사를 실시하여야 한다.
③ 작업환경측정자는 그 사업장에 소속된 사람으로 산업위생관리산업기사 이상의 자격을 가진 사람이다.
④ 작업이 정상적으로 이루어져 작업시간과 유해인자에 대한 근로자의 노출 정도를 정확히 평가할 수 있을 때 실시하여야 한다.

해설 모든 측정은 개인시료채취방법으로 하되, 개인시료채취방법이 곤란한 경우에는 지역시료채취방법으로 실시한다.

ANSWER | 01 ③ 02 ③ 03 ③ 04 ③ 05 ③ 06 ② 07 ③ 08 ③ 09 ② 10 ①

보건관리자

01 다음 중 산업안전보건법령상 보건관리자의 직무에 해당하지 않는 것은?(단, 기타 작업관리 및 작업환경관리에 관한 사항은 제외한다.)

① 사업장 순회점검 · 지도 및 조치의 건의
② 위험성 평가에 관한 보좌 및 지도 · 조언
③ 물질안전보건자료의 게시 또는 비치에 관한 보좌 및 지도 · 조언
④ 산업안전보건관리비의 집행 감독 및 그 사용에 관한 수급인 간의 협의 · 조정

02 산업안전보건법상 제조업에서 상시 근로자가 몇 명 이상인 경우 보건관리자를 선임하여야 하는가?

① 5명 ② 50명 ③ 100명 ④ 300명

03 산업안전보건법령상 보건관리자의 자격과 선임제도에 대한 설명으로 틀린 것은?

① 상시 근로자가 100인 이상 사업장은 보건관리자의 자격기준에 해당하는 자 중 1인 이상을 보건관리자로 선임하여야한다.
② 보건관리대행은 보건관리자의 직무인 보건관리를 전문으로 행하는 외부기관에 위탁하여 수행하는 제도로 1990년부터 법적 근거를 갖고 시행되고 있다.
③ 작업 환경상에 유해요인이 상존하는 제조업은 근로자의 수가 2,000명을 초과하는 경우에 「의료법」에 따른 의사 또는 간호사인 보건관리자 1인을 포함하는 2인의 보건관리자를 선임하여야한다.
④ 보건관리자의 자격기준은 의료법에 의한 의사 또는 간호사, 산업안전보건법에 의한 산업보건지도사, 국가기술자격법에 의한 산업위생관리 산업기사 또는 환경관리 산업기사(대기분야 한함) 등이다.

해설 상시 근로자가 50인 이상 사업장은 보건관리자의 자격기준에 해당하는 자 중 1인 이상을 보건관리자로 선임하여야 한다.

04 상시 근로자가 300명인 신발 제조업에서 산업안전보건법에 따라 선임하여야 하는 보건관리자에 관한 설명으로 맞는 것은?

① 선임하여야 하는 보건관리자의 수는 1명이다.
② 보건 관련 전공자 2명을 보건관리자로 선임하여야 한다.
③ 보건관리자의 자격을 가진 2명의 보건관리자를 선임하여야 하며, 그중 1명은 의사나 간호사이어야 한다.
④ 보건관리자의 자격을 가진 3명의 보건관리자를 선임하여야 하며, 그중 1명은 의사나 간호사이어야 한다.

해설 보건관리자를 두어야 할 사업의 종류 · 규모 및 보건관리자의 수

업종	상시 근로자 수	보건관리자 수
광업, 섬유제품 염색업, 모피제조업, 신발, 석유 정제, 화학물질, 의료용 물질, 고무, 1차 금속, 전자부품, 기계, 전기, 자동차 및 트레일러, 운송장비 제조업 등	2,000명 이상	2명 이상(반드시 의사 또는 간호사 포함)
	500~2,000명	2명 이상
	50~500명	1명 이상

05 다음 중 산업안전보건법령상 보건관리자의 자격기준에 해당하지 않는 자는?

① 「의료법」에 의한 의사

② 「의료법」에 의한 간호사

③ 「위생사에 관한 법률」에 의한 위생사

④ 「고등교육법」에 의한 전문대학에서 산업보건 관련 학과를 졸업한 자

해설 보건관리자의 자격

㉠ 의료법에 따른 의사

㉡ 의료법에 따른 간호사

㉢ 산업보건지도사

㉣ 산업위생관리산업기사 또는 대기환경산업기사 이상의 자격을 취득한 사람

㉤ 인간공학기사 이상의 자격을 취득한 사람

㉥ 전문대학 이상의 학교에서 산업보건 또는 산업위생 분야의 학과를 졸업한 사람

ANSWER | 01 ④ 02 ② 03 ① 04 ① 05 ③

화학물질의 분류 · 표시 및 물질안전보건자료에 관한 기준

01 산업안전보건법령상 물질안전보건자료(MSDS) 작성 시 포함되어야 할 항목이 아닌 것은?

① 유해성, 위험성　　② 안정성 및 반응성

③ 사용빈도 및 타당성　　④ 노출방지 및 개인보호구

해설 물질안전보건자료(MSDS) 작성 시 반드시 포함되어야 할 항목

① 화학제품과 회사에 관한 정보 ② 유해성, 위험성 ③ 구성성분의 명칭 및 함유량 ④ 응급조치요령 ⑤ 폭발, 화재 시 대처방법 ⑥ 누출사고 시 대처방법 ⑦ 취급 및 저장방법 ⑧ 노출방지 및 개인보호구 ⑨ 물리화학적 특성 ⑩ 안정성 및 반응성 ⑪ 독성에 관한 정보 ⑫ 환경에 미치는 영향 ⑬ 폐기 시 주의사항 ⑭ 운송에 필요한 정보 ⑮ 법적 규제현황 ⑯ 그 밖의 참고사항

02 다음 중 '화학물질의 분류 · 표시 및 물질안전보건자료에 관한 기준'에서 정한 경고표지의 기재 항목 작성방법으로 틀린 것은?

① 대상화학물질이 '해골과 X자형 뼈'와 '감탄부호(!)'의 그림문자에 모두 해당되는 경우에는 '해골과 X자형 뼈'의 그림문자만을 표시한다.

② 피부 부식성 또는 심한 눈 손상성 그림문자와 피부 자극성 또는 눈 자극성 그림문자에 모두 해당되는 경우에는 피부 부식성 또는 심한 눈 손상성 그림문자만을 표시한다.

③ 대상화학물질이 호흡기 과민성 그림문자와 피부 과민성 그림문자에 모두 해당되는 경우에는 호흡기 과민성 그림 문자만을 표시한다.

④ 대상화학물질이 4개 이상의 그림문자에 해당하는 경우 유해 · 위험의 우선 순위별로 2가지의 그림문자만을 표시할 수 있다.

해설 경고표지 기재항목의 작성방법

㉠ "해골과 X자형 뼈"와 "감탄부호(!)"의 그림문자에 모두 해당되는 경우에는 "해골과 X자형 뼈"의 그림문자만을 표시한다.

㉡ 피부 부식성 또는 심한 눈 손상성 그림문자와 피부 자극성 또는 눈 자극성 그림문자에 모두 해당되는 경우에는 피부 부식성 또는 심한 눈 손상성 그림문자만을 표시한다.

㉢ 호흡기 과민성 그림문자와 피부 과민성, 피부 자극성 또는 눈 자극성 그림문자에 모두 해당되는 경우에는 호흡기 과민성 그림문자만을 표시한다.

㉣ 5개 이상의 그림문자에 해당되는 경우에는 4개의 그림문자만을 표시할 수 있다.

03 산업안전보건법에 의한 '화학물질의 분류 · 표시 및 물질 안전보건자료에 관한 기준'에서 정하는 경고표지의 색상으로 적합한 것은?

① 경고표지 전체의 바탕은 흰색으로, 글씨와 테두리는 검은색으로 하여야 한다.

② 경고표지 전체의 바탕은 흰색으로, 글씨와 테두리는 붉은색으로 하여야 한다.

③ 경고표지 전체의 바탕은 노란색으로, 글씨와 테두리는 검은색으로 하여야 한다.

④ 경고표지 전체의 바탕은 노란색으로, 글씨와 테두리는 붉은색으로 하여야 한다.

해설 경고표지의 색상 및 위치

㉠ 경고표지 전체의 바탕은 흰색으로, 글씨와 테두리는 검은색으로 하여야 한다.

㉡ 경고표지는 취급근로자가 사용 중에도 쉽게 볼 수 있는 위치에 견고하게 부착하여야 한다.

04 사업주는 사업장에 쓰이는 모든 대상화학물질에 대한 물질안전보건자료를 취급 근로자가 쉽게 볼 수 있도록 비치 및 게시하여야 한다. 비치 및 게시를 하기 위한 장소로 잘못된 것은?

① 대상화학물질 취급작업 공정 내

② 사업장 내 근로자가 가장 보기 쉬운 장소

③ 안전사고 또는 직업병 발생 우려가 있는 장소

④ 위급상황 시 보건관리자가 바로 활용할 수 있는 문서보관실

해설 게시 또는 비치

사업주는 사업장에 쓰이는 모든 대상화학물질에 대한 물질안전보건자료를 취급근로자가 쉽게 볼 수 있는 다음 각 호의 장소 중 어느 하나 이상의 장소에 게시 또는 갖추어 두고 정기 또는 수시로 점검 · 관리하여야 한다.

① 대상화학물질 취급작업 공정 내

② 안전사고 또는 직업병 발생 우려가 있는 장소

③ 사업장 내 근로자가 가장 보기 쉬운 장소

05 산업안전보건법에 따라 사업주가 허가대상 유해물질을 제조하거나 사용하는 작업장의 보기 쉬운 장소에 반드시 게시하여야 하는 내용이 아닌 것은?

① 제조 날짜

② 취급상의 주의사항

③ 인체에 미치는 영향

④ 착용하여야 할 보호구

해설 허가대상 유해물질의 제조 · 사용 시 게시사항
㉠ 취급 시 주의사항
㉡ 인체에 미치는 영향
㉢ 착용하여야 할 보호구
㉣ 허가대상 유해물질의 명칭
㉤ 응급처치와 긴급방재 요령

ANSWER | 01 ③ 02 ④ 03 ① 04 ④ 05 ①

PART 01 | PART 02 | PART 03 | PART 04 | PART 05 | PART 06

산업안전보건기준에 관한 규칙

01 산업안전보건법상 용어의 정의가 틀린 것은?

① 산소결핍이란 공기 중의 산소농도가 18% 미만인 상태를 말한다.
② 산소결핍증이란 산소가 결핍된 공기를 들이마심으로써 생기는 증상을 말한다.
③ 밀폐공간이란 산소결핍, 유해가스로 인한 화재 · 폭발 등의 위험이 있는 장소로서 별도로 정한 장소를 말한다.
④ 적정공기란 산소농도의 범위가 18% 이상 23.5% 미만, 탄산가스의 농도가 1.0% 미만, 황화수소의 농도가 100ppm 미만인 수준의 공기를 말한다.

해설 적정공기란 산소농도의 범위가 18% 이상 23.5% 미만, 탄산가스의 농도가 1.5% 미만, 황화수소의 농도가 10ppm 미만인 수준의 공기를 말한다.

02 산업안전보건법령상 밀폐공간 작업으로 인한 건강장해 예방을 위하여 "적정한 공기"의 조성 조건으로 옳은 것은?

① 산소농도가 18% 이상 21% 미만, 탄산가스의 농도가 1.5% 미만, 황화수소 농도가 10ppm 미만 수준의 공기
② 산소농도가 16% 이상 23.5% 미만, 탄산가스의 농도가 3% 미만, 황화수소 농도가 5ppm 미만 수준의 공기
③ 산소농도가 18% 이상 21% 미만, 탄산가스의 농도가 1.5% 미만, 황화수소 농도가 5ppm 미만 수준이 공기
④ 산소농도가 18% 이상 23.5% 미만, 탄산가스의 농도가 1.5% 미만, 황화수소 농도가 10ppm 미만 수준의 공기

03 산소결핍장소에서의 관리방법에 관한 내용으로 틀린 것은?

① 생체 중에서 산소결핍에 대하여 가장 민감한 조직은 뇌이다.
② 산소결핍이란 공기 중의 산소농도가 18% 미만인 상태를 말한다.
③ 산소결핍의 우려가 있는 경우에는 산소의 농도를 측정하는 사람을 지명하여 측정하도록 하여야 한다.
④ 맨홀 지하작업 등 산소결핍이 우려되는 장소에서는 근로자에게는 구명밧줄과 방독마스크를 착용하도록 하여야 한다.

해설 방독마스크는 산소농도가 부족한 지역에서 사용할 경우 질식에 의한 사고가 발생할 수 있기 때문에 사용에 주의가 필요하다.

04 산업안전보건법령상 유해인자의 분류기준에 있어 다음 설명 중 (　　) 안에 해당하는 내용을 바르게 나열한 것은?

> 급성 독성 물질은 입 또는 피부를 통하여 (A)회 투여 또는 24시간 이내에 여러 차례로 나누어 투여하거나 호흡기를 통하여 (B)시간 동안 흡입하는 경우 유해한 영향을 일으키는 물질을 말한다.

① A : 1, B : 4　　② A : 1, B : 6
③ A : 2, B : 4　　④ A : 2, B : 6

해설 유해인자의 분류기준
급성 독성 물질은 입 또는 피부를 통하여 1회 투여 또는 24시간 이내 여러 차례로 나누어 투여하거나 호흡기를 통하여 4시간 동안 흡입하는 경우 유해한 영향을 일으키는 물질을 말한다.

ANSWER | 01 ④　02 ④　03 ④　04 ①

더 풀어보기

산업기사

01 산업안전보건법의 궁극적 목적에 해당되지 않는 내용은?

① 산업재해를 예방　　② 쾌적한 작업환경을 조성
③ 근로자의 재활을 통한 사업장 복귀　　④ 근로자의 안전과 보건을 유지 · 증진

해설 산업안전보건법의 목적
산업안전 및 보건에 관한 기준을 확립하고 그 책임의 소재를 명확하게 하여 산업재해를 예방하고 쾌적한 작업환경을 조성함으로써 노무를 제공하는 자의 안전 및 보건을 유지 · 증진함을 목적으로 한다.

02 산업안전보건법령상 제조 · 수입 · 양도 · 제공 또는 사용이 금지되는 유해물질에 해당하는 것은?

① 베릴륨　　② 황린(黃燐) 성냥　　③ 염화비닐　　④ 휘발성 콜타르피치

03 MSDS 제도상에서 제조 · 수입 · 양도 · 제공 또는 사용을 금지하는 물질은?

① 비소　　② 청석면　　③ 일반섬유　　④ 6가 크롬

04 산업안전보건법 중 작업환경측정 대상 인자는 약 몇 종인가?

① 약 120종　　② 약 190종　　③ 약 460종　　④ 약 690종

해설 작업환경측정대상 사업
유기화합물(113종), 금속류(23종), 산 · 알칼리류(17종), 가스상 물질류(15종), 허가대상유해물질(14종), 분진(6종), 금속가공유, 소음 및 고열 등으로 규정되어 있다.

05 산업안전보건법령상 작업환경 측정기관의 지정이 취소된 경우 지정이 취소된 날부터 몇 년 이내에 관련 기관으로 지정받을 수 없는가?

① 1년 ② 2년 ③ 3년 ④ 5년

해설 작업환경 측정기관의 지정이 취소된 경우 지정이 취소된 날부터 2년 이내에는 관련 기관으로 지정받을 수 없다.

06 산업안전보건법상 보건관리자의 업무에 해당하지 않는 것은?

① 위험성평가에 관한 보좌 및 지도 · 조언
② 작업의 중지 및 재개에 관한 보좌 및 지도 · 조언
③ 물질안전보전자료의 게시 또는 비치에 관한 보좌 및 지도 · 조언
④ 산업재해 발생의 원인 조사 · 분석 및 재발 방지를 위한 기술적 보좌 및 지도 · 조언

07 산업안전보건법령상 보건에 관한 기술적인 사항에 관하여 사업주를 보좌하고 관리감독자에게 지도 · 조언을 할 수 있는 자는?

① 보건관리자 ② 관리책임자
③ 관리감독책임자 ④ 명예산업안전보건감독관

08 산업안전보건법상 최소 상시 근로자 몇 인 이상의 사업장은 1인 이상의 보건관리자를 선임하여야 하는가?

① 10인 이상 ② 50인 이상 ③ 100인 이상 ④ 300인 이상

해설 상시 근로자 수가 50~500명인 사업장은 1인 이상의 보건관리자를 선임해야 한다.

09 다음 중 산업안전보건법상 보건관리자의 자격에 해당되지 않는 것은?

① 「의료법」에 따른 의사
② 「의료법」에 따른 간호사
③ 「산업안전보건법」에 따른 산업안전지도사
④ 「고등교육법」에 따른 전문대학에서 산업위생 관련 학과를 졸업한 사람

해설 보건관리자의 자격
㉠ 의료법에 따른 의사
㉡ 의료법에 따른 간호사
㉢ 산업보건지도사
㉣ 산업위생관리산업기사 또는 대기환경산업기사 이상의 자격을 취득한 사람
㉤ 인간공학기사 이상의 자격을 취득한 사람
㉥ 전문대학 이상의 학교에서 산업보건 또는 산업위생 분야의 학과를 졸업한 사람

10 산업안전보건법령상에서 산소결핍이란 공기 중의 산소농도가 얼마 미만인 상태를 말하는가?

① 17% ② 18% ③ 19% ④ 20%

해설 산소결핍이란 공기 중의 산소농도가 18% 미만인 상태를 말한다.

11 산업안전보건법령상 보관하여야 할 서류와 그 보존기간이 잘못 연결된 것은?

① 건강진단 결과를 증명하는 서류 : 5년간
② 보건관리 업무 수탁에 관한 서류 : 3년간
③ 작업환경측정 결과를 기록한 서류 : 3년간
④ 발암성 확인물질을 취급하는 근로자에 대한 건강진단 결과의 서류 : 30년간

해설 작업환경측정 결과를 기록한 서류는 5년간 보존한다.

ANSWER | 01 ③ 02 ② 03 ② 04 ② 05 ② 06 ② 07 ① 08 ② 09 ③ 10 ② 11 ③

기 사

01 다음 중 산업안전보건법령상 중대재해에 해당하지 않는 것은?

① 사망자가 1명 이상 발생한 재해
② 부상자가 동시에 5명 발생한 재해
③ 직업성 질병자가 동시에 12명 발생한 재해
④ 3개월 이상의 요양을 요하는 부상자가 동시에 3명 발생한 재해

해설 중대재해란 산업재해 중 사망 등 재해 정도가 심하거나 다수의 재해자가 발생한 재해를 말한다.
㉠ 사망자가 1명 이상 발생한 재해
㉡ 3개월 이상의 요양이 필요한 부상자가 동시에 2명 이상 발생한 재해
㉢ 부상자 또는 직업성 질병자가 동시에 10명 이상 발생한 재해

02 산업안전보건법에서 정하는 중대재해라고 볼 수 없는 것은?

① 사망자가 1명 이상 발생한 재해
② 부상자 또는 직업성 질병자가 동시에 10명 이상 발생한 재해
③ 3개월 이상의 요양을 요하는 부상자가 동시에 2명 이상 발생한 재해
④ 재산피해액 5천만 원 이상의 재해

03 산업안전보건법상 용어의 정의에서 산업재해를 예방하기 위하여 잠재적 위험성을 발견하고 그 개선대책을 수립할 목적으로 고용노동부장관이 지정하는 자가 하는 조사 · 평가를 무엇이라 하는가?

① 위험성평가 ② 안전 · 보건진단
③ 작업환경측정 · 평가 ④ 유해성 · 위험성 조사

04 중대재해 또는 산업재해가 다발하는 사업장을 대상으로 유사사례를 감소시켜 관리하기 위하여 잠재적 위험성의 발견과 그 개선대책의 수립을 목적으로 고용노동부장관이 지정하는 자가 실시하는 조사 · 평가를 무엇이라 하는가?

① 안전 · 보건진단　　② 사업장 역학조사
③ 안전 · 위생진단　　④ 유해 · 위험성 평가

05 산업안전보건법에 따라 작업환경측정을 실시한 경우 작업환경측정결과보고서는 시료채취를 마친 날부터 며칠 이내에 관할 지방고용노동관서의 장에게 제출하여야 하는가?

① 7일　　② 15일　　③ 30일　　④ 60일

해설 작업환경측정결과보고서는 시료채취를 마친 날부터 30일 이내에 관할 지방고용노동관서의 장에게 제출하여야 한다.

06 산업안전보건법상 보건관리자의 업무에 해당하지 않는 것은?

① 산업안전보건위원회 또는 노사협의체에서 심의 · 의결한 업무와 안전보건관리규정 및 취업규칙에서 정한 업무
② 보호구 중 보건에 관련되는 보호구 구입 시 적격품의 선정
③ 산업재해 발생의 원인조사 및 재해 방지를 위한 기술적 지도 · 조언
④ 물질안전보건자료의 개시 또는 비치

07 보건관리자가 보건관리업무에 지장이 없는 범위 내에서 다른 업무를 겸할 수 있는 사업장은 상시 근로자 몇 명 미만에서 가능한가?

① 100명　　② 200명　　③ 300명　　④ 500명

해설 상시 근로자가 300명 미만인 사업장에서는 보건관리자가 보건관리 업무에 지장이 없는 범위에서 다른 업무를 겸할 수 있다.

08 산업안전보건법상 보건관리자의 자격과 선임제도에 관한 설명으로 틀린 것은?

① 상시 근로자 50인 이상 사업장은 보건관리자의 자격기준에 해당하는 자 중 1인 이상을 보건관리자로 선임하여야 한다.
② 보건관리대행은 보건관리자의 직무를 보건관리를 전문으로 행하는 외부기관에 위탁하여 수행하는 제도로 1990년부터 법적 근거를 갖고 시행되고 있다.
③ 작업환경상에 유해요인이 상존하는 제조업은 근로자의 수가 2,000명을 초과하는 경우에 의사인 보건관리자 1인을 포함하는 3인의 보건관리자를 선임하여야 한다.
④ 보건관리자 자격기준은 의료법에 의한 의사 또는 간호사, 산업안전보건법에 의한 산업위생지도사, 국가기술자격법에 의한 산업위생관리산업기사 또는 환경관리산업기사(대기분야에 한함) 이상이다.

해설 상시 근로자 수가 3,000명 이상인 사업장은 의사 또는 간호사를 포함한 2명 이상의 보건관리자를 선임해야 하고, 산업위생지도사를 산업보건지도사로 변경해야 한다.

09 산업안전보건법령상 보건관리자의 자격에 해당하지 않는 사람은?

① 「의료법」에 따른 의사

② 「의료법」에 따른 간호사

③ 「국가기술자격법」에 따른 산업안전기사

④ 「산업안전보건법」에 따른 산업보건지도사

해설 보건관리자의 자격

㉠ 의료법에 따른 의사

㉡ 의료법에 따른 간호사

㉢ 산업보건지도사

㉣ 산업위생관리산업기사 또는 대기환경산업기사 이상의 자격을 취득한 사람

㉤ 인간공학기사 이상의 자격을 취득한 사람

㉥ 전문대학 이상의 학교에서 산업보건 또는 산업위생 분야의 학과를 졸업한 사람

10 보건관리자를 반드시 두어야 하는 사업장이 아닌 것은?

① 도금업

② 축산업

③ 연탄 생산업

④ 축전지(납 포함) 제조업

11 다음 중 산업안전보건법상 "물질안전보건자료의 작성과 비치가 제외되는 대상물질"이 아닌 것은?

① 「농약관리법」에 따른 농약

② 「폐기물관리법」에 따른 폐기물

③ 「대기관리법」에 따른 대기오염물질

④ 「식품위생법」에 따른 식품 및 식품첨가물

해설 물질안전보건자료의 작성 · 제출 제외 대상 화학물질

① 건강기능식품

② 농약

③ 마약 및 향정신성의약품

④ 비료

⑤ 사료

⑥ 원료물질

⑦ 안전확인대상 생활화학제품 및 살생물제품 중 일반소비자의 생활용으로 제공되는 제품

⑧ 식품 및 식품첨가물

⑨ 의약품 및 의약외품

⑩ 방사성 물질

⑪ 위생용품

⑫ 의료기기

⑬ 화약류

⑭ 폐기물

⑮ 화장품

⑯ ①부터 ⑮까지의 규정 외의 화학물질 또는 혼합물로서 일반소비자의 생활용으로 제공되는 것(일반소비자의 생활용으로 제공되는 화학물질 또는 혼합물이 사업장 내에서 취급되는 경우를 포함한다)

⑰ 고용노동부장관이 정하여 고시하는 연구 · 개발용 화학물질 또는 화학제품

⑱ 그 밖에 고용노동부장관이 독성 · 폭발성 등으로 인한 위해의 정도가 적다고 인정하여 고시하는 화학물질

12 다음 중 물질안전보건자료(MSDS) 작성 시 반드시 포함되어야 할 항목이 아닌 것은?

① 화학제품과 회사에 관한 정보 ② 유해 · 위험성
③ 노출방지 및 개인보호구 ④ 게시방법 및 위치

해설 물질안전보건자료(MSDS) 작성 시 반드시 포함되어야 할 항목
① 화학제품과 회사에 관한 정보 ② 유해성, 위험성 ③ 구성성분의 명칭 및 함유량 ④ 응급조치요령 ⑤ 폭발, 화재 시 대처방법 ⑥ 누출사고 시 대처방법 ⑦ 취급 및 저장방법 ⑧ 노출방지 및 개인보호구 ⑨ 물리화학적 특성 ⑩ 안정성 및 반응성 ⑪ 독성에 관한 정보 ⑫ 환경에 미치는 영향 ㉢ 폐기 시 주의 사항 ⑭ 운송에 필요한 정보 ⑮ 법적 규제현황 ⑯ 그 밖의 참고사항

13 다음 중 산업안전보건법상 대상화학물질에 대한 물질안전보건자료(MSDS)로부터 알 수 있는 정보가 아닌 것은?

① 응급조치요령 ② 법적 규제 현황
③ 주요 성분 검사방법 ④ 노출방지 및 개인보호구

14 물질안전보건자료(MSDS)의 작성 원칙에 관한 설명으로 틀린 것은?

① MSDS는 한글로 작성하는 것을 원칙으로 한다.
② 실험실에서 시험 · 연구목적으로 사용하는 시약으로서 MSDS가 외국어로 작성된 경우에는 한국어로 번역하지 아니할 수 있다.
③ 외국어로 되어 있는 MSDS를 번역하는 경우에는 자료의 신뢰성이 확보될 수 있도록 최초 작성기관명과 시기를 함께 기재하여야 한다.
④ 각 작성항목은 빠짐없이 작성하여야 하지만 부득이 어느 항목에 대해 관련 정보를 얻을 수 없는 경우에는 작성란에 "해당 없음"이라고 기재한다.

해설 각 작성항목은 빠짐없이 작성하여야 하지만 부득이 어느 항목에 대해 관련 정보를 얻을 수 없는 경우에는 작성란에 "자료 없음"이라고 기재한다.

15 다음 중 물질안전보건자료(MSDS)의 작성 원칙에 관한 설명으로 틀린 것은?

① MSDS의 작성단위는 「계량에 관한 법률」이 정하는 바에 의거한다.
② MSDS는 한글로 작성하는 것을 원칙으로 하되 화학물질명, 외국기관명 등의 고유명사는 영어로 표기할 수 있다.
③ 각 작성항목은 빠짐없이 작성하여야 하며, 부득이 어느 항목에 대해 관련 정보를 얻을 수 없는 경우 작성란은 공란으로 둔다.
④ 외국어로 되어 있는 MSDS를 번역하는 경우에는 자료의 신뢰성이 확보될 수 있도록 최초 작성기관명 및 시기를 함께 기재하여야 한다.

16 산업안전보건법에 근로자의 건강보호를 위해 사업주가 실시하는 프로그램이 아닌 것은?

① 청력보존 프로그램 ② 호흡기보호 프로그램
③ 방사선 예방관리 프로그램 ④ 밀폐공간 보건작업 프로그램

해설 산업안전보건법에 방사선 예방관리 프로그램은 없다.

17 다음 중 사업장의 보건관리에 대한 내용으로 틀린 것은?

① 고용노동부장관은 근로자의 건강을 보호하기 위하여 필요하다고 인정할 때에는 사업주에게 특정 근로자에 대해 임시건강진단의 실시나 그 밖에 필요한 조치를 명할 수 있다.
② 사업주는 산업안전보건위원회 또는 근로자 대표가 요구할 때에는 본인의 동의 없이도 건강진단을 한 건강진단기관으로 하여금 건강진단 결과에 대한 설명을 하도록 할 수 있다.
③ 고용노동부장관은 직업성 질환의 진단 및 예방, 발생원인의 규명을 위하여 필요하다고 인정할 때에는 근로자의 질병과 작업장의 유해요인의 상관관계에 관한 직업성 질환 역학조사를 할 수 있다.
④ 사업주는 유해하거나 위험한 작업으로서 대통령령으로 정하는 작업에 종사하는 근로자에게는 1일 6시간, 1주 34시간을 초과하여 근로하게 하여서는 아니 된다.

해설 사업주는 산업안전보건위원회 또는 근로자 대표가 요구할 때에는 직접 또는 건강진단을 한 건강진단기관으로 하여금 건강진단 결과에 대한 설명을 하도록 하여야 한다. 다만, 본인의 동의 없이는 개별 근로자의 건강진단 결과를 공개해서는 안 된다.

18 다음 중 밀폐공간과 관련된 설명으로 틀린 것은?

① "산소결핍"이란 공기 중의 산소농도가 16% 미만인 상태를 말한다.
② "산소결핍증"이란 산소가 결핍된 공기를 들이마심으로써 생기는 증상을 말한다.
③ "유해가스"란 밀폐공간에서 탄산가스, 황화수소 등의 유해물질이 가스 상태로 공기 중에 발생하는 것을 말한다.
④ "적정공기"란 산소농도의 범위가 18% 이상 23.5% 미만, 탄산가스의 농도가 1.5% 미만, 황화수소의 농도가 10ppm 미만인 수준의 공기를 말한다.

해설 산소결핍이란 공기 중의 산소농도가 18% 미만인 상태를 말한다.

19 사업주가 관계 근로자 외에는 출입을 금지시키고 그 뜻을 보기 쉬운 장소에 게시하여야 하는 작업장소가 아닌 것은?

① 산소농도가 18% 미만인 장소
② 탄산가스의 농도가 1.5%를 초과하는 장소
③ 일산화탄소의 농도가 30ppm을 초과하는 장소
④ 황화수소 농도가 100만분의 1을 초과하는 장소

해설 적정공기란 산소농도의 범위가 18% 이상 23.5% 미만, 탄산가스의 농도가 1.5% 미만, 일산화탄소의 농도가 30ppm 미만, 황화수소의 농도가 10ppm 미만인 수준의 공기를 말한다.

20 산업안전보건법상 입자상 물질의 농도 평가에서 2회 이상 측정한 단시간 노출농도값이 단시간 노출기준과 시간가중평균기준값 사이일 때 노출기준 초과로 평가해야 하는 경우가 아닌 것은?

① 1일 4회를 초과하는 경우
② 15분 이상 연속 노출되는 경우
③ 노출과 노출 사이의 간격이 1시간 이내인 경우
④ 단위작업장소의 넓이가 30평방미터 이상인 경우

해설 허용기준 TWA를 초과하고 허용기준 STEL 이하인 때에는 다음 어느 하나 이상에 해당되면 허용기준을 초과한 것으로 판정한다.
㉠ 1회 노출지속시간이 15분 이상인 경우
㉡ 1일 4회를 초과하여 노출되는 경우
㉢ 노출과 노출 사이의 간격이 1시간(60분) 이내인 경우

21 산업안전보건법령상 사업주는 몇 kg 이상의 중량을 들어 올리는 작업에 근로자를 종사하도록 할 때 다음과 같은 조치를 취하여야 하는가?

- 주로 취급하는 물품에 대하여 근로자가 쉽게 알 수 있도록 물품의 중량과 무게중심에 대하여 작업장 주변에 안내표시를 할 것
- 취급하기 곤란한 물품은 손잡이를 붙이거나 갈고리, 진공빨판 등 적절한 보조도구를 활용할 것

① 3kg ② 5kg ③ 10kg ④ 15kg

해설 사업주는 5kg 이상의 중량물을 들어 올리는 작업에 근로자를 종사하도록 하는 때에는 다음과 같은 조치를 하여야 한다.
㉠ 주로 취급하는 물품에 대하여 근로자가 쉽게 알 수 있도록 물품의 중량과 무게중심에 대하여 작업장 주변에 안내표시를 할 것
㉡ 취급하기 곤란한 물품은 손잡이를 붙이거나 갈고리, 진공빨판 등 적절한 보조도구를 활용할 것

22 산업안전보건법령상의 "충격소음작업"은 몇 dB 이상의 소음이 1일 100회 이상 발생되는 작업을 말하는가?

① 110 ② 120 ③ 130 ④ 140

해설 충격소음작업(소음이 1초 이상의 간격으로 발생하는 작업)
㉠ 120데시벨을 초과하는 소음이 1일 1만 회 이상 발생하는 작업
㉡ 130데시벨을 초과하는 소음이 1일 1천 회 이상 발생하는 작업
㉢ 140데시벨을 초과하는 소음이 1일 1백 회 이상 발생하는 작업

ANSWER | 01 ② 02 ④ 03 ② 04 ① 05 ③ 06 ③ 07 ③ 08 ③, ④ 09 ③ 10 ②
11 ③ 12 ④ 13 ③ 14 ④ 15 ③ 16 ③ 17 ② 18 ① 19 ④ 20 ④
21 ② 22 ④

THEMA 21 산업재해

1. 산업재해의 정의

근로자가 업무에 관계되는 건설물, 설비, 원재료, 가스, 증기, 분진 등에 의하거나 작업 또는 그 밖의 업무로 인하여 사망 또는 부상하거나 질병에 걸리는 것

2. 중대재해

① 사망자가 1명 이상 발생한 재해
② 3개월 이상의 요양이 필요한 부상자가 동시에 2명 이상 발생한 재해
③ 부상자 또는 직업성 질병자가 동시에 10명 이상 발생한 재해

3. 산업재해의 직접 발생 원인

구분	내용
불안전한 행동(인적 요인)	• 보호구 미착용 및 부적정 착용 • 위험장소 접근 • 기계 · 기구의 부적정 사용 • 위험물 취급 부주의 • 불안전한 작업자세
불안전한 상태(물적 요인)	• 방호장치 미설치 및 고장 • 작업환경 부적정(고소음 환경) • 경고 및 지시표지 미부착 • 생산공정의 결함
4M 요인	인간관계(Man, 인간관계 · 의사소통의 불량), 설비(Machine), 관리(Management), 작업환경(Media)

4. 산업재해의 발생 특성

① 봄, 가을에 빈발
② 오전 11~12시, 오후 2시~3시에 빈발
③ 작은 규모의 산업체에서 재해율이 높음
④ 입사 6개월 미만의 신규근로자에게서 발생률이 높음

5. 산업재해의 분석

① 하인리히의 법칙(1 : 29 : 300)
330회의 사고 가운데 중상 또는 사망 1회, 경상 29회, 무상해사고 300회의 비율로 사고 발생

② 버드의 법칙(1 : 10 : 30 : 600)

㉠ 1 : 중상 또는 폐질(사망 또는 질병)

㉡ 10 : 경상(인적, 물적 상해)

㉢ 30 : 무상해사고(물적 손실 발생)

㉣ 600 : 무상해, 무사고 고장(위험순간)

6. 산업재해의 지표

(1) 연천인율(年千人率)

① 근로자 1,000명당 1년간 발생하는 재해자 수

② 근무시간이 같은 동종의 업체와 비교 가능

$$\text{연천인율} = \frac{\text{재해자수}}{\text{연평균근로자수}} \times 1{,}000$$

(2) 도수율(빈도율)

① 산업재해의 발생빈도를 나타내는 단위

② 연간 근로시간 합계 100만 시간당 재해발생건수

$$\text{도수율} = \frac{\text{재해 발생 건수}}{\text{연간 총 근로시간 수}} \times 1{,}000{,}000$$

③ 도수율과 연천인율의 관계

㉠ $\text{도수율} = \frac{\text{연천인율}}{2.4}$

㉡ 연천인율=도수율×2.4

④ 1년 : 300일, 2,400시간 / 1월 : 25일, 200시간 / 1일 : 8시간

(3) 강도율

① 재해의 경중, 즉 강도의 정도를 손실 일수로 나타내는 재해통계

② 근로시간 1,000시간당 재해에 의해 잃어버린(상실되는) 근로손실일수

$$\text{강도율} = \frac{\text{근로손실일수}}{\text{연간 총 근로시간 수}} \times 1{,}000$$

③ 근로손실일수의 산정 기준

㉠ 사망 및 영구 전노동불능(신체장해등급 1~3급) : 7,500일

㉡ 영구 일부노동불능(근로손실일수)

신체장해등급	4	5	6	7	8	9	10	11	12	13	14
근로손실일수	5,500	4,000	3,000	2,200	1,500	1,000	600	400	200	100	50

㉢ 일시 전노동불능 : 근로손실일수 = 휴업일수 × $\frac{\text{연간근무일수}}{365}$

㉣ 연간근무일수가 주어지지 않으면 다음의 공식 적용

$$\text{일시 전노동불능 : 근로손실일수} = \text{휴업일수} \times \frac{300}{365}$$

(4) 환산재해율

① 환산강도율 : 10만 시간(평생근로)당의 근로손실일수

② 환산도수율 : 10만 시간(평생근로)당의 재해건수

$$\text{환산강도율(S)} = \text{강도율} \times \frac{100,000}{1,000} = \text{강도율} \times 100[\text{일}]$$

$$\text{환산도수율(F)} = \text{도수율} \times \frac{100,000}{1,000,000} = \text{도수율} \times \frac{1}{10}[\text{건}]$$

$$\frac{S}{F} = \text{재해 1건당의 근로손실일수}$$

(5) 종합재해지수(FSI : Frequency Severity Indicator)

① 재해 빈도의 다수와 상해 정도의 강약을 나타내는 성적지표로 어떤 집단의 안전성적을 비교하는 수단으로 사용된다.

② 강도율과 도수율의 기하평균이다.

$$\text{종합재해지수(FSI)} = \sqrt{\text{도수율(FR)} \times \text{강도율(SR)}} \left(\text{단, 미국의 경우FSI} = \sqrt{\frac{FR \times SR}{1,000}}\right)$$

7. 산업재해의 보상 및 대책

(1) 하인리히(H. W. Heinrich) 방식

- 총재해비용 = 직접비 + 간접비
- 직접손실비 : 간접손실비 = 1 : 4

① 직접비(법적으로 정한 산재보상비) : 산재자에게 지급되는 보상비 일체

요양급여	요양비 전액(진찰비, 약제치료재료대, 회진료, 병원수용비, 간호비용)
휴업급여	평균임금의 100분의 70에 상당하는 금액
장해급여	장해등급에 따라 지급되는 금액(장해등급 1~14급)
간병급여	요양급여를 받은 자가 치유 후 간병이 필요하여 실제로 간병을 받은 자에게 지급
유족급여	평균임금의 120일분에 상당하는 금액

장의비	평균임금의 120일분에 상당하는 금액
상병보상 연금	요양개시 후 2년 경과된 날 이후에 다음의 상태가 계속되는 경우에 지급 • 부상 또는 질병이 치유되지 아니한 상태 • 부상 또는 질병에 의한 폐질의 정도가 폐질등급기준에 해당
기타	장해특별급여, 유족특별급여, 직업재활급여

② 간접비(직접비를 제외한 모든 비용) : 산재로 인해 기업이 입은 재산상의 손실

(2) 하인리히의 재해예방 4원칙

예방 가능의 원칙	천재지변을 제외한 모든 재해는 원칙적으로 예방이 가능하다.
손실 우연의 원칙	사고로 생기는 상해의 종류 및 정도는 우연적이다.
원인 계기의 원칙	사고와 손실의 관계는 우연적이지만 사고와 원인관계는 필연적이다.(사고에는 반드시 원인이 있다.)
대책 선정의 원칙	원인을 정확히 규명해서 대책을 선정하고 실시되어야 한다.(3E, 즉 기술, 교육, 관리를 중심으로)

(3) 하인리히의 재해예방 5단계

① 제1단계 : 조직(안전관리조직)
② 제2단계 : 사실의 발견(현상파악)
③ 제3단계 : 분석 · 평가
④ 제4단계 : 시정방법의 선정(대책의 선정)
⑤ 제5단계 : 시정방법의 적용(목표달성)

(4) 하인리히의 도미노 이론(사고발생의 연쇄성)

① 1단계 : 사회적 환경 및 유전적 요소(기초원인)
② 2단계 : 개인의 결함(간접원인)
③ 3단계 : 불안전한 행동 및 불안전한 상태(직접원인) → 제거(효과적)
④ 4단계 : 사고
⑤ 5단계 : 재해

연습문제

01 다음 중 재해성 질병의 인정 시 종합적으로 판단하는 사항으로 틀린 것은?

① 재해의 성질과 강도
② 재해가 작용하는 신체부위
③ 재해가 발생할 때까지의 시간적 관계
④ 작업내용과 그 작업에 종사한 기간 또는 유해작업의 정도

해설 작업내용과 그 작업에 종사한 기간 또는 유해작업의 정도는 직업병 인정 시 종합적으로 판단하는 내용이다.

02 산업재해가 발생할 급박한 위험이 있거나 중대재해가 발생하였을 경우 취하는 행동으로 다음 중 가장 적합하지 않은 것은?

① 사업주는 즉시 작업을 중지시키고 근로자를 작업장소로부터 대피시켜야 한다.
② 직상급자에게 보고한 후 근로자의 해당 작업을 중지시킨다.
③ 사업주는 급박한 위험에 대한 합리적인 근거가 있을 경우에 작업을 중지하고 대피한 근로자에게 해고 등의 불리한 처우를 해서는 안 된다.
④ 고용노동부장관은 근로감독관 등으로 하여금 안전보건진단이나 그 밖의 필요한 조치를 하도록 할 수 있다.

해설 근로자는 산업재해가 발생할 급박한 위험으로 인하여 작업을 중지시키고 대피하였을 때에는 지체 없이 그 사실을 바로 위 상급자에게 보고하고 바로 위 상급자는 이에 대한 적절한 조치를 하여야 한다.

03 산업재해의 기본원인인 4M에 해당되지 않는 것은?

① 방식(Mode)
② 설비(Machine)
③ 작업(Media)
④ 관리(Management)

해설 M4 요인
㉠ 인간관계(Man, 인간관계 · 의사소통의 불량)
㉡ 설비(Machine)
㉢ 관리(Management)
㉣ 작업환경(Media)

04 산업재해 발생의 역학적 특성에 대한 설명으로 틀린 것은?

① 여름과 겨울에 빈발한다.
② 손상 종류로는 골절이 가장 많다.
③ 작은 규모의 산업체에서 재해율이 높다.
④ 오전 11~12시, 오후 2~3시에 빈발한다.

해설 산업재해의 발생 특성
㉠ 봄, 가을에 빈발
㉡ 오전 11~12시, 오후 2시~3시에 빈발
㉢ 작은 규모의 산업체에서 재해율이 높음
㉣ 입사 6개월 미만의 신규근로자에게서 발생률이 높음

05 다음 중 산업재해의 발생빈도를 나타내는 지표는?

① 강도율 ② 연천인율 ③ 유병률 ④ 도수율

해설 도수율은 산업재해의 발생빈도를 나타내는 단위이다.

06 하인리히의 재해구성 비율을 기준으로 하여 사망 또는 중상이 1회 발생했을 경우 무상해 사고는 몇 건이 발생하겠는가?

① 10건 ② 29건 ③ 300건 ④ 600건

해설 하인리히의 법칙(1 : 29 : 300)
330회의 사고 가운데 중상 또는 사망 1회, 경상 29회, 무상해사고 300회의 비율로 사고 발생

07 재해율의 종류 중 "천인율"에 관한 설명으로 틀린 것은?

① 천인율 = (재해자수/평균근로자수) × 1,000
② 근무시간이 다른 타 업종 간의 비교가 용이하다.
③ 각 사업장 간의 재해상황을 비교하는 자료로 활용된다.
④ 1년 동안에 근로자 1,000명에 대하여 발생한 재해자 수는 연천인율이라 한다.

해설 연천인율(年千人率)
㉠ 근로자 1,000명당 1년간 발생하는 재해자 수
㉡ 근무시간이 같은 동종 업체와 비교 가능

$$연천인율 = \frac{재해자수}{연평균근로자수} \times 1,000$$

08 산업재해통계에 사용되는 연천인율에 대한 공식으로 옳은 것은?

① $\frac{재해발생건수}{연근로시간수} \times 10^6$ ② $\frac{연간재해자수}{평균근로자수} \times 10^6$

③ $\frac{연간재해자수}{평균근로자수} \times 10^3$ ④ $\frac{재해발생건수}{연근로시간수} \times 10^3$

09 다음 중 도수율에 관한 설명으로 틀린 것은?

① 산업재해의 발생빈도를 나타낸다.
② 재해의 경중, 즉 강도를 나타내는 척도이다.
③ 연근로시간 합계 100만 시간당의 발생건수를 나타낸다.
④ 연근로시간수의 정확한 산출이 곤란한 경우 연간 2,400시간으로 한다.

해설 도수율은 산업재해의 발생빈도를 나타내는 단위이다.

10 어떤 사업장에서 1,000명의 근로자가 1년 동안 작업하던 중 재해가 40건 발생하였다면 도수율은 얼마인가?(단, 근로자는 1일 8시간씩 연간평균 300일을 근무하였다.)

① 12.3　　② 16.7　　③ 24.4　　④ 33.4

해설 도수율(빈도율, FR : Frequency Rate of Injury)

$$\text{도수율} = \frac{\text{재해발생건수}}{\text{연근로시간수}} \times 10^6 = \frac{40\text{건}}{300\text{일} \times 8\text{시간} \times 1{,}000\text{명}} \times 10^6 = 16.67$$

11 사망에 관한 근로손실을 7,500일로 산출한 근거는 다음과 같다. (　　)에 알맞은 내용으로만 나열한 것은?

> • 재해로 인한 사망자의 평균 연령을 (　　)세로 본다.
> • 노동이 가능한 연령을 (　　)세로 본다.
> • 1년 동안의 노동일수를 (　　)일로 본다.

① 30, 55, 300　　② 30, 60, 310　　③ 35, 55, 300　　④ 35, 60, 310

해설 사망에 관한 근로손실을 7,500일로 산출한 근거

㉠ 재해로 인한 사망자의 평균 연령을 30세로 본다.
㉡ 노동이 가능한 연령을 55세로 본다.
㉢ 1년 동안의 노동일수를 300일로 본다.
∴ 사망에 의한 근로손실은 (55－30)×300＝7,500일로 한다.

12 연간총근로시간수가 100,000시간인 사업장에서 1년 동안 재해가 50건 발생하였으며, 손실된 근로일수가 100일이었다. 이 사업장의 강도율은 얼마인가?

① 1　　② 2　　③ 20　　④ 40

해설

$$\text{강도율} = \frac{\text{근로손실일수}}{\text{총근로시간수}} \times 1{,}000 = \frac{100}{100{,}000} \times 1{,}000 = 1$$

13 50명의 근로자가 있는 사업장에서 1년 동안에 6명의 부상자가 발생하였고 총휴업일수가 219일이라면 근로손실일수와 강도율은 각각 얼마인가?(단, 연간근로시간수는 120,000시간이다.)

① 근로손실일수 : 180일, 강도율 : 1.5일
② 근로손실일수 : 190일, 강도율 : 1.5일
③ 근로손실일수 : 180일, 강도율 : 2.5일
④ 근로손실일수 : 190일, 강도율 : 2.5일

해설 ㉠ $\text{근로손실일수} = \text{총휴업일수} \times \frac{300}{365} = 219 \times \frac{300}{365} = 180\text{일}$

㉡ $\text{강도율} = \frac{\text{근로손실일수}}{\text{총근로시간수}} \times 1{,}000 = \frac{180}{120{,}000} \times 1{,}000 = 1.5\text{일}$

14 다음 중 산업재해에 따른 보상에 있어 보험급여에 해당하지 않는 것은?

① 유족급여 ② 대체인력훈련비
③ 직업재활급여 ④ 상병보상연금

해설 법령으로 정한 피해자에게 지급되는 산재보험비
㉠ 유족급여 ㉡ 직업재활급여 ㉢ 상병보상연금 ㉣ 요양급여
㉤ 장애급여 ㉥ 휴업급여 ㉦ 장의비 ㉧ 간병급여

15 다음 중 하인리히의 사고예방대책의 기본원리 5단계를 올바르게 나타낸 것은?

① 조직 → 사실의 발견 → 분석 · 평가 → 시정책의 선정 → 시정책의 적용
② 조직 → 분석 · 평가 → 사실의 발견 → 시정책의 선정 → 시정책의 적용
③ 사실의 발견 → 조직 → 분석 · 평가 → 시정책의 선정 → 시정책의 적용
④ 사실의 발견 → 조직 → 시정책의 선정 → 시정책의 적용 → 분석 · 평가

해설 하인리히의 재해예방 5단계
㉠ 제1단계 : 조직(안전관리조직)
㉡ 제2단계 : 사실의 발견(현상파악)
㉢ 제3단계 : 분석 · 평가
㉣ 제4단계 : 시정방법의 선정(대책의 선정)
㉤ 제5단계 : 시정방법의 적용(목표달성)

16 다음 중 재해예방의 4원칙에 해당하지 않는 것은?

① 손실 우연의 원칙 ② 원인 조사의 원칙
③ 예방 가능의 원칙 ④ 대책 선정의 원칙

해설 산업재해예방의 4원칙
㉠ 원인 계기의 법칙
㉡ 예방 가능의 원칙
㉢ 대책 선정의 원칙
㉣ 손실 우연의 법칙

ANSWER | 01 ④ 02 ② 03 ① 04 ① 05 ④ 06 ③ 07 ② 08 ③ 09 ② 10 ②
11 ① 12 ① 13 ① 14 ② 15 ① 16 ②

더 풀어보기

산업기사

01 다음 중 산업재해의 기본원인인 4M에 해당하지 않는 것은?

① Man ② Management ③ Media ④ Method

해설 M4 요인
㉠ 인간관계(Man, 인간관계 · 의사소통의 불량) ㉡ 설비(Machine) ㉢ 관리(Management) ㉣ 작업환경(Media)

02 Gordon은 재해원인 분석에 있어서의 역학적 기법의 유효성을 제창하였다. 재해와 상해발생에 관여하는 3가지 요인이 아닌 것은?

① 화학요인 ② 기계요인 ③ 환경요인 ④ 개체요인

해설 재해원인 분석(Gordon)
㉠ 기계요인 ㉡ 환경요인 ㉢ 개체요인

03 도수율에 대한 설명으로 틀린 것은?

① 근로손실일수를 알아야 한다.
② 재해발생건수를 알아야 한다.
③ 연근로시간수를 계산해야 한다.
④ 산업재해의 발생빈도를 나타내는 단위이다.

해설 도수율(빈도율, FR : Frequency Rate of Injury)

$$\text{도수율}=\frac{\text{재해발생건수}}{\text{연근로시간수}}\times10^6$$

04 400명의 근로자가 1일 8시간, 연간 300일을 근무하는 사업장이 있다. 1년 동안 30건의 재해가 발생하였다면 도수율은 얼마인가?

① 26.26 ② 28.75 ③ 31.25 ④ 33.75

해설 $$\text{도수율}=\frac{\text{재해발생건수}}{\text{연근로시간수}}\times10^6=\frac{30\text{건}}{300\text{일}\times8\text{시간}\times400\text{명}}\times10^6=31.25$$

05 200명의 근로자가 1주일에 40시간 연간 50주로 근무하는 사업장이 있다. 1년 동안 30건의 재해로 인하여 25명의 재해자가 발생하였다면 이 사업장의 도수율은?

① 15 ② 36 ③ 62 ④ 75

해설 $$\text{도수율}=\frac{\text{재해발생건수}}{\text{연근로시간수}}\times10^6=\frac{30\text{건}}{50\text{주}\times40\text{시간/주}\times200\text{명}}\times10^6=75$$

06 상시 근로자 수가 600명인 A사업장에서 연간 25건의 재해로 30명의 사상자가 발생하였다. 이 사업장의 도수율은 약 얼마인가?(단, 1일 9시간씩 1개월에 20일을 근무하였다.)

① 17.36 ② 19.29 ③ 20.83 ④ 23.15

해설 $$\text{도수율}=\frac{\text{재해발생건수}}{\text{연근로시간수}}\times10^6=\frac{25\text{건}}{9\text{시간/일}\times20\text{일/개월}\times12\text{개월}\times600\text{명}}\times10^6=19.29$$

07 자동차 부품을 생산하는 A공장에서 250명의 근로자가 1년 동안 작업하는 가운데 21건의 재해가 발생하였다면, 이 공장의 도수율은 약 얼마인가?(단, 1년에 300일, 1일에 8시간 근무하였다.)

① 35　② 36　③ 42　④ 43

해설 $도수율 = \frac{재해발생건수}{연근로시간수} \times 10^6 = \frac{21건}{8시간/일 \times 300일 \times 250명} \times 10^6 = 35$

08 재해율을 산정할 때 근로자가 사망한 경우에는 근로손실일수는 얼마로 하는가?(단, 국제노동기구의 기준에 따른다.)

① 3,000일　② 4,000일　③ 5,000일　④ 7,500일

해설 사망 및 1급, 2급, 3급(신체장애 등급)의 근로손실일수는 7,500일이다.

09 다음 중 재해의 지표로 이용되는 지수의 산식이 틀린 것은?

① $도수율 = \frac{재해발생건수}{연간평균근로자수} \times 1,000$

② $강도율 = \frac{근로손실일수}{연간근로시간수} \times 1,000$

③ $연천인율 = \frac{연간재해자수}{연간평균근로자수} \times 1,000$

④ $재해율 = \frac{재해자수}{전근로자수} \times 100$

10 다음 중 강도율을 바르게 나타낸 것은?

① $\frac{근로손실일수}{총근로시간수} \times 10^3$　② $\frac{재해건수}{평균종업원수} \times 10^3$

③ $\frac{재해건수}{총근로시간수} \times 10^6$　④ $\frac{재해건수}{평균종업원수} \times 10^6$

11 산업재해통계 중 강도율에 관한 설명으로 틀린 것은?

① 재해의 경중, 즉 강도를 나타내는 척도이다.
② 연근로시간 1,000시간당 재해로 인하여 손실된 근로일수를 말한다.
③ 사망 시 근로손실일수는 7,500일이다.
④ 재해발생건수와 재해자수는 동일 개념으로 적용한다.

해설 강도율은 재해자수나 발생빈도에 관계없이 상해 정도를 측정하는 척도이다.

12 다음 중 재해통계지수를 잘못 나타낸 것은?

① 종합재해지수 $=\sqrt{\text{도수율}+\text{강도율}}$

② 연천인율 $=\dfrac{\text{연간재해자수}}{\text{연평균근로자}}\times 1,000$

③ 강도율 $=\dfrac{\text{연간근로손실일수}}{\text{연간근로시간수}}\times 1,000$

④ 도수율 $=\dfrac{\text{연간재해발생건수}}{\text{연간근로시간수}}\times 1,000,000$

13 재해의 지표로 이용되는 지수의 산식이 틀린 것은?

① 재해율 $=\dfrac{\text{재해자수}}{\text{전근로자수}}\times 100$

② 강도율 $=\dfrac{\text{근로손실일수}}{\text{연간근로시간수}}\times 1,000$

③ 도수율 $=\dfrac{\text{재해발생건수}}{\text{연간평균근로자수}}\times 1,000$

④ 연천인율 $=\dfrac{\text{연간재해자수}}{\text{연간평균근로자수}}\times 1,000$

14 다음 중 하인리히가 제시한 산업재해의 구성비율을 올바르게 나타낸 것은?(단, 순서는 "사망 또는 중상해 : 경상 : 무상해사고"이다.)

① 1 : 29 : 300　　② 1 : 30 : 330

③ 1 : 29 : 600　　④ 1 : 30 : 600

해설 하인리히의 법칙(1 : 29 : 300)

330회의 사고 가운데 중상 또는 사망 1회, 경상 29회, 무상해사고 300회의 비율로 사고 발생

15 재해발생 이론 중 하인리히의 도미노 이론에서 재해 예방을 위한 가장 효과적인 대책은?

① 사고 제거　　② 인간결함 제거

③ 불안전한 상태 및 행동 제거　　④ 유전적 요인과 사회환경 제거

해설 하인리히의 도미노 이론(사고발생의 연쇄성)

㉠ 1단계 : 사회적 환경 및 유전적 요소(기초원인)

㉡ 2단계 : 개인의 결함(간접원인)

㉢ 3단계 : 불안전한 행동 및 불안전한 상태(직접원인) → 제거(효과적)

㉣ 4단계 : 사고

㉤ 5단계 : 재해

ANSWER | 01 ④ 02 ① 03 ① 04 ③ 05 ④ 06 ② 07 ① 08 ④ 09 ① 10 ①
11 ④ 12 ① 13 ③ 14 ① 15 ③

기 사

01 산업재해를 분류할 때 "경미사고(Minor Accidents)" 혹은 "경미한 재해"란 어떤 상태를 말하는가?

① 통원치료할 정도의 상해가 일어난 경우
② 사망하지는 않았으나 입원할 정도의 상해
③ 상해는 없고 재산상의 피해만 일어난 경우
④ 재산상의 피해는 없고 시간손실만 일어난 경우

해설 경미사고 또는 경미한 재해
㉠ 통원치료할 정도의 상해가 일어난 경우
㉡ 재산상의 큰 피해를 입히는 중대한 사고가 아니면서 동시에 중상자가 발생하지 않고 경상자만 발생한 사고

02 산업재해가 발생할 급박한 위험이 있거나 중대재해가 발생하였을 경우 취하는 행동으로 적합하지 않은 것은?

① 근로자는 직상급자에게 보고한 후 해당 작업을 즉시 중지시킨다.
② 사업주는 즉시 작업을 중지시키고 근로자를 작업 장소로부터 대피시켜야 한다.
③ 고용노동부장관은 근로감독관 등으로 하여금 안전 · 보건진단이나 그 밖의 필요한 조치를 하도록 할 수 있다.
④ 사업주는 급박한 위험에 대한 합리적인 근거가 있을 경우에 작업을 중지하고 대피한 근로자에게 해고 등의 불리한 처우를 해서는 안 된다.

해설 근로자는 산업재해가 발생할 급박한 위험으로 인하여 작업을 중지시키고 대피하였을 때에는 지체 없이 그 사실을 바로 위 상급자에게 보고하고 바로 위 상급자는 이에 대한 적절한 조치를 하여야 한다.

03 작업이 어렵거나 기계 · 설비에 결함이 있거나 주의력의 집중이 혼란된 경우 및 심신에 근심이 있는 경우에 재해를 일으키는 자는 어느 분류에 속하는가?

① 미숙성 누발자 ② 상황성 누발자 ③ 소질성 누발자 ④ 반복성 누발자

해설 재해 누발자 유형
㉠ 상황성 누발자 : 작업이 어렵거나 기계 · 설비에 결함이 있거나 주의력의 집중이 혼란된 경우 및 심신에 근심이 있는 경우에 재해를 일으키는 자
㉡ 미숙성 누발자 : 기능 미숙이나 환경에 대한 부적응으로 인한 재해 누발자
㉢ 소질성 누발자 : 주의력이 산만하고, 주의력 지속불능, 흥분성, 비협조성이 있는 재해 누발자
㉣ 습관성 누발자 : 재해에 대한 유경험으로 인해 신경과민으로 인한 재해 누발자

04 어느 공장에서 경미한 사고가 3건이 발생하였다. 그렇다면 이 공장의 무상해사고는 몇 건이 발생하는가?(단, 하인리히의 법칙을 활용한다.)

① 25 ② 31 ③ 36 ④ 40

해설 하인리히의 법칙(1 : 29 : 300)
330회의 사고 가운데 중상 또는 사망 1회, 경상 29회, 무상해사고 300회의 비율로 사고 발생
$29 : 300 = 3 : x$
$\therefore x = 31$

05 60명의 근로자가 작업하는 사업장에서 1년 동안에 3건의 재해가 발생하여 5명의 재해자가 발생하였다. 이때 근로손실일수가 35일이었다면 이 사업장의 도수율은 약 얼마인가?(단, 근로자는 1일 8시간 연간 300일을 근무하였다.)

① 0.24　② 20.83　③ 34.72　④ 83.33

해설 $\text{도수율} = \dfrac{\text{재해발생건수}}{\text{연근로시간수}} \times 10^6 = \dfrac{3\text{건}}{300\text{일} \times 8\text{시간} \times 60\text{명}} \times 10^6 = 20.83$

06 300명이 근무하는 A작업장에서 연간 55건의 재해발생으로 60명의 사상자가 발생하였다. 이 사업장의 연간 근로시간수가 700,000시간이었다면 도수율은 약 얼마인가?

① 32.5　② 71.4　③ 78.6　④ 85.7

해설 $\text{도수율} = \dfrac{\text{재해발생건수}}{\text{연근로시간수}} \times 10^6 = \dfrac{55\text{건}}{700,000} \times 10^6 = 78.57$

07 상시 근로자 수가 100명인 사업장의 연간 재해발생건수가 15건이고 이때 사상자가 20명 발생하였다면 이 사업장의 도수율은 얼마인가?(단, 근로자는 1인당 연간 2,200시간을 근무한다.)

① 68.18　② 90.91　③ 150　④ 200

해설 $\text{도수율} = \dfrac{\text{재해발생건수}}{\text{연근로시간수}} \times 10^6 = \dfrac{15}{100 \times 2,200} \times 10^6 = 68.18$

08 상시 근로자 수가 1,000명인 사업장에 1년 동안 6건의 재해로 8명의 재해자가 발생하였고, 이로 인한 근로손실일수는 80일이었다. 근로자가 1일 8시간씩 매월 25일씩 근무하였다면, 이 사업장의 도수율은 얼마인가?

① 0.03　② 2.50　③ 4.00　④ 8.00

해설 $\text{도수율} = \dfrac{\text{재해발생건수}}{\text{연근로시간수}} \times 10^6 = \dfrac{6}{1,000 \times 8 \times 25 \times 12} \times 10^6 = 2.5$

09 어떤 사업장에서 500명의 근로자가 1년 동안 작업하던 중 재해가 50건 발생하였으며 이로 인해 총 근로시간 중 5%의 손실이 발생하였다면 이 사업장의 도수율은 약 얼마인가?(단, 근로자는 1일 8시간씩 연간 300일을 근무하였다.)

① 14　② 24　③ 34　④ 44

해설 $\text{도수율} = \dfrac{\text{재해발생건수}}{\text{연근로시간수}} \times 10^6 = \dfrac{50\text{건}}{300\text{일} \times 8\text{시간} \times 500\text{명} \times 0.95} \times 10^6 = 43.86$

10 600명의 근로자가 근무하는 공장에서 1년에 30건의 재해가 발생하였다. 이 가운데 근로자들이 질병, 기타의 사유로 인하여 총 근로시간 중 3%를 결근하였다면 이 공장의 도수율은 얼마인가?(단, 근무는 1주일에 40시간, 연간 50주를 근무한다.)

① 25.77　② 48.59　③ 49.55　④ 50.00

해설 $\text{도수율} = \dfrac{\text{재해발생건수}}{\text{연근로시간수}} \times 10^6 = \dfrac{30\text{건}}{40\text{시간/주} \times 50\text{주/년} \times 600\text{명} \times 0.97} \times 10^6 = 25.77$

11 도수율(Frequency Rate of Injury)이 10인 사업장에서 작업자가 평생 동안 작업할 경우 발생할 수 있는 재해의 건수는?(단, 평생의 총 근로시간수는 120,000시간으로 한다.)

① 0.8건
② 1.2건
③ 2.4건
④ 10건

해설 $\text{도수율} = \frac{\text{재해발생건수}}{\text{연근로시간수}} \times 10^6$

$10 = \frac{\text{재해발생건수}}{120{,}000} \times 10^6$

재해발생건수 = 1.2건

12 산업재해 통계를 구할 때 사망 및 영구 전노동불능인 경우 근로손실일수는 얼마로 산정하는가?(단, ILO(국제노동기구)의 산정기준에 따른다.)

① 2,000일
② 3,000일
③ 5,000일
④ 7,500일

해설 근로손실일수의 산정기준

㉠ 사망 및 영구 전노동불능(신체장해등급 1~3급) : 7,500일

㉡ 영구 일부노동불능(근로손실일수)

신체장해등급	4	5	6	7	8	9	10	11	12	13	14
근로손실일수	5,500	4,000	3,000	2,200	1,500	1,000	600	400	200	100	50

13 산업재해의 지표 중 도수율을 바르게 나타낸 것은?

① $\frac{\text{재해발생건수}}{\text{연근로시간수}} \times 1{,}000{,}000$
② $\frac{\text{작업손실일수}}{\text{연근로시간수}} \times 1{,}000$
③ $\frac{\text{작업손실일수}}{\text{연평균근로자수}} \times 1{,}000{,}000$
④ $\frac{\text{재해발생건수}}{\text{연평균근로자수}} \times 1{,}000$

14 1년간 연근로시간이 240,000시간인 작업장에 5건의 재해가 발생하여 500일의 휴업일수를 기록하였다. 연간근로일수를 300일로 할 때 강도율(Intensity Rate)은 약 얼마인가?

① 1.7
② 2.1
③ 2.1
④ 3.2

해설 $\text{강도율} = \frac{\text{근로손실일수}}{\text{총근로시간수}} \times 1{,}000$

$\text{근로손실일수} = \frac{300}{365} \times 500 = 410.96$

$\text{강도율} = \frac{410.96}{240{,}000} \times 1{,}000 = 1.71$

15 300명의 근로자가 근무하는 A사업장에서 지난 한 해 동안 신체장애 12등급 4명과 3급 1명의 재해자가 발생하였다. 신체장애 등급별 근로손실일수가 다음 표와 같을 때 해당 사업장의 강도율은 약 얼마인가?(단, 연간 52주, 주당 5일, 1일 8시간을 근무하였다.)

신체장해등급	근로손실일수	신체장해등급	근로손실일수
1~3급	7,500일	9급	1,000일
4급	5,500일	10급	600일
5급	4,000일	11급	400일
6급	3,000일	12급	200일
7급	2,200일	13급	100일
8급	1,500일	14급	50일

① 0.33　② 13.30　③ 25.02　④ 52.35

해설 $\text{강도율} = \dfrac{\text{근로손실일수}}{\text{총근로시간수}} \times 1{,}000 = \dfrac{(200 \times 4) + (7{,}500 \times 1)}{300 \times 8 \times 5 \times 52} \times 1{,}000 = 13.3$

16 어떤 사업장에서 70명의 종업원이 1년간 작업하는 데 1급 장해 1명, 12급 장해 11명의 신체장해가 발생하였을 때 강도율은?(단, 연간근로일수는 290일, 일근로시간은 8시간이다.)

신체장해등급	1~3	11	12
근로손실일수	7,500	400	200

① 59.7　② 72.0　③ 124.3　④ 360.0

해설 $\text{강도율} = \dfrac{\text{근로손실일수}}{\text{총근로시간수}} \times 1{,}000 = \dfrac{7{,}500 \times 1 + 200 \times 11}{290 \times 8 \times 70} \times 1{,}000 = 59.73$

17 근로자가 10,000명인 사업장에서 1년 동안 재해가 50건 발생하였고, 손실된 작업일수가 200일이었다. 이때의 강도율은 얼마인가?

① 4　② 20　③ 40　④ 80

해설 $\text{강도율} = \dfrac{\text{근로손실일수}}{\text{총근로시간수}} \times 1{,}000 = \dfrac{200}{10{,}000} \times 1{,}000 = 20$

18 재해통계지수 중 종합재해지수를 올바르게 나타낸 것은?

① $\sqrt{\text{도수율} \times \text{강도율}}$　② $\sqrt{\text{도수율} \times \text{연천인율}}$

③ $\sqrt{\text{강도율} \times \text{연천인율}}$　④ $\text{연천인율} \times \sqrt{\text{도수율} \times \text{강도율}}$

19 산업재해 보상에 관한 설명으로 틀린 것은?

① 업무상의 재해란 업무상의 사유에 따른 근로자의 부상 · 질병 · 장해 또는 사망을 의미한다.

② 유족이란 사망한 자의 손자녀 · 조부모 또는 형제자매를 제외한 가족의 기본구성인 배우자 · 자녀 · 부모를 의미한다.

③ 장해란 부상 또는 질병이 치유되었으나 정신적 또는 육체적 훼손으로 인하여 노동능력이 상실되거나 감소된 상태를 의미한다.
④ 치유란 부상 또는 질병이 완치되거나 치료의 효과를 더 이상 기대할 수 없고 그 증상이 고정된 상태에 이르게 된 것을 의미한다.

해설 유족이란 사망한 자의 배우자(사실상 혼인관계에 있는 자를 포함한다.), 자녀, 부모, 손자녀, 조부모 또는 형제자매를 말한다.

20 사고예방대책의 기본원리가 다음과 같을 때 각 단계를 순서대로 올바르게 나열한 것은?

ⓐ 분석 · 평가
ⓑ 시정책의 적용
ⓒ 안전관리 조직
ⓓ 시정책의 선정
ⓔ 사실의 발견

① ⓒ → ⓔ → ⓐ → ⓓ → ⓑ
② ⓒ → ⓔ → ⓓ → ⓑ → ⓐ
③ ⓔ → ⓒ → ⓓ → ⓑ → ⓐ
④ ⓔ → ⓓ → ⓒ → ⓑ → ⓐ

해설 하인리히의 사고방지 5단계
안전관리 조직 → 사실의 발견 → 분석 · 평가 → 시정책의 선정 → 시정책의 적용

21 다음은 사고예방대책의 기본원리 5단계의 내용이다. 순서대로 나열한 것은?

㉠ 조직 ㉡ 분석 · 평가 ㉢ 사실의 발견 ㉣ 시정책의 적용 ㉤ 시정정책의 선정

① ㉢ → ㉡ → ㉠ → ㉤ → ㉣
② ㉢ → ㉤ → ㉡ → ㉠ → ㉣
③ ㉠ → ㉡ → ㉢ → ㉤ → ㉣
④ ㉠ → ㉢ → ㉡ → ㉤ → ㉣

22 다음 중 사고예방대책 5단계를 올바르게 나열한 것은?
① 사실의 발견 → 조직 → 분석 · 평가 → 시정방법의 선정 → 시정방법의 적용
② 조직 → 사실의 발견 → 분석 · 평가 → 시정방법의 선정 → 시정방법의 적용
③ 사실의 발견 → 조직 → 시정방법의 선정 → 시정방법의 적용 → 분석 · 평가
④ 조직 → 분석 · 평가 → 사실의 발견 → 시정방법의 선정 → 시정방법의 적용

23 다음 중 하인리히의 사고연쇄반응 이론(도미노 이론)에서 사고가 발생하기 바로 직전의 단계에 해당하는 것은?
① 개인적 결함
② 사회적 환경
③ 선진 기술의 미적용
④ 불안전한 행동 및 상태

해설 하인리히의 도미노 이론(사고발생의 연쇄성)
㉠ 1단계 : 사회적 환경 및 유전적 요소(기초원인)
㉡ 2단계 : 개인의 결함(간접원인)

㉢ 3단계 : 불안전한 행동 및 불안전한 상태(직접원인) → 제거(효과적)
㉣ 4단계 : 사고
㉤ 5단계 : 재해

24 다음 중 재해예방의 4원칙에 관한 설명으로 틀린 것은?

① 재해발생과 손실의 발생은 우연적이므로 사고 발생 자체의 방지가 이루어져야 한다.
② 재해발생에는 반드시 원인이 있으며, 사고와 원인의 관계는 필연적이다.
③ 재해는 원칙적으로 예방이 불가능하므로 지속적인 교육이 필요하다.
④ 재해예방을 위한 가능한 안전대책은 반드시 존재한다.

해설 산업재해예방의 4원칙

㉠ 원인 계기의 법칙 : 재해발생에는 반드시 그 원인이 있다.
㉡ 예방 가능의 원칙 : 재해는 원칙적으로 원인만 제거되면 예방이 가능하다.
㉢ 대책 선정의 원칙 : 재해예방을 위한 가능한 안전대책은 반드시 존재한다.
㉣ 손실 우연의 법칙 : 사고의 결과 생기는 상해의 종류와 정도는 사고 발생 시 사고대상의 조건에 따라 우연히 발생한다.

25 재해예방의 4원칙에 대한 설명으로 틀린 것은?

① 재해발생에는 반드시 그 원인이 있다.
② 재해가 발생하면 반드시 손실도 발생한다.
③ 재해는 원칙적으로 원인만 제거되면 예방이 가능하다.
④ 재해예방을 위한 가능한 안전대책은 반드시 존재한다.

26 산업재해를 대비하여 작업근로자가 취해야 할 내용과 거리가 먼 것은?

① 보호구 착용　② 작업방법의 숙지
③ 사업장 내부의 정리 · 정돈　④ 공정과 설비에 대한 검토

해설 공정과 설비에 대한 검토는 사업주가 취해야 할 내용이다.

ANSWER | 01 ① 02 ① 03 ② 04 ② 05 ② 06 ③ 07 ① 08 ② 09 ④ 10 ①
11 ② 12 ④ 13 ① 14 ① 15 ② 16 ① 17 ② 18 ① 19 ② 20 ①
21 ④ 22 ② 23 ④ 24 ③ 25 ② 26 ④

PART 02

작업위생 측정 및 평가

22 작업환경측정의 정의 및 목적

1. 작업환경측정의 정의(산업안전보건법 제2조)

작업환경 실태를 파악하기 위하여 해당 근로자 또는 작업장에 대하여 사업주가 유해인자에 대한 측정계획을 수립한 후 시료를 채취하고 분석 · 평가하는 것을 말한다.

2. 작업환경측정의 목적

① 유해인자에 대한 근로자의 노출 정도를 파악한다.
② 역학조사 시 근로자의 노출량을 파악한다.
③ 환기시설을 가동하기 전과 후에 공기 중 유해물질 농도를 측정하여 성능을 평가한다.
④ 근로자의 노출이 법적 기준인 허용농도를 초과하는지 판단한다.
⑤ 근로자의 노출수준을 간접적으로 파악한다.
⑥ 과거 노출농도가 타당한가를 확인한다.

3. 작업환경측정의 흐름도

예비조사(예비측정) → 측정계획 수립 → 본 측정 → 분석 및 평가 → 대책 수립(필요시)

4. 예비조사

작업장, 작업공정, 작업내용, 발생되는 유해인자와 허용기준, 잠재된 노출 가능성과 관련된 기본적인 특성을 조사하는 것이 예비조사이며 이는 작업환경측정의 첫 준비 작업에 해당된다.

① 동일노출그룹(HEG : Homogeneous Exposure Group) 또는 유사노출그룹(SEG : Similar Exposure Group)의 설정
② 올바른 시료채취전략 수립

5. 유사노출그룹(SEG)의 설정

① 시료채취수를 경제적으로 한다.
② 모든 근로자의 노출농도를 평가하고자 하는 데 목적이 있다.
③ 작업장에서 모니터링하고 관리해야 할 우선적인 그룹을 결정하기 위함이다.
④ 조직, 공정, 작업범주 그리고 작업내용별로 구분하여 설정한다.
⑤ 역학조사를 수행할 때 사건이 발생한 근로자와 해당 근로자가 속한 동일노출그룹의 노출농도를 근거로 노출원인 및 농도를 추정할 수 있다.
⑥ 모든 근로자를 유사한 노출그룹별로 구분하고 그룹별로 대표적인 근로자를 선택하여 측정하면 측정하지 않은 근로자의 노출농도까지도 추정할 수 있다.

연습문제

01 작업환경측정의 목표를 설명한 것으로 틀린 것은?

① 근로자의 유해인자 노출 파악을 위한 직접방법이다.

② 역학조사 시 근로자의 노출량을 파악한다.

③ 환기시설을 가동하기 전과 후에 공기 중 유해물질 농도를 측정하여 성능을 평가한다.

④ 근로자의 노출이 법적 기준인 허용농도를 초과하는지 판단한다.

해설 작업환경측정의 목적

㉠ 유해인자에 대한 근로자의 노출 정도를 파악한다.

㉡ 역학조사 시 근로자의 노출량을 파악한다.

㉢ 환기시설을 가동하기 전과 후에 공기 중 유해물질 농도를 측정하여 성능을 평가한다.

㉣ 근로자의 노출이 법적 기준인 허용농도를 초과하는지 판단한다.

㉤ 근로자의 노출수준을 간접적으로 파악한다.

㉥ 과거 노출농도가 타당한가를 확인한다.

02 유사노출그룹(SEG)에 관한 내용으로 틀린 것은?

① 시료채취수를 경제적으로 하는 데 목적이 있다.

② 유사노출그룹은 우선 유사한 유해인자별로 구분한 후 유해인자의 동질성을 보다 확보하기 위해 조직을 분석한다.

③ 역학조사를 수행할 때 사건이 발생된 근로자 수가 속한 유사노출그룹의 노출농도를 근거로 노출원인 및 농도를 추정할 수 있다.

④ 유사노출그룹은 노출되는 유해인자의 농도와 특성이 유사하거나 동일한 근로자 그룹을 말하며 유해인자의 특성이 동일하다는 것은 노출되는 유해인자가 동일하고 농도가 일정한 변이 내에서 통계적으로 유사하다는 의미이다.

해설 모든 근로자를 유사한 노출그룹별로 구분하고 그룹별로 대표적인 근로자를 선택하여 측정하면 측정하지 않은 근로자의 노출농도까지도 추정할 수 있다.

03 유사노출그룹(SEG : Similar Exposure Group)을 결정하는 목적과 가장 거리가 먼 것은?

① 시료채취수를 경제적으로 결정하는 데 있다.

② 시료채취시간을 최대한 정확히 산출하는 데 있다.

③ 역학조사를 수행할 때 사건이 발생된 근로자가 속한 유사노출그룹의 노출농도를 근거로 노출 원인을 추정할 수 있다.

④ 모든 근로자의 노출 정도를 추정하고자 하는 데 있다.

해설 유사노출그룹(SEG)의 설정

㉠ 시료채취 수를 경제적으로 한다.

㉡ 모든 근로자의 노출농도를 평가하고자 하는 데 목적이 있다.

㉢ 작업장에서 모니터링하고 관리해야 할 우선적인 그룹을 결정하기 위함이다.

㉣ 조직, 공정, 작업범주 그리고 공정과 작업내용별로 구분하여 설정한다.

ⓜ 역학조사를 수행할 때 사건이 발생한 근로자와 해당 근로자가 속한 동일노출그룹의 노출농도를 근거로 노출원인 및 농도를 추정할 수 있다.
ⓑ 모든 근로자를 유사한 노출그룹별로 구분하고 그룹별로 대표적인 근로자를 선택하여 측정하면 측정하지 않은 근로자의 노출농도까지도 추정할 수 있다.

04 유사노출그룹을 가장 세분하게 분류할 때, 다음 중 분류 기준으로 가장 적합한 것은?

① 공정 ② 조직 ③ 업무 ④ 작업범주

해설 유사노출그룹은 조직, 공정, 작업범주 그리고 작업내용(업무) 순으로 구분하여 설정한다.

ANSWER | 01 ① 02 ② 03 ② 04 ③

더 풀어보기

산업기사

01 작업환경측정의 목표에 관한 설명 중 틀린 것은?

① 근로자의 유해인자 노출 파악 ② 환기시설 성능평가
③ 정부 노출기준과 비교 ④ 호흡용 보호구 지급 결정

해설 작업환경측정의 목적
㉠ 유해인자에 대한 근로자의 노출 정도를 파악한다.
㉡ 역학조사 시 근로자의 노출량을 파악한다.
㉢ 환기시설을 가동하기 전과 후에 공기 중 유해물질 농도를 측정하여 성능을 평가한다.
㉣ 근로자의 노출이 법적 기준인 허용농도를 초과하는지 판단한다.
㉤ 근로자의 노출수준을 간접적으로 파악한다.
㉥ 과거 노출농도가 타당한가를 확인한다.

02 유사노출그룹(SEG : Similar Exposure Group)을 설정하는 목적과 가장 거리가 먼 것은?

① 시료채취수를 경제적으로 결정하는 데 있다.
② 시료채취시간을 최대한 정확히 산출하는 데 있다.
③ 역학조사를 수행할 때 사건이 발생된 근로자가 속한 유사노출그룹의 노출농도를 근거로 노출원인을 추정할 수 있다.
④ 모든 근로자의 노출 정도를 추정하고자 하는 데 있다.

ANSWER | 01 ④ 02 ②

기 사

01 유사노출그룹(SEG)에 대한 설명 중 잘못된 것은?

① 시료채취수를 경제적으로 하는 데 활용한다.

② 역학조사를 수행할 때 사건이 발생된 근로자가 속한 HEG의 노출농도를 근거로 노출원인을 추정할 수 있다.

③ 모든 근로자의 노출 정도를 추정하는 데 활용하기는 어렵다.

④ HEG는 조직, 공정, 작업범주 그리고 작업내용(업무)별로 구분하여 설정할 수 있다.

해설 HEG는 모든 근로자의 노출농도를 평가하고자 하는 데 목적이 있다.

02 유사노출그룹을 설정하는 목적과 가장 거리가 먼 것은?

① 시료채취수를 경제적으로 하는 데 있다.

② 모든 근로자의 노출농도를 평가하고자 하는 데 있다.

③ 역학조사 수행 시 사건이 발생된 근로자가 속한 유사노출그룹의 노출농도를 근거로 노출원인 및 농도를 추정하는 데 있다.

④ 법적 노출기준의 적합성 여부를 평가하고자 하는 데 있다.

해설 유사노출그룹(SEG)의 설정

㉠ 시료채취수를 경제적으로 한다.

㉡ 모든 근로자의 노출농도를 평가하고자 하는 데 목적이 있다.

㉢ 작업장에서 모니터링하고 관리해야 할 우선적인 그룹을 결정하기 위함이다.

㉣ 조직, 공정, 작업범주 그리고 작업내용별로 구분하여 설정한다.

㉤ 역학조사를 수행할 때 사건이 발생한 근로자와 해당 근로자가 속한 동일노출그룹의 노출농도를 근거로 노출원인 및 농도를 추정할 수 있다.

㉥ 모든 근로자를 유사한 노출그룹별로 구분하고 그룹별로 대표적인 근로자를 선택하여 측정하면 측정하지 않은 근로자의 노출농도까지도 추정할 수 있다.

03 유사노출그룹에 대한 설명으로 틀린 것은?

① 유사노출그룹은 노출되는 유해인자의 농도와 특성이 유사하거나 동일한 근로자 그룹을 말한다.

② 역학조사를 수행할 때 사건이 발생된 근로자가 속한 유사노출그룹의 노출농도를 근거로 노출원인을 추정할 수 있다.

③ 유사노출그룹 설정을 위해 시료채취수가 과다해지는 경우가 있다.

④ 유사노출그룹은 모든 근로자의 노출 상태를 측정하는 효과를 가진다.

04 작업장의 기본 특성 파악을 위한 예비조사 내용 중 유사노출그룹(SEG) 설정에 관한 설명으로 알맞지 않은 것은?

① 조직, 공정, 작업범주 그리고 작업내용별로 구분하여 설정한다.

② 역학조사를 수행할 때 사건이 발생된 근로자와 다른 노출그룹의 노출농도를 근거로 사건 발생된 노출농도를 추정할 수 있다.

③ 모든 근로자의 노출농도를 평가하고자 하는 데 목적이 있다.

④ 모든 근로자를 유사한 노출그룹별로 구분하고 그룹별로 대표적인 근로자를 선택하여 측정하면 측정하지 않은 근로자의 노출농도까지도 추정할 수 있다.

05 작업장의 기본 특성 파악을 위한 예비조사 내용 중 유사노출그룹(SEG) 설정에 관한 설명으로 가장 거리가 먼 것은?

① 역학조사를 수행 시 사건이 발생된 근로자와 다른 노출그룹의 노출 정도를 근거로 사건이 발생된 노출농도의 추정에 유용하며, 지역시료 채취만 인정된다.

② 조직, 공정, 작업범주 그리고 작업내용별로 구분하여 설정한다.

③ 모든 근로자를 유사한 노출그룹별로 구분하고 그룹별로 대표적인 근로자를 선택하여 측정하면 측정하지 않은 근로자의 노출농도까지도 추정할 수 있다.

④ 유사노출그룹 설정을 위한 목적 중 시료채취수를 경제적으로 하기 위함도 있다.

해설 역학조사를 수행할 때 사건이 발생한 근로자와 해당 근로자가 속한 동일노출그룹의 노출농도를 근거로 노출원인 및 농도를 추정할 수 있다.

ANSWER | 01 ③ 02 ④ 03 ③ 04 ② 05 ①

THEMA 23 시료채취(유량) 및 표준기구(보정기구)

1. 비누거품미터를 이용하여 공기시료 채취기 유량 보정

$$포집유량(L/min) = \frac{비누거품이 통과한 부피(L)}{비누거품이 통과한 시간(min)}$$

2. 1차 표준기구(Primary Standards)

① 기구 자체가 정확한 값(정확도 ±1% 이내)을 제시하는 기구이다.
② 물리적 크기에 의하여 공간의 부피를 직접 측정할 수 있는 기구를 말한다.
③ 직접공기량을 측정하는 유량계로서 온도와 압력의 영향을 받지 않는다.

3. 2차 표준기구(Secondary Calibrator)

① 1차 보정기구와 같이 정확한 값(정확도 ±5% 이내)을 제시할 수 있는 기구이다.
② 유량과 비례관계가 있는 유속, 압력을 측정하여 유량으로 환산하는 방식이다.
③ 1차 표준기구를 기준으로 보정하여 사용할 수 있는 기구를 의미하며, 온도와 압력의 영향을 받는다.

구분	표준기구	일반사용 범위	정확도	특징
1차 표준 기구	비누거품미터 (Soap Bubble Meter)	1mL/min～30L/min	±1% 이내	산업위생분야에 널리 이용 정확하고 경제적
	폐활량계 (Spirometer)	100～600L	±1% 이내	
	가스치환병 (Mariotte Bottle)	10～500mL/min	±0.05～0.25%	
	유리피스톤미터 (Glass Piston Meter)	10～200mL/min	±2% 이내	
	흑연피스톤미터 (Frictionless Piston Meter)	1mL/min～50L/min	±1～2%	
	피토튜브 (Pitot Tube)	15mL/min 이하	±1% 이내	기류 측정, 보정이 필요 없음 유속(V) = $4.043\sqrt{동압}$

구분	표준기구	일반사용 범위	정확도	특징
2차 표준기구	로터미터 (Rota Meter)	1mL/min 이하	±1~25%	유량측정 시 흔히 사용
	습식 테스트미터 (Wet Test Meter)	0.5~200L/min	±0.5%	실험실에 주로 사용
	건식 가스미터 (Dry Gas Meter)	10~150L/min	±1%	현장에서 주로 사용
	오리피스미터 (Orifice Meter)	–	±0.5%	
	열선기류계 (Thermo–anemometer)	0.1~30m/sec	±0.1~0.2%	

연습문제

01 고유량 공기 채취펌프를 수동 무마찰 거품관으로 보정하였다. 비눗방울이 450cm^{3}의 부피(V)까지 통과하는 데 12.6초(T) 걸렸다면 유량(Q)은?

① 2.1L/min ② 3.2L/min
③ 7.8L/min ④ 32.3L/min

해설 $\text{포집유량(L/min)} = \frac{\text{비누거품이 통과한 부피(L)}}{\text{비누거품이 통과한 시간(min)}} = \frac{0.45\text{L}}{(12.6/60)\text{min}} = 2.14\text{L/min}$

02 유량 및 용량을 보정하는 데 사용되는 1차 표준장비는?

① 오리피스미터 ② 로터미터
③ 열선기류계 ④ 가스치환병

해설 1차 표준기구
㉠ 비누거품미터 ㉡ 폐활량계
㉢ 가스치환병 ㉣ 유리피스톤미터
㉤ 흑연피스톤미터 ㉥ 피토튜브

03 1차 표준기구에 관한 설명으로 틀린 것은?

① 로터미터는 유량을 측정하는 1차 표준기구이다.
② Pitot 튜브는 기류를 측정하는 1차 표준기구이다.
③ 물리적 크기에 의해서 공간의 부피를 직접 측정할 수 있는 기구이다.
④ 펌프의 유량을 보정하는 데 1차 표준으로 비누거품미터를 사용할 수 있다.

해설 로터미터는 유량을 측정하는 2차 표준기구이다.

04 1차, 2차 표준기구에 관한 내용으로 틀린 것은?

① 1차 표준기구란 물리적 차원인 공간의 부피를 직접 측정할 수 있는 기구를 말한다.
② 1차 표준기구로 폐활량계가 사용된다.
③ Wet-test 미터, Rota 미터, Orifice 미터는 2차 표준기구이다.
④ 2차 표준기구는 1차 표준기구를 보정하는 기구를 말한다.

해설 2차 표준기구는 1차 표준기구와 같이 정확한 값을 제시할 수 있는 기구이다.

05 2차 표준기구와 가장 거리가 먼 것은?

① 습식 테스트미터
② 오리피스미터
③ 흑연피스톤미터
④ 열선기류계

해설 2차 표준기구
㉠ 로터미터 ㉡ 습식 테스트미터 ㉢ 건식 가스미터 ㉣ 오리피스미터 ㉤ 열선기류계

06 다음 중 표준기구에 관한 설명으로 가장 거리가 먼 것은?

① 폐활량계는 1차 용량표준으로 자주 사용된다.
② 펌프의 유량을 보정하는 데 1차 표준으로 비누거품미터가 널리 사용된다.
③ 1차 표준기구는 물리적 차원인 공간의 부피를 직접 측정할 수 있는 기구를 말한다.
④ Wet-test Meter(용량측정용)는 용량측정을 위한 1차 표준으로 2차 표준용량 보정에 사용된다.

해설 Wet-test 미터, Rota 미터, Orifice 미터는 2차 표준기구이다.

07 다음 2차 표준기구 중 주로 실험실에서 사용하는 것은?

① 비누거품미터
② 폐활량계
③ 유리피스톤미터
④ 습식 테스트미터

해설 ㉠ 습식 테스트미터 : 실험실에서 주로 사용
㉡ 건식 가스미터 : 현장에서 주로 사용

08 로터미터에 관한 설명으로 옳지 않은 것은?

① 유량을 측정하는 데 가장 흔히 사용되는 기기이다.
② 바닥으로 갈수록 점점 가늘어지는 수직관과 그 안에서 자유롭게 상하로 움직이는 부자로 이루어져 있다.
③ 관은 유리나 투명 플라스틱으로 되어 있으며 눈금이 새겨져 있다.
④ 최대 유량과 최소 유량의 비율이 100 : 1 범위이고 대부분 ±0.5% 이내의 정확성을 나타낸다.

해설 최대 유량과 최소 유량의 비율이 10 : 1 범위이고 대부분 ±5% 이내의 정확성을 나타낸다.

ANSWER | 01 ① 02 ④ 03 ① 04 ④ 05 ③ 06 ④ 07 ④ 08 ④

더 풀어보기

산업기사

01 고유량 공기채취펌프를 수동 무마찰 거품관으로 보정하였다. 비눗방울이 300cm^{3}의 부피까지 통과하는 데 12.5초가 걸렸다면 유량(L/min)은?

① 1.4　　② 2.4　　③ 2.8　　④ 3.8

해설 $포집유량(L/min) = \frac{비누거품이\ 통과한\ 부피(L)}{비누거품이\ 통과한\ 시간(min)}$

$= \frac{0.3L}{(12.5/60)min} = 1.44L/min$

02 비누거품미터를 이용하여 시료채취펌프의 유량을 보정하였다. 뷰렛의 용량이 1,000mL이고 비누거품의 통과시간은 28초일 때 유량(L/min)은 약 얼마인가?

① 2.14　　② 2.34　　③ 2.54　　④ 2.74

해설 $포집유량(L/min) = \frac{비누거품이\ 통과한\ 부피(L)}{비누거품이\ 통과한\ 시간(min)}$

$= \frac{1L}{(28/60)min} = 2.14L/min$

03 500mL 용량의 뷰렛을 이용한 비누거품미터의 거품 통과시간을 3번 측정한 결과, 각각 10.5초, 10초, 9.5초일 때, 이 개인시료포집기의 포집유량은 약 몇 L/분인가?(단, 기타 조건은 고려하지 않는다.)

① 0.3　　② 3　　③ 0.5　　④ 5

해설 $포집유량(L/min) = \frac{부피(L)}{시간(min)} = \frac{0.5L}{\frac{(10.5+10+9.5)sec}{3} \times 1min/60sec} = 3L/min$

04 바이오에어로졸을 시료채취하여 2개의 배양접시에 배지를 사용하여 세균을 배양하였으며, 시료채취 전의 유량은 28.4L/min, 시료채취 후의 유량은 28.8L/min이었다. 시료채취는 10분 동안 시행되었다면 시료채취에 사용된 공기의 부피는?

① 284L　　② 285L　　③ 286L　　④ 288L

해설 $부피(L) = 유량(L/min) \times 시간(min)$

$유량 = \frac{(28.4+28.8)L/min}{2} = 28.6L/min$

$\therefore\ 부피(L) = 28.6L/min \times 10min = 286L$

05 펌프를 사용하여 유속 1.7L/min으로 8시간 동안 공기를 포집하였을 때, 펌프에 포집된 공기의 양은 약 몇 m^3인가?

① 0.82 ② 1.41 ③ 1.70 ④ 2.14

해설 $X(m^3) = \frac{1.7L}{min} \bigg| \frac{8hr}{} \bigg| \frac{60min}{1hr} \bigg| \frac{1m^3}{10^3L} = 0.816m^3$

06 다음 중 1차 표준기구에 해당되는 것은?

① 폐활량계 ② 열선기류계
③ 오리피스미터 ④ 로터미터

해설 1차 표준기구
㉠ 비누거품미터 ㉡ 폐활량계 ㉢ 가스치환병 ㉣ 유리피스톤미터 ㉤ 흑연피스톤미터 ㉥ 피토튜브

07 공기시료 채취 시 공기유량과 용량을 보정하는 표준기구 중 1차 표준기구는?

① 흑연피스톤미터 ② 로터미터
③ 습식 테스터미터 ④ 건식 가스미터

08 다음 중 1차 표준장비에 포함되지 않는 것은?

① 폐활량계(Spirometer) ② 비누거품미터(Soap Bubble Meter)
③ 가스치환병(Mariotte Bottle) ④ 열선기류계(Thermo-anemometer)

09 다음 중 1차 표준기구와 가장 거리가 먼 것은?

① 폐활량계 ② 가스치환병
③ 건식 가스미터 ④ 유리피스톤미터

10 다음 중 1차 표준으로 사용되는 기구는?

① Wet-test Meter ② Rotameter
③ Orifice Meter ④ Spirometer

11 다음 중 표준기구에 관한 내용이다. ( ) 안에 옳은 내용은?

> 유량 및 용량 보정을 하는 데 있어서 1차 표준기구란 물리적 차원인 공간의 부피를 직접 측정할 수 있는 표준기구를 의미하는데 정확도가 ( ) 이내이다.

① ±1% ② ±3%
③ ±5% ④ ±10%

해설 1차 표준기구(Primary Standards)

㉠ 기구 자체가 정확한 값(정확도 ±1% 이내)을 제시하는 기구이다.
㉡ 물리적 크기에 의하여 공간의 부피를 직접 측정할 수 있는 기구를 말한다.
㉢ 직접공기량을 측정하는 유량계로서 온도와 압력의 영향을 받지 않는다.

12 측정기구의 보정을 위한 비누거품미터(Soap Bubble Meter)의 활용 시 두 눈금 통과 측정시간의 정확성 범위와 눈금 도달 시간 측정 시 초시계의 측정 한계범위가 바르게 표기된 것은?

① 측정시간의 정확성은 ±1초 이내이며, 초시계로 1초까지 측정한다.
② 측정시간의 정확성은 ±2초 이내이며, 초시계로 0.1초까지 측정한다.
③ 측정시간의 정확성은 ±1초 이내이며, 초시계로 0.01초까지 측정한다.
④ 측정시간의 정확성은 ±1초 이내이며, 초시계로 0.1초까지 측정한다.

해설 비누거품미터

㉠ 비교적 정확하고 경제적이기 때문에 산업위생분야에서 널리 이용된다.
㉡ 측정시간의 정확성은 ±1초 이내이며 눈금 도달 시간 측정 시 초시계의 측정한계 범위는 0.1sec까지 측정한다.

13 다음 중 2차 표준기구와 가장 거리가 먼 것은?

① 폐활량계　② 열선기류계
③ 오리피스미터　④ 습식 테스트미터

해설 2차 표준기구

㉠ 로터미터　㉡ 습식 테스트미터　㉢ 건식 가스미터　㉣ 오리피스미터　㉤ 열선기류계

14 2차 표준기구와 가장 거리가 먼 것은?

① 오리피스미터　② 습식 테스트미터
③ 폐활량계　④ 열선기류계

15 2차 표준기구에 해당하는 것은?

① 건식 가스미터　② Pitot 튜브
③ 습식 테스트미터　④ 폐활량계

16 다음의 2차 표준기구 중 주로 실험실에서 사용하는 것은?

① 로터미터　② 습식 테스트미터
③ 건식 가스미터　④ 열선기류계

해설 2차 표준기구 중 주로 실험실에서 사용하는 것은 습식 테스트미터이다.

17 측정기구의 보정을 위한 2차 표준으로서 유량 측정 시 가장 흔히 사용되는 것은?

① 비누거품미터　　② 폐활량계
③ 유리피스톤미터　　④ 로터미터

해설 2차 표준으로서 유량 측정 시 가장 흔히 사용되는 것은 로터미터이다.

ANSWER | 01 ① 02 ① 03 ② 04 ③ 05 ① 06 ① 07 ① 08 ④ 09 ③ 10 ④
11 ① 12 ④ 13 ① 14 ③ 15 ①, ③ 16 ② 17 ④

기 사

01 원통형 비누거품미터를 이용하여 공기시료 채취기의 유량을 보정하고자 한다. 원통형 비누거품미터의 내경은 4cm이고 거품막이 30cm의 거리를 이동하는 데 10초의 시간이 걸렸다면 이 공기시표채취기의 유량은 약 몇 cm^3/sec인가?

① 37.7　② 16.5　③ 8.2　④ 2.2

해설 $\text{포집유량(L/min)} = \dfrac{\text{부피(L)}}{\text{시간(min)}} = \dfrac{(\frac{\pi}{4} \times 4^2 \times 30)\text{cm}^3}{10\text{sec}} = 37.70\text{cm}^3/\text{min}$

02 용접 작업장에서 개인시료 펌프를 이용하여 오전 9시 5분부터 11시 55분까지, 오후에는 1시 5분부터 4시 23분까지 시료를 채취하였다. 총 채취공기량이 787L일 경우 펌프의 유량(L/min)은?

① 약 1.14　② 약 2.14　③ 약 3.14　④ 약 4.14

해설 $\text{펌프 유량} = \dfrac{787\text{L}}{368\text{min}} = 2.14\text{L/min}$

03 다음 중 비누거품방법(Bubble Meter Method)을 이용해 유량을 보정할 때의 주의사항과 가장 거리가 먼 것은?

① 측정시간의 정확성은 ±5초 이내이어야 한다.
② 측정장비 및 유량보정계는 Tygon Tube로 연결한다.
③ 보정을 시작하기 전에 충분히 충전된 펌프를 5분간 작동한다.
④ 표준뷰렛 내부면을 세척제 용액으로 씻어서 비누거품이 쉽게 상승하도록 한다.

해설 비누거품미터의 측정시간의 정확성은 ±1초 이내이다.

04 공기채취기구의 보정에 사용되는 1차 표준기구는?

① 열선기류계　　② 습식 테스트미터
③ 오리피스미터　　④ 흑연피스톤미터

해설 1차 표준기구
㉠ 비누거품미터 ㉡ 폐활량계 ㉢ 가스치환병 ㉣ 유리피스톤미터 ㉤ 흑연피스톤미터 ㉥ 피토튜브

05 다음 중 1차 표준기구와 가장 거리가 먼 것은?
① 폐활량계 ② Pitot 튜브
③ 비누거품미터 ④ 습식 테스트미터

06 다음은 공기유량을 보정하는 데 사용하는 표준기구들이다. 다음 중 1차 표준기구에 포함되지 않는 것은?
① 오리피스미터 ② 폐활량계
③ 가스치환병 ④ 유리피스톤미터

07 다음 중 1차 표준기구로만 짝지어진 것은?
① 로터미터, 피토튜브, 폐활량계 ② 비누거품미터, 가스치환병, 폐활량계
③ 건식 가스미터, 비누거품미터, 폐활량계 ④ 비누거품미터, 폐활량계, 열선기류계

08 다음 1차 표준 기구 중 일반인적 사용범위가 10~500mL/분이고, 정확도가 ±0.05~0.25%로 높아 실험실에서 주로 사용하는 것은?
① 폐활량계 ② 가스치환병
③ 건식 가스미터 ④ 습식 테스트미터

09 다음 중 2차 표준기구인 것은?
① 유리피스톤미터 ② 폐활량계
③ 열선기류계 ④ 가스치환병

해설 2차 표준기구
㉠ 로터미터 ㉡ 습식 테스트미터 ㉢ 건식 가스미터 ㉣ 오리피스 ㉤ 열선기류계

10 2차 표준 보정기구와 가장 거리가 먼 것은?
① 습식 테스트미터 ② 건식 가스미터
③ 폐활량계 ④ 열선기류계

11 다음 중 2차 표준 보정기구와 가장 거리가 먼 것은?
① 폐활량계 ② 열선기류계
③ 건식 가스미터 ④ 습식 테스트미터

12 다음의 2차 표준기구 중 주로 실험실에서 사용하는 것은?

① 건식 가스미터　　② 로터미터
③ 습식 테스트미터　　④ 열선기류계

해설 2차 표준기구 중 주로 실험실에서 사용하는 것은 습식 테스트미터이다.

13 2차 표준기구 중 일반적 사용범위가 10~150L/분, 정확도는 ±1%, 주 사용 장소가 현장인 것은?

① 열선기류계　　② 건식 가스미터
③ 피토튜브　　④ 오리피스미터

해설 2차 표준기구 중 현장에서 주로 사용되는 것은 건식 가스미터이다.

14 로터미터(Rotameter)에 관한 설명으로 알맞지 않은 것은?

① 유량을 측정하는 데 가장 흔히 사용되는 기기이다.
② 바닥으로 갈수록 점점 가늘어지는 수직관과 그 안에서 자유롭게 상하로 움직이는 부자(浮子)로 이루어진다.
③ 관은 유리나 투명 플라스틱으로 되어 있으며 눈금이 새겨져 있다.
④ 최대 유량과 최소 유량의 비율이 100 : 1 범위이고 대부분 ±1.0% 이내의 정확성을 나타낸다.

해설 로터미터의 최대 유량과 최소 유량의 비율은 10 : 1 범위이고 대부분 ±1.0% 이내의 정확성을 나타낸다.

15 로터미터(Rotamter)에 관한 설명으로 틀린 것은?

① 유량을 측정할 때 흔히 사용되는 2차 표준기구이다.
② 로터미터는 바닥으로 갈수록 점점 가늘어지는 수직관과 그 안에서 자유롭게 상하로 움직이는 부자로 이루어져 있다.
③ 로터미터는 일반적으로 ±0.5% 이내의 정확성을 가진 검량선이 제공된다.
④ 대부분의 로터미터는 최대 유량과 최소 유량의 비율이 10 : 1이다.

해설 로터미터는 일반적으로 ±1.0% 이내의 정확성을 가진 검량선이 제공된다.

16 유체가 위쪽으로 흐름에 따라 float도 위로 올라가며 float와 관벽 사이의 접촉면에서 발생되는 압력강하가 float를 충분히 지지해줄 때까지 올라간 float의 눈금을 읽어 측정하는 장비는?

① 오리피스미터(Orifice Meter)　　② 벤투리미터(Venturi Meter)
③ 로터미터(Rotameter)　　④ 유출노즐(Flow Nozzles)

ANSWER | 01 ① 02 ② 03 ① 04 ④ 05 ④ 06 ① 07 ② 08 ② 09 ③ 10 ③
11 ① 12 ③ 13 ② 14 ④ 15 ③ 16 ③

THEMA 24 시료채취 방법 및 오차

1. 연속시료채취

연속시료채취에는 펌프(pump)의 사용 여부에 따라 능동식 시료채취방법과 수동식 시료채취방법으로 나눌 수 있다.

① 능동식 시료채취방법
  ㉠ 시료채취 시 펌프(pump) 사용
  ㉡ 흡착관(0.2L/min 이하), 흡수관(1.0L/분 이하) 사용

② 수동식 시료채취방법
  ㉠ 시료채취 시 펌프(pump) 미사용
  ㉡ 확산, 투과, 흡착원리 이용

③ 적용이 가능한 경우
  ㉠ 오염물질의 농도가 시간에 따라 변할 때
  ㉡ 공기 중 오염물질의 농도가 낮을 때
  ㉢ 시간가중평균치를 구하고자 할 때

2. 순간시료채취

작업시간이 단시간인 경우 시료채취가 어려울 때 순간시료채취(단시간시료채취)을 한다.

① 적용이 불가능한 경우
  ㉠ 오염물질의 농도가 시간에 따라 변할 때
  ㉡ 공기 중 오염물질의 농도가 낮을 때(유해물질이 농축되는 효과가 없기 때문에 검출기의 검출한계보다 공기 중 농도가 높아야 한다.)
  ㉢ 시간가중평균치를 구하고자 할 때

② 순간시료채취기
  ㉠ 진공 플라스크
  ㉡ 검지관
  ㉢ 직독식 기기
  ㉣ 시료채취백
  ㉤ 주사기

③ 시료채취백의 특징
  ㉠ 가볍고 가격이 저렴할 뿐 아니라 깨질 염려가 없다.
  ㉡ 시료채취 전에 백의 내부를 불활성 가스로 몇 번 치환하여 내부 오염물질을 제거한다.
  ㉢ 백의 재질이 채취하고자 하는 오염물질에 대한 투과성이 낮아야 한다.
  ㉣ 백의 재질과 오염물질 간에 반응성이 없어야 한다.

ⓜ 분석할 때까지 오염물질이 안정하여야 한다.
ⓗ 이전 시료채취로 인한 잔류효과가 적어야 한다.
ⓢ 연속시료 채취도 가능하다.
ⓞ 개인시료 포집도 가능하다.

3. 오차

(1) 측정치의 오차

측정값과 참값의 차이를 오차라 하며, 오차가 작을수록 정확도는 높아진다. 시료채취와 분석과정에서 가장 많이 발생한다.

(2) 오차의 종류

① 계통적 오차 : 측정치가 참값에서 일정하게 벗어난 정도를 말하며 회수율의 비효율성, 공시료 오염, 표준액, 오차 등에 의해서 야기된다.
② 상가적 오차 : 분석물질의 농도에 관계없이 크기가 일정한 오차로 이론치와 측정치의 관계식은 직선관계이고 단위 경사도를 가지며 절편은 0이 아니다.
③ 비례적 오차 : 오차의 크기가 분석물질의 농도와 비례하는 오차를 말한다. 이론치와 측정치의 관계식은 단위가 아닌 경사도를 가지는 곡선관계이다.
④ 누적오차

$$누적오차 = \sqrt{E_1^2 + E_2^2 + E_3^2 + \cdots + E_n^2}$$

여기서, E_1, E_2, ⋯, E_n : 각 요소별 오차

(3) 측정치의 오차

① 계통오차 : 비교적 규칙성이 있는 오차로 환경, 기기, 개인 오차가 해당된다. 실험자가 주의하면 오차의 제거 또는 보정이 용이하다. 계통오차가 작을 때는 정확하다는 뜻이다.
② 우발오차 : 계통오차와는 달리 임의적이다. 한 가지 시료를 주입할 때 일정하지 않은 양을 주입하는 경우 등이 예이다. 우발오차가 작을 때는 정밀한 것을 뜻하며, 측정횟수를 증가시켜 오차의 분포를 살펴 가장 확실한 값을 추정할 수 있다. 오차의 제거 또는 보정이 용이하지 않다.
③ 상대오차 : 측정오차를 참값으로 나눈 값
④ 누적오차 : 여러 가지 오차 요소의 합
⑤ 시료채취 및 분석오차 : SAE(Sampling and Analytical Error)로서 작업환경측정에서 가장 널리 알려진 오차이며, 측정결과가 현장시료채취와 실험실 분석만을 거치면서 발생되는 것만을 말한다.

연습문제

01 가스상 물질의 연속시료 채취방법 중 흡수액을 사용한 능동식 시료채취방법(시료채취 펌프를 이용하여 강제적으로 공기를 매체에 통과시키는 방법)의 일반적 시료 채취유량 기준으로 가장 적절한 것은?

① 0.2L/분 이하 ② 1.0L/분 이하
③ 5.0L/분 이하 ④ 10.0L/분 이하

해설 능동식 시료채취 유량
㉠ 흡착관 : 0.2L/min 이하
㉡ 흡수액 : 1.0L/분 이하

02 다음 중 수동식 채취기에 적용되는 이론으로 가장 적절한 것은?

① 침강원리, 분산원리 ② 확산원리, 투과원리
③ 침투원리, 흡착원리 ④ 충돌원리, 전달원리

해설 수동식 채취기
공기채취용 펌프를 이용하지 않고 작업장에 존재하는 자연적인 기류를 이용하여 확산과 투과라는 물리적인 과정에 의해 공기 중 가스상 오염물질을 채취기까지 이동시켜 흡착제에 채취하는 장치를 말한다.

03 순간시료채취에서 가스나 증기상 물질을 직접 포집하는 방법이 아닌 것은?

① 주사기에 의한 포집 ② 진공 플라스크에 의한 포집
③ 시료채취백에 의한 포집 ④ 흡착제에 의한 포집

해설 순간시료채취기구
㉠ 주사기 ㉡ 진공 플라스크 ㉢ 액체치환병 ㉣ 시료채취백

04 가스상 물질에 대한 시료채취 방법 중 순간시료채취 방법을 사용할 수 없는 경우와 가장 거리가 먼 것은?

① 오염물질의 농도가 시간에 따라 변할 때
② 반응성이 없는 가스상 오염물질일 때
③ 시간가중평균치를 구하고자 할 때
④ 공기 중 오염물질의 농도가 낮을 때

해설 순간시료채취 적용이 불가능한 경우
㉠ 오염물질의 농도가 시간에 따라 변할 때
㉡ 공기 중 오염물질의 농도가 낮을 때(유해물질이 농축되는 효과가 없기 때문에 검출기의 검출한계보다 공기 중 농도가 높아야 한다.)
㉢ 시간가중평균치를 구하고자 할 때

05 직접포집방법에 사용되는 시료채취백의 특징으로 가장 거리가 먼 것은?

① 가볍고 가격이 저렴할 뿐 아니라 깨질 염려가 없다.
② 개인시료 포집도 가능하다.
③ 연속시료 채취가 가능하다.
④ 시료채취 후 장시간 보관이 가능하다.

해설 시료채취백의 특징
㉠ 가볍고 가격이 저렴할 뿐 아니라 깨질 염려가 없다.
㉡ 시료채취 전에 백의 내부를 불활성 가스로 몇 번 치환하여 내부 오염물질을 제거한다.
㉢ 백의 재질이 채취하고자 하는 오염물질에 대한 투과성이 낮아야 한다.
㉣ 백의 재질과 오염물질 간에 반응성이 없어야 한다.
㉤ 분석할 때까지 오염물질이 안정하여야 한다.
㉥ 이전 시료채취로 인한 잔류효과가 적어야 한다.
㉦ 연속시료 채취도 가능하다.
㉧ 개인시료 포집도 가능하다.

06 분석에서의 계통오차(Systematic Error)가 아닌 것은?

① 외계오차　　② 우발오차
③ 기계오차　　④ 개인오차

해설 계통오차
비교적 규칙성이 있는 오차로 환경, 기기, 개인 오차가 해당된다. 실험자가 주의하면 오차의 제거 또는 보정이 용이하다.

07 작업환경측정 분석 시 발생하는 계통오차의 원인과 가장 거리가 먼 것은?

① 불안정한 기기반응　　② 부적절한 표준액의 제조
③ 시약의 오염　　④ 분석물질의 낮은 회수율

해설 계통오차의 원인
㉠ 시약의 오염　　㉡ 잘못된 검량선
㉢ 부적절한 표준액의 제조　　㉣ 분석물질의 낮은 회수율

08 산업위생통계 시 적용하는 용어 정의에 관한 내용으로 틀린 것은?

① 유효숫자란 측정 및 분석값의 정밀도를 표시하는 데 필요한 숫자이다.
② 상대오차=[(근삿값−참값)/참값]으로 표현된다.
③ 우발오차가 작을 때는 측정결과가 정확하다고 한다.
④ 조화평균이란 상이한 반응을 보이는 집단의 중심경향을 파악하고자 할 때 유용하게 이용된다.

해설 우발오차가 작을 때는 정밀한 것을 뜻한다.

09 유량, 측정시간, 회수율 및 분석 등에 의한 오차가 각각 8%, 2%, 6%, 3%일 때의 누적오차(%)는?

① 약 19.0 ② 약 16.6 ③ 약 13.2 ④ 약 10.6

해설 누적오차 $= \sqrt{8^2+2^2+6^2+3^2} = 10.63\%$

10 처음 측정한 측정치는 유량, 측정시간, 회수율 및 분석 등에 의한 오차가 각각 15%, 3%, 9%, 5%였으나 유량에 의한 오차가 개선되어 10%로 감소되었다면 개선 전 측정치의 누적오차와 개선 후 측정치의 누적오차의 차이(%)는?

① 6.6% ② 5.6% ③ 4.6% ④ 3.8%

해설 개선 전 누적오차 $= \sqrt{15^2+3^2+9^2+5^2} = 18.44\%$

개선 후 누적오차 $= \sqrt{10^2+3^2+9^2+5^2} = 14.66\%$

누적오차의 차이 $= 18.44 - 14.66 = 3.78\%$

ANSWER | 01 ② 02 ② 03 ④ 04 ② 05 ④ 06 ② 07 ① 08 ③ 09 ④ 10 ④

더 풀어보기

산업기사

01 다음 중 순간시료채취방법(가스상 물질)을 적용할 수 없는 경우와 가장 거리가 먼 것은?

① 오염물질의 농도가 시간에 따라 변할 때

② 공기 중 오염물질의 농도가 낮을 때

③ 시간가중평균치를 구하고자 할 때

④ 반응성이 없거나 비흡착성 가스상 물질을 채취할 때

해설 순간시료채취방법 적용이 불가능한 경우

㉠ 오염물질의 농도가 시간에 따라 변할 때

㉡ 공기 중 오염물질의 농도가 낮을 때(유해물질이 농축되는 효과가 없기 때문에 검출기의 검출한계보다 공기 중 농도가 높아야 한다.)

㉢ 시간가중평균치를 구하고자 할 때

02 가스상 물질을 순간시료채취방법으로 사용할 수 없는 경우는?

① 오염물질농도가 시간에 따라 변화되지 않을 때

② 시간가중평균치를 구하고자 할 때

③ 공기 중 오염물질의 농도가 높을 때

④ 검출기의 검출한계보다 공기 중 농도가 낮을 때

03 작업환경 측정 시 공기의 단시간(순간)시료 포집에 이용되지 아니하는 것은?

① 포집백 ② 주사기 ③ 진공포집병 ④ 임핀저

해설 순간시료채취기
㉠ 진공 플라스크 ㉡ 검지관 ㉢ 직독식 기기 ㉣ 시료채취백 ㉤ 주사기

04 가스상 물질의 측정을 위한 능동식 시료채취 시 흡착관을 이용할 경우, 일반적 시료채취 유량으로 적절한 것은?(단, 연속시료 채취 기준)

① 0.2L/min 이하 ② 1.0L/min 이하 ③ 1.7L/min 이하 ④ 2.5L/min 이하

해설 능동식 시료채취 유량
㉠ 흡착관 : 0.2L/min 이하 ㉡ 흡수액 : 1.0L/분 이하

05 직접포집방법에 사용되는 시료채취백에 대한 설명으로 옳은 것은?

① 시료채취백의 재질은 투과성이 커야 한다.
② 정확성과 정밀성이 매우 높은 방법이다.
③ 이전 시료채취로 인한 잔류효과가 적어야 한다.
④ 누출검사가 필요 없다.

해설 시료채취백의 특징
㉠ 가볍고 가격이 저렴할 뿐 아니라 깨질 염려가 없다.
㉡ 시료채취 전에 백의 내부를 불활성 가스로 몇 번 치환하여 내부 오염물질을 제거한다.
㉢ 백의 재질이 채취하고자 하는 오염물질에 대한 투과성이 낮아야 한다.
㉣ 백의 재질과 오염물질 간에 반응성이 없어야 한다.
㉤ 분석할 때까지 오염물질이 안정하여야 한다.
㉥ 이전 시료채취로 인한 잔류효과가 적어야 한다.
㉦ 연속시료 채취도 가능하다.
㉧ 개인시료 포집도 가능하다.

06 수동식 시료채취기 사용 시 결핍(starvation)현상을 방지하면서 치료를 채취하기 위한 작업장 내의 최소한의 기류속도는?(단, 면적 대 길이의 비가 큰 배지형 수동식 시료채취기 기준)

① 최소한 0.001~0.005m/sec ② 최소한 0.05~0.1m/sec
③ 최소한 1.0~5.0m/sec ④ 최소한 5.0~10.0m/sec

해설 결핍(starvation)현상이란 수동식 시료채취기 사용 시 최소기류가 없어 대기오염물질의 농도가 감소되거나 없어지는 현상으로 최소한의 기류가 0.05~0.1m/sec 정도 되어야 한다.

07 다음 중 측정기 또는 분석기기의 미비로 기인되는 것으로 실험자가 주의하면 제거 또는 보정이 가능한 오차는?

① 우발적 오차 ② 무작위 오차 ③ 계통적 오차 ④ 시간적 오차

해설 계통오차
비교적 규칙성이 있는 오차로 환경, 기기, 개인 오차가 해당된다. 실험자가 주의하면 오차의 제거 또는 보정이 용이하다.

08 유량, 측정시간, 회수율에 의한 오차가 각각 5%, 3%, 5%일 때 누적오차(%)는?

① 6.2 ② 7.7 ③ 8.9 ④ 11.4

해설 누적오차 $= \sqrt{5^2+3^2+5^2} = 7.68\%$

09 유량, 측정시간, 회수율 및 분석 등에 의한 오차가 각각 15%, 3%, 9%, 5%일 때, 누적오차는 약 몇 %인가?

① 18.4 ② 20.3 ③ 21.5 ④ 23.5

해설 누적오차 $= \sqrt{15^2+3^2+9^2+5^2} = 18.44\%$

10 유량, 측정시간, 회수율 및 분석 등에 의한 오차가 각각 10%, 4%, 7% 및 5%일 때의 누적오차는?

① 13.8% ② 15.4% ③ 17.6% ④ 19.3%

해설 누적오차 $= \sqrt{10^2+4^2+7^2+5^2} = 13.78\%$

11 유량, 측정시간, 회수율 및 분석 등에 의한 오차가 각각 15%, 3%, 5% 및 3%일 때 누적오차(%)는?

① 7.4 ② 14.2 ③ 16.4 ④ 31.0

해설 누적오차 $= \sqrt{15^2+3^2+5^2+3^2} = 16.37\%$

12 공기 흡입유량, 측정시간, 회수율 및 시료분석 등에 의한 오차가 각각 10%, 5%, 11%, 4%일 때의 누적오차 약 몇 %인가?

① 16.2 ② 18.4 ③ 20.2 ④ 22.4

해설 누적오차 $= \sqrt{10^2+5^2+11^2+4^2} = 16.17\%$

13 일정한 물질에 대해 분석치가 참값에 얼마나 접근하였는가 하는 수치상의 표현은?

① 정확도 ② 분석도 ③ 정밀도 ④ 대표도

해설 ㉠ 정확도 : 분석치가 참값에 얼마나 접근하였는가 하는 수치상의 표현이다.
㉡ 정밀도 : 일정한 물질에 대하여 반복 측정 · 분석을 했을 때 나타나는 자료 분석치의 변동 크기가 얼마나 작은가 하는 수치상의 표현이다.

ANSWER | 01 ④ 02 ② 03 ④ 04 ① 05 ③ 06 ② 07 ③ 08 ② 09 ① 10 ①
11 ③ 12 ① 13 ①

기 사

01 가스상 물질에 대한 시료채취 방법 중 '순간시료채취방법을 사용할 수 없는 경우'와 거리가 먼 것은?

① 유해물질의 농도가 시간에 따라 변할 때
② 반응성이 없는 가스상 유해물질일 때
③ 시간가중평균치를 구하고자 할 때
④ 공기 중 유해물질의 농도가 낮을 때

해설 순간시료채취방법 적용이 불가능한 경우
㉠ 오염물질의 농도가 시간에 따라 변할 때
㉡ 공기 중 오염물질의 농도가 낮을 때(유해물질이 농축되는 효과가 없기 때문에 검출기의 검출한계보다 공기 중 농도가 높아야 한다.)
㉢ 시간가중평균치를 구하고자 할 때

02 가스상 물질을 측정하기 위한 '순간시료채취방법을 사용할 수 없는 경우'와 가장 거리가 먼 것은?

① 유해물질의 농도가 시간에 따라 변할 때
② 작업장의 기류속도가 지적속도 이하일 때
③ 시간가중평균치를 구하고자 할 때
④ 공기 중 유해물질의 농도가 낮을 때(유해물질이 농축되는 효과가 없기 때문에 검출기의 검출한계보다 공기 중 농도가 높아야 한다.)

03 다음 중 수동식 시료채취기(Passive Sampler)의 포집원리와 가장 관계가 없는 것은?

① 확산
② 투과
③ 흡착
④ 흡수

해설 수동식 시료채취방법
㉠ 시료채취 시 펌프(pump) 미사용
㉡ 확산, 투과, 흡착원리 이용

04 유기성 또는 무기성 가스나 증기가 포함된 공기 또는 호기를 채취할 때 사용되는 시료채취백에 대한 설명으로 옳지 않은 것은?

① 시료채취 전에 백의 내부를 불활성 가스로 몇 번 치환하여 내부 오염물질을 제거한다.
② 백의 재질이 채취하고자 하는 오염물질에 대한 투과성이 높아야 한다.
③ 백의 재질과 오염물질 간에 반응성이 없어야 한다.
④ 분석할 때까지 오염물질이 안정하여야 한다.

해설 백의 재질이 채취하고자 하는 오염물질에 대한 투과성이 낮아야 한다.

05 다음 중 계통오차의 종류로 거리가 먼 것은?

① 한 가지 실험측정을 반복할 때 측정값들의 변동으로 발생되는 오차
② 측정 및 분석기기의 부정확성으로 발생된 오차
③ 측정하는 개인의 선입관으로 발생된 오차
④ 측정 및 분석 시 온도나 습도와 같이 알려진 외계의 영향으로 생기는 오차

해설 계통오차의 종류
㉠ 외계오차(환경오차) : 측정 및 분석 시 온도나 습도와 같은 외계의 환경으로 생기는 오차를 의미한다.
㉡ 기계오차(기기오차) : 사용하는 측정 및 분석기기의 부정확성으로 인한 오차를 말한다.
㉢ 개인오차 : 측정자의 습관이나 선입관에 의한 오차이다.

06 산업위생 통계에 적용되는 용어 정의에 대한 내용으로 옳지 않은 것은?

① 상대오차＝[(근삿값－참값)/참값]으로 표현된다.
② 우발오차란 측정기기 또는 분석기기의 미비로 기인되는 오차이다.
③ 유효숫자란 측정 및 분석값의 정밀도를 표시하는 데 필요한 숫자이다.
④ 조화평균이란 상이한 반응을 보이는 집단의 중심경향을 파악하고자 할 때 유용하게 이용된다.

해설 측정기기 또는 분석기기의 미비로 기인되는 오차는 계통오차이다.

07 시료를 포집할 때 4%의 오차가, 또 포집된 시료를 분석할 때 3%의 오차가 발생하였다면 다른 오차는 발생하지 않았다고 가정할 때 누적오차는?

① 4%　② 5%　③ 6%　④ 7%

해설 누적오차＝ $\sqrt{4^2+3^2}=5\%$

08 작업환경측정 시 유량, 측정시간, 회수율, 분석 등에 의한 오차가 각각 20%, 15%, 10%, 5%일 때 누적오차는?

① 약 29.5%　② 약 27.4%　③ 약 25.8%　④ 약 23.3%

해설 누적오차＝ $\sqrt{20^2+15^2+10^2+5^2}=27.39\%$

09 유량, 측정시간, 회수율 및 분석에 의한 오차가 각각 18%, 3%, 9%, 5%일 때, 누적오차는 약 몇 %인가?

① 18　② 21　③ 24　④ 29

해설 누적오차＝ $\sqrt{18^2+3^2+9^2+5^2}=20.95\%$

10 유량, 측정시간, 회수율 및 분석에 의한 오차가 각각 5%, 5%, 7% 및 5%이다. 만약 유량에 의한 오차(10%)를 5%로 개선시켰다면 개선 후의 누적오차는?

① 8.9%　　② 11.1%　　③ 12.4%　　④ 14.3%

해설 누적오차 $= \sqrt{5^2+5^2+7^2+5^2} = 11.13\%$

11 처음 측정한 측정치는 유량, 측정시간, 회수율, 분석에 의한 오차가 각각 15%, 3%, 10%, 7%였으나 유량에 의한 오차가 개선되어 10%로 감소되었다면 개선 전 측정치의 누적오차와 개선 후 측정치의 누적오차의 차이는 약 몇 %인가?

① 6.5　　② 5.5　　③ 4.5　　④ 3.5

해설 개선 전 누적오차 $= \sqrt{15^2+3^2+10^2+7^2} = 19.57\%$
개선 후 누적오차 $= \sqrt{10^2+3^2+10^2+7^2} = 16.06\%$
누적오차의 차이 $= 19.57 - 16.06 = 3.51\%$

12 유량, 측정시간, 회수율, 분석에 의한 오차가 각각 10%, 5%, 10%, 5%일 때 누적오차의 유량에 의한 오차를 5%로 감소(측정시간, 회수율, 분석에 의한 오차율은 변화 없음)시켰을 때 누적오차와의 차이는?

① 2.13%　　② 2.26%　　③ 2.58%　　④ 2.77%

해설 변경 전 누적오차 $= \sqrt{10^2+5^2+10^2+5^2} = 15.81\%$
변경 후 누적오차 $= \sqrt{5^2+5^2+10^2+5^2} = 13.23\%$
누적오차의 차이 $= 15.81 - 13.23 = 2.58\%$

13 유량, 측정시간, 회수율, 분석에 의한 오차가 각각 10%, 5%, 10%, 5%일 때의 누적오차와 회수율에 의한 오차를 10%에서 7%로 감소(유량, 측정시간, 분석에 의한 오차율은 변화 없음)시켰을 때 누적오차의 차이는?

① 약 1.2%　　② 약 1.7%　　③ 약 2.6%　　④ 약 3.4%

해설 변경 전 누적오차 $= \sqrt{10^2+5^2+10^2+5^2} = 15.81\%$
변경 후 누적오차 $= \sqrt{7^2+5^2+10^2+5^2} = 14.11\%$
누적오차의 차이 $= 15.81 - 14.11 = 1.7\%$

ANSWER | 01 ② 02 ② 03 ④ 04 ② 05 ① 06 ② 07 ② 08 ② 09 ② 10 ②
11 ④ 12 ③ 13 ②

THEMA 25 기기분석

1. 가스크로마토그래피(GC)

① 원리 및 적용범위

가스크로마토그래피는 기체시료 또는 기화한 액체나 고체시료를 운반가스로 고정상이 충진된 칼럼(또는 분리관) 내부를 이동시키면서 시료의 각 성분을 분리·전개시켜 정성 및 정량하는 분석기기로서 허용기준 대상 유해인자 중 휘발성유기화합물(유기용제)의 분석방법에 적용한다.

② 주요 구성

가스크로마토그래피는 주입부(injector), 칼럼(column)오븐 및 검출기(detector)의 3가지 주요 요소로 구성되어 있다.

③ 주입부(시료도입부, injector)

㉠ 주입부로부터 기체, 액체 또는 고체시료를 도입하면 기체는 그대로, 액체나 고체는 가열기화되어 운반가스에 의하여 칼럼 내로 도입된다.

㉡ 시료주입부는 열안정성이 좋고 탄성이 좋은 실리콘 고무와 같은 격막이 있는 시료기화실로서 칼럼온도와 동일하거나 또는 그 이상의 온도를 유지할 수 있는 가열기구가 갖추어져야 한다.

㉢ 온도를 조절할 수 있는 기구 및 이를 측정할 수 있는 기구가 갖추어져야 한다.

④ 칼럼(분리관, column)오븐

㉠ 시료 중의 각 성분은 충전물에 대한 각각의 흡착성 또는 용해성 차이에 따라 분리관 내에서의 이동속도가 달라지기 때문에 각각 분리되어 칼럼 출구에 접속된 검출기를 차례로 통과한다.

㉡ 오븐 내 전체온도가 균일하게 조절되고 가열 및 냉각이 신속하여야 한다.

㉢ 설정온도에 대한 온도조절 정밀도는 ±0.5℃의 범위 이내, 전원의 전압변동 10%에 대하여도 온도변화가 ±0.5℃ 범위 이내이어야 한다.

⑤ 검출기(detector)

㉠ 검출기는 감도가 좋고 안정성과 재현성이 있어야 하며, 시료에 대하여 선형적으로 감응해야 하고, 약 400℃까지 작동이 가능해야 한다.

㉡ 검출기의 온도를 조절할 수 있는 가열기구 및 이를 측정할 수 있는 측정기구가 갖추어져야 한다.

㉢ 검출기는 시료의 화학종과 운반기체의 종류에 따라 각기 다르게 감도를 나타내므로 선택에 주의해야 한다.

㉣ 검출기를 오랫동안 사용하면 감도가 저하되므로 용매에 담가 씻거나 분해하여 부드러운 붓으로 닦아 주는 등 감도를 유지할 수 있도록 해야 한다.

㉤ 검출기의 특성

종류	용도 및 감도	운반가스
열전도도검출기(TCD)	감도 및 물에 대한 영향으로 자주 쓰이지 않음	H_2나 He
불꽃이온화검출기(FID)	유기물질(유기용제)에 대해 고감도	N_2나 He
전자포획형 검출기(ECD)	할로겐, 니트로기 등에 고감도(PCB, 유기수은 등)	He
알칼리열이온화검출기(FTD)	유기인화합물, 유기질소화합물에 고감도	N_2나 He
불꽃광도형 검출기(FPD)	악취 관계 물질의 분석(유기황, 유기인, CS_2 등)	

⑥ 분해능(Resolution)

분해능 또는 분리능은 인접되는 성분끼리 분리된 정도를 정량적으로 나타낸 값으로 분해능이 높으면 분리된 정도가 크므로 바람직하다. 분해능을 높이는 방법은 다음과 같다.

㉠ 시료의 양을 적게 한다.

㉡ 고정상의 양을 적게 한다.

㉢ 고체 지지체의 입자크기를 작게 한다.

㉣ 분리관(colume)의 길이를 길게 한다.

⑦ 운반기체

운반기체는 충전물이나 시료에 대하여 불활성이고 사용하는 검출기의 작동에 적합하며 순도는 99.99% 이상이어야 한다.

검출기 종류	운반기체	특징
FID	질소	적합
	수소, 헬륨	사용 가능
ECD	질소	가장 우수한 감도 제공
	아르곤/메탄	가장 넓은 시료농도범위에서 직선성을 가짐
FPD	질소	적합

2. 고성능액체크로마토그래피(HPLC)

① 원리 및 적용범위

고성능액체크로마토그래피(HPLC)는 끓는점이 높아 가스크로마토그래피를 적용하기 곤란한 고분자화합물이나 열에 불안정한 물질, 극성이 강한 물질들을 고정상과 액체이동상 사이의 물리화학적 반응성의 차이를 이용하여 서로 분리하는 분석기기로서, 허용기준 대상 유해인자 중 포름알데히드, 2,4－톨루엔디이소시아네이트 등의 정성 및 정량분석 방법에 적용한다. 고정상에 채운 분리관에 시료를 주입하는 방법과 이동상을 흘려주는 방법에 따라 전단분석, 치환법, 용리법의 3가지 조작법으로 구분된다.

② 주요 구성

고성능액체크로마토그래피는 용매, 탈기장치(degassor), 펌프, 시료주입기, 칼럼, 검출기로 구성된다.

3. 흡광광도계(분광광도계)

① 원리

세기 I_o인 빛이 아래 그림과 같이 농도 C, 길이 L이 되는 용액층을 통과하면 이 용액에 빛이 흡수되어 입사광의 세기가 감소한다. 통과한 직후의 빛의 세기 I_t와 I_o 사이에는 램버트–비어(Lambert–Beer)의 법칙에 따라 다음의 관계가 성립한다.

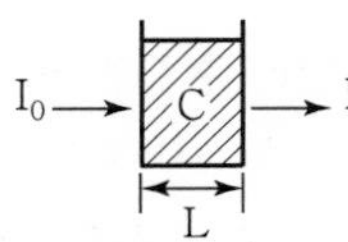

[흡광광도분석방법 원리도]

> **램버트 비어(Lambert–Beer)의 법칙**
>
> ① $I_t = I_o \cdot 10^{-\varepsilon CL}$ 로 표현한다.
>
> ② $\log(\frac{1}{t}) = A$를 흡광도라 한다.
>
> ③ $\frac{I_t}{I_o} = t$를 투과도라 한다.
>
> 여기서, I_o =입사광의 강도
> I_t =투사광의 강도
> C=농도
> L=빛의 투사거리
> t=투과도
> ε=흡광계수(C=1 mol, L=10mm일 때의 ε의 값을 몰흡광계수라 하며 K로 표시)

② 주요 구성

분광광도계는 광원, 파장선택장치, 시료용기(큐벳 홀더, cuvette holder), 그리고 검출기와 지시기로 구성되어 있다.

㉠ 광원 : 가시부, 근적외부영역에서는 텅스텐 램프, 자외선 영역에서는 중수소방전관을 사용한다.

㉡ 흡수셀의 재질

- 유리셀 : 가시 · 근적외 파장에서 사용
- 석영셀 : 자외파장에서 사용
- 플라스틱셀 : 근적외파장에서 사용

4. 원자흡광광도계

① 원리 및 적용범위

분석대상 원소가 포함된 시료를 불꽃이나 전기열에 의해 바닥상태의 원자로 해리시키고, 이 원자의 증기층에 특정파장의 빛을 투과시키면 바닥상태의 분석대상 원자가 그 파장의 빛을 흡수하여 들뜬 상태의 원자로 되는데, 이때 흡수하는 빛의 세기를 측정하는 분석기기로서 허용기준 대상 유해인자 중 금속 및 중금속의 분석방법에 적용한다.

② 주요 구성

원자흡광광도계는 광원, 원자화장치, 단색화장치, 검출부의 주요 요소로 구성되어 있어야 한다.

㉠ 광원 : 속빈음극램프(중공음극램프)

㉡ 원자화장치

- 불꽃원자화장치 : 분석이 빠르고 정밀도가 우수하여 대부분의 금속물질을 분석하는 데 널리 사용된다.
- 비불꽃원자화방법(전열고온로법) : 감도가 좋아 미량의 생체시료 중 금속성분을 분석하는 데 주로 사용된다.

㉢ 불꽃을 만들기 위한 가연성 가스와 조연성 가스의 조합

프로판 – 공기, 수소 – 공기, 아세틸렌 – 공기, 아세틸렌 – 아산화질소 등이 있다. 작업환경 분야 분석에 가장 널리 사용되는 것은 아세틸렌 – 공기와 아세틸렌 – 아산화질소로서 분석 대상 금속에 따라 이를 적절히 선택하여 사용해야 한다.

5. 유도결합플라스마 분광광도계(ICP)

① 원리 및 적용범위

시료를 고주파유도코일에 의하여 형성된 아르곤 플라스마에 도입하여 6,000~8,000K에서 여기된 원자가 바닥상태로 이동할 때 방출하는 발광선 및 발광강도를 측정하여 원소의 정성 및 정량분석에 이용하는 방법이다.

② 주요 구성

시료주입부 → 고주파 전원부 → 광원부 → 분광부 → 연산처리부 및 기록부로 구성되어 있다.

㉠ 시료주입부 : 시료용액을 흡입하여 에어로졸 상태로 플라스마에 도입시키는 부분이다.

㉡ 고주파 전원부 : 유기용매의 경우 보통 2kW가 사용된다.

㉢ 광원부 : 광원은 유도결합 플라스마 그 자체가 된다.

㉣ 분광부 및 측광부 : 플라스마광원으로부터 발광하는 스펙트럼선을 선택적으로 분리하기 위해서 분해능이 우수한 회절격자가 많이 사용된다.

③ 특징

㉠ 동시에 여러 성분의 분석이 가능하다.

㉡ 검량선의 직선성 범위가 넓다.

㉢ 원자흡광광도계보다 더 좋거나 적어도 같은 정밀도를 갖는다.

㉣ 화학물질에 의한 방해로부터 거의 영향을 받지 않는다.

㉤ 아르곤 가스를 소비하기 때문에 유지비용이 많이 든다.

㉥ 이온화에너지가 낮은 원소들은 검출한계가 높고, 다른 금속의 이온화에 방해를 준다.

㉦ 원자들은 높은 온도에서 많은 복사선을 방출하므로 분광학적 방해 영향이 있을 수 있다.

6. 검출한계(LOD : Limit of Detection) : 표준편차의 3배

① LOD는 공시료와 통계적으로 다르게 결정될 수 있는 가장 낮은 농도이다.

② LOD는 표준편차의 3배로 정의된다.

③ 기기분석에 있어서 LOD는 신호 대 잡음비가 3 : 1인 경우에 해당된다.

7. 정량한계(LOQ : Limit of Quantification) : 표준편차의 10배

① LOQ는 정량결과가 신뢰성을 가지고 얻을 수 있는 양을 말한다.
② LOQ 측정치는 공시료+10×표준편차로 검량선의 방정식으로 구할 수도 있다.
③ 기기분석에서는 신호 대 잡음비가 10 : 1인 경우에 해당된다.
④ 정량한계=검출한계×3(또는 3.3)
⑤ 검출한계가 정량분석에서 만족스러운 개념을 제공하지 못하기 때문에 검출한계의 개념을 보충하기 위해 도입되었다. 이는 통계적인 개념보다는 일종의 약속이다.

연습문제

01 도장 작업장에서 작업 시 발생되는 유기용제를 측정하여 정량, 정성분석을 하고자 한다. 이때 가장 적합한 분석기기는?

① 적외선 분광광도계 ② 흡광광도계
③ 가스크로마토그래피 ④ 원자흡광광도계

해설 가스크로마토그래피는 기체시료 또는 기화한 액체나 고체시료를 운반가스로 고정상이 충진된 칼럼(또는 분리관) 내부를 이동시키면서 시료의 각 성분을 분리 · 전개시켜 정성 및 정량하는 분석기기로서 허용기준 대상 유해인자 중 휘발성유기화합물(유기용제)의 분석방법에 적용한다.

02 가스크로마토그래피를 구성하는 주요 요소와 가장 거리가 먼 것은?

① 단색화부 ② 검출기
③ 칼럼오븐 ④ 주입부

해설 가스크로마토그래피의 주요 구성
가스크로마토그래피는 주입부(injector), 칼럼(column)오븐 및 검출기(detector)의 3가지 주요 요소로 구성되어 있다.

03 다음 중 가스크로마토그래피의 충진분리관에 사용되는 액상의 성질과 가장 거리가 먼 것은?

① 휘발성이 커야 한다.
② 열에 대해 안정해야 한다.
③ 시료 성분을 잘 녹일 수 있어야 한다.
④ 분리관의 최대온도보다 100℃ 이상에서 끓는점을 가져야 한다.

해설 가스크로마토그래피의 충진분리관에 사용되는 액상은 휘발성 및 점성이 작아야 한다.

04 다음 중 기체크로마토그래피에서 주입한 시료를 분리관을 거쳐 검출기까지 운반하는 가스에 대한 설명과 가장 거리가 먼 것은?

① 운반가스는 주로 질소, 헬륨이 사용된다.

② 운반가스는 활성이며, 순수하고 습기가 조금 있어야 한다.

③ 가스를 기기에 연결시킬 때 누출부위가 없어야 한다.

④ 운반가스의 순도는 99.99% 이상의 순도를 유지해야 한다.

해설 운반가스는 충전물이나 시료에 대하여 불활성이며 불순물 또는 수분이 없어야 한다.

05 황(S)과 인(P)을 포함한 화합물을 분석하는 데 일반적으로 사용되는 가스크로마토그래피 검출기는?

① 불꽃이온화검출기(FID) ② 열전도도검출기(TCD)

③ 불꽃광도(전자)검출기(FPD) ④ 전자포획검출기(ECD)

해설 검출기의 특성

종류	용도 및 감도	운반가스
열전도도검출기(TCD)	감도 및 물에 대한 영향으로 자주 쓰이지 않음	H_2나 He
불꽃이온화검출기(FID)	유기물질(유기용제)에 대해 고감도	N_2나 He
전자포획형 검출기(ECD)	할로겐, 니트로기 등에 고감도(PCB, 유기수은 등)	He
알칼리열이온화검출기(FTD)	유기인화합물, 유기질소화합물에 고감도	N_2나 He
불꽃광도형 검출기(FPD)	악취 관계 물질의 분석(유기황, 유기인, CS_2 등)	

06 가스크로마토그래피의 분리관의 성능은 분해능과 효율로 표시할 수 있다. 분해능을 높이려는 조작으로 틀린 것은?

① 분리관의 길이를 길게 한다.

② 고정상의 양을 크게 한다.

③ 고체지지체의 입자 크기를 작게 한다.

④ 일반적으로 저온에서 좋은 분해능을 보이므로 온도를 낮춘다.

해설 분해능을 높이기 위해서는 고정상의 양을 작게 한다.

07 기체크로마토그래피와 고성능액체크로마토그래피의 비교로 옳지 않은 것은?

① 기체크로마토그래피는 분석시료의 휘발성을 이용한다.

② 고성능액체크로마토그래피는 분석시료의 용해성을 이용한다.

③ 기체크로마토그래피의 분리기전은 이온배제, 이온교환, 이온분배이다.

④ 기체크로마토그래피의 이동상은 기체이고 고성능액체크로마토그래피의 이동상은 액체이다.

해설 기체크로마토그래피는 분리관(칼럼) 내 충전물의 흡착성 또는 용해성 차이에 따라 전개시켜 분리관 내에서 이동속도가 달라지는 것을 이용한 것이다.

08 흡광광도계에서 빛의 강도가 I_0인 단색광이 어떤 시료용액을 통과할 때 그 빛의 30%가 흡수될 경우 흡광도는?

① 약 0.30　　② 약 0.24　　③ 약 0.16　　④ 약 0.12

해설 흡광도(A) $= \log\frac{1}{t}$

여기서, t : 투과도

흡광도(A) $= \log\frac{1}{0.7} = 0.155$

09 흡광광도법으로 시료용액의 흡광도를 측정한 결과 흡광도가 검량선의 영역 밖이었다. 시료용액을 2배로 희석하여 흡광도를 측정한 결과 흡광도가 0.4였을 때, 이 시료용액의 농도는?

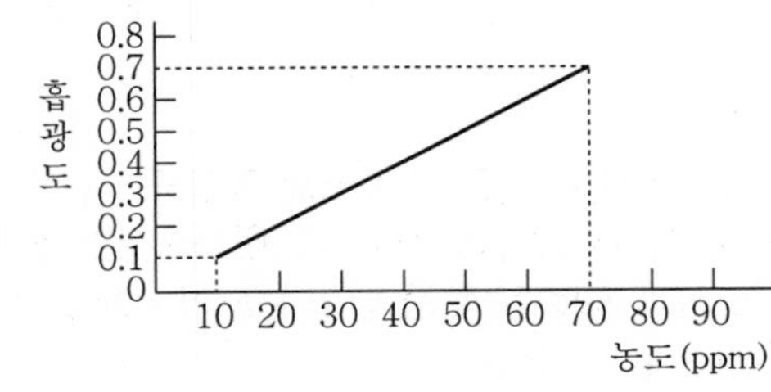

① 20ppm　　② 40ppm　　③ 80ppm　　④ 160ppm

해설 흡광도가 0.4일 때 시료용액의 농도는 40ppm이다. 이 용액은 2배 희석된 것이므로 시료용액의 농도는 80ppm이 된다.

10 흡광광도법에서 사용되는 흡수셀의 재질 가운데 자외선 영역의 파장범위에 사용되는 재질은?

① 유리　　② 석영

③ 플라스틱　　④ 유리와 플라스틱

해설 자외-가시광선 영역은 석영 재질의 흡수셀을 사용한다.

11 원자흡광광도법의 구성순서로 알맞은 것은?

① 시료원자화부 – 광원부 – 측광부 – 단색화부

② 시료원자화부 – 파장선택부 – 시료부 – 측광부

③ 광원부 – 파장선택부 – 시료부 – 측광부

④ 광원부 – 시료원자화부 – 단색화부 – 측광부

해설 원자흡광광도법의 장치의 구성

광원부–시료원자화부–단색화부–측광부(검출부)

12 다음 중 불꽃방식의 원자흡광 분석장치의 일반적인 특징과 가장 거리가 먼 것은?

① 시료량이 많이 소요되며 감도가 낮다.

② 가격이 흑연로장치에 비하여 저렴하다.

③ 분석시간이 흑연로장치에 비하여 길게 소요된다.

④ 고체시료의 경우 전처리에 의하여 매트릭스를 제거하여야 한다.

해설 불꽃원자화장치는 분석시간이 빠르고 정밀도가 높다.

13 다음 중 유도결합 플라스마 원자발광분석기의 특징과 가장 거리가 먼 것은?

① 분광학적 방해 영향이 전혀 없다.

② 검량선의 직선성 범위가 넓다.

③ 동시에 여러 성분의 분석이 가능하다.

④ 아르곤 가스를 소비하기 때문에 유지비용이 많이 든다.

해설 원자들은 높은 온도에서 많은 복사선을 방출하므로 분광학적 방해 영향이 있을 수 있다.

14 납이 발생되는 공정에서 공기 중 납 농도를 측정하기 위해 공기시료를 $0.550m^3$ 채취하였고 이 시료를 10mL의 10% HNO_3에 용해시켰다. 원자흡광분석기를 이용하여 시료 중 납을 분석하여 검량선과 비교한 결과 시료 용액 중 납의 농도가 49㎍/mL로 나타났다면 채취한 시간 동안의 공기 중 납의 농도(mg/m^3)는?

① 0.29　② 0.49　③ 0.69　④ 0.89

해설 $X(mg/m^3) = \frac{49\mu g/mL \times 10mL}{0.550m^3} = 890.91\mu g/m^3 = 0.89mg/m^3$

15 다음은 산업위생 분석 용어에 관한 내용이다. (　) 안에 가장 적절한 내용은?

> (　)는(은) 검출한계가 정량분석에서 만족스런 개념을 제공하지 못하기 때문에 검출한계의 개념을 보충하기 위해 도입되었다. 이는 통계적인 개념보다는 일종의 약속이다.

① 선택성　② 정량한계　③ 표준편차　④ 표준오차

해설 검출한계가 정량분석에서 만족스런 개념을 제공하지 못하기 때문에 검출한계의 개념을 보충하기 위해서 정량한계가 도입되었다.

16 분석기기가 검출할 수 있고 신뢰성을 가질 수 있는 양인 정량한계(LOQ)에 관한 설명으로 옳은 것은?

① 표준편차의 3배　② 표준편차의 3.3배

③ 표준편차의 5배　④ 표준편차의 10배

해설 정량한계는 표준편차의 10배이다.

ANSWER | 01 ③ 02 ① 03 ① 04 ② 05 ③ 06 ② 07 ③ 08 ③ 09 ③ 10 ②
11 ④ 12 ③ 13 ① 14 ④ 15 ② 16 ④

더 풀어보기

산업기사

01 가스크로마토그래피에서 칼럼의 역할은?

① 전개가스의 예열 ② 가스 전개와 시료의 혼합
③ 용매 탈착과 시료의 혼합 ④ 시료성분의 분배와 분리

해설 칼럼(분리관)
시료 중의 각 성분은 충전물에 대한 각각의 흡착성 또는 용해성 차이에 따라 분리관 내에서의 이동속도가 달라지기 때문에 각각 분리되어 칼럼 출구에 접속된 검출기를 차례로 통과한다.

02 기체크로마토그래피－질량분석기를 이용하여 물질분석을 할 때 사용하는 일반적인 이동상 가스는 무엇인가?

① 헬륨 ② 질소 ③ 수소 ④ 아르곤

해설 운반가스
운반가스는 충전물이나 시료에 대하여 불활성이고 사용하는 검출기의 작동에 적합하며 순도는 99.99% 이상이어야 한다. 일반적으로 기체크로마토그래피－질량분석기에서는 헬륨가스를 많이 이용한다.

03 다음 중 가스크로마토그래피에서 이동상으로 사용되는 운반기체의 설명과 가장 거리가 먼 것은?

① 운반기체로는 주로 질소와 헬륨이 사용된다.
② 운반기체를 기기에 연결시킬 때 누출부위가 없어야 하고 불순물을 제거할 수 있는 트랩을 장치한다.
③ 운반기체의 선택은 분석기기 지침서나 NIOSH 공정시험법에서 추천하는 가스를 사용하는 것이 바람직하다.
④ 운반기체는 검출기 · 분리관 및 시료에 영향을 주지 않도록 불활성이고 수분이 5% 미만으로 함유되어 있어야 한다.

해설 운반기체는 수분이나 불순물이 없고, 충전물이나 시료에 대하여 불활성이며 사용하는 검출기의 작동에 적합하고 순도는 99.99% 이상이어야 한다.

04 유기화합물을 운반기체와 함께 수소와 공기의 불꽃 속에 도입함으로써 생기는 이온의 증가를 이용한 검출기는?

① 열전도도형 검출기(TCD) ② 불꽃이온화형 검출기(FID)
③ 전자포획형 검출기(ECD) ④ 불꽃광전자형 검출기(FPD)

해설 유기화합물을 운반기체와 함께 수소와 공기의 불꽃 속에 도입함으로써 생기는 이온의 증가를 이용한 검출기는 불꽃이온화형 검출기(FID)이다.

05 다음 중 가스크로마토그래프(GC)를 이용하여 유기용제를 분석할 때 가장 많이 사용하는 검출기는?

① 불꽃이온화검출기　② 전자포획검출기
③ 불꽃광도검출기　④ 열전도도검출기

해설 유기물질(유기용제)에 대해 고감도를 나타내는 검출기는 불꽃이온화형 검출기(FID)이다.

06 다음 중 가스크로마토그래피에서 인접한 두 피크를 다르다고 인식하는 능력을 의미하는 것은?

① 분해능　② 분배계수
③ 분리관의 효율　④ 상대머무름시간

해설 가스크로마토그래피의 분리관의 성능은 분해능과 효율로 표시할 수 있으며 분해능은 인접한 두 피크를 다르다고 인식하는 능력을 의미한다.

07 크로마토그래피의 분리관 성능을 표시하는 분해능을 높일 수 있는 조작으로 틀린 것은?

① 분리관의 길이를 길게 한다.　② 고정상의 양을 크게 한다.
③ 시료의 양을 적게 한다.　④ 고체지지체의 입자 크기를 작게 한다.

해설 분해능을 높이기 위해서는 고정상의 양을 작게 한다.

08 이황화탄소(CS_2)를 GC(가스크로마토그래피)를 이용하여 분석할 경우 감도가 좋은 검출기는?

① FID(불꽃이온화검출기)　② ECD(전자포획검출기)
③ FPD(불꽃광도검출기)　④ TCD(열전도도검출기)

해설 검출기의 특성

종류	용도 및 감도	운반가스
열전도도검출기(TCD)	감도 및 물에 대한 영향으로 자주 쓰이지 않음	H_2나 He
불꽃이온화검출기(FID)	유기물질(유기용제)에 대해 고감도	N_2나 He
전자포획형 검출기(ECD)	할로겐, 니트로기 등에 고감도(PCB, 유기수은 등)	He
알칼리열이온화검출기(FTD)	유기인화합물, 유기질소화합물에 고감도	N_2나 He
불꽃광도형 검출기(FPD)	악취 관계 물질의 분석(유기황, 유기인, CS_2 등)	

09 원자흡광분석장치에서 단색광이 미지 시료를 통과할 때, 최초광의 80%가 흡수되었다면 흡광도는 약 얼마인가?

① 0.7　② 0.8　③ 0.9　④ 1.0

해설 흡광도$(A) = \log\frac{1}{t}$

여기서, t : 투과도

흡광도$(A) = \log\frac{1}{0.2} = 0.7$

10 원자흡광분석기에서 어떤 시료를 통과하여 나온 빛의 세기가 시료를 주입하지 않고 측정한 빛의 세기의 50%일 때 흡광도는 약 얼마인가?

① 0.1 ② 0.3 ③ 0.5 ④ 0.7

해설 흡광도(A) $= \log\frac{1}{t} = \log\frac{1}{0.5} = 0.301$

11 흡광도 측정에서 최초광의 70%가 흡수될 경우 흡광도는 약 얼마인가?

① 0.28 ② 0.35 ③ 0.46 ④ 0.52

해설 흡광도(A) $= \log\frac{1}{t} = \log\frac{1}{0.3} = 0.523$

12 1L에 5mg을 함유하는 카드뮴 용액의 흡광도가 30%였다면, 투광도가 60%일 때 카드뮴 용액의 농도는 약 몇 mg/L인가?

① 2.121 ② 5.000 ③ 7.161 ④ 10.000

해설 흡광도(A) $= \varepsilon \cdot C \cdot L,\ A = \log\frac{1}{t}$

$5(\text{mg/L}) : \log\frac{1}{0.7} = X(\text{mg/L}) : \log\frac{1}{0.6}$

$\therefore\ X = 7.161\text{mg/L}$

13 원자흡광광도 분석장치의 구성순서로 알맞은 것은?

① 시료원자화부 → 단색화부 → 광원부 → 측광부
② 단색화부 → 측광부 → 시료원자화부 → 광원부
③ 광원부 → 시료원자화부 → 단색화부 → 측광부
④ 측광부 → 단색화부 → 광원부 → 시료원자화부

해설 **원자흡광광도 분석장치의 주요 구성**
광원, 원자화장치, 단색화장치, 검출부의 주요 요소로 구성되어 있어야 한다.

14 원자흡광광도계는 다음 중 어떤 종류의 물질 분석에 널리 적용되는가?

① 금속 ② 용매
③ 방향족 탄화수소 ④ 지방족 탄화수소

해설 **원자흡광광도계**
분석대상 원소가 포함된 시료를 불꽃이나 전기열에 의해 바닥상태의 원자로 해리시키고, 이 원자의 증기층에 특정파장의 빛을 투과시키면 바닥상태의 분석대상 원자가 그 파장의 빛을 흡수하여 들뜬 상태의 원자로 되는데, 이때 흡수하는 빛의 세기를 측정하는 분석기기로서 허용기준 대상 유해인자 중 금속 및 중금속의 분석방법에 적용한다.

15 다음 중 중금속을 신속하고 정확하게 측정할 수 있는 측정기기는?

① 광학현미경 ② 원자흡광광도계

③ 가스크로마토그래피 ④ 비분산적외선 가스분석계

16 불꽃방식의 원자흡광광도계의 일반적인 장단점으로 옳지 않은 것은?

① 가격이 흑연로장치에 비하여 저렴하다.

② 분석시간이 흑연로장치에 비하여 길게 소요된다.

③ 시료량이 많이 소요되며 감도가 낮다.

④ 고체시료의 경우 전처리에 의하여 매트릭스를 제거하여야 한다.

해설 불꽃방식 원자흡광광도계의 장단점

㉠ 장점
- 가격이 흑연로장치나 유도결합 플라스마 -원자발광분석기보다 저렴하다.
- 분석이 빠르고, 정밀도가 높다.
- 쉽고 간편하다.

㉡ 단점
- 많은 양의 시료가 필요하다.
- 감도가 제한되어 있어 저농도에서 사용이 어렵다.
- 고체시료의 경우 전처리에 의하여 기질을 제거해야 한다.

17 다음 중 불꽃방식의 원자흡광광도계(AAS)의 장단점에 관한 설명으로 가장 거리가 먼 것은?

① 작업환경 중 유해금속 분석을 할 수 있다.

② 분석시간이 흑연로장치에 비하여 적게 소요된다.

③ 고체시료의 경우 전처리에 의하여 매트릭스를 제거해야 한다.

④ 적은 양의 시료를 가지고 동시에 많은 금속을 분석할 수 있다.

해설 불꽃원자흡광광도계는 많은 양의 시료가 필요하다.

18 유도결합 플라스마 원자발광분석기를 이용하여 금속을 분석할 때 장단점으로 옳지 않은 것은?

① 원자흡광광도계보다 더 좋거나 적어도 같은 정밀도를 갖는다.

② 검량선의 직선성 범위가 좁아 재현성이 우수하다.

③ 화학물질에 의한 방해로부터 거의 영향을 받지 않는다.

④ 원자들은 높은 온도에서 많은 복사선을 방출하므로 분광학적 방해 영향이 있을 수 있다.

해설 유도결합 플라스마 원자발광분석기는 검량선의 직선성 범위가 넓다.

19 유도결합 플라스마 원자발광분석기에 관한 설명으로 틀린 것은?

① 동시에 많은 금속을 분석할 수 있다.

② 원자들은 높은 온도에서 많은 복사선을 방출하므로 분광학적 방해 영향이 있을 수 있다.

③ 검량선의 직선성 범위가 넓다.

④ 이온화에너지가 낮은 원소들은 검출한계가 낮다.

해설 이온화에너지가 낮은 원소들은 검출한계가 높으며, 또한 다른 금속의 이온화에 방해를 준다.

20 이온크로마토그래피(IC)로 분석하기에 적합한 물질은?

① 무기수은 ② 크롬산

③ 사염화탄소 ④ 에탄올

해설 이온크로마토그래피

㉠ 액체크로마토그래피의 일종으로 이온성 물질 분석에 주로 사용한다.

㉡ 강수, 대기 중 먼지, 하천수 중 이온성분의 정성 · 정량 분석에 사용된다.

㉢ 음이온(황산, 질산, 인산, 염소) 및 무기산류(크롬산, 염산, 불산, 황산), 에탄올아민류, 알칼리, 황화수소의 특성 분석에 이용된다.

21 금속분석과 관련된 설명으로 틀린 것은?

① 일반적으로 금속분석에 이용되는 분석기기는 유도결합 플라스마와 원자흡광분석기이다.

② 금속 표준용액을 일정기간 보관해야 될 경우 적절한 용기는 유리병이다.

③ ICP는 한 번에 여러 금속을 동시에 분석할 수 있다.

④ 시료가 검량선의 범위를 벗어나는 경우 외삽하여 추정하지 말고 시료를 희석하여 범위 내로 들어오게 한다.

해설 금속 표준용액을 일정기간 보관해야 될 경우 외부의 빛이 완전히 차단되는 용기를 사용해야 한다.

22 고유량 펌프를 이용하여 $0.489m^3$의 공기를 채취하고, 실험실에서 여과지를 10% 질산 11mL로 용해하였다. 원자흡광광도계로 농도를 분석하고 검량선으로 비교 분석한 결과, 농도가 32.5㎍ Pb/mL였다면 채취기간 중 납 먼지의 농도(mg/m^3)는?

① 0.58 ② 0.62 ③ 0.73 ④ 0.89

해설 $X(mg/m^3) = \frac{32.5\mu g/mL \times 11mL}{0.489m^3} = 731.08\mu g/m^3 = 0.73mg/m^3$

23 공기 중 납을 막여과지로 시료포집한 후 분석한 결과 시료여과지에서는 6μg, 공시료 여과지에서는 0.005μg이 검출되었다. 회수율은 95%이고 공시료 채취량은 100L이었다면 공기 중 납의 농도(mg/m^3)는?

① 약 $0.028mg/m^3$ ② 약 $0.045mg/m^3$

③ 약 $0.063mg/m^3$ ④ 약 $0.082mg/m^3$

해설 $X(mg/m^3) = \frac{(6-0.005)\mu g}{100L \times 0.95} = 0.063\mu g/L = 0.063mg/m^3$

24 정량한계(LOQ)에 관한 내용으로 옳은 것은?

① 표준편차의 3배
② 표준편차의 10배
③ 검출한계의 5배
④ 검출한계의 10배

25 어떤 분석방법의 검출한계가 0.15mg일 때 정량한계로 가장 적합한 것은?

① 0.30mg ② 0.45mg ③ 0.6mg ④ 1.5mg

해설 정량한계＝검출한계×3＝0.15×3＝0.45mg

ANSWER									
01 ④	02 ①	03 ④	04 ②	05 ①	06 ①	07 ②	08 ③	09 ①	10 ②
11 ④	12 ③	13 ③	14 ①	15 ②	16 ②	17 ④	18 ②	19 ④	20 ②
21 ②	22 ③	23 ③	24 ②	25 ②					

기 사

01 유해물질이 무기산류(전기전도도 검출기 적용)인 경우 다음 중 가장 적절한 분석기기는?

① 가스크로마토그래피
② 액체크로마토그래피
③ 고성능액체크로마토그래피
④ 이온크로마토그래피

해설 이온크로마토그래피
㉠ 액체크로마토그래피의 일종으로 이온성 물질 분석에 주로 사용한다.
㉡ 강수, 대기 중 먼지, 하천수 중 이온성분의 정성 · 정량 분석에 사용된다.
㉢ 음이온(황산, 질산, 인산, 염소) 및 무기산류(크롬산, 염산, 불산, 황산), 에탄올아민류, 알칼리, 황화수소의 특성 분석에 이용된다.

02 가스크로마토그래피의 검출기에 관한 설명으로 옳지 않은 것은?(단, 고용노동부 고시를 기준으로 한다.)

① 약 850℃까지 작동 가능해야 한다.
② 검출기는 시료에 대하여 선형적으로 감응해야 한다.
③ 검출기는 감도가 좋고 안정성과 재현성이 있어야 한다.
④ 검출기의 온도를 조절할 수 있는 가열기구 및 이를 측정할 수 있는 측정기구가 갖추어져야 한다.

해설 가스크로마토그래피 검출기의 특성
㉠ 시료에 대하여 선형적으로 감응해야 한다.
㉡ 검출기는 시료에 대하여 선형적으로 감응해야 한다.
㉢ 검출기는 감도가 좋고 안정성과 재현성이 있어야 한다.
㉣ 검출기의 온도를 조절할 수 있는 가열기구 및 이를 측정할 수 있는 측정기구가 갖추어져야 한다.

03 가스크로마토그래피(GC) 분석에서 분해능(또는 분리도)을 높이기 위한 방법이 아닌 것은?

① 시료의 양을 적게 한다. ② 고정상의 양을 적게 한다.
③ 고체 지지체의 입자 크기를 작게 한다. ④ 분리관(column)의 길이를 짧게 한다.

해설 분해능 또는 분리능은 인접되는 성분끼리 분리된 정도를 정량적으로 나타낸 값으로 분해능이 높으면 분리된 정도가 크므로 바람직하다. 분해능을 높이는 방법은 다음과 같다.
㉠ 시료의 양을 적게 한다.
㉡ 고정상의 양을 적게 한다.
㉢ 고체 지지체의 입자 크기를 작게 한다.
㉣ 분리관(colume)의 길이를 길게 한다.

04 가스크로마토그래피에 적용되는 크로마토그래피의 이론으로 틀린 것은?

① 두 물질의 분배계수값 차이가 클수록 분리가 잘 된다는 것을 의미한다.
② 분배계수가 크다는 것은 분리관에 머무르는 시간이 길다는 것이다.
③ 같은 분자라 할지라도 머무름시간은 실험조건에 따라 다르므로 절댓값이 아닌 상대적 머무름시간으로 나타낼 수 있다.
④ 분리관에서 분해능을 높이려면 시료와 고정상의 양을 늘리고 온도를 높여야 한다.

해설 분리관에서 분해능을 높이려면 시료와 고정상의 양을 적게 한다.

05 시료 측정 시 측정하고자 하는 시료의 피크와는 전혀 관계가 없는 피크가 크로마토그램에 때때로 나타나는 경우가 있는데 이것을 유령피크(Ghost Peak)라고 한다. 유령피크의 발생 원인으로 가장 거리가 먼 것은?

① 칼럼이 충분하게 묵힘(aging)되지 않아서 칼럼에 남아 있던 성분들이 배출되는 경우
② 주입부에 있던 오염물질이 증발되어 배출되는 경우
③ 운반기체가 오염된 경우
④ 주입부에 사용하는 격막(septum)에서 오염물질이 방출되는 경우

해설 유령피크의 발생 원인
㉠ 칼럼이 충분하게 묵힘(aging)되지 않아서 칼럼에 남아 있던 성분들이 배출되는 경우
㉡ 주입부에 있던 오염물질이 증발되어 배출되는 경우
㉢ 주입부에 사용하는 격막(septum)에서 오염물질이 방출되는 경우

06 흡광광도계에서 단색광이 어떤 시료용액을 통과할 때 그 빛의 60%가 흡수될 경우, 흡광도는 약 얼마인가?

① 0.22 ② 0.37 ③ 0.40 ④ 1.60

해설 흡광도(A) $= \log\frac{1}{t} = \log\frac{1}{0.4} = 0.4$

07 분광광도계(흡광광도계)를 사용할 때 근적외부 영역에 주로 사용되는 광원은?

① 텅스텐램프 ② 중수소방전관 ③ 중공음극램프 ④ 광전자증배관

해설 **광원** : 가시부, 근적외부 영역에서는 텅스텐램프, 자외선 영역에서는 중수소방전관을 사용한다.

08 시료분석을 하기 위하여 흡광광도법으로 분석원소의 농도를 정량할 때 광원부에 주로 사용하는 램프는?(단, 가시부와 근적외부의 광원 기준)

① 중공음극램프 ② 중소수방전관 ③ 텅스텐램프 ④ 석영저압램프

09 어떤 시료용액의 흡광도를 측정하였더니 흡광도가 검량선의 바깥 영역이었다. 이를 정확히 측정하기 위해 시료용액을 3배로 희석하여 흡광도를 측정한 결과 흡광도가 0.4였다면 이 시료용액의 농도는?

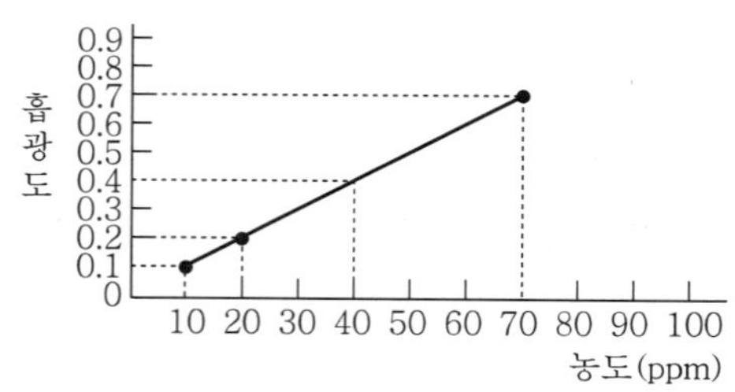

① 40ppm ② 80ppm ③ 100ppm ④ 120ppm

해설 흡광도값이 0.4이기 때문에 농도는 40ppm이다.
시료용액의 농도 = 40ppm × 3 = 120ppm

10 원자흡광광도계의 구성요소와 역할에 대한 설명 중 옳지 않은 것은?

① 광원은 속빈음극램프를 주로 사용한다.
② 광원은 분석 물질이 반사할 수 있는 표준 파장의 빛을 방출한다.
③ 단색화장치는 특정 파장만 분리하여 검출기로 보내는 역할을 한다.
④ 원자화장치에서 원자화방법에는 불꽃방식, 흑연로방식, 증기화방식이 있다.

해설 광원은 분석물질이 잘 흡수할 수 있는 특정 파장의 빛을 방출하는 역할을 한다.

11 불꽃 방식 원자흡광도계가 갖는 장단점으로 틀린 것은?

① 분석시간이 흑연로장치에 비하여 적게 소요된다.
② 혈액이나 소변 등 생물학적 시료의 유해금속 분석에 주로 많이 사용된다.
③ 일반적으로 흑연로장치나 유도결합 플라스마-원자발광분석기에 비하여 저렴하다.
④ 용질이 고농도로 용해되어 있는 경우 버너의 슬롯을 막을 수 있으며 점성이 큰 용액은 분무가 어려워 분무구멍을 막아버릴 수 있다.

해설 혈액이나 소변 등 생물학적 시료의 유해금속 분석에 주로 많이 사용되는 것은 흑연로방식이다.

12 원자흡광분석기에 적용되어 사용되는 법칙은?

① 반데르발스(Van der Waals) 법칙 ② 비어-램버트(Beer-Lambert) 법칙
③ 보일-샤를(Boyle-Charles) 법칙 ④ 에너지보존(Energy Conservation) 법칙

해설 흡광광도법과 원자흡광분석기는 비어-램버트 법칙을 적용한다.

13 원자가 가장 낮은 에너지 상태인 바닥에서 에너지를 흡수하면 들뜬 상태가 되고 들뜬 상태의 원자들이 낮은 에너지 상태로 돌아올 때 에너지를 방출하게 된다. 금속마다 고유한 방출스펙트럼을 갖고 있으며 이를 측정하여 중금속을 분석하는 장비는?

① 불꽃 원자흡광광도계 ② 비불꽃 원자흡광광도계
③ 이온크로마토그래피 ④ 유도결합 플라스마 발광광도계

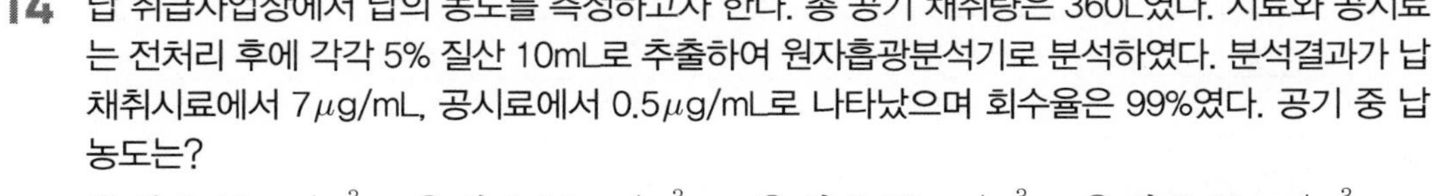

14 납 취급사업장에서 납의 농도를 측정하고자 한다. 총 공기 채취량은 360L였다. 시료와 공시료는 전처리 후에 각각 5% 질산 10mL로 추출하여 원자흡광분석기로 분석하였다. 분석결과가 납 채취시료에서 7μg/mL, 공시료에서 0.5μg/mL로 나타났으며 회수율은 99%였다. 공기 중 납 농도는?

① 약 0.18mg/m^3 ② 약 0.26mg/m^3 ③ 약 0.38mg/m^3 ④ 약 0.48mg/m^3

해설 $X(\text{mg/m}^3) = \dfrac{(7-0.5)\mu\text{g/mL} \times 10\text{mL}}{0.36\text{m}^3 \times 0.99} = 182.38\mu\text{g/m}^3 = 0.182\text{mg/m}^3$

15 다음은 산업위생 분석 용어에 관한 내용이다. ( ) 안에 가장 적절한 내용은?

> ( )는(은) 검출한계가 정량분석에서 만족스러운 개념을 제공하지 못하기 때문에 검출한계의 개념을 보충하기 위해 도입되었다. 이는 통계적인 개념보다는 일종의 약속이다.

① 변이계수 ② 오차한계 ③ 표준편차 ④ 정량한계

해설 검출한계가 정량분석에서 만족스러운 개념을 제공하지 못하기 때문에 검출한계의 개념을 보충하기 위해 도입되었다.

16 정량한계(LOQ)에 관한 설명으로 가장 옳은 것은?

① 검출한계의 2배로 정의 ② 검출한계의 3배로 정의
③ 검출한계의 5배로 정의 ④ 검출한계의 10배로 정의

해설 정량한계 = 검출한계 × 3

ANSWER | 01 ④ 02 ① 03 ④ 04 ④ 05 ③ 06 ③ 07 ① 08 ③ 09 ④ 10 ②
11 ② 12 ② 13 ④ 14 ① 15 ④ 16 ②

THEMA 26 물리적 유해인자 측정

1. 노출기준

① 소음의 노출기준(충격소음 제외)

1일 노출시간(hr)	소음강도[dB(A)]
8	90
4	95
2	100
1	105
1/2	110
1/4	115

115dB(A)를 초과하는 소음 수준에 노출되어서는 안 됨

② 충격소음의 노출기준

1일 노출횟수(회)	충격소음의 강도[dB(A)]
100	140
1,000	130
10,000	120

㉠ 최대 음압수준이 140dB(A)를 초과하는 충격소음에 노출되어서는 안 됨

㉡ 충격소음이라 함은 최대음압수준에 120dB(A) 이상인 소음이 1초 이상의 간격으로 발생하는 것을 말함

③ 고온의 노출기준

작업강도 / 작업・휴식시간비	경작업(℃, WBGT)	중등작업(℃, WBGT)	중작업(℃, WBGT)
계속 작업	30.0	26.7	25.0
매시간 75% 작업, 25% 휴식	30.6	28.0	25.9
매시간 50% 작업, 50% 휴식	31.4	29.4	27.9
매시간 25% 작업, 75% 휴식	32.2	31.1	30.0

㉠ 경작업 : 200kcal까지의 열량이 소요되는 작업을 말하며, 앉아서 또는 서서 기계를 조정하기 위하여 손 또는 팔을 가볍게 쓰는 일 등을 뜻함

㉡ 중등작업 : 시간당 200~350kcal의 열량이 소요되는 작업을 말하며, 물체를 들거나 밀면서 걸어다니는 일 등을 뜻함

㉢ 중작업 : 시간당 350~500kcal의 열량이 소요되는 작업을 말하며, 곡괭이질 또는 삽질하는 일 등을 뜻함

2. 측정기기

측정	측정기기
온습도	아스만통풍건습계, 흑구온도계
기류	카타온도계, 풍차풍속계, 열선풍속계
소음	소음계, 소음노출량계

① 아스만통풍건습계
 ㉠ 작업환경에서 온도측정 시 일반적으로 많이 사용
 ㉡ 복사열을 차단하는 구부에 일정한 기류를 주기 위해 풍속관 속에 2개의 같은 눈금을 갖는 봉상수은온도계 사용

② 흑구혼도계 : 고온사업장에서 복사온도를 측정하는 데 사용

③ 카타(Kata)온도계
 ㉠ 기기 내의 알코올이 위의 눈금에서 아래 눈금까지 하강하는 데 소요되는 시간을 측정하여 기류를 직접적으로 측정
 ㉡ 알코올의 눈금이 100°F에서 95°F까지 내려가는 데 소요되는 시간을 초시계로 4~5회 측정하여 평균
 ㉢ 기류의 방향이 일정하지 않거나, 실내 0.2~0.5m/s 정도의 불감기류를 측정할 때 사용

④ 풍차풍속계 : 옥외용으로 기류가 1~150m/sec 범위의 풍속을 측정

⑤ 열선풍속계 : 기류속도가 낮을 때 정확한 측정 가능

⑥ 습구흑구온도지수(WBGT)
 ㉠ 사업장의 온도평가를 위해서 가장 보편적으로 많이 쓰이는 것이 자연습구온도와 흑구온도, 건구온도를 근거로 하는 온열지수로 WBGT(Wet Bulb Globe Temperature Index)이다.
 ㉡ 이 온열지수는 우리들이 흔히 알고 있는 대기온도의 단위인 섭씨온도(℃)와는 다르다. 즉, 대기온도가 30℃라고 하는 것은 건구온도를 기준으로 하는 것이고 WBGT(℃)는 여기에 자연습구온도와 흑구온도를 정해진 공식에 대입하여 계산해 낸 결과이기 때문에 만약 습기가 많아 습구온도가 높게 되면 WBGT(℃)는 대기온도인 30℃보다 더 높아질 지수이다. 아울러 기류는 고려되어 있지 않다.
 ㉢ 온열지수는 다음과 같이 계산된다.

> • 옥내 또는 옥외(태양광선이 내리쬐지 않는 장소) : WBGT=0.7NWB+0.3GT
> • 옥외(태양광선이 내리쬐는 장소) : WBGT=0.7NWB+0.2GT+0.1DT
> 여기서, NWB : 자연습구온도, GT : 흑구온도, DT : 건구온도

 ㉣ 통상 고온 사업장에 대한 노출기준은 습구온도계와 건구온도계를 사용하여 측정된 온도와 작업의 강도를 고려하여 적정 작업시간과 휴식시간이 결정된다.

ⓜ 측정 : 고온 및 저온의 측정은 단위작업장소에서 측정대상이 되는 근로자의 작업행동 범위 내에서 주 작업 위치의 바닥면으로부터 50cm 이상, 150cm 이하의 위치에서 행하여야 한다.

[작업장 온습도 측정방법]

구분	측정기기	측정시간
습구온도	0.5℃ 간격의 눈금이 있는 아스만통풍건습계, 자연습구온도를 측정할 수 있는 기기 또는 이와 동등 이상의 성능이 있는 측정기기	• 아스만통풍건습계 : 25분 이상 • 자연습구온도계 : 5분 이상
흑구 및 습구흑구온도	직경이 5cm 이상 되는 흑구온도계 또는 습구흑구온도(WBGT)를 동시에 측정할 수 있는 기기	• 직경이 15cm일 경우 25분 이상 • 직경이 7.5cm 또는 5cm일 경우 5분 이상

연습문제

01 다음 중 기류측정과 가장 거리가 먼 것은?

① 풍차풍속계 ② 열선풍속계
③ 카타온도계 ④ 아스만통풍건습계

해설 아스만통풍건습계는 온습도 측정기기이다.

02 복사열 측정 시 사용하는 기기명은?

① Kata 온도계 ② 열선풍속계
③ 수은온도계 ④ 흑구온도계

해설 흑구온도계
고온사업장에서 복사온도를 측정하는 데 사용한다.

03 작업장 내 기류측정에 대한 설명으로 옳지 않은 것은?

① 풍차풍속계는 풍차의 회전속도로 풍속을 측정한다.
② 풍차풍속계는 보통 1~150m/sec 범위의 풍속을 측정하며 옥외용이다.
③ 기류속도가 아주 낮을 때에는 카타온도계와 복사풍속계를 사용하는 것이 정확하다.
④ 카타온도계는 기류의 방향이 일정하지 않거나, 실내 0.2~0.5m/s 정도의 불감기류를 측정할 때 사용한다.

04 아스만통풍건습계의 습구온도 측정시간 기준으로 옳은 것은?(단, 고용노동부 고시를 기준으로 한다.)

① 5분 이상 ② 10분 이상 ③ 15분 이상 ④ 25분 이상

해설 작업장 온습도 측정방법

구분	측정기기	측정시간
습구온도	0.5℃ 간격의 눈금이 있는 아스만통풍건습계, 자연습구온도를 측정할 수 있는 기기 또는 이와 동등 이상의 성능이 있는 측정기기	• 아스만통풍건습계 : 25분 이상 • 자연습구온도계 : 5분 이상
흑구 및 습구흑구온도	직경이 5cm 이상 되는 흑구온도계 또는 습구흑구온도(WBGT)를 동시에 측정할 수 있는 기기	• 직경이 15cm일 경우 25분 이상 • 직경이 7.5cm 또는 5cm일 경우 5분 이상

05 직경이 7.5cm인 흑구온도계의 측정시간으로 적절한 기준은?(단, 고용노동부 고시 기준)

① 5분 이상 ② 15분 이상 ③ 20분 이상 ④ 25분 이상

06 옥외(태양광선이 내리쬐는 장소)에서 WBGT 측정 시 사용되는 식은?

① WBGT(℃)=0.7×자연습구온도+0.2×흑구온도+0.1×건구온도
② WBGT(℃)=0.7×건구온도+0.2×자연습구온도+0.1×흑구온도
③ WBGT(℃)=0.7×건구온도+0.2×흑구온도+0.1×자연습구온도
④ WBGT(℃)=0.7×자연습구온도+0.2×건구온도+0.1×흑구온도

해설 옥외 WBGT(℃)=0.7NWB+0.2GT+0.1DT
여기서, NWB : 자연습구온도, GT : 흑구온도, DT : 건구온도

07 태양이 내리쬐지 않는 옥외 작업장에서 자연습구온도가 24℃이고 흑구온도가 26℃일 때, 작업 환경의 습구흑구온도지수는?

① 21.6℃ ② 22.6℃ ③ 23.6℃ ④ 24.6℃

해설 옥내 WBGT(℃)=0.7×자연습구온도+0.3×흑구온도
=0.7×24℃+0.3×26℃=24.6℃

08 태양광선이 내리쬐지 않는 옥외 작업장에서 자연습구온도 20℃, 건구온도 25℃, 흑구온도가 20℃일 때, 습구흑구온도지수(WBGT)는?

① 20℃ ② 20.5℃ ③ 22.5℃ ④ 23℃

해설 옥내 WBGT(℃)=0.7×자연습구온도+0.3×흑구온도
=0.7×20℃+0.3×20℃=20℃

09 옥외 작업장(태양광선이 내리쬐는 장소)의 WBGT 지수값은 얼마인가?(단, 자연습구온도 : 29℃, 건구온도 : 33℃, 흑구온도 : 36℃, 기류속도 : 1m/s이고 고용노동부 고시를 기준으로 한다.)

① 29.7℃ ② 30.8℃ ③ 31.6℃ ④ 32.3℃

해설 옥외 WBGT(℃)=(0.7×자연습구온도)+(0.2×흑구온도)+(0.1×건구온도)
=(0.7×29)+(0.2×36)+(0.1×33)=30.8℃

10 태양광선이 내리쬐는 옥외 작업장에서 온도가 다음과 같을 때, 습구흑구 온도지수는 약 몇 ℃인가?(단, 고용노동부 고시를 기준으로 한다.)

• 건구온도 : 30℃	• 흑구온도 : 32℃	• 자연습구온도 : 28℃

① 27　② 28　③ 29　④ 31

해설 옥외 WBGT(℃)＝(0.7×자연습구온도)+(0.2×흑구온도)+(0.1×건구온도)
＝(0.7×28)+(0.2×32)+(0.1×30)＝29℃

ANSWER	01 ④　02 ④　03 ③　04 ④　05 ①　06 ①　07 ④　08 ①　09 ②　10 ③

더 풀어보기

산업기사

01 산업환경에서 고열의 노출을 제한하는 데 가장 일반적으로 사용되는 지표는?(단, 고용노동부 고시를 기준으로 한다.)

① 수정감각온도　② 습구흑구온도지수
③ 8시간 발한 예측치　④ 건구온도, 흑구온도

해설 고열작업장을 평가하는 지표 중 가장 많이 이용되는 온열지수는 습구흑구온도지수이다.

02 다음 중 실내의 기류측정에 가장 적합한 온도계는?

① 건구온도계　② 흑구온도계
③ 카타온도계　④ 습구온도계

해설 카타(Kata)온도계
㉠ 기기 내의 알코올이 위의 눈금에서 아래 눈금까지 하강하는 데 소요되는 시간을 측정하여 기류를 직접적으로 측정
㉡ 알코올의 눈금이 100°F에서 95°F까지 내려가는 데 소요되는 시간을 초시계로 4~5회 측정하여 평균
㉢ 기류의 방향이 일정하지 않거나, 실내 0.2~0.5m/s 정도의 불감기류를 측정할 때 사용

03 습구온도 측정을 위해 자연습구온도계를 사용하는 경우 측정시간 기준으로 적절한 것은?(단, 고용노동부 고시 기준)

① 25분 이상　② 20분 이상
③ 15분 이상　④ 5분 이상

해설 측정 구분에 의한 측정기기와 측정시간

구분	측정기기	측정시간
습구온도	0.5℃ 간격의 눈금이 있는 아스만통풍건습계, 자연습구온도를 측정할 수 있는 기기 또는 이와 동등 이상의 성능이 있는 측정기기	• 아스만통풍건습계 : 25분 이상 • 자연습구온도계 : 5분 이상
흑구 및 습구흑구온도	직경이 5cm 이상 되는 흑구온도계 또는 습구흑구온도(WBGT)를 동시에 측정할 수 있는 기기	• 직경이 15cm일 경우 25분 이상 • 직경이 7.5cm 또는 5cm일 경우 5분 이상

04 작업환경의 고열 측정을 위한 자연습구온도계의 측정시간기준으로 맞는 것은?(단, 고용노동부 고시 기준)

① 5분 이상 ② 10분 이상 ③ 15분 이상 ④ 25분 이상

05 고열 측정 구분이 습구온도이고, 측정기기가 자연습구온도계인 경우 측정시간 기준은?(단, 고용노동부 고시 기준)

① 5분 이상 ② 10분 이상 ③ 15분 이상 ④ 25분 이상

06 고열 측정 구분에 의한 온도 측정기기와 측정시간 기준의 연결로 옳지 않은 것은?(단, 고용노동부 고시 기준)

① 습구온도 – 0.5도 간격의 눈금이 있는 아스만통풍건습계 – 5분 이상
② 흑구 및 습구흑구온도 – 직경이 5cm 이상 되는 흑구온도계 또는 습구흑구온도를 동시에 측정할 수 있는 기기 – 직경이 5cm일 경우 5분 이상
③ 흑구 및 습구흑구온도 – 직경이 5cm 이상 되는 흑구온도계 또는 습구흑구온도를 동시에 측정할 수 있는 기기 – 직경이 15cm일 경우 25분 이상
④ 흑구 및 습구흑구온도 – 직경이 5cm 이상 되는 흑구온도계 또는 습구흑구온도를 동시에 측정할 수 있는 기기 – 직경이 7.5cm일 경우 5분 이상

07 다음 중 고열측정을 위한 습구온도 측정시간기준으로 적절한 것은?(단, 고용노동부 고시를 기준으로 한다.)

① 자연습구온도계 25분 이상
② 아스만통풍건습계 25분 이상
③ 직경이 15cm일 경우 10분 이상
④ 직경이 7.5cm 또는 5cm일 경우 3분 이상

08 습구온도를 측정하기 위한 아스만통풍건습계의 측정시간 기준으로 적절한 것은?

① 5분 이상 ② 10분 이상 ③ 15분 이상 ④ 25분 이상

09 아스만통풍건습계(0.5도 간격의 눈금)로 습도를 측정할 때 측정시간 기준은?

① 5분 이상 ② 10분 이상 ③ 15분 이상 ④ 25분 이상

10 자연습구온도계를 이용한 습구온도 측정시간 기준으로 옳은 것은?(단, 고용노동부 고시 기준)

① 25분 이상 ② 15분 이상 ③ 5분 이상 ④ 3분 이상

11 옥외(태양광선이 내리쬐지 않는 장소)에서 습구흑구온도지수(WBGT)의 산출방법은?(단, NWB : 자연습구온도, DT : 건구온도, GT : 흑구온도)

① WBGT=0.7NWB + 0.3GT
② WBGT=0.7NWB + 0.3DT
③ WBGT=0.7NWB + 0.2DT + 0.1GT
④ WBGT=0.7NWB + 0.2GT + 0.1DT

12 고온작업장의 고온허용 기준인 습구흑구온도지수(WBGT)의 옥내 허용기준 산출식은?

① WBGT(℃)=(0.7×흑구온도)+(0.3×자연습구온도)
② WBGT(℃)=(0.3×흑구온도)+(0.7×자연습구온도)
③ WBGT(℃)=(0.7×흑구온도)+(0.3×건구온도)
④ WBGT(℃)=(0.3×흑구온도)+(0.7×건구온도)

13 용광로가 있는 철강 주물공장의 옥내 습구흑구온도지수(WBGT)는?(단, 작업장 내 건구온도는 32℃이고, 자연습구온도는 30℃이며, 흑구온도는 34℃이다.)

① 30.5℃ ② 31.2℃ ③ 32.5℃ ④ 33.4℃

해설 옥내 WBGT(℃)=0.7×자연습구온도+0.3×흑구온도
=0.7×30℃+0.3×34℃=31.2℃

14 옥내 작업환경의 자연습구온도가 30℃, 흑구온도가 20℃, 건구온도가 19℃일 때, 습구흑구온도 지수(WBGT)?(단, 고용노동부 고시를 기준으로 한다.)

① 23℃ ② 25℃ ③ 27℃ ④ 29℃

해설 옥내 WBGT(℃)=0.7×자연습구온도+0.3×흑구온도
=0.7×30℃+0.3×20℃=27℃

15 태양광선이 내리쬐는 옥외 작업장에서 작업강도 중등도의 연속작업이 이루어질 때 습구흑구온도지수(WBGT)는?(단, 건구온도 : 30℃, 자연습구온도 : 28℃, 흑구온도 : 32℃)

① WBGT : 27.0℃
② WBGT : 28.2℃
③ WBGT : 29.0℃
④ WBGT : 30.2℃

해설 옥외 WBGT(℃)=(0.7×자연습구온도)+(0.2×흑구온도)+(0.1×건구온도)
=(0.7×28)+(0.2×32)+(0.1×30)=29℃

16 옥외 작업장(태양광선이 내리쬐는 장소)의 자연습구온도 = 29℃, 건구온도 = 33℃, 흑구온도 = 36℃, 기류속도 = 1m/s일 때 WBGT 지수값은?

① 약 29.7℃ ② 약 30.8℃ ③ 약 31.6℃ ④ 약 32.8℃

해설 옥외 WBGT(℃) = (0.7 × 자연습구온도) + (0.2 × 흑구온도) + (0.1 × 건구온도)
= (0.7 × 29) + (0.2 × 36) + (0.1 × 33) = 30.8℃

17 옥외에 설치된 소각로에서 소각 시 높은 고온을 발생하고 있다. 이 옥외 작업장에서 작업하는 근로자에 대한 온열지수(WBGT)는 아래 조건일 때 몇 ℃인가?(단, 자연습구온도 : 20℃, 건구온도 : 25℃, 흑구온도 : 30℃, 태양광선이 내리쬐는 장소)

① 27.5 ② 25.5 ③ 22.5 ④ 20.5

해설 옥외 WBGT(℃) = (0.7 × 자연습구온도) + (0.2 × 흑구온도) + (0.1 × 건구온도)
= (0.7 × 20) + (0.2 × 30) + (0.1 × 25) = 22.5℃

ANSWER | 01 ② 02 ③ 03 ④ 04 ① 05 ① 06 ① 07 ② 08 ④ 09 ④ 10 ③
11 ① 12 ② 13 ② 14 ③ 15 ③ 16 ② 17 ③

기 사

01 다음 중 작업환경의 기류측정 기기와 가장 거리가 먼 것은?

① 풍차풍속계 ② 열선풍속계
③ 카타온도계 ④ 냉온풍속계

해설 작업환경 측정기기

측정	측정기기
온습도	아스만통풍건습계, 흑구온도계
기류	카타온도계, 풍차풍속계, 열선풍속계
소음	소음계, 소음노출량계

02 작업장 내 기류측정에 대한 설명으로 틀린 것은?

① 풍차풍속계는 풍차의 회전속도로 풍속을 측정한다.
② 풍차풍속계는 보통 1~150m/sec 범위의 풍속을 측정하며 옥외용이다.
③ 풍차풍속계 및 카타온도계는 기류속도가 아주 낮을 때에는 적합하지 않으며 이때에는 열선풍속계와 전리풍속계를 사용하는 것이 정확하다.
④ 카타온도계는 기류의 방향이 일정하고 실내 0.1m/s 이하의 불감기류를 측정할 때 사용한다.

해설 카타(Kata)온도계는 기류의 방향이 일정하지 않거나, 실내 0.2~0.5m/s 정도의 불감기류를 측정할 때 사용한다.

03 Kata 온도계로 불감기류를 측정하는 방법에 대한 설명으로 틀린 것은?

① kata 온도계의 구(球)부를 50~60℃의 온수에 넣어 구부의 알코올을 팽창시켜 관의 상부 눈금까지 올라가게 한다.

② 온도계를 온수에서 꺼내어 구(球)부를 완전히 닦아내고 스탠드에 고정한다.

③ 알코올의 눈금이 100°F에서 65°F까지 내려가는 데 소요되는 시간을 초시계로 4~5회 측정하여 평균을 낸다.

④ 눈금 하강에 소요되는 시간으로 kata 상수를 나눈 값 H는 온도계의 구부 $1cm^2$에서 1초 동안에 방산되는 열량을 나타낸다.

해설 알코올의 눈금이 100°F에서 95°F까지 내려가는 데 소요되는 시간을 초시계로 4~5회 측정하여 평균을 낸다.

04 기기 내의 알코올이 위의 눈금에서 아래 눈금까지 하강하는 데 소요되는 시간을 측정하여 기류를 직접적으로 측정하는 기기는?

① 열선풍속계
② 카타온도계
③ 액정풍속계
④ 아스만통풍계

해설 카타(Kata)온도계

㉠ 기기 내의 알코올이 위의 눈금에서 아래 눈금까지 하강하는 데 소요되는 시간을 측정하여 기류를 직접적으로 측정

㉡ 알코올의 눈금이 100°F에서 95°F까지 내려가는데 소요되는 시간을로 초시계로 4~5회 측정하여 평균

㉢ 기류의 방향이 일정하지 않거나, 실내 0.2~0.5m/s 정도의 불감기류를 측정할 때 사용

05 습구온도를 측정하기 위한 측정기기와 측정시간의 기준을 알맞게 나타낸 것은?(단, 고용노동부 고시 기준)

① 자연습구온도계 : 15분 이상

② 자연습구온도계 : 25분 이상

③ 아스만통풍건습계 : 15분 이상

④ 아스만통풍건습계 : 25분 이상

해설 작업장 온습도 측정방법

구분	측정기기	측정시간
습구온도	0.5℃ 간격의 눈금이 있는 아스만통풍건습계, 자연습구온도를 측정할 수 있는 기기 또는 이와 동등 이상의 성능이 있는 측정기기	• 아스만통풍건습계 : 25분 이상 • 자연습구온도계 : 5분 이상
흑구 및 습구흑구온도	직경이 5cm 이상 되는 흑구온도계 또는 습구흑구온도(WBGT)를 동시에 측정할 수 있는 기기	• 직경이 15cm일 경우 25분 이상 • 직경이 7.5cm 또는 5cm일 경우 5분 이상

06 다음 중 직경이 5cm인 흑구온도계의 온도 측정시간 기준은 무엇인가?(단, 고용노동부 고시를 기준으로 한다.)

① 1분 이상
② 3분 이상
③ 5분 이상
④ 10분 이상

07 고열 측정 구분에 따른 측정기기와 측정시간의 연결로 틀린 것은?(단, 고용노동부 고시 기준)

① 습구온도 – 0.5도 간격의 눈금이 있는 아스만통풍건습계 – 25분 이상
② 습구온도 – 자연습구온도를 측정할 수 있는 기기 – 자연습구온도계 5분 이상
③ 흑구 및 습구흑구온도 – 직경이 5cm 이상인 흑구온도계 또는 습구흑구온도를 동시에 측정할 수 있는 기기 – 직경이 15cm일 경우 15분 이상
④ 흑구 및 습구흑구온도 – 직경이 5cm 이상인 흑구온도계 또는 습구흑구온도를 동시에 측정할 수 있는 기기 – 직경이 7.5cm 또는 5cm일 경우 5분 이상

08 다음 중 흑구온도의 측정시간 기준으로 적절한 것은?(단, 직경이 5cm인 흑구온도계 기준)

① 5분 이상
② 10분 이상
③ 15분 이상
④ 25분 이상

09 다음은 고열측정에 관한 내용이다. ( ) 안에 옳은 내용은?(단, 고용노동부 고시 기준)

흑구 및 습구흑구온도의 측정시간은 온도계의 직경이 ( )일 경우 5분 이상이다.

① 7.5cm 또는 5cm
② 15cm
③ 3cm 이상 5cm 미만
④ 15cm 미만

10 고열 측정시간에 관한 기준으로 옳지 않은 것은?(단, 고용노동부 고시 기준)

① 흑구 및 습구흑구온도 측정시간 : 직경이 15cm일 경우 25분 이상
② 흑구 및 습구흑구온도 측정시간 : 직경이 7.5cm일 경우 5분 이상
③ 습구온도 측정시간 : 아스만통풍건습계 25분 이상
④ 습구온도 측정시간 : 자연습구온도계 15분 이상

11 다음은 고열 측정 구분에 의한 측정기기와 측정시간에 관한 내용이다. (　　) 안에 옳은 내용은? (단, 고용노동부 고시 기준)

> 습구온도 : (　　) 간격의 눈금이 있는 아스만통풍건습계, 자연습구온도를 측정할 수 있는 기기 또는 이와 동등 이상의 성능이 있는 측정기기

① 0.1도　② 0.2도　③ 0.5도　④ 1.0도

12 온열조건을 측정하는 방법으로 잘못 설명된 것은?

① 흑구온도계는 복사온도를 측정한다.
② 아스만통풍건습계의 습구온도는 자연 기류에 의한 온도이다.
③ 사업장의 환경에서 기류의 방향이 일정하지 않거나, 실내 0.2~0.5m/sec 정도의 불감기류를 측정할 때는 카타온도계로 기류속도를 측정한다.
④ 풍차풍속계는 보통 1~150m/sec 범위의 풍속을 측정하는 데 사용하며 옥외용이다.

해설 아스만통풍건습계의 습구온도는 건구온도와 습구온도의 차를 구하여 습도환산표를 이용하여 구한다.

13 옥외(태양광선이 내리쬐는 장소)에서 습구흑구온도지도(WBGT)의 산출식은?(단, 고용노동부 고시를 기준을 한다.)

① (0.7×자연습구온도)+(0.2×건구온도)+(0.1×흑구온도)
② (0.7×자연습구온도)+(0.2×흑구온도)+(0.1×건구온도)
③ (0.7×자연습구온도)+(0.3×흑구온도)
④ (0.7×자연습구온도)+(0.3×건구온도)

14 옥내의 습구흑구온도지수(WBGT)를 산출하는 공식은?

① WBGT=0.7NWB+0.2GT+0.1DT
② WBGT=0.7NWB+0.3GT
③ WBGT=0.7NWB+0.1GT+0.2DT
④ WBGT=0.7NWB+0.1GT

15 자연습구온도 31.0℃, 흑구온도 24.0℃, 건구온도 34.0℃, 실내작업장에서 시간당 400칼로리가 소모되며 계속작업을 실시하는 주조공장의 WBGT는?

① 28.9℃　② 29.9℃　③ 30.9℃　④ 31.9℃

해설 옥내 WBGT(℃) = 0.7×자연습구온도 + 0.3×흑구온도
= 0.7×31℃ + 0.3×24℃ = 28.9℃

16 태양광선이 내리쬐지 않는 옥외 작업장에서 온도를 측정한 결과, 건구온도는 30℃, 자연습구온도는 30℃, 흑구온도는 34℃였을 때 습구흑구온도지수(WBGT)는 약 몇 ℃인가?(단, 고용노동부 고시를 기준으로 한다.)

① 30.4 ② 30.8 ③ 31.2 ④ 31.6

해설 옥내 WBGT(℃) = 0.7 × 자연습구온도 + 0.3 × 흑구온도
= 0.7 × 30℃ + 0.3 × 34℃ = 31.2℃

17 옥내 작업장에서 온도를 측정한 결과 건구온도 73℃, 자연습구온도 65℃, 흑구온도 81℃일 때, 습구흑구온도지수는?

① 64.4℃ ② 67.4℃ ③ 69.8℃ ④ 71.0℃

해설 옥내 WBGT(℃) = 0.7 × 자연습구온도 + 0.3 × 흑구온도
= 0.7 × 65℃ + 0.3 × 81℃ = 69.8℃

18 옥외(태양광선이 내리쬐지 않는 장소)의 온열조건이 다음과 같은 경우에 습구흑구온도지수(WBGT)는?

- 건구온도 : 30℃ • 흑구온도 : 40℃ • 자연습구온도 : 25℃

① 28.5℃ ② 29.5℃ ③ 30.5℃ ④ 31.0℃

해설 옥내 WBGT(℃) = 0.7 × 자연습구온도 + 0.3 × 흑구온도
= 0.7 × 25℃ + 0.3 × 40℃ = 29.5℃

19 태양광선이 내리쬐지 않는 옥내에서 건구온도가 30℃, 자연습구온도가 32℃, 흑구온도가 35℃일 때, 습구흑구온도지수(WBGT)는?(단, 고용노동부 고시를 기준으로 한다.)

① 32.9℃ ② 33.3℃ ③ 37.2℃ ④ 38.3℃

해설 옥내 WBGT(℃) = 0.7 × 자연습구온도 + 0.3 × 흑구온도
= 0.7 × 32℃ + 0.3 × 35℃ = 32.9℃

20 어느 옥외 작업장의 온도를 측정한 결과, 건구온도 32℃, 자연습구온도 25℃, 흑구온도 38℃를 얻었다. 이 작업장의 WBGT는?(단, 태양광선이 내리쬐지 않는 장소)

① 28.3℃ ② 28.9℃ ③ 29.3℃ ④ 29.7℃

해설 옥내 WBGT(℃) = 0.7 × 자연습구온도 + 0.3 × 흑구온도
= 0.7 × 25℃ + 0.3 × 38℃ = 28.9℃

21 고열조건을 평가하는 데 습구흑구온도지수(WBGT)를 사용한다. 태양광이 내리쬐는 옥외에서의 측정결과가 다음과 같은 경우라 가정한다면 습구흑구온도지수(WBGT)는?(단, 건구온도 : 30℃, 자연습구온도 : 32℃, 흑구온도 : 52℃)

① 33.3℃ ② 35.8℃ ③ 37.2℃ ④ 38.3℃

해설 옥외 WBGT(℃) = (0.7 × 자연습구온도) + (0.2 × 흑구온도) + (0.1 × 건구온도)
= (0.7 × 32) + (0.2 × 52) + (0.1 × 30) = 35.8℃

22 태양광선이 내리쬐는 옥외 작업장에서 작업강도 중등도의 연속작업이 이루어질 때 습구흑구 온도지수(WBGT)는?(단, 건구온도 : 30℃, 자연습구온도 : 28℃, 흑구온도 : 32℃)

① WBGT : 27.0℃ ② WBGT : 28.2℃
③ WBGT : 29.0℃ ④ WBGT : 30.2℃

해설 옥외 WBGT(℃) = (0.7 × 자연습구온도) + (0.2 × 흑구온도) + (0.1 × 건구온도)
= (0.7 × 28) + (0.2 × 32) + (0.1 × 30) = 29℃

ANSWER | 01 ④ 02 ④ 03 ③ 04 ② 05 ④ 06 ③ 07 ③ 08 ① 09 ① 10 ④
11 ③ 12 ② 13 ② 14 ② 15 ① 16 ③ 17 ③ 18 ② 19 ① 20 ②
21 ② 22 ③

THEMA 27 소음

1. 음의 크기

단위	dB 변환	기준값
음의 출력(파워), W(watt)	$PWL = 10\log\left(\frac{W}{W_o}\right)$	$W_o = 10^{-12}$Watt
음의 세기(강도), I(watt/m^2)	$SIL = 10\log\left(\frac{I}{I_o}\right)$	$I_o = 10^{-12}$Watt/m^2
음의 압력(음압), P(N/m^2=Pa)	$SPL = 20\log\left(\frac{P}{P_o}\right)$	$P_o = 2 \times 10^{-5}$N/m^2

2. 음의 속도

$$C = 331.42 + 0.6T$$

여기서, T : 음 전달 매질의 온도(℃)

3. 소음의 합

$$L_{합} = 10\log(10^{\frac{L_1}{10}} + 10^{\frac{L_2}{10}} + \cdots + 10^{\frac{L_n}{10}})$$

4. SPL과 PWL의 관계

점음원	자유공간	$SPL = PWL - 20\log r - 11$(dB)
	반자유공간	$SPL = PWL - 20\log r - 8$(dB)
선음원	자유공간	$SPL = PWL - 10\log r - 8$(dB)
	반자유공간	$SPL = PWL - 10\log r - 5$(dB)

5. 거리감쇠

점음원	$SPL_1 - SPL_2 = 20\log\left(\frac{r_2}{r_1}\right)$	거리가 2배 멀어지면 SPL이 6dB(20log2) 감소한다.
선음원	$SPL_1 - SPL_2 = 10\log\left(\frac{r_2}{r_1}\right)$	거리가 2배 멀어지면 SPL이 3dB(10log2) 감소한다.

연습문제

01 소음의 음압수준 단위인 dB의 계산식은?(단, P : 음압, P_o : 기준음압)

① $dB = 10\log\left(\frac{P}{P_o}\right)$　② $dB = 20\log\left(\frac{P}{P_o}\right)$

③ $dB = 20\log P + \log P_o$　④ $dB = \log\frac{P}{P_o} + 20$

해설 음압수준(SPL, 음압레벨)

$SPL = 20\log\left(\frac{P}{P_o}\right)$

여기서, P_o(기준음압 실효치) $= 2\times10^{-5}N/m^2$

02 1,000Hz 순음의 음세기레벨 40dB의 음크기는?

① 1SPL　② 1sone　③ 1phon　④ 1PWL

해설 1,000Hz 순음의 음세기레벨 40dB의 음의 크기를 1sone으로 정의한다.

03 한 소음원에서 발생되는 음압실효치의 크기가 $2N/m^2$인 경우 음압수준(Sound Pressure Level)은?

① 80dB　② 90dB　③ 100dB　④ 110dB

해설 $SPL = 20\log\left(\frac{P}{P_o}\right) = 20\log\left(\frac{2}{2\times10^{-5}}\right) = 100dB$

04 어떤 음의 발생원의 음력(Sound Power)이 0.006W일 때, 음력수준(Sound Power Level)은 약 몇 dB인가?

① 92　② 94　③ 96　④ 98

해설 $PWL = 10\log(\frac{0.006}{10^{-12}}) = 97.78dB$

05 작업장에 작동되는 기계 두 대의 소음레벨이 각각 98dB(A), 96dB(A)로 측정되었을 때, 두 대의 기계가 동시에 작동되었을 경우에 소음레벨은 약 몇 dB(A)인가?

① 98　② 100　③ 102　④ 104

해설 $L_{합} = 10\log(10^{\frac{L_1}{10}} + 10^{\frac{L_2}{10}} + \cdots + 10^{\frac{L_n}{10}})$

$= 10\log(10^{\frac{98}{10}} + 10^{\frac{96}{10}}) = 100.12dB$

06 공장 내부에 소음(1대당 PWL=85dB)을 발생시키는 기계가 있을 때, 기계 2대가 동시에 가동된다면 발생하는 PWL의 합은 약 몇 dB인가?

① 86　② 88　③ 90　④ 92

해설 $L_{합} = 10\log(10^{\frac{L_1}{10}} + 10^{\frac{L_2}{10}} + \cdots + 10^{\frac{L_n}{10}})$

$PWL = 10\log(2 \times 10^{\frac{85}{10}}) = 88.01dB$

07 어느 작업장에 소음발생 기계 4대가 설치되어 있다. 1대 가동 시 소음 레벨을 측정한 결과 82dB을 얻었다면 4대 동시 작동 시 소음 레벨은?(단, 기타 조건은 고려하지 않음)

① 89dB　② 88dB　③ 87dB　④ 86dB

해설 $SPL = 10\log(4 \times 10^{\frac{82}{10}}) = 88.02dB$

08 음력이 1.0W인 작은 점음원으로부터 500m 떨어진 곳의 음압레벨은 약 몇 dB(A)인가?(단, 기준음력은 10^{-12}W이다.)

① 50　② 55　③ 60　④ 65

해설 $SPL = PWL - 20\log r - 11$

$= \left(10\log\frac{1}{10^{-12}}\right) - 20\log500 - 11 = 55.02dB$

09 자유공간(free–field)에서 거리가 3배 멀어지면 소음 수준은 초기보다 몇 dB 감소하는가?(단, 점음원 기준)

① 3.5dB　② 5.5dB　③ 7.5dB　④ 9.5dB

해설 $SPL = 20\log\left(\frac{3r_1}{r_1}\right) = 9.54dB$

10 공장 내 지면에 설치된 한 기계로부터 10m 떨어진 지점의 소음이 70dB(A)일 때, 기계의 소음이 50dB(A)로 들리는 지점은 기계에서 몇 m 떨어진 곳인가?(단, 점음원을 기준으로 하고, 기타 조건은 고려하지 않는다.)

① 50　② 100　③ 200　④ 400

해설 $SPL_1 - SPL_2 = 20\log\frac{r_2}{r_1}$

$(70-50) = 20\log\frac{r_2}{10}$, $10^1 = \frac{r_2}{10}$

$\therefore r_2 = 100m$

ANSWER | 01 ② 02 ② 03 ③ 04 ④ 05 ② 06 ② 07 ② 08 ② 09 ④ 10 ②

더 풀어보기

산업기사

01 소음의 음압도(SPL)의 식으로 옳은 것은?(단, P_o = 최소 음압실효치($2\times10^{-5}N/m^2$))

① $10\log\frac{P}{P_o}$ ② $20\log\frac{P}{P_o}$ ③ $30\log\frac{P}{P_o}$ ④ $40\log\frac{P}{P_o}$

02 1,000Hz 순음의 음 세기레벨 40dB의 음의 크기로 정의되는 것은?

① 1SIL ② 1NRN ③ 1phon ④ 1sone

해설 1,000Hz 순음의 음세기레벨 40dB의 음의 크기를 1sone으로 정의한다.

03 음압도 측정 시 정상청력을 가진 사람이 1,000Hz에서 가청할 수 있는 최소 음압 실효치 (N/m^2)는?

① 0.002 ② 0.0002 ③ 0.0002 ④ 0.00002

해설 $P_o=2\times10^{-5}N/m^2$

04 음의 실효치가 7.0dynes/cm^2일 때 음압수준(SPL)은?

① 87dB ② 91dB ③ 94dB ④ 96dB

해설 $SPL=20\log\left(\frac{P}{P_o}\right)=20\log\left(\frac{0.7}{2\times10^{-5}}\right)=90.88dB$

여기서, $7.0dynes/cm^2=0.7N/m^2$

05 음압이 100배 증가하면 음압 수준은 몇 dB 증가하는가?

① 10dB ② 20dB ③ 30dB ④ 40dB

해설 $SPL=20\log\left(\frac{P}{P_o}\right)=20\log\left(\frac{100P_o}{P_o}\right)=40dB$

06 소리의 음압수준이 80dB인 기계 2대와 85dB인 기계 1대가 동시에 가동되었을 때 전체소리의 음압수준은?

① 83dB ② 85dB ③ 87dB ④ 89dB

해설 $L_{합}=10\log(10^{\frac{L_1}{10}}+10^{\frac{L_2}{10}}+\cdots+10^{\frac{L_n}{10}})$

$PWL=10\log(2\times10^{\frac{80}{10}}+10^{\frac{85}{10}})=87.13dB$

07 작업장에 98dB의 소음을 발생시키는 기계 한 대가 있다. 여기서 98dB의 소음을 발생한 다른 기계 한 대를 더할 경우 소음수준은?(단, 기타 조건은 같다고 가정함)

① 99dB ② 101dB ③ 103dB ④ 105dB

해설 $L_{합} = 10\log(10^{\frac{L_1}{10}} + 10^{\frac{L_2}{10}} + \cdots + 10^{\frac{L_n}{10}}) = 10\log(10^{\frac{98}{10}} + 10^{\frac{98}{10}}) = 101.01\text{dB}$

08 출력이 0.4W의 작은 점음원으로부터 500m 떨어진 곳의 SPL(음압레벨)은?(단, SPL = PWL−20logr−11)

① 41dB ② 51dB ③ 61dB ④ 71dB

해설 $\text{SPL} = \text{PWL} - 20\log r - 11 = 10\log\frac{0.4}{10^{-12}} - 20\log 500 - 11 = 51.04\text{dB}$

ANSWER | 01 ② 02 ④ 03 ④ 04 ② 05 ④ 06 ③ 07 ② 08 ②

기 사

01 음압이 10배 증가하면 음압 수준은 몇 dB 증가하는가?

① 10dB ② 20dB ③ 50dB ④ 40dB

해설 $\text{SPL} = 20\log\left(\frac{P}{P_o}\right) = 20\log\left(\frac{10P_o}{P_o}\right) = 20\text{dB}$

02 음압이 10N/m^{2}일 때, 음압수준은 약 몇 dB인가?(단, 기준음압은 0.00002N/m^{2}이다.)

① 94 ② 104 ③ 114 ④ 124

해설 $\text{SPL} = 20\log\frac{P}{P_o} = 20\log\frac{10}{0.00002} = 113.98\text{dB}$

03 어떤 음의 발생원의 Sound Power가 0.005W이면 이때 음력수준은?

① 95dB ② 96dB ③ 97dB ④ 98dB

해설 $\text{PWL} = 10\log(\frac{0.005}{10^{-12}}) = 96.99\text{dB}$

04 어느 작업장에 있는 기계의 소음 측정 결과가 다음과 같을 때, 이 작업장의 음압레벨 합산은 약 몇 dB인가?

• A기계 : 92dB	• B기계 : 90dB	• C기계 : 88dB

① 92.3　　② 93.7　　③ 95.1　　④ 98.2

해설 $L_{합} = 10\log(10^{\frac{L_1}{10}} + 10^{\frac{L_2}{10}} + \cdots + 10^{\frac{L_n}{10}}) = 10\log(10^{\frac{92}{10}} + 10^{\frac{90}{10}} + 10^{\frac{88}{10}}) = 95.07\text{dB}$

05 어느 작업장의 소음 측정 경과가 다음과 같았다. 이때의 총 음압레벨(음압레벨 합산)은?(단, 기계 음압레벨 측정 기준)

• A기계 : 95dB	• B기계 : 90dB	• C기계 : 88dB

① 약 92.3dB(A)　　② 약 94.6dB(A)
③ 약 96.8dB(A)　　④ 약 98.2dB(A)

해설 $L_{합} = 10\log(10^{\frac{L_1}{10}} + 10^{\frac{L_2}{10}} + \cdots + 10^{\frac{L_n}{10}}) = 10\log(10^{\frac{95}{10}} + 10^{\frac{90}{10}} + 10^{\frac{88}{10}}) = 96.81\text{dB}$

06 세 개의 소음원의 소음수준을 한 지점에서 각각 측정해보니 첫 번째 소음원만 가동될 때 88dB, 두 번째 소음원만 가동될 때 86dB, 세 번째 소음원만이 가동될 때 91dB이었다. 세 개의 소음원이 동시에 가동될 때 그 지점에서의 음압수준은?

① 91.6dB　　② 93.6dB　　③ 95.4dB　　④ 100.2dB

해설 $L_{합} = 10\log(10^{\frac{L_1}{10}} + 10^{\frac{L_2}{10}} + \cdots + 10^{\frac{L_n}{10}}) = 10\log(10^{8.8} + 10^{8.5} + 10^{9.1}) = 93.6\text{dB}$

07 한 공정에서 음압수준이 75dB인 소음이 발생되는 장비 1대와 81dB인 소음이 발생되는 장비 1대가 각각 설치되어 있을 때, 이 장비들이 동시에 가동되는 경우 발생되는 소음의 음압수준은 약 몇 dB인가?

① 82　　② 84　　③ 86　　④ 88

해설 $L_{합} = 10\log(10^{\frac{L_1}{10}} + 10^{\frac{L_2}{10}} + \cdots + 10^{\frac{L_n}{10}})$

$\text{PWL} = 10\log(10^{\frac{75}{10}} + 10^{\frac{81}{10}}) = 81.97\text{dB}$

08 소리의 세기를 표시하는 파워레벨(PWL)이 85dB인 기계 2대와 95dB인 기계 4대가 동시에 가동될 때 전체 소리의 파워레벨(PWL)은?

① 약 97dB　　② 약 101dB　　③ 약 103dB　　④ 약 106dB

해설 $L_{합} = 10\log(10^{\frac{L_1}{10}} + 10^{\frac{L_2}{10}} + \cdots + 10^{\frac{L_n}{10}})$

$\text{PWL} = 10\log(2 \times 10^{\frac{85}{10}} + 4 \times 10^{\frac{95}{10}}) = 101.23\text{dB}$

09 소음작업장에서 두 기계 각각의 음압레벨이 90dB로 동일하게 나타났다면 두 기계가 모두 가동되는 이 작업장의 음압레벨은?(단, 기타 조건은 같음)

① 93dB　　② 95dB　　③ 97dB　　④ 99dB

해설 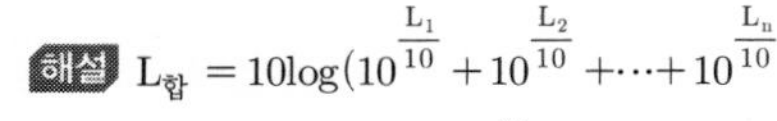

$L_{합} = 10\log(10^{\frac{L_1}{10}} + 10^{\frac{L_2}{10}} + \cdots + 10^{\frac{L_n}{10}})$

$PWL = 10\log(2 \times 10^{\frac{90}{10}}) = 93.01dB$

10 어느 작업환경에서 발생되는 소음원 1개의 음압수준이 92dB이라면, 이와 동일한 소음원이 8개일 때의 전체음압수준은?

① 101dB　　② 103dB　　③ 105dB　　④ 107dB

해설 $SPL = 10\log(8 \times 10^{\frac{92}{10}}) = 101.03dB$

11 출력이 0.4W의 작은 점음원에서 10m 떨어진 곳의 음압수준은 약 몇 dB인가?(단, 공기의 밀도는 1.18kg/m^3이고, 공기에서 음속은 344.4m/sec이다.)

① 80　　② 85　　③ 90　　④ 95

해설 $SPL = PWL - 20\log r - 11 = 10\log\frac{0.4}{10^{-12}} - 20\log 10 - 11 = 85.02dB$

ANSWER | 01 ② 02 ③ 03 ③ 04 ③ 05 ③ 06 ② 07 ① 08 ② 09 ① 10 ① 11 ②

THEMA 28 화학적 유해인자 측정

1. 물질별 포집방법

물질	포집법	사용 도구
입자상 – 금속흄(Fume)	여과포집	유리섬유, 셀룰로이드 멤브레인 필터
	액체포집	임핀저
가스, 증기 등	액체포집	소형 흡수관, 소형 임핀저, 버블러
	고체포집	실리카겔관, 활성탄관
	직접포집	포집백, 주사통, 진공포집병

2. 고체포집방법

시료공기를 고체의 입자층을 통해 흡입 · 흡착하여 당해 고체입자에 측정하고자 하는 물질을 포집하는 방법이다.

① 유해물질 흡착(Adsorption)에 많이 쓰이는 것은 활성탄관(Charcoal Tube)과 실리카겔관(Silica Gel Tube), 다공성 중합체(Porous Polymer)이다.

② 활성탄관은 비극성 유기용제(각종 방향족 유기용제, 할로겐화 지방족 유기용제, 에스테르류, 알코올류, 케톤류 등) 포집에 사용된다.

③ 실리카겔관은 극성 유기용제[산(Acid), 방향족 아민류, 지방족 아민류, 니트로벤젠류, 페놀류 등] 포집에 사용된다.

④ 다공성 중합체는 활성탄에 비해 표면적, 흡착용량, 반응성이 작지만 특수한 물질 채취에 유용하다.

3. 활성탄관(Charcoal Tube)

① 활성탄관은 길이 7cm, 외경 6mm, 내경 4mm의 유리관에 활성탄이 앞층과 뒤층으로 나뉘어 있다.

② 유리관 안에 활성탄 100mg과 50mg을 두 개 층으로 충전하여 양끝을 봉인한 것이다.

③ 유기용제 시료를 채취할 때 공시료의 처리방법은 현장에서 관 끝을 깬 후 관 끝을 폴리에틸렌 마개로 막고 현장시료와 동일한 방법으로 운반 · 보관한다.

④ 고체 흡착제를 사용하여 시료채취 시 영향을 주는 인자

㉠ 온도 : 고온일수록 흡착 성질이 감소하며 파과가 일어나기 쉽다.

㉡ 습도 : 수증기는 극성 흡착제에 의하여 쉽게 흡착된다. 습도가 높으면 파과공기량(파과가 일어날 때까지의 공기 채취량)이 작아진다.

㉢ 유량속도 : 유량속도가 크면 파과현상이 크게 나타난다. 시료채취속도가 높고 코팅된 흡착제일수록 파과가 일어나기 쉽다.

㉣ 오염물 농도 : 농도가 높으면 파과현상이 일어나기 쉽다. 즉, 공기 중 오염물질 농도가 높을수록 파과용량(흡착제에 흡착된 오염물질의 양)은 증가하나 파과공기량은 감소한다.

㉤ 혼합물 존재 : 흡착제와 강한 결합을 하는 물질에 의하여 치환반응이 일어난다.

㉥ 흡착제의 크기 : 입자크기가 작아지면 포집효율이 증가하고 압력손실도 증가한다.

㉦ 튜브의 내경 : 내경이 커지면 충진물이 많아져야 되고 동일한 충진물을 사용하면 공기가 통과하는 두께가 얇아진다.

⑤ 탈착용매[이황화탄소(CS_2)]

㉠ 활성탄으로 시료채취 시 가장 많이 사용되는 탈착제이다.

㉡ 독성이 강하다.

㉢ 탈착효율이 좋다.

㉣ 인화성이 있어 화재의 위험이 있다.

⑥ 활성탄의 제한점

㉠ 휘발성이 높은 저분자량의 탄화수소 화합물의 채취효율은 떨어진다.

㉡ 암모니아, 에틸렌, 염화수소와 같은 저비점 화합물에 비효과적이다.

㉢ Mercaptan과 Aldehyde 포집 시 표면산화력에 의한 반응성이 크므로 포집에 부적합하다.

㉣ 비교적 높은 습도는 활성탄의 흡착용량을 저하시킨다.

㉤ 케톤의 경우 활성탄 표면에서 물을 포함하는 반응에 의해 파과되어 탈착률과 안정성에서 부적절하다.

⑦ 파과(Break Through)

㉠ 오염물질이 흡착허용기준 이상으로 포집되면 더 이상 흡착되지 않고 그대로 통과하는 현상을 말한다.

㉡ 오염물질이 흡착관의 앞층에 포화된 다음 뒤층에 흡착되기 시작되어 기류를 따라 흡착관을 빠져나가는 현상으로 농도를 과소평가할 수 있다.

㉢ 시료채취유량이 많을수록, 고온일수록, 습도가 높을수록 파과가 일어나기 쉽다.

㉣ 공기 중 오염물질의 농도가 높을수록 파과용량(흡착된 오염물질량)은 증가한다.

⑧ 활성탄의 구조

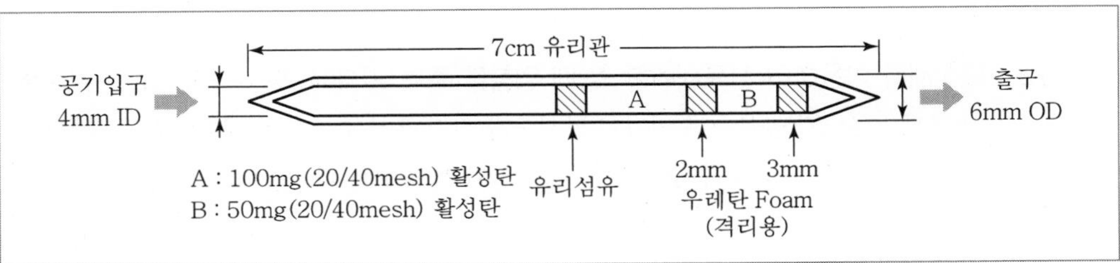

PART 01 PART 02 PART 03 PART 04 PART 05 PART 06

⑨ 시료농도

$$\text{농도}(mg/m^3) = \frac{(W_f + W_b - B_f - B_b)}{V \times DE}$$

여기서, W_f : 시료 앞층에서 분석된 질량(μg)
W_b : 시료 뒤층에서 분석된 질량(μg)
B_f : 공시료들의 앞층에서 분석된 평균질량(μg)
B_b : 공시료들의 뒤층에서 분석된 평균질량(μg)
V : 시료채취 총량(L)
DE : 평균 탈착효율

연습문제

01 활성탄관(Charcoal Tube)을 사용하여 포집하기에 가장 부적합한 오염물질은?

① 할로겐화 탄화수소류 ② 에스테르류
③ 방향족 탄화수소류 ④ 니트로 벤젠류

해설 활성탄관을 사용하여 포집하기 용이한 시료
㉠ 할로겐화 탄화수소류 ㉡ 방향족 탄화수소류 ㉢ 알코올류 ㉣ 에스테르류
㉤ 나프타류 ㉥ 케톤류 ㉦ 비극성 유기용제

※ 실리카겔관을 사용하여 포집하기 용이한 시료에는 극성 유기용제, 아민류(방향족, 지방족), 니트로 벤젠류, 페놀류, 아미노에탄올, 아마이드류가 있다.

02 유기용제 중 활성탄관을 사용하여 효과적으로 채취하기 어려운 시료는?

① 할로겐화 탄화수소류 ② 니트로 벤젠류
③ 케톤류 ④ 알코올류

03 흡착제를 이용하여 시료채취를 할 때 영향을 주는 인자에 관한 설명으로 틀린 것은?

① 온도 : 온도가 높을수록 입자의 활성도가 커져 흡착에 좋으며 저온일수록 흡착능이 감소한다.
② 오염물질 농도 : 공기 중 오염물질 농도가 높을수록 파과용량은 증가하나 파과공기량은 감소한다.
③ 흡착제의 크기 : 입자의 크기가 작을수록 표면적이 증가하여 채취효율이 증가하나 압력강하가 심하다.
④ 시료채취속도 : 시료채취속도가 높고 코팅된 흡착제일수록 파과가 일어나기 쉽다.

해설 모든 흡착은 발열반응이므로 온도가 낮을수록 흡착능이 증가한다.

04 탈착용매로 사용되는 이황화탄소에 관한 설명으로 틀린 것은?

① 이황화탄소는 유해성이 강하다.
② 기체크로마토그래피에서 피크가 크게 나와 분석에 영향을 준다.
③ 주로 활성탄관으로 비극성 유기용제를 채취하였을 때 탈착용매로 사용한다.
④ 상온에서 휘발성이 강하여 장시간 보관하면 휘발로 인해 분석농도가 정확하지 않다.

해설 탈착효율이 좋은 용매이며 가스크로마토그래피(FID)에서 피크가 작게 나온다.

05 흡착제로 사용되는 활성탄의 제한점에 관한 내용으로 옳지 않은 것은?

① 휘발성이 적은 고분자량의 탄화수소 화합물의 채취 효율이 떨어짐
② 암모니아, 에틸렌, 염화수소와 같은 저비점 화합물은 비효과적임
③ 비교적 높은 습도는 활성탄의 흡착용량을 저하시킴
④ 케톤의 경우 활성탄 표면에서 물을 포함하는 반응에 의하여 파과되어 탈착률과 안정성에서 부적절함

해설 휘발성이 높은 저분자량의 탄화수소 화합물의 채취 효율은 떨어진다.

06 흡착관을 이용하여 시료를 포집할 때 고려해야 할 사항으로 거리가 먼 것은?

① 파과현상이 발생할 경우 오염물질의 농도를 과소평가할 수 있으므로 주의해야 한다.
② 시료 저장 시 흡착물질이 이동현상(migration)이 일어날 수 있으며 파과현상이 구별하기 힘들다.
③ 작업환경측정 시 많이 사용하는 흡착관은 앞층이 100mg, 뒤층이 50mg으로 되어 있는데 오염물질에 따라 다른 크기의 흡착제를 사용하기도 한다.
④ 활성탄 흡착제는 탄소의 불포화결합을 가진 분자를 선택적으로 흡착하여 큰 비표면적을 가진다.

해설 실리카 및 알루미나 흡착제는 탄소의 불포화결합을 가진 분자를 선택적으로 흡수한다.

07 작업환경측정 시 사용되는 흡착제에 관한 설명 중 옳지 않은 것은?

① 대개 극성오염물질에는 극성 흡착제를, 비극성 오염물질에는 비극성 흡착제를 사용한다.
② 일반적으로 흡착관의 앞층은 100mg, 뒤층은 50mg으로 되어 있으나 다른 크기의 것도 사용한다.
③ 채취효율을 높이기 위하여 흡착제에 시약을 처리하여 사용하기도 한다.
④ 활성탄은 불포화 탄소결합을 가진 분자를 선택적으로 흡착하는 능력이 있다.

해설 실리카겔이나 알루미나 흡착제는 불포화 탄소결합을 가진 분자를 선택적으로 흡착하는 능력이 있다.

08 다음 중 파과용량에 영향을 미치는 요인과 가장 거리가 먼 것은?

① 포집된 오염물질의 종류　　② 작업장의 온도
③ 탈착에 사용하는 용매의 종류　　④ 작업장의 습도

해설 고체 흡착제를 사용하여 시료채취 시 영향을 주는 인자
㉠ 온도　㉡ 습도　㉢ 유량속도　㉣ 오염물 농도
㉤ 혼합물 존재　㉥ 흡착제 크기　㉦ 튜브 내경

09 공기 중 벤젠(분자량=78.1)을 활성탄관에 0.1L/분의 유량으로 2시간 동안 채취하여 분석한 결과 2.5mg이 나왔다. 공기 중 벤젠의 농도(ppm)는?(단, 공시료에서는 벤젠이 검출되지 않았으며 25, 1기압 기준)

① 약 65　② 약 85　③ 약 115　④ 약 135

해설 $$X(\text{ppm}) = \frac{2.5\text{mg}}{\frac{0.1\text{L}}{\text{min}} \times 120\text{min} \times \frac{1\text{m}^3}{10^3\text{L}}} \left| \frac{24.45\text{L}}{78.1\text{g}} \right| \frac{10^3\text{mL}}{1\text{L}} \left| \frac{1\text{g}}{10^3\text{mg}} \right. = 65.22\text{mL/m}^3$$

10 활성탄관을 연결한 저유량 공기 시료채취펌프를 이용하여 벤젠 증기(MW=78g/mol)를 0.038m^3 채취하였다. GC를 이용하여 분석한 결과 478μg의 벤젠이 검출되었다면 벤젠 증기의 농도(ppm)는?(단, 온도 25℃, 1기압 기준, 기타 조건 고려 안 함)

① 1.87　② 2.34　③ 3.94　④ 4.78

해설 $$X(\text{ppm}) = \frac{0.478\text{mg}}{0.038\text{m}^3} \left| \frac{24.45\text{L}}{78\text{g}} \right| \frac{10^3\text{mL}}{1\text{L}} \left| \frac{1\text{g}}{10^3\text{mg}} \right. = 3.94\text{mL/m}^3$$

ANSWER | 01 ④ 02 ② 03 ① 04 ② 05 ① 06 ④ 07 ④ 08 ③ 09 ① 10 ③

더 풀어보기

산업기사

01 고체 포집법에 관한 설명으로 틀린 것은?

① 시료공기를 흡착력이 강한 고체의 작은 입자층을 통과시켜 포집하는 방법이다.
② 실리카겔은 산과 같은 극성물질의 포집에 사용되며 수분의 영향을 거의 받지 않으므로 널리 사용된다.
③ 시료의 채취는 사용하는 고체입자층의 포집효율을 고려하여 일정한 흡입유량으로 한다.
④ 포집된 유기물은 일반적으로 이황화탄소(CS_2)로 탈착하여 분석용 시료로 사용된다.

해설 실리카겔은 극성을 띠고 흡습성이 강하므로 습도가 높을수록 파과용량이 감소하여 파과되기 쉽다.

02 시료채취방법에 따라 분류할 때, 활성탄관의 사용이 속하는 방법은?

① 직접포집법 ② 액체포집법
③ 여과포집법 ④ 고체포집법

03 인쇄 또는 도장 작업에서 사용하는 페인트, 시너 또는 유성 도료 등에 의해 발생되는 유해인자 중 유기용제를 포집하는 방법은?

① 활성탄법 ② 여과포집법
③ 직독식 분진측정계법 ④ 증류수 흡수액 임핀저법

04 활성탄관에 비하여 실리카겔관(흡착)을 사용하여 채취하기 용이한 시료는?

① 알코올류 ② 방향족 탄화수소류
③ 나프타류 ④ 니트로 벤젠류

해설 실리카겔관을 사용하여 포집하기 용이한 시료
㉠ 극성 유기용제 ㉡ 아민류(방향족, 지방족) ㉢ 니트로 벤젠류
㉣ 페놀류 ㉤ 아미노에탄올 ㉥ 아마이드류

05 가장 많이 사용되는 표준형 활성탄관의 경우, 앞층과 뒤층에 들어 있는 활성탄의 양은?(단, 앞층 : 공기입구 쪽)

① 앞층 : 50mg, 뒤층 : 100mg ② 앞층 : 100mg, 뒤층 : 50mg
③ 앞층 : 200mg, 뒤층 : 300mg ④ 앞층 : 300mg, 뒤층 : 200mg

해설 작업환경측정 시 많이 사용하는 흡착관은 앞층이 100mg, 뒤층이 50mg으로 되어 있는데 오염물질에 따라 다른 크기의 흡착제를 사용하기도 한다.

06 활성탄관으로 유기용제 시료를 채취할 때 공시료의 처리방법으로 가장 적합한 것은?

① 관 끝에 깨지 않은 상태로 실험실의 냉장고에 그대로 보관한다.
② 현장에서 관 끝을 깨고 관 끝을 폴리에틸렌 마개로 막지 않고 현장시료와 동일한 방법으로 운반 · 보관한다.
③ 관 끝을 깨지 않은 상태로 현장시료와 동일한 방법으로 운반 · 보관한다.
④ 현장에서 관 끝을 깨고 관 끝을 폴리에틸렌 마개로 막고 현장시료와 동일한 방법으로 운반 · 보관한다.

07 흡착제를 이용하여 시료채취를 할 때 영향을 주는 인자에 관한 설명으로 옳지 않은 것은?

① 온도 : 고온일수록 흡착능이 감소하며 파과가 일어나기 쉽다.
② 시료채취속도 : 시료채취속도가 높고 코팅된 흡착제일수록 파과가 일어나기 쉽다.

③ 오염물질농도 : 공기 중 오염물질의 농도가 높을수록 파과용량(흡착제에 흡착된 오염물질의 양)이 감소한다.

④ 습도 : 극성 흡착제를 사용할 때 수증기가 흡착되기 때문에 파과가 일어나기 쉽다.

해설 온도가 높을수록 입자의 활성도가 커져 흡착에 좋으며 저온일수록 흡착능이 감소한다.

08 가스상 물질의 시료포집에 사용된 활성탄관의 탈착에 주로 사용하는 탈착용매는?(단, 비극성 물질 기준)

① 질산 ② 노말헥산

③ 사염화탄소 ④ 이황화탄소

해설 탈착용매[이황화탄소(CS_2)]

㉠ 활성탄으로 시료채취 시 가장 많이 사용되는 탈착제이다.

㉡ 독성이 강하다.

㉢ 탈착효율이 좋다.

㉣ 인화성이 있어 화재의 위험이 있다.

09 활성탄에 흡착된 유기용제-방향족탄화수소를 탈착시키는 데 일반적으로 사용되는 용매는?

① Chloroform ② Methyl Chloroform

③ H_2O ④ CS_2

10 활성탄으로 시료채취 시 가장 많이 사용되는 탈착용매는?

① 에탄올 ② 이황화탄소

③ 헥산 ④ 클로로포름

11 탈착용매로 사용되는 이황화탄소에 관한 설명으로 틀린 것은?

① 주로 활성탄관으로 비극성 유기용제를 채취하였을 때 탈착용매로 사용된다.

② 이황화탄소는 유해성이 강하다.

③ 상온에서 휘발성이 약하여 분석에 영향이 적은 장점이 있다.

④ 탈착효율이 좋은 용매이며 가스크로마토그래피(FID)에서 피크가 작게 나온다.

해설 상온에서 휘발성이 강하여 장시간 보관하면 휘발로 인해 분석농도가 정확하지 않다.

12 어떤 유기용제의 활성탄관에서의 탈착효율을 구하기 위해 실험하였다. 이 유기용제를 0.50mg을 첨가하는 데 분석결과 나온 값이 0.48mg이었다면 탈착효율은?

① 90% ② 92% ③ 94% ④ 96%

해설 $\text{탈착효율}(\%) = \frac{\text{분석량}}{\text{첨가량}} \times 100 = \frac{0.48\text{mg}}{0.5\text{mg}} \times 100 = 96\%$

13 흡착제인 활성탄의 제한점에 관한 설명으로 옳지 않은 것은?

① 휘발성이 매우 큰 저분자량의 탄화수소 화합물의 채취효율이 떨어진다.
② 암모니아, 에틸렌, 염화수소와 같은 저비점 화합물에 효과가 적다.
③ 표면에 산화력이 없어 반응성이 작은 알데히드 포집에 부적합하다.
④ 비교적 높은 습도는 활성탄의 흡착용량을 저하시킨다.

해설 표면의 산화력으로 인해 반응성이 큰 메르캅탄, 알데히드 포집에 부적합하다.

14 흡착제인 활성탄의 제한점으로 틀린 것은?

① 염화수소와 같은 저비점 화합물에 비효과적임
② 휘발성이 큰 저분자량의 탄화수소 화합물의 채취효율이 떨어짐
③ 표면 반응성이 작은 메르캅탄과 알데히드 포집에 부적합함
④ 케톤의 경우 활성탄 표면에서 물을 포함하는 반응에 의해 파과되어 탈착률과 안정성에 부적절함

15 다음 중 흡착제인 활성탄에 대한 설명과 가장 거리가 먼 것은?

① 비극성류 유기용제의 흡착에 효과적이다.
② 휘발성이 큰 저분자량의 탄화수소 화합물의 채취효율이 떨어진다.
③ 표면의 산화력이 작기 때문에 반응성이 큰 알데히드의 포집에 효과적이다.
④ 케톤의 경우 활성탄 표면에서 물을 포함하는 반응에 의해 파과되어 탈착률과 안정성에서 부적절하다.

16 다음 흡착제 중 가장 많이 사용하는 것은?

① 활성탄　② 실리카겔
③ 알루미나　④ 마그네시아

17 공기 중 시료채취원리에서 반데르발스 힘과 관련 있는 것은?

① 미젯임핀저　② PVC Filter
③ 활성탄관　④ 유리섬유여과지

18 다음 매체 중 흡착의 원리를 이용하여 시료를 채취하는 방법이 아닌 것은?

① 활성탄관　② 실리카겔관
③ Molecular seive　④ PVC여과지

해설 유해물질 흡착(Adsorption)에 많이 쓰이는 것은 활성탄관(Charcoal Tube)과 실리카겔관(Silica Gel Tube), 다공성 중합체(Porous Polymer), 분자체탄소(Molecular Seive) 등이다.

19 오염물질이 흡착관의 앞층에 포화된 다음 뒤층에 흡착되기 시작되어 기류를 따라 흡착관을 빠져나가는 현상은?

① 파과 ② 흡착 ③ 흡수 ④ 탈착

해설 파과(Break Through)

㉠ 오염물질이 흡착허용기준 이상으로 포집되면 더 이상 흡착되지 않고 그대로 통과하는 현상을 말한다.
㉡ 오염물질이 흡착관의 앞층에 포화된 다음 뒤층에 흡착되기 시작되어 기류를 따라 흡착관을 빠져나가는 현상으로 농도를 과소평가할 수 있다.
㉢ 시료채취유량이 많을수록, 고온일수록, 습도가 높을수록 파과가 일어나기 쉽다.
㉣ 공기 중 오염물질의 농도가 높을수록 파과용량(흡착된 오염물질량)은 증가한다.

20 톨루엔을 활성탄관을 이용하여 0.2L/분으로 30분 동안 시료를 포집하여 분석한 결과 활성탄관의 앞층에서 1.2mg, 뒤층에서 0.1mg씩 검출되었을 때, 공기 중 톨루엔의 농도는 약 몇 mg/m^3인가?(단, 파과, 공시료는 고려하지 않고, 탈착효율은 100%이다.)

① 113 ② 138 ③ 183 ④ 217

해설 $X(mg/m^3) = \dfrac{(1.2+0.1)mg}{\dfrac{0.2L}{min} \times 30min} = 0.217mg/L = 217mg/m^3$

21 활성탄관을 연결한 저유량 공기 시료채취펌프를 이용하여 벤젠증기(MW=78g/mol)를 $0.112m^3$ 채취하였다. GC를 이용하여 분석한 결과 657μg의 벤젠이 검출되었다면 벤젠증기의 농도(ppm)는?(단, 온도 25℃, 압력 760mmHg이다.)

① 0.90 ② 1.84 ③ 2.94 ④ 3.78

해설 $X(ppm) = \dfrac{0.657mg}{0.112m^3} \Big| \dfrac{24.45L}{78g} \Big| \dfrac{10^3mL}{1L} \Big| \dfrac{1g}{10^3mg} = 1.84mL/m^3$

22 측정 전 여과지의 무게는 0.40mg, 측정 후의 무게는 0.50mg이며, 공기채취유량을 2.0L/min으로 6시간 채취하였다면 먼지의 농도는 약 몇 mg/m^3인가?(단, 공시료는 측정 전후의 무게 차이가 없다.)

① 0.139 ② 1.139 ③ 2.139 ④ 3.139

해설 $X(mg/m^3) = \dfrac{(0.5-0.4)mg}{\dfrac{2.0L}{min} \times 360min \times \dfrac{1m^3}{10^3L}} = 0.139mg/m^3$

23 벤젠(C_6H_6)을 0.2L/min 유량으로 2시간 동안 채취하여 GC로 분석한 결과 5mg이었다. 공기 중 농도는 몇 ppm인가?(단, 25℃, 1기압)

① 약 25ppm ② 약 45ppm ③ 약 65ppm ④ 약 85ppm

해설 $X(mg/m^3) = \dfrac{5mg}{\dfrac{0.2L}{min} \times 120min \times \dfrac{1m^3}{10^3L}} = 208.33mg/m^3$

$\therefore X(ppm) = \dfrac{208.33mg}{m^3} \Big| \dfrac{24.45mL}{78mg} = 65.3mL/m^3$

24 벤젠(C_6H_6)을 0.2L/min 유량으로 2시간 동안 채취하여 GC로 분석한 결과 10mg이었다. 공기 중 농도(ppm)는?(단, 25℃, 1기압 기준)

① 약 75 ② 약 96 ③ 약 118 ④ 약 130

해설 $X(mg/m^3) = \dfrac{10mg}{\dfrac{0.2L}{min} \times 120min \times \dfrac{1m^3}{10^3L}} = 416.67mg/m^3$

$\therefore X(ppm) = \dfrac{416.67mg}{m^3} \Big| \dfrac{24.45mL}{78mg} = 130.61mL/m^3$

25 TCE(분자량 = 131.39)에 노출되는 근로자의 노출농도를 측정하고자 한다. 추정되는 농도는 25ppm이고, 분석방법의 정량한계가 시료당 0.5mg일 때, 정량한계 이상의 시료량을 얻기 위해 채취하여야 하는 공기최소량은?(단, 25℃, 1기압 기준)

① 약 2.4L ② 약 3.8L ③ 약 4.2L ④ 약 5.3L

해설 먼저 농도 25ppm을 mg/m^3으로 환산한다.

㉠ $X(mg/m^3) = \dfrac{25mL}{m^3} \Big| \dfrac{131.39mg}{24.45mL} = 134.35mg/m^3$

㉡ 최소공기량 $= \dfrac{LOQ(mg)}{농도(mg/m^3)} = \dfrac{0.5mg}{134.35(mg/m^3)} = 3.72 \times 10^{-3}m^3 = 3.72L$

ANSWER									
01 ②	02 ④	03 ①	04 ④	05 ②	06 ④	07 ①	08 ④	09 ④	10 ②
11 ③	12 ④	13 ③	14 ③	15 ③	16 ①	17 ③	18 ④	19 ①	20 ④
21 ②	22 ①	23 ③	24 ④	25 ②					

기 사

01 다음 중 비극성 유기용제 포집에 가장 적합한 흡착제는?

① 활성탄 ② 염화칼슘 ③ 활성칼슘 ④ 실리카겔

해설 활성탄관을 사용하여 포집하기 용이한 시료

㉠ 할로겐화 탄화수소류 ㉡ 방향족 탄화수소류 ㉢ 알코올류 ㉣ 에스테르류
㉤ 나프타류 ㉥ 케톤류 ㉦ 비극성 유기용제

02 고체흡착제를 이용하여 시료채취를 할 때 영향을 주는 인자에 관한 설명으로 틀린 것은?

① 오염물질농도 : 공기 중 오염물질의 농도가 높을수록 파과용량은 증가한다.
② 습도 : 습도가 높으면 극성 흡착제를 사용할 때 파과공기량이 적어진다.
③ 온도 : 모든 흡착은 발열반응이므로 온도가 낮을수록 흡착에 좋은 조건인 것은 열역학적으로 분명하다.
④ 시료채취유량 : 시료채취유량이 높으면 쉽게 파과가 일어나나 코팅된 흡착제인 경우는 그 경향이 약하다.

해설 고체흡착제를 이용하여 시료채취를 할 때 영향을 주는 인자
㉠ 오염물질 농도 : 공기 중 오염물질의 농도가 높을수록 파과용량은 증가한다.
㉡ 습도 : 습도가 높으면 극성 흡착제를 사용할 때 파과공기량이 적어진다.
㉢ 온도 : 모든 흡착은 발열반응이므로 온도가 낮을수록 흡착에 좋은 조건인 것은 열역학적으로 분명하다.
㉣ 시료채취유량 : 시료채취유량이 높으면 쉽게 파과가 일어나기 쉽고 코팅된 흡착제일수록 파과되기 쉽다.

03 고체흡착제를 이용하여 시료채취를 할 때 영향을 주는 인자에 관한 설명으로 옳지 않은 것은?
① 온도 : 고온일수록 흡착 성질이 감소하며 파과가 일어나기 쉽다.
② 오염물질농도 : 공기 중 오염물질의 농도가 높을수록 파과공기량이 증가한다.
③ 흡착제의 크기 : 입자의 크기가 작을수록 채취효율이 증가하나 압력강하가 심하다.
④ 시료채취유량 : 시료채취유량이 높으면 파과가 일어나기 쉬우며 코팅된 흡착제일수록 그 경향이 강하다.

해설 공기 중 오염물질의 농도가 높을수록 파과용량은 증가하나 파과공기량은 감소한다.

04 흡착제를 이용하여 시료채취를 할 때 영향을 주는 인자에 관한 설명으로 옳지 않은 것은?
① 흡착제의 크기 : 입자의 크기가 작을수록 표면적이 증가하여 채취효율이 증가하나 압력강하가 심하다.
② 온도 : 고온에서는 흡착대상오염물질과 흡착제의 표면 사이의 반응속도가 증가하여 흡착에 유리하다.
③ 시료채취속도 : 시료채취속도가 높고 코팅된 흡착제일수록 파과가 일어나기 쉽다.
④ 오염물질농도 : 공기 중 오염물질의 농도가 높을수록 파과용량[흡착제에 흡착된 오염물질의 양(mg)]은 증가하나 파과공기량이 감소한다.

해설 모든 흡착은 발열반응이므로 온도가 낮을수록 흡착에 좋은 조건인 것은 열역학적으로 분명하다.

05 흡착제를 이용하여 시료를 채취할 때 영향을 주는 인자에 관한 설명으로 옳지 않은 것은?
① 습도가 높으면 파과공기량(파과가 일어날 때까지의 공기 채취량)이 작아진다.
② 시료채취속도가 낮고 코팅되지 않은 흡착제일수록 파과가 쉽게 일어난다.
③ 공기 중 오염물질의 농도가 높을수록 파과용량(흡착제에 흡착된 오염물질의 양)은 증가한다.
④ 고온에서는 흡착대상오염물질과 흡착제의 표면 사이 또는 2종 이상의 흡착대상물질 간 반응속도가 증가하여 불리한 조건이 된다.

해설 시료채취속도가 높고 코팅된 흡착제일수록 파과가 일어나기 쉽다.

06 고체 흡착제를 이용하여 가스상 시료를 채취할 때 영향을 주는 인자에 대한 설명이 잘못된 것은?
① 고온일수록 흡착성질이 감소하며 파과가 일어나기 쉽다.
② 습도가 높으면 파과공기량이 적어진다.

③ 오염물질의 농도가 높을수록 파과용량이 감소한다.
④ 흡착제 입자의 크기가 작을수록 채취효율이 증가한다.

해설 농도가 높으면 파과현상이 일어나기 쉽다. 즉, 공기 중 오염물질 농도가 높을수록 파과용량(흡착제에 흡착된 오염물질의 양)은 증가하나 파과공기량은 감소한다.

07 활성탄관을 이용하여 유기용제 시료를 채취하였다. 분석을 위한 탈착용매로 사용되는 대표적인 물질은?

① 황산 ② 사염화탄소 ③ 중크롬산칼륨 ④ 이황화탄소

해설 탈착용매[이황화탄소(CS_2)]
㉠ 활성탄으로 시료채취 시 가장 많이 사용되는 탈착제이다.
㉡ 독성이 강하다.
㉢ 탈착효율이 좋다.
㉣ 인화성이 있어 화재의 위험이 있다.

08 활성탄에 흡착된 유기화합물을 탈착하는 데 가장 많이 사용하는 용매는?

① 클로로포름 ② 이황화탄소 ③ 톨루엔 ④ 메틸클로로포름

09 가스 측정을 위한 흡착제인 활성탄의 제한점에 관한 내용으로 틀린 것은?

① 휘발성이 매우 큰 저분자량의 탄화수소 화합물의 채취효율이 떨어짐
② 암모니아, 에틸렌, 염화수소와 같은 고비점 화합물에 비효과적임
③ 비교적 높은 습도는 활성탄의 흡착용량을 저하시킴
④ 케톤의 경우 활성탄 표면에서 물을 포함하는 반응에 의해 파괴되어 탈착률과 안정성에서 부적절함

해설 활성탄의 제한점
㉠ 휘발성이 높은 저분자량의 탄화수소 화합물의 채취효율은 떨어진다.
㉡ 암모니아, 에틸렌, 염화수소와 같은 저비점 화합물에 비효과적이다.
㉢ 메르캅탄과 알데히드 포집 시 표면산화력에 의한 반응성이 크므로 포집에 부적합하다.
㉣ 비교적 높은 습도는 활성탄의 흡착용량을 저하시킨다.
㉤ 케톤의 경우 활성탄 표면에서 물을 포함하는 반응에 의해 파괴되어 탈착률과 안정성에서 부적절하다.

10 흡착제인 활성탄의 제한점에 관한 내용으로 틀린 것은?

① 휘발성이 매우 큰 저분자량의 탄화수소 화합물의 채취효율이 떨어짐
② 암모니아, 에틸렌, 염화수소와 같은 저비점 화합물에 비효과적임
③ 케톤의 경우 활성탄 표면에서 물을 포함하는 반응에 의해서 파과되어 탈착률과 안정성 면에서 부적절함
④ 표면의 산화력으로 인해 반응성이 적은 Mercaptan, Aldehyde 포집에 부적합함

해설 표면의 산화력으로 인해 반응성이 큰 메르캅탄(Mercaptan), 알데히드(Aldehyde) 포집에 부적합하다.

11 작업장 공기 중 벤젠증기를 활성탄관 흡착제로 채취할 때 작업장 공기 중 페놀이 함께 다량 존재하면 벤젠증기를 효율적으로 채취할 수 없게 되는 이유로 가장 적합한 것은?

① 벤젠과 흡착제와의 결합자리를 페놀이 우선적으로 차지하기 때문
② 실리카겔 흡착제가 벤젠과 페놀이 반응할 수 있는 장소로 이용되어 부산물을 생성하기 때문
③ 페놀이 실리카겔과 벤젠의 결합을 증가시키는 다리역할을 하여 분석 시 벤젠의 탈착을 어렵게 하기 때문
④ 벤젠과 페놀이 공기 내에서 서로 반응을 하여 벤젠의 일부가 손실되기 때문

해설 활성탄관 흡착제의 친화력은 페놀이 벤젠보다 크다.

12 흡착제에 대한 설명으로 틀린 것은?

① 실리카 및 알루미나계 흡착제는 그 표면에서 물과 같은 극성 분자를 선택적으로 흡착한다.
② 흡착제의 선정은 대개 극성 오염물질이면 극성흡착제를, 비극성 오염물질이면 비극성 흡착제를 사용하나 반드시 그러하지는 않다.
③ 활성탄은 다른 흡착제에 비하여 큰 비표면적을 갖고 있다.
④ 활성탄은 탄소의 불포화결합을 가진 분자를 선택적으로 흡착한다.

해설 실리카 및 알루미늄 흡착제는 탄소의 불포화결합을 가진 분자를 선택적으로 흡수한다.

13 가스 및 증기시료 채취 시 사용되는 고체흡착식 방식 중 활성탄에 관한 설명과 가장 거리가 먼 것은?

① 증기압이 낮고 반응성이 있는 물질의 분리에 사용된다.
② 제조과정 중 탄화과정은 약 600℃의 무산소상태에서 이루어진다.
③ 포집한 시료는 이황화탄소로 탈착시켜 가스크로마토그래피로 미량 분석이 가능하다.
④ 사업장에서 작업 시 발생되는 유기용제를 포집하기 위해 가장 많이 사용된다.

해설 활성탄은 증기압이 높을수록 흡착량이 증가한다.

14 파과현상(Break Through)에 영향을 미치는 요인이라고 볼 수 없는 것은?

① 포집대상인 작업장의 온도
② 탈착에 사용하는 용매의 종류
③ 포집을 끝마친 후부터 분석까지의 시간
④ 포집된 오염물질의 종류

해설 파과현상에 영형을 미치는 요인

㉠ 온도 ㉡ 습도 ㉢ 시료채취속도
㉣ 시료채취유량 ㉤ 오염물질 농도(종류) ㉥ 흡착관의 크기
㉦ 흡착제의 비표면적 ㉧ 포집을 끝마친 후부터 분석까지의 시간

15 톨루엔 취급 작업장에서 활성탄관을 사용하여 작업장 내 톨루엔 농도를 측정하고자 한다. 총 공기채취량은 72L/min였으며 활성탄관의 앞 층에서 분석된 톨루엔의 양은 900μg, 뒤층에서 분석된 톨루엔의 양은 100μg이었고, 공시료에서는 앞층과 뒤층 모두 톨루엔이 검출되지 않았다. 탈착효율이 90%라면 작업장 내 톨루엔 농도는?(단, 작업장 온도 25℃, 톨루엔 분자량 92)

① 약 4.1ppm ② 약 8.1ppm
③ 약 12.1ppm ④ 약 16.1ppm

해설 $X(\text{ppm}) = \dfrac{(0.9+0.1)\text{mg}}{0.072\text{m}^3 \times 0.9} \Big| \dfrac{24.45\text{mL}}{92\text{mg}} = 4.1\text{mL/m}^3$

16 포집기를 이용하여 납을 분석한 결과 0.00189g이었을 때, 공기 중 납 농도는 약 몇 mg/m^{3}인가?(단, 포집기의 유량 2.0L/min, 측정시간 3시간 2분, 분석기기의 회수율은 100%이다.)

① 4.61 ② 5.19 ③ 5.77 ④ 6.35

해설 $X(\text{mg/m}^3) = \dfrac{1.89\text{mg}}{\dfrac{2.0\text{L}}{\text{min}} \times 182\text{min} \times \dfrac{1\text{m}^3}{10^3\text{L}}} = 5.19\text{mg/m}^3$

17 어느 작업장에서 샘플러를 사용하여 분진농도를 측정한 결과, 샘플링 전후 필터의 무게가 각각 32.4mg, 44.7mg이었을 때, 이 작업장의 분진 농도는 몇 mg/m^{3}인가?(단, 샘플링에 사용된 펌프의 유량은 20L/min이고, 2시간 동안 시료를 채취하였다.)

① 1.6 ② 5.1 ③ 6.2 ④ 12.3

해설 $X(\text{mg/m}^3) = \dfrac{(44.7-32.4)\text{mg}}{\dfrac{20\text{L}}{\text{min}} \times 120\text{min} \times \dfrac{1\text{m}^3}{10^3\text{L}}} = 5.125\text{mg/m}^3$

18 접착공정에서 본드를 사용하는 작업장에서 톨루엔을 측정하고자 한다. 노출기준의 10%까지 측정하고자 할 때, 최소 시료채취 시간은 약 몇 분인가?(단, 25℃, 1기압 기준이며 톨루엔의 분자량은 92.14, 기체크로마토그래피의 분석에서 톨루엔의 정량한계는 0.5mg, 노출기준은 100ppm, 채취유량은 0.15L/분이다.)

① 13.3 ② 39.6 ③ 88.5 ④ 182.5

해설 최소 시료채취 시간 $= \dfrac{\text{채취 부피(L)}}{\text{채취 유량(L/min)}}$

㉠ 채취 부피(L) $= \dfrac{\text{LOQ(mg)}}{\text{노출기준농도(mg/m}^3)} \times 1{,}000 = \dfrac{0.5\text{mg}}{37.69\text{mg/m}^3} \times 1{,}000 = 13.27\text{L}$

㉡ $X(\text{mg/m}^3) = \dfrac{(100 \times 0.1)\text{mL}}{\text{m}^3} \Big| \dfrac{92.14\text{mg}}{24.45\text{mL}} = 37.69\text{mg/m}^3$

㉢ 채취유량(L/min) = 0.15L/min

∴ 최소 시료채취 시간 $= \dfrac{13.27\text{L}}{0.15\text{L/min}} = 88.47\text{min}$

19 톨루엔(Toluene, MW=92.14) 농도가 100ppm인 사업장에서 채취유량은 0.15L/min으로 가스크로마토그래피의 정량한계가 0.2mg이다. 채취할 최소시간은 얼마인가?(단, 25℃, 1기압 기준)

① 약 1.5분 ② 약 3.5분 ③ 약 5.5분 ④ 약 7.5분

해설 최소 시료채취 시간$=\dfrac{\text{채취 부피(L)}}{\text{채취 유량(L/min)}}$

㉠ 채취 부피(L) $=\dfrac{\text{LOQ(mg)}}{\text{노출기준농도}(\text{mg/m}^3)}\times1{,}000=\dfrac{0.2\text{mg}}{376.85\text{mg/m}^3}\times1{,}000=0.53\text{L}$

㉡ $\text{X}(\text{mg/m}^3)=\dfrac{100\text{mL}}{\text{m}^3}\Big|\dfrac{92.14\text{mg}}{24.45\text{mL}}=376.85\text{mg/m}^3$

㉢ 채취유량(L/min)=0.15L/min

∴ 최소 시료채취 시간$=\dfrac{0.53\text{L}}{0.15\text{L/min}}=3.53\text{min}$

20 유기용제인 Trichloroethylene의 근로자 노출농도를 측정하고자 한다. 과거의 노출농도를 조사해 본 결과 평균 30ppm이었으며 활성탄관(100mg/50mg)을 이용하여 0.20L/분으로 채취하였다. Trichloroethylene의 분자량은 131.39이고 가스크로마토그래피의 정량한계는 시료당 0.5mg이라면 채취해야 할 최소한의 시간은?(단, 1기압, 25℃ 기준)

① 약 52분 ② 약 34분 ③ 약 22분 ④ 약 16분

해설 $\text{t}=\dfrac{\forall}{\text{Q}}$

㉠ $\text{C(농도)}=\dfrac{\text{m(질량)}}{\forall\text{(부피)}}$, $\forall=\dfrac{\text{m(질량)}}{\text{C(농도)}}=\dfrac{0.5\text{mg}}{161.2\text{mg/m}^3}=3.1\times10^{-3}\text{m}^3$

여기서, $\text{C}(\text{mg/m}^3)=\dfrac{30\text{mL}}{\text{m}^3}\Big|\dfrac{131.39\text{mg}}{24.45\text{mL}}=161.2\text{mg/m}^3$

㉡ Q=0.2L/min

∴ $\text{t}=\dfrac{3.1\times10^{-3}(\text{m}^3)}{0.2\text{L/min}}\Big|\dfrac{10^3\text{L}}{\text{m}^3}=15.5\text{min}$

21 유기용제인 Trichloroethylene의 근로자 노출농도를 측정하고자 한다. 과거의 노출농도를 조사해 본 결과 평균 30ppm이었으며 활성탄관(100meq/50mg)을 이용하여 0.15L/분으로 채취하였다. Trichloroethylene의 분자량은 131.39이고 가스크로마토그래피의 정량한계는 시료당 0.5mg이라면 채취해야 할 최소한의 시간은?(단, 1기압, 25℃ 기준)

① 10분 ② 14분 ③ 18분 ④ 21분

해설 $\text{t}=\dfrac{\forall}{\text{Q}}$

㉠ $\text{C(농도)}=\dfrac{\text{m(질량)}}{\forall\text{(부피)}}$, $\forall=\dfrac{\text{m(질량)}}{\text{C(농도)}}=\dfrac{0.5\text{mg}}{161.2\text{mg/m}^3}=3.1\times10^{-3}\text{m}^3$

여기서, $\text{C}(\text{mg/m}^3)=\dfrac{30\text{mL}}{\text{m}^3}\Big|\dfrac{131.39\text{mg}}{24.45\text{mL}}=161.2\text{mg/m}^3$

㉡ Q=0.15L/min

∴ $\text{t}=\dfrac{3.1\times10^{-3}(\text{m}^3)}{0.15\text{L/min}}\Big|\dfrac{10^3\text{L}}{\text{m}^3}=20.67\text{min}$

22 작업장 내 톨루엔 노출농도를 측정하고자 한다. 과거의 노출농도는 평균 50ppm이었다. 시료는 활성탄관을 이용하여 0.2L/min의 유량으로 채취한다. 톨루엔의 분자량은 92, 가스크로마토그래피의 정량한계(LOQ)는 시료당 0.5mg이다. 시료를 채취해야 할 최소한의 시간(분)은?(단, 작업장 내 온도는 25℃)

① 10.3 ② 13.3 ③ 16.3 ④ 19.3

해설 $t = \frac{\forall}{Q}$

㉠ $C(\text{농도}) = \frac{m(\text{질량})}{\forall(\text{부피})}$, $\forall = \frac{m(\text{질량})}{C(\text{농도})} = \frac{0.5\text{mg}}{188.14\text{mg/m}^3} = 2.66 \times 10^{-3}\text{m}^3$

여기서, $C(\text{mg/m}^3) = \frac{50\text{mL}}{\text{m}^3} \Big| \frac{92\text{mg}}{24.45\text{mL}} = 188.14\text{mg/m}^3$

㉡ $Q = 0.2\text{L/min}$

$\therefore t = \frac{2.66 \times 10^{-3}\text{m}^3}{0.2\text{L/min}} \Big| \frac{10^3\text{L}}{\text{m}^3} = 13.3\text{min}$

23 금속제품을 탈지 세정하는 공정에서 사용하는 유기용제인 트리클로로에틸렌의 근로자 노출농도를 측정하고자 한다. 과거의 노출농도를 조사해 본 결과, 평균 50ppm이었다. 활성탄관(100mg/50mg)을 이용하여 0.4L/min으로 채취하였다면 채취해야 할 최소한의 시간(분)은?(단, 트리클로로에틸렌의 분자량 : 131.39, 가스크로마토그래피의 정량한계 : 시료당 0.5mg, 1기압, 25℃ 기준으로 기타 조건은 고려하지 않음)

① 약 2.4분 ② 약 3.2분 ③ 약 4.7분 ④ 약 5.3분

해설 $t = \frac{\forall}{Q}$

㉠ $C(\text{농도}) = \frac{m(\text{질량})}{\forall(\text{부피})}$, $\forall = \frac{m(\text{질량})}{C(\text{농도})} = \frac{0.5\text{mg}}{268.69\text{mg/m}^3} = 1.86 \times 10^{-3}\text{m}^3$

여기서, $C(\text{mg/m}^3) = \frac{50\text{mL}}{\text{m}^3} \Big| \frac{131.39\text{mg}}{24.45\text{mL}} = 268.69\text{mg/m}^3$

㉡ $Q = 0.4\text{L/min}$

$\therefore t = \frac{1.86 \times 10^{-3}\text{m}^3}{0.4\text{L/min}} \Big| \frac{10^3\text{L}}{\text{m}^3} = 4.65\text{min}$

24 금속제품을 탈지 세정하는 공정에서 사용하는 유기용제인 Trichloroethylene의 근로자 노출농도를 측정하고자 한다. 과거의 노출농도를 조사해본 결과, 평균 40ppm이었다. 활성탄관(100mg/50mg)을 이용하여 0.14L/분으로 채취하였다. 채취해야 할 최소한의 시간(분)은?(단, Trichloroethylene의 분자량 : 131.39, 25℃, 1기압, 가스크로마토그래피의 정량한계(LOQ):0.4mg)

① 10.3 ② 13.3 ③ 16.3 ④ 19.3

해설 $t \doteq \frac{\forall}{Q}$

㉠ $C(\text{농도}) = \frac{m(\text{질량})}{\forall(\text{부피})}$, $\forall = \frac{m(\text{질량})}{C(\text{농도})} = \frac{0.4\text{mg}}{214.95\text{mg/m}^3} = 1.86 \times 10^{-3}\text{m}^3$

여기서, $C(\text{mg/m}^3) = \frac{40\text{mL}}{\text{m}^3} \Big| \frac{131.39\text{mg}}{24.45\text{mL}} = 214.95\text{mg/m}^3$

㉡ $Q = 0.14\text{L/min}$

$\therefore t = \frac{1.86 \times 10^{-3}\text{m}^3}{0.14\text{L/min}} \Big| \frac{10^3\text{L}}{\text{m}^3} = 13.29\text{min}$

25 세척제로 사용하는 트리클로로에틸렌의 근로자 노출농도를 측정하기 위해 과거의 노출농도를 조사해 본 결과, 평균 90ppm이었다. 활성탄관을 이용하여 0.17L/분으로 채취하고자 할 때 채취하여야 할 최소한의 시간(분)은?(단, 25℃, 1기압 기준 트리클로로에틸렌의 분자량은 131.39, 가스크로마토그래피의 정량한계는 시료당 0.4mg)

① 4.9분 ② 7.8분 ③ 11.4분 ④ 13.7분

해설 $t = \dfrac{\forall}{Q}$

㉠ $C(\text{농도}) = \dfrac{m(\text{질량})}{\forall(\text{부피})}$, $\forall = \dfrac{m(\text{질량})}{C(\text{농도})} = \dfrac{0.4\text{mg}}{483.64\text{mg/m}^3} = 8.27 \times 10^{-4}\text{m}^3$

여기서, $C(\text{mg/m}^3) = \dfrac{90\text{mL}}{\text{m}^3} \bigg| \dfrac{131.39\text{mg}}{24.45\text{mL}} = 483.64\text{mg/m}^3$

㉡ $Q = 0.14\text{L/min}$

$\therefore\ t = \dfrac{8.27 \times 10^{-4}(\text{m}^3)}{0.17\text{L/min}} \bigg| \dfrac{10^3\text{L}}{\text{m}^3} = 4.87\text{min}$

ANSWER | 01 ① 02 ④ 03 ② 04 ② 05 ② 06 ③ 07 ④ 08 ② 09 ② 10 ④
11 ① 12 ④ 13 ① 14 ② 15 ① 16 ② 17 ② 18 ③ 19 ② 20 ④
21 ④ 22 ② 23 ③ 24 ② 25 ①

THEMA 29 실리카겔관(Silica Gel Tube)

1. 실리카겔관(Silica Gel Tube)

① 실리카겔의 특성

㉠ 실리카겔은 규산나트륨과 황산의 반응에서 유도된 무정형의 물질이다.

㉡ 극성을 띠고 흡습성이 강하므로 습도가 높을수록 파과용량이 감소하여 파괴되기 쉽다.

㉢ 추출액이 화학분석이나 기기분석에 방해물질로 작용하는 경우가 많지 않다.

㉣ 극성물질을 채취한 경우 물 또는 메탄올을 용매로 쉽게 탈착된다.

㉤ 실리카겔이나 알루미나 흡착제는 불포화 탄소결합을 가진 분자를 선택적으로 흡착하는 능력이 있다.

② 장점

㉠ 추출액이 화학분석이나 기기분석에 방해물질로 작용하는 경우가 많지 않다.

㉡ 유독한 이황화탄소를 탈착용매로 사용하지 않는다.

㉢ 활성탄으로 포집이 힘든 아닐린이나 아민류의 채취도 가능하다.

㉣ 극성물질을 채취한 경우 물, 메탄올 등 다양한 용매로 쉽게 탈착된다.

③ 단점

㉠ 활성탄에 비해 수분을 잘 흡수하여 습도에 민감하다.

㉡ 극성을 띠고 흡습성이 강하므로 습도가 높을수록 파과용량이 감소한다.

㉢ 친수성이기 때문에 우선적으로 물분자와 결합을 이루어 습도의 증가에 따른 흡착용량의 감소를 초래한다.

④ 실리카겔의 친화력 순서

물 > 알코올류 > 알데히드류 > 케톤류 > 에스테르류 > 방향족 탄화수소 > 올레핀류 > 파라핀류

2. 다공성 중합체(Porous Polymer)

① 특징

㉠ 다공성 중합체는 활성탄에 비해 표면적, 흡착용량, 반응성이 작지만 특수한 물질 채취에 유용하다.

㉡ 활성탄보다 비표면적이 작다.

㉢ 특별한 물질에 대한 선택성이 좋다.

㉣ 데낙스 GC(Tenax GC)는 열안정성이 높아 열탈착에 의한 분석이 가능하다.

② 종류

㉠ Tenax GC　㉡ XAD관

㉢ Chromosorb　㉣ Porapak　㉤ Amberlite

3. 수동식 시료채취기

① 원리 : 공기채취용 펌프를 이용하지 않고 작업장에 존재하는 자연적인 기류를 이용하여 확산과 투과라는 물리적인 과정에 의해 공기 중 가스상 오염물질을 채취기까지 이동시켜 흡착제에 채취하는 장치를 말한다.

② 장점

㉠ 배지 타입으로 가볍다.

㉡ 시료채취하는 방법이 쉽고, 취급방법이 쉽다.

㉢ 간편하게 착용하여 시료를 채취할 수 있다.

③ 단점

㉠ 실험실에서 분석해야 한다.

㉡ 대상 오염물질이 일정한 확산계수로 확산되는 물질이 개발되어야 한다.

㉢ 포집기의 접촉면에 공기가 정체되어 있으면 안 된다.

④ 결핍 : 최소한의 기류가 없어 채취기 표면에서 일단 확산에 의하여 오염물질이 제거되면 농도가 없어지거나 감소하는 현상을 말한다. 최소한의 기류속도는 0.05~0.1m/sec이다.

연습문제

01 다음 중 흡착관인 실리카겔관에 사용되는 실리카겔에 관한 설명과 가장 거리가 먼 것은?

① 이황화탄소를 탈착용매로 사용하지 않는다.

② 극성 물질을 채취한 경우 물 또는 메탄올을 용매로 쉽게 탈착된다.

③ 추출용액이 화학분석이나 기기분석에 방해물질로 작용하는 경우가 많지 않다.

④ 파라핀류가 케톤류보다 극성이 강하기 때문에 실리카겔에 대한 친화력도 강하다.

해설 파라핀류가 케톤류보다 극성이 약하기 때문에 실리카겔에 대한 친화력도 약하다.

02 실리카겔관이 활성탄관에 비하여 가지고 있는 장점과 가장 거리가 먼 것은?

① 극성 물질을 채취한 경우 물, 메탄올 등 다양한 용매로 쉽게 탈착된다.

② 추출액이 화학분석이나 기기분석에 방해물질로 작용하는 경우가 많지 않다.

③ 매우 유독한 이황화탄소를 탈착용매로 사용하지 않는다.

④ 수분을 잘 흡수하여 습도에 대한 민감도가 높다.

해설 실리카겔관은 친수성이기 때문에 우선적으로 물분자와 결합을 이루어 습도의 증가에 따른 흡착용량의 감소를 초래한다.

03 탈착효율 실험은 고체흡착관을 이용하여 채취한 유기용제의 분석에 관련된 실험이다. 이 실험의 목적과 가장 거리가 먼 것은?

① 탈착효율의 보정 ② 시약의 오염 보정
③ 흡착관의 오염 보정 ④ 여과지의 오염 보정

해설 여과지의 오염 보정실험은 회수율 실험의 목적이다.

04 다음 물질 중 실리카겔과 친화력이 가장 큰 것은?

① 알데히드류 ② 올레핀류
③ 파라핀류 ④ 에스테르류

해설 실리카겔의 친화력(극성이 강한 순서)
물 > 알코올류 > 알데히드류 > 케톤류 > 에스테르류 > 방향족 탄화수소 > 올레핀류 > 파라핀류

05 다음 물질 중 극성이 가장 강한 것은?

① 알데히드류 ② 케톤류
③ 에스테르류 ④ 올레핀류

06 흡착제에 관한 설명으로 틀린 것은?

① 활성탄 : 탄소 함유 물질을 탄화 및 활성화하여 만든, 흡착능력이 큰 무정형 탄소의 일종이다.
② 다공성 중합체 : 활성탄보다 반응할 수 있는 표면적이 넓어 선택적 분석이 가능하다.
③ 분자체 : 탄소분자체는 합성다중체나 석유타르전구체의 무산소열분해로 만들어지는 구형의 다공성 전구를 가지고 있다.
④ 실리카겔 : 규산나트륨과 황산의 반응에서 유도된 무정형의 결정체이다.

해설 다공성 중합체는 활성탄에 비해 표면적, 흡착용량, 반응성이 작지만 특수한 물질 채취에 유용하다.

07 흡착제 중 다공성 중합체에 관한 설명으로 틀린 것은?

① 활성탄보다 비표면적이 작다.
② 활성탄보다 흡착용량이 크며 반응성도 높다.
③ 데낙스 GC(Tenax GC)는 열안정성이 높아 열탈착에 의한 분석이 가능하다.
④ 특별한 물질에 대한 선택성이 좋다.

해설 다공성 중합체(Porous Polymer)
㉠ 다공성 중합체는 활성탄에 비해 표면적, 흡착용량, 반응성이 작지만 특수한 물질 채취에 유용하다.
㉡ 활성탄보다 비표면적이 작다.
㉢ 특별한 물질에 대한 선택성이 좋다.
㉣ 데낙스 GC(Tenax GC)는 열안정성이 높아 열탈착에 의한 분석이 가능하다.

08 다음 중 수동식 채취기에 적용되는 이론으로 가장 적절한 것은?

① 침강원리, 분산원리
② 확산원리, 투과원리
③ 침투원리, 흡착원리
④ 충돌원리, 전달원리

해설 수동식 채취기
공기채취용 펌프를 이용하지 않고 작업장에 존재하는 자연적인 기류를 이용하여 확산과 투과라는 물리적인 과정에 의해 공기 중 가스상 오염물질을 채취가까지 이동시켜 흡착제에 채취하는 장치를 말한다.

09 수동식 시료채취기 사용 시 결핍(starvation)현상을 방지하면서 시료를 채취하기 위한 작업장 내의 최소한의 기류속도는?(단, 면적 대 길이의 비가 큰 배지형 수동식 시료채취기 기준)

① 최소한 0.001~0.005m/sec
② 최소한 0.05~0.1m/sec
③ 최소한 1.0~5.0m/sec
④ 최소한 5.0~10.0m/sec

해설 결핍현상
최소한의 기류가 없어 채취기 표면에서 일단 확산에 의하여 오염물질이 제거되면 농도가 없어지거나 감소하는 현상을 말한다. 최소한의 기류속도는 0.05~0.1m/sec이다.

ANSWER | 01 ④ 02 ④ 03 ④ 04 ① 05 ① 06 ② 07 ② 08 ② 09 ②

더 풀어보기

산업기사

01 다음 중 실리카겔 흡착에 대한 설명으로 옳지 않은 것은?

① 실리카겔은 규산나트륨과 황산의 반응에서 유도된 무정형의 물질이다.
② 극성을 띠고 흡습성이 강하므로 습도가 높을수록 파과용량이 감소한다.
③ 추출액이 화학분석이나 기기분석에 방해물질로 작용하는 경우가 많다.
④ 이황화탄소를 탈착용매로 사용하지 않는다.

해설 추출액이 화학분석이나 기기분석에 방해물질로 작용하는 경우가 적다.

02 실리카겔 흡착관에 대한 설명으로 옳지 않은 것은?

① 실리카겔은 극성이 강하여 극성 물질을 채취한 경우 물과 같은 일반 용매로는 탈착되기 어렵다.
② 추출용액이 화학분석이나 기기분석에 방해물질로 작용하는 경우가 많지 않다.
③ 유독한 이황화탄소를 탈착용매로 사용하지 않는다.
④ 활성탄으로 채취가 어려운 아닐린, 오르토-톨루이딘 등이 아민류 채취가 가능하다.

해설 실리카겔은 극성이 강하여 극성 물질을 채취한 경우 물과 같은 일반 용매로는 쉽게 탈착된다.

03 가스 및 증기시료 채취방법 중 실리카겔에 의한 흡착방법에 관한 설명으로 적합하지 않은 것은?

① 일반적으로 탈착용매로 CS_2를 사용하지 않는다.
② 활성탄으로 채취가 어려운 아닐린, 오르토-톨루이딘 등의 아민류나 몇몇 무기물질의 채취가 가능하다.
③ 추출액이 화학분석이나 기기분석에 방해물질로 작용하는 경우가 많다.
④ 물을 잘 흡수하는 단점이 있다.

해설 추출액이 화학분석이나 기기분석에 방해물질로 작용하는 경우가 많지 않다.

04 흡착제 중 실리카겔이 활성탄에 비해 갖는 장점이 아닌 것은?

① 수분을 잘 흡수하여 습도가 높은 환경에도 흡착능 감소가 적다.
② 매우 유독한 이황화탄소를 탈착용매로 사용하지 않는다.
③ 극성 물질을 채취할 경우 물, 메탄올 등 다양한 용매로 쉽게 탈착된다.
④ 추출액이 화학분석이나 기기분석에 방해물질로 작용하는 경우가 많지 않다.

해설 실리카겔은 활성탄에 비해 수분을 잘 흡수하여 습도에 민감하다.

05 다음 중 실리카겔이 활성탄에 비해 갖는 장점이 아닌 것은?

① 활성탄에 비해 수분을 잘 흡수하여 습도에 민감한 단점이 있다.
② 매우 유독한 이황화탄소를 탈착용매로 사용하지 않는 장점이 있다.
③ 활성탄에 비해 아닐린, 오르토-톨루이딘 등 아민류의 채취가 어려운 단점이 있다.
④ 추출액이 화학분석이나 기기분석에 방해물질로 작용하는 경우가 많지 않은 장점이 있다.

해설 활성탄으로 채취가 어려운 아닐린, 오르토-톨루이딘 등의 아민류나 몇몇 무기물질의 채취가 가능하다.

06 실리카겔관이 활성탄관에 비해 갖는 장점으로 옳지 않은 것은?

① 활성탄관에 비해서 수분을 잘 흡수한다.
② 유독한 이황화탄소를 탈착용매로 사용하지 않는다.
③ 극성 물질을 채취한 경우 물, 메탄올 등 다양한 용매로 쉽게 탈착된다.
④ 추출액이 화학분석이나 기기분석에 방해물질로 작용하는 경우가 많지 않다.

해설 활성탄에 비해서 수분을 잘 흡수하여 습도에 민감한 단점이 있다.

07 실리카겔관을 이용하여 포집한 물질을 분석할 때 보정해야 하는 실험은?

① 특이성 실험　　② 산화율 실험
③ 탈착효율 실험　　④ 물질의 농도범위 실험

08 다음 중 실리카겔과의 친화력이 가장 큰 유기용제는?

① 방향족 탄화수소류 ② 케톤류
③ 에스테르류 ④ 파라핀류

해설 실리카겔의 친화력(극성이 강한 순서)
물 > 알코올류 > 알데히드류 > 케톤류 > 에스테르류 > 방향족 탄화수소 > 올레핀류 > 파라핀류

09 실리카켈에 대한 친화력이 가장 큰 물질은?

① 케톤류 ② 올레핀류
③ 에스테르류 ④ 방향족 탄화수소류

10 다음의 유기용제 중 시료채취를 위해 일반적으로 실리카겔 흡착튜브를 사용하는 것은?

① 알코올류 ② 방향족 탄화수소류
③ 니트로벤젠류 ④ 할로겐화 탄화수소류

11 흡착제 중 다공성 중합체에 관한 설명으로 틀린 것은?

① 활성탄보다 비표면적이 작다.
② 특별한 물질에 대한 선택성이 좋다.
③ 활성탄보다 흡착용량이 크며 반응성도 높다.
④ Tenax GC는 열안정성이 높아 열탈착에 의한 분석이 가능하다.

해설 다공성 중합체는 활성탄에 비해 흡착용량이 작고 반응성도 낮다.

12 가스상 또는 증기상 물질의 채취에 이용되는 흡착제 중 하나인 다공성 중합체에 포함되지 않는 것은?

① Tenax GC ② XAD관
③ Chromosorb ④ Zeolite

해설 다공성 중합체(Porous Polymer)의 종류
㉠ Tenax GC ㉡ XAD관 ㉢ Chromosorb ㉣ Porapak ㉤ Amberlite

ANSWER | 01 ③ 02 ① 03 ③ 04 ① 05 ③ 06 ① 07 ③ 08 ② 09 ① 10 ③ 11 ③ 12 ④

기 사

01 흡착관인 실리카겔관에 사용되는 실리카겔에 관한 설명으로 틀린 것은?

① 실리카겔은 극성을 띠고 흡습성이 강하므로 습도가 높을수록 파과되기 쉽다.
② 실리카겔은 극성 물질을 강하게 흡착하므로 작업장에 여러 종류의 극성 물질이 공존할 때는 극성이 강한 물질이 극성이 약한 물질을 치환하게 된다.
③ 파라핀류보다 물의 극성이 강하며 따라서 실리카겔에 대한 친화력도 물이 강하다.
④ 실리카겔의 강한 극성으로 오염물질의 탈착이 어렵고 추출 용액이 화학분석의 방해물질로 작용하는 경우가 많다.

해설 실리카겔의 특성
㉠ 실리카겔은 규산나트륨과 황산의 반응에서 유도된 무정형의 물질이다.
㉡ 극성을 띠고 흡습성이 강하므로 습도가 높을수록 파과용량이 감소하여 파괴되기 쉽다.
㉢ 추출액이 화학분석이나 기기분석에 방해물질로 작용하는 경우가 많지 않다.
㉣ 극성 물질을 채취한 경우 물 또는 메탄올을 용매로 쉽게 탈착된다.
㉤ 실리카겔이나 알루미나 흡착제는 불포화 탄소결합을 가진 분자를 선택적으로 흡착하는 능력이 있다.

02 흡착관인 실리카겔관에 사용되는 실리카겔에 관한 설명으로 틀린 것은?

① 추출용액이 화학분석이나 기기분석에 방해물질로 작용하는 경우가 많지 않다.
② 실리카겔은 극성 물질을 강하게 흡착하므로 작업장에 여러 종류의 극성 물질이 공존할 때는 극성이 강한 물질이 극성이 약한 물질을 치환하게 된다.
③ 파라핀류가 케톤류보다 극성이 강하며 따라서 실리카겔에 대한 친화력도 강하다.
④ 매우 유독한 이황화탄소를 탈착용매로 사용하지 않는다.

해설 케톤류가 파라핀류보다 극성이 강하며 따라서 실리카겔에 대한 친화력도 강하다.

03 실리카겔 흡착에 대한 설명으로 틀린 것은?

① 실리카겔은 규산나트륨과 황산의 반응에서 유도된 무정형의 물질이다.
② 극성을 띠고 흡습성이 강하므로 습도가 높을수록 파과용량이 증가한다.
③ 추출액이 화학분석이나 기기분석에 방해물질로 작용하는 경우가 많지 않다.
④ 활성탄으로 채취가 어려운 아닐린, 오르토-톨루이딘 등의 아민류나 몇몇 무기물질의 채취도 가능하다.

해설 극성을 띠고 흡습성이 강하므로 습도가 높을수록 파과용량이 감소한다.

04 다음 용제 중 극성이 가장 강한 것은?

① 에스테르류　　② 케톤류
③ 방향족 탄화수소류　　④ 알데히드류

해설 실리카겔의 친화력 순서
물 > 알코올류 > 알데히드류 > 케톤류 > 에스테르류 > 방향족 탄화수소 > 올레핀류 > 파라핀류

05 가스상 물질 측정을 위한 흡착제인 다공성 중합체에 관한 설명으로 옳지 않은 것은?

① 활성탄보다 비표면적이 작다.

② 특별한 물질에 대한 선택성이 좋은 경우가 있다.

③ 대부분의 다공성 중합체는 스티렌, 에틸비닐벤젠 혹은 디비닐벤젠 중 하나와 극성을 띤 비닐화학물과의 공중합체이다.

④ 활성탄보다 흡착용량과 반응성이 크다.

해설 다공성 중합체는 활성탄에 비해 표면적, 흡착용량, 반응성이 작지만 특수한 물질 채취에 유용하다.

06 다음중 수동식 채취기(Passive Sampler)의 포집원리와 가장 관계가 없는 것은?

① 확산 ② 투과 ③ 흡착 ④ 흡수

해설 수동식 채취기(Passive Sampler)의 포집원리
공기채취용 펌프를 이용하지 않고 작업장에 존재하는 자연적인 기류를 이용하여 확산과 투과라는 물리적인 과정에 의해 공기 중 가스상 오염물질을 채취기까지 이동시켜 흡착제에 채취하는 장치를 말한다.

07 수동식 시료채취기(Passive Sampler)로 8시간 동안 벤젠을 포집하였다. 포집된 시료를 GC를 이용하여 분석한 결과 20,000ng이었으며 공시료는 0ng이었다. 회사에서 제시한 벤젠의 시료채취량은 35.6mL/분이고 탈착효율은 0.96이라면 공기 중 농도는 몇 ppm인가?(단, 벤젠의 분자량은 78, 25℃, 1기압 기준)

① 0.38 ② 1.22 ③ 5.87 ④ 10.57

해설 ㉠ $\text{농도}(mg/m^3) = \dfrac{\text{분석량}(mg)}{\text{포집공기량}(m^3) \times \text{탈착효율}} = \dfrac{0.02mg}{0.0175m^3 \times 0.96} = 1.19mg/m^3$

㉡ $\text{포집공기량}(m^3) = \dfrac{35.6mL}{min} \left| \dfrac{8hr}{} \right| \dfrac{60min}{1hr} \left| \dfrac{1m^3}{10^6mL} \right. = 0.0175m^3$

㉢ $\text{분석량}(mg) = \dfrac{20,000ng}{} \left| \dfrac{1mg}{10^6ng} \right. = 0.02mg$

㉣ $\text{농도}(ppm) = \dfrac{\text{농도}(mg/m^3) \times 24.45(25℃,\ 1\text{기압})}{\text{그램분자량}} = \dfrac{1.19 \times 24.45}{78} = 0.37ppm$

ANSWER | 01 ④ 02 ③ 03 ② 04 ① 05 ④ 06 ④ 07 ①

THEMA 30 여과포집

1. 여과포집기전

여과포집방법은 시료공기를 여과지를 통하여 흡인함으로써 여과지의 공극보다 작은 입자가 여과지에 포집되는 방법으로 주요 포집기전으로는 관성충돌, 차단, 확산이 있으며, 그 외 중력침강, 정전기 침강, 체거름 등이 작용한다.

포집기전	포집입경(μm)	원리
관성충돌	0.5 이상	공기의 흐름방향이 바뀔 때 입자상 물질은 계속 같은 방향으로 유지하려는 원리
차단	0.1~0.5	유선에 벗어나지 않는 크기의 입자가 여과지와 접촉해서 포집되는 원리
확산	0.1 이하	불규칙적인 운동, 브라운 운동에 의한 포집원리

2. 여과지의 종류

여과지	종류	특징
막여과지	PVC, MCE, PTFE, 은막, Uncleopore	• 공기저항이 크다. • 채취 입자상 물질이 적다. • 여과지 표면에 채취된 입자들이 이탈되는 경향이 있다.
섬유상 여과지	유리섬유, 셀룰로오스	• 가격이 비싸다. • 물리적인 강도가 약하다. • 열에 강하다.

① PVC 여과지(Polyvinyl Chloride Membrane Filter)
- ㉠ 흡수성이 적고 가벼워 먼지의 중량분석에 적합하다.
- ㉡ 유리규산을 채취하여 X선 회절법으로 분석하는 데 적합하다.
- ㉢ 6가 크롬, 아연산화물의 채취에 이용한다.
- ㉣ 수분에 대한 영향이 크지 않기 때문에 공해성 먼지 등의 중량분석을 위한 측정에 이용된다.

② MCE 여과지(Mixed Cellulose Ester Membrane Filter)
- ㉠ 산에 쉽게 용해된다.
- ㉡ 입자상 물질 중의 금속을 채취하여 원자흡광법으로 분석하는 데 적합하다.
- ㉢ 흡수성이 높아 중량분석에는 부적합하다.
- ㉣ 시료가 여과지의 표면 또는 가까운 데에 침착되므로 석면, 유리섬유 등 현미경 분석을 위한 시료채취에도 이용된다.

③ PTFE 여과지(Polytetrafluroethylene Membrane Filter, 테프론)
- ㉠ 열, 화학물질, 압력 등에 강한 특성이 있다.
- ㉡ 석탄건류나 증류 등의 고열 공정에서 발생되는 다핵방향족탄화수소(PAH)를 채취하는 데 이용한다.
- ㉢ 농약, 알칼리성 먼지, 콜타르피치 등을 채취한다.

④ 은막 여과지(Silver Membrane Filter)
　㉠ 화학물질과 열에 저항이 강하다.
　㉡ 코크스오븐 배출물질을 포집할 수 있다.
　㉢ 금속은, 결합제, 섬유 등을 소결하여 만든다.

⑤ 유리섬유 여과지(Glass Fiber Filter)
　㉠ 흡습성이 적고 열에 강하다.
　㉡ 유해물질이 여과지의 안층에서도 채취된다.
　㉢ 결합제 첨가형과 결합제 비첨가형이 있다.
　㉣ 농약, PAH, 탄화수소화합물, 분석에 적합하다.
　㉤ 중량분석에는 부적합하다.

⑥ 셀룰로오스 섬유 여과지
　㉠ 주로 실험실 분석에 이용된다.
　㉡ 산에 쉽게 용해된다.
　㉢ 중금속 시료채취에 유리하다.
　㉣ 유해물질이 표면에 주로 침착되어 현미경 분석에 유리하다.
　㉤ 와트만(Whatman) 여과지가 대표적이다.

연습문제

01 여과지의 공극보다 작은 입자가 여과지에 채취되는 기전은 여과이론으로 설명할 수 있다. 다음 중 펌프를 이용하여 공기를 흡인하여 채취할 때 크게 작용하는 기전이 아닌 것은?

① 간섭　　② 중력침강　　③ 관성충돌　　④ 확산

해설 여과포집기전

여과포집방법은 시료공기를 여과지를 통하여 흡인함으로써 여과지의 공극보다 작은 입자가 여과지에 포집되는 방법으로 주요 포집기전으로는 관성충돌, 차단, 확산이 있으며, 그 외 중력침강, 정전기 침강, 체거름 등이 작용한다.

포집기전	포집입경(μm)	원리
관성충돌	0.5 이상	공기의 흐름방향이 바뀔 때 입자상 물질은 계속 같은 방향으로 유지하려는 원리
차단	0.1~0.5	유선에 벗어나지 않는 크기의 입자가 여과지와 접촉해서 포집되는 원리
확산	0.1 이하	불규칙적인 운동, 브라운 운동에 의한 포집원리

02 입경범위가 0.1~0.55μm인 입자상 물질이 여과지에 포집될 경우에 관여하는 주된 메커니즘은?

① 충돌과 간섭　　② 확산과 간섭　　③ 확산과 충돌　　④ 충돌

해설 입자의 크기별 포집효율

㉠ 관성충돌 : 0.5μm 이상
㉡ 차단(간섭), 확산 : 0.1~0.5μm
㉢ 확산 : 0.1μm 이하

03 흡습성이 적고 가벼워 먼지의 중량분석, 유리규산채취, 6가 크롬 채취에 적용되는 여과지는?

① PVC 여과지
② 은막 여과지
③ 유리섬유 여과지
④ 셀룰로오스에스테르 여과지

해설 PVC 여과지
㉠ 흡수성이 적고 가벼워 먼지의 중량분석에 적합하다.
㉡ 유리규산을 채취하여 X선 회절법으로 분석하는 데 적절하다.
㉢ 6가 크롬, 아연산화물의 채취에 이용한다.
㉣ 수분에 대한 영향이 크지 않기 때문에 공해성 먼지 등의 중량분석을 위한 측정에 이용된다.

04 유리규산을 채취하여 X선 회절법으로 분석하는 데 적절하고 6가 크롬 그리고 아연산화물의 채취에 이용하며 수분의 영향이 크지 않아 공해성 먼지, 총 먼지 등의 중량분석을 위한 측정에 사용하는 막여과지로 가장 적합한 것은?

① MCE 막여과지
② PVC 막여과지
③ PTFE 막여과지
④ 은막 여과지

05 입자상 물질의 측정 매체인 MCE(Mixed Cellulose Ester Membrane Filter) 여과지에 관한 설명으로 틀린 것은?

① 산에 쉽게 용해된다.
② MCE 여과지의 원료인 셀룰로오스는 수분을 흡수하는 특성을 가지고 있다.
③ 시료가 여과지의 표면 또는 표면 가까운 데에 침착되므로 석면, 유리섬유 등 현미경 분석을 위한 시료채취에 이용된다.
④ 입자상 물질에 대한 중량분석에 주로 적용된다.

해설 MCE 여과지
㉠ 산에 쉽게 용해된다.
㉡ 입자상 물질 중의 금속을 채취하여 원자흡광법으로 분석하는 데 적정하다.
㉢ 흡수성이 높아 중량분석에는 부적합하다.
㉣ 시료가 여과지의 표면 또는 가까운 데에 침착되므로 석면, 유리섬유 등 현미경 분석을 위한 시료채취에도 이용된다.

06 산에 쉽게 용해되므로 입자상 물질 중의 금속을 채취하여 원자흡광법으로 분석하는 데 적당하며, 석면의 현미경 분석을 위한 시료채취에도 이용되는 막여과지는?

① MCE 여과지
② PVC 여과지
③ 섬유상 여과지
④ PTFE 여과지

07 입자상 물질의 채취에 사용되는 막여과지 중 화학물질과 열에 저항이 강한 특성을 가지고 있고 코크스 제조공정에서 발생하는 코크스오븐 배출물질 채취에 사용되는 것은?

① 은막 여과지(Silver Membrane Filter)
② 섬유상 여과지(Fiber Filter)

③ PVC 여과지(Polyvinyl Chloride Membrane Filter)

④ MCE 여과지(Mixed Cellulose Ester Membrane Filter)

해설 은막 여과지
열적, 화학적 안정성이 있고 코크스오븐 배출물질을 포집할 수 있다.

08 다음의 ( ) 안에 알맞은 내용은?

섬유상 여과지는 막여과지에 비해 (㉠) 물리적인 강도가(는) (㉡).

① ㉠ 비싸고 ㉡ 강하다
② ㉠ 싸고 ㉡ 강하다
③ ㉠ 비싸고 ㉡ 약하다
④ ㉠ 싸고 ㉡ 약하다

해설 섬유상 여과지는 막여과지에 비해 열에 강하고 비싸며, 물리적인 강도가 약하다.

09 시료채취 대상 유해물질과 시료채취 여과지를 잘못 짝지은 것은?

① 유리규산 – PVC 여과지

② 납, 철, 등 금속– MCE 여과지

③ 농약, 알칼리성 먼지– 은막 여과지

④ 다핵방향족탄화수소(PAHs) – PTFE 여과지

해설 PTFE 여과지(Polytetrafluroethylene Membrane Filter, 테프론)
㉠ 열, 화학물질, 압력 등에 강한 특성이 있다.
㉡ 석탄건류나 증류 등의 고열 공정에서 발생되는 다핵방향족탄화수소(PAH)를 채취하는 데 이용한다.
㉢ 농약, 알칼리성 먼지, 콜타르피치 등을 채취한다.

10 입자상 물질 시료 채취용 여과지에 대한 설명으로 틀린 것은?

① 유리섬유 여과지는 흡습성이 적고, 열에 강함

② PVC 막여과지는 흡습성이 적고 가벼움

③ MCE 막여과지는 산에 잘 녹아 중량분석에 적당함

④ 은막 여과지는 코크스 제조공정에서 발생되는 코크스오븐 배출물질 채취에 사용됨

해설 MCE 막여과지
산에 쉽게 용해되고, 흡수성이 높아 중량분석에는 부적합하다.

ANSWER | 01 ② 02 ② 03 ① 04 ② 05 ④ 06 ① 07 ① 08 ③ 09 ③ 10 ③

더 풀어보기

산업기사

01 여과에 의한 입자의 채취 중 공기의 흐름방향이 바뀔 때 입자상 물질은 계속 같은 방향으로 유지하려는 원리는?

① 확산 ② 차단 ③ 관성충돌 ④ 중력침강

해설 여과포집기전

포집기전	포집입경(μm)	원리
관성충돌	0.5 이상	공기의 흐름방향이 바뀔 때 입자상 물질은 계속 같은 방향으로 유지하려는 원리
차단	0.1~0.5	유선에 벗어나지 않는 크기의 입자가 여과지와 접촉해서 포집되는 원리
확산	0.1 이하	불규칙적인 운동, 브라운 운동에 의한 포집원리

02 여과지 표면과 포집공기 사이의 농도구배(기울기) 차이에 의해 오염물질이 채취되는 여과포집 원리는?

① 차단 ② 확산 ③ 관성충돌 ④ 체(sieving) 거름

03 먼지 입경에 따른 여과 메커니즘 및 채취효율에 관한 설명과 가장 거리가 먼 것은?

① 약 0.3μm인 입자가 가장 낮은 채취효율을 가진다.
② 0.1μm 미만인 입자는 주로 간섭에 의하여 채취된다.
③ 0.1~0.5μm 입자는 주로 확산 및 간섭에 의하여 채취된다.
④ 입자 크기가 먼지채취효율에 영향을 미치는 중요한 요소이다.

해설 입자의 크기별 포집효율
㉠ 관성충돌 : 0.5μm 이상
㉡ 차단(간섭), 확산 : 0.1~0.5μm
㉢ 확산 : 0.1μm 이하

04 여과포집에 적합한 여과재의 조건이 아닌 것은?

① 포집대상 입자의 입도분포에 대하여 포집효율이 높을 것
② 포집 시의 흡입저항은 될 수 있는 대로 낮을 것
③ 접거나 구부리더라도 파손되지 않고 찢어지지 않을 것
④ 될 수 있는 대로 흡습률이 높을 것

해설 여과재는 될 수 있는 대로 흡습률이 낮아야 한다.

05 다음 중 PVC 막여과지를 사용하여 채취하는 물질에 관한 내용과 가장 거리가 먼 것은?

① 유리규산을 채취하여 X선 회절법으로 분석하는 데 적절하다.
② 6가 크롬, 아연산화물의 채취에 이용된다.
③ 압력에 강하여 석탄건류나 증류 등의 공정에서 발생하는 PAHs 채취에 이용된다.
④ 수분에 대한 영향이 크지 않기 때문에 공해성 먼지 등의 중량분석을 위한 측정에 이용된다.

해설 PAHs 채취가 가능한 것은 PTFE 막여과지이다.

06 먼지 시료채취에 사용되는 여과지에 대한 설명이 잘못된 것은?

① PTFE 막여과지는 농약이나 알칼리성 먼지 채취에 적합하다.
② MCE 막여과지는 산에 쉽게 용해된다.
③ 은막 여과지는 코크스 제조공정에서 발생되는 코크스오븐 배출물질 채취에 사용한다.
④ PVC 막여과지는 수분에 대한 영향이 크므로 용해성 시료채취에 사용한다.

해설 PVC 막여과지는 흡습성이 적어 중량분석에 적합하다.

07 입자상 물질 중의 금속을 채취하는 데 사용되는 MCE 막여과지에 관한 설명으로 틀린 것은?

① 산에 쉽게 용해된다.
② 석면, 유리섬유 등 현미경분석을 위한 시료채취에도 이용된다.
③ 시료가 여과지의 표면 또는 표면 가까운 부분에 침착된다.
④ 흡습성이 낮아 중량분석에 적합하다.

해설 MCE 막여과지는 흡수성이 높아 중량분석에는 부적합하다.

08 MCE 막여과지에 관한 설명으로 틀린 것은?

① MCE 막여과지의 원료인 셀룰로오스는 수분을 흡수하지 않기 때문에 중량분석에 잘 적용된다.
② MCE 막여과지는 산에 쉽게 용해된다.
③ 입자상 물질 중의 금속을 채취하여 원자흡광법으로 분석하는 데 적정하다.
④ 시료가 여과지의 표면 또는 표면 가까운 곳에 침착되므로 석면 등 현미경 분석을 위한 시료채취에 이용된다.

해설 MCE 막여과지는 흡수성이 높아 중량분석에는 부적합하다.

09 입자상 물질의 채취를 위한 MCE 막여과지에 대한 설명으로 옳지 않은 것은?

① 산에 쉽게 용해된다.
② 입자상 물질 중의 금속을 채취하여 원자흡광법으로 분석하는 데 적정하다.

③ 석면, 유리섬유 등 현미경 분석을 위한 시료채취에 이용된다.

④ 원료인 셀룰로오스가 흡습성이 적어 입자상 물질에 대한 중량분석에도 많이 사용된다.

해설 MCE 막여과지는 흡수성이 높아 중량분석에는 부적합하다.

10 산에 쉽게 용해되기 때문에 입자상 물질 중의 금속을 채취하여 원자흡광법을 분석하는 데 적정하며, 시료가 여과지의 표면 또는 가까운 데에 침착되므로 석면, 유리섬유 등 현미경 분석을 위한 시료채취에도 이용되는 막 여과지?

① MCE ② PVC

③ PTFE ④ Glass Fiber Filter

11 섬유상 여과지에 관한 설명으로 틀린 것은?(단, 막여과지와 비교)

① 비싸다. ② 물리적인 강도가 높다.

③ 과부하에서도 채취효율이 높다. ④ 열에 강하다.

해설 섬유상 여과지는 막여과지에 비해 열에 강하고 비싸며, 물리적인 강도가 약하다.

ANSWER | 01 ③ 02 ② 03 ② 04 ④ 05 ③ 06 ④ 07 ④ 08 ① 09 ④ 10 ① 11 ②

기 사

01 작업장에서 입자상 물질은 대개 여과원리에 따라 시료를 채취한다. 여과지의 공극보다 작은 입자가 여과지에 채취되는 기전은 여과이론으로 설명할 수 있는데 다음 중 여과이론에 관여하는 기전과 가장 거리가 먼 것은?

① 차단 ② 확산 ③ 흡착 ④ 관성충돌

해설 여과포집기전

㉠ 관성충돌 ㉡ 차단 ㉢ 확산 ㉣ 중력침강 ㉤ 정전기 침강

02 PVC 막여과지에 관한 설명과 가장 거리가 먼 것은?

① 유리규산을 채취하여 X선 회절법으로 분석하는 데 적절하다.

② 6가 크롬, 아연산화물의 채취에 이용한다.

③ 수분에 대한 영향이 크지 않다.

④ 중량분석에는 부정확하여 이용되지 않는다.

해설 PVC 여과지(Polyvinyl Chloride Membrane Filter)

㉠ 흡수성이 적고 가벼워 먼지의 중량분석에 적합하다.

㉡ 유리규산을 채취하여 X선 회절법으로 분석하는 데 적절하다.

㉢ 6가 크롬, 아연산화물의 채취에 이용한다.

㉣ 수분에 대한 영향이 크지 않기 때문에 공해성 먼지 등의 중량분석을 위한 측정에 이용된다.

03 다음 중 6가 크롬 시료 채취에 가장 적합한 것은?

① 밀리포어 여과지
② 증류수를 넣은 버블러
③ 휴대용 IR
④ PVC 막여과지

04 다음 중 PVC막 여과지에 관한 설명과 가장 거리가 먼 것은?

① 수분에 대한 영향이 크지 않다.
② 공해성 먼지, 총 먼지 등의 중량분석을 위한 측정에 이용된다.
③ 유리규산을 채취하여 X선 회절법으로 분석하는 데 적절하다.
④ 코크스 제조공정에서 발생되는 코크스오븐 배출물질을 채취하는 데 이용된다.

해설 코크스 제조공정에서 발생되는 코크스오븐 배출물질을 채취하는 데 이용하는 것은 은막 여과지이다.

05 PVC 막여과지에 관한 설명과 가장 거리가 먼 내용은?

① 유리규산을 채취하여 X선 회절법으로 분석하는 데 적절하다.
② 코크스 제조공정에서 발생되는 코크스오븐 배출물질을 채취하는 데 이용된다.
③ 수분에 대한 영향이 크지 않다.
④ 공해성 먼지, 총 먼지 등의 중량분석을 위한 측정에 이용된다.

06 셀룰로오스 에스테르 막여과지에 관한 설명으로 틀린 것은?

① 산에 쉽게 용해된다.
② 유해물질이 표면에 주로 침착되어 현미경 분석에 유리하다.
③ 흡습성이 적어 중량분석에 주로 적용된다.
④ 중금속 시료채취에 유리하다.

해설 흡습성이 적어 중량분석에 적용되는 것은 PVC 여과지이다.

07 다음의 여과지 중 산에 쉽게 용해되므로 입자상 물질 중의 금속을 채취하여 원자흡광광도법으로 분석하는 데 적정한 것은?

① 은막 여과지
② PVC 여과지
③ MCE 여과지
④ 유리섬유 여과지

해설 MCE 여과지(Mixed Cellulose Ester Membrane Filter)

㉠ 산에 쉽게 용해된다.
㉡ 입자상 물질 중의 금속을 채취하여 원자흡광법으로 분석하는 데 적정하다.
㉢ 흡수성이 높아 중량분석에는 부적합하다.
㉣ 시료가 여과지의 표면 또는 가까운 데에 침착되므로 석면, 유리섬유 등 현미경 분석을 위한 시료채취에도 이용된다.

08 다음이 설명하는 막여과지는?

> • 농약, 알칼리성 먼지, 콜타르피치 등을 채취한다.
> • 열, 화학물질, 압력 등에 강한 특성이 있다.
> • 석탄건류나 증류 등의 고열공정에서 발생되는 다핵방향족탄화수소를 채취하는 데 이용한다.

① 섬유상 막여과지　② PVC 막여과지
③ 은막 여과지　④ PTFE 막여과지

해설 PTFE 막여과지 : 열, 화학물질, 압력에 강한 특성이 있고 PAH 채취가 가능하다.

09 열, 화학물질, 압력 등에 강한 특징이 있어 석탄건류나 증류 등의 고열공정에서 발생하는 다핵방향족탄화수소를 채취하는 데 이용되는 막여과지는?

① PTFE 막여과지　② 은막 여과지
③ PVC 막여과지　④ MCE 막여과지

10 열, 화학물질, 압력 등에 강한 특성을 가지고 있어 고열공정에서 발생되는 다핵방향족탄화수소 채취에 이용되는 막여과지로 가장 적절한 것은?

① PVC　② 섬유상　③ PTFE　④ MCE

해설 PTFE 막여과지 : 열, 화학물질, 압력에 강한 특성이 있고 PAH 채취가 가능하다.

11 입자상 물질을 채취하기 위해 사용하는 막여과지에 관한 설명으로 틀린 것은?

① MCE 막여과지 : 산에 쉽게 용해되므로 입자상 물질 중의 금속을 채취하여 원자흡광광도법으로 분석하는 데 적당하다.
② PVC 막여과지 : 유리규산을 채취하여 X선 회절법으로 분석하는 데 적절하다.
③ PTFE 막여과지 : 농약, 알칼리성 먼지, 콜타르피치 등을 채취하는 데 사용한다.
④ 은막 여과지 : 금속은, 결합제, 섬유 등을 소결하여 만든 것으로 코크스오븐 배출물질을 채취하는 데 적당하나 열에 대한 저항이 약한 단점이 있다.

해설 은막 여과지(Silver Membrane Filter)
㉠ 화학물질과 열에 저항이 강하다.
㉡ 코크스오븐 배출물질을 포집할 수 있다.
㉢ 금속은, 결합제, 섬유 등을 소결하여 만든다.

12 입자상 물질의 채취를 위한 섬유상 여과지인 유리섬유 여과지에 관한 설명으로 틀린 것은?

① 흡습성이 적고 열에 강하다.
② 결합제 첨가형과 결합제 비첨가형이 있다.
③ 와트만(Whatman) 여과지가 대표적이다.
④ 유해물질이 여과지의 안층에서도 채취된다.

해설 와트만(Whatman) 여과지는 대표적인 셀룰로오스섬유 여과지이다.

13 시료채취용 막여과지에 관한 설명으로 틀린 것은?

① MCE 막여과지 : 표면에 주로 침착되어 중량분석에 적당함
② PVC 막여과지 : 흡습성이 적음
③ PTFE 막여과지 : 열, 화학물질, 압력에 강한 특성이 있음
④ 은막 여과지 : 열적, 화학적 안정성이 있음

해설 시료채취용 막여과지

㉠ MCE 막여과지 : 산에 쉽게 용해되고, 흡수성이 높아 중량분석에는 부적합하다.
㉡ PVC 막여과지 : 흡습성이 적어 중량분석에 적합하다.
㉢ PTFE 막여과지 : 열, 화학물질, 압력에 강한 특성이 있고 PAH 채취가 가능하다.
㉣ 은막 여과지 : 열적, 화학적 안정성이 있고 코크스오븐 배출물질을 포집할 수 있다.
※ 막여과지는 여과지 표면에 채취된 입자들이 이탈되는 경향이 있다.

ANSWER | 01 ③ 02 ④ 03 ④ 04 ④ 05 ② 06 ③ 07 ③ 08 ④ 09 ① 10 ③ 11 ④ 12 ③ 13 ①

THEMA 31 입자상 물질의 시료채취

1. 입자상 물질의 정의(ACGIH)

분진(먼지)	정의	입경 범위(μm)
흡입성(IPM)	호흡기 어느 부위에 침착하더라도 독성을 나타내는 물질	0~100
흉곽성(TPM)	기도나 폐포에 침착할 때 독성을 나타내는 물질	10
호흡성(RPM)	가스교환부위, 즉 폐포에 침착할 때 독성을 나타내는 물질	4

2. 입자상 물질의 크기 분류

① 공기역학적 직경(Aerodynamic Diameter)

㉠ 역학적 특성, 즉 침강속도 또는 종단속도에 의해 측정되는 먼지 크기이다.

㉡ 직경분립충돌기(Cascade Impactor)를 이용해 입자의 크기, 형태 등을 분리한다.

㉢ 대상 입자와 같은 침강속도를 가지며, 밀도가 $1g/cm^3$ 물질로 가상적인 구형의 직경으로 환산한 것이다.

② 마틴(Martin's) 직경

㉠ 입자의 크기를 이등분하는 선을 직경으로 사용하는 방법

㉡ 실제 직경보다 과소평가되는 경향이 많다.

③ 페렛(Feret's) 직경

㉠ 입자의 끝과 끝을 잇는 직선을 직경으로 사용하는 방법

㉡ 실제 직경보다 과대평가되는 경향이 많다.

④ 등면적 직경

㉠ 입자의 면적으로 가상의 구를 만들었을 때 형성되는 직경으로 사용하는 방법

㉡ 실제 직경과 일치하는 가장 적절한 방법이다.

3. 침강속도

① 스토크(Stokes) 법칙의 침강속도

$$V_g = \frac{d_p^2(\rho_p - \rho_a)g}{18 \cdot \mu}$$

여기서, V_g : 침강속도(cm/sec), g : 중력가속도($980cm/sec^2$)

d_p : 입자상 물질의 직경(cm), ρ_p : 입자상 물질의 밀도(g/cm^3)

ρ_a : 공기의 밀도($0.0012g/cm^3$), μ : 공기의 점성계수(g/cm · sec)

② 리프만(Lippman)의 침강속도(입경이 1~50μm일 경우 적용)

$$V = 0.003SG \times d^2$$

여기서, V : 침강속도(cm/sec), SG : 입자의 비중, d : 입자의 직경(μm)

참고

mppcf

① millon particle per cubic feet를 의미한다.

② 1mppcf는 대략 35.31개/cm^3이다.

③ OSHA PEL 중 mica와 graphite는 mppcf로 표시한다.

④ 분진의 질이나 양과는 관계없이 단위 공기 중 들어 있는 분자량을 의미한다.

연습문제

01 흉곽성 먼지(TPM)의 50%가 침착되는 평균입자의 크기는?(단, ACGIH 기준)

① 0.5μm ② 2μm ③ 4μm ④ 10μm

해설 ACGIH 기준 입자상 물질의 평균입자 크기

㉠ 흡입성 분진 : 100μm

㉡ 흉곽성 분진 : 10μm

㉢ 호흡성 분진 : 4μm

02 ACGIH에서는 입자상 물질을 크게 흡입성, 흉곽성, 호흡성으로 제시하고 있다. 다음 설명 중 옳은 것은?

① 흡입성 먼지는 기관지계나 폐포 어느 곳에 침착하더라도 유해한 입자상 물질로 보통 입자 크기는 1~10μm 이내의 범위이다.

② 흉곽성 먼지는 가스교환 부위인 폐기도에 침착하여 독성을 나타내며 평균입자 크기는 50μm이다.

③ 흉곽성 먼지는 호흡기계 어느 부위에 침착하더라도 유해한 입자상 물질이며 평균입자 크기는 25μm이다.

④ 호흡성 먼지는 폐포에 침착하여 독성을 나타내며 평균입자 크기는 4μm이다.

03 크기가 1~5μm인 입자 침강속도의 간편식과 단위로 옳은 것은?(단, V : 종단속도, SG : 입자상 밀도 또는 비중, d : 입자의 직경)

① $V = 0.003 \times SG \times d^2$, V(cm/sec), d($\mu$m) ② $V = 0.003 \times SG \times d^2$, V($\mu$m/sec), d($\mu$m)

③ $V = 0.03 \times SG \times d^2$, V(cm/sec), d($\mu$m) ④ $V = 0.03 \times SG \times d^2$, V($\mu$m/sec), d($\mu$m)

해설 리프만(Lippman)의 침강속도

$V(cm/sec) = 0.003 \times SG \times d^2$

여기서, V : 종단속도(cm/sec), SG : 입자의 비중, d : 입자의 직경(μm)

04 입경이 20μm이고 입자비중이 1.5인 입자의 침강속도는 약 몇 cm/sec인가?

① 1.8 ② 2.4 ③ 12.7 ④ 36.2

해설 $V(cm/sec) = 0.003 \times SG \times d^2 = 0.003 \times 1.5 \times 20^2 = 1.8cm/sec$

05 종단속도가 0.632m/hr인 입자가 있다. 이 입자의 직경이 3μm라면 비중은?

① 0.65 ② 0.55 ③ 0.86 ④ 0.77

해설 $V(cm/sec) = 0.003 \times SG \times d^2$

$$V(cm/sec) = \frac{0.632m}{hr}\left|\frac{1hr}{3,600sec}\right|\frac{100cm}{1m} = 0.01756cm/sec$$

$$\text{비중} = \frac{V}{0.003 \times d^2} = \frac{0.01756}{0.003 \times 3^2} = 0.65$$

06 입자상 물질의 크기를 표시하는 방법 중 어떤 입자가 동일한 종단침강속도를 가지며 밀도가 1g/cm^{3}인 가상적인 구형 직경을 무엇이라고 하는가?

① 페렛 직경 ② 마틴 직경 ③ 질량중위 직경 ④ 공기역학적 직경

해설 공기역학적 직경(Aerodynamic Diameter)

㉠ 역학적 특성, 즉 침강속도 또는 종단속도에 의해 측정되는 먼지 크기이다.
㉡ 직경분립충돌기(Cascade Impactor)를 이용해 입자의 크기, 형태 등을 분리한다.
㉢ 대상 입자와 같은 침강속도를 가지며, 밀도가 1g/cm^3 물질로 가상적인 구형의 직경으로 환산한 것이다.

07 입자의 가장자리를 이등분하는 직경으로 과대평가의 위험성이 있는 입자상 물질의 직경은?

① 마틴 직경 ② 페렛 직경 ③ 등거리 직경 ④ 등면적 직경

해설 페렛(Feret's) 직경

㉠ 입자의 끝과 끝을 잇는 직선을 직경으로 사용하는 방법
㉡ 실제 직경보다 과대평가되는 경향이 많다.

08 입자상 물질의 크기 표시 중 실제 크기 직경을 나타내며 입자의 면적을 이등분하는 직경으로 과소평가의 위험이 있는 것은?

① 페렛 직경 ② 스토크 직경 ③ 마틴 직경 ④ 등면적 직경

해설 마틴(Martin's) 직경

㉠ 입자의 크기를 이등분하는 선을 직경으로 사용하는 방법
㉡ 실제 직경보다 과소평가되는 경향이 많다.

ANSWER | 01 ④ 02 ④ 03 ① 04 ① 05 ① 06 ④ 07 ② 08 ③

더 풀어보기

산업기사

01 미국 ACGIH에서 정의한 흉곽성 입자상 물질의 평균 입경(μm)은?

① 3 ② 4 ③ 5 ④ 10

해설 입자상 물질의 정의(ACGIH)

분진(먼지)	정의	입경 범위(μm)
흡입성(IPM)	호흡기 어느 부위에 침착하더라도 독성을 나타내는 물질	0~100
흉곽성(TPM)	기도나 폐포에 침착할 때 독성을 나타내는 물질	10
호흡성(RPM)	가스교환부위, 즉 폐포에 침착할 때 독성을 나타내는 물질	4

02 ACGIH에서는 입자상 물질을 크게 흡입성, 흉곽성, 호흡성으로 제시하고 있다. 다음 설명 중 옳은 것은?

① 흡입성 먼지는 기관지계나 폐포 어느 곳에 침착하더라도 유해한 입자상 물질로 보통 입자 크기는 1~10μm 이내의 범위이다.

② 흉곽성 먼지는 가스교환 부위인 폐기도에 침착하여 독성을 나타내며 평균입자 크기는 50μm 이다.

③ 흉곽성 먼지는 호흡기계 어느 부위에 침착하더라도 유해한 입자상 물질이며 평균입자 크기는 25μm이다.

④ 호흡성 먼지는 폐포에 침착하여 독성을 나타내며 평균입자 크기는 4μm이다.

03 ACGIH에서는 입자상 물질을 흡입성, 흉곽성, 호흡성으로 제시하고 있다. 호흡성 입자상 물질의 평균입경(폐포침착률 50%)은?

① 5μm ② 4μm ③ 3μm ④ 2μm

04 미국 ACGIH에서 정의한 흉곽성 입자상 물질의 평균입경은?

① 3μm ② 4μm ③ 5μm ④ 10μm

05 직경이 5μm이고 비중이 1.2인 먼지입자의 침강속도는 약 몇 cm/sec인가?

① 0.01 ② 0.03 ③ 0.09 ④ 0.3

해설 리프만(Lippman)의 침강속도

$V(cm/sec) = 0.003 \times SG \times d^2 = 0.003 \times 1.2 \times 5^2 = 0.09cm/sec$

06 입경이 14μm이고, 밀도가 1.5g/cm^3인 입자의 침강속도(cm/s)는?

① 0.55 ② 0.68 ③ 0.72 ④ 0.88

해설 $V(cm/sec) = 0.003 \times SG \times d^2 = 0.003 \times 1.5 \times 14^2 = 0.0882cm/sec$

07 입경이 14μm이고 밀도가 1.3g/cm^3인 입자의 침강속도는?

① 0.19cm/sec ② 0.35cm/sec ③ 0.52cm/sec ④ 0.76cm/sec

해설 $V(cm/sec) = 0.003 \times SG \times d^2 = 0.003 \times 1.3 \times 14^2 = 0.764cm/sec$

08 입자의 비중이 1.5이고, 직경이 10μm인 분진의 침강속도(cm/sec)는?

① 0.35 ② 0.45 ③ 0.55 ④ 0.65

해설 $V(cm/sec) = 0.003 \times SG \times d^2 = 0.003 \times 1.5 \times 10^2 = 0.45cm/sec$

09 입경이 50μm이고 입자비중이 1.32인 입자의 침강속도는?(단, 입경이 1~50μm인 먼지의 침강속도를 구하기 위해 산업위생분야에서 주로 사용하는 식 적용)

① 8.6cm/sec ② 9.9cm/sec ③ 11.9cm/sec ④ 13.6cm/sec

해설 $V(cm/sec) = 0.003 \times SG \times d^2 = 0.003 \times 1.32 \times 50^2 = 9.9cm/sec$

10 작업환경에서 공기 중 오염물질 농도 표시인 mppcf에 대한 설명으로 틀린 것은?

① millon particle per cubic feet를 의미한다.
② OSHA PEL 중 mica와 graphite는 mppcf로 표시한다.
③ 1mppcf는 대략 35.31개/cm^3이다.
④ ACGIH TLVs의 mg/m^3과 mppcf 전환에서 14mppcf는 1mg/m^3이다.

해설 mppcf(millon particle per cubic feet)
㉠ 단위공기 중 분자량을 의미한다.
㉡ 우리나라는 공기 1mL당 분자수로 표시하고 미국에서는 1ft^3당 mppcf로 표현한다.
㉢ OSHA PEL 중 mica와 graphite는 mppcf로 표시한다.
㉣ 1mppcf는 대략 35.31개/cm^3이다.

11 미국에서 사용하는 먼지수를 나타내는 방법으로서 mppcf의 단위를 사용한다. 1mppcf는 mL당 대략 몇 개의 입자를 나타내는가?

① 20 ② 35 ③ 50 ④ 75

해설 1mppcf=35.31입자(개)/mL

ANSWER | 01 ④ 02 ④ 03 ② 04 ④ 05 ③ 06 ④ 07 ④ 08 ② 09 ② 10 ④ 11 ②

기 사

01 호흡기계의 어느 부위에 침착하더라도 독성을 나타내는 입자물질(비암이나 비중격천공을 일으키는 입자물질이 여기에 속함, 보통 입경 범위 0~100μm)로 옳은 것은?(단, 미국 ACGIH 기준)

① SPM ② IPM ③ TPM ④ RPM

해설 입자상 물질의 정의(ACGIH)

분진(먼지)	정의	입경 범위(μm)
흡입성(IPM)	호흡기 어느 부위에 침착하더라도 독성을 나타내는 물질	0~100
흉곽성(TPM)	기도나 폐포에 침착할 때 독성을 나타내는 물질	10
호흡성(RPM)	가스교환부위, 즉 폐포에 침착할 때 독성을 나타내는 물질	4

02 미국 ACGIH에서 정의한 (A) 흉곽성 먼지(TPM : Thoracic Particulate Mass)와 (B) 호흡성 먼지(RPM : Respirable Particulate Mass)의 평균입자 크기로 옳은 것은?

① (A) 5μm, (B) 15μm ② (A) 15μm, (B) 5μm
③ (A) 4μm, (B) 10μm ④ (A) 10μm, (B) 4μm

03 호흡성 먼지에 관한 내용으로 옳은 것은?[단, ACGIH(미국산업위생전문가협의회) 기준]

① 평균입경은 2μm이다. ② 평균입경은 4μm이다.
③ 평균입경은 8μm이다. ④ 평균입경은 10μm이다.

04 흉곽성 먼지(TPM, 가스교환지역인 폐포나 폐기도에 침착되었을 때 독성을 나타내는 입자상 물질)의 평균입자 크기는?(단, ACGIH 기준)

① 0.5μm ② 2μm ③ 4μm ④ 10μm

05 다음은 흉곽성 먼지(TPM, ACGIH 기준)에 관한 내용이다. ( ) 안에 들어갈 내용으로 옳은 것은?

> 가스교환지역인 폐포나 폐기도에 침착되었을 때 독성을 나타내는 입자상 크기이다. 50%가 침착되는 평균입자의 크기는 ( )이다.

① 2μm ② 4μm ③ 10μm ④ 50μm

06 산업보건분야에서 스토크식을 대신하여 크기 1~50μm인 입자의 침강속도(cm/sec)를 구하는 식으로 적절한 것은?

① 0.03×(입자의 비중)×(입자의 직경, μm)^2
② 0.003×(입자의 비중)×(입자의 직경, μm)^2

③ $0.03\times$(공기의 점성계수)$\times$(입자의 직경, μm)^2

④ $0.003\times$(공기의 점성계수)$\times$(입자의 직경, μm)^2

해설 리프만(Lippman)의 침강속도(입경이 1~50μm일 경우 적용)

$V = 0.003SG \times d^2$

여기서, V : 침강속도(cm/sec), SG : 입자의 비중, d : 입자의 직경(μm)

07 산업보건분야에서 스토크스의 법칙에 따른 침강속도를 구하는 식을 대신하여 간편하게 계산하는 식으로 적절한 것은?[단, V : 종단속도(cm/sec), SG : 입자의 비중, d : 입자의 직경(μm), 입자 크기는 1~50μm]

① $V=0.001\times SG\times d^2$

② $V=0.003\times SG\times d^2$

③ $V=0.005\times SG\times d^2$

④ $V=0.009\times SG\times d^2$

08 입경이 50μm이고 입자비중이 1.5인 입자의 침강속도는?(단, 입경이 1~50μm인 먼지의 침강속도를 구하기 위해 산업위생분야에서 주로 사용하는 식 적용)

① 약 8.3cm/sec

② 약 11.3cm/sec

③ 약 13.3cm/sec

④ 약 15.3cm/sec

해설 $V(\text{cm/sec}) = 0.003\times SG\times d^2 = 0.003\times 1.5\times 50^2 = 11.25\text{cm/sec}$

09 종단속도가 0.632m/hr인 입자가 있다. 이 입자의 직경이 3μm라면 비중은 얼마인가?

① 0.65 ② 0.55 ③ 0.86 ④ 0.77

해설 $V(\text{cm/sec}) = 0.003\times SG\times d^2$

$$V(\text{cm/sec}) = \frac{0.632\text{m}}{\text{hr}}\left|\frac{1\text{hr}}{36,00\text{sec}}\right|\frac{100\text{cm}}{1\text{m}} = 0.01756\text{cm/sec}$$

$$\text{비중} = \frac{V}{0.003\times d^2} = \frac{0.01756}{0.003\times 3^2} = 0.65$$

10 산업보건분야에서는 입자상 물질의 크기를 표시하는 데 주로 공기역학적(유체역학적) 직경을 사용한다. 공기역학적 직경에 관한 설명으로 옳은 것은?

① 대상먼지와 침강속도가 같고 밀도가 0.1이며 구형인 먼지의 직경으로 환산

② 대상먼지와 침강속도가 같고 밀도가 1이며 구형인 먼지의 직경으로 환산

③ 대상먼지와 침강속도가 다르고 밀도가 0.1이며 구형인 먼지의 직경으로 환산

④ 대상먼지와 침강속도가 다르고 밀도가 1이며 구형인 먼지의 직경으로 환산

해설 공기역학적 직경이란 대상입자와 같은 침강속도를 가지며, 밀도가 1인 가상적인 구형의 직경으로 환산한 것이다.

11 먼지의 한쪽 끝 가장자리와 다른 쪽 끝 가장자리 사이의 거리로 과대평가될 가능성이 있는 입자상 물질의 직경은?

① 마틴 직경(Martin Diameter)
② 페렛 직경(Feret Diameter)
③ 공기역학 직경(Aerodynamic Diameter)
④ 등면적 직경(Projected Area Diameter)

12 입자의 가장자리를 이등분한 직경으로 과대평가될 가능성이 있는 직경은?

① 마틴 직경
② 페렛 직경
③ 공기역학 직경
④ 등면적 직경

13 입자상 물질의 크기 표시를 하는 방법 중 입자의 면적을 이등분하는 직경으로 과소평가의 위험성이 있는 것은?

① 마틴 직경
② 페렛 직경
③ 스토크 직경
④ 등면적 직경

ANSWER | 01 ② 02 ④ 03 ② 04 ④ 05 ③ 06 ② 07 ② 08 ② 09 ① 10 ② 11 ② 12 ② 13 ①

THEMA 32 입자상 물질의 측정기기

1. 직경분립충돌기(Cascade Impactor)

① 원리

㉠ 공기흐름의 층류일 경우 입자가 포집판에 충돌됨으로써 포집된다.

㉡ 공기흐름속도를 조절하여 포집입자의 크기를 조정할 수 있다.

② 장점

㉠ 입자의 질량크기 분포를 얻을 수 있다.

㉡ 호흡기 부분별로 침착된 입자 크기를 추정할 수 있다.

㉢ 흡입성, 흉곽성, 호흡성 입자의 크기별 분포와 농도를 계산할 수 있다.

③ 단점

㉠ 시료채취준비에 시간이 많이 소요되며 시료채취가 까다롭다.

㉡ 비용이 많이 든다.

㉢ 되튐으로 인한 시료 손실이 일어날 수 있다.

㉣ 공기가 옆에서 유입되지 않도록 각 충돌기의 철저한 조립과 장착이 필요하다.

2. 임핀저

㉠ 공기를 액체 속에 뿜는 것 이외에는 임팩터와 비슷하다.

㉡ 임핀저 오리피스의 속도는 보통 60m/s 이상이다.

㉢ 먼지 개수를 세기 위하여 사용하였다.

㉣ 흑연, 운모, 광물성 울섬유 등의 포집에 사용하였다.

㉤ 현재 가스, 증기, 산, 미스트, 여러 형태의 에어로졸 포집에 사용한다.

㉥ 1~20μm의 직경을 포집하는 데 효과적이다.

3. 사이클론

① 구조

㉠ 직경이 10mm인 소형 사이클론이 사용되고 있다.

㉡ 입구(Orifice)는 0.7mm이다.

② 장단점

㉠ 장치를 설비하는 데 비용이 적게 든다.

㉡ 작동하기 쉽다.

㉢ 포집된 입자에서 바운드가 발생하지 않는다.

㉣ 적용할 수 있는 적절한 이론이 개발되지 않았다.

㉤ 호흡성 먼지에 대한 자료를 쉽게 얻을 수 있다.

㉥ 매체의 코팅과 같은 별도의 특별한 처리가 필요 없다.

4. 석면의 측정

측정방법	특징
위상차현미경법	• 석면을 막여과지에 채취한 후 전처리하여 분석하는 방법이다. • 다른 방법에 비해 간편하지만 석면의 감별이 어렵다. • 석면 측정에 가장 많이 사용한다.
전자현미경법	• 공기 중 석면시료분석에 가장 정확한 방법이다. • 석면의 감별분석이 가능하다. • 위상차현미경으로 볼 수 없는 매우 가는 섬유도 관찰이 가능하다. • 값이 비싸고 분석시간이 많이 소요된다.
편광현미경법	• 고형시료 분석에 사용된다. • 석면의 성분분석이 가능하다.
X선 회절법	• 고형시료 중 크리소타일 분석에 사용한다. • 값이 비싸고 조작이 복잡하다. • 토석, 암석 및 광물성 분진(석면분진 제외) 중의 유리규산(SiO_2) 함유율을 분석하는 방법이다.

연습문제

01 입자상 물질을 입자의 크기별로 측정하고자 할 때 사용할 수 있는 것은?

① 가스크로마토그래피 ② 사이클론
③ 원자발광분석기 ④ 직경분립충돌기

해설 입자상 물질을 입자의 크기별로 측정할 수 있는 장치는 직경분립충돌기이다.

02 다음 중 직경분립충돌기의 특징과 가장 거리가 먼 것은?

① 입자의 질량크기 분포를 얻을 수 있다.
② 시료채취가 용이하고 비용이 저렴하다.
③ 흡입성, 흉곽성, 호흡성 입자의 크기별로 분포를 얻을 수 있다.
④ 호흡기 부분별로 침착된 입자 크기의 자료를 추정할 수 있다.

해설 시료채취준비에 시간이 많이 소요되며 시료채취가 까다롭다.

03 입자상 물질의 채취를 위한 직경분립충돌기의 장점으로 틀린 것은?

① 입자별 동시 채취로 시료채취준비 및 채취시간을 단축할 수 있다.
② 흡입성, 흉곽성, 호흡성 입자의 크기별로 분포와 농도를 계산할 수 있다.
③ 호흡기 부분별로 침착된 입자 크기의 자료를 추정할 수 있다.
④ 입자의 질량크기 분포를 얻을 수 있다.

해설 직경분립충돌기(Cascade Impactor)의 장점
㉠ 입자의 질량크기 분포를 얻을 수 있다.
㉡ 호흡기 부분별로 침착된 입자 크기를 추정할 수 있다.
㉢ 흡입성, 흉곽성, 호흡성 입자의 크기별 분포와 농도를 계산할 수 있다.

04 입자상 물질을 채취하기 위해 사용되는 직경분립충돌기(Cascade Impactor)에 비해 사이클론이 갖는 장점과 가장 거리가 먼 것은?

① 입자의 질량크기 분포를 얻을 수 있다.
② 매체의 코팅과 같은 별도의 특별한 처리가 필요 없다.
③ 호흡성 먼지에 대한 자료를 쉽게 얻을 수 있다.
④ 충돌기에 비해 사용이 간편하고 경제적이다.

해설 입자의 질량크기 분포를 얻을 수 있는 것은 직경분립충돌기의 장점이다.

05 공기 중 석면을 막여과지에 채취한 후 전처리하여 분석하는 방법으로 다른 방법에 비하여 간편하나 석면의 감별에 어려움이 있는 측정방법은?

① X선 회절법 ② 편광현미경법 ③ 위상차현미경법 ④ 전자현미경법

해설 위상차현미경
㉠ 석면을 막여과지에 채취한 후 전처리하여 분석하는 방법이다.
㉡ 다른 방법에 비해 간편하지만 석면의 감별이 어렵다.
㉢ 석면측정에 가장 많이 사용한다.

06 공기 중 석면시료분석에 가장 정확한 방법으로 석면의 감별 분석이 가능하며 위상차 현미경으로 볼 수 없는 매우 가는 섬유도 관찰이 가능하지만, 값이 비싸고 분석시간이 많이 소요되는 방법은?

① X선 회절법 ② 편광현미경법 ③ 전자현미경법 ④ 직독식 현미경법

해설 전자현미경법
㉠ 공기 중 석면시료분석에 가장 정확한 방법이다.
㉡ 석면의 감별분석이 가능하다.
㉢ 위상차현미경으로 볼 수 없는 매우 가는 섬유도 관찰이 가능하다.
㉣ 값이 비싸고 분석시간이 많이 소요된다.

07 석면측정방법 중 전자현미경법에 관한 설명으로 틀린 것은?

① 석면의 감별분석이 가능하다.
② 분석시간이 짧고 비용이 적게 소요된다.
③ 공기 중 석면시료분석에 가장 정확한 방법이다.
④ 위상차현미경으로 볼 수 없는 매우 가는 섬유도 관찰이 가능하다.

해설 분석시간이 길고, 비용이 비싸다.

08 석면의 측정방법 중 X선 회절법에 관한 설명으로 틀린 것은?

① 값이 비싸고 조작이 복잡하다.
② 1차 분석에 사용하며 2차 분석에는 적용하기 어렵다.
③ 석면 포함 물질을 은막 여과지에 놓고 X선을 조사한다.
④ 고형시료 중 크리소타일 분석에 사용한다.

해설 X선 회절법
㉠ 고형시료 중 크리소타일 분석에 사용한다.
㉡ 값이 비싸고 조작이 복잡하다.
㉢ 토석, 암석 및 광물성 분진(석면분진 제외) 중의 유리규산(SiO_2) 함유율을 분석하는 방법이다.

09 다음 중 석면에 관한 설명으로 틀린 것은?

① 석면의 종류에는 백석면, 갈석면, 청석면 등이 있다.
② 시료채취에는 셀룰로오스 에스테르 막여과지를 사용한다.
③ 시료채취 시 유량보정은 시료채취 전후에 실시한다.
④ 석면분진의 농도는 여과포집법에 의한 중량분석방법으로 측정한다.

해설 석면의 농도는 여과채취방법에 의한 계수방법 또는 이와 동등 이상의 분석방법으로 측정한다.

ANSWER | 01 ④ 02 ② 03 ① 04 ① 05 ③ 06 ③ 07 ② 08 ② 09 ④

더 풀어보기

산업기사

01 공기 중에 부유하고 있는 분진을 충돌의 원리에 의해 입자 크기별로 분리하여 측정할 수 있는 기기는?

① Low Volume Sampler
② High Volume Sampler
③ Personal Distribution
④ Cascade Impactor

해설 직경분립충돌기(Cascade Impacter)의 원리
㉠ 공기흐름의 층류일 경우 입자가 포집판에 충돌됨으로써 포집된다.
㉡ 공기흐름속도를 조절하여 포집입자의 크기를 조정할 수 있다.

02 다음 중 입자상 물질을 채취하는 방법과 가장 거리가 먼 것은?

① 카세트에 장착된 여과지에 의한 여과방법으로 시료 채취
② 사이클론과 여과방법을 이용하여 호흡성 크기의 입자를 채취
③ 확산 및 체거름 방법을 이용한 흡착 검지관식 시료채취
④ 입자상 물질을 Cascade Impactor의 충돌 원리를 이용하여 크기별로 채취

해설 입자상 물질의 채취방법
㉠ Cascade Impactor
㉡ 10mm Nylon Cyclone
㉢ 카세트

03 분진에 대한 측정방법으로 가장 거리가 먼 것은?

① 직독식(Digital) 분진계법 ② 중량분석법
③ 차콜(Charcoal)튜브(활성탄)법 ④ 임핀저(Impinger)법

해설 차콜(Charcoal)튜브(활성탄)법은 가스상 물질 채취방법이다.

04 직경분립충돌기의 장단점으로 가장 거리가 먼 것은?

① 호흡기 부분별로 침착된 입자 크기의 자료를 추정할 수 있다.
② 채취준비 시간이 짧고 시료의 채취가 쉽다.
③ 입자의 질량크기 분포를 얻을 수 있다.
④ 되튐으로 인한 시료 손실이 일어날 수 있다.

해설 시료채취준비에 시간이 많이 소요되며 시료채취가 까다롭다.

05 입자상 물질의 채취를 위한 직경분립충돌기의 장점으로 옳지 않은 것은?

① 입자별 동시 채취로 시료채취준비 및 채취시간을 단축할 수 있다.
② 흡입성, 흉곽성, 호흡성 입자의 크기별 분포와 농도를 계산할 수 있다.
③ 호흡기 부분별로 침착된 입자 크기의 자료를 추정할 수 있다.
④ 입자의 질량크기 분포를 얻을 수 있다.

06 직경분립충돌기 장치가 사이클론 분립장치보다 유리한 장점이 아닌 것은?

① 호흡기 부분별로 침착된 입자 크기의 자료를 추정할 수 있다.
② 입자의 질량크기 분포를 얻을 수 있다.
③ 채취시간이 짧고 시료의 되튐현상이 없다.
④ 흡입성, 흉곽성, 호흡성 입자의 크기별 분포와 농도를 계산할 수 있다.

해설 직경분립충돌기의 장점
㉠ 입자의 질량크기 분포를 얻을 수 있다.
㉡ 호흡기 부분별로 침착된 입자 크기의 자료를 추정할 수 있다.
㉢ 흡입성, 흉곽성, 호흡성 입자의 크기별 분포와 농도를 계산할 수 있다.

07 직경분립충돌기와 비교하여 사이클론의 장점으로 틀린 것은?

① 사용이 간편하고 경제적이다.
② 입자의 질량크기별 분포를 얻을 수 있다.

③ 시료의 되튐 현상으로 인한 손실 염려가 없다.
④ 매체의 코팅과 같은 별도의 특별한 처리가 필요 없다.

해설 ②는 직경분립충돌기의 장점이다.

08 작업환경측정에 사용되는 사이클론에 관한 내용으로 가장 거리가 먼 것은?
① 공기 중에 부유되어 있는 먼지 중에서 호흡성 입자상 물질을 채취하고자 도안되었다.
② PVC 여과지가 있는 카세트 아래에 사이클론을 연결하고 펌프를 가동하여 시료를 채취한다.
③ 사이클론과 여과지 사이에 설치된 단계적 분리관으로 입자의 질량크기 분포를 얻을 수 있다.
④ 사이클론은 사용할 때마다 그 내부를 청소하고 검사해야 한다.

해설 입자의 질량크기별 분포를 얻을 수 있는 점은 직경분립충돌기의 장점이다.

09 입자채취를 위한 사이클론과 직경분립충돌기를 비교한 내용으로 옳지 않은 것은?
① 직경분립충돌기에 비하여 사이클론은 시료의 되튐으로 인한 손실 염려가 없다.
② 사이클론의 경우 채취효율을 높이기 위한 매체의 코팅이 필요하다.
③ 직경분립충돌기에 비하여 사이클론이 호흡성 먼지에 대한 자료를 쉽게 얻을 수 있다.
④ 사이클론이 직경분립충돌기에 비하여 사용이 간편하고 경제적이다.

해설 사이클론의 경우 매체의 코팅이 필요 없다.

10 입자상 물질의 채취방법 중 직경분립충돌기의 장점으로 틀린 것은?
① 호흡기 부분별로 침착된 입자 크기의 자료를 추정할 수 있다.
② 크기별로 동시 측정이 가능하여 측정준비 소요시간이 단축된다.
③ 입자의 질량크기 분포를 얻을 수 있다.
④ 흡입성, 흉곽성, 호흡성 입자의 크기별 분포와 농도를 계산할 수 있다.

해설 시료채취준비에 시간이 많이 소요된다.

11 입자상 물질의 채취방법 중 직경분립충돌기의 장점과 가장 거리가 먼 것은?
① 입자의 크기분포를 얻을 수 있다.
② 준비시간이 간단하며 소요비용이 저렴하다.
③ 호흡기 부분별로 침착된 입자 크기의 자료를 추정할 수 있다.
④ 흡입성, 흉곽성, 호흡성입자의 크기별 분포와 농도를 계산할 수 있다.

12 입자상 물질의 채취방법 중 직경분립충돌기의 장점과 가장 거리가 먼 것은?
① 호흡기 부분별로 침착된 입자 크기의 자료를 추정할 수 있다.
② 크기별로 동시 측정이 가능하여 소요비용이 절감된다.

③ 입자의 질량크기 분포를 얻을 수 있다.
④ 흡입성, 흉곽성, 호흡성 입자의 크기별 분포와 농도를 계산할 수 있다.

해설 공기 흐름속도를 조절하여 채취입자를 크기별로 구분이 가능하며 비용이 많이 든다.

13 토석, 암석 및 광물성 분진(석면분진 제외) 중의 유리규산(SiO_2) 함유율을 분석하는 방법은?

① 불꽃광전자 검출기(FPD)법　② 계수법
③ X선 회절분석법　④ 위상차현미경법

해설 X선 회절분석법
㉠ 고형시료 중 크리소타일 분석에 사용한다.
㉡ 값이 비싸고 조작이 복잡하다.
㉢ 토석, 암석 및 광물성 분진(석면분진 제외) 중의 유리규산(SiO_2) 함유율을 분석하는 방법이다.

14 공기 중 석면 농도를 허용기준과 비교할 때 가장 일반적으로 사용되는 석면 측정방법은?

① 광학현미경법　② 전자현미경법　③ 위상차현미경법　④ 편광현미경법

해설 석면 측정에 가장 많이 이용되는 것은 위상차현미경이다.

ANSWER | 01 ④ 02 ③ 03 ③ 04 ② 05 ① 06 ③ 07 ② 08 ③ 09 ② 10 ②
11 ② 12 ② 13 ③ 14 ③

기 사

01 입자상 물질을 채취하는 방법 중 직경분립충돌기의 장점으로 틀린 것은?

① 호흡기 부분별로 침착된 입자 크기의 자료를 추정할 수 있다.
② 흡입성, 흉곽성, 호흡성 입자의 크기별 분포와 농도를 계산할 수 있다.
③ 시료채취준비에 시간이 적게 걸리며 비교적 채취가 용이하다.
④ 입자의 질량크기분포를 얻을 수 있다.

해설 시료채취준비에 시간이 많이 소요되며 시료채취가 까다롭다.

02 직경분립충돌기(Cascade Impactor)의 특성을 설명한 것으로 옳지 않은 것은?

① 비용이 저렴하고 채취준비가 간단하다.
② 공기가 옆에서 유입되지 않도록 각 충돌기의 철저한 조립과 장착이 필요하다.
③ 입자의 질량크기 분포를 얻을 수 있다.
④ 흡입성, 흉곽성, 호흡성 입자의 크기별 분포와 농도를 얻을 수 있다.

해설 직경분립충돌기는 비용이 많이 들고, 채취준비 시간이 길게 걸리는 단점이 있다.

03 다음 중 빛의 산란 원리를 이용한 직독식 먼지 측정기는?

① 분진광도계 ② 피에조밸런스

③ β-gauge계 ④ 유리섬유여과분진계

해설 분진광도계
분진에 빛을 조사하면 산란하여 발광하게 되는데 그 산란광을 측정하여 분진의 개수, 입자의 반경을 측정하는 방식이다.

04 캐스케이드 임팩터(Cascade Impactor)에 의하여 에어로졸을 포집할 때 관여하는 충돌이론에 대한 설명이 잘못된 것은?

① 충돌이론에 의하여 차단점 직경(Cutpoint Diameter)을 예측할 수 있다.

② 충돌이론에 의하여 포집효율 곡선의 모양을 예측할 수 있다.

③ 충돌이론은 스토크스 수(Stokes Number)와 관계되어 있다.

④ 레이놀즈 수(Reynolds Number)가 200을 초과하게 되면 충돌이론에 미치는 영향은 매우 크게 된다.

해설 레이놀즈수(Reynolds Number)가 500~3,000 사이일 때 포집효율곡선이 가장 이상적인 곡선에 가깝게 된다.

05 용접 작업자의 노출수준을 침착되는 부위에 따라 호흡성, 흉곽성, 흡입성 분진으로 구분하여 측정하고자 한다면 준비해야 할 측정기구로 가장 적절한 것은?

① 임핀저 ② Cyclone

③ Cascade Impactor ④ 여과집진기

해설 호흡성, 흉곽성, 흡입성 분진으로 구분하여 측정하는 것은 직경분립충돌기(Cascade Impactor)이다.

06 입자상 물질 측정을 위한 직경분립충돌기에 관한 설명으로 틀린 것은?

① 입자의 질량크기 분포를 얻을 수 있다.

② 호흡기 부분별로 침착된 입자 크기의 자료를 추정할 수 있다.

③ 되튐으로 인한 시료 손실이 일어날 수 있다.

④ 시료채취 준비시간이 적고 용이하다.

해설 직경분립 충돌기는 시료채취준비에 시간이 많이 소요되며 시료채취가 까다롭다.

07 직경분출동기에 관한 설명으로 틀린 것은?

① 흡입성, 흉곽성, 호흡성 입자의 크기별 분포와 농도를 계산할 수 있다.

② 호흡기 부분별로 침착된 입자 크기를 추정할 수 있다.

③ 입자의 질량크기 분포를 얻을 수 있다.

④ 되튐 또는 과부하로 인한 시료 손실이 없어 비교적 정확한 측정이 가능하다.

해설 되튐으로 인한 시료 손실이 일어날 수 있다.

08 입자상 물질을 채취하는 방법 중 직경분립충돌기의 장점으로 틀린 것은?

① 호흡기 부분별로 침착된 입자 크기의 자료를 추정할 수 있다.
② 흡입성, 흉곽성, 호흡성 입자의 크기별 분포와 농도를 계산할 수 있다.
③ 시료채취준비에 시간이 적게 걸리며 비교적 채취가 용이하다.
④ 입자의 질량크기 분포를 얻을 수 있다.

해설 시료채취준비에 시간이 많이 소요되며 시료채취가 까다롭다.

09 입자상 물질 채취를 위하여 사용되는 직경분립충돌기의 장점 또는 단점으로 틀린 것은?

① 호흡기에 부분별로 침착된 입자 크기의 자료를 추정할 수 있다.
② 되튐으로 인한 시료의 손실이 일어날 수 있다.
③ 채취준비 시간이 적게 소요된다.
④ 입자의 질량크기 분포를 얻을 수 있다.

10 석면측정방법인 전자현미경법에 관한 설명으로 틀린 것은?

① 공기 중 석면시료분석에 정확한 방법이다.
② 석면의 감별분석이 가능하다.
③ 위상차현미경으로 볼 수 없는 매우 가는 섬유도 관찰 가능하다.
④ 분석비가 저렴하고 시간이 적게 소요된다.

해설 전자현미경법
㉠ 공기 중 석면시료분석에 가장 정확한 방법이다.
㉡ 석면의 감별분석이 가능하다.
㉢ 위상차현미경으로 볼 수 없는 매우 가는 섬유도 관찰이 가능하다.
㉣ 값이 비싸고 분석시간이 많이 소요된다.

ANSWER | 01 ③ 02 ① 03 ① 04 ④ 05 ③ 06 ④ 07 ④ 08 ③ 09 ③ 10 ④

THEMA 33 표준가스의 법칙

1. 보일의 법칙

① 정의 : 일정한 온도에서 일정량의 기체의 부피는 압력에 반비례한다.

② 관계식

$$\frac{P_1}{P_2} = \frac{V_2}{V_1}, \qquad P_1V_1 = P_2V_2$$

여기서, P_1 : 초기압력, P_2 : 최종압력, V_1 : 초기부피, V_2 : 최종부피

2. 샤를(Charles)의 법칙

① 정의 : 일정한 압력에서 일정량의 부피는 절대온도에 비례한다.

② 관계식

$$V \propto T \rightarrow \frac{V_1}{T_1} = \frac{V_2}{T_2}, \qquad V_2 = V_1 \times \frac{T_2}{T_1}$$

여기서, V_1 : 초기부피, V_2 : 최종부피, T_1 : 초기온도(273+t), T_2 : 최종온도(273+t)

3. 게이-루삭의 법칙

① 정의 : 일정한 체적하에서 절대압력은 절대온도에 비례한다.

② 관계식

$$P \propto T \rightarrow \frac{P_1}{T_1} = \frac{P_2}{T_2}$$

여기서, P_1 : 초기압력 , P_2 : 최종압력, T_1 : 초기온도 , T_2 : 최종온도

4. 보일-샤를의 법칙

① 정의 : 모든 기체의 부피는 절대온도에 비례하고 압력에 반비례한다.

② 관계식

$$\frac{P_1V_1}{T_1} = \frac{P_2V_2}{T_2}, \qquad V_2 = V_1 \times \frac{T_2}{T_1} \times \frac{P_1}{P_2}$$

5. 라울의 법칙

① 정의 : 여러 성분이 있는 용액에서 증기가 나올 때, 증기 각 성분의 부분압은 용액의 분압과 평형을 이룬다.

② 관계식

$$P = X \cdot P^{\circ}$$

여기서, P : 용액에 있는 용매의 증기압(atm), X : 용액에 있는 용매의 몰분율
P° : 순수한 용매의 증기압(atm)

연습문제

01 일정한 온도조건에서 부피와 압력은 반비례한다는 표준가스 법칙은?

① 보일의 법칙 ② 샤를의 법칙
③ 게이-루삭의 법칙 ④ 라울의 법칙

02 표준가스에 대한 법칙 중 "일정한 부피조건에서 압력과 온도는 비례한다."는 내용은?

① 픽스의 법칙 ② 보일의 법칙
③ 샤를의 법칙 ④ 게이-루삭의 법칙

03 온도 0℃, 1atm에서 H_2 $1m^3$는 273℃, 700mmHg 상태에서 몇 m^3인가?

① 약 2.2 ② 약 2.7 ③ 약 3.2 ④ 약 3.7

해설 $H_2(m^3) = \frac{1m^3}{} \bigg| \frac{273+273}{273} \bigg| \frac{760}{700} = 2.17m^3$

04 온도가 27℃인 때의 체적이 $1m^3$인 기체를 온도 127℃까지 상승시켰을 때의 체적은?

① $1.13m^3$ ② $1.33m^3$ ③ $1.47m^3$ ④ $1.73m^3$

해설 $X(m^3) = 1m^3 \times \frac{273+127}{273+27} = 1.33m^3$

05 공기 100L 중에서 A유기용제(분자량=92, 비중=0.87) 1mL가 모두 증발하였다면 공기 중 A 유기용제의 농도는 몇 ppm인가?(단, 25℃, 1기압 기준)

① 약 230 ② 약 2,300 ③ 약 270 ④ 약 2,700

해설 $ppm(mL/m^3) = \frac{1mL}{100L} \bigg| \frac{0.87g}{mL} \bigg| \frac{24.45mL}{92mg} \bigg| \frac{10^3mg}{1g} \bigg| \frac{10^3L}{1m^3} = 2{,}312.12ppm$

06 온도 20℃, 1기압에서 MEK 50ppm은 약 몇 mg/m^3인가?(단, MEK의 그램분자량은 72.06이다.)

① 139.9 ② 149.9 ③ 249.7 ④ 299.7

해설 $X(mg/m^3) = \frac{50mL}{m^3}\bigg|\frac{72.06mg}{24.04mL} = 149.88mg/m^3$

07 온도 10℃, 1기압에서 벤젠(C_6H_6) 10ppm을 mg/m^3으로 환산할 경우 약 얼마인가?

① 28.7 ② 30.6 ③ 33.6 ④ 35.7

해설 $X(mg/m^3) = \frac{10mL}{m^3}\bigg|\frac{78mg}{22.4mL}\bigg|\frac{273}{273+10} = 33.59mg/m^3$

08 온도가 15℃이고, 1기압인 작업장에 톨루엔이 200mg/m^3으로 존재할 경우 이를 ppm으로 환산하면 얼마인가?(단, 톨루엔의 분자량은 92.13이다.)

① 53.1 ② 51.3 ③ 48.6 ④ 11.3

해설 $ppm(mL/m^3) = \frac{200mg}{m^3}\bigg|\frac{22.4mL}{92.13mg}\bigg|\frac{273+15}{273} = 51.3ppm$

09 온도 25℃, 1기압하에서 분당 100mL씩 60분 동안 채취한 공기 중 벤젠이 5mg 검출되었다. 검출된 벤젠은 약 몇 ppm인가?(단, 벤젠의 분자량은 78이다.)

① 15.7 ② 26.1 ③ 157 ④ 261

해설 벤젠$(mL/m^3) = \frac{5mg}{100mL/min \times 60min}\bigg|\frac{24.45mL}{78mg}\bigg|\frac{10^6mL}{1m^3} = 261.22mL/m^3$

ANSWER | 01 ① 02 ④ 03 ① 04 ② 05 ② 06 ② 07 ③ 08 ② 09 ④

더 풀어보기

산업기사

01 어떤 유해 작업장에 일산화탄소(CO)가 0℃, 1기압 상태에서 100ppm이라면 이 공기 1m^3 중에 CO는 몇 mg 포함되어 있는가?

① 108mg ② 125mg ③ 153mg ④ 186mg

해설 $CO(mg/m^3) = \frac{100mL}{m^3}\bigg|\frac{28mg}{22.4mL} = 125mg/m^3$

02 1,1,1-trichloroethane 1,750mg/m^3을 ppm 단위로 환산한 것은?(단, 25℃, 1기압 1,1,1-trichloroethane의 분자량은 133이다.)

① 약 227ppm ② 약 322ppm ③ 약 452ppm ④ 약 527ppm

해설 $\text{ppm}(\text{mL/m}^3) = \frac{1,750\text{mg}}{\text{m}^3} \Big| \frac{24.45\text{mL}}{133\text{mg}} = 321.71\text{ppm}$

03 온도 25℃, 1기압하에서 분당 200mL씩 100분 동안 채취한 공기 중 톨루엔(분자량 92)이 5mg 검출되었다. 톨루엔은 부피단위로 몇 ppm인가?

① 27 ② 66 ③ 272 ④ 666

해설 $\text{톨루엔}(\text{mL/m}^3) = \frac{5\text{mg}}{200\text{mL/min} \times 100\text{min}} \Big| \frac{24.45\text{mL}}{92\text{mg}} \Big| \frac{10^6\text{mL}}{1\text{m}^3} = 66.44\text{mL/m}^3$

04 온도 25℃, 1기압 상태에서 톨루엔(분자량 92) 100ppm은 몇 mg/m^3인가?

① 92 ② 188 ③ 376 ④ 411

해설 $\text{X}(\text{mg/m}^3) = \frac{100\text{mL}}{\text{m}^3} \Big| \frac{92\text{mg}}{24.45\text{mL}} = 376.28\text{mg/m}^3$

05 온도 27℃, 1기압에서 2L의 산소 기체를 327℃, 2기압으로 변화시키면 그 부피는 몇 L가 되겠는가?

① 0.5L ② 1L ③ 2L ④ 4L

해설 $V_2 = V_1 \times \frac{T_2}{T_1} \times \frac{P_1}{P_2} = 2\text{L} \times \frac{273+327}{273+27} \times \frac{1}{2} = 2\text{L}$

06 온도 95℃, 압력 720mmHg에서 부피가 180m^3인 기체가 있다. 21℃, 1기압에서 이 기체의 부피는 약 얼마가 되겠는가?

① 125.6m^3 ② 136.2m^3 ③ 151.4m^3 ④ 220.3m^3

해설 $V_2 = V_1 \times \frac{T_2}{T_1} \times \frac{P_1}{P_2} = 180 \times \frac{273+21}{273+95} \times \frac{720}{760} = 136.24\text{m}^3$

07 온도 150℃, 720mmHg에서 100m^3인 공기는 21℃, 1기압에서는 약 얼마의 부피로 변하는가?

① 47.8m^3 ② 57.2m^3 ③ 65.8m^3 ④ 77.2m^3

해설 $V_2 = V_1 \times \frac{T_2}{T_1} \times \frac{P_1}{P_2} = 100 \times \frac{273+21}{273+150} \times \frac{720}{760} = 65.86\text{m}^3$

08 온도 21℃, 1기압에서 벤젠 1.36L가 증발할 때 발생하는 증기의 용량은 약 몇 L 정도가 되겠는가?(단, 벤젠의 분자량은 78.11, 비중은 0.879이다.)

① 327.5 ② 342.7 ③ 368.8 ④ 371.6

해설 $X(L) = \frac{1.36L}{} \left| \frac{0.879g}{mL} \right| \frac{10^3 mL}{1L} \left| \frac{24.1L}{78.11g} \right. = 368.84L$

09 온도 21℃, 1기압에서 벤젠 1.5L가 증발할 때 발생하는 증기의 용량은 약 몇 L인가?(단, 벤젠의 분자량은 78.11, 비중은 0.879이다.)

① 305.1 ② 406.8 ③ 457.7 ④ 542.2

해설 $X(L) = \frac{1.5L}{} \left| \frac{0.879g}{mL} \right| \frac{10^3 mL}{1L} \left| \frac{24.1L}{78.11g} \right. = 406.81L$

ANSWER | 01 ② 02 ② 03 ② 04 ③ 05 ③ 06 ② 07 ③ 08 ③ 09 ②

기 사

01 다음 기체에 관한 법칙 중 일정한 온도조건에서 부피와 압력은 반비례한다는 것은?

① 보일의 법칙 ② 샤를의 법칙
③ 게이-루삭의 법칙 ④ 라울의 법칙

02 일정한 부피조건에서 압력과 온도가 비례한다는 표준가스에 대한 법칙은?

① 보일의 법칙 ② 샤를의 법칙
③ 게이-루삭의 법칙 ④ 라울의 법칙

03 어느 작업장 내의 공기 중 톨루엔(Toluene)을 기체크로마토그래피법으로 농도를 구한 결과 65.0mg/m³이었다면 ppm 농도는?(단, 25℃, 1기압 기준, 톨루엔의 분자량 : 92.14)

① 17.3ppm ② 37.3ppm ③ 122.4ppm ④ 246.4ppm

해설 $ppm(mL/m^3) = \frac{65.0mg}{m^3} \left| \frac{24.45mL}{92.14mg} \right. = 17.25ppm$

04 온도 25℃, 1기압하에서 분당 100mL씩 60분 동안 채취한 공기 중 벤젠이 3mg 검출되었다. 검출된 벤젠은 약 몇 ppm인가?(단, 벤젠의 분자량은 78이다.)

① 11 ② 15.7 ③ 111 ④ 157

해설 벤젠$(mL/m^3) = \frac{3mg}{100mL/min \times 60min} \left| \frac{24.45mL}{78mg} \right| \frac{10^6 mL}{1m^3} = 157.73mL/m^3$

05 어느 사업장에서 톨루엔($C_6H_5CH_3$)의 농도가 0℃일 때 100ppm이었다. 기압의 변화 없이 기온이 25℃로 올라갈 때 농도는 약 몇 mg/m^3로 예측되는가?

① $325mg/m^3$　② $346mg/m^3$　③ $365mg/m^3$　④ $376mg/m^3$

해설 $X(mg/m^3) = \frac{100mL}{m^3} \bigg| \frac{92mg}{24.45mL} = 376.28mg/m^3$

06 어느 작업장의 온도가 18℃이고, 기압이 770mmHg, Methyl Ethyl Ketone(분자량＝72)의 농도가 26ppm일 때 mg/m^3 단위로 환산된 농도는?

① 64.5　② 79.4　③ 87.3　④ 93.2

해설 $X(mg/m^3) = \frac{26mL}{m^3} \bigg| \frac{72mg}{22.4mL} \bigg| \frac{273}{273+18} \bigg| \frac{770}{760} = 79.43mg/m^3$

07 온도 125℃, 800mmHg인 관내로 $100mm^3$/min 유량의 기체가 흐르고 있다. 표준상태(21℃, 760mmHg)의 유량으로는 얼마인가?

① 약 $52m^3$/min　② 약 $69m^3$/min　③ 약 $78m^3$/min　④ 약 $83m^3$/min

해설 $X(m^3) = \frac{100m^3}{min} \bigg| \frac{273+21}{273+125} \bigg| \frac{800}{760} = 77.76m^3$

ANSWER | 01 ① 02 ③ 03 ① 04 ④ 05 ④ 06 ② 07 ③

THEMA 34 가스 및 증기상 물질의 측정

1. 가스상 물질의 측정방법(고용노동부 고시)

① 측정방법

가스상 물질의 측정은 개인시료채취기 또는 이와 동등 이상의 특성을 가진 측정기기를 사용하여 규정된 채취방법에 따라 시료를 채취한 후 원자흡광분석, 가스크로마토그래프분석 또는 이와 동등 이상의 분석방법으로 정량분석하는 것을 원칙으로 한다.

② 다음 경우에는 검지관 방식으로 측정할 수 있다.

㉠ 예비조사 목적인 경우

㉡ 검지관 방식 외에 다른 측정방법이 없는 경우

㉢ 발생하는 가스상 물질이 단일물질인 경우

2. 검지관

오염물질의 농도에 비례한 검지관의 변색층 길이를 읽어 농도를 측정하는 방법과 검지관 안에서 색변화와 표준 색표를 비교하여 농도를 결정하는 방법이 있다.

① 장점

㉠ 복잡한 분석이 필요 없고 사용이 간편하다.

㉡ 반응시간이 빨라 빠른 시간에 측정결과를 알 수 있다.

㉢ 맨홀, 밀폐공간에서 유용하게 사용될 수 있다.

㉣ 숙련된 산업위생전문가가 아니더라도 어느 정도만 숙지하면 사용할 수 있다.

② 단점

㉠ 민감도가 낮으며 비교적 고농도에만 적용이 가능하다.

㉡ 특이도가 낮다. 즉, 다른 방해물질의 영향을 받기 쉬워 오차가 크다.

㉢ 색이 시간에 따라 변화하므로 제조자가 정한 시간에 읽어야 한다.

㉣ 각 오염물질에 맞는 검지관을 선정해야 하는 불편이 있다.

㉤ 색 변화가 선명하지 않아 주관적으로 읽을 수 있어 판독자에 따라 변이가 심하다.

㉥ 한 검지관으로 단일물질만을 측정할 수 있어 각 오염물질에 맞는 검지관을 정해야 한다.

㉦ 미리 측정대상물질의 동정이 되어 있어야 측정이 가능하다.

3. Dynamics Method

① 알고 있는 공기 중 농도를 만드는 방법이다.

② 다양한 농도범위에서 제조 가능하다.

③ 다양한 실험을 할 수 있으며 가스, 증기, 에어로졸 실험도 가능하다.

④ 소량의 누출이나 벽면에 의한 손실은 무시할 수 있다.

⑤ 온습도 조절이 가능하다.
⑥ 농도 변화를 줄 수 있다.
⑦ 만들기가 복잡하고, 고가이다.
⑧ 지속적인 모니터링이 필요하다.
⑨ 매우 일정한 농도를 유지하기 곤란하다.

4. 액체포집법

① 측정원리 : 시료공기를 액체 중에 통과시키거나 액체의 표면과 접촉시켜 용해반응, 흡수 충돌 및 침전, 현탁 등을 일으키게 하여 당해 액체에 측정하고자 하는 물질을 포집하는 방법을 말한다.
② 흡수 효율을 높이기 위한 방법
㉠ 흡수용액의 온도를 낮추어 오염물질의 휘발성을 제한한다.
㉡ 두 개 이상의 버블러를 연속적으로 연결하여 사용한다.
㉢ 시료채취속도를 낮게 하여 채취유량을 줄인다.
㉣ 가는 구멍이 많은 프리티드 버블러 등 채취 효율이 좋은 기구를 사용한다.

연습문제

01 검지관의 장단점으로 틀린 것은?
① 민감도가 낮으며 비교적 고농도에 적용이 가능하다.
② 측정대상물질의 동정이 미리 되어 있지 않아도 측정이 가능하다.
③ 색이 시간에 따라 변화하므로 제조자가 정한 시간에 읽어야 한다.
④ 특이도가 낮다. 즉, 다른 방해물질의 영향을 받기 쉬워 오차가 크다.

해설 검지관은 미리 측정대상물질의 동정이 되어 있어야 측정이 가능하다.

02 검지관 사용 시 단점이라 볼 수 없는 것은?
① 밀폐공간에서 산소 부족 또는 폭발성 가스 측정에는 측정자 안전이 문제된다.
② 민감도 및 특이도가 낮다.
③ 각 오염물질에 맞는 검지관을 선정해야 하는 불편이 있다.
④ 색 변화가 선명하지 않아 주관적으로 읽을 수 있어 판독자에 따라 변이가 심하다.

해설 검지관의 단점
㉠ 민감도가 낮으며 비교적 고농도에만 적용이 가능하다.
㉡ 특이도가 낮다. 즉, 다른 방해물질의 영향을 받기 쉬워 오차가 크다.
㉢ 색이 시간에 따라 변화하므로 제조자가 정한 시간에 읽어야 한다.
㉣ 각 오염물질에 맞는 검지관을 선정해야 하는 불편이 있다.
㉤ 색 변화가 선명하지 않아 주관적으로 읽을 수 있어 판독자에 따라 변이가 심하다.
㉥ 한 검지관으로 단일물질만을 측정할 수 있어 각 오염물질에 맞는 검지관을 정해야 한다.

03 직독식 기구인 검지관의 사용 시 장점으로 틀린 것은?

① 복잡한 분석이 필요 없고 사용이 간편하다.
② 빠른 시간에 측정결과를 알 수 있다.
③ 물질의 특이도(specificity)가 높다.
④ 맨홀, 밀폐공간에서 유용하게 사용될 수 있다.

해설 검지관의 장점
㉠ 복잡한 분석이 필요 없고 사용이 간편하다.
㉡ 반응시간이 빨라 빠른 시간에 측정결과를 알 수 있다.
㉢ 맨홀, 밀폐공간에서 유용하게 사용될 수 있다.
㉣ 숙련된 산업위생전문가가 아니더라도 어느 정도만 숙지하면 사용할 수 있다.

04 다음 중 검지관법에 대한 설명과 가장 거리가 먼 것은?

① 반응시간이 빨라서 빠른 시간에 측정결과를 알 수 있다.
② 민감도가 낮기 때문에 비교적 고농도에만 적용이 가능하다.
③ 한 검지관으로 여러 물질을 동시에 측정할 수 있는 장점이 있다.
④ 오염물질의 농도에 비례한 검지관의 변색층 길이를 읽어 농도를 측정하는 방법과 검지관 안에서 색 변화와 표준 색표를 비교하여 농도를 결정하는 방법이 있다.

해설 한 검지관으로 단일물질 측정만 가능하며, 각 오염물질에 맞는 검지관을 선정해야 하는 불편이 있다.

05 가스상 물질의 시료 포집 시 사용하는 액체포집방법의 흡수효율을 높이기 위한 방법으로 옳지 않은 것은?

① 시료채취속도를 높여 채취유량을 줄이는 방법
② 채취효율이 좋은 프리티드 버블러 등의 기구를 사용하는 방법
③ 흡수용액의 온도를 낮추어 오염물질의 휘발성을 제한하는 방법
④ 두 개 이상의 버블러를 연속적으로 연결하여 채취효율을 높이는 방법

해설 흡수효율을 높이기 위한 방법
㉠ 흡수용액의 온도를 낮추어 오염물질의 휘발성을 제한한다.
㉡ 두 개 이상의 버블러를 연속적으로 연결하여 사용한다.
㉢ 시료채취속도를 낮게 하여 채취유량을 줄인다.
㉣ 가는 구멍이 많은 프리티드 버블러 등 채취효율이 좋은 기구를 사용한다.

06 흡수용액을 이용하여 시료를 포집할 때 흡수효율을 높이는 방법과 거리가 먼 것은?

① 시료채취유량을 낮춘다.
② 용액의 온도를 높여 오염물질을 휘발시킨다.
③ 가는 구멍이 많은 프리티드 버블러 등 채취 효율이 좋은 기구를 사용한다.
④ 두 개 이상의 버블러를 연속적으로 연결하여 용액의 양을 늘린다.

해설 용액의 온도를 낮추어 오염물질의 휘발을 억제한다.

07 알고 있는 공기 중 농도를 만드는 방법인 Dynamic Method에 관한 내용으로 옳지 않은 것은?

① 온습도 조절이 가능하다.

② 만들기 용이하고 가격이 저렴하다.

③ 다양한 농도 범위에서 제조가 가능하다.

④ 소량의 누출이나 벽면에 의한 손실을 무시할 수 있다.

해설 Dynamics Method

㉠ 알고 있는 공기 중 농도를 만드는 방법이다.
㉡ 다양한 농도 범위에서 제조 가능하다.
㉢ 다양한 실험을 할 수 있으며 가스, 증기, 에어로졸 실험도 가능하다.
㉣ 소량의 누출이나 벽면에 의한 손실은 무시할 수 있다.
㉤ 온습도 조절이 가능하다.
㉥ 농도 변화를 줄 수 있다.
㉦ 만들기가 복잡하고, 고가이다.
㉧ 지속적인 모니터링이 필요하다.
㉨ 매우 일정한 농도를 유지하기 곤란하다.

08 알고 있는 공기 중 농도 만드는 방법인 Dynamic Method에 관한 설명으로 옳지 않은 것은?

① 소량의 누출이나 벽면에 의한 손실은 무시할 수 있음

② 농도 변화를 줄 수 있음

③ 만들기가 복잡하고 고가임

④ 대개 운반용으로 제작됨

ANSWER | 01 ② 02 ① 03 ③ 04 ③ 05 ① 06 ② 07 ② 08 ④

⊕ 더 풀어보기

산업기사

01 다음 중 가스검지관 특징에 관한 설명으로 틀린 것은?

① 색 변화가 선명하지 않아 주관적으로 읽을 수 있다.

② 반응시간이 빨라 빠른 시간에 측정결과를 알 수 있다.

③ 민감도가 낮아 비교적 고농도에 적용이 가능하다.

④ 특이도가 높아 다른 방해물질의 영향이 크다.

해설 특이도가 낮다. 즉, 다른 방해물질의 영향을 받기 쉬워 오차가 크다.

02 검지관의 장단점에 관한 내용으로 옳지 않은 것은?

① 사용이 간편하고, 복잡한 분석이 필요 없다.

② 맨홀, 밀폐공간 등 산소결핍이나 폭발성 가스로 인한 위험이 있는 경우 사용이 가능하다.

③ 민감도 및 특이도가 낮고 색 변화가 선명하지 않아 판독자에 따라 변이가 심하다.
④ 측정대상물질의 동정이 미리 되어 있지 않아도 측정을 용이하게 할 수 있다.

해설 미리 측정대상물질의 동정이 되어 있어야 측정이 가능하다.

03 검지관 사용의 장점이라 볼 수 없는 것은?

① 사용이 간편하다.
② 전문가가 아니더라도 어느 정도만 숙지하면 사용할 수 있다.
③ 빠른 시간에 측정결과를 알 수 있어 주관적인 판독을 방지할 수 있다.
④ 맨홀, 밀폐 공간에서의 산소 부족 또는 폭발성 가스로 인한 안전이 문제가 될 때 유용하게 사용될 수 있다.

해설 검지관의 장점
㉠ 복잡한 분석이 필요 없고 사용이 간편하다.
㉡ 반응시간이 빨라 빠른 시간에 측정결과를 알 수 있다.
㉢ 맨홀, 밀폐공간에서 유용하게 사용될 수 있다.
㉣ 숙련된 산업위생전문가가 아니더라도 어느 정도만 숙지하면 사용할 수 있다.

04 검지관에 관한 설명으로 틀린 것은?

① 특이도가 높다.
② 비교적 고농도에만 적용이 가능하다.
③ 다른 방해물질의 영향을 받기 쉬다.
④ 한 검지관으로 단일물질만을 측정할 수 있어 각 오염물질에 맞는 검지관을 정해야 한다.

해설 특이도가 낮다.

05 검지관 사용 시 단점이라 볼 수 없는 것은?

① 밀폐공간에서 산소 부족 또는 폭발성 가스 측정에는 측정자 안전이 문제된다.
② 민감도 및 특이도가 낮다.
③ 각 오염물질에 맞는 검지관을 선정해야 하는 불편이 있다.
④ 색 변화가 선명하지 않아 주관적으로 읽을 수 있어 판독자에 따라 변이가 심하다.

해설 숙련된 산업위생전문가가 아니더라도 어느 정도만 숙지하면 사용할 수 있어 측정자 안전에는 문제가 없다.

06 다음 중 검지관 측정법의 장단점으로 틀린 것은?

① 숙련된 산업위생전문가가 아니더라도 어느 정도만 숙지하면 사용할 수 있다.
② 특이도가 낮다. 즉, 다른 방해물질의 영향을 받기 쉬워 오차가 크다.
③ 측정대상물질의 동정 없이도 측정이 용이하다.
④ 밀폐공간에서 산소 부족 또는 폭발성 가스로 인한 안전이 문제가 될 때 유용하게 사용될 수 있다.

07 검지관의 장점에 대한 설명으로 틀린 것은?

① 사용이 간편하다.

② 특이도가 높다

③ 반응시간이 빠르다 .

④ 숙련된 산업위생전문가가 아니더라도 어느 정도 숙지하면 사용할 수 있다.

해설 특이도가 낮다.

08 검지관의 단점이라 볼 수 없는 것은?

① 민감도와 특이도가 낮다.

② 각 오염물질에 맞는 검지관을 선정해야 하는 불편이 있을 수 있다.

③ 밀폐공간에서의 산소 부족, 폭발성 가스로 이한 안전 문제가 되는 곳은 사용할 수 없다.

④ 색 변화가 선명하지 않아 주관적으로 읽을 수 있어 판독자에 따라 변이가 심하다.

해설 검지관의 단점

㉠ 민감도가 낮으며 비교적 고농도에만 적용이 가능하다.
㉡ 특이도가 낮다. 즉, 다른 방해물질의 영향을 받기 쉬워 오차가 크다.
㉢ 색이 시간에 따라 변화하므로 제조자가 정한 시간에 읽어야 한다.
㉣ 각 오염물질에 맞는 검지관을 선정해야 하는 불편이 있다.
㉤ 색 변화가 선명하지 않아 주관적으로 읽을 수 있어 판독자에 따라 변이가 심하다.
㉥ 한 검지관으로 단일물질만을 측정할 수 있어 각 오염물질에 맞는 검지관을 정해야 한다.
㉦ 미리 측정대상물질의 동정이 되어 있어야 측정이 가능하다.

09 가스상 물질의 시료 포집 시 사용하는 액체포집방법의 흡수효율을 높이기 위한 방법으로 맞지 않은 것은?

① 흡수용액의 온도를 낮추어 오염물질의 휘발성을 제한하는 방법

② 두 개 이상의 버블러를 연속적으로 연결하여 채취효율을 높이는 방법

③ 시료채취속도를 높여 채취유량을 줄이는 방법

④ 채취효율이 좋은 프리티드 버블러 등의 기구를 사용하는 방법

해설 흡수효율을 높이기 위한 방법

㉠ 흡수용액의 온도를 낮추어 오염물질의 휘발성을 제한한다.
㉡ 두 개 이상의 버블러를 연속적으로 연결하여 사용한다.
㉢ 시료채취속도를 낮게 하여 채취유량을 줄인다.
㉣ 가는 구멍이 많은 프리티드 버블러 등 채취효율이 좋은 기구를 사용한다.

10 알고 있는 공기 중 농도를 만들기 위한 방법인 Dynamic Method에 관한 설명으로 가장 거리가 먼 것은?

① 일정한 용기에 원하는 농도의 가스상 물질을 집어넣어 알고 있는 농도를 제조한다.

② 다양한 농도 범위에서 제조 가능하다.

③ 지속적인 모니터링이 필요하다.
④ 다양한 실험을 할 수 있으며 가스, 증기, 에어로졸 실험도 가능하다.

해설 Dynamic Method는 알고 있는 공기 중 농도를 만드는 방법이다.

ANSWER | 01 ④ 02 ④ 03 ③ 04 ① 05 ① 06 ③ 07 ② 08 ③ 09 ③ 10 ①

기 사

01 작업장 내의 오염물질 측정방법인 검지관법에 관한 설명으로 틀린 것은?
① 민감도가 높다.
② 특이도가 낮다.
③ 색 변화가 선명하지 않아 주관적으로 읽을 수 있다.
④ 검지관은 한 가지 물질에 반응할 수 있도록 제조되어 있어 측정대상물질의 동정이 되어 있어야 한다.

해설 검지관은 민감도가 낮다.

02 검지관의 장단점으로 틀린 것은?
① 민감도가 낮으며 비교적 고농도에 적용이 가능하다.
② 측정대상물질의 동정이 미리 되어 있지 않아도 측정이 가능하다.
③ 색이 시간에 따라 변화하므로 제조자가 정한 시간에 읽어야 한다.
④ 특이도가 낮다. 즉, 다른 방해물질의 영향을 받기 쉬워 오차가 크다.

해설 미리 측정대상물질의 동정이 되어 있어야 측정이 가능하다.

03 작업장 내의 오염물질 측정방법인 검지관법에 대한 설명으로 옳지 않은 것은?
① 민감도가 낮다.
② 특이도가 낮다.
③ 측정대상오염물질의 동정 없이 간편하게 측정할 수 있다.
④ 맨홀, 밀폐 공간에서의 산소가 부족하거나 폭발성 가스로 인하여 안전이 문제가 될 때 유용하게 사용될 수 있다.

04 검지관 사용 시 장단점으로 가장 거리가 먼 것은?
① 숙련된 산업위생전문가가 아니더라도 어느 정도만 숙지하면 사용할 수 있다.
② 민감도가 낮아 비교적 고농도에 적용이 가능하다.
③ 특이도가 낮아 다른 방해물질의 영향을 받기 쉽다.
④ 측정대상물질의 동정 없이 측정이 용이하다.

05 옥내 작업장의 유해가스를 신속히 측정하기 위한 가스 검지관에 관한 내용으로 틀린 것은?

① 민감도가 낮으며 비교적 고농도에만 적용이 가능하다.

② 특이도가 낮다. 즉, 다른 방해물질의 영향을 받기 쉬워 오차가 크다.

③ 측정대상물질의 동정이 되어 있이 않아도 다양한 오염물질의 측정이 가능하다.

④ 숙련된 산업위생전문가가 아니더라도 어느 정도만 숙지하면 사용할 수 있다.

06 다음 중 검지관법의 특성으로 가장 거리가 먼 것은?

① 색 변화가 시간에 따라 변하므로 제조자가 정한 시간에 읽어야 한다.

② 산업위생전문가의 지도 아래 사용되어야 한다.

③ 특이도가 낮다.

④ 다른 방해물질의 영향을 받지 않아 단시간 측정이 가능하다.

해설 특이도가 낮아 다른 방해물질의 영향을 받기 쉽다. 비전문가도 어느 정도 숙지하면 사용할 수 있지만 산업위생전문가의 지도 아래 사용되어야 한다.

07 가스상 물질 흡수액의 흡수효율을 높이기 위한 방법으로 옳지 않은 것은?

① 가는 구멍이 많은 프리티드 버블러 등 채취효율이 좋은 기구를 사용한다.

② 시료채취속도를 높인다.

③ 용액의 온도를 낮춘다.

④ 두 개 이상의 버블러를 연속적으로 연결한다.

해설 흡수효율을 높이기 위한 방법

㉠ 흡수용액의 온도를 낮추어 오염물질의 휘발성을 제한한다.

㉡ 두 개 이상의 버블러를 연속적으로 연결하여 사용한다.

㉢ 시료채취속도를 낮게 하여 채취유량을 줄인다.

㉣ 가는 구멍이 많은 프리티드 버블러 등 채취효율이 좋은 기구를 사용한다.

08 흡수용액을 이용하여 시료를 포집할 때 흡수효율을 높이는 방법과 거리가 먼 것은?

① 용액의 온도를 높여 오염물질을 휘발시킨다.

② 시료채취유량을 낮춘다.

③ 가는 구멍이 많은 프리티드 버블러 등 채취효율이 좋은 기구를 사용한다.

④ 두 개 이상의 버블러를 연속적으로 연결하여 용액의 양을 늘린다.

해설 흡수용액의 온도를 낮추어 오염물질의 휘발성을 제한한다.

09 알고 있는 공기 중 농도를 만드는 방법인 Dynamic Method에 관한 내용으로 틀린 것은?

① 만들기가 복잡하고 고가이다.

② 온습도 조절이 가능하다.

③ 소량의 누출이나 벽면에 의한 손실은 무시할 수 있다.

④ 대개 운반용으로 제작하기가 용이하다.

해설 Dynamics Method

㉠ 알고 있는 공기 중 농도를 만드는 방법이다.
㉡ 다양한 농도범위에서 제조 가능하다.
㉢ 다양한 실험을 할 수 있으며 가스, 증기, 에어로졸 실험도 가능하다.
㉣ 소량의 누출이나 벽면에 의한 손실은 무시할 수 있다.
㉤ 온습도 조절이 가능하다.
㉥ 농도 변화를 줄 수 있다.
㉦ 만들기가 복잡하고, 고가이다.
㉧ 지속적인 모니터링이 필요하다.
㉨ 매우 일정한 농도를 유지하기 곤란하다.

10 연속적으로 일정한 농도를 유지하면서 만드는 방법 중 Dynamic Method에 관한 설명으로 틀린 것은?

① 농도 변화를 줄 수 있다.

② 대개 운반용으로 제작된다.

③ 만들기가 복잡하고, 고가이다.

④ 소량의 누출이나 벽면에 의한 손실은 무시할 수 있다.

11 흡수액을 이용하여 액체를 포집한 후 시료를 분석한 결과 다음과 같은 수치를 얻었다. 이 물질의 공기 중 농도는?

- 시료에서 정량된 분석량 : 40.5μg
- 공시료에서 정량된 분석량 : 6.25μg
- 시작 시 유량 : 1.2L/min
- 종료 시 유량 : 1.0L/min
- 포집효율 : 80%
- 포집시간 : 389분

① $0.1mg/m^3$ ② $0.2mg/m^3$ ③ $0.3mg/m^3$ ④ $0.4mg/m^3$

해설 $X(mg/m^3) = \dfrac{(40.5-6.25)\mu g}{1.1L/min \times 389min \times 0.8} = 0.1\mu g/L = 0.1mg/m^3$

ANSWER | 01 ① 02 ② 03 ③ 04 ④ 05 ③ 06 ④ 07 ② 08 ① 09 ④ 10 ② 11 ①

THEMA 35 평가 및 통계

1. 산업위생 통계 대푯값

① 산술평균(M)

㉠ 평균을 구하려면 모든 수치를 합하고 그것을 총 개수로 나누면 된다.

㉡ 계산식

$$M = \frac{x_1 + x_2 + \dots + x_n}{N} = \frac{\sum_{i=1}^{N} x_i}{N}$$

여기서, M : 산술평균, N : 개수

② 가중평균($\overline{X}$)

㉠ 실제 작업환경 중 유해물질 농도의 평균은 작업시간별 농도가 다르기 때문에 시간가중평균으로 산출한다.

㉡ 계산식

$$\overline{X} = \frac{n_1 \overline{x_1} + n_2 \overline{x_2}}{n_1 + n_2}$$

여기서, n_1, n_2 : 두 자료의 개수, $\overline{x_1}$, $\overline{x_2}$: 평균치

③ 기하평균(GM)

㉠ N개의 측정치 x_1, x_2, ⋯, x_n이 있을 때 이들 곱의 N제곱근을 기하평균이라 한다.

㉡ 관계식

$$GM = \sqrt[n]{x_1 \times x_2 \times x_3 \cdots x_n}$$

$$\log(GM) = \frac{\log X_1 + \log X_2 + \cdots + \log X_n}{N}$$

④ 중앙치(Median)

㉠ N개의 측정치를 크기의 순서대로 배열하였을 때 중앙에 오는 값을 중앙치 또는 중위수(Median)라고 한다.

㉡ N이 홀수일 때는 $\frac{N+1}{2}$번째의 측정치 $\frac{x_N + 1}{x}$이 중앙치이며, N이 짝수일 때는 $\frac{N}{2}$번째의 측정치와 $\frac{N+1}{2}$번째의 측정치의 산술평균 $\frac{1}{2}(x_{\frac{N}{2}} + x_{\frac{N+1}{2}})$을 중앙치로 한다.

⑤ 최빈치(M_o) : 변량의 측정치 중에서 도수가 가장 큰 것을 최빈치 또는 유행치라고 한다. 기호는 M_o로서 표시한다.

2. 산포도

측정치의 대표치로서 평균과 함께 잘 쓰이는 것은 산포도이다. 산포도는 평균 가까이에 모여 분포하고 있는지 혹은 흩어져 분포하고 있는 것인지를 측정하는 것이다. 그림에서 B는 A보다 넓게 흩어져 있으므로 A보다 산포도가 크다.

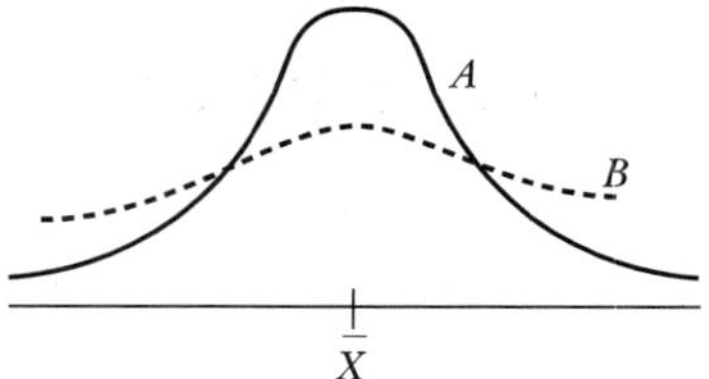

① 표준편차(SD)

㉠ 자료의 산포도를 나타내는 수치이다.

㉡ 관계식

$$\text{표준편차(SD)} = \sqrt{\frac{\sum_{i=1}^{n}(x_i - \bar{x})^2}{N-1}}$$

② 표준오차(SE)

㉠ 표본평균치들의 표준편차를 표준오차(Standard Error)라고 부르며, 평균이 얼마나 정확한지를 알 수 있다.

㉡ 관계식

$$\text{표준오차(SE)} = \frac{SD}{\sqrt{N}}$$

여기서, SD : 표준편차, N : 자료의 수

③ 변위계수(CV)

㉠ 통계집단의 측정값들에 대한 균일성, 정밀성 정도를 표현한 값이다.

㉡ 평균값에 대한 표준편차의 크기를 백분율(%)로 나타낸 수치이다.

㉢ 변이계수는 %로 표현되므로 측정단위와 무관하게 독립적으로 산출된다.

㉣ 평균값의 크기가 0에 가까울수록 변이계수의 의의는 작아진다.

㉤ 단위가 서로 다른 집단이나 특성값의 상호산포도를 비교하는 데 이용될 수 있다.

$$\text{변위계수} = \frac{\text{표준편차}}{\text{산술평균}} \times 100$$

3. 자료의 분석

① 정규분포(Normal Distribution)

㉠ 자료분포의 형태가 평균을 중심으로 좌우대칭인 종모양을 이루는 분포

㉡ 일반적인 자료의 통계 처리에 이용

② 대수정규분포(Log Normal Distribution)

㉠ 자료분포의 형태가 좌측 또는 우측 방향으로 비대칭이며, 한쪽으로 무한히 뻗어 있는 분포 형태

㉡ 임의변수들의 누적분포를 대수정규확률지에 그리면 직선으로 나타남

㉢ 산업위생통계에서 많이 이용(먼지, 입자상 물질, 석면, 벤젠, 방사성 물질 농도 등)

연습문제

01 노출 대수정규분포에서 평균 노출을 가장 잘 나타내는 대푯값은?

① 기하평균 ② 산술평균 ③ 기하표준편차 ④ 범위

해설 산술평균(M)
평균을 구하려면 모든 수치를 합하고 그것을 총 개수로 나누면 된다. 노출 대수정규분포에서 평균 노출을 가장 잘 나타내는 대푯값이다.

02 통계자료 표에서 M±SD는 무엇을 의미하는가?

① 평균치와 표준편차 ② 평균치와 표준오차
③ 최빈치와 표준편차 ④ 중앙치와 표준오차

03 측정결과의 통계처리를 위한 산포도 측정방법에는 변량 상호 간의 차이에 의하여 측정하는 방법과 평균값에 대한 변량의 편차에 의한 측정방법이 있다. 다음 중 변량 상호 간의 차이에 의하여 산포도를 측정하는 방법으로 가장 옳은 것은?

① 평균차 ② 분산 ③ 변이계수 ④ 표준편차

해설 산포도 측정방법
㉠ 변량 상호 간의 차이에 의하여 산포도를 측정하는 방법
- 평균차
- 범위

㉡ 평균값에 대한 변량의 편차에 의한 측정방법
- 변이계수
- 분산
- 평균편차
- 표준편차

04 다음 중 대푯값에 대한 설명이 잘못된 것은?

① 측정값 중 빈도가 가장 많은 수가 최빈값이다.
② 가중평균은 빈도를 가중치로 택하여 평균값을 계산한다.
③ 중앙값은 측정값을 모두 나열하였을 때 중앙에 위치하는 측정값이다.
④ 기하평균은 n개의 측정값이 있을 때 이들의 합을 개수로 나눈 값으로 산업위생분야에서 많이 사용한다.

해설 기하평균은 n개의 측정값이 있을 때 이들 곱의 N제곱근을 기하평균이라 한다.

05 측정방법의 정밀도를 평가하는 변이계수(CV : Coefficient of Variation)를 알맞게 나타낸 것은?

① 표준편차/산술평균 ② 기하평균/표준편차
③ 표준오차/표준편차 ④ 표준편차/표준오차

해설 $변이계수 = \frac{표준편차}{산술평균}$

06 다음 중 ( ) 안에 들어갈 내용으로 옳은 것은?

> 산업위생통계에서 측정방법의 정밀도는 동일 집단에 속한 여러 개의 시료를 분석하여 평균치와 표준편차를 계산하고 표준편차를 평균치로 나눈 값, 즉 ( )로 평가한다.

① 분산수 ② 기하평균치 ③ 변이계수 ④ 표준오차

07 "변이계수"에 관한 설명으로 틀린 것은?

① 평균값의 크기가 0에 가까울수록 변이계수의 의의는 커진다.
② 측정단위와 무관하게 독립적으로 산출된다.
③ 변이계수는 %로 표현된다.
④ 통계집단의 측정값들에 대한 균일성, 정밀성 정도를 표현하는 것이다.

해설 평균값의 크기가 0에 가까울수록 변이계수의 의의는 작아진다.

08 다음 중 작업환경측정치의 통계처리에 활용되는 변이계수에 관한 설명과 가장 거리가 먼 것은?

① 평균값의 크기가 0에 가까울수록 변이계수의 의의는 작아진다.
② 측정단위와 무관하게 독립적으로 산출되며 백분율로 나타낸다.
③ 단위가 서로 다른 집단이나 특성값의 상호산포도를 비교하는 데 이용될 수 있다.
④ 편차의 제곱 합들의 평균값으로 통계집단의 측정값들에 대한 균일성, 정밀성 정도를 표현한다.

해설 변위계수(CV)

㉠ 통계집단의 측정값들에 대한 균일성, 정밀성 정도를 표현한 값이다.
㉡ 평균값에 대한 표준편차의 크기를 백분율(%)로 나타낸 수치이다.
㉢ 변이계수는 %로 표현되므로 측정단위와 무관하게 독립적으로 산출된다.
㉣ 평균값의 크기가 0에 가까울수록 변이계수의 의의는 작아진다.
㉤ 단위가 서로 다른 집단이나 특성값의 상호산포도를 비교하는 데 이용될 수 있다.

09 어느 작업장에서 소음의 음압수준(dB)을 측정한 결과 85, 87, 84, 86, 89, 81, 82, 84, 83, 88일 때, 중앙값은 몇 dB인가?

① 83.5 ② 84 ③ 84.5 ④ 84.9

해설 측정한 결과를 순서대로 나열하면
81, 82, 83, 84, 84, 85, 86, 87, 88, 89

$\therefore 중앙값 = \frac{84+85}{2} = 84.5\text{dB}$

10 어느 가구공장의 소음을 측정한 결과 측정치가 다음과 같았다면 이 공장 소음의 중앙값(median)는?

82dB(A), 90dB(A), 69dB(A), 84dB(A), 91dB(A), 85dB(A), 93dB(A), 88dB(A), 95dB(A)

① 91dB(A) ② 90dB(A) ③ 88dB(A) ④ 86dB(A)

해설 측정한 결과를 순서대로 나열하면
69, 82, 84, 85, 88, 90, 91, 93, 95
∴ 중앙값=88dB(A)

11 어느 작업장의 벤젠농도를 5회 측정한 결과가 30, 33, 29, 27, 31ppm이었다면 기하평균농도(ppm)는?

① 29.9 ② 30.5 ③ 30.9 ④ 31.1

해설 기하평균(GM)

$$GM = \sqrt[5]{(30\times33\times29\times27\times31)} = 29.93\text{ppm}$$

다른 풀이

$$\log(GM) = \frac{\log X_1 + \log X_2 + \cdots + \log X_n}{N} = \frac{\log30+\log33+\log29+\log27+\log31}{5} = 1.476$$

$$\therefore\ GM = 10^{1.476} = 29.92\text{ppm}$$

12 작업환경공기 중의 벤젠농도를 측정하였더니 8mg/m^3, 5mg/m^3, 7mg/m^3, 3ppm, 6mg/m^3 이었다. 이들 값의 기하평균치(mg/m^3)는?(단, 벤젠의 분자량은 78이고, 기온은 25℃이다.)

① 약 7.4 ② 약 6.9 ③ 약 5.3 ④ 약 4.8

해설 기하평균(GM)

$$GM = \sqrt[5]{(8\times5\times7\times9.57\times6)} = 6.94\text{mg/m}^3$$

여기서, $X(\text{mg/m}^3) = \frac{3\text{mL}}{\text{m}^3}\left|\frac{78\text{mg}}{24.45\text{mL}}\right. = 9.57\text{mg/m}^3$

13 유기용제 작업장에서 측정한 톨루엔 농도가 65, 150, 175, 63, 83, 112, 58, 49, 205, 178ppm일 때, 산술평균과 기하평균값은 약 몇 ppm인가?

① 산술평균 108.4, 기하평균 100.4 ② 산술평균 108.4, 기하평균 117.6
③ 산술평균 113.8, 기하평균 100.4 ④ 산술평균 113.8, 기하평균 117.6

해설 ㉠ 산술평균$= \frac{65+150+175+63+83+112+58+49+205+178}{10} = 113.8$

㉡ 기하평균$= \sqrt[10]{(65\times150\times175\times63\times83\times112\times58\times49\times205\times178)} = 100.35\text{ppm}$

ANSWER | 01 ② 02 ① 03 ① 04 ④ 05 ① 06 ③ 07 ① 08 ④ 09 ③ 10 ③ 11 ① 12 ② 13 ③

더 풀어보기

산업기사

01 한 작업장의 분진농도를 측정한 결과 2.3, 2.2, 2.5, 5.2, 3.3mg/m³이었다. 이 작업장 분진농도의 기하평균값(mg/m³)은?

① 약 3.43 ② 약 3.34 ③ 약 3.13 ④ 약 2.93

해설 기하평균(GM)

$$GM = \sqrt[5]{(2.3 \times 2.2 \times 2.5 \times 5.2 \times 3.3)} = 2.9\text{mg/m}^3$$

다른 풀이

$$\log(GM) = \frac{\log X_1 + \log X_2 + \cdots + \log X_n}{N} = \frac{\log 2.3 + \log 2.2 + \log 2.5 + \log 5.2 + \log 3.3}{5} = 0.476$$

$$\therefore \ GM = 10^{0.476} = 2.93\text{ppm}$$

02 작업환경 공기 중의 벤젠농도를 측정하였더니 8mg/m³, 5mg/m³, 7mg/m³, 3mg/m³, 6mg/m³이었다. 이들 값의 기하평균치(mg/m³)는?

① 5.3 ② 5.5 ③ 5.7 ④ 5.9

해설 기하평균(GM)

$$GM = \sqrt[5]{(8 \times 5 \times 7 \times 3 \times 6)} = 5.50\text{mg/m}^3$$

03 주물공장에서 근로자에게 노출되는 호흡성 먼지를 측정한 결과(mg/m³)가 다음과 같았다면 기하평균농도(mg/m³)는?

2.5, 2.1, 3.1, 5.2, 7.2

① 3.6 ② 3.8 ③ 4.0 ④ 4.2

해설 기하평균(GM)

$$GM = \sqrt[5]{(2.5 \times 2.1 \times 3.1 \times 5.2 \times 7.2)} = 3.6\text{mg/m}^3$$

04 작업환경 공기 중의 톨루엔 농도를 측정하였더니 8mg/m³, 5mg/m³, 7mg/m³, 3mg/m³, 4mg/m³이었다. 이들 값의 기하평균치(mg/m³)는?

① 3.07 ② 4.09 ③ 5.07 ④ 6.09

해설 기하평균(GM)

$$GM = \sqrt[5]{(8 \times 5 \times 7 \times 3 \times 4)} = 5.07\text{mg/m}^3$$

05 통계집단의 측정값들에 대한 균일성, 정밀성 정도를 표현하는 변이계수(%)의 산출식으로 맞는 것은?

① (표준편차/산술평균)×100
② (표준편차/기하평균)×100
③ (표준오차/산술평균)×100
④ (표준오차/기하평균)×100

해설 변이계수 = $\frac{\text{표준편차}}{\text{산술평균}}$

06 변이계수에 관한 설명으로 틀린 것은?

① 통계집단의 측정값들에 대한 균일성, 정밀성 정도를 표현한 값이다.
② 평균값에 대한 표준편차의 크기를 백분율로 나타낸 수치이다.
③ 변이계수는 %로 표현되므로 측정단위와 무관하게 독립적으로 산출된다.
④ 평균값의 크기가 0에 가까울수록 변이계수의 의의는 커진다.

해설 평균값의 크기가 0에 가까울수록 변이계수의 의의는 작아진다.

07 변이계수에 관한 설명으로 옳지 않은 것은?

① 통계집단의 측정값들에 대한 균일성, 정밀성 정도를 표현한다.
② 평균값의 크기가 0에 가까울수록 변이계수의 의의는 커진다.
③ 단위가 서로 다른 집단이나 특성값의 상호산포도를 비교하는 데 이용될 수 있다.
④ 변이계수(%)=(표준편차/산술평균)×100으로 계산된다.

08 우리나라 작업장 내 공기 중의 석면섬유, 먼지, 입자상 물질, 벤젠, 그리고 방사성 물질 등의 농도와 대기 중 이산화황 농도의 측정 결과를 분포화시킬 때 볼 수 있는 산업위생통계의 일반적인 분표는?

① 정규분포
② 대수정규분포
③ t-분포
④ f-분포

해설 대수정규분포(Log Normal Distribution)

㉠ 자료분포의 형태가 좌측 또는 우측 방향으로 비대칭이며, 한쪽으로 무한히 뻗어 있는 분포 형태
㉡ 임의변수들의 누적분포를 대수정규확률지에 그리면 직선으로 나타남
㉢ 산업위생통계에서 많이 이용(먼지, 입자상 물질, 석면, 벤젠, 방사성 물질 농도 등)

ANSWER | 01 ④ 02 ② 03 ① 04 ③ 05 ① 06 ④ 07 ② 08 ②

기 사

01 어느 작업장에서 A물질의 농도를 측정한 결과 각각 23.9ppm, 21.6ppm, 22.4ppm, 24.1ppm, 22.7ppm, 25.4ppm을 얻었다. 측정 결과에서 중앙값(median)은 몇 ppm인가?

① 23.0 ② 23.1 ③ 23.3 ④ 23.5

해설 측정한 결과를 순서대로 나열하면
21.6, 22.4, 22.7, 23.9, 24.1, 25.4
$\therefore$ 중앙값$=\dfrac{(22.7+23.9)}{2}=23.3\text{dB}$

02 측정값이 17, 5, 3, 13, 8, 7, 12, 10일 때, 통계적인 대푯값 9.0은 다음 중 어느 통계치에 해당되는가?

① 최빈값 ② 중앙값 ③ 산술평균 ④ 기하평균

해설 측정한 결과를 순서대로 나열하면
3, 5, 7, 8, 10, 12, 13, 17
$\therefore$ 중앙값$=\dfrac{(8+10)}{2}=9$

03 어느 작업장에서 Trichloroethylene의 농도를 측정한 결과 23.3ppm, 21.6ppm, 22.4ppm, 24.1ppm, 22.7ppm, 25.4ppm을 각각 얻었다. 중앙치(median)는?

① 23.0ppm ② 23.2ppm ③ 23.5ppm ④ 23.8ppm

해설 측정한 결과를 순서대로 나열하면
21.6, 22.4, 22.7, 23.3, 24.1, 25.4
$\therefore$ 중앙값$=\dfrac{(22.7+23.3)}{2}=23$

04 어느 자동차공장의 프레스반 소음을 측정한 결과 측정치가 다음과 같았다면 이 프레스반 소음의 중앙치(Median)는?

79dB(A), 80dB(A), 77dB(A), 82dB(A), 88dB(A), 81dB(A), 84dB(A), 76dB(A)

① 80.5dB(A) ② 81.5dB(A) ③ 82.5dB(A) ④ 83.5dB(A)

해설 측정한 결과를 순서대로 나열하면
76, 77, 79, 80, 81, 82, 84, 88
$\therefore$ 중앙값$=\dfrac{(80+81)}{2}=80.5\text{dB(A)}$

05 어느 작업장에서 Toluene의 농도를 측정한 결과 23.2ppm, 21.6ppm, 22.4ppm, 24.1ppm, 22.7ppm을 각각 얻었다. 기하평균 농도(ppm)는?

① 22.8 ② 23.3 ③ 23.6 ④ 23.9

해설 기하평균(GM)
$\text{GM}=\sqrt[5]{(23.2\times21.6\times22.4\times24.1\times22.7)}=22.8\text{ppm}$

06 어느 작업장의 n-Hexane의 농도를 측정한 결과가 24.5ppm, 20.2ppm, 25.1ppm, 22.4ppm, 23.9ppm일 때, 기하평균값은 약 몇 ppm인가?

① 21.2　　② 22.8　　③ 23.2　　④ 24.1

해설 기하평균(GM)

$GM = \sqrt[5]{(24.5 \times 20.2 \times 25.1 \times 22.4 \times 23.9)} = 23.15\text{ppm}$

07 화학공장의 작업장 내에 먼지 농도를 측정하였더니 5, 6, 5, 6, 6, 6, 4, 8, 9, 8ppm일 때, 측정치의 기하평균은 약 몇 ppm인가?

① 5.13　　② 5.83　　③ 6.13　　④ 6.83

해설 기하평균(GM)

$GM = \sqrt[10]{(5 \times 6 \times 5 \times 6 \times 6 \times 6 \times 4 \times 8 \times 9 \times 8)} = 6.128\text{ppm}$

08 유기용제 취급 사업장의 메탄올 농도 측정결과가 100, 89, 94, 99, 120ppm일 때, 이 사업장의 메탄올 농도의 기하평균은 약 몇 ppm인가?

① 99.9　　② 102.3　　③ 104.3　　④ 106.3

해설 기하평균(GM)

$GM = \sqrt[5]{(100 \times 89 \times 94 \times 99 \times 120)} = 99.88\text{ppm}$

09 근로자에게 노출되는 호흡성 먼지를 측정한 결과 다음과 같았다. 이때 기하평균 농도는?(단, 단위는 mg/m^3)

2.4,　1.9,　4.5,　3.5,　5.0

① 3.04　　② 3.24　　③ 3.54　　④ 3.74

해설 기하평균(GM)

$GM = \sqrt[5]{(2.4 \times 1.9 \times 4.5 \times 3.5 \times 5.0)} = 3.24\text{mg/m}^3$

10 어느 작업장에 Benzene의 농도를 측정한 결과가 3ppm, 4ppm, 5ppm, 5ppm, 4ppm이었다면 이 측정값들의 기하평균(ppm)은?

① 약 4.13　　② 약 4.23　　③ 약 4.33　　④ 약 4.33

해설 기하평균(GM)

$GM = \sqrt[5]{(3 \times 4 \times 5 \times 5 \times 4)} = 4.13\text{ppm}$

11 어느 작업장의 n-Hexane의 농도를 측정한 결과 21.6ppm, 23.2ppm, 24.1ppm, 22.4ppm, 25.9ppm을 각각 얻었다. 기하평균치(ppm)는?

① 23.4 ② 23.9 ③ 24.2 ④ 24.5

해설 기하평균(GM)

$GM = \sqrt[5]{(21.6 \times 23.2 \times 24.1 \times 22.4 \times 25.9)} = 23.39ppm$

12 유기용제 취급사업장의 메탄올 농도가 100.2, 89.3, 94.5, 99.8, 120.5ppm이다. 이 사업장의 기하평균 농도는?

① 약 100.3ppm ② 약 101.3ppm

③ 약 102.3ppm ④ 약 103.3ppm

해설 기하평균(GM)

$GM = \sqrt[5]{(100.2 \times 89.3 \times 94.5 \times 99.8 \times 120.5)} = 100.33ppm$

13 다음은 서울 종로 혜화동 전철역에서 측정한 오존의 농도(ppm)이다. 기하평균(ppm)은?

5.42, 5.58, 1.26, 0.57, 5.82, 2.24, 3.58, 5.58, 1.15

① 기하평균 : 2.25 ② 기하평균 : 2.65

③ 기하평균 : 3.25 ④ 기하평균 : 3.45

해설 기하평균(GM)

$GM = \sqrt[9]{(5.42 \times 5.58 \times 1.26 \times 0.57 \times 5.82 \times 2.24 \times 3.58 \times 5.58 \times 1.15)} = 2.65ppm$

14 1회 분석의 우연오차의 표준편차를 σ라 하였을 때 n회 평균치의 표준오차는?

① σ/n ② $\sigma\sqrt{n}$ ③ $\sqrt{n}/\sigma$ ④ $\sigma/\sqrt{n}$

해설 $표준오차 = \dfrac{표준편차(\sigma)}{\sqrt{자료의\ 수(n)}}$

15 작업환경측정결과 측정치가 5, 10, 15, 15, 10, 5, 7, 6, 9, 6의 10개일 때 표준편차는?(단, 단위=ppm)

① 약 1.13 ② 약 1.87 ③ 약 2.13 ④ 약 3.76

해설 $표준편차(SD) = \sqrt{\dfrac{\sum_{i=1}^{n}(x_i - \bar{x})^2}{N-1}}$

㉠ $산술평균 = \dfrac{5+10+15+15+10+5+7+6+9+6}{10} = 8.8ppm$

㉡ $표준편차(SD) = \sqrt{\dfrac{(5-8.8)^2 + (10-8.8)^2 + (15-8.8)^2 + (15-8.8)^2 + \cdots + (10-8.8)^2}{10-1}} = 3.77$

16 어느 자료로 대수정규누적분포도를 그렸을 때 누적퍼센트 84.1%에 해당 되는 값이 3.75이고 기하표준편차가 1.5라면 기하평균은?

① 0.4 ② 5.3 ③ 5.6 ④ 2.5

해설 $\text{기하평균} = \dfrac{\text{84.1\%에 해당하는 값}}{\text{기하표준편차}} = \dfrac{3.75}{1.5} = 2.5$

17 통계집단의 측정값들에 대한 균일성, 정밀성의 정도를 표현하는 것으로 평균값에 대한 표준편차의 크기를 백분율로 나타낸 수치는?

① 신뢰한계도 ② 표준분산도 ③ 변이계수 ④ 평차분산율

해설 $\text{변이계수} = \dfrac{\text{표준편차}}{\text{산술평균}}$

18 측정값이 1, 7, 5, 3, 9일 때, 변이계수는 약 몇 %인가?

① 13 ② 63 ③ 133 ④ 183

해설 $\text{변이계수} = \dfrac{\text{표준편차}}{\text{산술평균}} \times 100$

㉠ $\text{산술평균} = \dfrac{(1+7+5+3+9)}{5} = 5$

㉡ $\text{표준편차} = \left(\dfrac{(1-5)^2+(7-5)^2+(5-5)^2+(3-5)^2+(9-5)^2}{(5-1)}\right)^{0.5} = 3.16$

$\therefore \text{변이계수} = \dfrac{3.16}{5} \times 100 = 63.25\%$

19 작업환경측정결과 측정치가 다음과 같을 때, 평균편차는 얼마인가?

7, 5, 15, 20, 8

① 2.8 ② 5.2 ③ 11 ④ 17

해설 평균편차는 각 측정치가 평균에서의 차의 절댓값을 평균한 값으로 산포도의 한 개념이다.

$\text{산술평균} = \dfrac{(7+5+15+20+8)}{5} = 11$

$\text{평균편차} = \dfrac{|7-11|+|5-11|+|15-11|+|20-11|+|8-11|}{5} = 5.2$

20 산업위생통계에서 적용하는 변이계수에 대한 설명으로 틀린 것은?

① 통계집단의 측정값들에 대한 균일성, 정밀성 정도를 표현하는 것이다.

② 표준오차에 대한 평균값의 크기를 나타낸 수치이다.

③ 단위가 서로 다른 집단이나 특성값의 상호산포도를 비교하는 데 이용될 수 있다.

④ 평균값의 크기가 0에 가까울수록 변이계수의 의의가 작아지는 단점이 있다.

해설 변위계수(CV)

㉠ 통계집단의 측정값들에 대한 균일성, 정밀성 정도를 표현한 값이다.
㉡ 평균값에 대한 표준편차의 크기를 백분율(%)로 나타낸 수치이다.
㉢ 변이계수는 %로 표현되므로 측정단위와 무관하게 독립적으로 산출된다.
㉣ 평균값의 크기가 0에 가까울수록 변이계수의 의의는 작아진다.
㉤ 단위가 서로 다른 집단이나 특성값의 상호산포도를 비교하는 데 이용될 수 있다.

21 통계집단의 측정값들에 대한 균일성, 정밀성 정도를 표현하는 것으로 평균값에 대한 표준편차의 크기를 백분율로 나타낸 수치는?

① 신뢰한계도
② 표준분산도
③ 변이계수
④ 편차분산율

22 두 집단의 어떤 유해물질의 측정값이 아래 도표와 같은 때 두 집단의 표준편차의 크기 비교에 대한 설명 중 옳은 것은?

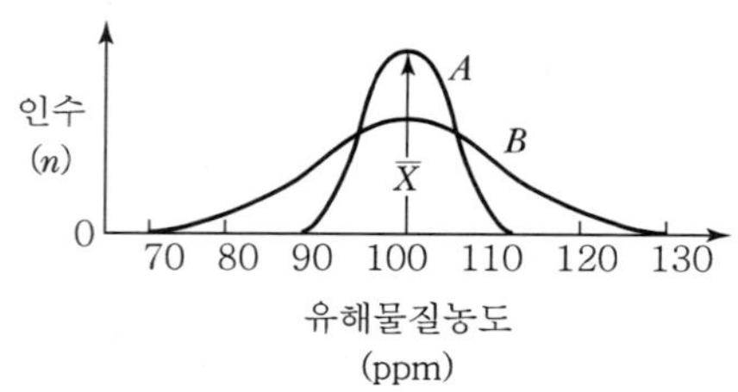

① A집단과 B집단은 서로 같다.
② A집단의 경우가 B집단의 경우보다 크다.
③ A집단의 경우가 B집단의 경우보다 작다.
④ 주어진 도표만으로 판단하기 어렵다.

해설 표준편차가 0에 가까울수록 측정값이 동일한 크기이며 표준편차가 클수록 평균에서 멀어지는 것을 의미한다.

ANSWER									
01 ③	02 ②	03 ①	04 ①	05 ①	06 ③	07 ③	08 ①	09 ②	10 ①
11 ①	12 ①	13 ②	14 ④	15 ④	16 ④	17 ③	18 ②	19 ②	20 ②
21 ③	22 ③								

THEMA 36 측정자료의 해석

1. 평가

① 측정한 유해인자의 시간가중평균값 및 단시간 노출값을 구한다.

㉠ X_1(시간가중평균값)

$$X_1 = \frac{C_1 \cdot t_1 + C_2 \cdot t_2 + \cdots + C_n \cdot t_n}{8}$$

여기서, C : 유해인자의 측정농도(단위 : ppm, mg/m^3 또는 $개/cm^3$)
t : 유해인자의 발생시간(단위 : 시간)

㉡ X_2(단시간 노출값)

STEL 허용기준이 설정되어 있는 유해인자가 작업시간 내 간헐적(단시간)으로 노출되는 경우에는 15분씩 측정하여 단시간 노출값을 구한다.

※ 단, 시료채취시간(유해인자의 발생시간)은 8시간으로 한다.

② $X_1(X_2)$을 허용기준으로 나누어 Y(표준화값)를 구한다.

$$Y(\text{표준화값}) = \frac{X_1(X_2)}{\text{허용기준}}$$

③ 95%의 신뢰도를 가진 하한치를 계산한다.

$$\text{하한치} = Y - \text{시료채취분석오차}$$

④ 허용기준 초과 여부 판정

㉠ 하한치 > 1일 때 허용기준을 초과한 것으로 판정한다.

㉡ 상기의 값을 구한 경우 이 값이 허용기준 TWA를 초과하고 허용기준 STEL 이하인 때에는 다음 어느 하나 이상에 해당되면 허용기준을 초과한 것으로 판정한다.

- 1회 노출지속시간이 15분 이상인 경우
- 1일 4회를 초과하여 노출되는 경우
- 각 회의 간격이 60분 미만인 경우

2. 위험성 평가방법

① 포화농도(최고농도)

$$포화농도(ppm) = \frac{화학물질의\ 증기압}{760} \times 10^6$$

② 증기화 위험률(VHR : Vapor Hazard Ratio)

$$VHR = \frac{C}{TLV}$$

여기서, $C(ppm) = \left(\frac{해당\ 물질의\ 증기압\ mmHg}{760mmHg} \times 10^6\right)$

TLV(ppm) : 노출기준

③ 증기화 위험지수(VHI)

$$VHI = \log\left(\frac{C}{TLV}\right)$$

연습문제

01 측정결과를 평가하기 위하여 "표준화값"을 산정할 때 적용되는 인자는?(단, 고용노동부 고시 기준)

① 측정농도와 노출기준
② 평균농도와 표준편차
③ 측정농도와 평균농도
④ 측정농도와 표준편차

해설 $표준화값(Y) = \frac{TWA\ or\ STEL}{TLV}$

02 작업환경측정결과의 평가에서 작업시간 전체를 1개의 시료로 측정할 경우의 노출결과 구분이 바르게 표기된 것은?

① 하한치(LCL) > 1일 때 노출기준 미만
② 상한치(UCL) ≤ 1일 때 노출기준 초과
③ 하한치(LCL) ≤ 1, 상한치(UCL) < 1일 때, 노출기준 초과 가능
④ 하한치(LCL) > 1일 때 노출기준 초과

해설 하한치(LCL)의 값이 1보다 클 경우 노출기준을 초과한 것으로 평가한다.

03 근로자의 납 노출을 측정한 결과 8시간 TWA가 0.065mg/m^{3}이었다. 미국 OSHA의 평가방법을 기준으로 신뢰하한값(LCL)과 그에 따른 판정으로 적절한 것은?(단, 시료채취 분석오차는 0.132이고 허용기준은 0.05mg/m^{3}이다.)

① LCL=1.168, 허용기준 초과
② LCL=0.911, 허용기준 미만
③ LCL=0.983, 허용기준 초과 가능
④ LCL=0.584, 허용기준 미만

해설 표준화값(Y) $= \frac{\text{TWA or STEL}}{\text{TLV}} = \frac{0.065}{0.05} = 1.3$

신뢰하한값(LCL) $= \text{Y} - \text{SAE} = 1.3 - 0.132 = 1.168$

∴ 허용기준 초과

04 어느 작업장에 9시간 작업시간 동안 측정한 유해인자의 농도가 0.045mg/m^{3}일 때, 95%의 신뢰도를 가진 하한치는 얼마인가?(단, 유해인자의 노출기준은 0.05mg/m^3, 시료채취 분석오차는 0.132이다.)

① 0.768 ② 0.929 ③ 1.032 ④ 1.258

해설 표준화값(Y) $= \frac{\text{TWA or STEL}}{\text{TLV}} = \frac{0.045}{0.05} = 0.9$

하한값(LCL) $= \text{Y} - \text{SAE} = 0.9 - 0.132 = 0.768$

05 물질 Y가 20℃, 1기압에서 증기압이 0.05mmHg이면, 물질 Y의 공기 중 포화농도는 약 몇 ppm인가?

① 44 ② 66 ③ 88 ④ 102

해설 포화농도 $= \frac{\text{증기압}}{760} \times 10^6 = \frac{0.05}{760} \times 10^6 = 65.79\text{ppm}$

06 Hexane의 부분압이 120mmHg이라면 VHR은 약 얼마인가?(단, Hexane의 OEL=500ppm이다.)

① 271 ② 284 ③ 316 ④ 343

해설 증기화 위험률(VHR) $= \frac{\text{C}}{\text{TLV}}$

∴ 증기화 위험률 $= \frac{\frac{120\text{mmHg}}{760\text{mmHg}} \times 10^6}{500\text{ppm}} = 315.79$

07 톨루엔은 0℃일 때 증기압이 6.8mmHg이고, 25℃일 때는 증기압이 7.4mmHg이다. 기온이 0℃일 때와 25℃일 때의 포화농도 차이는 약 몇 ppm인가?

① 790 ② 810 ③ 830 ④ 850

해설 포화증기농도(ppm) $= \frac{\text{증기압}}{760} \times 10^6$

㉠ 0℃일 때 포화증기농도(ppm) $= \frac{6.8}{760} \times 10^6 = 8,947.37\text{ppm}$

㉡ 25℃일 때 포화증기농도(ppm) $= \frac{7.4}{760} \times 10^6 = 9,736.84\text{ppm}$

∴ 포화농도 차이 $= 9,736.84 - 8,947.37 = 789.47\text{ppm}$

08 절삭작업을 하는 작업장의 오일미스트 농도 측정결과가 아래 표와 같다면 오일미스트의 TWA는 얼마인가?

측정시간	오일미스트 농도(mg/m^3)
09:00-10:00	0
10:00-11:00	1.0
11:00-12:00	1.5
13:00-14:00	1.5
14:00-15:00	2.0
15:00-17:00	4.0
17:00-18:00	5.0

① 3.24mg/m^3
② 2.38mg/m^3
③ 2.16mg/m^3
④ 1.78mg/m^3

해설 $\text{TWA} = \frac{(1\times0)+(1\times1)+(1\times1.5)+(1\times1.5)+(1\times2)+(2\times4)+(1\times5)}{8} = 2.38\text{mg/m}^3$

ANSWER | 01 ① 02 ④ 03 ① 04 ① 05 ② 06 ③ 07 ① 08 ②

더 풀어보기

산업기사

01 납흄에 노출되고 있는 근로자의 납 노출농도를 측정한 결과 0.056mg/m^{3}이었다. 미국 OSHA의 평가방법에 따라 이 근로자의 노출을 평가하면?(단, 시료채취 및 분석오차(SAE) = 0.082이고 납에 대한 허용기준은 0.05mg/m^{3}이다.)

① 판정할 수 없음
② 허용기준을 초과함
③ 허용기준을 초과하지 않음
④ 허용기준을 초과할 가능성이 있음

해설 표준화값(Y) $= \frac{\text{TWA or STEL}}{\text{TLV}} = \frac{0.056}{0.05} = 1.12$

하한값(LCL) $= \text{Y} - \text{SAE} = 1.12 - 0.082 = 1.038$

∴ 하한값이 1 이상이므로 허용기준 초과

02 A물건을 제작하는 공정에서 100% TCE를 사용하고 있다. 작업자의 잘못으로 TCE가 휘발 되었다면 공기 중 TEC 포화농도는?(단, 0℃, 1기압에서 환기가 되지 않고, TCE의 증기압은 19mmHg이다.)

① 19,000ppm ② 22,000ppm ③ 25,000ppm ④ 28,000ppm

해설 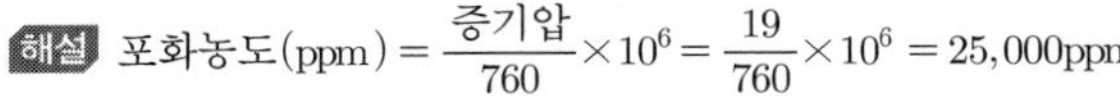

$$포화농도(ppm) = \frac{증기압}{760} \times 10^6 = \frac{19}{760} \times 10^6 = 25,000ppm$$

ANSWER | 01 ② 02 ③

기 사

01 산업위생통계에서 유해물질 농도를 표준화하려면 무엇을 알아야 하는가?

① 측정치와 노출기준 ② 평균치와 표준편차

③ 측정치와 시료수 ④ 기하 평균치와 기하 표준편차

해설 $$표준화값(Y) = \frac{TWA\ or\ STEL}{TLV}$$

02 측정결과를 평가하기 위하여 "표준화값"을 산정할 때 필요한 것은?(단, 고용노동부 고시를 기준으로 한다.)

① 시간가중평균값(단시간 노출값)과 허용기준

② 평균농도와 표준편차

③ 측정농도와 시료채취분석오차

④ 시간가중평균값(단시간 노출값)과 평균농도

03 제관 공장에서 오염물질 A를 측정한 결과가 다음과 같다면, 노출농도에 대한 설명으로 옳은 것은?

- 오염물질 A의 측정값 : $5.9mg/m^3$
- 오염물질 A의 노출기준 : $5.0mg/m^3$
- SAE(시료채취 분석오차) : 0.12

① 허용농도를 초과한다. ② 허용농도를 초과할 가능성이 있다.

③ 허용농도를 초과하지 않는다. ④ 허용농도를 평가할 수 없다.

해설 $$표준화값(Y) = \frac{TWA\ or\ STEL}{TLV} = \frac{5.9}{5} = 1.18$$

신뢰하한값(LCL) = Y − SAE = 1.18 − 0.12 = 1.06

∴ 허용기준 초과

04 온도 20℃, 1기압에서 에틸렌글리콜의 증기압이 0.1mmHg이라면 공기 중 포화농도(ppm)는?

① 약 56 ② 약 112 ③ 약 132 ④ 약 156

해설 $포화농도 = \frac{증기압}{760} \times 10^6 = \frac{0.1}{760} \times 10^6 = 131.58\text{ppm}$

05 에틸렌글리콜이 20℃, 1기압에서 공기 중 증기압이 0.05mmHg라면, 20℃, 1기압에서 공기 중 포화농도는 약 몇 ppm인가?

① 55.4 ② 65.8 ③ 73.2 ④ 82.1

해설 $포화농도 = \frac{증기압}{760} \times 10^6 = \frac{0.05}{760} \times 10^6 = 65.79\text{ppm}$

06 Hexane의 부분압이 100mmHg(OEL 500ppm)이었을 때 VHR Hexane은?

① 212.5 ② 226.3 ③ 247.2 ④ 263.2

해설 $증기화\ 위험률(\text{VHR}) = \frac{\text{C}}{\text{TLV}} = \frac{\frac{100\text{mmHg}}{760\text{mmHg}} \times 10^6}{500\text{ppm}} = 263.16 ≒ 263.2$

07 Hexane의 부분압은 150mmHg(OEL 500ppm)이었을 때 Vapor Hazard Ratio(VHR)은?

① 335 ② 355 ③ 375 ④ 395

해설 $증기화\ 위험률(\text{VHR}) = \frac{\text{C}}{\text{TLV}} = \frac{\frac{150\text{mmHg}}{760\text{mmHg}} \times 10^6}{500\text{ppm}} = 394.74$

08 수은(알킬수은 제외)의 노출기준은 0.05mg/m^{3}이고, 증기압은 0.0018mmHg인 경우 VHR(Vapor Hazard Ratio)는?(단, 25℃, 1기압 기준, 수은 원자량 200.59)

① 306 ② 321 ③ 354 ④ 388

해설 $증기화\ 위험률(\text{VHR}) = \frac{\text{C}}{\text{TLV}} = \frac{\frac{0.0018\text{mmHg}}{760\text{mmHg}} \times 10^6}{0.05\text{mg/m}^3 \times \frac{24.45\text{mL}}{200.59\text{mg}}} = 388.61$

09 수은(알킬수은 제외)의 노출기준은 0.05mg/m^{3}이고 증기압은 0.0029mmHg이라면 VHR(Vapor Hazard Ratio)은?(단, 25℃, 1기압 기준, 수은 원자량 200.6)

① 약 330 ② 약 430 ③ 약 530 ④ 약 630

해설 $증기화위험률(\text{VHR}) = \frac{\text{C}}{\text{TLV}} = \frac{\frac{0.0029\text{mmHg}}{760\text{mmHg}} \times 10^6}{0.05\text{mg/m}^3 \times \frac{24.45\text{mL}}{200.6\text{mg}}} = 626.13$

ANSWER | 01 ① 02 ① 03 ① 04 ③ 05 ② 06 ④ 07 ④ 08 ④ 09 ④

THEMA 37 작업환경측정방법 (1)

1. 정의

① "액체채취방법"이란 시료공기를 액체 중에 통과시키거나 액체의 표면과 접촉시켜 용해 · 반응 · 흡수 · 충돌 등을 일으키게 하여 해당 액체에 작업환경측정(이하 "측정"이라 한다)을 하려는 물질을 채취하는 방법을 말한다.

② "고체채취방법"이란 시료공기를 고체의 입자층을 통해 흡입, 흡착하여 해당 고체입자에 측정하려는 물질을 채취하는 방법을 말한다.

③ "직접채취방법"이란 시료공기를 흡수, 흡착 등의 과정을 거치지 아니하고 직접채취대 또는 진공채취병 등의 채취용기에 물질을 채취하는 방법을 말한다.

④ "냉각응축채취방법"이란 시료공기를 냉각된 관 등에 접촉 응축시켜 측정하려는 물질을 채취하는 방법을 말한다.

⑤ "여과채취방법"이란 시료공기를 여과재를 통하여 흡인함으로써 해당 여과재에 측정하려는 물질을 채취하는 방법을 말한다.

⑥ "개인시료채취"란 개인시료채취기를 이용하여 가스 · 증기 · 분진 · 흄(fume) · 미스트(mist) 등을 근로자의 호흡위치(호흡기를 중심으로 반경 30cm인 반구)에서 채취하는 것을 말한다.

⑦ "지역시료채취"란 시료채취기를 이용하여 가스 · 증기 · 분진 · 흄(fume) · 미스트(mist) 등을 근로자의 작업행동 범위에서 호흡기 높이에 고정하여 채취하는 것을 말한다.

⑧ "노출기준"이란 작업환경평가기준을 말한다.

⑨ "최고노출근로자"란 작업환경측정대상 유해인자의 발생 및 취급원에서 가장 가까운 위치의 근로자이거나 작업환경측정대상 유해인자에 가장 많이 노출될 것으로 간주되는 근로자를 말한다.

⑩ "단위작업장소"란 작업환경측정대상이 되는 작업장 또는 공정에서 정상적인 작업을 수행하는 동일 노출집단의 근로자가 작업을 하는 장소를 말한다.

⑪ "호흡성 분진"이란 호흡기를 통하여 폐포에 축적될 수 있는 크기의 분진을 말한다.

⑫ "흡입성 분진"이란 호흡기의 어느 부위에 침착하더라도 독성을 일으키는 분진을 말한다.

⑬ "입자상 물질"이란 화학적 인자가 공기 중으로 분진 · 흄(fume) · 미스트(mist) 등의 형태로 발생되는 물질을 말한다.

⑭ "가스상 물질"이란 화학적 인자가 공기 중으로 가스 · 증기의 형태로 발생되는 물질을 말한다.

⑮ "정도관리"란 작업환경측정 · 분석치에 대한 정확성과 정밀도를 확보하기 위하여 지정측정기관의 작업환경측정 · 분석능력을 평가하고, 그 결과에 따라 지도 · 교육 그 밖에 측정 · 분석능력 향상을 위하여 행하는 모든 관리적 수단을 말한다.

⑯ "정확도"란 분석치가 참값에 얼마나 접근하였는가 하는 수치상의 표현을 말한다.

⑰ "정밀도"란 일정한 물질에 대해 반복측정 · 분석을 했을 때 나타나는 자료 분석치의 변동크기가 얼마나 작은가 하는 수치상의 표현을 말한다.

2. 예비조사를 실시할 경우 측정계획서에 포함되어야 할 사항

① 원재료의 투입과정부터 최종 제품생산 공정까지의 주요 공정 도식

② 해당 공정별 작업내용, 측정대상공정, 공정별 화학물질 사용실태 및 그 밖에 이와 관련된 운전조건 등을 고려한 유해인자 노출 가능성

③ 측정대상 유해인자, 유해인자 발생주기, 종사근로자 현황

④ 유해인자별 측정방법 및 측정 소요기간 등 필요한 사항

3. 노출기준의 종류별 측정시간

① 시간가중평균기준(TWA)이 설정되어 있는 대상물질을 측정하는 경우에는 1일 작업시간 동안 6시간 이상 연속 측정하거나 작업시간을 등간격으로 나누어 6시간 이상 연속분리하여 측정하여야 한다. 다만, 다음 각 호의 경우에는 대상물질의 발생시간 동안 측정할 수 있다.

㉠ 대상물질의 발생시간이 6시간 이하인 경우

㉡ 불규칙작업으로 6시간 이하의 작업

㉢ 발생원에서의 발생시간이 간헐적인 경우

② 노출기준 고시에 단시간 노출기준(STEL)이 설정되어 있는 물질로서 작업특성상 노출이 불균일하여 단시간 노출평가가 필요하다고 자격자 또는 지정측정기관이 판단하는 경우에는 제1항의 측정에 추가하여 단시간 측정을 할 수 있다. 이 경우 1회에 15분간 측정하되 유해인자 노출특성을 고려하여 측정횟수를 정할 수 있다.

③ 노출기준 고시에 최고노출기준(Ceiling, C)이 설정되어 있는 대상물질을 측정하는 경우에는 최고노출 수준을 평가할 수 있는 최소한의 시간 동안 측정하여야 한다. 다만 시간가중평균기준(TWA)이 함께 설정되어 있는 경우에는 제1항에 따른 측정을 병행하여야 한다.

4. 시료채취 근로자 수

① 단위작업장소에서 최고 노출근로자 2명 이상에 대하여 동시에 측정하되, 단위작업장소에 근로자가 1명인 경우에는 그러하지 아니하며, 동일 작업 근로자 수가 10명을 초과하는 경우에는 매 5명당 1명(1개 지점) 이상 추가하여 측정하여야 한다. 다만, 동일 작업 근로자 수가 100명을 초과하는 경우에는 최대 시료채취 근로자 수를 20명으로 조정할 수 있다.

② 지역시료채취방법에 따른 측정시료의 개수는 단위작업장소에서 2개 이상에 대하여 동시에 측정하여야 한다. 다만, 단위작업장소의 넓이가 50평방미터 이상인 경우에는 매 30평방미터마다 1개 지점 이상을 추가로 측정하여야 한다.

5. 단위

① 화학적 인자의 가스, 증기, 분진, 흄(fume), 미스트(mist) 등의 농도는 피피엠(ppm) 또는 세제곱미터당 밀리그램(mg/m^3)으로 표시한다. 다만, 석면의 농도 표시는 세제곱센티미터당 섬유개수(개/cm^3)로 표시한다.

② 피피엠(ppm)과 세제곱미터당 밀리그램(mg/m^3) 간의 상호 농도변환은 다음 계산식과 같다.

$$노출기준(mg/m^3) = \frac{노출기준(ppm) \times 그램분자량}{24.45(25℃, 1기압)}$$

③ 소음수준의 측정단위는 데시벨[dB(A)]로 표시한다.

④ 고열(복사열 포함)의 측정단위는 습구 · 흑구 온도지수(WBGT)를 구하여 섭씨온도(℃)로 표시한다.

연습문제

01 작업환경측정대상이 되는 작업장 또는 공정에서 정상적인 작업을 수행하는 동일노출집단의 근로자가 작업하는 장소는?(단, 고용노동부 고시를 기준으로 한다.)

① 동일작업장소 ② 단위작업장소 ③ 노출측정장소 ④ 측정작업장소

해설 "단위작업장소"란 작업환경측정대상이 되는 작업장 또는 공정에서 정상적인 작업을 수행하는 동일노출집단의 근로자가 작업을 하는 장소를 말한다.

02 지역시료채취의 용어 정의로 가장 옳은 것은?(단, 고용노동부 고시 기준)

① 시료채취기를 이용하여 가스 · 증기 · 분진 · 흄 · 미스트 등을 근로자의 작업위치에서 호흡기 높이로 이동하여 채취하는 것을 말한다.

② 시료채취기를 이용하여 가스 · 증기 · 분진 · 흄 · 미스트 등을 근로자의 작업행동 범위에서 호흡기 높이로 이동하여 채취하는 것을 말한다.

③ 시료채취기를 이용하여 가스 · 증기 · 분진 · 흄 · 미스트 등을 근로자의 작업위치에서 호흡기 높이에 고정하여 채취하는 것을 말한다.

④ 시료채취기를 이용하여 가스 · 증기 · 분진 · 흄 · 미스트 등을 근로자의 작업행동 범위에서 호흡기 높이에 고정하여 채취하는 것을 말한다.

해설 "지역시료채취"란 시료채취기를 이용하여 가스 · 증기 · 분진 · 흄(fume) · 미스트(mist) 등을 근로자의 작업행동 범위에서 호흡기 높이에 고정하여 채취하는 것을 말한다.

03 다음 중 시료채취방법 중에서 개인시료채취 시 채취지점으로 옳은 것은?(단, 고용노동부 고시를 기준으로 한다.)

① 근로자의 호흡위치(호흡기를 중심으로 반경 30cm인 반구)

② 근로자의 호흡위치(호흡기를 중심으로 반경 60cm인 반구)

③ 근로자의 호흡위치(바닥면을 기준으로 1.2~1.5m 높이의 고정된 위치)

④ 근로자의 호흡위치(바닥면을 기준으로 0.9~1.2m 높이의 고정된 위치)

해설 "개인시료채취"란 개인시료채취기를 이용하여 가스 · 증기 · 분진 · 흄(fume) · 미스트(mist) 등을 근로자의 호흡위치(호흡기를 중심으로 반경 30cm인 반구)에서 채취하는 것을 말한다.

04 시간가중평균기준(TWA)이 설정되어 있는 대상물질을 측정하는 경우에는 1일 작업시간 동안 6시간 이상 연속 측정하거나 작업시간을 등간격으로 나누어 6시간 이상 연속분리하여 측정하여야 한다. 다음 중 대상물질의 발생시간 동안 측정할 수 있는 경우가 아닌 것은?(단, 고용노동부 고시 기준)

① 대상물질의 발생시간이 6시간 이하인 경우
② 불규칙 작업으로 6시간 이하의 작업
③ 발생원에서의 발생시간이 간헐적인 경우
④ 공정 및 취급인자 변동이 없는 경우

05 다음 중 유해물질과 농도단위의 연결이 잘못된 것은?

① 흄 : ppm 또는 mg/m^3 ② 석면 : ppm 또는 mg/m^3
③ 증기 : ppm 또는 mg/m^3 ④ 습구흑구온도지수(WBGT) : ℃

해설 석면의 농도 단위는 개/cc, 개/mL, 개/cm^3이다.

06 작업환경측정 단위에 대한 설명으로 옳은 것은?

① 분진은 mL/m^3으로 표시한다.
② 석면의 표시단위는 ppm/m^3으로 표시한다.
③ 고열(복사열 포함)의 측정 단위는 습구 · 흑구 온도지수(WBGT)를 구하여 섭씨온도(℃)로 표시한다.
④ 가스 및 증기의 노출기준 표시단위는 MPa/L로 표시한다.

해설 ① 분진은 mg/m^3으로 표시한다.
② 석면의 표시단위는 개/cc으로 표시한다.
④ 가스 및 증기의 노출기준 표시단위는 ppm, mg/m^3로 표시한다.

07 상온에서 벤젠(C_6H_6)의 농도 20mg/m^3는 부피단위 농도로 약 몇 ppm인가?

① 0.06 ② 0.6 ③ 6 ④ 60

해설 $\text{ppm}(\text{mL/m}^3) = \frac{20\text{mg}}{\text{m}^3} \Big| \frac{24.45\text{mL}}{78\text{mg}} = 6.30\text{mL/m}^3$

08 어떤 작업장에서 오염물질 농도를 측정하였더니 그중 일산화탄소(CO)가 0.01%였다. 이때 일산화탄소 농도(mg/m^3)는?(단, 25℃, 1기압 기준)

① 95mg/m^3 ② 105mg/m^3 ③ 115mg/m^3 ④ 125mg/m^3

해설 $\text{CO}(\text{mg/m}^3) = \frac{100\text{mL}}{\text{m}^3} \Big| \frac{28\text{mg}}{24.45\text{mL}} = 114.52\text{ppm}$

여기서, $1\% = 10^4$ppm, $0.01\% = 100$ppm

09 어떤 유해 작업장에 일산화탄소(CO)가 표준상태(0℃, 1기압)에서 15ppm 포함되어 있다. 이 공기 $1Sm^3$ 중에 CO는 몇 μg 포함되어 있는가?

① 약 $9,200\mu g/Sm^3$ ② 약 $10,800\mu g/Sm^3$
③ 약 $17,500\mu g/Sm^3$ ④ 약 $18,800\mu g/Sm^3$

해설 $CO(\mu g/m^3) = \frac{15mL}{m^3}\bigg|\frac{28mg}{22.4mL}\bigg|\frac{10^3\mu g}{1mg} = 18,750\mu g/Sm^3$

10 산업안전보건법령상 단위작업장소에서 동일 작업 근로자 수가 13명일 경우 시료채취 근로자 수는 얼마가 되는가?

① 1명 ② 2명 ③ 3명 ④ 4명

해설 단위작업장소에서 동일 작업 근로자 수가 10인을 초과하는 경우에는 매 5인당 1인(1개 지점) 이상 추가하여 측정하여야 한다.

ANSWER | 01 ② 02 ④ 03 ① 04 ④ 05 ② 06 ③ 07 ③ 08 ③ 09 ④ 10 ③

더 풀어보기

산업기사

01 다음 내용은 고용노동부 작업환경 측정 고시의 일부분이다. ㉠에 들어갈 내용은?

> "개인시료채취"란 개인시료채취기를 이용하여 가스 · 증기 · 분진 · 흄(fume) · 미스트(mist) 등을 근로자의 호흡위치(㉠)에서 채취하는 것을 말한다.

① 호흡기를 중심으로 반경 10cm인 반구
② 호흡기를 중심으로 반경 30cm인 반구
③ 호흡기를 중심으로 반경 50cm인 반구
④ 호흡기를 중심으로 반경 100cm인 반구

해설 "개인시료채취"란 개인시료채취기를 이용하여 가스 · 증기 · 분진 · 흄(fume) · 미스트(mist) 등을 근로자의 호흡위치(호흡기를 중심으로 반경 30cm인 반구)에서 채취하는 것을 말한다.

02 개인시료채취기를 사용할 때 적용되는 근로자의 호흡위치의 정의로 가장 적정한 것은?

① 호흡기를 중심으로 직경 30cm인 반구
② 호흡기를 중심으로 반경 30cm인 반구
③ 호흡기를 중심으로 직경 45cm인 반구
④ 호흡기를 중심으로 반경 45cm인 반구

03 일정한 물질에 대해 반복측정 및 분석을 했을 때 나타나는 자료 분석치의 변동크기가 얼마나 작은가 하는 수치상의 표현을 무엇이라 하는가?

① 정밀도 ② 정확도 ③ 정성도 ④ 정량도

해설 "정밀도"란 일정한 물질에 대해 반복측정 · 분석을 했을 때 나타나는 자료 분석치의 변동크기가 얼마나 작은가 하는 수치상의 표현을 말한다.

04 허용농도에서 유해물질의 이름 앞에 C 표시가 있는데 이것의 의미는?

① 1일 8시간 평균농도
② 어떤 시점에서도 동수치를 넘어서는 안 된다는 상한치
③ 1일 15분 평균농도
④ 피부로 흡수되어 정신적 영향을 줄 수 있는 농도

해설 최고노출기준(Ceiling, C)
㉠ 잠시라도 노출되어서는 안 되는 기준농도
㉡ 어떤 시점에서도 일정한 수치를 넘어서는 안 된다는 상한치
㉢ 노출기준 앞에 C를 붙여 표시한다.

05 공기 중 석면 농도의 단위로 옳은 것은?

① 개/cm^3 ② ppm ③ mg/m^3 ④ g/m^2

해설 석면의 농도 단위는 개/cc, 개/mL, 개/cm^3이다.

06 석면의 농도를 표시하는 단위로 적절한 것은?

① 개/cm^3 ② 개/m^3 ③ mm/L ④ cm/m^3

07 다음 중 석면의 농도를 표시하는 단위로 옳은 것은?(단, 고용노동부 고시를 기준으로 한다.)

① 개/cm^3 ② L/m^3 ③ mm/L ④ cm/m^3

08 유해요인별 측정단위가 잘못 연결된 것은?

① 입자상 물질 : mg/m^3 ② 소음 : dB(A)
③ 석면 : μg/cc ④ 가스상 물질 : ppm

09 증기상인 A물질 100ppm은 약 몇 mg/m^3인가?(단, A물질의 분자량은 58이고, 25℃, 1기압을 기준으로 한다.)

① 237 ② 287 ③ 325 ④ 349

해설 $X(mg/m^3) = \frac{100mL}{m^3} \bigg| \frac{58mg}{24.45mL} = 237.22mg/m^3$

10 아세톤 2,000ppb은 몇 mg/m³인가?(단, 아세톤 분자량 = 58, 작업장 25℃, 1기압)

① 3.7 ② 4.7 ③ 5.7 ④ 6.7

해설 $X(mg/m^3) = \frac{2{,}000\mu L}{m^3} \left| \frac{58mg}{24.45mL} \right| \frac{1mL}{10^3\mu L} = 4.74mg/m^3$

ANSWER | 01 ② 02 ② 03 ① 04 ② 05 ① 06 ① 07 ① 08 ③ 09 ① 10 ②

기 사

01 다음 화학적 인자 중 농도의 단위가 다른 것은?

① 흄 ② 석면 ③ 분진 ④ 미스트

해설 흄, 분진, 미스트의 농도 단위는 ppm, mg/m^3이고 석면은 개/cc, 개/mL, 개/cm^3이다.

02 작업환경 측정의 단위 표시로 틀린 것은?(단, 고용노동부 고시를 기준으로 한다.)

① 석면 농도 : 개/kg
② 분진, 흄의 농도 : mg/m^3 또는 ppm
③ 가스, 증기의 농도 : mg/m^3 또는 ppm
④ 고열(복사열 포함) : 습구흑구온도지수를 구하여 ℃로 표시

해설 석면의 농도 단위는 개/cc, 개/mL, 개/cm^3이다.

03 분자량이 245인 물질이 표준상태(25℃, 760mmHg)에서 체적농도로 1.0ppm일 때, 이 물질의 질량농도는 약 몇 mg/m³인가?

① 3.1 ② 4.5 ③ 10.0 ④ 14.0

해설 $X(mg/m^3) = \frac{1mL}{m^3} \left| \frac{245mg}{24.45mL} \right. = 10.02mg/m^3$

04 공기 중 벤젠 농도를 측정한 결과 17mg/m³으로 검출되었다. 현재 공기의 온도가 25℃, 기압은 1.0atm이고 벤젠의 분자량이 78이라면 공기 중 농도는 몇 ppm인가?

① 6.9ppm ② 5.3ppm ③ 3.1ppm ④ 2.2ppm

해설 $ppm(mL/m^3) = \frac{17mg}{m^3} \left| \frac{24.45mL}{78mg} \right. = 5.33mL/m^3$

05 실내공간이 $100m^3$인 빈 실험실에 MEK(Methyl Ethyl Ketone) 2mL가 기화되어 완전히 혼합되었을 때, 이때 실내의 MEK 농도는 약 몇 ppm인가?(단, MEK 비중은 0.805, 분자량은 72.1, 실내는 25℃, 1기압 기준이다.)

① 2.3 ② 3.7 ③ 4.2 ④ 5.5

해설 $X(mg/m^3) = \frac{2mL}{100m^3} \left| \frac{0.805g}{mL} \right| \frac{10^3mg}{1g} = 16.1mg/m^3$

$\therefore ppm(mL/m^3) = \frac{16.1mg}{m^3} \left| \frac{24.45mL}{72.1mg} \right. = 5.46ppm$

06 실내공간이 $200m^3$인 빈 실험실에 MEK(Methyl Ethyl Ketone) 2mL가 기화되어 완전히 혼합되었다고 가정하면 이때 실내의 MEK 농도는 몇 ppm인가?(단, MEK 비중=0.805, 분자량=72.1, 25℃, 1기압 기준)

① 약 1.3 ② 약 2.7 ③ 약 4.8 ④ 약 6.2

해설 $X(mg/m^3) = \frac{2mL}{200m^3} \left| \frac{0.805g}{mL} \right| \frac{10^3mg}{1g} = 8.05mg/m^3$

$\therefore ppm(mL/m^3) = \frac{8.05mg}{m^3} \left| \frac{24.45mL}{72.1mg} \right. = 2.73ppm$

07 산업안전보건법령에 따라 작업환경 측정방법에 있어 동일 작업 근로자 수가 100명을 초과하는 경우 최대 시료채취 근로자 수는 몇 명으로 조정할 수 있는가?

① 10명 ② 15명 ③ 20명 ④ 50명

해설 단위작업장소에서 최고 노출근로자 2명 이상에 대하여 동시에 측정하되, 단위작업장소에 근로자가 1명인 경우에는 그러하지 아니하며, 동일 작업 근로자 수가 10명을 초과하는 경우에는 매 5명당 1명(1개 지점) 이상 추가하여 측정하여야 한다. 다만, 동일 작업 근로자 수가 100명을 초과하는 경우에는 최대 시료채취 근로자 수를 20명으로 조정할 수 있다.

ANSWER | 01 ② 02 ① 03 ③ 04 ② 05 ④ 06 ② 07 ③

38 작업환경측정방법 (2)

1. 입자상 물질

① 측정방법 및 분석방법

㉠ 석면의 농도는 여과채취방법에 의한 계수방법 또는 이와 동등 이상의 분석방법으로 측정할 것

㉡ 광물성 분진은 여과채취방법에 따라 석영, 크리스토바라이트, 트리디마이트를 분석할 수 있는 적합한 분석방법으로 측정할 것. 다만 규산염과 그 밖의 광물성 분진은 중량분석방법으로 측정한다.

㉢ 용접흄은 여과채취방법으로 하되 용접보안면을 착용한 경우에는 그 내부에서 채취하고 중량분석방법과 원자흡광광도계 또는 유도결합프라스마를 이용한 분석방법으로 측정할 것

㉣ 석면, 광물성 분진 및 용접흄을 제외한 입자상 물질은 여과채취방법에 따른 중량분석방법이나 유해물질 종류에 따른 적합한 분석방법으로 측정할 것

㉤ 호흡성 분진은 호흡성 분진용 분립장치 또는 호흡성 분진을 채취할 수 있는 기기를 이용한 여과채취방법으로 측정할 것

㉥ 흡입성 분진은 흡입성 분진용 분립장치 또는 흡입성 분진을 채취할 수 있는 기기를 이용한 여과채취방법으로 측정할 것

② 측정위치

㉠ 개인시료채취방법으로 작업환경측정을 하는 경우에는 측정기기를 작업 근로자의 호흡기 위치에 장착하여야 한다.

㉡ 지역시료채취방법의 경우에는 측정기기를 발생원의 근접한 위치 또는 작업근로자의 주 작업행동 범위의 작업근로자 호흡기 높이에 설치하여야 한다.

2. 가스상 물질

① 가스상 물질은 개인시료채취기 또는 이와 동등 이상의 특성을 가진 측정기기를 사용하여 채취방법에 따라 시료를 채취한 후 원자흡광분석, 가스크로마토그래프분석 또는 이와 동등 이상의 분석방법으로 정량분석하여야 한다.

② 검지관방식의 측정

㉠ 예비조사 목적인 경우

㉡ 검지관방식 외에 다른 측정방법이 없는 경우

㉢ 발생하는 가스상 물질이 단일물질인 경우. 다만, 자격자가 측정하는 사업장에 한정한다.

3. 소음

① 측정방법

㉠ 측정에 사용되는 기기(이하 "소음계"라 한다)는 누적소음 노출량측정기, 적분형소음계 또는 이와 동등 이상의 성능이 있는 것으로 하되 개인시료 채취방법이 불가능한 경우에는 지시소

음계를 사용할 수 있으며, 발생시간을 고려한 등가소음레벨 방법으로 측정할 것. 다만, 소음 발생 간격이 1초 미만을 유지하면서 계속적으로 발생되는 소음(이하 "연속음"이라 한다)을 지시소음계 또는 이와 동등 이상의 성능이 있는 기기로 측정할 경우에는 그러하지 아니할 수 있다.

㉡ 소음계의 청감보정회로는 A특성으로 할 것

㉢ ㉠ 단서규정에 따른 소음측정은 다음과 같이 할 것

가. 소음계 지시침의 동작은 느린(Slow) 상태로 한다.

나. 소음계의 지시치가 변동하지 않는 경우에는 해당 지시치를 그 측정점에서의 소음수준으로 한다.

㉣ 누적소음노출량 측정기로 소음을 측정하는 경우에는 Criteria는 90dB, Exchange Rate는 5dB, Threshold는 80dB로 기기를 설정할 것

㉤ 소음이 1초 이상의 간격을 유지하면서 최대음압수준이 120dB(A) 이상의 소음인 경우에는 소음수준에 따른 1분 동안의 발생횟수를 측정할 것

② 측정위치

개인시료채취방법으로 작업환경측정을 하는 경우에는 소음측정기의 센서 부분을 작업 근로자의 귀 위치(귀를 중심으로 반경 30cm인 반구)에 장착하여야 하며, 지역시료채취방법의 경우에는 소음측정기를 측정대상이 되는 근로자의 주 작업행동 범위의 작업근로자 귀 높이에 설치하여야 한다.

③ 측정시간

㉠ 단위작업장소에서 소음수준은 규정된 측정위치 및 지점에서 1일 작업시간 동안 6시간 이상 연속 측정하거나 작업시간을 1시간 간격으로 나누어 6회 이상 측정하여야 한다. 다만, 소음의 발생특성이 연속음으로서 측정치가 변동이 없다고 자격자 또는 지정측정기관이 판단한 경우에는 1시간 동안을 등간격으로 나누어 3회 이상 측정할 수 있다.

㉡ 단위작업장소에서의 소음발생시간이 6시간 이내인 경우나 소음발생원에서의 발생시간이 간헐적인 경우에는 발생시간 동안 연속 측정하거나 등간격으로 나누어 4회 이상 측정하여야 한다.

4. 고열

① 측정기기

고열은 습구흑구온도지수(WBGT)를 측정할 수 있는 기기 또는 이와 동등 이상의 성능을 가진 기기를 사용한다.

② 측정방법

㉠ 고열을 측정하는 경우에는 측정기 제조자가 지정한 방법과 시간을 준수하며, 열원마다 측정하되 작업장소에서 열원에 가장 가까운 위치에 있는 근로자 또는 근로자의 주 작업행동 범위에서 일정한 높이에 고정하여 측정한다.

㉡ 측정기기를 설치한 후 일정 시간 안정화시킨 후 측정을 실시하고, 고열작업에 대해 측정하고자 할 경우에는 1일 작업시간 중 최대로 높은 고열에 노출되고 있는 1시간을 10분 간격으로 연속하여 측정한다.

5. 입자상 물질의 농도 평가

① 입자상 물질 농도는 8시간 작업 시의 평균농도로 한다. 다만, 6시간 이상 연속 측정한 경우에 있어 측정하지 아니한 나머지 작업시간 동안의 입자상 물질 발생이 측정기간보다 현저하게 낮거나 입자상 물질이 발생하지 않은 경우에는 측정시간 동안의 농도를 8시간 시간가중 평균하여 8시간 작업 시의 평균농도로 한다.

② 1일 작업시간 동안 6시간 이내 측정을 한 경우의 입자상 물질 농도는 측정시간 동안의 시간가중 평균치를 산출하여 그 기간 동안의 평균농도로 하고 이를 8시간 시간가중평균하여 8시간 작업 시의 평균농도로 한다.

③ 1일 작업시간이 8시간을 초과하는 경우에는 다음 식에 따라 보정노출기준을 산출한 후 측정농도와 비교하여 평가하여야 한다.

$$\text{보정노출기준} = \text{8시간 노출기준} \times \frac{8}{h}$$

여기서, h : 노출시간/일

④ 측정을 한 경우에는 측정시간 동안의 농도를 해당 노출기준과 직접 비교 평가하여야 한다. 다만 2회 이상 측정한 단시간 노출농도값이 단시간노출기준과 시간가중평균기준값 사이의 경우로서 다음 각호의 어느 하나인 경우에는 노출기준 초과로 평가하여야 한다.

㉠ 15분 이상 연속 노출되는 경우

㉡ 노출과 노출 사이의 간격이 1시간 이내인 경우

㉢ 1일 4회를 초과하는 경우

6. 소음수준의 평가

① 1일 작업시간 동안 연속 측정하거나 작업시간을 1시간 간격으로 나누어 6회 이상 소음수준을 측정한 경우에는 이를 평균하여 8시간 작업 시의 평균소음수준으로 한다. 다만, 제28조 제1항 단서규정에 의하여 측정한 경우에는 이를 평균하여 8시간 작업 시의 평균소음 수준으로 한다.

② 제28조 제2항에 측정한 경우에는 이를 평균하여 그 기간 동안의 평균소음수준으로 하고 이를 1일 노출시간과 소음강도를 측정하여 등가소음레벨방법으로 평가한다.

③ 지시소음계로 측정하여 등가소음레벨방법을 적용할 경우에는 다음 식에 따라 산출한 값을 기준으로 평가한다.

$$\text{leq[dB(A)]} = 16.61 \log \frac{n_1 \times 10^{\frac{LA_1}{16.61}} + n_2 \times 10^{\frac{LA_2}{16.61}} + \cdots + n_N \times 10^{\frac{LA_N}{16.61}}}{\text{각 소음레벨측정치의발생시간합}}$$

여기서, LA : 각 소음레벨의 측정치[dB(A)], n : 각 소음레벨 측정치의 발생시간(분)

④ 단위작업장소에서 소음의 강도가 불규칙적으로 변동하는 소음 등을 누적소음 노출량측정기로 측정하여 노출량으로 산출되었을 경우에는 시간가중평균 소음수준으로 환산하여야 한다. 다만, 누적소음 노출량측정기에 따른 노출량 산출치가 별표에 주어진 값보다 작거나 크면 시간가중평균소음은 다음 계산식에 따라 산출한 값을 기준으로 평가할 수 있다.

$$TWA = 16.61 \log\left(\frac{D}{100}\right) + 90$$

여기서, TWA : 시간가중평균소음수준[dB(A)]
D : 누적소음노출량(%)

⑤ 1일 작업시간이 8시간을 초과하는 경우에는 다음 계산식에 따라 보정노출기준을 산출한 후 측정치와 비교하여 평가하여야 한다.

$$\text{소음의 보정노출기준[dB(A)]} = 16.61\log\left(\frac{100}{12.5 \times h}\right) + 90$$

여기서, h : 노출시간/hr

연습문제

01 입자상 물질의 측정 및 분석방법으로 틀린 것은?(단, 고용노동부 고시를 기준으로 한다.)

① 석면의 농도는 여과채취방법에 의한 계수 방법으로 측정한다.
② 규산염은 분립장치 또는 입자의 크기를 파악할 수 있는 기기를 이용한 여과채취방법으로 측정한다.
③ 광물성 분진은 여과채취방법에 따라 석영, 크리스토바라이트, 트리디마이트를 분석할 수 있는 적합한 분석방법으로 측정한다.
④ 용접흄은 여과채취방법으로 하되 용접보안면을 착용한 경우에는 그 내부에서 채취하고 중량분석방법과 원자 흡광분광기 또는 유도결합 플라스마를 이용한 분석방법으로 측정한다.

해설 호흡성 분진은 분진용 분립장치 또는 입자의 크기를 파악할 수 있는 기기를 이용한 여과채취방법으로 측정한다.

02 다음은 작업장 소음 측정시간 및 횟수 기준에 관한 내용이다. (　　) 안의 내용으로 옳은 것은?(단, 고용노동부 고시를 기준으로 한다.)

> 단위작업장소에서 소음수준은 규정된 측정위치 및 지점에서 1일 작업시간 동안 6시간 이상 연속측정하거나 작업시간을 1시간 간격으로 나누어 6회 이상 측정하여야 한다. 다만, 소음의 발생특성이 연속음으로서 측정치가 변동이 없다고 자격자 또는 지정측정기관이 판단하는 경우에는 1시간 동안을 등간격으로 나누어 (　) 측정할 수 있다.

① 2회 이상　② 3회 이상　③ 4회 이상　④ 5회 이상

해설 단위작업장소에서 소음수준은 규정된 측정위치 및 지점에서 1일 작업시간 동안 6시간 이상 연속 측정하거나 작업시간을 1시간 간격으로 나누어 6회 이상 측정하여야 한다. 다만, 소음의 발생특성이 연속음으로서 측정치가 변동이 없다고 자격자 또는 지정측정기관이 판단한 경우에는 1시간 동안을 등간격으로 나누어 3회 이상 측정할 수 있다.

03 소음수준의 측정방법에 관한 설명으로 옳지 않은 것은?(단, 고용노동부 고시를 기준으로 한다.)

① 소음계의 청감보정회로는 A특성으로 하여야 한다.
② 연속음 측정 시 소음계 지시침의 동작은 빠른(Fast) 상태로 한다.
③ 측정위치는 지역시료채취 방법의 경우에 소음측정기를 측정대상이 되는 근로자의 주 작업행동 범위의 작업근로자 귀 높이에 설치한다.
④ 측정시간은 1일 작업시간 동안 6시간 이상 연속 측정하거나 작업시간을 1시간 간격으로 나누어 6회 이상 측정한다.

해설 소음계 지시침의 동작은 느린(Slow) 상태로 한다.

04 작업장의 소음 측정 시 소음계의 청감보정회로는?(단, 고용노동부 고시를 기준으로 한다.)

① A특성 ② B특성 ③ C특성 ④ D특성

해설 소음계의 청감보정회로는 A특성으로 한다.

05 소음측정방법에 관한 내용으로 ( )에 알맞은 내용은?(단, 고용노동부 고시 기준)

> 소음이 1초 이상의 가격을 유지하면서 최대음압수준이 120dB(A) 이상의 소음인 경우에는 소음수준에 따른 ( ) 동안의 발생횟수를 측정할 것

① 1분 ② 2분 ③ 3분 ④ 4분

해설 소음이 1초 이상의 간격을 유지하면서 최대음압수준이 120dB(A) 이상의 소음인 경우에는 소음수준에 따른 1분 동안의 발생횟수를 측정할 것

06 소음수준 측정방법에 관한 설명으로 틀린 것은?

① 소음수준을 측정할 때에는 측정대상이 되는 근로자의 근접된 위치의 귀 높이에서 측정하여야 한다.
② 충격소음인 경우에는 소음수준에 따른 5분 동안의 발생횟수를 측정한다.
③ 누적소음노출량 측정기로 소음을 측정하는 경우에는 Criteria=90dB, Exchange Rate=5dB, Thredhold=80dB로 기기설정을 하여야 한다.
④ 소음이 1초 이상의 간격을 유지하면서 최대음압수준이 120dB(A) 이상의 소음을 충격소음이라 한다.

해설 충격소음인 경우에는 소음수준에 따른 1분 동안의 발생횟수를 측정한다.

07 다음 중 충격소음에 대한 설명으로 가장 적절한 것은?

① 최대음압수준이 120dB(A) 이상의 소음이 1초 이상의 간격으로 발생하는 소음을 말한다.
② 최대음압수준이 140dB(A) 이상의 소음이 1초 이상의 간격으로 발생하는 소음을 말한다.

PART 01 PART 02 PART 03 PART 04 PART 05 PART 06

③ 최대음압수준이 120dB(A) 이상의 소음이 5초 이상의 간격으로 발생하는 소음을 말한다.
④ 최대음압수준이 140dB(A) 이상의 소음이 5초 이상의 간격으로 발생하는 소음을 말한다.

해설 충격소음이란 최대음압수준이 120dB(A) 이상인 소음이 1초 이상 간격으로 발생하는 것을 말한다.

08 작업장 소음수준을 누적소음노출량 측정기로 측정할 경우 기기 설정으로 맞는 것은?

① Threshold=80dB, Criteria=90dB, Exchange Rate=10dB
② Threshold=90dB, Criteria=80dB, Exchange Rate=10dB
③ Threshold=80dB, Criteria=90dB, Exchange Rate=5dB
④ Threshold=90dB, Criteria=80dB, Exchange Rate=5dB

해설 누적소음노출량 측정기로 소음을 측정하는 경우에는 Criteria=90dB, Exchange Rate=5dB, Threshold=80dB로 기기설정을 하여야 한다.

09 소음진동공정시험기준에 따른 환경기준 중 소음측정방법으로 옳지 않은 것은?

① 소음계의 동특성은 원칙적으로 빠름(fast) 모드로 하여 측정하여야 한다.
② 소음계와 소음도기록기를 연결하여 측정 · 기록하는 것을 원칙으로 한다.
③ 소음계 및 소음도기록기의 전원과 기기의 동작을 점검하고 매회 교정을 실시하여야 한다.
④ 소음계의 청감보정회로는 C특성에 고정하여 측정하여야 한다.

해설 소음계의 청감보정회로는 A특성에 고정하여 측정하여야 한다.

10 고열측정에 관한 기준으로 (　　)에 알맞은 내용은?(단, 고용노동부 고시 기준)

> 측정은 단위작업장소에서 측정대상이 되는 근로자의 작업행동 범위에서 주 작업 위치의 바닥면으로부터 (　　)의 위치에서 할 것

① 50센티미터 이상, 120센티미터 이하　② 50센티미터 이상, 150센티미터 이하
③ 80센티미터 이상, 120센티미터 이하　④ 80센티미터 이상, 150센티미터 이하

해설 고열측정 위치
주 작업위치의 바닥면으로부터 50cm 이상, 150cm 이하의 위치에서 할 것

11 자동차 도장공정에서 노출되는 톨루엔의 측정 결과 85ppm이고, 1일 10시간 작업한다고 가정할 때, 고용노동부에서 규정한 보정 노출기준(ppm)과 노출평가결과는?(단, 톨루엔의 8시간 노출기준은 100ppm이라고 가정한다.)

① 보정 노출기준 : 30, 노출평가결과 : 미만　② 보정 노출기준 : 50, 노출평가결과 : 미만
③ 보정 노출기준 : 80, 노출평가결과 : 초과　④ 보정 노출기준 : 125, 노출평가결과 : 초과

해설 $\text{보정된 노출기준} = \text{8시간 노출기준} \times \dfrac{\text{8시간}}{\text{노출시간}} = 100\text{ppm} \times \dfrac{8}{10} = 80\text{ppm}$
측정농도는 85ppm이므로 노출기준 초과

12 누적소음노출량(D : %)을 적용하여 시간가중평균소음수준(TWA : dB(A))을 산출하는 공식은?

① $16.61\log\left(\frac{D}{100}\right)+80$　　② $19.81\log\left(\frac{D}{100}\right)+80$

③ $16.61\log\left(\frac{D}{100}\right)+90$　　④ $19.81\log\left(\frac{D}{100}\right)+90$

13 소음의 변동이 심하지 않은 작업장에서 1시간 간격으로 8회 측정한 산술평균의 소음수준이 93.5dB(A)이었을 때 하루 소음노출량(dose, %)은?(단, 근로자의 작업시간은 8시간)

① 104%　② 135%　③ 162%　④ 234%

해설

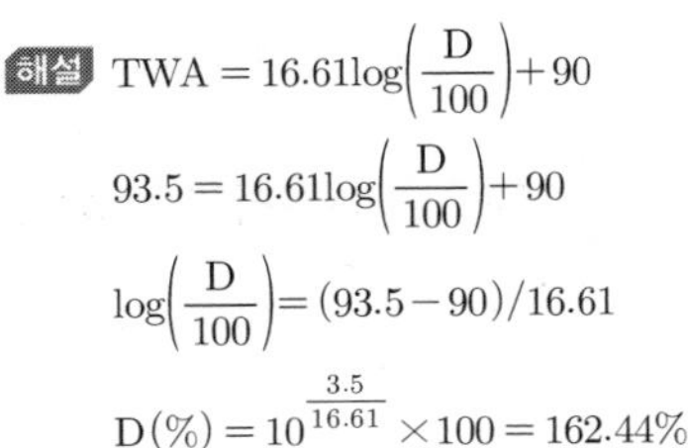

$$TWA = 16.61\log\left(\frac{D}{100}\right)+90$$

$$93.5 = 16.61\log\left(\frac{D}{100}\right)+90$$

$$\log\left(\frac{D}{100}\right) = (93.5-90)/16.61$$

$$D(\%) = 10^{\frac{3.5}{16.61}} \times 100 = 162.44\%$$

ANSWER | 01 ② 02 ② 03 ② 04 ① 05 ① 06 ② 07 ① 08 ③ 09 ④ 10 ② 11 ③ 12 ③ 13 ③

더 풀어보기

산업기사

01 입자상 물질의 측정방법 중 용접흄 측정에 관한 설명으로 옳은 것은?(단, 고용노동부 고시를 기준으로 한다.)

① 용접흄은 여과채취방법으로 하되 용접보안면을 착용한 경우에는 보안면 반경 15cm 이하의 거리에서 채취한다.

② 용접흄은 여과채취방법으로 하되 용접보안면을 착용한 경우에는 보안면 반경 30cm 이하의 거리에서 채취한다.

③ 용접흄은 여과채취방법으로 하되 용접보안면을 착용한 경우에는 그 내부에서 채취한다.

④ 용접흄은 여과채취방법으로 하되 용접보안면을 착용한 경우는 용접보안면 외부의 호흡기 위치에서 채취한다.

해설 용접흄은 여과채취방법으로 하되 용접보안면을 착용한 경우에는 그 내부에서 채취하고 중량분석방법과 원자흡광광도계 또는 유도결합 플라스마를 이용한 분석방법으로 측정할 것

02 다음 중 작업장 내 소음 측정 시 소음계의 청감보정회로로 옳은 것은?(단, 고용노동부 고시를 기준으로 한다.)

① A특성　② W특성　③ E특성　④ S특성

해설 소음계의 청감보정회로는 A특성으로 하여야 한다.

03 소음수준 측정 시 소음계의 청감보정회로는 어떻게 조정하여야 하는가?(단, 고용노동부 고시 기준)

① A특성　② C특성　③ 빠름　④ 느림

해설 소음계의 청감보정회로는 A특성으로 하여야 한다.

04 작업장 내 소음 측정 시 소음계의 청감보정회로는 어떤 특성에 맞추어 작업자의 노출수준을 평가하는가?(단, 고용노동부 고시 기준)

① A　② B　③ C　④ D

해설 소음계의 청감보정회로는 A특성으로 하여야 한다.

05 충격소음에 대한 설명으로 옳은 것은?(단, 고용노동부 고시를 기준으로 한다.)

① 최대음압수준에 130dB(A) 이상인 소음이 1초 이상의 간격으로 발생하는 것
② 최대음압수준에 130dB(A) 이상인 소음이 10초 이상의 간격으로 발생하는 것
③ 최대음압수준에 120dB(A) 이상인 소음이 1초 이상의 간격으로 발생하는 것
④ 최대음압수준에 120dB(A) 이상인 소음이 10초 이상의 간격으로 발생하는 것

해설 충격소음(소음이 1초 이상의 간격으로 발생하는 작업)
㉠ 120데시벨을 초과하는 소음이 1일 1만 회 이상 발생하는 작업
㉡ 130데시벨을 초과하는 소음이 1일 1천 회 이상 발생하는 작업
㉢ 140데시벨을 초과하는 소음이 1일 1백 회 이상 발생하는 작업

06 소음측정에 관한 설명으로 틀린 것은?(단, 고용노동부 고시 기준)

① 소음수준을 측정할 때에는 측정대상이 되는 근로자의 근접된 위치의 귀높이에서 측정하여야 한다.
② 단위작업장소에서의 소음발생시간이 6시간 이내인 경우에는 발생시간을 등간격으로 나누어 2회 이상 측정하여야 한다.
③ 누적소음노출량 측정기로 소음을 측정하는 경우에는 Criteria = 90dB, Exchange Rate = 5dB, Threshold = 80dB로 기기설정을 하여야 한다.
④ 소음이 1초 이상의 간격을 유지하면서 최대음압수준이 120dB(A) 이상의 소음인 경우에는 소음수준에 따른 1분 동안의 발생횟수를 측정하여야 한다.

해설 단위작업장소에서의 소음발생시간이 6시간 이내인 경우나 소음발생원에서의 발생시간이 간헐적인 경우에는 발생시간 동안 연속 측정하거나 등간격으로 나누어 4회 이상 측정하여야 한다.

07 작업환경 내의 소음을 측정하였더니 105dB(A)의 소음(허용노출시간 60분)이 20분, 110dB(A)의 소음(허용노출시간 30분)이 20분, 115dB(A)의 소음(허용노출시간 15분)이 10분 발생되었다. 이때 소음노출량은 약 몇 %인가?

① 137　　② 147　　③ 167　　④ 177

해설 소음노출량(%) $= \left(\frac{C_1}{T_1}+\frac{C_2}{T_2}+\cdots+\frac{C_n}{T_n}\right)\times 100 = \left(\frac{20}{60}+\frac{20}{30}+\frac{10}{15}\right)\times 100 = 166.67\%$

ANSWER | 01 ③　02 ①　03 ①　04 ①　05 ③　06 ②　07 ③

PART 01 PART 02 PART 03 PART 04 PART 05 PART 06

기 사

01 소음의 측정시간 및 횟수의 기준에 관한 내용으로 (　　)에 들어갈 것으로 옳은 것은?(단, 고용노동부 고시를 기준으로 한다.)

> 단위작업장소에서의 소음발생시간이 6시간 이내인 경우나 소음발생원에서의 발생시간이 간헐적인 경우에는 발생시간 동안 연속 측정하거나 등간격으로 나누어 (　　) 이상 측정하여야 한다.

① 2회　　② 3회　　③ 4회　　④ 6회

해설 단위작업장소에서의 소음발생시간이 6시간 이내인 경우나 소음발생원에서의 발생시간이 간헐적인 경우에는 발생시간 동안 연속 측정하거나 등간격으로 나누어 4회 이상 측정하여야 한다.

02 소음측정 시 단위작업장소에서 소음발생시간이 6시간 이내인 경우나 소음발생원에서의 발생시간이 간헐적인 경우의 측정시간 및 횟수 기준으로 옳은 것은?(단, 고용노동부 고시 기준)

① 발생시간 동안 연속 측정하거나 등간격으로 나누어 2회 이상 측정하여야 한다.
② 발생시간 동안 연속 측정하거나 등간격으로 나누어 4회 이상 측정하여야 한다.
③ 발생시간 동안 연속 측정하거나 등간격으로 나누어 6회 이상 측정하여야 한다.
④ 발생시간 동안 연속 측정하거나 등간격으로 나누어 8회 이상 측정하여야 한다.

03 소음의 측정방법으로 틀린 것은?(단, 고용노동부 고시를 기준으로 한다.)

① 소음계의 청감보정회로는 A특성으로 한다.
② 소음계 지시침의 동작은 느린(Slow) 상태로 한다.
③ 소음계의 지시치가 변동하지 않는 경우에는 해당 지시치를 그 측정점에서의 소음수준으로 한다.
④ 소음이 1초 이상의 간격을 유지하면서 최대음압수준이 120dB(A) 이상의 소음인 경우에는 소음수준에 따른 10분 동안의 발생횟수를 측정한다.

해설 소음이 1초 이상의 간격을 유지하면서 최대음압수준이 120dB(A) 이상의 소음인 경우에는 소음수준에 따른 1분 동안의 발생횟수를 측정하여야 한다.

04 다음은 작업장 소음측정에 관한 내용이다. ( ) 안의 내용으로 옳은 것은?(단, 고용노동부 고시 기준)

> 누적소음노출량 측정기로 소음을 측정하는 경우에는 Criteria 90dB, Exchange Rate 5dB, Threshold ( )dB로 기기를 설정한다.

① 50　　② 60　　③ 70　　④ 80

해설 누적소음노출량 측정기로 소음을 측정하는 경우에는 Criteria는 90dB, Exchange Rate는 5dB, Threshold는 80dB로 기기를 설정할 것

05 누적소음노출량 측정기로 소음을 측정하는 경우에 기기설정으로 적절한 것은?

① Criteria : 80dB, Exchange Rate : 10dB, Threshold : 90dB
② Criteria : 90dB, Exchange Rate : 10dB, Threshold : 80dB
③ Criteria : 80dB, Exchange Rate : 5dB, Threshold : 90dB
④ Criteria : 90dB, Exchange Rate : 5dB, Threshold : 80dB

해설 누적소음노출량 측정기로 소음을 측정하는 경우에는 Criteria=90dB, Exchange Rate=5dB, Thredhold=80dB로 기기설정을 하여야 한다.

06 누적소음노출량 측정기로 소음을 측정하는 경우 기기설정으로 적절한 것은?(단, 고용노동부 고시 기준)

① Criteria=80dB, Exchange Rate=5dB, Threshold=90dB
② Criteria=80dB, Exchange Rate=10dB, Threshold=90dB
③ Criteria=90dB, Exchange Rate=5dB, Threshold=80dB
④ Criteria=90dB, Exchange Rate=10dB, Threshold=80dB

해설 누적소음노출량 측정기로 소음을 측정하는 경우에는 Criteria=90dB, Exchange Rate=5dB, Threshold=80dB로 기기설정을 하여야 한다.

07 고열 측정방법에 관한 내용이다. ( ) 안에 맞는 내용은?(단, 고용노동부 고시 기준)

> 측정은 단위작업장소에서 측정대상이 되는 근로자의 작업행동 범위 내에서 주 작업 위치의 바닥 면으로부터 ( )의 위치에서 행하여야 한다.

① 50cm 이상, 120cm 이하　　② 50cm 이상, 150cm 이하
③ 80cm 이상, 120cm 이하　　④ 80cm 이상, 150cm 이하

08 1일 12시간 작업할 때 톨루엔(TLV-100ppm)의 보정노출기준은 약 몇 ppm인가?(단, 고용노동부 고시를 기준으로 한다.)

① 25 ② 67 ③ 75 ④ 150

해설 보정된 노출기준 = 8시간 노출기준 × $\frac{8\text{시간}}{\text{노출시간}}$ = 100ppm × $\frac{8}{12}$ = 66.67ppm

ANSWER | 01 ③ 02 ② 03 ④ 04 ④ 05 ④ 06 ③ 07 ② 08 ②

THEMA 39 화학시험의 일반사항

1. 원자량

원자량은 국제순수 및 응용화학연맹(IUPAC)에서 정한 원자량 표에 따르되, 분자량은 소수점 이하 셋째 자리에서 반올림하여 둘째 자리까지 표시한다.

2. 단위 및 기호

종류	단위	기호	종류	단위	기호
길이	미터 센티미터 밀리미터 마이크로미터(미크론) 나노미터(밀리미크론)	m cm mm μm(μ) nm(mμ)	농도	몰농도 노말농도 그램/리터 밀리그램/리터 퍼센트	M N g/L mg/L %
압력	기압 수은주밀리미터 수주밀리미터	atm mmHg mmH_2O	부피	세제곱미터 세제곱센티미터 세제곱밀리미터	m^3 cm^3 mm^3
넓이	제곱미터 제곱센티미터 제곱밀리미터	m^2 cm^2 mm^2	무게	킬로그램 그램 밀리그램 마이크로그램 나노그램	kg g mg μg ng
용량	리터 밀리리터 마이크로리터	L mL μL			

3. 온도 표시

① 온도의 표시는 셀시우스(Celcius)법에 따라 아라비아 숫자의 오른쪽에 ℃를 붙인다. 절대온도는 °K로 표시하고 절대온도 0°K는 −273℃로 한다.

② 상온은 15~25℃, 실온은 1~35℃, 미온은 30~40℃로 하고, 찬 곳은 따로 규정이 없는 한 0~15℃의 곳을 말한다.

③ 냉수(冷水)는 15℃ 이하, 온수(溫水)는 60~70℃, 열수(熱水)는 약 100℃를 말한다.

참고

°F = 1.8 × ℃ + 32

4. 농도 표시

① 중량백분율을 표시할 때에는 %의 기호를 사용한다.
② 액체단위부피, 또는 기체단위부피 중의 성분질량(g)을 표시할 때에는 %(W/V)의 기호를 사용한다.
③ 액체단위부피, 또는 기체단위부피 중의 성분용량을 표시할 때에는 %(V/V)의 기호를 사용한다.
④ 백만분율(parts per million)을 표시할 때에는 ppm을 사용하며 따로 표시가 없으면, 기체인 경우에는 용량 대 용량(V/V)을 액체인 경우에는 중량 대 중량(W/W)을 의미한다.
⑤ 10억분율(parts per billion)을 표시할 때에는 ppb를 사용하며 따로 표시가 없으면, 기체인 경우에는 용량 대 용량(V/V)을, 액체인 경우에는 중량 대 중량(W/W)을 의미한다.
⑥ 공기 중의 농도를 mg/m^3로 표시했을 때는 25℃, 1기압 상태의 농도를 말한다.

5. 용기

용기란 시험용액 또는 시험에 관계된 물질을 보존, 운반 또는 조작하기 위하여 넣어두는 것으로 시험에 지장을 주지 않도록 깨끗한 것을 말한다.

① 밀폐용기(密閉容器)란 물질을 취급 또는 보관하는 동안에 이물(異物)이 들어가거나 내용물이 손실되지 않도록 보호하는 용기를 말한다.
② 기밀용기(機密容器)란 물질을 취급하거나 보관하는 동안에 외부로부터의 공기 또는 다른 기체가 침입하지 않도록 내용물을 보호하는 용기를 말한다.
③ 밀봉용기(密封容器)란 물질을 취급 또는 보관하는 동안에 기체 또는 미생물이 침입하지 않도록 내용물을 보호하는 용기를 말한다.
④ 차광용기(遮光容器)란 광선이 투과되지 않는 갈색용기 또는 투과하지 않도록 포장한 용기로서 취급 또는 보관하는 동안에 내용물의 광화학적 변화를 방지할 수 있는 용기를 말한다.

6. 분석용 저울

이 기준에서 사용하는 분석용 저울은 국가검정을 필한 것으로서 소수점 다섯째 자리 이상을 나타낼 수 있는 것을 사용하여야 한다.

7. 용어

① "항량이 될 때까지 건조한다 또는 강열한다"란 규정된 건조온도에서 1시간 더 건조 또는 강열할 때 전후 무게의 차가 매 g당 0.3mg 이하일 때를 말한다.
② 시험조작 중 "즉시"란 30초 이내에 표시된 조작을 하는 것을 말한다.
③ "감압 또는 진공"이란 따로 규정이 없는 한 15mmHg 이하를 뜻한다.
④ "이상", "초과", "이하", "미만"이라고 기재하였을 때 이(以)자가 쓰여진 쪽은 어느 것이나 기산점(起算點) 또는 기준점(基準點)인 숫자를 포함하며, "미만" 또는 "초과"는 기산점 또는 기준점의 숫자를 포함하지 않는다. 또 "a～b"라 표시한 것은 a 이상 b 이하를 말한다.
⑤ "바탕시험(空試驗)을 하여 보정한다"란 시료에 대한 처리 및 측정을 할 때, 시료를 사용하지 않고 같은 방법으로 조작한 측정치를 빼는 것을 말한다.
⑥ 중량을 "정확하게 단다"란 지시된 수치의 중량을 그 자릿수까지 단다는 것을 말한다.

⑦ "약"이란 그 무게 또는 부피에 대하여 ±10% 이상의 차가 있지 아니한 것을 말한다.
⑧ "검출한계"란 분석기기가 검출할 수 있는 가장 작은 양을 말한다.
⑨ "정량한계"란 분석기기가 정량할 수 있는 가장 작은 양을 말한다.
⑩ "회수율"이란 여과지에 채취된 성분을 추출과정을 거쳐 분석 시 실제 검출되는 비율을 말한다.
⑪ "탈착효율"이란 흡착제에 흡착된 성분을 추출과정을 거쳐 분석 시 실제 검출되는 비율을 말한다.

연습문제

01 측정에서 사용되는 용어에 대한 설명이 틀린 것은?(단, 고용노동부 고시를 기준으로 한다.)

① "검출한계"란 분석기기가 검출할 수 있는 가장 작은 양을 말한다.
② "정량한계"란 분석기기가 정성적으로 측정할 수 있는 가장 작은 양을 말한다.
③ "회수율"이란 여과지에 채취된 성분을 추출과정을 거쳐 분석 시 실제 검출되는 비율을 말한다.
④ "탈착효율"이란 흡착제에 흡착된 성분을 추출과정을 거쳐 분석 시 실제 검출되는 비율을 말한다.

해설 "정량한계"란 분석기기가 정량할 수 있는 가장 작은 양을 말한다.

02 작업장 내 유해물질 측정에 대한 기초적인 이론을 설명한 것으로 틀린 것은?

① 작업장 내 유해화학 물질의 농도는 일반적으로 25℃, 760mmHg의 조건하에서 기준농도로써 나타낸다.
② 가스 또는 증기의 ppm과 mg/m^3 간의 상호농도 변환은 $mg/m^3 = ppm \times \frac{24.46}{M}$ (M : 분자량)으로 계산한다.
③ 가스란 상온 상압하에서 기체상으로 존재하는 것을 말하며 증기란 상온 상압하에서 액체 또는 고체인 물질이 증기압에 따라 휘발 또는 승화하여 기체로 되어 있는 것을 말한다.
④ 유해물질의 측정에는 공기 중에 존재하는 유해물질의 농도를 그대로 측정하는 방법과 공기로부터 분리 농축하는 방법이 있다.

해설 가스 또는 증기의 ppm과 mg/m^3 간의 상호농도 변환은 $mg/m^3 = ppm \times \frac{M}{24.45}$ (M : 분자량)으로 계산한다.

03 허용기준 대상 유해인자의 노출 농도 측정 및 분석을 위한 화학시험의 일반사항 중 용어에 관한 내용으로 틀린 것은?

① "회수율"이란 흡착제에 흡착된 성분을 추출과정을 거쳐 분석 시 실제 검출되는 비율을 말한다.
② "진공"이란 따로 규정이 없는 한 15mmHg 이하를 뜻한다.
③ 시험조작 중 "즉시"란 30초 이내에 표시된 조작을 하는 것을 말한다.
④ "약"이란 그 무게 또는 부피에 대하여 ±10% 이상의 차이가 있지 아니한 것을 말한다.

해설 "회수율"이란 여과지에 채취된 성분을 추출과정을 거쳐 분석 시 실제 검출되는 비율을 말한다.

04 회수율 실험은 여과지를 이용하여 채취한 금속을 분석하는 데 보정하는 실험이다. 다음 중 회수율을 구하는 식은?

① 회수율(%) = $\frac{분석량}{첨가량} \times 100$　　② 회수율(%) = $\frac{첨가량}{분석량} \times 100$

③ 회수율(%) = $\frac{분석량}{1-첨가량} \times 100$　　④ 회수율(%) = $\frac{첨가량}{1-분석량} \times 100$

해설 회수율(%) = $\frac{분석(검출)량}{첨가량} \times 100$

05 여과지에 금속농도 100mg을 첨가한 후 분석하여 검출된 양이 80mg이었다면 회수율은 몇 %인가?

① 40　② 80　③ 125　④ 150

해설 회수율 = $\frac{검출량}{첨가량} \times 100 = \frac{80}{100} \times 100 = 80\%$

06 온도 표시에 대한 설명으로 틀린 것은?(단, 고용노동부 고시를 기준으로 한다.)

① 절대온도는 °K로 표시하고 절대온도 0°K는 −273℃로 한다.

② 실온은 1~35℃, 미온은 30~40℃로 한다.

③ 온도의 표시는 셀시우스(Celcius)법에 따라 아라비아 숫자의 오른쪽에 ℃를 붙인다.

④ 냉수는 5℃ 이하, 온수는 60~70℃를 말한다.

해설 냉수는 15℃ 이하, 온수는 60~70℃를 말한다.

07 다음 중 78℃와 동등한 온도는?

① 351°K　② 189°F　③ 26°F　④ 195°K

해설 °F = 1.8×℃+32 = 1.8×78+32 = 172.4°F
°K = 273+℃ = 273+78 = 351°K

08 "물질을 취급 또는 보관하는 동안에 기체 또는 미생물이 침입하지 않도록 내용물을 보호하는 용기"는 다음 중 어느 것인가?(단, 고용노동부 고시 기준)

① 밀폐용기　② 기밀용기　③ 밀봉용기　④ 차광용기

해설 밀봉용기(密封容器)란 물질을 취급 또는 보관하는 동안에 기체 또는 미생물이 침입하지 않도록 내용물을 보호하는 용기를 말한다.

ANSWER | 01 ② 02 ② 03 ① 04 ① 05 ② 06 ④ 07 ① 08 ③

더 풀어보기

산업기사

01 정량한계에 관한 내용으로 옳은 것은?(단, 고용노동부 고시를 기준으로 한다.)

① 분석기기가 정량할 수 있는 가장 작은 오차를 말한다.
② 분석기기가 정량할 수 있는 가장 작은 양을 말한다.
③ 분석기기가 정량할 수 있는 가장 작은 정밀도를 말한다.
④ 분석기기가 정량할 수 있는 가장 작은 편차를 말한다.

해설 "정량한계"란 분석기기가 정량할 수 있는 가장 작은 양을 말한다.

02 회수율 시험은 여과지를 이용하여 채취한 금속을 분석한 것을 보정하는 실험이다. 다음 중 회수율을 구하는 식은?

① $\text{회수율}(\%) = \dfrac{\text{분석량}}{\text{첨가량}} \times 100$
② $\text{회수율}(\%) = \dfrac{\text{첨가량}}{\text{분석량}} \times 100$
③ $\text{회수율}(\%) = \dfrac{\text{분석량}}{1 - \text{첨가량}} \times 100$
④ $\text{회수율}(\%) = \dfrac{\text{첨가량}}{1 - \text{분석량}} \times 100$

해설 $\text{회수율}(\%) = \dfrac{\text{분석(검출)량}}{\text{첨가량}} \times 100$

03 다음 중 분석과 관련된 용어에 대한 설명 또는 계산방법으로 틀린 것은?

① 검출한계는 어느 정해진 분석절차로 신뢰성 있게 분석할 수 있는 분석물질의 가장 낮은 농도나 양이다.
② 정량한계는 어느 주어진 분석 절차에 따라서 합리적인 신뢰성을 가지고 정량 · 분석할 수 있는 가장 작은 농도나 양이다.
③ $\text{회수율}(\%) = \dfrac{\text{분석량}}{\text{첨가량}} \times 100$
④ $\text{탈착효율}(\%) = \dfrac{\text{첨가량}}{\text{분석량}} \times 100$

해설 $\text{탈착효율}(\%) = \dfrac{\text{분석량}}{\text{첨가량}} \times 100$

04 채취한 금속 분석에서 오차를 최소화하기 위해 여과지에 금속을 10μg 첨가하고 원자흡광도계로 분석하였더니 9.5μg이 검출되었다. 실험에 보정하기 위한 회수율은 몇%인가?

① 80　② 85　③ 90　④ 95

해설 $\text{회수율}(\%) = \dfrac{\text{분석량}}{\text{첨가량}} \times 100 = \dfrac{9.5}{10} \times 100 = 95\%$

05 다음 중 온도표시에 관한 내용으로 틀린 것은?(단, 고용노동부 고시를 기준으로 한다.)

① 미온은 30~40℃를 말한다.
② 온수는 40~50℃를 말한다.
③ 냉수는 15℃ 이하를 말한다.
④ 찬 곳은 따로 규정이 없는 한 0~15℃의 곳을 말한다.

해설 온수는 60~70℃를 말한다.

06 허용기준 대상 유해인자의 노출농도 측정 및 분석방법 중 온도표시에 관한 내용으로 틀린 것은?

① 냉수는 15℃ 이하를 말한다.
② 온수는 50~60℃를 말한다.
③ 찬 곳은 따로 규정이 없는 한 0~15℃의 곳을 말한다.
④ 미온은 30~40℃이다.

해설 온수는 60~70℃를 말한다.

07 물질을 취급 또는 보관하는 동안에 이물(異物)이 들어가거나 내용물이 손실되지 않도록 보호하는 용기는?

① 밀봉용기　② 밀폐용기　③ 기밀용기　④ 폐쇄용기

해설 밀폐용기(密閉容器)란 물질을 취급 또는 보관하는 동안에 이물(異物)이 들어가거나 내용물이 손실되지 않도록 보호하는 용기를 말한다.

ANSWER | 01 ② 02 ① 03 ④ 04 ④ 05 ② 06 ② 07 ②

기 사

01 화학시험의 일반사항 중 시약 및 표준물질에 관한 설명으로 틀린 것은?(단, 고용노동부 고시 기준)

① 분석에 사용하는 시약은 따로 규정이 없는 한 특급 또는 1급 이상이거나 이와 동등한 규격의 것을 사용하여야 한다.
② 분석에 사용되는 표준품은 원칙적으로 1급 이상이거나 이와 동등한 규격의 것을 사용하여야 한다.
③ 시료의 시험, 바탕시험 및 표준액에 대한 시험을 일련의 동일 시험으로 행할 때에 조제된 것을 사용한다.
④ 분석에 사용하는 시약 중 단순히 염산으로 표시하였을 때는 농도 35.0~37.0%(비중(약)은 1.18) 이상의 것을 말한다.

해설 시험에 사용하는 표준품은 원칙적으로 특급 시약을 사용하며 표준액을 조제하기 위한 표준용 시약은 따로 규정이 없는 한 데시케이터에 보존된 것을 사용한다.

02 허용기준 대상 유해인자의 노출농도 측정 및 분석방법에 관한 내용으로 틀린 것은?(단, 고용노동부 고시를 기준으로 한다.)

① 바탕시험(空試驗)을 하여 보정한다 : 시료에 대한 처리 및 측정을 할 때, 시료를 사용하지 않고 같은 방법으로 조작한 측정치를 빼는 것을 말한다.
② 감압 또는 진공 : 따로 규정이 없는 한 760mmHg 이하를 뜻한다.
③ 검출한계 : 분석기기가 검출할 수 있는 가장 작은 양을 말한다.
④ 정량한계 : 분석기기가 정량할 수 있는 가장 작은 양을 말한다.

해설 **감압 또는 진공** : 따로 규정이 없는 한 15mmHg 이하를 뜻한다.

03 온도 표시에 대한 내용으로 틀린 것은?(단, 고용노동부 고시를 기준으로 한다.)

① 미온은 20~30℃를 말한다.
② 온수(溫水)는 60~70℃를 말한다.
③ 냉수(冷水)는 15℃ 이하를 말한다.
④ 상온은 15~25℃, 실온은 1~35℃을 말한다.

해설 미온은 30~40℃를 말한다.

04 온도 표시에 관한 내용으로 옳지 않은 것은?(단, 고용노동부 고시 기준)

① 실온은 1~35℃
② 미온은 30~40℃
③ 온수는 60~70℃
④ 냉수는 4℃ 이하

해설 냉수(冷水)는 15℃ 이하를 말한다.

05 작업환경측정 시 온도 표시에 관한 설명으로 옳지 않은 것은?(단, 고용노동부 고시를 기준으로 한다.)

① 열수 : 약 100℃
② 상온 : 15~25℃
③ 온수 : 50~60℃
④ 미온 : 30~40℃

해설 온수는 60~70℃를 말한다.

06 온도 표시에 관한 내용으로 틀린 것은?

① 냉수는 4℃ 이하를 말한다.
② 실온은 1~35℃를 말한다.
③ 미온은 30~40℃를 말한다.
④ 온수는 60~70℃를 말한다.

해설 냉수는 15℃ 이하를 말한다.

ANSWER | 01 ② 02 ② 03 ① 04 ④ 05 ③ 06 ①

THEMA 40 기초화학

1. 원자량과 분자량

① 원자량

물질을 구성하는 가장 작은 입자로 탄소원자(C)를 기준으로 다른 원소들을 비교하도록 만든 것을 말한다.

[필수 원자량]

원소	원소기호	원자량	원소	원소기호	원자량
수소	H	1	나트륨	Na	23
탄소	C	12	황	S	32
질소	N	14	염소	Cl	35.5
산소	O	16	칼슘	Ca	40

② 분자량

분자를 구성하는 원자들의 원자량을 모두 합한 값으로 분자의 상대적인 질량이다.

- NaOH(수산화나트륨) : $Na + O + H = 23 + 16 + 1 = 40$
- NaCl(염화나트륨) : $Na + Cl = 23 + 35.5 = 58.5$
- H_2SO_4(황산) : $2 \times H + S + 4 \times O = 2 \times 1 + 32 + 4 \times 16 = 98$
- CO(일산화탄소) : $C + O = 12 + 16 = 28$
- CO_2(이산화탄소, 탄산가스) : $C + 2 \times O = 12 + 2 \times 16 = 44$
- SO_2(이산화탄소, 아황산가스) : $S + 2 \times O = 32 + 2 \times 16 = 64$
- C_6H_6(벤젠) : $6 \times C + 6 \times H = 6 \times 12 + 6 \times 1 = 78$

2. 몰농도와 노말농도

① 몰농도(mol/L)

몰농도는 용액 1L에 녹아 있는 용질의 몰수로 나타내는 농도로 mol/L 또는 M으로 나타낸다.

$$M(mol/L) = \frac{\text{용질}(mol)}{\text{용액}(L)}$$

② 노말 농도(eq/L)

용액의 농도를 나타내는 방법의 하나로 용액 1L 속에 녹아 있는 용질의 g당량수를 나타낸 농도를 말한다.

$$N(eq/L) = \frac{\text{용질}(eq)}{\text{용액}(L)}$$

참고

1mol은 분자량에 g을 붙인 값이다.(1mol = g분자량)
1eq은 분자량에 g을 붙인 값을 가수로 나눈 값이다.(1eq = g분자량/가수)

NaOH : 1mol = 40g, 1eq = 40g
H_2SO_4 : 1mol = 98g, 1eq = 98/2 = 49g

3. 분율

① 백분율(%)
   ㉠ 용량백분율(V/V%) : 용액 100mL 중의 성분용량(mL)을 나타낸다.
   ㉡ 중량백분율(W/W%) : 용액 100g 중의 성분무게(g)를 나타낸다.
   ㉢ 중량 대 용량백분율(W/V%) : 용액 100mL 중의 성분무게(g)를 나타낸다.
② 백만분율(ppm)
   ㉠ 용량ppm(V/V ppm) : mL/m^3
   ㉡ 중량ppm(V/V ppm) : mg/kg
③ 1억분율(pphm)
④ 10억분율(ppb)

〈환산〉

$$1\% = 10^4 ppm = 10^6 pphm = 10^7 ppb$$

$$1ppb = 10^{-1} pphm = 10^{-3} ppm = 10^{-7}\%$$

4. 수소이온농도(pH)

① 정의 : 수소이온농도의 역수의 상용대수값
② 관계식

$$pH = \log\frac{1}{[H^+]} = -\log[H^+] \qquad [H^+] = mol/L$$

$$pOH = \log\frac{1}{[OH^-]} = -\log[OH^-] \qquad [OH^-] = mol/L$$

$$[H^+] = 10^{-pH} \qquad [OH^-] = 10^{-pOH}$$

$$pH = 14 - pOH \qquad pOH = 14 - pH$$

5. 중화공식

산과 염기가 반응하는 것을 중화라 하며, 완전중화와 불완전중화가 있다.

① 완전중화

㉠ 산의 당량(eq) = 염기의 당량(eq)

㉡ $[H^+] = [OH^-]$

㉢ 혼합액의 pH = 7

$$NVf = N'V'f'$$

② 불완전중화

㉠ 산의 당량(eq) ≠ 염기의 당량(eq)

㉡ $[H^+] \neq [OH^-]$

㉢ 혼합액의 pH ≠ 7

$$N_o = \frac{N_1V_1 - N_2V_2}{V_1 + V_2}$$

6. 포집효율

① 효율(제거율)

$$\eta(\text{제거율}) = \frac{\text{유입농도} - \text{유출농도}}{\text{유입농도}} \times 100$$

② 2단 직렬연결

$$\eta_t(\%) = \eta_1 + \eta_2(1 - \eta_1)$$

③ 3단 직렬연결

$$\eta_t(\%) = \eta_1 + \eta_2(1 - \eta_1) + \eta_3(1 - \eta_1)(1 - \eta_2)$$

연습문제

01 유해물질의 농도가 1%였다면, 이 물질의 농도를 ppm으로 환산하면 얼마인가?

① 100 ② 1,000 ③ 10,000 ④ 100,000

해설 $X(ppm) = 1\% \times \frac{10^4 ppm}{1\%} = 10,000ppm$

02 0.001%는 몇 ppb인가?

① 100 ② 1,000 ③ 10,000 ④ 100,000

해설 $X(ppb) = 0.001\% \times \frac{10^7 ppb}{1\%} = 10,000ppb$

03 일산화탄소 $0.1m^3$가 밀폐된 차고에 방출되었다면, 이때 차고 내 공기 중 일산화탄소의 농도는 몇 ppm인가?(단, 방출 전 차고 내 일산화탄소 농도는 0ppm이며, 밀폐된 차고의 체적은 $100,000m^3$이다.)

① 0.1 ② 1 ③ 10 ④ 100

해설 $X(ppm) = \frac{0.1m^3}{100,000m^3} \times 10^6 = 1ppm$

04 100g의 물에 40g의 NaCl을 가하여 용해시키면 몇 %(W/W%)의 NaCl 용액이 만들어지는가?

① 28.6% ② 32.7% ③ 34.5% ④ 38.2%

해설 $X(W/W\%) = \frac{40g}{100g + 40g} \times 100 = 28.57\%$

05 0.05M NaOH 용액 500mL를 준비하는 데 NaOH는 몇 g이 필요한가?(단, Na의 원자량은 23)

① 1.0 ② 1.5 ③ 2.0 ④ 2.5

해설 $X(g) = \frac{0.05mol}{L} \left| \frac{0.5L}{} \right| \frac{40g}{1mol} = 1g$

06 $2N-H_2SO_4$ 용액 800mL 중에 H_2SO_4는 몇 g 용해되어 있는가?(단, S 원자량은 32)

① 78.4g ② 95.9g ③ 139.2g ④ 156.8g

해설 $X(g) = \frac{2eq}{L} \left| \frac{0.8L}{} \right| \frac{(98/2)g}{1eq} = 78.4g$

07 NaOH 2g을 용해시켜 조제한 1,000mL의 용액을 0.1N-HCl 용액으로 중화적정 시 소요되는 HCl 용액의 용량은?(단, 나트륨 원자량 : 23)

① 1,000mL ② 800mL ③ 600mL ④ 500mL

해설 $NV = N'V'$

㉠ $N(eq/L) = \frac{2g}{L} \left| \frac{1eq}{40g} \right. = 0.05eq/L$

㉡ $V = 1,000mL$

㉢ $N' = 0.1eq/L$

$\therefore 0.05 \times 1,000 = 0.1 \times V'$

$\therefore V' = 500mL$

08 pH 2, pH 5인 두 수용액을 수산화나트륨으로 각각 중화시킬 때 중화제 NaOH의 투입량은 어떻게 되는가?

① pH 5인 경우보다 pH 2가 3배 더 소모된다.

② pH 5인 경우보다 pH 2가 9배 더 소모된다.

③ pH 5인 경우보다 pH 2가 30배 더 소모된다.

④ pH 5인 경우보다 pH 2가 1,000배 더 소모된다.

해설 $[H^+] = 10^{-pH}$

$\frac{10^{-2}}{10^{-5}} = 1,000$배

09 0.01N-NaOH 수용액 중의 $[H^+]$는 몇 mol/L인가?

① 1×10^{-2} ② 1×10^{-13} ③ 1×10^{-12} ④ 1×10^{-11}

해설 $NaOH \rightarrow Na^+ + OH^-$

$pOH = -\log[OH^-] = -\log[0.01] = 2$

$pH = 14 - pOH = 14 - 2 = 12$

$[H^+] = 10^{-pH} = 10^{-12}mol/L$

10 500ml 수용액 속에 4g의 NaOH가 함유되어 있는 용액의 pH는?(단, 완전해리 기준, Na 원자량 23)

① 13.0 ② 13.3 ③ 13.6 ④ 13.8

해설 $NaOH \rightarrow Na^+ + OH^-$

$pOH = -\log[OH^-]$

$NaOH(mol/L) = \frac{4g}{0.5L} \left| \frac{1mol}{40g} \right. = 0.2mol/L$

$pOH = -\log[0.2] = 0.699$

$\therefore pH = 14 - pOH = 14 - 0.699 = 13.3$

11 각각의 포집효율이 80%인 임핀저 2개를 직렬로 연결하여 시료를 채취하는 경우 최종 얻어지는 포집효율은?

① 90% ② 92% ③ 94% ④ 96%

해설 $\eta_t = \eta_1 + \eta_2(1-\eta_1) = 0.8 + 0.8(1-0.8) = 0.96 = 96\%$

ANSWER | 01 ③ 02 ③ 03 ② 04 ① 05 ① 06 ① 07 ④ 08 ④ 09 ③ 10 ② 11 ④

더 풀어보기

산업기사

01 부피비로 0.1%는 몇 ppm인가?

① 10ppm ② 100ppm ③ 1,000ppm ④ 10,000ppm

해설 $X(\text{ppm}) = 0.1\% \times \frac{10^4\text{ppm}}{1\%} = 1,000\text{ppm}$

02 부피비로 0.001%는 몇 ppm인가?

① 10ppm ② 100ppm ③ 1,000ppm ④ 10,000ppm

해설 $1\% = 10^4\text{ppm},\ 1\text{ppm} = 10^{-4}\%$

$X(\text{ppm}) = 0.001\% \times \frac{10^4\text{ppm}}{1\%} = 10\text{ppm}$

03 0.01%(v/v)은 몇 ppb인가?

① 1,000 ② 10,000 ③ 100,000 ④ 1,000,000

해설 $X(\text{ppb}) = 0.01\% \times \frac{10^7\text{ppb}}{1\%} = 100,000\text{ppb}$

04 작업장 내 공기 중 아황산가스(SO_2)의 농도가 40ppm일 경우 이 물질의 농도는?(단, SO_2 분자량=64, 용적 백분율(%)로 표시)

① 4% ② 0.4% ③ 0.04% ④ 0.004%

해설 $1\% = 10^4\text{ppm},\ 1\text{ppm} = 10^{-4}\%$

$\therefore X(\%) = 40\text{ppm} \times \frac{10^{-4}\%}{1\text{ppm}} = 0.004\%$

05 100ppm을 %로 환산하면 몇 %인가?

① 1% ② 0.1% ③ 0.01% ④ 0.001%

해설 $X(\%) = 100\text{ppm} \times \frac{1\%}{10^4\text{ppm}} = 0.01\%$

06 다음 중 1ppm과 같은 것은?

① 0.01% ② 0.001% ③ 0.0001% ④ 0.00001%

해설 $X(\%) = 1ppm \times \frac{1\%}{10^4 ppm} = 0.0001\%$

07 온도 20℃, 1기압에서 100(L)의 공기 중에 벤젠 1mg을 혼합시켰다. 이때의 벤젠농도(V/V)는?

① 약 1.2ppm ② 약 3.1ppm ③ 약 5.2ppm ④ 약 6.7ppm

해설 $X(mL/m^3) = \frac{1mg}{100L} \bigg| \frac{24.01mL}{78mg} \bigg| \frac{10^3 L}{1m^3} = 3.08mL/m^3$

08 0.5N－H_2SO_4 용액 1,000mL 중에 H_2SO_4는 몇 g 용해되어 있는가?(단, S 원자량은 32)

① 12.3g ② 16.5g ③ 20.3g ④ 24.5g

해설 $X(g) = \frac{0.5eq}{L} \bigg| \frac{1L}{} \bigg| \frac{(98/2)g}{1eq} = 24.5g$

09 수산화나트륨 4.0g을 0.5L의 물에 녹인 후 2N－HCl 용액으로 중화시킨다면 소요되는 2N－HCl 용액의 부피는?(단, Na 원자량은 23)

① 5mL ② 15mL ③ 25mL ④ 50mL

해설 $NV = N'V'$

㉠ $N(eq/L) = \frac{4.0g}{L} \bigg| \frac{1eq}{40g} = 0.1eq/L$

㉡ $V = 0.5L$

㉢ $N' = 2eq/L$

$\therefore\ 0.1 \times 0.5 = 2 \times V'$

$\therefore\ V' = 0.025(L) = 25mL$

10 500mL 중에 $CuSO_4 \cdot 5H_2O$(분자량 : 250) 31.2g을 포함한 용액은 몇 M인가?

① 0.12M－$CuSO_4 \cdot 5H_2O$ ② 0.25M－$CuSO_4 \cdot 5H_2O$

③ 0.55M－$CuSO_4 \cdot 5H_2O$ ④ 0.75M－$CuSO_4 \cdot 5H_2O$

해설 $M(mol/L) = \frac{31.2g}{500mL} \bigg| \frac{1mol}{250g} \bigg| \frac{1,000mL}{1L} = 0.25mol/L$

ANSWER | 01 ③ 02 ① 03 ③ 04 ④ 05 ③ 06 ③ 07 ② 08 ④ 09 ③ 10 ②

기 사

01 0.02M NaOH 용액 500mL를 준비하는 데 NaOH는 몇 g이 필요한가?(단, Na의 원자량은 23)

① 0.2 ② 0.4 ③ 0.8 ④ 1.6

해설 $X(g) = \frac{0.02mol}{L} \bigg| 0.5L \bigg| \frac{40g}{1mol} = 0.4g$

02 NaOH(나트륨 원자량 : 23) 10g을 10L의 용액에 녹였을 때 이 용액의 몰농도는?

① 0.025M ② 0.25M ③ 0.05M ④ 0.5M

해설 $X(mol/L) = \frac{10g}{10L} \bigg| \frac{1mol}{40g} = 0.025mol/L$

03 H_2SO_4 (MW = 98) 4.9g이 100L의 수용액 속에 용해되었을 때 이용액의 pH는?(단, 황산은 100% 전리한다.)

① 4 ② 3 ③ 2 ④ 1

해설 $pH = \log\frac{1}{[H^+]} = -\log[H^+]$

$[H^+] = \frac{4.9g}{100L} \bigg| \frac{1mol}{98g} = 5 \times 10^{-4} mol/L$

$\therefore pH = -\log[5 \times 10^{-4}] = 3.3$

04 두 개의 버블러를 연속적으로 연결하여 시료를 채취할 때 첫 번째 버블러의 채취효율이 75%이고, 두 번째 버블러의 채취효율이 90%이면 전체 채취효율은?

① 91.5% ② 93.5% ③ 95.5% ④ 97.5%

해설 $\eta_t = \eta_1 + \eta_2(1-\eta_1)$

$= 0.75 + 0.9(1-0.75) = 0.975 = 97.5\%$

ANSWER | 01 ② 02 ① 03 ② 04 ④

PART 03

작업환경 관리대책

THEMA 41 환기의 원리 및 연속방정식

1. 산업환기의 의미

① 사업장 내 유해한 물질 또는 오염된 공기를 외부로 배출하고 외부의 신선한 공기를 공급하는 시스템을 의미한다.

② 작업환경의 유해요인인 분진, 용매, 각종 유해 화학물질과 중금속, 불필요한 고열을 제거하여 작업환경을 관리하는 기술이다.

③ 자연 또는 기계적 수단을 통해 실내의 오염공기를 실외로 배출하고 실외의 신선한 공기를 도입하여 실내의 오염공기를 희석시키는 방법을 말한다.

2. 환기의 목적

① 유해물질의 농도를 허용기준치 이하로 낮추기 위함

② 공기정화 기준을 더욱 높여 물리적 · 화학적 및 위생적으로 작업환경을 고도로 개선시키기 위함

③ 근로자의 건강을 도모하고 작업능률을 향상시키기 위함

④ 화재나 폭발 등의 산업재해를 방지하기 위함

⑤ 냉방 또는 난방

⑥ 오염물질의 제거 및 희석

⑦ 조절된 공기의 공급

3. 산업환기의 가정조건

① 산업환기에서의 표준상태란 21℃, 760mmHg를 의미한다.

② 산업환기에서 표준공기의 밀도는 $1.203kg/m^3$ 정도이다.

③ 일정량의 공기 부피는 절대온도에 비례하여 증가한다.

④ 산업환기장치 내의 유체는 별도의 언급이 없는 한 표준공기로 취급한다.

4. 관 내 유속과 유량의 관계

밀도나 비중량이 일정한 비압축성의 흐름은 관 내 임의의 단면에 대하여 그 단면적과 평균속도를 곱한 값은 언제나 같은 값을 갖는다. 단면적(A)과 평균속도(V)의 곱을 유량(Q)이라고 한다.

$$Q = A \times V$$

여기서, Q : 유량(m^3/sec)
A : 단면적(m^2)
V : 평균속도(m/sec)

5. 연속방정식(질량보존의 법칙)

정상류로 흐르고 있는 유체가 임의의 한 단면을 통과하는 질량은 다른 임의의 단면을 통과하는 단위 시간당 질량과 같아야 한다.

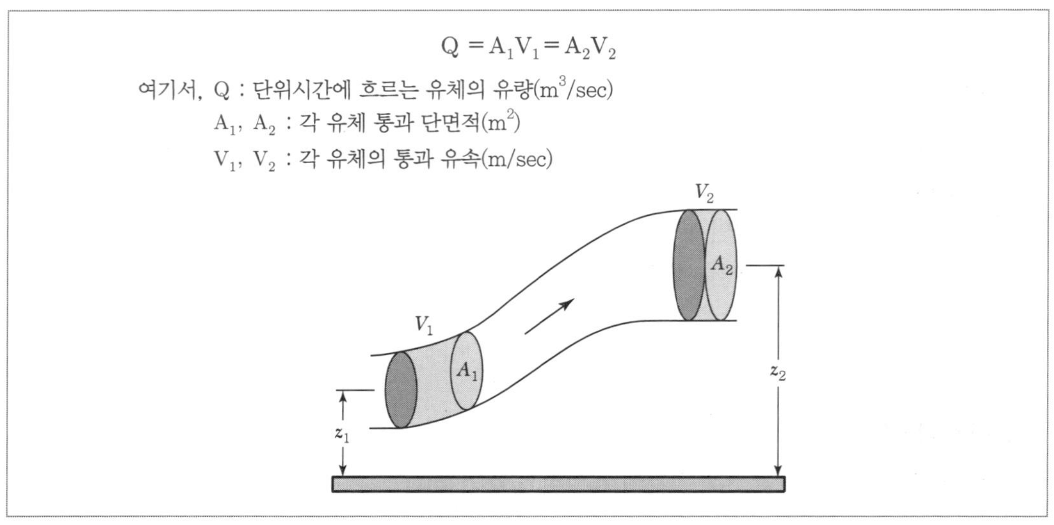

$Q = A_1V_1 = A_2V_2$
여기서, Q : 단위시간에 흐르는 유체의 유량(m^3/sec)
A_1, A_2 : 각 유체 통과 단면적(m^2)
V_1, V_2 : 각 유체의 통과 유속(m/sec)
V_2
A_2
V_1
A_1
z_1
z_2

6. 베르누이 정리(Bernoulli's Theorem)

관 내에서 기체가 흐를 때 유체와 벽관의 마찰 또는 유체 내부의 소용돌이로 인한 에너지 손실로 기체가 갖는 에너지(운동에너지 혹은 잠재에너지)의 형태는 바뀌어도 전 에너지는 불변이다. 즉, 동압이 떨어지면 정압의 형태로 환원되는 등 유체가 갖는 에너지는 관로에 따라 일정 불변한다. 이를 베르누이(Bernoulli)의 정리로 나타내면 다음과 같다.

$$\underbrace{P_s}_{\text{정압}} + \underbrace{\frac{\gamma}{2g} \times V^2}_{\text{속도압}} = \mathrm{constant}(=k)$$

$$P_s + \frac{\gamma}{2g} \times V^2 = \mathrm{const}$$

여기서, 양변을 비중 γ로 나누면

$$\underbrace{\frac{P_s}{\gamma}}_{\text{압력수두}} + \underbrace{\frac{V^2}{2g}}_{\text{속도수두}} = k$$

여기서, P_s : 정압, g : 중력가속도
γ : 공기 비중, V : 유속

베르누이의 정리에서 $\frac{\gamma V^2}{2g}(=VP)$ 항목은 유속과 속도압(동압)의 관계를 나타내는 것으로 표준상태(21℃, 1기압)에서 공기의 비중량(γ)을 1.203kg$_f$/m^3, 중력가속도(g)를 9.8m/s^{2}이라 하면 다음과 같이 나타낼 수 있다.

$$V = 4.043\sqrt{VP}$$

여기서, V : 관 내 유속(m/sec)

VP : 속도압(동압)(mmH_2O)

즉, 동압을 측정하면 관 내 유속을 계산할 수 있는데, 흔히 피토 튜브(Pitot Tube)를 사용하여 관 내 속도를 측정한다.

7. 유체역학적 원리(질량보존의 법칙)의 전제조건

① 공기는 건조하다고 가정한다.
② 환기시설 내외의 열교환은 무시한다.
③ 공기의 압축이나 팽창을 무시한다.
④ 공기 중에 포함된 유해물질의 무게와 용량을 무시한다.

연습문제

01 다음 중 산업환기에 관한 설명으로 가장 적절하지 않은 것은?

① 작업장 실내 · 외 공기를 교환하여 주는 것이다.
② 작업환경상의 유해요인인 먼지, 화학물질, 고열 등을 관리한다.
③ 작업자의 건강 보호를 위해 작업장 공기를 쾌적하게 하는 것이다.
④ 작업장에서 기계의 힘을 이용한 환기를 자연환기라 한다.

해설 작업장에서 기계의 힘을 이용한 환기를 강제환기라 한다.

02 작업환경 관리의 목적으로 가장 관련이 먼 것은?

① 산업재해 예방　② 작업환경 개선
③ 작업능률 향상　④ 직업병 치료

해설 직업병의 치료는 작업환경 관리의 목적에 해당하지 않는다.

03 산업환기에 관한 일반적인 설명으로 틀린 것은?

① 산업환기에서 표준공기의 밀도는 $1.203kg/m^3$ 정도이다.
② 일정량의 공기 부피는 절대온도에 반비례하여 증가한다.
③ 산업관리에서의 표준상태란 21℃, 760mmHg를 의미한다.
④ 산업환기장치 내의 유체는 별도의 언급이 없는 한 표준공기로 취급한다.

해설 일정량의 공기 부피는 절대온도에 비례하여 증가한다.

04 정상류가 흐르고 있는 유체 유동에 관한 연속방정식을 설명하는 데 적용된 법칙은?

① 관성의 법칙 ② 운동량의 법칙
③ 질량보존의 법칙 ④ 점성의 법칙

해설 정상류로 흐르고 있는 유체가 임의의 한 단면을 통과하는 질량은 다른 임의의 단면을 통과하는 단위시간당 질량과 같아야 한다는 질량보존의 법칙이 적용된다.

05 환기시설 내 기류가 기본적인 유체역학적 원리에 따르기 위한 전제조건과 가장 거리가 먼 것은?

① 공기는 절대습도를 기준으로 한다.
② 환기시설 내외의 열교환은 무시한다.
③ 공기의 압축이나 팽창은 무시한다.
④ 공기 중에 포함된 유해물질의 무게와 용량을 무시한다.

해설 공기는 건조공기 상태로 가정한다.

06 직경이 400mm인 환기시설을 통해서 $50m^3$/min의 표준상태의 공기를 보낼 때, 이 덕트 내의 유속은 약 몇 m/sec인가?

① 3.3 ② 4.4 ③ 6.6 ④ 8.8

해설 $Q = A \times V$

$$V = \frac{Q}{A} = \frac{(50/60)m^3/sec}{(\frac{\pi}{4} \times 0.4^2)m^2} = 6.63m/sec$$

07 국소배기장치에서 송풍량이 $30m^3$/min이고 덕트의 직경이 200mm이면, 이때 덕트 내의 속도는 약 몇 m/s인가?(단, 원형 덕트인 경우이다.)

① 13 ② 16 ③ 19 ④ 21

해설 $$V = \frac{Q}{A} = \frac{30m^3}{min}\bigg|\frac{}{0.0314m^2}\bigg|\frac{1min}{60sec} = 15.92m/sec$$

$$A = \frac{\pi}{4}D^2 = \frac{\pi}{4} \times 0.2^2 = 0.0314m^2$$

08 원형 덕트의 송풍량이 $24m^3$/min이고, 반송 속도가 12m/s일 때 필요한 덕트의 내경은 약 몇 m인가?

① 0.151 ② 0.206 ③ 0.303 ④ 0.502

해설 $A = \frac{Q}{V}$

$$A = \frac{(24/60)m^3/s}{12m/s} = 0.033m^2$$

$$A(\frac{\pi}{4}D^2) = 0.033m^2$$

$\therefore D = 0.206m$

09 그림과 같이 Q_1과 Q_2에서 유입된 기류가 합류관인 Q_3로 흘러갈 때, Q_3의 유량(m^3/min)은 약 얼마인가?(단, 합류와 확대에 의한 압력손실은 무시한다.)

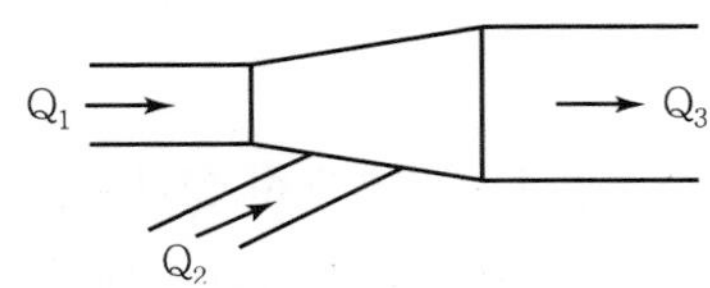

구분	직경(mm)	유속(m/s)
Q_1	200	10
Q_2	150	14
Q_3	350	–

① 33.7 ② 36.3 ③ 38.5 ④ 40.2

해설 $Q_3 = Q_1 + Q_2$

㉠ $Q_1 = A_1 \times V_1 = \frac{\pi}{4} \times 0.2^2 \times 10 = 0.314\text{m}^3/\text{s}$

㉡ $Q_2 = A_2 \times V_2 = \frac{\pi}{4} \times 0.15^2 \times 14 = 0.247\text{m}^3/\text{s}$

$\therefore\ Q_3 = 0.314 + 0.247 = 0.561\text{m}^3/\text{s} = 33.66\text{m}^3/\text{min}$

10 건조 공기가 원형식 관 내를 흐르고 있다. 속도압이 6mmH_2O이면 풍속은 얼마인가?(단, 건조공기의 비중량은 1.2kg_f/m^3이며, 표준상태이다.)

① 5m/sec ② 10m/sec ③ 15m/sec ④ 20m/sec

해설 $V = 4.043\sqrt{VP} = 4.043\sqrt{6} = 9.9\text{m/sec}$

11 공기 온도가 50℃인 덕트의 유속이 4m/sec일 때, 이를 표준공기로 보정한 유속(V_C)은 얼마인가?(단, 밀도 1.2kg/m^3)

① 3.19m/sec ② 4.19m/sec ③ 5.19m/sec ④ 6.19m/sec

해설 $VP = \frac{\gamma V^2}{2g} = \frac{1.2 \times 4^2}{2 \times 9.8} = 0.9796\text{mmH}_2\text{O}$

온도 보정을 하면

$VP = 0.9796 \times \frac{273+50}{273+21} = 1.0762\text{mmH}_2\text{O}$

$V = 4.043\sqrt{1.0762} = 4.19\text{m/sec}$

ANSWER | 01 ④ 02 ④ 03 ② 04 ③ 05 ① 06 ③ 07 ② 08 ② 09 ① 10 ② 11 ②

더 풀어보기

산업기사

01 산업환기에서 의미하는 표준공기에 대한 설명으로 맞는 것은?

① 표준공기는 0℃, 1기압(760mmHg)인 상태이다.
② 표준공기는 21℃, 1기압(760mmHg)인 상태이다.
③ 표준공기는 25℃, 1기압(760mmHg)인 상태이다.
④ 표준공기는 32℃, 1기압(760mmHg)인 상태이다.

해설 산업환기에서의 표준상태란 21℃, 760mmHg를 의미한다.

02 덕트 내 유속에 관한 설명으로 맞는 것은?

① 덕트 내 압력손실은 유속에 반비례한다.
② 같은 송풍량인 경우 덕트의 직경이 클수록 유속은 커진다.
③ 같은 송풍량인 경우 덕트의 직경이 작을수록 유속은 작게 된다.
④ 주물사와 같은 단단한 입자상 물질의 유속을 너무 크게 하면 덕트 수명이 단축된다.

해설 덕트 내 유속
㉠ 덕트 내 압력손실은 유속의 제곱에 비례한다.
㉡ 같은 송풍량인 경우 덕트의 직경이 클수록 유속은 작아진다.
㉢ 같은 송풍량인 경우 덕트의 직경이 작을수록 유속은 커진다.

03 직경이 250mm인 직선 원형 관을 통하여 풍량 $100m^3/min$의 표준상태인 공기를 보낼 때 이 덕트 내의 유속은 약 얼마인가?

① 13.32m/sec ② 17.35m/sec ③ 26.44m/sec ④ 33.95m/sec

해설 $Q = A \times V$

$$V = \frac{Q}{A} = \frac{(100/60)m^3/sec}{(\frac{\pi}{4} \times 0.25^2)m^2} = 33.95m/sec$$

04 직경이 200mm인 관에 유량이 $100m^3/min$인 공기가 흐르고 있을 때, 공기의 속도는 약 얼마인가?

① 26m/s ② 53m/s ③ 75m/s ④ 92m/s

해설 $Q = A \times V$

$$V = \frac{Q}{A} = \frac{(100/60)m^3/sec}{(\frac{\pi}{4} \times 0.2^2)m^2} = 53.05m/sec$$

05 관의 내경이 200mm인 직관에 50m^3/min의 공기를 송풍할 때 관 내 기류의 평균유속(m/s)은 약 얼마인가?

① 26.5 ② 47.5 ③ 50.4 ④ 60.0

해설 $Q = A \times V$

$$V = \frac{Q}{A} = \frac{(50/60)\text{m}^3/\text{sec}}{(\frac{\pi}{4} \times 0.2^2)\text{m}^2} = 26.53\text{m/sec}$$

06 관의 내경이 200mm인 직관에 55m^3/min의 공기를 송풍할 때 관 내 기류의 평균유속(m/s)은 약 얼마인가?

① 19.5 ② 26.5 ③ 29.2 ④ 47.5

해설 $Q = A \times V$

$$V = \frac{Q}{A} = \frac{(55/60)\text{m}^3/\text{sec}}{(\frac{\pi}{4} \times 0.2^2)\text{m}^2} = 29.18\text{m/sec}$$

07 유체의 유량이 7,200m^3/hr이고, 지름이 50cm인 강관을 흐를 때 유체의 유속은 약 얼마인가?

① 6.9m/sec ② 8.1m/sec ③ 9.6m/sec ④ 10.2m/sec

해설 $Q = A \times V$

$$V = \frac{Q}{A} = \frac{(7{,}200/3{,}600)\text{m}^3/\text{sec}}{(\frac{\pi}{4} \times 0.5^2)\text{m}^2} = 10.19\text{m/sec}$$

08 표준상태에서 관 내 속도압을 측정한 결과 10mmH_2O였다면 관 내 유속은 약 얼마인가?

① 10.0m/sec ② 12.8m/sec ③ 18.1m/sec ④ 40.0m/sec

해설 $V = 4.043\sqrt{VP} = 4.043\sqrt{10} = 12.79\text{m/sec}$

09 덕트에서 공기흐름의 평균 속도압은 16mmH_2O였다. 덕트에서의 반송속도(m/s)는 약 얼마인가?(단, 공기의 밀도는 1.21kg/m^{3}으로 한다.)

① 10 ② 16 ③ 20 ④ 25

해설 $$V = \sqrt{\frac{2 \times g \times VP}{\gamma}}$$

$$= \sqrt{\frac{2 \times 9.8 \times 16}{1.21}} = 16.1\text{m/sec}$$

10 국소배기시스템이 정상적으로 작동하는지 확인하기 위하여 덕트의 한 지점에서 정압(SP)을 측정한 결과 $10mmH_2O$였고 전압(TP)은 $35mmH_2O$였다. 원형 덕트이고 내부 직경이 30cm일 때 송풍량은?

① $361m^3/min$
② $56m^3/min$
③ $86m^3/min$
④ $106m^3/min$

해설 $Q = A \times V$

㉠ $V = 4.043\sqrt{VP} = 4.043\sqrt{25} = 20.215m/sec$

$VP = TP - SP = 35 - 10 = 25mmH_2O$

㉡ $A = \frac{\pi}{4} \times 0.3^2 = 0.0706m^2$

$Q = 0.0706 \times 20.215 = 1.429m/sec = 85.73m/min$

ANSWER | 01 ② 02 ④ 03 ④ 04 ② 05 ① 06 ③ 07 ④ 08 ② 09 ② 10 ③

기 사

01 일정한 압력조건에서 부피와 온도가 비례한다는 산업환기의 기본법칙은?

① 게이－루삭의 법칙
② 라울의 법칙
③ 샤를의 법칙
④ 보일의 법칙

02 연속 방정식 Q＝AV의 적용조건은?(단, Q＝유량, A＝단면적, V＝평균속도이다.)

① 압축성 정상유동
② 압축성 비정상유동
③ 비압축성 정상유동
④ 비압축성 비정상유동

해설 연속 방정식

비압축성 정상유동으로 가정하며, 정상류가 흐르고 있는 유체유동에 관한 연속방정식을 설명하는 데 적용된 법칙은 질량보존의 법칙이다.

03 환기시설 내 기본적인 유체역학적 원리인 질량보존법칙과 에너지 보존법칙의 전제조건과 가장 거리가 먼 것은?

① 환기시설 내외의 열교환을 고려한다.
② 공기의 압축이나 팽창을 무시한다.
③ 공기는 건조하다고 가정한다.
④ 대부분의 환기시설에서는 공기 중에 포함된 유해물질의 무게와 용량을 무시한다.

해설 환기시설 내외의 열교환을 무시한다.

04 환기시설 내 기류가 기본적 유체역학적 원리에 의하여 지배되기 위한 전제조건에 관한 내용으로 틀린 것은?

① 환기시설 내외의 열교환은 무시한다.
② 공기의 압축이나 팽창을 무시한다.
③ 공기는 포화 수증기 상태로 가정한다.
④ 대부분의 환기시설에서는 공기 중에 포함된 유해물질의 무게와 용량을 무시한다.

해설 공기는 건조공기 상태로 가정한다.

05 작업환경에서 환기시설 내 기류에는 유체역학적 원리가 적용된다. 다음 중 유체역학적 원리의 전제조건과 가장 거리가 먼 것은?

① 공기는 건조하다고 가정한다.
② 공기의 압축과 팽창은 무시한다.
③ 환기시설 내외의 열교환은 무시한다.
④ 대부분 환기시설에서는 공기 중에 포함된 유해물질의 무게와 용량을 고려한다.

해설 대부분의 환기시설에서는 공기 중에 포함된 유해물질의 무게와 용량을 무시한다.

06 환기시설 내 기류가 기본적인 유체역학적 원리에 따르기 위한 전제조건과 가장 거리가 먼 것은?

① 환기시설 내외의 열교환은 무시한다.
② 공기의 압축이나 팽창은 무시한다.
③ 공기는 절대습도를 기준으로 한다.
④ 공기 중에 포함된 유해물질의 무게와 용량을 무시한다.

해설 공기는 건조공기 상태로 가정한다.

07 관(管)의 안지름이 200mm인 직관을 통하여 가스유량 $48m^3$/분의 표준공기를 송풍할 때 관 내 평균유속(m/sec)은?

① 약 21.8
② 약 23.2
③ 약 25.5
④ 약 28.4

해설 $Q = A \times V$

$$V = \frac{Q}{A} = \frac{(48/60)m^3/sec}{(\frac{\pi}{4} \times 0.2^2)m^2} = 25.47m/sec$$

ANSWER | 01 ③ 02 ③ 03 ① 04 ③ 05 ④ 06 ③ 07 ③

THEMA 42 공기의 성질 및 압력

1. 공기의 조성

공기는 질소(78.09%), 산소(20.95%), 아르곤(0.93%), 이산화탄소(0.03%) 및 기타 가스, 먼지 등으로 구성되어 있으며, 질량과 무게를 가지고 있다.

2. 공기의 성질

① 공기의 밀도(Density)

㉠ 밀도는 단위체적당 질량을 말하며 대개 g/mL, kg/m^3, lb/ft^3 등의 단위로 표시된다.

㉡ 표준상태의 공기밀도는 $1.2kg/m^3$(21℃, 760mmHg)

㉢ 표준상태의 공기의 평균분자량은 약 29로 한다.

② 비중(Specific Gravity)

㉠ 액체 및 고체의 비중은 해당 물체의 밀도와 물의 밀도비(Ratio)로 정의된다.

㉡ 기체의 비중은 해당 기체의 밀도와 공기의 밀도비(Ratio)로 정의된다.

$$\text{비중} = \frac{\text{대상물질의 밀도}}{\text{공기 또는 물의 밀도}}$$

③ 유효비중

㉠ 증기나 가스의 비중으로 상대적인 물질 간의 무거움을 나타낸다.

㉡ 환기시설 설계 시 유효비중을 고려하여 설계한다.

④ 공기 중 증기의 포화(최고)농도

$$\text{포화(최고)농도} = \frac{P}{760} \times 10^6(\text{ppm}), \quad \frac{P}{760} \times 10^2(\%)$$

⑤ 기체의 압력

㉠ 유체에 작용하는 힘은 압력단위로 나타내는데 대기압은 기압계로 측정된 압력으로 보통 mmHg로 표시된다.

㉡ 계기압력(Gage Pressure)은 흔히 대기압을 포함하지 않는 압력을 말하며 게이지(압력측정기)로 측정되는 압력으로서 이 계기압은 측정압력과 대기압의 차를 나타낸다.

㉢ 측정한 압력이 대기압보다 크면 양압, 적으면 음압을 나타낸다.

㉣ 절대압은 대기압과 게이지압의 합을 의미한다.

$$1atm = 760mmHg = 10,332mmH_2O = 10,332kg_f/m^2$$
$$= 10,332mmAQ = 1.031bar = 101.325kPa$$
$$Pa = N/m^2 \quad 1N = 1kg \cdot m/s^2$$
$$1dyne = 1g \cdot cm/s^2$$

⑥ 밀도보정계수(d)

$$d = \left(\frac{273+21}{273+C}\right) \cdot \left(\frac{P}{760}\right)$$ (단, 산업환기분야 21℃ 기준)

여기서, d : 밀도보정계수(단위는 없음)
P : 압력, mmHg(또는 inHg)
C : 온도, ℃

⑦ 화씨온도(°F)

$$°F = \left[\frac{9}{5} \times \text{섭씨온도(℃)}\right] + 32$$

3. 공기의 압력

① 단위면적당 작용하는 힘을 말한다.
② 압력은 정압, 동압, 전압 3가지로 구분된다.

4. 동압(속도압, VP : Velocity Pressure, mmH_2O)

① 정지상태의 공기를 일정한 속도로 흐르도록 가속화시키는 데 필요한 압력을 말한다.
② 단위체적의 유체가 갖고 있는 운동에너지이다.

$$VP = \frac{\gamma V^2}{2g}$$

여기서, VP : 속도압(공기 속도두)($kg_f/m^2 \fallingdotseq mmH_2O$)
V : 공기의 속도(m/sec)
g : 중력가속도($9.8m/sec^2$)
γ : 표준공기의 비중량($1.203kg_f/m^3$)

$$V = 4.043\sqrt{VP}$$

여기서, VP : 속도압(mmH_2O)
V : 공기의 속도(m/sec)

③ 송풍기 위치와 상관없이 동압은 항상 양압이다.

5. 정압(SP : Static Pressure, mmH_2O)

① 사방으로 동일하게 미치는 압력으로 공기를 압축 또는 팽창시키며, 공기흐름에 대한 저항을 나타내는 압력으로 이용된다.

② 단위체적의 유체가 압력이라는 형태로 나타내는 에너지이다.

③ 속도압과 관계없이 독립적으로 발생한다.

④ 송풍기 앞에서는 음압, 송풍기 뒤에서는 양압이다.

⑤ 대기압보다 높으면 (+) 압력이다.

⑥ 대기압보다 낮으면 (−) 압력이다.

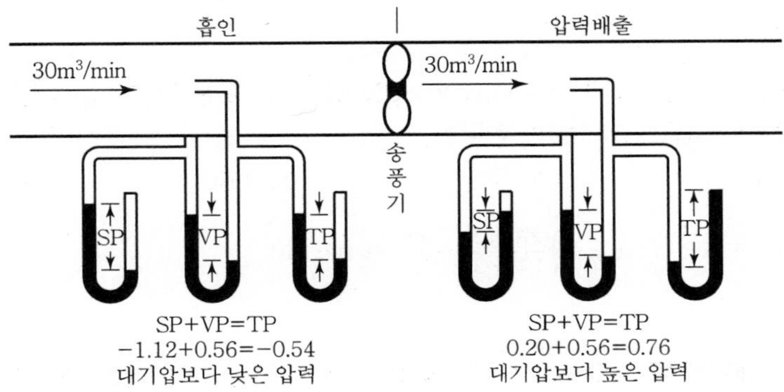

6. 전압(Total Pressure, mmH_2O)

① 전압(TP)은 정압과 속도압의 합으로 표시되며, 장치 내에서 필요한 전체 에너지(Total Energy)다.

② 전압은 흐름의 방향으로 작용한다.

$$TP = VP + SP$$

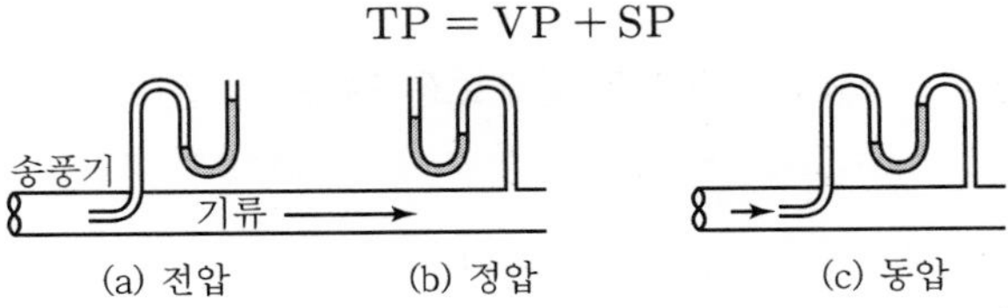

7. 공기정화장치 전후의 정압감소 발생원인

① 송풍기의 능력 저하

② 송풍기 점검 뚜껑의 열림

③ 송풍기와 송풍관의 연결부위가 풀림

④ 배기 측 송풍관이 막힘

연습문제

01 공기밀도에 관한 설명으로 틀린 것은?

① 공기 $1m^3$와 물 $1m^3$의 무게는 다르다.
② 온도가 상승하면 공기가 팽창하여 밀도가 작아진다.
③ 고공으로 올라갈수록 압력이 낮아져 공기는 팽창하고 밀도는 작아진다.
④ 다른 모든 조건이 일정할 경우 공기밀도는 절대온도에 비례하고 압력에 반비례한다.

해설 다른 모든 조건이 일정할 경우 공기밀도는 절대온도에 반비례하고 압력에 비례한다.

02 1,830m 고도에서의 압력이 608mmHg일 때 공기밀도는 약 몇 kg/m^3인가?(단, 1기압, 21℃일 때 공기의 밀도는 $1.2kg/m^3$이다.)

① 0.66 ② 0.76 ③ 0.86 ④ 0.96

해설 공기의 밀도$(\rho) = 1.2kg/m^3 \times \frac{273+21}{273+21} \times \frac{608}{760} = 0.96kg/m^3$

03 사염화에틸렌 10,000ppm이 공기 중에 존재한다면 공기와 사염화에틸렌 혼합물의 유효비중은 얼마인가?(단, 사염화에틸렌의 증기비중은 5.7로 한다.)

① 1.0047 ② 1.047 ③ 1.47 ④ 10.47

해설 유효비중$= \frac{(10,000 \times 5.7) + (990,000 \times 1.0)}{1,000,000} = 1.047$

04 온도 3℃, 기압 705mmHg인 공기의 밀도보정계수는 약 얼마인가?

① 0.948 ② 0.956 ③ 0.965 ④ 0.988

해설 밀도보정계수$= \frac{273+21}{273+3} \times \frac{705}{760} = 0.988$

05 1기압에서 혼합기체는 질소(N_2) 66%, 산소(O_2) 14%, 탄산가스(CO_2) 20%로 구성되어 있다. 질소가스의 분압은?(단, 단위 : mmHg)

① 501.6 ② 521.6 ③ 541.6 ④ 560.4

해설 질소가스 분압$=760mmHg \times 0.66 = 501.6mmHg$

06 다음 중 공기압력에 관한 설명으로 틀린 것은?

① 압력은 정압, 동압 및 전압 3가지로 구분된다.
② 전압은 단위 유체에 작용하는 정압과 동압의 총합이다.

③ 동압을 때로는 저항압력 또는 마찰압력이라고도 한다.

④ 동압은 정지상태의 공기를 일정한 속도로 흐르도록 가속화시키는 데 필요한 압력을 말한다.

해설 동압을 속도압이라고도 한다.

07 정압, 속도압, 전압에 관한 설명 중 틀린 것은?

① 정압이 대기압보다 높으면 (+) 압력이다.

② 정압이 대기압보다 낮으면 (−) 압력이다.

③ 정압과 속도압의 합을 총압 또는 전압이라고 한다.

④ 공기흐름이 기인하는 속도압은 항상 (−) 압력이다.

해설 속도압은 정지상태의 공기가 일정한 속도로 흐르도록 가속화시키는 데 필요한 압력을 말하며, 공기의 운동에너지에 비례한다. 따라서 속도압(동압)은 0 또는 양압(+)이다.

08 0℃, 1기압에서 공기의 비중량은 1.293kg/m^3이다. 65℃의 공기가 송풍관 내를 15m/s의 유속으로 흐를 때 속도압은 약 몇 mmH_2O인가?

① 9 ② 10 ③ 12 ④ 14

해설 $VP = \frac{\gamma V^2}{2g}$

$VP = \frac{1.044 \times 15^2}{2 \times 9.8} = 11.98 mmH_2O$

여기서, $\gamma = \frac{1.293kg}{m^3} \left| \frac{273}{273+65} \right. = 1.044kg/m^3$

09 덕트의 직경은 10cm이고, 필요환기량은 20m^3/min이라고 할 때 후드의 속도압은 약 몇 mmH_2O인가?

① 15.5 ② 50.8 ③ 80.9 ④ 110.2

해설 $VP = \left(\frac{V}{4.043}\right)^2$

$V = \frac{Q}{A} = \frac{(20/60)m/sec}{\frac{\pi}{4} \times 0.1^2} = 42.44m/sec$

$\therefore VP = \left(\frac{42.44}{4.043}\right)^2 = 110.19 mmH_2O$

10 관을 흐르는 유체의 양이 220m^3/min일 때 속도압은 약 몇 mmH_2O인가?(단, 유체의 밀도는 1.21kg/m^3, 관의 단면적은 0.5m^2, 중력가속도는 9.8m/s^2이다.)

① 2.1 ② 3.3 ③ 4.6 ④ 5.9

해설 $VP = \left(\frac{V}{4.043}\right)^2$

$V = \frac{Q}{A} = \frac{(220/60)m/sec}{0.5m^2} = 7.33m/sec$

$\therefore VP = \left(\frac{7.33}{4.043}\right)^2 = 3.29mmH_2O$

11 어느 유체관의 압력을 측정한 결과, 정압이 −15mmH_2O이고 전압이 10mmH_2O였다. 이 유체관의 유속(m/s)은?(단, 공기밀도 1.21kg/m^3 기준)

① 10 ② 15 ③ 20 ④ 25

해설 $V = \sqrt{\frac{2 \cdot g \cdot P_v}{\gamma}}$

$VP = TP - SP = 10 - (-15) = 25mmH_2O$

$V = \sqrt{\frac{2 \cdot g \cdot P_v}{\gamma}} = \sqrt{\frac{2 \times 9.8 \times 25}{1.21}} = 20.12m/sec$

ANSWER | 01 ④ 02 ④ 03 ② 04 ④ 05 ① 06 ③ 07 ④ 08 ③ 09 ④ 10 ② 11 ③

더 풀어보기

산업기사

01 다음 중 공기밀도에 관한 설명으로 틀린 것은?

① 온도가 상승하면 공기가 팽창하여 밀도가 작아진다.
② 고공으로 올라갈수록 압력이 낮아져 공기는 팽창하고 밀도는 작아진다.
③ 다른 모든 조건이 일정할 경우 공기밀도는 절대온도에 비례하고, 압력에 반비례한다.
④ 공기 1m^3와 물 1m^3의 무게는 다르다.

해설 다른 모든 조건이 일정할 경우 공기밀도는 절대온도에 반비례하고, 압력에 비례한다.

02 해발고도가 1,220m인 곳에서 대기압이 656mmHg이다. 이때 작업장에서 배출되는 공기의 온도가 200℃라면 이 공기의 밀도는 약 얼마인가?(단, 표준상태의 공기의 밀도는 1.203kg/m^3이다.)

① 0.25kg/m^3 ② 0.45kg/m^3
③ 0.65kg/m^3 ④ 0.85kg/m^3

해설 공기의 밀도$(\rho) = 1.203kg/m^3 \times \frac{273+21}{273+200} \times \frac{656}{760} = 0.65kg/m^3$

03 1기압, 0℃에서 공기의 비중량을 1.293kg_f/m^3라고 할 때 동일 기압에서 23℃일 경우 공기의 비중량은 약 얼마인가?

① 0.95kg_f/m^3 ② 1.015kg_f/m^3
③ 1.193kg_f/m^3 ④ 1.205kg_f/m^3

해설 공기의 비중량$(\gamma) = 1.293kg_f/m^3 \times \frac{273}{273+23} = 1.193kg_f/m^3$

04 기체의 비중은 공기무게에 대한 같은 부피의 기체 무게비이다. 이산화탄소의 기체비중은 약 얼마인가?(단, 1몰의 공기질량은 28.97g으로 한다.)

① 1.52 ② 1.62 ③ 1.72 ④ 1.82

해설 $\text{비중} = \frac{\text{대상물질의 밀도}}{\text{공기 또는 물의 밀도}} = \frac{44/22.4}{28.97/22.4} = 1.52$

05 사염화에틸렌 2,000ppm이 공기 중에 존재한다면 공기와 사염화에틸렌혼합물의 유효비중(Effective Specific Gravity)은 얼마인가?(단, 사염화에틸렌의 증기비중은 5.7이다.)

① 1.0094 ② 1.823 ③ 2.342 ④ 3.783

해설 $\text{유효비중} = \frac{(2,000 \times 5.7) + (998,000 \times 1.0)}{1,000,000} = 1.0094$

06 아세톤이 공기 중에 10,000ppm으로 존재한다. 아세톤 증기비중이 2.0이라면, 이때 혼합물의 유효비중은?

① 0.98 ② 1.01 ③ 1.04 ④ 1.07

해설 $\text{유효비중} = \frac{(10,000 \times 2.0) + (990,000 \times 1.0)}{1,000,000} = 1.01$

07 1mmH_2O는 약 몇 파스칼(Pa)인가?

① 0.098 ② 0.98 ③ 9.8 ④ 98

해설 $Pa = \frac{1mmH_2O}{} \left| \frac{101.325 \times 10^3 Pa}{10,332mmH_2O} \right. = 9.8Pa$

08 다음 중 1기압(atm)과 동일한 값은?

① 101.325kPa ② 760mmH_2O
③ 1.013kg/m^2 ④ 10.332.27bar

해설 1atm = 760mmHg = 10,332mmH_2O = 10,332kg_f/m^2 = 10,332mmAQ = 1.031bar = 101.325kPa

09 1mmH_2O를 환산한 값으로 틀린 것은?

① 1kgf/m² ② 0.98N/m² ③ 9.8Pa ④ 0.0735mmHg

해설 $Pa = \frac{1mmH_2O}{} \left| \frac{101.325 \times 10^3 Pa}{10,332mmH_2O} \right. = 9.8Pa$

$1atm = 760mmHg = 10,332mmH_2O = 10,332kg_f/m^2 = 10,332mmAQ = 1.031bar = 101.325kPa$

10 온도 5℃, 압력 700mmHg인 공기의 밀도보정계수는 약 얼마인가?

① 0.988 ② 0.974 ③ 0.961 ④ 0.954

해설 밀도보정계수 $= \frac{273+21}{273+5} \times \frac{700}{760} = 0.974$

11 온도 55℃, 압력 710mmHg인 공기의 밀도보정계수는 약 얼마인가?

① 0.747 ② 0.837 ③ 0.974 ④ 0.995

해설 밀도보정계수 $= \frac{273+21}{273+55} \times \frac{710}{760} = 0.837$

12 산업환기에 있어 압력에 대한 설명으로 틀린 것은?

① 전압은 정압과 동압의 곱이다.
② 정압은 속도압과 관계없이 독립적으로 발생한다.
③ 송풍기 위치와 상관없이 동압은 항상 양압이다.
④ 정압은 송풍기 앞에서는 음압, 송풍기 뒤에서는 양압이다.

해설 전압은 정압과 동압의 합으로 표시된다.

13 다음 중 환기장치에서의 압력에 대한 설명으로 틀린 것은?

① 전압은 흐름의 방향으로 작용한다.
② 동압은 단위체적의 유체가 갖고 있는 운동에너지이다.
③ 동압은 때로는 저항입력 또는 마찰압력이라고도 한다.
④ 정압은 단위체적의 유체가 압력이라는 형태로 나타내는 에너지이다.

해설 동압을 속도압이라고도 한다.

14 다음 중 덕트 내의 공기흐름 및 속도압에 관한 내용으로 틀린 것은?

① 덕트의 면적이 일정하면 속도압도 일정하다.
② 속도압은 송풍기 앞에서 음의 부호를 갖는다.
③ 덕트 내 공기흐름은 대부분 난류영역에 속한다.
④ 일반적으로 덕트 중심부의 공기속도가 최대이다.

해설 정압은 송풍기 앞에서는 음압, 송풍기 뒤에서는 양압이다.

15 다음 중 압력에 관한 설명으로 틀린 것은?

① 정압이 대기압보다 크면 (+) 압력이다.
② 정압이 대기압보다 작은 경우도 있다.
③ 정압은 속도압과 관계없이 독립적으로 발생한다.
④ 속도압은 공기흐름으로 인하여 (–) 압력이 발생한다.

해설 송풍기 위치와 상관없이 속도압(동압)은 항상 양압이다.

16 다음 중 전압, 속도압, 정압에 대한 설명으로 틀린 것은?

① 속도압은 항상 양압이다.
② 정압은 속도압에 의존하여 발생한다.
③ 전압은 속도압과 정압을 합한 값이다.
④ 송풍기의 전후 위치에 따라 덕트 내의 정압이 음(–)이나 양(+)으로 된다.

해설 정압은 독립적으로 발생한다.

17 정압과 속도압에 관한 설명으로 틀린 것은?

① 속도압은 언제나 (–)값이다.
② 정압과 속도압의 합이 전압이다.
③ 정압 < 대기압이면 (–)압력이다.
④ 정압 > 대기압이면 (+)압력이다.

해설 속도압은 정지상태의 공기가 일정한 속도로 흐르도록 가속화시키는 데 필요한 압력을 말하며, 공기의 운동에너지에 비례한다. 따라서 속도압(동압)은 0 또는 양압(+)이다.

18 다음 중 전압, 정압, 속도압에 관한 설명으로 틀린 것은?

① 속도압과 정압을 합한 값을 전압이라 한다.
② 속도압은 공기가 정지할 때 항상 발생한다.
③ 속도압이란 정지상태의 공기가 일정한 속도로 흐르도록 가속화시키는 데 필요한 압력을 말하며, 공기의 운동에너지에 비례한다.
④ 정압은 사방으로 동일하게 미치는 압력으로 공기를 압축 또는 팽창시키며, 공기흐름에 대한 저항을 나타내는 압력으로 이용된다.

해설 속도압은 정지상태의 공기를 일정한 속도로 흐르도록 가속화시키는 데 필요한 압력을 말한다.

19 속도압에 대한 설명으로 틀린 것은?

① 속도압은 항상 양압 상태이다.
② 속도압은 속도에 비례한다.

③ 속도압은 중력가속도에 반비례한다.

④ 속도압은 정지상태에 있는 공기에 작용하여 속도 또는 가속을 일으키게 함으로써 공기를 이동하게 하는 압력이다.

해설 속도압은 속도의 제곱에 비례한다.

20 다음 중 덕트계에서 공기의 압력에 대한 설명으로 틀린 것은?

① 속도압은 공기가 이동하는 힘으로 항상 0 이상이다.

② 공기의 흐름은 압력차에 의해 이동하므로 송풍기 앞은 항상 음(−)의 값을 갖는다.

③ 정압은 잠재적인 에너지로 공기의 이동에 소요되어 유용한 일을 하므로 항상 양(+)의 값을 갖는다.

④ 국소배기장치의 배출구 압력은 항상 대기압보다 높아야 한다.

해설 정압은 송풍기 앞에서는 음압, 송풍기 뒤에서는 양압이다.

21 공기정화장치의 입구와 출구의 정압이 동시에 감소되었다면 국소배기장치(설비)의 이상 원인으로 가장 적절한 것은?

① 제진장치 내의 분진 퇴적

② 분지관과 후드 사이의 분진 퇴적

③ 분지관의 시험공과 후드 사이의 분진 퇴적

④ 송풍기의 능력 저하 또는 송풍기와 덕트의 연결부위 풀림

해설 공기정화장의 전후의 정압감소 발생 원인

㉠ 송풍기의 능력 저하
㉡ 송풍기 점검 뚜껑의 열림
㉢ 송풍기와 송풍관의 연결부위가 풀림
㉣ 송풍기의 능력 저하 또는 송풍기와 덕트의 연결부위 풀림
㉤ 배기 측 송풍관이 막힘

22 공기정화장치 입구 및 출구의 정압이 동시에 감소되는 경우의 원인으로 맞는 것은?

① 송풍기의 능력 저하
② 분지관과 후드 사이의 분진 퇴적
③ 주관과 분지관 사이의 분진 퇴적
④ 공기정화장치 앞쪽 주관의 분진 퇴적

23 공기정화장치의 전후에서 정압감소가 발생하였다면 다음 중 그 발생원인으로 가장 관계가 먼 것은?

① 송풍기의 능력 저하
② 송풍기 점검 뚜껑의 열림
③ 송풍기와 송풍관의 연결부위가 풀림
④ 공기정화장치의 입구주관 내에 분진 퇴적

24 고농도 오염물질을 취급할 경우 오염물질이 주변 지역으로 확산되는 것을 방지하기 위해서 실내압은 어떤 상태로 유지하는 것이 적정한가?

① 정압 유지　② 음압(−) 유지
③ 동압 유지　④ 양압(+) 유지

해설 고농도 오염물질을 취급할 경우 오염물질이 주변 지역으로 확산되는 것을 방지하기 위해서 실내압을 음압(−)으로 유지하는 것이 적정하다.

25 속도압은 P_d, 비중량은 γ, 수두는 h, 중력가속도를 g라 할 때, 유체의 관 내 속도를 구하는 식으로 맞는 것은?

① $\frac{\gamma \cdot h^2}{2 \cdot g}$　② $\sqrt{\frac{2 \cdot g \cdot P_d}{\gamma}}$
③ $\frac{\gamma \cdot {P_d}^2}{2 \cdot g}$　④ $\frac{\sqrt{4 \cdot g \cdot h}}{\gamma}$

해설 $V = \sqrt{\frac{2 \times g \times VP(P_d)}{\gamma}}$

26 표준공기 21℃(비중량 γ = 1.2kg/m^3)에서 800m/min의 유속으로 흐르는 공기의 속도압은 몇 mmH_2O인가?

① 10.9　② 24.6　③ 35.6　④ 53.2

해설 $VP = \frac{\gamma V^2}{2g} = \frac{1.2 \times (800/60)^2}{2 \times 9.8} = 10.88mmH_2O$

27 피토튜브와 마노미터를 이용하여 측정된 덕트 내 동압이 $20mmH_2O$일 때, 공기의 속도는 약 몇 m/s인가?(단, 덕트 내의 공기는 21℃, 1기압으로 가정한다.)

① 14　② 18　③ 22　④ 24

해설 $V = \sqrt{\frac{2 \cdot g \cdot VP}{\gamma}} = \sqrt{\frac{2 \times 9.8 \times 20}{1.225}} = 17.89m/sec$

28 직경 40cm인 덕트 내부를 유량 120m^3/min의 공기가 흐르고 있을 때, 덕트 내의 풍압은 약 몇 mmH_2O인가?(단, 덕트 내의 공기는 21℃, 1기압으로 가정한다.)

① 11.5　② 15.5　③ 23.5　④ 26.5

해설 $VP = \left(\frac{V}{4.043}\right)^2$

$V = \frac{Q}{A} = \frac{(120/60)m/sec}{\frac{\pi}{4} \times 0.4^2} = 15.92m/sec$

$\therefore VP = \left(\frac{15.92}{4.043}\right)^2 = 15.50mmH_2O$

29 90° 곡관의 곡률반경이 2.0일 때 압력손실 계수는 0.27이다. 속도압이 15mmH₂O일 때 덕트 내 유속은 약 몇 m/s인가?(단, 표준상태이며, 공기의 밀도는 1.2kg/m^{3}이다.)

① 20.7 ② 15.7 ③ 18.7 ④ 28.7

해설 $V(m/s)=\sqrt{\frac{2\cdot g\cdot VP}{\gamma}}=\sqrt{\frac{2\times9.8\times15}{1.2}}=15.6m/s$

ANSWER										
	01 ③	02 ③	03 ③	04 ①	05 ①	06 ②	07 ③	08 ①	09 ②	10 ②
	11 ②	12 ①	13 ③	14 ②	15 ④	16 ②	17 ①	18 ②	19 ②	20 ③
	21 ④	22 ①	23 ④	24 ②	25 ②	26 ①	27 ②	28 ②	29 ②	

기 사

01 0℃, 1기압인 표준상태에서 공기의 밀도가 1.293kg/m^{3}라고 할 때 25℃, 1기압에서의 공기밀도는 몇 kg/m^{3}인가?

① 0.903kg/m^3 ② 1.085kg/m^3 ③ 1.185kg/m^3 ④ 1.411kg/m^3

해설 공기의 밀도$(\rho)=1.293kg/m^3\times\frac{273}{273+25}=1.185kg/m^3$

02 이산화탄소 가스의 비중은?(단, 0℃, 1기압 기준)

① 1.34 ② 1.41 ③ 1.52 ④ 1.63

해설 $비중=\frac{대상물질의\ 밀도}{공기\ 또는\ 물의\ 밀도}=\frac{44/22.4}{29/22.4}=1.52$

03 화학공장에서 작업환경을 측정하였더니 TCE 농도가 10,000ppm이었을 때 오염공기의 유효비중은?(단, TCE의 증기비중은 5.7, 공기비중은 1.0이다.)

① 1.028 ② 1.047 ③ 1.059 ④ 1.087

해설 $유효비중=\frac{(10,000\times5.7)+(990,000\times1.0)}{1,000,000}=1.047$

04 공기 중에 사염화에틸렌이 300,000ppm 존재하고 있다면 사염화에틸렌과 공기혼합물의 유효비중은?(단, 사염화에틸렌 비중은 5.7, 공기비중은 1.0)

① 2.14 ② 2.29 ③ 2.41 ④ 2.67

해설 $유효비중=\frac{(300,000\times5.7)+(700,000\times1.0)}{1,000,000}=2.41$

05 30,000ppm의 테트라클로로에틸렌(Tetrachloro Ethylene)이 작업 환경 중의 공기와 완전 혼합되어 있다. 이 혼합물의 유효비중은?(단, 테트라클로로에틸렌은 공기보다 5.7배 무겁다.)

① 약 1.124 ② 약 1.141 ③ 약 1.164 ④ 약 1.186

해설 유효비중$=\dfrac{(30,000\times5.7)+(970,000\times1.0)}{1,000,000}=1.141$

06 1기압에서 혼합기체가 질소(N_2) 50vol%, 산소(O_2) 20vol%, 탄산가스 30vol%로 구성되어 있을 때, 질소(N_2)의 분압은?

① 380mmHg ② 228mmHg ③ 152mmHg ④ 740mmHg

해설 질소가스 분압$=760\text{mmHg}\times0.5=380\text{mmHg}$

07 비중량이 1.225kg/m^{3}인 공기가 20m/s의 속도로 덕트를 통과하고 있을 때의 동압은?

① 15mmH$_2$O ② 20mmH$_2$O ③ 25mmH$_2$O ④ 30mmH$_2$O

해설 속도압(동압)

$$VP=\frac{\gamma V^2}{2g}=\frac{1.225\times20^2}{2\times9.8}=25\text{mmH}_2\text{O}$$

여기서, VP : 속도압(공기 속도두, $kg_f/m^2 \fallingdotseq mmH_2O$)

V : 공기의 속도(m/sec)

g : 중력가속도(9.8m/sec^2)

γ : 공기의 비중량(kg/m^3)

08 공기가 20℃의 송풍관 내에서 20m/sec의 유속으로 흐를 때, 공기의 속도압은 약 몇 mmH$_2$O인가?(단, 공기밀도는 1.2kg/m^{3}이다.)

① 15.5 ② 24.5 ③ 33.5 ④ 40.2

해설 $VP=\dfrac{\gamma V^2}{2g}=\dfrac{1.2\times20^2}{2\times9.8}=24.29\text{mmH}_2\text{O}$

09 20℃의 송풍관 내부에 480m/min으로 공기가 흐르고 있을 때, 속도압은 약 몇 mmH$_2$O인가?(단, 0℃, 공기밀도는 1.296kg/m^{3}로 가정한다.)

① 2.3 ② 3.9 ③ 4.5 ④ 7.3

해설 $VP=\dfrac{\gamma V^2}{2g}=\dfrac{1.2\times(480/60)^2}{2\times9.8}=3.92\text{mmH}_2\text{O}$

여기서, $\gamma=\dfrac{1.296\text{kg}}{\text{m}^3}\Big|\dfrac{273}{273+20}=1.2\text{kg/m}^3$

10 20℃의 송풍관 내부에 520m/분으로 공기가 흐르고 있을 때 속도압은?(단, 0℃, 공기밀도는 1.296kg/m^3이다.)

① 7.5mmH_2O ② 6.8mmH_2O ③ 5.2mmH_2O ④ 4.6mmH_2O

해설 $VP = \frac{\gamma V^2}{2g} = \frac{1.2 \times (520/60)^2}{2 \times 9.8} = 4.60mmH_2O$

여기서, $\gamma = \frac{1.296kg}{m^3} \Big| \frac{273}{273+20} = 1.2kg/m^3$

11 1기압, 온도 15℃ 조건에서 속도압이 37.2mmH_2O일 때 기류의 유속(m/sec)은?(단, 15℃, 1기압에서 공기의 밀도는 1.225kg/m^3이다.)

① 24.4 ② 26.1 ③ 28.3 ④ 29.6

해설 $V = \sqrt{\frac{2 \cdot g \cdot VP}{\gamma}} = \sqrt{\frac{2 \times 9.8 \times 37.2}{1.225}} = 24.40m/sec$

12 A유체관의 압력을 측정한 결과, 정압이 －18.56mmH_2O이고, 전압이 20mmH_2O였다. 이 유체관의 유속(m/s)은 약 얼마인가?(단, 공기비중량 1.21kg/m^3 기준)

① 약 10 ② 약 15 ③ 약 20 ④ 약 25

해설 $V = \sqrt{\frac{2 \cdot g \cdot P_v}{\gamma}}$

$VP = TP - SP = 20 - (-18.56) = 38.56mmH_2O$

$V = \sqrt{\frac{2 \cdot g \cdot P_v}{\gamma}} = \sqrt{\frac{2 \times 9.8 \times 38.56}{1.21}} = 24.99m/sec$

13 표준상태에서 동압(VP)이 4mmH_2O라면, 관 내 유속은?(단, 공기의 밀도량은 1.21kg/Sm^3이다.)

① 5.1m/sec ② 5.3m/sec ③ 5.5m/sec ④ 8.0m/sec

해설 $V(m/s) = \sqrt{\frac{2 \cdot g \cdot VP}{\gamma}} = \sqrt{\frac{2 \times 9.8 \times 4}{1.2}} = 8.08m/s$

14 어느 관 내의 속도압이 3.5mmH_2O일 때, 유속은 약 몇 m/min인가?(단, 공기의 밀도는 1.21kg/m^3이고 중력가속도는 9.8m/s^2이다.)

① 352 ② 381 ③ 415 ④ 452

해설 $V(m/s) = \sqrt{\frac{2 \cdot g \cdot VP}{\gamma}} = \sqrt{\frac{2 \times 9.8 \times 3.5}{1.21}} = 7.53m/s = 451.8m/min$

연습문제

01 후드의 압력손실과 비례하는 것은?

① 정압 ② 대기압 ③ 덕트의 직경 ④ 속도압

해설 후드의 압력손실은 $\Delta P = F \times VP$로 속도압에 비례한다.

02 후드의 압력손실계수(F_h)가 0.8이고, 속도압(VP)이 4.5mmH₂O라면, 이때 후드의 정압(mmH₂O)은 얼마인가?

① 7.1 ② 8.1 ③ 10.2 ④ 11.2

해설 $SP = VP(1+F) = 4.5(1+0.8) = 8.1mmH_2O$

03 후드의 유입계수가 0.7이고 속도압이 20mmH₂O일 때 후드의 유입손실(mmH₂O)은?

① 약 10.5 ② 약 20.8 ③ 약 32.5 ④ 약 40.8

해설 유입손실 $= F \times VP = \dfrac{1-C_e^2}{C_e^2} \times VP = \dfrac{1-0.7^2}{0.7^2} \times 20 = 20.8mmH_2O$

04 후드의 압력손실계수가 0.45이고 속도압이 20mmH₂O일 때 압력손실(mmH₂O)은?

① 9 ② 12 ③ 20.45 ④ 42.25

해설 압력손실 $= F \times VP = 0.45 \times 20 = 9mmH_2O$

05 후드의 유입계수가 0.85인 후드의 압력손실계수는 약 얼마인가?

① 0.38 ② 0.52 ③ 0.85 ④ 1.03

해설 $F = \dfrac{1-C_e^2}{C_e^2} = \dfrac{1-0.85^2}{0.85^2} = 0.38$

06 유입계수가 0.6인 플랜지 부착 원형 후드가 있다. 덕트의 직경은 10cm이고, 필요환기량이 20m³/min라고 할 때, 후드정압(SP_h)은 약 몇 mmH₂O인가?

① −448.2 ② −306.4 ③ −236.4 ④ −110.2

해설 $SP = VP(1+F)$

㉠ $V = \dfrac{Q}{A} = \dfrac{20/60m^3/sec}{\dfrac{\pi}{4} \times 0.1^2 m^2} = 42.44m/sec$

㉡ $VP = \left(\dfrac{V}{4.043}\right)^2 = \left(\dfrac{42.44}{4.043}\right)^2 = 110.19mmH_2O$

㉢ $F = \frac{1-C_e^2}{C_e^2} = \frac{1-0.6^2}{0.6^2} = 1.78$

$\therefore\ SP = 110.19(1+1.78) = 306.33mmH_2O$

07 자유공간에 떠 있는 직경 30cm인 원형 개구 후드의 개구면으로부터 30cm 떨어진 곳의 입자를 흡인하려고 한다. 제어풍속을 0.6m/s으로 할 때 후드정압 SP_h는 약 몇 mmH_2O인가?(단 원형 개구 후드의 유입손실계수 F_h는 0.93이다.)

① −14.0　　② −12.0　　③ −10.0　　④ −8.0

해설 $SP = VP(1+F)$

㉠ $Q(m^3/s) = (10X^2 + A) \cdot V_c$

$Q(m^3/s) = (10 \times 0.3^2 + \frac{\pi}{4} \times 0.3^3) \times 0.6 = 0.582m^3/s$

㉡ $V = \frac{Q}{A} = \frac{0.582(m^3/sec)}{\frac{\pi}{4} \times 0.3^2(m^2)} = 8.23m/sec$

㉢ $VP = \left(\frac{V}{4.043}\right)^2 = \left(\frac{8.23}{4.043}\right)^2 = 4.14mmH_2O$

$\therefore\ SP = 4.14(1+0.93) = 7.99mmH_2O$

08 후드의 정압이 12.00mmH_2O이고 덕트의 속도압이 0.80mmH_2O일 때, 유입계수는 얼마인가?

① 0.129　　② 0.194　　③ 0.258　　④ 0.387

해설 $SP = VP(1+F)$

$F = \frac{SP}{VP} - 1 = \frac{12}{0.8} - 1 = 14$

$\frac{1}{C_e^2} - 1 = 14$, $\frac{1}{C_e^2} = 15$

$C_e = \sqrt{\frac{1}{15}} = 0.258$

09 어느 유체관의 개구부에서 압력을 측정한 결과 정압이 −15mmH_2O이고, 전압이 10mmH_2O이었다. 이 유체관의 유속(m/s)은?(단, 공기의 밀도 1.2kg/m^3 기준)

① 10　　② 15　　③ 20　　④ 25

해설 $TP = SP + VP$

$VP = TP - SP = 10 - (-15) = 25mmH_2O$

$VP = \frac{\gamma V^2}{2g}$

$\therefore\ V = \sqrt{\frac{2 \cdot g \cdot VP}{\gamma}} = \sqrt{\frac{2 \times 9.8 \times 25}{1.2}} = 20.12(m/s)$

10 국소배기 시스템의 유입계수(C_e)에 관한 설명으로 옳지 않은 것은?

① 후드에서의 압력손실이 유량의 저하로 나타나는 현상이다.

② 유입계수란 실제유량/이론유량의 비율이다.

③ 유입계수는 속도압/후드정압의 제곱근으로 구한다.

④ 손실이 일어나지 않은 이상적인 후드가 있다면 유입계수는 0이 된다.

해설 손실이 일어나지 않은 이상적인 후드의 유입계수는 1이 된다.

ANSWER | 01 ④ 02 ② 03 ② 04 ① 05 ① 06 ② 07 ④ 08 ③ 09 ③ 10 ④

더 풀어보기

산업기사

01 유입계수가 0.5인 후드의 압력손실계수는 얼마인가?

① 0.15 ② 0.25 ③ 2.0 ④ 3.0

해설 $F = \frac{1-C_e^2}{C_e^2} = \frac{1-0.5^2}{0.5^2} = 3$

02 A사업장에서 적용 중인 후드의 유입계수가 0.8이라면, 유입손실계수는 약 얼마인가?

① 0.56 ② 0.73 ③ 0.83 ④ 0.93

해설 $F = \frac{1-C_e^2}{C_e^2} = \frac{1-0.8^2}{0.8^2} = 0.56$

03 유입계수(C_e)가 0.6인 플랜지 부착 원형 후드가 있다. 이때 후드의 유입손실계수(F_h)는 얼마인가?

① 0.52 ② 0.98 ③ 1.26 ④ 1.78

해설 $F = \frac{1-C_e^2}{C_e^2} = \frac{1-0.6^2}{0.6^2} = 1.78$

04 후드의 유입손실계수가 0.7일 때 유입계수는 약 얼마인가?

① 0.55 ② 0.66 ③ 0.77 ④ 0.88

해설 $C_e = \sqrt{\frac{1}{1+F}} = \sqrt{\frac{1}{1+0.7}} = 0.77$

05 유입계수가 0.8이고 속도압이 10mmH$_2$O일 때 후드의 유입손실은 약 얼마인가?

① 4.2mmH$_2$O ② 5.6mmH$_2$O
③ 6.2mmH$_2$O ④ 7.8mmH$_2$O

해설 유입손실 $= F \times VP = \frac{1-C_e^2}{C_e^2} \times VP = \frac{1-0.8^2}{0.8^2} \times 10 = 5.6mmH_2O$

06 후드에서의 유입손실이 전혀 없는 이상적인 후드의 유입계수는 얼마인가?

① 0 ② 0.5 ③ 0.8 ④ 1.0

해설 유입계수(C_e)
㉠ 실제 후드 내로 유입되는 유량과 이론상 후드 내로 유입되는 유량의 비를 의미한다.
㉡ 후드에서의 압력손실이 유량의 저하로 나타나는 현상이다.
㉢ 손실이 일어나지 않은 이상적인 후드의 유입계수는 1이 된다.

07 환기시스템에서 공기유량이 0.2m^3/s, 덕트직경이 9.0cm, 후드 유입손실계수가 0.40일 때 후드 정압(mmH$_2$O)은 약 얼마인가?

① 42 ② 55 ③ 72 ④ 85

해설 $SP = VP(1+F)$

㉠ $V = \frac{Q}{A} = \frac{0.2(m^3/sec)}{\frac{\pi}{4} \times 0.09^2(m^2)} = 31.438m/sec$

㉡ $VP = \left(\frac{V}{4.043}\right)^2 = \left(\frac{31.438}{4.043}\right)^2 = 60.47mmH_2O$

㉢ $F = 0.40$

$\therefore SP = 60.47(1+0.4) = 84.66mmH_2O$

08 후드의 유입손실계수가 0.8, 덕트 내의 공기흐름속도가 20m/s일 때 후드의 유입압력손실은 약 몇 mmH$_2$O인가?(단, 공기의 비중량은 1.2Kg$_f$/m^{3}이다.)

① 14 ② 6 ③ 20 ④ 24

해설 압력손실$(\Delta P) = F \times VP$

$VP = \left(\frac{V}{4.043}\right)^2 = \left(\frac{20}{4.043}\right)^2 = 24.47mmH_2O$

$\therefore$ 압력손실$(\Delta P) = 0.8 \times 24.47 = 19.58mmH_2O$

09 도금공정에서 벽에 고정된 외부식 국소배기장치가 설치되어 있다. 소요풍량이 10.5m^3/min, 덕트의 직경이 10cm, 후드의 유입손실계수가 0.4일 때 후드의 압력손실(mmH$_2$O)은 약 얼마인가?(단, 덕트 내의 온도는 표준상태로 가정한다.)

① 12.15 ② 14.18 ③ 16.27 ④ 18.25

해설 압력손실(ΔP) = F × VP

㉠ $V = \frac{Q}{A} = \frac{10.5/60(m^3/sec)}{\frac{\pi}{4} \times 0.1^2(m^2)} = 22.28m/sec$

㉡ $VP = \left(\frac{V}{4.043}\right)^2 = \left(\frac{22.28}{4.043}\right)^2 = 30.37mmH_2O$

∴ 압력손실(ΔP) $= 0.4 \times 30.37 = 12.15mmH_2O$

ANSWER | 01 ④ 02 ① 03 ④ 04 ③ 05 ② 06 ④ 07 ④ 08 ③ 09 ①

기 사

01 유입계수(C_e)가 0.7인 후드의 압력손실계수(F_h)는?

① 0.42 ② 0.61 ③ 0.72 ④ 1.04

해설 $F_h = \frac{1-C_e^2}{C_e^2} = \frac{1-0.7^2}{0.7^2} = 1.04$

02 후드의 유입계수가 0.86일 때 압력손실계수는?

① 약 0.25 ② 약 0.35 ③ 약 0.45 ④ 약 0.55

해설 $F = \frac{1-C_e^2}{C_e^2} = \frac{1-0.86^2}{0.86^2} = 0.35$

03 후드의 유입계수가 0.86, 속도압이 25mmH_2O일 때 후드의 압력손실(mmH_2O)은?

① 8.8 ② 12.2 ③ 15.4 ④ 17.2

해설 압력손실(ΔP) = F × VP

$F = \frac{1-C_e^2}{C_e^2} = \frac{1-0.86^2}{0.86^2} = 0.35$

∴ $\Delta P = 0.35 \times 25 = 8.75mmH_2O$

04 어떤 단순후드의 유입계수가 0.90이고 속도압이 20mmH_2O일 때 후드의 유입손실은?

① 2.4mmH_2O ② 3.6mmH_2O ③ 4.7mmH_2O ④ 6.8mmH_2O

해설 압력손실(ΔP) = F × VP

$F = \frac{1-C_e^2}{C_e^2} = \frac{1-0.9^2}{0.9^2} = 0.235$

∴ $\Delta P = 0.235 \times 20 = 4.7mmH_2O$

05 후드의 유입계수가 0.82, 속도압이 50mmH$_2$O일 때 후드압력손실은?

① 22.4mmH$_2$O ② 24.4mmH$_2$O ③ 26.4mmH$_2$O ④ 28.4mmH$_2$O

해설 압력손실(ΔP) $= F \times VP$

$$F = \frac{1-C_e^2}{C_e^2} = \frac{1-0.82^2}{0.82^2} = 0.487$$

$\therefore \Delta P = 0.487 \times 50 = 24.35\text{mmH}_2\text{O}$

06 덕트의 속도압이 35mmH$_2$O, 후드의 압력손실이 15mmH$_2$O일 때 후드의 유입계수는?

① 0.84 ② 0.75 ③ 0.68 ④ 0.54

해설 유입계수(C_e) $= \sqrt{\dfrac{1}{1+F}}$

압력손실(ΔP) $= F \times VP$

$15 = F \times 35$, $F = 0.43$

$\therefore$ 유입계수(C_e) $= \sqrt{\dfrac{1}{1+0.43}} = 0.84$

07 환기시스템에서 공기유량(Q)이 0.15m^3/sec, 덕트 직경이 10.0cm 후드 유입소실계수(F_h)가 0.4일 때 후드정압(SP_h)은?(단, 공기밀도 1.2kg/m^3 기준)

① 약 13mmH$_2$O ② 약 24mmH$_2$O ③ 약 31mmH$_2$O ④ 약 42mmH$_2$O

해설 $SP = VP(1+F)$

㉠ $V = \dfrac{Q}{A} = \dfrac{0.15\text{m}^3/\text{sec}}{\dfrac{\pi}{4} \times 0.1^2\text{m}^2} = 19.1\text{m/sec}$

㉡ $VP = \left(\dfrac{V}{4.043}\right)^2 = \left(\dfrac{19.1}{4.043}\right)^2 = 22.32\text{mmH}_2\text{O}$

㉢ $F = 0.4$

$\therefore SP = 22.32(1+0.4) = 31.25\text{mmH}_2\text{O}$

08 유입계수 $C_e = 0.82$인 원형 후드가 있다. 덕트의 원면적이 0.0314m^{2}이고 필요환기량 Q는 30m^3/min이라고 할 때 후드정압은?(단, 공기밀도 1.2kg/m^3 기준)

① 16mmH$_2$O ② 23mmH$_2$O ③ 32mmH$_2$O ④ 37mmH$_2$O

해설 $SP = VP(1+F)$

㉠ $V = \dfrac{Q}{A} = \dfrac{30/60(\text{m}^3/\text{sec})}{0.0314\text{m}^2} = 15.92\text{m/sec}$

㉡ $VP = \left(\dfrac{V}{4.043}\right)^2 = \left(\dfrac{15.92}{4.043}\right)^2 = 15.51\text{mmH}_2\text{O}$

㉢ $F = \dfrac{1-C_e^2}{C_e^2} = \dfrac{1-0.82^2}{0.82^2} = 0.487$

$\therefore SP = 15.51(1+0.487) = 23.06\text{mmH}_2\text{O}$

09 덕트의 속도압이 35mmH₂O, 후드의 압력손실이 15mmH₂O일 때, 후드의 유입계수는 약 얼마인가?

① 0.54 ② 0.68 ③ 0.75 ④ 0.84

해설 $\Delta P = F \times VP$

$$F\left(\frac{1-C_e^2}{C_e^2}\right) = \frac{\Delta P}{VP} = \frac{15}{35} = 0.429$$

$$\frac{1}{C_e^2} - 1 = 0.429, \ \frac{1}{C_e^2} = 1.429$$

$$C_e = \sqrt{\frac{1}{1.429}} = 0.84$$

ANSWER | 01 ④ 02 ② 03 ① 04 ③ 05 ② 06 ① 07 ③ 08 ② 09 ④

THEMA 44 레이놀즈수(조도)

1. 레이놀즈수(Re)

① 관성력과 점성력의 비로 무차원수이다.

② 공기속도, 덕트 직경, 공기밀도, 공기점도의 4가지로 레이놀즈수를 나타낼 수 있다.

$$Re = \frac{관성력}{점성력} = \frac{VD\rho}{\mu} = \frac{VD}{\nu}$$

여기서, V : 유체의 평균유속(m/sec), D : 관의 직경(m), ρ : 유체의 밀도(kg/m^3)
μ : 점성계수(kg/m · sec), ν : 동점성계수(m^2/sec)

[층류와 난류의 레이놀즈수 구분]

- $Re < 2,100$: 층류
- $2,100 < Re < 4,000$: 천이구역
- $Re > 4,000$: 난류

③ 환기시설에서 사용하는 관 내 Re 수는 보통 $10^5 \sim 10^6$이기 때문에 난류를 형성하고 있다.

2. 조도

덕트의 조도는 상대조도(Relative Roughness)로 표시하며, 절대조도(Absolute Surface Roughness, e, 표면돌기의 평균높이)를 덕트 직경으로 나눈 값이다.

$$상대조도 = \frac{e}{D}$$

여기서, e : 절대조도, D : 덕트 직경

연습문제

01 다음 중 레이놀즈수(Re)를 구하는 식으로 옳은 것은?(단, ρ는 공기밀도, D는 덕트의 직경, V는 공기유속, μ는 공기의 점성계수이다.)

① $\frac{\mu\rho V}{D}$ ② $\frac{\mu DV}{\rho}$ ③ $\frac{\rho DV}{\mu}$ ④ $\frac{\mu\rho D}{V}$

해설 $Re = \frac{관성력}{점성력} = \frac{VD\rho}{\mu} = \frac{VD}{\nu}$

02 도관 내 공기흐름에서의 Reynold 수를 계산하기 위해 알아야 하는 요소로 가장 옳은 것은?

① 공기속도, 도관직경, 동점성계수
② 공기속도, 중량가속도, 공기밀도
③ 공기속도, 공기온도, 도관의 길이
④ 공기속도, 점성계수, 도관의 길이

해설 $Re = \frac{관성력}{점성력} = \frac{VD\rho}{\mu} = \frac{VD}{\nu}$

여기서, V : 유체의 평균유속(m/sec)
D : 관의 직경(m)
ρ : 유체의 밀도(kg/m^3)
μ : 점성계수(kg/m · sec)
ν : 동점성계수(m^2/sec)

03 덕트 직경이 15cm이고, 공기 유속이 10m/s일 때 Reynold 수는?(단, 공기의 점성계수는 1.8×10^{-5}kg/sec · m이고, 공기밀도는 1.2kg/m^{3}이다.)

① 100,000 ② 200,000 ③ 300,000 ④ 400,000

해설 $Re = \frac{D \cdot V \cdot \rho}{\mu} = \frac{0.15m \times 10m/sec \times 1.2kg/m^3}{1.8\times10^{-5}kg/m \cdot sec} = 100,000$

04 덕트 직경이 30cm이고 공기유속이 5m/sec일 때 레이놀즈수(Re)는?(단, 공기의 점성계수는 20℃에서 1.85×10^{-5}kg/sec · m, 공기밀도는 20℃에서 1.2kg/m^3)

① 97,300 ② 117,500 ③ 124,400 ④ 135,200

해설 $Re = \frac{D \cdot V \cdot \rho}{\mu} = \frac{0.3m \times 5m/sec \times 1.2kg/m^3}{1.85\times10^{-5}kg/m \cdot sec} = 97,297$

05 1기압 동점성계수(20℃)는 1.5×10^{-5}(m^2/sec)이고 유속은 10m/sec, 관반경은 0.125m 일 때 Reynold 수는?

① 1.67×10^5 ② 1.87×10^5 ③ 1.33×10^4 ④ 1.37×10^5

해설 $Re = \frac{D \cdot V \cdot \rho}{\mu} = \frac{D \cdot V}{\nu} = \frac{0.25m \times 10m/sec}{1.5\times10^{-5}m^2/sec} = 1.67\times10^5$

06 폭 320mm, 높이 760mm의 곧은 각관 내를 Q=280m^3/분의 표준공기가 흐르고 있을 때 레이놀즈수(Re)값은?(단, 동점성계수는 $1.5\times10^{-5}m^2/sec$이다.)

① 3.76×10^5 ② 3.76×10^6 ③ 5.76×10^5 ④ 5.76×10^6

해설 $Re=\dfrac{D\cdot V\cdot\rho}{\mu}=\dfrac{D\cdot V}{\nu}$

㉠ $D=\dfrac{2ab}{a+b}=\dfrac{2\times0.32\times0.76}{0.32+0.76}=0.45m$

㉡ $V=\dfrac{Q}{A}=\dfrac{280m^3}{min}\left|\dfrac{}{0.32\times0.76m^2}\right|\dfrac{1min}{60sec}=19.19m/sec$

$\therefore\ Re=\dfrac{D\cdot V}{\nu}=\dfrac{0.45\times19.19}{1.5\times10^{-5}}=5.76\times10^5$

07 25℃에서 공기의 점성계수 $\mu=1.607\times10^{-4}$poise, 밀도 $\rho=1.203kg/m^3$이다. 이때 동점성계수(m^2/sec)는?

① 1.336×10^{-5} ② 1.736×10^{-5} ③ 1.336×10^{-6} ④ 1.736×10^{-6}

해설 $\nu=\dfrac{\mu}{\rho}=\dfrac{1.607\times10^{-4}g}{cm\cdot sec}\left|\dfrac{m^3}{1.203kg}\right|\dfrac{1kg}{1,000g}\left|\dfrac{100cm}{1m}\right.=1.336\times10^{-5}m^2/sec$

08 다음 중 덕트의 조도를 나타내는 상대조도에 대한 설명으로 옳은 것은?

① 절대표면조도를 유체밀도로 나눈 값이다.
② 절대표면조도를 마찰손실로 나눈 값이다.
③ 절대표면조도를 공기유속으로 나눈 값이다.
④ 절대표면조도를 덕트 직경으로 나눈 값이다.

해설 덕트의 조도는 상대조도(Relative Roughness)로 표시하며, 절대조도(Absolute Surface Roughness, e, 표면돌기의 평균높이)를 덕트 직경으로 나눈 값이다.

상대조도 $=\dfrac{e}{D}$

여기서, e : 절대조도, D : 덕트 직경

ANSWER | 01 ③ 02 ① 03 ① 04 ① 05 ① 06 ③ 07 ① 08 ④

더 풀어보기

산업기사

01 레이놀즈(Reynolds)수를 구할 때, 고려되어야 할 요소가 아닌 것은?

① 유입계수 ② 공기밀도 ③ 공기속도 ④ 덕트의 직경

해설 $Re = \frac{관성력}{점성력} = \frac{VD\rho}{\mu} = \frac{VD}{\nu}$

여기서, V : 유체의 평균유속(m/sec), D : 관의 직경(m), ρ : 유체의 밀도(kg/m^3)

μ : 점성계수(kg/m · sec) , ν : 동점성계수(m^2/sec)

02 1기압에서 직경 20cm인 덕트에 동점성계수 $2 \times 10^{-4} m^2/s$인 기체가 10m/s로 흐를 때 레이놀즈수는 약 얼마인가?

① 1,000 ② 2,000 ③ 4,000 ④ 10,000

해설 $Re = \frac{D \cdot V \cdot \rho}{\mu} = \frac{D \cdot V}{\nu} = \frac{0.2m \times 10m/s}{2 \times 10^{-4} m^2/s} = 10,000$

03 760mmHg, 20℃의 표준공기를 대상으로 했을 때 동점성계수 $1.5 \times 10^{-5} m^2/sec$이고, 풍속은 4m/sec, 내경이 507mm인 경우 관 내 기체의 Reynold 수는 약 얼마인가?

① 1.4×10^5 ② 2.7×10^6 ③ 3.7×10^5 ④ 3.7×10^6

해설 $Re = \frac{D \cdot V \cdot \rho}{\mu} = \frac{D \cdot V}{\nu} = \frac{0.507m \times 4m/sec}{1.5 \times 10^{-5} m^2/sec} = 1.35 \times 10^5$

04 다음 중 층류에 대한 설명으로 틀린 것은?

① 유체입자가 관벽에 평행한 직선으로 흐르는 흐름이다.

② 레이놀즈수가 4,000 이상의 유체의 흐름이다.

③ 관 내에서의 속도 분포가 정상 포물선을 그린다.

④ 평균유속은 최대유속의 약 1/2이다.

해설 층류와 난류의 레이놀즈수 구분

$Re < 2,100$: 층류, $2,100 < Re < 4,000$: 천이구역, $Re > 4,000$: 난류

05 다음 중 일반적인 산업환기 배관 내 기류 흐름의 Reynolds 수 범위로 가장 올바른 것은?

① $10^{-3} \sim 10^{-7}$ ② $10^{-7} \sim 10^{-11}$ ③ $10^2 \sim 10^3$ ④ $10^5 \sim 10^6$

해설 환기시설에서 사용하는 관 내 Re 수는 보통 $10^5 \sim 10^6$이기 때문에 난류를 형성하고 있다.

ANSWER | 01 ① 02 ④ 03 ① 04 ② 05 ④

기 사

01 레이놀즈수(Re)를 산출하는 공식은?[단, d : 덕트 직경(m), V : 공기유속(m/s), μ : 공기의 점성계수(kg/sec · m), ρ : 공기밀도(kg/m^3)]

① $\text{Re} = \dfrac{\mu\rho D}{V}$ ② $\text{Re} = \dfrac{\rho V\mu}{D}$

③ $\text{Re} = \dfrac{DV\mu}{\rho}$ ④ $\text{Re} = \dfrac{\rho DV}{\mu}$

해설 $\text{Re} = \dfrac{\text{관성력}}{\text{점성력}} = \dfrac{VD\rho}{\mu} = \dfrac{VD}{\nu}$

여기서, V : 유체의 평균유속(m/sec)

D : 관의 직경(m)

ρ : 유체의 밀도(kg/m^3)

μ : 점성계수(kg/m · sec)

ν : 동점성계수(m^2/sec)

02 덕트 직경이 30cm이고 공기유속이 10m/sec일 때, 레이놀즈수는 약 얼마인가?(단, 공기의 점성계수는 1.85×10^{-5}kg/sec · m, 공기밀도는 1.2kg/m^{3}이다.)

① 195,000 ② 215,000 ③ 235,000 ④ 255,000

해설 $\text{Re} = \dfrac{D \cdot V \cdot \rho}{\mu} = \dfrac{0.3m \times 10m/\text{sec} \times 1.2\text{kg/m}^3}{1.85 \times 10^{-5}\text{kg/m} \cdot \text{sec}} = 194,595$

03 관 내 유속 1.25m/sec, 관 직경 0.05m일 때 Reynolds 수는?(단, 20℃, 1기압, 동점성계수 = 1.5×10^{-5}m^2/sec)

① 3,257 ② 4,167 ③ 5,387 ④ 6,237

해설 $\text{Re} = \dfrac{D \cdot V \cdot \rho}{\mu} = \dfrac{D \cdot V}{\nu} = \dfrac{1.25\text{m/sec} \times 0.05\text{m}}{1.5 \times 10^{-5}\text{m}^2/\text{sec}} = 4,166.7$

04 덕트 직경이 15cm이고, 공기유속이 30m/s일 때 Reynold 수는?(단, 공기의 점성계수는 1.8×10^{-5}kg/sec · m이고, 공기밀도는 1.2kg/m^{3}이다.)

① 100,000 ② 200,000 ③ 300,000 ④ 400,000

해설 $\text{Re} = \dfrac{D \cdot V \cdot \rho}{\mu} = \dfrac{0.15m \times 30m/\text{sec} \times 1.2\text{kg/m}^3}{1.8 \times 10^{-5}\text{kg/m} \cdot \text{sec}} = 300,000$

05 관경이 200mm인 직관 속을 공기가 흐르고 있다. 공기의 동점성계수가 1.5×10^{-5}m^2/sec이고, 레이놀즈수가 20,000이라면 직관의 풍량(m^3/hr)은?

① 약 160 ② 약 150 ③ 약 170 ④ 약 190

해설 $Q = A \times V$

㉠ $A = \frac{\pi \cdot D^2}{4} = \frac{\pi \times 0.2^2}{4} = 0.031m^2$

㉡ $Re = \frac{D \cdot V \cdot \rho}{\mu} = \frac{D \cdot V}{\nu}$

$V = \frac{Re \times \nu}{D} = \frac{20,000 \times 1.5 \times 10^{-5}}{0.2} = 1.5m/sec$

$\therefore Q = \frac{0.031m^2}{} \left| \frac{1.5m}{sec} \right| \frac{3,600sec}{hr} = 167.4m^3/hr$

06 20℃의 공기가 직경 10cm인 원형 관 속을 흐르고 있다. 층류로 흐를 수 있는 최대 유량은? (단, 층류로 흐를 수 있는 임계 레이놀즈수 Re=2,100, 공기의 동점성계수 $\nu = 1.5 \times 10^{-5}m^2/sec$이다.)

① $0.318m^3/min$ ② $0.228m^3/min$
③ $0.148m^3/min$ ④ $0.078m^3/min$

해설 $Q = A \times V$

㉠ $A = \frac{\pi \cdot D^2}{4} = \frac{\pi \times 0.1^2}{4} = 7.85 \times 10^{-3}m^2$

㉡ $Re = \frac{D \cdot V \cdot \rho}{\mu} = \frac{D \cdot V}{\nu}$

$V = \frac{Re \times \nu}{D} = \frac{2,100 \times 1.5 \times 10^{-5}}{0.1} = 0.315m/sec$

$\therefore Q = \frac{7.85 \times 10^{-3}m^2}{} \left| \frac{0.315m}{sec} \right| \frac{60sec}{hr} = 0.148m^3/min$

07 관경이 200mm인 직관 속을 공기가 흐르고 있다. 공기의 동점성계수가 $1.5 \times 10^{-5}m^2/s$이고, 레이놀즈수가 40,000이라면 직관의 풍량(m^3/hr)은?

① 약 340 ② 약 420 ③ 약 530 ④ 약 650

해설 $Q = A \times V$

㉠ $A = \frac{\pi}{4} \times D^2 = \frac{\pi}{4} \times 0.2^2 = 0.0314m^2$

㉡ $V = \frac{Re \times \nu}{D} = \frac{40,000 \times 1.5 \times 10^{-5}}{0.2} = 3m/sec$

$\therefore Q = 0.0314 \times 3 \times 3,600 = 339.12 ≒ 340$

08 관마찰손실에 영향을 주는 상대조도를 적절히 나타낸 것은?

① 절대조도÷덕트 직경 ② 절대조도×덕트 직경
③ 레이놀즈수÷절대조도 ④ 레이놀즈수×절대조도

해설 덕트의 조도는 상대조도(Relative Roughness)로 표시하며, 절대조도(Absolute Surface Roughness, e, 표면돌기의 평균높이)를 덕트 직경으로 나눈 값이다.

ANSWER | 01 ④ 02 ① 03 ② 04 ③ 05 ③ 06 ③ 07 ① 08 ①

THEMA 45 덕트의 압력(마찰)손실

1. 원형 관의 마찰손실

$$\Delta P = f_d \times \frac{L}{D} \times \frac{\gamma V^2}{2g} = f_d \times \frac{L}{D} \times VP$$

$$\Delta P = 4f \times \frac{L}{D} \times \frac{\gamma V^2}{2g} = 4f \times \frac{L}{D} \times VP$$

여기서, VP : 속도압

f : Moody 차트에서 구한 마찰계수, 표면마찰계수, 페닝마찰계수, 무차원

f_d : 관마찰계수, 달시마찰계수, 무차원($f_d = 4f$) (또는 λ로 사용하는 경우가 있음)

L : 관의 길이(m), D : 관의 직경(m), γ : 표준공기의 비중량($1.203 kg_f/m^3$)

V : 유체의 속도(m/sec), g : 중력가속도($9.8 m/sec^2$)

2. 장방형 관의 압력손실

직사각형 관은 철판으로 쉽게 제작할 수 있고 비용도 저렴하므로 보통 공기조화, 난방, 환기장치에 많이 쓰인다. 그러나 원형 관의 압력손실보다 20% 정도 커지기 때문에 특별한 경우가 아니면 권장하지 않는다.

$$\Delta P = f_d \times \frac{L}{D_o} \times \frac{\gamma V^2}{2g} = f_d \times \frac{L}{D_o} \times VP$$

여기서, f_d : 관마찰계수, 달시마찰계수, 무차원, L : 관의 길이(m)

D_o : 덕트의 상당직경 또는 등가직경$\left(= \frac{2ab}{a+b}\right)$(a, b : 장방형 덕트 각 변의 길이)

γ : 밀도(kg/m^3), V : 유체의 속도(m/sec), g : 중력가속도($9.8 m/sec^2$)

3. 곡관의 압력손실

① 곡관의 각이 90°일 때 압력손실

㉠ 곡률반경의 비(r/d)에 대한 VP의 백분율로 나타낼 경우

$$\Delta P = \frac{VP(\%)}{100} \times VP(mmH_2O)$$

㉡ 압력손실계수(ζ)를 사용하는 경우

$$\Delta P = \zeta \times VP$$

여기서, ζ : r/d에 의해 정해지는 값

장방형 곡관의 경우는 l/l_2 와 r/l_2에 의해 정해지는 값

② 곡관의 각이 90°가 아닐 때

$$\Delta P = \zeta \times VP \times \frac{\theta}{90}$$

여기서, θ : 곡관의 각

4. 분지관의 압력손실($\Delta P = \Delta P_1 + \Delta P_2$)

① 주 덕트의 압력손실 : $\Delta P_1 = \zeta \times VP_1$ [ζ : 곡선각 θ에 의해 정해지는 값]

② 가지덕트의 압력손실 : $\Delta P_2 = \zeta \times VP_2$ [ζ : 곡선각 θ에 의해 정해지는 값]

연습문제

01 다음은 직관의 압력손실에 관한 설명이다. 잘못된 것은?

① 직관의 마찰계수에 비례한다. ② 직관의 길이에 비례한다.

③ 직관의 직경에 비례한다. ④ 속도(관 내 유속)의 제곱에 비례한다.

해설 직관의 압력손실은 직관의 직경에 반비례한다.

$\Delta P = 4f \times \frac{L}{D} \times \frac{\gamma V^2}{2g} = 4f \times \frac{L}{D} \times VP$ 또는 $\Delta P = \lambda \times \frac{L}{D} \times \frac{\gamma V^2}{2g} = \lambda \times \frac{L}{D} \times VP$

여기서, VP : 속도압

f : 표면마찰계수, 페닝마찰계수, 무차원

λ : 관마찰계수, 달시마찰계수, 무차원($\lambda = 4f$)

L : 관의 길이(m)

D : 관의 직경(m)

γ : 비중량(kg_f/m^3)

V : 유체의 속도(m/sec)

g : 중력가속도($9.8 m/sec^2$)

02 다음 중 공기가 직경 30cm, 길이 1m의 원형 덕트를 통과할 때 발생되는 압력손실의 종류로 가장 올바르게 나열한 것은?(단, 21℃, 1기압으로 가정한다.)

① 마찰, 압축 ② 마찰, 난류 ③ 압축, 팽창 ④ 난류, 팽창

해설 덕트(duct)의 압력손실에는 마찰에 의한 압력손실과 난류에 의한 압력손실이 있다.

03 폭 a, 길이 b인 사각형 관과 유체학적으로 등가인 원형 관(직경 D)의 관계식으로 옳은 것은?

① $D = \frac{ab}{2(a+b)}$ ② $D = \frac{2(a+b)}{ab}$ ③ $D = \frac{2ab}{a+b}$ ④ $D = \frac{a+b}{2ab}$

04 직사각형 직관에서 장변 0.3m, 단변 0.2m일 때 상당직경(Equivalent Diameter)은 약 몇 m인가?

① 0.24 ② 0.34 ③ 0.44 ④ 0.54

해설 $D = \frac{2ab}{a+b} = \frac{2 \times 0.3 \times 0.2}{0.3+0.2} = 0.24m$

05 직경이 25cm, 길이가 30m인 원형 덕트에 유체가 흘러갈 때 마찰손실(mmH_2O)은?(단, 관마찰계수 0.002, 덕트관의 속도압 $20mmH_2O$, 공기밀도 $1.2/m^3$)

① 3.8 ② 4.8 ③ 5.8 ④ 6.8

해설 $\Delta P = \lambda \times \frac{L}{D} \times \frac{\gamma V^2}{2g} = 0.002 \times \frac{30}{0.25} \times 20 = 4.8mmH_2O$

06 국소배기장치의 원형 덕트의 직경은 0.173m이고, 직선 길이는 15m, 속도압은 $15mmH_2O$, 관마찰계수가 0.016일 때, 덕트의 압력손실(mmH_2O)은 약 얼마인가?

① 12 ② 20 ③ 26 ④ 28

해설 $\Delta P = f_d \times \frac{L}{D_o} \times \frac{\gamma V^2}{2g} = 0.016 \times \frac{15}{0.173} \times 15 = 27.75mmH_2O$

07 90° 곡관의 반경비가 2.0일 때 압력손실계수는 0.27이다. 속도압이 $14mmH_2O$라면 곡관의 압력손실(mmH_2O)은?

① 7.6 ② 5.5 ③ 3.8 ④ 2.7

해설 $\Delta P = \xi \times VP = 0.27 \times 14 = 3.78mmH_2O$

08 반경비가 2.0인 90° 원형 곡관의 속도압은 $20mmH_2O$이고, 압력손실계수가 0.27이다. 이 곡관의 곡관각을 65°로 변경하면, 압력손실은 얼마인가?

① $3.0mmH_2O$ ② $3.9mmH_2O$ ③ $4.2mmH_2O$ ④ $5.4mmH_2O$

해설 $\Delta P = \xi \times VP \times \frac{\theta}{90} = 0.27 \times 20 \times \frac{65}{90} = 3.9mmH_2O$

09 국소배기장치의 덕트를 설계하여 설치하고자 한다. 덕트는 직경 200mm의 직관 및 곡관을 사용하도록 하였다. 이때 마찰손실을 감소시키기 위하여 곡관 부위의 새우곡관은 최소 몇 개 이상이 가장 적당한가?

① 2 ② 3 ③ 4 ④ 5

해설 덕트의 직경이 150mm 이상인 경우 최소 5개 이상을 사용한다.

10 주관에 45°로 분지관이 연결되어 있을 때 주관 입구와 분지관의 속도압은 10mmH_2O로 같고, 압력손실계수는 각각 0.2와 0.28이다. 이때 주관과 분지관의 합류로 인한 압력손실은 약 얼마인가?

① 3mmH_2O ② 5mmH_2O ③ 7mmH_2O ④ 9mmH_2O

해설 $\Delta P = F_1 \times VP_1 + F_2 \times VP_2 = 0.2 \times 10 + 0.28 \times 10 = 4.8mmH_2O$

11 압력손실계수 F, 속도압 PV_1이 각각 0.59, 10mmH_2O이고 유입계수 C_e, 속도압 PV_2가 각각 0.92, 10mmH_2O인 후드 2개의 전체압력손실은 약 얼마인가?

① 5mmH_2O ② 8mmH_2O ③ 15mmH_2O ④ 20mmH_2O

해설 $\Delta P = \Delta P_1 + \Delta P_2$

㉠ $\Delta P_1 = F \times VP = 0.59 \times 10 = 5.9mmH_2O$

㉡ $\Delta P_2 = F \times VP = \left(\frac{1-0.92^2}{0.92^2}\right) \times 10 = 1.81mmH_2O$

$\therefore \ \Delta P = 5.9 + 1.81 = 7.71mmH_2O$

ANSWER | 01 ③ 02 ② 03 ③ 04 ① 05 ② 06 ④ 07 ③ 08 ② 09 ④ 10 ② 11 ②

더 풀어보기

산업기사

01 다음 중 덕트 내의 마찰손실에 관한 설명으로 틀린 것은?

① 속도압에 비례한다. ② 덕트의 직경에 비례한다.
③ 덕트의 길이에 비례한다. ④ 덕트 내 유속의 제곱에 비례한다.

해설 덕트의 직경에 반비례한다.

02 환기시스템에서 덕트의 마찰손실에 대한 설명으로 틀린 것은?(단, Darcy – Weisbach 방정식 기준이다.)

① 마찰손실은 덕트의 길이에 비례한다.
② 마찰손실은 덕트 직경에 반비례한다.
③ 마찰손실은 속도 제곱에 반비례한다.
④ 마찰손실은 Moody chart에서 구한 마찰계수를 적용하여 구한다.

해설 마찰손실은 속도 제곱에 비례한다.

03 국소배기장치의 배기덕트 내 공기에 의한 마찰손실과 관련이 가장 적은 것은?

① 공기속도 ② 덕트 직경 ③ 덕트 길이 ④ 공기조성

04 덕트 내에서 압력손실이 발생되는 경우로 볼 수 없는 것은?

① 정압이 높은 경우
② 덕트 내부면과 마찰
③ 가지 덕트 단면적의 변화
④ 곡관이나 관의 확대에 의한 공기의 속도 변화

해설 덕트 내 압력손실

㉠ 마찰압력손실 : 공기와 덕트 면과의 접촉에 의한 마찰에 의해 발생한다.
㉡ 난류 압력손실 : 곡관에 의한 공기 기류의 방향전환이나 수축, 확대 등에 의한 덕트 단면적의 변화에 의해 발생한다.

05 직경이 200mm인 직관을 통하여 100m^3/min의 표준공기를 송풍할 때 10m당 압력손실(mmH_2O)은 약 얼마인가?(단, 배기 덕트의 마찰손실계수는 0.005, 공기의 비중량은 1.2kg/m^{3}이다.)

① 43 ② 48 ③ 53 ④ 58

해설 $\Delta P = \lambda \times \frac{L}{D} \times \frac{\gamma V^2}{2g}$

$V = \frac{Q}{A} = \frac{(100/60)m^3/s}{\frac{\pi}{4} \times 0.2^2} = 53.05m/s$

$\therefore \ \Delta P = 0.005 \times \frac{10}{0.2} \times \frac{1.2 \times 53.05^2}{2 \times 9.8} = 43.08mmH_2O$

06 정방형 송풍관의 압력손실(ΔP)을 계산하는 식은?(단, λ : 마찰손실계수, L : 송풍관의 길이, P_v : 속도압, a, b : 변의 길이이다.)

① $\Delta P = \lambda L \frac{b^2}{4a^2} P_v$ ② $\Delta P = \lambda L \frac{a+b}{4ab} P_v$

③ $\Delta P = \lambda L \frac{b^2}{2a^2} P_v$ ④ $\Delta P = \lambda L \frac{a+b}{2ab} P_v$

07 덕트의 장변이 40cm, 단변이 25cm인 장방형 덕트의 상당직경(cm)은 약 얼마인가?

① 30.8 ② 28.8 ③ 35.8 ④ 38.8

해설 $D = \frac{2ab}{a+b} = \frac{2 \times 40 \times 25}{40+25} = 30.77cm$

08 가로 380mm, 세로 760mm의 곧은 각관의 내에 280m^3/min의 표준공기가 흐르고 있을 때 길이 5m당 압력손실은 약 몇 mmH_2O인가?(단, 관의 마찰계수는 0.019, 공기의 비중량은 1.2kg$_f$/m^{3}이다.)

① 9 ② 7 ③ 5 ④ 3

해설 $\Delta P = f_d \times \frac{L}{D_o} \times \frac{\gamma V^2}{2g} = 0.019 \times \frac{5}{0.507} \times \frac{1.2 \times 16.16^2}{2 \times 9.8} = 3.0 mmH_2O$

여기서, $D = \frac{2ab}{a+b} = \frac{2 \times 0.38 \times 0.76}{0.38 + 0.76} = 0.507m$

$V = \frac{Q}{A} = \frac{(280/60)m^3/s}{0.38 \times 0.76 m^2} = 16.16 m/s$

09 주관에 15°로 분지관이 연결되어 있고 주관과 분지관의 속도압이 모두 15mmH_2O일 때 주관과 분지관의 합류에 의한 압력손실은 몇 mmH_2O인가?(단, 원형 합류관의 압력손실계수는 다음 표를 참고한다.)

합류각	압력손실계수	
	주관	분지관
15°	0.2	0.09
20°		0.12
25°		0.15
30°		0.18
35°		0.21

① 3.75 ② 4.35 ③ 6.25 ④ 8.75

해설 합류관의 압력손실 $= \Delta P_1 + \Delta P_2 = (0.2 \times 15) + (0.09 \times 15) = 4.35 mmH_2O$

ANSWER | 01 ② 02 ③ 03 ④ 04 ① 05 ① 06 ④ 07 ① 08 ④ 09 ②

01 다음의 빈칸에 내용이 알맞게 조합된 것은?

> 원형 직관에서 압력손실은 (㉠)에 비례하고 (㉡)에 반비례하며 속도의 (㉢)에 비례한다.

① ㉠ 송풍관의 길이 ㉡ 송풍관의 직경 ㉢ 제곱
② ㉠ 송풍관의 직경 ㉡ 송풍관의 길이 ㉢ 제곱
③ ㉠ 송풍관의 길이 ㉡ 속도압 ㉢ 세제곱
④ ㉠ 속도압 ㉡ 송풍관의 길이 ㉢ 세제곱

해설 원형직관에서 압력손실은 송풍관의 길이에 비례하고 송풍관의 직경에 반비례하며 속도의 제곱에 비례한다.

02 다음 중 덕트 내 공기에 의한 마찰손실에 영향을 주는 요소와 가장 거리가 먼 것은?

① 덕트 직경 ② 공기 점도 ③ 덕트의 재료 ④ 덕트 면의 조도

03 덕트(Duct)의 직경 환산 시 폭 a, 길이 b인 각관과 유체학적으로 등가인 원관의 직경 D의 계산식은?

① $D = \frac{ab}{2(a+b)}$ ② $D = \frac{2ab}{a+b}$ ③ $D = \frac{2(a+b)}{ab}$ ④ $D = \frac{a+b}{2ab}$

04 장방형 송풍관의 단경 0.13m, 장경 0.26m, 길이 15m, 속도압 30mmH_2O, 관마찰계수(λ)가 0.004일 때 관 내의 압력손실은?(단, 관의 내면은 매끈하다.)

① 6.6mmH_2O ② 10.4mmH_2O ③ 14.8mmH_2O ④ 18.2mmH_2O

해설 $\Delta P = f_d \times \frac{L}{D_o} \times \frac{\gamma V^2}{2g} = 0.004 \times \frac{15}{0.173} \times 30 = 10.4mmH_2O$

여기서, $D = \frac{2ab}{a+b} = \frac{2 \times 0.13 \times 0.26}{0.13 + 0.26} = 0.173m$

05 주 덕트에 분지관을 연결할 때 손실계수가 가장 큰 각도는?

① 30° ② 45° ③ 60° ④ 90°

해설 분지관을 연결하는 각도가 클수록 손실계수가 크다.

06 주관에 45°로 분지관이 연결되어 있다. 주관 입구와 분지관의 속도압은 20mmH_2O로 같고 압력손실계수는 각각 0.2 및 0.28이다. 주관과 분지관의 합류에 의한 압력손실(mmH_2O)은?

① 약 6 ② 약 8 ③ 약 10 ④ 약 12

해설 $\Delta P = F_1 \times VP_1 + F_2 \times VP_2 = 0.2 \times 20 + 0.28 \times 20 = 9.6mmH_2O$

07 덕트 주관에 45°로 분진관이 연결되어 있다. 주관과 분지관의 반응속도는 모두 18m/s이고, 주관의 압력손실계수는 0.2이며, 분지관의 압력손실계수는 0.28이다. 주관과 분지관의 합류에 의한 압력손실(mmH_2O)은?(단, 공기밀도 = $1.2kg/m^3$)

① 9.5 ② 8.5 ③ 7.5 ④ 6.5

해설 $\Delta P = F_1 \times VP_1 + F_2 \times VP_2$

$VP = \frac{\gamma V^2}{2g} = \frac{1.2 \times 18^2}{2 \times 9.8} = 19.84mmH_2O$

$\Delta P = 0.2 \times 19.84 + 0.28 \times 19.84 = 9.52mmH_2O$

08 확대각이 10°인 원형 확대관에서 입구직관의 정압은 $-20mmH_2O$, 속도압은 $33mmH_2O$이고, 확대 전 출구직관의 속도압은 $25mmH_2O$이다. 압력손실은?(단, 확대각이 10°일 때 압력손실계수 $\zeta = 0.28$이다.)

① $1.25mmH_2O$ ② $2.24mmH_2O$ ③ $3.16mmH_2O$ ④ $4.24mmH_2O$

해설 $\Delta P = \xi \times (VP_1 - VP_2) = 0.28 \times (33 - 25) = 2.24mmH_2O$

09 다음 그림과 같이 단면적이 작은 쪽이 ㉠, 큰 쪽이 ㉡인 사각형 덕트의 확대관에 대한 압력손실을 구하는 방법으로 가장 적절한 것은?(단, 경사각은 $\theta_1 > \theta_2$이다.)

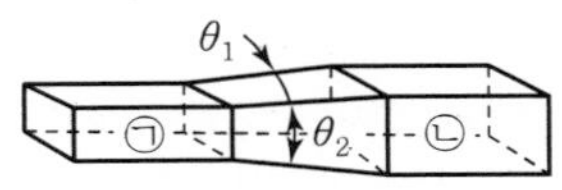

① θ_1의 각도를 경사각으로 한 단면적을 이용한다.

② θ_2의 각도를 경사각으로 한 단면적을 이용한다.

③ 두 각도의 평균값을 이용한 단면적을 이용한다.

④ 작은 쪽(㉠)과 큰 쪽(㉡)의 등가(상당)직경을 이용한다.

해설 장방형 덕트의 압력손실 계산 시 상당(등가)직경을 이용한다.

10 정압회복계수가 0.72이고 정압회복량이 $7.2mmH_2O$인 원형 확대관의 압력손실(mmH_2O)은?

① 4.2 ② 3.6 ③ 2.8 ④ 1.3

해설 $\Delta P = \xi \times (VP_1 - VP_2)$

㉠ $\xi = 1 - R = 1 - 0.72 = 0.28$

㉡ $VP_1 - VP_2 = (SP_2 - SP_1) + \Delta P = 7.2 + \Delta P$

$\Delta P = 0.28 \times (7.2 + \Delta P) = 2.016 + 0.28\Delta P$

$0.72\Delta P = 2.016$

$\therefore \Delta P = 2.8mmH_2O$

ANSWER | 01 ① 02 ③ 03 ② 04 ② 05 ④ 06 ③ 07 ① 08 ② 09 ④ 10 ③

THEMA 46 환기시스템계의 총압력손실

1. 총압력손실의 계산 목적

① 각 후드의 제어풍량을 얻기 위함
② 배관계 각 부분의 소요 이동속도를 얻기 위함
③ 국소배기장치 전체의 압력손실에 맞는 송풍기 동력, 형식 및 규모를 정하기 위함

2. 압력손실 산출방법

① 정압조절 평형법(유속조절 평형법)

㉠ 저항이 큰 쪽의 덕트관을 약간 크게 하여 저항을 줄이든지 저항이 작은 쪽의 덕트관을 약간 가늘게 하여 저항을 증가시키든지 또는 양쪽을 병용해서 저항의 밸런스를 잡는 방법이다.

㉡ 분지관의 수가 작고 고독성 물질이나 폭발성 및 방사성 먼지를 대상으로 하는 경우에 사용하는 방법이다.

구분	내용
장점	• 예기치 않은 침식 및 부식이나 퇴적문제가 일어나지 않는다. • 설계가 확실할 때는 가장 효율적인 시설이 된다. • 설계 시 잘못 설계된 분지관 또는 저항이 제일 큰 분지관을 쉽게 발견할 수 있다. • 유속의 범위가 적절히 선택되면 덕트의 폐쇄가 일어나지 않는다.
단점	• 설계 시 잘못된 유량을 수정하기 어렵다. • 설계가 어렵고 시간이 많이 걸린다. • 송풍량은 근로자나 운전자의 의도대로 쉽게 변경되지 않는다. • 설계유량 산정이 잘못되었을 경우, 덕트 크기의 변경을 필요로 한다. • 설치 후 변경이나 확장이 어렵다.

② 댐퍼조절 평형법(저항조절 평형법)

㉠ 배출원이 많아서 여러 개의 후드를 배관에 연결하는 경우에 사용하는 방법으로 배관의 압력손실이 많을 때 사용하는 방법이다.

㉡ 저항이 작은 쪽은 송풍관에 댐퍼를 설치하여 저항이 같아지도록 조여주는 방법이다.

구분	내용
장점	• 시설 설치 후 변경이 쉽다. • 최소 설계풍량으로 평형 유지가 가능하다. • 설계계산이 간편하고 작업공정에 따라 덕트의 위치 변경이 가능하다. • 임의로 유량을 조절하기가 용이하다. • 덕트의 크기를 변경할 필요가 없으므로 이송속도를 설계값 그대로 유지한다.
단점	• 댐퍼를 잘못 설치 시 평형상태가 깨질 수 있다. • 최대 저항경로의 선정이 잘못되어도 설계 시 쉽게 발견할 수 없다. • 임의의 댐퍼 조정 시 평형상태가 깨질 수 있다. • 누구나 쉽게 댐퍼조절이 가능해 정상기능을 저해할 수 있다.

3. 흡기와 배기

송풍기로 공기를 불어넣어 줄 때는 덕트 직경의 30배 거리에서 공기속도는 1/10으로 감소하나, 공기를 흡입할 경우에는 기류의 방향에 관계없이 덕트 직경과 같은 거리에서 1/10으로 감소한다. 따라서 국소배기시설의 후드는 유해물질 발생원으로부터 가까운 곳에 설치해야 한다.

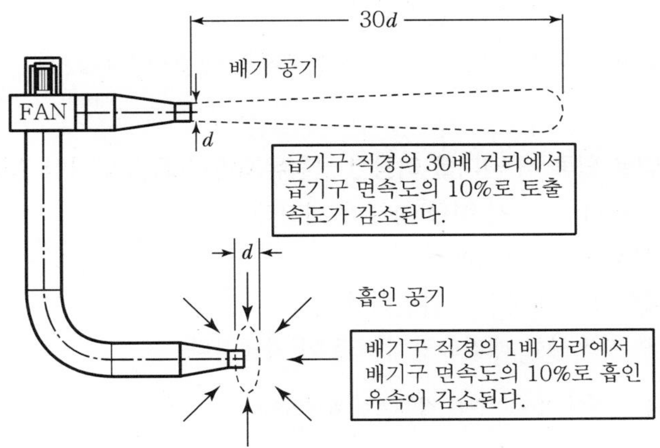

연습문제

01 총압력손실계산법 중에서 분지관의 수가 작고 고독성 물질이나 폭발성 및 방사성 먼지를 대상으로 하는 경우에 주로 사용하는 것은?

① 저항조절 평형법 ② 전압조절 평형법
③ 유속조절 평형법 ④ 댐퍼조절 평형법

해설 정압조절 평형법(유속조절 평형법)
㉠ 저항이 큰 쪽의 덕트관을 약간 크게 하여 저항을 줄이든지 저항이 작은 쪽의 덕트관을 약간 가늘게 하여 저항을 증가시키든지 또는 양쪽을 병용해서 저항의 밸런스를 잡는 방법이다.
㉡ 분지관의 수가 작고 고독성 물질이나 폭발성 및 방사성 먼지를 대상으로 하는 경우에 사용하는 방법이다.

02 다음 중 국소배기장치에서 후드를 추가로 설치해도 쉽게 정압 조절이 가능하고, 사용하지 않는 후드를 막아 다른 곳에 필요한 정압을 보낼 수 있어 현장에서 가장 편리하게 사용할 수 있는 압력균형방법은?

① 댐퍼조절법 ② 회전수 변환
③ 압력조절법 ④ 안내익 조절법

해설 댐퍼조절 평형법(저항조절 평형법)
㉠ 배출원이 많아서 여러 개의 후드를 배관에 연결하는 경우나 배관의 압력손실이 많을 때 사용하는 방법이다.
㉡ 저항이 작은 쪽은 송풍관에 댐퍼를 설치하여 저항이 같아지도록 조여주는 방법이다.

03 국소환기시설 설계(총압력손실계산)에 있어 '정압조절 평형법'의 장단점으로 옳지 않은 것은?

① 예기치 않은 침식 및 부식이나 퇴적문제가 일어난다.
② 송풍량은 근로자나 운전자의 의도대로 쉽게 변경되지 않는다.
③ 설계 시 잘못 설계된 분지관 또는 저항이 제일 큰 분지관을 쉽게 발견할 수 있다.
④ 설계가 어렵고 시간이 많이 걸린다.

해설 정압조절 평형법은 예기치 않은 침식이나 부식, 퇴적문제가 일어나지 않는다.

04 다음 중 덕트 합류 시 댐퍼를 이용한 균형유지법의 특징과 가장 거리가 먼 것은?

① 임의로 댐퍼 조정 시 평형 상태가 깨진다.
② 시설 설치 후 변경이 어렵다.
③ 설계계산이 상대적으로 간단하다.
④ 설치 후 부적당한 배기유량의 조절이 가능하다.

해설 시설 설치 후 변경이 어려운 것은 정압조절 평형법이다.

05 배출원이 많아서 여러 개의 후드를 주관에 연결한 경우(분지관의 수가 많고 덕트의 압력손실이 클 때) 총압력손실계산법으로 가장 적절한 방법은?

① 정압조절 평형법　　② 저항조절 평형법
③ 등가조절 평형법　　④ 속도압 평형법

해설 댐퍼조절 평형법(저항조절 평형법)
㉠ 배출원이 많아서 여러 개의 후드를 배관에 연결하는 경우나, 배관의 압력손실이 많을 때 사용하는 방법이다.
㉡ 저항이 작은 쪽은 송풍관에 댐퍼를 설치하여 저항이 같아지도록 조여주는 방법이다.

06 다음 설명에서 (　) 안의 내용으로 올바르게 나열한 것은?

> 공기속도는 송풍기로 공기를 불 때 덕트 직경의 30배 거리에서 (㉠)로 감소하거나 공기를 흡인할 때는 기류의 방향과 관계없이 덕트 직경과 같은 거리에서 (㉡)로 감소한다.

① ㉠ : 1/30, ㉡ : 1/10　　② ㉠ : 1/10, ㉡ : 1/30
③ ㉠ : 1/30, ㉡ : 1/30　　④ ㉠ : 1/10, ㉡ : 1/10

해설 공기속도는 송풍기로 공기를 불 때 덕트 직경의 30배 거리에서 1/10로 감소하거나 공기를 흡인할 때는 기류의 방향과 관계없이 덕트 직경과 같은 거리에서 1/10로 감소한다.

07 점흡인의 경우 후드의 흡인에 있어 개구부로부터 거리가 멀어짐에 따라 속도는 급격히 감소하는데 이때 개구면의 직경만큼 떨어질 경우 후드 흡인기류의 속도는 약 어느 정도로 감소하겠는가?

① $\frac{1}{10}$　　② $\frac{1}{5}$　　③ $\frac{1}{4}$　　④ $\frac{1}{2}$

08 송풍관(duct) 내부에서 유속이 가장 빠른 곳은?(단, d는 직경임)

① 위에서 $\frac{1}{10}$d 지점
② 위에서 $\frac{1}{5}$d 지점
③ 위에서 $\frac{1}{3}$d 지점
④ 위에서 $\frac{1}{2}$d 지점

ANSWER | 01 ③ 02 ① 03 ① 04 ② 05 ② 06 ④ 07 ① 08 ④

PART 01 PART 02 PART 03 PART 04 PART 05 PART 06

더 풀어보기

산업기사

01 총압력손실 계산방법 중 정압조절 평형법에 대한 설명으로 틀린 것은?

① 설계가 정확할 때는 가장 효율적인 시설이 된다.
② 송풍량은 근로자나 운전자의 의도대로 쉽게 변경된다.
③ 유속의 범위가 적절히 선택되면 덕트의 폐쇄가 일어나지 않는다.
④ 설계가 어렵고, 시간이 많이 걸린다.

해설 정압조절 평형법의 단점

㉠ 설계 시 잘못된 유량을 수정하기 어렵다.
㉡ 설계가 어렵고 시간이 많이 걸린다.
㉢ 송풍량은 근로자나 운전자의 의도대로 쉽게 변경되지 않는다.
㉣ 설계유량 산정이 잘못되었을 경우 덕트 크기의 변경을 필요로 한다.
㉤ 설치 후 변경이나 확장이 어렵다.

02 총압력손실 계산방법 중 정압조절 평형법의 장점이 아닌 것은?

① 향후 변경이나 확장에 대해 유연성이 크다.
② 설계가 확실할 때는 가장 효율적인 시설이 된다.
③ 설계 시 잘못 설계된 분지관을 쉽게 발견할 수 있다.
④ 예기치 않은 침식 및 부식이나 퇴적문제가 일어나지 않는다.

해설 정압조절 평형법의 장점

㉠ 예기치 않은 침식 및 부식이나 퇴적문제가 일어나지 않는다.
㉡ 설계가 확실할 때는 가장 효율적인 시설이 된다.
㉢ 설계 시 잘못 설계된 분지관 또는 저항이 제일 큰 분지관을 쉽게 발견할 수 있다.
㉣ 유속의 범위가 적절히 선택되면 덕트의 폐쇄가 일어나지 않는다.

03 총압력손실 계산법 중 정압조절 평형법의 단점에 해당하지 않는 것은?

① 설계 시 잘못된 유량을 수정하기가 어렵다.

② 설계가 복잡하고 시간이 걸린다.

③ 최대저항경로의 선정이 잘못되었을 경우 설계 시 발견이 어렵다.

④ 설계유량 산정이 잘못되었을 경우 수정은 덕트 크기의 변경을 필요로 한다.

해설 ③은 댐퍼조절 평형법의 단점이다.

04 급기구와 배기구의 직경을 d라고 할 때, 급기구와 배기구로부터 각각 일정거리에서의 유속이 최초 속도의 10%가 되는 거리는 얼마인가?

① 급기구 : 1d, 배기구 : 30d

② 급기구 : 2d, 배기구 : 10d

③ 급기구 : 10d, 배기구 : 2d

④ 급기구 : 30d, 배기구 : 1d

해설 흡기는 흡입면 직경의 1배인 위치에서 입구유속의 10%가 되고, 배기는 출구면 직경의 30배인 위치에서 출구유속의 10%가 된다.

05 다음 중 송풍기로 공기를 불어줄 때 공기속도가 덕트 직경의 몇 배 정도 거리에서 1/10로 감소하는가?

① 10배

② 20배

③ 30배

④ 40배

ANSWER | 01 ② 02 ① 03 ③ 04 ① 05 ③

기 사

01 국소환기시설 설계에 있어 정압조절 평형법의 장점으로 틀린 것은?

① 예기치 않은 침식 및 부식이나 퇴적문제가 일어나지 않는다.
② 설계 설치된 시설의 개조가 용이하여 장치변경이나 확장에 대한 유연성이 크다.
③ 설계가 정확할 때에는 가장 효율적인 시설이 된다.
④ 설계 시 잘못 설계된 분지관 또는 저항이 제일 큰 분지관을 쉽게 발견할 수 있다.

해설 정압조절 평형법의 장점
㉠ 예기치 않은 침식 및 부식이나 퇴적문제가 일어나지 않는다.
㉡ 설계가 확실할 때는 가장 효율적인 시설이 된다.
㉢ 설계 시 잘못 설계된 분지관 또는 저항이 제일 큰 분지관을 쉽게 발견할 수 있다.
㉣ 유속의 범위가 적절히 선택되면 덕트의 폐쇄가 일어나지 않는다.

02 총압력손실 계산법 중 정압조절 평형법에 대한 설명과 가장 거리가 먼 것은?

① 설계가 어렵고 시간이 많이 걸린다.
② 예기치 않은 침식 및 부식이나 퇴적문제가 일어난다.
③ 송풍량은 근로자나 운전자의 의도대로 쉽게 변경되지 않는다.
④ 설계 시 잘못 설계된 분지관 또는 저항이 가장 큰 분지관을 쉽게 발견할 수 있다.

해설 예기치 않은 침식 및 부식이나 퇴적문제가 일어나지 않는다.

03 양쪽 덕트 내의 정압이 다를 경우 합류점에서 정압을 조절하는 방법인 공기조절용 댐퍼에 의한 균형유지법에 관한 설명으로 틀린 것은?

① 임의로 댐퍼 조정 시 평형상태가 깨지는 단점이 있다.
② 시설 설치 후 변경하기 어려운 단점이 있다.
③ 최소 유량으로 균형유지가 가능한 장점이 있다.
④ 설계계산이 상대적으로 간단한 장점이 있다.

해설 시설 설치 후 변경이 쉽다.

04 국소환기시스템의 덕트 설계에 있어서 덕트 합류 시 균형유지방법인 설계에 의한 정압균형유지법의 장단점으로 틀린 것은?

① 설계유량 산정이 잘못되었을 경우 수정은 덕트 크기 변경을 필요로 한다.
② 설계 시 잘못된 유량의 조정이 용이하다.
③ 최대저항경로 선정이 잘못되어도 설계 시 쉽게 발견할 수 있다.
④ 설계가 복잡하고 시간이 걸린다.

해설 설계 시 잘못된 유량을 수정하기 어렵다.

05 덕트 합류 시 균형유지방법 중 설계에 의한 정압균형 유지법의 장단점이 아닌 것은?

① 설계 시 잘못된 유량을 고치기가 용이함
② 설계가 복잡하고 시간이 걸림
③ 최대저항경로 선정이 잘못되어도 설계 시 쉽게 발견할 수 있음
④ 때에 따라 전체 필요한 최소유량보다 더 초과될 수 있음

해설 설계 시 잘못된 유량을 수정하기 어렵다.

ANSWER | 01 ② 02 ② 03 ② 04 ② 05 ①

THEMA 47 전체환기의 개념

1. 전체환기의 정의

실내의 오염공기를 실외로 배출하고 실외의 신선한 공기를 도입하여 실내의 오염공기를 희석시키는 방법이다.

2. 전체환기의 목적

① 유해물질의 농도가 감소되어 건강을 유지 · 증진한다.
② 화재나 폭발을 예방한다.
③ 온도와 습도를 조절한다.

3. 전체환기(강제환기) 설치의 기본원칙

① 배출공기를 보충하기 위하여 청정공기를 공급
② 오염물질 배출구는 가능한 한 오염원으로부터 가까운 곳에 설치하여 점환기의 효과를 얻음
③ 공기배출구와 근로자의 작업위치 사이에 오염원이 위치
④ 공기가 배출되면서 오염장소를 통과하도록 공기 배출구와 유입구의 위치를 선정
⑤ 배출된 공기가 재유입되지 않도록 배출구 높이를 설계하고 창문이나 출입문 위치를 피함

4. 전체환기의 조건

① 유해물질의 독성이 낮을 경우
② 오염발생원이 이동성인 경우
③ 오염물질이 증기나 가스인 경우
④ 오염물질의 발생량이 비교적 적은 경우
⑤ 동일한 작업장에 오염원이 분산되어 있는 경우
⑥ 동일 작업장에 다수의 오염원이 분산되어 있는 경우
⑦ 배출원에서 유해물질이 시간에 따라 균일하게 발생하는 경우
⑧ 근로자의 근무장소가 오염원에서 충분히 멀리 떨어져 있는 경우
⑨ 오염발생원에서 유해물질 발생량이 적어 국소배기설치가 비효율적인 경우

5. 전체환기의 종류

① 강제환기방법
　㉠ 급기는 루버나 창문을 이용한 자연급기 또는 팬을 이용한 강제급기 모두 사용
　㉡ 지붕 또는 벽면에 배기팬을 설치하여 오염물질을 환기시키는 방법

② 자연환기방법

㉠ 자연환기는 실내외 온도차 및 풍력 등 자연적인 힘을 이용한 환기방법

㉡ 지붕 모니터 등을 이용하여 공장 내 오염물질을 배출시킴

구분	장점	단점
강제환기	• 외부 조건에 관계없이 작업환경을 일정하게 유지시킬 수 있다. • 적당한 온도차와 바람이 있다면 비용 면에서 상당히 효과적이다.	• 송풍기 가동에 따른 소음, 진동뿐만 아니라 막대한 에너지 비용이 발생한다.
자연환기	• 효율적인 자연환기는 냉방비 절감의 장점이 있다. • 운전에 따른 에너지 비용이 없는 장점이 있다.	• 외부 기상조건과 내부 작업조건에 따라 환기량 변화가 심하다. • 환기량 예측 자료를 구하기 힘들다.

연습문제

01 전체환기의 직접적인 목적과 가장 거리가 먼 것은?

① 화재나 폭발을 예방한다.

② 온도와 습도를 조절한다.

③ 유해물질의 농도를 감소시킨다.

④ 발생원에서 오염물질을 제거할 수 있다.

해설 전체환기의 목적

㉠ 유해물질의 농도가 감소되어 건강을 유지·증진한다.

㉡ 화재나 폭발을 예방한다.

㉢ 온도와 습도를 조절한다.

02 강제환기를 실시할 때 따라야 하는 원칙으로 옳지 않은 것은?

① 배출공기를 보충하기 위하여 청정공기를 공급한다.

② 공기배출구와 근로자의 작업위치 사이에 오염원이 위치하지 않도록 한다.

③ 오염물질 배출구는 가능한 한 오염원으로부터 가까운 곳에 설치하여 점환기의 효과를 얻는다.

④ 공기가 배출되면서 오염장소를 통과하도록 공기배출구와 유입구의 위치를 선정한다.

해설 전체환기(강제환기) 설치의 기본원칙

㉠ 배출공기를 보충하기 위하여 청정공기를 공급

㉡ 오염물질 배출구는 가능한 한 오염원으로부터 가까운 곳에 설치하여 점환기의 효과를 얻음

㉢ 공기배출구와 근로자의 작업위치 사이에 오염원이 위치

㉣ 공기가 배출되면서 오염장소를 통과하도록 공기배출구와 유입구의 위치를 선정

㉤ 배출된 공기가 재유입되지 않도록 배출구 높이를 설계하고 창문이나 출입문 위치를 피함

03 다음 중 강제환기의 설계에 관한 내용과 가장 거리가 먼 것은?

① 공기가 배출되면서 오염장소를 통과하도록 공기배출구와 유입구의 위치를 선정한다.
② 공기배출구와 근로자의 작업위치 사이에 오염원이 위치하지 않도록 주의하여야 한다.
③ 오염물질 배출구는 가능한 한 오염원으로부터 가까운 곳에 설치하여 '점환기'의 효과를 얻는다.
④ 오염원 주위에 다른 작업 공정이 있으면 공기배출량을 공급량보다 약간 크게 하여 음압을 형성하여 주위 근로자에게 오염물질이 확산되지 않도록 한다.

해설 공기배출구와 근로자의 작업위치 사이에 오염원이 위치해야 한다.

04 다음 중 전체환기를 실시하고자 할 때, 고려해야 하는 원칙과 가장 거리가 먼 것은?

① 필요환기량은 오염물질이 충분히 희석될 수 있는 양으로 설계한다.
② 오염물질이 발생하는 가장 가까운 위치에 배기구를 설치해야 한다.
③ 오염원 주위에 근로자의 작업공간이 존재할 경우에는 급기를 배기보다 약간 많이 한다.
④ 희석을 위한 공기가 급기구를 통하여 들어와서 오염물질이 있는 영역을 통과하여 배기구로 빠져나가도록 설계해야 한다.

해설 오염원 주위에 근로자의 작업공간이 존재할 경우에는 공기공급량을 배출량보다 작게 하여 음압을 형성시켜 주위 근로자에게 오염물질이 확산되지 않도록 한다.

05 강제환기를 실시할 때 환기효과를 제고할 수 있는 필요 원칙을 모두 고른 것은?

> ㉠ 배출구가 창문이나 문 근처에 위치하지 않도록 한다.
> ㉡ 배출공기를 보충하기 위하여 청정공기를 공급한다.
> ㉢ 공기배출구와 근로자의 작업위치 사이에 오염원이 위치하여야 한다.
> ㉣ 오염물질 배출구는 오염원으로부터 가까운 곳에 설치하여 점환기 현상을 방지한다.

① ㉠, ㉡　　② ㉠, ㉡, ㉢
③ ㉠, ㉡, ㉣　　④ ㉠, ㉡, ㉢, ㉣

해설 전체환기(강제환기) 설치의 기본원칙
㉠ 배출공기를 보충하기 위하여 청정공기를 공급
㉡ 오염물질 배출구는 가능한 한 오염원으로부터 가까운 곳에 설치하여 점환기의 효과를 얻음
㉢ 공기배출구와 근로자의 작업위치 사이에 오염원이 위치
㉣ 공기가 배출되면서 오염장소를 통과하도록 공기배출구와 유입구의 위치를 선정
㉤ 배출된 공기가 재유입되지 않도록 배출구 높이를 설계하고 창문이나 출입문 위치를 피함

06 전체환기시설의 설치조건으로 가장 거리가 먼 것은?

① 오염물질이 증기나 가스인 경우
② 오염물질의 발생량이 비교적 적은 경우

③ 오염물질의 노출기준값이 매우 작은 경우
④ 동일한 작업장에 오염원이 분산되어 있는 경우

07 전체환기를 적용하기 부적절한 경우는?

① 오염발생원이 근로자가 근무하는 장소와 근접되어 있는 경우
② 소량의 오염물질이 일정한 시간과 속도로 사업장으로 배출되는 경우
③ 오염물질의 독성이 낮은 경우
④ 동일 사업장에 다수의 오염발생원이 분산되어 있는 경우

해설 전체환기의 조건
㉠ 유해물질의 독성이 낮을 경우
㉡ 오염발생원이 이동성인 경우
㉢ 오염물질이 증기나 가스인 경우
㉣ 오염물질의 발생량이 비교적 적은 경우
㉤ 동일한 작업장에 오염원이 분산되어 있는 경우
㉥ 동일 작업장에 다수의 오염원이 분산되어 있는 경우
㉦ 배출원에서 유해물질이 시간에 따라 균일하게 발생하는 경우
㉧ 근로자의 근무장소가 오염원에서 충분히 멀리 떨어져 있는 경우
㉨ 오염발생원에서 유해물질 발생량이 적어 국소배기설치가 비효율적인 경우

08 작업환경개선을 위해 전체환기를 적용할 수 있는 일반적 상황으로 틀린 것은?

① 오염발생원의 유해물질 발생량이 적은 경우
② 작업자가 근무하는 장소로부터 오염발생원이 멀리 떨어져 있는 경우
③ 소량의 오염물질이 일정속도로 작업장으로 배출되는 경우
④ 동일 작업장에 오염발생원이 한군데로 집중되어 있는 경우

해설 동일 작업장에 오염발생원이 한군데로 집중되어 있는 경우에는 국소환기를 적용하는 것이 바람직하다.

09 일반적으로 자연환기의 가장 큰 원동력이 될 수 있는 것은 실내외 공기의 무엇에 기인하는가?

① 기압 ② 온도 ③ 조도 ④ 기류

해설 실내외 온도차가 높을수록 환기효율이 증가한다. 자연환기의 가장 큰 원동력은 실내외 온도차이다.

10 자연환기방식에 의한 전체환기의 효율은 주로 무엇에 의해 결정되는가?

① 풍압과 실내 · 외 온도 차이
② 대기압과 오염물질의 농도
③ 오염물질의 농도와 실내 · 외 습도 차이
④ 작업자 수와 작업장 내부 시설의 차이

해설 자연환기방식은 작업장 내의 풍압과 실내 · 외 온도 차이에 의해서 효율이 결정된다.

11 자연환기와 강제환기에 관한 설명으로 옳지 않은 것은?

① 강제환기는 외부 조건에 관계없이 작업환경을 일정하게 유지시킬 수 있다.
② 자연환기는 환기량 예측 자료로 구하기가 용이하다.
③ 자연환기는 적당한 온도차와 바람이 있다면 비용 면에서 상당히 효과적이다.
④ 자연환기는 외부 기상조건과 내부 작업조건에 따라 환기량 변화가 심하다.

해설 자연환기는 정확한 환기량을 예측하기 어렵다.

ANSWER | 01 ④ 02 ② 03 ② 04 ③ 05 ② 06 ③ 07 ① 08 ④ 09 ② 10 ① 11 ②

⊕ 더 풀어보기

산업기사

01 작업장에서 전체환기장치를 설치하고자 한다. 다음 중 전체환기의 목적으로 볼 수 없는 것은?

① 화재나 폭발을 예방한다.
② 작업장의 온도와 습도를 조절한다.
③ 유해물질의 농도를 감소시켜 건강을 유지시킨다.
④ 유해물질을 발생원에서 직접 제거시켜 근로자의 노출농도를 감소시킨다.

해설 전체환기의 목적
㉠ 유해물질의 농도가 감소되어 건강을 유지 · 증진한다.
㉡ 화재나 폭발을 예방한다.
㉢ 온도와 습도를 조절한다.

02 다음 중 전체환기가 필요한 경우로 가장 적합하지 않은 것은?

① 오염물질이 시간에 따라 균일하게 발생될 때
② 배출원이 고정되어 있을 때
③ 발생원이 다수 분산되어 있을 때
④ 유해물질이 허용농도 이하일 때

해설 전체환기의 조건
㉠ 유해물질의 독성이 낮을 경우
㉡ 오염발생원이 이동성인 경우
㉢ 오염물질이 증기나 가스인 경우
㉣ 오염물질의 발생량이 비교적 적은 경우
㉤ 동일한 작업장에 오염원이 분산되어 있는 경우
㉥ 동일 작업장에 다수의 오염원이 분산되어 있는 경우
㉦ 배출원에서 유해물질이 시간에 따라 균일하게 발생하는 경우
㉧ 근로자의 근무장소가 오염원에서 충분히 멀리 떨어져 있는 경우
㉨ 오염발생원에서 유해물질 발생량이 적어 국소배기설치가 비효율적인 경우

03 작업장 공기를 전체환기로 하고자 할 때 조건으로 틀린 것은?

① 유해물질의 독성이 높은 경우
② 동일 작업장에 다수의 오염원이 분산되어 있는 경우
③ 배출원에서 유해물질이 시간에 따라 균일하게 발생하는 경우
④ 근로자의 근무 장소가 오염원에서 충분히 멀리 떨어져 있는 경우

해설 유해물질의 독성이 낮을 경우

04 작업환경 개선을 위한 전체환기시설의 설치조건으로 적절하지 않은 것은?

① 유해물질 발생량이 많아야 한다.
② 유해물질 발생량이 비교적 균일해야 한다.
③ 독성이 낮은 유해물질을 사용하는 장소여야 한다.
④ 공기 중 유해물질의 농도가 허용농도 이하여야 한다.

해설 유해물질 발생량이 적어야 한다.

05 전체환기법을 적용하고자 할 때 갖추어야 할 조건과 거리가 먼 것은?

① 배출원이 이동성일 경우
② 유해물질의 배출량의 변화가 클 경우
③ 배출원에서 유해물질 발생량이 적을 경우
④ 동일 작업장에 배출원 다수가 분산되어 있는 경우

06 전체환기시설을 설치하기에 가장 적절한 곳은?

① 오염물질의 독성이 높은 경우
② 근로자가 오염원에서 가까운 경우
③ 오염물질이 한곳에 모여 있는 경우
④ 오염물질이 시간에 따라 균일하게 발생하는 경우

07 다음 중 작업장 공기를 전체환기로 하고자 할 때의 조건으로 틀린 것은?

① 근로자의 근무장소가 오염원에서 충분히 멀리 떨어져 있는 경우
② 배출원에서 유해물질이 시간에 따라 균일하게 발생하는 경우
③ 동일 작업장에 다수의 오염원이 분산되어 있는 경우
④ 유해물질의 독성이 높은 경우

08 다음 중 작업환경개선을 위한 전체환기시설의 설치조건으로 적절하지 않은 것은?

① 유해물질 발생량이 많아야 한다.
② 유해물질 발생이 비교적 균일해야 한다.
③ 독성이 낮은 유해물질을 사용하는 장소이어야 한다.
④ 공기 중 유해물질의 농도가 허용농도 이하여야 한다.

09 다음 중 전체환기의 설치조건으로 적합하지 않은 작업장은?

① 금속 흄의 농도가 높은 작업장
② 오염물질이 널리 퍼져 있는 작업장
③ 공기 중 오염물질 독성이 적은 작업장
④ 오염물질이 시간에 따라 균일하게 발생되는 작업장

10 다음 중 전체환기를 적용하기에 가장 적합하지 않은 곳은?

① 오염물질의 독성이 낮은 곳
② 오염물질의 발생원이 이동하는 곳
③ 오염물질 발생량이 많고 널리 퍼져 있는 곳
④ 작업공정상 국소배기장치의 설치가 불가능한 곳

11 전체환기방식에 대한 설명 중 틀린 것은?

① 자연환기는 기계환기보다 보수가 용이하다.
② 효율적인 자연환기는 냉방비 절감효과가 있다.
③ 청정공기가 필요한 작업장은 실내압을 양압(+)으로 유지한다.
④ 오염이 높은 작업장은 실내압을 매우 높은 양압(+)으로 유지하여야 한다.

해설 오염이 높은 작업장은 실내압을 음압(−)으로 유지하여야 한다.

12 다음 중 자연환기에 대한 설명으로 적절하지 않은 것은?

① 운전비용이 거의 들지 않는다.
② 에너지 비용을 최소화할 수 있다.
③ 계절 변화에 관계없이 안정적으로 사용할 수 있다.
④ 지붕 벤틸레이터, 창문, 출입문 등을 통한 환기방식이다.

해설 자연환기는 외부 기상조건과 내부 작업조건에 따라 환기량 변화가 심하다.

ANSWER | 01 ④ 02 ② 03 ① 04 ① 05 ② 06 ④ 07 ④ 08 ① 09 ① 10 ③
11 ④ 12 ③

01 전체환기의 목적에 해당되지 않는 것은?

① 발생된 유해물질을 완전히 제거하여 건강을 유지 · 증진한다.
② 유해물질의 농도를 감소시켜 건강을 유지 · 증진한다.
③ 화재나 폭발을 예방한다.
④ 실내의 온도와 습도를 조절한다.

해설 전체환기의 목적
㉠ 유해물질의 농도가 감소되어 건강을 유지 · 증진한다.
㉡ 화재나 폭발을 예방한다.
㉢ 온도와 습도를 조절한다.

02 강제환기의 효과를 제고하기 위한 원칙으로 틀린 것은?

① 오염물질 배출구는 가능한 한 오염원으로부터 가까운 곳에 설치하여 점환기 현상을 방지한다.
② 공기배출구와 근로자의 작업위치 사이에 오염원이 위치하여야 한다.
③ 공기가 배출되면서 오염장소를 통과하도록 공기배출구와 유입구의 위치를 선정한다.
④ 오염원 주위에 다른 작업 공정이 있으면 공기배출량을 공급량보다 약간 크게 하여 음압을 형성하여 주위 근로자에게 오염물질이 확산되지 않도록 한다.

해설 전체환기(강제환기) 설치의 기본원칙
㉠ 배출공기를 보충하기 위하여 청정공기를 공급
㉡ 오염물질 배출구는 가능한 한 오염원으로부터 가까운 곳에 설치하여 점환기의 효과를 얻음
㉢ 공기배출구와 근로자의 작업위치 사이에 오염원이 위치
㉣ 공기가 배출되면서 오염장소를 통과하도록 공기배출구와 유입구의 위치를 선정
㉤ 배출된 공기가 재유입되지 않도록 배출구 높이를 설계하고 창문이나 출입문 위치를 피함

03 강제환기를 실시할 때 환기효과를 제고시킬 수 있는 방법으로 틀린 것은?

① 공기배출구와 근로자의 작업위치 사이에 오염원이 위치하지 않도록 하여야 한다.
② 배출구가 창문이나 문 근처에 위치하지 않도록 한다.
③ 오염물질 배출구는 가능한 한 오염원으로부터 가까운 곳에 설치하여 '점환기' 효과를 얻는다.
④ 공기가 배출되면서 오염장소를 통과하도록 공기배출구와 유입구의 위치를 선정한다.

해설 강제환기를 실시할 때 공기배출구와 근로자의 작업위치 사이에 오염원이 위치해야 한다.

04 강제환기를 실시할 때 환기효과를 제고할 수 있는 원칙으로 틀린 것은?

① 오염물질 배출구는 오염원과 적절한 거리를 유지하도록 설치하여 점환기 현상을 방지한다.
② 공기배출구와 근로자의 작업위치 사이에 오염원이 위치하여야 한다.

③ 건물 밖으로 배출된 오염공기가 다시 건물 안으로 유입되지 않도록 배출구 높이를 적절히 설계하고 창문이나 문 근처에 위치하지 않도록 한다.

④ 공기가 배출되면서 오염장소를 통과하도록 공기배출구와 유입구의 위치를 선정한다.

해설 오염물질 배출구는 가능한 한 오염원으로부터 가까운 곳에 설치하여 점환기의 효과를 얻는다.

05 강제환기를 실시할 때 환기효과를 제고시킬 수 있는 원칙으로 틀린 것은?

① 오염물질 배출구는 가능한 한 오염원으로부터 가까운 곳에 설치하여 '점환기'의 효과를 얻는다.

② 공기가 배출되면서 오염장소를 통과하도록 공기배출구와 유입구의 위치를 선정한다.

③ 오염원 주위에 다른 작업공정이 있으면 공기배출량을 공급량보다 약간 크게 하여 음압을 형성하여 주위 근로자에게 오염물질이 확산되지 않도록 한다.

④ 공기배출구와 근로자의 작업위치 사이에 오염원이 위치하지 않도록 주의하여야 한다.

해설 공기배출구와 근로자의 작업위치 사이에 오염원이 위치하도록 한다.

06 유해물질을 관리하기 위해 전체환기를 적용할 수 있는 일반적인 상황과 가장 거리가 먼 것은?

① 작업자가 근무하는 장소로부터 오염발생원이 멀리 떨어져 있는 경우

② 오염발생원의 이동성이 없는 경우

③ 동일 작업장에 다수의 오염발생원이 분산되어 있는 경우

④ 소량의 오염물질이 일정속도로 작업장으로 배출되는 경우

07 다음 중 전체환기장치를 설치하기에 적당하지 않은 것은?

① 독성이 낮을 때

② 발생원이 이동성일 때

③ 발생량이 많거나 일정할 때

④ 발생원이 분산되어 있을 때

08 작업환경 내의 공기를 치환하기 위해 전체환기법을 사용할 때의 조건으로 맞지 않는 것은?

① 소량의 오염물질이 일정속도로 작업장으로 배출될 때

② 유해물질의 독성이 작을 때

③ 동일 작업장 내에 배출원이 고정성일 때

④ 작업공정상 국소배기가 불가능할 때

09 전체환기를 하는 것이 적절하지 못한 경우는?

① 오염발생원에서 유해물질 발생량이 적어 국소배기설치가 비효율적인 경우
② 동일 사업장에 소수의 오염발생원이 분산되어 있는 경우
③ 오염발생원이 근로자가 근무하는 장소로부터 멀리 떨어져 있거나 공기 중 유해물질농도가 노출기준 이하인 경우
④ 오염발생원이 이동성인 경우

10 일반적인 실내 · 외 공기에서 자연환기의 영향을 주는 요소와 가장 거리가 먼 것은?

① 기압 ② 온도 ③ 조도 ④ 바람

해설 자연환기방식은 작업장 내의 풍압과 실내 · 외 온도 차이에 의해서 효율이 결정된다.

11 자연환기의 장단점으로 틀린 것은?

① 정확한 환기량 산정이 용이하다.
② 효율적인 자연환기는 냉방비 절감의 장점이 있다.
③ 외부 기상조건과 내부 작업조건에 따라 환기량 변화가 심한 단점이 있다.
④ 운전에 따른 에너지 비용이 없는 장점이 있다.

해설 정확한 환기량 산정이 힘들다.

12 다음 중 자연환기에 대한 설명과 가장 거리가 먼 것은?

① 효율적인 자연환기는 냉방비 절감의 장점이 있다.
② 환기량 예측 자료를 구하기 쉬운 장점이 있다.
③ 운전에 따른 에너지 비용이 없는 장점이 있다.
④ 외부 기상조건과 내부 작업조건에 따라 환기량 변화가 심한 단점이 있다.

해설 환기량 예측이 어려운 단점이 있다.

ANSWER | 01 ① 02 ① 03 ① 04 ① 05 ④ 06 ② 07 ③ 08 ③ 09 ② 10 ③
11 ① 12 ②

THEMA 48 필요환기량

1. 화재 및 폭발방지를 위한 전체환기

$$Q(m^3/hr) = \frac{24.1 \times \text{비중} \times \text{사용량}(L/hr) \times \text{안전계수} \times 100}{\text{그램분자량} \times LEL(\%) \times B}$$

① $Q(m^3/hr)$: 필요환기량
② 비중(kg/L)×사용량(L/hr) : 오염물질 발생량(kg/hr)
③ 안전계수
㉠ 안전계수가 4라는 의미는 화재 · 폭발이 일어날 수 있는 농도에 대해 25% 이하로 낮춘다는 의미이다.
㉡ 안전계수가 5라는 의미는 화재 · 폭발이 일어날 수 있는 농도에 대해 20% 이하로 낮춘다는 의미이다.
④ LEL : 폭발하한치(%)
㉠ 폭발성, 인화성이 있는 가스 및 증기 혹은 입자상의 물질을 대상으로 한다.
㉡ LEL은 근로자의 건강을 위해 만들어 놓은 TLV보다 높은 값이다.
㉢ 오븐이나 덕트처럼 밀폐되고 환기가 계속적으로 가동되고 있는 곳에서는 LEL의 1/4을 유지하는 것이 안전하다.
⑤ B : 온도에 따른 상수
㉠ 120℃ 이하 : 1.0
㉡ 120℃ 이상 : 0.7

2. 혼합물질 발생 시 필요환기량

$$Q(m^3/hr) = \frac{24.1 \times \text{비중} \times \text{유해물질의 시간당 사용량} \times K \times 10^6}{\text{분자량} \times \text{유해물질의 노출기준}}$$

① $Q(m^3/hr)$: 필요환기량
② 비중×유해물질의 시간당 사용량(L/hr) : 오염물질 발생량(kg/hr)
③ K : 안전계수
[K값 결정 요인]
㉠ 노출기준
㉡ 환기방식의 효율성 및 실내유입 보충용 공기의 혼합과 기류분포
㉢ 유해물질의 발생률
㉣ 공정 중 근로자들의 위치와 발생원과의 거리

㉤ 작업장 내 유해물질 발생점의 위치와 수

④ 유해물질의 노출기준(ppm)

⑤ 21℃ 기체 1mol의 부피는 24.1L

3. 전체환기량(희석환기량)

① 오염물질의 농도가 감소되는 경우

$$VdC = -Q'Cdt$$
$$\int_{C_1}^{C_2} \frac{dC}{C} = -\frac{Q'}{V}\int_{t_1}^{t_2} dt$$
$$\ln\left(\frac{C_2}{C_1}\right) = -\frac{Q'}{V}(t_2 - t_1)$$
$$\therefore\ t = -\frac{V}{Q'}\ln\left(\frac{C_2}{C_1}\right)$$

② 오염물질의 농도가 증가되는 경우

초기농도가 0이고 C_2에 도달하는 데 걸리는 시간(t)

$$t = -\frac{V}{Q'}\left[\ln\left(\frac{G - Q'C}{G}\right)\right]$$

여기서, t : 농도 C에 도달하는 데 걸리는 시간(min), V : 작업장의 용적(m^3)
Q′ : 유효환기량(m^3/min), G : 유해가스의 발생량(m^3/min), C : 유해물질의 농도(ppm)

연습문제

01 화재 · 폭발방지를 위한 전체환기량 계산에 관한 설명으로 틀린 것은?

① 화재 · 폭발 농도 하한치를 활용한다.
② 온도에 따른 보정계수는 120℃ 이상의 온도에서는 0.3을 적용한다.
③ 공정의 온도가 높으면 실제 필요환기량은 표준환기량에 대해서 절대온도에 따라 재계산한다.
④ 안전계수가 4라는 의미는 화재 · 폭발이 일어날 수 있는 농도에 대해 25% 이하로 낮춘다는 의미이다.

해설 온도에 따른 보정계수는 120℃ 이상의 온도에서는 0.7, 120℃까지는 1.0을 적용한다.

02 희석환기의 또 다른 목적은 화재나 폭발을 방지하기 위한 것이다. 폭발하한치인 LEL(Lower Explosive Limit)에 대한 설명 중 틀린 것은?

① 폭발성, 인화성이 있는 가스 및 증기 혹은 입자상의 물질을 대상으로 한다.
② LEL은 근로자의 건강을 위해 만들어 놓은 TLV보다 낮은 값이다.

③ LEL의 단위는 %이다.

④ 오븐이나 덕트처럼 밀폐되고 환기가 계속적으로 가동되고 있는 곳에서는 LEL의 1/4을 유지 하는 것이 안전하다.

해설 LEL : 폭발하한치(%)

㉠ 폭발성, 인화성이 있는 가스 및 증기 혹은 입자상의 물질을 대상으로 한다.

㉡ LEL은 근로자의 건강을 위해 만들어 놓은 TLV보다 높은 값이다.

㉢ 오븐이나 덕트처럼 밀폐되고 환기가 계속적으로 가동되고 있는 곳에서는 LEL의 1/4을 유지하는 것이 안전하다.

PART 01 PART 02 PART 03 PART 04 PART 05 PART 06

03 전체환기에서 오염물질 사용량(L)에 대한 필요환기량(m^3/L)을 산출하는 공식은?(단, SG : 비중, K : 안전계수, M.W : 분자량, TLV : 노출기준이다.)

① $\dfrac{24.1\times K\times 1{,}000{,}000}{M.W\times TLV}$ ② $\dfrac{387\times K\times 1{,}000{,}000}{M.W\times TLV}$

③ $\dfrac{24.1\times SG\times K\times 1{,}000{,}000}{M.W\times TLV}$ ④ $\dfrac{403\times SG\times K\times 1{,}000{,}000}{M.W\times TLV}$

04 톨루엔(MW=92)의 증기발생량은 시간당 200g이다. 실내의 평균농도를 억제농도(100ppm, 377mg/m^3)로 하기 위해 전체환기를 할 경우 필요환기량(m^3/min)은 약 얼마인가?(단, 주위는 온도 21℃, 1기압 상태이며, 안전계수는 1이라 가정한다.)

① 8.7 ② 13.2 ③ 16.7 ④ 23.3

해설 $Q(m^3/hr)=\dfrac{24.1\times \text{비중}\times \text{유해물질 사용량}(L/hr)\times K\times 10^6}{\text{분자량}\times ppm}$

$=\dfrac{24.1\times 0.2kg/hr\times 1\times 10^6}{92kg\times 100}=523.9m^3/hr$

$\therefore\ Q(m^3/min)=523.9m^3/hr\times \dfrac{1hr}{60min}=8.73m^3/min$

05 어떤 작업장에서 메틸알코올(비중 0.792, 분자량 32.04)이 시간당 1.0L 증발되어 공기를 오염시키고 있다. 여유계수 K값은 3이고, 허용기준 TLV는 200ppm이라면 이 작업장을 전체환기시키는 데 요구되는 필요환기량은?(단, 1기압, 21℃ 기준)

① 120m^3/min ② 150m^3/min ③ 180m^3/min ④ 210m^3/min

해설 작업 1시간당 필요환기량

$=\dfrac{24.1\times \text{비중}\times \text{유해물질의 시간당 사용량}\times K\times 10^6}{\text{분자량}\times \text{유해물질의 노출기준}}=\dfrac{24.1\times 0.792kg/L\times 1L/hr\times 3\times 10^6}{32.04\times 200ppm}$

$=8{,}935.9m^3/hr=148.9m^3/min \fallingdotseq 150m^3/min$

여기서, 시간당 필요환기량(단위 : m^3/hr)

유해물질의 시간당 사용량(단위 : L/hr)

K : 안전계수

유해물질의 노출기준(단위 : ppm)

21℃ 기체 1mol의 부피는 24.1L

※ 주의 : 유해물질의 시간당 사용량은 액체상태를 말함

06 건조로에서 접착제를 건조할 때 톨루엔(비중 0.87, 분자량 92)이 1시간에 2kg씩 증발한다. 이 때 톨루엔의 LEL은 1.3%이며, LEL의 20% 이하의 농도로 유지하고자 한다. 화재 또는 폭발방지를 위해서 필요한 환기량은?(단, 표준상태는 21℃, 1기압이며 공정온도는 150℃이고, 실제 온도보정에 따른 환기량을 구한다. 안전계수는 5이다.)

① 약 $329m^3/hr$ ② 약 $372m^3/hr$ ③ 약 $414m^3/hr$ ④ 약 $446m^3/hr$

해설 $Q(m^3/hr) = \frac{24.1 \times 비중 \times 유해물질\ 사용량(L/hr) \times K \times 100}{분자량 \times LEL(\%) \times B}$

$= \frac{24.1 \times 2kg/hr \times 5 \times 100}{92kg \times 1.3 \times 0.7} = 287.86m^3/hr$

온도보정을 하면 $Q = \frac{287.86m^3}{hr} \Big| \frac{273+150}{273+21} = 414.17m^3/hr$

07 어느 작업장에서 톨루엔(분자량 92, 노출기준 50ppm)과 이소프로필 알코올(분자량 60, 노출기준 200ppm)을 각각 100g/시간을 사용(증발)하며, 여유계수(K)는 각각 10이다. 필요환기량(m^3/시간)은?(단, 21℃, 1기압 기준, 두 물질은 상가작용을 한다.)

① 약 6,250 ② 약 7,250 ③ 약 8,650 ④ 약 9,150

해설 $Q(m^3/hr) = \frac{24.1 \times 비중 \times 유해물질\ 사용량(L/hr) \times K \times 10^6}{분자량 \times ppm}$

㉠ 톨루엔 $Q(m^3/hr) = \frac{24.1 \times 0.1kg/hr \times 10 \times 10^6}{92kg \times 50} = 5,239.1m^3/hr$

㉡ 이소프로필 알코올 $Q(m^3/hr) = \frac{24.1 \times 0.1kg/hr \times 10 \times 10^6}{60kg \times 200} = 2,008.3m^3/hr$

$\therefore Q(m^3/hr) = 5,239.1 + 2,008.3 = 7,247.4m^3/hr$

08 A용제가 $800m^3$ 체적을 가진 방에 저장되어 있다. 공기를 공급하기 전에 측정한 농도가 400ppm이었을 때, 이 방을 환기량 $40m^3$/분으로 환기한다면 A용제의 농도가 100ppm으로 줄어드는 데 걸리는 시간은?(단, 유해물질은 추가적으로 발생하지 않고 고르게 분포되어 있다고 가정한다.)

① 약 16분 ② 약 28분 ③ 약 34분 ④ 약 42분

해설 $\ln\frac{C_t}{C_o} = -\frac{Q}{\forall} \times t$

$\ln\frac{100}{400} = -\frac{40m^3/min}{800m^3} \times t$

$\therefore t = 27.73min$

09 작업장의 크기가 12m×22m×45m인 곳에서 톨루엔 농도가 400ppm이다. 이 작업장으로 $600m^3$/min의 공기가 유입되고 있다면 톨루엔 농도를 100ppm까지 낮추는 데 필요한 환기시간은 약 얼마인가?(단, 공기와 톨루엔은 완전 혼합된다고 가정한다.)

① 27.45분 ② 31.44분 ③ 35.45분 ④ 39.44분

해설 $t = -\frac{V}{Q}\ln\left(\frac{C_2}{C_1}\right) = -\frac{(12 \times 22 \times 45)m^3}{600m^3/min}\ln\left(\frac{100}{400}\right) = 27.45min$

10 SF_6 가스를 이용하여 주택의 침투(자연환기)를 측정하려고 한다. 시간(t) = 0분일 때, SF_6 농도는 40μg/m^{3}이고, 시간(t) = 30분일 때, 7μg/m^{3}였다. 주택의 체적이 1,500m^{3}이라면, 이 주택의 침투(또는 자연환기)량은 몇 m^3/hr인가?(단, 기계환기는 전혀 없고, 중간과정의 결과는 소수점 아래 셋째 자리에서 반올림하여 구한다.)

① 5,130 ② 5,235 ③ 5,335 ④ 5,735

해설 $\ln\frac{C_t}{C_o} = -\frac{Q}{\forall}\times t$

$\ln\frac{7}{40} = -\frac{Q(m^3/hr)}{1,500m^3}\times 0.5hr$

$\therefore\ Q = 5,228.9m^3/hr$

ANSWER | 01 ② 02 ② 03 ③ 04 ① 05 ② 06 ③ 07 ② 08 ② 09 ① 10 ②

더 풀어보기

산업기사

01 폭발방지를 위한 환기량은 해당 물질의 공기 중 농도를 어느 수준 이하로 감소시키는 것인가?

① 폭발농도 하한치 ② 노출기준 하한치

③ 노출기준 상한치 ④ 폭발농도 상한치

02 A작업장에서는 1시간에 0.5L의 메틸에틸케톤(MEK)이 증발되고 있다. MEK의 TLV가 100ppm이라면 이 작업장 전체를 환기시키기 위한 필요환기량(m^3/min)은 약 얼마인가?(단, 주위온도는 25℃, 1기압 상태이며, MEK의 분자량은 72.1, 비중은 0.805, 안전계수는 3이다.)

① 17.06 ② 34.12 ③ 68.25 ④ 83.56

해설 $Q(m^3/hr) = \frac{22.4(L)\times\frac{273+t}{273}\times \text{비중}\times \text{유해물질 사용량}(L/hr)\times K\times 10^6}{\text{분자량}\times ppm}$

$= \frac{22.4(L)\times\frac{273+25}{273}\times 0.805kg/L\times 0.5L/hr\times 3\times 10^6}{72.1kg\times 100} = 4,095m^3/hr$

$\therefore\ Q(m^3/min) = 4,095m^3/hr\times\frac{1hr}{60min} = 68.25m^3/min$

03 분자량이 119.38, 비중이 1.49인 클로로포름 1L/h을 사용하는 작업장에서 필요한 전체환기량(m^3/min)은 약 얼마인가?[단, ACGIH의 방법을 적용하며, 여유계수는 6, 클로로포름의 노출기준(TWA)은 10ppm이다.]

① 2,000 ② 2,500 ③ 3,000 ④ 3,500

해설 $Q(m^3/hr) = \dfrac{24.1 \times \text{비중} \times \text{유해물질 사용량}(L/hr) \times K \times 10^6}{\text{분자량} \times ppm}$

$= \dfrac{24.1 \times 1.49kg/L \times 1L/hr \times 6 \times 10^6}{119.38kg \times 10} = 180,477.5m^3/hr$

$\therefore Q(m^3/min) = 180,447.5m^3/hr \times \dfrac{1hr}{60min} = 3,008m^3/min$

04 접착제를 사용하는 A공정에서는 메틸에틸케톤(MEK)과 톨루엔이 발생, 공기 중으로 완전 혼합된다. 두 물질은 모두 마취작용을 나타내므로 상가효과가 있다고 판단되며, 각 물질의 사용정보가 다음과 같을 때 필요환기량(m^3/min)은 약 얼마인가?(단, 주위온도는 25℃, 1기압 상태이다.)

MEK		톨루엔	
• 안전계수 : 4	• 분자량 : 72.1	• 안전계수 : 5	• 분자량 : 92.13
• 비중 : 0.805	• TLV : 200ppm	• 비중 : 0.866	• TLV : 50ppm
• 사용량 : 시간당 2L		• 사용량 : 시간당 2L	

① 181.9 ② 557.0 ③ 764.5 ④ 946.4

해설 $Q(m^3/hr) = \dfrac{24.45 \times \text{비중} \times \text{유해물질 사용량}(L/hr) \times K \times 10^6}{\text{분자량} \times ppm}$

㉠ MEK $Q(m^3/hr) = \dfrac{24.45 \times 0.805kg/L \times 2L/hr \times 4 \times 10^6}{72.1kg \times 200} = 10,919.4m^3/hr$

㉡ 톨루엔 $Q(m^3/hr) = \dfrac{24.45 \times 0.866kg/L \times 2L/hr \times 5 \times 10^6}{92.13kg \times 50} = 45,964.8m^3/hr$

$\therefore Q(m^3/hr) = 10,919.4 + 45,946.8 = 56,884.2m^3/hr = 948.07m^3/min$

05 톨루엔(분자량 92)의 증기가 발생량은 시간당 300g이다. 실내의 평균농도를 노출기준(55ppm) 이하로 하려면 유효환기량은 약 몇 m^3/min인가?(단, 안전계수 4이고, 공기의 온도는 21℃이다.)

① 83.83 ② 95.26 ③ 104.78 ④ 5,715.42

해설 $Q(m^3/hr) = \dfrac{24.1 \times \text{비중} \times \text{유해물질 사용량}(L/hr) \times K \times 10^6}{\text{분자량} \times ppm}$

$= \dfrac{24.1m^3 \times 0.3kg/hr \times 4 \times 10^6}{92kg \times 55} = 5,715.4m^3/hr$

$\therefore Q(m^3/min) = 5,715.4m^3/hr \times \dfrac{1hr}{60min} = 95.26m^3/min$

06 분자량이 119.38, 비중이 1.49인 클로로포름 1kg/h을 사용하는 작업장에서 필요한 전체 환기량(m^3/min)은 약 얼마인가?(단, ACGIH의 방법을 적용하며, 여유계수는 6, 노출기준은 10ppm이다.)

① 2,000 ② 2,500 ③ 3,000 ④ 3,500

해설 $Q(m^3/hr) = \dfrac{24.1 \times \text{비중} \times \text{유해물질 사용량}(L/hr) \times K \times 10^6}{\text{분자량} \times ppm}$

$= \dfrac{24.1m^3 \times 1kg/hr \times 6 \times 10^6}{119.38kg \times 10} = 121,004.18m^3/hr$

$\therefore Q(m^3/min) = 121,004.18m^3/hr \times \dfrac{1hr}{60min} = 2,016.74m^3/min$

07 유해물질(A)이 균일하게 1시간 동안 0.95L가 공기 중으로 증발되는 작업장에서 A물질의 공기 중 농도를 노출기준(TLV-TWA 100ppm)의 50%로 유지하기 위한 전체환기의 필요환기량은 약 얼마인가?(단, 21℃, 1기압, A물질의 비중은 0.866, 분자량은 92.13, 안전계수는 5로 하며, ACGIH의 공식을 활용한다.)

① $164m^3/min$　② $259m^3/min$
③ $359m^3/min$　④ $459m^3/min$

해설 $Q(m^3/hr) = \frac{24.1 \times \text{비중} \times \text{유해물질 사용량}(L/hr) \times K \times 10^6}{\text{분자량} \times ppm}$

$= \frac{24.1 \times 0.866kg/L \times 0.95L/hr \times 5 \times 10^6}{92.13kg \times 50} = 21,520.7m^3/hr$

$\therefore Q(m^3/min) = 21,520.7m^3/hr \times \frac{1hr}{60min} = 358.7m^3/min$

08 온도 21℃, 1기압에서 어떤 유기용제가 시간당 1L씩 증발하고 있다. 이 물질의 분자량이 78이고, 비중이 0.881이며, 허용기준이 100ppm일 때 전체환기 시 필요한 환기량(m^3/min)은 약 얼마인가?(단, 안전계수는 4로 한다.)

① 116　② 182　③ 235　④ 274

해설 $Q(m^3/hr) = \frac{24.1 \times \text{비중} \times \text{유해물질 사용량}(L/hr) \times K \times 10^6}{\text{분자량} \times ppm}$

$= \frac{24.1 \times 0.881kg/L \times 1.0L/hr \times 4 \times 10^6}{78kg \times 100} = 10,888.26m^3/hr$

$\therefore Q(m^3/min) = 10,888.26m^3/hr \times \frac{1hr}{60min} = 181.47m^3/min$

ANSWER | 01 ① 02 ③ 03 ③ 04 ④ 05 ② 06 ① 07 ③ 08 ②

기 사

01 선반제조 공정에서 선반을 에나멜에 담갔다가 건조시키는 작업이 있다. 이 공정의 온도는 177℃이고 에나멜이 건조될 때 Xylene 4L/hr가 증발한다. 폭발 방지를 위한 환기량은?(단, Xylene의 LEL = 1%, SG = 0.88, MW = 106, C = 10, 온도 21℃, 1기압 기준, 온도 보정은 고려하지 않음)

① 약 $14m^3/min$　② 약 $19m^3/min$　③ 약 $29m^3/min$　④ 약 $32m^3/min$

해설 $Q(m^3/hr) = \frac{24.1 \times \text{비중} \times \text{유해물질 사용량}(L/hr) \times K \times 100}{\text{분자량} \times LEL(\%) \times B}$

$= \frac{24.1 \times 0.88kg/L \times 4L/hr \times 10 \times 100}{106kg \times 1\% \times 0.7} = 1,143.3m^3/hr$

온도보정을 하면 $Q = \frac{1,143.3m^3}{hr} \left| \frac{273+177}{273+21} \right| \frac{1hr}{60min} = 29.17m^3/min$

PART 01 | PART 02 | PART 03 | PART 04 | PART 05 | PART 06

02 화재 및 폭발 방지 목적으로 전체환기시설을 설치할 때, 필요환기량 계산에 필요 없는 것은?

① 안전계수 ② 유해물질의 분자량

③ TLV(Threshold Limit Value) ④ LEL(Lower Explosive Limit)

해설 필요환기량 계산식

$$Q(m^3/hr) = \frac{24.1 \times 비중 \times 사용량(L/hr) \times 안전계수 \times 100}{그램분자량 \times LEL(\%) \times B}$$

03 어떤 공장에서 1시간에 2L의 벤젠이 증발되어 공기를 오염시키고 있다. 전체환기를 위한 필요환기량(m^3/sec)은?(단, 안전계수 : 6, 분자량 = 78, 벤젠 비중 = 0.879, 허용기준 = 10ppm, 온도 21℃, 1기압)

① 약 82 ② 약 91 ③ 약 116 ④ 약 127

해설

$$Q(m^3/hr) = \frac{24.1 \times 비중 \times 유해물질\ 사용량(L/hr) \times K \times 10^6}{분자량 \times ppm}$$

$$= \frac{24.1 \times 0.879kg/L \times 2L/hr \times 6 \times 10^6}{78kg \times 10} = 325,906m^3/hr$$

$$\therefore Q(m^3/sec) = 325,906m^3/hr \times \frac{1hr}{3,600sec} = 90.53m^3/sec$$

04 작업장에서 Methyl alcohol(비중 = 0.792, 분자량 = 32.04, 허용농도 = 200ppm)을 시간당 2리터 사용하고 안전계수가 6, 실내온도가 20℃일 때 필요환기량(m^3/min)은 약 얼마인가?

① 400 ② 600 ③ 800 ④ 1,000

해설

$$Q(m^3/hr) = \frac{22.4(L) \times \frac{273+t}{273} \times 비중 \times 유해물질\ 사용량(L/hr) \times K \times 10^6}{분자량 \times ppm}$$

$$= \frac{22.4(L) \times \frac{273+20}{273} \times 0.792kg/L \times 2L/hr \times 6 \times 10^6}{32.04kg \times 200} = 35,656.35m^3/hr$$

$$\therefore Q(m^3/min) = 35,656.35m^3/hr \times \frac{1hr}{60min} = 594.27m^3/min$$

05 작업장에서 Methyl Ethyl Ketone을 시간당 1.5리터 사용할 경우 작업장의 필요환기량(m^3/min)은?(단, MEK의 비중은 0.805, TLV는 200ppm, 분자량은 72.1이고, 안전계수 K는 7로 하며 1기압, 온도 21℃ 기준임)

① 약 235 ② 약 465 ③ 약 565 ④ 약 695

해설

$$Q(m^3/hr) = \frac{24.1 \times 비중 \times 유해물질\ 사용량(L/hr) \times K \times 10^6}{분자량 \times ppm}$$

$$= \frac{24.1 \times 0.805kg/L \times 1.5L/hr \times 7 \times 10^6}{72.1kg \times 200} = 14,126.6m^3/hr$$

$$\therefore Q(m^3/min) = 14,126.6m^3/hr \times \frac{1hr}{60min} = 235.44m^3/min$$

06 어느 작업장에서 크실렌(Xylene)을 시간당 2리터(2L/hr) 사용할 경우 작업장의 희석환기량(m^3/min)은?(단, 크실렌의 비중은 0.88, 분자량은 106, TLV는 100ppm이고 안전계수 K는 6, 실내온도는 20℃이다.)

① 약 200 ② 약 300 ③ 약 400 ④ 약 500

해설 $Q(m^3/hr) = \dfrac{22.4(L) \times \dfrac{273+t}{273} \times 비중 \times 유해물질\ 사용량(L/hr) \times K \times 10^6}{분자량 \times ppm}$

$= \dfrac{22.4(L) \times \dfrac{273+20}{273} \times 0.88kg/L \times 2L/hr \times 6 \times 10^6}{106kg \times 100} = 23,950.3m^3/hr$

$\therefore\ Q(m^3/min) = 23,950.3m^3/hr \times \dfrac{1hr}{60min} = 399.17m^3/min$

07 벤젠의 증기발생량이 400g/h일 때, 실내 벤젠의 평균농도를 10ppm 이하로 유지하기 위한 필요환기량은 약 몇 m^3/min인가?(단, 벤젠 분자량은 78, 온도 25℃, 1기압 상태 기준, 안전계수는 1이다.)

① 130 ② 150 ③ 180 ④ 210

해설 $Q(m^3/hr) = \dfrac{24.45 \times 비중 \times 유해물질사용량(L/hr) \times K \times 10^6}{분자량 \times ppm}$

$= \dfrac{24.45m^3 \times 0.4kg/hr \times 1 \times 10^6}{78kg \times 10} = 12,538.46m^3/hr$

$\therefore\ Q(m^3/min) = 12,538.46m^3/hr \times \dfrac{1hr}{60min} = 208m^3/min$

08 어떤 작업장에서 메틸알코올(비중 0.792, 분자량 32.04)이 시간당 1.0L 증발되어 공기를 오염시키고 있다. 여유계수 K값은 6이고, 허용기준 TLV는 200ppm이라면 이 작업장을 전체환기시키는 데 요구되는 필요환기량은?(단, 1기압, 온도 21℃ 기준)

① $298m^3/min$ ② $395m^3/min$ ③ $428m^3/min$ ④ $552m^3/min$

해설 $Q(m^3/hr) = \dfrac{24.1 \times 비중 \times 유해물질\ 사용량(L/hr) \times K \times 10^6}{분자량 \times ppm}$

$= \dfrac{24.1 \times 0.792kg/L \times 1.0L/hr \times 6 \times 10^6}{32.04kg \times 200} = 17,872m^3/hr$

$\therefore\ Q(m^3/min) = 17,872m^3/hr \times \dfrac{1hr}{60min} = 298m^3/min$

09 어떤 작업장에서 메틸알코올(비중 0.792, 분자량 32.04)이 시간당 1.0L 증발되어 공기를 오염시키고 있다. 여유계수 K값은 3이고, 허용기준 TLV는 200ppm이라면 이 작업장을 전체환기시키는 데 요구되 는 필요환기량은?(단, 1기압, 온도 21℃ 기준)

① $120m^3/min$ ② $150m^3/min$ ③ $180m^3/min$ ④ $210m^3/min$

해설 $Q(m^3/hr) = \dfrac{24.1 \times 비중 \times 유해물질\ 사용량(L/hr) \times K \times 10^6}{분자량 \times ppm}$

$= \dfrac{24.1 \times 0.792kg/L \times 1.0L/hr \times 3 \times 10^6}{32.04kg \times 200} = 8,936m^3/hr$

$\therefore\ Q(m^3/min) = 8,936m^3/hr \times \dfrac{1hr}{60min} = 148.93m^3/min$

10 어떤 공장에서 메틸에틸케톤(허용기준 200ppm) 1,500mL/hr이 증발하여 작업장을 오염시키고 있다. 전체(희석)환기를 위한 필요환기량은?(단, $K = 6$, 분자량 = 72, 메틸에틸케톤 비중 = 0.805, 온도 21℃, 1기압 상태 기준)

① 약 $100(m^3/min)$
② 약 $200(m^3/min)$
③ 약 $300(m^3/min)$
④ 약 $400(m^3/min)$

해설 $Q(m^3/hr) = \frac{24.1 \times 비중 \times 유해물질\ 사용량(L/hr) \times K \times 10^6}{분자량 \times ppm}$

$= \frac{24.1 \times 0.805kg/L \times 1.5L/hr \times 6 \times 10^6}{72kg \times 200} = 12,125.3m^3/hr$

$\therefore Q(m^3/min) = 12,125.3m^3/hr \times \frac{1hr}{60min} = 202.09m^3/min$

11 작업장에서 메틸에틸케톤(MEK : 허용기준 200ppm)이 3L/hr로 증발하여 작업장을 오염시키고 있다. 전체 (희석)환기를 위한 필요환기량은?(단, K=6, 분자량=72, 메틸에틸케톤 비중 = 0.805, 21℃, 온도 1기압 상태 기준)

① 약 $160m^3/min$
② 약 $280m^3/min$
③ 약 $330m^3/min$
④ 약 $410m^3/min$

해설 $Q(m^3/hr) = \frac{24.1 \times 비중 \times 유해물질\ 사용량(L/hr) \times K \times 10^6}{분자량 \times ppm}$

$= \frac{24.1 \times 0.805kg/L \times 3L/hr \times 6 \times 10^6}{72kg \times 200} = 24,250.6m^3/hr$

$\therefore Q(m^3/min) = 24,250.6m^3/hr \times \frac{1hr}{60min} = 404.18m^3/min$

12 어느 작업장에서 Methyl Ethyl ketone을 시간당 1.5L 사용할 경우 작업장의 희석환기량 (m^3/min)은?(단, MEK의 비중은 0.805, TLV는 200ppm, 분자량은 72.1이고 안전계수 K는 7로 하며 1기압, 온도 21℃ 기준임)

① 약 235 ② 약 465 ③ 약 565 ④ 약 695

해설 $Q(m^3/hr) = \frac{24.1 \times 비중 \times 유해물질\ 사용량(L/hr) \times K \times 10^6}{분자량 \times ppm}$

$= \frac{24.1 \times 0.805kg/L \times 1.5L/hr \times 7 \times 10^6}{72.1kg \times 200} = 14,126.6m^3/hr$

$\therefore Q(m^3/min) = 14,126.6m^3/hr \times \frac{1hr}{60min} = 235.44m^3/min$

13 Methyl Ethyl ketone(MEK)을 사용하는 접착 작업장에서 1시간에 2L가 휘발할 때 필요한 환기량은?(단, MEK의 비중은 0.805, 분자량은 72.06이며, K=3, 기온은 21℃, 기압은 760mmHg인 경우이며, MEK의 허용한계치는 200ppm이다.)

① 약 $2,100m^3/hr$
② 약 $4,100m^3/hr$
③ 약 $6,100m^3/hr$
④ 약 $8,100m^3/hr$

해설 $Q(m^3/hr) = \dfrac{24.1 \times 비중 \times 유해물질\ 사용량(L/hr) \times K \times 10^6}{분자량 \times ppm}$

$= \dfrac{24.1 \times 0.805kg/L \times 2L/hr \times 3 \times 10^6}{72.06kg \times 200} = 8,076.8m^3/hr$

14 어느 작업장에서 Methylene Chloride(비중 = 1.336, 분자량 = 84.94, TLV = 500ppm)를 500g/hr 사용할 때 필요한 희석환기량(m^3/min)은?(단, 안전계수는 7, 실내온도는 21℃)

① 약 26.3 ② 약 33.1 ③ 약 42.0 ④ 약 51.3

해설 $Q(m^3/hr) = \dfrac{24.1 \times 비중 \times 유해물질\ 사용량(L/hr) \times K \times 10^6}{분자량 \times ppm}$

$= \dfrac{24.1 \times 0.5kg/hr \times 7 \times 10^6}{84.94kg \times 500} = 1,986.1m^3/hr$

$\therefore\ Q(m^3/min) = 1,986.1m^3/hr \times \dfrac{1hr}{60min} = 33.1m^3/min$

15 유해성 유기용매 A가 7m×14m×4m의 체적을 가진 방에 저장되어 있다. 공기를 공급하기 전에 측정한 농도는 400ppm이었다. 이 방으로 $60m^3/min$의 공기를 공급한 후 노출기준인 100ppm으로 달성되는 데 걸리는 시간은?(단, 유해성 유기용매 증발 중단, 공급공기의 유해성 유기용매 농도는 0, 희석만 고려)

① 약 3분 ② 약 5분 ③ 약 7분 ④ 약 9분

해설 $\ln\dfrac{C_t}{C_o} = -\dfrac{Q}{\forall} \times t$

$\ln\dfrac{100}{400} = -\dfrac{60m^3/min}{7 \times 14 \times 14m^3} \times t$

$\therefore\ t = 9.06min$

다른 풀이

$t = -\dfrac{V}{Q}\ln\left(\dfrac{C_2}{C_1}\right) = -\dfrac{(7 \times 14 \times 4)m^3}{60m^3/min}\ln\left(\dfrac{100}{400}\right) = 9.06min$

16 메틸메타크릴레이트가 7m×14m×4m의 체적을 가진 방에 저장되어 있다. 공기를 공급하기 전에 측정한 농도는 400ppm이었다. 이 방으로 환기량 $10m^3/min$을 공급한다면 노출기준인 100ppm으로 달성되는 데 걸리는 시간은?

① 26분 ② 37분 ③ 48분 ④ 54분

해설 $t = -\dfrac{V}{Q}\ln\left(\dfrac{C_2}{C_1}\right)$

$= -\dfrac{(7 \times 14 \times 4)m^3}{10m^3/min}\ln\left(\dfrac{100}{400}\right) = 54.34min$

17 메틸메타크릴레이트가 7m×14m×2m의 체적을 가진 방에 저장되어 있으며 공기를 공급하기 전에 측정한 농도는 400ppm이었다. 이 방으로 환기량 $20m^3$/min을 공급한 후 노출기준인 100ppm으로 달성되는 데 걸리는 시간은?

① 약 13.6분 ② 약 18.4분 ③ 약 23.2분 ④ 약 27.6분

해설 $t=-\frac{V}{Q}\ln\left(\frac{C_2}{C_1}\right)=-\frac{(7\times14\times2)m^3}{20m^3/min}\ln\left(\frac{100}{400}\right)=13.59min$

18 체적이 $1,000m^3$이고 유효환기량이 $50m^3$/min인 작업장에 메틸클로로포름 증기가 발생하여 100ppm의 상태로 오염되었다. 이 상태에서 증기발생이 중지되었다면 25ppm까지 농도를 감소시키는 데 걸리는 시간은?

① 약 17분 ② 약 28분 ③ 약 32분 ④ 약 41분

해설 $\ln\frac{C_t}{C_o}=-\frac{Q}{\forall}\times t$

$\ln\frac{25}{100}=-\frac{50m^3/min}{1,000m^3}\times t$

$\therefore\ t=27.73min$

19 오염물질의 농도가 200ppm까지 도달하였다가 오염물질 발생이 중지되었을 때, 공기 중 농도가 200ppm에서 25ppm으로 감소하는 데 얼마나 걸리는가?(단, 1차 반응으로 가정, 공간부피 $V=3,000m^3$, 환기량 $Q=1.17m^3$/sec)

① 약 60분 ② 약 90분 ③ 약 120분 ④ 약 150분

해설 $\ln\frac{C_t}{C_o}=-\frac{Q}{\forall}\times t$

$\ln\frac{25}{200}=-\frac{1.17m^3/s}{3,000m^3}\times t$

$\therefore\ t=5,331.9sec=88.9min$

20 오염물질의 농도가 200ppm까지 도달하였다가 오염물질 발생이 중지되었을 때, 공기 중 농도가 200ppm에서 19ppm으로 감소하는 데 걸리는 시간은?(단, 1차 반응으로 가정하고 공간부피, $V=3,000m^3$, 환기량 $Q=1.17m^3$/s이다.)

① 약 89분 ② 약 101분 ③ 약 109분 ④ 약 115분

해설 $\ln\frac{C_t}{C_o}=-\frac{Q}{\forall}\times t$

$\ln\frac{19}{200}=-\frac{1.17m^3/s}{3,000m^3}\times t$

$\therefore\ t=6,035.6sec=100.59min$

ANSWER | 01 ③ 02 ③ 03 ② 04 ② 05 ① 06 ③ 07 ④ 08 ① 09 ② 10 ②
11 ④ 12 ① 13 ④ 14 ② 15 ④ 16 ④ 17 ① 18 ② 19 ② 20 ②

THEMA **49**

실내 환기량 평가

1. 시간당 공기교환 횟수

$$\text{시간당 공기 교환율(ACH : Air Change Hour)} = \frac{\text{필요환기량}}{\text{용적}}$$

2. CO_2를 이용한 시간당 공기교환 횟수

$$\mathrm{ACH} = \frac{\ln(C_1 - C_o) - \ln(C_2 - C_o)}{\text{hour}}$$

여기서, C_1 : 측정 초기 이산화탄소 농도(ppm)
C_2 : t시간 후 이산화탄소 농도(ppm)
C_o : 외부공기 중 이산화탄소 농도(ppm)

3. 트레이서(Tracer) 가스 이용방법

$$\mathrm{ACH} = \frac{\ln C_1 - \ln C_2}{\text{hour}} \times 100$$

여기서, C_1 : 시간 t_1에서의 트레이서 가스 농도(%)
C_2 : 시간 t_2에서의 트레이서 가스 농도(%)

4. 급기 중 외부공기의 함량 측정방법(OA : Outdoor Air)

$$\%\mathrm{OA} = \frac{C_R - C_S}{C_R - C_O}$$

여기서, C_R : 재순환 공기 중 CO_2 농도(ppm)
C_s : 급기 중 공기 내 CO_2 농도(ppm)
C_o : 외부 공기 중 CO_2 농도(ppm)

5. 수증기 발생 시 필요환기량

$$Q = \frac{W}{\gamma \cdot \Delta G} = \frac{W}{1.2 \cdot \Delta G}$$

여기서, Q : 환기량(m^3/hr), W : 수증기 발생량(kg_f/h)
ΔG : 급배기의 절대 습도차($= G_i - G_o$)

6. 발열 시 필요환기량

① 대류에 의한 열흡수의 경감

㉠ 방열 : 가열체의 표면을 방열제로 둘러싸, 작업환경에서의 열의 대류와 복사열의 영향을 막아줌

㉡ 일반환기 : 복사열의 차단과 동시에 흡입구를 될수록 바닥에 가깝게 낮춤

㉢ 국소배기

㉣ 냉방 : 국소냉방 시의 기류속도는 대류에 의한 열의 흡수를 줄이고, 증발에 의한 체온방산을 증가하여 체온을 유지할 수 있을 정도여야 함

② 복사열의 차단

㉠ 열차단판 : 알루미늄 박판, 알루미늄 칠한 금속판, 방열성이 낮은 판

㉡ 감시작업에서 시야 방해가 없어야 하는 경우 : 적외선을 반사시키는 유리판, 방열망 작업장 내 열부하를 H_s[kcal/h], 상승된 온도, 즉 급배기(실내외) 온도차를 Δt, 정압비열을 C_p [kcal/m^3 · C], 환기량을 Q[m^3/h]라 하면 다음의 관계를 만족한다.

$$Q = \frac{H_s}{C_p \times \Delta t} = \frac{H_s}{0.3 \times \Delta t}$$

7. 고열작업 환기

① 레시버식 캐노피(천개형) 후드 설계

레시버식 캐노피 후드는 배출원의 크기(E)에 대한 후드면과 배출원 간의 거리(H)의 비(H/E)는 0.7 이하로 설계하는 것이 바람직하다.

② 소요송풍량

• 난기류가 있을 때 : 소요송풍량(Q_T) $= Q(1 + K_L)$

• 난기류가 없을 때 : 소요송풍량(Q_T) $= Q_1 + Q_2 = Q_1(1 + \frac{Q_2}{Q_1}) = Q_1(1 + mK_L)$

여기서, Q_1 : 열상승기류량(m^3/hr)
Q_2 : 유도기류량(m^3/hr)
m : 누출안전계수, K_L : 누입한계유량비

연습문제

01 다음 중 작업장 내의 실내환기량을 평가하는 방법과 가장 거리가 먼 것은?

① 시간당 공기교환 횟수　② 이산화탄소 농도를 이용하는 방법
③ Tracer 가스를 이용하는 방법　④ 배기 중 내부 공기의 수분함량 측정

해설 실내환기량을 평가하는 방법
㉠ 시간당 공기교환 횟수
㉡ 이산화탄소 농도를 이용하는 방법
㉢ Tracer 가스를 이용하는 방법
㉣ 급기 중 외부공기의 함량 측정 방법

02 작업장의 크기가 세로 20m, 가로 30m, 높이 6m이고, 필요환기량이 120m^3/min일 때 1시간당 공기교환횟수는 몇 회인가?

① 1회　② 2회　③ 3회　④ 4회

해설 $\text{시간당 환기횟수(ACH)} = \frac{\text{필요환기량}}{\text{작업장 체적}}$

$$\text{ACH} = \frac{120\text{m}^3/\text{min} \times 60\text{min}/1\text{hr}}{(20 \times 30 \times 6)\text{m}^3} = 2\text{회}/\text{hr}$$

03 길이, 폭, 높이가 각각 30m, 10m, 4m인 실내공간을 1시간당 12회의 환기를 하고자 한다. 이 실내의 환기를 위한 유량(m^3/min)은?

① 240　② 290　③ 320　④ 360

해설 $\text{ACH} = \frac{\text{필요환기량}}{\text{작업장 용적}}$, 필요환기량 = ACH × 작업장 용적

$$\text{필요환기량} = 12\text{회}/\text{hr} \times (30 \times 10 \times 4)\text{m}^3 \times 1\text{hr}/60\text{min} = 240\text{m}^3/\text{min}$$

04 사무실 직원이 모두 퇴근한 직후인 오후 6시 20분에 측정한 공기 중 이산화탄소 농도는 1,200ppm, 사무실이 빈 상태로 1시간이 경과한 오후 7시 20분에 측정한 이산화탄소 농도는 400ppm이었다. 이 사무실의 시간당 공기교환 횟수는?(단, 외부공기 중 이산화탄소의 농도는 330ppm임)

① 0.56　② 1.22　③ 2.52　④ 4.26

해설 $$\text{ACH} = \frac{\ln(C_1 - C_o) - \ln(C_2 - C_o)}{\text{hr}}$$

여기서, C_1 : 초기 CO_2 농도
C_2 : t시간 후 CO_2 농도
C_o : 외부공기 중 CO_2 농도

$$\text{ACH} = \frac{\ln(1{,}200 - 330) - \ln(400 - 330)}{1} = 2.52\text{회}/\text{hr}$$

05 어느 실내의 길이, 폭, 높이가 각각 25m, 10m, 3m이며 실내에 1시간당 18회의 환기를 하고자 한다. 직경 50cm의 개구부를 통하여 공기를 공급하고자 하면 개구부를 통과하는 공기의 유속(m/sec)은?

① 13.7 ② 15.3 ③ 17.2 ④ 19.1

해설 시간당 환기횟수(ACH) $= \dfrac{\text{필요환기량}}{\text{작업장 체적}}$

필요환기량 = ACH × 작업장 체적 $= 18/\text{hr} \times (25 \times 10 \times 3)\text{m}^3 = 13{,}500\text{m}^3/\text{hr}$

$$V = \frac{Q}{A} = \frac{13{,}500\text{m}^3/\text{hr} \times 1\text{hr}/3{,}600\text{sec}}{\frac{\pi}{4} \times 0.5^2\text{m}^2} = 19.1\text{m/sec}$$

06 재순환 공기의 CO_2 농도는 900ppm이고 급기의 CO_2 농도는 700ppm일 때, 급기 중 외부공기 포함량은 약 몇 %인가?(단, 외부공기의 CO_2 농도는 330ppm이다.)

① 30% ② 35% ③ 40% ④ 45%

해설 급기 중 외부공기 함량(OA, %) $= \left(\dfrac{C_R - C_S}{C_R - C_O}\right) \times 100$

$$OA(\%) = \frac{900 - 700}{900 - 330} \times 100 = 35.09\%$$

07 불필요한 열이 발생하는 작업장을 환기시키려고 할 때 필요환기량(m^3/hr)을 구하는 식으로 옳은 것은?(단, 급배기 또는 실내 · 외의 온도차를 $\triangle t$(℃), 작업장 내 열부하를 H_s(kcal/hr)라 한다.)

① $\dfrac{H_s}{1.2\triangle t}$ ② $H_s \times 1.2\triangle t$ ③ $\dfrac{H_s}{0.3\triangle t}$ ④ $H_s \times 0.3\triangle t$

08 작업장 내 열부하량이 10,000kcal/h이며, 외기온도 20℃, 작업장 내 온도는 35℃이다. 이때 전체 환기를 위한 필요환기량(m^3/min)은?(단, 정압비열은 0.3kcal/m^3 · ℃)

① 약 37 ② 약 47 ③ 약 57 ④ 약 67

해설 필요환기량(Q) $= \dfrac{H_s}{0.3 \times \Delta t} = \dfrac{10{,}000}{0.3 \times (35 - 20)} = 2{,}222.22\text{m}^3/\text{hr} = 37.04\text{m}^3/\text{min}$

09 용해로에 레시버식 캐노피형 국소배기장치를 설치한다. 열상승기류량 Q_1은 30m^3/min, 누입한계유량비 K_L은 2.5라고 할 때 소요송풍량은?(단, 난기류가 없다고 가정한다.)

① 105m^3/min ② 125m^3/min ③ 225m^3/min ④ 285m^3/min

해설 $Q(\text{m}^3/\text{min}) = Q_1(1 + K_L)$

$\therefore\ Q = 30\text{m}^3/\text{min} \times (1 + 2.5) = 105\text{m}^3/\text{min}$

10 후드직경(F_3), 열원과 후드까지의 거리(H), 열원의 폭(E) 간의 관계를 가장 적절히 나타낸 식은?(단, 레시버식 캐노피 후드 기준이다.)

① $F_3 = E + 0.3H$
② $F_3 = E + 0.5H$
③ $F_3 = E + 0.6H$
④ $F_3 = E + 0.8H$

해설 $F_3 = E + 0.8H$

여기서, F_3 : 후드의 직경, E : 열원의 직경, H : 후드 높이

ANSWER | 01 ④ 02 ② 03 ① 04 ③ 05 ④ 06 ② 07 ③ 08 ① 09 ① 10 ④

더 풀어보기

산업기사

01 작업장 내 실내 체적은 1,600m³이고, 환기량이 시간당 800m³라고 하면, 시간당 공기교환횟수는 얼마인가?

① 0.5회 ② 1회 ③ 2회 ④ 4회

해설 $\text{시간당 환기횟수(ACH)} = \dfrac{\text{필요환기량}}{\text{작업장 체적}}$

$$\text{ACH} = \frac{800\text{m}^3/\text{hr}}{1{,}600\text{m}^3} = 0.5\text{회/hr}$$

02 24시간 가동되는 작업장에서 환기하여야 할 작업장 실내 체적은 3,000m³이다. 환기시설에 의해 공급되는 공기의 유량이 4,000m³/hr일 때, 이 작업장에서의 시간당 환기횟수는 얼마인가?

① 1.2회 ② 1.3회 ③ 1.4회 ④ 1.5회

해설 $\text{시간당 환기횟수(ACH)} = \dfrac{\text{필요환기량}}{\text{작업장 체적}}$

$$\text{ACH} = \frac{4{,}000\text{m}^3/\text{hr}}{3{,}000\text{m}^3} = 1.33\text{회/hr}$$

03 작업장 실내의 체적은 1,800m³이다. 환기량을 10m³/min라고 하면, 시간당 환기횟수는 약 얼마가 되겠는가?

① 5회 ② 3회 ③ 1회 ④ 0.3회

해설 $\text{시간당 환기횟수(ACH)} = \dfrac{\text{필요환기량}}{\text{작업장 체적}}$

$$\text{ACH} = \frac{10\text{m}^3/\text{min} \times 60\text{min/hr}}{1{,}800\text{m}^3} = 0.33\text{회/hr}$$

04 작업장의 크기가 세로 20m, 가로 10m, 높이 6m이고, 필요환기량이 60m³/min일 때 1시간당 공기교환횟수는 몇 회인가?

① 1회 ② 2회 ③ 3회 ④ 4회

해설 $\text{시간당 환기횟수(ACH)} = \dfrac{\text{필요환기량}}{\text{작업장 체적}}$

$$\text{ACH} = \frac{60\text{m}^3/\text{min} \times 60\text{min}/1\text{hr}}{(20 \times 10 \times 6)\text{m}^3} = 3\text{회}/\text{hr}$$

05 사무실 직원이 모두 퇴근한 직후인 오후 6시에 측정한 공기 중 CO_2 농도는 1,200ppm, 사무실이 빈 상태로 3시간 경과한 오후 9시에 측정한 CO_2 농도는 400ppm이었다면, 이 사무실의 시간당 공기교환 횟수는?(단, 외부공기 중 CO_2 농도는 330ppm으로 가정한다.)

① 0.68 ② 0.84 ③ 0.93 ④ 1.26

해설 $\text{ACH} = \dfrac{\ln(C_1 - C_o) - \ln(C_2 - C_o)}{\text{hr}}$

여기서, C_1 : 초기 CO_2 농도

C_2 : t시간 후 CO_2 농도

C_o : 외부공기 중 CO_2 농도

$$\text{ACH} = \frac{\ln(1,200 - 330) - \ln(400 - 330)}{3} = 0.84\text{회}/\text{hr}$$

06 A강의실에 학생들이 모두 퇴실한 직후인 오후 5시에 측정한 공기 중 CO_2 농도는 1,200ppm이었고, 강의실이 빈 상태로 2시간이 경과한 오후 7시에 측정한 CO_2 농도는 400ppm이었다면 강의실의 시간당 공기교환횟수는 얼마인가?(단, 이때 외부공기 중의 CO_2 농도는 330ppm이었다.)

① 1.26 ② 1.36 ③ 1.46 ④ 1.56

해설 $\text{ACH} = \dfrac{\ln(C_1 - C_o) - \ln(C_2 - C_o)}{\text{hr}}$

여기서, C_1 : 초기 CO_2 농도

C_2 : t시간 후 CO_2 농도

C_o : 외부공기 중 CO_2 농도

$$\text{ACH} = \frac{\ln(1,200 - 330) - \ln(400 - 330)}{2} = 1.26\text{회}/\text{hr}$$

07 에너지 절약의 일환으로 실내 공기를 재순환시켜 외부공기와 혼합하며 공급하는 경우가 많다. 재순환 공기 중 CO_2 농도가 700ppm, 급기 중 CO_2 농도가 600ppm이었다면 급기 중 외부공기 함량은 몇 %인가?(단, 외부공기 중 CO_2 농도는 300ppm이다.)

① 25% ② 43% ③ 50% ④ 86%

해설 $\text{급기 중 외부공기 함량(OA, \%)} = \left(\dfrac{C_R - C_S}{C_R - C_o}\right) \times 100$

$$\text{OA}(\%) = \frac{700 - 600}{700 - 300} \times 100 = 25\%$$

08 다음 중 실내의 중량 절대습도가 80kg/kg, 외부의 중량 절대습도가 60kg/kg, 실내의 수증기가 시간당 3kg씩 발생할 때 수분 제거를 위하여 중량단위로 필요한 환기량(m^3/min)은 약 얼마인가?(단, 공기의 비중량은 1.2kg_f/m^3으로 한다.)

① 0.21 ② 4.17 ③ 7.52 ④ 12.50

해설 $Q(m^3/min) = \frac{W}{1.2 \cdot \Delta G} = \frac{3kg/hr}{1.2 \times (80-60)} \times 100 = 12.5m^3/hr = 0.208m^3/min$

09 작업장 내 열부하량이 5,000kcal/h이며, 외기온도 20℃, 작업장 내 온도는 35℃이다. 이때 전체 환기를 위한 필요환기량은 약 몇 m^3/min인가?(단, 정압비열은 0.3kcal/m^3 · ℃이다.)

① 18.5 ② 37.1 ③ 185 ④ 1,111

해설 필요환기량$(Q) = \frac{H_s}{0.3 \times \Delta t} = \frac{5,000}{0.3 \times (35-20)} = 1,111.1m^3/hr = 18.52m^3/min$

10 작업장 내의 열부하량이 200,000kcal/h이며, 외부의 기온은 25℃이고, 작업장 내의 기온은 35℃이다. 이러한 작업장의 전체환기에 필요환기량(m^3/min)은 약 얼마인가?(단, 정압비열은 0.3kcal/m^3 · ℃)

① 1,100 ② 1,600 ③ 2,100 ④ 2,600

해설 필요환기량$(Q) = \frac{H_s}{0.3 \times \Delta t} = \frac{200,000}{0.3 \times (35-25)} = 66,666.67m^3/hr = 1,111.11m^3/min$

11 작업장 내 열부하량이 15,000kcal/h이며, 외기온도는 22℃, 작업장 내의 온도는 32℃이다. 이때 전체환기를 위한 필요환기량은 얼마인가?

① 83m^3/h ② 833m^3/h ③ 4,500m^3/h ④ 5,000m^3/h

해설 필요환기량$(Q) = \frac{H_s}{0.3 \times \Delta t} = \frac{15,000}{0.3 \times (32-22)} = 5,000m^3/hr$

ANSWER | 01 ① 02 ② 03 ④ 04 ③ 05 ② 06 ① 07 ① 08 ① 09 ① 10 ① 11 ④

기 사

01 환기량을 Q(m^3/hr), 작업장 내 체적을 V(m^3)라고 할 때, 시간당 환기횟수(회/hr)로 옳은 것은?

① 시간당 환기횟수=Q×V ② 시간당 환기횟수=V/Q

③ 시간당 환기횟수=Q/V ④ 시간당 환기횟수=Q× $\sqrt{V}$

해설 시간당 공기 교환율(ACH)$= \frac{필요환기량}{용적}$

02 사무실에서 일하는 근로자의 건강장해를 예방하기 위해 시간당 공기교환횟수는 6회 이상 되어야 한다. 사무실의 체적이 150m^{3}일 때 최소 필요한 환기량(m^3/min)은?

① 9　② 12　③ 15　④ 18

해설 $ACH = \dfrac{\text{필요환기량}}{\text{작업장 체적}}$

필요환기량 $= 6\text{회/hr} \times 150\text{m}^3 = 900\text{m}^3\text{/hr} = 15\text{m}^3\text{/min}$

03 사무실 직원이 모두 퇴근한 6시 30분의 CO_2 농도는 1,700ppm이었다. 4시간이 지난 후 다시 CO_2 농도를 측정한 결과 CO_2 농도는 800ppm이었다면 이 사무실의 시간당 공기교환 횟수는? (단, 외부공기 중 CO_2 농도는 330ppm)

① 0.11　② 0.19　③ 0.27　④ 0.35

해설 $ACH = \dfrac{\ln(C_1 - C_o) - \ln(C_2 - C_o)}{hr}$

여기서, C_1 : 초기 CO_2 농도

C_2 : t시간 후 CO_2 농도

C_o : 외부공기 중 CO_2 농도

$ACH = \dfrac{\ln(1,700 - 330) - \ln(800 - 330)}{4} = 0.267\text{회/hr}$

04 최근 에너지 절약의 일환으로 난방이나 냉방을 실시할 때 외부공기를 100% 공급하지 않고 실내공기를 재순환시켜 외부공기와 혼합하여 공급한다. 재순환 공기 중 CO_2 농도는 750ppm, 급기 중 CO_2 농도는 550ppm이었다. 급기 중 외부공기의 함량(%)은?(단, 외부공기의 CO_2 농도는 330ppm, 급기는 재순환공기와 외부공기가 혼합된 공기)

① 23.8%　② 35.4%　③ 47.6%　④ 52.3%

해설 급기 중 외부공기 함량(OA, %) $= \left(\dfrac{C_r - C_s}{C_r - C_o}\right) \times 100$

$OA(\%) = \dfrac{750 - 550}{750 - 330} \times 100 = 47.62\%$

05 작업장 내 열부하량이 20,000kcal/h이며, 외기온도 20℃, 작업장 내 온도는 35℃이다. 이때 전체환기를 위한 필요환기량(m^3/min)은?(단, 정압비열은 0.3kcal/m^3 · ℃)

① 약 64　② 약 74　③ 약 84　④ 약 94

해설 필요환기량$(Q) = \dfrac{H_s}{0.3 \times \Delta t} = \dfrac{20,000}{0.3 \times (35 - 20)} = 4,444.44\text{m}^3\text{/hr} = 74.07\text{m}^3\text{/min}$

06 고열 발생원에 후드를 설치할 때 주변환경의 난류 형성에 따른 누출 안전계수는 소요송풍량 결절에 크게 작용한다. 열상승 기류량이 15m³/min, 누입한계유량비가 3.0, 누출안전계수가 7이라면 소요송풍량은?

① $220m^3/min$ ② $330m^3/min$
③ $440m^3/min$ ④ $550m^3/min$

해설 소요 송풍량$(Q_T) = Q_1(1 + mK_L)$
$= 15 \times (1 + 7 \times 3.0) = 330m^3/min$

ANSWER | 01 ③ 02 ③ 03 ③ 04 ③ 05 ② 06 ②

THEMA 50 국소배기시설

1. 국소배기시설의 개요

① 국소배기시설이란 발생원에서 발생된 유해물질이 주변 공기 중에 확산되기 전에 국소적으로 공기를 흡입하고 처리하는 방법이다.

② 유해물질로 오염된 작업장은 전체 환기를 통해 희석 제거하는 것보다 용이하게 처리할 수 있을 뿐만 아니라 유지관리비용도 적으므로 산업 환기에서는 이 방법을 주로 채택하고 있다.

③ 국소배기장치의 투자비용과 전력소모비를 적게 하기 위하여 최우선으로 고려하여야 할 사항은 필요송풍량의 감소이다.

2. 국소배기시설의 구성

후드 → 덕트(송풍관) → 공기정화장치 → 송풍기 → 배출구

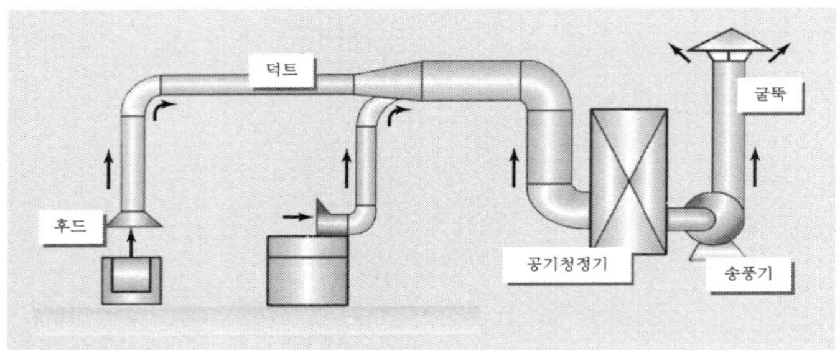

3. 국소배기장치의 장점(전체환기와 비교)

① 발생원에서 유해물질을 포집하여 제거하므로 전체환기보다 환기효율이 좋다.

② 필요송풍량이 전체환기의 필요송풍량보다 적어 경제적이다.

③ 입자상 물질뿐만 아니라 작업장 내의 시설물을 보호할 수 있다.

4. 국소배기장치를 반드시 설치해야 하는 경우

① 유해물질의 발생량이 많은 경우

② 발생원이 고정되어 있는 경우

③ 근로자의 작업위치가 유해물질 발생원에 근접해 있는 경우

④ 법적으로 국소배기장치를 설치해야 하는 경우

⑤ 유해물질의 독성이 강한 경우

5. 국소배기장치의 설계순서

후드의 형식 선정 → 제어속도 결정 → 소요풍량 계산 → 반송속도 결정 → 후드의 크기 결정 → 배관의 배치와 설치장소 결정 → 공기정화기 선정 → 총압력손실 계산 → 송풍기 선정

연습문제

01 다음 중 일반적으로 국소배기시설의 배열 순서로 옳은 것은?

① 후드 → 송풍기 → 배기구 → 공기정화장치 → 덕트
② 후드 → 덕트 → 송풍기 → 공기정화장치 → 배기구
③ 후드 → 공기정화장치 → 덕트 → 배기구 → 송풍기
④ 후드 → 덕트 → 공기정화장치 → 송풍기 → 배기구

해설 국소배기시설의 구성
후드 → 덕트(송풍관) → 공기정화장치 → 송풍기 → 배출구

02 국소배기장치의 설치 및 에너지 비용 절감을 위해 가장 우선적으로 검토하여야 할 것은?

① 재료비 절감을 위해 덕트 직경을 가능한 한 줄인다.
② 후드 개구면적을 가능한 한 넓혀서 개방형으로 설치한다.
③ 송풍기 운전비 절감을 위해 댐퍼로 배기 유량을 줄인다.
④ 후드를 오염물질 발생원에 최대한 근접시켜 필요송풍량을 줄인다.

해설 국소배기장치의 투자비용과 전력소모비를 적게 하기 위하여 최우선으로 고려하여야 할 사항은 필요송풍량의 감소이다.

03 다음 중 국소배기장치를 반드시 설치해야 하는 경우와 가장 거리가 먼 것은?

① 발생원이 주로 이동하는 경우
② 유해물질의 발생량이 많은 경우
③ 법적으로 국소배기장치를 설치해야 하는 경우
④ 근로자의 작업위치가 유해물질 발생원에 근접해 있는 경우

해설 국소배기장치를 반드시 설치해야 하는 경우
㉠ 유해물질의 발생량이 많은 경우
㉡ 발생원이 고정되어 있는 경우
㉢ 근로자의 작업위치가 유해물질 발생원에 근접해 있는 경우
㉣ 법적으로 국소배기장치를 설치해야 하는 경우
㉤ 유해물질의 독성이 강한 경우

04 일반적으로 국소환기시설을 설계할 때 가장 먼저 해야 하는 것은?

① 후드의 형식 선정
② 송풍기의 선정
③ 후드 크기의 결정
④ 제어속도의 결정

해설 국소배기장치의 설계순서
후드의 형식 선정 → 제어속도 결정 → 소요풍량 계산 → 반송속도 결정 → 후드의 크기 결정 → 배관의 배치와 설치장소 결정 → 공기정화기 선정 → 총압력손실 계산 → 송풍기 선정

05 국소배기장치의 기본 설계 시 가장 먼저 해야 하는 것은?

① 적정 제어풍속을 정한다.
② 후드의 형식을 선정한다.
③ 각각의 후드에 필요한 송풍량을 계산한다.
④ 배관계통을 검토하고 공기정화장치와 송풍기의 설치위치를 정한다.

해설 국소배기장치의 기본 설계 시 가장 먼저 해야 하는 것은 후드의 형식 선정이다.

ANSWER	01 ④ 02 ④ 03 ① 04 ① 05 ②

더 풀어보기

산업기사

01 일반적인 국소배기장치의 순서로 가장 적절한 것은?

① 후드 – 덕트 – 공기정화장치 – 송풍기 – 배기구
② 후드 – 덕트 – 송풍기 – 공기정화장치 – 배기구
③ 후드 – 덕트 – 공기정화장치 – 배기구 – 송풍기
④ 후드 – 덕트 – 배기구 – 공기정화장치 – 송풍기

02 국소배기장치의 투자비용과 전력소모비를 적게 하기 위하여 최우선으로 고려하여야 할 사항은?

① 제어속도를 최대한 증가시킨다.
② 덕트의 직경을 최대한 크게 한다.
③ 후드의 필요송풍량을 최소화한다.
④ 배기량을 많게 하기 위해 발생원과 후드 사이의 거리를 가능한 한 멀게 한다.

해설 국소배기장치의 투자비용과 전력소모비를 적게 하기 위하여 최우선으로 고려하여야 할 사항은 필요송풍량의 감소이다.

03 다음 중 국소배기장치의 투자비용과 전력소모비를 적게 하기 위하여 최우선으로 고려하여야 할 사항은?

① 덕트의 직경을 최대한 크게 한다.
② 후드의 필요송풍량을 최소화한다.
③ 제어속도를 최대한 증가시킨다.
④ 배기량을 많게 하기 위해 발생원과 후드 사이의 거리를 가능한 한 멀게 유지한다.

해설 국소배기장치의 투자비용과 전력소모비를 적게 하기 위하여 최우선으로 고려하여야 할 사항은 필요송풍량의 감소이다.

04 [보기]를 이용하여 일반적인 국소배기장치의 설계순서를 가장 적절하게 나열한 것은?

[보기]
㉠ 반송속도의 결정 ㉡ 제어속도 결정
㉢ 송풍기의 선정 ㉣ 후드 크기의 결정
㉤ 덕트 직경의 산출 ㉥ 필요송풍량의 계산

① ㉥ → ㉡ → ㉢ → ㉣ → ㉤ → ㉠
② ㉥ → ㉢ → ㉡ → ㉠ → ㉣ → ㉤
③ ㉢ → ㉡ → ㉣ → ㉠ → ㉥ → ㉤
④ ㉡ → ㉥ → ㉠ → ㉤ → ㉣ → ㉢

05 다음 중 국소배기장치의 기본설계를 위한 항목에 있어 가장 우선적으로 결정해야 할 항목은?

① 후드형식 선정 ② 소요풍량 계산
③ 반송속도 결정 ④ 제어속도 결정

해설 국소배기장치의 기본 설계 시 가장 먼저 해야 하는 것은 후드의 형식 선정이다.

06 일반적으로 국소배기장치의 기본 설계를 위한 다음 과정 중 가장 먼저 실시하여야 하는 것은?

① 제어속도 결정 ② 반송속도 결정
③ 후드의 크기 결정 ④ 배관의 배치와 설치장소 결정

해설 국소배기장치의 설계순서
후드의 형식 선정 → 제어속도 결정 → 소요풍량 계산 → 반송속도 결정 → 후드의 크기 결정 → 배관의 배치와 설치장소 결정 → 공기정화기 선정 → 총압력손실 계산 → 송풍기 선정

ANSWER | 01 ① 02 ③ 03 ② 04 ④ 05 ① 06 ①

기 사

01 국소배기시설의 일반적 배열순서로 가장 적절한 것은?

① 후드 → 덕트 → 송풍기 → 공기정화장치 → 배기구
② 후드 → 송풍기 → 공기정화장치 → 덕트 → 배기구
③ 후드 → 덕트 → 공기정화장치 → 송풍기 → 배기구
④ 후드 → 공기정화장치 → 덕트 → 송풍기 → 배기구

02 국소배기시설에서 장치 배치 순서로 가장 적절한 것은?

① 송풍기 → 공기정화기 → 후드 → 덕트 → 배출구
② 공기정화기 → 후드 → 송풍기 → 덕트 → 배출구
③ 후드 → 덕트 → 공기정화기 → 송풍기 → 배출구
④ 후드 → 송풍기 → 공기정화기 → 덕트 → 배출구

03 국소배기시설의 투자비용과 운전비를 적게 하기 위한 조건으로 옳은 것은?

① 제어속도 증가
② 필요송풍량 감소
③ 후드 개구면적 증가
④ 발생원과의 원거리 유지

해설 국소배기장치의 투자비용과 전력소모비를 적게 하기 위하여 최우선으로 고려하여야 할 사항은 필요송풍량의 감소이다.

04 국소배기장치를 반드시 설치해야 하는 경우와 가장 거리가 먼 것은?

① 법적으로 국소배기장치를 설치해야 하는 경우
② 근로자의 작업위치가 유해물질 발생원에 근접해 있는 경우
③ 발생원이 주로 이동하는 경우
④ 유해물질의 발생량이 많은 경우

해설 국소배기장치를 반드시 설치해야 하는 경우

㉠ 유해물질의 발생량이 많은 경우
㉡ 발생원이 고정되어 있는 경우
㉢ 근로자의 작업위치가 유해물질 발생원에 근접해 있는 경우
㉣ 법적으로 국소배기장치를 설치해야 하는 경우
㉤ 유해물질의 독성이 강한 경우

05 국소배기장치의 설계 순서로 가장 알맞은 것은?

① 소요풍량 계산－반송속도 결정－후드형식 선정－제어속도 결정
② 제어속도 결정－소요풍량 계산－반송속도 결정－후드형식 선정
③ 후드형식 선정－제어속도 결정－소요풍량 계산－반송속도 결정
④ 반송속도 결정－후드형식 선정－제어속도 결정－소요풍량 계산

해설 국소배기장치의 설계 순서
후드형식 선정－제어속도 결정－소요풍량 계산－반송속도 결정

ANSWER | 01 ③ 02 ③ 03 ② 04 ③ 05 ③

THEMA 51 후드

1. 후드의 선정조건

① 필요환기량을 최소화할 것
② 작업자의 호흡영역을 보호할 것
③ 작업에 방해되지 않을 것
④ 작업자가 사용하기 편리하도록 만들 것
⑤ 오염물질에 따른 후드 재질 선택을 신중하게 할 것
⑥ 추천된 설계 사양을 사용할 것

2. 필요환기량을 감소시키기 위한 방법

① 가급적이면 공정(발생원)을 많이 포위한다.
② 포집형 후드는 가급적 배출 오염원 가까이에 설치한다.
③ 후드 개구면에서 기류가 균일하게 분포되도록 설계한다.
④ 포집형이나 레시버형 후드를 사용할 때에는 가급적 후드를 배출 오염원에 가깝게 설치한다.
⑤ 공정에서의 발생 또는 배출되는 오염물질의 절대량을 감소시킨다.
⑥ 작업장 내 방해기류 영향을 최소화한다.

3. 후드와 관련된 용어

① 플랜지(Flange) : 흡인 시 후드 뒤에서 돌아오는 공기의 흐름을 방지하고 흡인속도를 증가시키기 위해 후드 개구부에 부착하는 판을 말한다.
② 테이퍼(Taper) : 후드와 덕트가 연결되는 부위에 급격한 단면의 변화로 인한 손실을 방지하고 배기를 균일하게 하기 위하여 점진적인 경사를 두는 부위를 말한다.
③ 슬롯(Slot) : 후드 개방부분이 길이는 길고 높이(폭)가 좁은 형태로 높이와 길이의 비가 0.2 이하인 경우를 말하며, 유속이 개구부 전체에 균일하게 분포되게 할 목적으로 사용한다.
④ 충만실(Plenum) : 슬롯 후드의 뒤쪽에 위치하여 압력을 균일화시키는 공간을 말한다.
⑤ 무효점(Null Point) : 제어속도는 오염원에서뿐만 아니라 오염원에서 후드 반대쪽으로 비산하는 오염물질의 초기 속도가 0이 되는 지점까지 도달해야 하며, 이것을 헤미온(Hemeon)의 Null Point Theory라 한다.
⑥ 제어속도 : 제어풍속이라고도 하며 후드 앞 오염원에서의 기류로서 오염공기를 후드로 흡인하는데 필요하다.

4. 제어속도의 범위 선택 시 고려사항

① 작업장 내 기류 ② 유해물질의 사용량 ③ 유해물질의 독성 ④ 후드의 형상 ⑤ 통제거리

5. 제어속도 개략치

유해물질의 발생상태	공정 예	제어속도(m/s)
움직이지 않는 공기 중에서 속도 없이 유해물질이 발생하는 경우	용기의 액면으로부터 발생하는 가스, 증기, 흄 등	0.25~0.5
비교적 조용한 대기 중에 낮은 속도로 유해물질이 비산하는 경우	booth식 hood에서의 분무도장작업, 간헐적인 용기 충진작업, 낮은 속도의 컨베이어작업, 도금작업, 용접작업, 산세척작업	0.5~1.0
빠른 공기 이동이 있는 작업장소에 활발히 유해물질이 비산하는 경우	booth식 hood에서의 분무도장작업, 함침(dipping) 도장작업, 컨베이어의 낙하구 분쇄작업, 파쇄기	1.0~2.5
대단히 빠른 공기 이동이 있는 작업장소에 아주 빠른 속도로 유해물질이 비산하는 경우	연삭작업, 분무작업, 텀블링작업, 블라스트작업	2.5~10.0

연습문제

01 다음 중 후드의 선택지침으로 적절하지 않은 것은?

① 필요환기량을 최대화할 것
② 작업자의 호흡영역을 보호할 것
③ 추천된 설계사양을 사용할 것
④ 작업자가 사용하기 편리하도록 만들 것

해설 후드의 선정조건
㉠ 필요환기량을 최소화할 것
㉡ 작업자의 호흡영역을 보호할 것
㉢ 작업에 방해되지 않을 것
㉣ 작업자가 사용하기 편리하도록 만들 것
㉤ 오염물질에 따른 후드 재질 선택을 신중하게 할 것
㉥ 추천된 설계사양을 사용할 것

02 다음 중 필요환기량을 감소시키기 위한 후드의 선택 지침으로 적합하지 않은 것은?

① 가급적이면 공정을 많이 포위한다.
② 포집형 후드는 가급적 배출 오염원 가까이에 설치한다.
③ 후드 개구면의 속도는 빠를수록 효율적이다.
④ 후드 개구면에서 기류가 균일하게 분포되도록 설계한다.

해설 필요환기량을 감소시키기 위한 방법
㉠ 가급적이면 공정(발생원)을 많이 포위한다.
㉡ 포집형 후드는 가급적 배출 오염원 가까이에 설치한다.
㉢ 후드 개구면에서 기류가 균일하게 분포되도록 설계한다.
㉣ 포집형이나 레시버형 후드를 사용할 때에는 가급적 후드를 배출 오염원에 가깝게 설치한다.
㉤ 공정에서의 발생 또는 배출되는 오염물질의 절대량을 감소시킨다.
㉥ 작업장 내 방해기류 영향을 최소화한다.

03 다음 중 분진 및 유해화학 물질이 발생되는 작업장에 설치하는 국소배기장치 후드의 설치상 기본 유의사항으로 가장 적절하지 않는 것은?

① 최대한 발생원 부근에 설치할 것

② 발생원의 상태에 맞는 형태와 크기일 것

③ 발생원 부근에 최대 제어속도를 만족하는 정상기류를 만들 것

④ 작업자가 후드에 흡인되는 오염기류 내에 들어가거나 노출되지 않도록 배치할 것

해설 발생원 부근에 최소 제어속도를 만족하는 정상기류를 만들 것

04 국소배기장치를 설계하고 현장에서 효율적으로 적용하기 위해서는 적절한 제어속도가 필요하다. 이때 제어속도의 의미로 가장 적절한 것은?

① 공기정화기 내부 공기의 속도

② 발생원에서 배출되는 오염물질의 발생 속도

③ 발생원에서 오염물질의 자유공간으로 확산되는 속도

④ 오염물질을 후드 안쪽으로 흡인하기 위하여 필요한 최소한의 속도

해설 제어속도

제어풍속이라고도 하며 후드 앞 오염원에서의 기류로서 오염공기를 후드로 흡인하는 데 필요하다.

05 다음 설명에 해당하는 국소배기와 관련한 용어는?

- 후드 근처에서 발생되는 오염물질을 주변의 방해기류를 극복하고 후드 쪽으로 흡인하기 위한 유체의 속도를 의미한다.
- 후드 앞 오염원에서의 기류로 오염공기를 후드로 흡인하는 데 필요하며 방해 기류를 극복해야 한다.

① 면속도 ② 제어속도 ③ 플래넘속도 ④ 슬롯속도

06 다음 중 국소배기시스템에 설치된 충만실(Plenum Chamber)에 있어 가장 우선적으로 높여야 하는 효율의 종류는?

① 정압효율 ② 집진효율 ③ 정화효율 ④ 배기효율

07 다음 중 오염공기를 후드로 흡인하는 데 필요한 속도를 무엇이라 하는가?

① 반송속도 ② 제어속도 ③ 면속도 ④ 슬롯속도

08 다음 중 제어속도의 범위를 선택할 때 고려되는 사항으로 가장 거리가 먼 것은?

① 근로자 수 ② 작업장 내 기류

③ 유해물질의 사용량 ④ 유해물질의 독성

해설 제어속도의 범위 선택 시 고려사항

㉠ 작업장 내 기류
㉡ 유해물질의 사용량
㉢ 유해물질의 독성
㉣ 후드의 형상
㉤ 통제거리

09 국소배기장치에서 포촉점의 오염물질을 이송하기 위한 제어속도를 가장 크게 해야 하는 것은?

① 통조림작업, 컨베이어의 낙하구
② 액면에서 발생하는 가스, 증기, 흄
③ 저속 컨베이어, 용접작업, 도금작업
④ 연마작업, 블라스트 분사작업, 암석연마작업

해설 제어속도 개략치

유해물질의 발생상태	공정 예	제어속도(m/s)
움직이지 않는 공기 중에서 속도 없이 유해물질이 발생하는 경우	용기의 액면으로부터 발생하는 가스, 증기, 흄 등	0.25~0.5
비교적 조용한 대기 중에 낮은 속도로 유해물질이 비산하는 경우	booth식 hood에서의 분무도장작업, 간헐적인 용기 충진작업, 낮은 속도의 컨베이어작업, 도금작업, 용접작업, 산세척작업	0.5~1.0
빠른 공기 이동이 있는 작업장소에 활발히 유해물질이 비산하는 경우	booth식 hood에서의 분무도장작업, 함침(dipping) 도장작업, 컨베이어의 낙하구 분쇄작업, 파쇄기	1.0~2.5
대단히 빠른 공기 이동이 있는 작업장소에 아주 빠른 속도로 유해물질이 비산하는 경우	연삭작업, 분무작업, 텀블링작업, 블라스트작업	2.5~10.0

10 스프레이 도장, 용기 충진 등 발생기류가 높고, 유해물질이 활발하게 발생하는 장소의 제어속도로 가장 적절한 것은?(단, 미국정부산업위생전문가협의회(ACGIH)의 권고치를 기준으로 한다.)

① 1.3m/s ② 0.5m/s ③ 1.5m/s ④ 5.0m/s

11 조용한 대기 중에 실제로 거의 속도가 없는 상태로 가스, 증기, 흄이 발생할 때, 국소환기에 필요한 제어속도범위로 가장 적절한 것은?

① 0.25~0.5m/sec
② 0.1~0.25m/sec
③ 0.05~0.1m/sec
④ 0.01~0.05m/sec

ANSWER | 01 ① 02 ③ 03 ③ 04 ④ 05 ② 06 ④ 07 ② 08 ① 09 ④ 10 ③ 11 ①

더 풀어보기

산업기사

01 후드의 필요환기량을 감소시키는 방법으로 적절하지 않은 것은?

① 작업장 내 방해기류 영향을 최대화한다.
② 후드 개구면에서 기류가 균일하게 분포되도록 설계한다.
③ 포집형을 사용할 때에는 가급적 배출오염원에 가깝게 설치한다.
④ 공정에서의 발생 또는 배출되는 오염물질의 절대량을 감소시킨다.

해설 작업장 내 방해기류 영향을 최소화한다.

02 국소배기장치의 필요송풍량을 최소화하기 위해 취해진 조치로 잘못된 것은?

① 오염물질 발생원을 가능한 한 밀폐한다.
② 플랜지 등을 설치하여 후드 유입 기류를 조절한다.
③ 주위 방해기류를 최소화하여 후드의 기류 형성이 쉽도록 한다.
④ 작업에 방해가 되지 않도록 후드와 오염물질 발생원 간의 거리를 멀게 한다.

해설 가급적 후드를 배출 오염원에 가깝게 설치한다.

03 오염물질을 후드로 유입하는 데 필요한 기류의 속도는?

① 반송속도 ② 속도압 ③ 제어속도 ④ 개구면속도

해설 제어속도란 유해물질이 후드로 유입되는 최소속도를 말한다.

04 제어속도에 관한 설명으로 틀린 것은?

① 포집속도라고도 한다.
② 유해물질이 후드로 유입되는 최대속도를 말한다.
③ 같은 유해인자라도 후드의 모양과 방향에 따라 달라진다.
④ 제어속도는 유해물질의 발생조건과 공기의 난기류 속도 등에 의해 결정된다.

해설 제어속도란 유해물질이 후드로 유입되는 최소속도를 말한다.

05 제어속도에 관한 설명으로 옳은 것은?

① 제어속도가 높을수록 경제적이다.
② 제어속도를 증가시키기 위해서 송풍기 용량의 증가는 불가피하다.
③ 외부식 후드에서 후드와 작업지점과의 거리를 줄이면 제어속도가 증가한다.
④ 유해물질을 실내의 공기 중으로 분산시키지 않고 후드 내로 흡인하는 데 필요한 최대기류 속도를 의미한다.

해설 제어속도

㉠ 제어속도가 높을수록 유량이 증가되어 비경제적이다.
㉡ 제어속도를 증가시키기 위해서는 후드와 발생원 간의 거리를 줄여야 한다.
㉢ 유해물질을 실내의 공기 중으로 분산시키지 않고 후드 내로 흡인하는 데 필요한 최소기류속도를 의미한다.

06 제어속도(Control Velocity)에 대한 설명 중 틀린 것은?

① 먼지나 가스의 성상, 확산조건, 발생원 주변 기류 등에 따라서 크게 달라진다.
② 유해물질이 낮은 기류로 발생하는 도금 또는 용접 작업공정에서는 대략 0.5~1.0m/sec이다.
③ 제어풍속이라고도 하며 후드 앞 오염원에서의 기류로서 오염공기를 후드로 흡인하는 데 필요하다.
④ 유해물질 발생이 자연적이고, 기류가 전혀 없는 탱크로부터 유기용제가 증발할 때는 1.6~2.1m/sec이다.

해설 유해물질 발생이 자연적이고, 기류가 전혀 없는 탱크로부터 유기용제가 증발할 때는 0.25~0.5m/sec이다.

07 후드의 제어풍속을 측정하기에 가장 적합한 것은?

① 열선풍속계 ② 피토관 ③ 카타온도계 ④ 마노미터

해설 제어속도 측정

포위식 후드는 개구면을 한 변이 0.5m 이하가 되도록 16개 이상(최소 2개 이상)의 등면적으로 분할하여 각 부분의 중심위치에서 후드 유입기류 속도를 열선식 풍속계로 측정하여 얻은 값의 최소치를 제어풍속으로 한다.

08 다음 중 제어속도의 범위를 선택할 때 고려되는 사항으로 가장 거리가 먼 것은?

① 근로자 수 ② 작업장 내 기류
③ 유해물질의 사용량 ④ 유해물질의 독성

해설 제어속도의 범위 선택 시 고려사항

㉠ 작업장 내 기류
㉡ 유해물질의 사용량
㉢ 유해물질의 독성
㉣ 후드의 형상
㉤ 통제거리

09 다음 중 일반적으로 제어속도를 결정하는 인자와 가장 거리가 먼 것은?

① 작업장 내의 온도와 습도 ② 후드에서 오염원까지의 거리
③ 오염물질의 종류 및 확산 상태 ④ 후드의 모양과 작업장 내의 기류

해설 제어속도 결정 인자

㉠ 오염물질의 종류 및 확산 상태
㉡ 후드에서 오염원까지의 거리
㉢ 후드의 모양과 작업장 내의 기류
㉣ 작업장 내 방해기류

10 분진발생공정에 대한 대책의 일환으로 국소배기장치를 들 수 있다. 연마작업, 블라스트 작업과 같이 대단히 빠른 기동이 있는 작업장소에서 분진이 초고속으로 비산하는 경우 제어풍속의 범위는?

① 0.25~0.5m/s ② 0.5~1.0m/s
③ 1.0~2.5m/s ④ 2.5~10.0m/s

해설 제어속도 개략치

유해물질의 발생상태	공정 예	제어속도(m/s)
움직이지 않는 공기 중에서 속도 없이 유해물질이 발생하는 경우	용기의 액면으로부터 발생하는 가스, 증기, 흄 등	0.25~0.5
비교적 조용한 대기 중에 낮은 속도로 유해물질이 비산하는 경우	booth식 hood에서의 분무도장작업, 간헐적인 용기 충진작업, 낮은 속도의 컨베이어작업, 도금작업, 용접작업, 산세척작업	0.5~1.0
빠른 공기 이동이 있는 작업장소에 활발히 유해물질이 비산하는 경우	booth식 hood에서의 분무도장작업, 함침(dipping) 도장작업, 컨베이어의 낙하구 분쇄작업, 파쇄기	1.0~2.5
대단히 빠른 공기 이동이 있는 작업장소에 아주 빠른 속도로 유해물질이 비산하는 경우	연삭작업, 분무작업, 텀블링작업, 블라스트작업	2.5~10.0

11 다음 중 일반적으로 발생원에 대한 제어속도 V_c(Control Velocity)가 가장 큰 작업공정은?

① 연마작업 ② 인쇄작업 ③ 도장작업 ④ 도금작업

12 다음 중 스프레이 도장, 용기 충진, 분쇄기 등 발생기류가 높고, 유해물질이 활발하게 발생하는 작업조건에 있어 제어속도의 범위로 가장 적절한 것은?(단, ACGIH의 권고사항을 기준으로 한다.)

① 0.25~0.5m/sec ② 0.5~1.0m/sec
③ 1.0~2.5m/sec ④ 2.5~10m/sec

13 스프레이 도장, 용기 충진 등 발생기류가 높고, 유해물질이 활발하게 발생하는 장소의 제어속도로 가장 적절한 것은?(단, 미국정부산업위생전문가협의회(ACGIH)의 권고치를 기준으로 한다.)

① 0.5m/s ② 0.8m/s ③ 1.5m/s ④ 3.0m/s

14 탱크에서 증발, 탈지와 같이 기류의 이동이 없는 공기 중에서 속도 없이 배출되는 작업조건인 경우 제어속도의 범위로 가장 적절한 것은?(단, 미국정부산업위생전문가협의회의 권고기준이다.)

① 0.10~0.15m/s ② 0.15~0.25m/s
③ 0.25~0.50m/s ④ 0.50~1.00m/s

ANSWER | 01 ① 02 ④ 03 ③ 04 ② 05 ③ 06 ④ 07 ① 08 ① 09 ① 10 ④
11 ① 12 ③ 13 ③ 14 ③

기 사

01 다음 중 국소배기시설의 필요환기량을 감소시키기 위한 방법과 가장 거리가 먼 것은?

① 가급적 공정의 포위를 최소화한다.

② 후드 개구면에서 기류가 균일하게 분포되도록 설계한다.

③ 포집형이나 레시버형 후드를 사용할 때에는 가급적 후드를 배출 오염원에 가깝게 설치한다.

④ 공정에서 발생 또는 배출되는 오염물질의 절대량을 감소시킨다.

해설 필요환기량을 감소시키기 위한 방법

㉠ 가급적이면 공정(발생원)을 많이 포위한다.

㉡ 포집형 후드는 가급적 배출 오염원 가까이에 설치한다.

㉢ 후드 개구면에서 기류가 균일하게 분포되도록 설계한다.

㉣ 포집형이나 레시버형 후드를 사용할 때에는 가급적 후드를 배출 오염원에 가깝게 설치한다.

㉤ 공정에서의 발생 또는 배출되는 오염물질의 절대량을 감소시킨다.

㉥ 작업장 내 방해기류 영향을 최소화한다.

02 국소환기장치 설계에서 제어풍속에 대한 설명으로 가장 알맞은 것은?

① 작업장 내의 평균유속을 말한다.

② 발산되는 유해물질을 후드로 완전히 흡인하는 데 필요한 기류속도이다.

③ 덕트 내의 기류속도를 말한다.

④ 일명 반송속도라고도 한다.

해설 제어풍속(속도)은 유해물질을 후드로 완전히 흡인하는 데 필요한 최소속도를 의미한다.

03 다음 중 오염물질을 후드로 유입하는 데 필요한 기류의 속도인 제어속도에 영향을 주는 인자와 가장 거리가 먼 것은?

① 덕트의 재질

② 후드의 모양

③ 후드에서 오염원까지의 거리

④ 오염물질의 종류 및 확산상태

해설 제어속도와 덕트의 재질은 상관이 없다.

04 움직이지 않는 공기 중으로 속도 없이 배출되는 작업조건(작업공정 : 탱크에서 증발)의 제어속도 범위(m/s)는?(단, ACGIH 권고 기준)

① 0.1~0.3　　② 0.3~0.5

③ 0.5~1.0　　④ 1.0~1.5

해설 제어속도 개략치

유해물질의 발생상태	공정 예	제어속도(m/s)
움직이지 않는 공기 중에서 속도 없이 유해물질이 발생하는 경우	용기의 액면으로부터 발생하는 가스, 증기, 흄 등	0.25~0.5
비교적 조용한 대기 중에 낮은 속도로 유해물질이 비산하는 경우	booth식 hood에서의 분무도장작업, 간헐적인 용기 충진작업, 낮은 속도의 컨베이어작업, 도금작업, 용접작업, 산세척작업	0.5~1.0
빠른 공기 이동이 있는 작업장소에 활발히 유해물질이 비산하는 경우	booth식 hood에서의 분무도장작업, 함침(dipping) 도장작업, 컨베이어의 낙하구 분쇄작업, 파쇄기	1.0~2.5
대단히 빠른 공기 이동이 있는 작업장소에 아주 빠른 속도로 유해물질이 비산하는 경우	연삭작업, 분무작업, 텀블링작업, 블라스트작업	2.5~10.0

05 고속기류 내로 높은 초기 속도로 배출되는 작업조건에서 회전연삭, 블라스팅 작업공정 시 제어속도로 적절한 것은?(단, 미국산업위생전문가협의회 권고 기준)

① 1.8m/sec ② 2.1m/sec ③ 8.8m/sec ④ 12.8m/sec

ANSWER | 01 ① 02 ② 03 ① 04 ② 05 ③

THEMA 52 후드의 종류

1. 포위형 후드

① 발생원을 완전히 포위하는 형태의 후드이다.
② 포집효과가 가장 우수하며, 필요환기량이 가장 적다.
③ 후드의 개방면에서 측정한 속도로서 면속도가 제어속도가 되는 형태의 후드이다.
④ 독성이 강한 물질을 제어하는 데 적합한 후드이다.
⑤ 작업장 내 난기류의 영향을 받지 않는다.
⑥ 종류
  ㉠ 커버식(Cover type) 후드
  ㉡ 글로브 박스식(Glove box type) 후드
  ㉢ 부스식(Booth type) 후드

2. 외부식 후드

① 포집형 후드라고도 하며, 후드의 흡인력이 외부까지 미치도록 설계한 후드이다.
② 포위식 후드보다 일반적으로 필요송풍량이 많다.
③ 작업자가 방해를 받지 않고 작업을 할 수 있어 일반적으로 많이 사용한다.
④ 외부 난기류의 영향으로 흡인효과가 떨어진다.
⑤ 기류속도가 후드 주변에서 매우 빠르므로 유기용제나 미세 원료분말 등과 같은 물질의 손실이 크다.
⑥ 종류
  ㉠ 슬롯(Slot)형
  ㉡ 루버(Louver)형
  ㉢ 그리드(Grid)형
  ㉣ 자립(Free standing)형

참고

슬롯형 후드
유입공기가 균일하게 흡입되기 위해서 설치하는 것으로 일반적으로 후드 개방 부분의 길이가 길고, 높이(혹은 폭)가 좁은 형태로 높이/길이의 비가 0.2 이하인 경우를 말한다.

3. 레시버식 후드

① 오염물질이 관성력이나 열상승력에 의해 일정방향으로 발생하고 있는 경우 발생되는 방향쪽으로 후드를 설치한 형태이다.

② 가열로, 용융로, 연마, 연삭공정에서 적용된다.
③ 한랭공정에서는 사용을 자제한다.
④ 잉여공기량이 비교적 많이 소요된다.
⑤ 종류
㉠ 천개형 ㉡ 그라인더형 ㉢ 자립형

4. 후드 개구면 속도

포집형 후드 개구면에서 균일한 유속분포가 생성되어야 오염물질을 성공적으로 포집할 수 있다. 따라서 후드 개구면 속도를 균일하게 분포시키는 방법이 중요한 요소가 된다.

① 플랜지 부착
㉠ 흡인 시 후드 뒤에서 돌아오는 공기의 흐름을 방지하고 흡인속도를 증가시키기 위해 후드 개구부에 부착하는 판을 말한다.
㉡ 후드에 플랜지를 부착할 경우 필요환기량은 약 25% 정도 감소한다.
② 테이퍼 부착
㉠ 후드와 덕트가 연결되는 부위에 급격한 단면의 변화로 인한 손실을 방지하고 배기를 균일하게 하기 위하여 점진적인 경사를 두는 부위를 말한다.
㉡ 경사각은 60° 이내로 설치하는 것이 바람직하다.
③ 분리날개 설치
㉠ 후드 개구부를 여러 개로 나누어 유입하는 형식이다.
④ 슬롯 사용
⑤ 차단판 사용
㉠ 사각형 후드나 포위형 부스의 내부에 설치하여 개구면의 유속을 균일하게 해주는 판을 말한다.
㉡ 후드의 외부에 설치하여 방해기류에 의한 오염물질의 포집상해를 막고 효율을 높이기 위해 설치하는 판을 말한다.

5. 후드의 기류 구분

① 잠재중심부 : 분사구에서 5D(D : 분사구 직경)까지 분사속도가 변하지 않는 부분
② 천이부 : 분사구에서 5D로부터 30D까지 분사속도의 50%가 줄어드는 부분
③ 완전개구부 : 분사구에서 30D 이후 부분

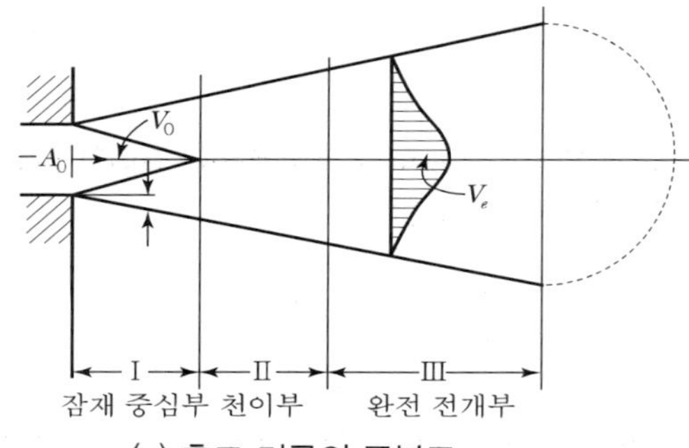

(a) 후드 기류의 구분도

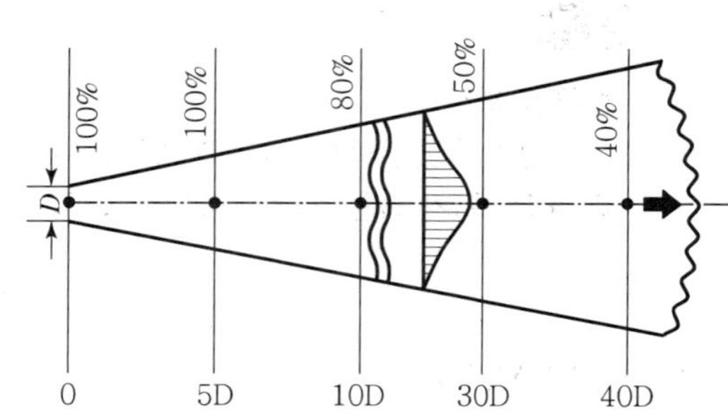

(b) 분사구 직경과 분사구 길이에 의한 기류의 감소

[후드의 기류 구분]

연습문제

01 맹독성 물질을 제어하는 데 가장 적합한 후드의 형태는?

① 포위식　　② 외부식 측방형
③ 레시버식　　④ 외부식 슬롯형

해설 독성이 강한 물질을 제어하는 데 적합한 후드는 포위식 후드이다.

02 외부식 후드의 필요송풍량을 절약하는 방법에 대한 설명으로 틀린 것은?

① 가능한 한 발생원의 형태와 크기에 맞는 후드를 선택하고 그 후드의 개구면을 발생원에 접근시켜 설치한다.
② 발생원의 특성에 맞는 후드의 형식을 선정한다.
③ 후드의 크기는 유해물질이 밖으로 빠져나가지 않도록 가능한 한 크게 하는 편이 좋다.
④ 가능하면 발생원의 일부만이라도 후드 개구 안에 들어가도록 설치한다.

해설 후드의 크기는 유해물질이 밖으로 빠져나가지 않고 가능한 한 작게 하는 편이 좋다.

03 외부식 후드(포집형 후드)의 단점으로 틀린 것은?

① 포위식 후드보다 일반적으로 필요송풍량이 많다.
② 외부 난기류의 영향을 받아서 흡인효과가 떨어진다.
③ 기류속도가 후드 주변에서 매우 빠르므로 유기용제나 미세 원료분말 등과 같은 물질의 손실이 크다.
④ 근로자가 발생원과 환기시설 사이에서 작업할 수 없어 여유계수가 커진다.

해설 외부식 후드는 다른 형태의 후드에 비해 작업자가 방해받지 않고 작업을 할 수 있어 일반적으로 많이 사용한다.

04 외부식 후드는 발생원과 어느 정도의 거리를 두게 됨으로 발생원 주위의 방해기류가 발생되어 후드의 흡인유량을 증가시키는 요인이 된다. 방해기류의 방지를 위해 설치하는 설비가 아닌 것은?

① 댐퍼　　② 플랜지　　③ 칸막이　　④ 풍향판

해설 댐퍼는 유량을 조절하는 장치이다.

05 작업공정에서는 이상이 없다고 가정할 때, [보기]의 후드를 효율이 가장 우수한 것부터 나쁜 순으로 나열한 것은?(단, 제어속도는 1m/sec, 제어거리는 0.5m, 개구면적은 $2m^2$으로 동일하다.)

[보기]

㉠ 포위식 후드　　㉡ 테이블에 고정된 플랜지가 붙은 외부식 후드
㉢ 자유공간에 설치된 외부식 후드　　㉣ 자유공간에 설치된 플랜지가 붙은 외부식 후드

① ㉠ - ㉢ - ㉡ - ㉣　　② ㉡ - ㉠ - ㉢ - ㉣
③ ㉠ - ㉡ - ㉣ - ㉢　　④ ㉡ - ㉠ - ㉣ - ㉢

해설 후드의 효율

포위식 후드 > 테이블에 고정된 플랜지가 붙은 외부식 후드 > 자유공간에 설치된 플랜지가 붙은 외부식 후드 > 자유공간에 설치된 외부식 후드

06 슬롯 후드에서 슬롯의 역할은?

① 제어속도를 감소시킴　　② 후드 제작에 필요한 재료 절약
③ 공기가 균일하게 흡입되도록 함　　④ 제어속도를 증가시킴

해설 슬롯형 후드

㉠ 유입공기가 균일하게 흡입되기 위해서 설치하는 것으로 일반적으로 후드 개방 부분의 길이가 길고, 높이(혹은 폭)가 좁은 형태로 높이/길이의 비가 0.2 이하인 경우를 말한다.
㉡ 공기의 흐름을 균일하게 하기 위해 사용한다.

07 다음 중 용해로, 열처리로, 배소로 등의 가열로에서 가장 많이 사용하는 후드는?

① 슬롯형 후드　　② 부스식 후드
③ 외부식 후드　　④ 레시버식 캐노피형 후드

해설 레시버식 후드

㉠ 오염물질이 관성력이나 열상승력에 의해 일정방향으로 발생하고 있는 경우 발생되는 방향쪽으로 후드를 설치한 형태이다.
㉡ 가열로, 용융로, 연마, 연삭공정에서 적용된다.
㉢ 한랭공정에서는 사용을 자제한다.
㉣ 잉여공기량이 비교적 많이 소요된다.

08 그림과 같은 국소배기장치의 명칭은?

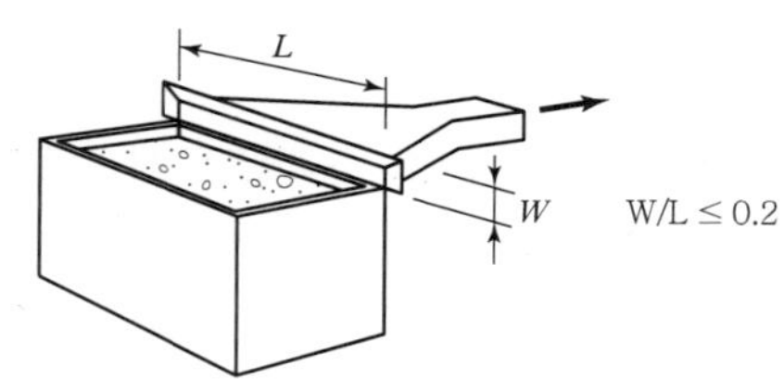

① 수형 후드　　② 슬롯 후드　　③ 포위형 후드　　④ 하방형 후드

09 일반적으로 외부식 후드에 플랜지를 부착하면 약 어느 정도 효율이 증가될 수 있는가?(단, 플랜지의 크기는 개구면적의 제곱근 이상으로 한다.)

① 15%　　② 25%　　③ 35%　　④ 45%

해설 플랜지 부착

㉠ 흡인 시 후드 뒤에서 돌아오는 공기의 흐름을 방지하고 흡인속도를 증가시키기 위해 후드 개구부에 부착하는 판을 말한다.
㉡ 후드에 플랜지를 부착할 경우 필요환기량은 약 25% 정도 감소한다.

10 그림과 같이 노즐(Nozzle) 분사구 개구면의 유속을 100%라 하고 분사구 내경을 D라고 할 때 분사구 개구면의 유속이 50%로 감소되는 지점의 거리는?

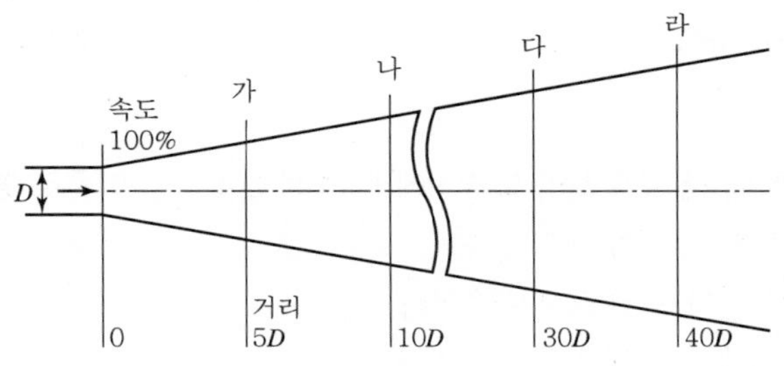

① 5D　　② 10D　　③ 30D　　④ 40D

해설 후드의 기류 구분

㉠ 잠재중심부 : 분사구에서 5D(D : 분사구 직경)까지 분사속도가 변하지 않는 부분
㉡ 천이부 : 분사구에서 5D로부터 30D까지 분사속도의 50%가 줄어드는 부분
㉢ 완전개구부 : 분사구에서 30D 이후 부분

ANSWER | 01 ① 02 ③ 03 ④ 04 ① 05 ③ 06 ③ 07 ④ 08 ② 09 ② 10 ③

더 풀어보기

산업기사

01 실험실에서 독성이 강한 시약을 다루는 작업을 한다면 어떠한 후드를 설치하는 것이 가장 적당한가?

① 외부식 후드　　② 캐노피 후드
③ 포위식 후드　　④ 포집형 후드

해설 독성이 강한 물질을 제어하는 데 적합한 후드는 포위식 후드이다.

02 다음 중 후드의 개방면에서 측정한 속도로서 면속도가 제어속도가 되는 형태의 후드는?

① 포위형 후드　　② 포집형 후드
③ 푸시-풀형 후드　　④ 캐노피형 후드

해설 포위형 후드

㉠ 발생원을 완전히 포위하는 형태의 후드이다.
㉡ 포집효과가 가장 우수하며, 필요환기량이 가장 적다.
㉢ 후드의 개방면에서 측정한 속도로서 면속도가 제어속도가 되는 형태의 후드이다.
㉣ 독성이 강한 물질을 제어하는 데 적합한 후드이다.
㉤ 작업장 내 난기류의 영향을 받지 않는다.

03 유기용제 작업장에 후드를 설치하고자 한다. 이때 가장 효율이 좋은 후드는?

① 외부식 상방형　　② 외부식 하방형
③ 외부식 측방형　　④ 포위식 부스형

04 후드의 형태 중 포위식이 외부식에 비하여 효과적인 이유로 볼 수 없는 것은?

① 제어풍량이 적기 때문이다.
② 유해물질이 포위되기 때문이다.
③ 플랜지가 부착되어 있기 때문이다.
④ 영향을 미치는 외부기류를 사방면에서 차단하기 때문이다.

해설 포위식과 외부식 모두 플랜지 부착이 가능하다.

05 후드의 종류에서 외부식 후드가 아닌 것은?

① 루버형 후드　　② 그리드형 후드
③ 슬롯형 후드　　④ 드래프트 챔버형 후드

해설 외부식 후드의 형태
㉠ 슬롯형　㉡ 루버형　㉢ 그리드형　㉣ 원형 또는 장방형
※ 드래프트 챔버형 후드는 부스식 후드의 일종이다.

06 유해 작업장의 분진이 바닥이나 천장에 쌓여서 2차 발진된다. 이것을 방지하기 위한 공학적 대책으로 오염농도를 희석시키는데 이때 사용되는 주요 대책방법으로 가장 적절한 것은?

① 개인보호구 착용　　② 칸막이 설치
③ 전체환기시설 가동　　④ 소음기 설치

07 다음 설명 중 (　　) 안에 들어갈 올바른 수치는?

> 슬롯 후드는 일반적으로 후드 개방 부분의 길이가 길고, 높이(혹은 폭)가 좁은 형태로 높이/길이의 비가 (　　) 이하인 경우를 말한다.

① 0.2　　② 0.5　　③ 1.0　　④ 2.0

해설 슬롯 후드는 일반적으로 후드 개방 부분의 길이가 길고, 높이(혹은 폭)가 좁은 형태로 높이/길이의 비가 0.2 이하인 경우를 말한다.

08 후드의 개구면이 좁고 길어서 폭 : 길이의 비율이 0.2 이하인 후드를 무엇이라 하는가?

① 캐노피 후드　　② 레시버식 후드
③ 슬롯형 후드　　④ 푸시-풀 후드

09 외부식 포집형 후드에 플랜지를 부착하면 부착하지 않은 것보다 약 몇 % 정도의 필요송풍량을 줄일 수 있는가?

① 10%　　② 25%　　③ 50%　　④ 75%

해설 플랜지 부착

㉠ 흡인 시 후드 뒤에서 돌아오는 공기의 흐름을 방지하고 흡인속도를 증가시키기 위해 후드 개구부에 부착하는 판을 말한다.

㉡ 후드에 플랜지를 부착할 경우 필요환기량은 약 25% 정도 감소한다.

ANSWER | 01 ③　02 ①　03 ④　04 ③　05 ④　06 ③　07 ①　08 ③　09 ②

PART 01 | PART 02 | PART 03 | PART 04 | PART 05 | PART 06

기 사

01 다음 그림이 나타내는 국소배기장치의 후드 형식은?

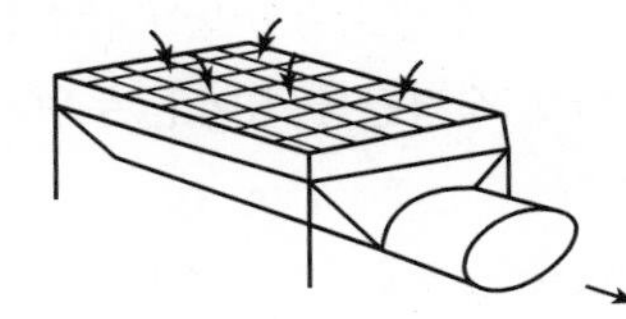

① 측방형　　② 포위형　　③ 하방형　　④ 슬롯형

02 슬롯 후드에서 슬롯의 역할은?

① 제어속도를 감소시킨다.

② 후드 제작에 필요한 재료를 절약한다.

③ 공기가 균일하게 흡입되도록 한다.

④ 제어속도를 증가시킨다.

해설 슬롯형 후드

㉠ 유입공기가 균일하게 흡입되기 위해서 설치하는 것으로 일반적으로 후드 개방 부분의 길이가 길고, 높이(혹은 폭)가 좁은 형태로 높이/길이의 비가 0.2 이하인 경우를 말한다.

㉡ 공기의 흐름을 균일하게 하기 위해 사용한다.

03 다음 중 후드의 종류에서 외부식 후드가 아닌 것은?

① 루버형 후드

② 그리드형 후드

③ 캐노피형 후드

④ 슬롯형 후드

해설 외부식 후드의 형태

㉠ 슬롯형

㉡ 루버형

㉢ 그리드형

㉣ 원형 또는 장방형

04 다음 중 오염물질이 일정한 방향으로 배출되는 연삭기 공정에서 일반적으로 사용되는 후드로 가장 적절한 것은?

① 포위식 후드
② 포집형 후드
③ 캐노피 후드
④ 레시버형 후드

해설 레시버식 후드
㉠ 오염물질이 관성력이나 열상승력에 의해 일정방향으로 발생하고 있는 경우 발생되는 방향쪽으로 후드를 설치한 형태이다.
㉡ 가열로, 용융로, 연마, 연삭공정에서 적용된다.
㉢ 한랭공정에서는 사용을 자제한다.
㉣ 잉여공기량이 비교적 많이 소요된다.

05 후드에 플랜지(flange)를 부착하여 얻는 효과로 볼 수 없는 것은?

① 후드 전면의 포집 범위가 넓어진다.
② 후드 폭을 줄일 수 있어 제어속도가 감소한다.
③ 동일한 흡인속도를 얻는데 필요송풍량이 감소한다.
④ 등속흡인곡선에서 덕트 직경만큼 떨어진 부위의 유속이 덕트 유속의 7.5%를 초과한다.

해설 플랜지 부착
㉠ 흡인 시 후드 뒤에서 돌아오는 공기의 흐름을 방지하고 흡인속도를 증가시키기 위해 후드 개구부에 부착하는 판을 말한다.
㉡ 후드에 플랜지를 부착할 경우 필요환기량은 약 25% 정도 감소한다.

ANSWER | 01 ③ 02 ③ 03 ③ 04 ④ 05 ②

THEMA 53 후드 형태별 필요환기량

후드 형태		W : L	필요환기량	비고
포위식		해당 없음	$Q=60VA$	• Q : 유량(m^3/min) • V : 제어속도(m/sec) • A : 면적(m^2) • X : 제어길이(m) • L : 장변의 길이(m) • W : 단변의 길이(m)
캐노피 상방외부식 사방개방		해당 없음	$Q=1.4PVD$	
복수 슬롯형		0.2 이상	$Q=60V(10X^2+A)$	
플랜지가 부착된 복수 슬롯형		0.2 이상	$Q=60\times0.75V(10X^2+A)$	
슬롯		0.2 이하	$Q=60\times3.7LVX$	
플랜지 슬롯		0.2 이하	$Q=60\times2.6LVX$ $Q=60\times1.6LVX$(1/4원주)	
외부식 (원형, 사각형)	A=WL(sq.ft.)	0.2 이상 및 원형	$Q=60V(10X^2+A)$	
플랜지가 부착된 외부식 (원형, 사각형)		0.2 이상 및 원형	$Q=60\times0.75V(10X^2+A)$	
작업대 위 플랜지가 부착된 외부식 (원형, 사각형)		0.2 이상 및 원형	$Q=60\times0.5V(10X^2+A)$	
작업대 위 외부식 (원형, 사각형)		0.2 이상 및 원형	$Q=60\times V(5X^2+A)$	

연습문제

01 테이블에 붙여서 설치한 사각형 후드의 필요환기량(m^3/min)을 구하는 식으로 적절한 것은?(단, 플랜지는 부착되지 않았고, A(m^2)는 개구면적, X(m)는 개구부와 오염원 사이의 거리, V(m/sec)는 제어속도이다.)

① $Q = V \times (5X^2 + A)$　② $Q = V \times (7X^2 + A)$
③ $Q = 60 \times V \times (5X^2 + A)$　④ $Q = 60 \times V \times (7X^2 + A)$

02 필요송풍량을 Q(m^3/min), 후드의 단면적을 A(m^2), 후드면과 대상물질 사이의 거리를 X(m) 그리고 제어속도를 V_c(m/s)라 했을 때, 관계식으로 맞는 것은?(단, 형식은 외부식이다.)

① $Q = \dfrac{60 \times V_c \times X}{A}$　② $Q = \dfrac{60 \times V_c \times A}{X}$
③ $Q = 60 \times X \times A \times V_c$　④ $Q = 60 \times V_c \times (10X^2 + A)$

03 외부식 후드에서 플랜지가 붙고 공간에 설치된 후드와 플랜지가 붙고 면에 고정 설치된 후드의 필요공기량을 비교할 때 플랜지가 붙고 면에 고정 설치된 후드는 플랜지가 붙고 공간에 설치된 후드에 비하여 필요공기량을 약 몇 % 절감할 수 있는가?(단, 후드는 장방형 기준)

① 12%　② 20%　③ 25%　④ 33%

해설 플랜지가 붙고 공간에 설치된 후드
$Q = 60 \times 0.75V(10X^2 + A)$

플랜지가 붙고 면에 고정 설치된 후드
$Q = 60 \times 0.5V(10X^2 + A)$

절감효율(%) $\dfrac{0.75 - 0.5}{0.75} \times 100 = 33.33\%$

04 유해작용이 다르고, 서로 독립적인 영향을 나타내는 물질 3종류를 다루는 작업장에서 각 물질에 대한 필요환기량을 계산한 결과 120m^3/min, 150m^3/min, 180m^3/min이었다. 이 작업장에서의 필요환기량은 얼마인가?

① 120m^3/min　② 150m^3/min　③ 180m^3/min　④ 450m^3/min

해설 독립작용의 필요환기량은 가장 큰 환기량으로 한다.

05 Della Valle이 제시한 원형이나 정사각형 후드의 필요송풍량 공식 $Q = V(10X^2 + A)$은 오염원에서 후드까지의 거리가 덕트 직경의 얼마 이내일 때에만 유효한가?

① 1.5배　② 2.5배　③ 3.0배　④ 5.0배

해설 Della Valle의 기본식 $Q = V(10X^2 + A)$은 오염원에서 후드까지의 거리가 덕트 직경의 1.5배 이내일 때 적용한다.

06 작업대 위에서 용접을 할 때 흄을 포집 제거하기 위해 작업면에 고정된 플랜지가 붙은 외부식 장방형 후드를 설치했다. 개구면에서 포촉점까지의 거리는 0.25m, 제어속도는 0.75m/sec, 후드 개구면적이 $0.5m^2$일 때, 소요송풍량은?

① 약 $20m^3/min$ ② 약 $25m^3/min$ ③ 약 $30m^3/min$ ④ 약 $35m^3/min$

해설 $Q(m^3/min) = 60 \times 0.5(10X^2 + A) \cdot V_c = 60 \times 0.5(10 \times 0.25^2 + 0.5) \times 0.75 = 25.31m^3/min$

07 자유 공간에 떠 있는 직경 20cm인 원형 개구 후드의 개구면으로부터 20cm 떨어진 곳의 입자를 흡인하려고 한다. 제어풍속을 0.8m/s으로 할 때 필요환기량은 약 얼마인가?

① $5.8m^3/min$ ② $10.5m^3/min$ ③ $20.7m^3/min$ ④ $30.4m^3/min$

해설 $Q(m^3/min) = 60(10X^2 + A) \cdot V_c = 60(10 \times 0.2^2 + 0.03) \times 0.8 = 20.64m^3/min$

여기서, $A = \frac{\pi}{4} \times 0.2^2 = 0.03m^2$

08 전자부품을 납땜하는 공정에 외부식 국소배기장치를 설치하고자 한다. 후드의 규격을 400×400mm, 제어거리를 20cm, 제어속도를 0.5m/s, 그리고 반송속도를 1,200m/min으로 하고자 할 때 덕트 내에서 속도압은 약 몇 mmH_2O인가?(단, 덕트 내의 온도는 21℃이며, 이때 가스의 비중량은 $1.2kg_f/m^3$이다.)

① 24.5 ② 26.6 ③ 27.4 ④ 28.5

해설 $VP = \frac{\gamma V^2}{2g}$

$V = (1,200/60)m/s = 20m/s$

$\therefore VP = \frac{1.2 \times 20^2}{2 \times 9.8} = 24.49mmH_2O$

09 자유공간에 떠있는 직경 20cm인 원형 개구후드의 개구면으로부터 20cm 떨어진 곳의 입자를 흡인하려고 한다. 제어풍속을 0.8m/s으로 할 때 속도압(mmH_2O)은 약 얼마인가?(단, 기체 조건은 21℃, 1기압 상태이다.)

① 7.4 ② 10.2 ③ 12.5 ④ 15.6

해설 $VP = \left(\frac{V}{4.043}\right)^2$

㉠ $Q(m^3/min) = (10 \times 0.2^2 + 0.03) \times 0.8 = 0.344m^3/sec$

㉡ $V = \frac{Q}{A} = \frac{0.344m^3/sec}{0.0314m^2} = 10.955m/sec$

여기서, $A = \frac{\pi}{4} \times 0.2^2 = 0.0314m^2$

$\therefore VP = \left(\frac{10.955}{4.043}\right)^2 = 7.34mmH_2O$

10 자유 공간에 떠 있는 직경 20cm인 원형 개구후드의 개구면으로부터 20cm 떨어진 곳의 입자를 흡인하려고 한다. 제어풍속을 0.8m/s로 할 때, 덕트에서의 속도(m/s)는 약 얼마인가?

① 7　② 11　③ 15　④ 18

해설 $V=\frac{Q}{A}$

㉠ $Q(m^3/min)=(10\times 0.2^2+0.03)\times 0.8=0.344m^3/sec$

㉡ $A=\frac{\pi}{4}\times 0.2^2=0.0314m^2$

$\therefore\ V=\frac{Q}{A}=\frac{0.344m^3/sec}{0.0314m^2}=10.955m/sec$

ANSWER | 01 ③　02 ④　03 ④　04 ③　05 ①　06 ②　07 ③　08 ①　09 ①　10 ②

더 풀어보기

산업기사

01 플랜지가 부착된 슬롯형 후드의 필요송풍량은 플랜지가 없는 슬롯형 후드에 비하여 필요송풍량이 몇 %가 감쇠되는가?(단, 기타 조건의 변화는 없다.)

① 15%　② 20%　③ 30%　④ 45%

해설 플랜지가 부착된 슬롯형 후드

$Q=60\times 2.6LVX$

플랜지가 없는 슬롯형 후드

$Q=60\times 3.7LVX$

절감효율(%) $\frac{3.7-2.6}{3.7}\times 100=29.73\%$

02 국소환기장치에서 플랜지(flange)가 벽, 바닥, 천장 등에 접하고 있는 경우 필요환기량은 약 몇 %가 절약되는가?

① 10　② 25　③ 30　④ 50

해설 ㉠ 외부식 후드의 필요환기량 $Q(m^3/sec)=(10X^2+A)\cdot V_c$

㉡ 플랜지 부착 시 필요환기량 $Q(m^3/sec)=0.5(10X^2+A)\cdot V_c$

∴ 필요환기량은 50%가 절약된다.

03 원형이나 정사각형의 후드인 경우 필요환기량은 Della Valle 공식 $Q=V(10X^2+A)$을 활용한다. 이 공식은 오염원에서 후드까지의 거리가 덕트 직경의 몇 배 이내일 때만 유효한가?

① 1.5배　② 2.5배　③ 3.5배　④ 5.0배

해설 Della Valle의 기본식 $Q=V(10X^2+A)$은 오염원에서 후드까지의 거리가 덕트 직경의 1.5배 이내일 때 적용한다.

04 Della Valle가 유도한 공식으로 외부식 후드의 필요환기량을 산출할 때 가장 큰 영향을 주는 인자는?

① 후드 모양 ② 후드의 재질
③ 후드의 개구면적 ④ 후드로부터의 오염원 거리

05 직경이 10cm인 원형 후드가 있다. 관 내를 흐르는 유량이 0.1m^3/sec라면 후드 입구에서 15cm 떨어진 후드 축선상에서의 제어속도는?(단, Della Valle의 경험식을 이용한다.)

① 0.25m/sec ② 0.29m/sec ③ 0.35m/sec ④ 0.43m/sec

해설 $Q(m^3/s) = (10X^2 + A) \cdot V_c$

$$V_c = \frac{Q}{(10X^2 + A)} = \frac{0.1}{10 \times 0.15^2 + 0.00785} = 0.43m/s$$

여기서, $A = \frac{\pi}{4} \times 0.1^2 = 0.00785m^2$

06 그림과 같이 작업대 위에 용접 흄을 제거하기 위해 작업면 위에 플랜지가 붙은 외부식 후드를 설치했다. 개구면에서 포착점까지의 거리는 0.3m, 제어속도는 0.5m/s, 후드 개구의 면적이 0.6m^2일 때 Della Valle 식을 이용한 필요송풍량(m^3/min)은 약 얼마인가?(단, 후드 개구의 높이/폭은 0.2보다 크다.)

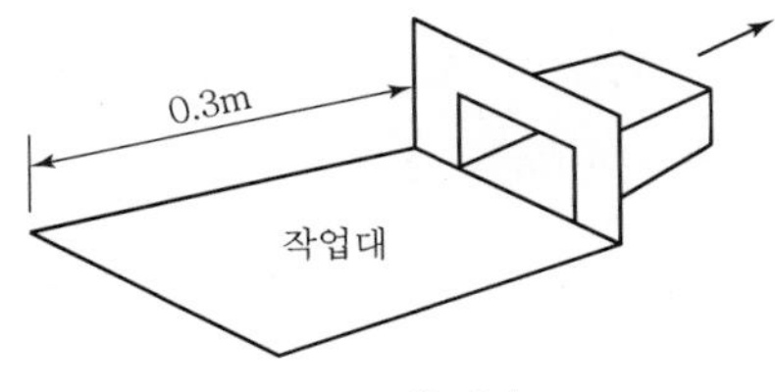

① 18 ② 23 ③ 34 ④ 45

해설 작업대 위에 플랜지가 부착된 외부식 후드

$Q = 60 \times 0.5V(10X^2 + A) = 60 \times 0.5 \times 0.5 \times (10 \times 0.3^2 + 0.6) = 22.5m^3/min$

07 공중에 매달린 직사각형 외부식 후드의 개구면적이 4m^2이고, 발생원의 포착속도가 0.3m/s이다. 발생원은 후드 개구면으로부터 2m 거리에 위치하고 있다면 이때 필요환기량(m^3/min)은 약 얼마인가?

① 132 ② 486 ③ 792 ④ 945

해설 $Q(m^3/min) = 60(10X^2 + A) \cdot V_c = 60(10 \times 2^2 + 4) \times 0.3 = 792m^3/min$

08 후드의 가로가 30cm, 높이 20cm인 직사각형 후드를 플랜지가 부착한 상태로 바닥에 부착하여 설치하고자 한다. 제어풍속이 미치는 최대거리를 후드 개구면으로부터 약 20cm로 잡았을 때 필요한 환기량(m^3/min)은 약 얼마인가?(단, 제어풍속은 0.5m/s이다.)

① 6.9m^3/min ② 15.8m^3/min ③ 20.5m^3/min ④ 25.7m^3/min

해설 $Q(m^3/min) = 60 \times 0.5(10X^2 + A) \cdot V_c = 60 \times 0.5(10 \times 0.2^2 + 0.3 \times 0.2) \times 0.5 = 6.9m^3/min$

09 전자부품을 납땜하는 공정에 외부식 국소배기장치를 설치하려 한다. 후드의 규격은 가로세로 각각 400mm이고, 제어거리는 20cm, 제어속도는 0.5m/s, 반송속도를 1,200m/min으로 하고자 할 때 필요소요풍량(m^3/min)은 약 얼마인가?(단, 플랜지는 없으며 공간에 설치한다.)

① 13.2 ② 15.6 ③ 16.8 ④ 18.4

해설 $Q(m^3/min) = 60 \times (10X^2 + A) \cdot V_c = 60 \times (10 \times 0.2^2 + 0.4 \times 0.4) \times 0.5 = 16.8m^3/min$

10 플랜지가 부착되지 않은 장방형 측방 외부식 후드를 이용하여 연마작업에서 발생되는 분진을 포집 · 제거하고자 할 때 필요송풍량(m^3/min)은?(단, 제어속도는 1m/s, 오염원에서 후드까지의 거리는 50cm, 덕트 내 오염물질 반송속도는 20m/s, 후드의 가로세로 크기는 50cm×70cm이다.)

① 86 ② 128 ③ 171 ④ 205

해설 $Q(m^3/min) = 60(10X^2 + A) \cdot V_c = 60(10 \times 0.5^2 + 0.35) \times 1 = 171m^3/min$

11 자유공간에 떠 있는 직경 20cm인 원형 개구 후드의 개구면으로부터 20cm 떨어진 곳의 입자를 흡인하려고 한다. 제어풍속을 0.8m/s로 할 때 덕트에서의 속도(m/s)는 약 얼마인가?

① 7 ② 11 ③ 15 ④ 18

해설 $Q(m^3/sec) = (10X^2 + A) \cdot V_c = (10 \times 0.2^2 + 0.03) \times 0.8 = 0.34m/sec$

여기서, $A = \frac{\pi}{4} \times 0.2^2 = 0.03m^2$

$$V = \frac{Q}{A} = \frac{0.34m^3/sec}{0.03m^2} = 11.33m/sec$$

12 전자부품을 납땜하는 공장에 외부식 국소배기장치를 설치하고자 한다. 후드의 규격은 400×400mm, 제어거리를 20cm, 제어속도를 0.5m/s, 그리고 반송속도를 1,200m/min으로 하고자 할 때 덕트의 직경은 약 몇 m로 해야 하는가?

① 0.018 ② 0.180 ③ 0.133 ④ 0.013

해설 $Q(m^3/min) = 60 \times (10X^2 + A) \cdot V_c = 60 \times (10 \times 0.2^2 + 0.4 \times 0.4) \times 0.5 = 16.8m^3/min$

$$A = \frac{Q}{V} = \frac{16.8m^3/min}{1,200m/min} = 0.014m^2$$

$$\frac{\pi}{4}D^2 = 0.014$$

$$\therefore D = \sqrt{\frac{4 \times 0.014}{\pi}} = 0.133m$$

13 전자부품을 납땜하는 공정에 외부식 국소배기장치를 설치하려고 한다. 후드의 규격은 400×400mm, 제어거리(X)를 20cm, 제어속도(V_C)를 0.5m/sec로 하고자 할 때의 소요 풍량(m^3/min)보다 후드에 플랜지를 부착하여 공간에 설치하면 소요풍량(m^3/min)은 얼마나 감소하는가?

① 1.2 ② 2.2 ③ 3.2 ④ 4.2

해설 $Q(m^3/min) = 60 \times (10X^2 + A) \cdot V_c = 60 \times (10 \times 0.2^2 + 0.4 \times 0.4) \times 0.5 = 16.8m^3/min$

플랜지 부착 시 감소된 소요풍량= $Q \times 0.75 = 16.8 \times 0.25 = 4.2m^3/min$

14 플랜지가 붙은 1/4 원주형 슬롯형 후드가 있다. 포착거리가 30cm이고, 포착속도가 1m/s일 때 필요송풍량(m^3/min)은 약 얼마인가?(단, 슬롯의 폭은 0.1m, 길이는 0.9m이다.)

① 25.9 ② 45.4 ③ 66.4 ④ 81.0

해설 $Q = 60 \times 1.6LVX = 60 \times 1.6 \times 0.9 \times 1 \times 0.3 = 25.92m^3/min$

15 테이블에 플랜지가 붙은 1/4 원주형 슬롯 후드가 있다. 제어거리가 30cm, 제어속도가 1m/s일 때, 필요송풍량(m^3/min)은 약 얼마인가?(단, 슬롯의 폭은 0.1m, 길이는 10cm이다.)

① 2.88 ② 4.68 ③ 8.68 ④ 12.64

해설 $Q = 60 \times 1.6LVX = 60 \times 1.6 \times 0.1 \times 1 \times 0.3 = 2.88m^3/min$

16 슬롯형 후드 중에서 후드면과 대상 물질 사이의 거리, 제어속도, 후드 개구면의 길이가 같을 때 필요송풍량이 가장 적게 요구되는 것은?

① 전원주 슬롯형 ② $\frac{1}{4}$원주 슬롯형

③ $\frac{1}{2}$원주 슬롯형 ④ $\frac{3}{4}$원주 슬롯형

해설 외부식 슬롯형 후드

$Q = 60 \times C \times L \times V \times X$

여기서, C : 형상계수

㉠ 전원주 : 5.0(3.7) ㉡ $\frac{3}{4}$원주 : 4.1(2.8) ㉢ $\frac{1}{2}$원주 : 2.8(2.6) ㉣ $\frac{1}{4}$원주 : 1.6

17 다음 중 슬롯(slot)형 후드에서 슬롯 속도와 제어풍속과의 관계를 설명한 것으로 가장 옳은 것은?

① 제어풍속은 슬롯 속도에 반비례한다.
② 제어풍속은 슬롯 속도의 제곱근이다.
③ 제어풍속은 슬롯 속도의 제곱에 비례한다.
④ 제어풍속은 슬롯 속도에 영향을 받지 않는다.

해설 슬롯 속도는 배기송풍량과는 관계가 없으며, 제어풍속은 슬롯 속도에 영향을 받지 않는다.

ANSWER | 01 ③ 02 ④ 03 ① 04 ④ 05 ④ 06 ② 07 ③ 08 ① 09 ③ 10 ③
11 ② 12 ③ 13 ④ 14 ① 15 ① 16 ② 17 ④

기 사

01 폭과 길이의 비(종횡비, W/L)가 0.2 이하인 슬롯형 후드의 경우, 배풍량은 다음 중 어느 공식에 의해서 산출하는 것이 가장 적절하겠는가?(단, 플랜지가 부착되지 않았음. L : 길이, W : 폭, X : 오염원에서 후드 개구부까지의 거리, V : 제어속도, 단위는 적절하다고 가정함)

① Q=2.6LVX ② Q=3.7LVX
③ Q=4.3LVX ④ Q=5.2LVX

02 자유공간에 설치한 폭과 높이의 비가 0.5인 사각형 후드의 필요환기량(Q, m^3/s)을 구하는 식으로 옳은 것은?(단, L : 폭(m), W : 높이(m), V : 제어속도(m/s), X : 유해물질과 후드 개구부 간의 거리(m), K : 안전계수)

① $Q=V(10X^2+LW)$ ② $Q=V(5.3X^2+2.7LW)$
③ Q=3.7LVX ④ Q=2.6LVX

03 플랜지 없는 상방 외부식 장방형 후드가 설치되어 있다. 성능을 높게 하기 위해 플랜지 있는 외부식 측방형 후드로 작업대에 부착했다. 배기량은 얼마나 줄었겠는가?(단, 포촉거리, 개구면적, 제어속도는 같다.)

① 30% ② 40% ③ 50% ④ 60%

해설 플랜지 없는 상방 외부식 장방형 후드
$Q=60\times V(10X^2+A)$

플랜지 있는 외부식 측방형 후드(작업대)
$Q=60\times 0.5V(10X^2+A)$

절감효율(%)$=\dfrac{1-0.5}{1}\times 100=50\%$

04 용접흄을 포집 제거하기 위해 작업대에 측방 외부식 테이블상 장방형 후드를 설치하고자 한다. 개구면에서 포착점까지의 거리는 0.7m, 제어속도가 0.30m/s, 개구면적이 $0.7m^2$일 때 필요송풍량(m^3/min)은?(단, 작업대에 붙여 설치하며 플랜지 미부착)

① 35.3 ② 47.8 ③ 56.7 ④ 68.5

해설 $Q(m^3/min)=(5X^2+A)\cdot V_c$
$=60(5\times 0.7^2+0.7)\times 0.3=56.7m^3/min$

05 플랜지가 붙은 외부식 후드가 공간에 있다. 만약 제어속도가 0.75m/sec, 단면적이 $0.5m^2$이고 대상물질과 후드면 간의 거리가 1.0m라면 필요송풍량은 대략 얼마인가?

① $302m^3/min$ ② $315m^3/min$ ③ $336m^3/min$ ④ $354m^3/min$

해설 $Q(m^3/min)=60\times 0.75(10X^2+A)\cdot V_c$
$=60\times 0.75(10\times 1^2+0.5)\times 0.75=354.4m^3/min$

06 작업대 위에서 용접을 할 때 흄을 포집 제거하기 위해 작업면에 고정, 플랜지가 부착된 외부식 장방형 후드를 설치했다. 개구면에서 포촉점까지의 거리는 0.25m, 제어속도는 0.5m/sec, 후드 개구면적이 $0.5m^2$일 때 소요송풍량(m^3/sec)은?

① 약 0.14　② 약 0.28　③ 약 0.36　④ 약 0.42

해설 $Q(m^3/sec) = 0.5(10X^2 + A) \cdot V_c = 0.5(10 \times 0.25^2 + 0.5) \times 0.5 = 0.281m^3/sec$

07 작업대 위에서 용접을 할 때 흄을 제거하기 위해 작업면 위에 플랜지가 붙고 면에 고정된 외부식 후드를 설치하였다. 개구면에서 포착점까지의 거리는 0.25m, 제어속도는 0.5m/s, 후드 개구 면적이 $0.5m^2$ 일 때 송풍량은?

① 약 $11m^3$/min　② 약 $17m^3$/min　③ 약 $21m^3$/min　④ 약 $28m^3$/min

해설 $Q(m^3/min) = 60 \times 0.5(10X^2 + A) \cdot V_c = 60 \times 0.5(10 \times 0.25^2 + 0.5) \times 0.5 = 16.88m^3/min$

08 후드로부터 0.25m 떨어진 곳에 있는 공정에서 발생되는 먼지를, 제어속도가 5m/s, 후드직경이 0.4m인 원형 후드를 이용하여 제거하고자 한다. 이때 필요한 환기량(m^3/min)은?(단, 플랜지 등 기타 조건은 고려하지 않음)

① 약 205　② 약 215　③ 약 225　④ 약 235

해설 $Q(m^3/min) = 60 \times (10X^2 + A) \cdot V_c = 60 \times (10 \times 0.25^2 + 0.126) \times 5 = 225.3m^3/min$

여기서, $A = \frac{\pi}{4} \times 0.4^2 = 0.126m^2$

09 후드로부터 0.25m 떨어진 곳에 있는 금속제품의 연마 공정에서 발생되는 금속먼지를 제거하기 위해 원형 후드를 설치하였다면, 환기량은 약 몇 m^3/sec인가?(단, 제어속도는 2.5m/sec, 후드 직경은 0.4m이고, 플랜지는 부착되지 않았다.)

① 1.9　② 2.3　③ 3.2　④ 4.1

해설 $Q(m^3/min) = 60 \times (10X^2 + A) \cdot V_c = (10 \times 0.25^2 + 0.126) \times 2.5 = 1.878m^3/s$

여기서, $A = \frac{\pi}{4} \times 0.4^2 = 0.126m^2$

10 개구면적이 $0.6m^2$인 외부식 사각형 후드가 자유공간에 설치되어 있다. 개구면과 유해물질 사이의 거리는 0.5m이고 제어속도가 0.80m/s일 때, 필요한 송풍량은 약 몇 m^3/min인가?(단, 플랜지를 부착하지 않은 상태이다.)

① 126　② 149　③ 164　④ 182

해설 $Q(m^3/min) = 60(10X^2 + A)V = 60 \times (10 \times 0.5^2 + 0.6) \times 0.8 = 148.8m^3/min$

11 작업대 위에서 용접할 때 흄을 포집 제거하기 위해 작업면에 고정된 플랜지가 붙은 외부식 사각형 후드를 설치하였다면 소요송풍량은 약 몇 m^3/min인가?(단, 개구면에서 작업지점까지의 거리는 0.25m, 제어속도는 0.5m/s, 후드 개구면적은 0.5m^2이다.)

① 0.281 ② 8.430 ③ 16.875 ④ 26.425

해설 $Q(m^3/min) = 60 \times 0.5(10X^2 + A)V = 60 \times 0.5(10 \times 0.25^2 + 0.5) \times 0.5 = 16.875m^3/min$

12 슬롯의 길이가 2.4m, 폭이 0.4m인 플랜지 부착 슬롯형 후드가 설치되어 있을 때, 필요송풍량은 약 몇 m^3/min인가?(단, 제어거리가 0.5m, 제어속도가 0.75m/s이다.)

① 135 ② 140 ③ 145 ④ 150

해설 $Q(m^3/min) = 60 \times 2.6LVX = 60 \times 2.6 \times 2.4 \times 0.75 \times 0.5 = 140.4m^3/min$

13 용접 흄이 발생하는 공정의 작업대 면에 개구면적이 0.6m^2인 측방 외부식 테이블상 플랜지 부착 장방형 후드를 설치하고자 한다. 제어속도가 0.4m/s, 소요송풍량이 63.6m^3/min이라면, 제어거리는?

① 0.69m ② 0.86m ③ 1.23m ④ 1.52m

해설 $Q(m^3/min) = 60 \times 0.5(10X^2 + A) \cdot V_c$

$63.6 = 60 \times 0.5(10X^2 + 0.6) \times 0.4$

$\therefore X = 0.686m$

14 그림과 같은 작업에서 상방흡인형의 외부식 후드의 설치를 계획하였을 때 필요한 송풍량은 약 m^3/min인가?(단, 기온에 따른 상승기류는 무시함, P=2(L+W), V_c=1m/s)

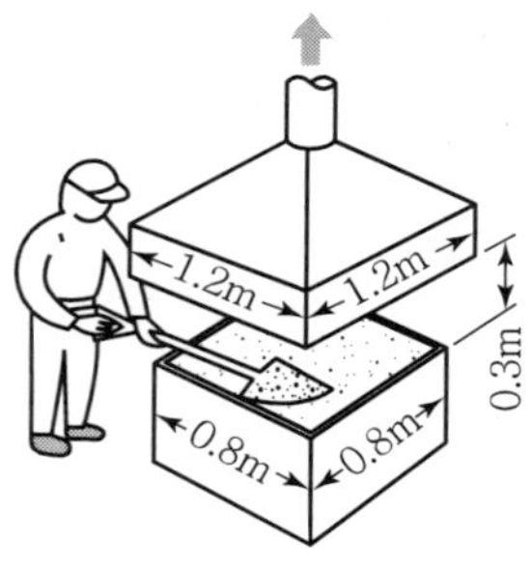

① 100 ② 110 ③ 120 ④ 130

해설 H/L≤0.3인 장방형 후드의 필요송풍량

$Q(m^3/min) = 1.4 \times P \times H \times V_c$

㉠ $P = 2(L + H) = 2(1.2 + 1.2) = 4.8m$

㉡ $H = 0.3m$

㉢ $V_c = 1m/s$

$\therefore Q(m^3/min) = 1.4 \times 4.8 \times 0.3 \times 1 = 2.016m^3/s = 120.96m^3/min$

15 작업환경개선을 위해 전체환기를 적용할 수 있는 일반적 상황으로 틀린 것은?

① 오염발생원의 유해물질 발생량이 적은 경우

② 작업자가 근무하는 장소로부터 오염발생원이 멀리 떨어져 있는 경우

③ 소량의 오염물질이 일정속도로 작업장으로 배출되는 경우

④ 동일 작업장에 오염발생원이 한군데로 집중되어 있는 경우

해설 동일 작업장에 오염발생원이 한군데로 집중되어 있는 경우는 국소환기를 적용하는 것이 바람직하다.

ANSWER | 01 ② 02 ① 03 ③ 04 ③ 05 ④ 06 ② 07 ② 08 ③ 09 ① 10 ② 11 ③ 12 ② 13 ① 14 ③ 15 ④

THEMA 54 환기시스템

1. 공기공급(Make Up Air)시스템

① 환기시설에 의해 작업장 내에서 배기된 만큼의 공기를 작업장 내로 재공급하는 시스템을 말한다.
② 국소배기장치가 효과적인 기능을 발휘하기 위해서는 후드를 통해 배출되는 것과 같은 양의 공기가 외부로부터 보충되는 것을 말한다.

2. 공기공급시스템이 필요한 이유

① 연료를 절약하기 위하여
② 작업장 내 안전사고를 예방하기 위하여
③ 국소배기장치를 적절하게 가동시키기 위하여
④ 근로자에게 영향을 미치는 냉각기류를 제거하기 위해서
⑤ 실외공기가 정화되지 않은 채 건물 내로 유입되는 것을 막기 위해서
⑥ 국소배기장치의 효율 유지를 위해서
⑦ 작업장 내의 방해기류(교차기류)가 생기는 것을 방지하기 위해서

3. 푸시-풀(Push-Pull)형 후드

① 도금조와 같이 상부가 개방되어 있고, 개방면적이 넓어 한쪽 후드에서의 흡입만으로 충분한 흡인력이 발생하지 않는 경우에 적용한다.
② 포집효율을 증가시키면서 필요유량을 감소시킬 수 있다.
③ 개방조 한 변에서 압축공기를 이용하여 오염물질이 발생하는 표면에 공기를 불어 반대쪽에 오염물질이 도달하게 한다.(효율적인 조(tank)의 길이는 1.2~2.4m이다.)
④ 제어속도는 푸시 제트기류에 의해 발생한다.
⑤ 흡인기류는 먼지의 비산범위를 참작하여 보통 3~4m/sec 이상으로 하는 것이 안전하다.
⑥ 공정상 포착거리가 길어서 단지 공기를 제어하는 일반적인 후드로는 효과가 낮을 때 이용하는 장치이다.
⑦ 노즐로는 하나의 긴 슬롯, 구멍 뚫린 파이프 또는 개별 노즐을 여러 개 사용하는 방법이 있다.
⑧ 노즐의 각도는 제트공기가 방해받지 않도록 아래 방향을 향하고, 최대 20° 내를 유지하도록 한다.
⑨ 단점은 원료의 손실이 크고 설계방법이 어렵고, 효과적으로 성능을 발휘하지 못하는 경우가 있다.
⑩ 공정에서 작업물체를 처리조에 넣거나 꺼내는 중에 공기막이 파괴되어 오염물질이 발생하는 단점이 있다.

01 국소배기장치가 효과적인 기능을 발휘하기 위해서는 후드를 통해 배출되는 것과 같은 양의 공기가 외부로부터 보충되어야 한다. 이것을 무엇이라 하는가?

① 테이크 오프(Take Off)　② 충만실(Plenum Chamber)
③ 메이크업 에어(Make Up Air)　④ 인 앤 아웃 에어(In & Out Air)

해설 공기공급(Make Up Air)시스템
㉠ 환기시설에 의해 작업장 내에서 배기된 만큼의 공기를 작업장 내로 재공급하는 시스템을 말한다.
㉡ 국소배기장치가 효과적인 기능을 발휘하기 위해서는 후드를 통해 배출되는 것과 같은 양의 공기가 외부로부터 보충되는 것을 말한다.

02 다음 [보기]에서 공기공급시스템(보충용 공기의 공급장치)이 필요한 이유를 옳게 짝지은 것은?

[보기]
a. 연료를 절약하기 위하여
b. 작업장 내 안전사고를 예방하기 위하여
c. 국소배기장치를 적절하게 가동시키기 위하여
d. 작업장의 교차기류를 유지하기 위하여

① a, b　② a, b, c　③ b, c, d　④ a, b, c, d

해설 공기공급시스템이 필요한 이유
㉠ 연료를 절약하기 위하여
㉡ 작업장 내 안전사고를 예방하기 위하여
㉢ 국소배기장치를 적절하게 가동시키기 위하여
㉣ 근로자에게 영향을 미치는 냉각기류를 제거하기 위해서
㉤ 실외공기가 정화되지 않은 채 건물 내로 유입되는 것을 막기 위해서
㉥ 국소배기장치의 효율 유지를 위해서
㉦ 작업장 내의 방해기류(교차기류)가 생기는 것을 방지하기 위해서

03 푸시-풀 후드에 관한 설명으로 틀린 것은?

① 도금조와 같이 폭이 좁은 경우에 사용하면 포집효율과 필요유량을 증가시킬 수 있다.
② 공정에서 작업물체를 처리조에 넣거나 꺼내는 중에 공기막이 파괴되어 오염물질이 발생하는 단점이 있다.
③ 제어속도는 푸시 제트기류에 의해 발생한다.
④ 노즐의 각도는 제트공기가 방해받지 않도록 하향방향을 향하고 최대 20° 내를 유지하도록 한다.

해설 도금조와 같이 폭이 넓은 경우에 사용하면 포집효율을 증가시키면서 필요유량을 감소시킬 수 있다.

04 다음 중 Push–Pull형 환기장치에 관한 설명으로 틀린 것은?

① 도금조, 자동차 도장공정에서 이용할 수 있다.
② 일반적인 국소배기장치 후드보다 동력비가 가장 많이 든다.
③ 한쪽에서는 공기를 불어 주고(Push) 한쪽에서는 공기를 흡인(Pull)하는 장치이다.
④ 공정상 포착거리가 길어서 단지 공기를 제어하는 일반적인 후드로는 효과가 낮을 때 이용하는 장치이다.

해설 포집효율을 증가시키면서 필요유량을 감소시킬 수 있어 동력비가 적게 든다.

ANSWER | 01 ③ 02 ② 03 ① 04 ②

⊕ 더 풀어보기

산업기사

01 국소배기장치에서 공기공급시스템이 필요한 이유로 옳지 않은 것은?

① 국소배기장치의 효율 유지
② 안전사고 예방
③ 에너지 절감
④ 작업장의 교차기류 유지

해설 공기공급시스템이 필요한 이유
㉠ 연료를 절약하기 위하여
㉡ 작업장 내 안전사고를 예방하기 위하여
㉢ 국소배기장치를 적절하게 가동시키기 위하여
㉣ 근로자에게 영향을 미치는 냉각기류를 제거하기 위해서
㉤ 실외공기가 정화되지 않은 채 건물 내로 유입되는 것을 막기 위해서
㉥ 국소배기장치의 효율 유지를 위해서
㉦ 작업장 내의 방해기류(교차기류)가 생기는 것을 방지하기 위해서

02 환기시설을 효율적으로 운영하기 위해서는 공기공급시스템이 필요한데 다음 중 필요한 이유로 틀린 것은?

① 작업장의 교차기류를 조성하기 위해서
② 국소배기장치를 적정하게 동작시키기 위해서
③ 근로자에게 영향을 미치는 냉각기류를 제거하기 위해서
④ 실외공기가 정화되지 않은 채 건물 내로 유입되는 것을 막기 위해서

해설 작업장 내의 방해기류(교차기류)가 생기는 것을 방지하기 위해서

03 도금조처럼 상부가 개방되어 있고, 개방면적이 넓어 한쪽 후드에서의 흡입만으로 충분한 흡인력이 발생하지 않는 경우에 가장 적합한 후드는?

① 슬롯-후드 ② 캐노피-후드
③ Push-Pull 후드 ④ 저유량-고유속 후드

04 푸시-풀(Push-Pull) 후드에서 효율적인 조(Tank)의 길이로 맞는 것은?

① 1.0~2.2m ② 1.2~2.4m ③ 1.4~2.6m ④ 1.5~3.0m

해설 푸시-풀(Push-Pull) 후드에서 효율적인 조(Tank)의 길이는 1.2~2.4m이다.

05 푸시-풀(Push-Pull) 후드에 관한 설명으로 맞는 것은?

① push 공기의 속도는 빠를수록 좋다.
② 일반적으로 상방흡인형 외부식 후드에 사용된다.
③ 후드와 작업지점과의 거리가 가까운 경우에 주로 활용된다.
④ 후드로부터 멀리 떨어져서 발생하는 유해물질을 후드 가까이 가도록 밀어준다.

해설 ① Push 공기의 속도가 빠르면 원료의 손실이 크다.
② 일반적으로 측방흡인형 외부식 후드에 사용된다.
③ 후드와 작업지점과의 거리가 먼 경우에 주로 활용된다.

06 후드의 성능 불량 원인이 아닌 경우는?

① 제어속도가 너무 큰 경우
② 송풍기의 용량이 부족한 경우
③ 후드 주변에 심한 난기류가 형성된 경우
④ 송풍관 내부에 분진이 과다하게 퇴적되어 있는 경우

해설 후드의 성능 불량 원인
㉠ 송풍기의 용량이 부족한 경우
㉡ 후드 주변에 심한 난기류가 형성된 경우
㉢ 송풍관 내부에 분진이 과다하게 퇴적되어 있는 경우
㉣ 송풍관이나 집진장치 내 분진이 퇴적되어 있는 경우
㉤ 오염물질의 비산속도가 너무 큰 경우

ANSWER | 01 ④ 02 ① 03 ③ 04 ② 05 ④ 06 ①

기 사

01 다음 중 국소배기장치에서 공기공급시스템이 필요한 이유와 가장 거리가 먼 것은?

① 에너지 절감 ② 안전사고 예방
③ 작업장의 교차기류 유지 ④ 국소배기장치의 효율 유지

해설 공기공급시스템이 필요한 이유
㉠ 연료를 절약하기 위하여
㉡ 작업장 내 안전사고를 예방하기 위하여
㉢ 국소배기장치를 적절하게 가동시키기 위하여
㉣ 근로자에게 영향을 미치는 냉각기류를 제거하기 위해서
㉤ 실외공기가 정화되지 않은 채 건물 내로 유입되는 것을 막기 위해서
㉥ 국소배기장치의 효율 유지를 위해서
㉦ 작업장 내의 방해기류(교차기류)가 생기는 것을 방지하기 위해서

02 국소배기장치에서 공기공급시스템이 필요한 이유와 거리가 먼 것은?

① 작업장의 교차기류 발생을 위하여
② 안전사고 예방을 위하여
③ 에너지 절감을 위하여
④ 국소배기장치의 효율 유지를 위해서

해설 작업장 내의 방해기류(교차기류)가 생기는 것을 방지하기 위해서이다.

03 푸시-풀 후드(Push-Pull Hood)에 대한 설명으로 적합하지 않은 것은?

① 도금조와 같이 폭이 넓은 경우에 사용하면 포집효율을 증가시키면서 필요유량을 감소시킬 수 있다.
② 공정에서 작업물체를 처리조에 넣거나 꺼내는 중에 발생되는 공기막 파괴현상을 사전에 방지할 수 있다.
③ 개방조 한 변에서 압축공기를 이용하여 오염물질이 발생하는 표면에 공기를 불어 반대쪽에 오염물질이 도달하게 한다.
④ 제어속도는 푸시 제트기류에 의해 발생한다.

해설 공정에서 작업물체를 처리조에 넣거나 꺼내는 중에 공기막이 파괴되어 오염물질이 발생하는 단점이 있다.

04 밀어당김형 후드(Push - Pull Hood)에 의한 환기로서 가장 효과적인 경우는?

① 오염원의 발산농도가 낮은 경우
② 오염원의 발산농도가 높은 경우
③ 오염원의 발산량이 많은 경우
④ 오염원 발산면의 폭이 넓은 경우

05 다음 중 장방형 후드의 가로와 세로의 비를 나타낸 것으로 같은 수치의 등속선이 가장 멀리까지 영향을 줄 수 있는 것은?(단, 제어속도와 단면적은 일정하다.)

① 1 : 4 ② 1 : 3 ③ 1 : 2 ④ 1 : 1

해설 제어속도와 단면적이 일정한 장방형 후드에서 등속선이 가장 멀리까지 영향을 줄 수 있는 가로와 세로의 비는 1 : 4이다.

06 국소배기장치의 설계 시 후드의 성능을 유지하기 위한 방법이 아닌 것은?

① 제어속도의 유지 ② 송풍기 용량의 확보
③ 주위의 방해기류 제어 ④ 후드의 개구면적 최대화

해설 후드의 성능을 유지하기 위해서는 후드의 개구면적을 최소화하는 것이 좋다.

ANSWER | 01 ③ 02 ① 03 ② 04 ④ 05 ① 06 ④

THEMA 55 덕트

1. 덕트(Duct)

후드에서 흡인한 오염물질을 공기정화장치를 거쳐 송풍기까지 운반하는 송풍관 및 송풍기로부터 배기구까지 운반하는 관을 덕트라 한다.

2. 반송속도(이송속도)

① 정의 : 발생원에서 비산되는 분진, 가스, 증기, 흄 등 후드로 흡인한 유해물질을 덕트 내에 퇴적되지 않게 집진장치까지 운반하는 데 필요한 속도를 말한다.

② 반송속도 결정요소
㉠ 작업의 종류
㉡ 분진의 종류
㉢ 분진의 성질
㉣ 배관의 형태(직경, 조도, 모양, 단면의 확대 및 축소 등)

[덕트의 최소 설계속도, 반송속도]

오염물질	예	V_T(m/sec)
가스, 증기, 미스트	각종 가스, 증기, 미스트	5~10
흄, 매우 가벼운 건조분진	산화아연, 산화알루미늄, 산화철 등의 흄, 나무, 고무, 플라스틱, 면 등의 미세한 분진	10
가벼운 건조분진	원면, 곡물분진, 고무, 플라스틱, 톱밥 등의 분진, 버프 연마분진, 경금속 분진	15
일반 공업분진	털, 나무부스러기, 대패부스러기, 샌드블라스트, 그라인더 분진, 내화벽돌 분진	20
무거운 분진	납분진, 주물사, 금속가루 분진	25
무겁고 습한 분진	습한 납분진, 철분진, 주물사, 요업재료	25 이상

3. 덕트 설치 시 고려사항

① 압력손실을 적게 하기 위해서 가능한 한 짧게 되도록 배치한다.
② 곡관의 수는 되도록 적게 한다.
③ 길게 옆으로 된 송풍관에서는 먼지의 퇴적을 방지하기 위하여 1% 정도 하향 구배를 만든다.
④ 구부러짐 전후나 긴 직관부의 도중에는 적당한 간격으로 청소구를 설치한다.
⑤ 곡관은 되도록 곡률반경을 크게 하여 부드럽게 구부린다(덕트 직경의 2배 이상).
⑥ 송풍관 단면은 되도록 급격한 변화를 피한다.

⑦ 가능한 한 후드와 가까운 곳에 설치한다.
⑧ 가급적 원형 덕트를 사용하는 것이 좋다.
⑨ 덕트의 직경, 조도, 단면 확대 또는 수축, 곡관 수 및 모양 등을 고려하여야 한다.
⑩ 정방형 덕트를 사용할 경우 원형 상당직경을 구하여 설계에 이용한다.
⑪ 사각형 덕트를 사용할 경우 가급적 정방형을 사용한다.
⑫ 덕트가 여러 개인 경우 덕트의 직경을 조절하거나 송풍량을 조절하여 전체적으로 균형이 맞도록 설계한다.
⑬ 후드는 덕트보다 0.76mm 정도 두꺼운 재질을 선택하고 강성을 증대하기 위해 필요한 부분에 보강재를 설치한다.
⑭ 덕트 연결부위는 용접하는 것이 바람직하다.
⑮ 곡관은 덕트보다 최소 0.76mm 정도 두꺼운 재질을 선택하며, 곡률반경은 최소 덕트 직경의 1.5 이상, 주로 2.0을 사용한다.
⑯ 덕트 내에 분진이 퇴적될 염려가 있을 경우 곡관 부근, 합류점, 수직구간 등에 청소구를 설치한다.
⑰ 직경이 다른 덕트를 연결할 때에는 경사 30도 이내의 테이퍼를 부착한다.
⑱ 수분이 응축될 경우 경사나 배수구를 마련한다.
⑲ 송풍기를 연결할 때에는 최소 덕트 직경의 6배 정도는 직선구간으로 한다.
⑳ 덕트지지대는 덕트의 무게를 충분하게 지탱할 수 있도록 한다.

4. 덕트 재료

① 아연도금 강판(함석판) : 유기용제 등의 부식 · 마모의 우려가 없는 것
② 스테인리스 강판, 경질염화 비닐판 : 강산이나 염산을 유리하는 염소계 용제(테트라클로로에틸렌)
③ 강판 : 가성소다 등의 알칼리
④ 흑피강판 : 주물사와 같이 마모의 우려가 있는 입자나 고온가스의 배기
⑤ 중질 콘크리트 송풍관 : 전리 방사성 물질의 배기용

5. 덕트 크기와 에너지 대책

유기용제와 같이 막힐 염려가 없는 가스, 증기의 경우 : 송풍관을 크게(2배) → 유속은 줄어듦(1/4배 감소) → 송풍관 마찰저항 줄어듦(1/16배 감소) → 동력도 줄어들어 경제적임(1/16배 감소)

6. 베나 수축(Vena Contracta)

① 관 내로 공기가 유입될 때 기류의 직경이 감소하는 현상, 즉 기류면적의 축소현상을 말한다.
② 베나 수축에 의한 손실과 베나 수축이 다시 확장될 때 발생하는 난류에 의한 손실을 합하여 유입손실이라 하고 후드의 형태에 큰 영향을 받는다.
③ 베나 수축은 덕트 직경 D의 약 0.2D 하류에 위치하며, 덕트의 시작점에서 덕트 직경 D의 약 2배쯤에서 붕괴된다.
④ 관 단면에서 유체의 유속이 가장 빠른 부분은 관중심부다.

⑤ 베나 수축 현상이 심할수록 손실은 증가되므로 수축이 최소화될 수 있는 후드 형태를 선택해야 한다.

⑥ 베나 수축이 일어나는 지점의 기류 면적은 덕트 면적의 70~100% 정도 범위이다.

⑦ 베나 수축이 심할수록 후드 유입손실은 증가한다.

연습문제

01 발생원에서 비산되는 분진, 가스, 증기, 흄 등 후드로 흡인한 유해물질을 덕트 내에 퇴적되지 않게 집진장치까지 운반하는 데 필요한 속도는?

① 반송속도 ② 제어속도 ③ 비산속도 ④ 유입속도

해설 반송속도(이송속도)
발생원에서 비산되는 분진, 가스, 증기, 흄 등 후드로 흡인한 유해물질을 덕트 내에 퇴적되지 않게 집진장치까지 운반하는 데 필요한 속도를 말한다.

02 다음 중 국소배기에서 덕트의 반송속도에 대한 설명으로 틀린 것은?

① 분진의 경우 반송속도가 느리면 덕트 내에 분진이 퇴적될 우려가 있다.
② 가스상 물질의 반송속도는 분진의 반송속도보다 느리다.
③ 덕트의 반송속도는 송풍기 용량에 맞춰 가능한 한 높게 설정한다.
④ 같은 공정에서 발생되는 분진이라도 수분이 있는 것은 반송속도를 높여야 한다.

해설 반송속도는 오염물질을 이송하기 위한 기류의 최소속도를 의미한다.

03 다음 중 유해물질별 송풍관의 적정 반송속도로 옳지 않은 것은?

① 가스상 물질 – 10m/sec ② 무거운 물질 – 25m/sec
③ 일반 공업 물질 – 20m/sec ④ 가벼운 건조 물질 – 30m/sec

해설 가벼운 건조 물질의 반송속도는 15m/sec로 한다.

04 덕트의 설계에 관한 사항으로 적절하지 않은 것은?

① 사각형 덕트를 사용할 경우 가급적 정방형을 사용한다.
② 덕트의 직경, 단면 확대 또는 수축, 곡관수 및 모양 등을 고려해야 한다.
③ 사각형 덕트가 원형 덕트보다 덕트 내 유속 분포가 균일하므로 가급적 사각형 덕트를 사용한다.
④ 덕트가 여러 개인 경우 덕트의 직경을 조절하거나 송풍량을 조절하여 전체적으로 균형이 맞도록 설계한다.

해설 원형 덕트가 사각형 덕트보다 덕트 내 유속 분포가 균일하므로 가급적 원형 덕트를 사용한다.

05 국소배기시스템 설치 시 고려사항으로 적절하지 않은 것은?

① 가급적 원형 덕드를 사용한다.
② 후드는 덕트보다 두꺼운 재질을 선택한다.
③ 송풍기를 연결할 때에는 최소 덕트 반경의 6배 정도는 직선구간으로 하여야 한다.
④ 곡관의 곡률반경은 최소 덕트 직경의 1.5 이상으로 하며, 주로 2.0을 사용한다.

해설 송풍기를 연결할 때에는 최소 덕트 직경의 6배 정도는 직선구간으로 한다.

06 덕트 설치 시 고려사항으로 적절하지 않은 것은?

① 가급적 원형 덕트를 사용하는 것이 좋다.
② 덕트 연결부위는 용접하지 않는 것이 좋다.
③ 덕트와 송풍기 연결부위는 진동을 고려하여 유연한 재질로 한다.
④ 수분이 응축될 경우 덕트 내로 들어가지 않도록 하며 경사나 배수구를 마련한다.

해설 덕트 연결부위는 외부공기가 유입되지 않도록 용접하는 것이 좋다.

07 주물사, 고온가스를 취급하는 공정에 환기시설을 설치하고자 할 때, 덕트의 재료로 가장 적당한 것은?

① 아연도금 강판 ② 중질 콘크리트
③ 스테인리스 강판 ④ 흑피 강판

해설 덕트의 재료
㉠ 아연도금 강판 : 유기용제, 부식 · 마모의 우려가 없는 것
㉡ 스테인리스 강판 : 강산이나 염산을 유리하는 염소계 용제
㉢ 강판 : 수산화나트륨 등의 알칼리
㉣ 흑피 강판 : 주물사, 고온가스
㉤ 중질 콘크리트 : 전리방사선

08 다음의 내용에서 ㉠, ㉡에 해당하는 숫자로 맞는 것은?

> 산업환기 시스템에서 공기유량(m^3/sec)이 일정할 때, 덕트 직경을 3배로 하면 유속은 (㉠)로, 직경은 그대로 하고 유속을 1/4로 하면 압력손실은 (㉡) 로 변한다.

① ㉠ : 1/3, ㉡ : 1/8 ② ㉠ : 1/12, ㉡ : 1/6
③ ㉠ : 1/6, ㉡ : 1/12 ④ ㉠ : 1/9, ㉡ : 1/16

해설 산업환기 시스템에서 공기유량(m^3/sec)이 일정할 때, 덕트 직경을 3배로 하면 유속은 1/9로, 직경은 그대로 하고 유속을 1/4로 하면 압력손실은 1/16로 변한다.

09 덕트의 시작점에서는 공기의 베나 수축(Vena Contracta)이 일어난다. 베나 수축이 일반적으로 붕괴되는 지점으로 맞는 것은?

① 덕트 직경의 약 2배쯤에서
② 덕트 직경의 약 3배쯤에서
③ 덕트 직경의 약 4배쯤에서
④ 덕트 직경의 약 5배쯤에서

해설 베나 수축은 덕트 직경 D의 약 0.2D 하류에 위치하며, 덕트의 시작점에서 덕트 직경 D의 약 2배 쯤에서 붕괴된다.

ANSWER | 01 ① 02 ③ 03 ④ 04 ③ 05 ③ 06 ② 07 ④ 08 ④ 09 ①

⊕ 더 풀어보기

산업기사

01 다음의 내용과 가장 관련 있는 것은?

> 입자상 물질, 즉 분진, 미스트 또는 흄을 함유한 공기를 수평덕트에서 이송시킬 때 침강에 의해 덕트 하부에 퇴적되지 않게 하여야 하는 최소한의 유지조건

① 반송속도
② 덕트 내 정압
③ 공기 팽창률
④ 오염물질 제거율

해설 반송속도(이송속도)
발생원에서 비산되는 분진, 가스, 증기, 흄 등 후드로 흡인한 유해물질을 덕트 내에 퇴적되지 않게 집진장치까지 운반하는 데 필요한 속도를 말한다.

02 가스, 증기, 흄 및 극히 가벼운 물질의 반송속도(m/s)로 가장 적합한 것은?

① 5~10
② 15~10
③ 20~23
④ 23 이상

해설 덕트의 최소 설계속도, 반송속도

오염물질	예	V_T (m/sec)
가스, 증기, 미스트	각종 가스, 증기, 미스트	5~10
흄, 매우 가벼운 건조분진	산화아연, 산화알루미늄, 산화철 등의 흄, 나무, 고무, 플라스틱, 면 등의 미세한 분진	10
가벼운 건조분진	원면, 곡물분진, 고무, 플라스틱, 톱밥 등의 분진, 버프 연마분진, 경금속 분진	15
일반 공업분진	털, 나무부스러기, 대패부스러기, 샌드블라스트, 그라인더 분진, 내화벽돌 분진	20
무거운 분진	납분진, 주물사, 금속가루 분진	25
무겁고 습한 분진	습한 납분진, 철분진, 주물사, 요업재료	25 이상

03 일반적으로 덕트 내의 반송속도를 가장 크게 해야 하는 물질은?

① 증기 ② 목재 분진
③ 고무 분진 ④ 주조 분진

04 국소배기용 덕트 설계 시 처리물질에 따라 반송속도가 결정된다. 다음 중 반송속도가 가장 느린 물질은?

① 곡분 ② 합성수지분
③ 선반작업 발생 먼지 ④ 젖은 주조작업 발생 먼지

05 다음 중 덕트 설치 시의 주요 원칙으로 틀린 것은?

① 가능한 한 후드의 가까운 곳에 설치한다.
② 곡관의 수는 가능한 한 적게 하도록 한다.
③ 공기는 항상 위로 흐르도록 상향구배로 한다.
④ 덕트는 가능한 한 짧게 배치하도록 한다.

해설 공기는 항상 아래로 흐르도록 하향구배로 한다.

06 다음 중 덕트의 설계에 관한 사항으로 적절하지 않은 것은?

① 덕트가 여러 개인 경우 덕트의 직경을 조절하거나 송풍량을 조절하여 전체적으로 균형이 맞도록 설계한다.
② 사각형 덕트가 원형 덕트보다 덕트 내 유속분포가 균일하므로 가급적 사각형 덕트를 사용한다.
③ 덕트의 직경, 조도, 단면 확대 또는 수축, 곡관 수 및 모양 등을 고려하여야 한다.
④ 정방형 덕트를 사용할 경우 원형 상당 직경을 구하여 설계에 이용한다.

해설 가급적 원형 덕트를 설치한다.

07 다음 중 국소배기시스템 설치 시 고려사항으로 가장 적절하지 않은 것은?

① 가급적 원형 덕트를 사용한다.
② 후드는 덕트보다 두꺼운 재질을 선택한다.
③ 송풍기를 연결할 때에는 최소 덕트 직경의 2배 정도는 직선구간으로 하여야 한다.
④ 곡관의 곡률반경은 최소 덕트 직경의 1.5배 이상으로 하며, 주로 2배를 사용한다.

해설 송풍기를 연결할 때에는 최소 덕트 직경의 6배 정도는 직선구간으로 한다.

08 다음 중 덕트의 설치를 결정할 때 유의사항으로 적절하지 않은 것은?

① 청소구를 설치한다. ② 곡관의 수를 적게 한다.
③ 가급적 원형 덕트를 사용한다. ④ 가능한 한 곡관의 곡률 반경을 작게 한다.

해설 곡관의 곡률 반경은 최소 덕트 직경의 1.5배 이상을 사용한다.

09 국소배기시스템 설치 시 고려사항으로 가장 적절하지 않은 것은?

① 가급적 원형 덕트를 사용한다.
② 후드는 덕트보다 두꺼운 재질을 선택한다.
③ 곡관의 곡률반경은 최소 덕트 직경의 1.5배 이상으로 하며, 주로 2배를 사용한다.
④ 송풍기를 연결할 때에는 최소 덕트 직경의 2배 정도는 직선구간으로 하여야 한다.

해설 송풍기를 연결할 때에는 최소 덕트 직경의 6배 정도는 직선구간으로 하여야 한다.

10 국소배기장치 중 덕트의 관리방안으로 적합하지 않은 것은?

① 분진 등의 퇴적이 없어야 한다.
② 마모 또는 부식이 없어야 한다.
③ 덕트 내의 정압이 초기정압(ps)의 ±10% 이내이어야 한다.
④ 덕트 마모 방지를 위해 분진은 곡관에서 속도를 낮게 유지해야 한다.

해설 덕트 마모 방지를 위해 분진은 곡관에서 속도를 높게 유지해야 한다.

11 국소배기장치의 이송 덕트 설계에 있어서 분지관이 연결되는 주관 확대각의 범위로 가장 적절한 것은?

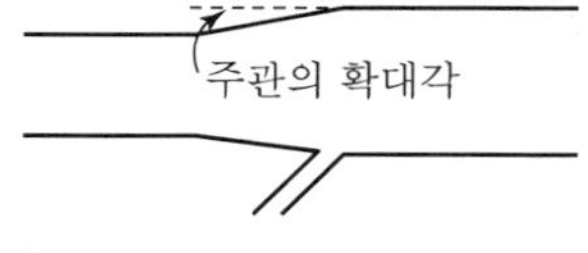

① 15° 이내 ② 30° 이내 ③ 45° 이내 ④ 60° 이내

해설 분지관의 연결은 15° 이내가 적합하다.

12 다음 중 송풍관 내에서 기류의 압력손실 원인과 관계가 가장 적은 것은?

① 기체의 속도 ② 송풍관의 형상
③ 송풍관의 직경 ④ 분진의 크기

해설 덕트 내 압력손실에 영향을 미치는 인자
㉠ 기체의 속도
㉡ 송풍관(덕트)의 형상
㉢ 송풍관(덕트)의 직경
㉣ 송풍관(덕트)의 조도

13 다음 중 덕트 내 유속에 관한 설명으로 옳은 것은?

① 덕트 내 압력손실은 유속에 반비례한다.
② 같은 송풍량인 경우 덕트의 직경이 클수록 유속은 커진다.
③ 같은 송풍량인 경우 덕트의 직경이 작을수록 유속은 작게 된다.
④ 주물사와 같은 단단한 입자상 물질의 유속을 너무 크게 하면 덕트 수명이 단축된다.

해설 ㉠ 덕트 내 압력손실은 유속의 제곱에 비례한다.
㉡ 같은 송풍량인 경우 덕트의 직경이 클수록 유속은 작아진다.
㉢ 같은 송풍량인 경우 덕트의 직경이 작을수록 유속은 커진다.

ANSWER | 01 ① 02 ① 03 ④ 04 ② 05 ③ 06 ② 07 ③ 08 ④ 09 ④ 10 ④
11 ① 12 ④ 13 ④

기 사

01 다음 중 덕트의 설치원칙과 가장 거리가 먼 것은?

① 가능한 한 후드와 먼 곳에 설치한다.
② 덕트는 가능한 한 짧게 배치하도록 한다.
③ 밴드의 수는 가능한 한 적게 하도록 한다.
④ 공기가 아래로 흐르도록 하향구배를 만든다.

해설 가능한 한 후드와 가까운 곳에 설치한다.

02 덕트의 설치원칙으로 옳지 않은 것은?

① 덕트는 가능한 한 짧게 배치하도록 한다.
② 밴드의 수는 가능한 한 적게 하도록 한다.
③ 가능한 한 후드와 먼 곳에 설치한다.
④ 공기 흐름이 원활하도록 하향구배로 만든다.

03 덕트 설치의 주요 원칙으로 틀린 것은?

① 밴드(구부러짐)의 수는 가능한 한 적게 하도록 한다.
② 구부러짐 전후에는 청소구를 만든다.
③ 공기 흐름은 상향구배를 원칙으로 한다.
④ 덕트는 가능한 한 짧게 배치하도록 한다.

해설 길게 옆으로 된 송풍관에서는 먼지의 퇴적을 방지하기 위하여 1% 정도 하향구배를 만든다.

04 다음 중 덕트 설치 시 압력손실을 줄이기 위한 주요 사항과 가장 거리가 먼 것은?

① 덕트는 가능한 한 상향구배를 만든다.
② 덕트는 가능한 한 짧게 배치하도록 한다.
③ 가능한 한 후드의 가까운 곳에 설치한다.
④ 밴드의 수는 가능한 한 적게 하도록 한다.

05 국소배기장치 설계 시 압력손실을 감소시킬 수 있는 방안과 가장 거리가 먼 것은?

① 가능하면 덕트 길이를 짧게 한다.
② 가능하면 후드를 오염원 가까운 곳에 설치한다.
③ 덕트 내면은 마찰계수가 적은 재료로 선정한다.
④ 덕트의 구부림은 최대로 하고, 구부림의 개소를 증가시킨다.

해설 덕트의 구부림은 최소로 한다.

06 덕트 설치의 주요 사항으로 옳은 것은?

① 구부러짐 전후에는 청소구를 만든다.
② 공기 흐름은 상향구배를 원칙으로 한다.
③ 덕트는 가능한 한 길게 배치하도록 한다.
④ 밴드의 수는 가능한 한 많게 하도록 한다.

해설 ② 공기 흐름은 하향구배를 원칙으로 한다.
③ 덕트는 가능하면 길이를 짧게 한다.
④ 밴드의 수는 가능한 한 적게 하도록 한다.

07 덕트 제작 및 설치에 대한 고려사항으로 적절하지 않은 것은?

① 가급적 원형덕트를 설치한다.
② 덕트 연결부위는 가급적 용접하는 것을 피한다.
③ 직경이 다른 덕트를 연결할 때에는 경사 30° 이내의 테이퍼를 부착한다.
④ 수분이 응축될 경우 덕트 내로 들어가지 않도록 경사나 배수구를 마련한다.

해설 덕트 연결부위는 외부공기가 유입되지 않도록 용접하는 것이 좋다.

08 다음 중 가지 덕트를 주 덕트에 연결하고자 할 때, 각도로 가장 적합한 것은?

① 30° ② 50° ③ 70° ④ 90°

해설 직경이 다른 덕트를 연결할 때에는 경사 30° 이내의 테이퍼를 부착한다.

09 다음 중 사용물질과 덕트 재질의 연결이 옳지 않은 것은?

① 알칼리 – 강판
② 전리방사선 – 중질 콘크리트
③ 주물사, 고온가스 – 흑피 강판
④ 강산, 염소계 용제 – 아연도금 강판

해설 강산, 염소계 용제는 스테인리스스틸 강판을 사용한다.

10 덕트의 재질은 사용물질에 따라 다르다. 다음 중 사용물질과 덕트 재질의 연결이 틀린 것은?

① 알칼리 – 강판
② 주물사, 고온가스 – 흑피 강판
③ 강산, 염소계 용제 – 아연도금 강판
④ 전리방사선 – 중질 콘크리트

해설 강산이나 염산을 유리하는 염소계 용제(테트라클로로에틸렌)는 스테인리스 강판을 사용한다.

ANSWER | 01 ① 02 ③ 03 ③ 04 ① 05 ④ 06 ① 07 ② 08 ① 09 ④ 10 ③

THEMA 56 국소배기장치의 성능시험

1. 국소배기설비 점검 시 반드시 갖추어야 할 필수장비

① 연기발생기(발연관, Smoke Tester)
② 청음기(청음봉)
③ 절연저항계
④ 표면온도계 및 초자온도계
⑤ 줄자

2. 연기발생기(발연관, Smoke Tester)

① 오염물질의 확산이동 관찰에 사용된다.
② 작업장 내 공기의 이동방향을 알 수 있다.
③ 후드로부터 오염물질의 이탈 요인 규명에 사용한다.
④ 후드 성능에 미치는 난기류의 영향에 대한 평가에 사용된다.
⑤ 대략적인 후드의 성능을 평가할 수 있다.

3. 덕트 내의 풍속측정에 사용되는 측정 계기

① 피토관
② 풍차풍속계
③ 열선식 풍속계

4. 덕트 내 공기의 압력을 측정하는 데 사용하는 장비

① 피토관
② U자 마노미터
③ 경사 마노미터
④ 아네로이드 게이지
⑤ 마크네헬릭 게이지

5. 국소배기장치 설치상의 기본 유의사항

① 발산원의 상태에 맞는 형과 크기일 것
② 후드의 흡인성능을 만족시키기 위해 발산원의 최소제어풍속을 만족시킬 것
③ 작업자가 후드의 기류 흡인 부위에서 벗어나 작업할 수 있도록 할 것
④ 분진이 관 내에 축적되지 않도록 관 내 풍속이 적정 범위 내에 있을 것
⑤ 유독물질의 경우에는 굴뚝에 흡인장치를 보강할 것
⑥ 흡인되는 공기가 근로자의 호흡기를 거치지 않도록 할 것
⑦ 배기관은 유해물질이 발산하는 부위의 공기를 모두 흡입할 수 있는 성능을 갖출 것

연습문제

01 국소배기장치를 유지 · 관리하기 위한 자체검사 관련 필수 측정기와 관련이 없는 것은?

① 절연저항계 ② 열선풍속계
③ 스모크테스터 ④ 고도측정계

해설 국소배기설비 점검 시 갖추어야 할 필수장비
㉠ 연기발생기(발연관, Smoke Tester)
㉡ 청음기(청음봉)
㉢ 절연저항계
㉣ 표면온도계 및 초자온도계
㉤ 줄자

02 덕트 내 공기의 압력을 측정하는 데 사용하는 장비는?

① 피토관 ② 타코미터
③ 열선유속계 ④ 회전날개형 유속계

해설 덕트 내 공기의 압력을 측정하는 데 사용하는 장비
㉠ 피토관
㉡ U자 마노미터
㉢ 경사 마노미터
㉣ 아네로이드 게이지
㉤ 마크네헬릭 게이지

03 다음 중 덕트 내의 풍속측정에 사용되는 측정 계기가 아닌 것은?

① 피토관 ② 회전속도 측정기
③ 풍차풍속계 ④ 열선식 풍속계

해설 덕트 내의 풍속측정에 사용되는 측정 계기
㉠ 피토관
㉡ 풍차풍속계
㉢ 열선식 풍속계

04 국소배기장치에 대한 압력측정용 장비가 아닌 것은?

① 피토관 ② U자 마노미터
③ Smoke Tube ④ 경사 마노미터

05 다음 중 덕트 내에서 피토관으로 속도압을 측정하여 반송속도를 추정할 때 반드시 필요한 자료가 아닌 것은?

① 횡단측정지점에서의 덕트 면적
② 횡단측정지점에서의 공기 중 유해물질의 조성
③ 횡단지점에서 지점별로 측정된 속도압
④ 횡단측정지점과 측정시간에서 공기의 온도

해설 반송속도 측정 시 유해물질의 조성은 상관없다.

06 다음 중 국소배기장치 설치상의 기본 유의사항으로 잘못된 것은?

① 발산원의 상태에 맞는 형과 크기일 것
② 후드의 흡인성능을 만족시키기 위해 발산원의 최소제어풍속을 만족시킬 것
③ 작업자가 후드의 기류 흡인 부위에 충분히 들어가서 작업할 수 있도록 할 것
④ 분진이 관 내에 축적되지 않도록 관 내 풍속이 적정 범위 내에 있을 것

해설 작업자가 후드의 기류 흡인 부위에서 벗어나 작업할 수 있도록 할 것

ANSWER | 01 ④ 02 ① 03 ② 04 ③ 05 ② 06 ③

더 풀어보기

산업기사

01 다음 중 국소환기시설의 자체검사 시 필요한 필수장비에 속하는 것은?

① 청음봉 ② 회전계
③ 열선풍속계 ④ 수주마노미터

해설 국소배기설비 점검 시 갖추어야 할 필수장비
㉠ 연기발생기(발연관, Smoke Tester)
㉡ 청음기(청음봉)
㉢ 절연저항계
㉣ 표면온도계 및 초자온도계
㉤ 줄자

02 다음 중 국소배기설비 점검 시 반드시 갖추어야 할 필수장비로 볼 수 없는 것은?

① 청음기 ② 연기발생기
③ 테스트해머 ④ 절연저항계

03 국소배기장치의 자체검사 시 압력 측정과 관련된 장비가 아닌 것은?

① 발연관 ② 마노미터
③ 피토관 ④ 드릴과 연성호스

해설 덕트 내 공기의 압력을 측정하는 데 사용하는 장비
㉠ 피토관
㉡ U자 마노미터
㉢ 경사 마노미터
㉣ 아네로이드 게이지
㉤ 마크네헬릭 게이지

04 덕트 내에서 피토관으로 속도압을 측정하여 반송속도를 추정할 때, 반드시 필요한 자료가 아닌 것은?

① 횡단측정 지점에서의 덕트 면적
② 횡단지점에서 지점별로 특정된 속도압
③ 횡단측정 지점과 측정시간에서 공기의 온도
④ 횡단측정 지점에서의 공기 중 유해물질의 조성

해설 반송속도 측정 시 유해물질의 조성은 상관없다.

ANSWER | 01 ① 02 ③ 03 ① 04 ④

기 사

01 다음 중 국소배기장치의 자체검사 시에 갖추어야 할 필요측정기구가 아닌 것은?

① 줄자 ② 연기발생기 ③ 표면온도계 ④ 열선풍속계

해설 국소배기설비 점검 시 갖추어야 할 필수장비
㉠ 연기발생기(발연관, Smoke Tester)
㉡ 청음기(청음봉)
㉢ 절연저항계
㉣ 표면온도계 및 초자온도계
㉤ 줄자

02 연기발생기 이용에 관한 설명으로 가장 거리가 먼 것은?

① 오염물질의 확산이동 관찰
② 공기의 누출입에 의한 음과 축수상자의 이상음 점검
③ 후드로부터 오염물질의 이탈 요인 규명
④ 후드 성능에 미치는 난기류의 영향에 대한 평가

해설 연기발생기는 작업장 내 공기의 이동방향을 알 수 있다.

03 작업장 내 교차기류 형성에 따른 영향과 거리가 먼 것은?

① 국소배기장치의 제어속도가 영향을 받는다.
② 작업장의 음압으로 인해 형성된 높은 기류는 근로자에게 불쾌감을 준다.
③ 작업장 내의 오염된 공기를 다른 곳으로 분산시키기 곤란하다.
④ 먼지가 발생되는 공정인 경우, 침강된 먼지를 비산, 이동시켜 다시 오염되는 결과를 야기한다.

해설 교차기류는 작업장 내의 오염된 공기를 다른 곳으로 분산시킨다.

04 국소배기장치에 관한 주의사항으로 가장 거리가 먼 것은?

① 배기관은 유해물질이 발산하는 부위의 공기를 모두 빨아낼 수 있는 성능을 갖출 것
② 흡인되는 공기가 근로자의 호흡기를 거치지 않도록 할 것
③ 먼지를 제거할 때에는 공기속도를 조절하여 배기관 안에서 먼지가 일어나도록 할 것
④ 유독물질의 경우에는 굴뚝에 흡인장치를 보강할 것

해설 먼지를 제거할 때에는 공기속도를 조절하여 배기관 안에서 먼지가 일어나지 않도록 할 것

국소배기장치 설치상의 기본 유의사항
㉠ 발산원의 상태에 맞는 형과 크기일 것
㉡ 후드의 흡인성능을 만족시키기 위해 발산원의 최소제어풍속을 만족시킬 것
㉢ 작업자가 후드의 기류 흡인 부위에서 벗어나 작업할 수 있도록 할 것
㉣ 분진이 관 내에 축적되지 않도록 관 내 풍속이 적정 범위 내에 있을 것
㉤ 유독물질의 경우에는 굴뚝에 흡인장치를 보강할 것
㉥ 흡인되는 공기가 근로자의 호흡기를 거치지 않도록 할 것
㉦ 배기관은 유해물질이 발산하는 부위의 공기를 모두 흡입할 수 있는 성능을 갖출 것

05 다음 중 국소배기장치에 관한 주의사항과 가장 거리가 먼 것은?

① 유독물질의 경우에는 굴뚝에 흡인장치를 보강할 것
② 흡인되는 공기가 근로자의 호흡기를 거치지 않도록 할 것
③ 배기관은 유해물질이 발산하는 부위의 공기를 모두 흡입할 수 있는 성능을 갖출 것
④ 먼지를 제거할 때에는 공기속도를 조절하여 배기관 안에서 먼지가 일어나도록 할 것

ANSWER | 01 ④ 02 ② 03 ③ 04 ③ 05 ④

57 송풍기

1. 개요

① 국소배기장치의 일부로서 오염된 공기를 후드에서 덕트 내부로 유동시켜서 옥외로 배출하는 원동력을 만들어 내는 흡인장치를 말한다.

② 일반적으로 팬, 블로어 등으로 불리며 팬과 블로어에 대한 명확한 구분은 없으나 통상적으로 압력상승 한계가 1,000mmH_2O 미만인 것을 팬이라 하고 그 이상인 것을 블로어라고 한다.

③ 원심력 송풍기와 축류 송풍기로 구분된다.

2. 원심력 송풍기

원심력 송풍기의 종류는 다익형, 터보형, 평판형으로 구분하며, 축류형 송풍기보다 불확실한 기류나 기류의 변동조건에 매우 적절히 대처가 가능하여 국소배기시설에 많이 사용되나 효율이 낮은 단점이 있다.

- 효율 면 : 터보형 > 평판형 > 다익형
- 풍압 면 : 다익형 > 평판형 > 터보형

① 방사날개형 송풍기(평판형)
  - ㉠ 플레이트 송풍기 또는 평판형 송풍기
  - ㉡ 블레이드(깃)가 평판이고 매우 강도가 높게 설계
  - ㉢ 고농도 분진함유 공기나 부식성이 강한 공기를 이송시키는 데 사용
  - ㉣ 터보송풍기와 다익송풍기의 중간 정도의 성능(효율)을 가짐
  - ㉤ 직선 블레이드(깃)를 반경 방향으로 부착시킨 것으로 구조가 간단하고 보수가 쉬움
  - ㉥ 깃의 구조가 분진을 자체 정화할 수 있도록 되어 있음

② 전향날개형 송풍기(다익형)
  - ㉠ 송풍기의 회전날개가 회전방향과 동일한 방향으로 설계됨
  - ㉡ 시로코 송풍기 또는 다익형 송풍기라 함
  - ㉢ 비교적 저가이나 높은 압력손실에서 송풍량이 급격히 감소
  - ㉣ 압력손실이 적게 걸리거나 이송시켜야 하는 공기량이 많은 전체환기, 공기조화용으로 사용
  - ㉤ 동일 송풍량을 발생시키기 위한 임펠러 회전속도는 상대적으로 낮아 소음문제가 거의 없음
    - 같은 주속에서 가장 높은 풍압을 발생한다.
    - 동력의 상승률이 크다.
    - 효율이 세 종류 중 가장 나빠서 큰 마력의 용도에는 사용하지 않는다.
    - 회전자(회전부분)가 작아서 풍압을 발생하기에 적당하기 때문에 제한된 장소에서 쓰기 좋다.
    - 상승구배 특성이다.

③ 후향날개형 송풍기(터보형)

㉠ 터보송풍기라고 함

㉡ 회전날개가 회전방향 반대편으로 경사지게 설계

㉢ 송풍량이 증가하여도 동력이 증가하지 않는 장점이 있어 한계부하송풍기(Limit Load Fan)라고도 함

㉣ 충분한 압력을 발생시킬 수 있으며 효율이 좋음

- 장소의 제약을 받지 않는다.
- 효율이 좋은 것이 필요할 때 이 형식이 가장 좋다.
- 하향구배 특성이므로 풍압이 바뀌어도 풍량의 변화가 비교적 작고 송풍기를 병렬로 배열해도 풍량에는 지장이 없다.
- 소요풍압이 떨어져도 마력이 크게 올라가지 않는다.
- 효율 면에서 가장 좋은 송풍기이다.
- 소음진동이 비교적 크다.
- 고농도 분진함유 공기를 이송시킬 경우, 집진기 후단에 설치하여 사용해야 한다.

3. 축류 송풍기

종류는 프로펠러형, 튜브형, 베인형으로 구분하며, 비교적 가볍고, 재료비와 설치비가 저렴하다. 소음이 크고 오염된 공기 취급 장소에 사용하기에는 부적절하다.

① 프로펠러 송풍기

㉠ 구조가 가장 간단하고 값이 싸 화장실, 음식점, 흡연실 등의 벽면에 부착하여 사용

㉡ 적은 비용으로 많은 양의 공기를 이송시킬 수 있음

㉢ 압력손실이 많이 걸리는 곳에 사용할 경우 송풍량이 급격하게 떨어짐

㉣ 국소배기용보다는 압력손실이 약 25mmH_2O 이하인 전체환기용으로 사용

② 송풍관이 붙은 축류 송풍기

㉠ 약간의 압력손실(최대 약 75mmH_2O)이 걸리는 곳에서 사용 가능

㉡ 전체 환기용으로도 사용하며, 후드가 한 개 있는 국소배기용으로 사용

㉢ 밀폐공간작업의 급배기용으로 사용

③ 안내깃이 붙은 축류 송풍기

㉠ 높은 압력손실(약 250mmH_2O)에 견딜 수 있도록 제작

㉡ 축류 송풍기의 전동기에 안내깃을 장착하여 회전날개를 통과한 후의 소용돌이를 감소시켜 효율을 상승

㉢ 소음이 심하고 고농도 분진함유 공기를 이송시키기 어려움

㉣ 송풍기 설치공간의 문제가 있을 경우에만 사용하는 것이 바람직

연습문제

01 송풍기의 효율이 큰 순서대로 나열된 것은?

① 평판송풍기 > 다익송풍기 > 터보송풍기 ② 다익송풍기 > 평판송풍기 > 터보송풍기
③ 터보송풍기 > 다익송풍기 > 평판송풍기 ④ 터보송풍기 > 평판송풍기 > 다익송풍기

해설 송풍기의 효율 순서
터보송풍기 > 평판송풍기 > 다익송풍기

02 다음 중 송풍기를 선정하는 데 반드시 필요하지 않은 요소는?

① 송풍량 ② 소요동력 ③ 송풍기 정압 ④ 송풍기 속도압

해설 송풍기 선정 시 필요요소
㉠ 송풍량 ㉡ 소요동력 ㉢ 송풍기 정압
㉣ 송풍기 전압 ㉤ 송풍기 크기 및 회전속도

03 다음 중 국소배기장치에 주로 사용하는 터보송풍기에 관한 설명으로 틀린 것은?

① 송풍량이 증가해도 동력이 증가하지 않는다.
② 방사 날개형 송풍기나 전향 날개형 송풍기에 비해 효율이 좋다.
③ 직선 익근을 반경 방향으로 부착시킨 것으로 구조가 간단하고 보수가 용이하다.
④ 고농도 분진함유 공기를 이송시킬 경우, 회전날개 뒷면에 퇴적되어 효율이 떨어진다.

해설 ③은 방사날개형 송풍기에 관한 설명이다.

04 원심력 송풍기 중 후향 날개형 송풍기에 관한 설명으로 옳지 않은 것은?

① 송풍기 깃이 회전방향으로 경사지게 설계되어 충분한 압력을 발생시킬 수 있다.
② 고농도 분진 함유 공기를 이송시킬 경우 깃 뒷면에 분진이 퇴적된다.
③ 고농도 분진 함유 공기를 이송시킬 경우 집진기 후단에 설치하여야 한다.
④ 깃의 모양은 두께가 균일한 것과 익형이 있다.

해설 송풍기 깃이 회전방향 반대편으로 경사지게 설계되어 충분한 압력을 발생시킬 수 있다.

05 원심력 송풍기 중 전향 날개형 송풍기에 관한 설명으로 틀린 것은?

① 송풍기의 임펠러가 다람쥐 쳇바퀴 모양으로 생겼으므로 송풍기 깃이 회전방향과 동일한 방향으로 설계되어 있다.
② 평판형 송풍기라고도 하며 깃이 분진의 자체 정화가 가능한 구조로 되어 있다.
③ 동일 송풍량을 발생시키기 위한 임펠러 회전속도는 상대적으로 낮아 소음문제가 거의 없다.
④ 이송시켜야 할 공기량은 많으나 압력손실이 작게 걸리는 전체환기나 공기조화용으로 널리 사용된다.

해설 전향 날개형 송풍기(다익형)

㉠ 송풍기의 회전날개가 회전방향과 동일한 방향으로 설계됨
㉡ 시로코 송풍기 또는 다익형 송풍기라 함
㉢ 비교적 저가이나 높은 압력손실에서 송풍량이 급격히 감소
㉣ 압력손실이 적게 걸리거나 이송시켜야 하는 공기량이 많은 전체환기, 공기조화용으로 사용
㉤ 동일 송풍량을 발생시키기 위한 임펠러 회전속도는 상대적으로 낮아 소음문제가 거의 없다.

06 원심력 송풍기 중 다익형 송풍기에 관한 설명으로 가장 거리가 먼 것은?

① 송풍기의 임펠러가 다람쥐 쳇바퀴 모양으로 생겼다.
② 큰 압력손실에서 송풍량이 급격하게 떨어지는 단점이 있다.
③ 고강도가 요구되기 때문에 제작비용이 비싸다는 단점이 있다.
④ 다른 송풍기와 비교하여 동일 송풍량을 발생시키기 위한 임펠러 회전속도가 상대적으로 낮기 때문에 소음이 작다.

해설 다익형 송풍기는 강도가 중요하지 않기 때문에 저가로 제작이 가능하다.

07 방사날개형 송풍기에 관한 설명으로 틀린 것은?

① 고농도 분진함유 공기나 부식성이 강한 공기를 이송시키는 데 많이 이용된다.
② 깃이 평판으로 되어 있다.
③ 가격이 저렴하고 효율이 높다.
④ 깃의 구조가 분진을 자체 정화할 수 있도록 되어 있다.

해설 방사날개형 송풍기(평판형)

㉠ 플레이트 송풍기 또는 평판형 송풍기
㉡ 블레이드(깃)가 평판이고 매우 강도가 높게 설계
㉢ 고농도 분진함유 공기나 부식성이 강한 공기를 이송시키는 데 사용
㉣ 터보송풍기와 다익송풍기의 중간 정도의 성능(효율)을 가짐
㉤ 직선 블레이드(깃)를 반경 방향으로 부착시킨 것으로 구조가 간단하고 보수가 쉬움
㉥ 깃의 구조가 분진을 자체 정화할 수 있도록 되어 있음

08 송풍기에 관한 설명으로 맞는 것은?

① 프로펠러 송풍기는 구조가 가장 간단하지만, 많은 양의 공기를 이송시키기 위해서는 그만큼의 많은 비용이 소요된다.
② 저농도 분진함유 공기나 금속성이 많이 함유된 공기를 이송시키는 데 많이 이용되는 송풍기는 방사 날개형 송풍기(평판형 송풍기)이다.
③ 동일 송풍량을 발생시키기 위한 전향 날개형 송풍기의 임펠러 회전속도는 상대적으로 낮기 때문에 소음문제가 거의 발생하지 않는다.
④ 후향 날개형 송풍기는 회전날개가 회전방향 반대편으로 경사지게 설계되어 있어 충분한 압력을 발생시킬 수 있고, 전향 날개형 송풍기에 비해 효율이 떨어진다.

해설 ① 프로펠러 송풍기는 많은 양의 공기를 이송시킬 경우 비용이 적게 든다.
② 고농도 분진함유 공기나 부식성이 강한 공기를 이송시키는 데 많이 이용되는 송풍기는 방사 날개형 송풍기(평판형 송풍기)이다.
④ 후향 날개형 송풍기는 회전날개가 회전방향 반대편으로 경사지게 설계되어 있어 충분한 압력을 발생시킬 수 있고, 전향 날개형 송풍기에 비해 효율이 우수하다.

09 축류송풍기에 관한 설명으로 가장 거리가 먼 것은?

① 전동기와 직결할 수 있고, 또 축방향 흐름이기 때문에 관로 도중에 설치할 수 있다.
② 가볍고 재료비 및 설치비용이 저렴하다.
③ 원통형으로 되어 있다.
④ 규정 풍량 범위가 넓어 가열공기 또는 오염공기의 취급에 유리하다.

해설 규정 풍량 이외에 효율이 급격히 떨어져 가열공기 또는 오염공기의 취급에 부적당하다.

ANSWER | 01 ④ 02 ④ 03 ③ 04 ① 05 ② 06 ③ 07 ③ 08 ③ 09 ④

더 풀어보기

산업기사

01 송풍기의 정압 효율이 좋은 것부터 맞게 나열한 것은?

① 방사형 > 다익형 > 터보형
② 터보형 > 다익형 > 방사형
③ 터보형 > 방사형 > 다익형
④ 방사형 > 터보형 > 다익형

해설 송풍기의 효율 순서
터보송풍기 > 평판송풍기 > 다익송풍기

02 다음 중 풍압이 바뀌어도 풍량의 변화가 비교적 작고 병렬로 연결하여도 풍량에는 지장이 없으며 동력 특성의 상승도 완만하여 어느 정도 올라가면 포화되는 현상이 있기 때문에 소요풍압이 떨어져도 마력은 크게 올라가지 않는 장점이 있는 송풍기로 가장 적절한 것은?

① 다익송풍기
② 터보송풍기
③ 평판송풍기
④ 축류송풍기

03 송풍량이 증가해도 동력이 증가하지 않는 장점을 가지며 한계부하 송풍기라고도 하는 송풍기는?

① 프로펠러형 송풍기
② 후향 날개형 송풍기
③ 축류 날개형 송풍기
④ 전향 날개형 송풍기

04 원심력 송풍기 중 터보형에 대한 설명으로 틀린 것은?

① 분진이 다량 함유된 공기를 이송할 때 효율이 높다.
② 정압효율이 다른 원심형 송풍기에 비해 비교적 좋다.
③ 송풍량이 증가해도 동력이 증가하지 않는 장점이 있다.
④ 후향 날개형(Backward Curved Blade) 송풍기로서 팬의 날이 회전방향에 반대되는 쪽으로 기울어진 형태이다.

해설 고농도 분진함유 공기를 이송시킬 경우, 깃 뒷면에 분진이 퇴적하여 효율이 떨어져 집진기 후단에 설치하여 사용해야 한다.

05 다음 중 터보팬형 송풍기의 특징을 잘못 설명한 것은?

① 소음, 진동이 비교적 크다.
② 통상적으로 최고속도가 높아 효율이 높다.
③ 규정 풍량 이외에서는 효율이 갑자기 떨어지는 단점이 있다.
④ 소요정압이 떨어져도 동력은 크게 상승하지 않으므로 시설저항 및 운전상태가 변하여도 과부하가 걸리지 않는다.

해설 규정 풍량 이외에서도 효율이 갑자기 떨어지지 않는다.

06 터보팬형 송풍기의 특징을 잘못 설명한 것은?

① 소음은 비교적 낮으나 구조가 가장 크다.
② 통상적으로 최고속도가 높으므로 효율이 높다.
③ 규정 풍량 이외에서는 효율이 갑자기 떨어지지 않는다.
④ 소요정압이 떨어져도 동력은 크게 상승하지 않으므로 시설저항 및 운전상태가 변하여도 과부하가 걸리지 않는다.

해설 터보팬형 송풍기는 소음이 크며, 장소에 제약을 받지 않는다.

07 분진을 다량 함유하는 공기를 이송시키고자 할 때 송풍기를 잘못 선정하면 송풍기 날개에 분진이 퇴적되어 효율이 저하되는 경우가 많다. 다음 중 자체 정화 기능을 가진 송풍기는?

① 터보송풍기
② 방사 날개형 송풍기
③ 후향 날개형 송풍기
④ 전향 날개형 송풍기

08 다음 중 축류송풍기 중 프로펠러 송풍기에 관한 설명으로 틀린 것은?

① 구조가 간단하고 값이 저렴하다.
② 많은 양의 공기를 값싸게 이송시킬 수 있다.
③ 압력손실이 비교적 큰 곳에서도 송풍량의 변화가 적은 장점이 있다.
④ 국소배기용보다는 압력손실이 비교적 작은 전체 환기용으로 사용해야 한다.

해설 프로펠러 송풍기
㉠ 구조가 가장 간단하고 값이 싸 화장실, 음식점, 흡연실 등의 벽면에 부착하여 사용
㉡ 적은 비용으로 많은 양의 공기를 이송시킬 수 있음
㉢ 압력손실이 많이 걸리는 곳에 사용할 경우 송풍량이 급격하게 떨어짐
㉣ 국소배기용보다는 압력손실이 약 $25mmH_2O$ 이하인 전체환기용으로 사용

09 다음 중 송풍기에 관한 설명으로 틀린 것은?
① 평판송풍기는 타 송풍기에 비하여 효율이 낮아 미분탄, 톱밥 등을 비롯한 고농도 분진이나 마모성이 강한 분진의 이송용으로는 적당하지 않다.
② 원심송풍기로는 다익팬, 레이디얼팬, 터보팬 등이 해당된다.
③ 터보형 송풍기는 압력 변동이 있어서 풍량의 변화가 비교적 작다.
④ 다익형 송풍기는 구조상 고속회전이 어렵고, 큰 동력의 용도에서 적합하지 않다.

해설 평판송풍기의 효율은 다익형보다는 높으나 터보형보다는 낮으며, 고농도 분진함유 공기나 부식성이 강한 공기를 이송시키는 데 사용된다.

ANSWER | 01 ③ 02 ② 03 ② 04 ① 05 ③ 06 ① 07 ② 08 ③ 09 ①

기 사

01 터보(Turbo) 송풍기에 관한 설명으로 틀린 것은?
① 후향 날개형 송풍기라고도 한다.
② 송풍기의 깃이 회전방향 반대편으로 경사지게 설계되어 있다.
③ 고농도 분진함유 공기를 이송시킬 경우, 집진기 후단에 설치하여 사용해야 한다.
④ 방사 날개형이나 전향 날개형 송풍기에 비해 효율이 떨어진다.

해설 터보(Turbo) 송풍기는 방사 날개형이나 전향 날개형 송풍기에 비하여 효율이 우수하다.

02 원심력 송풍기 중 전향 날개형 송풍기에 관한 설명으로 옳지 않은 것은?
① 송풍기의 임펠러가 다람쥐 쳇바퀴 모양이다.
② 송풍기 깃이 회전방향과 반대 방향으로 설계되어 있다.
③ 큰 압력손실에서 송풍량이 급격하게 떨어지는 단점이 있다.
④ 다익형 송풍기라고도 한다.

해설 전향 날개형 송풍기는 송풍기의 회전날개가 회전방향과 동일한 방향으로 설계되어 있다.

03 원심력 송풍기 중 전향 날개형 송풍기에 관한 설명으로 옳지 않은 것은?

① 송풍기의 임펠러가 다람쥐 쳇바퀴 모양이며, 송풍기 깃이 회전방향과 동일한 방향으로 설계되어 있다.
② 동일 송풍량을 발생시키기 위한 임펠러 회전속도가 상대적으로 낮아 소음문제가 거의 발생하지 않는다.
③ 다익형 송풍기라고도 한다.
④ 큰 압력손실에도 송풍량의 변동이 적은 장점이 있다.

해설 큰 압력손실에서 송풍량이 급격하게 떨어지는 단점이 있다.

04 원심력송풍기 중 방사 날개형 송풍기에 관한 설명으로 틀린 것은?

① 플레이트 송풍기 또는 평판형 송풍기라 한다.
② 견고하고 가격이 저렴하고 효율이 높다.
③ 깃의 구조가 분진을 자체 정화할 수 있도록 되어 있다.
④ 고농도 분진함유 공기나 부식성이 강한 공기를 이송시키는 데 많이 사용된다.

해설 직선 블레이드(깃)를 반경 방향으로 부착시킨 것으로 구조가 간단하고 보수가 쉽다.

ANSWER | 01 ④ 02 ② 03 ④ 04 ②

THEMA 58 송풍기의 상사법칙

1. 송풍기의 상사법칙

송풍기의 상사법칙이란 송풍기의 풍량, 풍압, 동력, 회전수와의 관계를 나타낸 법칙으로 송풍기의 성능 추정에 매우 중요한 법칙이다.

2. 송풍기 크기가 같고 공기 중 비중이 일정할 때

① 풍량은 회전수에 비례한다.

$$\frac{Q_2}{Q_1}=\frac{N_2}{N_1}$$

여기서, Q_1 : 회전수 변경 전 풍량(m^3/min), Q_2 : 회전수 변경 후 풍량(m^3/min)
N_1 : 변경 전 회전수(rpm), N_2 : 변경 후 회전수(rpm)

② 풍압(전압)은 회전수의 제곱에 비례한다.

$$\frac{FTP_2}{FTP_1}=\left(\frac{N_2}{N_1}\right)^2$$

여기서, FTP_1 : 회전수 변경 전 풍압(mmH_2O)
FTP_2 : 회전수 변경 후 풍압(mmH_2O)

③ 동력은 회전수의 세제곱에 비례한다.

$$\frac{kW_2}{kW_1}=\left(\frac{N_2}{N_1}\right)^3$$

여기서, kW_1 : 회전수 변경 전 동력(kW)
kW_2 : 회전수 변경 후 동력(kW)

3. 송풍기 회전수, 공기의 중량이 일정할 때

① 풍량은 송풍기의 크기(회전차 직경)의 세제곱에 비례한다.

$$\frac{Q_2}{Q_1}=\left(\frac{D_2}{D_1}\right)^3$$

여기서, D_1 : 변경 전 송풍기의 크기
D_2 : 변경 후 송풍기의 크기

② 풍압(전압)은 송풍기 크기의 제곱에 비례한다.

$$\frac{FTP_2}{FTP_1} = \left(\frac{D_2}{D_1}\right)^2$$

여기서, FTP_1 : 송풍기 크기 변경 전 풍압(mmH_2O)
FTP_2 : 송풍기 크기 변경 후 풍압(mmH_2O)

③ 동력은 송풍기 크기의 다섯 제곱에 비례한다.

$$\frac{kW_2}{kW_1} = \left(\frac{D_2}{D_1}\right)^5$$

여기서, kW_1 : 송풍기 크기 변경 전 동력(kW)
kW_2 : 송풍기 크기 변경 후 동력(kW)

4. 송풍기 회전수와 송풍기 크기가 같을 때

① 풍량은 비중의 변화에 무관하다.

$$Q_1 = Q_2$$

여기서, Q_1 : 비중 변경 전 풍량(m^3/min)
Q_2 : 비중 변경 후 풍량(m^3/min)

② 풍압(전압)과 동력은 비중에 비례, 절대온도에 반비례한다.

$$\frac{FTP_2}{FTP_1} = \frac{kW_2}{kW_1} = \frac{\rho_2}{\rho_1} = \frac{T_1}{T_2}$$

여기서, FTP_1, FTP_2 : 변경 전후의 풍압(mmH_2O)
kW_1, kW_2 : 변경 전후의 동력(kW)
ρ_1, ρ_2 : 변경 전후의 비중
T_1, T_2 : 변경 전후의 절대온도

5. 송풍기의 선정 요령

① 성능곡선, 시스템 곡선 및 가동점

㉠ 성능곡선(정압곡선)

성능곡선이란 송풍기에 부하되는 송풍기 정압에 따라 송풍량이 변하는 경향을 나타내는 곡선으로 송풍 유량, 송풍기 정압, 축동력, 효율관계를 나타낸다.

㉡ 시스템 곡선

송풍량에 따라 송풍기 정압이 변하는 경향을 나타내는 곡선이다.

㉢ 작동점

송풍기 성능곡선과 시스템 요구곡선이 만나는 점

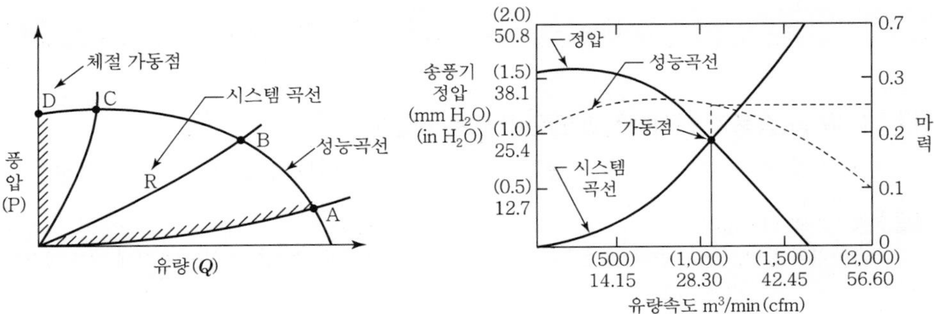

② 송풍기 선정과정

㉠ 덕트계의 압력손실 계산 결과에 의하여 배풍기 전 · 후의 압력차를 구한다.

㉡ 특성선도를 사용하여 필요한 정압 · 풍량을 얻기 위한 회전수, 축동력, 사용모터 등을 구한다.

㉢ 배풍기와 덕트의 설치장소를 고려하여 회전방향, 토출방향을 결정한다.

6. 송풍기의 소요동력

$$kW = \frac{\Delta P \cdot Q}{6{,}120 \times \eta} \times \alpha$$

$$HP = \frac{\Delta P \cdot Q}{4{,}500 \times \eta} \times \alpha$$

여기서, Q : 송풍량(m^3/min)

ΔP : 유효전압(정압) (mmH_2O)

η : 송풍기 효율(%)

α : 여유율(%)

7. 송풍기의 전압과 정압

$$\begin{aligned} FTP(\text{송풍기 전압}) &= \text{배출구 전압}(TP_o) - \text{흡입구 전압}(TP_i) \\ &= SP_o + VP_o - (SP_i + VP_i) \\ &= (SP_o - SP_i) + (VP_o - VP_i) \end{aligned}$$

$$\begin{aligned} FSP(\text{송풍기 정압}) &= \text{송풍기 전압}(FTP) - \text{배출구 속도압}(VP_o) \\ &= (SP_o - SP_i) + (VP_o - VP_i) - VP_o \\ &= SP_o - SP_i - VP_i = SP_o - TP_i \end{aligned}$$

01 다음 중 송풍기 상사법칙과 관련이 없는 것은?

① 송풍량 ② 축동력 ③ 덕트의 길이 ④ 회전수

해설 송풍기의 상사법칙
송풍기의 풍량, 풍압, 동력, 회전수와의 관계를 나타낸 것으로 송풍기의 성능 추정에 매우 중요한 법칙이다.

02 다음 중 송풍기 법칙에 관한 설명으로 옳은 것은?

① 풍량은 송풍기의 회전속도에 반비례한다.
② 풍량은 송풍기의 회전속도에 정비례한다.
③ 풍량은 송풍기의 회전속도의 제곱에 비례한다.
④ 풍량은 송풍기의 회전속도의 세제곱에 비례한다.

해설 풍량은 회전수에 비례한다.

03 송풍기의 풍량, 풍압, 동력과 회전수와의 관계를 바르게 설명한 것은?

① 풍량은 회전수에 비례한다. ② 풍압은 회전수의 제곱에 반비례한다.
③ 동력은 회전수의 제곱에 반비례한다. ④ 동력은 회전수의 제곱에 비례한다.

04 작업장에 설치된 후드가 $100m^3/min$으로 환기되도록 송풍기를 설치하였다. 사용함에 따라 정압이 절반으로 줄었을 때, 환기량의 변화로 옳은 것은?(단, 상사법칙을 적용한다.)

① 환기량이 $33.3m^3/min$으로 감소하였다.
② 환기량이 $50m^3/min$으로 감소하였다.
③ 환기량이 $57.7m^3/min$으로 감소하였다.
④ 환기량이 $70.7m^3/min$으로 감소하였다.

해설 풍압 : 송풍기의 회전속도의 2승에 비례한다.

$0.5 = 1 \times (\frac{N_2}{N_1})^2$, $(\frac{N_2}{N_1}) = \sqrt{0.5} = 0.707$

유량 : 송풍기의 회전속도에 비례한다.

$Q_2 = 100 \times 0.707 = 70.7m^3/min$

05 송풍량(Q)이 $300m^3/min$일 때 송풍기의 회전속도는 150rpm이었다. 송풍량을 $500m^3/min$으로 확대시킬 경우 같은 송풍기의 회전속도는 대략 몇 rpm이 되는가?(단, 기타 조건은 같다고 가정함)

① 약 200rpm ② 약 250rpm ③ 약 300rpm ④ 약 350rpm

해설 풍량은 회전수에 비례한다.

$$\frac{Q_2}{Q_1}=\frac{N_2}{N_1}$$

$$N_2=N_1\times\frac{Q_2}{Q_1}=150\times\frac{500}{300}=250\text{rpm}$$

여기서, Q_1 : 회전수 변경 전 풍량(m^3/min), Q_2 : 회전수 변경 후 풍량(m^3/min)

N_1 : 변경 전 회전수(rpm), N_2 : 변경 후 회전수(rpm)

06 회전차 외경이 600mm인 원심송풍기의 풍량은 200m^3/min이다. 회전차 외경이 1,200mm인 동류(상사구조)의 송풍기가 동일한 회전수로 운전된다면 이 송풍기의 풍량은?(단, 두 경우 모두 표준공기를 취급한다.)

① 1,000m^3/min ② 1,200m^3/min ③ 1,400m^3/min ④ 1,600m^3/min

해설 풍량은 송풍기의 크기(회전차 직경)의 세제곱에 비례한다.

$$Q_2=Q_1\times(\frac{D_2}{D_1})^3=200\times(\frac{1,200}{600})^3=1,600\text{m}^3/\text{min}$$

07 후향 날개형 송풍기가 2,000rpm으로 운전될 때 송풍량이 20m^3/min, 송풍기 정압이 50mmH_2O, 축동력이 0.5kW였다. 다른 조건은 동일하고 송풍기의 rpm을 조절하여 3,200rpm으로 운전한다면 송풍량, 송풍기 정압, 축동력은?

① 38m^3/min, 80mmH_2O, 1.86kW ② 38m^3/min, 128mmH_2O, 2.05kW

③ 32m^3/min, 80mmH_2O, 1.86kW ④ 32m^3/min, 128mmH_2O, 2.05kW

해설 송풍기의 크기와 유체밀도가 일정할 때

㉠ 유량 : 송풍기의 회전속도에 비례한다.

$$Q_2=Q_1\times(\frac{N_2}{N_1})=20\times(\frac{3,200}{2,000})=32\text{m}^3/\text{min}$$

㉡ 풍압 : 송풍기의 회전속도의 2승에 비례한다.

$$FTP_2=FTP_1\times(\frac{N_2}{N_1})^2=50\times(\frac{3,200}{2,000})^2=128\text{mmH}_2\text{O}$$

㉢ 동력 : 송풍기의 회전속도의 3승에 비례한다.

$$kW_2=kW_1\times(\frac{N_2}{N_1})^3=0.5\times(\frac{3,200}{2,000})^3=2.05\text{kW}$$

08 다음 중 일반적으로 송풍기의 소요동력(kW)을 구하고자 할 때 관여되는 주요 인자로 볼수 없는 것은?

① 풍량 ② 송풍기의 유효전압

③ 송풍기의 효율 ④ 송풍기의 종류

해설 송풍기의 소요동력

$$kW=\frac{\Delta P\cdot Q}{6,120\times\eta}\times\alpha,\ HP=\frac{\Delta P\cdot Q}{4,500\times\eta}\times\alpha$$

여기서, Q : 송풍량(m^3/min), ΔP : 유효전압(정압)(mmH_2O)

η : 송풍기 효율(%), α : 여유율(%)

09 풍량 $2m^3/sec$, 송풍기 유효전압 $100mmH_2O$, 송풍기의 효율이 75%인 송풍기의 소요동력은?

① 2.6kW ② 3.8kW
③ 4.4kW ④ 5.3kW

해설 송풍기 소요동력(kW)

$$kW = \frac{\text{송풍량}(m^3/min) \times \text{송풍기 유효정압}(mmH_2O)}{6{,}120 \times \text{송풍기 효율}(\%)} \times \text{여유율}(\%)$$

$$= \frac{2m^3/sec \times 60sec/min \times 100mmH_2O}{6{,}120 \times 0.75} \times 1.0 = 2.6kW$$

10 흡입관의 정압과 속도압이 각각 $-30.5mmH_2O$, $7.2mmH_2O$이고, 배출관의 정압과 속도압이 각각 $20.0mmH_2O$, $15mmH_2O$이면, 송풍기의 유효전압은?

① $58.3mmH_2O$ ② $64.2mmH_2O$
③ $72.3mmH_2O$ ④ $81.1mmH_2O$

해설 $FTP = TP_o - TP_i = (SP_o + VP_o) - (SP_i + VP_i) = (20 + 15) - (-30.5 + 7.2) = 58.3mmH_2O$

11 송풍기의 동작점에 관한 설명으로 가장 알맞은 것은?

① 송풍기의 성능곡선과 시스템 동력곡선이 만나는 점
② 송풍기의 정압곡선과 시스템 효율곡선이 만나는 점
③ 송풍기의 성능곡선과 시스템 요구곡선이 만나는 점
④ 송풍기의 정압곡선과 시스템 동압곡선이 만나는 점

해설 송풍기의 동작점은 송풍기의 성능곡선과 시스템 요구곡선이 만나는 점을 말한다.

ANSWER | 01 ③ 02 ② 03 ① 04 ④ 05 ② 06 ④ 07 ④ 08 ④ 09 ① 10 ① 11 ③

더 풀어보기

산업기사

01 송풍기 상사법칙과 관련이 없는 것은?

① 송풍량 ② 축동력
③ 회전수 ④ 덕트의 길이

해설 송풍기의 상사법칙
송풍기의 풍량, 풍압, 동력, 회전수와의 관계를 나타낸 것으로 송풍기의 성능 추정에 매우 중요한 법칙이다.

02 다음 중 송풍기의 상사법칙에 대한 설명으로 틀린 것은?

① 송풍량은 송풍기의 회전속도에 정비례한다.
② 송풍기 풍압은 송풍기 회전날개의 직경에 정비례한다.
③ 송풍기 동력은 송풍기 회전속도의 세제곱에 비례한다.
④ 송풍기 풍압은 송풍기 회전속도의 제곱에 비례한다.

해설 풍압(전압)은 회전수의 제곱에 비례한다.

03 송풍기의 상사법칙에 대한 설명으로 틀린 것은?

① 송풍량은 송풍기의 회전속도에 정비례한다.
② 송풍기 동력은 송풍기 회전속도의 세제곱에 비례한다.
③ 송풍기 풍압은 송풍기 회전속도의 제곱에 비례한다.
④ 송풍기 풍압은 송풍기 회전날개의 직경에 정비례한다.

04 다음 중 송풍기 상사법칙으로 옳은 것은?

① 풍량은 회전수비의 제곱에 비례한다.
② 축동력은 회전수비의 제곱에 비례한다.
③ 축동력은 임펠러의 직경비에 반비례한다.
④ 송풍기 정압은 회전수비의 제곱에 비례한다.

05 송풍기의 상사법칙에 관한 설명으로 틀린 것은?

① 풍량은 송풍기 회전수와 정비례한다.
② 풍압은 회전차의 직경에 반비례한다.
③ 풍압은 송풍기 회전수의 제곱에 비례한다.
④ 동력은 송풍기 회전수의 세제곱에 비례한다.

해설 ① 풍량은 회전수에 비례한다.
③ 풍압(전압)은 회전수에 제곱에 비례한다.
④ 동력은 회전수의 세제곱에 비례한다.

06 송풍기의 회전수는 N, 송풍량은 Q, 정압은 P, 축동력을 L이라 할 때 송풍기의 상사 법칙을 올바르게 나타낸 것은?

① $Q^2 \propto N$
② $L \propto N^4$
③ $P \propto N^2$
④ $L \propto N^2$

07 다음 중 송풍기의 풍량, 풍압 및 동력 간의 관계를 올바르게 나타낸 것은?(단, Q는 풍량, N은 회전속도, P는 풍압, W는 동력이다.)

① $P \propto N^2$　　② $W \propto N$
③ $Q \propto N^3$　　④ $Q \propto N^2$

해설 송풍기의 상사법칙
㉠ 풍량은 회전수에 비례한다.
㉡ 풍압(전압)은 회전수의 제곱에 비례한다.
㉢ 동력은 회전수의 세제곱에 비례한다.

08 다음 중 송풍기의 회전수를 2배 증가시키면 동력은 몇 배로 증가하는가?

① 2배　② 4배　③ 8배　④ 16배

해설 동력 : 송풍기의 회전속도의 3승에 비례한다.

$$kW_2 = kW_1 \times \left(\frac{N_2}{N_1}\right)^3$$

09 페인트 공장에 설치된 국소배기장치의 풍량이 적정한지 타코메타를 이용하여 측정하고자 하였다. 설계 당시의 사양을 보니 풍량(Q)은 40m³/min, 회전수는 1,120rpm이었으나 실제 측정하였더니 회전수가 1,000rpm이었다. 실제 풍량은 약 얼마인가?

① $20.4m^3/min$　　② $22.6m^3/min$
③ $26.3m^3/min$　　④ $35.7m^3/min$

해설 $$\frac{Q_2}{Q_1} = \frac{rpm_2}{rpm_1}$$

$$Q_2 = Q_1 \times \frac{rpm_2}{rpm_1} = 40 \times \frac{1,000}{1,120} = 35.71m^3/min$$

10 송풍기의 소요동력을 계산하는 데 필요한 인자로 볼 수 없는 것은?

① 송풍기의 효율　　② 풍량
③ 송풍기 날개 수　　④ 송풍기 전압

해설 송풍기의 소요동력

$$kW = \frac{\Delta P \cdot Q}{6,120 \times \eta} \times \alpha,\ HP = \frac{\Delta P \cdot Q}{4,500 \times \eta} \times \alpha$$

여기서, Q : 송풍량(m^3/min), ΔP : 유효전압(정압)(mmH_2O)
η : 송풍기 효율(%), α : 여유율(%)

11 국소배기장치의 설계 시 송풍기의 동력을 결정할 때 가장 필요한 정보는?

① 송풍기 동압과 가격　　② 송풍기 동압과 효율
③ 송풍기 전압과 크기　　④ 송풍기 전압과 필요송풍량

12 다음 중 국소배기장치의 올바른 송풍기 선정과정과 가장 거리가 먼 것은?

① 송풍량과 송풍압력을 가급적 큰 용량으로 선정한다.

② 덕트계의 압력손실 계산결과에 의하여 배풍기 전후의 압력차를 구한다.

③ 특성선도를 사용하여 필요한 정압, 풍량을 얻기 위한 회전수, 축동력, 사용모터 등을 구한다.

④ 배풍기와 덕트의 설치 장소를 고려해서 회전방향, 토출방향을 결정한다.

해설 송풍량과 송풍압력은 시스템 요구곡선과 성능곡선에 의해 적정하게 선정해야 한다.

13 다음 중 송풍기의 소요동력(kW)을 구하는 계산식으로 옳은 것은?[단, Q_S는 송풍량(m^3/min), P_η는 송풍기의 전압(mmH_2O)을 의미한다.]

① $\dfrac{Q_S \times P_\eta}{6,120}$ ② $\dfrac{Q_S}{6,120 \times P_\eta}$ ③ $\dfrac{6,120 \times P_\eta}{Q_S}$ ④ $\dfrac{6,120}{Q_S \times P_\eta}$

14 어느 공기정화장치의 압력손실이 300mmH_2O, 처리가스량이 1,000m^3/min, 송풍기의 효율이 80%이다. 이 장치의 소요동력은 약 몇 kW인가?

① 56.9 ② 61.3 ③ 72.5 ④ 80.6

해설 $kW = \dfrac{\Delta P \cdot Q}{6,120 \times \eta} \times \alpha = \dfrac{300 \times 1,000}{6,120 \times 0.8} = 61.27kW$

15 송풍기의 효율이 0.6이고, 송풍기의 유효전압이 60mmH_2O일 때, 30m^3/min의 공기를 송풍하는데 필요한 동력(kW)은 약 얼마인가?

① 0.1 ② 0.3 ③ 0.5 ④ 0.7

해설 $kW = \dfrac{\Delta P \cdot Q}{6,120 \times \eta} \times \alpha = \dfrac{60 \times 30}{6,120 \times 0.6} = 0.49kW$

16 송풍량이 140m^3/min이고, 송풍기의 유효전압이 110mmH_2O이다. 이때 송풍기 효율이 70%, 여유율을 1.2로 할 경우 송풍기의 소요동력은 약 얼마인가?

① 2.6kW ② 3.7kW ③ 4.3kW ④ 5.4kW

해설 $kW = \dfrac{\Delta P \cdot Q}{6,120 \times \eta} \times \alpha = \dfrac{140 \times 110}{6,120 \times 0.7} \times 1.2 = 4.3kW$

17 송풍기에 걸리는 전압이 200mmH_2O, 배풍량이 250m^3/min, 송풍기의 효율이 70%이다. 여유율을 20%로 하였을 때 송풍기에 필요한 동력은 약 얼마인가?

① 6.8kW ② 9.8kW ③ 11.7kW ④ 14.1kW

해설 $kW = \dfrac{\Delta P \cdot Q}{6,120 \times \eta} \times \alpha = \dfrac{200 \times 250}{6,120 \times 0.7} \times 1.2 = 14.0kW$

18 송풍기의 바로 앞부분(Up Stream)까지의 정압이 −200mmH₂O, 뒷부분(Down Stream)에서의 정압이 10mmH₂O이다. 송풍기의 바로 앞부분과 뒷부분에서의 속도압이 모두 8mmH₂O일 때 송풍기정압(mmH₂O)은 얼마인가?

① 182　　② 190　　③ 202　　④ 218

해설 $FSP = (SP_o - SP_i) - VP_i = (10 - (-200)) - 8 = 202mmH_2O$

19 다음 그림의 송풍기 성능곡선에 대한 설명으로 맞는 것은?

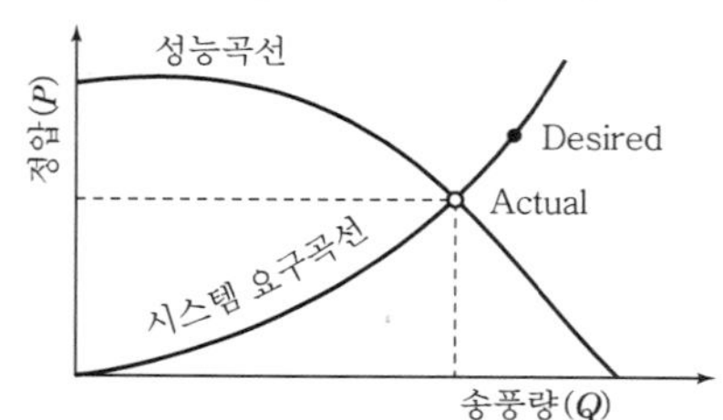

① 너무 큰 송풍기를 선정하고 시스템 압력손실도 과대평가된 경우이다.
② 시스템 곡선의 예측은 적절하나 성능이 약한 송풍기를 선정하여 송풍량이 적게 나오는 경우이다.
③ 설계단계에서 예측했던 시스템 요구곡선이 잘 맞고, 송풍기의 선정도 적절하여 원했던 송풍량이 나오는 경우이다.
④ 송풍기의 선정은 적절하나 시스템의 압력손실 예측이 과대평가되어 실제로는 압력손실이 작게 걸려 송풍량이 예상보다 많이 나오는 경우이다.

20 그림과 같은 송풍기 성능곡선에 대한 설명으로 맞는 것은?

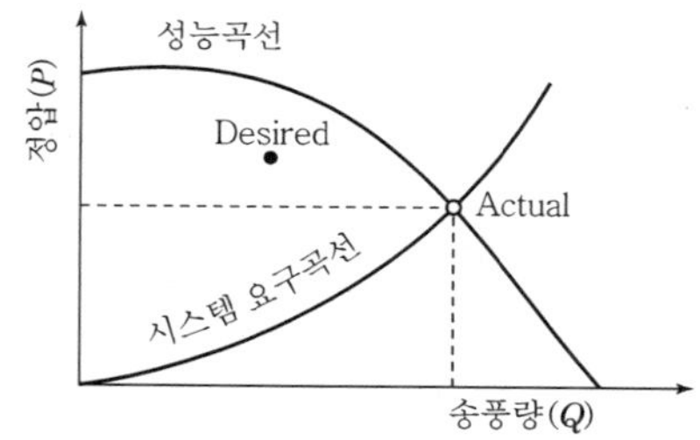

① 송풍기의 선정이 적절하여 원했던 송풍량이 나오는 경우이다.
② 성능이 약한 송풍기를 선정하여 송풍량이 작게 나오는 경우이다.
③ 너무 큰 송풍기를 선정하고, 시스템 압력손실도 과대평가된 경우이다.
④ 송풍기의 선정은 적절하나 시스템의 압력손실이 과대평가되어 송풍량이 예상보다 많이 나오는 경우이다.

ANSWER									
01 ④	02 ②	03 ④	04 ④	05 ②	06 ③	07 ①	08 ③	09 ④	10 ③
11 ④	12 ①	13 ①	14 ②	15 ③	16 ③	17 ④	18 ③	19 ②	20 ③

기 사

01 송풍기에 관한 설명으로 옳은 것은?

① 풍량은 송풍기의 회전수에 비례한다.
② 동력은 송풍기의 회전수의 제곱에 비례한다.
③ 풍력은 송풍기의 회전수의 세제곱에 비례한다.
④ 풍압은 송풍기의 회전수의 세제곱에 비례한다.

해설 송풍기의 상사법칙
㉠ 풍량은 회전수에 비례한다.
㉡ 풍압(전압)은 회전수에 제곱에 비례한다.
㉢ 동력은 회전수의 세제곱에 비례한다.

02 송풍량(A)이 300m³/min일 때 송풍기의 회전속도는 150rpm이었다. 송풍량 500m³/min으로 확대시킬 경우 같은 송풍기의 회전속도는 대략 몇 rpm이 되는가?(단, 기타 조건은 같다고 가정한다.)

① 약 200rpm ② 약 250rpm ③ 약 300rpm ④ 약 350rpm

해설 $\frac{Q_2}{Q_1} = \frac{rpm_2}{rpm_1}$

$$rpm_2 = rpm_1 \times \frac{Q_2}{Q_1} = 150 \times \frac{500}{300} = 250rpm$$

03 회전수가 600rpm이고, 동력은 5kW인 송풍기의 회전수를 800rpm으로 상향조정하였을 때, 동력은 약 몇 kW인가?

① 6 ② 9 ③ 12 ④ 15

해설 동력 : 송풍기의 회전속도의 3승에 비례한다.

$$kW_2 = kW_1 \times \left(\frac{N_2}{N_1}\right)^3 = 5 \times \left(\frac{800}{600}\right)^3 = 11.85kW$$

04 송풍기 정압이 3.5cmH₂O일 때 송풍기의 회전속도가 180rpm이다. 만약 회전속도가 360rpm으로 증가되었다면 송풍기 정압은?(단, 기타 조건은 같다고 가정함)

① 16cmH_2O ② 14cmH_2O ③ 12cmH_2O ④ 10cmH_2O

해설 정압은 송풍기의 회전속도의 제곱에 비례한다.

$$P_{s2} = P_{s1} \times \left(\frac{N_2}{N_1}\right)^2 = 3.5cm \times \left(\frac{360}{180}\right)^2 = 14cmH_2O$$

05 회전차 외경이 600mm인 원심 송풍기의 풍량은 200m³/min이다. 회전차 외경이 1,000mm인 동류(상사구조)의 송풍기가 동일한 회전수로 운전된다면 이 송풍기의 풍량(m³/min)은?(단, 두 경우 모두 표준공기를 취급한다.)

① 약 333 ② 약 556 ③ 약 926 ④ 약 2,572

해설 풍량은 송풍기의 크기(회전차 직경)의 세제곱에 비례한다.

$$Q_2 = Q_1 \times \left(\frac{D_2}{D_1}\right)^3 = 200 \times \left(\frac{1,000}{600}\right)^3 = 925.93\text{m}^3/\text{min}$$

06 회전차 외경이 600mm인 레이디얼(방사날개형) 송풍기의 풍량은 300m³/min, 송풍기 전압은 60mmH₂O, 축동력이 0.70kW이다. 회전차 외경이 1,000mm로 상사인 레이디얼(방사날개형) 송풍기가 같은 회전수로 운전될 때 전압(mmH₂O)은?(단, 공기 비중은 같음)

① 167 ② 182 ③ 214 ④ 246

해설 풍압은 송풍기의 크기(회전차 직경)의 제곱에 비례한다.

$$P_{s2} = P_{s1} \times \left(\frac{D_2}{D_1}\right)^2 = 60 \times \left(\frac{1,000}{600}\right)^2 = 166.67\text{mmH}_2\text{O}$$

07 유해물질을 제어하기 위해 작업장에 설치된 후드가 300m³/min으로 환기되도록 송풍기를 설치하였다. 설치 초기 시 후드정압은 50mmH₂O였는데, 6개월 후에 후드 정압을 측정해 본 결과 절반으로 낮아졌다면 기타 조건에 변화가 없을 때 환기량은?(단, 상사법칙 적용)

① 환기량이 252m³/min으로 감소하였다.
② 환기량이 212m³/min으로 감소하였다.
③ 환기량이 150m³/min으로 감소하였다.
④ 환기량이 125m³/min으로 감소하였다.

해설
$$\frac{FTP_2}{FTP_1} = \left(\frac{Q_2}{Q_1}\right)^2$$

$$Q_2 = Q_1 \times \sqrt{\frac{FTP_2}{FTP_1}} = 300\text{m}^3/\text{min} \times \sqrt{\frac{25}{50}} = 212.13\text{m}^3/\text{min}$$

08 작업장에 설치된 국소배기장치의 제어속도를 증가시키기 위해 송풍기 날개의 회전수를 15% 증가시켰다면 동력은 약 몇 % 증가할 것으로 예측되는가?(단, 기타 조건은 같다고 가정한다.)

① 약 41 ② 약 52 ③ 약 63 ④ 약 74

해설
$$\frac{kW_2}{kW_1} = \left(\frac{N_2}{N_1}\right)^3 = (1.15)^3 = 1.52$$

∴ 52(%)가 증가한다.

09 회전차 외경이 600mm인 레이디얼 송풍기의 풍량은 300m³/min, 송풍기 전압은 60mmH₂O, 축동력이 0.80kW이다. 회전차 외경이 1,200mm로 상사인 레이디얼 송풍기가 같은 회전수로 운전된다면 이 송풍기의 축동력은?(단, 두 경우 모두 표준공기를 취급한다.)

① 20.2kW ② 21.4kW ③ 23.4kW ④ 25.6kW

해설 축동력은 송풍기의 크기(회전차 직경)의 다섯 제곱에 비례한다.

$$kW_2 = kW_1 \times \left(\frac{D_2}{D_1}\right)^5 = 0.8 \times \left(\frac{1,200}{600}\right)^5 = 25.6\text{kW}$$

10 송풍기의 송풍량이 4.17m^3/sec이고 송풍기 전압이 300mmH_2O인 경우 소요동력은?(단, 송풍기 효율은 0.85이다.)

① 약 5.8kW
② 약 14.4kW
③ 약 18.2kW
④ 약 20.6kW

해설 $kW = \frac{\Delta P \cdot Q}{6,120 \times \eta} \times \alpha = \frac{300 \times 4.17 \times 60}{6,120 \times 0.85} = 14.43kW$

11 송풍기의 전압이 300mmH_2O이고 풍량이 400m^3/min, 효율이 0.6일 때 소요동력(kW)은?

① 약 33
② 약 45
③ 약 53
④ 약 65

해설 $kW = \frac{\Delta P \cdot Q}{6,120 \times \eta} \times \alpha = \frac{300 \times 400}{6,120 \times 0.6} = 32.68kW$

12 송풍기의 송풍량이 200m^3/min이고, 송풍기 전압이 150mmH_2O이다. 송풍기의 효율이 0.8이라면 소요동력(kW)은?

① 약 4kW
② 약 6kW
③ 약 8kW
④ 약 10kW

해설 $kW = \frac{\Delta P \cdot Q}{6,120 \times \eta} \times \alpha = \frac{150 \times 200}{6,120 \times 0.8} = 6.13kW$

13 국소배기시스템이 설치된 송풍기의 풍량은 5m^3/sec이고 유효전압은 180mmH_2O이다. 송풍기의 전압효율이 70%라면 소요동력은?

① 약 13kW
② 약 21kW
③ 약 34kW
④ 약 42kW

해설 $kW = \frac{\Delta P \cdot Q}{6,120 \times \eta} \times \alpha = \frac{180 \times 5 \times 60}{6,120 \times 0.7} = 12.61kW$

14 송풍기 전압이 125mmH_2O이고, 송풍기의 총 송풍량이 20,000m^3/hr일 때 소요동력은?(단, 송풍기 효율 80%, 안전율 50%)

① 8.1kW
② 10.3kW
③ 12.8kW
④ 14.2kW

해설 $kW = \frac{\Delta P \cdot Q}{6,120 \times \eta} \times \alpha = \frac{125 \times 20,000/60}{6,120 \times 0.8} \times 1.5 = 12.77kW$

15 송풍량이 400m^3/min이고 송풍기 전압이 100mmH_2O인 송풍기를 가동할 때 소요동력(kW)은?(단, 효율 75%, 여유율 20%)

① 약 6.9
② 약 8.4
③ 약 10.5
④ 약 12.2

해설 $kW = \frac{\Delta P \cdot Q}{6,120 \times \eta} \times \alpha = \frac{100 \times 400}{6,120 \times 0.75} \times 1.2 = 10.46kW$

16 흡인풍량이 200m^3/min이고, 송풍기 유효전압이 150mmH_2O이다. 송풍기의 효율이 80%, 1.2인 송풍기의 소요동력은?(단, 송풍기 효율과 여유율을 고려함)

① 4.8kW
② 5.4kW
③ 6.7kW
④ 7.4kW

해설 $kW = \frac{\Delta P \cdot Q}{6,120 \times \eta} \times \alpha = \frac{150 \times 200}{6,120 \times 0.8} \times 1.2 = 7.35kW$

17 유효전압이 120mmH_2O, 송풍량이 306m^3/min인 송풍기의 축동력이 7.5kW일 때 이 송풍기의 전압 효율은?(단, 기타 조건은 고려하지 않음)

① 65%
② 70%
③ 75%
④ 80%

해설 $kW = \frac{\Delta P \cdot Q}{6,120 \times \eta} \times \alpha$

$\eta = \frac{\Delta P \cdot Q}{6,120 \times kW} = \frac{120 \times 306}{6,120 \times 7.5} = 0.8 = 80\%$

18 송풍기 배출구의 총압정압은 20mmH_2O이고, 흡인구의 총압전압은 −90mmH_2O이며 송풍기 전후의 속도압은 20mmH_2O이다. 이 송풍기의 실효정압(mmH_2O)은?

① −130
② −110
③ +130
④ +110

해설 $FSP = SP_o - TP_i = 20 - (-90) = 110mmH_2O$

19 흡입관의 정압과 속도압이 각각 −40.5mmH_2O, 7.2mmH_2O이고, 배출관의 정압과 속도압이 각각 20.0mmH_2O, 15mmH_2O이면, 송풍기의 유효전압은?

① 45.6mmH_2O
② 54.2mmH_2O
③ 68.3mmH_2O
④ 72.1mmH_2O

해설 $FTP = TP_o - TP_i = (SP_o + VP_o) - (SP_i + VP_i) = (20 + 15) - (-40.5 + 7.2) = 68.3mmH_2O$

20 흡입관의 정압과 속도압이 각각 −30.5mmH₂O, 7.2mmH₂O이고, 배출관의 정압과 속도압이 각각 23.0mmH₂O, 15mmH₂O이면, 송풍기의 유효정압은?

① 26.1mmH₂O ② 33.2mmH₂O
③ 46.3mmH₂O ④ 58.4mmH₂O

해설 $FSP = (SP_o - SP_i) - VP_i = (23 - (-30.5)) - 7.2 = 46.3mmH_2O$

21 송풍기에 연결된 환기 시스템에서 송풍량에 따른 압력손실 요구량을 나타내는 Q–P 특성곡선 중 Q와 P의 관계는?(단, Q는 풍량, P는 풍압이며, 유동조건은 난류형태이다.)

① $P \propto Q$ ② $P^2 \propto Q$
③ $P \propto Q^2$ ④ $P^2 \propto Q^3$

해설 시스템 곡선
송풍량에 따라 송풍기 정압이 변하는 경향을 나타내는 곡선으로 $P \propto Q^2$의 관계를 나타낸다.

ANSWER | 01 ① 02 ② 03 ③ 04 ② 05 ③ 06 ① 07 ② 08 ② 09 ④ 10 ②
11 ① 12 ② 13 ① 14 ③ 15 ③ 16 ④ 17 ④ 18 ④ 19 ③ 20 ③
21 ③

THEMA 59 공기정화장치

1. 공기정화장치(집진장치)의 종류 및 성능 비교

원리	명칭	한계입경 (μm)	압력손실 P(mmAq)	제거율(%)	설비비	운전비
중력	침강실	50	10~15	40~60	小	小
관성력	러버	10	30~70	50~70	小	小
원심력	사이클론	3	50~150	85~95	中	中
세정	벤투리 스크러버	0.1	300~380	80~95	中	中
여포	백필터	0.1	100~200	90~99	中	中
전기	전기집진기	0.05	10~20	80~99.9	大	小~中

2. 집진장치 선정 시 고려사항

① 분진의 입경분포 및 입자의 크기(입경)

② 유량, 집진율, 흡착성, 점착성, 전기저항

③ 함진가스의 농도, 배기가스 온도, 총 에너지 요구량

3. 중력집진장치

① 원리 : 함진가스 중 입자상 물질을 중력에 의한 자연침강을 이용하는 방법이다.

② 장단점

장점	단점
• 구조가 간단하고, 압력손실이 적다. • 설치 · 유지비가 낮고, 유지관리가 용이하다. • 부하가 높은 가스나, 고온가스처리가 가능하다.	• 처리효율이 낮다. • 미세입자 처리가 곤란하다.

③ 침강속도(Stokes 법칙)

$$V_g = \frac{d_p^2(\rho_p - \rho)g}{18 \cdot \mu}$$

여기서, V_g : 중력침강속도(m/s), d_p : 입자의 직경(m)

ρ_p : 입자의 밀도(kg/m^3), ρ : 공기의 밀도(kg/m^3)

g : 중력가속도(9.8m/s^2), μ : 가스의 점도(kg/m · s)

④ 집진율 향상 조건

$$효율(\eta)=\frac{V_g}{V}\times\frac{L}{H}\times n=\frac{d_p^2(\rho_p-\rho)g\cdot L}{18\cdot\mu\cdot V\cdot H}$$

㉠ 침강실의 높이가 낮고, 중력장의 길이가 길수록 집진율은 높아진다.
㉡ 침강실 내 처리가스의 속도가 작을수록 미립자가 포집된다.
㉢ 침강실 입구폭이 클수록 유속이 느려지며 미세한 입자가 포집된다.
㉣ 다단일 경우에는 단수가 증가할수록 집진율은 커지나, 압력손실도 증가한다.
㉤ 침강실 내의 배기 기류를 균일하게 한다.

4. 관성력집진장치

① 원리 : 함진가스를 방해판에 충돌시켜 기류의 방향을 급격하게 변화시켜 입자의 관성력을 이용하여 분리 · 포집하는 장치이다.

② 특징
㉠ 충돌 전의 처리가스 속도를 적당히 빠르게 하면 미세입자를 포집할 수 있다.
㉡ 처리 후의 출구가스 속도가 느릴수록 미세입자를 포집할 수 있다.
㉢ 기류의 방향전환 횟수가 많고, 방향전환 각도가 작을수록 압력손실은 커지나 집진은 잘된다.

5. 원심력집진장치

① 원리 : 함진가스에 선회류를 일으켜 원심력을 이용하여 입자를 분리 · 포집하는 집진장치로 사이클론이라고도 한다.

② 특징
㉠ 구조가 간단하고, 저비용으로 큰 입자를 효과적으로 제거할 수 있다.
㉡ 고온가스, 고농도 가스 처리도 가능하며 설치장소에 구애를 받지 않는다.
㉢ 사이클론에는 접선 유입식과 축류 유입식이 있다.
㉣ 현장에서 전처리용 집진장치로 널리 이용된다.
㉤ 직렬 또는 병렬로 연결하면 사용 폭을 보다 넓힐 수 있다.
㉥ 원심력과 중력을 동시에 이용하기 때문에 입경이 크면 효율적이다.
㉦ 점성분진을 처리할 경우 내부에 분진이 퇴적되어 압력손실이 증가한다.

③ 집진율 향상 조건

$$\eta_d=\frac{d_p^2(\rho_p-\rho)\cdot\pi\cdot V\cdot N_e}{9\cdot\mu\cdot B_c}$$

여기서, d_p : 입자의 직경(m) ρ_p : 입자의 밀도(kg/m^3), π : 3.14
V : 입구가스의 유속(m/sec), N_e : 유효회전수
μ : 함진기체의 점도(kg/m · sec), B_c : 입구폭(m)

㉠ 입자의 직경, 입자의 밀도, 가스의 유속, 유효회전수가 클수록 효율은 증가한다.

㉡ 함진기체의 점도, 입구 폭은 작을수록 효율은 증가한다.

㉢ 관내경이 작을수록 효율이 좋다.

④ 성능 특성

㉠ 한계입경(임계입경) : 100% 처리효율로 제거되는 입자의 입경을 말한다.

㉡ 절단입경(cut－size) : 50% 이상의 처리효율로 제거되는 입자의 입경을 말한다.

㉢ 분리계수(S) : 사이클론에서 잠재적인 효율을 나타내는 지표로, 원심력과 중력의 비로 나타낸다.

$$분리계수=\frac{원심력}{중력}=\frac{V^2}{R\times g}$$

⑤ 블로다운(Blow Down)

㉠ 정의 : 더스트 박스(호퍼)에서 유입유량의 5~10%에 상당하는 함진가스를 추출시켜 집진장치의 기능을 향상시킨다.

㉡ 블로다운 효과

- 유효 원심력을 증가시켜 선회기류의 흐트러짐을 방지한다.
- 관 내 분진 부착으로 인한 장치의 폐쇄현상을 방지한다.
- 부분적 난류 감소로 집진된 입자의 재비산을 방지한다.
- 처리배기량의 5~10% 정도가 재유입되는 현상이다.

6. 세정집진장치

① 세정집진장치는 액적, 액막, 기포 등에 의해 함진배기를 세정하여 입자에 부착, 입자 상호의 응집을 촉진시켜 입자를 분리시키는 장치이다.

㉠ 액적에 입자가 충돌하여 부착한다.(관성충돌)

㉡ 미립자 확산에 의하여 액적과의 접촉을 쉽게 한다.(확산작용)

㉢ 배기의 증습에 의하여 입자가 서로 응집한다.(증습효과)

㉣ 액막, 기포에 입자가 접촉하여 부착한다.(접촉차단)

② 장단점

장점	단점
• 입자와 가스의 동시 채취 • 협소한 장소에 설치 가능 • 고온가스의 처리 가능 • 화재 및 폭발성 분진 제거 • 비산분진의 염려가 없음	• 동력 요구량 및 압력손실이 높음 • 수질오염 • 부생물 회수가 어려움 • 소수성 입자의 집진율은 낮음

③ 종류

㉠ 유수식 : 물 중에 함진가스를 분사하는 방법으로 S－임페라형, 로터형, 분수형, 나선안내익형 등이 있다.

㉡ 가압수식 : 함진가스 중에 물을 분사하는 방법으로 충전탑, 분무탑, 각종 스크러버(Venturi Scrubber, Jet Scrubber, Cyclone Scrubber) 등이 있다.

7. 여과집진장치

① 원리 : 함진가스를 여과포에 통과시켜 입자를 분리 · 포집하는 장치로 $1\mu m$ 이상의 분진의 포집은 99%가 관성충돌과 직접차단에 의하여 이루어지고, $0.1\mu m$ 이하의 분진은 확산과 정전기력에 의하여 포집되는 집진장치이다.

② 여과집진장치의 먼지제거 메커니즘

㉠ 관성충돌(Inertial Impaction)

㉡ 확산(Diffusion)

㉢ 직접차단(Direct Interception)

㉣ 중력침강(Gravitional Settling)

㉤ 정전기 침강(Electrostatic Settling)

③ 특성

㉠ 다양한 용량을 처리할 수 있다.

㉡ 여러 가지 형태의 분진을 포집할 수 있다.

㉢ 탈진방법과 여과재의 사용에 따른 설계상의 융통성이 있다.

㉣ 가스의 양이나 밀도의 변화에 의해 영향을 받지 않는다.

㉤ 고온 및 부식성 물질의 포집에 부적당하다.

㉥ 수분이나 여과속도에 대한 적응성이 낮다.

㉦ 여과재의 교환으로 유지비가 고가이다.

④ 여과포 탈진방법

㉠ 간헐식 : 진동형, 역기류형, 역기류진동형

㉡ 연속식 : 역제트기류 분사형, 충격제트기류 분사형

8. 전기집진장치

① 원리 : 특수한 고압 직류전원을 집진극(+)과 방전극(−)에 보내어 불평등전계를 형성하고 이 전계안에서 코로나 방전을 이용하여 함진가스 중의 입자에 전하를 부여하고 대전한 입자(−)가 쿨롱력에 의하여 집진극(+)으로 이동하여 분리 · 포집하는 장치이다. 다량의 분진을 배출하는 시설인 화력발전소, 유리 용해로, 제철제강로, 폐기물 소각로 등에서 이용된다.

② 전기력의 종류

㉠ 하전에 의한 쿨롱력

㉡ 전계경도에 의한 힘

㉢ 입자 간에 작용하는 흡인력

㉣ 전기풍에 의한 힘

③ 적절한 전하량의 범위 : $10^4 \sim 10^{11}\Omega \cdot cm$

㉠ $10^4\Omega \cdot cm$ 이하 : 재비산현상

㉡ $10^{11}\Omega \cdot cm$ 이상 : 역전리현상

④ 장단점

장점	단점
• 집진효율을 가지며, 습식 또는 건식으로도 제진할 수 있다. • 광범위한 온도와 대용량 범위에서 운전이 가능하다. • 압력손실이 적어 송풍기의 동력비가 적게 든다. • 500℃ 전후 고온의 입자상 물질도 처리가 가능하다.	• 운전조건의 변화에 따른 유연성이 적다. • 설치공간을 많이 차지한다. • 설치비용이 많이 든다. • 성상에 따라 전처리시설이 필요하다. • 가연성 입자의 처리에 부적당하다.

참고

배기구

국소배기장치에서 정화된 유해물질을 대기로 배출하기 위한 "15－3－15" 규칙이 있다.

① 15m : 배출구와 공기를 실내로 공급하는 유입구와의 거리

② 3m : 굴뚝의 높이(이웃하는 지붕의 꼭대기나 공기 유입구보다 높아야 함)

③ 15m/sec : 굴뚝을 통해 배출되는 배출속도

연습문제

01 집진장치 선정 시 반드시 고려해야 할 사항으로 볼 수 없는 것은?

① 총 에너지 요구량
② 요구되는 집진효율
③ 오염물질의 회수효율
④ 오염물질의 함진농도와 입경

해설 집진장치 선정 시 고려사항

㉠ 분진의 입경분포 및 입자의 크기(입경)
㉡ 유량, 집진율, 흡착성, 점착성, 전기저항
㉢ 함진가스의 농도, 배기가스 온도, 총 에너지 요구량

02 다음 중 입자상 물질을 처리하기 위한 공기정화장치와 가장 거리가 먼 것은?

① 사이클론
② 중력집진장치
③ 여과집진장치
④ 촉매산화에 의한 연소장치

해설 공기정화장치의 종류

㉠ 중력집진장치
㉡ 관성력집진장치
㉢ 원심력집진장치
㉣ 세정집진장치
㉤ 여과집진장치
㉥ 전기집진장치

03 중력집진장치에서 집진효율을 향상시키는 방법으로 틀린 것은?

① 침강높이를 크게 한다.
② 수평 도달거리를 길게 한다.
③ 처리가스 배기속도를 작게 한다.
④ 침강실 내의 배기기류를 균일하게 한다.

해설 중력집진장치의 집진효율을 향상시키기 위해서는 침강실의 높이는 낮아야 하고, 길이는 길수록 집진효율이 증가한다.

04 공기 중에 발산된 분진입자는 중력에 의하여 침강하는데 Stoke 식이 많이 사용되고 있다. Stoke 종말침전속도 식으로 맞는 것은?(단, ρ_1 : 먼지밀도, ρ : 공기밀도, μ : 공기의 동점성계수, γ : 먼지 직경, g : 중력가속도)

① $V = \frac{(\rho - \rho_1)\mu\gamma^2}{18g}$
② $V = \frac{(\rho_1 - \rho)\mu\gamma}{18g}$
③ $V = \frac{(\rho_1 - \rho)g\gamma^2}{18\mu}$
④ $V = \frac{(\rho - \rho_1)g\gamma}{18\mu}$

해설 침강속도(Stokes 법칙)

$$V_g = \frac{d_p^2(\rho_p - \rho)g}{18 \cdot \mu}$$

여기서, V_g : 중력침강속도(m/s), d_p : 입자의 직경(m)
ρ_p : 입자의 밀도(kg/m^3), ρ : 공기의 밀도(kg/m^3)
g : 중력가속도(9.8m/s^2), μ : 가스의 점도(kg/m · s)

05 80μm인 분진 입자를 중력 침강실에서 처리하려고 한다. 입자의 밀도는 2g/cm^3, 가스의 밀도는 1.2kg/m^3, 가스의 점성계수는 2.0×10^{-3}g/cm · s일 때 침강속도는?(단, Stokes's 식 적용)

① 3.49×10^{-3}m/sec
② 3.49×10^{-2}m/sec
③ 4.49×10^{-3}m/sec
④ 4.49×10^{-2}m/sec

해설 $V_g = \frac{d_p^2(\rho_p - \rho)g}{18 \cdot \mu} = \frac{(80 \times 10^{-6})^2(2{,}000 - 1.2) \times 9.8}{18 \times 2.0 \times 10^{-4}} = 3.48 \times 10^{-2}$m/s

06 관성력 제진장치에 관한 설명으로 틀린 것은?

① 충돌 전의 처리가스 속도를 적당히 빠르게 하면 미세입자를 포집할 수 있다.
② 처리 후의 출구가스 속도가 느릴수록 미세입자를 포집할 수 있다.
③ 기류의 방향전환 각도가 작을수록 압력손실이 적어져 제진효율이 높아진다.
④ 기류의 방향전환 횟수가 많을수록 압력손실은 증가한다.

해설 관성력 집진장치는 기류의 방향전환 각도가 클수록 압력손실이 높아져 제진효율이 높아진다.

07 분진을 제거하기 위해 사용되는 원심력 집진장치에 관한 설명으로 틀린 것은?

① 주로 원심력이 작용한다.
② 사이클론에는 접선 유입식과 축류 유입식이 있다.
③ 현장에서 전처리용 집진장치로 널리 이용된다.
④ 점성분진을 처리할 경우 내부에 분진이 퇴적되어 압력손실이 감소한다.

해설 점성분진을 처리할 경우 내부에 분진이 퇴적되어 압력손실이 증가한다.

08 사이클론 집진장치에서 발생하는 블로다운(Blow Down) 효과에 관한 설명으로 옳은 것은?

① 유효 원심력을 감소시켜 선회기류의 흐트러짐을 방지한다.
② 관 내 분진 부착으로 인한 장치의 폐쇄현상을 방지한다.
③ 부분적 난류 증가로 집진된 입자가 재비산된다.
④ 처리배기량의 50% 정도가 재유입되는 현상이다.

해설 블로다운 효과
㉠ 유효 원심력을 증가시켜 선회기류의 흐트러짐을 방지한다.
㉡ 관 내 분진 부착으로 인한 장치의 폐쇄현상을 방지한다.
㉢ 부분적 난류 감소로 집진된 입자의 재비산을 방지한다.
㉣ 처리배기량의 5~10% 정도가 재유입되는 현상이다.

09 세정식 제진장치의 사용 시 문제점에 대한 설명 중 틀린 것은?

① 폐수의 처리
② 공업용수의 과잉 사용
③ 한랭기에 의한 동결
④ 배기의 상승 확산력 증가

해설 세정집진장치의 문제점
㉠ 한랭기에 의한 동결
㉡ 수질오염(폐수처리)
㉢ 공업용수이 과잉 사용
㉣ 동력요구량 및 압력손실이 높음
㉤ 소수성 입자의 집진율이 낮음

10 다음 중 세정집진장치의 종류가 아닌 것은?

① 유수식
② 가압수식
③ 충진탑식
④ 사이클론식

해설 세정집진장치의 종류
㉠ 유수식 : 물 중에 함진가스를 분사하는 방법으로 S-임페라형, 로터형, 분수형, 나선안내익형 등이 있다.
㉡ 가압수식 : 함진가스 중에 물을 분사하는 방법으로 충전탑, 분무탑, 각종 스크러버(Venturi Scrubber, Jet Scrubber, Cyclone Scrubber) 등이 있다.

11 여과집진장치의 포집원리와 가장 거리가 먼 것은?

① 확산 ② 관성충돌
③ 원심력 ④ 직접차단

해설 여과집진장치의 먼지 제거 매커니즘
㉠ 관성충돌(Inertial Impaction)
㉡ 확산(Diffusion)
㉢ 직접차단(Direct Interception)
㉣ 중력침강(Gravitional Settling)
㉤ 정전기 침강(Electrostatic Settling)

12 여과집진장치의 장점으로 틀린 것은?

① 다양한 용량을 처리할 수 있다.
② 고온 및 부식성 물질의 포집이 가능하다.
③ 여러 가지 형태의 분진을 포집할 수 있다.
④ 가스의 양이나 밀도의 변화에 의해 영향을 받지 않는다.

해설 여과집진장치는 고온 및 부식성 물질의 포집에 부적당하다.

13 여과집진장치의 장단점으로 가장 거리가 먼 것은?

① 다양한 용량을 처리할 수 있다.
② 탈진방법과 여과재의 사용에 따른 설계상의 융통성이 있다.
③ 섬유 여포상에서 응축이 일어날 때 습한 가스를 취급할 수 없다.
④ 집진효율이 처리가스의 양과 밀도 변화에 영향이 크다.

해설 가스의 양이나 밀도의 변화에 영향을 받지 않는다.

14 다음 중 전기집진장치(ESP)의 장점이 아닌 것은?

① 고온가스를 처리할 수 있다.
② 압력손실이 낮다.
③ 설치공간을 작게 차지한다.
④ 넓은 범위의 입경과 분진농도에 집진효율이 높다.

해설 전기집진장치의 특징
㉠ 넓은 범위의 입경과 분진농도에 집진효율이 높다.
㉡ 고온 가스의 처리가 가능하다.
㉢ 압력손실이 낮아 송풍기의 운전비용이 저렴하다.
㉣ 초기 설치비가 많이 들고, 넓은 설치공간이 요구된다.
㉤ 운전 및 유지비가 저렴하다.
㉥ 대용량의 가스를 처리할 수 있다.

15 다음 중 0.01μm 정도의 미세분진까지 처리할 수 있는 집진기로 가장 적합한 것은?

① 중력집진기 ② 전기집진기
③ 세정식 집진기 ④ 원심력집진기

해설 전기집진장치는 0.01μm 정도의 미세분진까지 처리할 수 있는 효율이 우수한 집진장치이다.

ANSWER | 01 ③ 02 ④ 03 ① 04 ③ 05 ② 06 ③ 07 ④ 08 ② 09 ④ 10 ④ 11 ③ 12 ② 13 ④ 14 ③ 15 ②

더 풀어보기

산업기사

01 처리입경(μm)이 가장 작은 집진장치는?

① 중력집진장치 ② 세정집진장치
③ 전기집진장치 ④ 원심력집진장치

해설 전기집진장치는 0.01μm 정도의 미세분진까지 처리할 수 있는 효율이 우수한 집진장치이다.

02 중력집진장치에서 집진효율을 향상시키는 방법으로 적절하지 않은 것은?

① 처리가스 배기속도를 작게 한다.
② 수평 도달거리를 길게 한다.
③ 침강실 내의 배기기류를 균일하게 한다.
④ 침강높이를 크게 한다.

해설 중력집진장치의 집진효율 향상 조건
㉠ 침강실의 높이가 낮고, 중력장의 길이가 길수록 집진율은 높아진다.
㉡ 침강실 내 처리가스의 속도가 작을수록 미립자가 포집된다.
㉢ 침강실 입구폭이 클수록 유속이 느려지며 미세한 입자가 포집된다.
㉣ 다단일 경우에는 단수가 증가할수록 집진율은 커지나, 압력손실도 증가한다.
㉤ 침강실 내의 배기기류를 균일하게 한다.

03 관성력집진기에 관한 설명으로 틀린 것은?

① 집진 효율을 높이기 위해서는 충돌 후 집진기 후단의 출구기류 속도를 가능한 한 높여야 한다.
② 집진 효율을 높이기 위해서는 압력 손실이 증가하더라도 기류의 방향전환 횟수를 늘린다.
③ 관성력집진기는 미세한 입자보다는 입경이 큰 입자를 제거하는 전처리용으로 많이 사용된다.
④ 집진 효율을 높이기 위해서는 충돌 전 처리배기속도를 입자의 성상에 따라 적당히 빠르게 한다.

해설 관성력집진장치의 특징
㉠ 충돌 전의 처리가스 속도를 적당히 빠르게 하면 미세입자를 포집할 수 있다.
㉡ 처리 후의 출구가스 속도가 느릴수록 미세입자를 포집할 수 있다.
㉢ 기류의 방향전환 횟수가 많고, 방향전환 각도가 작을수록 압력손실은 커지나 집진은 잘된다.

04 다음 중 원심력을 이용한 공기정화장치에 해당하는 것은?

① 백필터(Bag Filter) ② 스크러버(Scrubber)
③ 사이클론(Cyclone) ④ 충진탑(Packed Tower)

해설 원심력집진장치
함진가스에 선회류를 일으켜 원심력을 이용하여 입자를 분리 · 포집하는 집진장치로 사이클론이라고도 한다.

05 다음 중 원심력(사이클론)집진장치의 장점이 아닌 것은?

① 특히, 점성분진에 효과적인 제거능력을 가지고 있다.
② 직렬 또는 병렬로 연결하면 사용 폭을 보다 넓힐 수 있다.
③ 비교적 적은 비용으로 큰 입자를 효과적으로 제거할 수 있다.
④ 고온가스, 고농도 가스 처리도 가능하며 설치장소에 구애를 받지 않는다.

해설 원심력집진장치는 점성분진을 처리할 경우 내부에 분진이 퇴적되어 압력 손실이 증가한다.

06 다음 중 사이클론 집진장치에서 미세한 입자를 원심분리하고자 할 때 가장 큰 영향을 주는 인자는?

① 입구 유속 ② 사이클론의 직경
③ 압력 손실 ④ 유입가스 중의 분진농도

해설 미세한 입자를 원심분리하고자 할 때 가장 큰 영향을 주는 인자는 사이클론의 직경이다.

07 다음 중 분진을 제거하기 위해 사용되는 사이클론에 관한 설명으로 틀린 것은?

① 주로 원심력이 작용한다.
② 관내경이 작을수록 효율이 좋다.
③ 성능에 큰 영향을 미치는 것은 사이클론의 직경이다.
④ 유입구의 공기속도가 빠를수록 분진제거효율은 나빠진다.

해설 원심력집진장치의 집진율 향상 조건
㉠ 입자의 직경, 입자의 밀도, 가스의 유속, 유효회전수가 클수록 효율은 증가한다.
㉡ 함진기체의 점도, 입구 폭이 작을수록 효율은 증가한다.
㉢ 관내경이 작을수록 효율이 좋다.

08 사이클론 제진장치에서 입구의 유입유속의 범위로 가장 적절한 것은?(단, 접선유입식 기준이며 원통상부에서 접선방향으로 유입된다.)

① 1.5~3.0m/s ② 3.0~7.0m/s ③ 7.0~15.0m/s ④ 15.0~25.0m/s

해설 원심력집진장치의 입구 유속
㉠ 접선 유입식 : 7~15m/sec
㉡ 축류식 : 10m/sec

09 다음 중 사이클론에서 절단입경(cut－size)의 의미로 옳은 것은?

① 95% 이상의 처리효율로 제거되는 입자의 입경
② 75% 이상의 처리효율로 제거되는 입자의 입경
③ 50% 이상의 처리효율로 제거되는 입자의 입경
④ 25% 이상의 처리효율로 제거되는 입자의 입경

해설 절단입경(cut－size) : 50% 이상의 처리효율로 제거되는 입자의 입경

10 사이클론의 집진율을 높이는 방법으로 분진박스나 호퍼부에서 처리가스의 일부를 흡인하여 사이클론 내의 난류 현상을 억제시킴으로써 집진된 먼지의 비산을 방지시키는 방법은 어떤 효과를 이용하는 것인가?

① 원심력 효과　② 중력침강 효과
③ 블로다운 효과　④ 멀티사이클론 효과

11 블로다운(Blow Down) 효과와 관련이 있는 공기정화장치는?

① 전기집진장치　② 원심력집진장치
③ 중력집진장치　④ 관성력집진장치

12 다음 중 블로다운(Blow Down) 효과에 대한 설명으로 틀린 것은?

① 사이클론의 부식방지 효과
② 사이클론의 집진효율을 높이는 효과
③ 사이클론 내의 원심력을 높이는 효과
④ 사이클론 내 집진먼지의 비산을 방지할 수 있는 효과

해설 블로다운 효과
㉠ 유효 원심력을 증가시켜 선회기류의 흐트러짐을 방지한다.
㉡ 관 내 분진 부착으로 인한 장치의 폐쇄현상을 방지한다.
㉢ 부분적 난류 감소로 집진된 입자의 재비산을 방지한다.
㉣ 처리배기량의 5~10% 정도가 재유입되는 현상이다.

13 사이클론의 집진 효율을 향상시키기 위해 Blow Down 방법을 이용할 때 사이클론의 더스트 박스 또는 멀티 사이클론의 호퍼부에서 처리배기량의 몇 %를 흡입하는 것이 가장 이상적인가?

① 1~3%　② 5~10%　③ 15~20%　④ 25~30%

해설 블로다운(Blow Down)
더스트 박스(호퍼)에서 유입유량의 5~10%에 상당하는 함진가스를 추출시켜 집진장치의 기능을 향상시킨다.

14 다음 중 세정집진장치의 입자 포집원리를 잘못 설명한 것은?

① 분진을 함유한 가스를 선회(旋回運動)시켜서 입자가 원심력을 갖게 한다.
② 액적(液滴)에 입자가 충돌하여 부착된다.
③ 입자를 핵으로 한 증기의 응결에 따라서 응집성을 촉진한다.
④ 액막(液膜) 및 기포에 입자가 접촉 부착한다.

해설 세정집진장치의 입자 포집원리
㉠ 액적에 입자가 충돌하여 부착한다.(관성충돌)
㉡ 미립자 확산에 의하여 액적과의 접촉을 쉽게 한다.(확산작용)
㉢ 배기의 증습에 의하여 입자가 서로 응집한다.(증습효과)
㉣ 액막, 기포에 입자가 접촉하여 부착한다.(접촉차단)

15 세정집진장치 중 물을 가압 · 공급하여 함진배기를 세정하는 방법과 가장 거리가 먼 것은?

① 충진탑　② 벤투리 스크러버
③ 분무탑　④ 임펠러형 스크러버

해설 세정집진장치의 종류
㉠ 유수식 : 물 중에 함진가스를 분사하는 방법으로 S-임페라형, 로터형, 분수형, 나선안내익형 등이 있다.
㉡ 가압수식 : 함진가스 중에 물을 분사하는 방법으로 충전탑, 분무탑, 각종 스크러버(Venturi Scrubber, Jet Scrubber, Cyclone Scrubber) 등이 있다.

16 다음 중 여과집진장치의 포집원리와 가장 거리가 먼 것은?

① 관성충돌　② 원심력
③ 직접차단　④ 확산

해설 여과집진장치의 먼지 제거 매커니즘
㉠ 관성충돌(Inertial Impaction)　㉡ 확산(Diffusion)
㉢ 직접차단(Direct Interception)　㉣ 중력침강(Gravitional Settling)
㉤ 정전기 침강(Electrostatic Settling)

17 1μm 이상의 분진의 포집은 99%가 관성충돌과 직접차단에 의하여 이루어지고, 0.1μm 이하의 분진은 확산과 정전기력에 의하여 포집되는 집진장치로 가장 적절한 것은?

① 관성력집진장치　② 원심력집진장치
③ 세정집진장치　④ 여과집진장치

해설 여과집진장치
함진가스를 여과포에 통과시켜 입자를 분리 · 포집하는 장치로 1μm 이상인 분진의 포집은 99%가 관성충돌과 직접차단에 의하여 이루어지고, 0.1μm 이하의 분진은 확산과 정전기력에 의하여 포집되는 집진장치이다.

18 고농도의 분진이 발생되는 작업장에서는 후드로 유입된 공기가 공기정화장치로 유입되기 전에 입경과 비중이 큰 입자를 제거할 수 있도록 전처리 장치를 둔다. 전처리를 위한 집진기는 일반적으로 효율이 비교적 낮은 것을 사용하는데, 다음 중 전처리장치로 적합하지 않은 것은?

① 중력집진기 ② 원심력집진기
③ 관성력집진기 ④ 여과집진기

해설 전처리 집진장치
㉠ 중력집진기 ㉡ 관성력집진기 ㉢ 원심력집진기

19 다음 중 여과집진장치에서 사용되는 탈진장치의 종류가 아닌 것은?

① 진동형 ② 수동형 ③ 역기류형 ④ 역제트형

해설 여과포 탈진방법
㉠ 간헐식 : 진동형, 역기류형, 역기류진동형
㉡ 연속식 : 역제트기류 분사형, 충격제트기류 분사형

20 직경이 38cm, 유효높이 5m인 원통형 백필터를 사용하여 $0.5m^3/s$의 함진가스를 처리할 때, 여과속도(cm/s)는 약 얼마인가?

① 6.4 ② 7.4 ③ 8.4 ④ 9.4

해설 $V = \frac{Q}{A(\pi DL)} = \frac{0.5m^3/s}{\pi \times 0.38 \times 5m^2} = 0.084m/s = 8.4cm/s$

21 유량이 $600m^3/min$인 배기가스 중의 분진을 2m/min의 여과속도로 Bag Filter에서 처리하고자 할 때 여포집진기의 면적은 얼마인가?

① $100m^2$ ② $200m^2$ ③ $300m^2$ ④ $400m^2$

해설 $A = \frac{Q}{V} = \frac{600m^3/min}{2m/min} = 300m^2$

22 전기집진기(ESP : Electrostatic Precipitator)의 장점이라고 볼 수 없는 것은?

① 좁은 공간에서도 설치가 가능하다.
② 보일러와 철강로 등에 설치할 수 있다.
③ 약 500℃ 전후 고온의 입자상 물질도 처리가 가능하다.
④ 넓은 범위의 입경과 분진의 농도에서 집진효율이 높다.

해설 전기집진기(ESP)의 장점
㉠ 집진효율을 가지며, 습식 또는 건식으로도 제진할 수 있다.
㉡ 광범위한 온도와 대용량 범위에서 운전이 가능하다.
㉢ 압력손실이 적어 송풍기의 동력비가 적게 든다.
㉣ 500℃ 전후 고온의 입자상 물질도 처리가 가능하다.

23 전기집진기의 장점이 아닌 것은?

① 운전 및 유지비가 비싸다.
② 넓은 범위의 입경과 분진농도에 집진효율이 높다.
③ 압력손실이 낮으므로 송풍기의 가동비용이 저렴하다.
④ 고온가스를 처리할 수 있어 보일러와 철강로 등에 설치할 수 있다.

해설 운전 및 유지비가 저렴하다.

24 전기집진장치의 장점이 아닌 것은?

① 고온가스의 처리가 가능하다.
② 압력손실이 낮고 대용량의 가스를 처리할 수 있다.
③ 설치면적이 적고, 기체상 오염물질의 포집에 용이하다.
④ $0.01\mu m$ 정도에 미세 입자의 포집이 가능하며 높은 집진효율을 얻을 수 있다.

해설 전기집진장치는 설치공간을 많이 차지하는 단점이 있다.

25 다음 중 전기집진기(ESP : Electrostatic Precipitator)의 장점이라고 볼 수 없는 것은?

① 보일러와 철강로 등에 설치할 수 있다.
② 좁은 공간에서도 설치가 가능하다.
③ 고온의 입자상 물질도 처리가 가능하다.
④ 넓은 범위의 입경과 분진의 농도에서 집진효율이 높다.

해설 전기집진장치는 설치공간을 많이 차지하는 단점이 있다.

26 전기집진장치에 관한 설명으로 틀린 것은?

① 운전 및 유지비가 저렴하다.
② 넓은 범위의 입경과 분진농도에 집진효율이 높다.
③ 기체상의 오염물질을 포집하는 데 매우 유리하다.
④ 초기 설치비가 많이 들고, 넓은 설치공간이 요구된다.

해설 전기집진장치는 입자상 물질을 포집하는 장치이다.

27 전기집진장치의 장점이 아닌 것은?

① 가스상 오염물질의 처리가 용이하다.
② 고온의 분진함유공기를 처리할 수 있다.
③ 넓은 범위의 입경과 분진농도에 집진효율이 높다.
④ 압력손실이 낮아 송풍기의 운전비용이 저렴하다.

해설 전기집진장치는 입자상 물질의 처리효율이 우수하다.

28 다음 중 전기집진기의 장점이 아닌 것은?

① 습식으로 집진할 수 있다.

② 높은 효율을 나타낸다.

③ 가스상 오염물질을 제거할 수 있다.

④ 낮은 압력손실로 대량의 가스를 처리할 수 있다.

해설 전기집진장치는 입자상 물질의 처리효율이 우수하다.

29 다음 중 전기집진장치에 관한 설명으로 틀린 것은?

① 운전 및 유지비가 저렴하다.

② 기체상의 오염물질을 포집하는 데 매우 유리하다.

③ 넓은 범위의 입경과 분진농도에 집진효율이 높다.

④ 초기 설치비가 많이 들고, 넓은 설치공간이 요구된다.

해설 기체상 물질이 아닌 입자상 물질의 처리효율이 우수하다.

ANSWER | 01 ③ 02 ④ 03 ① 04 ③ 05 ① 06 ② 07 ④ 08 ③ 09 ③ 10 ③
11 ② 12 ① 13 ② 14 ① 15 ④ 16 ② 17 ④ 18 ④ 19 ② 20 ③
21 ③ 22 ① 23 ① 24 ③ 25 ② 26 ③ 27 ① 28 ③ 29 ②

기 사

01 입자의 침강속도에 대한 설명으로 틀린 것은?

① 입자직경의 제곱에 비례한다.

② 입자의 밀도차에 반비례한다.

③ 중력가속도에 비례한다.

④ 공기의 점성계수에 반비례한다.

해설 입자의 침강속도는 입자의 밀도차에 비례한다.

02 원심력집진장치(사이클론)에 대한 설명 중 옳지 않은 것은?

① 집진된 입자에 대한 블로다운 영향을 최소화하여야 한다.

② 사이클론 원통의 길이가 길어지면 선회류 수가 증가하여 집진율이 증가한다.

③ 입자 입경과 밀도가 클수록 집진율이 증가한다.

④ 사이클론 원통의 직경이 클수록 집진율이 감소한다.

해설 블로다운은 원심력집진장치의 집진성능을 향상시킨다.

03 원심력제진장치인 사이클론에 관한 설명 중 옳지 않은 것은?

① 함진가스에 선회류를 일으키는 원심력을 이용한다.
② 비교적 적은 비용으로 제진이 가능하다.
③ 가동부분이 많은 것이 기계적인 특징이다.
④ 원심력과 중력을 동시에 이용하기 때문에 입경이 크면 효율적이다.

해설 원심력집진장치는 가동부분이 적어 구조가 간단하고, 저비용으로 큰 입자를 효과적으로 제거할 수 있다.

04 원심력집진장치에 관한 설명 중 옳지 않은 것은?

① 비교적 적은 비용으로 집진이 가능하다.
② 분진의 농도가 낮을수록 집진효율이 증가한다.
③ 함진가스에 선회류를 일으키는 원심력을 이용한다.
④ 입자의 크기가 크고 모양이 구체에 가까울수록 집진효율이 증가한다.

해설 원심력집진장치는 입자의 크기가 크고, 유속이 적당히 빠르며, 유효회전수가 클수록 집진효율이 증가한다.

05 공기정화장치의 한 종류인 원심력집진기에서 절단입경(cut-size, D_c)은 무엇을 의미하는가?

① 100% 분리 포집되는 입자의 최소 입경
② 100% 처리효율로 제거되는 입자 크기
③ 90% 이상 처리효율로 제거되는 입자 크기
④ 50% 처리효율로 제거되는 입자 크기

해설 절단입경(cut-size) : 50% 이상의 처리효율로 제거되는 입자의 입경

06 공기정화장치의 한 종류인 원심력제진장치의 분리계수(Separation Factor)에 대한 설명으로 옳지 않은 것은?

① 분리계수는 중력가속도와 반비례한다.
② 사이클론에서 입자에 작용하는 원심력을 중력으로 나눈 값을 분리계수라 한다.
③ 분리계수는 입자의 접속방향속도에 반비례한다.
④ 분리계수는 사이클론의 원추하부 반경에 반비례한다.

해설 분리계수(S)
사이클론에서 잠재적인 효율을 나타내는 지표로, 원심력과 중력의 비로 나타낸다.

$$분리계수 = \frac{원심력}{중력} = \frac{V^2}{R \times g}$$

07 사이클론 집진장치의 블로다운에 대한 설명으로 옳은 것은?

① 유효 원심력을 감소시켜 선회기류의 흐트러짐을 방지한다.
② 관 내 분진 부착으로 인한 장치의 폐쇄현상을 방지한다.

③ 부분적 난류 증가로 집진된 입자가 재비산된다.

④ 처리배기량의 50% 정도가 재유입되는 현상이다.

해설 블로다운 효과

㉠ 유효 원심력을 증가시켜 선회기류의 흐트러짐을 방지한다.
㉡ 관 내 분진 부착으로 인한 장치의 폐쇄현상을 방지한다.
㉢ 부분적 난류 감소로 집진된 입자의 재비산을 방지한다.
㉣ 처리배기량의 5~10% 정도가 재유입되는 현상이다.

08 다음 중 B 사업장의 도장 부스에서 발생된 유기용제 증기를 처리하기 위한 공기정화장치로 가장 적당한 것은?

① 흡착탑　　② 전기집진기
③ 여과집진기　　④ 원심력집진기

해설 전기 · 여과 · 원심력집진기는 입자상 물질을 처리하는 방법이다.

09 입자상 물질을 처리하기 위한 장치 중 고효율 집진이 가능하며 원리가 직접차단, 관성충돌, 확산, 중력침강 및 정전기력 등이 복합적으로 작용하는 장치는?

① 여과집진장치　　② 전기집진장치
③ 원심력집진장치　　④ 관성력집진장치

해설 여과집진장치

함진가스를 여과포에 통과시켜 입자를 분리 · 포집하는 장치로 $1\mu m$ 이상의 분진의 포집은 99%가 관성충돌과 직접차단에 의하여 이루어지고, $0.1\mu m$ 이하의 분진은 확산과 정전기력에 의하여 포집되는 집진장치이다.

10 여포집진기에서 처리할 배기가스량이 $2m^3$/sec이고 여포집진기의 면적이 $6m^2$일 때 여과속도는 약 몇 cm/sec인가?

① 25　　② 30　　③ 33　　④ 36

해설 $V = \frac{Q}{A} = \frac{2m^3/s}{6m^2} = 0.333m/s = 33.3cm/s$

11 전기집진장치의 장점으로 옳지 않은 것은?

① 가연성 입자의 처리에 효율적이다.

② 넓은 범위의 입경과 분진농도에 집진효율이 높다.

③ 압력손실이 낮으므로 송풍기의 가동비용이 저렴하다.

④ 고온가스를 처리할 수 있어 보일러와 철강로 등에 설치할 수 있다.

해설 전기집진장치는 가연성 입자의 처리에 부적당하다.

12 전기집진장치의 장단점으로 틀린 것은?

① 운전 및 유지비가 많이 든다.
② 설치 공간이 많이 든다.
③ 압력손실이 낮다.
④ 고온 가스처리가 가능하다.

해설 운전 및 유지비가 저렴하다.

13 다음 중 전기집진기의 설명으로 틀린 것은?

① 설치 공간을 많이 차지한다.
② 가연성 입자의 처리가 용이하다.
③ 넓은 범위의 입경과 분진농도에 집진효율이 높다.
④ 낮은 압력손실로 송풍기의 가동비용이 저렴하다.

해설 가연성 입자의 처리에 부적당하다.

14 전기집진기의 장점에 관한 설명으로 옳지 않은 것은?

① 낮은 압력손실로 대량의 가스를 처리할 수 있다.
② 가연성 입자의 처리가 용이하다.
③ 회수가치성이 있는 입자 포집이 가능하다.
④ 고온의 가스를 처리할 수 있어 보일러와 철강로 등에 설치할 수 있다.

해설 가연성 입자의 처리에 부적당하다.

ANSWER | 01 ② 02 ① 03 ③ 04 ② 05 ④ 06 ③ 07 ② 08 ① 09 ① 10 ③ 11 ① 12 ① 13 ② 14 ②

THEMA 60 작업공정관리

1. 작업환경개선의 4원칙

① 대치(Substitution)
② 격리(Isolation)
③ 환기(Ventilation)
④ 교육(Education)

2. 대치(Substitution)

① 공정의 변경
② 시설의 변경
③ 물질의 대치

3. 격리(Isolation)

① 저장물질의 격리
② 시설의 격리
  ㉠ 방사능 물질은 원격조정이나 자동화 감시체제
  ㉡ 시끄러운 기기류에 방음 커버를 씌운 경우
③ 공정의 격리
  ㉠ 일반적으로 비용이 많이 듦
  ㉡ 자동차의 도장공정, 전기도금에 일반화되어 있음
④ 작업자의 격리 : 보호구 사용

4. 환기(Ventilation)

① 국소환기
② 전체환기

5. 교육(Education)

① 경영자
② 기술자
③ 감독자
④ 작업자

관리원칙	관리방법	처리순서
대치	공정	1. 페인트 도장 시 분사 대신 담금 도장으로 변경하거나 전기 흡착식 방법으로 한다.(페인트 성분 비산방지) 2. 납을 저속 Oscillating Type Sander로 깎아낸다.(납성분 비산방지) 3. 금속을 톱으로 자른다.(소음 감소) 4. 금속표면을 블라스팅할 때 모래 대신 철구슬을 사용한다. 5. 작은 날개로 고속회전시키던 것을 큰 날개로 저속회전시킨다. 6. 건식공정 대신 습식공정을 사용하여 분진 발생량을 감소시킨다. 7. 소음이 많이 발생하는 리베팅 작업 대신 너트와 볼트작업으로 전환한다. 8. 건조 후에 실시하던 점토배합을 건조 전에 실시한다.
	시설	1. 가연성 물질을 철제통에 저장하지 않는다.(화재 방지) 2. 흄 배출 후드에 안전유리창을 만든다.(누출 방지) 3. 염화탄화수소 취급장에서 폴리비닐알코올 장갑을 사용한다.(용해나 파손 방지) 4. 금속제품 이송 시 롤러의 재질을 철제에서 고무나 플라스틱을 사용한다. 5. 흄 배출용 드래프트 창 대신에 안전유리로 교체한다.
	물질	1. 성냥 제조 시 황인을 적인으로 대치한다. 2. 세탁소에서 석유납사(석유나프타) 대신 퍼클로로에틸렌을 사용한다. 3. 야광시계 자판에 라듐을 인으로 대치한다. 4. 벤젠을 크실렌으로 한다. 5. 보온재로 석면 대신 유리섬유나 암면 등을 사용한다. 6. 주물공정에서 실리카 모래 대신 그린 모래로 주형을 채우도록 대치한다. 7. 아조염료의 합성에서 벤지딘을 디클로로벤지딘으로 전환한다. 8. 금속제품 탈지에는 TCE를 대신하여 계면활성제로 변경한다. 9. 세척작업에서 사염화탄소 대신 트리클로로에틸렌을 사용한다. 10. 유연휘발유를 무연휘발유로 대체한다. 11. 페인트 내에 들어 있는 납을 아연 성분으로 전환한다. 12. 금속제품 도장용 유기용제를 수용성 도료로 전환한다.
격리	저장 물질	1. 인화성 물질은 탱크 사이로 도랑을 파고 제방을 만든다.(폭발 · 인화 방지) 2. 독성이 강할 때는 환기장치를 만든다.
	시설	1. 고압이나 고속회전 기계, 방사능 물질은 원격조정이나 자동화 감시체제를 사용한다.
	공정	1. 방사선, 정유공장, 화학공장에서 포집, 분석, 전산처리를 중앙집중식으로 처리한다. 2. 자동차 색칠, 전기도금공정에서도 사용한다.
	작업자	1. 보호구를 사용한다.(일시적으로 접촉되는 피해를 줄임)
환기	국소 환기	1. 후드의 모양과 크기, 성능, 위치가 효율을 높인다. 예 : 납 농도를 0.15mg/m^{3}로 하는 데는 부스형의 후드가 적당하다. 2. 배기관의 성능이 확실해야 한다. 3. 공기 속도를 조절하고 개구부에 난류가 생기지 않아야 한다. 4. 유해물질의 성질, 발생 양상에 따라 설계되어야 한다.
	전체 환기	1. 유독물질에는 큰 효과가 없으므로 주로 고온다습을 조절하거나 분진, 냄새, 가스를 희석하는 데 사용한다. 2. 배기와 급기조절에 필요하며 실내 · 외의 기류에 큰 영향을 받는다.

연습문제

01 작업환경개선의 기본원칙으로 볼 수 없는 것은?

① 위치 변경 ② 공정 변경 ③ 시설 변경 ④ 물질 변경

해설 작업환경개선의 기본원칙
㉠ 공정의 변경 ㉡ 시설의 변경 ㉢ 물질의 변경

02 다음 중 작업환경개선의 기본원칙인 대체의 방법과 가장 거리가 먼 것은?

① 시간의 변경 ② 시설의 변경 ③ 공정의 변경 ④ 물질의 변경

03 작업환경개선을 위한 공학적인 대책과 가장 거리가 먼 것은?

① 환기 ② 평가 ③ 격리 ④ 대치

해설 작업환경개선의 4원칙
㉠ 대치(Substitution) ㉡ 격리(Isolation) ㉢ 환기(Ventilation) ㉣ 교육(Education)

04 작업환경 관리원칙인 대치 중 물질의 변경에 따른 개선 예로 거리가 먼 것은?

① 성냥 제조 시 : 황린 대신 적린을 사용
② 금속세척작업 : TCE를 대신하여 계면활성제로 변경
③ 세탁 시 화재 예방 : 불화탄화수소 대신 사염화탄소로 변경
④ 분체 입자 : 큰 입자로 대치

해설 세탁 시 화재예방을 위해 석유나프타 대신 퍼클로로에틸렌으로 변경한다.

05 [보기]는 분진발생 작업환경에 대한 대책들이다. 옳은 것을 모두 짝지은 것은?

[보기]
ㄱ. 연마작업에서는 국소배기장치가 필요하다.
ㄴ. 암석 굴진작업, 분쇄작업에서는 연속적인 살수가 필요하다.
ㄷ. 샌드블라스팅에 사용되는 모래를 철사나 금강사로 대치한다.

① ㄱ, ㄴ ② ㄴ, ㄷ ③ ㄱ, ㄷ ④ ㄱ, ㄴ, ㄷ

06 작업환경의 관리원칙 중 '대치'에 관한 내용으로 틀린 것은?

① 세척작업에서 사염화탄소 대신 트리클로로에틸렌으로 전환
② 소음이 많이 발생하는 리베팅 작업 대신 너트와 볼트 작업으로 전환
③ 제품의 표면 마감에 사용되는 저속, 왕복형 절삭기 대신 소형, 고속 회전식 그라인더로 대치

④ 조립공정에서 많이 사용하는 소음 발생이 큰 압축공기식 임팩트 렌치를 저소음 유압식 렌치로 대치

해설 고속 회전식 그라인더 작업을 저속연마작업으로 변경한다.

07 가동 중인 시설에 대한 작업환경관리를 위하여 공정을 대치하는 경우, 유의할 사항으로 가장 옳은 것은?

① 일반적으로 가장 비용이 많이 드는 대책이라는 것을 유의한다.
② 일반적으로 유지 및 보수에 대한 많은 관심을 가진다.
③ 2-브로모프로판에 의한 생식독성 사례를 고찰한다.
④ 가동 중인 시설에 대한 작업환경관리를 위하여 공정을 대치하는 경우 대용할 시설과 안전관계시설에 대한 지식이 필요하다.

해설 가동 중인 시설에 대한 작업환경관리를 위하여 공정을 대치하는 경우 대용할 시설과 안전관계시설에 대한 지식이 필요하다.

08 작업환경의 관리원칙 중 대치로 적절하지 않은 것은?

① 성냥 제조 시에 황린 대신 적린을 사용한다.
② 분말로 출하되는 원료를 고형상태의 원료로 출하한다.
③ 광산에서 광물을 채취할 때 습식 공정 대신 건식 공정을 사용한다.
④ 단열재석면을 대신하여 유리섬유나 암면 또는 스트리폼 등을 사용한다.

해설 광산에서 광물을 채취할 때 건식 공정 대신 습식 공정을 사용하여 분진 발생량을 감소시킨다.

09 작업환경의 관리원칙인 대체 중 물질의 변경에 따른 개선 예와 가장 거리가 먼 것은?

① 성냥 제조 시 황린 대신 적린을 사용하였다.
② 세척작업에서 사염화탄소 대신 트리클로로에틸렌을 사용하였다.
③ 야광시계의 자판에서 인 대신 라듐을 사용하였다.
④ 보온 재료 사용에서 석면 대신 유리섬유를 사용하였다.

해설 야광시계의 자판을 라듐에서 인으로 대치한다.

10 유해성이 적은 물질로 대치한 예로 옳지 않은 것은?

① 아조염료의 합성에서 디클로로벤지딘 대신 벤지딘을 사용한다.
② 야광시계의 자판을 라듐 대신 인으로 대치한다.
③ 분체의 원료는 입자가 큰 것으로 바꾼다.
④ 성냥 제조 시 황린 대신 적린을 사용한다.

해설 아조염료의 합성에서 벤지딘을 디클로로벤지딘으로 전환한다.

ANSWER | 01 ① 02 ① 03 ② 04 ③ 05 ④ 06 ③ 07 ④ 08 ③ 09 ③ 10 ①

더 풀어보기

산업기사

01 다음 중 작업환경개선의 기본원칙과 가장 거리가 먼 것은?

① 교육　　② 환기
③ 휴식　　④ 공정 변경

해설 작업환경개선의 4원칙
㉠ 대치(Substitution)
㉡ 격리(Isolation)
㉢ 환기(Ventilation)
㉣ 교육(Education)

02 유해물질이 발생하는 공정에서 유해인자에 농도를 깨끗한 공기를 이용하여 그 유해물질을 관리하는 가장 적합한 작업환경관리 대책은?

① 밀폐　　② 격리
③ 환기　　④ 교육

03 유해한 작업환경에 대한 개선대책인 대치(Substitution)의 내용과 가장 거리가 먼 것은?

① 공정의 변경　　② 시설의 변경
③ 작업자의 변경　　④ 물질의 변경

해설 작업환경개선의 기본원칙
㉠ 공정의 변경
㉡ 시설의 변경
㉢ 물질의 변경

04 작업환경개선의 기본원칙 중 대치(Substitution)의 관리방법에 해당하지 않는 것은?

① 공정 변경　　② 작업위치 변경
③ 유해물질 변경　　④ 시설 변경

05 유해작업환경 개선대책 중 대치(Substitution)에 해당되는 내용으로 옳지 않은 것은?

① 세탁 시 화재 예방을 위해 퍼클로로에틸렌 대신에 석유나프타 사용
② 수작업으로 페인트를 분무하는 것을 담그는 공정으로 자동화
③ 성냥 제조 시 황린 대신 적린 사용
④ 작은 날개로 고속회전시키는 송풍기를 큰 날개로 저속회전시킴

해설 세탁 시 화재 예방을 위해 석유나프타 대신 퍼클로로에틸렌으로 대치한다.

06 산업위생의 관리적 측면에서 대치방법인 공정 또는 시설의 변경 내용으로 옳지 않은 것은?

① 가연성 물질을 저장할 경우 유리병보다는 철제통을 사용
② 페인트 도장 시 분사 대신 담금 도장으로 변경
③ 금속제품 이송 시 롤러의 재질을 철제에서 고무나 플라스틱으로 변경
④ 큰 날개 저속의 송풍기 대신 작은 날개 고속 회전하는 송풍기 사용

해설 작은 날개로 고속회전하는 송풍기 대신 큰 날개로 저속회전하는 송풍기를 사용한다.

07 작업환경 관리대책 중 대치의 내용으로 적절하지 못한 것은?

① 세탁 시에 화재예방을 위하여 벤젠 대신 1,1,1-클로로에틸렌 사용
② TCE 대신 계면활성제를 사용하여 금속 세척
③ 작은 날개로 고속회전시키는 것을 큰 날개로 저속회전시킴
④ 샌드블라스트 적용 시 모래를 대신하여 철가루 사용

해설 세탁 시 화재 예방을 위해 석유나프타 대신 퍼클로로에틸렌으로 대치한다.

08 작업환경 관리대책 중 대체의 내용으로 적절하지 못한 것은?

① TCE 대신에 계면활성제를 사용하여 금속을 세척한다.
② 금속 표면을 블라스트할 때 모래를 대신하여 철구슬을 사용한다.
③ 소음이 많이 발생하는 리베팅 작업 대신 너트와 볼트작업으로 전환한다.
④ 세탁 시 화재 예방을 위하여 트리클로로에틸렌 대신 석유나프타를 사용한다.

해설 세탁 시 화재 예방을 위하여 석유나프타 대신 퍼클로로에틸렌을 사용한다.

09 작업환경대책의 기본원리인 '대치'에 관한 내용으로 틀린 것은?

① 야광시계의 자판을 라듐에서 인으로 대치한다.
② 금속 표면을 블라스팅할 때 사용재료로서 모래 대신 철구슬을 사용한다.
③ 소음이 많은 너트와 볼트작업을 리베팅 작업으로 전환한다.
④ 보온재로 석면 대신 유리섬유나 암면을 사용한다.

해설 소음이 많이 발생하는 리베팅 작업 대신 너트와 볼트작업으로 전환한다.

10 공학적 작업환경대책의 대체 중 물질의 대체에 관한 내용으로 가장 거리가 먼 것은?

① 성냥 제조 시 황린 대신 적린을 사용하였다.
② 보온재로 석면을 대신하여 유리섬유나 암면을 사용하였다.
③ 야광시계의 자판에서 라듐을 대신하여 인을 사용하였다.
④ 유기용제를 사용하는 세척공정을 스팀 세척이나, 비눗물을 사용하는 공정으로 대체하였다.

해설 유기용제를 사용하는 세척공정을 스팀 세척이나, 비눗물을 사용하는 공정으로 대체하는 것은 공정의 변경이다.

11 작업환경 개선대책 중 대체의 방법으로 옳지 않은 것은?

① 분체의 원료는 입자가 큰 것으로 바꾼다.
② 야광시계의 자판에서 라듐을 인으로 대체한다.
③ 금속제품 도장용으로 유기용제를 수용성 도료로 전환한다.
④ 아조염료의 합성에서 원료로 디클로로벤지딘을 사용하던 것을 방부기능의 벤지딘으로 바꾼다.

해설 아조염료의 합성에서 벤지딘 대신 디클로로벤지딘을 사용한다.

12 작업환경 개선대책 중 대치의 방법으로 옳지 않은 것은?

① 금속제품 도장용으로 유기용제를 수용성 도료로 전환한다.
② 아조염료의 합성에서 원료로 디클로로벤지딘을 사용하던 것을 방부기능의 벤지딘으로 바꾼다.
③ 분체의 원료는 입자가 큰 것으로 바꾼다.
④ 금속제품의 탈지에 트리클로로에틸렌을 사용하던 것을 계면활성제로 전환한다.

해설 아조염료의 합성에서 벤지딘 대신 디클로로벤지딘을 사용한다.

13 작업환경관리 공정의 개선내용으로 틀린 것은?

① 도자기 제조공정에서 건조 전 실시하던 점토배합을 건조 후에 실시하는 것
② 페인트 도장 시 분무하는 일을 페인트에 담그는 일로 바꾸는 것
③ 송풍기의 작은 날개로 고속회전시키는 대신 큰 날개로 저속회전시키는 것
④ 금속을 두드려서 자르는 대신 톱으로 자르는 것

해설 건조 후 실시하던 점토배합을 건조 전 실시한다.

14 유해작업환경 개선대책 중 대체에 해당되는 내용으로 옳지 않은 것은?

① 보온재로 유리섬유 대신 석면 사용
② 소음이 많이 발생하는 리베팅 작업 대신 너트와 볼트작업으로 전환
③ 성냥 제조 시 황린 대신 적린 사용
④ 작은 날개로 고속회전시키는 송풍기를 큰 날개로 저속회전시킴

해설 보온재료로 석면 대신 유리섬유를 사용한다.

15 다음 중 작업환경의 관리원칙으로 격리와 가장 거리가 먼 것은?

① 고열, 소음작업 근로자용 부스 설치
② 블라스팅 재료를 모래에서 철구슬로 전환

③ 방사성 동위원소 취급 시 원격장치를 이용
④ 인화물질 저장탱크와 탱크 사이에 도랑, 제방 설치

해설 블라스팅 재료를 모래에서 철구슬로 전환하는 것은 대치 중 공정의 변경에 해당한다.

16 다음 작업환경관리의 관리원칙 중 격리에 대한 내용과 가장 거리가 먼 것은?
① 도금조, 세척조, 분쇄기 등을 밀폐한다.
② 페인트 분무를 담그거나 전기흡착식 방법으로 한다.
③ 소음이 발생하는 경우 방음과 흡음재를 보강한 상자로 밀폐한다.
④ 고압이나 고속회전이 필요한 기계인 경우 강력한 콘크리트 시설에 방호벽을 쌓고 원격조정 한다.

해설 페인트 분무를 담그거나 전기흡착식 방법으로 하는 것은 대치 중 공정의 변경이다.

17 공학적 작업환경 관리대책 중 격리에 해당하지 않는 것은?
① 저장탱크들 사이에 도랑 설치
② 소음 발생, 작업장에 근로자용 부스 설치
③ 유해한 작업을 별도로 모아 일정한 시간에 처리
④ 페인트 분사공정을 함침작업으로 실시

해설 페인트 분사공정을 함침작업으로 실시하는 것은 대치 중 공정의 변경에 해당한다.

ANSWER | 01 ③ 02 ③ 03 ③ 04 ② 05 ① 06 ④ 07 ① 08 ④ 09 ③ 10 ④
11 ④ 12 ② 13 ① 14 ① 15 ② 16 ② 17 ④

기 사

01 작업환경개선의 기본원칙으로 짝지어진 것은?
① 대체, 시설, 환기
② 격리, 공정, 물질
③ 물질, 공정, 시설
④ 격리, 대체, 환기

해설 작업환경개선의 4원칙
㉠ 대치(Substitution) ㉡ 격리(Isolation) ㉢ 환기(Ventilation) ㉣ 교육(Education)

02 작업환경개선의 기본원칙인 대치의 방법과 거리가 먼 것은?
① 장소의 변경 ② 시설의 변경 ③ 공정의 변경 ④ 물질의 변경

해설 작업환경개선의 기본원칙
㉠ 공정의 변경 ㉡ 시설의 변경 ㉢ 물질의 변경

03 작업환경의 관리원칙인 대치 중 물질의 변경에 따른 개선 예로 가장 거리가 먼 것은?

① 페인트 도장공장 : 압축공기를 이용한 스프레이 도장을 대신하여 담금 도장으로 변경
② 금속세척작업 : TCE를 대신하여 계면활성제로 변경
③ 세탁 시 화재예방 : 석유나프타를 대신하여 퍼클로로에틸렌으로 변경
④ 분체 입자 : 큰 입자로 대치

해설 압축공기를 이용한 스프레이 도장을 대신하여 담금 도장으로 변경하는 것은 대치 중 공정의 변경이다.

04 다음 작업환경관리의 원칙 중 대체에 관한 내용으로 가장 거리가 먼 것은?

① 분체 입자를 큰 입자로 대치한다.
② 성냥 제조 시에 황린 대신에 적린을 사용한다.
③ 보온재료로 석면 대신 유리섬유나 암면 등을 사용한다.
④ 광산에서 광물을 채취할 때 습식 공정 대신 건식 공정을 사용하여 분진 발생량을 감소시킨다.

해설 광산에서 광물을 채취할 때 건식 공정 대신 습식 공정을 사용하여 분진 발생량을 감소시킨다.

05 작업환경에서 발생하는 유해인자 제거나 저감을 위한 공학적 대책 중 물질의 대치로 옳지 않은 것은?

① 성냥 제조 시에 사용되는 적린을 백린으로 교체
② 금속표면을 블라스팅할 때 사용재료로 모래 대신 철구슬(Shot) 사용
③ 보온재로 석면 대신 유리섬유나 암면 사용
④ 주물공정에서 실리카 모래 대신 그린(Green) 모래로 주형을 채우도록 대치

해설 성냥 제조 시에 사용되는 황린을 적린으로 교체한다.

06 작업환경관리에서 유해인자의 제거, 저감을 위한 공학적 대책으로 옳지 않은 것은?

① 보온재로 석면 대신 유리섬유나 암면 등의 사용
② 소음 저감을 위해 너트/볼트 작업 대신 리베팅(Ribeting) 사용
③ 광물을 채취할 때 건식 공정 대신 습식 공정의 사용
④ 주물공정에서 실리카 모래 대신 그린(Green) 모래의 사용

해설 소음 저감을 위해 리베팅 대신 너트/볼트 작업으로 대치한다.

07 다음 중 대체방법으로 유해작업환경을 개선한 경우와 가장 거리가 먼 것은?

① 유연휘발유를 무연휘발유로 대체한다.
② 블라스팅 재료로서 모래를 철구슬로 대체한다.
③ 야광시계의 자판을 인에서 라듐으로 대체한다.
④ 보온재로 석면 대신 유리섬유나 암면으로 대체한다.

해설 야광시계의 자판을 라듐에서 인으로 대치한다.

08 작업환경 관리원칙 중 대치에 관한 설명으로 옳지 않은 것은?

① 야광시계 자판에 Radium을 인으로 대치한다.
② 건조 전에 실시하던 점토배합을 건조 후 실시한다.
③ 금속세척 작업 시 TCE를 대신하여 계면활성제를 사용한다.
④ 분체 입자를 큰 입자로 대치한다.

해설 건조 후에 실시하던 점토배합을 건조 전에 실시한다.

09 다음 중 유해작업환경에 대한 개선대책 중 대체(Substitution)에 대한 설명과 가장 거리가 먼 것은?

① 페인트 내에 들어 있는 아연을 납 성분으로 전환한다.
② 큰 압축공기식 임팩트 렌치를 저소음 유압식 렌치로 교체한다.
③ 소음이 많이 발생하는 리베팅 작업 대신 너트와 볼트작업으로 전환한다.
④ 유기용제를 사용하는 세척공정을 스팀 세척이나, 비눗물을 이용하는 공정으로 전환한다.

해설 페인트 내에 들어 있는 납을 아연 성분으로 전환한다.

10 작업환경 관리대책의 원칙 중 대치(물질)에 의한 개선의 예로 틀린 것은?

① 분체 입자 : 작은 입자로 대치
② 야광시계 : 자판을 라듐에서 인으로 대치
③ 샌드블라스트 : 모래를 대신하여 철가루 사용
④ 단열재 : 석면 대신 유리섬유나 암면을 사용

해설 분체 입자는 큰 입자로 대치한다.

11 다음 중 유해성이 적은 물질로 대체한 예와 가장 거리가 먼 것은?

① 분체의 원료는 입자가 큰 것으로 바꾼다.
② 야광시계의 자판에 라듐 대신 인을 사용한다.
③ 아조염료의 합성에서 디클로로벤지딘 대신 벤지딘을 사용한다.
④ 단열재 석면을 대신하여 유리섬유나 스티로폼으로 대체한다.

해설 아조염료의 합성에서 벤지딘 대신 디클로로벤지딘을 사용한다.

12 유해작업환경에 대한 개선대책 중 대치방법에 대한 설명으로 옳지 않은 것은?

① 야광시계의 자판에 라듐 대신 인을 사용한다.
② 분체 입자를 큰 것으로 바꾼다.
③ 아조염료의 합성에 디클로로벤지딘 대신 벤지딘을 사용한다.
④ 금속세척 작업 시 TCE 대신에 계면활성제를 사용한다.

해설 아조염료의 합성에서 벤지딘 대신 디클로로벤지딘을 사용한다.

13 대치(Substitution)방법으로 유해작업환경을 개선한 경우로 적절하지 않은 것은?

① 유연휘발유를 무연휘발유로 대치
② 블라스팅 재료로서 모래를 철구슬로 대치
③ 야광시계의 자판을 라듐에서 인으로 대치
④ 페인트 희석제를 사염화탄소에서 석유나프타로 대치

해설 페인트 희석제를 석유나프타에서 사염화탄소로 대치한다.

14 작업환경 개선대책 중 대치의 방법을 열거한 것이다. 공정변경의 대책으로 가장 거리가 먼 것은?

① 금속을 두드려서 자르는 대신 톱으로 자름
② 흄 배출용 드래프트 창 대신에 안전유리로 교체함
③ 작은 날개로 고속회전시키는 송풍기를 큰 날개로 저속회전시킴
④ 자동차 산업에서 땜질한 납 연마 시 고속회전 그라인더의 사용을 저속 Oscillating – Type Sander로 변경함

해설 흄 배출용 드래프트 창 대신에 안전유리로 교체하는 것은 시설의 변경이다.

15 작업환경의 관리원칙인 대치 개선방법으로 옳지 않은 것은?

① 성냥 제조 시 황린 대신 적린을 사용함
② 세탁 시 화재 예방을 위해 석유나프타 대신 퍼클로로에틸렌을 사용함
③ 땜질한 납을 Oscillating – type Sander로 깎던 것을 고속회전 그라인더를 이용함
④ 분말로 출하되는 원료를 고형상태의 원료로 출하함

해설 고속회전 그라인더를 Oscillating – type Sander로 대치한다.

16 작업환경관리의 원칙 중 대치에 관한 내용으로 가장 거리가 먼 것은?

① 금속 세척 시 벤젠 대신에 트리클로로에틸렌을 사용한다.
② 성냥 제조 시에 황린 대신 적린을 사용한다.
③ 분체 입자를 큰 입자로 대치한다.
④ 금속을 두드려서 자르는 대신 톱으로 자른다.

해설 금속제품의 탈지(세척)에 사용되는 트리클로로에틸렌(TEC)을 계면활성제로 전환한다.

17 작업환경관리 원칙 중 '대치'에 관한 설명으로 알맞지 않은 것은?

① 야광시계 자판에 Radium을 인으로 대치한다.
② 건조 전에 실시하던 점토배합을 건조 후에 실시한다.
③ 금속 세척작업 시 TCE를 대신하여 계면활성제를 사용한다.
④ 분체 입자를 큰 입자로 대치한다.

해설 건조 후 실시하던 점토배합을 건조 전에 실시한다.

18 작업환경관리의 공학적 대책에서 기본적 원리인 대체(Substitution)와 거리가 먼 것은?

① 자동차산업에서 납을 고속회전 그라인더로 깎아 내던 작업을 저속 오실레이팅(Osillating) Type Sander 작업으로 바꾼다.

② 가연성 물질 저장 시 사용하던 유리병을 안전한 철제 통으로 바꾼다.

③ 방사선 동위원소 취급장소를 밀폐하고, 원격장치를 설치한다.

④ 성냥 제조 시 황린 대신 적린을 사용하게 한다.

해설 방사선 동위원소 취급장소를 밀폐하고, 원격장치를 설치하는 것은 격리에 해당한다.

19 작업환경 개선대책 중 격리와 가장 거리가 먼 것은?

① 콘크리트 방호벽의 설치　② 원격조정

③ 자동화　④ 국소배기장치의 설치

해설 국소배기장치의 설치는 작업환경 개선대책 중 환기에 해당한다.

20 작업환경 개선대책 중 격리와 가장 거리가 먼 것은?

① 국소배기장치의 설치　② 원격조정장치의 설치

③ 특수저장창고의 설치　④ 콘크리트 방호벽의 설치

해설 작업환경 개선대책 중 격리

㉠ 저장물질의 격리

㉡ 시설의 격리

㉢ 공정의 격리

㉣ 작업자의 격리

※ 국소배기장치의 설치는 작업환경개선의 공학적 대책 중 하나이다.

ANSWER									
01 ④	02 ①	03 ①	04 ④	05 ①	06 ②	07 ③	08 ②	09 ①	10 ①
11 ③	12 ③	13 ④	14 ②	15 ③	16 ①	17 ②	18 ③	19 ④	20 ①

PART 01 PART 02 PART 03 PART 04 PART 05 PART 06

THEMA 61 개인보호구

1. 호흡용 보호구

① 보호구는 그 사용에 있어서 근로자 건강의 예방차원인 공정의 개선 등 기타 공학적 대책이 우선 선행되어야 하지만 현실적으로 개선이 어려운 경우 소극적인 차원에서 이용되는 것이다.

② 호흡용 보호구로는 크게 유해가스를 제거하는 방독마스크와 분진을 제거하는 방진마스크로 구별할 수 있다.

③ 방진마스크와 방독마스크는 산소결핍장소에서는 사용해서는 안 된다.

④ 형태별로 전면 마스크와 반면 마스크가 있다.

⑤ 종류에는 격리식, 직결식, 면체여과식이 있다.

⑥ 필터의 재질은 면, 모, 합성섬유, 유리섬유, 금속섬유 등이다.

2. 방진마스크

① 개요

㉠ 공기 중에 부유하는 입자, 즉 고체입자, 흄, 미스트, 안개와 같은 액체 입자의 흡입을 방지하는 데 사용된다.

㉡ 작업자 자신의 안면에 알맞은 형상 및 치수의 안면부를 가진 것을 선택하도록 한다.

㉢ 작업장의 산소농도가 18%인 산소결핍장소에서는 착용해서는 안 된다.

㉣ 비휘발성 입자에 대한 보호만 가능하고 가스 및 증기의 보호는 안 된다.

② 방진마스크의 필요조건

㉠ 흡기와 배기저항 모두 낮은 것이 좋다.

㉡ 중량은 가벼운 것이 좋다.

㉢ 안면밀착성이 큰 것이 좋다.

㉣ 무게중심은 안면에 강한 압박감을 주지 않는 위치에 있는 것이 좋다.

㉤ 하방 시야가 60도 이상 되어야 한다.

③ 보호구 보호계수

㉠ 보호계수(PF : Protection Factor)

보호구를 착용함으로써 유해물질로부터 얼마나 보호해 줄 수 있는가의 정도를 의미

$$\text{보호계수(PF)} = \frac{\text{보호구 밖의 농도}(Q_o)}{\text{보호구 안의 농도}(Q_i)}$$

㉡ 할당보호계수(APF : Assigend Protection Factor)

일반적인 보호구 보호계수(PF)의 특별한 적용으로 훈련된 착용자들이 작업장에서 보호구 착용 시 기대되는 최소보호 정도 수준을 의미

※ APF 50 : 보호구를 착용하고 작업 시 착용자는 외부 유해물질로부터 적어도 50배만큼 보호를 받을 수 있다는 의미이며, 할당보호계수가 가장 큰 것은 양압식 공기호흡기 중 공기공급식(SCBA, 압력식) 전면형임

$$\text{할당보호계수(APF)} \geq \frac{\text{기대되는 공기 중 농도}}{\text{노출기준}} = \text{위해비(HR)}$$

※ 호흡용 보호구 선정 시 위해비보다 할당보호계수가 큰 것을 선택해야 한다는 의미

㉢ 최대사용농도(MUC : Maximum Use Concentrations)

보호구에 대한 유해물질의 최대사용농도를 의미

$$\text{최대사용농도(MUC)} = \text{노출기준(TWA)} \times \text{할당보호계수(APF)}$$

3. 방독마스크

① 개요

㉠ 석탄, 용접흄, 납, 카드뮴과 같은 금속산화물의 흄과 분진 등이 발생되는 작업장에서만 착용이 가능하다.

㉡ 산소결핍의 위험이 있거나 가스상태의 유해물질이 존재하는 곳에서는 절대 착용이 불가하다.

㉢ 방독마스크는 산소농도가 18% 이상인 장소에서 사용하여야 한다.

㉣ 고농도와 중농도에서 사용하는 방독마스크는 전면형(격리식, 직결식)을 사용해야 한다.

㉤ 방독마스크의 정화통은 유해물질별로 구분하여 사용하도록 되어 있다.

㉥ 일시적인 작업 또는 긴급용으로 사용하여야 한다.

㉦ IDLH(Immediately Dangerous to Life and Health) 상황에서는 절대로 사용해서는 안 된다.

② 방독마스크의 일반구조 조건

㉠ 착용 시 이상한 압박감이나 고통을 주지 않을 것

㉡ 착용자의 얼굴과 방독마스크 내면 사이의 공간이 너무 크지 않을 것

㉢ 전면형은 호흡 시에 투시부가 흐려지지 않을 것

㉣ 격리식 및 직결식 방독마스크에 있어서는 정화통 · 흡기밸브 · 배기밸브 및 머리끈을 쉽게 교환할 수 있고, 착용자 자신이 스스로 안면과 방독마스크 안면부와의 밀착성 여부를 수시로 확인할 수 있을 것

③ 방독마스크의 흡수제 재질

㉠ 활성탄(Activated Carbon)

㉡ 실리카겔(Silicagel)

㉢ 소다라임(Sodalime)

㉣ 제올라이트(Zeolite)

④ 방독면의 유효사용시간

$$\text{유효사용시간} = \frac{\text{시험가스농도} \times \text{표준유효시간}}{\text{공기 중 유해가스농도}}$$

㉠ 정화통의 수명은 시험가스가 파과되기 전까지의 시간을 말한다.
㉡ 정화통의 성능을 시험할 때 사용하는 시험가스는 사염화탄소이다.

연습문제

01 방진마스크의 적절한 구비조건만으로 짝지은 것은?

㉠ 하방 시야가 60° 이상 되어야 한다.
㉡ 여과 효율이 높고 흡배기 저항이 커야 한다.
㉢ 여과재로서 면, 모, 합성섬유, 유리섬유, 금속섬유 등이 있다.

① ㉠, ㉡ ② ㉡, ㉢ ③ ㉠, ㉢ ④ ㉠, ㉡, ㉢

해설 방진마스크의 필요조건
㉠ 흡기와 배기저항 모두 낮은 것이 좋다.
㉡ 중량은 가벼운 것이 좋다.
㉢ 안면밀착성이 큰 것이 좋다.
㉣ 무게중심은 안면에 강한 압박감을 주지 않는 위치에 있는 것이 좋다.
㉤ 하방 시야가 60° 이상 되어야 한다.

02 방진마스크에 관한 설명으로 틀린 것은?

① 방진마스크의 종류에는 격리식과 직결식, 면체여과식이 있으며 형태별로는 전면, 반면 마스크가 있다.
② 대상입자에 맞는 필터 재질(비휘발성용, 휘발성용)을 사용한다.
③ 흡기, 배기저항은 낮은 것이 좋으며 흡기 저항상승률도 낮은 것이 좋다.
④ 여과제의 탈착이 가능하여야 한다.

해설 방진마스크는 비휘발성 입자에 대한 보호만 가능하다.

03 보호구의 보호 정도를 나타내는 할당보호계수(APF)에 관한 설명으로 가장 거리가 먼 것은?

① 보호구 밖의 유량과 안의 유량 비(Q_o/Q_i)로 표현된다.
② APF를 이용하여 보호구에 대한 최대사용농도를 구할 수 있다.
③ APF가 100인 보호구를 착용하고 작업장에 들어가면 착용자는 외부 유해물질로부터 적어도 100배만큼의 보호를 받을 수 있다는 의미이다.

④ 일반적인 PF 개념의 특별한 적용으로 적절히 밀착이 이루어진 호흡기보호구를 훈련된 일련의 착용자들이 작업장에서 착용하였을 때 기대되는 최소 보호정도치를 말한다.

해설 보호구 밖의 유량과 안의 유량 비(Q_o/Q_i)로 표현되는 것은 보호계수이다.

04 A분진의 우리나라 노출기준은 10mg/m^3이며 일반적으로 반면형 마스크의 할당보호계수(APF)는 10이라면 반면형 마스크를 착용할 수 있는 작업장 내 A분진의 최대농도는 얼마이겠는가?

① 1mg/m^3 ② 10mg/m^3 ③ 50mg/m^3 ④ 100mg/m^3

해설 최대사용농도(MUC) = 노출기준 × APF

$\therefore$ MUC = 10mg/m^3 × 10 = 100mg/m^3

05 보호구의 보호정도와 한계를 나타내는 데 필요한 보호계수(PF)를 산정하고 공식으로 옳은 것은?(단, 보호구 밖의 농도는 C_o이고, 보호구 안의 농도는 C_i이다.)

① $PF = C_o/C_i$ ② $PF = C_i/C_o$

③ $PF = (C_i/C_o) \times 100$ ④ $PF = (C_i/C_o) \times 0.5$

해설 보호계수(PF) = $\frac{C_o}{C_i}$

06 톨루엔을 취급하는 근로자의 보호구 밖에서 측정한 톨루엔 농도가 30ppm이었고 보호구 안의 농도가 2ppm으로 나왔다면 보호계수(PF : Protection Factor) 값은?

① 15 ② 30 ③ 60 ④ 120

해설 보호계수(PF) = $\frac{C_o}{C_i} = \frac{30}{2} = 15$

07 방독마스크를 효과적으로 사용할 수 있는 작업으로 가장 적절한 것은?

① 오래 방치된 우물 속의 작업 ② 맨홀 작업

③ 오래 방치된 정화조 내 작업 ④ 지상의 유해물질 중독 위험작업

해설 방독마스크는 산소농도가 부족한 지역에서 사용할 경우 질식에 의한 사고가 발생할 수 있기 때문에 사용에 주의가 필요하다.

08 다음 중 방독마스크에 관한 설명과 가장 거리가 먼 것은?

① 일시적인 작업 또는 긴급용으로 사용하여야 한다.

② 산소농도가 15%인 작업장에서는 사용하면 안 된다.

③ 방독마스크의 정화통은 유해물질별로 구분하여 사용하도록 되어 있다.

④ 방독마스크 필터는 압축된 면, 모, 합성섬유 등의 재질이며 여과효율이 우수하여야 한다.

해설 면, 모, 합성섬유, 금속섬유 등은 방진마스크 필터의 재질이다.

09 다음 중 방독마스크의 흡수제로 사용되는 물질과 가장 거리가 먼 것은?

① 실리카겔(Silicagel) ② 활성탄(Activated Carbon)
③ 소다라임(Sodalime) ④ 소프스톤(Soapstone)

해설 방독마스크의 흡수제 재질
㉠ 활성탄(Activated Carbon) ㉡ 실리카겔(Silicagel)
㉢ 소다라임(Sodalime) ㉣ 제올라이트(Zeolite)

10 다음 [조건]에서 방독마스크의 사용 가능 시간은?

[조건]
- 공기 중의 사염화탄소 농도는 0.2%
- 사용 정화통의 정화능력이 사염화탄소 0.7%에서 50분간 사용 가능

① 110분 ② 152분 ③ 145분 ④ 175분

해설 $\text{유효사용시간} = \dfrac{\text{시험가스농도} \times \text{표준유효시간}}{\text{공기 중 유해가스농도}} = \dfrac{0.7 \times 50}{0.2} = 175\text{min}$

11 방독마스크의 정화통의 성능을 시험할 때 사용하는 물질로 가장 알맞은 것은?

① 사염화탄소 ② 부탄올 ③ 메탄올 ④ 이산화탄소

해설 방독마스크의 정화통 성능을 시험할 때 사용하는 물질은 사염화탄소이다.

ANSWER | 01 ③ 02 ② 03 ① 04 ④ 05 ① 06 ① 07 ④ 08 ④ 09 ④ 10 ④ 11 ①

더 풀어보기

산업기사

01 방진마스크의 구비조건으로 틀린 것은?

① 흡기저항이 높을 것 ② 배기저항이 낮을 것
③ 여과재 포집효율이 높을 것 ④ 착용 시 시야 확보가 용이할 것

해설 방진마스크는 흡기와 배기저항 모두 낮은 것이 좋다.

02 방진마스크의 선정기준으로 가장 거리가 먼 것은?

① 시야가 넓을 것 ② 무게가 가벼울 것
③ 흡기저항이 클 것 ④ 포집효율이 높을 것

03 방진마스크에 관한 설명으로 틀린 것은?

① 흡기저항 상승률은 낮은 것이 좋다.
② 필터 재질로는 활성탄과 실리카겔이 주로 사용된다.
③ 방진마스크의 종류에는 격리식과 직결식, 면체여과식이 있다.
④ 비휘발성 입자에 대한 보호만 가능하며 가스 및 증기의 보호는 안 된다.

해설 방독마스크의 필터 재질로 활성탄, 실리카겔 등이 사용되며, 방진마스크 필터 재질은 모, 면, 합성섬유, 금속섬유 등이다.

04 방진마스크에 관한 설명으로 틀린 것은?

① 흡기, 배기저항은 낮은 것이 좋다.
② 흡기저항 상승률은 높은 것이 좋다.
③ 무게중심은 안면에 강한 압박감을 주지 않는 위치에 있어야 한다.
④ 안면의 밀착성이 커야 하며, 중량은 가벼운 것이 좋다.

해설 방진마스크의 필요조건
㉠ 흡기와 배기저항 모두 낮은 것이 좋다.
㉡ 중량은 가벼운 것이 좋다.
㉢ 안면밀착성이 큰 것이 좋다.
㉣ 무게중심은 안면에 강한 압박감을 주지 않는 위치에 있는 것이 좋다.

05 방진마스크에 관한 설명으로 옳지 않은 것은?

① 가스 및 증기의 보호가 안 된다.
② 비휘발성 입자에 대한 보호가 가능하다.
③ 필터 재질로는 활성탄이 가장 많이 사용된다.
④ 포집효율이 높고 흡기·배기저항이 낮은 것이 좋다.

해설 방독마스크에 대한 설명이다.

06 방진마스크의 올바른 사용법이라 할 수 없는 것은?

① 보관은 전용의 보관상자에 넣거나 깨끗한 비닐봉지에 넣는다.
② 면체의 손질은 중성세제로 닦아 말리고 고무부분은 햇빛에 잘 말려 사용한다.
③ 필터의 수명은 환경상태나 보관정도에 따라 달라지나 통상 1개월 이내에 바꾸어 착용한다.
④ 필터에 부착된 분진은 세게 털지 말고 가볍게 털어 준다.

해설 고무부분은 그늘에서 말려야 한다.

07 방진마스크의 흡수제 재질로 적당하지 않은 것은?

① Fiber Glass
② Silicagel
③ Activated Carbon
④ Sodalime

해설 흡수제에는 활성탄, 실리카겔, 염화칼슘, 제올라이트 등이 있다.

08 작업장에서 발생된 분진에 대한 작업환경 관리대책과 가장 거리가 먼 것은?

① 국소배기장치의 설치　　② 발생원의 밀폐
③ 방독마스크의 지급 및 착용　　④ 전체환기

해설 분진발생 작업장에서는 방진마스크를 착용한다.

09 작업장에서 훈련된 착용자들이 적절히 밀착이 이루어진 호흡기 보호구를 착용하였을 때, 기대되는 최소보호정도치는?

① 정도보호계수　② 할당보호계수　③ 밀착보호계수　④ 작업보호계수

해설 할당보호계수(APF : Assigend Protection Factor)
일반적인 보호구 보호계수(PF)의 특별한 적용으로 훈련된 착용자들이 작업장에서 보호구 착용 시 기대되는 최소 보호 정도 수준을 의미한다.

10 할당보호계수(APF)가 15인 반면형 호흡기보호구를 구리흄(노출기준 0.1mg/m^3)이 존재하는 작업장에서 사용한다면 최대사용농도(MUC, mg/m^3)는?

① 1.5　② 7.5　③ 75　④ 150

해설 최대사용농도(MUC) = 노출기준 × APF
$\therefore$ MUC = 0.1mg/m^3 × 15 = 1.5mg/m^3

11 할당보호계수가 25인 반면형 호흡기보호구를 구리흄이 존재하는 작업장에서 사용한다면 최대사용농도는 몇 mg/m^{3}인가?(단, 허용농도는 0.3mg/m^{3}이다.)

① 3.5　② 5.5　③ 7.5　④ 9.5

해설 최대사용농도(MUC) = 노출기준 × APF
$\therefore$ MUC = 0.3mg/m^3 × 25 = 7.5mg/m^3

12 보호구 밖의 농도가 300ppm이고 보호구 안의 농도가 12ppm이었을 때 보호계수(PF : Protection Factor) 값은?

① 200　② 100　③ 50　④ 25

해설 보호계수(PF) $= \dfrac{C_o}{C_i} = \dfrac{300}{12} = 25$

13 방독마스크 사용 시 유의사항으로 틀린 것은?

① 대상가스에 맞는 정화통을 사용할 것
② 유효시간이 불분명한 경우는 송기마스크나 자급식 호흡기를 사용할 것
③ 산소결핍 위험이 있는 경우는 송기마스크나 자급식 호흡기를 사용할 것
④ 사용 중에 조금이라도 가스냄새가 나는 경우는 송기마스크나 자급식 호흡기를 사용할 것

해설 방독마스크 사용 중에 조금이라도 가스냄새가 나는 경우는 작업을 중지하고 새로운 정화통으로 교환해야 한다.

14 방독마스크의 흡착제로 주로 사용되는 물질과 가장 거리가 먼 것은?

① 활성탄　② 실리카겔　③ Sodalime　④ 금속섬유

해설 면, 모, 합성섬유, 금속섬유를 필터로 사용하는 것은 방진마스크이다.

15 호흡용 보호구에 관한 설명으로 틀린 것은?

① 오염물질을 정화하는 방법에 따라 공기정화식과 공기공급식으로 구분된다.
② 흡기저항이 큰 호흡용 보호구는 분진 제거율이 높아 안전성이 확보된다.
③ 분진제거용 필터는 일반적으로 압축된 섬유상 물질을 사용한다.
④ 산소농도가 정상적이고 먼지만 존재하는 작업장에서는 방진마스크를 사용한다.

해설 흡기저항이 낮은 호흡용 보호구는 분진 제거율이 높아 안전성이 확보된다.

16 방독마스크 카트리지에 포함된 흡착제의 수명은 여러 환경요인에 영향을 받는다. 흡착제의 수명에 영향을 주는 환경요인과 가장 거리가 먼 것은?

① 작업장의 온도　② 작업장의 습도
③ 작업장의 유해물질 농도　④ 작업장의 체적

해설 흡착제의 수명에 영향을 주는 환경요인

㉠ 작업장의 온도 및 습도
㉡ 작업장의 유해물질 농도
㉢ 작업자의 노출조건
㉣ 흡착제의 양과 질
㉤ 다른 가스, 증기와 혼합 유무

17 방독면의 정화통 능력이 사염화탄소 0.4%에 대해서 표준유효시간 100분인 경우, 사염화탄소의 농도가 0.1%인 환경에서 사용 가능한 시간은?

① 100분　② 200분　③ 300분　④ 400분

해설 $\text{유효사용시간} = \dfrac{\text{시험가스농도} \times \text{표준유효시간}}{\text{공기 중 유해가스농도}} = \dfrac{0.4 \times 100}{0.1} = 400\text{min}$

18 다음 중 작업환경 개선대책 중 격리에 대한 설명과 가장 거리가 먼 것은?

① 작업자와 유해요인 사이에 물체에 의한 장벽을 이용한다.
② 작업자와 유해요인 사이에 명암에 의한 장벽을 이용한다.
③ 작업자와 유해요인 사이에 거리에 의한 장벽을 이용한다.
④ 작업자와 유해요인 사이에 시간에 의한 장벽을 이용한다.

해설 명암은 격리와 상관이 없다.

ANSWER | 01 ① 02 ③ 03 ② 04 ② 05 ③ 06 ② 07 ① 08 ③ 09 ② 10 ①
11 ③ 12 ④ 13 ④ 14 ④ 15 ② 16 ④ 17 ④ 18 ②

기 사

01 방진마스크에 대한 설명으로 옳은 것은?

① 무게 중심은 안면에 강한 압박감을 주는 위치여야 한다.
② 흡기 저항 상승률이 높은 것이 좋다.
③ 필터의 여과효율이 높고 흡입저항이 클수록 좋다.
④ 비휘발성 입자에 대한 보호만 가능하고 가스 및 증기의 보호는 안 된다.

해설 방진마스크의 필요조건
㉠ 흡기와 배기저항 모두 낮은 것이 좋다.
㉡ 중량은 가벼운 것이 좋다.
㉢ 안면밀착성이 큰 것이 좋다.
㉣ 무게중심은 안면에 강한 압박감을 주지 않는 위치에 있는 것이 좋다.

02 다음 중 방진마스크에 대한 설명으로 옳지 않은 것은?

① 포집효율이 높은 것이 좋다.
② 흡기저항 상승률이 높은 것이 좋다.
③ 비휘발성 입자에 대한 보호가 가능하다.
④ 여과효율이 우수하려면 필터에 사용되는 섬유의 직경이 작고 조밀하게 압축되어야 한다.

해설 흡기와 배기저항 모두 낮은 것이 좋다.

03 방진마스크에 관한 설명으로 틀린 것은?

① 비휘발성 입자에 대한 보호가 가능하다.
② 형태별로 전면 마스크와 반면 마스크가 있다.
③ 필터의 재질은 면, 모, 합성섬유, 유리섬유, 금속섬유 등이다.
④ 반면마스크는 안경을 쓴 사람에게 유리하며 밀착성이 우수하다.

해설 반면마스크는 입과 코 부위만 보호할 수 있는 것으로 안경을 쓴 사람에게 적당하지 않으며, 밀착성도 떨어진다.

04 방진마스크에 관한 설명으로 옳지 않은 것은?

① 일반적으로 활성탄 필터가 많이 사용된다.
② 종류에는 격리식, 직결식, 면체여과식이 있다.
③ 흡기저항 상승률은 낮은 것이 좋다.
④ 비휘발성 입자에 대한 보호가 가능하다.

해설 방진마스크 필터의 재질은 면, 모, 합성섬유, 유리섬유, 금속섬유 등이다.

05 방진마스크에 대한 설명으로 가장 거리가 먼 것은?

① 방진마스크는 인체에 유해한 분진, 연무, 흄, 미스트, 스프레이 입자를 작업자가 흡입하지 않도록 하는 보호구이다.

② 방진마스크의 종류에는 격리식과 직결식, 면체여과식이 있다.

③ 방진마스크의 필터에는 활성탄과 실리카겔이 주로 사용된다.

④ 비휘발성 입자에 대한 보호만 가능하며, 가스 및 증기로부터의 보호는 안 된다.

06 일반적으로 다음의 양압, 음압 호흡기보호구 중 할당보호계수(APF)가 가장 큰 것은?(단, 기능별, 형태별 분류 기준)

① 양압 호흡기보호구－전동 공기정화식[에어라인, 압력식(개방/폐쇄식)]－반면형

② 양압 호흡기보호구－공기공급식[SCBA, 압력식(개방/폐쇄식)]－전면형

③ 음압 호흡기보호구－전동 공기정화식[에어라인, 압력식(개방/폐쇄식)]－전면형

④ 음압 호흡기보호구－공기공급식[에어라인(폐쇄식)]－헬멧형

해설 할당보호계수(APF : Assigend Protection Factor)
일반적인 보호구 보호계수(PF)의 특별한 적용으로 훈련된 착용자들이 작업장에서 보호구 착용 시 기대되는 최소 보호 정도 수준을 의미한다.
※ APF 50 : 보호구를 착용하고 작업 시 착용자는 외부 유해물질로부터 적어도 50배만큼 보호를 받을 수 있다는 의미이며, 할당보호계수가 가장 큰 것은 양압식 공기호흡기 중 공기공급식(SCBA, 압력식) 전면형이다.

07 산업위생보호구의 점검, 보수 및 관리방법에 관한 설명 중 틀린 것은?

① 보호구의 수는 사용하여야 할 근로자의 수 이상으로 준비한다.

② 호흡용 보호구는 사용 전, 사용 후 여재의 성능을 점검하여 성능이 저하된 것은 폐기, 보수, 교환 등의 조치를 취한다.

③ 보호구의 청결 유지에 노력하고, 보관할 때에는 건조한 장소와 분진이나 가스 등에 영향을 받지 않는 일정한 장소에 보관한다.

④ 호흡용 보호구나 귀마개 등은 특정 유해물질 취급이나 소음에 노출될 때 사용하는 것으로서 그 목적에 따라 반드시 공용으로 사용해야 한다.

해설 호흡용 보호구나 귀마개 등은 특정 유해물질 취급이나 소음에 노출될 때 사용하는 것으로서 그 목적에 따라 반드시 전용으로 사용해야 한다.

08 방독마스크에 관한 설명으로 옳지 않은 것은?

① 흡착제가 들어 있는 카트리지나 캐니스터를 사용해야 한다.

② 산소결핍장소에서는 사용해서는 안 된다.

③ IDLH(Immediately Dangerous to Life and Health) 상황에서 사용한다.

④ 가스나 증기를 제거하기 위하여 사용한다.

해설 방독마스크는 IDLH(Immediately Dangerous to Life and Health) 상황에서는 절대로 사용해서는 안 된다.

09 다음 중 방독마스크 사용 용도와 가장 거리가 먼 것은?

① 산소결핍장소에서는 사용해서는 안 된다.
② 흡착제가 들어 있는 카트리지나 캐니스터를 사용해야 한다.
③ IDLH(Immediately Dangerous to Life and Health) 상황에서 사용한다.
④ 일반적으로 흡착제로는 비극성의 유기증기에는 활성탄을, 극성 물질에는 실리카겔을 사용한다.

해설 방독마스크는 IDLH(Immediately Dangerous to Life and Health) 상황에서는 절대로 사용해서는 안 된다.

10 다음 중 방독마스크에 관한 설명과 가장 거리가 먼 것은?

① 일시적인 작업 또는 긴급용으로 사용하여야 한다.
② 산소농도가 15%인 작업장에서는 사용하면 안 된다.
③ 방독마스크의 정화통은 유해물질별로 구분하여 사용하도록 되어 있다.
④ 방독마스크 필터는 압축된 면, 모, 합성섬유 등의 재질이며 여과효율이 우수하여야 한다.

해설 ④는 방진마스크에 대한 설명이다.

11 다음 중 장기간 사용하지 않았던 오래된 우물 속으로 작업을 위하여 들어갈 때 가장 적절한 마스크는?

① 호스마스크
② 특급의 방진마스크
③ 유기가스용 방독마스크
④ 일산화탄소용 방독마스크

해설 산소가 부족한 환경 또는 유해물질의 농도나 독성이 강한 작업장에서 사용하는 마스크는 송기(호스, 에어라인)마스크이다.

12 호흡용 보호구에 관한 설명으로 틀린 것은?

① 방독마스크는 주로 면, 모, 합성섬유 등을 필터로 사용한다.
② 방독마스크는 공기 중의 산소가 부족하면 사용할 수 없다.
③ 방독마스크는 일시적인 작업 또는 긴급용으로 사용하여야 한다.
④ 방진마스크는 비휘발성 입자에 대한 보호가 가능하다.

해설 면, 모, 합성섬유, 금속섬유를 필터로 사용하는 것은 방진마스크이다.

13 공기 중의 사염화탄소 농도가 0.2%이며 사용하는 정화통의 정화능력이 사염화탄소 0.5%에서 100분간 사용 가능하다면 방독면의 유효 시간은?

① 150분 ② 180분 ③ 210분 ④ 250분

해설 유효사용시간 $= \dfrac{\text{시험가스농도} \times \text{표준유효시간}}{\text{공기 중 유해가스농도}} = \dfrac{0.5 \times 100}{0.2} = 250\text{min}$

14 사용하는 정화통의 정화능력이 사염화탄소 0.5%에서 60분간 사용 가능하다면 공기 중의 사염화탄소 농도가 0.2%일 때 방독면의 유효시간(사용 가능 시간)은?

① 110분 ② 130분 ③ 150분 ④ 180분

해설 $\text{유효사용시간} = \dfrac{\text{시험가스농도} \times \text{표준유효시간}}{\text{공기 중 유해가스농도}} = \dfrac{0.5 \times 60}{0.2} = 150\text{min}$

15 공기 중의 사염화탄소 농도가 0.3%라면 정화통의 사용 가능 시간은?(단, 사염화탄소 0.5%에서 100분간 사용 가능한 정화통 기준)

① 166분 ② 181분 ③ 218분 ④ 235분

해설 $\text{유효사용시간} = \dfrac{\text{시험가스농도} \times \text{표준유효시간}}{\text{공기 중 유해가스농도}} = \dfrac{0.5 \times 100}{0.3} = 166.67\text{min}$

16 호흡기 보호구의 밀착도 검사(Fit Test)에 대한 설명이 잘못된 것은?

① 정량적인 방법에는 냄새, 맛, 자극물질 등을 이용한다.
② 밀착도 검사란 얼굴피부 접촉면과 보호구 안면부가 적합하게 밀착되는지를 측정하는 것이다.
③ 밀착도 검사를 하는 것은 작업자가 작업장에 들어가기 전 누설 정도를 최소화시키기 위함이다.
④ 어떤 형태의 마스크가 작업자에게 적합한지 마스크를 선택하는 데 도움을 주어 작업자의 건강을 보호한다.

해설 정성적인 방법에는 냄새, 맛, 자극물질 등을 이용한다.

ANSWER | 01 ④ 02 ② 03 ④ 04 ① 05 ③ 06 ② 07 ④ 08 ③ 09 ③ 10 ④
11 ① 12 ① 13 ④ 14 ③ 15 ① 16 ①

THEMA 62 기타 보호구

1. 귀마개(Ear Plug)

① 개요

㉠ 귀마개란 근로자가 작업하고 있을 때 발생하는 소음에 의해서 청력장해를 받을 우려가 있는 경우에 귓구멍에 집어넣어서 사용하는 보호구이다.

㉡ 저주파 영역(2,000Hz)에서는 20dB, 고주파 영역(4,000Hz)에서는 25dB의 차음력이 있다.

② 장단점

장점	단점
• 작아서 편리하다. • 안경, 귀걸이, 머리카락, 모자 등에 방해를 받지 않는다. • 고온에서 착용해도 불편이 없다. • 좁은 공간에서도 고개를 움직이는 데 불편이 없다. • 귀덮개보다 저렴하다. • 다른 보호구와 동시에 사용할 수 있다.	• 일정한 크기의 귀마개나 주형으로 만든 귀마개는 사람의 귀에 맞도록 조절하는 데 많은 시간과 노력이 요구된다. • 좋은 귀마개라도 차음효과가 귀덮개보다 떨어지고 사용자 간의 개인차가 크다. • 귀마개에 묻어 있는 오염물질이 귀에 들어갈 수 있다. • 귀마개의 사용 여부를 확인하는 데 어려움이 있다. • 귀가 건강한 사람만 사용할 수 있다. • 귀에 염증이 있는 사람은 사용할 수 없다.

③ 귀마개 차음효과 예측(미국 OSHA의 산정기준)

$$\text{차음효과} = (\text{NRR} - 7) \times 0.5$$

여기서, NRR : 차음평가지수

2. 귀덮개(Ear Muff)

① 개요

㉠ 근로자가 업무상 발생하는 소음에 의해서 청력장해를 받을 우려가 있는 경우에 양쪽 귀를 덮어서 그 장해를 줄이거나 방지하기 위한 청력보호구로 간헐적 소음에 노출 시 사용한다.

㉡ 저주파 영역(2,000Hz)에서는 20dB, 고주파 영역(4,000Hz)에서는 45dB의 차음력이 있다.

㉢ 귀마개와 귀덮개를 함께 사용하면 120dB 이상의 차음효과를 얻을 수 있다.

② 장단점

장점	단점
• 귀마개보다 일관성 있는 차음효과를 얻을 수 있다. • 동일한 크기의 귀덮개를 대부분의 근로자가 사용할 수 있다. • 멀리서도 착용 여부를 확인하기 쉽다. • 귀에 염증이 있어도 사용할 수 있다. • 크기가 커서 보관장소가 바뀌거나 잃어버릴 염려가 없다. • 간헐적 소음 노출 시 간편하게 착용 가능하다.	• 고온에서 불편하다. • 운반과 보관이 쉽지 않다. • 안경, 귀걸이, 모자, 머리카락 등이 착용에 불편을 준다. • 귀덮개의 밴드에 의해 차음효과가 감소될 수 있다. • 좁은 공간에서 고개를 움직이는 데 불편하다. • 가격이 귀마개보다 비싸다. • 다른 보호구와 같이 착용할 경우 불편함을 느낄 수 있다.

3. 보호장구의 재질별 적용 물질

재질	적용 물질
천연고무(Latex)	극성 용제(산, 알칼리), 수용성(물)에 효과적
부틸(Butyl) 고무	극성 용제에 효과적
Nitrile 고무	비극성 용제에 효과적
Neroprene 고무	비극성 용제에 효과적
Vitron	비극성 용제에 효과적
면	고체상 물질(용제에는 사용 불가)
가죽	용제에 사용 불가
알루미늄	고온, 복사열 취급 시 사용
Polyvinyl Chloride	수용성 용액

4. 산업용 피부보호제(보호크림)

① 피막형성 피부보호제

㉠ 분진이나 유리섬유 등으로부터 피부를 보호하기 위해 사용한다.

㉡ 성분 : 정제 벤드나이드겔, 염화비닐수지

㉢ 용도 : 분진, 전해약품제조, 원료취급작업

② 소수성 피부보호제

㉠ 광산류, 유기산, 염류 및 무기염류 취급작업 시 주로 사용한다.

㉡ 적용 화학물질은 밀랍, 탈수라노린, 파라핀, 유동파라핀, 탄산마그네슘 등이다.

③ 친수성 피부보호제

스테아린산, 벤드나이트, 카르복실셀룰로오스, 밀랍, 이산화티탄, 탈수라노린

④ 차광성 피부보호제

글리세린, 산화제이철

⑤ 광과민성 물질 피부보호제

자외선 예방효과

연습문제

01 귀마개의 사용환경과 가장 거리가 먼 것은?

① 덥고 습한 환경에서 사용할 때　② 장시간 사용할 때
③ 간헐적 소음에 노출될 때　④ 다른 보호구와 동시 사용할 때

해설 귀마개는 간헐적 소음보다 연속적 소음에 노출될 때 사용한다.

02 차음보호구에 대한 다음의 설명사항 중에서 알맞지 않은 것은?

① Ear Plug는 외청도가 이상이 없는 경우에만 사용이 가능하다.
② Ear Plug의 차음효과는 일반적으로 Ear Muff보다 좋고, 개인차가 적다.
③ Ear Muff는 일반적으로 저음의 차음효과는 20dB, 고음역의 차음효과는 45dB 이상을 갖는다.
④ Ear Muff는 Ear Plug에 비하여 고온작업장에서 착용하기가 어렵다.

해설 귀마개(Ear Plug)의 차음효과는 일반적으로 귀덮개(Ear Muff)보다 떨어지고 사용자 간의 개인차가 크다.

03 금속을 가공하는 음압수준이 98dB(A)인 공정에서 NRR이 27인 귀마개를 착용한다면 차음효과는?(단, OSHA의 차음효과 예측방법을 이용)

① 5dB(A)　② 10dB(A)　③ 15dB(A)　④ 20dB(A)

해설 차음효과 $= (\text{NRR} - 7) \times 0.5 = (27 - 7) \times 0.5 = 10\text{dB(A)}$

04 [보기]에서 귀덮개의 장점을 모두 짝지은 것은?

> [보기]
> ㄱ. 귀마개보다 쉽게 착용할 수 있다.
> ㄴ. 귀마개보다 일관성 있는 차음효과를 얻을 수 있다.
> ㄷ. 크기를 여러 가지로 할 필요가 없다.
> ㄹ. 착용 여부를 쉽게 확인할 수 있다.

① ㄱ, ㄴ, ㄹ　② ㄱ, ㄴ, ㄷ
③ ㄱ, ㄷ, ㄹ　④ ㄱ, ㄴ, ㄷ, ㄹ

해설 귀덮개의 장점

㉠ 귀마개보다 일관성 있는 차음효과를 얻을 수 있다.
㉡ 동일한 크기의 귀덮개를 대부분의 근로자가 사용할 수 있다.
㉢ 멀리서도 착용 여부를 확인하기 쉽다.
㉣ 귀에 염증이 있어도 사용할 수 있다.
㉤ 크기가 커서 보관장소가 바뀌거나 잃어버릴 염려가 없다.
㉥ 간헐적 소음 노출 시 간편하게 착용 가능하다.

05 귀덮개의 착용 시 일반적으로 요구되는 차음효과를 가장 알맞게 나타낸 것은?

① 저음역 20dB 이상, 고음역 45dB 이상
② 저음역 20dB 이상, 고음역 55dB 이상
③ 저음역 30dB 이상, 고음역 40dB 이상
④ 저음역 30dB 이상, 고음역 50dB 이상

해설 귀덮개 착용 시 저음역 20dB 이상, 고음역 45dB 이상의 차음효과가 있다.

06 귀마개에 관한 설명으로 옳지 않은 내용은?(단, 귀덮개와 비교 기준)

① 차음효과가 떨어진다.
② 착용시간이 빠르고 쉽다.
③ 외청도에 이상이 없는 경우에 사용이 가능하다.
④ 고온작업장에서 사용이 간편하다.

해설 귀마개는 사람의 귀에 맞도록 조절하는 데 많은 시간과 노력이 요구된다.

07 보호구의 재질과 적용 대상 화학물질에 대한 내용으로 잘못 짝지어진 것은?

① 천연고무 – 극성 용제
② Butyl 고무 – 비극성 용제
③ Nitrile 고무 – 비극성 용제
④ Neoprene 고무 – 비극성 용제

해설 Butyl 고무는 극성 용제에 효과적이다.

08 보호장구의 재질과 적용 화학물질에 관한 내용으로 틀린 것은?

① Butyl 고무는 극성 용제에 효과적으로 적용할 수 있다.
② 가죽은 기본적인 찰과상 예방이 되며 용제에는 사용하지 못한다.
③ 천연고무(Latex)는 절단 및 찰과상 예방에 좋으며 수용성 용액, 극성 용제에 효과적으로 적용할 수 있다.
④ Vitron은 구조적으로 강하며 극성 용제에 효과적으로 사용할 수 있다.

해설 Vitron은 비극성 용제에 효과적이다.

09 청력보호구의 차음효과를 높이기 위해서 유의할 사항으로 볼 수 없는 것은?

① 청력보호구는 머리의 모양이나 귓구멍에 잘 맞는 것을 사용하여 차음효과를 높이도록 한다.
② 청력보호구는 기공이 많은 재료로 만들어 흡음효과를 높여야 한다.
③ 청력보호구를 잘 고정시켜 보호구 자체의 진동을 최소한도로 줄이도록 한다.
④ 귀덮개 형식의 보호구는 머리카락이 길 때와 안경테가 굵거나 잘 부착되지 않을 때에는 사용하지 말도록 한다.

해설 기공이 많은 재료로 만들 경우 흡음효과가 낮아진다.

10 피부에 직접 유해물질이 닿지 않도록 피부 보호용 크림이 사용되는데 사용물질에 따라 분류된다. 다음 피부보호제 중 이에 해당되지 않는 것은?

① 지용성 물질에 대한 피부보호제 ② 수용성 피부보호제
③ 광과민성 물질에 대한 피부보호제 ④ 수막형성형 피부보호제

해설 산업용 피부보호제(보호크림)
㉠ 피막형성 피부보호제
㉡ 소수성 피부보호제
㉢ 친수성 피부보호제
㉣ 차광성 피부보호제
㉤ 광과민성 물질 피부보호제

ANSWER | 01 ③ 02 ② 03 ② 04 ④ 05 ① 06 ② 07 ② 08 ④ 09 ② 10 ④

더 풀어보기

산업기사

01 귀덮개에 비하여 귀마개 사용상의 단점이라 볼 수 없는 것은?

① 귀마개 오염 시 감염될 가능성이 있다.
② 제대로 착용하는 데 시간이 걸리고 요령을 습득하여야 한다.
③ 외청도에 이상이 없을 때만 사용이 가능하다.
④ 보안경 사용 시 차음효과가 감소한다.

해설 귀마개의 단점
㉠ 일정한 크기의 귀마개나 주형으로 만든 귀마개는 사람의 귀에 맞도록 조절하는 데 많은 시간과 노력이 요구된다.
㉡ 좋은 귀마개라도 차음효과가 귀덮개보다 떨어지고 사용자 간의 개인차가 크다.
㉢ 귀마개에 묻어 있는 오염물질이 귀에 들어갈 수 있다.
㉣ 귀마개의 사용 여부를 확인하는 데 어려움이 있다.
㉤ 귀가 건강한 사람만 사용할 수 있다.
㉥ 귀에 염증이 있는 사람은 사용할 수 없다.

02 청력보호구의 차음효과를 높이기 위한 유의사항으로 틀린 것은?

① 사용자의 머리와 귓구멍에 잘 맞아야 할 것
② 흡음률을 높이기 위해 기공(氣孔)이 많은 재료를 선택할 것
③ 청력보호구를 잘 고정시켜서 보호구 자체의 진동을 최소화할 것
④ 귀덮개 형식의 보호구는 머리카락이 길 때 사용하지 않을 것

해설 청력보호구에 기공이 많은 재료를 사용하면 흡음효과가 낮아진다.

03 귀마개에 NRR=30이라고 적혀 있었다면 귀마개의 차음효과는 약 몇 dB(A)인가?(단, 미국 OSHA의 산정기준에 따른다.)

① 11.5 ② 13.5 ③ 15.0 ④ 23.0

해설 차음효과 $=(\mathrm{NRR}-7)\times 0.5=(30-7)\times 0.5=11.5\mathrm{dB}$

04 작업장의 근로자가 NRR이 15인 귀마개를 착용하고 있다면 차음효과(dB)는?

① 2 ② 4 ③ 6 ④ 8

해설 차음효과 $=(\mathrm{NRR}-7)\times 0.5=(15-7)\times 0.5=4\mathrm{dB}$

05 근로자가 귀덮개(NRR=31)를 착용하고 있는 경우 미국 OSHA의 방법으로 계산한다면 차음효과는?

① 5dB ② 8dB ③ 10dB ④ 12dB

해설 차음효과 $=(\mathrm{NRR}-7)\times 0.5=(31-7)\times 0.5=12\mathrm{dB}$

06 어떤 작업장의 음압수준이 100dB(A)이고 근로자가 NRR이 27인 귀마개를 착용하고 있다면 근로자의 실제 음압수준 dB(A)은?

① 83 ② 85 ③ 90 ④ 93

해설 노출음압 수준=음압수준−차음효과
차음효과 $=(\mathrm{NRR}-7)\times 0.5=(27-7)\times 0.5=10\mathrm{dB(A)}$
∴ 노출음압 수준 $=100-10=90\mathrm{dB(A)}$

07 100톤의 프레스 공정에서 측정한 음압수준이 93dB(A)이었다. 귀마개(NRR=27)를 착용하고 있는 근로자에게 노출되는 음압수준은?(단, OSHA 기준)

① 83.0dB(A) ② 85.0dB(A) ③ 87.0dB(A) ④ 89.0dB(A)

해설 노출음압 수준=음압수준−차음효과
차음효과 $=(\mathrm{NRR}-7)\times 0.5=(27-7)\times 0.5=10\mathrm{dB(A)}$
∴ 노출음압 수준 $=93-10=83\mathrm{dB(A)}$

08 귀덮개에 대한 설명으로 틀린 것은?

① 고음영역보다 저음영역에서 차음효과가 탁월하다.
② 귀마개보다 쉽게 착용할 수 있고 착용법이 틀리거나 잃어버리는 일이 적다.
③ 귀에 질병이 있을 때도 사용이 가능하다.
④ 크기를 여러 가지로 할 필요 없다.

해설 귀덮개는 저주파 영역(2,000Hz)에서는 20dB, 고주파 영역(4,000Hz)에서는 45dB의 차음력이 있다.

09 귀덮개의 장점으로 틀린 것은?

① 귀마개보다 차음효과가 일반적으로 크며 개인차가 작다.
② 크기를 다양화하여 차음효과를 높일 수 있다.
③ 근로자들이 착용하고 있는지를 쉽게 확인할 수 있다.
④ 귀에 이상이 있을 때에도 착용할 수 있다.

해설 귀덮개의 장점
㉠ 귀마개보다 일관성 있는 차음효과를 얻을 수 있다.
㉡ 동일한 크기의 귀덮개를 대부분의 근로자가 사용할 수 있다.
㉢ 멀리서도 착용 여부를 확인하기 쉽다.
㉣ 귀에 염증이 있어도 사용할 수 있다.
㉤ 크기가 커서 보관장소가 바뀌거나 잃어버릴 염려가 없다.
㉥ 간헐적 소음 노출 시 간편하게 착용 가능하다.

10 청력보호구의 차음효과를 높이기 위한 내용으로 틀린 것은?

① 귀덮개 형식의 보호구는 머리카락이 길 때와 안경테가 굵거나 잘 부착되지 않을 때에는 사용하지 않는다.
② 청력보호구를 잘 고정시켜서 보호구 자체의 진동을 최소한으로 한다.
③ 청격보호구는 다기공의 재료로 만들어 흡음효과를 최대한 높이도록 한다.
④ 청력보호구는 머리의 모양이나 귓구멍에 잘 맞는 것을 사용한다.

해설 기공이 많으면 차음효과가 떨어진다.

11 다음 중 청력보호구인 귀마개의 장점이 아닌 것은?

① 작아서 휴대하기가 편리하다.
② 고개를 움직이는 데 불편함이 없다.
③ 고온에서 착용하여도 불편함이 없다.
④ 짧은 시간 내에 제대로 착용할 수 있다.

해설 귀마개의 장점
㉠ 작아서 편리하다.
㉡ 안경, 귀걸이, 머리카락, 모자 등에 의해 방해를 받지 않는다.
㉢ 고온에서 착용해도 불편이 없다.
㉣ 좁은 공간에서도 고개를 움직이는 데 불편이 없다.
㉤ 귀덮개보다 저렴하다.
㉥ 다른 보호구와 동시에 사용할 수 있다.

12 청력보호구인 귀마개에 관한 내용으로 틀린 것은?(단, 귀덮개 비교 기준)

① 다른 보호구와 동시에 사용할 수 있다.
② 고온작업장에서 불편 없이 사용할 수 있다.

③ 착용시간이 짧고 쉽다.
④ 더러운 손으로 만짐으로써 외청도를 오염시킬 수 있다.

해설 귀마개는 사람의 귀에 맞도록 조절하는 데 많은 시간과 노력이 요구된다.

13 다음 귀덮개의 장단점으로 옳지 않은 것은?
① 착용법이 틀리는 일이 적다.
② 귀에 이상이 있을 때에도 사용할 수 있다.
③ 고온작업장에서 착용하기가 어렵다.
④ 귀마개보다 개인차가 크다.

해설 귀덮개는 귀마개보다 개인 차이가 적다.

14 다음 중 귀덮개의 장단점으로 옳지 않은 것은?
① 귀마개보다 개인차가 크다.
② 고온의 작업장에서 불편하다.
③ 귀에 염증이 있어도 사용할 수 있다.
④ 귀덮개는 멀리서도 볼 수 있으므로 사용 여부를 확인하기 쉽다.

해설 귀덮개는 귀마개보다 개인 차이가 적다.

15 보호장구의 재질별 효과적인 적용 물질로 옳은 것은?
① 면 - 비극성 용제
② Butyl 고무 - 비극성 용제
③ 천연고무(latex) - 극성 용제
④ Vitron - 극성 용제

해설 보호장구의 재질별 적용 물질

재질	적용 물질
천연고무(Latex)	극성 용제(산, 알칼리), 수용성(물)에 효과적
부틸(butyl) 고무	극성 용제에 효과적
Nitrile 고무	비극성 용제에 효과적
Neroprene 고무	비극성 용제에 효과적
Vitron	비극성 용제에 효과적
면	고체상 물질(용제에는 사용 불가)
가죽	용제에 사용 불가
알루미늄	고온, 복사열 취급 시 사용
Polyvinyl Chloride	수용성 용액

16 피부 보호장구의 재질과 적용 화학물질이 올바르게 연결되지 않은 것은?

① Neoprene 고무 – 비극성 용제
② Nitrile 고무 – 비극성 용제
③ Butyl 고무 – 비극성 용제
④ Polyvinyl Chloride – 수용성 용액

해설 Butyl 고무는 극성 용제에 효과적이다.

17 다음은 개인 보호구에 관한 설명이다. 맞는 것은?

① 천연고무(Latex)는 극성과 비극성 화합물에 모두 효과적이다.
② 눈 보호구의 차광도 번호(Shade Number)가 크면 빛의 차광효과가 크다.
③ 미국 EPA에서 정한 차진평가수 NRR은 실제 작업현장에서의 차진효과(dB)를 그대로 나타내 준다.
④ 귀덮개는 기본형, 준맞춤형, 맞춤형으로 구분된다.

해설 ① 천연고무(Latex)는 극성 용제 및 수용성 용액에 효과적이다.
③ 차음평가수 NRR은 실제 작업현장에서의 차음효과(dB)를 나타낸다.
④ 귀덮개의 종류는 EM 하나이다.

18 다음의 성분과 용도를 가진 보호 크림은?

- 성분 : 정제 벤드나이드겔, 염화비닐수지
- 용도 : 분진, 전해약품 제조, 원료취급작업

① 피막형 크림
② 차광 크림
③ 소수성 크림
④ 친수성 크림

해설 피막형성 피부보호제
㉠ 분진이나 유리섬유 등으로부터 피부를 보호하기 위해 사용한다.
㉡ 성분 : 정제 벤드나이드겔, 염화비닐수지
㉢ 용도 : 분진, 전해약품 제조, 원료취급작업

19 피부 보호크림의 종류 중 광산류, 유기산, 염류 및 무기염류 취급작업 시 주로 사용하는 것은? (단, 적용 화학물질은 밀랍, 탈수라노린, 파라핀, 유동파라핀, 탄산마그네슘)

① 친수성 크림
② 소수성 크림
③ 차광 크림
④ 피막형 크림

해설 소수성 피부보호제
㉠ 광산류, 유기산, 염류 및 무기염류 취급작업 시 주로 사용한다.
㉡ 적용 화학물질은 밀랍, 탈수라노린, 파라핀, 유동파라핀, 탄산마그네슘 등이다.

ANSWER | 01 ④ 02 ② 03 ① 04 ② 05 ④ 06 ③ 07 ① 08 ① 09 ② 10 ③
11 ④ 12 ③ 13 ④ 14 ① 15 ③ 16 ③ 17 ② 18 ① 19 ②

기 사

01 청력보호구의 차음효과를 높이기 위해 유의해야 할 내용과 거리가 먼 것은?

① 청력보호구는 기공이 큰 재료로 만들어 흡음 효율을 높이도록 한다.
② 청력보호구는 머리모양이나 귓구멍에 잘 맞는 것을 사용하여 불쾌감을 주지 않도록 해야 한다.
③ 청력보호구를 잘 고정시켜 보호구 자체의 진동을 최소한도로 줄이도록 한다.
④ 귀덮개 형식의 보호구는 머리가 길 때와 안경테가 굵어 잘 부착되지 않을 때 사용하기 곤란하다.

해설 청력보호구의 차음효과를 높이기 위한 유의사항
㉠ 청력보호구는 머리모양이나 귓구멍에 잘 맞는 것을 사용하여 불쾌감을 주지 않도록 해야 한다.
㉡ 청력보호구를 잘 고정시켜 보호구 자체의 진동을 최소한도로 줄이도록 한다.
㉢ 귀덮개 형식의 보호구는 머리가 길 때와 안경테가 굵어 잘 부착되지 않을 때 사용하기 곤란하다.
㉣ 청력보호구는 기공이 큰 재료를 사용하지 말아야 한다.

02 청력보호구의 차음효과를 높이기 위한 유의사항 중 틀린 것은?

① 청력보호구는 머리의 모양이나 귓구멍에 잘 맞는 것을 사용한다.
② 청력보호구는 잘 고정시켜서 보호구 자체의 진동을 최소한도로 줄여야 한다.
③ 청력보호구는 기공(氣孔)이 많은 재료를 사용하여 제조한다.
④ 귀덮개 형식의 보호구는 머리카락이 길 때와 안경테가 굵어서 잘 밀착되지 않을 때는 사용이 어렵다.

해설 청력보호구는 기공이 큰 재료를 사용하지 말아야 한다.

03 어떤 작업장의 음압수준이 100dB(A)이고 근로자가 NRR이 19인 귀마개를 착용하고 있다면 차음효과는?(단, OSHA 방법 기준)

① 2dB(A) ② 4dB(A) ③ 6dB(A) ④ 8dB(A)

해설 차음효과 $= (\text{NRR} - 7) \times 0.5 = (19 - 7) \times 0.5 = 6\text{dB(A)}$

04 어떤 작업장의 음압수준이 86dB(A)이고, 근로자는 귀덮개를 착용하고 있다. 귀덮개의 차음평가수는 NRR = 19이다. 근로자가 노출되는 음압(예측)수준(dB(A))은?

① 74 ② 76 ③ 78 ④ 80

해설 노출음압 수준 = 음압수준 − 차음효과
차음효과 $= (\text{NRR} - 7) \times 0.5 = (19 - 7) \times 0.5 = 6\text{dB(A)}$
∴ 노출음압 수준 = 86 − 6 = 80dB(A)

05 모 작업공정에서 발생되는 소음의 음압수준이 110dB(A)이고 근로자는 귀덮개(NRR = 17)를 착용하고 있다면 근로자에게 실제 노출되는 음압수준은?

① 90dB(A) ② 95dB(A)
③ 100dB(A) ④ 105dB(A)

해설 노출음압 수준 = 음압수준 − 차음효과
차음효과 = (NRR − 7) × 0.5 = (17 − 7) × 0.5 = 5dB(A)
∴ 노출음압 수준 = 110 − 5 = 105dB(A)

06 어떤 작업장의 음압수준이 90dB이고, 근로자는 귀덮개(NRR = 21)를 착용하고 있다. 미국 OSHA 계산방법으로 계산된 차음효과와 근로자가 노출되는 음압수준은?[단, NRR(Noise Reduction Rating) : 차음평가수]

① 차음효과 : 5dB, 음압수준 : 85dB
② 차음효과 : 6dB, 음압수준 : 84dB
③ 차음효과 : 7dB, 음압수준 : 83dB
④ 차음효과 : 8dB, 음압수준 : 82dB

해설 노출음압 수준 = 음압수준 − 차음효과
차음효과 = (NRR − 7) × 0.5 = (21 − 7) × 0.5 = 7(dB)
∴ 노출음압 수준 = 90 − 7 = 83(dB)

07 88dB(A)의 음압수준이 발생되는 작업장에서 근로자는 차음 평가수가 19인 귀덮개를 착용하고 작업에 임하고 있다. 이때 근로자에 노출되는 음압 dB(A) 수준은?(단, 미국 OSHA 방법으로 계산할 것)

① 74 ② 78
③ 82 ④ 86

해설 차음효과 = (NRR − 7) × 0.5 = (19 − 7) × 0.5 = 6dB(A)
∴ 노출음압 수준 = 88 − 6 = 82dB(A)

08 귀덮개를 설명한 것 중 옳은 것은?

① 귀마개보다 차음효과의 개인차가 적다.
② 귀덮개의 크기를 여러 가지로 할 필요가 있다.
③ 근로자들이 보호구를 착용하고 있는지를 쉽게 알 수 없다.
④ 귀마개보다 차음효과가 적다.

해설 ② 동일한 크기의 귀덮개를 대부분의 근로자가 사용할 수 있다.
③ 멀리서도 착용 여부를 확인하기 쉽다.
④ 귀마개보다 차음효과가 크다.

09 다음 중 개인보호구에서 귀덮개의 장점과 가장 거리가 먼 것은?

① 귀 안에 염증이 있어도 사용 가능하다.
② 동일한 크기의 귀 덮개를 대부분의 근로자가 사용할 수 있다.
③ 멀리서도 착용 유무를 확인할 수 있다.
④ 고온에서 사용해도 불편이 없다.

해설 귀덮개는 고온에서 불편하다.

10 귀덮개의 사용 환경으로 가장 옳은 것은?

① 장시간 사용 시
② 간헐적 소음 노출 시
③ 덥고 습한 환경에서 작업 시
④ 다른 보호구와 동시 사용 시

해설 귀덮개는 간헐적인 소음 노출 시 간편하게 착용이 가능하다.

11 귀덮개 착용 시 일반적으로 요구되는 차음효과는?

① 저음에서 15dB 이상, 고음에서 30dB 이상
② 저음에서 20dB 이상, 고음에서 45dB 이상
③ 저음에서 25dB 이상, 고음에서 50dB 이상
④ 저음에서 30dB 이상, 고음에서 55dB 이상

해설 저주파 영역(2,000Hz)에서는 20dB, 고주파 영역(4,000Hz)에서는 45dB의 차음력이 있다.

12 귀마개의 장단점과 가장 거리가 먼 것은?

① 제대로 착용하는 데 시간이 걸린다.
② 착용 여부 파악이 곤란하다.
③ 보안경 사용 시 차음효과가 감소한다.
④ 귀마개 오염 시 감염될 가능성이 있다.

해설 귀마개는 안경, 귀걸이, 머리카락, 모자 등에 의해 방해를 받지 않는다.

13 다음 중 차음보호구인 귀마개(Ear Plug)에 대한 설명과 가장 거리가 먼 것은?

① 차음효과는 일반적으로 귀덮개보다 우수하다.
② 외청도에 이상이 없는 경우에 사용이 가능하다.
③ 더러운 손으로 만짐으로써 외청도를 오염시킬 수 있다.
④ 귀덮개와 비교하면 제대로 착용하는데 시간은 걸리나 부피가 작아서 휴대하기 편리하다.

해설 귀마개의 차음효과는 일반적으로 귀덮개보다 떨어진다.

14 개인보호구에서 귀덮개의 장점 중 틀린 것은?

① 귀마개보다 높은 차음효과를 얻을 수 있다.
② 동일한 크기의 귀덮개를 대부분의 근로자가 사용할 수 있다.
③ 귀에 염증이 있어도 사용할 수 있다.
④ 고온에서 사용해도 불편이 없다.

해설 귀덮개는 고온에서 사용 시 불편하다.

15 보호장구의 재질과 대상 화학물질이 잘못 짝지어진 것은?

① 부틸고무 – 극성 용제
② 면 – 고체상 물질
③ 천연고무(Latex) – 수용성 용액
④ Vitron – 극성 용제

해설 Vitron은 비극성 용제에 효과적이다.

16 보호장구의 재질과 적용 물질에 대한 내용으로 틀린 것은?

① Butyl 고무 – 극성 용제에 효과적이다.
② 면 – 용제에는 사용하지 못한다.
③ 천연고무 – 비극성 용제에 효과적이다.
④ 가죽 – 용제에는 사용하지 못한다.

해설 천연고무는 극성 용제(산, 알칼리), 수용성(물)에 효과적이다.

17 보호구의 재질에 따른 효과적 보호가 가능한 화학물질을 잘못 짝지은 것은?

① 가죽 – 알코올
② 천연고무 – 물
③ 면 – 고체상 물질
④ 부틸고무 – 알코올

해설 알코올은 가죽–용제에는 사용하지 못한다.

18 보호장구의 재질과 적용 물질에 대한 내용으로 틀린 것은?

① 면 : 극성 용제에 효과적이다.
② 가죽 : 용제에는 사용하지 못한다.
③ Nitrile 고무 : 비극성 용제에 효과적이다.
④ 천연고무(Latex) : 극성 용제에 효과적이다.

해설 보호장구의 재질 중 면은 고체상 물질에 적용 가능하다.

19 보호장구의 재질과 적용물질에 대한 내용으로 옳지 않은 것은?

① Butyl 고무 – 비극성 용제에 효과적이다.
② 면 – 용제에는 사용하지 못한다.
③ 천연고무 – 극성 용제에 효과적이다.
④ 가죽 – 용제에는 사용하지 못한다.

해설 Butyl 고무는 극성 용제에 효과적이다.

20 비극성 용제에 효과적인 보호장구의 재질로 가장 옳은 것은?

① 면
② 천연고무
③ Nitrile 고무
④ Butyl 고무

해설 비극성 용제에 효과적인 보호장구는 Nitrile 고무, Neoprene 고무, Vitron이다.

21 다음 보호장구의 재질 중 극성 용제에 효과적인 것은?(단, 극성 용제에는 알코올, 물, 케톤류 등을 포함한다.)

① Neoprene 고무
② Butyl 고무
③ Vitron
④ Nitrile 고무

해설 극성 용제에 효과적인 보호장구 재질에는 천연고무와 부틸(Butyl)이다.

22 보호장구의 재질과 적용 화학물질에 관한 내용으로 틀린 것은?

① Butyl 고무는 극성 용제에 효과적으로 적용할 수 있다.
② 가죽은 기본적인 찰과상 예방이 되며 용제에는 사용하지 못한다.
③ 천연고무(Latex)는 절단 및 찰과상 예방에 좋으며 수용성 용액, 극성 용제에 효과적으로 적용할 수 있다.
④ Vitron은 구조적으로 강하며 극성 용제에 효과적으로 사용할 수 있다.

해설 Vitron은 비극성 용제에 효과적이다.

23 분진이나 유리섬유 등으로부터 피부를 직접 보호하기 위해 사용하는 산업용 피부보호제는?

① 수용성 물질차단 피부보호제
② 피막형성형 피부보호제
③ 지용성 물질차단 피부보호제
④ 광과민성 물질차단 피부보호제

해설 피막형성 피부보호제

㉠ 분진이나 유리섬유 등으로부터 피부를 보호하기 위해 사용한다.
㉡ 성분 : 정제 벤드나이드겔, 염화비닐수지
㉢ 용도 : 분진, 전해약품 제조, 원료취급작업

24 적용 화학물질이 밀랍, 탈수라노린, 파라핀, 유동파라핀, 탄산마그네슘이며 적용 용도로는 광산류, 유기산, 염류 및 무기염류 취급작업인 보호크림의 종류로 가장 알맞은 것은?

① 친수성 크림 ② 차광 크림
③ 소수성 크림 ④ 피막형 크림

해설 보호크림 중 소수성 크림을 설명하고 있다.

25 차광 보호크림의 적용 화학물질로 가장 알맞게 짝지어진 것은?

① 글리세린, 산화제이철
② 벤토나이트, 탄산마그네슘
③ 밀랍, 이산화티탄, 염화비닐수지
④ 탈수라노린, 스테아린산

해설 보호크림
㉠ 친수성 크림 : 스테아린산, 벤드나이트, 카르복실셀룰로오스, 밀랍, 이산화티탄, 탈수라노린
㉡ 소수성 크림 : 밀랍, 탈수라노린, 파라핀, 유동파라핀
㉢ 차광 크림 : 글리세린, 산화제이철
㉣ 피막형 크림 : 정제 벤드나이트겔, 염화비닐수지

ANSWER | 01 ① 02 ③ 03 ③ 04 ④ 05 ④ 06 ③ 07 ③ 08 ① 09 ④ 10 ②
11 ② 12 ③ 13 ① 14 ④ 15 ④ 16 ③ 17 ① 18 ① 19 ① 20 ③
21 ② 22 ④ 23 ② 24 ③ 25 ①

PART 04

물리적 유해인자 관리

THEMA 63 온열조건과 고열장해

1. 온열요소

① 기온(Air Temperature)
② 기습(Humidity, 습도)
③ 기류(Air Velocity)
④ 복사열(Radiant Temperature)

2. 기온(Air Temperature)

① 지적온도(Optimum Temperature)
㉠ 인간활동에 가장 좋은 상태인 이상적인 온열조건으로 주관적인 온도이다.
㉡ 작업량이 클수록 체열 생산량이 많아지므로 지적온도는 낮아진다.
㉢ 여름이 겨울보다 지적온도가 높다.
㉣ 더운 음식물, 알코올, 기름진 음식 등을 섭취하면 지적온도는 낮아진다.
㉤ 노인들보다 젊은 사람의 지적온도가 낮다.
㉥ 주관적, 생리적, 생산적이다.

② 감각온도
기온, 습도, 기류의 조건에 따른 체감온도를 말한다.

③ 실효복사온도
흑구온도와 기온의 차를 말한다.

3. 기습(Humidity, 습도)

① 절대습도 : 공기 $1m^3$ 중에 포함되어 있는 수증기의 양(g)을 말한다.
② 포화습도 공기 $1m^3$이 포화상태에서 함유할 수 있는 수증기량(g)을 말한다.
③ 상대습도(비교습도 : 기습)
㉠ 포화습도에 대한 절대습도의 비를 %로 나타낸 단위
㉡ 비교습도$=\dfrac{\text{절대습도}}{\text{포화습도}}\times 100$
㉢ 적정습도는 상대습도가 40~70%이다.
④ 습도는 아스만통풍온습도계, 아우구스트건습계, 회전습도계, 자기습도계 등으로 측정한다.

4. 기류(Air Velocity)

① 불감기류 : 0.5m/sec 미만 기류
② 기류속도가 0.5m/sec 이상일 경우 고온의 영향이 과대평가

③ 기온이 10℃ 이하일 때는 1m/sec 이상의 기류에 직접접촉 금지
④ 인체에 적당한 속도 : 6~7m/min
⑤ 환기를 위한 창의 면적 : 바닥면적의 1/20 이상

5. 복사열(Radiant Temperature)

① 실외에서는 태양복사열, 실내에서는 용해로, 전기로 등에서 발생하는 복사열 노출
② 인체는 복사열을 흡수하는 특성

6. 고열장해의 종류

① 열경련(Heat Cramp)
  ㉠ 원인 : 고온환경에서 심한 육체적 작업을 하면서 땀을 많이 흘려 신체의 염분손실을 충당하지 못할 때 발생한다.
  ㉡ 증상 : 수의근에 유통성 경련, 과도한 발한, 일시적 단백뇨, 혈액의 농축
  ㉢ 치료방법
    • 바람이 잘 통하는 곳에 환자를 눕히고 작업복을 벗겨 체열방출 촉진
    • 수분(생리식염수 1~2L를 정맥주사), 염분(0.1% 식염수를 음용) 보충
② 열사병(Heat Stroke)
  ㉠ 고온다습한 환경에서 육체적 작업을 하거나 태양의 복사선을 두부에 직접적으로 받는 경우, 발한에 의한 체열방출 장해로 체내에 열이 축적되어 발생한다.
  ㉡ 증상
    • 뇌온도의 상승으로 체온조절중추 기능장해를 초래한다.
    • 땀을 흘리지 못하므로 체열방산이 안 되어 체온이 41~43℃까지 급상승되고, 혼수상태에 이를 수 있다.
    • 정신착란, 의식결여, 경련 또는 혼수, 건조하고 높은 피부온도가 나타난다.
  ㉢ 치료
    • 얼음물에 담가서 체온을 39℃까지 급속히 내린다.
    • 울혈방지와 체온이동을 돕기 위한 마사지를 실시한다.
    • 호흡 곤란 시 산소를 공급한다.
    • 체열의 생산을 억제하기 위한 항신진대사제를 투여한다.
③ 열피로(Heat Exhaustion)
  ㉠ 고온환경에 장시간 노출되어 말초혈관 운동신경의 조절장애와 심박출량의 부족으로 순환부전, 특히 대뇌피질의 혈류량 부족이 원인이다.
  ㉡ 증상
    • 전구증상 : 전신의 권태감, 탈력감, 두통, 현기증, 귀울림, 구역질
    • 의식이 흐려짐, 허탈상태에 빠짐, 최저혈압의 하강이 현저함
    • 혈중 염소농도는 정상

- 체온은 정상범위를 유지
- 탈수로 인하여 혈장량이 감소할 때 발생

㉢ 치료

- 시원하고 쾌적한 환경에서 휴식을 취하고 탈수가 심하면 5% 포도당 용액을 정맥주사
- 더운 커피를 마시게 하거나 강심제 투여
- 며칠 동안 순환기 계통의 이상 유무 관찰

④ 열실신(Heat Syncope)

㉠ 고열작업장에 순화되지 못한 근로자가 고열작업을 수행할 경우 신체 말단부에 혈액이 과다하게 저류되어 뇌에 혈액흐름이 좋지 못하게 됨에 따라 뇌에 산소 부족이 발생한다.

㉡ 열허탈증 또는 운동에 의한 열피비라고도 한다.

㉢ 장시간의 기립상태 및 강한 운동 시 발생한다.

7. 고열 측정 및 평가

① 측정방법

㉠ 측정은 단위작업장소에서 측정대상이 되는 근로자의 작업행동범위에서 주작업 위치의 바닥면으로부터 50cm 이상, 150cm 이하의 위치에서 할 것

㉡ 측정 구분 및 측정기기에 따른 측정시간은 아래와 같이 할 것

[측정 구분에 의한 측정기기와 측정시간]

구분	측정기기	측정시간
습구온도	0.5° 간격의 눈금이 있는 아스만통풍건습계, 자연습구온도를 측정할 수 있는 기기 또는 이와 동등 이상의 성능이 있는 측정기기	• 아스만통풍건습계 : 25분 이상 • 자연습구온도계 : 5분 이상
흑구 및 습구흑구 온도	직경이 5cm 이상 되는 흑구온도계 또는 습구흑구온도(WBGT)를 동시에 측정할 수 있는 기기	• 직경이 15cm일 경우 : 25분 이상 • 직경이 7.5cm 또는 5cm일 경우 : 5분 이상

② 습구흑구온도지수(WBGT)

㉠ 사용하기 쉽고 수정감각온도의 값과 비슷

㉡ 우리나라 허용기준에 사용하는 지수

㉢ $\text{WBGT}(\text{옥외}) = 0.7 \times \text{NWT} + 0.2 \times \text{GT} + 0.1 \times \text{DT}$

$\text{WBGT}(\text{옥내}) = 0.7 \times \text{NWT} + 0.3 \times \text{GT}$

여기서, NWT : 자연습구온도[℃]

GT : 흑구온도[℃]

DT : 건구온도[℃]

연습문제

01 환경온도를 감각온도로 표시한 것을 지적온도라 하는데 다음 중 3가지 관점에 따른 지적온도로 볼 수 없는 것은?

① 주관적 지적온도　② 생리적 지적온도
③ 생산적 지적온도　④ 개별적 지적온도

해설 지적온도(Optimum Temperature)
주관적, 생리적, 생산적

02 지적온도(Optimum Temperature)에 미치는 영향인자들의 설명으로 가장 거리가 먼 것은?

① 작업량이 클수록 체열 생산량이 많아 지적온도는 낮아진다.
② 여름철이 겨울철보다 지적온도가 높다.
③ 더운 음식물, 알코올, 기름진 음식 등을 섭취하면 지적온도는 낮아진다.
④ 노인들보다 젊은 사람의 지적온도가 높다.

해설 노인들보다 젊은 사람의 지적온도가 낮다.

03 다음 설명에 해당하는 온열요소는?

> 주어진 온도에서 공기 $1m^3$ 중에 함유된 수증기의 양을 그램(g)으로 나타내며, 기온에 따라 수증기가 공기에 포함될 수 있는 최댓값이 정해져 있어, 그 값은 기온에 따라 커지거나 작아진다.

① 비교습도　② 비습도
③ 절대습도　④ 상대습도

04 인체에 적당한 기류(온열요소) 속도 범위로 맞는 것은?

① 2~3m/min　② 6~7m/min
③ 12~13m/min　④ 16~17m/min

해설 인체에 적당한 기류는 6~7m/min 정도이다.

05 실효복사(Effective Radiation)온도의 의미로 가장 적절한 것은?

① 건구온도와 습구온도의 차　② 습구온도와 흑구온도의 차
③ 습구온도와 복구온도의 차　④ 흑구온도와 기온의 차

해설 실효복사온도는 흑구온도와 기온의 차를 말한다.

06 고열장해인 열경련에 관한 설명으로 틀린 것은?

① 일반적으로 더운 환경에서 고된 육체적 작업을 하면서 땀으로 흘린 염분손실을 충당하지 못 할 때 발생하다.
② 염분을 공급할 때는 식염정제를 사용하여 빠른 공급이 될 수 있도록 하여야 하다.
③ 열경련 환자는 혈중 염분의 농도가 낮기 때문에 염분관리가 중요하다.
④ 통증을 수반하는 경련은 주로 작업 시 사용한 근육에서 흔히 발생한다.

해설 염분을 공급할 때는 생리식염수 0.1%을 사용한다.

07 고열로 인한 건강장해로 발한에 의한 체열방출이 장해됨으로써 체내에 열이 축적되어 발생하며 1차적인 증상으로 정신착란, 의식결여, 경련 또는 혼수, 건조하고 높은 피부온도, 체온상승(직장온도 41℃) 등이 나타나는 열중증의 명칭은?

① 열허탈(Heat Collapse)
② 열경련(Heat Cramps)
③ 열사병(Heat Stroke)
④ 열소모(Heat Exhaustion)

해설 열사병(Heat Stroke)
고온다습한 환경에서 육체적 작업을 하거나 태양의 복사선을 두부에 직접적으로 받는 경우, 발한에 의한 체열방출 장해로 체내에 열이 축적되어 발생한다.

열사병의 증상
㉠ 뇌온도의 상승으로 체온조절중추 기능장해를 초래한다.
㉡ 땀을 흘리지 못하므로 체열방산이 안 되어 체온이 41~43℃까지 급상승되고, 혼수상태에 이를 수 있다.
㉢ 정신착란, 의식결여, 경련 또는 혼수, 건조하고 높은 피부온도가 나타난다.

08 열사병(Heat Stroke)이 발생했을 때 가장 적절한 응급처치 방법은?

① 통풍이 잘 되는 서늘한 곳에 눕히고 포도당 주사를 준다.
② 생리식염수를 정맥주사하거나 0.1% 식염수를 마시게 한다.
③ 얼음물에 담가서 체온을 39℃ 이하로 유지시켜 준다.
④ 스포츠 음료나 설탕물을 마시게 한다.

해설 열사병 치료
㉠ 얼음물에 담가서 체온을 39℃까지 급속히 내린다.
㉡ 울혈방지와 체온이동을 돕기 위한 마사지를 실시한다.
㉢ 호흡 곤란 시 산소를 공급한다.
㉣ 체열의 생산을 억제하기 위한 항신진대사제를 투여한다.

09 열중증 질환 중 열피로에 대한 설명으로 가장 거리가 먼 것은?

① 혈중 염소농도는 정상이다.
② 체온은 정상범위를 유지한다.
③ 말초혈관 확장에 따른 요구 증대만큼의 혈관운동 조절이나 심박출력의 증대가 없을 때 발생한다.
④ 탈수로 인하여 혈장량이 급격히 증가할 때 발생한다.

해설 열피로의 증상

㉠ 전구증상 : 전신의 권태감, 탈력감, 두통, 현기증, 귀울림, 구역질
㉡ 의식이 흐려짐, 허탈상태에 빠짐, 최저혈압의 하강이 현저함
㉢ 혈중 염소농도는 정상
㉣ 체온은 정상범위를 유지
㉤ 탈수로 인하여 혈장량이 감소할 때 발생

10 고열장해에 관한 설명 중 (　　) 안에 옳은 내용은?

> (　　)은/는 고열작업장에 순화되지 못한 근로자가 고열작업을 수행할 경우 신체 말단부에 혈액이 과다하게 저류되어 뇌에 혈액흐름이 좋지 못하게 됨에 따라 뇌에 산소 부족이 발생한다.

① 열허탈　　② 열경련　　③ 열소모　　④ 열소진

해설 열실신(Heat Syncope)

㉠ 고열작업장에 순환되지 못한 근로자가 고열작업을 수행할 경우 신체 말단부에 혈액이 과다하게 저류되어 뇌에 혈액흐름이 좋지 못하게 됨에 따라 뇌에 산소 부족이 발생한다.
㉡ 열허탈증 또는 운동에 의한 열피비라고도 한다.
㉢ 장시간의 기립상태 및 강한 운동 시 발생한다.

11 고열장해에 관한 설명으로 틀린 것은?

① 열사병은 신체 내부의 체온조절계통이 기능을 잃어 발생한다.
② 열경련은 땀으로 인한 염분손실을 충당하지 못할 때 발생하며 장해가 발생하면 염분의 공급을 위해 식염정제를 사용한다.
③ 열허탈은 고열작업장에 순화되지 못한 근로자가 고열작업을 수행할 경우 신체 말단부에 혈액이 과다하게 저류되어 뇌에 혈액 흐름이 좋지 못하게 됨에 따라 뇌에 산소가 부족하여 발생한다.
④ 일시적인 열피로는 고열에 순화되지 않은 작업자가 장시간 고열환경에서 정적인 작업을 할 경우 흔히 발생한다.

해설 열경련(Heat Cramp)

고온환경에서 심한 육체적 작업을 하면서 땀을 많이 흘려, 신체의 염분손실을 충당하지 못할 때 발생한다.

12 고온의 인체에 미치는 영향에서 일차적인 생리적 반응에 해당되지 않는 것은?

① 수분과 염분의 부족　　② 피부혈관의 확장
③ 불감발한　　④ 호흡 증가

해설 수분과 염분의 부족은 이차적인 생리적 반응이다.

ANSWER | 01 ④ 02 ④ 03 ③ 04 ② 05 ④ 06 ② 07 ③ 08 ③ 09 ④ 10 ① 11 ② 12 ①

더 풀어보기

산업기사

01 작업환경관리의 유해요인 중에서 물리학적 요인과 가장 거리가 먼 것은?

① 분진 ② 전리방사선 ③ 기온 ④ 조명

해설 작업환경관리의 유해요인
㉠ 물리적 요인 : 소음진동, 유해광선, 온도, 이상기압, 한랭, 조명 등
㉡ 화학적 요인 : 유기용제, 금속증기, 분진, 오존 등
㉢ 생물학적 요인 : 각종 바이러스, 진균 등

02 다음 중 인체가 느낄 수 있는 최저한계 기류의 속도는 약 몇 m/sec인가?

① 0.5 ② 1 ③ 5 ④ 10

해설 기류(Air Velocity)
㉠ 불감기류 : 0.5m/sec 미만 기류
㉡ 기류속도가 0.5m/sec 이상일 경우 고온의 영향이 과대평가
㉢ 기온이 10℃ 이하일 때는 1m/sec 이상의 기류에 직접접촉 금지
㉣ 인체에 적당한 속도 : 6~7m/min
㉤ 환기를 위한 창의 면적 : 바닥면적의 1/20 이상

03 고열장해 중 신체의 염분손실을 충당하지 못할 때 발생하며, 이 질환을 가진 사람은 혈중 염분의 농도가 매우 낮기 때문에 염분관리가 중요하다. 다음 중 이 장해는 무엇인가?

① 열발진 ② 열경련 ③ 열허탈 ④ 열사병

해설 열경련
고온환경에서 심한 육체적 작업을 하면서 땀을 많이 흘려, 신체의 염분손실을 충당하지 못할 때 발생한다.

04 일반적으로 더운 환경에서 고된 육체적인 작업을 하면서 땀을 많이 흘릴 때 신체의 염분손실을 충당하지 못하여 발생하는 고열 장해는?

① 열발진 ② 열사병 ③ 열실신 ④ 열경련

05 더운 환경에서 심한 육체적인 작업을 하면서 땀을 많이 흘릴 때 많은 물을 마시지만 신체의 염분손실을 충당하지 못할 때 발생하는 고열장해는?

① 열경련(Heat Cramps) ② 열사병(Heat Stroke)
③ 열실신(Heat Syncope) ④ 열허탈(Heat Collapse)

06 고열작업환경에서 발생되는 열경련의 주요 원인은?

① 고온 순화 미흡에 따른 혈액순환 저하 ② 고열에 의한 순환기 부조화
③ 신체의 염분손실 ④ 뇌 온도 및 체온 상승

07 [보기]에서 열경련에 대한 올바른 설명만으로 짝지은 것은?

> [보기]
> ㉮ 혈중 염소이온의 현저한 감소가 발생한다.
> ㉯ 혈액의 현저한 농축이 발생한다.
> ㉰ 주 증상은 실신, 허탈, 혼수이다.
> ㉱ 휴식과 5% 포도당을 공급하여 치료한다.

① ㉮, ㉰ ② ㉯, ㉰ ③ ㉯, ㉱ ④ ㉮, ㉯

해설 열경련(Heat Cramp) 증상
㉠ 수의근에 유통성 경련 ㉡ 과도한 발한 ㉢ 일시적 단백뇨 ㉣ 혈액의 농축

08 다음 중 열사병에 관한 설명과 가장 거리가 먼 것은?

① 신체 내부의 체온조절계통이 기능을 잃어 발생한다.
② 일차적인 증상은 많은 땀의 발생으로 인한 탈수, 습하고 높은 피부온도 등이다.
③ 체열방산을 하지 못하여 체온이 41℃에서 43℃까지 상승할 수 있으며 혼수상태에 이를 수 있다.
④ 대사열의 증가는 작업부하와 작업환경에서 발생하는 열부하가 원인이 되어 발생하며 열사병을 일으키는 데 크게 관여하고 있다.

해설 열사병의 일차적인 증상은 정신착란, 의식결여, 경련, 혼수, 건조하고 높은 피부온도, 체온상승 등이다.

09 고온다습한 환경에 노출될 때 체온조절중추 특히 발한중추의 장해로 발생하며 가장 특이적인 소견은 땀을 흘리지 못하여 체열 발산을 하지 못하는 건강장해는?

① 열사병 ② 열피비 ③ 열경련 ④ 열실신

해설 열사병(Heat Stroke)
고온다습한 환경에서 육체적 작업을 하거나 태양의 복사선을 두부에 직접적으로 받는 경우, 발한에 의한 체열방출 장해로 체내에 열이 축적되어 발생한다.

10 열실신(Heat Syncope)에 관한 설명으로 틀린 것은?

① 열허탈증 또는 운동에 의한 열피비라고도 한다.
② 장시간의 기립상태 및 강한 운동 시 발생한다.
③ 시원한 그늘에서 휴식시키고 염분과 수분을 경구로 보충한다.
④ 심한 경우 중추신경장해로 혼수상태에 이르게 된다.

해설 열실신(Heat Syncope)
㉠ 고열작업장에 순환되지 못한 근로자가 고열작업을 수행할 경우 신체 말단부에 혈액이 과다하게 저류되어 뇌에 혈액흐름이 좋지 못하게 됨에 따라 뇌에 산소 부족이 발생한다.
㉡ 열허탈증 또는 운동에 의한 열피비라고도 한다.
㉢ 장시간의 기립상태 및 강한 운동 시 발생한다.

11 고열장애에 관한 설명이다. ( ) 안에 들어갈 내용으로 옳은 것은?

> ( )은/는 고열작업장에 순화되지 못한 근로자가 고열작업을 수행할 경우 신체 말단부에 혈액이 과다하게 저류되어 뇌에 혈액흐름이 좋지 못하게 됨에 따라 뇌에 산소 부족이 발생한다.

① 열허탈 ② 열경련 ③ 열소모 ④ 열소진

12 주물사업장 내 용해공정에서 습구흑구온도를 측정한 결과 자연습구온도 40℃, 흑구온도 42℃, 건구온도 41℃로 확인되었다면 습구흑구온도지수(WBGT)는?

① 41.5℃ ② 40.6℃ ③ 40.0℃ ④ 39.6℃

해설 WBGT(옥내) = 0.7 × NWT + 0.3 × GT = 0.7 × 40 + 0.3 × 42 = 40.6℃

13 고온순화기전과 가장 거리가 먼 것은?

① 체온조절 기전의 항진 ② 더위에 대한 내성 증가
③ 열생산 감소 ④ 열방산능력 감소

해설 고온순화기전에는 열방산능력이 증가한다.

ANSWER | 01 ① 02 ① 03 ② 04 ④ 05 ① 06 ③ 07 ④ 08 ② 09 ① 10 ④ 11 ① 12 ② 13 ④

기 사

01 공기 $1m^3$ 중에 포함된 수증기의 양을 g으로 나타낸 것을 무엇이라 하는가?

① 절대습도 ② 상대습도
③ 포화습도 ④ 한계습도

해설 공기 $1m^3$ 중에 포함된 수증기의 양을 g으로 나타낸 것을 절대습도라 한다.

02 작업장의 습도를 측정한 결과 절대습도는 4.57mmHg, 포화습도는 18.25mmHg이었다. 이때 이 작업장의 습도 상태에 대하여 가장 올바르게 설명한 것은?

① 적당하다. ② 너무 건조하다.
③ 습도가 높은 편이다. ④ 습도가 포화상태이다.

해설 $상대습도(\%) = \frac{절대습도}{포화습도} \times 100 = \frac{4.57}{18.25} \times 100 = 25.04\%$

상대습도의 기준은 40~70%로 너무 건조하다.

03 다음 중 피부로서 감각할 수 없는 불감기류의 기준으로 가장 적절한 것은?

① 약 0.5m/sec 이하
② 약 1.0m/sec 이하
③ 약 1.5m/sec 이하
④ 약 2.0m/sec 이하

해설 불감기류는 0.5m/sec 미만 기류를 말한다.

04 장시간 온열환경에 노출 후 대량의 염분상실을 동반한 땀의 과다로 인하여 발생하는 증상은?

① 열경련
② 열피로
③ 열사병
④ 열성발진

해설 열경련(Heat Cramp)
고온환경에서 심한 육체적 작업을 하면서 땀을 많이 흘려, 신체의 염분손실을 충당하지 못할 때 발생한다.

05 다음은 어떤 고열장해에 대한 대책인가?

> 생리식염수 1~2리터를 정맥 주사하거나 0.1%의 식염수를 마시게 하여 수분과 염분을 보충한다.

① 열경련
② 열사병
③ 열피로
④ 열쇠약

해설 열경련 치료방법
㉠ 바람이 잘 통하는 곳에 환자를 눕히고 작업복을 벗겨 체열방출 촉진
㉡ 수분(생리식염수 1~2L를 정맥주사), 염분(0.1% 식염수를 음용) 보충

06 열경련(Heat Cramp)을 일으키는 가장 큰 원인은?

① 체온상승
② 중추신경마비
③ 순환기계 부조화
④ 체내수분 및 염분손실

해설 열경련은 더운 환경에서 고된 육체적 작업을 하면서 땀으로 흘린 염분손실을 충당하지 못할 때 발생하다.

07 다음 중 열경련의 치료방법으로 가장 적절한 것은?

① 5% 포도당 공급
② 수분 및 NaCl 보충
③ 체온의 급속한 냉각
④ 더운 커피 또는 강심제 투여

해설 열경련 치료방법
㉠ 바람이 잘 통하는 곳에 환자를 눕히고 작업복을 벗겨 체열방출 촉진
㉡ 수분(생리식염수 1~2L를 정맥주사), 염분(0.1% 식염수를 음용) 보충

08 고온노출에 의한 장애 중 열사병에 관한 설명과 거리가 가장 먼 것은?

① 중추성 체온조절 기능장애이다.
② 지나친 발한에 의한 탈수와 염분소실이 발생한다.
③ 고온다습한 환경에서 격심한 육체노동을 할 때 발병한다.
④ 응급조치 방법으로 얼음물에 담가서 체온을 39℃ 정도까지 내려주어야 한다.

해설 ②는 열경련의 원인이다.

09 고온다습 환경에 노출될 때 발생하는 질병 중 뇌 온도의 상승으로 체온조절중추의 기능장해를 초래하는 질환은?

① 열사병 ② 열경련 ③ 열피로 ④ 피부장해

해설 열사병(Heat Stroke)
고온다습한 환경에서 육체적 작업을 하거나 태양의 복사선을 두부에 직접적으로 받는 경우, 발한에 의한 체열방출 장해로 체내에 열이 축적되어 발생한다.

10 다음 중 열사병(Heat Stroke)에 관한 설명으로 옳은 것은?

① 피부는 차갑고, 습한 상태로 된다.
② 지나친 발한에 의한 탈수와 염분소실이 원인이다.
③ 보온을 시키고, 더운 커피를 마시게 한다.
④ 뇌 온도의 상승으로 체온조절중추의 기능이 장해를 받게 된다.

해설 열사병의 증상
㉠ 뇌온도의 상승으로 체온조절중추 기능장해를 초래한다.
㉡ 땀을 흘리지 못하므로 체열방산이 안 되어 체온이 41~43℃까지 급상승되고, 혼수상태에 이를 수 있다.
㉢ 정신착란, 의식결여, 경련 또는 혼수, 건조하고 높은 피부온도가 나타난다.

11 열중증 질환 중에서 체온이 현저히 상승하는 질환은?

① 열사병 ② 열피로 ③ 열경련 ④ 열복통

해설 체온이 현저히 상승하는 질환은 열사병이다.

12 다음 중 고온환경에서 장시간 노출되어 말초혈관 운동신경의 조절장애와 심박출량의 부족으로 순환부전, 특히 대뇌피질의 혈류량 부족이 주원인이 되는 것은?

① 열성발진(Heat Rash) ② 열사병(Heat Stroke)
③ 열경련(Heat Cramp) ④ 열피로(Heat Exhaustion)

해설 열피로(Heat Exhaustion)
고온환경에 장시간 노출되어 말초혈관 운동신경의 조절장애와 심박출량의 부족으로 순환부전, 특히 대뇌피질의 혈류량 부족이 원인이다.

13 다음 중 열피로에 관한 설명으로 거리가 먼 것은?

① 권태감, 졸도, 과다발한, 냉습한 피부 등의 증상을 보이며 직장온도가 경미하게 상승할 수도 있다.

② 말초혈관 확장에 따른 요구 증대만큼의 혈관운동 조절이나 심박출력의 증대가 없을 때 발생한다.

③ 탈수로 인하여 혈장량이 감소할 때 발생한다.

④ 신체 내부의 체온조절계통이 기능을 잃어 발생하며, 수분 및 염분을 보충해주어야 한다.

해설 ④는 열경련에 관한 사항이다.

14 WBGT(Wet Bulb Globe Temperature Index)의 고려 대상으로 볼 수 없는 것은?

① 기온 ② 상대습도 ③ 복사열 ④ 작업대사량

해설 WBGT 고려대상

㉠ 기온 ㉡ 상대습도 ㉢ 복사열 ㉣ 기류

15 온열지수(WBGT)를 측정하는 데 있어 관련이 없는 것은?

① 기습 ② 기류 ③ 전도열 ④ 복사열

16 옥내의 작업장소에서 습구흑구온도를 측정한 결과 자연습구온도가 28도, 흑구온도는 30도, 건구온도는 25도를 나타내었다. 이때 습구흑구온도지수(WBGT)는 약 얼마인가?

① 31.5℃ ② 29.4℃ ③ 28.6℃ ④ 28.1℃

해설 습구흑구온도지수(WBGT)

㉠ 사용하기 쉽고 수정감각온도의 값과 비슷하며 우리나라 허용기준에 사용하는 지수

㉡ $\text{WBGT}(\text{옥외}) = 0.7 \times \text{NWT} + 0.2 \times \text{GT} + 0.1 \times \text{DT}$

$\text{WBGT}(\text{옥내}) = 0.7 \times \text{NWT} + 0.3 \times \text{GT} = 0.7 \times 28℃ + 0.3 \times 30℃ = 28.6℃$

17 태양광선이 내리쬐지 않는 작업장의 온열조건이 다음과 같을 때 습구흑구온도지수(WBGT)는 얼마인가?

- 흑구온도 : 50℃
- 건구온도 : 30℃
- 자연습구온도 : 20℃

① 10℃ ② 19℃ ③ 29℃ ④ 50℃

해설 $\text{WBGT}(\text{옥내}) = 0.7 \times \text{NWT} + 0.3 \times \text{GT} = 0.7 \times 20 + 0.3 \times 50 = 29℃$

18 다음 중 작업환경의 고열측정에 있어 출구온도를 측정하는 기기와 측정시간이 올바르게 연결된 것은?

① 자연습구온도계 : 20분 이상
② 자연습구온도계 : 25분 이상
③ 아스만통풍건습계 : 20분 이상
④ 아스만통풍건습계 : 25분 이상

해설 측정 구분에 의한 측정기기와 측정시간

구분	측정기기	측정시간
습구온도	0.5° 간격의 눈금이 있는 아스만통풍건습계, 자연습구온도를 측정할 수 있는 기기 또는 이와 동등 이상의 성능이 있는 측정기기	• 아스만통풍건습계 : 25분 이상 • 자연습구온도계 : 5분 이상
흑구 및 습구흑구온도	직경이 5cm 이상 되는 흑구온도계 또는 습구흑구온도(WBGT)를 동시에 측정할 수 있는 기기	• 직경이 15cm일 경우 : 25분 이상 • 직경이 7.5cm 또는 5cm일 경우 : 5분 이상

19 옥내에서 측정한 흑구온도가 33℃, 습구온도가 20℃, 건구온도가 24℃일 때 옥내의 습구흑구온도지수(WBGT)는 얼마인가?

① 23.9℃
② 23.0℃
③ 22.9℃
④ 22.0℃

해설 WBGT(옥내) = 0.7 × NWT + 0.3 × GT = 0.7 × 20 + 0.3 × 33 = 23.9℃

20 다음 중 습구흑구온도지수(WBGT)에 대한 설명으로 틀린 것은?

① 표시단위는 절대온도(K)로 표시한다.
② 습구흑구온도지수는 옥외 및 옥내로 구분되며, 고온에서의 작업휴식시간비를 결정하는 지표로 활용된다.
③ 미국국립산업안전보건연구원(NIOSH)뿐만 아니라 국내에서도 습구흑구온도를 측정하고 지수를 산출하여 평가에 사용한다.
④ 습구흑구온도는 과거에 쓰이던 감각온도와 근사한 값인데, 감각온도와 다른 점은 기류를 전혀 고려하지 않았다는 점이다.

해설 습구흑구온도지수(WBGT)의 표시단위는 섭씨온도(℃)로 표시한다.

21 습구흑구온도지수(WBGT)에 관한 설명으로 맞는 것은?

① WBGT가 높을수록 휴식시간이 증가되어야 한다.
② WBGT는 건구온도와 습구온도에 비례하고, 흑구온도에 반비례한다.
③ WBGT는 고온 환경을 나타내는 값이므로 실외작업에만 적용한다.
④ WBGT는 복사열을 제외한 고열의 측정단위로 사용되며, 화씨온도(℉)로 표현한다.

해설 WBGT가 높을수록 휴식시간이 증가하고 작업시간이 줄어든다.

ANSWER | 01 ① 02 ② 03 ① 04 ① 05 ① 06 ④ 07 ② 08 ② 09 ① 10 ④ 11 ① 12 ④ 13 ④ 14 ④ 15 ③ 16 ③ 17 ③ 18 ④ 19 ① 20 ① 21 ①

THEMA 64 한랭의 생체 영향

1. 저온에 의한 1차 생리반응

① 체표면적 감소
② 피부혈관 수축
③ 화학적 대사작용 증가
④ 근육긴장 증가 및 전율

2. 저온에 의한 2차 생리반응

① 말초혈관의 수축
② 혈압의 일시적 상승
③ 조직대사의 증진과 식욕항진

3. 저체온증

① 직장온도가 35℃ 이하로 떨어지는 경우에 발생
② 맥박, 호흡이 떨어지며 직장온도가 30℃ 이하가 되면 위험상태에 이름
③ 장시간 한랭폭로에 따른 일시적 체열상실로 발생

4. 동상

① 피부의 이론상 빙점은 −1℃이고 피부 빙점 이하의 물체와 접촉 시 발생(피부의 동결은 −2~0℃에서 발생)
② 조직심부의 온도가 10℃에 달하면 조직표면 동결
→ 피부, 근육, 혈관, 신경 등의 손상 → 1, 2, 3도 동상 → 괴사 발생
③ 동상에 대한 저항은 개인차가 있으며 일반적으로 발가락은 6℃에 도달하면 아픔을 느낌
④ 동상의 종류
㉠ 제1도(발적)
• 피부표면의 혈관수축에 의해 청백색을 띠고, 마비에 의한 혈관확장 발생
• 이후 울혈이 나타나 피부가 자색을 띠고 동통 후 저리는 현상
㉡ 제2도(수포 형성과 발적)
혈관마비는 동맥에까지 이르고 심한 울혈에 의해 피부에 종창을 초래(수포 동반 염증 발생)
㉢ 제3도(조직괴사로 괴저 발생)
혈행의 저하로 피부는 동결되고 괴사 발생

5. 참호족, 침수족

① 한랭에 장기간 폭로됨과 동시에 습기나 물에 잠기면 발생하며, 지속적인 국소 산소결핍으로 인한 모세혈관 벽의 손상 발생

② 증상 : 부종, 작열감, 심한 동통, 소양감, 수포, 괴사

③ 참호족

㉠ 직장 온도가 35℃ 수준 이하로 저하

㉡ 저온작업 시 손가락, 발가락 등의 말초부위에서 피부온도 저하가 심하게 발생

㉢ 조직 내부의 온도가 10℃에 도달하면 조직 표면은 얼게 되는 현상 발생

④ 침수족 : 근로자의 발이 한랭에 장기간 노출됨과 동시에 지속적으로 습기나 물에 잠기게 되어 발생

⑤ 참호족과 침수족은 임상증상과 증후가 거의 비슷

6. 열평형 방정식(한랭조건)

$$\Delta S = M - E - R - C$$

여기서, ΔS : 생체 열용량의 변화
M : 작업대사량
E : 증발에 의한 열방산
R : 복사에 의한 열득실
C : 대류에 의한 열득실

7. 한랭장애의 예방대책

① 의복 등은 습기를 제거한다.

② 과도한 피로를 피하고, 충분한 식사를 한다.

③ 가능한 한 항상 발과 다리를 움직여 혈액순환을 돕는다.

④ 약간 큰 장갑과 방한화를 착용한다.

⑤ 방한복 등을 이용하여 신체를 보온하도록 한다.

⑥ 고혈압자, 심장혈관장해 질환자와 간장 및 신장질환자는 한랭작업을 피하도록 한다.

⑦ 작업환경 기온은 10℃ 이상으로 유지시키고, 바람이 있는 작업장은 방풍시설을 하여야 한다.

8. 한랭환경에 의한 건강장해

① 저체온증

② 동상

③ 침수족(참호족)

④ 레이노드씨 병(Raynaud's Disease)

⑤ 지단자람증(Acrocyanosis)

⑥ 알레르기

⑦ 상기도 손상

연습문제

01 저온에 의한 1차적 생리적 영향에 해당하는 것은?

① 말초혈관의 수축　② 혈압의 일시적 상승
③ 근육긴장의 증가와 전율　④ 조직대사의 증진과 식욕항진

해설 ㉠ 저온에 의한 1차적 생리적 반응
• 근육긴장의 증가와 전율
• 피부혈관 수축
• 체표면적 감소
• 화학적 대사작용 증가
㉡ 저온에 의한 2차적 생리적 반응
• 말초혈관의 수축
• 혈압의 일시적 상승
• 조직대사의 증진과 식욕항진

02 저온환경이 인체에 미치는 영향으로 옳지 않은 것은?

① 식욕감소　② 혈압변화
③ 피부혈관의 수축　④ 근육긴장

03 저온의 이차적 생리적 영향과 거리가 먼 것은?

① 말초냉각　② 식욕변화
③ 혈압변화　④ 피부혈관의 수축

해설 저온에 의한 2차적 생리적 반응
㉠ 말초혈관의 수축
㉡ 혈압의 일시적 상승
㉢ 조직대사의 증진과 식욕항진

04 참호족에 관한 설명으로 맞는 것은?

① 직장(直腸)온도가 35℃ 수준 이하로 저하되는 경우를 의미한다.
② 체온이 35~32.2℃에 이르면 신경학적 억제증상으로 운동실조, 자극에 대한 반응도 저하와 언어 이상 등이 온다.
③ 27℃에서는 떨림이 멎고 혼수에 빠지게 되고, 25~23℃에 이르면 사망하게 된다.
④ 근로자의 발이 한랭에 장기간 노출됨과 동시에 지속적으로 습기나 물에 잠기게 되면 발생한다.

해설 참호족
㉠ 직장 온도가 35℃ 수준 이하로 저하
㉡ 저온작업 시 손가락, 발가락 등의 말초부위에서 피부온도 저하가 심하게 발생
㉢ 조직 내부의 온도가 10℃에 도달하면 조직 표면은 얼게 되는 현상 발생

05 다음 중 동상(Frostbite)에 관한 설명으로 가장 거리가 먼 것은?

① 피부의 동결은 −2~0℃에서 발생한다.

② 제2도의 동상은 수포를 가진 광범위한 삼출성 염증을 유발시킨다.

③ 동상에 대한 저항은 개인차가 있으며 일반적으로 발가락은 6℃에 도달하면 아픔을 느낀다.

④ 직접적인 동결 이외에 한랭과 습기 또는 물에 지속적으로 접촉함으로 발생되며 국소 산소 결핍이 원인이다.

해설 ④는 참호족에 과한 설명이다.

06 한랭장해에 대한 예방법으로 적절하지 않은 것은?

① 의복 등은 습기를 제거한다.

② 과도한 피로를 피하고, 충분한 식사를 한다.

③ 가능한 한 항상 발과 다리를 움직여 혈액순환을 돕는다.

④ 가능한 한 꼭 맞는 구두, 장갑을 착용하여 한기가 들어오지 않도록 한다.

해설 한랭장애의 예방대책

㉠ 의복 등은 습기를 제거한다.
㉡ 과도한 피로를 피하고, 충분한 식사를 한다.
㉢ 가능한 한 항상 발과 다리를 움직여 혈액순환을 돕는다.
㉣ 약간 큰 장갑과 방한화를 착용한다.
㉤ 방한복 등을 이용하여 신체를 보온하도록 한다.
㉥ 고혈압자, 심장혈관장해 질환자와 간장 및 신장질환자는 한랭작업을 피하도록 한다.
㉦ 작업환경 기온은 10℃ 이상으로 유지시키고, 바람이 있는 작업장은 방풍시설을 하여야 한다.

07 한랭작업과 관련된 설명으로 틀린 것은?

① 저체온증은 몸의 심부온도가 35℃ 이하로 내려간 것을 말한다.

② 저온작업에서 손가락, 발가락 등의 말초부위는 피부온도 저하가 가장 심한 부위이다.

③ 혹심한 한랭에 노출됨으로써 피부 및 피하조직 자체가 동결하여 조직이 손상되는 것을 말한다.

④ 근로자의 발이 한랭에 장기간 노출되고 동시에 지속적으로 습기나 물에 잠기게 되면 '선단자람증'의 원인이 된다.

해설 근로자의 발이 한랭에 장기간 노출되고 동시에 지속적으로 습기나 물에 잠기게 되면 침수족이 발생한다.

08 다음 중 한랭작업장에서 위생상 준수해야 할 사항과 가장 거리가 먼 것은?

① 건조한 양말의 착용 ② 적절한 온열장치 이용

③ 팔다리 운동으로 혈액순환 촉진 ④ 약간 작은 장갑과 방한화의 착용

해설 약간 큰 장갑과 방한화를 착용한다.

09 다음 중 한랭환경으로 인하여 발생되거나 악화되는 질병과 가장 거리가 먼 것은?

① 동상(Frostbite) ② 지단자람증(Acrocyanosis)

③ 케이슨병(Caisson Disease) ④ 레이노드씨 병(Raynaud's Disease)

해설 고압환경에서 체내에 과다하게 용해되었던 질소가 압력이 낮아질 때 과포화 상태로 되어 혈액과 조직에 질소기포를 형성하여 혈액의 순환을 방해하거나 조직에 영향을 주어 여러 가지 다양한 증상을 일으키는데 이를 감압병(케이슨병)이라고 한다.

10 다음 중 안정된 상태에서 열방산이 큰 것부터 작은 순으로 올바르게 나열된 것은?

① 피부증발 > 복사 > 배뇨 > 호기증발

② 대류 > 호기증발 > 배뇨 > 피부증발

③ 피부증발 > 호기증발 > 전도 및 대류 > 배뇨

④ 전도 및 대류 > 피부증발 > 호기증발 > 배뇨

해설 정상상태의 열방산 순서
전도 및 대류 > 피부증발 > 호기증발 > 배뇨

11 인체와 작업환경 사이의 열교환이 이루어지는 조건에 해당되지 않는 것은?

① 대류에 의한 열교환 ② 복사에 의한 열교환

③ 증발에 의한 열교환 ④ 기온에 의한 열교환

해설 열평형 방정식(한랭조건)
$\Delta S = M - E - R - C$
여기서, ΔS : 생체 열용량의 변화
M : 작업대사량
E : 증발에 의한 열방산
R : 복사에 의한 열득실
C : 대류에 의한 열득실

12 다음 중 한랭환경에서의 일반적인 열평형 방정식으로 옳은 것은?(단, ΔS는 생체열용량의 변화, E는 증발에 의한 열방산, M은 작업대사량, R은 복사에 의한 열의 득실, C는 대류에 의한 열의 득실을 나타낸다.)

① $\Delta S = M - E - R - C$ ② $\Delta S = M - E + R - C$

③ $\Delta S = -M + E - R - C$ ④ $\Delta S = -M + E + R + C$

ANSWER | 01 ③ 02 ① 03 ④ 04 ④ 05 ④ 06 ④ 07 ④ 08 ④ 09 ③ 10 ④
11 ④ 12 ①

더 풀어보기

산업기사

01 저온에 의해 일차적으로 나타나는 생리적 영향으로 가장 적절한 것은?

① 말초혈관 확장에 따른 표면조직 냉각 ② 근육긴장의 증가
③ 식욕 변화 ④ 혈압 변화

해설 저온에 의한 1차적 생리적 반응
㉠ 근육긴장의 증가와 전율 ㉡ 피부혈관 수축
㉢ 체표면적 감소 ㉣ 화학적 대사작용 증가

02 저온에 따른 일차적 생리적 영향으로 가장 옳은 것은?

① 식욕 변화 ② 혈압 변화
③ 피부혈관 수축 ④ 말초냉각

03 저온에 의한 생리반응으로 옳지 않은 것은?(단, 이차적인 생리적 반응 기준)

① 말초혈관의 수축으로 표면조직의 냉각이 온다.
② 저온환경에서는 근육활동이 감소하여 식욕이 떨어진다.
③ 피부나 피하조직을 냉각시키는 환경온도 이하에서는 감염에 대한 저항력이 떨어지며 회복 과정의 장해가 온다.
④ 혈압이 일시적으로 상승된다.

해설 저온에 의한 2차적 생리적 반응
㉠ 말초혈관의 수축
㉡ 혈압의 일시적 상승
㉢ 조직대사의 증진과 식욕항진

04 저온환경에서 발생할 수 있는 건강장해에 관한 설명으로 가장 거리가 먼 것은?

① 전신체온강하는 장시간의 한랭 노출 시 체열의 손실로 말미암아 발생하는 급성 중증장해이다.
② 제3도 동상은 수포와 함께 광범위한 삼출성 염증이 일어나는 경우를 말한다.
③ 피로가 극에 다하면 체열의 손실이 급속히 이루어져 전신의 냉각상태가 수반되게 된다.
④ 참호족은 지속적인 국소의 산소결핍 때문이며 저온으로 모세혈관 벽이 손상되는 것이다.

해설 동상의 종류
㉠ 제1도(발적)
- 피부표면의 혈관 수축에 의해 청백색을 띠고, 마비에 의한 혈관확장 발생
- 이후 울혈이 나타나 피부가 자색을 띠고 동통 후 저리는 현상

㉡ 제2도(수포 형성과 발적)
혈관마비는 동맥에까지 이르고 심한 울혈에 의해 피부에 종창을 초래(수포동반 염증 발생)
㉢ 제3도(조직괴사로 괴저 발생)
혈행의 저하로 인하여 피부는 동결되고 괴사 발생

05 한랭 환경에서 발생하는 제2도 동상의 증상은?

① 수포를 가진 광범위한 삼출성 염증이 일어난다.
② 따갑고 가려운 감각이 생긴다.
③ 심부조직까지 동결하며 조직의 괴사로 괴저가 일어난다.
④ 혈관이 확장하여 발적이 생긴다.

06 한랭에 의한 건강장애에 관한 설명으로 틀린 것은?

① 저체온증의 발생은 장시간 한랭폭로와 체열상실에 따라 발생하는 급성 중증장애이다.
② 피부의 급성 일과성 염증반응은 한랭에 대한 폭로를 중지하면 2~3시간 내에 없어진다.
③ 3도 동상은 수포를 가진 광범위한 삼출성 염증이 일어나며, 이를 수포성 동상이라고도 한다.
④ 참호족, 침수족은 지속적인 한랭으로 모세혈관 벽이 손상되어 국소부위의 산소결핍이 일어나기 때문에 유발된다.

해설 3도 동상
혈행의 저하로 인하여 피부는 동결되고 괴사가 발생한다.

07 한랭작업장에서 개인 위생상 준수해야 할 사항과 가장 거리가 먼 내용은?

① 팔다리 운동으로 혈액순환 촉진
② 약간 큰 장갑과 방한화의 착용
③ 건조한 양말의 착용
④ 적절한 식염수의 섭취

해설 한랭장애의 예방대책
㉠ 의복 등은 습기를 제거한다.
㉡ 과도한 피로를 피하고, 충분한 식사를 한다.
㉢ 가능한 한 항상 발과 다리를 움직여 혈액순환을 돕는다.
㉣ 약간 큰 장갑과 방한화를 착용한다.
㉤ 방한복 등을 이용하여 신체를 보온하도록 한다.
㉥ 고혈압자, 심장혈관장해 질환자와 간장 및 신장질환자는 한랭작업을 피하도록 한다.
㉦ 작업환경 기온은 10℃ 이상으로 유지시키고, 바람이 있는 작업장은 방풍시설을 하여야 한다.

08 한랭장애 예방에 관한 설명으로 틀린 것은?

① 체온을 유지하기 위해 앉아서 장시간 작업한다.
② 금속의자 사용을 금지한다.
③ 외부액체가 스며들지 않도록 방수처리된 의복을 입는다.
④ 고혈압, 심혈관질환 및 간장 장해가 있는 사람은 한랭작업을 피하도록 한다.

09 다음 중 저온에서 발생될 수 있는 장해와 가장 거리가 먼 것은?

① 폐수종
② 참호족
③ 알러지 반응
④ 상기도 손상

해설 한랭환경에 의한 건강장해

㉠ 저체온증
㉡ 동상
㉢ 침수족(참호족)
㉣ 레이노드씨 병(Raynaud's Disease)
㉤ 지단자람증(Acrocyanosis)
㉥ 알레르기
㉦ 상기도 손상

10 다음 중 저온환경에서 발생할 수 있는 건강장해는?

① 감압증
② 산식증
③ 고산병
④ 참호족

ANSWER	01 ② 02 ③ 03 ② 04 ② 05 ① 06 ③ 07 ④ 08 ① 09 ① 10 ④

기 사

01 다음 중 저온환경에서 나타나는 생리적 반응으로 틀린 것은?

① 호흡의 증가
② 화학적 대사작용의 증가
③ 피부질환의 수축
④ 근육긴장의 증가와 떨림

해설 1. 저온에 의한 1차적 생리적 반응
㉠ 근육긴장의 증가와 전율
㉡ 피부혈관 수축
㉢ 체표면적 감소
㉣ 화학적 대사작용 증가
2. 저온에 의한 2차적 생리적 반응
㉠ 말초혈관의 수축
㉡ 혈압의 일시적 상승
㉢ 조직대사의 증진과 식욕항진

02 저온환경에서 나타나는 일차적인 생리적 반응이 아닌 것은?

① 호흡의 증가
② 피부혈관의 수축
③ 근육긴장의 증가와 떨림
④ 화학적 대사작용의 증가

03 한랭환경에서의 생리적 기전이 아닌 것은?

① 피부혈관의 팽창
② 체표면적의 감소
③ 체내 대사율 증가
④ 근육긴장의 증가와 떨림

해설 한랭환경에서는 피부혈관이 수축한다.

04 다음 중 저온에 의한 장해에 관한 내용으로 틀린 것은?

① 근육긴장의 증가와 떨림이 발생한다.
② 혈압은 변화되지 않고 일정하게 유지된다.

③ 피부 표면의 혈관들과 피하조직이 수축된다.
④ 부종, 저림, 가려움, 심한 통증 등이 생긴다.

해설 저온환경에서는 혈압이 일시적으로 상승한다.

05 저온에 의한 생리반응 중 이차적인 생리적 반응으로 옳지 않은 것은?
① 혈압이 일시적으로 상승한다.
② 피부혈관의 수축으로 순환기능이 감소된다.
③ 말초혈관의 수축으로 표면조직의 냉각이 온다.
④ 근육활동이 감소하여 식욕이 떨어진다.

해설 저온에 의한 2차적 생리적 반응
㉠ 말초혈관의 수축
㉡ 혈압의 일시적 상승
㉢ 조직대사의 증진과 식욕항진

06 한랭 노출 시 발생하는 신체적 장해에 대한 설명으로 틀린 것은?
① 동상은 조직의 동결을 말하며, 피부의 이론상 동결온도는 약 −1℃ 정도이다.
② 전신 체온강하는 장시간의 한랭 노출과 체열상실에 따라 발생하는 급성 중증장해이다.
③ 참호족은 동결 온도 이하의 찬 공기에 단기간 접촉으로 급격한 동결이 발생하는 장애이다.
④ 침수족은 부종, 저림, 작열감, 소양감 및 심한 동통을 수반하며, 수포, 궤양이 형성되기도 한다.

해설 참호족은 한랭에 장기간 폭로됨과 동시에 습기나 물에 잠기면 발생하며, 지속적인 국소산소결핍으로 인해 모세혈관 벽이 손상된다.

07 다음 중 한랭 노출에 대한 신체적 장해의 설명으로 틀린 것은?
① 2도 동상은 물집이 생기거나 피부가 벗겨지는 결빙을 말한다.
② 전신 저체온증은 심부온도가 37℃에서 26.7℃ 이하로 떨어지는 것을 말한다.
③ 침수족은 동결온도 이상의 냉수에 오랫동안 노출되어 생긴다.
④ 침수족과 참호족의 발생조건은 유사하나 임상증상과 증후는 다르다.

해설 침수족과 참호족은 발생조건과 임상증상이 유사하다. 발생시간은 침수족이 참호족에 비해서 길다.

08 다음 중 한랭장해 예방에 관한 설명으로 적합하지 않은 것은?
① 방한복 등을 이용하여 신체를 보온하도록 한다.
② 고혈압자, 심장혈관장해 질환자와 간장 및 신장질환자는 한랭작업을 피하도록 한다.
③ 작업환경 기온은 10℃ 이상으로 유지시키고, 바람이 있는 작업장은 방풍시설을 하여야 한다.
④ 구두는 약간 작은 것을 착용하고, 일부의 습기를 유지하도록 한다.

해설 한랭장애의 예방대책

㉠ 의복 등은 습기를 제거한다.
㉡ 과도한 피로를 피하고, 충분한 식사를 한다.
㉢ 가능한 한 항상 발과 다리를 움직여 혈액순환을 돕는다.
㉣ 약간 큰 장갑과 방한화를 착용한다.
㉤ 방한복 등을 이용하여 신체를 보온하도록 한다.
㉥ 고혈압자, 심장혈관장해 질환자와 간장 및 신장질환자는 한랭작업을 피하도록 한다.
㉦ 작업환경 기온은 10℃ 이상으로 유지시키고, 바람이 있는 작업장은 방풍시설을 하여야 한다.

09 다음 중 동상의 종류와 증상이 잘못 연결된 것은?

① 1도 : 발적
② 2도 : 수포 형성과 염증
③ 3도 : 조직괴사로 괴저 발생
④ 4도 : 출혈

해설 동상의 종류

㉠ 1도 : 발적
㉡ 2도 : 수포 형성과 발적
㉢ 3도 : 조직괴사로 괴저 발생

10 제2도 동상의 증상으로 적절한 것은?

① 따갑고 가려운 느낌이 생긴다.
② 혈관이 확장하여 발적이 생긴다.
③ 수포를 가진 광범위한 삼출성 염증이 생긴다.
④ 심부조직까지 동결되면 조직의 괴사와 괴저가 일어난다.

11 한랭 노출 시 발생하는 신체적 장해에 대한 설명으로 틀린 것은?

① 동상은 조직의 동결을 말하며, 피부의 동결온도는 약 −1℃ 정도이다.
② 참호족은 동결 온도 이하의 찬 공기에 단기간의 접촉으로 급격한 동결이 발생하는 장애이다.
③ 침수족은 부종, 작열감, 소양감 및 심한 동통을 수반하며, 수포, 궤양이 형성되기도 한다.
④ 전신체온강하는 장시간의 한랭 노출과 체열상실에 따라 발생하는 급성 중증장해이다.

해설 참호족은 지속적인 국소의 산소결핍 때문이며 저온으로 모세혈관 벽이 손상되는 것이다.

12 다음 중 한랭작업과 건강장해에 관한 설명으로 틀린 것은?

① 전신체온강하는 단시간의 한랭폭로에 의한 일시적 체온상실에 따라 발생하는 중증장해에 속한다.
② 동상에 대한 저항은 개인에 따라 차이가 있으나 발가락은 12℃ 정도에서 시린 느낌이 들고 6℃ 정도에서는 아픔을 느낀다.
③ 참호족과 참수족은 지속적인 국소의 산소결핍 때문이며, 모세혈관 벽이 손상되는 것이다.
④ 혈관의 이상은 저온 노출로 유발되거나 악화된다.

해설 저체온증(전신체온강하)

㉠ 직장온도가 35℃ 이하로 떨어지는 경우에 발생
㉡ 맥박, 호흡이 떨어지며 직장온도가 30℃ 이하가 되면 위험상태에 이름
㉢ 장시간 한랭폭로에 따른 일시적 체열상실에 따라 발생

13 다음 중 한랭환경에 의한 건강장해에 대한 설명으로 틀린 것은?

① 전신저체온의 첫 증상은 억제하기 어려운 떨림과 냉(冷)감각이 생기고 심박동이 불규칙하고 느려지며, 맥박은 약해지고 혈압이 낮아진다.
② 제2도 동상은 수포와 함께 광범위한 삼출성 염증이 일어나는 경우를 말한다.
③ 참호족은 지속적인 국소의 영양결핍 때문이며 한랭에 의한 신경조직의 손상이 발생한다.
④ 레이노씨병과 같은 혈관 이상이 있을 경우에는 증상이 악화된다.

해설 참호족과 침수족은 국소 부위의 산소결핍이 원인이다.

14 인체와 환경 간의 열교환에 관여하는 온열조건 인자가 아닌 것은?

① 대류 ② 증발 ③ 복사 ④ 기압

해설 온열조건 인자

㉠ 대류 ㉡ 증발 ㉢ 복사 ㉣ 전도

ANSWER | 01 ① 02 ① 03 ① 04 ② 05 ④ 06 ③ 07 ④ 08 ④ 09 ④ 10 ③ 11 ② 12 ① 13 ③ 14 ④

65 이상기압(고압환경, 감압)

1. 이상기압

① 정상기압(1atm, 760mmHg)보다 높거나 낮은 기압을 말한다.

② 지구표면에서의 공기의 압력은 평균 $1kg_f/cm^2$이며 이를 1기압이라고 한다.

③ 수면하에서의 압력은 수심이 10m가 깊어질 때마다 약 1기압씩 높아진다.

④ 기압조절실에서 고압작업자에게 가압을 하는 경우 1분에 $0.8kg_f/cm^2$ 이하의 속도를 가압하여야 한다.

⑤ 고압작업에 종사하는 경우에 작업실 공기의 부피가 근로자 1인당 4세제곱미터 이상 되도록 하여야 한다.

⑥ 잠수작업은 일반적으로 1분에 10m 정도씩 잠수하는 것이 안전하다.

2. 기압

1기압 = 1atm = 760mmHg = 10,332mmH_2O = 1.013×10^5Pa = 760Torr = $1kg_f/cm^2$ = 14.7psi

① 압력의 계산

㉠ 작용압(게이지압) : 수심 10m마다 1기압씩 증가, 수심 30m = 3기압

㉡ 절대압(절대압 = 게이지압력 + 1) = 3기압 + 1기압 = 4기압

② 정상적인 공기 중의 산소함유량은 21vol%이며 그 절대량, 즉 산소분압은 해면에 있어서는 약 160mmHg(760mmHg × 0.21)이다.

3. 고압환경에서의 생체영향

① 1차적 가압현상

㉠ 인체와 환경 사이의 압력 차이로 인한 기계적 작용이다.

㉡ 울혈, 부종, 출혈, 부비강, 치아의 압통 등이 발생한다.

② 2차적 가압현상

㉠ 고압에서 대기가스의 독성 때문에 나타나는 현상(체액과 지방조직 내 질소기포 증가)

㉡ 질소 마취

- 4기압 이상에서 공기 중의 질소가스가 마취작용
- 작업력의 저하, 기분의 변화 및 정도를 달라하는 다행증(Euphoria) 발생

㉢ 산소 중독

- 산소분압이 2기압을 넘으면 발생
- 고압산소에 대한 노출이 중지되면 증상 즉각 호전(가역적)
- 산소의 중독작용은 운동이나 이산화탄소의 존재로 악화

• 수지와 족지의 작열통, 시력장해, 정신혼란, 근육경련
• 1기압에서 순산소는 인후를 자극하나 비교적 짧은 시간의 노출이라면 중독증상은 나타나지 않음

㉣ 이산화탄소
• 산소독성과 질소의 마취현상 증가
• 동통성 관절장해는 이산화탄소 분압의 증가로 발생
• 고압환경에서 이산화탄소의 농도는 0.2%를 초과하지 말아야 함

4. 고압환경에 의한 직업병 예방대책

① 고압환경에서 작업하는 근로자에게는 질소를 헬륨으로 대치한 공기 흡입(헬륨은 질소보다 확산속도가 크며, 체내에서 안정적이므로 질소를 헬륨으로 대치한 공기를 호흡시킨다.)
② 감압병 발생 시 원래의 고압환경으로 복귀시키거나 인공고압실에 넣음
③ 고압실 작업에서는 탄산가스의 분압이 증가하지 않도록 신선한 공기를 송기
④ 호흡기 또는 순환기에 이상이 있는 사람은 작업에 투입하지 않음
⑤ 잠수 및 감압 방법에 익숙한 사람을 제외하고는 1분에 10m씩 잠수하는 것이 안전
⑥ 감압이 끝날 무렵 순수한 산소를 흡입시키면 예방적 효과가 있을 뿐 아니라 감압시간을 25%가량 단축
⑦ 고압작업실의 공기의 체적이 근로자 1인당 $4m^3$ 이상이 되도록 조치
⑧ 기압조절실에서 가압을 하는 경우 1분에 $0.8kg_f/cm^2$ 이하의 속도 유지
⑨ 정상기압보다 1.25기압을 넘지 않는 고압환경에서는 장기간 노출되어도 기포 형성이 안 됨

5. 저압환경에서의 생체영향

① 감압병(Decompression Sickness)
고압환경에서 체내에 과다하게 용해되었던 질소가 압력이 낮아질 때 과포화상태로 되어 혈액과 조직에 질소기포를 형성함으로써 혈액의 순환을 방해하거나 조직에 영향을 주어 여러 가지 다양한 증상을 일으키는데, 이를 감압병(케이슨병, 잠함병)이라고 한다.
② 생체작용의 종류
㉠ 폐장 내의 가스 팽창
㉡ 질소 기포 형성 결정인자
• 조직에 용해된 가스량 : 체내 지방량, 노출정도, 시간
• 혈류를 변화시키는 주의 상태 : 연령, 기온, 온도, 공포감, 음주 등
• 감압속도

③ 고공성 폐수종
㉠ 진해성 기침과 호흡곤란 증세, 폐동맥 혈압의 상승
㉡ 어른보다는 아이들에게서 많이 발생
㉢ 고공 순화된 사람이 해면에 돌아올 때에도 흔히 발생
㉣ 산소공급과 해면 귀환으로 급속히 소실되며 증세는 반복해서 발병하는 경향

④ 고산병 : 가역적인 증상이며 우울증, 두통, 구역(구토의 전 단계), 구토, 식욕상실, 흥분성의 특징
⑤ 고공 증상 : 저산소증(Hypoxia), 동통성 관절장해, 신경장해, 공기전색, 항공치통, 항공이염, 항공부비강염
⑥ 고도 10,000ft까지는 시력, 협조운동의 가벼운 장해 및 피로 유발
⑦ 고도 상승으로 기압이 저하되면 공기의 산소분압이 저하되고 동시에 폐포 내 산소분압도 저하
⑧ 고도 18,000ft 이상이 되면 21% 이상의 산소 필요
⑨ 호흡수 및 맥박수 증가

연습문제

01 다음 중 1기압(atm)에 관한 설명으로 틀린 것은?

① 약 $1kg_f/cm^2$과 동일하다.
② torr로 0.76에 해당한다.
③ 수은주로 760mmHg과 동일하다.
④ 수주(水株)로 10,332mmH_2O에 해당한다.

해설 1기압(atm)=760torr

02 다음 중 산소농도가 6% 이하인 공기 중의 산소분압으로 옳은 것은?(단, 표준상태이며, 부피기준이다.)

① 75mmHg 이하
② 65mmHg 이하
③ 55mmHg 이하
④ 45mmHg 이하

해설 산소분압 $= \frac{760mmHg}{} \Big| \frac{6}{100} = 45.6mmHg$

03 수심 40m에서 작업을 할 때 작업자가 받는 절대압은 어느 정도인가?

① 3기압 ② 4기압 ③ 5기압 ④ 6기압

해설 압력의 계산
㉠ 작용압(게이지압) : 수심 10m마다 1기압씩 증가, 수심 40m=4기압
㉡ 절대압(절대압=게이지압력+1)=4기압+1기압=5기압

04 이상기압에 관한 설명으로 옳지 않은 것은?

① 수면하에서의 압력은 수심이 10m가 깊어질 때마다 약 1기압씩 높아진다.
② 공기 중의 질소 가스는 2기압 이상에서 마취 증세가 나타난다.

③ 고공성 폐수종은 어른보다 어린이에게 많이 일어난다.

④ 급격한 감압 조건에서는 혈액과 조직에 용해되어 있던 질소가 기포를 형성하는 현상이 일어난다.

해설 공기 중의 질소 가스는 4기압 이상에서 마취 증세가 나타난다.

05 고압환경에서 2차적 가압현상(화학적 장해)과 가장 거리가 먼 것은?

① 일산화탄소(CO)의 작용 ② 질소(N_2)의 작용

③ 이산화탄소(CO_2)의 작용 ④ 산소(O_2) 중독

해설 고압환경에서 2차적 가압현상

㉠ 질소 마취

㉡ 산소 중독

㉢ 이산화탄소(CO_2) 중독

06 다음 중 ( ) 안에 들어갈 수치는?

> ( )기압 이상에서 공기 중의 질소가스는 마취작용을 나타내서 작업력의 저하, 기분의 변환, 여러 정도의 다행증(多幸症)이 일어난다."

① 2 ② 4 ③ 6 ④ 8

해설 4기압 이상에서 공기 중의 질소가스는 마취작용을 나타낸다.

07 이상기압과 건강장해에 대한 설명으로 맞는 것은?

① 고기압 조건은 주로 고공에서 비행업무에 종사하는 사람에게 나타나며 이를 다루는 학문은 항공의학 분야이다.

② 고기압 조건에서의 건강장해는 주로 기후의 변화로 인한 대기압의 변화 때문에 발생하며 휴식이 가장 좋은 대책이다.

③ 고압 조건에서 급격한 압력저하(감압)과정은 혈액과 조직에 녹아 있던 질소가 기포를 형성하여 조직과 순환기계 손상을 일으킨다.

④ 고기압 조건에서 주요 건강장해 기전은 산소 부족이므로 고기압으로 인한 건강장해의 일차적인 응급치료는 고압산소실에서 치료하는 것이 바람직하다.

해설 감압병(Decompression Sickness)

고압환경에서 체내에 과다하게 용해되었던 질소가 압력이 낮아질 때 과포화상태로 되어 혈액과 조직에 질소기포를 형성함으로써 혈액의 순환을 방해하거나 조직에 영향을 주어 여러 가지 다양한 증상을 일으키는데, 이를 감압병(케이슨병, 잠함병)이라고 한다.

08 저기압 환경에서 발생하는 증상으로 옳은 것은?

① 이산화탄소에 의한 산소중독증상 ② 폐 압박
③ 질소마취 증상 ④ 우울감, 두통, 식욕상실

해설 이산화탄소에 의한 산소중독증상, 폐 압박, 질소마취 증상은 고기압 환경에서 발생하는 증상이다.

09 다음 중 감압에 따른 인체의 기포 형성량을 좌우하는 요인과 가장 거리가 먼 것은?

① 감압속도 ② 산소공급량
③ 혈류를 변화시키는 상태 ④ 조직에 용해된 가스량

해설 질소 기포 형성 결정인자
㉠ 조직에 용해된 가스량 : 체내 지방량, 노출정도, 시간
㉡ 혈류를 변화시키는 주의 상태 : 연령, 기온, 온도, 공포감, 음주 등
㉢ 감압속도

10 다음 중 감압병 예방을 위한 환경관리 및 보건관리 대책과 가장 거리가 먼 것은?

① 질소가스 대신 헬륨가스를 흡입시켜 작업하게 한다.
② 감압을 가능한 한 짧은 시간에 시행한다.
③ 비만자의 작업을 금지시킨다.
④ 감압이 완료되면 산소를 흡입시킨다.

해설 감압을 가능한 한 천천히 진행한다.

11 저기압의 작업환경에 대한 인체의 영향을 잘못 설명한 것은?

① 고도 18,000ft 이상이 되면 21% 이상의 산소를 필요로 하게 된다.
② 인체 내 산소 소모가 줄어들게 되어 호흡수, 맥박수가 감소한다.
③ 고도 10,000ft까지는 시력, 협조운동의 가벼운 장해 및 피로를 유발한다.
④ 고도상승으로 기압이 저하되면 공기의 산소분압이 저하되고 동시에 폐포 내 산소분압도 저하된다.

해설 산소결핍을 보충하기 위하여 호흡수, 맥박수가 증가된다.

ANSWER | 01 ② 02 ④ 03 ③ 04 ② 05 ① 06 ② 07 ③ 08 ④ 09 ② 10 ② 11 ②

더 풀어보기

산업기사

01 기압에 관한 설명으로 틀린 것은?

① 1기압은 수은주로 760mmHg에 해당한다.
② 수면하에서의 압력은 수심이 10m 깊어질 때마다 1기압씩 증가한다.
③ 수심 20m에서의 절대압은 2기압이다.
④ 잠함작업이나 해저터널 굴진작업 내 압력은 대기압보다 높다.

해설 압력의 계산
㉠ 작용압(게이지압) : 수심 10m마다 1기압씩 증가, 수심 20m = 2기압
㉡ 절대압(절대압 = 게이지압력 + 1) = 2기압 + 1기압 = 3기압

02 잠수부가 해저 30m에서 작업을 할 때 인체가 받는 절대압은?

① 3기압　② 4기압　③ 5기압　④ 6기압

03 수심 50m에서의 압력은 수면보다 얼마가 높겠는가?

① 약 $1kg/cm^2$　② 약 $5kg/cm^2$　③ 약 $10kg/cm^2$　④ 약 $50kg/cm^2$

해설 수심 10m마다 1기압(kg/cm^2)씩 증가

$$50m \times \frac{1kg/cm^2}{10m} = 5kg/cm^2$$

04 이상기압 작업에 대한 특성의 설명으로 틀린 것은?

① 잠수작업의 경우 일반적으로 1분에 30m 정도씩 잠수하는 것이 안전하다.
② 감압이 끝날 무렵 순수 산소 흡입은 감압병의 예방효과뿐만 아니라 감압시간을 25%가량 단축시킨다.
③ 고공성 폐수종은 어른보다 어린이에게 많이 일어난다.
④ 5,000m 이상의 고공비행 조종사에게 가장 큰 문제가 되는 것은 산소 부족이다.

해설 잠수 및 감압 방법에 익숙한 사람을 제외하고는 1분에 10m씩 잠수하는 것이 안전하다.

05 고압환경의 영향은 1차 가압현상과 2차 가압현상으로 구분된다. 다음 중 2차 가압현상과 가장 거리가 먼 것은?

① 산소중독　② 질소기포 형성
③ 이산화탄소 중독　④ 질소마취

해설 고압환경에서 2차적 가압현상
㉠ 질소마취　㉡ 산소중독　㉢ 이산화탄소(CO_2) 중독

06 고압환경에서 발생되는 2차적인 가압현상(화학적 장해)에 해당되지 않는 것은?

① 일산화탄소 중독　　② 질소마취
③ 이산화탄소 중독　　④ 산소중독

07 고압작업 시 사람에게 마취작용을 일으키는 가스는?

① 산소　② 수소　③ 질소　④ 헬륨

해설 4기압 이상에서 공기 중의 질소가스가 마취작용을 한다.

08 고압환경에서 작업하는 사람에게 마취작용(다행증)을 일으키는 가스는?

① 이산화탄소　② 수소　③ 질소　④ 헬륨

해설 질소 마취
㉠ 4기압 이상에서 공기 중의 질소가스가 마취작용
㉡ 작업력의 저하, 다행증(Euphoria) 유발

09 고압환경에서 나타나는 질소의 마취작용에 관한 설명으로 옳지 않은 것은?

① 공기 중 질소가스는 2기압 이상에서 마취작용을 나타낸다.
② 작업력 저하, 기분의 변화 및 정도를 달리하는 다행증이 일어난다.
③ 질소의 지방 용해도는 물에 대한 용해도보다 5배 정도 높다.
④ 고압환경의 2차적인 가압현상(화학적 장해)이다.

해설 공기 중 질소가스는 4기압 이상에서 마취작용을 나타낸다.

10 질소의 마취작용에 관한 설명으로 옳지 않은 것은?

① 예방으로는 질소 대신 마취현상이 적은 수소 또는 헬륨 같은 불활성 기체들로 대치한다.
② 대기압 조건으로 복귀 후에도 대뇌 장해 등 후유증이 발생된다.
③ 수심 90~120m에서 환청, 환시, 조울증, 기억력 감퇴 등이 나타난다.
④ 질소가스는 정상기압에서는 비활성이지만 4기압 이상에서는 마취작용을 나타낸다.

해설 질소 마취작용은 작업력의 저하, 기분의 변화 및 정도를 달리하는 다행증을 유발한다.

11 고압환경에서의 2차적인 기압현상(화학적 상해)에 관한 내용으로 틀린 것은?

① 공기 중의 질소 가스는 4기압 이상에서 마취작용을 나타낸다.
② 산소의 분압이 2기압이 넘으면 산소중독 증세가 나타낸다.
③ 산소중독 증세는 폭로가 중지된 후에도 비가역적인 후유증을 초래한다.
④ 이산화탄소 농도의 증가는 산소의 독성과 질소의 마취작용 그리고 감압증의 발생을 촉진시킨다.

해설 산소중독

㉠ 산소분압이 2기압을 넘으면 발생
㉡ 고압산소에 대한 노출이 중지되면 증상 즉각 호전(가역적)
㉢ 산소의 중독작용은 운동이나 이산화탄소의 존재로 악화
㉣ 수지와 족지의 작열통, 시력장해, 정신혼란, 근육경련
㉤ 1기압에서 순산소는 인후를 자극하나 비교적 짧은 시간의 노출이라면 중독증상은 나타나지 않음

12 고압환경에 관한 설명으로 알맞지 않은 것은?

① 산소의 분압이 2기압이 넘으면 산소중독증세가 나타난다.
② 산소의 중독작용은 운동이나 이산화탄소의 존재로 악화된다.
③ 폐내의 가스가 팽창하고 질소기포를 형성한다.
④ 공기 중의 질소가스는 3기압하에서는 자극작용을 4기압 이상에서는 마취작용을 한다.

해설 폐내의 가스가 팽창하고 질소기포를 형성하는 것은 저압환경에서의 영향이다.

13 다음 중 고압환경에서 인체작용인 2차적인 가압현상에 관한 설명과 가장 거리가 먼 것은?

① 산소의 분압이 2기압을 넘으면 산소중독증세가 나타난다.
② 이산화탄소는 산소의 독성과 질소의 마취작용을 증가시킨다.
③ 질소의 분압이 2기압을 넘으면 근육경련, 정신혼란과 같은 현상이 발생한다.
④ 4기압 이상에서 공기 중의 질소가스는 마취작용을 나타내며 작업력의 저하, 기분의 변환, 다행증을 일으킨다.

해설 공기 중의 질소가스는 3기압하에서는 자극작용을, 4기압 이상에서는 마취작용을 한다.

14 시력장해, 환청, 근육경련 등의 산소중독증세가 나타나는 산소분압은 몇 기압 이상인가?

① 1기압 ② 2기압 ③ 3기압 ④ 4기압

15 고압환경에서의 질소마취는 몇 기압 이상의 작업환경에서 발생하는가?

① 1기압 ② 2기압 ③ 3기압 ④ 4기압

16 고압에 의한 장해를 방지하기 위하여 인공적으로 만든 호흡용 혼합가스인 헬륨-산소혼합가스에 관한 설명으로 옳지 않은 것은?

① 호흡저항이 적다.
② 고압에서 마취작용이 강하여 심해 잠수에는 사용하기 어렵다.
③ 헬륨은 체외로 배출되는 시간이 질소에 비하여 50% 정도밖에 걸리지 않는다.
④ 헬륨은 질소보다 확산속도가 크다.

해설 헬륨-산소혼합가스는 호흡저항이 적어 심해 잠수에 사용한다.

17 다음 중 저산소 상태에서 발생할 수 있는 질병으로 가장 적절한 것은?

① Hypoxia ② Crowd Poison

③ Oxygen Poison ④ Caisson Disease

해설 저산소증(Hypoxia)

㉠ 저산소상태에서 산소분압의 저하에 의해 발생하는 질병이다.
㉡ 단기간에 비가역성 파괴현상을 나타낸다.
㉢ 산소결핍에 가장 민감한 조직은 대뇌피질이다.

18 감압환경에서 감압에 따른 기포형성량에 영향을 주는 요인과 가장 거리가 먼 것은?

① 폐내 가스팽창 ② 조직에 용해된 가스량

③ 혈류를 변화시키는 상태 ④ 감압속도

해설 질소 기포 형성 결정인자

㉠ 조직에 용해된 가스량 : 체내 지방량, 노출정도, 시간
㉡ 혈류를 변화시키는 주의 상태 : 연령, 기온, 온도, 공포감, 음주 등
㉢ 감압속도

19 감압에 따른 기포 형성량을 좌우하는 '조직에 용해된 가스양'을 결정하는 요인과 가장 거리가 먼 것은?

① 고기압의 노출 정도 ② 고기압의 노출 시간

③ 체내 지방량 ④ 감압속도

해설 조직에 용해된 가스양 : 체내 지방량, 노출 정도, 시간

20 다음 중 깊은 물에서 올라오거나 감압실 내에서 감압을 하는 도중에 발생하는 기포형성으로 인해 건강상 문제를 유발하는 가스의 종류는?

① 질소 ② 수소

③ 산소 ④ 이산화탄소

21 감압병(Decompression Sickness) 예방을 위한 환경관리 및 보건관리 대책으로 바르지 못한 것은?

① 질소가스 대신 헬륨가스를 흡입시켜 작업하게 한다.
② 감압을 가능한 한 짧은 시간에 시행한다.
③ 비만자의 작업을 금지시킨다.
④ 감압이 완료되면 산소를 흡입시킨다.

해설 감압병 예방을 위한 환경관리 및 보건관리 대책

㉠ 질소가스 대신 헬륨가스를 흡입시켜 작업하게 한다.
㉡ 감압은 가능한 한 천천히 신중하게 진행한다.
㉢ 비만자의 작업을 금지시킨다.

㉣ 감압이 완료되면 산소를 흡입시킨다.
㉤ 작업시간을 제한한다.
㉥ 순환기에 이상이 있는 사람은 취업 또는 작업을 제한한다.

22 다음의 감압병 예방 및 치료에 관한 설명 중에서 적당하지 않은 것은?

① 감압병의 증상이 발생하였을 경우 환자를 원래의 고압환경으로 복귀시켜서는 안 된다.
② 고압환경에서 작업할 때에는 질소를 헬륨으로 대치한 공기를 호흡시키는 것이 좋다.
③ 잠수 및 감압병에 익숙한 사람을 제외하고는 1분에 10m 정도씩 잠수하는 것이 좋다.
④ 감압이 끝날 무렵에 순수한 산소를 흡입시키면 예방적 효과와 감압시간을 단축시킬 수 있다.

해설 감압병의 증상 발생 시에는 환자를 곧장 원래의 고압환경상태로 복귀시키거나 인공고압실에 넣어 혈관 및 조직 속에 발생한 질소의 기포를 다시 용해시킨 다음 천천히 감압한다.

23 감압병의 예방과 치료에 관한 설명으로 옳지 않은 것은?

① 특별히 잠수에 익숙한 사람을 제외하고는 1분에 10m 정도씩 잠수하는 것이 안전하다.
② 감압이 끝날 무렵 순수한 산소를 흡입시키면 예방적 효과가 있을 뿐 아니라 감압시간을 25% 가량 단축시킨다.
③ 감압병 증상이 발생하였을 때에는 환자를 바로 원래의 고압환경에 복귀시키거나 인공적 고압실에 넣어 혈관 및 조직 속에 발생한 질소의 기포를 다시 용해시킨 다음 천천히 감압한다.
④ 헬륨은 질소보다 확산속도가 작고 체외로 배출되는 시간이 질소에 비하여 2배가량이 길어 고압환경에서 작업할 때는 질소를 헬륨으로 대치한 공기를 호흡시킨다.

해설 헬륨은 질소보다 확산속도가 크며, 체내에서 안정적이므로 질소를 헬륨으로 대치한 공기를 호흡시킨다.

24 고압작업장에서 감압병을 예방하기 위해서 질소 대신에 무엇으로 대체된 가스를 흡입하도록 해야 하는가?

① 헬륨　　② 메탄
③ 아산화질소　　④ 일산화질소

ANSWER | 01 ③ 02 ② 03 ② 04 ① 05 ② 06 ① 07 ③ 08 ③ 09 ① 10 ②
11 ③ 12 ③ 13 ③ 14 ② 15 ④ 16 ② 17 ① 18 ① 19 ④ 20 ①
21 ② 22 ① 23 ④ 24 ①

기 사

01 다음 중 압력이 가장 높은 것은?

① 2atm ② 760mmHg
③ 14.7psi ④ 101.325Pa

해설 1기압 = 1atm = 760mmHg = 10,332mmH$_2$O = 1.013×10^5Pa = 760Torr = 1kg$_f$/cm^2 = 14.7psi

02 다음 중 해수면의 산소분압은 약 얼마인가?(단, 표준상태 기준이며, 공기 중 산소함유량은 21vol%이다.)

① 90mmHg ② 160mmHg
③ 210mmHg ④ 230mmHg

해설 산소분압 $= \frac{760\text{mmHg}}{} \left| \frac{21}{100} \right. = 159.6\text{mmHg} \fallingdotseq 160\text{mmHg}$

03 다음의 ( )에 들어갈 가장 적당한 값은?

> 정상적인 공기 중의 산소함유량은 21vol%이며 그 절대량, 즉 산소분압은 해면에 있어서는 약 ( ) mmHg이다.

① 160 ② 210 ③ 230 ④ 380

해설 산소분압 $= \frac{760\text{mmHg}}{} \left| \frac{21}{100} \right. = 159.6\text{mmHg} \fallingdotseq 160\text{mmHg}$

04 심해 잠수부가 해저 45m에서 작업을 할 때 인체가 받는 작용압과 절대압은 얼마인가?

① 작용압 : 5.5기압, 절대압 : 5.5기압 ② 작용압 : 5.5기압, 절대압 : 4.5기압
③ 작용압 : 4.5기압, 절대압 : 5.5기압 ④ 작용압 : 4.5기압, 절대압 : 4.5기압

해설 압력의 계산
㉠ 작용압(게이지압) : 수심 10m마다 1기압씩 증가, 수심 45m = 4.5기압
㉡ 절대압(절대압 = 게이지압력 + 1) = 4.5기압 + 1기압 = 5.5기압

05 공기의 구성 성분에서 조성비율이 표준공기와 같을 때 압력이 낮아져 고용노동부에서 정한 산소결핍장소에 해당하게 되는데, 이 기준에 해당하는 대기압 조건은 약 얼마인가?

① 650mmHg ② 670mmHg
③ 690mmHg ④ 710mmHg

해설 760mmHg : 21% = x(대기압 조건) : 18%

$$\text{X(대기압 조건)} = \frac{760\text{mmHg} \times 18\%}{21\%} = 651.43\text{mmHg}$$

06 산업안전보건법상의 이상기압에 대한 설명으로 틀린 것은?

① 이상기압이란 압력이 cm^2당 1kg 이상인 기압을 말한다.

② 사업주는 잠수작업을 하는 잠수작업자에게 고농도의 산소만을 마시도록 하여야 한다.

③ 사업주는 기압조절실에서 고압작업자에게 가압을 하는 경우 1분에 매 cm^2당 0.8kg 이하의 속도를 가압하여야 한다.

④ 사업주는 근로자가 고압작업에 종사하는 경우에 작업실 공기의 부피가 근로자 1인당 $4m^3$ 이상 되도록 하여야 한다.

해설 잠수작업을 하는 잠수작업자에게 마취작용이 적은 헬륨 같은 불활성 기체들로 대치한 공기를 호흡할 수 있게 한다.

07 산업안전보건법령상 이상기압에 의한 건강장해의 예방에 사용되는 용어의 정의로 틀린 것은?

① 압력이란 절대압과 게이지압의 합을 말한다.

② 이상기압이란 압력이 cm^2당 1kg 이상인 기압을 말한다.

③ 고압작업이란 이상기압에서 잠함공법이나 그 외의 압기공법으로 하는 작업을 말한다.

④ 잠수작업이란 물속에서 공기압축기나 호흡용 공기통을 이용하여 하는 작업을 말한다.

해설 압력이란 단위면적당 받는 힘을 말한다.

08 감압병의 예방 및 치료의 방법으로 적절하지 않은 것은?

① 잠수 및 감압방법은 특별히 잠수에 익숙한 사람을 제외하고는 1분에 10m 정도씩 잠수하는 것이 안전하다.

② 감압이 끝날 무렵에 순수한 산소를 흡입시키면 예방적 효과와 함께 감압시간을 25%가량 단축시킬 수 있다.

③ 고압환경에서 작업 시 질소를 헬륨으로 대치할 경우 목소리를 변화시켜 성대에 손상을 입힐 수 있으므로 할로겐 가스로 대치한다.

④ 감압병의 증상을 보일 경우 환자를 원래의 고압환경에 복귀시키거나 인공적 고압실에 넣어 혈관 및 조직 속에 발생한 질소의 기포를 다시 용해시킨 후 천천히 감압한다.

해설 고압환경에서 작업하는 근로자에게는 질소를 헬륨으로 대치한 공기를 마실 수 있게 한다.

09 다음 중 감압병의 예방 및 치료에 관한 설명으로 틀린 것은?

① 고압환경에서의 작업시간을 제한한다.

② 특별히 잠수에 익숙한 사람을 제외하고는 10m/min 속도 정도로 잠수하는 것이 안전하다.

③ 헬륨은 질소보다 확산속도가 작고 체내에서 불안정적이므로 질소를 헬륨으로 대치한 공기를 호흡시킨다.

④ 감압이 끝날 무렵에 순수한 산소를 흡입시키면 감압시간을 25%가량 단축시킬 수 있다.

해설 헬륨은 질소보다 확산속도가 크며, 체내에서 안정적이다.

10 감압병의 예방 및 치료에 관한 설명으로 틀린 것은?

① 고압환경에서의 작업시간을 제한다.
② 감압이 끝날 무렵에 순수한 산소를 흡입시키면 감압시간 25%가량 단축시킬 수 있다.
③ 특별히 잠수에 익숙한 사람을 제외하고는 10m/min 속도 정도로 잠수하는 것이 안전하다.
④ 헬륨은 질소보다 확산속도가 작고 체내에서 불안정적이므로 질소를 헬륨으로 대치한 공기로 호흡시킨다.

11 다음 중 이상기압에서의 작업방법으로 적절하지 않은 것은?

① 감압병이 발생하였을 때 환자는 바로 고압환경에 복귀시킨다.
② 특별히 잠수에 익숙한 사람을 제외하고는 1분에 10m 정도씩 잠수하는 것이 안전하다.
③ 감압이 끝날 무렵에 순수한 산소를 흡입시키면 감압시간을 단축시킬 수 있다.
④ 고압환경에서 작업할 때에는 질소를 불소로 대치한 공기를 호흡시킨다.

해설 고압환경에서 작업할 때에는 질소를 헬륨으로 대치한 공기로 호흡시킨다.

12 고압환경의 생체작용과 가장 거리가 먼 것은?

① 고공성 폐수종
② 이산화탄소(CO_2) 중독
③ 귀, 부비강, 치아의 압통
④ 손가락과 발가락의 작열통과 같은 산소중독

해설 고공성 폐수종은 저압환경에서 발생한다.

13 고압환경에서 발생할 수 있는 화학적인 인체 작용이 아닌 것은?

① 일산화탄소 중독에 의한 호흡곤란
② 질소마취작용에 의한 작업력 저하
③ 산소중독 증상으로 간질 모양의 경련
④ 이산화탄소 분압 증가에 의한 동통성 관절 장애

해설 **고압환경에서의 생체영향**
㉠ 1차적 가압현상 : 울혈, 부종, 출혈, 부비강, 치아의 압통 등이 발생
㉡ 2차적 가압현상 : 질소마취, 산소중독, 이산화탄소의 작용

14 고압환경에 의한 영향으로 거리가 먼 것은?

① 저산소증
② 질소의 마취작용
③ 산소독성
④ 근육통 및 관절통

15 다음의 설명에서 ( ) 안에 들어갈 알맞은 숫자는?

> ( )기압 이상에서 공기 중의 질소가스는 마취작용을 나타내서 작업력의 저하, 기분의 변환, 여러 정도의 다행증(多幸症)이 일어난다.

① 2 ② 4 ③ 6 ④ 8

해설 질소마취
㉠ 4기압 이상에서 공기 중의 질소가스가 마취작용
㉡ 작업력의 저하, 기분의 변환, 여러 정도의 다행증(Euphoria) 발생

16 다음 중 급격한 감압에 의하여 혈액 내에서 기포를 형성, 신체적 이상을 초래하는 물질은?

① 산소 ② 수소 ③ 질소 ④ 이산화탄소

17 다음 중 고압환경에서 발생할 수 있는 화학적인 인체 작용이 아닌 것은?

① 질소마취작용에 의한 작업력 저하
② 일산화탄소 중독에 의한 호흡곤란
③ 산소중독 증상으로 간질 모양의 경련
④ 이산화탄소 분압 증가에 의한 동통성 관절장애

18 고압환경의 영향에 있어 2차적인 가압현상에 해당하지 않는 것은?

① 질소마취 ② 산소중독
③ 조직의 통증 ④ 이산화탄소 중독

해설 고압환경에서의 2차적 가압현상
㉠ 질소마취 ㉡ 산소중독 ㉢ 이산화탄소 중독

19 고압환경의 영향 중 2차적인 가압현상에 관한 설명으로 틀린 것은?

① 4기압 이상에서 공기 중의 질소가스는 마취작용을 나타낸다.
② 이산화탄소의 증가는 산소의 독성과 질소의 마취작용을 촉진시킨다.
③ 산소의 분압이 2기압을 넘으면 산소중독 증세가 나타난다.
④ 산소중독은 고압산소에 대한 노출이 중지되어도 근육경련, 환청 등 후유증이 장기간 계속된다.

20 다음 중 고압작업에 관한 설명으로 옳은 것은?

① SCUBA와 같이 호흡장치를 착용하고 잠수하는 것은 고압환경에 해당하지 않는다.
② 일반적으로 고압환경에서는 산소 분압이 낮기 때문에 저산소증을 유발한다.

③ 산소분압이 2기압을 초과하면 산소중독이 나타나 건강장해를 초래한다.
④ 사람이 절대압 1기압에 이르는 고압환경에 노출되면 개구부가 막혀 귀, 부비강, 치아 등에 통증이나 압박감을 호소하게 된다.

해설 ① SCUBA와 같이 호흡장치를 착용하고 잠수하는 것은 고압환경에 해당한다.
② 일반적으로 저압환경에서 산소 분압이 낮을 때 저산소증을 유발한다.
④ 사람이 절대압 1기압 이상의 고압환경에 노출되면 치통, 부비강 통증 등 기계적 장애와 질소마취, 산소중독 등 화학적 장애를 일으킬 수 있다.

21 다음 중 고기압의 작업환경에서 나타나는 건강영향에 대한 설명으로 틀린 것은?

① 3~4기압의 산소 혹은 이에 상당하는 공기 중 산소분압에 의하여 중추신경계의 장해에 기인하는 운동장해를 나타내는데 이것을 산소중독이라고 한다.
② 청력의 저하, 귀의 압박감이 일어나며 심하면 고막파열이 일어날 수 있다.
③ 압력상승이 급속한 경우 폐 및 혈액으로 탄산가스의 일과성 배출이 일어나 호흡이 억제된다.
④ 부비강 개구부 감염 혹은 기형으로 폐쇄된 경우 심한 구토, 두통 등의 증상을 일으킨다.

해설 압력상승이 급속한 경우 호흡곤란이 생기며, 호흡이 빨라진다.

22 고압 및 고압산소요법의 질병 치료기전과 가장 거리가 먼 것은?

① 간장 및 신장 등 내분비계 감수성 증가효과
② 체내에 형성된 기포의 크기를 감소시키는 압력효과
③ 혈장 내 용존산소량을 증가시키는 산소분압 상승효과
④ 모세혈관 신생촉진 및 백혈구의 살균능력 항진 등 창상 치료효과

해설 고압 및 고압산소요법은 간장 및 신장 등 내분비계 감수성을 감소시킨다.

23 인공호흡용 혼합가스 중 헬륨 – 산소 혼합가스에 관한 설명으로 틀린 것은?

① 헬륨은 고압하에서 마취작용이 약하다.
② 헬륨은 분자량이 작아서 호흡저항이 적다.
③ 헬륨은 질소보다 확산속도가 작아 인체 흡수속도를 줄일 수 있다.
④ 헬륨은 체외로 배출되는 시간이 질소에 비하여 50% 정도밖에 걸리지 않는다.

해설 헬륨은 질소보다 확산속도가 크며, 체내에서 안정적이다.

24 저압환경 상태에서 발생되는 질환이 아닌 것은?

① 폐수종
② 급성 고산병
③ 저산소증
④ 질소가스 마취장해

해설 질소가스 마취장해는 고압환경 상태에서 발생되는 질환이다.

25 저기압 상태의 작업환경에서 나타날 수 있는 증상이 아닌 것은?

① 저산소증(Hypoxia)　② 잠함병(Caisson Disease)
③ 폐수종(Pulmonary Edema)　④ 고산병(Mountain Sickness)

해설 잠함병(Caisson Disease)은 고기압 상태의 작업환경에서 나타날 수 있는 증상이다.

26 다음 중 잠함병의 주요 원인은?

① 온도　② 광선　③ 소음　④ 압력

27 다음 중 잠함병에 대한 설명으로 옳은 것은?

① 케이슨병이라고도 한다.
② 혈액이 응고하여 생긴 혈전증이 주증상이다.
③ 예방방법으로는 가능한 한 빠르게 감압하여야 한다.
④ 해저작업을 할 때보다는 높은 산에 올라갈 때 생긴다.

해설 감압병(Decompression Sickness)
고압환경에서 체내에 과다하게 용해되었던 질소가 압력이 낮아질 때 과포화상태로 되어 혈액과 조직에 질소기포를 형성함으로써 혈액의 순환을 방해하거나 조직에 영향을 주어 여러 가지 다양한 증상을 일으키는데, 이를 감압병(케이슨병, 잠함병)이라고 한다.

28 다음 설명 중 (　) 안에 알맞은 내용으로 나열한 것은?

> 깊은 물에서 올라오거나 감압실 내에서 감압을 하는 도중에 폐압박의 경우와는 반대로 폐 속에 공기가 팽창한다. 이때는 감압에 의한 (㉠)과 (㉡)의 두 가지 건강상의 문제가 발생한다.

① ㉠ 가스팽창, ㉡ 질소기포 형성　② ㉠ 가스압축, ㉡ 이산화탄소 중독
③ ㉠ 질소기포 형성, ㉡ 산소중독　④ ㉠ 폐수종, ㉡ 저산소증

해설 깊은 물에서 올라오거나 감압실 내에서 감압을 하는 도중에 폐압박의 경우와는 반대로 폐 속에 공기가 팽창한다. 이때는 감압에 의한 가스팽창과 질소기포 형성의 두 가지 건강상 문제가 발생한다.

29 5,000m 이상의 고공에서 비행업무에 종사하는 사람에게 가장 큰 문제가 되는 것은?

① 산소 부족　② 질소부족
③ 탄산가스　④ 일산화탄소

해설 5,000m 이상의 고공에서 비행업무에 종사하는 사람에게 가장 큰 문제가 되는 것은 산소 부족이다.

30 다음 중 저기압의 작업환경에 대한 인체의 영향을 설명한 것으로 틀린 것은?

① 고도 10,000ft까지는 시력, 협조운동의 가벼운 장해 및 피로를 유발한다.

② 고도상승으로 기압이 저하되면 공기의 산소분압이 저하되고 동시에 폐포 내 산소분압도 저하한다.

③ 고도 18,000ft 이상이 되면 21% 이상의 산소를 필요로 하게 된다.

④ 진해성 기침과 호흡곤란 증세가 발생하며 아이보다 어른에게서 많이 발생한다.

해설 ④ 어른보다는 아이들에게서 많이 발생한다.

31 저기압의 영향에 관한 설명으로 틀린 것은?

① 산소결핍을 보충하기 위하여 호흡수, 맥박수가 증가된다.

② 고도 18,000ft(5,468m) 이상이 되면 21% 이상의 산소가 필요하게 된다.

③ 고도 10,000ft(3,048m)까지는 시력, 협조운동의 가벼운 장해 및 피로를 유발한다.

④ 고도의 상승으로 기압이 저하되면 공기의 산소분압이 상승하여 폐포 내의 산소분압도 상승한다.

해설 고도상승으로 기압이 저하되면 공기의 산소분압이 저하되고 동시에 폐포 내 산소분압도 저하된다.

32 다음 중 저기압이 인체에 미치는 영향으로 틀린 것은?

① 급성고산병 증상은 48시간 내에 최고도에 달하였다가 2~3일이면 소실된다.

② 고공성 폐수종은 어린아이보다 순화적응 속도가 느린 어른에게 많이 일어난다.

③ 고공성 폐수종은 진해성 기침과 호흡곤란이 나타나고, 폐동맥의 혈압이 상승한다.

④ 급성고산병은 극도의 우울증, 두통, 식욕상실을 보이는 임상증세군이며 가장 특징적인 것은 흥분성이다.

해설 고공성 폐수종은 어른보다는 아이들에게서 많이 발생한다.

33 다음 중 저압환경에서의 생체작용에 관한 내용으로 틀린 것은?

① 고공증상으로 항공치통, 항공이염 등이 있다.

② 고공성 폐수종은 어른보다 아이들에게서 많이 발생한다.

③ 급성고산병의 가장 특정적인 것은 흥분성이다.

④ 급성고산병은 비가역적이다.

해설 급성고산병은 2~3일이면 소실되며, 가역적이다.

34 다음 중 이상기압의 영향으로 발생되는 고공성 폐수종에 관한 설명으로 틀린 것은?

① 어른보다 아이들에게서 많이 발생된다.

② 고공 순화된 사람이 해면에 돌아올 때에도 흔히 일어난다.

③ 산소 공급과 해면 귀환으로 급속히 소실되며, 증세는 반복해서 발병하는 경향이 있다.

④ 진해성 기침과 호흡곤란이 나타나고 폐동맥 혈압이 급격히 낮아져 구토, 실신 등이 발생한다.

해설 고공성 폐수종 증상

㉠ 진해성 기침과 호흡곤란 증세, 폐동맥 혈압의 상승

㉡ 어른보다는 아이들에게서 많이 발생

㉢ 고공 순화된 사람이 해면에 돌아올 때에도 흔히 발생

㉣ 산소 공급과 해면 귀환으로 급속히 소실되며 증세가 반복해서 발병하는 경향

ANSWER									
01 ①	02 ②	03 ①	04 ③	05 ①	06 ②	07 ①	08 ③	09 ③	10 ④
11 ④	12 ①	13 ①	14 ①	15 ②	16 ③	17 ②	18 ③	19 ④	20 ③
21 ③	22 ①	23 ③	24 ④	25 ②	26 ④	27 ①	28 ①	29 ①	30 ④
31 ④	32 ②	33 ④	34 ④						

THEMA 66 산소결핍(적정공기, 저산소증)

1. 용어의 정의(산업안전보건기준에 관한 규칙)

① 밀폐공간 : 산소결핍, 유해가스로 인한 질식 · 화재 · 폭발 등의 위험이 있는 장소를 말한다.
② 유해가스 : 탄산가스 · 일산화탄소 · 황화수소 등의 기체로서 인체에 유해한 영향을 미치는 물질을 말한다.
③ 적정공기 : 산소농도의 범위가 18% 이상, 23.5% 미만, 탄산가스의 농도가 1.5% 미만, 일산화탄소 농도가 30ppm 미만, 황화수소의 농도가 10ppm 미만인 수준의 공기를 말한다.
④ 산소결핍 : 공기 중의 산소농도가 18% 미만인 상태를 말한다.
⑤ 산소결핍증 : 산소가 결핍된 공기를 들이마심으로써 생기는 증상을 말한다.

2. 산소의 분압

① 산소분압(mmHg)＝기압(mmHg)×산소농도(%)/100＝760mmHg×0.21＝160mmHg
② 산소농도계 지시(%)＝실제 산소농도(%)×절대압[절대압＝게이지압+1]
③ 가압 중 산소농도(%)＝산소농도계의 지시(%)/(게이지압력+1)

3. 산소결핍에 가장 민감한 조직 : 뇌의 대뇌 피질

① 뇌 : 1일 500kcal의 에너지 소비, 산소 소비는 1일 100L
② 산소 공급 정지 1.5분 이내에는 모든 활동성이 복구되나 2분 이상이면 비가역적인 파괴 발생

4. 저산소증(Hypoxia)

① 산소가 결핍된 공기를 흡입하여 생기는 대표적인 건강장해
② 산소의 농도가 16% 이하로 저하된 공기를 호흡하게 되면 체조직의 산소가 부족하게 되어 빈맥, 빈호흡, 구토, 두통 발생
③ 10% 이하가 되면 의식상실, 경련, 혈압강하를 초래하여 질식 사망
④ 뇌의 산소소비량은 전신 소비량의 약 25% 사용

5. 산소농도에 따른 증상

산소농도(%)	증상
12~16	맥박 · 호흡 수 증가, 두통, 구역(구토의 전 단계), 이명(90～120mmHg)
9~14	판단력 저하, 기억상실, 전신탈력, 체온 상승, 호흡장해, 청색증 유발(74～87mmHg)
6~10	의식상실, 근육경련, 중추신경 장해, 청색증 유발, 4～5분 내 치료 시 회복 가능(33～74mmHg)
6 이하	40초 내 혼수상태, 호흡정지로 인한 사망(33mmHg 이하)

6. 산소소모 장소

① 제한된 공간 내에서 사람의 호흡
② 용접, 절단, 불 등에 의한 연소
③ 금속의 산화, 녹 등의 화학반응

7. 산소결핍에 대한 예방대책

① 작업 전 · 중 산소농도 측정
② 환기(산소농도 18% 이상 유지) : 이동식 환기팬 사용
③ 보호구 : 송기마스크, 안전대(안전벨트)지급 및 착용
④ 작업자에 대한 교육
⑤ 인원의 점검, 출입의 금지, 연락, 감시자의 배치
⑥ 밀폐공간보건작업프로그램 수립 및 시행

연습문제

01 공기 중의 산소농도가 몇 % 미만인 상태를 산소결핍이라 하는가?

① 16%　② 18%　③ 20%　④ 22%

해설 산소결핍이란 공기 중의 산소농도가 18% 미만인 상태를 말한다.

02 산업안전보건법령상 적정공기의 범위에 해당하는 것은?

① 산소농도 18% 미만　② 이황화탄소 농도 10% 미만
③ 탄산가스 농도 10% 미만　④ 황화수소 농도 10ppm 미만

해설 적정공기
산소농도의 범위가 18% 이상 23.5% 미만, 탄산가스의 농도가 1.5% 미만, 일산화탄소 농도가 30ppm 미만, 황화수소의 농도가 10ppm 미만인 수준의 공기를 말한다.

03 밀폐공간에서 산소결핍이 발생하는 원인 중 산소소모 원인에 관련된 내용으로 가장 거리가 먼 것은?

① 금속의 녹 생성과 같은 화학반응　② 제한된 공간 내에서 사람의 호흡
③ 용접, 절단, 불과 같은 연소반응　④ 저장탱크 파손과 같은 사고에 의한 누설

해설 산소소모 장소
㉠ 제한된 공간 내에서 사람의 호흡
㉡ 용접, 절단, 불 등에 의한 연소
㉢ 금속의 산화, 녹 등의 화학반응

04 다음 중 산소결핍의 위험이 가장 적은 작업 장소는?

① 실내에서 전기 용접을 실시하는 작업 장소
② 장기간 사용하지 않은 우물 내부의 작업 장소
③ 장기간 밀폐된 보일러 탱크 내부의 작업 장소
④ 물품 저장을 위한 지하실 내부의 청소 작업 장소

해설 밀폐공간(안전보건규칙 제618조 관련)
㉠ 지층에 접하거나 통하는 우물 · 수직갱 · 터널 · 잠함 · 피트 또는 그 밖에 이와 유사한 것의 내부
㉡ 장기간 사용하지 않은 우물 등의 내부
㉢ 케이블, 가스관 또는 지하에 부설되어 있는 매설물을 수용하기 위한 암거 · 맨홀 또는 피트의 내부
㉣ 장기간 밀폐된 강재의 보일러 · 탱크 · 반응탑이나 그 밖에 그 내벽이 산화되기 쉬운 시설의 내부
㉤ 곡물 또는 사료의 저장용 창고 또는 피트의 내부, 과일의 숙성용 창고 또는 피트의 내부
㉥ 산소 농도가 18% 미만 23.5% 이상, 탄산가스 농도가 1.5% 이상 및 황화수소 농도가 10ppm 이상인 장소의 내부

05 다음의 산소결핍에 관한 내용 중 틀린 것은?

① 산소결핍 장소에서 작업 시 방독마스크를 착용한다.
② 정상 공기 중의 산소분압은 해면에 있어서 159mmHg 정도이다.
③ 생체 중에서 산소결핍에 대하여 가장 민감한 조직은 대뇌피질이다.
④ 공기 중의 산소결핍은 무경고적이고 급성적, 치명적이다.

해설 방독마스크는 산소농도가 부족한 지역에서 사용할 경우 질식에 의한 사고가 발생할 수 있기 때문에 사용에 주의가 필요하다.

06 다음 중 밀폐공간 작업에서 사용하는 호흡보호구로 가장 적절한 것은?

① 방진마스크　② 송기마스크
③ 방독마스크　④ 반면형마스크

해설 산소결핍 위험이 있는 경우는 송기마스크를 사용한다.

07 다음 중 산소결핍이 진행되면서 생체에 나타나는 영향을 [보기]에서 순서대로 나열한 것은?

[보기]
㉠ 가벼운 어지러움　㉡ 사망
㉢ 대뇌피질의 기능 저하　㉣ 중추성 기능장애

① ㉠→㉢→㉣→㉡　② ㉠→㉣→㉢→㉡
③ ㉢→㉠→㉣→㉡　④ ㉢→㉣→㉠→㉡

해설 산소농도에 따른 증상

산소농도(%)	증상
12~16	맥박 · 호흡 수 증가, 두통, 구역(구토의 전 단계), 이명(90~120mmHg)
9~14	판단력 저하, 기억상실, 전신탈력, 체온 상승, 호흡장해, 청색증 유발(74~87mmHg)
6~10	의식상실, 근육경련, 중추신경 장해, 청색증 유발, 4~5분 내 치료 시 회복 가능(33~74mmHg)
6 이하	40초 내 혼수상태, 호흡정지로 인한 사망(33mmHg 이하)

08 저산소증에 관한 설명으로 옳지 않은 것은?

① 저기압으로 인하여 발생하는 신체장해이다.
② 작업장 내 산소농도가 5%라면 혼수, 호흡 감소 및 정지, 6~8분 후 심장이 정지한다.
③ 산소결핍에 가장 민감한 조직은 뇌 특히 대뇌 피질이다.
④ 정상공기의 산소함유량은 21% 정도이며 질소가 78%, 탄산가스가 1% 정도를 차지하고 있다.

해설 정상공기의 산소함유량은 21% 정도이며 질소가 78%, 아르곤이 0.93%, 탄소가스가 0.035% 정도를 차지하고 있다.

09 산소가 결핍된 장소에서 주로 사용하는 호흡용 보호구는?

① 방진마스크
② 일산화탄소용 방독마스크
③ 산성가스용 방독마스크
④ 호스마스크

10 다음 중 산업안전보건법상 산소결핍, 유해가스로 인한 화재 · 폭발 등의 위험이 있는 밀폐공간 내 작업 시의 조치사항으로 적합하지 않은 것은?

① 밀폐공간 보건작업 프로그램을 수립하여 시행하여야 한다.
② 작업을 시작하기 전 근로자로 하여금 방독마스크를 착용하도록 한다.
③ 작업 장소에 근로자를 입장시킬 때와 퇴장시킬 때마다 인원을 점검하여야 한다.
④ 밀폐공간에는 관계 근로자가 아닌 사람의 출입을 금지하고, 그 내용을 보기 쉬운 장소에 게시하여야 한다.

해설 산소결핍, 유해가스로 인한 화재 · 폭발 등의 위험이 있는 밀폐공간 내 작업 시 방독마스크 착용을 금지해야 하며, 송기마스크를 착용하도록 한다.

ANSWER | 01 ② 02 ④ 03 ④ 04 ① 05 ① 06 ② 07 ① 08 ④ 09 ④ 10 ②

더 풀어보기

산업기사

01 다음의 증상이 주로 발생하는 산소결핍 작업장 산소농도로 적절한 것은?

판단력 저하, 두통, 귀울림, 메스꺼움, 기억상실, 안면 창백

① 공기 중 산소농도가 16%인 작업장
② 공기 중 산소농도가 12%인 작업장
③ 공기 중 산소농도가 8%인 작업장
④ 공기 중 산소농도가 6%인 작업장

해설 적정공기
산소농도의 범위가 18% 이상 23.5% 미만, 탄산가스의 농도가 1.5% 미만, 일산화탄소 농도가 30ppm 미만, 황화수소의 농도가 10ppm 미만인 수준의 공기를 말한다.

02 산소농도 단계별 증상 중 산소농도가 6~10%인 산소결핍 작업장에서의 증상으로 가장 적절한 것은?

① 순간적인 실신이나 혼수
② 계산착오, 두통, 메스꺼움
③ 귀울림, 맥박수 증가, 호흡수 증가
④ 의식상실, 안면창백, 전신 근육경련

해설 산소농도에 따른 증상

산소농도(%)	증상
12~16	맥박 · 호흡 수 증가, 두통, 구역(구토의 전 단계), 이명(90~120mmHg)
9~14	판단력 저하, 기억상실, 전신탈력, 체온 상승, 호흡장해, 청색증 유발(74~87mmHg)
6~10	의식상실, 근육경련, 중추신경 장해, 청색증 유발, 4~5분 내 치료 시 회복 가능(33~74mmHg)
6 이하	40초 내 혼수상태, 호흡정지로 인한 사망(33mmHg 이하)

03 다음 중 산소결핍의 위험이 적은 작업장소는?

① 전기 용접 작업을 하는 작업장
② 장기간 미사용한 우물의 내부
③ 장시간 밀폐된 화학물질의 저장 탱크
④ 화학물질 저장을 위한 지하실

해설 산소소모 장소
㉠ 제한된 공간 내에서 사람의 호흡
㉡ 용접, 절단, 불 등에 의한 연소
㉢ 금속의 산화, 녹 등의 화학반응

04 밀폐공간 작업 시 작업의 부하인자에 대한 설명으로 잘못된 것은?

① 모든 옥외작업의 경우와 거의 같은 양상의 근력부하를 갖는다.
② 탱크바닥에 있는 슬러지 등으로부터 황화수소가 발생한다.
③ 철의 녹 사이에 황화물이 혼합되어 있으면 황산화물이 공기 중에서 산화되어 발열하면서 아황산 가스가 발생할 수 있다.
④ 산소농도가 30% 이하(산업안전보건법 규정)가 되면 산소결핍증이 되기 쉽다.

해설 산소농도가 18% 이하(산업안전보건법 규정)가 되면 산소결핍증이 되기 쉽다.

05 밀폐공간 작업 시 작업의 부하인자에 대한 설명으로 틀린 것은?

① 모든 옥외작업의 경우와 거의 같은 양상의 근력부하를 갖는다.
② 탱크바닥에 있는 슬러지 등으로부터 황화수소가 발생한다.
③ 철의 녹 사이에 황화물이 혼합되어 있으며 아황산가스가 발생할 수 있다.
④ 산소농도가 25% 이하가 되면 산소결핍증이 되기 쉽다.

해설 산소농도가 18% 이하(산업안전보건법 규정)가 되면 산소결핍증이 되기 쉽다.

06 다음의 산소결핍에 관한 내용 중 틀린 것은?

① 산소결핍이란 공기 중 산소농도가 20% 미만을 말한다.
② 맨홀, 피트 및 물탱크 작업이 산소결핍 작업환경에 해당된다.
③ 생체 중에서 산소결핍에 대하여 가장 민감한 조직은 대뇌피질이다.
④ 일반적으로 공기의 산소분압의 저하는 바로 동맥혈의 산소분압 저하와 연결되어 뇌에 대한 산소 공급량의 감소를 초래한다.

해설 산소결핍이란 공기 중의 산소농도가 18% 미만인 상태를 말한다.

07 다음 중 산소결핍에 관한 내용과 가장 거리가 먼 것은?

① 산소결핍이란 공기 중 산소농도가 21% 미만을 말한다.
② 생체 중에서 산소결핍에 대하여 가장 민감한 조직은 대뇌피질이다.
③ 산소결핍은 환기, 산소농도 측정, 보호구 착용을 통하여 피할 수 있다.
④ 일반적으로 공기의 산소분압의 저하는 바로 동맥혈의 산소분압 저하와 연결되어 뇌에 대한 산소 공급량의 감소를 초래한다.

08 산소결핍에 가장 민감한 영향을 받는 신체부위는?

① 간장 ② 대뇌 ③ 심장 ④ 폐

해설 산소결핍에 가장 민감한 조직 : 뇌의 대뇌 피질

09 다음 중 저산소증에 관한 설명으로 옳지 않은 것은?

① 산소결핍에 가장 민감한 조직은 뇌이며, 특히 대뇌 피질이다.
② 예방대책으로 환기, 산소농도측정, 보호구 착용 등이 있다.
③ 작업장 내 산소농도가 5%라면 혼수, 호흡감소 및 정지, 6~8분 후 심장이 정지한다.
④ 정상공기의 산소함유량은 21% 정도이며 질소가 78%, 탄산가스가 1% 정도를 차지하고 있다.

해설 정상공기의 산소함유량은 21% 정도이며 질소가 78%, 아르곤이 0.93%, 탄산가스가 0.035% 정도를 차지하고 있다.

10 밀폐공간에서 작업할 때 관리방법으로 옳지 않은 것은?

① 비상시 탈출할 수 있는 경로를 확인 후 작업을 시작한다.
② 작업장에 들어가기 전에 산소농도와 유해물질의 농도를 측정한다.
③ 환기량은 급기량이 배기량보다 약 10% 많게 한다.
④ 산소결핍 및 황화수소의 노출이 과도하게 우려되는 작업장에서는 방독마스크를 착용한다.

해설 산소결핍, 유해가스로 인한 화재 · 폭발 등의 위험이 있는 밀폐공간 내 작업 시 방독마스크 착용을 금지해야 하며, 송기마스크를 착용하도록 해야 한다.

11 밀폐공간에서 산소결핍이 발생하는 원인 중 산소소모에 관한 내용과 가장 거리가 먼 것은?

① 화학반응(금속의 산화, 녹)
② 연소(용접, 절단, 불)
③ 사고에 의한 누설(저장탱크 파손)
④ 미생물 작용

해설 산소소모 장소
㉠ 제한된 공간 내에서 사람의 호흡
㉡ 용접, 절단, 불 등에 의한 연소
㉢ 금속의 산화, 녹 등의 화학반응

ANSWER | 01 ② 02 ④ 03 ① 04 ④ 05 ④ 06 ① 07 ① 08 ② 09 ④ 10 ④ 11 ③

기 사

01 산업안전보건법령상 공기 중의 산소농도가 몇 % 미만인 상태를 산소결핍이라 하는가?

① 16 ② 18 ③ 20 ④ 23

해설 산소결핍이란 공기 중의 산소농도가 18% 미만인 상태를 말한다.

02 산업안전보건법에서 정하는 밀폐공간의 정의 중 "적정한 공기"에 해당하지 않는 것은?(단, 다른 성분의 조건은 적정한 것으로 가정한다.)

① 일산화탄소 농도 100ppm 미만
② 황화수소 농도 10ppm 미만
③ 탄산가스 농도 1.5% 미만
④ 산소농도 18% 이상 23.5% 미만

해설 적정공기
산소농도의 범위가 18% 이상 23.5% 미만, 탄산가스의 농도가 1.5% 미만, 일산화탄소 농도가 30ppm 미만, 황화수소의 농도가 10ppm 미만인 수준의 공기를 말한다.

03 다음 중 산업안전보건법상 "적정한 공기"에 해당하는 것은?(단, 다른 성분의 조건은 적정한 것으로 가정한다.)

① 산소농도가 16%인 공기
② 산소농도가 25%인 공기
③ 탄산가스 농도가 1.0%인 공기
④ 황화수소 농도가 25ppm인 공기

04 밀폐공간에서는 산소결핍이 발생할 수 있다. 산소결핍의 원인 중 소모(Consumption)에 해당하지 않는 것은?

① 용접, 절단, 불 등에 의한 연소
② 금속의 산화, 녹 등의 화학반응
③ 제한된 공간 내에서 사람의 호흡
④ 질소, 아르곤, 헬륨 등의 불화성 가스 사용

해설 산소소모 장소
㉠ 제한된 공간 내에서 사람의 호흡
㉡ 용접, 절단, 불 등에 의한 연소
㉢ 금속의 산화, 녹 등의 화학반응

05 산업안전보건법령상 적정한 공기에 해당하는 것은?(단, 다른 성분의 조건은 적정한 것으로 가정한다.)

① 탄산가스 농도가 1.0%인 공기
② 산소농도가 16%인 공기
③ 산소농도가 25%인 공기
④ 황화수소 농도가 25ppm인 공기

해설 적정공기는 산소농도의 범위가 18% 이상 23.5% 미만, 탄산가스의 농도가 1.5% 미만, 일산화탄소 농도가 30ppm 미만, 황화수소의 농도가 10ppm 미만인 수준의 공기를 말한다.

ANSWER | 01 ② 02 ① 03 ③ 04 ④ 05 ①

THEMA 67 소음의 정의 및 음의 크기

1. 소음의 정의

① 공기의 진동에 의한 음파 중 인간에게 감각적으로 바람직하지 못한 소리로 발생원이 무엇이든지 불쾌감을 주고 작업상 능률을 저하시키는 소리를 말한다.

② 안전보건규칙에 의한 소음작업이란 1일 8시간 작업기준 85dB(A) 이상의 소음이 발생하는 작업을 말한다.

2. 소음의 단위

① dB(decibel)

㉠ 음압수준을 표시하는 한 방법으로 사용하는 단위

㉡ 사람이 들을 수 있는 음압은 0.00002~60N/m^2 범위로 dB로 표시하면 0~130dB

㉢ 소음의 크기 등을 나타내는 데 사용되는 단위로 웨버-페히너(Weber-Fechner)의 법칙에 의해 사람의 감각량은 자극량에 대수적으로 변하는 것을 이용

㉣ 각 주파수별 등감곡선을 보정하여 A, B, C 특성으로 구분

㉤ A와 C 특성으로 측정한 값의 차이로 개략적 소음의 주파수 구성을 알 수 있음

② phon(L_L)

㉠ 감각적인 음의 크기를 나타내는 양

㉡ phon : 음을 귀로 들어 1,000Hz 순음의 크기와 평균적으로 같은 크기로 느껴지는 음의 세기 레벨

③ sone(Loudness, S)

㉠ 음의 감각량으로서 음의 대소를 표현하는 단위

㉡ 1,000Hz 순음이 40dB일 때 : 1sone

㉢ $S = 2^{(L_L - 40)/10}$(sone), $L_L = 33.3\log S + 40$(phon)

㉣ S의 값이 2배, 3배, 4배로 증가하면, 감각량의 크기도 2배, 3배, 4배 증가

3. 주파수와 파장

① 주파수(Frequency, f) : 1초 동안에 한 파장 또는 주기의 cycle 수를 말하며, 단위는 Hz(cycle/sec)이다.

$$f = c/\lambda = 1/T\,(\text{Hz})$$

② 주기(Period, T) : 어떤 현상이 일정한 시간마다 똑같은 변화를 되풀이할 때, 그 일정한 시간을 이르는 말로 한 파장이 전파하는 데 걸리는 시간을 말하며, 단위는 초(sec)이다.

$$T = 1/f$$

③ 파장(Wavelength, λ) : 파동에서, 같은 위상(位相)을 가진 서로 이웃한 두 점 사이의 거리. 곧, 전파나 음파 따위의 마루에서 다음 마루까지의, 또는 골에서 다음 골까지의 거리를 말하며, 단위는 m이다.

$$\lambda = c/f\,(m)$$

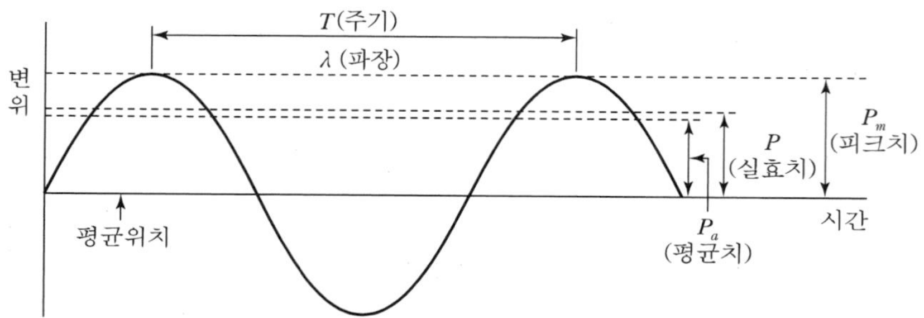

※ 음속(Speed of Sound, C) : 음파가 1초 동안에 전파하는 거리를 말한다. 단위는 m/s이고, 통상 고체나 액체 중에서 음속은 $c = 331.42 + 0.6t(℃)$으로 구한다.

참고

음의 용어

1. 파동
   ① 음이 전달되는 매질의 변화운동으로 이루어지는 에너지 전달이다.
   ② 음에너지의 전달은 매질의 운동에너지와 위치에너지의 교번작용으로 이루어진다.
2. 파면 : 파동이 진행할 때 위상이 같은 점들을 연결한 선이나 면을 뜻한다.
3. 음파 : 공기 등의 매질을 통하여 전파하는 소밀파이며, 순음의 경우 정현파적으로 변화한다.
4. 음선 : 음의 진행방향을 나타내는 선으로 파면에 수직한다.

4. 음의 크기

① 음압(Sound Pressure, P) : 음에너지에 의해 매질에는 미세한 압력 변화가 생기며 이 압력 변화 부분을 음압이라 한다. 단위는 N/m^2(Pa)이다.

$$P = \frac{P_m}{\sqrt{2}}(N/m^2)$$

여기서, P_m : 피크치

② 음의 세기(Sound Intensity, I) : 단위면적을 단위시간에 통과하는 음에너지를 말하며 단위는 W/m^2이다.

$$I = P \times V = \frac{P^2}{\rho c}(W/m^2)$$

※ 입자속도 $V = \frac{P}{\rho c}$

③ 음향출력(Acoustic Power, W) : 음원으로부터 단위시간당 방출되는 총 음에너지를 말한다.

$$W = I \times S(W)$$

여기서, S는 표면적(m^2)

④ 음의 세기 레벨(SIL : Sound Intencity Level)

$$SIL = 10\log\left(\frac{I}{I_o}\right)dB$$

I_o(최소가청음의세기) $= 10^{-12}W/m^2$(0~130까지 140단계로 표시)

㉠ 최대가청음의 세기 : $10(W/m^2)$

㉡ 사람이 직접 귀로 들을 수 있는 가청주파수의 범위는 20~20,000Hz이다.

㉢ 파장 : 1.7cm ~17m

⑤ 음압레벨(SPL : Sound Pressure Level)

$$SPL = 20\log\left(\frac{P}{P_o}\right)dB$$

여기서, P_o(최소음압실효치) $= 2 \times 10^{-5}N/m^2$

※ $SIL = 10\log\left(\frac{I}{I_o}\right)$ I에 $\frac{P^2}{\rho c}$을, ρc에 400을, I_o에 10^{-12}을 대입하면

$$SIL = 10\log\left(\frac{P^2}{400 \times 10^{-12}}\right) = 10\log\left(\frac{P}{2 \times 10^{-5}}\right)^2 = 20\log\left(\frac{P}{2 \times 10^{-5}}\right) = SPL$$

⑥ 음향파워레벨(PWL : Sound Power Level)

$$PWL = 10\log\left(\frac{W}{W_o}\right)dB$$

여기서, W_o(기준음향파워) $= 10^{-12}W$

W = 대상음향파워

⑦ SPL과 PWL의 관계

㉠ 무지향성 점음원

• 자유공간 : $SPL = PWL - 10\log(4\pi r^2)$

$= PWL - (20\log r + 10\log 4\pi)$

$= PWL - 20\log r - 11dB$

• 반자유공간 : $SPL = PWL - 10\log(2\pi r^2)$

$= PWL - (20\log r + 10\log 2\pi)$

$= PWL - 20\log r - 8dB$

㉡ 무지향성 선음원

• 자유공간 : $SPL = PWL - 10\log(2\pi r)$

$= PWL - 10\log r - 8dB$

• 반자유공간 : $SPL = PWL - 10\log(\pi r)$

$= PWL - 10\log r - 5dB$

5. 소음원의 지향계수(방향성)

① 음의 반향이 전혀 없는 자유공간의 중심에 소음원이 매달려 있을 때 : Q = 1

② 소음원이 큰 작업장의 한가운데 바닥에 놓여 있을 때 : Q = 2

③ 소음원이 작업장 벽 근처의 바닥에 놓여 있을 때 : Q = 4

④ 소음원이 작업장 모퉁이에 놓여 있을 때 : Q = 8

⑤ 소음원이 ③과 ④의 중간에 있을 때 : Q = 6

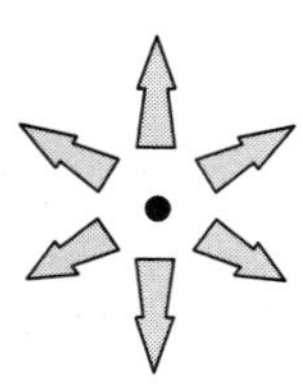

지향계수(Q) : 1
지향지수(DI) : 0dB
(음원 : 자유공간)

지향계수(Q) : 2
지향지수(DI) : 3dB
(음원 : 반자유공간)

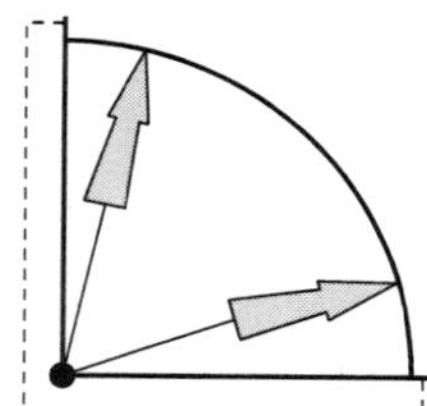

지향계수(Q) : 4
지향지수(DI) : 6dB
(음원 : 두 면이 접하는 공간)

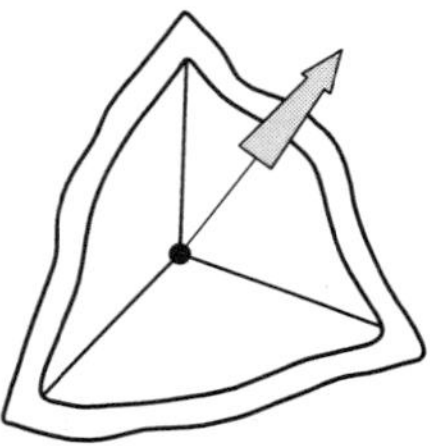

지향계수(Q) : 8
지향지수(DI) : 9dB
(음원 : 세 면이 접하는 공간)

[음원의 위치별 지향성]

6. 거리감쇠

① 점음원

$$SPL_1 - SPL_2 = 20\log\left(\frac{r_2}{r_1}\right) dB$$

② 선음원

$$SPL_1 - SPL_2 = 10\log\left(\frac{r_2}{r_1}\right)dB$$

거리가 2배가 되면 점음원은 6dB, 선음원은 3dB 감소한다.

연습문제

01 음(Sound)의 용어에 대한 설명으로 틀린 것은?

① 음선 – 음의 진행방향을 나타내는 선으로 파면에 수직한다.
② 파면 – 다수의 음원이 동시에 작용할 때 접촉하는 에너지가 동일한 점들을 연결한 선이다.
③ 음파 – 공기 등의 매질을 통하여 전파하는 소밀파이며, 순음의 경우 정현파적으로 변화한다.
④ 파동 – 음에너지의 전달은 매질의 운동에너지와 위치에너지의 교번작용으로 이루어진다.

해설 파면이란 파동이 진행할 때 위상이 같은 점들을 연결한 선이나 면을 뜻한다.

02 다음 (   ) 안에 옳은 것은?

(㉠)Hz 순음의 음의 세기 레벨 (㉡)dB의 음의 크기를 1sone이라 한다.

① ㉠ 4,000, ㉡ 20
② ㉠ 4,000, ㉡ 40
③ ㉠ 1,000, ㉡ 20
④ ㉠ 1,000, ㉡ 40

해설 sone(Loudness : S)

㉠ 음의 감각량으로서 음의 대소를 표현하는 단위
㉡ 1,000Hz 순음이 40dB일 때 : 1sone
㉢ $S = 2^{(L_L - 40)/10}$(sone), $L_L = 33.3\log S + 40$(phon)
㉣ S의 값이 2배, 3배, 4배로 증가하면, 감각량의 크기도 2배, 3배, 4배 증가

03 25℃일 때, 공기 중에서 1,000Hz인 음의 파장은 약 몇 m인가?

① 0.035　② 0.35　③ 3.5　④ 35

해설 음의 파장(λ)$=\frac{C}{f}$

C(음속) $= 331.42 + (0.6 \times t) = 331.42 + (0.6 \times 25) = 346.42$m/sec

∴ 음의 파장(λ)$= \frac{346.42}{1,000} = 0.346$m

04 다음 중 음의 세기 레벨을 나타내는 dB의 계산식으로 옳은 것은?(단, I_o = 기준음향의 세기, I = 발생음의 세기)

① $dB = 10\log\frac{I}{I_o}$　　② $dB = 20\log\frac{I}{I_o}$

③ $dB = 10\log\frac{I_o}{I}$　　④ $dB = 20\log\frac{I_o}{I}$

05 8시간 동안 어떤 근로자가 노출된 소음의 압력 수준이 $10^{-2.8}$Watt였다면, 노출수준(dB)은?(단, 기준음력 = 10^{-12}Watt)

① 90　② 91　③ 92　④ 93

해설 노출기준(dB) $= 10\log\frac{W}{W_o} = 10\log\frac{10^{-2.8}}{10^{-12}} = 92$dB

06 음의 세기 레벨이 80dB에서 85dB로 증가하면 음의 세기는 약 몇 배가 증가하겠는가?

① 1.5배　② 1.8배　③ 2.2배　④ 2.4배

해설 음의 세기 레벨(SIL : Sound Intensity Level)

$SIL = 10\log\frac{I}{I_o}$[dB]

㉠ $80 = 10\log\frac{I}{10^{-12}}$　$I = 10^{-4}W/m^2$

㉡ $85 = 10\log\frac{I}{10^{-12}}$　$I = 3.16\times10^{-4}W/m^2$

∴ $\frac{3.16\times10^{-4} - 1.0\times10^{-4}}{1.0\times10^{-4}} = 2.16$배

07 음향출력이 1,000W인 음원이 반자유공간(반구면파)에 있을 때 20m 떨어진 지점에서의 음의 세기는 약 얼마인가?

① $0.2W/m^3$　② $0.4W/m^3$　③ $2.0W/m^3$　④ $4.0W/m^3$

해설 $W = I\times S$

$I = \frac{W}{S(2\pi r^2)} = \frac{1,000W}{2\times\pi\times20^2} = 0.4W/m^2$

08 어떤 소음의 음압이 $20N/m^2$일 때 음압수준(dB)은?

① 80　② 100　③ 120　④ 140

해설 $SPL = 20\log\frac{P}{P_o} = 20\log\frac{20}{2\times10^{-5}} = 120$dB

09 지상에서 음력이 10W인 소음원으로부터 10m 떨어진 곳의 음압수준은 약 얼마인가?(단, 음속은 344.4m/s, 공기의 밀도는 1.18kg/m^3이다.)

① 96dB ② 99dB ③ 102dB ④ 105dB

해설 $PWL(dB) = 10\log\frac{W}{W_o}$

여기서, W : 측정음력, W_o : 기준음력(10^{-12}Watt)

$PWL = 10\log\frac{W}{W_o} = 10\log\frac{10}{10^{-12}} = 130dB$

$SPL = PWL - 10\log S = 130 - 10\log(2\times\pi\times10^2) = 102dB$

- 무지향성 점음원이 자유공간에 있을 경우 : $S = 4\pi r^2$
- 무지향성 점음원이 반자유공간(바닥)에 있을 경우 : $S = 2\pi r^2$

10 음력이 2Watt인 소음원으로부터 50m 떨어진 지점에서의 음압수준(Sound Pressure Level)은 약 몇 dB인가?(단, 공기의 밀도는 1.2kg/m^3, 공기에서의 음속은 344m/s로 가정한다.)

① 76.6 ② 78.2 ③ 79.4 ④ 80.7

해설 $SPL = PWL - 20\log r - 11 = 10\log\frac{2}{10^{-12}} - 20\log 50 - 11 = 78.03dB$

11 어떤 음원에서 10m 떨어진 곳에서의 음의 세기 레벨(Sound Intensity Level)은 89dB이다. 음원에서 20m 떨어진 곳에서의 음의 세기 레벨은?(단, 점음원이고 장해물이 없는 자유공간에서 구면상으로 전파한다고 가정한다.)

① 77dB ② 80dB ③ 83dB ④ 86dB

해설 $SPL_1 - SPL_2 = 20\log\left(\frac{r_2}{r_1}\right)$

$SPL_2 = SPL_1 - 20\log\frac{r_2}{r_1} = 89 - 20\log\frac{20}{10} = 82.98dB$

12 0.1W의 음향출력을 발생하는 소형 사이렌의 음향파워레벨(PWL)은 몇 dB인가?

① 90 ② 100 ③ 110 ④ 120

해설 $PWL = 10\log\frac{W}{W_o} = 10\log\frac{0.1}{10^{-12}} = 110dB$

13 음압이 4배가 되면 음압레벨(dB)은 약 얼마 정도 증가하겠는가?

① 3dB ② 6dB ③ 12dB ④ 24dB

해설 $SPL = 20\log\frac{P}{P_o} = 20\log 4 = 12$

∴ 12dB 증가

PART 01 PART 02 PART 03 PART 04 PART 05 PART 06

14 다음 그림에서 음원의 방향성(Directivity)은?

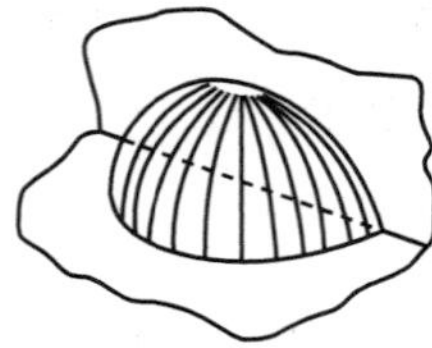

① 1　　② 2　　③ 3　　④ 4

해설 소음원의 지향계수
㉠ 자유공간(공중) : 1
㉡ 반자유공간(벽, 천장, 바닥) : 2
㉢ 두 면이 접하는 공간 : 4
㉣ 세 면이 접하는 공간 : 8

ANSWER	01 ② 02 ④ 03 ② 04 ① 05 ③ 06 ③ 07 ② 08 ③ 09 ③ 10 ② 11 ③ 12 ③ 13 ③ 14 ④

⊕ 더 풀어보기

산업기사

01 200sone인 음은 몇 phon인가?

① 103.3　　② 108.3　　③ 112.3　　④ 116.6

해설 $L_L = 33.3\log S + 40(\text{phon}) = 33.3\log 200 + 40 = 116.62\text{phon}$

02 다음 내용 중 ( ) 안에 알맞은 것은?

> 소음계의 A특성(청감보정회로)은 ( )의 음의 크기에 상응하도록 주파수에 따라 반응을 보정하여 측정한 음압수준이다.

① 30phon　　② 40phon　　③ 50phon　　④ 40phon

해설 소음계의 A특성(청감보정회로)은 40phon의 음의 크기에 상응하도록 주파수에 따라 반응을 보정하여 측정한 음압수준이다.

03 다음 중 음압레벨(L_P)을 구하는 식은?(단, P : 측정되는 음압, P_o : 기준음압)

① $L_P = 10\log_{10}\dfrac{P_o}{P}$　　② $L_P = 10\log_{10}\dfrac{P}{P_o}$

③ $L_P = 20\log_{10}\dfrac{P_o}{P}$　　④ $L_P = 20\log_{10}\dfrac{P}{P_o}$

04 음의 실측치가 2.0N/m^2일 때 음압수준(SPL)은 몇 dB인가?(단, 기준음압은 0.00002N/m^2이다.)

① 1 ② 10 ③ 100 ④ 1,000

해설 $SPL = 20\log\frac{P}{P_o} = 20\log\frac{2}{2\times10^{-5}} = 100dB$

05 음압이 2N/m^2일 때 음압수준(dB)은?

① 90 ② 95 ③ 100 ④ 105

해설 $SPL = 20\log\frac{P}{P_o} = 20\log\frac{2}{2\times10^{-5}} = 100dB$

06 소음의 음압이 20N/m^2일 때 음압수준은 약 몇 dB(A)인가?(단, 기준음압은 0.00002N/m^2를 적용한다.)

① 80 ② 100 ③ 120 ④ 140

해설 $SPL = 20\log\frac{P}{P_o} = 20\log\frac{20}{2\times10^{-5}} = 120dB$

07 장해물이 없는 자유공간에서 구면상으로 전파하는 점음원이 있다. 이 음원의 Power Level(PWL)이 90dB인 경우 거리가 10m 떨어진 곳에서의 음압레벨(SPL : Sound Pressure Level)은?

① 59dB ② 64dB ③ 69dB ④ 74dB

해설 무지향성 점음원, 자유공간

$SPL = PWL - 20\log r - 11 = 90 - 20\log 10 - 11 = 59dB$

08 어떤 음원의 PWL(Power Level)이 120dB이다. 이 음원에서 10m 떨어진 곳에서의 음의 세기레벨(Sound Intensity Level)은?(단, 점음원이고 장해물이 없는 자유공간에서 구면상으로 전파한다고 가정한다.)

① 89dB ② 92dB ③ 95dB ④ 98dB

해설 $SPL(SIL) = PWL - 20\log r - 11 = 120 - 20\log 10 - 11 = 89dB$

09 출력 0.1W의 점음원으로부터 100m 떨어진 곳의 SPL은?(단, SPL = PWL−20log r−11)

① 약 50dB ② 약 60dB ③ 약 70dB ④ 약 80dB

해설 $SPL = PWL - 20\log r - 11 = 10\log\frac{0.1}{10^{-12}} - 20\log 100 - 11 = 59dB$

10 출력 0.01W의 점음원으로부터 100m 떨어진 곳의 음압수준은?(단, 무지향성 음원, 자유공간의 경우)

① 49dB ② 53dB ③ 59dB ④ 63dB

해설 $SPL = PWL - 20\log r - 11 = 10\log\frac{0.01}{10^{-12}} - 20\log 100 - 11 = 49dB$

11 자유공간에 위치한 점음원의 음향파워레벨(PWL)이 110dB일 때, 이 점음원으로부터 100m 떨어진 곳의 음압레벨(SPL)은?

① 49dB ② 59dB ③ 69dB ④ 79dB

해설 $SPL(SIL) = PWL - 20\log r - 11 = 110 - 20\log 100 - 11 = 59dB$

12 음원에서 10m 떨어진 곳에서 음압수준이 89db(A)일 때, 음원에서 20m 떨어진 곳에서의 음압수준은 약 몇 dB(A)인가?(단, 점음원이고 장해물이 없는 자유공간에서 구면상으로 전파한다고 가정한다.)

① 77 ② 80 ③ 83 ④ 86

해설 $SPL_1 - SPL_2 = 20\log\left(\frac{r_2}{r_1}\right)$

$SPL_2 = SPL_1 - 20\log\frac{r_2}{r_1} = 89 - \log\frac{20}{10} = 82.98dB$

13 출력이 0.01W인 기계에서 나오는 음향파워레벨(PWL, dB)은?

① 80 ② 90 ③ 100 ④ 110

해설 $PWL = 10\log\frac{W}{W_o} = 10\log\frac{0.01}{10^{-12}} = 100dB$

14 음압도(SPL : Sound Pressure Level)가 80dB인 소음과 음압도가 40dB인 소음과의 음압(sound pressure) 차이는 몇 배인가?

① 2배 ② 20배 ③ 40배 ④ 100배

해설 $SPL = 20\log\frac{P}{P_o}$

㉠ $80 = 20\log\frac{P}{2\times10^{-5}}$, $P = 0.2Pa$

㉡ $40 = 20\log\frac{P}{2\times10^{-5}}$, $P = 0.002Pa$

$\therefore \frac{0.2Pa}{0.002Pa} = 100$배

15 다음의 음원 위치별 지향성에 관한 그림에서 지향계수는?

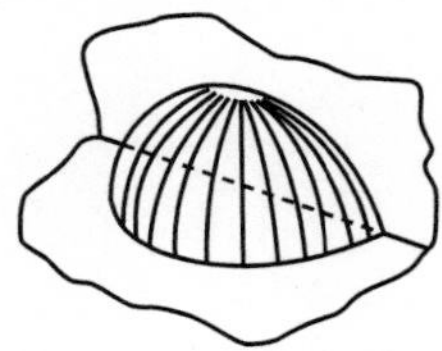

① 1　　② 2　　③ 3　　④ 4

해설 두 면이 접하는 공간에서의 지향계수는 4이다.

16 소음원이 바닥 위(반자유공간)에 있을 때 지향계수(Q)는?

① 1　　② 2　　③ 3　　④ 4

해설 한 면이 접하는 공간에서의 지향계수는 2이다.

17 소음원이 큰 작업장의 중앙 바닥에 놓여 있을 때 소음의 방향성(Directivity)은?

① 1　　② 2　　③ 3　　④ 4

해설 소음원의 지향계수

㉠ 자유공간(공중) : 1
㉡ 반자유공간(벽, 천장, 바닥) : 2
㉢ 두 면이 접하는 공간 : 4
㉣ 세 면이 접하는 공간 : 8

18 출력이 0.01W인 기계에서 나오는 음향파워레벨(PWL)은 몇 dB인가?

① 80dB　　② 90dB　　③ 100dB　　④ 110dB

해설 $PWL = 10\log\frac{0.01}{10^{-12}} = 100dB$

ANSWER | 01 ④　02 ②　03 ④　04 ③　05 ③　06 ③　07 ①　08 ①　09 ②　10 ①
11 ②　12 ③　13 ③　14 ④　15 ④　16 ②　17 ②　18 ③

기 사

01 1sone이란 몇 Hz에서, 몇 dB의 음압레벨을 갖는 소음의 크기를 말하는가?

① 2,000Hz, 48dB　　② 1,000Hz, 40dB
③ 1,500Hz, 45dB　　④ 1,200Hz, 45dB

해설 1sone이란 1,000Hz에서 40dB일 때 소음의 크기를 말한다.

PART 01 | PART 02 | PART 03 | PART 04 | PART 05 | PART 06

02 음의 크기 sone과 음의 크기레벨 phon과의 관계를 올바르게 나타낸 것은?(단, Sone은 S, phon은 L로 표현한다.)

① $S = 2^{(L-40)/10}$ ② $S = 3^{(L-40)/10}$
③ $S = 4^{(L-40)10}$ ④ $S = 5^{(L-40)/10}$

해설 sone(Loudness, S)
㉠ 음의 감각량으로서 음의 대소를 표현하는 단위
㉡ 1,000Hz 순음이 40dB일 때 : 1sone
㉢ $S = 2^{(L_L - 40)/10}$(sone), $L_L = 33.3 \log S + 40$(phon)
㉣ S의 값이 2배, 3배, 4배로 증가하면, 감각량의 크기도 2배, 3배, 4배 증가

03 1,000Hz, 60dB인 음은 몇 sone에 해당하는가?

① 1 ② 2 ③ 3 ④ 4

해설 $S = 2^{(L_L - 40)/10} = 2^{(60-40)/10} = 4\text{sone}$

04 18℃ 공기 중에서 800Hz인 음의 파장은 약 몇 m인가?

① 0.35 ② 0.43 ③ 3.5 ④ 4.3

해설 음의 파장(λ)= $\frac{C}{f}$
C(음속) $= 331.42 + (0.6 \times t) = 331.42 + (0.6 \times 18) = 342.22\text{m/sec}$
∴ 음의 파장(λ)= $\frac{342.22}{800} = 0.43\text{m}$

05 날개 수 10개의 송풍기가 1,500rpm으로 운전되고 있다. 기본음 주파수는 얼마인가?

① 125Hz ② 250Hz ③ 500Hz ④ 1,000Hz

해설 주파수(Frequency, f) : 1초 동안에 한 파장 또는 주기의 cycle 수를 말하며, 단위는 Hz(cycle/sec)이다.
주파수 $= \frac{1{,}500\text{rpm}}{60} \times 10 = 250\text{Hz}$

06 다음 중 사람의 청각에 대한 반응에 가깝게 음을 측정하여 나타낼 때 사용하는 단위는?

① dB(A) ② PWL(Sound Power Level)
③ SPL(Sound Pressure Level) ④ SIL(Sound Intensity Level)

해설 dB(decibel)
㉠ 음압수준을 표시하는 한 방법으로 사용하는 단위
㉡ 사람이 들을 수 있는 음압은 $0.00002 \sim 60\text{N/m}^2$ 범위로 dB로 표시하면 0~130dB
㉢ 소음의 크기 등을 나타내는 데 사용되는 단위로 웨버-페히너(Weber-Fechner)의 법칙에 의해 사람의 감각량은 자극량에 대수적으로 변하는 것을 이용

07 가청 주파수 최대 범위로 맞는 것은?

① 10~80,000Hz ② 20~2,000Hz
③ 20~20,000Hz ④ 100~8,000Hz

해설 일반적인 사람들이 들을 수 있는 가청주파수 범위는 20~20,000Hz이다.

08 다음 중 소음의 크기를 나타내는 데 사용되는 단위로서 음향출력, 음의 세기 및 음압 등의 양을 비교하는 무차원의 단위인 dB을 나타낸 것은?(단, I_o = 기준음향의 세기, I = 발생음의 세기를 나타낸다.)

① $dB = 10\log\frac{I}{I_o}$ ② $dB = 20\log\frac{I}{I_o}$
③ $dB = 10\log\frac{I_o}{I}$ ④ $dB = 20\log\frac{I_o}{I}$

해설 음의 세기 레벨(SIL : Sound Intensity Level)

$SIL = 10\log\frac{I}{I_o}(dB)$

09 음의 세기(I)와 음압(P)은 어떠한 비례관계에 있는가?

① 음의 세기는 음압에 정비례 ② 음의 세기는 음압에 반비례
③ 음의 세기는 음압의 제곱에 비례 ④ 음의 세기는 음압의 역수에 반비례

해설 음의 세기는 음압의 제곱에 비례한다.

10 음의 세기가 10배로 되면 음의 세기 수준은?

① 2dB 증가 ② 3dB 증가 ③ 6dB 증가 ④ 10dB 증가

해설 음의 세기 레벨(SIL : Sound Intensity Level)

$SIL = 10\log\frac{I}{I_o} = 10\log 10 = 10dB$

11 실효음압이 $2\times10^{-3}N/m^2$인 음의 음압수준은 몇 dB인가?

① 40 ② 50 ③ 60 ④ 70

해설 $SPL = 20\log\frac{P}{P_o} = 20\log\frac{2\times10^{-3}}{2\times10^{-5}} = 40dB$

12 대상음의 음압이 $1.0N/m^2$일 때 음압레벨(Sound Pressure Level)은 몇 dB인가?

① 91 ② 94 ③ 97 ④ 100

해설 $SPL = 20\log\frac{P}{P_o} = 20\log\frac{1.0}{2\times10^{-5}} = 94dB$

13 음압이 20N/m^2일 경우 음압수준(Sound Pressure Level)은 얼마인가?

① 100dB ② 110dB ③ 120dB ④ 130dB

해설 $SPL = 20\log\frac{P}{P_o} = 20\log\frac{20}{2\times10^{-5}} = 120dB$

14 6N/m^2의 음압은 약 몇 dB의 음압수준인가?

① 90 ② 100 ③ 110 ④ 120

해설 $SPL = 20\log\frac{P}{P_o} = 20\log\frac{6}{2\times10^{-5}} = 109.54dB$

15 음압실효치가 0.2N/m^2일 때 음압수준(SPL : Sound Pressure Level)은 얼마인가?(단, 기준음압은 2×10^{-5}N/m^2으로 계산한다.)

① 40dB ② 60dB ③ 80dB ④ 100dB

해설 $SPL = 20\log\frac{P}{P_o} = 20\log\frac{0.2}{2\times10^{-5}} = 80dB$

16 다음 중 음압이 2배로 증가하면 음압레벨(SPL)은 몇 dB 증가하는가?

① 2 ② 3 ③ 6 ④ 12

해설 $SPL = 20\log\frac{P}{P_o} = 20\log2 = 6.02$

∴ 6dB 증가

17 음압이 4배가 되면 음압레벨(dB)은 약 얼마 정도 증가하겠는가?

① 3dB ② 6dB ③ 12dB ④ 24dB

해설 $SPL = 20\log\frac{P}{P_o} = 20\log4 = 12$

∴ 12dB 증가

18 0.01W의 소리에너지를 발생시키고 있는 음원의 음향파워레벨(PWL, dB)은 얼마인가?

① 100 ② 120 ③ 140 ④ 150

해설 $PWL = 10\log\frac{W}{W_o} = 10\log\frac{0.01}{10^{-12}} = 100dB$

19 작업장에서 음향파워레벨(PWL)이 110dB 소음이 발생되고 있다. 이 기계의 음향파워는 몇 W(Watt)인가?

① 0.05 ② 0.1 ③ 1 ④ 10

해설 $PWL = 10\log\left(\frac{W}{W_o}\right)$

$110 = 10\log(\frac{W}{10^{-12}})$

$\therefore\ W = 0.1Watt$

20 작업장에서 음원 A, B, C에 대하여 각각 100dB, 90dB, 80dB의 소음이 동시에 발생될 때 음압레벨의 평균값은 약 몇 dB인가?

① 86 ② 91 ③ 96 ④ 101

해설 평균소음도$(L, dB) = 10\log\left[\frac{1}{n}\left(10^{\frac{L_1}{10}} + 10^{\frac{L_2}{10}} + \cdots + 10^{\frac{L_n}{10}}\right)\right]$

$= 10\log\left[\frac{1}{3}\left(10^{\frac{100}{10}} + 10^{\frac{90}{10}} + 10^{\frac{80}{10}}\right)\right]$

$= 95.7dB$

21 자유공간에 위치한 점음원의 음향파워레벨(PWL)이 110dB일 때, 이 점음원으로부터 100m 떨어진 곳의 음압레벨(SPL)은?

① 49dB ② 59dB ③ 69dB ④ 79dB

해설 $SPL(SIL) = PWL - 20\log r - 11 = 110 - 20\log 100 - 11 = 59dB$

22 지상에서 음력이 10W인 소음원으로부터 10m 떨어진 곳의 음압수준은 약 얼마인가?(단, 음속은 344.4m/s, 공기의 밀도는 1.18kg/m^{3}이다.)

① 96dB ② 99dB ③ 102dB ④ 105dB

해설 $PWL(dB) = 10\log\frac{W}{W_0}$

여기서, W : 측정음력, W_0 : 기준음력(10^{-12}Watt)

$PWL = 10\log\frac{W}{W_0} = 10\log\frac{10}{10^{-12}} = 130dB$

$SPL = PWL - 10\log S = 130 - 10\log(2\times\pi\times10^2) = 102dB$

- 무지향성 점음원이 자유공간에 있을 경우 : $S = 4\pi r^2$
- 무지향성 점음원이 반자유공간(바닥)에 있을 경우 : $S = 2\pi r^2$

ANSWER | 01 ② 02 ① 03 ④ 04 ② 05 ② 06 ① 07 ③ 08 ① 09 ③ 10 ④ 11 ① 12 ② 13 ③ 14 ③ 15 ③ 16 ③ 17 ③ 18 ① 19 ② 20 ③ 21 ② 22 ③

THEMA 68 소음의 영향

1. 청각의 작용 메커니즘

① 공기의 진동 → 기계적 진동 → 액체의 진동 → 신경자극

↓	↓	↓	↓	↓	↓
고막	이소골 (3개)	전정창	외임파 내임파	코르티 기관	신경 섬유

② 외이도를 통해 소리가 들어오면 고막에서 진동(전달매질 : 기체)하고 중이 이소골(전달매질 : 고체)에서 20배 증폭되어 내이(전달매질 : 액체) 속 섬모에 전달

③ 음의 대소 : 섬모가 받는 자극의 크기

④ 음의 고저 : 자극받는 섬모의 위치(입구 : 고주파, 와우관 속 : 저주파)

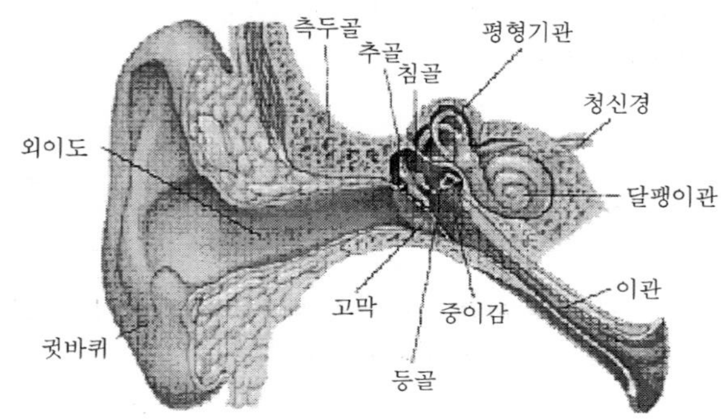

2. 청력에 대한 작용

① 일시적 청력장해(청력피로, Temporary Hearing Impairment)

㉠ 4,000~6,000Hz에서 일과성 청력손실

㉡ 폭로 후 2시간 이내 발생, 중지 후 1~2시간 내에 회복

② 영구적 청력장해(소음성 난청, Permanent Hearing Impairment)

㉠ 심한 소음에 반복하여 노출되면 일시적 청력 변화는 영구적 청력 변화로 변하며 회복이 불가능하고, 4,000Hz에서 크게 발생

㉡ 신경의 비가역적 파괴(코르티 기관 손상)

㉢ C_5-dip 현상 : 소음성 난청은 청력손실 주파수 대역인 3,000~6,000Hz에 걸쳐 계곡형의 청력의 저하가 일어나는 현상으로 4,000Hz에서 특징적인 청력 저하

③ 노인성 난청

㉠ 노화에 의한 퇴행성 질환

㉡ 청력 손실이 양 귀에 대칭적이고 점진적으로 발생

㉢ 고음 영역(6,000Hz부터)에서부터 청력 손실이 발생

3. 소음성 난청에 영향을 미치는 요소

① 음압수준 : 높을수록 유해
② 소음의 특성 : 고주파음이 저주파음보다 더욱 유해
③ 노출시간 : 계속적 노출이 간헐적 노출보다 유해
④ 개인의 감수성에 따라 소음반응이 다양

4. 소음의 영향

① 회화방해 : 언어소통과 대화에 지장 초래
② 작업방해 : 작업능률 저하, 에너지 소비량 증가
③ 수면방해 : 55dB(A)일 때는 30dB(A)보다 2배 늦게 잠들고 잠깨는 시간을 60% 단축
④ 생리반응 : 발한, 혈압 증가, 맥박 증가, 동공팽창, 전신 근육 긴장, 호흡 불안정(횟수 증가, 깊이 감소), 위 수축운동 감퇴

5. 청력손실 계산

① 4분법

$$평균청력손실(dB) = \frac{a+2b+c}{4}$$

여기서, a : 500Hz에서의 청력손실
b : 1,000Hz에서의 청력손실
c : 2,000Hz에서의 청력손실

② 6분법

$$평균청력손실(dB) = \frac{a+2b+2c+d}{6}$$

여기서, a : 500Hz에서의 청력손실
b : 1,000Hz에서의 청력손실
c : 2,000Hz에서의 청력손실
d : 4,000Hz에서의 청력손실

연습문제

01 소음성 난청에 대한 설명으로 틀린 것은?

① 소음성 난청의 초기 단계를 C_5-dip 현상이라 한다.
② 영구적인 난청(PTS)은 노인성 난청과 같은 현상이다.
③ 일시적인 난청(TTS)은 코르티 기관의 피로에 의해 발생한다.
④ 주로 4,000Hz 부근에서 가장 많은 장해를 유발하며 진행되면 주파수 영역으로 확대된다.

해설 영구적 청력장해를 소음성 난청이라 한다.

02 소음성 난청인 C_5 − dip 현상은 어느 주파수에서 잘 일어나는가?

① 2,000Hz ② 4,000Hz
③ 6,000Hz ④ 8,000Hz

해설 C_5-dip 현상
소음성 난청은 청력 손실 주파수 대역인 3,000~6,000Hz에 걸쳐 계곡형의 청력의 저하가 일어나는 현상으로 4,000Hz에서 특징적인 청력 저하가 일어난다.

03 다음 중 소음성 난청에 대한 설명으로 옳지 않은 것은?

① 음압수준이 높을수록 유해하다.
② 저주파음이 고주파음보다 더욱 유해하다.
③ 간헐적 노출이 계속된 노출보다 덜 유해하다.
④ 심한 소음에 반복하여 노출되면 일시적 청력 변화는 영구적 청력 변화로 변한다.

해설 소음성 난청에 영향을 미치는 요소
㉠ 음압수준 : 높을수록 유해
㉡ 소음의 특성 : 고주파음이 저주파음보다 더욱 유해
㉢ 노출시간 : 계속적 노출이 간헐적 노출보다 유해
㉣ 개인의 감수성에 따라 소음반응이 다양

04 소음과 관련된 내용으로 옳지 않은 것은?

① 음압 수준은 음압과 기준 음압의 비를 대수값으로 변환하고 제곱하여 산출한다.
② 사람의 귀는 자극의 절대 물리량에 1차식으로 비례하여 반응한다.
③ 음강도는 단위시간당 단위면적을 통과하는 음에너지이다.
④ 음원에서 발생하는 에너지는 음력이다.

해설 사람의 귀는 자극의 절대 물리량에 대수적으로 비례하여 반응한다.

05 어떤 작업자가 일하는 동안 줄곧 약 95dB의 소음에 노출되었다면 55세에 이르러 그 사람의 청력도에 나타날 유형으로 가장 가능성이 큰 것은?

① 고주파 영역에서 청력 손실이 증가한다.
② 2,000Hz에서 가장 큰 청력장애가 나타난다.
③ 저주파 영역에 20~30dB의 청력손실이 나타난다.
④ 전체 주파영역에서 고르게 20~30dB의 청력손실이 일어난다.

해설 노인성 난청
㉠ 노화에 의한 퇴행성 질환
㉡ 청력 손실이 양 귀에 대칭적이고 점진적으로 발생
㉢ 고음 영역(6,000Hz부터)에서부터 청력 손실이 발생

06 심한 소음에 반복 노출되면, 일시적인 청력 변화는 영구적 청력 변화로 변하게 되는데, 이는 다음 중 어느 기관의 손상으로 인한 것인가?

① 원형창 ② 코르티 기관
③ 삼반규반 ④ 유스타키오관

해설 영구적 청력장해(소음성 난청, Permanent Hearing Impairment)
㉠ 심한 소음에 반복하여 노출되면 일시적 청력 변화는 영구적 청력 변화로 변하며 회복이 불가능하고, 4,000Hz에서 크게 발생
㉡ 신경의 비가역적 파괴(코르티 기관 손상)

07 개인의 평균 청력 손실을 평가하기 위하여 6분법을 적용하였을 때, 500Hz에서 6dB, 1,000Hz에서 10dB, 2,000Hz에서 10dB, 4,000Hz에서 20dB이면 이때의 청력 손실은 얼마인가?

① 10dB ② 11dB ③ 12dB ④ 13dB

해설 6분법에 의한 청력 손실

$$\text{청력 손실(dB)} = \frac{a+2b+2c+d}{6} = \frac{6+2\times10+2\times10+20}{6} = 11\text{dB}$$

ANSWER | 01 ② 02 ② 03 ② 04 ② 05 ① 06 ② 07 ②

더 풀어보기

산업기사

01 소음성 난청에 대한 설명으로 틀린 것은?

① 손상된 섬모세포는 수일 내에 회복이 된다.
② 강렬한 소음에 노출되면 일시적으로 난청이 발생될 수 있다.
③ 일주일 정도가 지나도록 회복되지 않는 청력치의 감소부분은 영구적 난청에 해당된다.
④ 강한 소음은 달팽이관 주변의 모세혈관 수축을 일으켜 이 부근에 저산소증을 유발한다.

해설 소음성 난청은 강렬한 소음이나 지속적인 소음 노출에 의해 내이 코르티 기관의 섬모세포 손상으로 회복될 수 없는 영구적인 청력 저하가 발생한다.

02 다음 중 소음성 난청에 영향을 미치는 요소에 대한 설명으로 틀린 것은?

① 음압수준이 높을수록 유해하다.
② 저주파음이 고주파음보다 더 유해하다.
③ 계속적 노출이 간헐적 노출보다 더 유해하다.
④ 개인의 감수성에 따라 소음반응이 다양하다.

해설 소음성 난청에 영향을 미치는 요소
㉠ 음압수준 : 높을수록 유해
㉡ 소음의 특성 : 고주파음이 저주파음보다 더욱 유해
㉢ 노출시간 : 계속적 노출이 간헐적 노출보다 유해
㉣ 개인의 감수성에 따라 소음반응이 다양

03 소음성 난청인 $C_5-\mathrm{dip}$ 현상은 어느 주파수에서 잘 일어나는가?

① 2,000Hz ② 4,000Hz ③ 6,000Hz ④ 8,000Hz

해설 소음성 난청은 주로 주파수 4,000Hz 영역에서 시작하여 전 영역으로 파급된다.

04 소음성 난청에서의 청력 손실은 초기 몇 Hz에서 가장 현저하게 나타나는가?

① 1,000Hz ② 4,000Hz ③ 8,000Hz ④ 15,000Hz

05 청력 손실치가 다음과 같을 때, 6분법에 의하여 판정하면 청력 손실은 얼마인가?

> 500Hz에서 청력 손실치는 8, 1,000Hz에서 청력 손실치는 12, 2,000Hz에서 청력 손실치는 12, 4,000Hz에서 청력 손실치는 22이다.

① 12 ② 13 ③ 14 ④ 15

해설 6분법에 의한 청력 손실

$$\text{청력 손실(dB)} = \frac{a+2b+2c+d}{6} = \frac{8+2\times12+2\times12+22}{6} = 13\text{dB}$$

ANSWER | 01 ① 02 ② 03 ② 04 ② 05 ②

기 사

01 다음 중 소음성 난청에 관한 설명으로 틀린 것은?

① 소음성 난청의 초기 증상을 C_5 – dip 현상이라 한다.
② 소음성 난청은 대체로 노인성 난청과 연령별 청력 변화가 같다.
③ 소음성 난청은 대부분 양측성이며, 감각 신경성 난청에 속한다.
④ 소음성 난청은 주로 주파수 4,000Hz 영역에서 시작하여 전 영역으로 파급된다.

해설 영구적 청력장해(소음성 난청)는 4,000Hz에서 가장 심하게 나타나는 데 비해 노인성 난청은 노화에 의한 퇴행성 질환으로 고음 영역(6,000Hz)부터 청력 손실이 발생하는 특징이 있다.

02 소음성 난청 중 청력장해(C_5 – dip)가 가장 심해지는 소음의 주파수는?

① 2,000Hz ② 4,000Hz ③ 6,000Hz ④ 8,000Hz

해설 소음성 난청은 주로 주파수 4,000Hz 영역에서 시작하여 전 영역으로 파급된다.

03 소음에 의한 청력장해가 가장 잘 일어나는 주파수는?

① 1,000Hz ② 2,000Hz ③ 4,000Hz ④ 8,000Hz

04 소음성 난청에 영향을 미치는 요소의 설명으로 틀린 것은?

① 음압수준 : 높을수록 유해하다.
② 소음의 특성 : 고주파음이 저주파음보다 유해하다.
③ 노출시간 : 간헐적 노출이 계속적 노출보다 덜 유해하다.
④ 개인의 감수성 : 소음에 노출된 사람이 똑같이 반응한다.

해설 개인의 감수성에 따라 소음반응도 다양하다.

05 소음에 의한 인체의 장해 정도(소음성 난청)에 영향을 미치는 요인이 아닌 것은?

① 소음의 크기 ② 개인의 감수성
③ 소음 발생 장소 ④ 소음의 주파수 구성

해설 소음성 난청에 영향을 미치는 요소

㉠ 음압수준 : 높을수록 유해
㉡ 소음의 특성 : 고주파음이 저주파음보다 더욱 유해
㉢ 노출시간 : 계속적 노출이 간헐적 노출보다 유해
㉣ 개인의 감수성에 따라 소음반응이 다양

06 소음에 관한 설명으로 틀린 것은?

① 소음작업자의 영구성 청력손실은 4,000Hz에서 가장 심하다.
② 언어를 구성하는 주파수는 주로 250~3,000Hz의 범위이다.
③ 젊은 사람의 가청주파수 영역은 20~20,000Hz의 범위가 일반적이다.
④ 기준음압은 이상적인 청력 조건하에서 들을 수 있는 최소 가청음력으로, 0.02dyne/cm^2로 잡고 있다.

해설 기준음압은 $2 \times 10^{-5}N/m^2$이다.

07 소음성 난청(NIHL : Noise Induced Hearing Loss)에 관한 설명으로 틀린 것은?

① 소음성 난청은 4,000~6,000Hz 정도에서 가장 많이 발생한다.
② 일시적 청력 변화 때의 각 주파수에 대한 청력 손실의 양상은 같은 소리에 의하여 생긴 영구적 청력 변화 때의 청력 손실 양상과는 다르다.
③ 심한 소음에 노출되면 처음에는 일시적 청력 변화(Temporary Threshold Shift)를 초래하는데, 이것은 소음 노출을 중단하면 다시 노출 전의 상태로 회복되는 변화이다.
④ 심한 소음에 반복하여 노출되면 일시적 청력 변화는 영구적 청력 변화(Permanent Threshold Shift)로 변하며 코르티 기관에 손상이 온 것이므로 회복이 불가능하다.

해설 일시적 청력 변화 때의 각 주파수에 대한 청력 손실의 양상은 같은 소리에 의하여 생긴 영구적 청력 변화 때의 청력 손실 양상과 비슷하다.

08 소음에 관한 설명으로 맞는 것은?

① 소음의 원래 정의는 매우 크고 자극적인 음을 일컫는다.
② 소음과 소음이 아닌 것은 소음계를 사용하면 구분할 수 있다.
③ 작업환경에서 노출되는 소음은 크게 연속음, 단속음, 충격음 및 폭발음으로 구분할 수 있다.
④ 소음으로 인한 피해는 정신적, 심리적인 것이며 신체에 직접적인 피해를 주는 것은 아니다.

해설 소음

㉠ 소음은 인간에게 불쾌감을 주는 음을 말한다.
㉡ 소음과 소음이 아닌 것은 소음계를 사용하여도 구분할 수 없는 주관적인 음이다.
㉢ 소음은 정신적, 심리적, 신체적 모두에 직접적인 피해를 준다.

09 다음 중 소음성 난청에 관한 설명으로 옳은 것은?

① 음압수준은 낮을수록 유해하다.
② 소음의 특성은 고주파음보다 저주파음이 더욱 유해하다.
③ 개인의 감수성은 소음에 노출된 모든 사람이 다 똑같이 반응한다.
④ 소음 노출시간은 간헐적 노출이 계속적 노출보다 덜 유해하다.

10 청력 손실이 500Hz에서 12dB, 1,000Hz에서 10dB, 2,000Hz에서 10dB, 4,000Hz에서 20dB일 때 6분법에 의한 평균 청력 손실은 얼마인가?

① 19dB ② 16dB ③ 12dB ④ 8dB

해설 6분법에 의한 청력 손실

청력 손실(dB) $= \frac{a+2b+2c+d}{6} = \frac{12+2\times10+2\times10+20}{6} = 12dB$

ANSWER | 01 ② 02 ② 03 ③ 04 ④ 05 ③ 06 ④ 07 ② 08 ③ 09 ④ 10 ③

THEMA 69 소음의 측정 및 평가

1. 등청감곡선

① 정상적인 청력을 가진 18~25세의 사람을 대상으로 순음에 대하여 느끼는 시끄러움의 크기를 실험하여 얻은 곡선

② 같은 크기로 느끼는 순음을 주파수별로 구하여 그래프로 작성한 것

③ 사람의 귀로는 주파수 범위 20~20,000Hz의 음압레벨 0~130(dB) 정도를 가청할 수 있고, 이 청감은 4,000Hz 주위의 음에서 가장 예민하며 100Hz 이하의 저주파음에서는 둔하다.

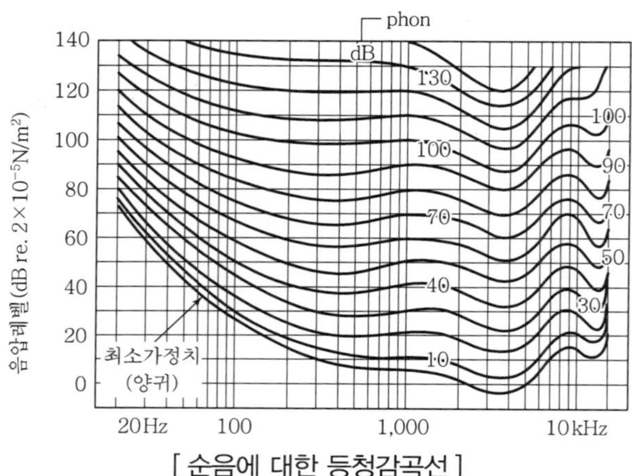

[순음에 대한 등청감곡선]

2. 음압수준의 보정(특성보정치 기준 주파수 = 1,000Hz)

① A특성치 : 40phon 등감곡선(인간의 청력 특성과 유사)

② B특성치 : 70phon 등감곡선

③ C특성치 : 100phon 등감곡선

④ A특성치와 C특성치의 차이가 크면 저주파음이고 차이가 작으면 고주파음이다.

3. 소음의 평가

① $\text{SPL} = 90 + 16.61\log\dfrac{D}{12.5T}$

② $\text{TWA} = 90 + 16.61\log\dfrac{D}{100}$

여기서, SPL : 측정시간에서의 평균치 dB(A)
D : 소음노출량계로 측정한 노출량(%)
T : 측정시간(hr)
TWA : 8시간 평균치

③ 누적소음 노출량 측정기 설정기준
  ㉠ 허용기준(Criteria) : 90dB
  ㉡ 청력역치(Threshold Level) : 80dB
  ㉢ 변화율(Exchange Rate) : 5dB

4. 주파수 분석

① 정비형 : 대역(band)의 하한 및 상한주파수를 f_L 및 f_U라 할 때, 어떤 대역에서도 f_U/f_L의 비가 일정한 필터임

② 1/1 옥타브 및 1/3 옥타브 밴드 분석기 : 정비형 필터

$$\frac{f_U}{f_L} = 2^n$$

여기서, $n = 1/1$ 혹은 $1/3$

1/1 옥타브 밴드

$$\frac{f_U}{f_L} = 2^{\frac{1}{1}},\ f_U = 2 \times f_L$$

$$f_C(\text{중심주파수}) = \sqrt{f_L \times f_U} = \sqrt{f_L \times 2f_L} = \sqrt{2}\, f_L$$

1/3 옥타브 밴드

$$\frac{f_U}{f_L} = 2^{\frac{1}{3}},\ f_U = 1.26 \times f_L$$

$$f_C(\text{중심주파수}) = \sqrt{f_L \times f_U} = \sqrt{f_L \times 1.26f_L} = \sqrt{1.26}\, f_L$$

연습문제

01 등청감곡선에 의하면 인간의 청력은 저주파 대역에서 둔감한 반응을 보인다. 따라서 작업현장에서 근로자에게 노출되는 소음을 측정할 경우 저주파 대역을 보정한 청감보정회로를 사용해야 하는데 이때 적합한 청감보정회로는?

① A특성　② B특성　③ C특성　④ Plat 특성

해설 소음계의 청감보정회로는 A특성으로 하여야 한다.

02 다음 중 소음에 대한 설명과 가장 거리가 먼 것은?

① 소음성 난청은 특히 4,000Hz에서 가장 현저한 청력 손실이 일어난다.
② 1kHz의 순음과 같은 크기로 느끼는 각 주파수별 음압레벨을 연결한 선을 등청감곡선이라고 한다.

③ A특성치와 C특성치 간의 차이가 크면 저주파음이고, 차이가 작으면 고주파음이다.

④ 청감보정회로는 A, B, C 특성으로 구분하고, A특성은 30폰, B특성은 70폰, C특성은 100폰의 음의 크기에 상응하도록 주파수에 따른 반응을 보정하여 각각 측정한 음압수준이다.

해설 청감보정회로는 A, B, C 특성으로 구분하고, A특성은 40폰, B특성은 70폰, C특성은 100폰의 음의 크기에 상응하도록 주파수에 따른 반응을 보정하여 각각 측정한 음압수준이다.

03 다음 중 1,000Hz에서의 음압레벨을 기준으로 하여 등청감곡선을 나타내는 단위로 사용되는 것은?

① sone ② mel ③ bell ④ phon

해설 1,000Hz에서의 음압레벨을 기준으로 하여 등청감곡선을 나타내는 단위는 phon이다.

04 10시간 동안 측정한 소음노출량이 300%일 때 등가음압레벨(Leq)은 얼마인가?

① 94.2 ② 96.3 ③ 97.4 ④ 98.6

해설 $SPL = 90 + 16.61\log\frac{D}{12.5T} = 90 + 16.61\log\frac{300}{12.5 \times 10} = 96.31dB$

05 누적소음노출량 측정기로 소음을 측정하는 경우, 기기설정으로 적절한 것은?(단, 고용노동부 고시 기준)

① Criteria=80dB, Exchange Rate=5dB, Threshold=90dB

② Criteria=80dB, Exchange Rate=10dB, Threshold=90dB

③ Criteria=90dB, Exchange Rate=5dB, Threshold=80dB

④ Criteria=90dB, Exchange Rate=10dB, Threshold=80dB

해설 누적소음노출량 측정기로 소음을 측정하는 경우에는 Criteria=90dB, Exchange Rate=5dB, Threshold=80dB로 기기설정을 하여야 한다.

06 1/1 옥타브 밴드의 중심주파수가 500Hz일 때, 하한과 상한 주파수로 가장 적합한 것은?(단, 정비형 필터 기준으로 한다.)

① 354Hz, 707Hz ② 365Hz, 746Hz

③ 373Hz, 746Hz ④ 382Hz, 764Hz

해설 1/1 옥타브 밴드

$\frac{f_U}{f_L} = 2^{1/1}$, $f_U = 2f_L$, $f_C = \sqrt{f_U \times f_L} = \sqrt{2f_L \times f_l} = \sqrt{2}\,f_L$

㉠ $f_L = \frac{f_C}{\sqrt{2}} = \frac{500}{\sqrt{2}} = 353.55Hz$

㉡ $f_U = 2 \times f_L = 2 \times 353.55 = 707.1Hz$

ANSWER | 01 ① 02 ④ 03 ④ 04 ② 05 ③ 06 ①

더 풀어보기

산업기사

01 일반적으로 소음계의 A특성치는 몇 phon의 등감곡선과 비슷하게 주파수에 따른 반응을 보정하여 측정한 음압수준을 말하는가?

① 40 ② 70 ③ 100 ④ 140

해설 음압수준의 보정(특성보정치 기준 주파수 = 1,000Hz)
㉠ A특성치 : 40phon 등감곡선(인간의 청력 특성과 유사)
㉡ B특성치 : 70phon 등감곡선
㉢ C특성치 : 100phon 등감곡선
㉣ A특성치와 C특성치가 크면 저주파음이고 차가 작으면 고주파음이다.

02 정상인이 들을 수 있는 가장 낮은 이론적 음압은 몇 dB인가?

① 0 ② 5 ③ 10 ④ 20

해설 가청소음도 : 0~130dB

03 B공장 집진기용 송풍기의 소음을 측정한 결과, 가동 시는 90dB(A)이었으나, 가동 중지 상태에서는 85dB(A)이었다. 이 송풍기의 실제 소음도는?

① 86.2dB(A) ② 87.1dB(A) ③ 88.3dB(A) ④ 89.4dB(A)

해설 송풍기 소음 $= 10\log(10^9 - 10^{8.5}) = 88.35\text{dB}$

04 소음계(Sound Level Meter)로 소음측정 시 A 및 C 특성으로 측정하였다. 만약 C특성으로 측정한 값이 A특성으로 측정한 값보다 훨씬 크다면 소음의 주파수 영역은 어떻게 추정이 되겠는가?

① 저주파수가 주성분이다. ② 중주파수가 주성분이다.
③ 고주파수가 주성분이다. ④ 중 및 고주파수가 주성분이다.

해설 ㉠ A특성 ≪ C특성 : 저주파 영역
㉡ A특성과 C특성이 비슷할 때는 고주파 영역이다.

05 소음노출량계로 측정한 노출량이 200%일 경우 8시간 시간가중평균(TWA)은 약 몇 dB인가? (단, 우리나라 소음의 노출기준을 적용한다.)

① 80dB ② 90dB ③ 95dB ④ 100dB

해설 $\text{TWA} = 90 + 16.61\log\frac{\text{D}}{100} = 90 + 16.61\log\frac{200}{100} = 95\text{dB}$

ANSWER | 01 ① 02 ① 03 ③ 04 ① 05 ③

기 사

01 1,000Hz에서의 음압레벨을 기준으로 하여 등청감곡선을 나타내는 단위로 사용되는 것은?

① mel ② bell ③ phon ④ sone

해설 1,000Hz에서의 음압레벨을 기준으로 하여 등청감곡선을 나타내는 단위는 phon이다.

02 다음 중 일반적으로 소음계에서 A특성치는 몇 phon의 등청감곡선과 비슷하게 주파수에 따른 반응을 보정하여 측정한 음압수준을 말하는가?

① 40 ② 70 ③ 100 ④ 140

해설 음압수준의 보정(특성보정치 기준 주파수 = 1,000Hz)

㉠ A특성치 : 40phon 등감곡선(인간의 청력 특성과 유사)
㉡ B특성치 : 70phon 등감곡선
㉢ C특성치 : 100phon 등감곡선
㉣ A특성치와 C특성치가 크면 저주파음이고 차가 작으면 고주파음이다.

03 경기도 K시의 한 작업장에서 소음을 측정한 결과 누적 노출량계로 3시간 측정한 값(Dose)이 50%이었을 때 측정시간 동안의 소음평균치는 약 몇 dB인가?

① 85 ② 88 ③ 90 ④ 92

해설 $\text{TWA} = 90 + 16.61\log\frac{D}{12.5T} = 90 + 16.61\log\frac{50}{12.5\times3} = 92\text{dB}$

04 작업장 소음수준을 누적소음노출량 측정기로 측정할 경우 기기설정으로 맞는 것은?

① Threshold = 80dB, Criteria = 90dB, Exchange Rate = 10dB
② Threshold = 90dB, Criteria = 80dB, Exchange Rate = 10dB
③ Threshold = 80dB, Criteria = 90dB, Exchange Rate = 5dB
④ Threshold = 90dB, Criteria = 80dB, Exchange Rate = 5dB

해설 누적소음노출량 측정기로 소음을 측정하는 경우에는 Criteria = 90dB, Exchange Rate = 5dB, Threshold = 80dB로 기기설정을 하여야 한다.

05 중심주파수가 8,000Hz인 경우, 하한주파수와 상한주파수로 가장 적절한 것은?(단, 1/1 옥타브 밴드 기준이다.)

① 5,150Hz, 10,300Hz ② 5,220Hz, 10,500Hz
③ 5,420Hz, 11,000Hz ④ 5,650Hz, 11,300HZ

해설 1/1 옥타브 밴드

$\frac{f_U}{f_L} = 2^{1/1}$, $f_U = 2f_L$, $f_C = \sqrt{f_U \times f_L} = \sqrt{2f_L \times f_l} = \sqrt{2}\,f_L$

㉠ $f_L = \frac{f_C}{\sqrt{2}} = \frac{8,000}{\sqrt{2}} = 5,656.85\text{Hz}$

㉡ $f_U = 2\times f_L = 2\times5,656.85 = 11,313.7\text{Hz}$

06 옥타브 밴드로 소음의 주파수를 분석하였다. 낮은 쪽의 주파수가 250Hz이고, 높은 쪽의 주파수가 2배인 경우 중심주파수는 약 몇 Hz인가?

① 250 ② 300 ③ 354 ④ 375

해설 $f_C = \sqrt{f_U \times f_L} = \sqrt{2f_L \times f_l} = \sqrt{2}\,f_L = \sqrt{2} \times 250 = 353.55\text{Hz}$

ANSWER | 01 ③ 02 ① 03 ④ 04 ③ 05 ④ 06 ③

THEMA 70 소음의 대책

1. 소음 대책

① 발생원 대책
- ㉠ 저소음형 기계 사용, 작업방법 및 기기 변경
- ㉡ 소음원 밀폐, 방음 커버 설치
- ㉢ 소음기 사용
- ㉣ 방진 및 제진(동적 흡진)
- ㉤ 기초중량의 부가 및 경감
- ㉥ 불평형력의 균형

② 전파 경로 대책
- ㉠ 건물 내벽 흡음처리
- ㉡ 지향성 변환(음원방향 변경)
- ㉢ 방음벽 및 차음벽 사용
- ㉣ 거리 감쇠

③ 수음자 대책
- ㉠ 청력보호구(귀마개, 귀덮개) 착용
- ㉡ 작업방법 개선

2. 흡음 대책

① 흡음과 소음감소(감음량, NR)

$$NR(dB) = 10\log\frac{A_2}{A_1}$$

여기서, A_1 : 흡음물질을 처리하기 전의 총 흡음량(Sabins)
A_2 : 흡음물질을 처리한 후의 총 흡음량(Sabins)

② 음의 잔향시간을 이용하는 방법

잔향시간은 음원을 끈 순간부터 음압수준이 60dB 감소되는 데 소요되는 시간인데, 일반적으로 기록지의 레벨 감쇠곡선 폭이 25dB 이상일 때 이를 산출한다.

$$T(sec) = 0.161\frac{V}{A}$$

여기서, V : 작업공간 부피(m^3)
A : 흡음력(sabin, m^2)

③ 평균흡음률

$$\bar{\alpha} = \frac{\sum A_i \cdot a_i}{\sum A_i} = \frac{A_1 \times \alpha_1 + \cdots + A_n \times \alpha_n}{A_1 + \cdots + A_n}$$

여기서, A_1, A_2, A_n : 실내 각 부분의 면적(m^2)

$\alpha_1, \alpha_2, \alpha_n$: 실내 각 부분의 흡음률

참고

잔향시간(반향시간)

① 음원을 끈 순간부터 음압수준이 60dB 감소되는 데 소요되는 시간(sec)이다.
② 작업장의 공간부피만 알면 흡음량을 추정할 수 있다.
③ 대상 실내의 평균흡음률을 측정할 수 있다.

3. 차음 대책

① 벽의 투과손실

$$\text{투과손실(TL)} = 10\log\left(\frac{1}{\tau}\right)[dB]$$

여기서, τ : 투과율

② 음파가 벽면에 수직 입사할 때의 투과손실

$$TL = 20\log(m \times f) - 43[dB]$$

③ 음파가 벽면에 난입사할 때의 투과손실

$$TL = 18\log(m \times f) - 44[dB]$$

여기서, m : 투과재료의 면적당 밀도(kg/m^2)

f : 주파수

연습문제

01 소음관리대책 중 소음발생원 대책과 가장 거리가 먼 것은?

① 소음발생기구에 방진고무 설치 ② 음원방향의 변경
③ 방음커버 설치 ④ 흡음덕트 설치

해설 발생원 대책
㉠ 저소음형 기계 사용, 작업방법 변경, 기기 변경
㉡ 소음원 밀폐, 방음 커버 설치
㉢ 소음기 사용
㉣ 방진 및 제진(동적 흡진)
㉤ 기초중량의 부가 및 경감
㉥ 불평형력의 균형

02 가로 15m, 세로 25m, 높이 3m인 작업장에 음의 잔향 시간을 측정해보니 0.238sec였을 때, 작업장의 총 흡음력을 30% 증가시키면 잔향시간은 약 몇 sec인가?

① 0.217 ② 0.196 ③ 0.183 ④ 0.157

해설 잔향시간(T) $= \dfrac{0.161V}{A}$

㉠ A(흡음력) $= \dfrac{0.161 \times (15 \times 25 \times 3)}{0.238} = 761.03\text{m}^2$

㉡ 잔향시간(T) $= \dfrac{0.161 \times (15 \times 25 \times 3)}{761.03 \times 1.3} = 0.183\text{sec}$

03 현재 총 흡음량이 1,200sabins인 작업장의 천장에 흡음물질을 첨가하여 2,800sabins을 더할 경우 예측되는 소음감소량(dB)은 약 얼마인가?

① 3.5 ② 4.2 ③ 4.8 ④ 5.2

해설 $\text{NR(dB)} = 10\log\dfrac{A_2}{A_1} = 10\log\dfrac{4,000}{1,200} = 5.23\text{dB}$

04 현재 총 흡음량이 500sabins인 작업장의 천장에 흡음물질을 첨가하여 900sabins을 더할 경우 소음감소량은 약 얼마로 예측되는가?

① 2.5dB ② 3.5dB ③ 4.5dB ④ 5.5dB

해설 $\text{NR(dB)} = 10\log\dfrac{A_2}{A_1} = 10\log\dfrac{1,400}{500} = 4.47\text{dB}$

05 작업장의 소음을 낮추기 위한 방안으로 천장과 벽에 흡음재를 처리하여 개선 전 총 흡음량 1,170sabins, 개선 후 2,950sabins이 되었다. 개선 전 소음 수준이 95dB이었다면 개선 후 소음 수준은?

① 93dB ② 91dB ③ 89dB ④ 87dB

해설 $NR(dB) = 10\log\frac{A_2}{A_1} = 10\log\frac{2,950}{1,170} = 4.06dB$

∴ 개선 후 소음 수준=95−4.06=90.94dB

06 가로 10m, 세로 7m, 높이 4m인 작업장의 흡음률이 (바닥은 0.1) 천장은 0.2, 벽은 0.15이다. 이 방의 평균 흡음률은 얼마인가?

① 0.10 ② 0.15 ③ 0.20 ④ 0.25

해설 평균 흡음률

$$\bar{\alpha} = \frac{A_1 \times \alpha_1 + \cdots + A_n \times \alpha_n}{A_1 + \cdots + A_n} = \frac{10\times7\times0.1 + 10\times7\times0.2 + 2\times10\times4\times0.15 + 2\times7\times4\times0.15}{2\times10\times7 + 2\times10\times4 + 2\times7\times4} = 0.15$$

07 소음의 흡음 평가 시 적용되는 반향시간(Reverberation Time)에 관한 설명으로 맞는 것은?

① 반향시간은 실내공간의 크기에 비례한다.
② 실내 흡음량을 증가시키면 반향시간도 증가한다.
③ 반향시간은 음압수준이 30dB 감소하는 데 소요되는 시간이다.
④ 반향시간을 측정하려면 실내 배경소음이 90dB 이상 되어야 한다.

해설 잔향시간(반향시간)

㉠ 음원을 끈 순간부터 음압수준이 60dB 감소되는 데 소요되는 시간(sec)이다.
㉡ 작업장의 공간부피만 알면 흡음량을 추정할 수 있다.
㉢ 대상 실내의 평균흡음률을 측정할 수 있다.

$$T(sec) = 0.161\frac{V}{A}$$

여기서, V : 작업공간 부피(m^3)
A : 흡음력(sabin, m^2)

08 차음재의 특성과 거리가 먼 것은?

① 상대적으로 고밀도이다.
② 기공이 많고 흡음재료로도 사용할 수 있다.
③ 음에너지를 감쇠시킨다.
④ 음의 투과를 저감하여 음을 억제시킨다.

해설 차음재의 특성

㉠ 상대적으로 고밀도이다.
㉡ 기공이 없으며, 흡음재료로 적당하지 않다.
㉢ 음에너지를 감쇠시킨다.
㉣ 음의 투과를 저감하여 음을 억제시킨다.

09 흡음재의 종류 중 다공질 재료에 해당되지 않는 것은?

① 암면 ② 펠트(felt) ③ 발포수지재료 ④ 석고보드

해설 흡음재료의 종류
㉠ 다공질 흡음재료 : 암면, 유리섬유, 유리솜, 발포수지재료(연속기포), 폴리우레탄폼
㉡ 판구조 흡음재료 : 석고보드, 합판, 알루미늄, 하드보드, 철판

10 일반소음의 차음효과는 벽체의 단위표면적에 대하여 벽체의 무게를 2배로 할 때와 주파수가 2배로 될 때 차음은 몇 dB 증가하는가?

① 2dB ② 6dB ③ 10dB ④ 15dB

해설 $TL = 20\log(m \cdot f) - 43dB = 20\log2 = 6.02dB$

ANSWER | 01 ② 02 ③ 03 ④ 04 ③ 05 ② 06 ② 07 ① 08 ② 09 ④ 10 ②

더 풀어보기

산업기사

01 일반적인 소음관리대책 중에서 소음원 대책에 해당하지 않는 것은?

① 차음, 흡음 ② 보호구 착용
③ 소음원의 밀폐와 격리 ④ 공정의 변경

해설 발생원 대책
㉠ 저소음형 기계 사용, 작업방법 및 기기 변경
㉡ 소음원 밀폐, 방음 커버 설치
㉢ 소음기 사용
㉣ 방진 및 제진(동적 흡진)
㉤ 기초중량의 부가 및 경감
㉥ 불평형력의 균형

02 가로 15m, 세로 25m, 높이 3m인 어느 작업장의 음의 잔향시간을 측정해 보니 0.238sec였다. 이 작업장의 총 흡음력(Sound Absorption)을 51.6%로 증가시키면 잔향시간은 몇 sec가 되겠는가?

① 0.157 ② 0.183 ③ 0.196 ④ 0.217

해설 $잔향시간(T) = \frac{0.161V}{A}$

㉠ $A(흡음력) = \frac{0.161 \times (15 \times 25 \times 3)}{0.238} = 761.03m^2$

㉡ $잔향시간(T) = \frac{0.161 \times (15 \times 25 \times 3)}{761.03 \times 1.516} = 0.157sec$

03 총흡음량이 1,000sabin인 작업장에 흡음시설을 강화하여 총 흡음량이 4,000sabin이 되었다. 소음감소(Noise Reduction)는 얼마가 되겠는가?

① 3dB ② 6dB ③ 9dB ④ 12dB

해설 $NR(dB) = 10\log\frac{A_2}{A_1} = 10\log\frac{4,000}{1,000} = 6.02dB$

04 현재 총 흡음량이 2,000sabins인 작업장의 천장에 흡음물질을 첨가하여 3,000sabins을 더할 경우 소음 감소는 어느 정도가 예측되겠는가?

① 4dB ② 6dB ③ 7dB ④ 10dB

해설 $NR(dB) = 10\log\frac{A_2}{A_1} = 10\log\frac{5,000}{2,000} = 3.98dB$

05 소음 작업장에서 소음 예방을 위한 전파 경로 대책으로 가장 거리가 먼 것은?

① 공장 건물 내벽의 흡음처리 ② 지향성 변환
③ 소음기(消音器) 설치 ④ 방음벽 설치

해설 전파 경로 대책
㉠ 건물 내벽 흡음처리
㉡ 지향성 변환(음원방향 변경)
㉢ 방음벽 및 차음벽 사용
㉣ 거리 감쇠

06 다음 중 잔향시간(Reverberation Time)에 관한 설명으로 옳은 것은?

① 소음원에서 발생하는 소음과 배경소음 간의 차이가 40dB인 경우에는 60dB만큼 소음이 감소하지 않기 때문에 잔향시간을 측정할 수 없다.
② 소음원에서 소음발생이 중지한 후 소음의 감소는 시간의 제곱에 반비례하여 감소한다.
③ 잔향시간은 소음이 닿는 면적을 계산하기 어려운 실외에서의 흡음량을 추정하기 위하여 주로 사용한다.
④ 잔향시간과 작업장의 공간부피만 알면 흡음량을 추정할 수 있다.

해설 잔향시간(반향시간)
㉠ 음원을 끈 순간부터 음압수준이 60dB 감소되는 데 소요되는 시간(sec)이다.
㉡ 작업장의 공간부피만 알면 흡음량을 추정할 수 있다.
㉢ 대상 실내의 평균흡음률을 측정할 수 있다.

$T(sec) = 0.161\frac{V}{A}$

여기서, V : 작업공간 부피(m^3)
A : 흡음력(sabin, m^2)

07 차음재의 특징으로 틀린 것은?

① 상대적으로 고밀도이다. ② 음 에너지를 감쇠시킨다.
③ 음의 투과를 저감하여 음을 억제시킨다. ④ 기공이 많아 흡음재료로도 사용한다.

해설 차음재의 특성
㉠ 상대적으로 고밀도이다.
㉡ 기공이 없으며, 흡음재료로 적당하지 않다.
㉢ 음에너지를 감쇠시킨다.
㉣ 음의 투과를 저감하여 음을 억제시킨다.

08 소음방지를 위한 흡음재료의 선택 및 사용상 주의사항으로 틀린 것은?

① 막진동이나 판진동형의 것은 도장 여부에 따라 흡음률의 차이가 크다.
② 실의 모서리나 가장자리 부분에 흡음제를 부착시키면 흡음효과가 좋아진다.
③ 다공질 재료는 산란되기 쉬우므로 표면을 얇은 직물로 피복하는 것이 바람직하다.
④ 흡음재료를 벽면에 부착할 때 한곳에 집중하는 것보다 전체 내벽에 분산하여 부착하는 것이 흡음력을 증가시킨다.

해설 막진동이나 판진동형의 것은 도장 여부에 따라 흡음률의 차이가 작다.

09 산업장 소음에 대한 차음효과는 벽체의 단위 표면적에 대하여 벽체의 무게를 2배로 할 때 마다 몇 dB씩 증가하는가?

① 2dB ② 3dB ③ 5dB ④ 6dB

해설 $TL = 20\log(m \cdot f) - 43dB$ 식에서 벽체의 무게와 관계있는 것은 m(면밀도)만 고려하면 된다.(주파수 동일)
$TL = 20\log 2 = 6.02dB$

ANSWER | 01 ② 02 ① 03 ② 04 ① 05 ③ 06 ④ 07 ④ 08 ① 09 ④

기 사

01 다음 중 소음 방지 대책으로 가장 효과적인 것은?

① 보호구의 사용 ② 소음관리규정 정비
③ 소음원의 제거 ④ 내벽에 흡음재료 부착

해설 소음 방지 대책 중 가장 효과적인 것은 소음원을 제거하는 것이다.

02 반향시간(Reverberation Time)에 관한 설명으로 맞는 것은?

① 반향시간과 작업장의 공간부피만 알면 흡음량을 추정할 수 있다.
② 소음원에서 소음발생이 중지한 후 소음의 감소는 시간의 제곱에 반비례하여 감소한다.

③ 반향시간은 소음이 닿는 면적을 계산하기 어려운 실외에서의 흡음량을 추정하기 위하여 주로 사용한다.

④ 소음원에서 발생하는 소음과 배경소음 간의 차이가 40dB인 경우에는 60dB만큼 소음이 감소하지 않기 때문에 반향시간을 측정할 수 없다.

해설 잔향시간(반향시간)

㉠ 음원을 끈 순간부터 음압수준이 60dB 감소되는 데 소요되는 시간(sec)이다.

㉡ 작업장의 공간부피만 알면 흡음량을 추정할 수 있다.

㉢ 대상 실내의 평균흡음률을 측정할 수 있다.

$$T\,(\mathrm{sec}) = 0.161\frac{V}{A}$$

여기서, V : 작업공간 부피(m^3)

A : 흡음력(sabin, m^2)

03 다음 중 실내 음향수준을 결정하는 데 필요한 요소가 아닌 것은?

① 밀폐 정도 ② 방의 색감

③ 방의 크기와 모양 ④ 벽이나 실내장치의 흡음도

해설 방의 색감은 실내 음향수준과 상관이 없다.

04 소음의 생리적 영향으로 볼 수 없는 것은?

① 혈압 감소 ② 맥박수 증가

③ 위분비액 감소 ④ 집중력 감소

해설 소음의 생리적 영향으로 혈압의 상승이 해당한다.

05 다음 중 소음 평가치의 단위로 가장 적절한 것은?

① phon ② NRN ③ NRR ④ Hz

해설 소음평가 단위의 종류

㉠ SIL : 회화방해레벨

㉡ PSIL : 우선회화방해레벨

㉢ NC : 실내소음평가척도

㉣ NRN : 소음평가지수

㉤ WECONL : 항공기소음평가량

06 소음발생의 대책으로 가장 먼저 고려해야 할 사항은?

① 소음원 밀폐 ② 차음보호구 착용

③ 소음전파 차단 ④ 소음 노출시간 단축

해설 소음발생의 대책으로 가장 먼저 고려해야 할 사항은 소음원 밀폐이다.

07 소음에 대한 대책으로 적절하지 않은 것은?

① 차음효과는 밀도가 큰 재질일수록 좋다.
② 흡음효과에 방해를 주지 않기 위해서, 다공질 재료 표면에 종이를 입혀서는 안 된다.
③ 흡음효과를 높이기 위해서는 흡음재를 실내의 틈이나 가장자리에 부착하는 것이 좋다.
④ 저주파 성분이 큰 공장이나 기계실 내에서는 다공질 재료에 의한 흡음처리가 효과적이다.

해설 다공질 재료에 의한 흡음효과는 고주파 성분이 효과적이다.

08 현재 총 흡음량이 1,000sabins인 작업장에 흡음을 보강하여 4,000sabins을 더할 경우, 총 소음감소는 약 얼마인가?(단, 소수 첫째 자리에서 반올림)

① 5dB ② 6dB ③ 7dB ④ 8dB

해설 $NR(dB) = 10\log\frac{A_2}{A_1} = 10\log\frac{5,000}{1,000} = 6.99dB$

09 현재 총 흡음량이 2,000sabins인 작업장의 천장에 흡음물질을 첨가하여 3,000sabins을 더할 경우 소음감소는 어느 정도가 예측되겠는가?

① 4dB ② 6dB ③ 7dB ④ 10dB

해설 $NR(dB) = 10\log\frac{A_2}{A_1} = 10\log\frac{5,000}{2,000} = 3.98dB$

10 다음 중 소음에 대한 작업환경측정 시 소음의 변동이 심하거나 소음수준이 다른 여러 작업장소를 이동하면서 작업하는 경우 소음의 노출평가에 가장 적합한 소음기는?

① 보통소음기 ② 주파수분석기
③ 지시소음기 ④ 누적소음노출량측정기

해설 누적소음노출량측정기
작업환경측정 시 소음의 변동이 심하거나 소음수준이 다른 여러 작업장소를 이동하면서 작업하는 경우 소음의 노출평가에 가장 적합한 소음기이다.

ANSWER | 01 ③ 02 ① 03 ② 04 ① 05 ② 06 ① 07 ④ 08 ③ 09 ① 10 ④

THEMA 71

진동

1. 진동

① 진동 : 물체의 전후 및 상하 운동으로 물체의 중심이 흔들리는 현상
② 진동의 강도 : 정상 정지위치로부터 최대변위
③ 최소 진동역치 : 55±5dB
④ 공명 : 발생한 진동에 맞추어 생체가 진동하는 성질(진동의 증폭)
⑤ 수직진동은 4~8Hz, 수평진동은 1~2Hz에서 가장 민감

2. 진동의 생체반응 관계 4인자

① 진동강도
② 진동수
③ 진동방향
④ 진동 노출시간

3. 진동의 물리적 성질

① 변위진폭 : 일정 시간 내에 도달하는 위치까지의 거리(m)

$$X = A_o \times \sin\omega t$$

여기서, A_o : 진폭, ω : 각주파수$(2\pi f)$

② 진동속도(V) : 변위의 시간 변화율, 변위진폭(거리)의 미분값

$$V(m/s) = A_o \times \omega \times \cos\omega t$$

③ 진동가속도(A) : 속도의 시간 변화율, 진동속도의 미분값

$$A(m/s^2)t = -A_o \times \omega^2 \times \sin\omega t$$

④ 진동가속도레벨(VAL)

$$VAL = 20\log\left(\frac{A_{rms}}{A_r}\right)$$

여기서, A_{rms} : 측정대상 진동의 가속도 실효치(m/sec²) $\left(\frac{A_m}{\sqrt{2}}\right)$

A_r : 10^{-5}(m/sec²), A_m : 진동가속도 진폭(m/sec²)

※ 수직진동은 4~8Hz 범위에서 가장 민감하고, 수평진동은 1~2Hz 범위에서 가장 민감하다.

4. 방진재료의 종류별 특성

종류	특성
금속스프링 (고유진동수 4Hz 이하)	• 환경요소(온도, 부식, 용해 등)에 대한 저항성이 크다. • 최대변위가 허용된다. • 저주파 차진에 좋다. • 뒤틀리거나 오므라들지 않는다. • 감쇠가 거의 없으며, 공진 시에 전달률이 매우 크다. • 고주파 진동 시에 단락된다. • 로킹이 일어나지 않도록 주의해야 한다.
방진고무 (고유진동수 4Hz 이상)	• 형상의 선택이 비교적 자유롭다. • 회전방향의 스프링정수를 광범위하게 선택할 수 있다. • 고무 자체의 내부마찰에 의해 저항을 얻을 수 있어 고주파 진동의 차진에 양호하다. • 내부마찰에 의해 열화된다. • 내유 및 내열성이 약하다. • 소형 또는 중형 기계에 주로 사용한다.
공기스프링 (고유진동수 1Hz 이하)	• 설계 시에 스프링높이 · 스프링정수를 각각 독립적으로 광범위하게 설정할 수 있다. • 자동제어가 가능하다. • 부하능력이 광범위하다. • 하중의 변화에 따라 고유진동수를 일정하게 유지할 수 있다. • 구조가 복잡하고 시설비가 많이 든다. • 압축기 등 부대시설이 필요하다. • 공기가 누출될 위험이 있다. • 사용진폭이 적은 것이 많아 별도의 댐퍼가 필요한 경우가 많다.

연습문제

01 사람이 느끼는 최소 진동역치는?

① 25±5dB ② 35±5dB ③ 45±5dB ④ 55±5dB

해설 사람이 느끼는 최소 진동역치는 55±5dB이다.

02 다음 중 진동에 의한 생체반응에 관계하는 주요 4인자와 가장 거리가 먼 것은?

① 방향 ② 노출시간 ③ 진동의 강도 ④ 개인감응도

해설 진동의 생체반응 관계 4인자
㉠ 진동강도
㉡ 진동수
㉢ 진동방향
㉣ 진동 노출시간

03 진동은 수직진동, 수평진동으로 나뉘는데 인간에게 민감하게 반응을 보이며 영향이 큰 진동수는 수직진동과 수평진동에서 각각 몇 Hz인가?

① 수직진동 : 4.0~8.0, 수평진동 : 2.0 이하
② 수직진동 : 2.0 이하, 수평진동 : 4.0~8.0
③ 수직진동 : 8.0~10.0, 수평진동 : 4.0 이하
④ 수직진동 : 4.0 이하, 수평진동 : 8.0~10.0

해설 수직진동은 4~8Hz, 수평진동은 1~2Hz에서 가장 민감하다.

04 전신진동이 인체에 미치는 영향이 가장 큰 진동의 주파수 범위는?

① 2~100Hz
② 140~250Hz
③ 275~500Hz
④ 4,000Hz 이상

해설 진동의 구분에 따른 주파수 범위
㉠ 전신진동 : 2~100Hz
㉡ 국소진동 : 8~1,500Hz

05 일반적으로 저주파 차진에 좋고 환경요소에 저항이 크나 감쇠가 거의 없고 공진 시에 전달률이 매우 큰 방진재료는?

① 금속스프링
② 방진고무
③ 공기스프링
④ 전단고무

해설 금속스프링
㉠ 최대변위가 허용된다.
㉡ 저주파 차진에 좋다.
㉢ 뒤틀리거나 오므라들지 않는다.
㉣ 감쇠가 거의 없으며, 공진 시에 전달률이 매우 크다.
㉤ 고주파 진동 시에 단락된다.
㉥ 로킹이 일어나지 않도록 주의해야 한다.
㉦ 환경요소(온도, 부식, 용해 등)에 대한 저항성이 크다.

06 방진재인 금속스프링의 특징이 아닌 것은?

① 공진 시에 전달률이 좋지 않다.
② 환경요소에 대한 저항이 크다.
③ 저주파 차진에 좋으며 감쇠가 거의 없다.
④ 다양한 형상으로 제작이 가능하며 내구성이 좋다.

해설 감쇠가 거의 없으며, 공진 시에 전달률이 매우 크다.

07 방진재인 공기스프링에 관한 설명으로 가장 거리가 먼 것은?

① 부하능력이 광범위하다.

② 구조가 복잡하고 시설비가 많다.

③ 사용진폭이 적어 별도의 Damper가 필요 없다.

④ 하중의 변화에 따라 고유진동수를 일정하게 운전할 수 있다.

해설 공기스프링

㉠ 설계 시에 스프링높이 · 스프링정수를 각각 독립적으로 광범위하게 설정할 수 있다.
㉡ 자동제어가 가능하다.
㉢ 부하능력이 광범위하다.
㉣ 하중의 변화에 따라 고유진동수를 일정하게 유지할 수 있다.
㉤ 구조가 복잡하고 시설비가 많이 든다.
㉥ 압축기 등 부대시설이 필요하다.
㉦ 공기가 누출될 위험이 있다.

08 다음 설명에 해당하는 진동방진재료는?

> 여러 가지 형태로 된 철물에 견고하게 부착할 수 있는 반면, 내구성, 내약품성이 약하고 공기 중의 오존에 의해 산화된다는 단점을 가지고 있다.

① 코르크 ② 금속스프링 ③ 방진고무 ④ 공기스프링

해설 방진고무

㉠ 형상의 선택이 비교적 자유롭다.
㉡ 회전방향의 스프링정수를 광범위하게 선택할 수 있다.
㉢ 고무 자체의 내부마찰에 의해 저항을 얻을 수 있어 고주파 진동의 차진에 양호하다.
㉣ 내부마찰에 의해 열화된다.
㉤ 내유 및 내열성이 약하다.
㉥ 소형 또는 중형 기계에 주로 사용한다.

09 방진재료에 관한 설명으로 틀린 것은?

① 방진고무는 고무 자체의 내부 마찰에 의해 저항을 얻을 수 있어 고주파 진동의 차진에 양호하다.

② 금속스프링은 감쇠가 거의 없으며 공진 시에 전달률이 매우 크다.

③ 공기스프링은 구조가 간단하고 자동제어가 가능하다.

④ Felt는 재질도 여러 가지이며 방진재료라기보다는 강체 간의 고체음 전파 억제에 사용한다.

해설 공기스프링은 구조가 복잡하고 시설비가 많이 들지만 자동제어가 가능하다.

ANSWER | 01 ④ 02 ④ 03 ① 04 ① 05 ① 06 ① 07 ③ 08 ③ 09 ③

더 풀어보기

산업기사

01 사람이 느끼는 최소 진동역치는?

① 55±5dB ② 65±5dB ③ 75±5dB ④ 85±5dB

해설 사람이 느끼는 최소 진동역치는 55±5dB이다.

02 전신진동 중 수직진동에 있어서 인체에 가장 큰 피해를 주는 진동수 범위는?

① 0~2Hz ② 4~8Hz ③ 18~52Hz ④ 52~76Hz

해설 수직진동은 4~8Hz, 수평진동은 1~2Hz에서 가장 민감하다.

03 다음 중 방진재료와 가장 거리가 먼 것은?

① 방진고무 ② 코르크
③ 강화된 유리섬유 ④ 펠트

해설 방진재료의 종류
㉠ 방진고무 ㉡ 코르크 ㉢ 펠트 ㉣ 금속스프링 ㉤ 공기스프링

04 재질이 일정하지 않고 균일하지 않아 정확한 설계가 곤란하며 처짐을 크게 할 수 없어 진동방지라기보다는 고체음의 전파방지에 유익한 방진재료는?

① 방진고무 ② 공기용수철
③ 코르크 ④ 금속코일용수철

해설 코르크
㉠ 재질이 일정하지 않고 균일하지 않아 정확한 설계가 곤란하다.
㉡ 처짐을 크게 할 수 없어 고유진동수가 10Hz 전후밖에 되지 않아 진동방지라기보다는 고체음의 전파방지에 유익한 방진재료이다.

05 방진재의 금속스프링에 관한 내용으로 틀린 것은?

① 뒤틀리거나 오므라들지 않는다. ② 최대변위가 허용된다.
③ 고주파 차진에 좋다. ④ 온도, 부식, 용해 등에 대한 저항성이 크다.

해설 금속스프링은 저주파 차진에 좋다.

06 일반적으로 저주파 차진에 좋고 환경요소에 저항이 크나 감쇠가 거의 없고 공진 시에 전달률이 매우 큰 방진재는?

① 금속스프링 ② 방진고무 ③ 공기스프링 ④ 전단고무

해설 금속스프링
㉠ 최대변위가 허용된다.
㉡ 저주파 차진에 좋다.
㉢ 뒤틀리거나 오므라들지 않는다.
㉣ 감쇠가 거의 없으며, 공진 시에 전달률이 매우 크다.
㉤ 고주파 진동 시에 단락된다.
㉥ 로킹이 일어나지 않도록 주의해야 한다.
㉦ 환경요소(온도, 부식, 용해 등)에 대한 저항성이 크다.

07 방진재인 공기스프링에 관한 설명으로 옳지 않은 것은?
① 부하능력이 광범위하다.
② 압축기 등의 부대시설이 필요하지 않다.
③ 구조가 복잡하고 시설비가 많다.
④ 사용진폭이 적은 것이 많아 별도의 댐퍼가 필요한 경우가 많다.

해설 공기스프링은 압축기 등의 부대시설이 필요하다.

08 방진재인 공기스프링에 관한 설명으로 옳지 않은 것은?
① 사용진폭의 범위가 넓어 별도의 댐퍼가 필요한 경우가 적다.
② 구조가 복잡하고 시설비가 많이 소요된다.
③ 자동제어가 가능하다.
④ 하중의 변화에 따라 고유진동수를 일정하게 유지할 수 있다.

해설 공기스프링은 사용진폭이 적은 것이 많아 별도의 댐퍼가 필요한 경우가 많다.

ANSWER | 01 ① 02 ② 03 ③ 04 ③ 05 ③ 06 ① 07 ② 08 ①

기 사

01 다음 중 진동에 의한 생체반응에 관계하는 4인자와 가장 거리가 먼 것은?
① 방향 ② 노출시간
③ 개인감응도 ④ 진동의 강도

해설 진동의 생체반응 관계 4인자
㉠ 진동강도 ㉡ 진동수 ㉢ 진동방향 ㉣ 진동 노출시간

02 다음 중 진동에 의한 생체반응에 관여하는 인자와 거리가 먼 것은?
① 진동의 강도 ② 노출시간
③ 진동방향 ④ 인체의 체표면적

03 일반적으로 전신진동에 의한 생체반응에 관여하는 인자로 거리가 먼 것은?

① 강도 ② 방향 ③ 온도 ④ 진동수

04 전신진동은 진동이 작용하는 축에 따라 인체에 영향을 미치는 주파수의 범위가 다르다. 각 축에 따른 주파수의 범위로 옳은 것은?

① 수직방향 : 4~8Hz, 수평방향 : 1~2Hz
② 수직방향 : 10~20Hz, 수평방향 : 4~8Hz
③ 수직방향 : 2~100Hz, 수평방향 : 8~1,500Hz
④ 수직방향 : 8~1,500Hz, 수평방향 : 50~100Hz

해설 수직진동은 4~8Hz, 수평진동은 1~2Hz에서 가장 민감하다.

05 소형 또는 중형 기계에 주로 많이 사용하며 적절한 방진설계를 하면 높은 효과를 얻을 수 있는 방진방법으로 다음 중 가장 적합한 것은?

① 공기스프링 ② 방진고무
③ 코르크 ④ 기초 개량

06 내부마찰로 적당한 저항력을 가지며, 설계 및 부착이 비교적 간결하고, 금속과도 견고하게 접착할 수 있는 방진재료는?

① 코르크 ② 펠트(Felt)
③ 방진고무 ④ 공기용수철

07 다음 중 방진고무에 관한 설명으로 틀린 것은?

① 내유 및 내열성이 약하다. ② 고주파 진동의 차진에 양호하다.
③ 공기 중의 오존에 의해 산화되기도 한다. ④ 고무 자체의 내부마찰로 저항이 감쇠된다.

해설 고무 자체의 내부마찰에 의해 저항을 얻을 수 있어 고주파 진동의 차진에 양호하다.

08 다음 중 재질이 일정하지 않으며 균일하지 않으므로 정확한 설계가 곤란하고 처짐을 크게 할 수 없으며 고유진동수가 10Hz 전후밖에 되지 않아 진동방지보다는 고체음의 전파방지에 유익한 방진재료는?

① 방진고무 ② Felt
③ 공기용수철 ④ 코르크

ANSWER | 01 ③ 02 ④ 03 ③ 04 ① 05 ② 06 ③ 07 ④ 08 ④

THEMA 72 진동의 영향

1. 전신진동의 영향

① 전신진동의 경우 4~12Hz에서 가장 민감해진다.

② 전신진동이 인체에 미치는 영향이 가장 큰 진동의 주파수 범위는 2~100Hz이다.

③ 수평 · 수직 진동이 동시에 가해지면 2배의 자각현상이 발생한다.

④ 공명주파수

㉠ 두부와 견부 : 20~30Hz

㉡ 안구 : 60~90Hz

㉢ 상체 : 5Hz

㉣ 가슴(흉부) : 60Hz

㉤ 내장 : 4kHz

⑤ 인체영향

안구 공진에 의한 시력 저하, 내장의 공진에 의한 위장의 영향, 순환기 장해, 말초신경 수축, 혈압 상승, 맥박 증가, 발한 및 피부저항의 저하, 산소소비량 증가, 폐환기 촉진 등

⑥ 신체의 공진현상은 앉아 있을 때가 서 있을 때보다 심하게 발생한다.

⑦ 1~3Hz에서는 호흡이 힘들고 산소 소비가 증가하며, 6Hz에서는 가슴, 등에 심한 통증이 발생한다.

⑧ 진동수 3Hz 이하이면 신체가 함께 움직여 멀미(Motion Sickness)와 같은 동요감을 느낀다.

⑨ 진동수 20~30Hz에서는 시력 및 청력 장애가 나타나기 시작한다.

⑩ 진동수 4~12Hz에서 압박감과 동통감을 받게 된다.

⑪ 국소진동은 산소소비량이 급감하여 대뇌 혈류에 영향을 미치며, 중추신경계 특히 내분비계통의 만성작용이 나타난다.

2. 전신진동 대책

① 발생원 대책

㉠ 진동원 제거

㉡ 저진동 기계 교체

㉢ 탄성지지

㉣ 가진력 감쇠

㉤ 기초 중량의 부가 및 경감

㉥ 동적 흡인

② 전파 경로 대책

㉠ 수진점 근방 방진구 설치(전파 경로 차단)

㉡ 진동원과의 거리 증가

ⓒ 측면 전파 방지
ⓔ 전파 경로에 대한 수용자의 위치 변경

③ 수진 측 대책
ⓐ 수진점의 기초 중량의 부가 및 경감
ⓑ 수진 측 탄성지지
ⓒ 수진 측 강성 변경
ⓔ 진동방지장갑 착용
ⓜ 수용자의 격리

3. 국소진동의 영향

① 국소진동의 경우 8~1,500Hz에서 가장 민감해진다.

② 레이노드 증후군(Raynaud's Disease) : 손가락의 말초혈관운동장애로 혈액순환장애가 나타나면서 손가락의 감각이 마비되고 창백해지며, 추운 환경에서 더욱 심해지는 현상으로 착암기 및 해머 등 공구사용작업 등이 원인이 된다. 특히 한랭작업조건에서 증상이 악화된다.

③ 대책
ⓐ 진동공구의 손잡이를 너무 세게 잡지 않도록 작업자에게 주의시킨다.
ⓑ 가능한 한 공구를 기계적으로 지지(支持) 해주어야 한다.
ⓒ 14℃ 이하의 옥외작업에서는 보온대책이 필요하다.
ⓔ 진동공구를 사용하는 작업은 1일 2시간을 초과하지 말아야 한다.
ⓜ 진동공구 사용 시 두꺼운 장갑을 착용한다.
ⓑ 여러 번 자주 휴식하는 것이 좋다.
ⓢ 진동공구에서의 진동 발생을 줄일 것 : Chain Saw의 설계를 Motor Driven Machine으로 바꾼다.
ⓞ 진동공구의 무게를 10kg 이상 초과하지 않게 한다.

연습문제

01 다음 중 인체 각 부위별로 공명현상이 일어나는 진동의 크기를 올바르게 나타낸 것은?

① 둔부 : 2~4Hz
② 안구 : 6~9Hz
③ 구간과 상체 : 10~20Hz
④ 두부와 견부 : 20~30Hz

해설 공명주파수
ⓐ 두부와 견부 : 20~30Hz
ⓑ 안구 : 60~90Hz
ⓒ 상체 : 5Hz
ⓔ 가슴(흉부) : 60Hz
ⓜ 내장 : 4kHz

02 다음 중 전신진동에 대한 설명으로 틀린 것은?

① 전신진동의 경우 4~12Hz에서 가장 민감해진다.
② 산소소비량은 전신진동으로 증가되고, 폐환기도 촉진된다.

③ 전신진동의 영향이나 장애는 자율신경 특히 순환기에 크게 나타난다.
④ 두부와 견부는 50~60Hz 진동에 공명하고, 안구는 10~20Hz 진동에 공명한다.

해설 두부와 견부는 20~30Hz 진동에 공명하고, 안구는 60~90Hz 진동에 공명한다.

03 다음 중 레이노 현상(Raynaud Phenomenon)의 주된 원인이 되는 것은?

① 소음 ② 진동 ③ 고온 ④ 기압

04 다음 중 국소진동으로 인한 장해를 예방하기 위한 작업자에 대한 대책으로 가장 적절하지 않은 것은?

① 작업자는 공구의 손잡이를 세게 잡고 있어야 한다.
② 14℃ 이하의 옥외작업에서는 보온대책이 필요하다.
③ 가능한 한 공구를 기계적으로 지지(支持) 해주어야 한다.
④ 진동공구를 사용하는 작업은 1일 2시간을 초과하지 말아야 한다.

해설 진동공구의 손잡이를 너무 세게 잡지 않도록 작업자에게 주의시킨다.

05 다음 중 진동에 대한 설명으로 틀린 것은?

① 전신진동에 대해 인체는 대략 $0.01m/s^2$에서 $10m/s^2$까지의 진동 가속도를 느낄 수 있다.
② 진동 시스템을 구성하는 3가지 요소는 질량(Mass), 탄성(Elasticity)과 댐핑(Damping)이다.
③ 심한 진동에 노출될 경우 일부 노출군에서 뼈, 관절 및 신경, 근육, 혈관 등 연부조직에 병변이 나타난다.
④ 간헐적인 노출시간(주당 1일)에 대해 노출 기준치를 초과하는 주파수-보정, 실효치, 성분가속도에 대한 급성노출은 반드시 더 유해하다.

해설 간헐적인 노출시간(주당 1일)에 대해 노출 기준치를 초과하는 주파수-보정, 실효치, 성분가속도에 대한 급성노출은 더 유해하지 않다.

06 진동에 의한 생체영향과 가장 거리가 먼 것은?

① C_5-dip 현상 ② Raynaud 현상 ③ 내분비계 장해 ④ 뼈 및 관절의 장해

해설 소음성 난청의 초기 증상을 C_5-dip 현상이라 한다.

07 다음 중 국소진동의 경우에 주로 문제가 되는 주파수 범위로 가장 알맞은 것은?

① 10~150Hz ② 10~300Hz ③ 8~500Hz ④ 8~1,500Hz

해설 진동의 구분에 따른 주파수 범위
㉠ 전신진동 : 2~100Hz
㉡ 국소진동 : 8~1,500Hz

08 다음 중 전신진동에 관한 설명으로 틀린 것은?

① 전신진동으로 산소 소비량 증가
② 전신진동은 2~100Hz까지가 주로 문제가 됨
③ 전신진동에 의해 안구, 내장 등이 공명됨
④ 혈압 및 맥박 상승으로 피부 전기저항 증가

해설 전신진동으로 혈압 및 맥박이 상승함에 따라 피부 전기저항은 감소한다.

09 진동에 관한 설명으로 틀린 것은?

① 진동의 주파수는 그 주기현상을 가리키는 것으로 단위는 Hz이다.
② 전신진동인 경우에는 8~1,500Hz, 국소진동의 경우에는 2~100Hz의 것이 주로 문제가 된다.
③ 진동의 크기를 나타내는 데는 변위, 속도, 가속도가 사용된다.
④ 공명은 외부에서 발생한 진동에 맞추어 생체가 진동하는 성질을 가리키며 실제로는 진동이 증폭된다.

해설 진동의 구분에 따른 주파수 범위
㉠ 전신진동 : 2~100Hz
㉡ 국소진동 : 8~1,500Hz

10 진동이 발생되는 작업장에서 근로자에게 노출되는 양을 줄이기 위한 관리대책 중 적절하지 못한 항목은?

① 진동전파 경로를 차단한다.
② 완충물 등 방진재료를 사용한다.
③ 공진을 확대시켜 진동을 최소화한다.
④ 작업시간의 단축 및 교대제를 실시한다.

해설 공진을 축소시켜 진동을 최소화한다.

11 진동 발생원에 대한 대책으로 가장 적극적인 방법은?

① 발생원의 격리 ② 보호구 착용 ③ 발생원의 제거 ④ 발생원의 재배치

해설 진동 발생원 대책 중 가장 적극적인 방법은 발생원 제거이다.

12 진동방지 대책 중 발생원에 관한 대책으로 가장 옳은 것은?

① 거리감쇠를 크게 한다.
② 수진 측에 탄성지지를 한다.
③ 수진점 근방에 방진구를 판다.
④ 기초 중량을 부가 및 경감한다.

해설 진동 발생원 대책
㉠ 진동원 제거
㉡ 저진동 기계 교체
㉢ 탄성지지
㉣ 가진력 감쇠
㉤ 기초 중량의 부가 및 경감
㉥ 동적 흡인

ANSWER | 01 ④ 02 ④ 03 ② 04 ① 05 ④ 06 ① 07 ④ 08 ④ 09 ② 10 ③ 11 ③ 12 ④

더 풀어보기

산업기사

01 전신진동에서 공명현상이 나타날 수 있는 고유진동수(Hz)가 가장 낮은 인체부위는?

① 안구 ② 흉강 ③ 골반 ④ 두개골

해설 공명주파수
㉠ 두부와 견부 : 20~30Hz
㉡ 안구 : 60~90Hz
㉢ 상체 : 5Hz
㉣ 가슴(흉부) : 60Hz
㉤ 내장 : 4kHz

02 국소진동에 의해 발생되는 레이노씨 현상(Raynaud's Phenomenon)에 대한 설명 중 틀린 것은?

① 압축공기를 이용한 진동공구를 사용하는 근로자들의 손가락에서 주로 발생한다.
② 손가락에 있는 말초혈관운동의 장해로 초래된다.
③ 수근골에서의 탈석회화 작용을 유발한다.
④ 추위에 노출되면 현상이 악화된다.

해설 레이노드 증후군(Raynaud's Disease)
손가락의 말초혈관운동장애로 혈액순환장애가 나타나면서 손가락의 감각이 마비되고 창백해지며, 추운 환경에서 더욱 심해지는 현상으로 착암기 및 해머 등 공구사용작업 등이 원인이 된다. 특히 한랭작업조건에서 증상이 악화된다.

03 국소진동의 경우에 주로 문제가 되는 주파수 범위로 가장 알맞은 것은?

① 1~8Hz ② 8~1,500Hz
③ 1,500~4,000Hz ④ 4,000~6,000Hz

해설 진동의 구분에 따른 주파수 범위
㉠ 전신진동 : 2~100Hz
㉡ 국소진동 : 8~1,500Hz

04 다음 중 전신진동 장해의 원인으로 가장 적절한 것은?

① 중장비 차량의 운전 ② 전기톱 작업
③ 착암기 작업 ④ 해머 작업

해설 전기톱, 착암기, 해머 작업은 국소진동의 대표적 작업이다.

05 전신진동 장해에 관한 내용으로 틀린 것은?

① 전신진동 노출 진동원은 교통기관, 중장비차량 등이다.
② 전신진동 노출 시에는 산소소비량과 폐환기량이 급감하여 특히 대뇌 혈류에 영향을 미친다.

③ 전신진동은 100Hz까지 문제이나 대개는 30Hz에서 문제가 되고 60~90Hz에서는 시력장해가 온다.

④ 외부진동의 진동수와 고유장기의 진동수가 일치하면 공명현상이 일어날 수 있다.

해설 ②는 국소진동장애에 관한 설명이다.

06 진동에 관한 설명으로 틀린 것은?

① 진동량은 변위, 속도, 가속도로 표현한다.

② 진동의 주파수는 그 주기현상을 가리키는 것으로 단위는 Hz이다.

③ 전신진동 노출 진동원은 주로 교통기관, 중장비차량, 큰 기계 등이다.

④ 전신진동인 경우에는 8~1,500Hz, 국소진동의 경우에는 2~100Hz의 것이 주로 문제가 된다.

해설 진동의 구분에 따른 주파수 범위
㉠ 전신진동 : 2~100Hz
㉡ 국소진동 : 8~1,500Hz

07 진동 대책에 관한 설명으로 알맞지 않은 것은?

① 체인톱과 같이 발동기가 부착되어 있는 것을 전동기로 바꿈으로써 진동을 줄일 수 있다.

② 공구로부터 나오는 바람이 손에 접촉하도록 하여 보온을 유지하도록 한다.

③ 진동공구의 손잡이를 너무 세게 잡지 말도록 작업자에게 주의시킨다.

④ 진동공구는 가능한 한 공구를 기계적으로 지지(支持)하여 주어야 한다.

해설 공구로부터 나오는 바람이 손에 접촉하지 않도록 하여 따뜻하게 체온을 유지해 준다.

08 방진대책 중 발생원 대책으로 옳지 않은 것은?

① 가진력 증가　　② 기초 중량의 부가 및 경감

③ 탄성지지　　④ 동적 흡진

해설 발생원 대책
㉠ 진동원 제거
㉡ 저진동 기계 교체
㉢ 탄성지지
㉣ 가진력 감쇠
㉤ 기초 중량의 부가 및 경감
㉥ 동적 흡인

09 진동방지 대책 중 발생원 대책으로 가장 옳은 것은?

① 수진점 근방의 방진구　　② 수진 측의 탄성지지

③ 기초 중량의 부가 및 경감　　④ 거리감쇠

10 방진대책 중 전파 경로 대책에 해당하는 것은?

① 수진점의 기초 중량의 부가 및 경감　② 수진 측의 탄성지지
③ 수진 측의 강성 변경　④ 수진점 근방의 방진구

해설 전파 경로 대책
㉠ 수진점 근방 방진구 설치(전파 경로 차단)
㉡ 진동원과의 거리 증가
㉢ 측면 전파 방지
㉣ 전파 경로에 대한 수용자의 위치 변경

ANSWER | 01 ③ 02 ③ 03 ② 04 ① 05 ② 06 ④ 07 ② 08 ① 09 ③ 10 ④

기 사

01 다음 중 인체 각 부위별로 공명현상이 일어나는 진동의 크기를 올바르게 나타낸 것은?

① 안구 : 60~90Hz　② 구간과 상체 : 10~20Hz
③ 두부와 견부 : 80~90Hz　④ 둔부 : 2~4Hz

해설 공명주파수
㉠ 두부와 견부 : 20~30Hz
㉡ 안구 : 60~90Hz
㉢ 상체 : 5Hz
㉣ 가슴(흉부) : 60Hz
㉤ 내장 : 4kHz

02 다음 중 레이노 현상과 관련이 있는 것은?

① 진동　② 고온　③ 소음　④ 전리방사선

03 다음 중 레이노드 현상(Raynaud's Phenomenon)과 관련이 적은 용어는?

① 혈액순환장애　② 국소진동　③ 방사선　④ 저온환경

04 레이노(Raynaud) 증후군의 발생 가능성이 가장 큰 작업은?

① 인쇄작업　② 용접작업
③ 보일러 수리 및 가동　④ 공기 해머(Hammer) 작업

해설 그라인더 등의 손공구를 저온환경에서 사용할 때에 레이노 현상이 일어날 수 있다.

05 국소진동에 의하여 손가락의 창백, 청색증, 저림, 냉감, 동통이 나타나는 장해를 무엇이라 하는가?

① 레이노드 증후군　② 수근관통증 증후군
③ 브라운세커드 증후군　④ 스티브블래스 증후군

06 다음 중 진동에 대한 설명으로 틀린 것은?

① 전신진동에 노출 시 산소소비량과 폐환기량이 감소한다.
② 60~90Hz 정도에서는 안구의 공명현상으로 시력장해가 온다.
③ 수직과 수평진동이 동시에 가해지면 2배의 자각현상이 나타난다.
④ 전신진동의 경우 3Hz 이하에서는 급성적 증상으로 상복부의 통증과 팽만감 및 구토 등이 있을 수 있다.

해설 산소소비량은 전신진동으로 증가되고 폐환기도 촉진시킨다.

07 다음 중 진동의 생체작용에 관한 설명으로 틀린 것은?

① 전신진동의 영향이나 장애는 자율신경, 특히 순환기에 크게 나타난다.
② 산소소비량은 전신진동으로 증가되고, 폐환기도 촉진된다.
③ 위장장애, 내장하수증, 척추 이상 등은 국소진동의 영향으로 인한 비교적 특징적인 장애이다.
④ 그라인더 등의 손공구를 저온환경에서 사용할 때에 Raynaud 현상이 일어날 수 있다.

해설 위장장애, 내장하수증, 척추 이상 등은 전신진동의 영향으로 인한 비교적 특징적인 장애이다.

08 다음 중 전신진동의 대책과 가장 거리가 먼 것은?

① 숙련자 지정 ② 전파 경로 차단
③ 보건교육 실시 ④ 작업시간 단축

해설 숙련자나 비숙련자 모두 동일하게 전신진동의 영향을 받는다.

09 전신진동에 의한 건강장해의 설명으로 틀린 것은?

① 진동수 4~12Hz에서 압박감과 동통감을 받게 된다.
② 진동수 60~90Hz에서는 두개골이 공명하기 시작하여 안구가 공명한다.
③ 진동수 20~30Hz에서는 시력 및 청력 장애가 나타나기 시작한다.
④ 진동수 3Hz 이하이면 신체가 함께 움직여 Motion Sickness와 같은 동요감을 느낀다.

해설 진동수 60~90Hz에서는 안구가 공명한다.

10 다음 중 전신진동이 생체에 주는 영향에 관한 설명으로 틀린 것은?

① 전신진동의 영향이나 장해는 중추신경계 특히 내분비계통의 만성작용에 관해 잘 알려져 있다.
② 말초혈관이 수축되고 혈압상승, 맥박증가를 보이며 피부 전기저항의 저하도 나타낸다.
③ 산소소비량은 전신진동으로 증가되고 폐환기도 촉진된다.
④ 두부와 견부는 20~30Hz 진동에 공명하며, 안구는 60~90Hz 진동에 공명한다.

해설 국소진동은 산소소비량이 급감하여 대뇌 혈류에 영향을 미치며, 중추신경계 특히 내분비계통의 만성작용이 나타난다.

11 전신진동 노출에 따른 건강장애에 대한 설명으로 틀린 것은?

① 평형감각에 영향을 줌
② 산소소비량과 폐환기량 증가
③ 작업수행 능력과 집중력 저하
④ 레이노드 증후군(Raynaud's Phenomenon) 유발

해설 레이노드 증후군(Raynaud's Phenomenon)은 국소진동의 영향이다.

12 다음 중 진동에 의한 장해를 최소화시키는 방법과 거리가 먼 것은?

① 진동의 발생원을 격리시킨다.
② 진동의 노출시간을 최소화시킨다.
③ 훈련을 통하여 신체의 적응력을 향상시킨다.
④ 진동을 최소화하기 위하여 공학적으로 설계 및 관리한다.

해설 훈련을 통하여 신체의 적응력을 향상시켜도 진동에 의한 장해를 최소화 할 수 없다.

13 다음 중 전신진동이 인체에 미치는 영향으로 볼 수 없는 것은?

① 레이노 현상이 일어난다.
② 말초혈관이 수축되고, 혈압이 상승한다.
③ 자율신경, 특히 순환기에 크게 나타난다.
④ 맥박이 증가하고 피부의 전기저항도 일어난다.

해설 레이노 현상은 국소진동의 영향이다.

14 전신진동에 관한 설명으로 틀린 것은?

① 말초혈관이 수축되고, 혈압상승과 맥박증가를 보인다.
② 산소소비량은 전신진동으로 증가되고, 폐환기도 촉진된다.
③ 전신진동의 영향이나 장애는 자율신경 특히 순환기에 크게 나타난다.
④ 두부와 견부는 50~60Hz 진동에 공명하고, 안구는 10~20Hz 진동에 공명한다.

해설 두부와 견부는 20~30Hz 진동에 공명하고, 안구는 60~90Hz 진동에 공명한다.

ANSWER | 01 ① 02 ① 03 ③ 04 ④ 05 ① 06 ① 07 ③ 08 ① 09 ② 10 ①
11 ④ 12 ③ 13 ① 14 ④

THEMA 73 전리방사선의 종류

1. 방사선의 정의

방사선이란 에너지 준위가 높아 불안정한 물질이 안정한 물질로 되기 위해 발산하는 에너지의 흐름을 말한다. 산업안전보건법의 전자파나 입자선 중 직접적 또는 간접적으로 공기를 이온화하는 능력을 가진 전리방사선(알파선, 중양자선, 양자선, 베타선)과 비전리방사선(자외선, 가시광선, 적외선, 마이크로파, 라디오파, 초저주파, 극저주파)으로 구분한다.

2. 전리방사선과 비전리방사선의 구분

① 전리방사선과 비전리방사선의 광자에너지 경계 : 12eV

② 구분 인자 : 이온화 성질, 파장, 주파수

③ 원자력 산업 등 내부피복장해 위험 핵종 : ^{3}H, ^{54}Mn, ^{59}Fe

이온생성 능력 여부에 따른 분류	전리방사선	알파선, 베타선, 감마선, 엑스선, 중성자선 등
	비전리방사선	음파, 전파, 적외선, 자외선, 가시광선 등
형태에 따른 분류	입자방사선	알파선, 베타선, 중성자선 등
	전자파방사선	감마선, 엑스선, 자외선, 전파 등

3. 전리방사선의 종류

① 전자기방사선 : γ선, X선

② 입자방사선 : α선, β선, 중성자선

4. 전리방사선의 종류별 특징

① X선의 특징

㉠ 에너지는 파장에 반비례하여 에너지가 클수록 파장이 짧아짐

㉡ γ선과 같은 전자기방사선으로 뢴트겐선이라고도 함

② γ선의 특징

㉠ 원자핵 전환 또는 원자핵 붕괴에 따라 발생하는 자연발생적인 전리방사선

㉡ 전리방사선 중 투과력이 가장 커서 외부조사 시 문제가 됨

㉢ X선과 같은 전자기방사선(α선, β선 : 입자방사선)

③ α선의 특징

㉠ 방사선 동위원소 붕괴과정 중 원자핵에서 방출되는 입자

㉡ 헬륨원자의 핵과 같이 두 개의 양자와 두 개의 중성자로 구성

㉢ 전리방사선 중 전리작용이 가장 큼
㉣ 흡입, 섭취하는 경우 내부조사로 큰 위해작용 발생
㉤ 질량과 하전 여부에 따라서 위험성 결정
㉥ 외부조사보다 체내 흡입 및 섭취로 인한 내부조사의 피해가 가장 큰 전리방사선

④ β선의 특징
㉠ 방사선 동위원소 붕괴과정 중 원자핵에서 방출되는 음전하 입자
㉡ α입자보다 가볍고 속도는 10배 빠르므로 충돌할 때마다 방향을 바꿈
㉢ 외부조사보다 내부조사가 큰 건강상 문제 유발

종류	형태	방사선원	RBE	피해부위
α선	고속도의 He핵(입자)	방사선 원자핵	10	내부폭로
β선	고속도의 전자(입자)	방사선 원자핵	1	내부폭로
γ선	전자파(광자선)	방사선 원자핵	1	외부폭로
X선	전자파(광자선)	X선관	1	외부폭로
중성자선	중성입자(입자)	핵분열 및 핵변환 반응	10	외부폭로

참고

RBE(Relative Biological Effectiveness)
① 상대적 생물학적 효과 비, rad를 기준으로 방사선효과를 상대적으로 나타낸 것
② rem = rad × RBE 진동수 = 3.0×10^{11}Hz 이하

5. 전리방사선이 인체에 미치는 영향

① 투과력 순서 : 중성자선 > γ선 · X선 > β선 > α선
② 전리작용 순서 : α선 > β선 > γ선 · X선
③ 방사능 물질이 인체에 침투하였을 경우 α입자가 가장 위험하나 실제 보건상의 문제는 투과력이기 때문에 X(γ)선에 의한 피폭이 더 위험

연습문제

01 전자파 방사선은 보통 진동수나 파장에 따라 전리방사선과 비전리방사선으로 분류한다. 다음 중 전리방사선에 해당되는 것은?

① 자외선　② 마이크로파　③ 라디오파　④ X선

해설 전리방사선의 종류
㉠ 전자기방사선 : γ선, X선
㉡ 입자방사선 : α선, β선, 중성자선

02 방사선은 전리방사선과 비전리방사선으로 구분된다. 전리방사선은 생체에 대하여 파괴적으로 작용하므로 엄격한 허용기준이 제정되어 있다. 전리방사선으로만 짝지어진 것은?

① α선, 중성자선, X선　② β선, 레이저, 자외선
③ α선, 라디오파, X선　④ β선, 중성자선, 극저주파

03 이온화 방사선 중 입자방사선으로만 나열된 것은?

① α선, β선, γ선　② α선, β선, X선
③ α선, β선, 중성자선　④ α선, β선, γ선, 중성자선

해설 입자방사선 : α선, β선, 중성자선

04 다음 설명에 해당하는 전리방사선의 종류는?

- 원자핵에서 방출되는 입자로서 헬륨원자의 핵과 같은 두 개의 양자와 두 개의 중성자로 구성되어 있다.
- 질량과 하전 여부에 따라서 그 위험성이 결정된다.
- 투과력은 가장 약하나 전리작용은 가장 강하다.

① X선　② γ선　③ α선　④ β선

해설 α선의 특징
㉠ 방사선 동위원소 붕괴과정 중 원자핵에서 방출되는 입자
㉡ 헬륨원자의 핵과 같이 두 개의 양자와 두 개의 중성자로 구성
㉢ 전리방사선 중 전리작용이 가장 큼
㉣ 흡입, 섭취하는 경우 내부조사로 큰 위해작용 발생
㉤ 질량과 하전 여부에 따라서 위험성 결정
㉥ 외부조사보다 체내 흡입 및 섭취로 인한 내부조사의 피해가 가장 큼

05 전리방사선에 관한 설명으로 틀린 것은?

① α선은 투과력은 약하나, 전리작용은 강하다.
② β입자는 핵에서 방출되는 양자의 흐름이다.

③ γ선은 원자핵 전환에 따라 방출되는 자연 발생적인 전자파이다.
④ 양자는 조직 전리작용이 있으며 비정(飛程)거리는 같은 에너지의 α입자보다 길다.

해설 β선의 특징
㉠ 방사선 동위원소 붕괴과정 중 원자핵에서 방출되는 음전하 입자
㉡ α입자보다 가볍고 속도는 10배 빠르므로 충돌할 때마다 방향을 바꿈
㉢ 외부조사보다 내부조사가 큰 건강상 문제 유발

06 다음 중 피부 투과력이 가장 큰 것은?

① α선 ② β선 ③ X선 ④ 레이저

해설 ㉠ 투과력 순서 : 중성자선>γ선 · X선>β선>α선
㉡ 전리작용 순서 : α선>β선>γ선 · X선

ANSWER | 01 ④ 02 ① 03 ③ 04 ③ 05 ② 06 ③

더 풀어보기

산업기사

01 다음 중 전자기 전리방사선은?

① α(알파)선
② β(베타)선
③ γ(감마)선
④ 중성자선

해설 전자기방사선 : γ선, X선

02 다음 중 전리방사선에 속하는 것은?

① 가시광선
② X선
③ 적외선
④ 라디오파

해설 전리방사선의 종류
㉠ 전자기방사선 : γ선, X선
㉡ 입자방사선 : α선, β선, 중성자선

03 전리방사선은 생체에 대하여 파괴적으로 작용하므로 엄격한 허용기준이 제정되어 있다. 전리방사선으로만 짝지어진 것은?

① α선, 중성자선, X선
② β선, 레이저, 자외선
③ α선, 라디오파, X선
④ β선, 중성자선, 극저주파

04 전리방사선 알파(α)선에 관한 설명으로 틀린 것은?

① 선원(major source) : 방사선 원자핵　② 투과력 : 매우 쉽게 투과
③ 상대적 생물학적 효과 : 10　④ 형태 : 고속의 He(입자)

해설 전리방사선

종류	형태	방사선원	RBE	피해부위
α선	고속도의 He핵(입자)	방사선 원자핵	10	내부폭로
β선	고속도의 전자(입자)	방사선 원자핵	1	내부폭로
γ선	전자파(광자선)	방사선 원자핵	1	외부폭로
X선	전자파(광자선)	X선관	1	외부폭로
중성자선	중성입자(입자)	핵분열 및 핵변환 반응	10	외부폭로

05 전리방사선의 특성을 잘못 설명한 것은?

① X선은 전자를 가속하는 장치로부터 얻어지는 인공적인 전자파이다.
② α입자는 투과력은 약하나, 전리작용은 강하다.
③ β입자는 α입자에 비하여 무거워 충돌에 따른 영향이 크다.
④ 중성자는 α입자, β입자보다 투과력이 강하다.

해설 β입자는 α입자보다 가볍고 속도는 10배 빠르므로 충돌할 때마다 방향을 바꾼다.

06 다음 전리방사선의 종류 중 투과력이 가장 강한 것은?

① X선　② 중성자선　③ 알파선　④ 감마선

해설 ㉠ 투과력 순서 : 중성자선 > γ선 · X선 > β선 > α선
㉡ 전리작용 순서 : α선 > β선 > γ선 · X선

ANSWER | 01 ③　02 ②　03 ①　04 ②　05 ③　06 ②

기 사

01 다음 중 전리방사선이 아닌 것은?

① γ선　② 중성자선　③ 레이저　④ β선

해설 전리방사선의 종류
㉠ 전자기방사선 : γ선, X선
㉡ 입자방사선 : α선, β선, 중성자선

02 전리방사선 중 α입자의 성질을 가장 잘 설명한 것은?

① 전리작용이 약하다.
② 투과력이 가장 강하다.
③ 전자핵에서 방출되며 양자 1개를 가진다.
④ 외부조사로 건강상의 위해가 오는 일은 드물다.

해설 α선의 특징
㉠ 방사선 동위원소 붕괴과정 중 원자핵에서 방출되는 입자
㉡ 헬륨원자의 핵과 같이 두 개의 양자와 두 개의 중성자로 구성
㉢ 전리방사선 중 전리작용이 가장 큼
㉣ 흡입, 섭취하는 경우 내부조사로 큰 위해작용 발생
㉤ 질량과 하전 여부에 따라서 위험성 결정
㉥ 외부조사보다 체내 흡입 및 섭취로 인한 내부조사의 피해가 가장 큼

03 다음 중 외부조사보다 체내 흡입 및 섭취로 인한 내부조사의 피해가 가장 큰 전리방사선의 종류는?

① α선 ② β선 ③ γ선 ④ X선

04 다음 중 전리방사선에 관한 설명으로 틀린 것은?

① α선은 투과력은 약하나, 전리작용은 강하다.
② β입자는 핵에서 방출하는 양자의 흐름이다.
③ γ선은 X선과 동일한 특성을 가지는 전자파 전리방사선이다.
④ 양자는 조직 전리작용이 있으며 비정(飛程)거리는 같은 에너지의 α입자보다 길다.

해설 β입자는 방사선 동위원소 붕괴과정 중 원자핵에서 방출되는 음전하 입자이다.

05 다음 중 전리방사선에 관한 설명으로 틀린 것은?

① β입자는 핵에서 방출되면 양전하로 하전되어 있다.
② 중성자는 하전되어 있지 않으며 수소동위원소를 제외한 모든 원자핵에 존재한다.
③ X선의 에너지는 파장에 역비례하여 에너지가 클수록 파장은 짧아진다.
④ α입자는 핵에서 방출되는 입자로서 헬륨 원자의 핵과 같이 두 개의 양자와 두 개의 중성자로 구성되어 있다.

06 전리방사선을 인체 투과력이 큰 것에서부터 작은 순서대로 나열한 것은?

① γ선 > β선 > α선 ② β선 > γ선 > α선
③ β선 > α선 > γ선 ④ α선 > β선 > γ선

해설 전리방사선의 투과력 순서
중성자선 > γ선(X선) > β선 > α선

07 다음의 전리방사선의 종류 중 투과력이 가장 강한 것은?

① 알파선 ② 감마선 ③ X선 ④ 중성자선

08 X선과 동일한 특성을 가지는 전자파 전리방사선으로 원자의 핵에서 발생되고 깊은 투과성 때문에 외부노출에 의한 문제점이 지적되고 있는 것은?

① 중성자선 ② 알파(α)선 ③ 베타(β)선 ④ 감마(γ)선

해설 감마(γ)선

㉠ X선과 동일한 특성을 가지는 전자파 전리방사선이다.
㉡ 원자핵 붕괴에 따라 방출하는 자연발생적 전자파이다.
㉢ 전리방사선 중 투과력이 가장 강하다.

ANSWER | 01 ③ 02 ④ 03 ① 04 ② 05 ① 06 ① 07 ④ 08 ④

THEMA 74 전리방사선의 물리적 특성

1. 전리방사선의 물리적 특성

구분		SI 단위	일반 단위	환산	비고
방사능 단위		베크렐(Bq) : 1초에 원자 1개의 변환	퀴리(Ci) : 1초에 원자 3.7×10^{10}개 붕괴	$1Bq = 2.7 \times 10^{-11}Ci$	방사능 물질
방사선량 단위	조사선량	쿨롱/킬로그램(C/kg) : 공기 1kg 중에 1쿨롱의 이온을 만드는 γ(X)선의 양	뢴트겐(R) : 공기 1kg 중에 2.58×10^{-4} 쿨롱의 에너지를 생성하는 선량	$1R = 2.58 \times 10^{-4}C/kg$ $1C/kg = 3.88 \times 10^{3}R$	X선, γ선만 해당
	흡수선량	그레이(Gy) : 1kg당 1J의 에너지 흡수	라드(rad) : 피조사체 1g에 대하여 100erg 에너지 흡수	1rad = 100erg/gram 1Gy = 100rad	모든 방사선
	등가선량	시버트(Sv, 생체실효선량) = 흡수선량(Gy) × 방사선 가중치	렘(rem) = 흡수선량(rad) × 방사선 가중치	1rem = 0.01Sv 1Sv = 100rem	가중치 • X(γ)선, β입자 : 1 • α 입자 : 10

참고

① 조사선량 : 주로 방사선의 강도를 표현하기 위해 사용되는 양으로 공기 단위질량당 흡수되는 방사선의 에너지로 나타낸다. 투과력이 강한 γ선 및 X선에 대해서 사용한다.

② 흡수선량 : 방사선이 피폭하는 물질에 흡수되는 단위질량당 에너지양을 말한다. 모든 종류의 이온화 방사선에 의한 외부노출, 내부노출 등 모든 경우에 적용한다.

③ 등가선량 : 인체의 조직 및 기관이 방사선에 노출되었을 때, 같은 흡수선량이라 하더라도 방사선의 종류에 따라서 인체가 받는 영향의 정도가 다른 것을 고려한 것으로, 방사선에 노출된 조직 및 기관의 평균 흡수선량에 방사선 가중계수를 곱하여 구한 값이다.

2. 전리방사선이 영향을 미치는 부위

① 방사선에 감수성이 큰 조직(순서대로)

㉠ 골수, 임파구, 임파선, 흉선 및 림프조직

㉡ 눈의 수정체

㉢ 성선(고환 및 난소), 타액선, 피부 등 상피세포

㉣ 혈관, 복막 등 내피세포

㉤ 결합조직과 지방조직

㉥ 뼈 및 근육조직
㉦ 폐, 위장관, 뼈 등 내장기관 조직
㉧ 신경조직

② 감수성이 큰 신체조직
㉠ 세포의 증식력이 클수록
㉡ 재생기전이 왕성할수록
㉢ 세포핵 분열이 영속적일수록
㉣ 형태와 기능이 미완성일수록

③ 생체 구성성분 손상단계
㉠ 분자수준 손상
㉡ 세포수준 손상
㉢ 조직 및 기관수준 손상
㉣ 발암현상

연습문제

01 방사선 용어 중 조직(또는 물질)의 단위질량당 흡수된 에너지를 나타낸 것은?

① 등가선량 ② 흡수선량
③ 유효선량 ④ 노출선량

해설 흡수선량
방사선이 피폭하는 물질에 흡수되는 단위질량당 에너지양을 말한다.

02 다음 방사선의 단위 중 1Gy에 해당되는 것은?

① 10^2erg/g ② 0.1Ci ③ 1,000rem ④ 100rad

해설 1Gy=100rad, 1rad=10^2erg/g

03 단위시간에 일어나는 방사선 붕괴율을 나타내며, 초당 3.7×10^{10}개의 원자붕괴가 일어나는 방사능 물질의 양으로 정의되는 것은?

① R ② Ci ③ Gy ④ Sv

해설 1퀴리(Ci)는 1초에 3.7×10^{10}개의 원자붕괴가 일어나는 방사능 물질의 양을 말한다.

04 다음 중 방사선단위 "rem"에 대한 설명과 가장 거리가 먼 것은?

① 생체실효선량(Dose－equivalent)이다.
② rem은 Roentgen Equivalent Man의 머리글자이다.
③ rem＝rad×RBE(상대적 생물학적 효과)로 나타낸다.
④ 피조사체 1g에 100erg의 에너지를 흡수한다는 의미이다.

해설 피조사체 1g에 100erg의 에너지가 흡수되는 단위는 라드(rad)이다.

05 방사선량 중 흡수선량에 관한 설명과 가장 거리가 먼 것은?

① 공기가 방사선에 의해 이온화되는 것에 기초를 둔다.
② 모든 종류의 이온화 방사선에 의한 외부노출, 내부노출 등 모든 경우에 적용한다.
③ 관용단위는 rad(피조사체 1g에 대하여 100erg의 에너지가 흡수되는 것)이다.
④ 조직(또는 물질)의 단위질량당 흡수된 에너지이다.

해설 흡수선량

㉠ 방사선이 피폭하는 물질에 흡수되는 단위질량당 에너지양을 말한다.
㉡ 모든 종류의 이온화 방사선에 의한 외부노출, 내부노출 등 모든 경우에 적용한다.
㉢ 그레이(Gy), 라드(rad) 단위를 이용한다.

06 뢴트겐(R) 단위(1R)의 정의로 옳은 것은?

① 2.58×10^{-4}C/kg
② 4.58×10^{-4}C/kg
③ 2.58×10^{4}C/kg
④ 4.58×10^{4}C/kg

해설 뢴트겐(R)

㉠ 공기 1kg 중에 쿨롱의 에너지를 생성하는 선량을 나타내는 조사선량의 단위이다.
㉡ 공기 중 생성되는 이온의 양으로 정의한다.
㉢ 1R＝2.58×10^{-4}C/kg
㉣ X선을 공기 1cm^{3}에 조사해서 발생한 ion에 의하여 1정전 단위의 전기량이 운반되는 선량을 1로 나타내는 단위이다.(표준상태 기준)

07 방사선량인 흡수선량에 관한 내용으로 틀린 것은?

① 관용단위 : rad(피조사체 1g에 대하여 100erq의 에너지가 흡수되는 것)
② 개념 : 조직(또는 물질)의 단위질량당 흡수된 에너지
③ 적용 : 방사선이 물질과 상호작용한 결과, 그 물질의 단위질량에 흡수된 에너지를 의미
④ SI 단위 : Ci(1초 동안 흡수된 쿨롱 전기량)

해설 흡수선량의 SI 단위는 그레이(Gy)로 1kg당 1J의 에너지를 흡수하는 방사선의 에너지를 말한다.

08 전리방사선이 인체에 조사되면 [보기]와 같은 생체 구성성분의 손상을 일으키게 되는데, 그 손상이 일어나는 순서를 올바르게 나열한 것은?

> [보기]
> ㄱ. 발암현상　　ㄴ. 세포수준의 손상
> ㄷ. 조직 및 기관수준의 손상　　ㄹ. 분자수준에서의 손상

① ㄹ → ㄴ → ㄷ → ㄱ　　② ㄹ → ㄷ → ㄴ → ㄱ
③ ㄴ → ㄹ → ㄷ → ㄱ　　④ ㄴ → ㄷ → ㄹ → ㄱ

해설 생체 구성성분 손상단계
㉠ 분자수준 손상　　㉡ 세포수준 손상
㉢ 조직 및 기관수준 손상　　㉣ 발암현상

09 전리방지선의 영향에 대한 감수성이 가장 큰 인체 내 기관은?

① 혈관　　② 뼈 및 근육조직
③ 신경조직　　④ 골수 및 임파구

해설 방사선에 감수성이 큰 조직(순서대로)
㉠ 골수, 임파구, 임파선, 흉선 및 림프조직　　㉡ 눈의 수정체
㉢ 성선(고환 및 난소), 타액선, 피부 등 상피세포　　㉣ 혈관, 복막 등 내피세포
㉤ 결합조직과 지방조직　　㉥ 뼈 및 근육조직
㉦ 폐, 위장관, 뼈 등 내장기관 조직　　㉧ 신경조직

10 다음 중 전리방사선에 대한 감수성의 크기를 올바른 순서대로 나열한 것은?

> ㉠ 상피세포　　㉡ 골수, 흉선 및 림프조직(조혈기관)
> ㉢ 근육세포　　㉣ 신경조직

① ㉠>㉡>㉢>㉣　　② ㉡>㉠>㉢>㉣
③ ㉠>㉣>㉡>㉢　　④ ㉡>㉢>㉣>㉠

11 다음 중 전리방사선에 대한 감수성이 가장 낮은 인체조직은?

① 골수　　② 생식선
③ 신경조직　　④ 임파조직

해설 전리방사선에 대한 감수성이 가장 낮은 인체조직은 신경조직이다.

ANSWER | 01 ② 02 ④ 03 ② 04 ④ 05 ① 06 ① 07 ④ 08 ① 09 ④ 10 ② 11 ③

산업기사

01 전리방사선의 단위 중 흡수선량의 단위는?

① rad ② rem ③ curie ④ roentgen

해설 흡수선량
㉠ 방사선이 피폭하는 물질에 흡수되는 단위질량당 에너지양을 말한다.
㉡ 모든 종류의 이온화 방사선에 의한 외부노출, 내부노출 등 모든 경우에 적용한다.
㉢ 그레이(Gy), 라드(rad) 단위를 이용한다.

02 단위시간에 일어나는 방사선 붕괴율, 즉 1초 동안에 3.7×10^{10}개의 원자붕괴가 일어나는 방사선 물질량을 나타내는 방사선 단위는?

① R ② Ci ③ rem ④ rad

해설 퀴리(Ci)
㉠ Bq(베크럴)와 같이 방사성 물질의 양을 나타내는 단위이다.
㉡ 단위시간에 일어나는 방사선 붕괴율, 즉 1초 동안에 3.7×10^{10}개의 원자붕괴가 일어나는 방사선 물질량을 나타내는 방사선 단위이다.
㉢ $1Bq=2.7\times10^{11}Ci$

03 전리방사선의 단위로서 피조사체 1g에 대하여 100erg의 에너지가 흡수되는 것은?

① rad ② Ci ③ R ④ IR

해설 피조사체 1g에 100erg의 에너지가 흡수되는 단위는 라드(rad)이다.

04 X선을 공기 $1cm^3$에 조사해서 발생한 ion에 의하여 1정전 단위의 전기량이 운반되는 선량을 1로 나타내는 단위는?(단, 0℃, 1기압 기준)

① 퀴리(Ci) ② 렘(Rem) ③ RBE ④ 뢴트겐(R)

해설 뢴트겐(R)
㉠ 공기 1kg 중에 쿨롱의 에너지를 생성하는 선량을 나타내는 조사선량(노출선량)의 단위이다.
㉡ 공기 중 생성되는 이온의 양으로 정의한다.
㉢ $1R=2.58\times10^{-4}C/kg$
㉣ X선을 공기 $1cm^3$에 조사해서 발생한 ion에 의하여 1정전 단위의 전기량이 운반되는 선량을 1로 나타내는 단위이다.(표준상태 기준)

05 뢴트겐(R) 단위(1R)의 정의로 옳은 것은?

① 2.58×10^{-4}쿨롱/kg ② 4.58×10^{-4}쿨롱/kg
③ 2.58×10^{4}쿨롱/kg ④ 4.58×10^{4}쿨롱/kg

06 전리방사선의 장애와 예방에 관한 설명으로 옳지 않은 것은?

① 방사선 노출수준은 거리에 반비례하여 증가하므로 발생원과의 거리를 관리하여야 한다.

② 방사선의 측정은 Geiger Muller counter 등을 사용하여 측정한다.

③ 개인 근로자의 피폭량은 pocket dosimeter, film badge 등을 이용하여 측정한다.

④ 기준 초과의 가능성이 있는 경우에는 경보 장치를 설치한다.

해설 방사선 노출수준은 거리의 제곱에 비례하여 감소하므로 발생원과 거리가 멀수록 관리를 쉽게 할 수 있다.

07 전리방사선 작업장에서 피폭량을 적게 하는 방법과 관계가 없는 것은?

① 노출시간　② 거리
③ 차폐　④ 물질대치

해설 피폭량 감축방법

㉠ 노출시간 : 최대한 단축한다.
㉡ 거리 : 방사능은 거리의 제곱에 반비례하므로 거리가 길수록 피폭량이 적다.
㉢ 차폐

08 다음 중 방사선에 감수성이 가장 낮은 인체조직은?

① 골수　② 근육
③ 생식선　④ 림프세포

해설 방사선의 감수성

골수, 림프세포 > 생식선 > 근육 > 신경조직

09 전리방사선의 영향에 대한 감수성이 가장 적은 인체 내 조직은?

① 혈관, 복막 등 내피세포　② 흉선 및 림프조직
③ 눈의 수정체　④ 임파선

해설 방사선에 감수성이 큰 조직(순서대로)

㉠ 골수, 임파구, 임파선, 흉선 및 림프조직
㉡ 눈의 수정체
㉢ 성선(고환 및 난소), 타액선, 피부 등 상피세포
㉣ 혈관, 복막 등 내피세포
㉤ 결합조직과 지방조직
㉥ 뼈 및 근육조직
㉦ 폐, 위장관, 뼈 등 내장기관 조직
㉧ 신경조직

ANSWER | 01 ① 02 ② 03 ① 04 ④ 05 ① 06 ① 07 ④ 08 ② 09 ①

01 전리방사선의 단위 중 조직(또는 물질)의 단위질량당 흡수된 에너지를 나타내는 것은?

① Gy(Gray) ② R(Rontgen)
③ Sv(Sivert) ④ Bq(Becquerel)

해설 Gy(Gray)
㉠ 흡수선량의 단위
㉡ 단위질량당 흡수된 에너지를 의미
㉢ 1Gy=100rad, 1rad=10^2erg/g

02 다음 중 방사선의 단위환산이 잘못 연결된 것은?

① 1rad=0.1Gy ② 1rem=0.01Sv
③ 1rad=100erg/g ④ 1Bq=2.7×10^{-11}Ci

해설 1rad=0.01Gy

03 전리방사선의 흡수선량이 생체에 영향을 주는 정도로 표시하는 선당량(생체실효선량)의 단위는?

① R ② Ci ③ Sv ④ Gy

해설 시버트(Sv)
㉠ 흡수선량이 생체에 영향을 주는 정도로 표시하는 선당량(생체실효선량)의 단위
㉡ 등가선량의 단위
㉢ 시버트(Sv)=흡수선량(Gy)×방사선 가중치
㉣ 1Sv=100rem

04 전리방사선의 단위 중 rem에 대한 설명으로 가장 적절한 것은?

① X선과 γ선의 노출선량, 즉 전기량을 운반하는 선량을 나타낸다.
② 단위시간에 일어나는 방사선의 붕괴율을 의미한다.
③ 조직 또는 물질의 단위질량당 흡수된 에너지를 표시된다.
④ 흡수선량이 생체에 영향을 주는 정도로 표시하는 단위이다.

해설 렘(rem)
㉠ 등가선량의 단위(흡수선량이 생체에 영향을 주는 정도로 표시하는 단위이다.)
㉡ 렘(rem)=흡수선량(rad)×방사선 가중치
㉢ 생체실효선량(Dose-equivalent)
㉣ rem은 Roentgen Equivalent Man의 머리글자
㉤ 1rem=0.01Sv

05 다음 중 방사선량 중 노출선량에 관한 설명으로 가장 알맞은 것은?

① 조직의 단위질량당 노출되어 흡수된 에너지량이다.
② 방사선의 형태 및 에너지 수준에 따라 방사선 가중치를 부여한 선량이다.

③ 공기 1kg당 1쿨롱의 전하량을 갖는 이온을 생성하는 X선 또는 감마선량이다.

④ 인체 내 여러 조직으로의 영향을 합계하여 노출지수로 평가하기 위한 선량이다.

해설 뢴트겐(R)

㉠ 공기 1kg 중에 쿨롱의 에너지를 생성하는 선량을 나타내는 조사선량(노출선량)의 단위이다.

㉡ 공기 중 생성되는 이온의 양으로 정의한다.

㉢ $1R = 2.58 \times 10^{-4} C/kg$

㉣ X선을 공기 $1cm^3$에 조사해서 발생한 ion에 의하여 1정전 단위의 전기량이 운반되는 선량을 1로 나타내는 단위이다.(표준상태 기준)

06 전리방사선이 인체에 미치는 영향에 관여하는 인자와 가장 거리가 먼 것은?

① 전리작용 ② 회절과 산란

③ 피폭선량 ④ 조직의 감수성

해설 전리방사선이 인체에 미치는 영향

㉠ 전리작용 ㉡ 피폭선량 ㉢ 조직의 감수성 ㉣ 투과력

07 전리방사선의 영향에 대하여 감수성이 가장 큰 인체 내의 기관은?

① 폐 ② 혈관 ③ 근육 ④ 골수

08 다음 중 일반적으로 전리방사선에 대한 감수성이 가장 둔감한 것은?

① 세포핵 분열이 계속적인 조직

② 증식력과 재생기전이 왕성한 조직

③ 신경조직, 근육 등이 조밀한 조직

④ 형태와 기능이 미완성된 조직

09 전리방사선 방어의 궁극적 목적은 가능한 한 방사선에 불필요하게 노출되는 것을 최소화하는 데 있다. 국제방사선방호위원회(ICRP)가 노출을 최소화하기 위해 정한 원칙 3가지에 해당하지 않는 것은?

① 작업의 최적화

② 작업의 다양성

③ 작업의 정당성

④ 개개인의 노출량의 한계

해설 방사선 방호원칙 : 정당화, 최적화, 선량한도

ANSWER | 01 ① 02 ① 03 ③ 04 ④ 05 ③ 06 ② 07 ④ 08 ③ 09 ②

THEMA 75 비전리방사선 (1)

1. 비전리방사선의 정의

원자를 이온화시키지 못하는 비이온화방사선을 말한다.

2. 비전리방사선의 종류

자외선, 가시광선, 적외선, 마이크로파, 라디오파, 초저주파, 극저주파로 구분한다.

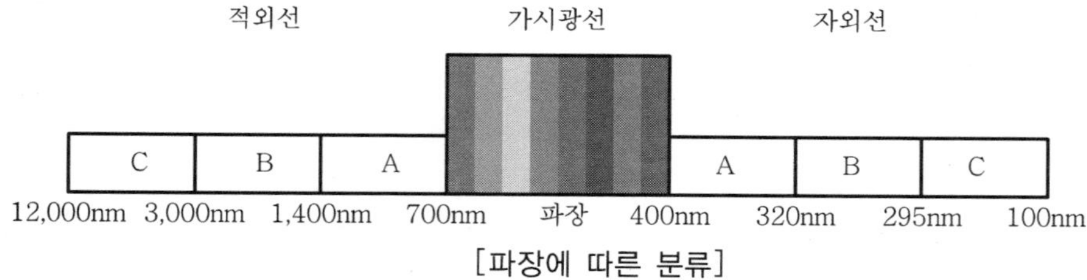

[파장에 따른 분류]

3. 자외선(200~380nm)

① 배출원

태양광선(약 5%), 수은등, 수은 아크등, 탄소 아크등, 수소방전관, 헬륨방전관, 전기아크용접

② 자외선의 분류

㉠ 200~280nm 원자외선(UV-C)

㉡ 280~315nm 중자외선(UV-B)

㉢ 315~400nm 근자외선(UV-A)

※ 100~400nm의 전자파

③ 물리화학적 성질

㉠ 가시광선과 전리복사선 사이의 파장을 가진 전자파이다.

㉡ 구름이나 눈에 반사되며, 고층구름이 낀 맑은 날에 가장 많고 대기오염 지표로 사용된다.

㉢ 살균작용, 각막염, 피부암 및 비타민 D 합성에 밀접한 관계가 있다.

㉣ 200~315nm의 파장을 일명 화학선이라고 하며 광화학반응으로 단백질과 핵산분자의 파괴, 변성작용을 한다.

㉤ 눈과 피부에 영향이 크며, 눈에서는 270nm, 피부에서는 297nm 부분에서 가장 영향이 크다.

㉥ 254~280nm의 파장은 살균작용을 하며, 소독목적으로 사용된다.

㉦ 280~315nm(2,800~3,150Å)의 자외선을 도르노선(Dorno Ray)이라고 한다.

참고

도르노선(Dorno Ray)

① 일명 건강선(생명선)이라 한다.
② 피부의 색소 침착, 소독작용, 비타민 D 형성 등 생물학적 작용이 강하다.

④ 피부장해
㉠ 대부분 상피세포부위에서 발생한다.
㉡ 피부암(280~320nm)을 유발한다.
㉢ 홍반 : 297nm, 멜라닌 색소 침착 : 300~420nm에서 발생한다.
㉣ 광성 피부염 : 건조, 탄력성을 잃고 자극이 강해 염증, 주름살이 많아지는 증상이다.

⑤ 안장해
㉠ 6~12시간에 증상이 최고도에 도달한다.
㉡ 결막염, 각막염(Welder's flash), 수포 형성, 안검부종, 전광선 안염, 수정체 단백질 변성 등을 일으킨다.
㉢ 흡수부위 : 각막, 결막(295nm 이하), 수정체 이상(295~380nm), 망막(390~400nm)

⑥ 기타 장해
㉠ 자극작용
㉡ 적혈구, 백혈구, 혈소판 증가
㉢ 2차 증상 : 두통, 흥분, 피로

4. 가시광선(380~780nm)

① 480nm 부근에서 최대강도를 나타낸다.
② 생체반응은 간접작용으로 나타난다.
③ 조명 부족 시 근시, 안정피로(두통, 눈의 피로감)가 나타난다.
④ 조명 과잉 시 시력장해, 시야협착, 암순응 저하 등이 나타난다.
⑤ 녹내장, 백내장, 망막변성 등 기질적 안질환은 조명 부족과 무관하다.

5. 적외선(780~12,000nm)

① 배출원
태양광선(52%), 금속의 용해작업, 노(furnace) 작업, 특히 제강, 용접, 야금공정, 초자제조공정, 레이저, 가열램프 등에서 발생한다.

② 물리화학적 성질
㉠ 보통 IR-A를 말하며, 700~1,400nm(피해는 780nm에서 가장 크다.)
㉡ 근적외선(IR-A : 700~1,500nm), 중적외선(IR-B : 1,500~3,000nm), 원적외선(IR-C : 3,000~6,000nm 또는 6,000~12,000nm)
㉢ 일명 열선이라고 하며 온도에 비례하여 적외선을 복사한다.

㉣ 파장범위는 780nm~1mm로 가시광선과 마이크로파 사이에 있다.

㉤ 가시광선보다 긴 파장으로 가시광선에 가까운 쪽을 근적외선, 먼 쪽을 원적외선이라고 부른다.

㉥ 적외선은 회학반응을 수반하지 않는다.

㉦ 적외선에 강하게 노출되면 각막염, 백내장과 같은 장애를 일으킬 수 있다.

③ 안장해

㉠ 1,400nm 이상 : 각막 손상

㉡ 1,400nm 이하 : 적외선 백내장, 초자공 백내장

㉢ 망막손상 및 안구건조증 유발

④ 신체작용

㉠ 적외선이 체외에서 조사되면 일부는 피부에서 반사되고 나머지만 흡수된다.

㉡ 조직에 흡수된 적외선은 화학반응을 일으키는 것이 아니라 구성분자의 운동에너지를 증대시킨다.

㉢ 조사부위의 온도가 오르면 혈관이 확장되어 혈류가 증가되며 심하면 홍반을 유발하기도 한다.

㉣ 뇌막 자극으로 경련을 동반한 열사병을 일으킨다.

연습문제

01 다음 중 비전리방사선으로만 나열한 것은?

① α선, β선, 레이저, 자외선
② 적외선, 레이저, 마이크로파, α선
③ 마이크로파, 중성자선, 레이저, 자외선
④ 자외선, 레이저, 마이크로파, 가시광선

해설 비전리방사선의 종류

㉠ 자외선
㉡ 가시광선
㉢ 적외선
㉣ 마이크로파
㉤ 라디오파
㉥ 초저주파
㉦ 극저주파

02 인체에 피부암을 일으키는 것으로 알려져 있어 산업보건학적으로 주된 관심영역인 자외선은?

① UV-A(파장 : 315~400nm)
② UV-B(파장 : 280~315nm)
③ UV-C(파장 : 220~280nm)
④ UV-D(파장 : 355~450nm)

해설 200~315nm의 파장을 일명 화학선이라고 하며, 인체에 피부암을 일으키는 것으로 알려져 있어 산업보건학적으로 주된 관심영역인 자외선이다.

03 다음 중 자외선에 대한 설명으로 틀린 것은?

① 가시광선과 전리복사선 사이의 파장을 가진 전자파이다.

② 280~315nm의 파장을 가진 자외선을 Dorno선이라 한다.

③ 전리 및 사진감광작용은 현저하지만 형광, 광이온 작용은 거의 나타나지 않는다.

④ 280~315nm의 파장을 가진 자외선은 피부의 색소 침착, 소독작용, 비타민 D 형성 등 생물학적 작용이 강하다.

해설 자외선은 전리작용은 없다. 사진감광작용, 형광, 광이온작용을 가지고 있다.

04 다음 중 자외선의 인체 내 작용에 대한 설명과 가장 거리가 먼 것은?

① 홍반은 250nm 이하에서 노출 시 가장 강한 영향을 준다.
② 자외선 노출에 의한 가장 심각한 만성영향은 피부암이다.
③ 280~320nm에서는 비타민 D의 생성이 활발해진다.
④ 254~280nm에서 강한 살균작용을 나타낸다.

해설 자외선의 작용
㉠ 홍반 : 297nm, 멜라닌 색소 침착 : 300~420nm
㉡ 불활성 가스 용접 시 O_3 발생, 트리클로로에틸렌은 원자외선에서 광화학반응을 일으켜 포스겐 발생
㉢ 건강선(도르노선, Dorno-ray) : 280~315nm, 건강선(생명선), 소독작용, 비타민 D 생성, 피부암 발생
㉣ 살균작용은 254~280nm에서 핵단백을 파괴하여 강한 살균작용을 나타냄

05 살균작용을 하는 자외선의 파장범위는?

① 220~254nm
② 254~280nm
③ 280~315nm
④ 315~400nm

해설 254~280nm의 파장은 살균작용을 하며, 소독목적으로 사용된다.

06 도르노선(Dorno Ray)은 자외선의 대표전인 광선이다. 이 빛의 파장범위로 가장 적절한 것은?

① 290~315nm
② 215~280nm
③ 2,900~3,150nm
④ 2,150~2,800nm

07 적외선에 관한 설명으로 틀린 것은?

① 온도에 비례하여 적외선을 복사한다.
② 태양에너지의 52% 정도를 차지한다.
③ 파장범위는 780nm~1mm로 가시광선과 마이크로파 사이에 있다.
④ 대부분 생체의 화학작용을 수반한다.

해설 적외선의 물리화학적 성질
㉠ 보통 IR-A를 말하며, 700~1,400nm(피해는 780nm에서 가장 크다.)
㉡ 근적외선(IR-A : 700~1,500nm), 중적외선(IR-B : 1,500~3,000nm), 원적외선(IR-C : 3,000~6,000nm 또는 6,000~12,000nm)
㉢ 일명 열선이라고 하며 온도에 비례하여 적외선을 복사한다.
㉣ 파장범위는 780nm~1mm로 가시광선과 마이크로파 사이에 있다.
㉤ 가시광선보다 긴 파장으로 가시광선에 가까운 쪽을 근적외선, 먼 쪽을 원적외선이라고 부른다.
㉥ 적외선은 화학반응을 수반하지 않는다.
㉦ 적외선에 강하게 노출되면 각막염, 백내장과 같은 장애를 일으킬 수 있다.

08 다음 중 적외선의 생체작용에 대한 설명으로 틀린 것은?

① 조직에 흡수된 적외선은 화학반응을 일으키는 것이 아니라 구성분자의 운동에너지를 증대시킨다.
② 만성폭로에 따라 눈장해인 백내장을 일으킨다.
③ 700nm 이하의 적외선은 눈의 각막을 손상시킨다.
④ 적외선이 체외에서 조사되면 일부는 피부에서 반사되고 나머지만 흡수된다.

해설 1,400nm 이상의 적외선은 눈의 각막을 손상시킨다.

09 파장이 400~760nm이면 어떤 종류의 비전리방사선인가?

① 적외선 ② 라디오파
③ 마이크로파 ④ 가시광선

ANSWER | 01 ④ 02 ② 03 ③ 04 ① 05 ② 06 ① 07 ④ 08 ③ 09 ④

더 풀어보기

산업기사

01 비전리방사선에 속하는 방사선은?

① X선 ② β선
③ 중성자선 ④ 마이크로파

해설 비전리방사선의 종류
㉠ 자외선 ㉡ 가시광선 ㉢ 적외선 ㉣ 마이크로파
㉤ 라디오파 ㉥ 초저주파 ㉦ 극저주파

02 반복하여 쪼일 경우 피부가 건조해지고 갈색을 띠게 하며 주름살이 많이 생기도록 작용하며, 눈의 각막과 결막에 흡수되어 안질환을 일으키기도 하는 것은?

① 자외선 ② 적외선
③ 가시광선 ④ 레이저(Laser)

03 자외선에 관한 설명으로 틀린 것은?

① 인체에 유익한 건강선은 290~315nm 정도이다.
② 구름이나 눈에 반사되며, 고층 구름이 낀 맑은 날에 가장 많고 대기오염의 지표로도 사용된다.
③ 일명 화학선이라고 하며 광화학반응으로 단백질과 핵산분자의 파괴, 변성작용을 한다.

④ 피부의 자외선 투과 정도는 피부 표피두께와는 관계가 없고 피부에 포함된 멜라닌 색소의 정도에 따른다.

해설 피부의 자외선 투과정도는 피부 표피의 두께, 피부색, 자외선의 파장에 따른다.

04 자외선에 관한 설명으로 틀린 것은?

① 피부암(280~320nm)을 유발한다.
② 구름이나 눈에 반사되며, 대기오염의 지표이다.
③ 일명 열선이라 하며, 화학적 작용은 크지 않다.
④ 눈에 대한 영향은 270nm에서 가장 크다.

해설 적외선을 일명 열선이라 하며, 대부분 화학반응을 수반하지 않는다.

05 자외선에 대한 설명 중 옳지 않은 것은?

① 인체에 유익한 건강선은 290~315nm이다.
② 구름이나 눈에 반사되며, 대기오염의 지표로도 사용된다.
③ 일명 화학선이라고 하며 광화학반응으로 단백질과 핵산분자의 파괴, 변성작용을 한다.
④ 400~500nm의 파장은 주로 피부암을 유발한다.

해설 자외선의 파장 중 피부암을 유발하는 파장은 280~320nm이다.

06 자외선은 살균작용, 각막염, 피부암 및 비타민 D 합성에 밀접한 관계가 있다. 이 자외선의 가장 대표적인 광선을 Dorno Ray라 하는데 이 광선의 파장으로 가장 적절한 것은?

① 280~315Å
② 390~515Å
③ 2,800~3,150Å
④ 3,900~5,700Å

07 자외선에 대한 생물학적 작용 중 옳지 않은 것은?

① 피부 홍반 형성과 색소 침착
② 피부의 비후와 피부암
③ 전광선(전기성) 안염
④ 초자공 백내장

해설 초자공에서 발생하는 백내장은 적외선의 영향이다.

08 자외선 영역 중 Dorno선(인체에 유익한 건강선)이라 불리며 비타민 D 형성에 도움을 주는 파장 영역으로 가장 적절한 것은?

① 200~235nm
② 240~285nm
③ 290~315nm
④ 320~395nm

09 다음 중 비타민 D의 형성과 같이 생물학적 작용이 활발하게 일어나게 하는 Dorno선과 가장 관계 있는 것은?

① UV-A ② UV-B
③ UV-C ④ UV-S

해설 자외선의 분류
㉠ 원자외선(UV-C) : 200~280nm
㉡ 중자외선(UV-B) : 280~315nm
㉢ 근자외선(UV-A) : 315~400nm
※ 280~315nm의 자외선을 도르노선(Dorno Ray)이라고 한다.

10 자외선이 피부에 미치는 영향에 관한 설명으로 틀린 것은?

① 자외선 노출에 의한 가장 심각한 만성영향은 피부암이다.
② 피부암의 90% 이상은 햇볕에 노출된 신체 부위에서 발생한다.
③ 백인과 흑인의 피부암 발생률의 차이는 크지 않다.
④ 대부분의 피부암은 상피세포부위에서 발생한다.

해설 자외선의 피부장해
㉠ 대부분 상피세포부위에서 발생한다.
㉡ 피부암(280~320nm)을 유발한다.
㉢ 홍반 : 297nm, 멜라닌 색소 침착 : 300~420nm에서 발생한다.
㉣ 광성 피부염 : 건조, 탄력성을 잃고 자극이 강해 염증, 주름살이 많아지는 증상이다.
※ 흑인보다 백인의 피부암 발생률이 높다.

11 적외선에 관한 내용으로 틀린 것은?

① 적외선은 가시광선보다 파장이 길다.
② 적외선은 대부분 화학작용을 수반한다.
③ 태양에너지의 52%를 차지한다.
④ 적외선 백내장은 초자공 백내장이라 불리며, 수정체의 뒷부분에서 시작된다.

해설 적외선은 대부분 화학작용을 수반하지 않는다.

12 적외선에 관한 설명으로 가장 거리가 먼 것은?

① 적외선은 대부분 화학작용을 수반하며 가시광선과 자외선 사이에 있다.
② 적외선에 강하게 노출되면 안검록염, 각막염, 홍채위축, 백내장 등의 장애를 일으킬 수 있다.
③ 일명 열선이라고 하며 온도에 비례하여 적외선을 복사한다.
④ 적외선은 가시광선보다 긴 파장으로 가시광선과 가까운 쪽을 근적외선이라 한다.

해설 적외선은 화학반응을 수반하지 않는다.

13 다음 중 적외선에 관한 설명과 가장 거리가 먼 것은?

① 가시광선보다 긴 파장으로 가시광선에 가까운 쪽을 근적외선, 먼 쪽을 원적외선이라고 부른다.
② 적외선은 일반적으로 화학작용을 수반하지 않는다.
③ 적외선에 강하게 노출되면 각막염, 백내장과 같은 장애를 일으킬 수 있다.
④ 적외선은 지속적 적외선, 맥동적 적외선으로 구분된다.

해설 적외선은 원적외선, 중적외선, 근적외선으로 분류한다.

ANSWER | 01 ④ 02 ① 03 ④ 04 ③ 05 ④ 06 ③ 07 ④ 08 ③ 09 ② 10 ③ 11 ② 12 ① 13 ④

기 사

01 다음 중 비전리방사선이 아닌 것은?

① 적외선 ② 중성자선
③ 라디오파 ④ 레이저

해설 비전리방사선의 종류
㉠ 자외선 ㉡ 가시광선 ㉢ 적외선 ㉣ 마이크로파
㉤ 라디오파 ㉥ 초저주파 ㉦ 극저주파

02 작업장에서 사용하는 트리클로로에틸렌을 독성이 강한 포스겐으로 전환시킬 수 있는 광화학 작용을 하는 유해 광선은?

① 적외선 ② 자외선
③ 감마선 ④ 마이크로파

해설 트리클로로에틸렌이 고농도로 존재하는 작업장에서 아크용접을 실시할 경우 자외선의 영향으로 트리클로로에틸렌이 포스겐으로 전환될 수 있다.

03 다음 중 자외선에 관한 설명으로 틀린 것은?

① 비전리방사선이다.
② 생체반응으로는 적혈구, 백혈구에 영향을 미친다.
③ 290nm 이하의 자외선은 망막까지 도달한다.
④ 280~315nm의 자외선을 도르노선(Dorno Ray)이라고 한다.

해설 자외선은 눈과 피부에 미치는 영향이 크다. 눈에서는 270nm, 피부에서는 297nm 부분에서 가장 영향이 크다.

04 자외선에 관한 설명으로 틀린 것은?

① 비전리방사선이다.

② 200nm 이하의 자외선은 망막까지 도달한다.

③ 생체반응으로는 적혈구, 백혈구에 영향을 미친다.

④ 280~315nm의 자외선을 도르노선(Dorno Ray)이라고 한다.

해설 자외선의 눈에 대한 영향 : 270~280nm 부분에서 유해작용이 강하다.

05 다음 중 자외선 노출로 인해 발생하는 인체의 건강 영향이 아닌 것은?

① 색소 침착 ② 광독성 장해

③ 피부 비후 ④ 피부암 발생

해설 자외선의 피부장해

㉠ 대부분 상피세포부위에서 발생한다.

㉡ 피부암(280~320nm)을 유발한다.

㉢ 홍반 : 297nm, 멜라닌 색소 침착 : 300~420nm에서 발생한다.

㉣ 광성 피부염 : 건조, 탄력성을 잃고 자극이 강해 염증, 주름살이 많아지는 증상이다.

06 다음 중 피부에 강한 특이적 홍반작용과 색소침착, 피부암 발생 등의 장해를 모두 일으키는 것은?

① 가시광선 ② 적외선

③ 마이크로파 ④ 자외선

07 다음 중 dorno 선의 파장 범위로 옳은 것은?

① 100~150nm ② 200~250nm

③ 280~320nm ④ 350~400nm

08 소독작용, 비타민 D 형성, 피부 색소 침착 등 생물학적 작용이 강한 특성을 가진 자외선(Dorno선)의 파장 범위는?

① 1,000~2,800Å ② 2,800~3,150Å

③ 3,150~4,000Å ④ 4,000~4,700Å

09 다음 중 비전리방사선이며, 건강선이라고 불리는 광선의 파장으로 가장 알맞은 것은?

① 50~200nm ② 280~320nm

③ 380~760nm ④ 780~1,000nm

10 다음 중 자외선에 의한 전신의 생체작용을 올바르게 설명한 것은?

① 적혈구, 백혈구, 혈소판이 증가하고 두통, 흥분, 피로 등의 2차 증상이 있다.

② 과잉 조사되면 망막을 자극하여 잔상을 동반한 시력장해, 시야협착을 일으킨다.

③ 가장 영향을 받기 쉬운 조직은 골수 및 임파조직이다.

④ 국소의 혈액순환을 촉진하고, 진통작용도 있다.

해설 ② 가시광선에 관한 내용이다.
③ 자외선에서 가장 영향을 받기 쉬운 부위는 눈과 피부이다.
④ 적외선에 관한 내용이다.

11 다음 중 자외선에 관한 설명으로 틀린 것은?

① 비전리방사선이다.

② 태양광선, 고압수은증기등, 전기용접 등이 배출원이다.

③ 구름이나 눈에 반사되며, 고층구름이 낀 맑은 날에 가장 많다.

④ 태양에너지의 52%를 차지하며 보통 700~1,400nm 파장을 말한다.

해설 자외선은 태양에너지의 5%를 차지하며 100~400nm 파장을 말한다.

12 다음 중 단기간 동안 자외선(UV)에 초과 노출될 경우 발생하는 질병은?

① Hypothermia
② Stoker's Problem
③ Welder's Flash
④ Pyrogenic Response

해설 자외선의 안장해
㉠ 6~12시간에 증상이 최고도에 도달한다.
㉡ 결막염, 각막염(Welder's Flash), 수포 형성, 안검부종, 전광선 안염, 수정체 단백질 변성 등을 일으킨다.
㉢ 흡수부위 : 각막, 결막(295nm 이하), 수정체 이상(295~380nm), 망막(390~400nm)

13 다음 중 단기간 동안 자외선(UV)에 초과 노출될 경우 발생할 수 있는 질병은?

① Hypothermia
② Welder's Flash
③ Phossy Jaw
④ White Fingers Syndrome

14 전기성 안염(전광선 안염)과 가장 관련이 깊은 비전리방사선은?

① 자외선 ② 가시광선 ③ 적외선 ④ 마이크로파

15 자외선으로부터 눈을 보호하기 위한 차광보호구를 선정하고자 하는데 차광도가 큰 것이 없어 두 개를 겹쳐서 사용하였다. 각각의 차광도가 6과 3이었다면 두 개를 겹쳐서 사용한 경우의 차광도는 얼마인가?

① 6 ② 8 ③ 9 ④ 18

해설 차광도$=(6+3)-1=8$

16 물체가 작열(灼熱)되면 방출되므로 광물이나 금속의 용해작업, 노(Furnace) 작업 특히 제강, 용접, 야금공정, 초자제조공정, 레이저, 가열램프 등에서 발생되는 방사선은?

① X선　② β선　③ 적외선　④ 자외선

해설 적외선의 배출원
태양광선(52%), 금속의 용해작업, 노(Furnace) 작업, 특히 제강, 용접, 야금공정, 초자제조공정, 레이저, 가열램프 등에서 발생한다.

17 다음 중 적외선의 생체작용으로 가장 거리가 먼 것은?

① 초자공 백내장　② 눈의 각막 내장
③ 화학적 색소 침착　④ 뇌막 자극으로 경련을 동반한 열사병

해설 적외선의 생체작용
㉠ 초자공 백내장(적외선 백내장)
㉡ 각막 손상
㉢ 망막 손상 및 안구건조증 유발
㉣ 홍반 유발
㉤ 뇌막 자극으로 경련을 동반한 열사병

18 적외선의 생체작용에 관한 설명으로 틀린 것은?

① 조직에서의 흡수는 수분함량에 따라 다르다.
② 적외선이 조직에 흡수되면 화학반응을 일으켜 조직의 온도가 상승한다.
③ 적외선이 신체에 조사되면 일부는 피부에서 반사되고 나머지는 조직에 흡수된다.
④ 조사부위의 온도가 오르면 혈관이 확장되어 혈류가 증가되며 심하면 홍반을 유발하기도 한다.

해설 조직에 흡수된 적외선은 화학반응을 일으키는 것이 아니라 구성분자의 운동에너지를 증대시킨다.

19 유해광선 중 적외선의 생체작용으로 인하여 발생할 수 있는 장해와 거리가 먼 것은?

① 안장해　② 피부장해
③ 조혈장해　④ 두부장해

ANSWER | 01 ② 02 ② 03 ③ 04 ② 05 ② 06 ④ 07 ③ 08 ② 09 ② 10 ①
11 ④ 12 ③ 13 ② 14 ① 15 ② 16 ③ 17 ③ 18 ② 19 ③

THEMA 76 비전리방사선 (2)

1. 레이저(Laser)

① 특징

㉠ 단색성

㉡ 간섭성

㉢ 지향성

㉣ 집속성

㉤ 고출력성

② 물리화학적 및 생물학적 작용

㉠ 레이저광에 가장 민감한 표적기관은 눈이다.

㉡ 레이저광은 출력이 대단히 강력하고 극히 좁은 파장범위를 갖기 때문에 쉽게 산란하지 않는다.

㉢ 유도방출에 의한 광선증폭을 뜻한다.

㉣ 보통 광선과는 달리 단일 파장으로 강력하고 예리한 지향성을 가졌다.

㉤ 레이저장해는 광선의 파장과 특정 조직의 광선 흡수능력에 따라 장해출현 부위가 달라진다.

㉥ 피부에 대한 작용은 가역적이며, 열응고, 탄화, 괴사 등의 피부화상을 일으킨다.

㉦ 감수성이 가장 큰 부위는 눈(백내장, 각막염)이다.

㉧ 에너지의 양을 지속적으로 축적하여 강력한 파동을 발생시키는 것을 맥동파라고 한다.

2. 마이크로파와 라디오파

① 물리화학적 성질

㉠ 마이크로파의 주파수 범위 : 10~30,000MHz(파장 : 1mm~1m(10m))

㉡ 라디오파의 주파수 범위 : 3kHz~300GHz(파장 : 1m~100km)

㉢ 마이크로파의 에너지양은 거리의 제곱에 반비례

② 건강장해

㉠ 마이크로파와 라디오파가 인체에 흡수되면 체표면에 온감을 느끼는 열작용 발생

㉡ 파장, 출력, 노출시간, 노출된 조직에 따라 건강에 미치는 영향이 다름

㉢ 중추신경계 : 성적 흥분 감퇴, 정서 불안정, 특히 대뇌 측두엽 표면부가 민감, 혈압이 폭로 초기에는 상승하나 억제효과가 발생하여 낮아짐

㉣ 피부장해 : 150MHz 이하는 흡수되어도 감지할 수 없으나 1,000~3,000MHz에서는 심부까지 흡수

㉤ 안장해 : 1,000~10,000MHz에서 백내장이 생기고 Ascorbic Acid의 감소증상 발생

㉥ 유전 생식기능 상실

ⓢ 혈액 : 백혈구 증가, 망상 적혈구의 출현, 혈소판 감소, 히스타민 증가(또는 감소)
ⓞ 생화학적 변화로는 콜린에스테라제의 활성치 감소

3. 극저주파 방사선

극저주파 방사선은 통상 1~300Hz로 간주한다.

① 전기장
 ㉠ 발생원 : 고전압장비
 ㉡ 전계장이라고도 불림
 ㉢ 측정단위 : V/m, kV/m

② 자기장
 ㉠ 발생원 : 고전류장비
 ㉡ 자석 간, 전류 간, 자석 및 전류 간 힘이 작용
 ㉢ 자속밀도 단위 : 테슬라(Tesla, T), $1T=10^4G$(Gause)

연습문제

01 비전리 방사선 중 보통광선과는 달리 단일파장이고 강력하고 예리한 지향성을 지닌 광선은 무엇인가?

① 적외선 ② 마이크로파 ③ 가시광선 ④ 레이저광선

해설 레이저의 특징
㉠ 단색성 ㉡ 간섭성 ㉢ 지향성 ㉣ 집속성 ㉤ 고출력성

02 레이저광선에 가장 민감한 인체기관은?

① 눈 ② 소뇌 ③ 갑상선 ④ 척수

해설 레이저광선에 의해 주로 장애를 받는 신체부위는 피부와 눈이다.

03 다음 중 레이저에 관한 설명으로 틀린 것은?

① 레이저광에 가장 민감한 표적기관은 눈이다.
② 레이저광은 출력이 대단히 강력하고 극히 좁은 파장범위를 갖기 때문에 쉽게 산란하지 않는다.
③ 레이저광 중 에너지의 양을 지속적으로 축적하여 강력한 파동을 발생시키는 것을 지속파라고 한다.
④ 파장, 조사량 또는 시간 및 개인의 감수성에 따라 피부에 홍반, 수포형성, 색소침착 등이 생긴다.

해설 레이저광 중 에너지의 양을 지속적으로 축적하여 강력한 파동을 발생시키는 것을 맥동파라고 한다.

04 다음 중 눈에 백내장을 일으키는 마이크로파의 파장범위로 가장 적절한 것은?

① 1,000~10,000MHz
② 40,000~100,000MHz
③ 500~700MHz
④ 100~1,400MHz

해설 마이크로파는 1,000~10,000MHz에서 백내장을 일으킨다.

05 다음 중 마이크로파에 관한 설명으로 틀린 것은?

① 주파수의 범위는 10~30,000MHz 정도이다.
② 혈액의 변화로는 백혈구의 감소, 혈소판의 증가 등이 나타난다.
③ 백내장을 일으킬 수 있으며 이것은 조직온도의 상승과 관계가 있다.
④ 중추신경에 대하여는 300~1,200MHz의 주파수 범위에서 가장 민감하다.

해설 마이크로파에 의한 혈액의 변화에는 백혈구 증가, 망상 적혈구의 출현, 혈소판 감소 등이 있다.

06 마이크로파의 생물학적 작용에 대한 설명 중 틀린 것은?

① 인체에 흡수된 마이크로파는 기본적으로 열로 전환된다.
② 마이크로파의 열작용에 가장 많은 영향을 받는 기관은 생식기와 눈이다.
③ 광선의 파장과 특정 조직의 광선 흡수 능력에 따라 장해 출현 부위가 달라진다.
④ 일반적으로 150MHz 이하의 마이크로파와 라디오파는 흡수되어도 감지되지 않는다.

해설 마이크로파의 생물학적 작용은 파장, 출력, 노출시간, 노출된 조직에 따라 건강에 미치는 영향이 다르다.

07 다음 중 마이크로파의 생체작용과 가장 거리가 먼 것은?

① 체표면은 조기에 온감을 느낀다.
② 중추신경에 대해서는 300~1,200MHz의 주파수 범위에서 가장 민감하다.
③ 500~1,000Hz의 마이크로파는 백내장을 일으킨다.
④ 백혈구의 증가, 혈소판의 감소 등을 나타낸다.

해설 마이크로파는 1,000~10,000MHz에서 백내장을 일으킨다.

08 다음 중 Tesla(T)는 무엇을 나타내는 단위인가?

① 전계강도
② 자장강도
③ 전리밀도
④ 자속밀도

해설 자속밀도[테슬라(T : Tesla)], $1T = 10^4G$(Gause)

ANSWER | 01 ④ 02 ① 03 ③ 04 ① 05 ② 06 ③ 07 ③ 08 ④

더 풀어보기

산업기사

01 레이저광선에 의해 주로 장애를 받는 신체부위는?

① 생식기관 ② 조혈기관 ③ 중추신경계 ④ 피부 및 눈

해설 레이저광선에 의해 주로 장애를 받는 신체부위는 피부와 눈이다.

02 레이저가 다른 광원과 구별되는 특징으로 틀린 것은?

① 단일파장으로 단색성이 뛰어나다.
② 집광성과 방향조정이 용이하다.
③ 단위면적당 빛에너지가 크게 설계되어 있다.
④ 위상이 고르고 간섭현상이 일어나지 않는다.

해설 레이저의 특징
㉠ 단색성 ㉡ 간섭성 ㉢ 지향성 ㉣ 집속성 ㉤ 고출력성

03 마이크로파가 건강에 미치는 영향에 관한 설명으로 옳지 않은 것은?

① 마이크로파의 생물학적 작용은 파장뿐만 아니라 출력, 노출시간, 노출된 조직에 따라서 다르다.
② 신체조직에 따른 투과력은 파장에 따라서 다르다.
③ 생화학적 변화로는 콜린에스테라제의 활성치가 증가한다.
④ 혈압은 노출 초기에는 상승하다가 곧 억제효과를 내어 저혈압을 초래한다.

해설 마이크로파의 생화학적 변화로는 콜린에스테라제의 활성치가 감소한다.

04 마이크로파와 라디오와 방사선이 건강에 미치는 영향에 관한 설명으로 틀린 것은?

① 일반적으로 150MHz 이하의 마이크로파와 라디오파는 신체를 완전히 투과하며 흡수되어도 감지되지 않는다.
② 마이크로파의 열작용에 가장 영향을 많이 받는 기관은 생식기와 눈이다.
③ 500~1,000MHz의 마이크로파에 노출될 경우 눈 수정체의 아스코르브산액 함량 급증으로 백내장이 유발된다.
④ 마이크로파와 라디오파는 하전을 시키지는 못하지만 생체 분자의 진동과 회전을 시킬 수 있어 조직의 온도를 상승시키는 열작용에 의한 영향을 준다.

해설 마이크로파의 안장해
1,000~10,000MHz에서 백내장이 생기고 Ascorbic Acid의 감소증상이 나타난다.

ANSWER | 01 ④ 02 ④ 03 ③ 04 ③

기 사

01 레이저(Laser)에 관한 설명으로 틀린 것은?

① 레이저광에 가장 민감한 표적기관은 눈이다.
② 레이저광은 출력이 대단히 강력하고 극히 좁은 파장범위를 갖기 때문에 쉽게 산란하지 않는다.
③ 파장, 조사량 또는 시간 및 개인의 감수성에 따라 피부에 홍반, 수포형성, 색소침착 등이 생긴다.
④ 레이저광 중 에너지의 양을 지속적으로 축적하여 강력한 파동을 발생시키는 것을 지속파라 한다.

해설 레이저광 중 에너지의 양을 지속적으로 축적하여 강력한 파동을 발생시키는 것을 맥동파라 한다.

02 다음 중 레이저(Laser)에 감수성이 가장 큰 신체부위는?

① 대뇌 ② 눈 ③ 갑상선 ④ 혈액

해설 레이저에 감수성이 가장 큰 부위는 눈(백내장, 각막염)이다.

03 다음 중 레이저(Laser)에 대한 설명으로 틀린 것은?

① 레이저는 유도방출에 의한 광선증폭을 뜻한다.
② 레이저는 보통 광선과는 달리 단일 파장으로 강력하고 예리한 지향성을 가졌다.
③ 레이저장해는 광선의 파장과 특정 조직의 광선 흡수능력에 따라 장해출현 부위가 달라진다.
④ 레이저의 피부에 대한 작용은 비가역적이며, 수포, 색소침착 등이 생길 수 있다.

해설 레이저의 피부에 대한 작용은 가역적이며, 열응고, 탄화, 괴사 등의 피부화상을 일으킨다.

04 비전리방사선에 대한 설명으로 틀린 것은?

① 적외선(IR)은 700nm~1mm의 파장을 갖는 전자파로서 열선이라고 부른다.
② 자외선(UV)은 X선과 가시광선 사이의 파장(100~400nm)을 갖는 전자파이다.
③ 가시광선은 400~700nm의 파장을 갖는 전자파이며 망막을 자극해서 광각을 일으킨다.
④ 레이저는 극히 좁은 파장범위이기 때문에 쉽게 산란되며 강력하고 예리한 지향성을 지닌 특징이 있다.

해설 레이저광은 출력이 대단히 강력하고 극히 좁은 파장범위를 갖기 때문에 쉽게 산란하지 않는다.

05 마이크로파의 생체작용과 가장 거리가 먼 것은?

① 체표면은 조기에 온감을 느낀다.
② 두통, 피로감, 기억력 감퇴 등을 나타낸다.
③ 500~1,000MHz의 마이크로파는 백내장을 일으킨다.
④ 중추신경에 대해서는 300~1,200MHz의 주파수 범위에서 가장 민감하다.

해설 마이크로파는 1,000~10,000MHz에서 백내장을 일으킨다.

06 다음 중 마이크로파에 대한 생체작용으로 볼 수 없는 것은?

① 백내장을 유발시킨다.
② 유전 및 생식기능에 영향을 준다.
③ 광과민성 피부질환을 일으킨다.
④ 중추신경계의 증상을 유발한다.

해설 마이크로파는 피부질환과는 관계가 없다.

07 다음 중 마이크로파의 생체작용에 관한 설명으로 틀린 것은?

① 눈에 대한 작용 : 10~100MHz의 마이크로파는 백내장을 일으킨다.
② 혈액의 변화 : 백혈구 증가, 망상적혈구의 출현, 혈소 감소 등을 보인다.
③ 생식기능에 미치는 영향 : 생식기능상의 장애를 유발할 가능성이 기록되고 있다.
④ 열작용 : 일반적으로 150MHz 이하의 마이크로파는 신체에 흡수되어도 감지되지 않는다.

해설 마이크로파의 안장해
1,000~10,000MHz에서 백내장이 생기고 Ascorbic Acid의 감소증상이 나타난다.

08 마이크로파의 생물학적 작용과 거리가 먼 것은?

① 500cm 이상의 파장은 인체 조직을 투과한다.
② 3cm 이하 파장은 외피에 흡수된다.
③ 3~10cm 파장은 1mm~1cm 정도 피부 내로 투과한다.
④ 25~200cm 파장은 세포조직과 신체기관까지 투과한다.

해설 200cm 이상의 파장은 인체 조직을 투과한다.

09 극저주파 방사선(Extremely Low Frequency Fields)에 대한 설명으로 틀린 것은?

① 강한 전기장의 발생원은 고전류장비와 같은 높은 전류와 관련이 있으며 강한 자기장의 발생원은 고전압장비와 같은 높은 전하와 관련이 있다.
② 작업장에서 발전, 송전, 전기 사용에 의해 발생되며 이들 경로에 있는 발전기에서 전력선, 전기설비, 기계, 기구 등도 잠재적인 노출원이다.
③ 주파수가 1~3,000Hz에 해당되는 것으로 정의되며, 이 범위 중 50~60Hz의 전력선과 관련한 주파수의 범위가 건강과 밀접한 연관이 있다.
④ 특히 교류전기는 1초에 60번씩 극성이 바뀌는 60Hz의 저주파를 나타내므로 이에 대한 노출평가, 생물학적 및 인체영향 연구가 많이 이루어져 왔다.

해설 전기장의 발생원은 고전압장비와 관련이 있고, 자기장의 발생원은 고전류장비와 관련이 있다.

ANSWER | 01 ④ 02 ② 03 ④ 04 ④ 05 ③ 06 ③ 07 ① 08 ① 09 ①

THEMA **77** 조명

1. 빛의 밝기와 단위

① 캔들(Candle, 촉광)

㉠ 빛의 세기인 광도를 나타내는 단위

㉡ 지름이 1 inch(2.54cm) 되는 촛불이 수평방향으로 비칠 때 빛의 광강도

㉢ 1촉광 = 4π루멘

② 루멘(Lumen, lm)

㉠ 1촉광의 광원으로부터 한 단위입체각으로 나가는 광속의 단위

㉡ 광속이란 광원에서 나오는 빛의 양

③ 풋캔들(Foot Candle, fc)

㉠ 1루멘 광원이 $1ft^2$ 평면상에 수직으로 비칠 때 그 평면의 밝기($1Lumen/ft^2$)

㉡ $1fc = 10.8Lumen/m^2 = 10.8Lux$

④ 럭스(Lux, 조도)

㉠ $1m^2$의 평면에 1루멘의 빛이 비칠 때 밝기($Lux = Lumen/m^2$)

㉡ 1cd의 점광원으로부터 1m 떨어진 곳에 있는 광선의 수직인 면의 조명도

㉢ 광속의 양에 비례, 입사면의 단면적에 반비례

⑤ 칸델라(Candela, cd)

㉠ 광원에서 나오는 빛의 세기를 광도(칸델라)라 한다.

㉡ 단위는 cd(칸델라)를 사용한다.

⑥ 램버트(Lambert, L)

㉠ 빛을 완전히 확산시키는 평면의 $1cm^2$에서 1루멘의 빛을 발하거나 반사시킬 때 밝기 단위

㉡ $1 Lambert = 0.318 cd/cm^2$

※ 광도의 단위 : Lambert, nit, cd/m^2

⑦ 빛의 밝기

㉠ 광도 : 광원으로부터 나오는 빛의 세기(칸델라)

㉡ 광속 : 광원으로부터 나오는 빛의 양(루멘)

㉢ 휘도 : 단위 평면적에서 발산 또는 반사되는 광량, 광원으로부터 복사되는 빛의 밝기(nit)

㉣ 반사율 : 조도에 대한 휘도의 비로 표시

㉤ 밝기는 광원으로부터의 거리 제곱에 반비례한다.

㉥ 밝기는 조사평면과 광원에 대한 수직평면이 이루는 각에 반비례한다.

㉦ 광원의 촉광에 비례한다.

㉧ 색깔의 감각과 평면상의 반사율에 따라 밝기가 달라진다.

2. 채광계획

① 창의 방향 : 남향(많은 채광을 요할 시), 동북 또는 북향(균일한 조명을 요하는 작업실)
② 창의 면적 : 바닥면적의 15~20%
③ 실내 각 점의 개각은 4~5°, 입사각은 28° 이상(입사각이 클수록 실내는 밝다.)
④ 바탕 조도는 창의 크기를 증가시키는 것보다 창의 높이를 증가시키는 것이 유리
⑤ 지상에서 태양조도는 약 100,000Lux, 창 내측에서는 2,000Lux
⑥ 밝기는 조사평면과 광원에 대한 수직평면이 이루는 각(cosine)에 반비례

3. 직접조명

① 반사갓을 이용하여 광속의 90~100%가 아래로 향하게 하는 방식이다.
② 조명기구가 간단하고 조명효율이 좋다.
③ 경제적이고 설치가 간편하며, 벽체 · 천장 등의 오염으로 조도의 감소가 적다.
④ 눈부심이 심하고 그림자가 뚜렷하다.
⑤ 국부적인 채광에 이용되며, 천장이 높거나 암색일 때 사용한다.
⑥ 균일한 조도를 얻기 어렵고, 휘도가 크다.

4. 간접조명

① 광속의 90~100% 위로 발산하여 천장 · 벽에서 반사, 확산시켜 균일한 조명도를 얻는 방식이다.
② 눈이 부시지 않고 조도가 균일하다.
③ 설치가 복잡하고 실내의 입체감이 작아지는 단점이 있다.
④ 기구효율이 나쁘고 경비가 많이 소요된다.

5. 인공조명 시 고려해야 할 사항

① 조도는 작업상 충분할 것
② 광색은 주광색에 가까울 것
③ 광원 주위를 밝게 하여 광도를 낮출 것
④ 폭발과 발화성이 없을 것
⑤ 유해가스를 발생하지 않을 것
⑥ 취급이 간편하고 경제적일 것
⑦ 광원은 작업상 간접조명이 좋으며 좌측 상방에 설치하는 것이 좋음
⑧ 광원 또는 전등의 휘도를 줄일 것
⑨ 광원에서 시선을 멀리 위치시킬 것
⑩ 균등한 조도를 유지할 것
⑪ 눈이 부신 물체와 시선과의 각을 크게 할 것

6. 적정 조명 수준(안전보건규칙 제8조)

① 초정밀작업 : 750Lux 이상
② 정밀작업 : 300Lux 이상
③ 보통작업 : 150Lux 이상
④ 그 밖의 작업 : 75Lux 이상

연습문제

01 다음의 빛과 밝기 단위의 설명 안에 들어갈 말로 옳은 것은?

> 1루멘의 빛이 $1ft^2$의 평면상에 수직방향으로 비칠 때, 그 평면의 빛의 양, 즉 조도를 (A)이라 하고, $1m^2$의 평면에 1루멘의 빛이 비칠 때의 밝기를 1(B)라고 한다.

① A : 풋캔들(Foot Candle), B : 럭스(Lux)
② A : 럭스(Lux), B : 풋캔들(Foot Candle)
③ A : 캔들(Candle), B : 럭스(Lux)
④ A : 럭스(Lux), B : 캔들(Candle)

해설 빛의 단위
㉠ 촉광(Candle) : 빛의 세기인 광도의 단위
㉡ 루멘(Lumen, lm) : 1촉광의 광원으로부터 한 단위입체각으로 나갈 때 광속의 단위
㉢ 풋캔들(Foot Candle, fc) : 1루멘의 빛이 $1ft^2$ 평면상에 수직방향으로 비칠 때 그 평면의 빛 밝기($1Lumen/ft^2$)
㉣ 럭스(Lux, 조도) : $1m^2$의 평면에 1루멘의 빛이 비칠 때 밝기($Lux = Lumen/m^2$)
㉤ 램버트(Lambert, L) : 빛을 완전히 확산시키는 평면의 $1cm^2$에서 1루멘의 빛을 발하거나 반사시킬 때의 밝기

02 다음 중 1루멘의 빛이 $1ft^2$의 평면상에 수직방향으로 비칠 때 그 평면의 빛 밝기를 무엇이라고 하는가?

① 1Lux
② 1candela
③ 1촉광
④ 1foot candle

해설 Foot Candle(fc) : 1루멘의 빛이 $1ft^2$ 평면상에 수직방향으로 비칠 때 그 평면의 빛 밝기($1Lumen/ft^2$)

03 빛의 양의 단위인 루멘(Lumen)에 대한 설명으로 가장 정확한 것은?

① 1Lux의 광원으로부터 단위입체각으로 나가는 광도의 단위이다.
② 1Lux의 광원으로부터 단위입체각으로 나가는 휘도의 단위이다.
③ 1촉광의 광원으로부터 단위입체각으로 나가는 조도의 단위이다.
④ 1촉광의 광원으로부터 단위입체각으로 나가는 광속의 단위이다.

04 사무실 책상면으로부터 수직으로 1.4m의 거리에 1,000cd(모든 방향으로 일정하다.)의 광도를 가지는 광원이 있다. 이 광원에 대한 책상에서의 조도(Intensity of Illumination, Lux)는 약 얼마인가?

① 410 ② 444 ③ 510 ④ 544

해설 조도(Lux) $= \frac{\text{cd}}{\text{거리}^2} = \frac{1,000}{1.4^2} = 510.2\text{Lux}$

05 빛과 밝기의 단위에 관한 설명으로 옳지 않은 것은?

① 광원으로부터 나오는 빛의 세기를 광도라 하며 단위로는 칸델라를 사용한다.
② 루멘은 1촉광의 광원으로부터 단위입체각으로 나가는 광속의 단위이다.
③ 단위 평면적에서 발산 또는 반사되는 광량, 즉 눈으로 느끼는 광원 또는 반사체의 밝기를 휘도라고 한다.
④ 조도는 광속의 양에 반비례하고 입사면의 단면적에 비례하며 단위는 럭스(Lux)이다.

해설 입사면의 단면적에 대한 광도의 비를 조도라 하며 단위는 럭스(Lux)를 사용한다.

06 다음 중 조도에 관한 설명과 가장 거리가 먼 것은?

① 1 Foot Candle은 10.8Lux이다.
② 단위로는 럭스(Lux)를 사용한다.
③ 광원의 밝기는 거리의 2승에 역비례한다.
④ 단위 평면적에서 발산 또는 반사되는 광량, 즉 눈으로 느끼는 광원 또는 반사체의 밝기를 말한다.

해설 조도(럭스)는 1m^2의 평면에 1루멘의 빛이 비칠 때 밝기를 말한다. 단위 평면적에서 발산 또는 반사되는 광량을 광속발산도라 한다.

07 채광과 조명단위에 관한 내용으로 틀린 것은?

① 촉광은 빛의 광도를 나타내는 단위로 지름이 1인치 되는 촛불이 수평방향으로 비칠 때 대략 1촉광의 빛을 낸다.
② 루멘은 광원으로부터 나오는 빛의 세기인 광도의 단위이다.
③ 창면적은 바닥면적의 15~20%가 이상적이다.
④ 실내의 일정지점의 조도와 옥외의 조도와의 비율을 %로 표시한 것을 주광률(Daylight Factor)이라고 한다.

해설 루멘(Lumen, lm)

㉠ 1촉광의 광원으로부터 한 단위입체각으로 나가는 광속의 단위
㉡ 광속이란 광원에서 나오는 빛의 양

08 일반적으로 인공조명 시 고려하여야 할 사항으로 가장 적절하지 않은 것은?

① 광색은 백색에 가깝게 한다.
② 가급적 간접 조명이 되도록 한다.
③ 조도는 작업상 충분히 유지시킨다.
④ 조명도는 균등히 유지할 수 있어야 한다.

해설 광색은 주광색에 가깝게 한다.

09 다음 중 자연채광을 이용한 조명방법으로 가장 적절하지 않은 것은?

① 입사각은 25° 미만이 좋다.
② 실내 각점의 개각은 4~5°가 좋다.
③ 창의 면적은 바닥면적의 15~20%가 이상적이다.
④ 창의 방향은 많은 채광을 요구할 경우 남향이 좋으며 조명의 평등을 요하는 작업실의 경우 북창이 좋다.

해설 입사각은 28° 이상이 좋으며, 입사각이 클수록 실내는 밝다.

10 자연조명에 관한 설명으로 틀린 것은?

① 창의 면적은 바닥면적의 15~20% 정도가 이상적이다.
② 개각은 4~5°가 좋으며, 개각이 작을수록 실내는 밝다.
③ 균일한 조명을 요하는 작업실은 동북 또는 북창이 좋다.
④ 입사각은 28° 이상이 좋으며, 입사각이 클수록 실내는 밝다.

해설 개각과 입사각이 클수록 실내는 밝다.

ANSWER | 01 ① 02 ④ 03 ④ 04 ③ 05 ④ 06 ④ 07 ② 08 ① 09 ① 10 ②

더 풀어보기

산업기사

01 1촉광의 광원으로부터 단위입체각으로 나가는 광속의 단위는?

① Lumen
② Foot Candle
③ Lux
④ Lambert

해설 루멘(Lumen, lm)
㉠ 1촉광의 광원으로부터 한 단위입체각으로 나가는 광속의 단위
㉡ 광속이란 광원에서 나오는 빛의 양

02 1촉광의 광원으로부터 단위입체각으로 나가는 광속의 단위는?

① 루멘(Lumen)
② 풋캔들(Foot Candle)
③ 럭스(Lux)
④ 램버트(Lambert)

03 빛과 밝기의 단위로 사용되는 측정량과 단위를 잘못 짝지은 것은?

① 조도 : 럭스(Lux) ② 광도 : 칸델라(cd)
③ 휘도 : 와트(W) ④ 광속 : 루멘(lm)

해설 와트(W)는 동력을 나타내는 단위이다.

04 빛과 밝기의 단위 중 광도(Luminous Intensity)의 단위로 옳은 것은?

① 루멘 ② 칸델라
③ 럭스 ④ 풋 램버트

해설 칸델라(Candela, cd)
㉠ 광원에서 나오는 빛의 세기를 광도(칸델라)라 한다.
㉡ 단위는 cd(칸델라)를 사용한다.

05 밝기의 단위인 루멘(Lumen)에 대한 설명으로 가장 정확한 것은?

① 1Lux의 광원으로부터 단위입체각으로 나가는 광도의 단위이다.
② 1Lux의 광원으로부터 단위입체각으로 나가는 휘도의 단위이다.
③ 1촉광의 광원으로부터 단위입체각으로 나가는 조도의 단위이다.
④ 1촉광의 광원으로부터 단위입체각으로 나가는 광속의 단위이다.

해설 루멘(Lumen, lm)
㉠ 1촉광의 광원으로부터 한 단위입체각으로 나가는 광속의 단위
㉡ 광속이란 광원에서 나오는 빛의 양

06 1촉광의 광원으로부터 한 단위입체각으로 나가는 광속의 단위는?

① Lumen ② Lux
③ Foot Candle ④ Lambert

07 촉광에 대한 설명으로 틀린 것은?

① 단위는 럭스(Lux)를 사용한다.
② 지름이 1인치 되는 촛불이 수평방향으로 비칠 때 대략 1촉광의 빛을 낸다.
③ 빛의 광도를 나타내는 단위로 국제촉광을 사용한다.
④ 1촉광 = 4π루멘의 관계가 성립한다.

해설 단위로 Candle을 사용한다.

08 빛의 밝기의 단위인 루멘(Lumen)에 대한 설명으로 가장 정확한 것은?

① 1Lux의 광원으로부터 한 단위입체각으로 나가는 조도의 단위이다.
② 1Lux의 광원으로부터 한 단위입체각으로 나가는 광속의 단위이다.

③ 1촉광의 광원으로부터 한 단위입체각으로 나가는 조도의 단위이다.
④ 1촉광의 광원으로부터 한 단위입체각으로 나가는 광속의 단위이다.

해설 Lumen : 1촉광의 광원으로부터 한 단위입체각으로 나가는 광속의 단위

09 인공조명 시 고려해야 할 사항으로 틀린 것은?

① 폭발과 발화성이 없을 것
② 광색은 주광색에 가까울 것
③ 유해가스를 발생하지 않을 것
④ 광원은 우상방에 위치할 것

해설 광원은 작업상 간접조명이 좋으며 좌측 상방에 설치하는 것이 좋음

10 인공조명의 조명방법에 관한 설명으로 옳지 않은 것은?

① 간접조명은 강한 음영으로 분위기를 온화하게 만든다.
② 간접조명은 설비비가 많이 소요된다.
③ 직접조명은 조명효율이 크다.
④ 일반적으로 분류하는 인공적인 조명방법은 직접조명, 간접조명, 반간접조명 등으로 구분할 수 있다.

11 다음 중 채광에 관한 일반적인 설명으로 틀린 것은?

① 입사각은 28° 이하가 좋다.
② 실내 각 점의 개각은 4~5°가 좋다.
③ 창의 면적은 바닥면적의 15~20%가 이상적이다.
④ 균일한 조명을 요하는 작업실은 동북 또는 북창이 좋다.

해설 입사각은 28° 이상이 좋으며, 입사각이 클수록 실내는 밝다.

12 채광계획으로 적절치 못한 것은?

① 실내 각 점의 개각은 4~5°
② 입사각은 28° 이상
③ 창의 면적은 전체 벽면적의 15~20%
④ 균일한 조명을 요하는 작업실은 북창

해설 창의 면적은 바닥면적의 15~20%

13 자연조명을 하고자 하는 집에서 창의 면적은 바닥면적의 몇 %로 만드는 것이 가장 이상적인가?

① 10~15%
② 15~20%
③ 20~25%
④ 25~30%

14 채광에 관한 내용으로 틀린 것은?

① 창의 실내 각 점의 개각은 15° 이상이어야 한다.
② 실내 일정지점의 조도와 옥외 조도와의 비율을 %로 표시한 것을 주광률이라고 한다.
③ 창의 면적은 바닥면적의 15~20%가 이상적이다.
④ 균일한 조명을 요하는 작업실은 동북 또는 북창이 좋다.

해설 실내 각 점의 개각은 4~5°가 적당하다.

15 일반적으로 작업장 신축 시 창의 면적은 바닥면적의 어느 정도가 적당한가?

① 1/2~1/3　② 1/3~1/4
③ 1/5~1/7　④ 1/7~1/9

해설 창의 면적은 바닥면적의 15~20%가 이상적이다.

16 자연조명에 관한 설명으로 틀린 것은?

① 천공광이란 태양광선의 직사광을 말하며 1년을 통해 주광량의 50% 정도의 비율이다.
② 창의 면적은 바닥면적의 15~20%가 이상적이다.
③ 지상에서의 태양조도는 약 100,000Lux 정도이다.
④ 실내의 일정지점의 조도와 옥외의 조도와의 비율을 %로 표시한 것을 주광률이라고 한다.

해설 천공광이란 태양광선이 대기 중의 공기 · 수증기 · 먼지 등에 의해 산란된 광을 말하며 반사광, 확산광도 포함된다.

ANSWER | 01 ① 02 ① 03 ③ 04 ② 05 ④ 06 ① 07 ① 08 ④ 09 ④ 10 ① 11 ① 12 ③ 13 ② 14 ① 15 ③ 16 ①

기 사

01 1루멘(Lumen)의 빛이 $1m^2$의 평면에 비칠 때의 밝기를 무엇이라 하는가?

① Lambert　② 럭스(Lux)
③ 촉광(Candle)　④ 풋캔들(Foot Candle)

해설 Lux(조도) : $1m^2$의 평면에 1루멘의 빛이 비칠 때 밝기(Lux=Lumen/m^2)

02 빛과 밝기의 단위에 관한 내용으로 맞는 것은?

① Lumen : 1촉광의 광원으로부터 1m 거리에 $1m^2$ 면적에 투사되는 빛의 양
② 촉광 : 지름이 10cm 되는 촛불이 수평방향으로 비칠 때의 빛의 광도
③ Lux : 1루멘의 빛이 $1m^2$의 구면상에 수직으로 비추어질 때의 그 평면의 빛 밝기
④ Foot Candle : 1촉광의 빛이 $1in^2$의 평면상에 수평방향으로 비칠 때 그 평면의 빛의 밝기

해설 빛의 단위

㉠ 촉광(Candle) : 빛의 세기인 광도의 단위
㉡ 루멘(Lumen, lm) : 1촉광의 광원으로부터 한 단위입체각으로 나갈 때 광속의 단위
㉢ 풋캔들(Foot Candle, fc) : 1루멘의 빛이 $1ft^2$ 평면상에 수직방향으로 비칠 때 그 평면의 빛 밝기($1Lumen/ft^2$)
㉣ 럭스(Lux, 조도) : $1m^2$의 평면에 1루멘의 빛이 비칠 때 밝기($Lux=Lumen/m^2$)
㉤ 램버트(Lambert, L) : 빛을 완전히 확산시키는 평면의 $1cm^2$에서 1루멘의 빛을 발하거나 반사시킬 때의 밝기

03 빛의 밝기 단위에 관한 설명 중 틀린 것은?

① 럭스(Lux) – $1ft^2$의 평면에 1루멘의 빛이 비칠 때의 밝기이다.
② 촉광(Candle) – 지름이 1인치 되는 촛불이 수평방향으로 비칠 때가 1촉광이다.
③ 루멘(Lumen) – 1촉광의 광원으로부터 한 단위입체각으로 나가는 광속의 단위이다.
④ 풋캔들(Foot Candle) – 1루멘의 빛이 $1ft^2$의 평면상에 수직방향으로 비칠 때 그 평면의 빛의 양이다.

해설 Lux(조도) : $1m^2$의 평면에 1루멘의 빛이 비칠 때 밝기($Lux=Lumen/m^2$)

04 빛의 단위 중 광도(Luminance)의 단위에 해당하지 않는 것은?

① $Lumen/m^2$ ② Lambert ③ nit ④ cd/m^2

해설 $Lumen/m^2$는 조도의 단위이다.

05 1촉광의 광원으로부터 한 단위입체각으로 나가는 광속의 단위를 무엇이라 하는가?

① 럭스(Lux) ② 램버트(Lambert)
③ 캔들(Candle) ④ 루멘(Lumen)

해설 루멘(Lumen)–1촉광의 광원으로부터 한 단위입체각으로 나가는 광속의 단위이다.

06 사무실 책상면(1.4m)의 수직으로 광원이 있으며 광도가 1,000cd(모든 방향으로 일정하다.)이다. 이 광원에 대한 책상에서의 조도(Intensity of Illumination, Lux)는 약 얼마인가?

① 410 ② 444 ③ 510 ④ 544

해설 $조도(Lux)=\frac{cd}{거리^2}=\frac{1,000}{1.4^2}=510.2Lux$

07 빛 또는 밝기와 관련된 단위가 아닌 것은?

① cd ② lm ③ nit ④ Wb

해설 ① cd : 광도의 단위
② lm : 광속의 단위
③ nit($candle/m^2$) : 단위면적에 대한 밝기의 단위

08 빛에 관한 설명으로 틀린 것은?

① 광원으로부터 나오는 빛의 세기를 조도라 한다.
② 단위 평면적에서 발산 또는 반사되는 광량을 휘도라 한다.
③ 루멘은 1촉광의 광원으로부터 단위입체각으로 나가는 광속의 단위이다.
④ 조도는 어떤 면에 들어오는 광속의 양에 비례하고, 입사면의 단면적에 반비례한다.

해설 조도는 m^2의 평면에 1루멘의 빛이 비칠 때 밝기를 말한다.

09 빛과 밝기에 관한 설명으로 틀린 것은?

① 광도의 단위로는 칸델라(Candela)를 사용한다.
② 광원으로부터 한 방향으로 나오는 빛의 세기를 광속이라 한다.
③ 루멘(Lumen)은 1촉광의 광원으로부터 단위입체각으로 나가는 광속의 단위이다.
④ 조도는 어떤 면에 들어오는 광속의 양에 비례하고, 입사면의 단면적에 반비례한다.

해설 루멘(Lumen, lm)
㉠ 1촉광의 광원으로부터 한 단위입체각으로 나가는 광속의 단위
㉡ 광속이란 광원에서 나오는 빛의 양

10 빛과 밝기의 단위에 관한 설명으로 틀린 것은?

① 반사율은 조도에 대한 휘도의 비로 표시한다.
② 광원으로부터 나오는 빛의 양을 광속이라고 하며 단위는 루멘을 사용한다.
③ 입사면의 단면적에 대한 광도의 비를 조도라 하며 단위는 촉광을 사용한다.
④ 광원으로부터 나오는 빛의 세기를 광도라고 하며 단위는 칸델라를 사용한다.

해설 입사면의 단면적에 대한 광도의 비를 조도라 하며 단위는 럭스(Lux)를 사용한다.

11 다음 중 광원으로부터 밝기에 관한 설명으로 틀린 것은?

① 루멘은 1촉광의 광원으로부터 한 단위입체각으로 나가는 광속의 단위이다.
② 밝기는 조사평면과 광원에 대한 수직평면이 이루는 각에 비례한다.
③ 밝기는 광원으로부터의 거리 제곱에 반비례한다.
④ 1촉광은 4π루멘으로 나타낼 수 있다.

해설 밝기는 조사평면과 광원에 대한 수직평면이 이루는 각에 반비례한다.

12 다음 중 광원으로부터의 밝기에 관한 설명으로 틀린 것은?

① 촉광에 반비례한다.
② 거리의 제곱에 반비례한다.
③ 조사평면과 수직평면이 이루는 각에 반비례한다.
④ 색깔의 감각과 평면상의 반사율에 따라 밝기가 달라진다.

해설 빛의 밝기는 광원의 촉광에 비례한다.

13 다음 중 조명을 작업환경의 한 요인으로 볼 때 고려해야 할 중요한 사항과 가장 거리가 먼 것은?

① 빛의 색 ② 눈부심과 휘도
③ 조명시간 ④ 조도와 조도의 분포

해설 조명을 작업환경의 한 요인으로 볼 때 고려해야 할 중요사항
㉠ 조도와 조도의 분포
㉡ 눈부심과 휘도
㉢ 빛의 색

14 다음 중 인공조명 시에 고려하여야 할 사항으로 옳은 것은?

① 폭발과 발화성이 없을 것
② 광색은 야광색에 가까울 것
③ 장시간 작업 시 광원은 직접조명으로 할 것
④ 일반적인 작업 시 우상방에서 비치도록 할 것

해설 인공조명 시 고려해야 할 사항
㉠ 조도는 작업상 충분할 것
㉡ 광색은 주광색에 가까울 것
㉢ 광원 주위를 밝게 하여 광도를 낮출 것
㉣ 폭발과 발화성이 없을 것
㉤ 유해가스를 발생하지 않을 것
㉥ 취급이 간편하고 경제적일 것
㉦ 광원은 작업상 간접조명이 좋으며 좌측 상방에 설치하는 것이 좋음
㉧ 광원 또는 전등의 휘도를 줄일 것
㉨ 광원에서 시선을 멀리 위치시킬 것
㉩ 균등한 조도를 유지할 것
㉪ 눈이 부신 물체와 시선과의 각을 크게 할 것

15 다음 중 인공조명에 가장 적당한 광색은?

① 노란색 ② 주광색 ③ 청색 ④ 황색

해설 광색은 주광색에 가깝게 한다.

16 작업장의 자연채광 계획 수립에 관한 설명으로 맞는 것은?

① 실내의 입사각은 4~5°가 좋다.
② 창의 방향은 많은 채광을 요구할 경우 북향이 좋다.
③ 창의 방향은 조명의 평등을 요하는 작업실인 경우 남향이 좋다.
④ 창의 면적은 일반적으로 바닥면적의 15~20%가 이상적이다.

해설 자연채광 계획
㉠ 창의 방향 : 남향(많은 채광을 요할 시), 동북 또는 북향(균일한 조명을 요하는 작업실)
㉡ 창의 면적 : 바닥면적의 15~20%
㉢ 실내 각 점의 개각은 4~5°, 입사각은 28° 이상(입사각이 클수록 실내는 밝다.)
㉣ 바탕 조도는 창의 크기를 증가시키는 것보다 창의 높이를 증가시키는 것이 유리
㉤ 지상에서 태양조도는 약 100,000Lux, 창 내측에서는 2,000Lux

17 실내 자연채광에 관한 설명으로 틀린 것은?

① 입사각은 28° 이상이 좋다.

② 조명의 균등에는 북창이 좋다.

③ 실내 각 점의 개각은 40~50°가 좋다.

④ 창면적은 방바닥의 15~20%가 좋다.

해설 실내 각 점의 개각은 4~5°가 좋다.

18 다음 중 조명 부족과 관련한 질환으로 옳은 것은?

① 백내장　　② 망막변성

③ 녹내장　　④ 안구진탕증

19 다음 중 조명 시의 고려사항으로 광원으로부터의 직접적인 눈부심을 없애기 위한 방법으로 가장 적당하지 않은 것은?

① 광원 또는 전등의 휘도를 줄인다.

② 광원을 시선에서 멀리 위치시킨다.

③ 광원 주위를 어둡게 하여 광도비를 높인다.

④ 눈이 부신 물체와 시선의 각을 크게 한다.

해설 광원 주위를 밝게 하고, 조도비를 적정하게 유지한다.

ANSWER | 01 ② 02 ③ 03 ① 04 ① 05 ④ 06 ③ 07 ④ 08 ① 09 ② 10 ③
11 ② 12 ① 13 ③ 14 ① 15 ② 16 ④ 17 ③ 18 ④ 19 ③

PART 05

산업독성학

THEMA 78 입자상 물질의 정의 및 종류

1. 입자상 물질의 정의

① 입자상 물질이란 고체 또는 액체 상태로 공기 중에 부유되어 있으면서 호흡을 통하여 호흡기관에 들어오는 모든 입자로 0.001~100μm까지 다양하다.

② 발생원에서 공중으로 부유된 최초의 입자를 1차 입자상 물질이라 하고, 이들이 공기 중에서 부딪치거나 반응하여 만들어진 입자를 2차 입자상 물질이라고 한다.

2. ACGIH의 입자상 물질의 정의

① 흡입성 분진(IPM)
   ㉠ 호흡기(비강, 인후두, 기관) 어느 부위에 침착하더라도 독성을 나타내는 물질
   ㉡ 입경범위 : 0~100μm
   ㉢ 평균입경 : 100μm(폐침착의 50%에 해당하는 입자의 크기)

② 흉곽성 분진(TPM)
   ㉠ 기도나 폐포(하기도, 가스 교환 부위)에 침착할 때 독성을 나타내는 물질
   ㉡ 평균입경 : 10μm
   ㉢ 채취기구 : PM10

③ 호흡성 분진(RPM)
   ㉠ 가스 교환 부위, 즉 폐포에 침착할 때 독성을 나타내는 물질
   ㉡ 평균입경 : 4μm(공기역학적 직경이 10μm 미만의 먼지가 호흡성 입자상 물질)
   ㉢ 채취기구 : 10mm Nylon Cyclone

3. 입자상 물질의 종류

① 에어로졸(Aerosol)
가스상 매체에 미세한 고체나 액체 입자가 분산되어 있는 상태를 말한다.

② 먼지(Dust)
대부분 콜로이드(Colloid)보다는 크고, 공기나 다른 가스에 단시간 동안 부유할 수 있는 고체입자를 말한다.

③ 안개(Fog)
액체입자가 분산되어 있는 에어로졸로서 육안으로 볼 수 있다.

④ 흄(Fume)
금속이 용해되어 액상물질로 되고 이것이 가스상 물질로 기화된 후 다시 응축되어 발생되는 고체입자를 말하며, 흔히 산화(Oxidation) 등의 화학반응을 수반한다. 용접흄이 여기에 속한다. 상온 · 상압하에서는 고체상태이다. 기화 → 산화 → 응축 반응순으로 진행된다.

⑤ 미스트(Mist)
분산되어 있는 액체입자로서, 육안으로 볼 수 있다.

⑥ 매연(Smoke)
불완전 연소에 의하여 발생하는 에어로졸로서, 주로 고체상태이고 탄소와 기타 가연성 물질로 구성되어 있다.

⑦ 스모그(Smog)
'Smoke'와 'Fog'에서 온 용어로, 자연오염이나 인공오염에 의하여 발생한 대기오염물질인 에어로졸에 대하여 광범위하게 적용되는 용어이다.

4. 물리적 직경

현미경에 의하여 직접 입자의 크기를 측정하는 것을 말하며, 실제로 측정하기가 어렵다. 단위는 mppcf(million particle per cubic feet)로 나타낸다. 종류로는 Martin's 직경, Feret's 직경, 등면적 직경이 있다.

① Martin's 직경
㉠ 입자의 크기를 이등분하는 선을 직경으로 사용하는 방법
㉡ 실제 직경보다 과소평가되는 경향이 많다.

② Feret's 직경
㉠ 입자의 끝과 끝을 잇는 직선을 직경으로 사용하는 방법
㉡ 실제 직경보다 과대평가되는 경향이 많다.

③ 등면적 직경
㉠ 입자의 면적으로 가상의 구를 만들었을 때 형성되는 직경으로 사용하는 방법
㉡ 실제 직경과 일치하는 가장 적절한 방법이다.

5. 공기역학적 직경(Aerodynamic Diameter)

밀도가 $1g/cm^3$ 물질로 구 형태를 만든 표준입자를 다양한 입자크기로 만든 후에 대상입자와 낙하되는 속도가 동일한 표준입자의 직경을 대상입자의 직경으로 사용하는 방법을 말한다.

6. 분진의 종류

① 전신중독성 분진 : 망간, 아연 화합물
② 발암성 분진 : 석면, 니켈카보닐, 아민계 색소
③ 알레르기성 분진 : 꽃가루, 털 등
④ 진폐성 분진 : 규산, 석면, 활석, 흑연
⑤ 유기성 분진 : 목분진, 면, 밀가루

연습문제

01 다음 중 주로 비강, 인후두, 기관 등 호흡기 어느 부위에 축적됨으로써 호흡기계 독성을 유발하는 분진을 무엇이라 하는가?

① 호흡성 분진 ② 흡입성 분진
③ 흉곽성 분진 ④ 총부유 분진

해설 ACGIH의 입자상 물질의 정의
㉠ 흡입성 분진(IPM)
- 호흡기(비강, 인후두, 기관) 어느 부위에 침착하더라도 독성을 나타내는 물질
- 입경범위 : 0~100μm
- 평균입경 : 100μm(폐침착의 50%에 해당하는 입자의 크기)

㉡ 흉곽성 분진(TPM)
- 기도나 폐포(하기도, 가스 교환 부위)에 침착할 때 독성을 나타내는 물질
- 평균입경 : 10μm
- 채취기구 : PM10

㉢ 호흡성 분진(RPM)
- 가스 교환 부위, 즉 폐포에 침착할 때 독성을 나타내는 물질
- 평균입경 : 4μm(공기역학적 직경이 10μm 미만의 먼지가 호흡성 입자상 물질)
- 채취기구 : 10mm Nylon Cyclone

02 다음 중 기관지와 폐포 등 폐 내부의 공기통로와 가스 교환 부위에 침착되는 먼지로서 공기역학적 지름이 30μm 이하의 크기를 가지는 것은?

① 흉곽성 먼지 ② 호흡성 먼지
③ 흡입성 먼지 ④ 침착성 먼지

해설 흉곽성 분진(TPM)
㉠ 기도나 폐포(하기도, 가스 교환 부위)에 침착할 때 독성을 나타내는 물질
㉡ 평균입경 : 10μm
㉢ 채취기구 : PM10

03 다음 중 호흡성 먼지(Respirable Dust)에 대한 미국 ACGIH의 정의로 옳은 것은?

① 크기가 10~100μm로 코와 인후두를 통하여 기관지나 폐에 침착한다.
② 폐포에 도달하는 먼지로, 입경이 7.1μm 미만인 먼지를 말한다.
③ 평균입경이 4μm이고, 공기역학적 직경이 10μm 미만인 먼지를 말한다.
④ 평균입경이 10μm인 먼지로 흉곽성(Thoracic) 먼지라고도 한다.

해설 호흡성 분진(RPM)
㉠ 가스 교환 부위, 즉 폐포에 침착할 때 독성을 나타내는 물질
㉡ 평균입경 : 4μm(공기역학적 직경이 10μm 미만의 먼지가 호흡성 입자상 물질)
㉢ 채취기구 : 10mm Nylon Cyclone

04 주로 비강, 인후두, 기관 등 호흡기의 기도부위에 축적됨으로써 호흡기계 독성을 유발하는 분진은?

① 흡입성 분진 ② 호흡성 분진

③ 흉곽성 분진 ④ 총부유 분진

05 ACGIH에 의한 입자상 물질의 분진의 이름과 호흡기계 부위별 누적빈도 50%에 해당하는 크기가 연결된 것으로 틀린 것은?

① 폐포성 분진 – 1μm ② 호흡성 분진 – 4μm

③ 흉곽성 분진 – 10μm ④ 흡입성 분진 – 100μm

06 입자상 물질의 종류 중 액체나 고체의 2가지 상태로 존재할 수 있는 것은?

① 흄(Fume) ② 미스트(Mist)

③ 증기(Vapor) ④ 스모크(Smoke)

07 입자상 물질의 하나인 흄(Fume)의 발생기전 3단계에 해당하지 않는 것은?

① 산화 ② 응축 ③ 입자화 ④ 증기화

해설 흄(Fume)
금속이 용해되어 액상물질로 되고 이것이 가스상 물질로 기화된 후 다시 응축되어 발생되는 고체입자를 말하며, 흔히 산화(Oxidation) 등의 화학반응을 수반한다. 용접흄이 여기에 속한다. 상온 · 상압하에서는 고체상태이다.
기화 → 산화 → 응축 반응순으로 진행된다.

08 대상 먼지와 침강속도가 같고, 밀도가 1이며 구형인 먼지의 직경으로 환산하여 표현하는 입자상 물질의 직경을 무엇이라 하는가?

① 입체적 직경 ② 등면적 직경

③ 기하학적 직경 ④ 공기역학적 직경

해설 공기역학적 직경(Aerodynamic Diameter)
밀도가 1g/cm^3 물질로 구 형태를 만든 표준입자를 다양한 입자크기로 만든 후에 대상입자와 낙하되는 속도가 동일한 표준입자의 직경을 대상입자의 직경으로 사용하는 방법을 말한다.

09 공기역학적 직경(Aerodynamic Diameter)에 대한 설명과 가장 거리가 먼 것은?

① 역학적 특성, 즉 침강속도 또는 종단속도에 의해 측정되는 먼지 크기이다.

② 직경분립충돌기(Cascade Impactor)를 이용해 입자의 크기 및 형태 등을 분리한다.

③ 대상 입자와 같은 침강속도를 가지며 밀도가 1인 가상적인 구형의 직경으로 환산한 것이다.

④ 마틴 직경, 페렛 직경 및 등면적 직경(Projected Area Diameter)의 세 가지로 나뉜다.

해설 마틴 직경, 페렛 직경, 등면적 직경(Projected Area Diameter)은 기하학적(물리적) 직경이다.

10 건강영향에 따른 분진의 분류와 유발물질의 종류를 잘못 짝지은 것은?

① 유기성 분진 – 목분진, 면, 밀가루
② 알레르기성 분진 – 크롬산, 망간, 황
③ 진폐성 분진 – 규산, 석면, 활석, 흑연
④ 발암성 분진 – 석면, 니켈카보닐, 아민계 색소

해설 분진의 종류
㉠ 전신중독성 분진 : 망간, 아연 화합물
㉡ 발암성 분진 : 석면, 니켈카보닐, 아민계 색소
㉢ 알레르기성 분진 : 꽃가루, 털 등
㉣ 진폐성 분진 : 규산, 석면, 활석, 흑연
㉤ 유기성 분진 : 목분진, 면, 밀가루

11 건강영향에 따른 분진의 분류와 유발물질의 종류를 잘못 짝지은 것은?

① 진폐성 분진–규산, 석면, 활석, 흑연
② 불활성 분진–석탄, 시멘트, 탄화규소
③ 알레르기성 분진–크롬산, 망간, 황 및 유기성 분진
④ 발암성 분진–석면, 니켈카보닐, 아민계 색소

해설 알레르기성 분진에는 꽃가루, 털 등이 있다.

12 다음 중 산업독성학의 활용과 거리가 먼 것은?

① 작업장 화학물질의 노출기준 설정 시 활용된다.
② 작업환경의 공기 중 화학물질의 분석기술에 활용된다.
③ 유해 화학물질의 안전한 사용을 위한 대책 수립에 활용된다.
④ 화학물질 노출을 생물학적으로 모니터링하는 역할에 활용된다.

해설 ②는 작업환경측정에 관한 내용이다.

13 산업독성의 범위에 관한 설명으로 거리가 먼 것은?

① 독성물질이 산업 현장인 생산공정의 작업환경 중에서 나타내는 독성이다.
② 작업자들의 건강을 위협하는 독성물질의 독성을 대상으로 한다.
③ 공중보건을 위협하거나 우려가 있는 독성물질의 치료를 목적으로 한다.
④ 공업용 화학물질 취급 및 노출과 관련된 작업자의 건강보호가 목적이다.

해설 산업독성은 근로자가 작업장에서 독성물질에 노출될 경우 근로자에게 발생할 수 있는 건강에 대한 영향을 평가하는 것이다.

ANSWER | 01 ② 02 ① 03 ③ 04 ① 05 ① 06 ④ 07 ③ 08 ④ 09 ④ 10 ②
11 ③ 12 ② 13 ③

THEMA 79 입자상 물질이 인체에 미치는 영향

1. 호흡기계 축적 메커니즘

① 충돌(관성충돌) : 공기의 흐름이 기관에서 기관지로 바뀔 때 입자상 물질의 관성력에 의해 충돌되어 호흡기계에 축적되는 것으로 호흡기계의 가지부분은 입자상 물질이 가장 많이 축적됨. 입자의 크기는 5~30μm

② 침강(침전) : 가지기관을 지난 후 입자가 가지고 있는 자체 무게에 의해 중력 침강 작용이 발생, 입자모양과 상관없음. 입자의 크기는 1~5μm

③ 확산 : 매우 미세한 입자의 경우 확산에 의해 침착. 입자의 크기는 1μm 이하

④ 차단 : 기도 표면에 섬유 입자의 한쪽 끝이 표면에 접촉하여 간섭받게 되어 침착

※ 가스상 물질의 호흡기계 축적을 결정하는 가장 중요한 인자는 "물질의 수용성 정도"이다.

2. 진폐증

① 정의 : 진폐증(Pneumoconiosis)이란 용어는 희랍어로 'Dust in the Lungs'라는 뜻이지만 먼지로 인한 폐조직의 섬유화를 말하며 먼지에 의한 대표적인 건강장해이다. 진폐증을 일으키는 무기분진에는 유리규산, 석면, 석탄분진 등이 있고, 흑연, 운모, 활석, 적철광 등도 속한다. 진폐증을 일으키는 석면의 경우 길이가 5~8μm보다 길고, 두께가 0.25~1.5μm보다 얇은 것이 잘 일으킨다. 대표적인 병리소견인 섬유증이란 폐포, 폐포관, 모세기관지 등을 이루고 있는 세포들 사이에 콜라겐 섬유가 증식하는 병리적 현상이다. 콜라겐 섬유가 증식하면 폐의 탄력성이 떨어져 호흡곤란, 지속적인 기침, 폐기능 저하를 가져온다.

② 흡입성 분진의 종류에 따른 분류

㉠ 무기성 분진에 의한 진폐증

규폐증, 석면폐증, 흑연폐증, 탄소폐증, 탄광부폐증, 활석폐증, 용접공폐증, 철폐증, 베릴륨폐증, 알루미늄폐증, 규조토폐증, 주석폐증, 칼륨폐증, 바륨폐증

㉡ 유기성 분진에 의한 진폐증

면폐증, 설탕폐증, 농부폐증, 목재분진폐증, 연초폐증, 모발분진폐증

③ 병리적 변화에 따른 분류

㉠ 교원성 진폐증

섬유성 분진 또는 비섬유성 분진에 대한 조직반응에 의해 일어나는 진폐증이며 섬유성 분진에 의한 규폐증, 석면폐증 등과 비섬유성 분진에 의한 탄광부 진폐증, 진행성 괴사성 섬유화가 있음

- 폐포조직의 비가역적 변화나 파괴
- 폐조직의 병리적 반응이 영구적이며 교원성 간질반응이 명백하고 그 정도가 심함
- 규폐증, 석면폐증 등이 대표적인 예

㉡ 비교원성 진폐증
비섬유성 분진이 일으키는 진폐증으로 산화주석(주석폐증), 황산바륨(바륨폐증) 등이 있음
- 폐조직이 정상이며 간질반응이 경미함
- 망상섬유로 구성되어 있고 조직반응이 가역적인 경우가 많음
- 용접공폐증, 주석폐증, 바륨폐증, 칼륨폐증 등이 대표적인 예

3. 주요 진폐증의 종류

① 규폐증(硅肺症) : 이산화규소(SiO_2)를 들이마심으로써 문제가 되는 것인데 대부분의 광산이나 도자기 작업장, 채석장, 석재공장, 터널공사장 등 많은 작업장에서 규소가 문제를 일으킬 수 있다. 20년 정도의 긴 시간이 지나야 발병하는 경우가 대부분이지만 드물게는 몇 달 만에 증상이 생기는 경우도 있다. 섬유화뿐만 아니라 결핵도 악화시켜서 규폐결핵증이 되기 쉽다.
㉠ 폐조직에서 섬유상 결절이 발견된다.
㉡ 유리규산분진 흡입으로 폐에 만성 섬유증식이 나타난다.
㉢ 분진입자의 크기가 2~5μm일 때 유리규산분진에 의한 규폐성 결정과 폐포벽 파괴 등 망상내피계 반응이 일어난다.
㉣ 합병증인 폐결핵이 폐하엽 부위에 많이 생긴다.
㉤ 자각증상 없이 서서히 진행(10년 이상)된다.
㉥ 고농도의 규소입자에 노출되면 급성 규폐증에 걸리며, 열, 기침, 체중 감소, 청색증이 나타난다.

② 석면폐증(石綿肺症)
㉠ 섬유화로 인한 허파의 기능 저하뿐만 아니라 폐암도 유발한다.
㉡ 비가역적이며, 석면노출이 중단된 후에도 악화되는 경우가 있다.
㉢ 석면폐증의 용혈작용은 석면 내의 Mg에 의해서 발생되며 적혈구의 급격한 증가 증상이다.
㉣ 폐의 석면화는 폐조직의 신축성을 감소시키고, 가스교환능력을 저하시켜 결국 혈액으로의 산소공급이 불충분하게 된다.

4. 진폐증 발생에 관여하는 요인

① 분진의 농도
② 분진의 크기
③ 분진의 노출기간 및 작업강도
④ 개인차

5. 석면에 의한 건강장애

① 석면은 마그네슘과 규소를 포함하고 있는 광물질로서 청석면(크로시돌라이트), 갈석면(아모사이트), 백석면(크리소타일) 등이 있다.
② 자연계에서 산출되는 길고, 가늘고, 강한 섬유상 물질로서 내열성, 불활성, 절연성의 성질을 갖는다.
③ 석면은 폐암, 악성중피종, 석면폐증을 일으키는 발암물질이다.
④ 석면의 종류 중 발암성이 가장 강한 것은 청석면이다.

6. 인체 방어기전

① 점액 섬모운동에 의한 정화
   ㉠ 입자상 물질에 대한 가장 기초적인 방어작용
   ㉡ 흡입된 공기 속 입자들은 호흡상피에서 분비된 점액의 점액층에 달라붙어 구강 쪽으로 향하는 섬모운동에 의해 외부로 배출
   ㉢ 대표적인 예 : 객담
   ㉣ 섬모운동 방해물질 : 담배연기, 카드뮴, 니켈, 암모니아, 수은 등
② 대식세포에 의한 정화
   ㉠ 기관지나 세기관지에 침착된 먼지는 대식세포가 둘러쌈
   ㉡ 상부 기도로 옮겨지거나 대식세포가 방출하는 효소에 의해 제거
   ㉢ 대식세포의 용해효소에 제거되지 않는 물질 : 석면, 유리규산

7. 직업성 천식

① 작업장에서 흡입되는 물질에 의해 발생하는 천식을 말한다.
② 처음 얼마 동안은 증상 없이 지내다가 수개월 혹은 수년 후에 천식증상이 나타나게 된다.
③ 특징적인 증상은 주말이나 휴가 시에는 완화되고 직장에 복귀하면 악화된다.
④ 직업성 천식을 일으키는 물질
   TDI(Toluene Diisocyanate), TMA(Trimelitic Anhydride), 디메틸에탄올아민, 목분진, 밀가루 등이다.

연습문제

01 공기 중 입자상 물질의 호흡기계 축적기전에 해당하지 않는 것은?
① 교환 ② 충돌 ③ 침전 ④ 확산

해설 호흡기계 축적 메커니즘
㉠ 충돌(관성충돌) ㉡ 침강(침전)
㉢ 확산 ㉣ 차단

02 작업환경 중에서 부유 분진이 호흡기계에 축적되는 주요 작용기전과 가장 거리가 먼 것은?
① 충돌 ② 침강 ③ 확산 ④ 농축

03 입자상 물질의 호흡기계 침착기전 중 길이가 긴 입자가 호흡기계로 들어오면 그 입자의 가장자리가 기도의 표면을 스치게 됨으로써 침착하는 현상은?
① 충돌 ② 침전 ③ 차단 ④ 확산

해설 차단
섬유 입자의 한쪽 끝이 기도 표면에 접촉하여 간섭받게 되면서 침착하는 현상

04 가스상 물질의 호흡기계 축적을 결정하는 가장 중요한 인자는?

① 물질의 농도차 ② 물질의 입자분포
③ 물질의 발생기전 ④ 물질의 수용성 정도

해설 가스상 물질의 호흡기계 축적을 결정하는 가장 중요한 인자는 "물질의 수용성 정도"이다.

05 흡입된 분진이 폐 조직에 축적되어 병적인 변화를 일으키는 질환을 총괄적으로 의미하는 용어는?

① 천식 ② 질식
③ 진폐증 ④ 중독증

해설 진폐증은 먼지로 인한 폐조직의 섬유화를 말하며 먼지에 의한 대표적인 건강장해이다.

06 다음 중 진폐증 발생에 관여하는 요인이 아닌 것은?

① 분진의 크기 ② 분진의 농도
③ 분진의 노출기간 ④ 분진의 각도

해설 진폐증 발생에 관여하는 요인
㉠ 분진의 농도 ㉡ 분진의 크기
㉢ 분진의 노출기간 및 작업강도 ㉣ 개인차

07 진폐증을 일으키는 물질이 아닌 것은?

① 철 ② 흑연
③ 베릴륨 ④ 셀레늄

해설 흡입성 분진의 종류에 따른 분류
㉠ 무기성 분진에 의한 진폐증
규폐증, 석면폐증, 흑연폐증, 탄소폐증, 탄광부폐증, 활석폐증, 용접공폐증, 철폐증, 베릴륨폐증, 알루미늄폐증, 규조토폐증, 주석폐증, 칼륨폐증, 바륨폐증
㉡ 유기성 분진에 의한 진폐증
면폐증, 설탕폐증, 농부폐증, 목재분진폐증, 연초폐증, 모발분진폐증

08 다음 중 무기성분에 의한 진폐증에 해당하는 것은?

① 면폐증 ② 규폐증
③ 농부폐증 ④ 목재분진폐증

해설 무기성 분진에 의한 진폐증
규폐증, 석면폐증, 흑연폐증, 탄소폐증, 탄광부폐증, 활석폐증, 용접공폐증, 철폐증, 베릴륨폐증, 알루미늄폐증, 규조토폐증, 주석폐증, 칼륨폐증, 바륨폐증

09 무기성분진에 의한 진폐증이 아닌 것은?

① 규폐증(Silicosis) ② 연초폐증(Tabacosis)
③ 흑연폐증(Graphite Lung) ④ 용접공폐증(Welder's Lung)

10 무기성 분진에 의한 진폐증이 아닌 것은?

① 면폐증 ② 규폐증 ③ 철폐증 ④ 용접공폐증

11 유기성 분진에 의한 진폐증에 해당하는 것은?

① 규폐증 ② 탄소폐증 ③ 활석폐증 ④ 농부폐증

해설 유기성 분진에 의한 진폐증
면폐증, 설탕폐증, 농부폐증, 모재분진폐증, 연초폐증, 모발분진폐증

12 다음 중 유기분진에 의한 진폐증에 해당하는 것은?

① 석면폐증 ② 규폐증 ③ 면폐증 ④ 활석폐증

13 유기성 분진에 의한 것으로 체내 반응보다는 직접적인 알레르기 반응을 일으키며 특히 호열성 방선균류의 과민증상이 많은 진폐증은?

① 농부폐증 ② 규폐증 ③ 석면폐증 ④ 면폐증

14 폐결핵을 합병증으로 하여 폐하엽 부위에 많이 생기는 증상으로 맞는 것은?

① 면폐증 ② 철폐증 ③ 규폐증 ④ 석면폐증

해설 규폐증의 특징
㉠ 폐조직에서 섬유상 결절이 발견된다.
㉡ 유리규산분진 흡입으로 폐에 만성 섬유증식이 나타난다.
㉢ 분진입자의 크기가 2~5μm일 때 유리규산분진에 의한 규폐성 결정과 폐포벽 파괴 등 망상 내피계 반응이 일어난다.
㉣ 합병증인 폐결핵이 폐하엽 부위에 많이 생긴다.
㉤ 자각증상 없이 서서히 진행(10년 이상)된다.
㉥ 고농도의 규소입자에 노출되면 급성 규폐증에 걸리며, 열, 기침, 체중 감소, 청색증이 나타난다.

15 채석장 및 모래 분사 작업장(Sandblasting) 작업자들이 석영을 과도하게 흡입하여 발생하는 질병은?

① 규폐증 ② 탄폐증 ③ 면폐증 ④ 석면폐증

해설 규폐증(硅肺症)
이산화규소(SiO_2)를 들이마심으로써 문제가 되는 것인데, 대부분의 광산이나 도자기 작업장, 채석장, 석재공장, 터널공사장 등 많은 작업장에서 규소가 문제를 일으킬 수 있다. 20년 정도의 긴 시간이 지나야 발병하는 경우가 대부분이지만 드물게는 몇 달 만에 증상이 생기는 경우도 있다. 섬유화뿐만 아니라 결핵도 악화시켜서 규폐결핵증이 되기 쉽다.

16 주요 원인 물질은 혼합물질이며 건축업, 도자기 작업장, 채석장, 석재공장 등의 작업장에서 근무하는 근로자에게 발생할 수 있는 진폐증은?

① 석면폐증 ② 용접공폐증 ③ 철폐증 ④ 규폐증

17 규폐증(Silicosis)에 관한 설명으로 틀린 것은?

① 석영 분진에 직업적으로 노출될 때 발생하는 진폐증의 일종이다.
② 채석장 및 모래분사 작업장에 종사하는 작업자들이 잘 걸리는 폐질환이다.
③ 석면의 고농도분진을 단기적으로 흡입할 때 주로 발생되는 질병이다.
④ 역사적으로 보면 이집트의 미라에서도 발견되는 오랜 질병이다.

해설 규폐증은 이산화규소(SiO_2)를 들이마심으로써 문제가 되는 것이다.

18 진폐증의 독성병리기전에 대한 설명으로 틀린 것은?

① 진폐증의 대표적인 병리소견은 섬유증(Fibrosis)이다.
② 섬유증이 동반되는 진폐증의 원인물질로는 석면, 알루미늄, 베릴륨, 석탄분진, 실리카 등이 있다.
③ 폐포탐식세포는 분진탐식 과정에서 활성산소유리기에 의한 폐포상피세포의 증식을 유도한다.
④ 콜라겐 섬유가 증식하면 폐의 탄력성이 떨어져 호흡곤란, 지속적인 기침, 폐기능 저하를 가져온다.

해설 폐포탐식세포는 폐에 침입하는 각종 생물학적, 화학적 유해인자를 탐식하여 폐를 보호한다.

19 다음 중 진폐증을 가장 잘 일으킬 수 있는 섬유성 분진의 크기는?

① 길이가 5~8μm보다 길고, 두께가 0.25~1.5μm보다 얇은 것
② 길이가 5~8μm보다 짧고, 두께가 0.25~1.5μm보다 얇은 것
③ 길이가 5~8μm보다 길고, 두께가 0.25~1.5μm보다 두꺼운 것
④ 길이가 5~8μm보다 짧고, 두께가 0.25~1.5μm보다 두꺼운 것

해설 석면의 경우 길이가 5~8μm보다 길고, 두께가 0.25~1.5μm보다 얇은 것이 진폐증을 잘 일으킨다.

20 유리규산(석영) 분진에 의한 규폐성 결정과 폐포벽 파괴 등 망상 내피계 반응은 분진입자의 크기가 얼마일 때 자주 일어나는가?

① 0.1~0.5μm ② 2~5μm ③ 10~15μm ④ 15~20μm

해설 규폐증은 분진입자의 크기가 2~5μm일 때 유리규산분진에 의한 규폐성 결정과 폐포벽 파괴 등 망상 내피계 반응이 일어난다.

21 다음 중 주성분으로 규산과 산화마그네슘 등을 함유하고 있으며 중피종, 폐암 등을 유발하는 물질은?

① 석면　② 석탄　③ 흑연　④ 운모

해설 석면은 마그네슘과 규소를 포함하고 있는 광물질로서 청석면(크로시돌라이트), 갈석면(아모사이트), 백석면(크리소타일) 등이 있다.

22 인체에 미치는 영향에 있어서 석면(Asbestos)은 유리규산(Free Silica)과 거의 비슷하지만 구별되는 특징이 있다. 석면에 의한 특징적 질병 혹은 증상은?

① 폐기종　② 악성중피종　③ 호흡곤란　④ 가슴의 통증

해설 석면은 폐암, 악성중피종, 석면폐증을 일으키는 발암물질이다.

23 다음 중 20년간 석면을 사용하여 브레이크 라이닝과 패드를 만들었던 근로자가 걸릴 수 있는 질병과 거리가 먼 것은?

① 폐암　② 급성 골수성 백혈병
③ 석면폐증　④ 악성중피종

24 다음 중 폐에 침착된 먼지의 정화과정에 대한 설명으로 틀린 것은?

① 어떤 먼지는 폐포벽을 뚫고 림프계나 다른 부위로 들어가기도 한다.
② 먼지는 세포가 방출하는 효소에 의해 용해되지 않으므로 점액층에 의한 방출 이외에는 체내에 축적된다.
③ 폐에서 먼지를 포위하는 식세포는 수명이 다한 후 사멸하고 다시 새로운 식세포가 먼지를 포위하는 과정이 계속적으로 일어난다.
④ 폐에 침착된 먼지는 식세포에 의하여 포위되어, 포위된 먼지의 일부는 미세 기관지로 운반되고 점액 섬모운동에 의하여 정화된다.

해설 호흡기계로 들어온 먼지에 대한 인체 방어기전
㉠ 점액 섬모운동에 의한 정화
㉡ 대식세포에 의한 정화

25 다음 중 먼지가 호흡기계로 들어올 때 인체가 가지고 있는 방어기전으로 가장 적정하게 조합된 것은?

① 면역작용과 대식세포의 작용
② 폐포의 활발한 가스교환과 대사작용
③ 점액 섬모운동과 가스교환에 의한 정화
④ 점액 섬모운동과 폐포의 대식세포의 작용

해설 인체 방어기전

㉠ 점액 섬모운동에 의한 정화
- 입자상 물질에 대한 가장 기초적인 방어작용
- 흡입된 공기 속 입자들은 호흡상피에서 분비된 점액의 점액층에 달라붙어 구강 쪽으로 향하는 섬모운동에 의해 외부로 배출
- 대표적인 예 : 객담
- 섬모운동 방해물질 : 담배연기, 카드뮴, 니켈, 암모니아, 수은 등

㉡ 대식세포에 의한 정화
- 기관지나 세기관지에 침착된 먼지는 대식세포가 둘러쌈
- 상부 기도로 옮겨지거나 대식세포가 방출하는 효소에 의해 제거
- 대식세포의 용해효소에 제거되지 않는 물질 : 석면, 유리규산

26 다음 중 직업성 천식의 발생 작업으로 볼 수 없는 것은?

① 석면을 취급하는 근로자
② 밀가루를 취급하는 근로자
③ 폴리비닐 필름으로 고기를 싸거나 포장하는 정육업자
④ 폴리우레탄 생산공정에서 첨가제로 사용되는 TDI(Toluene Diisocyanate)를 취급하는 근로자

해설 석면은 직업성 천식을 일으키지 않는다.

27 자동차 정비업체에서 우레탄 도료를 사용하는 도장작업 근로자에게서 직업성 천식이 발생되었을 때, 원인 물질로 추측할 수 있는 것은?

① 시너(Thinner)
② 벤젠(Benzene)
③ 크실렌(Xylene)
④ TDI(Toluene Diisocyanate)

28 직업성 천식이 유발될 수 있는 근로자와 거리가 가장 먼 것은?

① 채석장에서 돌을 가공하는 근로자
② 목분진에 과도하게 노출되는 근로자
③ 빵집에서 밀가루에 노출되는 근로자
④ 폴리우레탄 페인트 생산에 TDI를 사용하는 근로자

29 직업성 천식을 확진하는 방법이 아닌 것은?

① 작업장 내 유발검사
② Ca-EDTA 이동시험
③ 증상 변화에 따른 추정
④ 특이항원 기관지 유발검사

해설 직업성 천식을 확진하는 방법

㉠ 작업장 내 유발검사
㉡ 증상 변화에 따른 추정
㉢ 특이항원 기관지 유발검사

30 작업장 공기 중에 노출되는 분진 및 유해물질로 인하여 나타나는 장해가 잘못 연결된 것은?

① 규산분진, 탄분진 : 진폐

② 카르보닐니켈, 석면 : 암

③ 카드뮴, 납, 망간 : 직업성 천식

④ 식물성·동물성 분진 : 알레르기성 질환

해설 직업성 천식을 유발하는 물질은 TDI(Toluene Diisocyanate), TMA(Trimellitic Anhydride) 등이다.

31 다음 중 직업성 천식을 유발하는 원인 물질로만 나열된 것은?

① 알루미늄, 2-bromopropane

② TDI(Toluene Diisocyanate), Asbestos

③ 실리카, DBCP(1, 2-dibromo-3-chloropropane)

④ TDI(Toluene Diisocyanate), TMA(Trimellitic Anhydride)

ANSWER | 01 ① 02 ④ 03 ③ 04 ④ 05 ③ 06 ④ 07 ④ 08 ② 09 ② 10 ①
11 ④ 12 ③ 13 ① 14 ③ 15 ① 16 ④ 17 ③ 18 ③ 19 ① 20 ②
21 ① 22 ② 23 ② 24 ② 25 ④ 26 ① 27 ④ 28 ① 29 ② 30 ③
31 ④

80 유해화학물질 – 유기용제 (1)

1. 유기용제의 정의

유기용제란 상온 · 상압하에서 휘발성이 있는 액체로서 다른 물질을 녹이는 성질이 있는 것을 말하며, 유기용제 증기가 가장 활발하게 발생될 수 있는 인자는 높은 온도 및 낮은 기압이다.

2. 유기용제의 분류

화학적 구조에 따라 유기용제를 지방족탄화수소, 방향족탄화수소, 할로겐화탄화수소, 알코올류, 알데히드류, 케톤류, 글리콜류, 에텔류, 이황화탄소 등으로 분류한다.

3. 유기용제의 독성과 반응기전

① 중추신경계 억제작용 및 자극작용
- ㉠ 유기용제의 공통적인 독성작용은 중추신경계의 억제작용임
- ㉡ 유기용제와 같은 지용성 화학물질은 지방에 대한 친화력이 높고 물에 대한 친화력이 낮아 신체조직의 지방, 지질부분에 축적될 가능성이 높음
- ㉢ 신경세포의 지질막에 축적되어 정상적인 신경전달을 방해함

② 중추신경계 독성기전
- ㉠ 탄소사슬의 길이가 길수록 지용성 능력이 높아져 중추신경 억제가 증가
- ㉡ 할로겐 기능기가 첨가되면 마취작용 증가에 따른 중추신경계에 대한 억제작용이 증가하고 알코올 작용 그룹에 의하여 다소 증가
- ㉢ 불포화화합물(이중결합, 삼중결합 등)은 포화화합물(단일결합)보다 더욱 강력한 중추신경 억제물질임(자극성이 더 큼)

③ 할로겐화 탄화수소의 독성
- ㉠ 중추신경계 억제
- ㉡ 점막에 대한 중등도의 자극 효과
- ㉢ 중독 및 연속성

④ 할로겐화 탄화수소의 일반적 특성
- ㉠ 중추신경계 억제작용이 있음
- ㉡ 화합물의 분자량이 클수록 할로겐원소가 커질수록 할로겐화 탄화수소의 독성의 정도가 증가
- ㉢ 중추신경계 억제 작용에 의한 마취작용이 나타남
- ㉣ 알켄족(불포화화합물, 이중결합)이 알칸족(포화화합물, 단일결합)보다 중추신경계에 대한 억제 작용이 큼
- ㉤ 냉각제, 금속세척[대표적 TCE(트리클로로에틸렌)], 플라스틱 고무용제 등에 사용됨

⑤ 중추신경계 억제작용 및 자극작용
할로겐화 화합물 > 에테르 > 에스테르 > 유기산 > 알코올 > 알켄 > 알칸

⑥ 생체막과 조직에 대한 자극

㉠ 모든 유기화학물질은 자극적인 특성을 갖고 있다.

㉡ 단백질과 지질로 된 격막의 세포가 유기용매에 의하여 지방이나 지질이 추출되면 자극이 생기고 손상되어 피부나 허파, 눈까지 상하게 할 수 있다.

㉢ 자극작용 크기 순서 : 알칸 < 알코올 < 알데히드 또는 케톤 < 유기산 < 아민류

⑦ 유기용제 그룹별 특징

㉠ 방향족 화합물 : 쇄상화합물보다 독성이 강하고 주로 조혈기관(골수)을 침범

㉡ 지방족 탄화수소 : 마취작용, 저급한 것보다 고급한 것일수록 마취작용이 강함

㉢ 할로겐화 탄화수소 : 모(母)화합물보다 독성이 증가, 간장 · 신장 · 심장 등의 내장기관에 침투

㉣ 방향족 니트로 · 아미노 화합물 : 메트헤모글로빈 생성

⑧ 유기용제별 대표적 특이 증상(가장 심각한 독성)

㉠ 벤젠 : 조혈장애

㉡ 염화탄화수소 : 간장애

㉢ 이황화탄소 : 중추신경 및 말초신경장애

㉣ 메탄올 : 시신경장애

㉤ 메틸부틸케톤 : 말초신경장애

㉥ 노말헥산 : 다발성 신경장애

㉦ 에틸렌글리콜에테르류 : 생식기장애

4. 포화지방족 유기용제

① 단일결합으로 이루어진 화합물이며 알칸류(C_nH_{2n+2})로 급성독성에서 독성이 가장 작다.

② 포화지방족 탄화수소 중 탄소수가 4개 이하인 것은 질식제 외에 인체에 영향이 거의 없다.

5. 방향족 유기용제

① 1개 이상의 벤젠고리로 구성된 화합물로 구조에 따라 다양한 냄새가 난다.

② 지방족 화합물에 비해 독성이 훨씬 강하다.

③ 고농도에서 중추신경계에 영향을 미친다.

④ 대표적 방향족 유기용제

㉠ 벤젠(C_6H_6)

- 상온 · 상압에서 향기로운 냄새가 나는 무색투명한 액체이다.
- ACGIH에서는 A1(발암성 확정 물질), 고용노동부에서는 1A(사람에게 충분한 발암성 증거가 있는 물질)로 지정되어 있다.
- 노출 초기에는 빈혈증을 나타내고 장기간 노출되면 혈소판 감소, 백혈구 감소를 초래한다.
- 방향족 탄화수소 중 저농도에 장기간 노출되어 만성중독(조혈장해)을 일으키는 경우에 가장 위험하다.

• 만성중독 시 골수독소 → 혈액의 응고력 저하(백혈구 감소증, 재생불량성 빈혈증) → 골수 과다 증식증 → 성장 부전증 → 백혈병
• 최종대사산물은 페놀이며, 페놀은 벤젠의 생물학적 지표로 이용된다.

ⓛ 톨루엔($C_6H_5CH_3$)
• 방향족 탄화수소 중 급성 전신중독을 일으키는 데 독성이 가장 강하다.
• 급성 전신중독 시 독성이 강한 순서는 톨루엔 > 크실렌 > 벤젠 순이다.
• 벤젠보다 더 강력한 중추신경억제제이다.
• 골수 및 조혈기능 장해가 일어나지 않는다.
• 생물학적 노출지표는 요중 마뇨산, 혈중 톨루엔이다.

ⓒ 다핵방향족 탄화수소류(PAH)
• 다핵방향족 탄화수소류는 벤젠고리가 2개 이상 연결된 것으로 인체 대사에 관여하는 효소가 p−448로 대사되어 발암성을 나타낸다.
• 비극성의 지용성 화합물이며 소화관을 통해서 흡수된다.
• 철강 제조업에서 석탄을 건류할 때나 아스팔트를 콜타르 피치로 포장할 때 발생한다.
• 시토크롬(Cytochrome) P−420의 준개체단에 의하여 대사된다.

연습문제

01 유기용제의 화학적 성상에 따른 유기용제의 구분으로 볼 수 없는 것은?

① 시너류　② 글리콜류
③ 케톤류　④ 지방족 탄화수소

해설 화학적 구조에 따라 유기용제를 지방족 탄화수소, 방향족 탄화수소, 할로겐화 탄화수소, 알코올류, 알데히드류, 케톤류, 글리콜류, 에텔류, 이황화탄소 등으로 분류한다.

02 다음 중 유기용제에 대한 설명으로 틀린 것은?

① 벤젠은 백혈병을 일으키는 원인물질이다.
② 벤젠은 만성장해로 조혈장해를 유발하지 않는다.
③ 벤젠은 주로 페놀로 대사되며 페놀은 벤젠의 생물학적 노출지표로 이용된다.
④ 방향족 탄화수소 중 저농도에 장기간 노출되어 만성중독을 일으키는 경우에는 벤젠의 위험도가 크다.

해설 벤젠은 방향족 탄화수소 중 저농도에 장기간 노출되어 만성중독(조혈장해)을 일으키는 경우에 가장 위험하다.

03 다음 중 방향족 탄화수소 중 저농도에 장기간 노출되어 만성중독을 일으키는 경우 가장 위험한 것은?

① 벤젠　② 크실렌　③ 톨루엔　④ 에틸렌

04 벤젠에 관한 설명으로 틀린 것은?

① 벤젠은 백혈병을 유발하는 것으로 확인된 물질이다.
② 벤젠은 지방족 화합물로서 재생불량성 빈혈을 일으킨다.
③ 벤젠은 골수독성(Myelotoxin) 물질이라는 점에서 다른 유기용제와 다르다.
④ 혈액조직에서 벤젠이 유발하는 가장 일반적인 독성은 백혈구 수의 감소로 인한 응고작용 결핍 등이다.

해설 벤젠은 방향족 화합물로서 장기간 폭로 시 혈액장애, 간장장애, 재생불량성 빈혈, 백혈병을 일으킨다.

05 유기용제의 중추신경계 활성 억제의 순위를 바르게 나열한 것은?

① 에스테르<알코올<유기산<알칸<알켄
② 에스테르<유기산<알코올<알켄<알칸
③ 알칸<알켄<유기산<알코올<에스테르
④ 알칸<알켄<알코올<유기산<에스테르

해설 유기용제의 중추신경계 활성 억제 순위
알칸<알켄<알코올<유기산<에스테르<에테르<할로겐화 화합물

06 유기용제의 종류에 따른 중추신경계 억제작용을 작은 것부터 큰 것으로 순서대로 나타낸 것은?

① 에스테르<유기산<알코올<알켄<알칸
② 에스테르<알칸<알켄<알코올<유기산
③ 알칸<알켄<알코올<유기산<에스테르
④ 알켄<알코올<에스테르<알칸<유기산

07 중추신경계에 억제작용이 가장 큰 것은?

① 알칸족 ② 알코올족 ③ 알켄족 ④ 할로겐족

08 다음 중 유기용제의 중추신경의 자극작용이 가장 강한 유기용제는?

① 아민 ② 알코올 ③ 알칸 ④ 알데히드

해설 자극작용 크기 순서
알칸<알코올<알데히드 또는 케톤<유기산<아민류

09 다음 중 중추신경에 대한 자극작용이 가장 큰 것은?

① 알칸 ② 아민 ③ 알코올 ④ 알데히드

10 다음 중 작업환경 내 발생하는 유기용제의 공통적인 비특이적 증상은?

① 중추신경계 활성 억제　② 조혈기능 장애
③ 간 기능의 저하　④ 복통, 설사 및 시신경장애

해설 유기용제의 공통적인 비특이적 증상은 중추신경계 활성 억제이다.

11 다음 중 유기용제별 중독의 특이 증상이 올바르게 짝지어진 것은?

① 벤젠 – 간장애　② MBK – 조혈장애
③ 염화탄화수소 – 시신경장애　④ 에틸렌글리콜에테르 – 생식기능장애

해설 유기용제별 대표적 특이 증상(가장 심각한 독성)

㉠ 벤젠 : 조혈장애
㉡ 염화탄화수소 : 간장애
㉢ 이황화탄소 : 중추신경 및 말초신경장애
㉣ 메탄올 : 시신경장애
㉤ 메틸부틸케톤 : 말초신경장애
㉥ 노말헥산 : 다발성 신경장애
㉦ 에틸렌글리콜에테르류 : 생식기장애

12 사업장에서 사용되는 벤젠은 중독증상을 유발시킨다. 벤젠중독의 특이 증상으로 가장 적절한 것은?

① 조혈기관의 장해　② 간과 신장의 장해
③ 피부염과 피부암 발생　④ 호흡기계 질환 및 폐암 발생

13 유기용제에 의한 장해의 설명으로 틀린 것은?

① 유기용제의 중추신경계 작용으로 잘 알려진 것은 마취작용이다.
② 사염화탄소는 간장과 신장을 침범하는 데 반하여 이황화탄소는 중추신경계통을 침해한다.
③ 벤젠은 노출 초기에는 빈혈증을 나타내고 장기간 노출되면 혈소판 감소, 백혈구 감소를 초래한다.
④ 대부분의 유기용제는 유독성의 포스겐을 발생시켜 장기간 노출 시 폐수종을 일으킬 수 있다.

해설 작업환경 내 발생하는 유기용제의 공통적인 대표적 비특이적 증상은 중추신경계 활성억제이다.

14 다음의 유기용제 중 특이 증상이 "간장해"인 것으로 가장 적절한 것은?

① 벤젠　② 염화탄화수소
③ 노말헥산　④ 에틸렌글리콜에테르

15 다음 물질을 급성 전신중독 시 독성이 가장 강한 것부터 약한 순서대로 나열한 것은?

벤젠, 톨루엔, 크실렌

① 크실렌 > 톨루엔 > 벤젠
② 톨루엔 > 벤젠 > 크실렌
③ 톨루엔 > 크실렌 > 벤젠
④ 벤젠 > 톨루엔 > 크실렌

16 다음 중 만성장해로서 조혈장해를 가장 잘 유발시키는 것은?

① 벤젠
② 톨루엔
③ 크실렌
④ 에틸벤젠

17 석유정제공장에서 다량의 벤젠을 분리하는 공정의 근로자가 해당 유해물질에 반복적으로 계속해서 노출될 경우 발생 가능성이 가장 높은 직업병은 무엇인가?

① 신장 손상
② 직업성 천식
③ 급성골수성 백혈병
④ 다발성말초신경장해

18 다음 중 다핵방향족 탄화수소(PAHs)에 관한 설명으로 틀린 것은?

① 벤젠고리가 2개 이상이다.
② 일반적으로 시토크롬 P-448이라고 부른다.
③ 대사가 잘 되는 고리화합물로 되어 있다.
④ 체내에서는 배설되기 쉬운 수용성 형태로 만들기 위하여 수산화가 되어야 한다.

해설 다핵방향족 탄화수소류(PAH)

㉠ 다핵방향족 탄화수소류는 벤젠고리가 2개 이상 연결된 것으로 인체 대사에 관여하는 효소가 P-448로 대사되어 발암성을 나타낸다.
㉡ 비극성의 지용성 화합물이며 소화관을 통해서 흡수된다.
㉢ 철강 제조업에서 석탄을 건류할 때나 아스팔트를 콜타르 피치로 포장할 때 발생한다.
㉣ 시토크롬(Cytochrome) P-450의 준개체단에 의하여 대사된다.

19 다음 중 다핵방향족 화합물(PAH)에 대한 설명으로 틀린 것은?

① PAH는 벤젠고리가 2개 이상 연결된 것이다.
② PAH의 대사에 관여하는 효소는 시토크롬 P-448로, 대사되는 중간산물이 발암성을 나타낸다.
③ 톨루엔, 크실렌 등이 대표적이라 할 수 있다.
④ PAH는 배설을 쉽게 하기 위하여 수용성으로 대사된다.

20 다음 중 다핵방향족 탄화수소(PAHs)에 대한 설명으로 틀린 것은?

① 철강제조업의 석탄 건류공정에서 발생된다.

② PAHs의 대사에 관여하는 효소는 시토크롬 P-448이다.

③ PAHs는 배설을 쉽게 하기 위하여 수용성으로 대사된다.

④ 벤젠고리가 2개 이상인 것으로 톨루엔이나 크실렌 등이 있다.

해설 다핵방향족 탄화수소류는 벤젠고리가 2개 이상 연결된 것으로 인체 대사에 관여하는 효소가 P-448로 대사되어 발암성을 나타낸다. 톨루엔이나 크실렌 등은 다핵방향족 탄화수소가 아니다.

ANSWER | 01 ① 02 ② 03 ① 04 ② 05 ④ 06 ③ 07 ④ 08 ① 09 ② 10 ①
11 ④ 12 ① 13 ④ 14 ② 15 ③ 16 ① 17 ③ 18 ③ 19 ③ 20 ④

THEMA 81 유해화학물질 – 유기용제 (2)

1. 알코올 유기용제(R–OH)

① 메탄올(CH_3OH)

㉠ 공업용제(플라스틱, 필름, 휘발유 첨가제)로 사용되며, 자극적인 신경독성물질이다.

㉡ 주요 독성은 시각장해, 중추신경 억제, 혼수상태를 야기한다.

㉢ 호흡기 및 피부를 통해 인체에 흡수된다.

㉣ 시각장해기전(메탄올 → 포름알데히드 → 포름산 → 이산화탄소)

㉤ 메탄올 중독 시 중탄산염의 투여와 혈액투석 치료가 도움이 된다.

㉥ 메탄올의 생물학적 노출지표는 소변 중 메탄올이다.

② 에탄올(C_2H_5OH)

㉠ 국소자극제로 작용하며 중추신경에 강력한 영향을 끼친다.

㉡ 고농도에서 심장, 골격에 근병증을 유발한다.

㉢ 간경화증을 유발시켜 간암으로 진행할 수 있다.

㉣ 피부혈관을 확장시켜 심장혈관을 억압하고 위장분비를 증가시켜 궤양을 일으킨다.

③ 에틸렌글리콜($C_6H_6O_2$)

㉠ 무색무취의 액체로 용제, 부동액에 이용된다.

㉡ 노출 초기에는 호흡마비, 말기에는 단백뇨, 신부전 증상을 나타낸다.

㉢ 독성은 약하며 눈에 들어가면 가역적인 결막염이 생긴다.

㉣ 피부자극성은 없다.

2. 알데히드류 유기용제(R–CHO)

호흡기에 대한 자극작용이 심한 것이 특징이며 지용성 알데히드는 기관지 및 폐를 자극

① 포르말린

㉠ 포름알데히드 37% 수용액에 소량의 메탄올을 혼합한 것

㉡ 감작성(호흡기에 대한 자극작용)이 나타나고 고농도 폭로 시 소화관의 염증을 초래

㉢ 무색의 액체로 매우 자극적인 냄새가 나며 인화 · 폭발의 위험이 있음

㉣ 피부점막에 대한 자극이 강하고, 고농도 흡입으로 기관지염, 폐수종 등을 일으킬 수 있음

② 아세트알데히드(C_2H_4O)

㉠ 피부 · 점막의 자극 및 마취작용이 있음

㉡ 유기합성의 원료로 사용

㉢ 자극성 냄새가 나는 무색의 액체

㉣ 인화 · 폭발의 위험이 있음

③ 아크롤레인(CH_2CHCHO)

독성이 특별히 강하고, 눈, 폐를 심하게 자극하며, 피부 괴저현상을 유발

3. 케톤류 유기용제(R−COR′)

① 중추신경계(CNS) 억제작용

② 자극작용

③ 호흡부전증(과량 흡입 시 사망)

4. 유기할로겐 화합물

① 특성

㉠ 탄화수소 중 수소원자가 할로겐원소로 치환된 것

㉡ 할로겐화 지방족 화합물은 인화점이 낮은 우수한 유기용제이며, 4−염화탄소류 등 할로겐화 탄화수소를 제외한 모든 유기용제는 인화성이 있는 가연성 물질

㉢ 외과수술에서 전신 마취제로 사용됨

㉣ 아드레날린에 대한 심장의 감수성을 변화시켜 심부정맥, 심정지를 일으킬 수 있음

㉤ 간장과 신장을 손상시킬 수 있음

㉥ 분자의 크기가 증가하면 전신독성도 증가

㉦ 염소화 정도가 커질수록 CNS 억제와 간/신장의 손상도 커짐

㉧ 불포화화합물은 포화화합물보다 독성의 잠재성이 더 큼

㉨ 방향족 고리로 치환되면 전신독성이 크게 저하됨

㉩ 할로겐화 화합물은 강한 자극제이나 염소를 불소로 치환 시 현저한 독성 감소

② 할로겐화 화합물

㉠ 염화메틸 : 냉동매체, 에어로졸 분사제, 용매, 화학적 중간체

- 독성 : 근운동의 부조화, 허약, 어지러움, 경련, 언어 곤란, 오심, 시야 흐림, 복통, 설사 등을 일으킨다.
- 급성독성 : 알코올에 만취된 것과 비슷한 증상이 나타난다.

㉡ 브롬화 메틸(CH_3Br)

- 자극성이 강하다.
- 증기에 접촉되면 피부에 심한 화상을 입거나 폐에 심한 자극을 받는다.
- 신경계의 영향이 심하다.
- 회복이 매우 느리고 불안하다.

㉢ 염화메틸렌(CH_2Cl_2)

- 4개의 염소화 메탄 중에서 가장 독성이 적다.
- 고도의 증기에서만 만취한 상태로 만들게 된다.
- 피부자극은 적지만 눈에 폭로되면 고통스럽다.
- 폭로가 계속되면 냄새에 순응되어 감지능력이 저하된다.

㉣ 클로로포름($CHCl_3$)

- 급성독성은 중추신경계(CNS) 억제에 기인한다.
- 급성폭로에 의하여 간과 신장이 손상되고 심장도 예민하게 된다.
- 피부자극은 적지만 눈에 폭로되면 고통스럽다.
- 폭로가 계속되면 냄새에 순응되어 감지능력이 저하된다.
- 페니실린을 비롯한 약품을 정제하기 위한 추출제 혹은 냉동제 및 합성수지에 이용된다.

㉤ 염화비닐(CH_2CHCl)

- 피부 자극제이다.
- 액체에 노출되면 증발에 의하여 동상이 발생하고, 눈이 심하게 자극을 받는다.
- CNS를 억제하므로 경도의 알코올 중독과 비슷한 증상을 일으킨다.
- 급성폭로 시 증상 : 현기증, 오심, 시야 혼탁, 청력 저하, 사망(고농도 노출 시)
- 만성폭로 시 증상 : 관절－뼈 연화증, 피부경화증, 간암인 혈관육종, 레이노드씨 증상 등
- 장기간 폭로될 때 간 조직세포에서 여러 소기관이 증식하고 섬유화 증상이 나타나 간에 혈관육종(Hemangiosarcoma)을 일으킴

㉥ 사염화탄소

- 초기 증상으로는 지속적인 두통, 구역 또는 구토, 복부선통과 설사, 간압통 등이 나타난다.
- 탈지용매로 사용되며, 피부로부터 흡수되어 전신중독을 일으킬 수 있다.
- 간에 대한 독성작용이 강하며, 간의 중요한 장해인 중심소염성 괴사를 일으키는 물질이다.
- 고농도로 폭로되면 중추신경계 장해 외에 간장이나 신장에 장해가 일어나 황달, 단백뇨, 혈뇨의 증상을 나타낸다.

5. 아민류 유기용제($R-NH_3$)

① 일반적 독성

㉠ 가장 독성이 강한 유기용제

㉡ 자극성이 강하므로 다른 유기용제보다 취급상의 위험이 큼

㉢ pH 10 이상이어서 피부 접촉 시 화상 발생

㉣ 화합물의 크기, 치환의 정도는 아민기의 부식성에 별다른 영향을 미치지 않음

㉤ 피부를 통할 때와 흡입할 때에 급성적인 치사량이 비슷함

㉥ 조직독성 : 폐부종, 폐출혈, 간장괴저, 신장괴저, 신장염, 신장근의 퇴행

㉦ 불포화 아민류는 조직독성과 피부독성이 더 큼

② 아민류 독성의 2가지 공통적 특징

㉠ 메트헤모글로빈(MetHb) 생성

㉡ 당해 화학물질에 대한 감작화

③ 알킬아민이 유도하는 교감신경 흥분성

㉠ 알킬연쇄의 크기가 증가할수록 신경흥분이 증가한다.

㉡ 탄소 수가 6개 이상인 알킬아민은 심장박동수가 느려지고, 혈관이 확장되는 감응작용을 한다.

㉢ 알킬연쇄의 분자가 증가할수록 당해 화학물질의 활성이 감소된다.

㉣ 혈관수축은 1차 아민, 2차 아민, 3차 아민 순이다.

㉤ 고농도에 급성적으로 폭로되면 발작성 경련에 의하여 사망한다.

④ 아민류의 발암작용

㉠ 벤지딘, 2－나프틸아민, 4－아미노디페닐, 아닐린 : 방광종양

㉡ 니트로스아민 : 간암 유발

6. 유기인계 살충제

아세틸콜린이라는 신경세포 사이에 자극 기능을 수행하는 효소를 파괴한다.

① 화학전달체 효소를 파괴

② 아세틸콜린에스테라제의 활동을 억제

연습문제

01 다음 중 메탄올에 관한 설명으로 틀린 것은?

① 메탄올은 호흡기 및 피부로 흡수된다.

② 메탄올은 공업용제로 사용되며, 신경독성물질이다.

③ 메탄올의 생물학적 노출지표는 소변 중 포름산이다.

④ 메탄올은 중간대사체에 의하여 시신경에 독성을 나타낸다.

해설 메탄올의 생물학적 노출지표는 소변 중 메탄올이다.

02 메탄올에 관한 설명으로 틀린 것은?

① 특징적인 악성 변화는 간 혈관육종이다.

② 자극성이 있고, 중추신경계를 억제한다.

③ 플라스틱, 필름제조와 휘발유첨가제 등에 이용된다.

④ 시각장해의 기전은 메탄올의 대사산물인 포름알데히드가 망막조직을 손상시키는 것이다.

해설 간암인 혈관육종을 일으키는 물질은 염화비닐(CH_2CHCl)이다.

03 메탄올의 시각장애 독성을 나타내는 대사단계의 순서로 맞는 것은?

① 메탄올 → 에탄올 → 포름산 → 포름알데히드

② 메탄올 → 아세트알데히드 → 아세테이트 → 물

③ 메탄올 → 아세트알데히드 → 포름알데히드 → 이산화탄소

④ 메탄올 → 포름알데히드 → 포름산 → 이산화탄소

해설 메탄올의 시각장애기전

메탄올 → 포름알데히드 → 포름산 → 이산화탄소

04 다음 중 할로겐화 탄화수소에 관한 설명으로 틀린 것은?

① 대개 중추신경계의 억제에 의한 마취작용이 나타난다.

② 가연성과 폭발의 위험성이 높으므로 취급 시 주의하여야 한다.

③ 일반적으로 할로겐화 탄화수소의 독성의 정도는 화합물의 분자량이 커질수록 증가한다.

④ 일반적으로 할로겐화 탄화수소의 독성의 정도는 할로겐원소의 수가 커질수록 증가한다.

해설 할로겐화 지방족 화합물은 인화점이 낮은 우수한 유기용제이며, 4－염화탄소류 등 할로겐화 탄화수소를 제외한 모든 유기용제는 인화성이 있는 가연성 물질이다.

05 장기간 노출될 경우 간 조직세포에 섬유화 증상이 나타나고, 특징적인 악성 변화로 간에 혈관육종(Hemangiosarcoma)을 일으키는 물질은?

① 염화비닐 ② 삼염화에틸렌

③ 메틸클로로포름 ④ 사염화에틸렌

해설 염화비닐(CH_2CHCl)

㉠ 피부 자극제이다.

㉡ 만성 폭로 시 골연화증, 혈관육종, 레이노드씨 증상이 나타난다.

㉢ 장기간 폭로 시 조직세포에 섬유화 증상이 나타난다.

06 할로겐화 탄화수소인 사염화탄소에 관한 설명으로 틀린 것은?

① 생식기에 대한 독성작용이 특히 심하다.

② 고농도에 노출되면 중추신경계 장애 외에 간장과 신장장애를 유발한다.

③ 신장장애 증상으로 감뇨, 혈뇨 등이 발생하며, 완전 무뇨증이 되면 사망할 수도 있다.

④ 초기 증상으로는 지속적인 두통, 구역 또는 구토, 복부선통과 설사, 간압통 등이 나타난다.

해설 사염화탄소

㉠ 초기 증상으로는 지속적인 두통, 구역 또는 구토, 복부선통과 설사, 간압통 등이 나타난다.

㉡ 탈지용매로 사용되며, 피부로부터 흡수되어 전신중독을 일으킬 수 있다.

㉢ 간에 대한 독성작용이 강하며, 간의 중요한 장해인 중심소엽성 괴사를 일으키는 물질이다.

㉣ 고농도로 폭로되면 중추신경계 장해 외에 간장이나 신장에 장해가 일어나 황달, 단백뇨, 혈뇨의 증상을 나타낸다.

07 고농도에서 노출 시 간장이나 신장장애를 유발하며, 초기 증상으로 지속적인 두통, 구역 및 구토, 간 부위 압통 등의 증상을 일으키는 할로겐화 탄화수소는?

① 사염화탄소 ② 벤젠

③ 에틸아민 ④ 에틸알코올

08 다음 중 피부로부터 흡수되어 전신중독을 일으킬 수 있는 물질은?

① 질소 ② 포스겐

③ 메탄 ④ 사염화탄소

09 유해화학물질에 의한 간의 중요한 장해인 중심소염성 괴사를 일으키는 물질 중 대표적인 것은?

① 수은　　② 사염화탄소
③ 이황화탄소　　④ 에틸렌글리콜

10 탈지용 용매로 사용되는 물질로 간장, 신장에 만성적인 영향을 미치는 것은?

① 크롬　　② 유리규산
③ 메탄올　　④ 사염화탄소

11 고농도로 폭로되면 중추신경계 장해 외에 간장이나 신장에 장해가 일어나 황달, 단백뇨, 혈뇨의 증상을 보이는 할로겐화 탄화수소로 적절한 것은?

① 벤젠　　② 톨루엔
③ 사염화탄소　　④ 파라니트로클로로벤젠

해설 사염화탄소(CCl_4)
㉠ 신장장애 증상으로 감뇨, 혈뇨 등이 발생한다.
㉡ 간에 대한 독성작용이 강하며, 간의 중심소염성 괴사를 일으킨다.

12 어느 근로자가 두통, 현기증, 구토, 피로감, 황달, 빈뇨 등의 증세를 보인다면, 어느 물질에 노출되었다고 볼 수 있는가?

① 납　　② 황화수은
③ 수은　　④ 사염화탄소

13 다음 중 페니실린을 비롯한 약품을 정제하기 위한 추출제 혹은 냉동제 및 합성수지에 이용되는 물질로 가장 적절한 것은?

① 클로로포름　　② 브롬화메틸
③ 벤젠　　④ 헥사클로로나프탈렌

해설 클로로포름($CHCl_3$)
㉠ 급성독성은 중추신경계(CNS) 억제에 기인한다.
㉡ 급성폭로에 의하여 간과 신장이 손상되고 심장도 예민하게 된다.
㉢ 피부자극은 적지만 눈에 폭로되면 고통스럽다.
㉣ 폭로가 계속되면 냄새에 순응되어 감지능력이 저하된다.
㉤ 페니실린을 비롯한 약품을 정제하기 위한 추출제 혹은 냉동제 및 합성수지에 이용된다.

14 최근 사회적 이슈가 되었던 유해인자와 그 직업병의 연결이 잘못된 것은?

① 석면 – 악성중피종　　② 메탄올 – 청신경장애
③ 노말헥산 – 앉은뱅이 증후군　　④ 트리클로로에틸렌 – 스티븐슨존슨 증후군

해설 메탄올의 대표적 특이 증상은 시신경장애이다.

15 다음 중 유기용제와 그 특이 증상을 짝지은 것으로 틀린 것은?

① 벤젠 – 조혈장애
② 염화탄화수소 – 말초신경장애
③ 메틸부틸케톤 – 말초신경장애
④ 이황화탄소 – 중추신경 및 말초신경장애

해설 ㉠ 벤젠 – 조혈장애
㉡ 염화탄화수소, 염화비닐 – 간장애
㉢ 메틸부틸케톤 – 말초신경장애
㉣ 이황화탄소 – 중추신경 및 말초신경장애

16 다음 중 Cholinesterase 효소를 억압하여 신경증상을 나타내는 것은?

① 중금속화합물
② 유기용제
③ 파라쿼트
④ 비소화합물

해설 유기인계 살충제 등이 Cholinesterase 효소를 억압하여 신경증상을 나타낸다.

17 다음 중 유기용제 중독자의 응급처치로 가장 적절하지 않은 것은?

① 용제가 묻은 의복을 벗긴다.
② 유기용제가 있는 장소로부터 대피시킨다.
③ 차가운 장소로 이동하여 정신을 긴장시킨다.
④ 의식 장애가 있을 때에는 산소를 흡입시킨다.

해설 유기용제 중독자의 응급처치
㉠ 용제가 묻은 의복을 벗긴다.
㉡ 환기가 잘되는 장소로 이동시킨다.
㉢ 유기용제가 있는 장소로부터 대피시킨다.
㉣ 의식 장애가 있을 때에는 산소를 흡입시킨다.

ANSWER | 01 ③ 02 ① 03 ④ 04 ② 05 ① 06 ① 07 ① 08 ④ 09 ② 10 ④
11 ③ 12 ④ 13 ① 14 ② 15 ② 16 ② 17 ③

THEMA 82 관련 용어

1. NEL(No Effect Level)

실험동물에서 어떠한 악영향도 나타나지 않는 수준을 말한다. 주로 동물실험에서 유효량으로 이용된다.

2. 무관찰영향수준(NOEL : No Observed Effect Level)

① 무관찰 작용량으로서 가능한 독성 영향에 대하여 연구 시 현재의 평가방법으로 독성 영향이 관찰되지 않은 수준이다.
② 양–반응 관계에서 안전하다고 여겨지는 양이다.
③ 동물실험에서 역치량(ThD : Threshold Dose)으로 이용된다.
④ 아급성 또는 만성독성 시험에서 구해지는 지표이다.
⑤ NOEL의 투여에서는 투여하는 전 기간에 걸쳐 치사, 발병 및 병태생리학적 변화가 모든 실험대상에서 관찰되지 않는다.

3. NOAEL(No Observed Adverse Effect Level)

① 어떠한 악영향도 관찰되지 않은 수준이다.
② 어떠한 영향은 있으나 그것이 특정장기에 대한 악영향은 아님을 뜻한다.

4. 역치량(ThD : Threshold Dose)

① 양 : 반응관계에서 안전하다고 여겨지는 양을 말한다.
② 동물실험 양 : 반응관계에서 구한 NOEL과 안전계수(SF : Safety Factor) 또는 불확실성 계수 등을 고려하여 사람에게 미칠 위험을 외삽(Extrapolation)해서 사람에 대한 안전 상한치라고 여겨지는 양이다.

5. 치사량(LD : Lethal Dose)

① 실험동물에게 투여했을 때 실험동물을 죽게 하는 그 물질의 양을 말한다.
② LD_{50}은 실험동물의 50%를 죽게 하는 양이다.
③ 변역 또는 95% 신뢰한계를 명시하여야 한다.
④ 치사량은 단위체중당으로 표시하는 것이 보통이다.

6. 유효량(ED : Effective Dose)

① 실험동물에게 투여했을 때 독성을 초래하지는 않지만 관찰 가능한 가역적인 반응(점막기관에 자극반응)이 나타나는 물질의 양을 말한다.
② ED_{50}은 실험동물의 50%가 관찰 가능한 가역적인 반응을 나타내는 양이다.

7. 독성량(TD : Toxic Dose)

① 실험동물에게 투여했을 때 죽는 것은 아니지만 조직손상이나 종양과 같은 심각한 독성반응을 초래하는 투여량을 말한다.

② TD_{50}은 실험동물의 50%가 심각한 독성반응을 나타내는 양이다.

8. 안전역

화학물질의 투여에 의한 독성범위를 나타내는 양

$$\text{안전역} = \frac{TD_{50}}{ED_{50}}$$

9. 치사농도(LC : Lethal Concentration)

① 실험동물에게 투여했을 때 실험동물을 죽게 하는 물질의 농도를 말한다.

② LC_{50}은 실험의 50%를 죽게 하는 농도이다.

③ 흡입실험의 경우 치사량 단위는 ppm, mg/m^3으로 표시한다.

10. 사람에 대한 안전용량(SHD : Safety Human Dose)

① 동물실험에서 구해진 역치량(ThD 또는 NOEL)을 사람에게 외삽하여 안전한 양으로 추정한 양을 말하며, 가장 좋은 방법은 체표면적을 이용하는 방법이지만 현실적으로 어렵기 때문에 대부분 체중을 사용한다. 산출 공식은 다음과 같다.

$$\text{안전노출량 SHD(mg/day)} = \frac{\text{ThD(mg/kg/day)} \times 70\text{kg}}{\text{SF}}$$

여기서, SHD(mg/day) : 사람에 대한 안전 노출량

ThD(mg/kg/day) : 실험동물에 대한 독물의 한계치 또는 현저한 영향이 없는 독물량

70kg : 일반인의 평균체중

SF(Safety Factor) : 안전인자, 보통 10~1,000

② SHD를 활용한 노출기준 설정

동물실험을 하는 최종목적으로 SHD에 사람의 호흡률(BR : Breathing Rate), 노출시간, 폐 흡수율을 고려하여 계산한다.

$$\text{안전용량 SHD(mg/kg몸무게)} = C \times V \times T \times R$$

여기서, SHD(mg/kg 몸무게) : 체내 흡수량(사람에 대한 안전 노출량)

$C(mg/m^3)$: 공기 중 유해물질 농도

$V(m^3/hr)$: 개인의 호흡률(폐환기율), 중노동($1.47m^3/hr$), 보통작업($0.98m^3/hr$)

T(hr) : 노출되는 시간, 일반적으로 8시간

R : 체내 잔류율(보통 1.0)

11. 독성(Toxicity), 유해성(Hazard), 위험(Risk)

① 독성(Toxicity)
화학물질이 사람에게 흡수되었을 때 초래되는 바람직하지 않은 영향의 범위, 정도, 특성 등이다. 즉, 화학물질 그 자체가 갖고 있는 위험성으로 독성을 낮추거나 제거할 수 없다.

② 유해성(Hazard)
유해작용을 야기시키는 물질의 능력(Capability)이다. 화학물질을 사용할 때 환기시설의 설치, 보호구의 착용, 용기 등을 고려한 독성이다. 독성이 크더라도 사용할 때 철저한 관리대책을 마련할 경우 유해성은 작아질 수 있다. 독성과 노출량이 유해성을 결정하는 주요 인자이다.

③ 위험(Risk)
특정 노출 조건하에서 유해성이 근로자에게 발생될 수 있는 가능성 또는 확률(Probability)이다. 위험은 유해인자의 유해성과 노출 가능성의 조합이다. 화학물질을 사용할 때 환기 등 적절한 관리대책을 수립하여 유해성이 작아졌다 해도 환기의 부적정, 근로자의 부주의 등으로 노출 가능성이 크다면 위험은 커질 수 있다.
산업위생에서 관리해야 할 유해인자의 특성은 독성이나 유해성, 그 자체가 아니고 근로자의 노출 가능성을 고려한 위험이다.

연습문제

01 다음 중 화학물질이 사람에게 흡수되어 초래하는 바람직하지 않은 영향의 범위, 정도, 특성을 무엇이라 하는가?

① 위해성(Hazrad)
② 유효량(Effective Dose)
③ 위험(Risk)
④ 독성(Toxicity)

해설 독성(Toxicity)
화학물질이 사람에게 흡수되었을 때 초래되는 바람직하지 않은 영향의 범위, 정도, 특성 등이다. 즉, 화학물질 그 자체가 갖고 있는 위험성으로 독성을 낮추거나 제거할 수 없다.

02 다음 설명 중 (　　) 안에 들어갈 용어가 올바른 순서대로 나열된 것은?

> 산업위생에서 관리해야 할 유해인자의 특성은 (ⓐ)이나 (ⓑ), 그 자체가 아니고 근로자의 노출 가능성을 고려한 (ⓒ)이다.

① ⓐ 독성, ⓑ 유해성, ⓒ 위험
② ⓐ 위험, ⓑ 독성, ⓒ 유해성
③ ⓐ 유해성, ⓑ 위험, ⓒ 독성
④ ⓐ 반응성, ⓑ 독성, ⓒ 위험

해설 산업위생에서 관리해야 할 유해인자의 특성은 독성이나 유해성, 그 자체가 아니고 근로자의 노출 가능성을 고려한 위험이다.

03 산업독성학 용어 중 무관찰영향수준(NOEL)에 관한 설명으로 틀린 것은?

① 주로 동물실험에서 유효량으로 이용된다.

② 아급성 또는 만성독성 시험에서 구해지는 지표이다.

③ 양-반응관계에서 안전하다고 여겨지는 양으로 간주된다.

④ NOEL의 투여에서는 투여하는 전 기간에 걸쳐 치사, 발병 및 병태생리학적 변화가 모든 실험대상에서 관찰되지 않는다.

해설 무관찰영향수준(NOEL : No Observed Effect Level)

㉠ 무관찰 작용량으로서 가능한 독성 영향에 대하여 연구 시 현재의 평가방법으로 독성 영향이 관찰되지 않은 수준이다.

㉡ 양-반응 관계에서 안전하다고 여겨지는 양이다.

㉢ 동물실험에서 역치량(ThD : Threshold Dose)으로 이용된다.

㉣ 아급성 또는 만성독성 시험에서 구해지는 지표이다.

㉤ NOEL의 투여에서는 투여하는 전 기간에 걸쳐 치사, 발병 및 병태생리학적 변화가 모든 실험대상에서 관찰되지 않는다.

04 다음 중 독성실험에 관한 용어의 설명으로 틀린 것은?

① LD_{50} : 시험동물군의 50%가 일정기간 동안에 죽는 치사량

② LC_{50} : 흡입시험인 경우 시험동물군의 50%를 죽게 하는 독성물질의 농도

③ TD_{50} : 실험동물군의 50%가 살아남을 수 있는 독성물질의 최대 농도

④ ED_{50} : 실험동물군의 50%가 관찰 가능한 가역적인 반응을 나타내는 양

해설 독성량(TD : Toxic Dose)

㉠ 실험동물에게 투여했을 때 죽는 것은 아니지만 조직손상이나 종양과 같은 심각한 독성반응을 초래하는 투여량을 말한다.

㉡ TD_{50}은 실험동물의 50%가 심각한 독성반응을 나타내는 양이다.

05 유해물질의 경구투여용량에 따른 반응범위를 결정하는 독성검사에서 얻은 용량-반응곡선(dose-response curve)에서 실험동물군의 50%가 일정시간 동안 죽는 치사량을 나타내는 것은?

① LC_{50} ② LD_{50} ③ ED_{50} ④ TD_{50}

해설 치사량(LD : Lethal Dose)

㉠ 실험동물에게 투여했을 때 실험동물을 죽게 하는 그 물질의 양을 말한다.

㉡ LD_{50}은 실험동물의 50%를 죽게 하는 양이다.

㉢ 변역 또는 95% 신뢰한계를 명시하여야 한다.

㉣ 치사량은 단위체중당으로 표시하는 것이 보통이다.

06 산업독성학에서 LC_{50}의 설명으로 맞는 것은?

① 실험동물의 50%가 죽게 되는 양이다. ② 실험동물의 50%가 죽게 되는 농도이다.

③ 실험동물의 50%가 살아남을 비율이다. ④ 실험동물의 50%가 살아남을 확률이다.

해설 LC_{50}은 실험의 50%를 죽게 하는 농도이다.

07 동물을 대상으로 양을 투여했을 때 독성을 초래하지 않지만 대상의 50%가 관찰 가능한 가역적인 반응이 나타나는 작용량을 무엇이라 하는가?

① ED_{50}　② LC_{50}　③ LD_{50}　④ TD_{50}

해설 ED_{50}은 실험동물의 50%가 관찰 가능한 가역적인 반응을 나타내는 양이다.

08 화학물질의 투여에 의한 독성범위를 나타내는 안전역을 맞게 나타낸 것은?(단, LD는 치사량, TD는 중독량, ED는 유효량이다.)

① 안전역$=ED_1/TD_{99}$　② 안전역$=TD_1/ED_{99}$

③ 안전역$=ED_1/LD_{99}$　④ 안전역$=LD_1/ED_{99}$

해설 안전역(화학물질 투여에 의한 독성범위)

$$\text{안전역}=\frac{\text{중독량}}{\text{유효량}}=\frac{TD_{50}}{ED_{50}}=\frac{LD_1}{ED_{99}}$$

09 다음 중 사람에 대한 안전용량(SHD)을 산출하는 데 필요하지 않은 항목은?

① 독성량(TD)　② 안전인자(SF)

③ 사람의 표준몸무게　④ 독성물질에 대한 역치(ThD)

해설 SHD(안전흡수량)$=C\times T\times R\times V$

여기서, C : 유해물질의 농도, T : 노출시간

R : 체내 잔류율(폐흡수 비율), V : 폐환기율

10 어떤 물질의 독성에 관한 인체실험 결과 안전 흡수량이 체중 kg당 0.1mg이었다. 체중이 50kg인 근로자가 1일 8시간 작업할 경우 이 물질의 체내 흡수를 안전 흡수량 이하로 유지하려면 공기 중 농도를 몇 mg/m^3 이하로 하여야 하는가?(단, 작업 시 폐환기율은 $1.25m^3/h$, 체내 잔류율은 1.0으로 한다.)

① 0.5　② 1.0　③ 1.5　④ 2.0

해설 체내 흡수량(SHD)$=C\times T\times V\times R$

$$C=\frac{SHD}{T\times V\times R}=\frac{0.1mg/kg\times 50kg}{8hr\times 1.25m^3/hr\times 1}=0.5mg/m^3$$

11 납의 독성에 대한 인체실험 결과, 안전흡수량이 체중 kg당 0.005mg이었다. 1일 8시간 작업 시의 허용농도(mg/m^3)는?(단, 근로자의 평균 체중은 70kg, 해당 작업 시의 폐환기율은 시간당 $1.25m^3$으로 가정한다.)

① 0.030　② 0.035　③ 0.040　④ 0.045

해설 SHD(안전흡수량)$=C\times T\times R\times V$

$$C=\frac{SHD}{T\times R\times V}=\frac{0.005mg/kg\times 70kg}{8hr\times 1.25m^3/hr\times 1.0}=0.035mg/m^3$$

12 어떤 물질의 독성에 관한 인체실험 결과 안전 흡수량이 체중 kg당 0.15mg이었다. 체중이 60kg인 근로자가 1일 8시간 작업할 경우 이 물질의 체내 흡수를 안전 흡수량 이하로 유지하려면 공기 중 농도를 몇 mg/m^3 이하로 하여야 하는가?(단, 작업 시 폐환기율은 $1.25m^3/h$, 체내 잔유율은 1.0으로 한다.)

① 0.5 ② 0.9 ③ 4.0 ④ 9.0

해설 체내 흡수량(SHD) = C × T × V × R

$$C = \frac{SHD}{T \times V \times R} = \frac{0.15mg/kg \times 60kg}{8hr \times 1.25m^3/hr \times 1.0} = 0.9mg/m^3$$

13 어떤 물질의 독성에 관한 인체실험 결과 안전 흡수량이 체중 1kg 당 0.15mg이었다. 체중이 70kg인 근로자가 1일 8시간 작업할 경우 이 물질의 체내 흡수를 안전 흡수량 이하로 유지하려면 공기 중 농도를 얼마 이하로 하여야 하는가?(단, 작업 시 폐환기율은 $1.3m^3/h$, 체내 잔유율은 1.0으로 한다.)

① $0.52mg/m^3$ ② $1.01mg/m^3$ ③ $1.57mg/m^3$ ④ $2.02mg/m^3$

해설 체내 흡수량(SHD) = C × T × V × R

$$C = \frac{SHD}{T \times V \times R} = \frac{0.15mg/kg \times 70kg}{8hr \times 1.3m^3/hr \times 1} = 1.01mg/m^3$$

ANSWER | 01 ④ 02 ① 03 ① 04 ③ 05 ② 06 ② 07 ① 08 ④ 09 ① 10 ① 11 ② 12 ② 13 ②

THEMA 83 자극제, 질식제

1. 자극제

자극제는 주로 피부 및 점막에 작용하여 부식시키거나 수포를 형성한다. 고농도인 경우에는 호흡이 정지되며 눈에 들어가면 결막염과 각막염을 일으킨다. 호흡기에 대한 자극작용은 유해물질의 용해도에 따라서 다르며 이에 따라 자극제를 상기도 점막 자극제, 상기도 점막 및 폐조직 자극제, 종말기관지 및 폐포점막 자극제로 구분한다.

① 상기도 점막 자극제

물에 잘 녹는 물질이며 암모니아, 크롬산, 염화수소, 불화수소, 아황산가스 등이 있다.

㉠ 암모니아

- 알칼리성으로 자극적인 냄새가 강한 무색의 액체
- 비료, 냉동제 등에서 주요 사용
- 피부, 점막(코와 인후부)에 대한 자극성과 부식성이 강하여 고농도의 암모니아가 눈에 들어가면 시력 장해를 일으킴
- 암모니아 중독 시 비타민 C가 효과적
- 중등도 이하의 농도에서 두통, 흉통, 오심, 구토, 무후각증을 일으킨다.

㉡ 염화수소

- 무색, 자극성 기체로 물에 녹는 것은 염산임
- 피부나 점막에 접촉하면 염산이 되어 염증, 부식 등이 커지며 장기간 흡입 시 폐수종을 일으킴
- 주로 눈과 기관지계를 자극

㉢ 포름알데히드

- 매우 자극적인 냄새가 나는 무색의 수용성 가스로, 인화폭발의 위험성이 있음
- 합성수지의 원료로 주로 이용되며 건축마감재, 단열재에서 주로 발생
- 피부, 점막에 대한 자극이 강하고, 고농도 흡입 시 기관지염, 폐수종을 일으킴
- 발암성 물질 1A

㉣ 산화에틸렌

- 무색의 기체이며 인화성이 강함
- 병원의 소독용(침대시트, 환자복 등)으로 사용
- 급성중독으로는 눈, 상기도, 피부에 자극작용이 있음
- 만성중독으로 신경장해, 혈액 이상, 생식 및 발육기능 장애 발생
- 발암성 물질 1A, 생식세포 변이원성 1B

㉤ 기타 아황산가스

PART 01 PART 02 PART 03 PART 04 PART 05 PART 06

② 상기도 점막 및 폐조직 자극제

물에 대한 용해도가 중간 정도인 물질이며 염소, 취소, 불소, 옥소 등이 있다.

㉠ 불소
- 자극성이 있는 황갈색 기체로 물과 반응하여 불화수소 발생
- 불소화합물은 유기합성, 도금에 많이 이용됨
- 뼈에 가장 많이 축적되어 뼈를 연화시킴

㉡ 요오드
- 금속광택이 나는 고체로 금속류임
- 증기는 강한 자극성이 있으며 상기도 점막 및 고농도 흡입 시 폐수종을 일으킴

㉢ 염소
- 강한 자극성의 황록색 기체
- 산화제, 표백제, 수돗물의 살균제 및 염소화합물 합성에 사용됨
- 피부나 점막에 부식성 · 자극성 작용
- 기관지염을 일으키며 만성작용으로 치아산식증이 일어남

③ 종말기관지 및 폐포 점막 자극제

물에 녹지 않는 물질이며 이산화질소, 삼염화비소, 포스겐 등이 있다.

㉠ 이산화질소
- 물에 대해 용해성이 낮고 물에 용해 시 일산화질소나 질산을 생성함
- 적갈색의 기체
- 눈, 점막, 호흡기 자극, 폐수종(폐기종) 유발

㉡ 포스겐
- 무색의 기체
- 트리클로로에틸렌(TCE)은 자외선과 광화학반응을 일으켜 포스겐으로 전환되므로 아크용접을 실시하는 경우 트리클로로에틸렌이 고농도로 존재하는 사업장에서 포스겐으로 전환될 수 있음
- 독성은 염소보다 약 10배 정도 강함
- 호흡기, 중추신경, 폐에 장해를 일으키고 폐수종을 유발하여 사망케 함

④ 기타 자극제 : 사염화탄소(CCl_4)

㉠ 특이한 냄새가 나는 무색의 액체
㉡ 신장장애 증상으로 감뇨, 혈뇨 등이 발생하며 완전 무뇨증이 되면 사망할 수도 있다.
㉢ 초기 증상으로는 지속적인 두통, 구역 또는 구토, 간 부위의 압통 등이 있다.
㉣ 간에 대한 독성작용이 강하며 간의 중심소엽성 괴사를 일으킨다.
㉤ 고온에서 금속과의 접촉으로 포스겐, 염화수소를 발생시킨다.
㉥ 고농도 폭로 시 중추신경계와 간장이나 신장에 장애를 일으킨다.

2. 질식제

질식제는 세포의 산소활용을 방해하여 질식시키는 물질로, 조직 내 산화작용을 방해한다.

① 단순 질식제

㉠ 정상적 호흡에 필요한 혈중 산소량을 낮추나 생리적으로 어떠한 작용도 하지 않는 불활성 가스를 말함

㉡ 종류
이산화탄소(탄산가스), 메탄, 질소, 수소, 에탄, 프로판, 에틸렌, 아세틸렌, 헬륨 등

② 화학적 질식제

㉠ 혈액 중의 혈색소와 직접 결합하여 산소운반능력을 방해하는 물질을 말하며 이에 따라 세포의 산소수용능력을 상실케 한다.

㉡ 화학적 질식제에 고농도로 노출할 경우 폐 속으로 들어가는 산소의 활용을 방해하기 때문에 사망에 이르게 된다.

㉢ 종류

- 일산화탄소 : 혈액 중 헤모글로빈과의 결합력이 산소보다 240배 강하여 체내 산소공급 능력을 방해하여 질식을 일으키며, 이는 혈색소와 친화도가 산소보다 강하여 COHb를 형성하여 조직에서 산소공급을 억제한다. 이는 혈중 COHb의 농도가 높아지며 HbO_2의 해리작용을 방해하는 작용을 하기 때문이다.
- 황화수소
  - 썩은 달걀냄새가 나는 무색의 기체
  - 주로 집수조, 맨홀 내부에서 발생됨
  - 급성중독에 의한 호흡마비증상(뇌의 호흡중추를 마비)
- 시안화수소
  - 상온에서 무색의 기체
  - 중추신경계의 기능 마비를 일으켜 사망케 함
  - 호기성 세포가 산소 이용에 관여하는 시토크롬산화제를 억제하여 산소를 얻을 수 없도록 함
- 아닐린
  - 투명기체
  - 메트헤모글로빈을 형성하여 간장, 신장, 중추신경계 장해를 일으킴
  - 시력과 언어장해 증상

3. 마취제

마취의 정도가 심하면 의식이 없어지고 움직이지 못하며 반사작용이 상실되어 그대로 방치할 경우 호흡중추가 침해되어 사망하게 됨. 주작용은 단순 마취작업이며 전신중독을 일으키지는 않는다.

① 지방족 알코올류
② 지방족 케톤류
③ 올레핀계 탄화수소
④ 에틸에테르
⑤ 이소프로필에테르
⑥ 에스테르류

4. 전신중독

① 혈액에 흡수되어 전신 장기에 중독을 나타내는 물질
② 신경계 침입 : 4에틸납, 이황화탄소, 메틸알코올
③ 혈액과 호흡기 : 일산화탄소, 비소, 삼산화수소
④ 조절기능 장해 : 톨루엔 > 크실렌 > 벤젠
⑤ 유독성 비금속의 무기물질 : 비소, 인, 유황, 불소
⑥ 중금속 중독 물질 : 납, 수은, 카드뮴, 망간, 베릴륨
⑦ 발암성 유발물질 : 크롬화합물, 니켈, 석면, 비소, 타르(PAH), 방사선

5. 기타 유해화학물질 : 이황화탄소

이황화탄소는 휘발성이 높은 무색의 액체로 인조견과 셀로판 생산에 사용되며 사염화탄소의 제조에도 흔히 이용된다. 중추신경계에 대한 특징적인 독성작용을 유발한다.

① 중추신경계에 대한 특징적인 독성작용으로 심한 급성 혹은 아급성 뇌병증을 유발한다.
② 고혈압의 유병률과 콜레스테롤치의 상승빈도가 증가되어 뇌, 심장 및 신장의 동맥경화성 질환을 초래한다.
③ 대부분 상기도를 통해서 체내에 흡수된다.
④ 감각 및 운동신경에 장애를 유발한다.
⑤ 심한 경우 불안, 분노, 자살성향 등을 보이기도 한다.

연습문제

01 다음 중 상기도 점막 자극제로 볼 수 없는 것은?

① 포스겐 ② 암모니아 ③ 크롬산 ④ 염화수소

해설 상기도 점막 자극제
물에 잘 녹는 물질이며 암모니아, 크롬산, 염화수소, 불화수소, 아황산가스 등이 있다.

02 다음 중 코와 인후를 자극하며, 중등도 이하의 농도에서 두통, 흉통, 오심, 구토, 무후각증을 일으키는 유해물질은?

① 브롬 ② 포스겐 ③ 불소 ④ 암모니아

해설 암모니아(NH_3)
㉠ 알칼리성으로 자극적인 냄새가 강한 무색의 액체이다.
㉡ 비료, 냉동제 등에서 주로 사용된다.
㉢ 피부, 점막(코와 인후부)에 대한 자극성과 부식성이 강하여 고농도의 암모니아가 눈에 들어가면 시력 장해를 일으킨다.
㉣ 암모니아 중독 시 비타민 C가 효과적이다.
㉤ 중등도 이하의 농도에서 두통, 흉통, 오심, 구토, 무후각증을 일으킨다.

03 화학물질의 생리적 작용에 의한 분류에서 종말기관지 및 폐포 점막 자극제에 해당되는 유해가스는?

① 불화수소 ② 염화수소 ③ 아황산가스 ④ 이산화질소

해설 종말기관지 및 폐포 점막 자극제
㉠ 이산화질소 ㉡ 포스겐 ㉢ 삼염화비소

04 물에 대하여 비교적 용해성이 낮고 상기도를 통과하여 폐수종을 일으킬 수 있는 자극제는?

① 염화수소 ② 암모니아 ③ 불화수소 ④ 이산화질소

해설 이산화질소
㉠ 물에 대해 용해성이 낮고 물에 용해 시 일산화질소나 질산을 생성함
㉡ 적갈색의 기체
㉢ 눈, 점막, 호흡기 자극, 폐수종(폐기종) 유발

05 다음 중 단순 질식제에 해당하는 것은?

① 수소가스 ② 염소가스 ③ 불소가스 ④ 암모니아가스

해설 질식제
㉠ 단순 질식제 : 수소, 헬륨, 이산화탄소, 질소, 에탄, 메탄, 일산화질소 등
㉡ 화학적 질식제 : 일산화탄소, 청산 및 그 화합물, 아닐린, 톨루이딘, 니트로벤젠, 황화수소
㉢ 일산화탄소 : 탄소 또는 탄소화합물이 불완전연소할 때 발생되는 무색무취의 기체. 혈액 중 헤모글로빈과의 결합력이 매우 강하여 체내 산소공급능력 방해

06 유해물질의 분류에 있어 질식제로 분류되지 않는 것은?

① H_2 ② N_2 ③ O_3 ④ H_2S

07 단순 질식제에 해당되는 물질은?

① 탄산가스 ② 아닐린가스 ③ 니트로벤젠가스 ④ 황화수소가스

해설 단순 질식제
㉠ 수소 ㉡ 헬륨 ㉢ 이산화탄소(탄산가스) ㉣ 질소 ㉤ 에탄 ㉥ 메탄 ㉦ 일산화질소

08 단순 질식제로 볼 수 없는 것은?

① 메탄 ② 질소 ③ 오존 ④ 헬륨

09 유해물질의 생리적 작용에 의한 분류에서 질식제를 단순 질식제와 화학적 질식제로 구분할 때, 화학적 질식제에 해당하는 것은?

① 수소(H_2) ② 메탄(CH_4) ③ 헬륨(He) ④ 일산화탄소(CO)

해설 화학적 질식제
㉠ 일산화탄소 ㉡ 청산 및 그 화합물 ㉢ 아닐린 ㉣ 톨루이딘 ㉤ 니트로벤젠 ㉥ 황화수소

10 화학적 질식제에 대한 설명으로 맞는 것은?

① 뇌순환 혈관에 존재하면서 농도에 비례하여 중추신경 작용을 억제한다.
② 피부와 점막에 작용하여 부식작용을 하거나 수포를 형성하는 물질로 고농도하에서 호흡이 정지되고 구강 내 치아산식증 등을 유발한다.
③ 공기 중에 다량 존재하여 산소분압을 저하시켜 조직 세포에 필요한 산소를 공급하지 못하게 하여 산소 부족 현상을 발생시킨다.
④ 혈액 중에서 혈색소와 결합한 후에 혈액의 산소운반능력을 방해하거나, 또는 조직세포에 있는 철 산화요소를 불활성화시켜 세포의 산소수용능력을 상실시킨다.

해설 화학적 질식제
㉠ 혈액 중의 혈색소와 직접 결합하여 산소운반능력을 방해하는 물질을 말하며 이에 따라 세포의 산소수용능력을 상실케 한다.
㉡ 화학적 질식제에 고농도로 노출할 경우 폐 속으로 들어가는 산소의 활용을 방해하기 때문에 사망에 이르게 된다.

11 화학적 질식제(Chemical Asphyxiant)에 심하게 노출되었을 경우 사망에 이르게 되는 이유로 적절한 것은?

① 폐에서 산소를 제거하기 때문
② 심장의 기능을 저하시키기 때문
③ 폐 속으로 들어가는 산소의 활용을 방해하기 때문
④ 신진대사 기능을 높여 가용한 산소가 부족해지기 때문

해설 화학적 질식제는 혈액 중의 혈색소와 직접 결합하여 산소운반능력을 방해하는 물질을 말하며 폐 속으로 들어가는 산소의 활용을 방해하기 때문에 사망에 이르게 된다.

12 다음 중 생체 내에서 혈액과 화학작용을 일으켜서 질식을 일으키는 물질은?

① 수소 ② 헬륨 ③ 질소 ④ 일산화탄소

해설 생체 내에서 혈액과 화학작용을 일으켜서 질식을 일으키는 물질은 화학적 질식제로 일산화탄소가 해당한다.

13 다음 중 이황화탄소(CS_2)에 관한 설명으로 틀린 것은?

① 감각 및 운동신경 모두에 침범한다.
② 심한 경우 불안, 분노, 자살성향 등을 보이기도 한다.
③ 인조견, 셀로판, 수지와 고무제품의 용제 등에 이용된다.
④ 방향족 탄화수소물 중에서 유일하게 조혈장애를 유발한다.

해설 이황화탄소
이황화탄소는 휘발성이 높은 무색의 액체로 인조견과 셀로판 생산에 사용되며 사염화탄소의 제조에도 흔히 이용된다. 중추신경계에 대한 특징적인 독성작용을 유발한다.
㉠ 중추신경계에 대한 특징적인 독성작용으로 심한 급성 혹은 아급성 뇌병증을 유발한다.
㉡ 고혈압의 유병률과 콜레스테롤치의 상승빈도가 증가되어 뇌, 심장 및 신장의 동맥경화성 질환을 초래한다.
㉢ 대부분 상기도를 통해서 체내에 흡수된다.
㉣ 감각 및 운동신경에 장애를 유발한다.
㉤ 심한 경우 불안, 분노, 자살성향 등을 보이기도 한다.

14 다음 중 이황화탄소(CS_2)에 관한 설명으로 틀린 것은?
① 감각 및 운동신경에 장애를 유발한다.
② 생물학적 노출지표는 소변 중의 삼염화에탄올 검사방법을 적용한다.
③ 휘발성이 강한 액체로서 인조견, 셀로판 및 사염화탄소의 생산과 수지와 고무제품의 용제에 이용된다.
④ 고혈압의 유병률과 콜레스테롤치의 상승빈도가 증가되어 뇌, 심장 및 신장의 동맥경화성 질환을 초래한다.

15 이황화탄소(CS_2)에 중독될 가능성이 가장 높은 작업장은?
① 비료 제조 및 초자공 작업장
② 유리 제조 및 농약 제조 작업장
③ 타르, 도장 및 석유 정제 작업장
④ 인조견, 셀로판 및 사염화탄소 생산 작업장

16 자극성 가스이면서 화학질식제라 할 수 있는 것은?
① H_2S　② NH_3　③ Cl_2　④ CO_2

17 생리적으로는 아무 작용도 하지 않으나 공기 중에 많이 존재하여 산소분압을 저하시켜 조직에 필요한 산소의 공급부족을 초래하는 질식제는?
① 단순 질식제　② 화학적 질식제
③ 물리적 질식제　④ 생물학적 질식제

해설 단순 질식제
정상적 호흡에 필요한 혈중 산소량을 낮추나 생리적으로 어떠한 작용도 하지 않는 불활성 가스를 말한다.

18 다음 중 질식제에 속하지 않는 것은?
① 황화수소　② 일산화탄소
③ 이산화탄소　④ 질소산화물

해설 질식제
㉠ 단순 질식제 : 이산화탄소, 메탄, 질소, 수소, 에탄, 프로판, 에틸렌, 아세틸렌, 헬륨 등
㉡ 화학적 질식제 : 일산화탄소, 황화수소, 시안화수소, 아닐린

19 다음 중 유해물질의 분류에 있어 질식제로 분류되지 않는 것은?
① H_2　② N_2　③ H_2S　④ O_3

ANSWER | 01 ① 02 ④ 03 ④ 04 ④ 05 ① 06 ③ 07 ① 08 ③ 09 ④ 10 ④
11 ③ 12 ④ 13 ④ 14 ② 15 ④ 16 ① 17 ① 18 ④ 19 ④

THEMA 84 유해화학물질이 인체에 미치는 영향

1. 인체 내 축적 및 제거

① 호흡기를 통한 침입

㉠ 공기 중 화학물질의 경우 호흡기를 통한 침입이 가장 높다.

㉡ 가스상 물질의 경우 특히 해당 물질이 물에 녹는 정도에 따라 위해 범위가 결정된다.

㉢ 친수성 물질(염산, 암모니아 등)의 경우에는 상기도, 기관지에 자극, 염증을 일으켜 위해 정도를 바로 인식할 수 있으나 오존(O_3), 포스겐(Phosgene)의 경우 이러한 자극 없이 바로 폐의 깊숙한 곳까지 침투하여 영향을 일으켜 폐의 산소교환을 억제함으로써 순간적으로 생명에 영향을 줄 수 있다.

② 피부를 통한 침입

㉠ 피부는 표피층과 진피층으로 구성된다.

㉡ 표피층에는 멜라닌 세포와 랑거한스 세포가 존재하고 자외선에 노출될 경우 멜라닌 세포가 증가하여 각질층이 비후되면서 자외선으로부터 피부를 보호한다.

㉢ 랑거한스 세포는 피부의 면역반응에 중요한 역할을 한다.

㉣ 각화세포를 결합하는 조직은 케라틴 단백질이다.

㉤ 피부에 접촉하는 화학물질의 통과속도는 각질층에서 가장 느리다.

㉥ 직업성 피부질환의 발생빈도는 타 질환에 비하여 월등히 많다.

㉦ 대부분 화학물질에 의한 접촉피부염이다.

㉧ 피부흡수는 수용성보다 지용성 물질의 흡수가 빠르다.

㉨ 피부의 색소침착이 가능한 표피층은 멜라닌 세포이다.

㉩ 허용기준에 '피부' 또는 'Skin'이라 표시한다.

참고

접촉성 피부염

1. 개요
   ① 작업장에서 발생빈도가 가장 높은 피부질환임
   ② 과거 노출경험이 없어도 반응이 나타날 수 있음
   ③ 습진의 일종이며 많이 사용하는 손에서 발생

2. 원인인자
   ① 피부의 습윤작용을 방해하는 수용액
   ② 계면활성제, 산, 알칼리, 유기용제 등
   ③ 특이체질 근로자에게 미치는 동물 또는 식물

3. 자극성 접촉피부염

4. 알레르기성 접촉피부염 : 니켈, 베릴륨, 수은, 코발트 포르말린, 방향족 탄화수소, 크롬 화합물 등
   ① 항원에 노출되고 일정 시간이 지난 후에 다시 노출되었을 때 세포매개성 과민반응에 의하여 나타나는 부작용의 결과이다.
   ② 알레르기성 반응은 극소량 노출에 의해서도 피부염이 발생할 수 있는 것이 특징이다.
   ③ 알레르기 반응을 일으키는 관련 세포는 대식세포, 림프구, 랑거한스 세포로 구분된다.
   ④ 첩포시험(Patch Test) : '알레르기성 접촉피부염'이라 함은 대부분의 사람에게는 피부염을 일으키지 않으나 특수한 물질에 감작된 사람에게만 재감작 시 발생하는 피부염을 말하며, 알레르기성 접촉피부염을 일으키는 물질을 알레르겐이라고 한다.
   정상인에게는 반응을 일으키지 않고 감작된 사람에게만 반응하는 일정한 농도로 조절한 알레르겐을 직경 약 8mm 정도의 알루미늄 판을 부착한 특수용기에 담아 피부에 붙여 48시간과 96시간 후에 피부에 나타난 반응을 관찰하여 알레르기성 접촉피부염 유무를 진단한다.

---

③ 소화기관에서 화학물질 흡수율에 영향을 미치는 요인
   ㉠ 화학물질의 크기, 지용성질 등 물리적 성질
   ㉡ 위 산도
   ㉢ 소화기관 통과속도
   ㉣ 화학물질의 물리적 구조와 화학적 성질
   ㉤ 소장과 대장에 생존하는 미생물
   ㉥ 소화기관 내에서 다른 물질과의 상호작용
   ㉦ 촉진투과와 능동투과의 작용기전

2. 독성물질의 생체 작용

① 독성물질의 생체 내 이동경로
   독성물질 침투 → 혈액에 의한 이동(배설로 일부 제거) → 표적장기에 축적 → 독성작용 발휘
② 급성영향
   ㉠ 급성노출의 경우 흡수가 빠르며 심각한 증상이 빠르게 나타남
   ㉡ 고농도의 일산화탄소와 시안화합물을 대량 흡입하였을 경우 급성중독이 나타남
   ㉢ 화학적 위험성의 영향이 단시간(수분 또는 수시간)임
③ 만성영향
   ㉠ 징후나 질병이 장기간 또는 자주 재발하는 현상
   ㉡ 비가역적인 손상을 일으키는 물질에 노출됨으로써 유발
   ㉢ 오염원의 정도가 상대적으로 낮아 작업자가 노출되는 것을 인식하지 못할 수도 있음

3. 독성을 결정하는 인자

① 작업의 강도
② 농도와 폭로시간
③ 개인의 감수성, 민감성
④ 환경적 조건

⑤ 물리화학적 특성

⑥ 인체 침입경로

여성이 남성보다 유해화학물질에 대한 저항성이 약한 이유

㉠ 여자의 피부가 남자보다 섬세하다.

㉡ 월경으로 인한 혈액 소모가 크다.

㉢ 각 장기의 기능이 남성에 비해 떨어진다.

4. 독성물질의 생체기전

① 노출

㉠ 호흡기

㉡ 피부

② 배분(흡수, 분포, 배설)

㉠ 흡수 : 화학물질이 신체의 내부와 외부를 구별하는 기능을 하는 세포막을 가로질러 통과한다.

㉡ 분포 : 화학물질이 흡수부위에서 체내를 순환하여 여러 조직으로 이동하는 과정을 말한다.

㉢ 생체전환, 생체변환 : 독성물질의 생체전환은 독성물질의 제거에 대한 첫 번째 기전이다. 일반적으로 제1단계 반응과 제2단계 반응의 두 가지 형태로 분류된다.

제1단계 반응은 분해반응 또는 이화반응(산화, 환원, 가수분해반응)이며 제2단계 반응은 제1단계 반응을 거친 후 제거가 쉬운 수용성으로 만들기 위한 결합반응이다. 일반적으로 모든 생체변화의 기전은 기존의 화합물보다 인체에서 제거하기 쉬운 형태의 대사물질로 변화시키는 것이다.

연습문제

01 유해물질이 인체 내에 침입 시 접촉면적이 큰 순서대로 나열된 것은?

① 소화기 > 피부 > 호흡기　　② 호흡기 > 피부 > 소화기

③ 피부 > 소화기 > 호흡기　　④ 소화기 > 호흡기 > 피부

해설 공기 중 화학물질의 경우 호흡기를 통한 침입이 가장 높고, 피부, 소화기 순이다.

02 다음 중 유해물질이 인체로 침투하는 경로로서 가장 거리가 먼 것은?

① 호흡기계　② 신경계　③ 소화기계　④ 피부

03 유해화학물질의 노출 경로에 관한 설명으로 틀린 것은?

① 위의 산도에 따라서 유해물질이 화학반응을 일으키기도 한다.

② 입으로 들어간 유해물질은 침이나 그 밖의 소화액에 의해 위장관에서 흡수된다.

③ 소화기계통으로 노출되는 경우가 호흡기로 노출되는 경우보다 흡수가 잘 이루어진다.

④ 소화기계통으로 침입하는 것은 위장관에서 산화, 환원, 분해과정을 거치면서 해독되기도 한다.

해설 소화기계통으로 노출되는 경우가 호흡기로 노출되는 경우보다 흡수가 잘 이루어지지 않는다.

04 다음 중 직업성 피부염을 평가할 때 실시하는 가장 중요한 임상시험은?

① 생체시험(In Vivo Test)
② 실험생체시험(In Vitro Test)
③ 첩포시험(Patch Test)
④ 에임즈시험(Ames Assey)

해설 **첩포시험(Patch Test)**
접촉에 의한 알레르기성 피부염 진단에 필수적이며 가장 중요한 임상시험이다.
피부염의 원인물질로 예상되는 화학물질을 피부에 도포하고 48시간과 96시간 후에 피부에 나타난 반응을 관찰하여 알레르기성 접촉피부염 유무를 진단한다.

05 접촉에 의한 알레르기성 피부감작을 증명하기 위한 시험으로 가장 적절한 것은?

① 첩포시험
② 진균시험
③ 조직시험
④ 유발시험

06 다음 중 피부의 색소침착(Pigmentation)이 가능한 표피층 내의 세포는?

① 기저세포
② 멜라닌 세포
③ 각질세포
④ 피하지방세포

해설 피부는 표피층과 진피층으로 구성되며, 표피층에는 피부의 색소침착이 가능한 멜라닌 세포와 랑거한스 세포가 있다. 자외선에 노출되면 멜라닌 세포가 증가하여 각질층이 비후되면서 자외선으로부터 피부를 보호한다.

07 자극성 접촉피부염에 관한 설명으로 틀린 것은?

① 작업장에서 발생빈도가 가장 높은 피부질환이다.
② 증상은 다양하지만 홍반과 부종을 동반하는 것이 특징이다.
③ 원인물질은 크게 수분, 합성 화학물질, 생물성 화학물질로 구분할 수 있다.
④ 면역학적 반응에 따라 과거 노출경험이 있을 때 심하게 반응이 나타난다.

해설 자극성 접촉피부염은 과거 노출경험이 없어도 반응이 나타날 수 있다.

08 알레르기성 접촉피부염에 관한 설명으로 틀린 것은?

① 항원에 노출되고 일정 시간이 지난 후에 다시 노출되었을 때 세포매개성 과민반응에 의하여 나타나는 부작용의 결과이다.
② 알레르기성 반응은 극소량 노출에 의해서도 피부염이 발생할 수 있는 것이 특징이다.
③ 알레르기원에 노출되고 이 물질이 알레르기원으로 작용하기 위해서는 일정 기간이 소요되며 그 기간을 휴지기라 한다.
④ 알레르기 반응을 일으키는 관련 세포는 대식세포, 림프구, 랑거한스 세포로 구분된다.

해설 알레르기원에 노출되고 이 물질이 알레르기원으로 작용하기 위해서는 일정 기간이 소요되며 그 기간을 유도기라 한다.

09 유해물질이 인체에 미치는 유해성(건강영향)을 좌우하는 인자로 그 영향이 적은 것은?

① 호흡량 ② 개인의 감수성
③ 유해물질의 밀도 ④ 유해물질의 노출시간

해설 인체에 미치는 유해성을 좌우하는 인자
㉠ 유해물질의 노출농도
㉡ 작업 강도
㉢ 유해물질의 노출시간
㉣ 개인의 감수성
㉤ 호흡량

10 다음 중 각종 유해물질에 의한 유해성을 지배하는 인자로 적합하지 않은 것은?

① 적응속도 ② 개인의 감수성
③ 노출시간 ④ 농도

11 다음 중 유해물질의 독성 또는 건강영향을 결정하는 인자로 가장 거리가 먼 것은?

① 작업강도 ② 인체 내 침입경로
③ 노출농도 ④ 작업장 내 근로자 수

12 인체 내 주요 장기 중 화학물질 대사능력이 가장 높은 기관은?

① 폐 ② 간장 ③ 소화기관 ④ 신장

13 다음 중 유해화학물질에 노출되었을 때 간장이 표적장기가 되는 주요 이유로 가장 거리가 먼 것은?

① 간장은 각종 대사효소가 집중적으로 분포되어 있고, 이들 효소활동에 의해 다양한 대사물질이 만들어지기 때문에 다른 기관에 비해 독성물질의 노출 가능성이 매우 높다.
② 간장은 대정맥을 통하여 소화기계로부터 혈액을 공급받기 때문에 소화기관을 통하여 흡수된 독성물질의 2차 표적이 된다.
③ 간장은 정상적인 생활에서도 여러 가지 복잡한 생화학 반응 등 매우 복합적인 기능을 수행함에 따라 기능의 손상 가능성이 매우 높다.
④ 혈액의 흐름이 매우 풍부하기 때문에 혈액을 통해서 쉽게 침투가 가능하다.

해설 간장은 문정맥을 통하여 소화기계로부터 혈액을 공급받기 때문에 소화기관을 통하여 흡수된 독성물질의 일차적인 표적이 된다.

14 다음 중 간장이 독성물질의 주된 표적이 되는 이유로 틀린 것은?

① 혈액의 흐름이 많다. ② 대사효소가 많이 존재한다.
③ 크기가 다른 기관에 비하여 크다. ④ 여러 가지 복합적인 기능을 담당한다.

해설 간장이 독성물질의 주된 표적이 되는 이유
㉠ 혈액의 흐름이 많다.
㉡ 대사효소가 많이 존재한다.
㉢ 여러 가지 복합적인 기능을 담당한다.
㉣ 소화기계로부터 혈액을 공급받는다.

15 유해물질의 흡수에서 배설까지에 관한 설명으로 틀린 것은?

① 흡수된 유해물질은 원래의 형태든, 대사산물의 형태로든 배설되기 위하여 수용성으로 대사된다.
② 흡수된 유해화학물질은 다양한 비특이적 효소에 의하여 이루어지는 유해물질의 대사로 수용성이 증가되어 체외로 배출이 용이하게 된다.
③ 간은 화학물질을 대사시키고 콩팥과 함께 배설시키는 기능을 가지고 있는 것과 관련하여 다른 장기보다도 여러 유해물질의 농도가 낮다.
④ 유해물질은 조직에 분포되기 전에 먼저 몇 개의 막을 통과하여야 하며, 흡수속도는 유해물질의 물리화학적 성상과 막의 특성에 따라 결정된다.

해설 간은 화학물질을 대사시키고 콩팥과 함께 배설시키는 기능을 가지고 있는 것과 관련하여 다른 장기보다도 여러 유해물질의 농도가 높다.

16 다음 중 유해물질의 생체 내 배설과 관련된 설명으로 틀린 것은?

① 유해물질은 대부분 위(胃)에서 대사된다.
② 흡수된 유해물질은 수용성으로 대사된다.
③ 유해물질의 분포량은 혈중농도에 대한 투여량으로 산출한다.
④ 유해물질의 혈장농도가 50%로 감소하는 데 소요되는 시간을 반감기라고 한다.

해설 유해물질의 생체 내 배설에 있어서 중요한 기관은 신장, 폐, 간이며 배출은 생체전환과 분배과정이 동시에 일어난다.

17 신장을 통한 배설과정에 대한 설명으로 틀린 것은?

① 세뇨관을 통한 분비는 선택적으로 작용하며 능동 및 수동수송 방식으로 이루어진다.
② 신장을 통한 배설은 사구체 여과, 세뇨관 재흡수, 그리고 세뇨관 분비에 의해 제거된다.
③ 세뇨관 내의 물질은 재흡수에 의해 혈중으로 돌아갈 수 있으나, 아미노산 및 독성물질은 재흡수되지 않는다.
④ 사구체를 통한 여과는 심장의 박동으로 생성되는 혈압 등의 정수압(Hydrostatic Pressure)의 차이에 의하여 일어난다.

해설 세뇨관 내의 물질은 재흡수에 의해 혈중으로 돌아갈 수 있으며 아미노산 및 독성물질 등이 재흡수된다.

ANSWER | 01 ② 02 ② 03 ③ 04 ③ 05 ① 06 ② 07 ④ 08 ③ 09 ③ 10 ①
11 ④ 12 ② 13 ② 14 ③ 15 ③ 16 ① 17 ③

THEMA 85 발암

1. 발암성 물질 구분

① 국제암연구위원회(IARC)의 발암물질 구분 Group

㉠ Group 1 : 확실한 발암물질(인체 발암성 확인 물질)

예 벤젠, 알코올, 담배, 다이옥신, 석면

㉡ Group 2A : 가능성이 높은 발암물질(인체 발암성 예측, 추정 물질)

예 자외선, 방부제

㉢ Group 2B : 가능성 있는 발암물질(인체 발암성 가능 물질)(동물 발암성 확인 물질)

예 클로로포름, 삼산화안티몬, 커피, 고사리

㉣ Group 3 : 발암성이 불확실한 물질(인체 발암성 미분류 물질)

예 카페인, 홍차, 콜레스테롤

㉤ Group 4 : 발암성이 없는 물질(인체 미발암성 추정 물질)

② 미국산업위생전문가협의회(ACGIH) 구분 Group

㉠ A1 : 인체 발암 확정 물질 : 아크릴로니트릴, 석면, 벤지딘, 6가 크롬 화합물, 베릴륨, 염화비닐, 우라늄

㉡ A2 : 인체 발암이 의심되는 물질(발암 추정 물질)

㉢ A3 : 동물 발암성 확인 물질, 인체 발암성 모름

㉣ A4 : 인체 발암성 미분류 물질, 인체 발암성이 확인되지 않은 물질

㉤ A5 : 인체 발암성 미의심 물질

③ 고용노동부 발암성 정보물질의 표기는 「화학물질의 분류 · 표시 및 물질안전보건자료에 관한 기준」을 따름

㉠ 1A : 사람에게 충분한 발암성 증거가 있는 물질

㉡ 1B : 시험동물에서 발암성 증거가 충분히 있거나, 시험동물과 사람 모두에서 제한된 발암성 증거가 있는 물질

㉢ 2 : 사람이나 동물에서 제한된 증거가 있지만, 구분 1로 분류하기에는 증거가 충분하지 않은 물질

2. 암의 발생원인 기여도

노화 > 음식 > 흡연 > 호르몬 > 직업 > 환경오염

3. 암의 진행 단계

① 개시(Initiation)

㉠ 정상세포의 DNA 변화(돌연변이)가 이루어진, 비가역적 변화

㉡ 개시세포는 개별적인 성장을 위한 발달능력을 가지고 있음
㉢ 이 시기의 개시세포는 조직 내의 다른 유사 세포들과 구별할 수 없음
㉣ 발암물질에 대한 한 번의 노출로 될 수 있거나, 몇몇 경우에는 타고난 유전적 결함에 의한 것일 수 있음
㉤ 개시세포는 수개월에서 수년간 활성화되지 않은 채로 유지되며, 촉진이 일어나지 않는 한 결코 암으로 진행되지 않음

② 촉진(Promotion)
㉠ 특정 물질(촉진자)이 개시세포가 진행되도록 함
㉡ 촉진자는 항상은 아니지만 종종 세포의 DNA와 상호작용하고 돌연변이된 DNA의 추가 발현에 영향을 줌
㉢ 이 단계에서는 증식세포의 복제물은 양성 종양과 일치하는 형태를 취함
㉣ 응집된 그룹으로 유지되고, 물리적으로 서로 접촉, 돌연변이가 세포분열을 통하여 유전자 내에서 분리되는 시기

③ 진행(Progression)
㉠ 개시세포가 생물학적으로 악성 세포군으로 발전되는 것과 연관
㉡ 최종 단계에서 각각의 세포들은 분리될 수 있으며, 원래의 종양 진행 부위와 떨어진 새로운 복제물로 성장을 시작할 수 있다. 이것을 전이라고 한다.

연습문제

01 미국정부산업위생전문가협의회(ACGIH)의 발암물질 구분으로 동물 발암성 확인물질, 인체 발암성 모름에 해당되는 Group은?

① A2 ② A3 ③ A4 ④ A5

해설 미국정부산업위생전문가협의회(ACGIH) 구분 Group
㉠ A1 : 인체 발암 확정 물질 : 아크릴로니트릴, 석면, 벤지딘, 6가 크롬 화합물, 베릴륨, 염화비닐, 우라늄
㉡ A2 : 인체 발암이 의심되는 물질(발암 추정 물질)
㉢ A3 : 동물 발암성 확인 물질, 인체 발암성 모름
㉣ A4 : 인체 발암성 미분류 물질, 인체 발암성이 확인되지 않은 물질
㉤ A5 : 인체 발암성 미의심 물질

02 미국정부산업위생전문가협의회(ACGIH)에서 제안하는 발암물질의 구분과 정의가 틀린 것은?

① A1 : 인체 발암성 확인 물질
② A2 : 인체 발암성 의심 물질
③ A3 : 동물 발암성 확인 물질, 인체 발암성 모름
④ A4 : 인체 발암성 미의심 물질

03 다음 중 국제암연구위원회(IABC)의 발암물질에 대한 Group의 구분과 정의가 올바르게 연결된 것은?

① Group 1 – 인체 발암성 가능 물질
② Group 2A – 인체 발암성 예측 추정 물질
③ Group 3 – 인체 미발암성 추정 물질
④ Group 4 – 인체 발암성 미분류 물질

해설 국제암연구위원회(IARC)의 발암물질 구분 Group
㉠ Group 1 : 확실한 발암물질(인체 발암성 확인 물질)
㉡ Group 2A : 가능성이 높은 발암물질(인체 발암성 예측, 추정 물질)
㉢ Group 2B : 가능성 있는 발암물질(인체 발암성 가능 물질)(동물 발암성 확인 물질)
㉣ Group 3 : 발암성이 불확실한 물질(인체 발암성 미분류 물질)
㉤ Group 4 : 발암성이 없는 물질(인체 미발암성 추정 물질)

04 ACGIH에서 발암물질을 분류하는 설명으로 틀린 것은?

① Group A1 : 인체 발암성 확인 물질
② Group A2 : 인체 발암성 의심 물질
③ Group A3 : 동물 발암성 확인 물질, 인체 발암성 모름
④ Group A4 : 인체 발암성 미의심 물질

05 산업안전보건법상 발암성 물질로 확인된 물질(A1)에 포함되어 있지 않은 것은?

① 벤지딘
② 염화비닐
③ 베릴륨
④ 에틸벤젠

해설 A1(인체발암 확정 물질)
㉠ 아크릴로니트릴
㉡ 석면
㉢ 벤지딘
㉣ 6가 크롬 화합물
㉤ 베릴륨
㉥ 염화비닐
㉦ 우라늄

06 ACGIH에서 발암성 구분을 "A1"으로 정하고 있는 물질이 아닌 것은?

① 석면
② 텅스텐
③ 우라늄
④ 6가 크롬 화합물

07 국제암연구위원회(IARC)의 발암물질 구분 기준에서 인체 발암성 가능 물질(Group 2B)의 종류에 해당되는 물질은?

① 벤젠
② 카드뮴
③ 카페인
④ 클로로포름

해설 Group 2B : 가능성 있는 발암물질(인체 발암성 가능 물질, 동물 발암성 확인 물질)
예 클로로포름, 삼산화안티몬, 커피, 고사리

08 흡입을 통하여 노출되는 유해인자로 인해 발생되는 암의 종류를 틀리게 짝지은 것은?

① 비소－폐암
② 결정형 실리카－폐암
③ 베릴륨－간암
④ 6가 크롬－비강암

해설 베릴륨 중독 시 육아종양, 화학적 폐렴, 폐암 등이 발생한다.

09 작업환경에서 발생되는 유해물질과 암의 종류를 연결한 것으로 틀린 것은?

① 벤젠－백혈병
② 비소－피부암
③ 포름알데히드－신장암
④ 1,3 부타디엔－림프육종

해설 포름알데히드 중독 시 혈액암, 비강암 등이 발생한다.

10 화학물질에 의한 암발생 이론 중 다단계 이론에서 언급되는 단계와 거리가 먼 것은?

① 개시단계
② 진행단계
③ 촉진단계
④ 병리단계

해설 암의 진행단계
㉠ 개시단계
㉡ 촉진단계
㉢ 전환단계
㉣ 진행단계

11 대사과정에 의해서 변화된 후에만 발암성을 나타내는 선행발암물질(Procarcinogen)로만 연결된 것은?

① PAH, Nitrosamine
② PAH, Methyl Nitrosourea
③ Benzo(a)pyrene, Dimethyl Sulfate
④ Nitrosamine, Ethyl Methanesulfonate

ANSWER | 01 ② 02 ④ 03 ② 04 ④ 05 ④ 06 ② 07 ④ 08 ③ 09 ③ 10 ④ 11 ①

THEMA 86 중금속

1. 금속의 독성기전

① 효소의 억제(효소의 구조 및 기능을 변화)
② 간접영향(세포성분의 역할 변화)
③ 필수 금속성분의 대체(생물학적 대사과정들이 변화)
④ 필수 금속평형의 파괴
⑤ 설프하이드릴기(Sulfhydryl)와의 친화성으로 단백질 기능 변화

2. 금속의 흡수

① 호흡기계에 의한 흡수
② 소화기계에 의한 흡수
㉠ 단순확산 및 촉진확산
㉡ 특이적 수송과정
㉢ 음세포작용
③ 피부에서의 흡수

3. 금속의 배설

① 신장 : 금속이 배설되는 가장 중요한 경로
② 소화기계
③ 간장순환
④ 땀, 타액
⑤ 머리카락, 손톱, 발톱
⑥ 산모 모유

4. 금속독성의 일반적인 특성

① 금속은 대부분 호흡기를 통해서 흡수된다.
② 작업환경 중 작업자가 흡입하는 금속형태는 흄과 먼지 형태이다.
③ 금속의 대부분은 이온상태로 작용한다.
④ 생리과정에 이온상태의 금속이 활용되는 정도는 용해도에 달려 있다.
⑤ 용해성 금속염은 생체 내 여러 가지 물질과 작용하여 지용성 화합물로 전환된다.
⑥ 작업장 내에서 휴식시간에 음료수, 음식 등에 오염된 채로 소화관을 통해서 흡수될 수 있다.
⑦ 유해화학물질이 체내에서 해독되는 데 중요한 작용을 하는 것은 효소이다.

연습문제

01 금속의 일반적인 독성기전으로 틀린 것은?

① 효소의 억제 ② 금속 평형의 파괴
③ DNA 염기의 대체 ④ 필수 금속성분의 대체

해설 금속의 독성기전
㉠ 효소의 억제(효소의 구조 및 기능을 변화)
㉡ 간접영향(세포성분의 역할 변화)
㉢ 필수 금속성분의 대체(생물학적 대사과정들이 변화)
㉣ 필수 금속평형의 파괴
㉤ 설프하이드릴기(Sulfhydryl)와의 친화성으로 단백질 기능 변화

02 다음 중 중금속의 노출 및 독성기전에 대한 설명으로 틀린 것은?

① 작업환경 중 작업자가 흡입하는 금속형태는 흄과 먼지 형태이다.
② 대부분의 금속이 배설되는 가장 중요한 경로는 신장이다.
③ 크롬은 6가 크롬보다 3가 크롬이 체내흡수가 쉽다.
④ 납에 노출될 수 있는 업종은 축전기 제조업, 광명단 제조업, 전자산업 등이다.

해설 3가 크롬이 6가 크롬보다 피부흡수가 어렵다.

03 다음 중 소화기계로 유입된 중금속의 체내 흡수기전으로 볼 수 없는 것은?

① 단순확산 ② 특이적 수송
③ 여과 ④ 음세포작용

해설 소화기계로 유입된 중금속의 체내 흡수기전
㉠ 단순확산 및 촉진확산
㉡ 특이적 수송과정
㉢ 음세포작용

04 유해화학물질이 체내에서 해독되는 데 중요한 작용을 하는 것은?

① 효소 ② 임파구
③ 체표온도 ④ 적혈구

해설 유해화학물질이 체내로 침입되어 해독되는 경우 해독반응에 가장 중요한 작용을 하는 것은 효소이다.

05 체내에서 유해물질을 분해하는 데 가장 중요한 역할을 하는 것은?

① 혈압 ② 효소
③ 백혈구 ④ 적혈구

06 금속의 독성에 관한 일반적인 특성을 설명한 것으로 틀린 것은?

① 금속의 대부분은 이온상태로 작용한다.

② 생리과정에 이온상태의 금속이 활용되는 정도는 용해도에 달려 있다.

③ 금속이온과 유기화합물 사이의 강한 결합력은 배설률에도 영향을 미치게 한다.

④ 용해성 금속염은 생체 내 여러 가지 물질과 작용하여 수용성 화합물로 전환된다.

해설 용해성 금속염은 생체 내 여러 가지 물질과 작용하여 지용성 화합물로 전환된다.

07 다음 중 작업장에서의 일반적인 금속 노출 경로에 대한 설명으로 틀린 것은?

① 대부분 피부를 통해서 흡수되는 것이 일반적이다.

② 호흡기를 통해서 입자상 물질 중의 금속이 흡수된다.

③ 작업장 내에서 휴식시간에 음료수, 음식 등에 오염된 채로 소화관을 통해서 흡수될 수 있다.

④ 4－에틸납은 피부로 흡수될 수 있다.

해설 금속은 대부분 호흡기를 통해서 흡수된다.

ANSWER | 01 ③ 02 ③ 03 ③ 04 ① 05 ② 06 ④ 07 ①

THEMA **87** 수은(Hg)

1. 개요

① 인간의 연금술, 의약품 등에 가장 오래 사용해 왔던 중금속 중의 하나이다.
② 17세기 유럽에서 신사용 중절모자를 제조하는 데 사용하여 근육경련을 일으킨 물질이다.
③ 상온에서 액체상태의 유일한 금속으로 아말감(합금)을 만드는 특징이 있다.

2. 종류 및 허용한계

① 무기수은 : 각종 전기기구 및 각종 계기 제작에 사용, 다른 금속과 아말감을 형성, 전기분해장치의 음극 · 사진 · 안료 및 색소 · 약품 · 소독제 · 화학시약 등의 제조에 사용, 질산수은, 승홍(염화제이수은), 뇌홍(시안산수은) 등이 있다.
② 유기수은 : 의약, 농약 제조 등에 사용, 알킬수은 화합물 등이 있다.
③ 허용한계 : 무기수은($0.05mg/m^3$), 유기수은($0.01mg/m^3$), 유기수은의 독성이 무기수은보다 강하다.

3. 신진대사

① 수은증기는 대부분 호흡기를 통해 흡수되며, 소화관으로는 소량 흡수된다.
② 수은이온(Hg^{2+})은 단백질을 침전시키며 thiol기(−SH)를 가진 효소의 작용을 억제한다.
③ 쉽게 혈관을 통해 이동한다.
④ 뇌에서 가장 강한 친화력을 가진 수은화합물은 메틸수은이다.
⑤ 혈액 내 수은 존재 시 약 90%는 적혈구 내에서 발견된다.
⑥ 주로 신장 및 간에 고농도 축적현상이 나타난다.
⑦ 주로 소변과 대변으로 배설된다.
⑧ 유기수은화합물은 땀으로도 배설된다.
⑨ 금속수은은 대변보다 소변으로 배설이 잘 된다.

4. 수은중독 증상

① 주된 증상은 구내염, 근육진전, 정신증상이 있다.
② 메틸수은은 미나마타병을 발생시킨다.
③ 급성중독은 신장장해, 구강의 염증, 폐렴, 기관지 자극 증상이 나타난다.
④ 만성중독은 식욕부진, 신기능부전, 구내염을 발생시킨다.

5. 수은중독의 치료

① 급성중독
  ㉠ 우유와 달걀의 흰자를 먹인다.
  ㉡ 마늘 계통의 식물을 섭취한다.
  ㉢ BAL(British Anti Lewisite)을 투여한다.

② 만성중독
  ㉠ 수은 취급을 즉시 중단한다.
  ㉡ BAL(British Anti Lewisite)을 투여한다.
  ㉢ EDTA 투여는 금기한다.

6. 예방대책

① 수은 주입과정을 밀폐공간 안에서 자동화한다.
② 작업장 내에서 음식물 섭취와 흡연 등의 행동을 금지한다.
③ 작업장에 흘린 수은은 신체가 닿지 않는 방법으로 즉시 제거한다.
④ 실내온도를 가능한 한 낮게 유지하고 국소배기장치를 설치한다.
⑤ 개인 보호구를 착용하고, 작업 후에는 반드시 목욕을 한다.

연습문제

01 인간의 연금술, 의약품 등에 가장 오래 사용해 왔던 중금속 중의 하나로 17세기 유럽에서 신사용 중절모자를 제조하는 데 사용하여 근육경련을 일으킨 물질은?

① 납 ② 비소 ③ 수은 ④ 베릴륨

해설 수은
㉠ 인간의 연금술, 의약품 등에 가장 오래 사용해 왔던 중금속 중의 하나이다.
㉡ 17세기 유럽에서 신사용 중절모자를 제조하는 데 사용하여 근육경련을 일으킨 물질이다.
㉢ 상온에서 액체상태의 유일한 금속으로 아말감(합금)을 만드는 특징이 있다.

02 다음 설명에 해당하는 중금속은?

- 뇌홍의 제조에 사용
- 소화관으로는 2~7% 정도의 소량으로 흡수
- 금속 형태는 뇌, 혈액, 심근에 많이 분포
- 만성노출 시 식욕부진, 신기능부전, 구내염 발생

① 납(Pb) ② 수은(Hg) ③ 카드뮴(Cd) ④ 안티몬(Sb)

03 다음 중 수은의 배설에 관한 설명으로 틀린 것은?

① 유기수은화합물은 땀으로도 배설된다.
② 유기수은화합물은 대변으로 주로 배설된다.
③ 금속수은은 대변보다 소변으로 배설이 잘 된다.
④ 무기수은화합물의 생물학적 반감기는 2주 이내이다.

해설 무기수은화합물의 생물학적 반감기는 6주 이내이다.

04 다음 중 수은중독에 관한 설명으로 옳은 것은?

① 전리된 이온은 thiol기(–SH)를 가진 효소작용을 활성화시킨다.
② 혈액 중 적혈구 내의 전해물이 감소하여 적혈구의 수명이 짧아진다.
③ 만성중독 시에는 골격계의 장해로 다량의 칼슘배설이 일어난다.
④ 급성중독 시에는 우유와 달걀의 흰자를 먹이거나 BAL을 투여한다.

해설 수은중독의 치료

㉠ 급성중독
- 우유와 달걀의 흰자를 먹인다.
- 마늘 계통의 식물을 섭취한다.
- BAL(British Anti Lewisite)을 투여한다.

㉡ 만성중독
- 수은 취급을 즉시 중단한다.
- BAL(British Anti Lewisite)을 투여한다.
- EDTA 투여는 금기한다.

05 수은중독에 관한 설명 중 틀린 것은?

① 주된 증상으로는 구내염, 근육진전, 정신증상이 있다.
② 급성중독인 경우의 치료는 10% EDTA를 투여한다.
③ 알킬수은화합물의 독성은 무기수은화합물의 독성보다 훨씬 강하다.
④ 전리된 수은이온이 단백질을 침전시키고 thiol기(–SH)를 가진 효소작용을 억제한다.

해설 급성중독 시에는 우유와 달걀의 흰자를 먹이거나 BAL을 투여한다.

06 단백질을 침전시키며 thiol기(–SH)를 가진 효소의 작용을 억제하여 독성을 나타내는 것은?

① 수은 ② 구리 ③ 아연 ④ 코발트

해설 수은이온(Hg^{2+})은 단백질을 침전시키며 thiol기(–SH)를 가진 효소의 작용을 억제한다.

07 다음 설명에 해당하는 중금속의 종류는?

> 이 중금속 중독의 특징적인 증상은 구내염, 정신증상, 근육진전이라 할 수 있다. 급성중독의 치료로는 우유나 달걀 흰자를 먹이며, 만성중독의 치료로는 취급을 즉시 중지하고, BAL을 투여한다.

① 크롬 ② 카드뮴 ③ 납 ④ 수은

08 수은중독 증상으로만 나열된 것은?

① 구내염, 근육진전 ② 비중격천공, 인두염
③ 급성뇌증, 신근쇠약 ④ 단백뇨, 칼슘대사 장애

해설 수은중독 증상
㉠ 주된 증상은 구내염, 근육진전, 정신증상이다.
㉡ 메틸수은은 미나마타병을 발생시킨다.
㉢ 급성중독은 신장장해, 구강의 염증, 폐렴, 기관지 자극증상이 나타난다.
㉣ 만성중독은 식욕부진, 신기능부전, 구내염을 발생시킨다.

09 다음 중 수은중독에 관한 설명으로 틀린 것은?

① 수은은 주로 골 조직과 신경에 많이 축적된다.
② 무기수은염류는 호흡기나 경구적 어느 경로라도 흡수된다.
③ 수은중독의 특징적인 증상은 구내염, 근육진전 등이다.
④ 전리된 수은이온은 단백질을 침전시키고, Thiol기(−SH)를 가진 효소작용을 억제한다.

해설 수은중독 시 주로 신장 및 간에 고농도 축적현상이 나타난다.

10 급성중독 시 우유와 달걀의 흰자를 먹여 단백질과 해당 물질을 결합시켜 침전시키거나, BAL(Dimercaprol)을 근육주사로 투여하여야 하는 물질은?

① 납 ② 크롬 ③ 수은 ④ 카드뮴

11 수은중독의 예방대책이 아닌 것은?

① 수은 주입과정을 밀폐공간 안에서 자동화한다.
② 작업장 내에서 음식물 섭취와 흡연 등의 행동을 금지한다.
③ 수은 취급 근로자의 비점막 궤양 생성 여부를 면밀히 관찰한다.
④ 작업장에 흘린 수은은 신체가 닿지 않는 방법으로 즉시 제거한다.

해설 크롬 취급 근로자의 비점막 염증증상을 면밀히 관찰한다.(비중격 천공)

ANSWER | 01 ③ 02 ② 03 ④ 04 ④ 05 ② 06 ① 07 ④ 08 ① 09 ① 10 ③ 11 ③

THEMA **88** 카드뮴(Cd), 크롬(Cr)

1. 카드뮴(Cd)

(1) 개요

① 부드럽고 연성이 있는 금속으로 납광물이나 아연광물을 제련할 때 부산물로 얻어진다.
② 대표적인 질환으로 이타이이타이병이 있다.
③ 아연정련업, 특수합금, 니켈, 알루미늄과의 합금, 도금공정, 살균제, 페인트 등에서 배출된다.
④ 최종적으로 신장에 축적된다.

(2) 체내 대사

① 경구 흡수율은 5~8%로 호흡기 흡수율보다 작으나 칼슘, 철의 결핍 또는 단백질이 적은 식사를 할 경우 흡수율이 증가한다.
② 인체에 대한 노출경로는 주로 호흡기이다.
③ 카드뮴이 체내에서 이동 및 분해하는 데는 분자량 10,500 정도의 저분자 단백질인 Metallothionein(혈장단백질)이 관여한다.
④ 체내에 흡수된 카드뮴은 혈액을 거쳐 2/3는 간과 신장으로 이동한다. 간과 신장에서 해독작용을 한다.
⑤ 흡수된 카드뮴은 혈장단백질과 결합하여 최종적으로 신장에 축적된다.
⑥ 카드뮴 배설은 상당히 느리며, 소변 속의 카드뮴 배설량은 카드뮴 흡수를 나타내는 지표가 된다.

(3) 증상 및 징후

① 급성중독
　㉠ 구토를 동반하는 설사와 급성 위장염
　㉡ 두통, 금속성 맛, 근육통, 복통, 체중감소, 착색뇨
　㉢ 간, 신장 기능장해
　㉣ 폐부종, 폐수종
　㉤ 산화카드뮴 LD_{50} : 치사폭로지수(=농도 × 폭로시간)는 일반인의 경우 200~2,900 정도
② 만성중독
　㉠ 자각증상 : 가래, 기침, 후각 이상, 식욕부진, 위장장해, 체중감소, 치은부에서 연한 황색환상 색소침착
　㉡ 신장기능 장해 : 신세뇨관에 장해를 주어 요 중 카드뮴 배설량 증가, 단백뇨, 아미노산뇨, 당뇨, 인의 신세뇨관 재흡수 저하, 신석증 유발, Fanconi 씨 증후군
　㉢ 폐기능 장해 : 만성 기관지염이나 폐활량 감소, 잔기량 증가 및 호흡곤란의 폐증세가 나타나며, 이 증세는 노출기간과 노출농도에 의해 좌우된다.
　㉣ 골격계 장해 : 다량의 칼슘배설이 발생, 골연화증, 뼈 통증, 철결핍성 빈혈 유발

(4) 치료

① BAL이나 Ca-EDTA 등 금속배설 촉진제의 사용 금지
② 안정을 취하고 대중요법을 하는 동시에 산소흡입과 적절한 양의 스테로이드를 투여하면 효과적
③ 치아에 황색환상 색소침착 발생 시 : 10~20% 글루크론산칼슘 20mL 정맥주사
④ 비타민 D를 600,000단위씩 1주 간격으로 6회 피하주사하면 효과적임

2. 크롬(Cr)

(1) 개요

① 크롬은 생체 내에 필수적인 금속으로 결핍 시에는 인슐린의 저하로 인한 것과 같은 탄수화물 대사장해를 일으키는 유해물질이다.
② 2가 크롬은 불안정하여 3가, 6가가 일반적으로 존재한다.
③ 3가 크롬은 피부흡수가 어려우나 6가 크롬은 쉽게 피부를 통과하기 때문에 더 해롭다.
④ 크롬은 피혁제조업, 화학비료공업, 염색공업, 시멘트제조업, 크롬도금업 등에서 발생한다.
⑤ 6가 크롬은 세포 내에서 수 분~수 시간 만에 발암성을 가진 3가 형태로 환원되는데, 세포질 내에서의 환원은 독성이 적으나 DNA 부근에서의 환원은 강한 변이원성을 나타낸다.
⑥ 3가 크롬은 세포 내에서 핵산, Nuclear Enzyme, Nucleotide와 같은 세포핵과 결합 시 발암성을 나타낸다.

(2) 체내 대사

① 주로 호흡기나 피부를 통해서 흡수된다.
② 자연 중에 존재하는 대부분은 3가로서 이것이 체내에서 6가로 전환되지는 않는다.
③ 6가 크롬은 생체막을 용이하게 통과하여 3가로 환원된다.
④ 주로 소변을 통해 배설된다.

(3) 증상 및 징후

① 급성중독
㉠ 심한 신장장해 : 심한 과뇨증이 진전되면 무뇨증을 일으켜 요독증으로 1~2일, 길어야 7~8일 안에 사망
㉡ 위장장해 : 심한 복통과 빈혈을 동반하는 심한 설사 및 구토
㉢ 급성폐렴 발생

② 만성중독
㉠ 코, 폐, 위장 점막에 병변 발생
㉡ 위장장해 : 기침, 두통, 호흡곤란, 심호흡 때의 흉통, 발열, 체중감소, 식욕감퇴, 구역, 구토
㉢ 비점막의 염증증상 : 빠르면 2개월 이내에 나타나며 계속 진행하면 비중격의 연골부에 둥근 구멍이 뚫린다.(비중격 천공)
㉣ 기도, 기관지 자극증상과 부종
㉤ 원발성 기관지암과 폐암 발생 : 장기간(7~47년 흡입 시)

③ 점막장해

㉠ 눈의 점막 : 눈물, 결막염증, 안검과 결막의 궤양

㉡ 비점막 : 비염 → 회백색의 반점 → 종창 → 궤양 → 비중격 천공

④ 피부장해(손톱주위, 손 및 전박부에 잘 생김)

크롬산과 크롬산염이 피부의 개구부를 통하여 들어가 깊고 둥근 궤양을 형성

(4) 치료 및 대책

① 크롬을 먹었을 경우의 응급조치

우유, 환원제로서 비타민 C 섭취

② 만성 크롬중독

㉠ 폭로 중단 이외에 특별한 방법이 없다.

㉡ BAL, EDTA는 아무런 효과가 없다.

㉢ 코와 피부의 궤양은 10% $CaNa_2$ EDTA 연고 사용, 5% 티오황산소다(Sodium Thiosulfate) 용액, 5~10% 구연산 소다(Sodium Citrate) 용액을 사용한다.

연습문제

01 카드뮴에 노출되었을 때 체내의 주된 축적 기관은?

① 간, 신장, 장관벽 ② 심장, 뇌, 비장

③ 뼈, 피부, 근육 ④ 혈액, 신경, 모발

해설 체내에 흡수된 카드뮴은 혈액을 거쳐 2/3는 간과 신장으로 이동한다. 간과 신장에서 해독작용을 한다.

02 다음 중 카드뮴의 인체 내 축적 기관으로만 나열된 것은?

① 뼈, 근육 ② 간, 신장 ③ 혈액, 모발 ④ 뇌, 근육

03 체내에 소량 흡수된 카드뮴은 체내에서 해독되는데 이들 반응에 중요한 작용을 하는 것은?

① 효소 ② 임파구 ③ 간과 신장 ④ 백혈구

04 다음 중 체내에서 이동 및 분해 시 저분자 단백질인 Metallothionein이 관여하는 중금속 물질은?

① 납 ② 수은 ③ 크롬 ④ 카드뮴

해설 카드뮴이 체내에서 이동 및 분해하는 데는 분자량 10,500 정도의 저분자 단백질인 Metallothionein(혈장단백질)이 관여한다.

05 체내에 노출되면 Metallothionein이라는 단백질을 합성하여 노출된 중금속의 독성을 감소시키는 경우가 있는데 이에 해당되는 중금속은?

① 납　② 니켈　③ 비소　④ 카드뮴

06 다음 중 카드뮴에 관한 설명으로 틀린 것은?

① 카드뮴은 부드럽고 연성이 있는 금속으로 납광물이나 아연광물을 제련할 때 부산물로 얻어진다.
② 흡수된 카드뮴은 혈장단백질과 결합하여 최종적으로 신장에 축적된다.
③ 인체 내에서 철을 필요로 하는 효소와의 결합반응으로 독성을 나타낸다.
④ 카드뮴 흄이나 먼지에 급성 노출되면 호흡기가 손상되며 사망에 이르기도 한다.

해설 카드뮴은 간, 신장, 장관벽에 부착하여 효소의 유지기능에 필요한 -SH와 반응하여 조직세포에 독성으로 작용한다.

07 카드뮴 중독의 발생 가능성이 가장 큰 산업작업 또는 제품으로만 나열된 것은?

① 니켈, 알루미늄과의 합금, 살균제, 페인트
② 페인트 및 안료의 제조, 도자기 제조, 인쇄업
③ 금, 은의 정련, 청동 주석 등의 도금, 인견 제조
④ 가죽제조, 내화벽돌 제조, 시멘트제조업, 화학비료공업

해설 카드뮴 배출원
아연정련업, 특수합금, 니켈, 알루미늄과의 합금, 도금공정, 살균제, 페인트 등에서 배출된다.

08 다음 중 카드뮴의 만성중독 증상에 해당하지 않는 것은?

① 신장기능장해　② 폐기능장해　③ 골격계 장해　④ 중추신경장해

해설 카드뮴의 만성중독
㉠ 자각증상 : 가래, 기침, 후각 이상, 식욕부진, 위장장해, 체중감소, 치은부에서 연한 황색환상 색소침착
㉡ 신장기능장해 : 신세뇨관에 장해를 주어 요 중 카드뮴 배설량 증가, 단백뇨, 아미노산뇨, 당뇨, 인의 신세뇨관 재흡수 저하, 신석증 유발, Fanconi 씨 증후군
㉢ 폐기능장해 : 만성 기관지염이나 폐활량 감소, 잔기량 증가 및 호흡곤란의 폐증세가 나타나며, 이 증세는 노출기간과 노출농도에 의해 좌우됨
㉣ 골격계 장해 : 다량의 칼슘배설이 발생, 골연화증, 뼈 통증, 철결핍성 빈혈 유발

09 다음 중 카드뮴의 만성중독 증상에 속하지 않는 것은?

① 폐기종　② 단백뇨　③ 칼슘 배설　④ 파킨슨씨증후군

10 다음 중 칼슘대사에 장해를 주어 신결석을 동반하나 신증후군이 나타나고 다량의 칼슘배설이 일어나 뼈의 통증, 골연화증 및 골수공증과 같은 골격계 장해를 유발하는 중금속은?

① 망간(Mn)　② 수은(Hg)　③ 비소(As)　④ 카드뮴(Cd)

11 다음 사례의 근로자에게서 의심되는 노출인자는?

> 41세 A씨는 1990년부터 1997년까지 기계공구제조업에서 산소용접작업을 하다가 두통, 관절통, 전신근육통, 가슴 답답함, 이가 시리고 아픈 증상이 있어 건강검진을 받았다. 건강검진 결과 단백뇨와 혈뇨가 있어 신장질환 유소견자 진단을 받았다. 이 유해인자의 혈중, 소변 중 농도가 직업병 예방을 위한 생물학적 노출기준을 초과하였다.

① 납 ② 망간 ③ 수은 ④ 카드뮴

12 다음 중 카드뮴의 중독, 치료 및 예방대책에 관한 설명으로 틀린 것은?

① 소변 속의 카드뮴 배설량은 카드뮴 흡수를 나타내는 지표가 된다.
② BAL 또는 Ca−EDTA 등을 투여하여 신장에 대한 독작용을 제거한다.
③ 칼슘대사에 장해를 주어 신결석을 동반한 증후군이 나타나고 다량의 칼슘배설이 일어난다.
④ 폐활량 감소, 잔기량 증가 및 호흡곤란의 폐증세가 나타나며, 이 증세는 노출기간과 노출농도에 의해 좌우된다.

해설 카드뮴 중독 시 BAL이나 Ca−EDTA 등 금속배설 촉진제를 투여하면 신장에 대한 독성이 더 강해져 투여해서는 안 된다.

13 중금속에 중독되었을 경우에 치료제로 BAL이나 Ca−EDTA 등 금속배설 촉진제를 투여해서는 안 되는 중금속은?

① 납 ② 비소 ③ 망간 ④ 카드뮴

14 주로 호흡기나 피부를 통하여 체내에 흡수되며 만성중독이 되면 코, 폐 및 위장에 병변을 일으키는 특징을 가진 중금속은?

① 크롬 ② 납 ③ 수은 ④ 니켈

해설 크롬
㉠ 주로 호흡기나 피부를 통해서 흡수된다.
㉡ 만성중독 : 코, 폐, 위장 점막에 병변 발생, 위장장해, 비점막의 염증증상, 기도, 기관지 자극증상과 부종 등

15 다음 중 크롬의 급성중독이 갖는 특징으로 가장 알맞은 것은?

① 혈액장해 ② 신장장해 ③ 피부습진 ④ 중추신경장해

해설 크롬의 급성중독
㉠ 심한 신장장해 ㉡ 위장장해 ㉢ 급성폐렴

16 비중격천공을 유발시키는 물질은?

① 납(Pb) ② 크롬(Cr) ③ 수은(Hg) ④ 카드뮴(Cd)

해설 크롬에 중독 시 뼈의 연골부에 구멍이 뚫리는 비중격천공이 발생한다.

17 급성중독에 따른 심한 신장장해로 과뇨증이 오며 더 진전되면 무뇨증을 일으켜 요독증으로 10일 안에 사망에 이르게 하는 물질은?

① 비소 ② 크롬 ③ 벤젠 ④ 베릴륨

해설 크롬의 급성중독
㉠ 심한 신장장해 : 심한 과뇨증이 진전되면 무뇨증을 일으켜 요독증으로 1~2일, 길어야 7~8일 안에 사망
㉡ 위장장해 : 심한 복통과 빈혈을 동반하는 심한 설사 및 구토
㉢ 급성폐렴 발생

18 다음 중 크롬에 관한 설명으로 틀린 것은?

① 6가 크롬은 발암성 물질이다.
② 주로 소변을 통하여 배설된다.
③ 형광등 제조, 치과용 아말감 산업이 원인이 된다.
④ 만성 크롬중독인 경우 특별한 치료방법이 없다.

해설 형광등 제조, 치과용 아말감 산업이 원인이 되는 물질은 수은이다.

19 3가 및 6가 크롬의 인체작용 및 독성에 관한 내용으로 틀린 것은?

① 산업장의 노출의 관점에서 보면 3가 크롬이 더 해롭다.
② 3가 크롬은 피부 흡수가 어려우나 6가 크롬은 쉽게 피부를 통과한다.
③ 세포막을 통과한 6가 크롬은 세포 내에서 수 분 내지 수 시간 만에 발암성을 가진 3가 형태로 환원된다.
④ 6가에서 3가로의 환원이 세포질에서 일어나면 독성이 적으나 DNA의 근위부에서 일어나면 강한 변이원성을 나타낸다.

해설 3가 크롬은 피부흡수가 어려우나 6가 크롬은 쉽게 피부를 통과하기 때문에 더 해롭다.

20 크롬으로 인한 피부궤양 발생 시 치료에 사용하는 것과 가장 관계가 먼 것은?

① 10% BAL 용액 ② Sodium Citrate 용액
③ Sodium Thiosulfate 용액 ④ 10% $CaNa_2$ EDTA 연고

해설 ㉠ 크롬을 먹었을 경우의 응급조치
우유, 환원제로서 비타민 C를 섭취한다.
㉡ 만성 크롬 중독 시 치료방법
- 폭로중단 이외에 특별한 방법이 없다.
- BAL, EDTA는 아무런 효과가 없다.
- 코와 피부의 궤양은 10% $CaNa_2$ EDTA 연고, 5% 티오황산소다(Sodium Thiosulfate) 용액, 5~10% 구연산소다(Sodium Citrate) 용액을 사용한다.

ANSWER									
01 ①	02 ②	03 ③	04 ④	05 ④	06 ③	07 ①	08 ④	09 ④	10 ④
11 ④	12 ②	13 ④	14 ①	15 ②	16 ②	17 ②	18 ③	19 ①	20 ①

THEMA 89 납(Pb)

1. 개요

① 부드러운 청회색의 금속으로 고밀도와 내식성이 강한 것이 특징이다.
② 납은 SH기와 결합하여 포르피린과 헴(Heme) 합성에 관여하는 효소를 포함한 여러 세포의 효소 작용을 방해한다.
③ 납(Pb)은 생체의 대사기능에 일체 불필요한 물질로서 혈청 내의 철착화물인 헴(Heme)의 합성에 관계하는 생화학반응을 방해함으로써 헤모글로빈(Hb)이 결핍되고 이로 인하여 적혈구 생산감소, 빈혈증상, 신장기능 장애, 나아가 중추신경 및 뇌기능 장애가 발생해 정신착란, 의식상실, 사망 등에 이르게 된다.
④ 역사상 최초로 기록된 직업병이다.
⑤ 무기연 : 금속연, 연의 산화물(일산화연, 삼산화연 등), 연의 염류(질산연, 아질산연 등)
⑥ 유기연 : 4-메틸연(TML), 4-에틸연(TEL)
⑦ 납축전지, 납제련소, 납용접 및 절단작업, 인쇄소(활자의 문선, 조판작업) 등에서 납이 배출된다.

2. 체내 대사

① 무기납은 소화기 및 호흡기를 통하여 흡수된다.
② 유기납은 피부를 통하여 흡수된다.
③ 납은 적혈구와 친화력이 강해 납의 95% 정도는 적혈구에 결합되어 있다.
④ 뼈에서 안정된 상태로 존재한다.(뼈에는 약 90%가 축적)
⑤ 소화기로 섭취된 납은 입자의 크기에 따라 다르지만 약 10% 정도만이 소장에서 흡수되고, 나머지는 대변으로 배출된다.

3. 증상 및 징후

① 납중독의 4대 징후
㉠ 잇몸에 특징적인 납선(Lead Line)
㉡ 납빈혈(적혈구 생성 감소, 혈색소량 감소)
㉢ 망상적혈구와 친염기성 적혈구 수 증가
㉣ 요 중 코프로포르피린 증가(검출)
② 납중독의 주요 증상(임상증상)
㉠ 위장장해
㉡ 신경 및 근육계통의 장해
㉢ 중추신경장해

③ 납중독의 병리현상
  ㉠ 조혈기능에 대한 영향
  ㉡ 신장기능의 변화
  ㉢ 신경조직의 변화
④ 이미증(Pica)
  ㉠ 단맛을 내는 납을 포함하고 있는 페인트 껍질을 섭취함으로써 납중독이 발생된 경우
  ㉡ 1~5세의 소아환자에서 발생하기 쉬움

4. 진단 및 치료

① 진단 : 직업력, 병력, 임상검사를 통한 진단을 한다.
  ㉠ 빈혈검사
  ㉡ 요 중의 코프로포르피린 및 δ −아미노레불린산(δ −ALA)의 배설량 측정
  ㉢ 혈액 및 요 중의 납량 정량
  ㉣ 혈액 중의 α −ALA 탈수효소 활성치 측정
  ㉤ 신경전달속도 : 신경자극이 전달되는 속도를 저하
  ㉥ 헴(Heme) 대사 : 세포 내에서 SH기와 결합하여 포르피린과 Heme 합성에 관여하는 효소작용을 방해
  ㉦ 혈중 징크프로토포르피린(ZPP : Zinc Protoporphyrin) 측정
② 치료 : 배설촉진제(Ca−EDTA, Penicillamine) 사용
  신장기능이 나쁜 사람과 예방목적의 투여는 절대 불허
③ 급성중독
  경구 섭취 시 3% 황산소다용액으로 위세척을 하고, $CaNa_2$−EDTA로 치료
④ 만성중독
  ㉠ 전리된 납을 비전리납으로 변화시키는 $CaNa_2$−EDTA와 페니실라민(Penicillamine)을 사용
  ㉡ 대증요법, 진정제, 안정제, 비타민 B_1과 B_2

연습문제

01 포르피린과 헴(Heme)의 합성에 관여하는 효소를 억제하며, 소화기계 및 조혈계에 영향을 주는 물질은?

① 납　② 수은　③ 카드뮴　④ 베릴륨

해설 납은 SH기와 결합하여 포르피린과 헴(Heme) 합성에 관여하는 효소를 포함한 여러 세포의 효소작용을 방해한다.

02 다음 중 조혈장해를 일으키는 물질은?

① 납　② 망간　③ 수은　④ 우라늄

03 다음 중 납이 체내에 흡수됨으로써 초래되는 현상이 아닌 것은?

① 혈색소량 저하 ② 망상적혈구수 증가
③ 혈청 내 철 감소 ④ 요 중 코프로폴피린 증가

해설 납이 체내에 흡수됨으로써 초래되는 현상
㉠ 적혈구 생존기간 감소 ㉡ 적혈구 내 전해질 감소
㉢ 혈색소량 저하 ㉣ 망상적혈구수 증가
㉤ 혈청 내 철 증가 ㉥ 요 중 코프로폴피린 증가

04 납중독의 초기증상으로 볼 수 없는 것은?

① 권태, 체중감소 ② 식욕저하, 변비
③ 연산통, 관절염 ④ 적혈구 감소, Hb의 저하

05 납은 적혈구 수명을 짧게 하고, 혈색소 합성에 장애를 발생시킨다. 납이 흡수됨으로 초래되는 결과로 틀린 것은?

① 요 중 코프로폴피린 증가 ② 혈청 및 요중 δ−ALA 증가
③ 적혈구 내 프로토폴피린 증가 ④ 혈중 β−마이크로글로빈 증가

해설 카드뮴 중독일 때 혈중 β−마이크로글로빈이 증가한다.

06 무기성 납으로 인한 중독 시 원활한 체내 배출을 위해 사용하는 배설촉진제는?

① β−BAL ② Ca−EDTA
③ δ−ALAD ④ 코프로폴피린

해설 납 중독 시 배설촉진제로 Ca−EDTA, Penicillamine을 사용한다.

07 인쇄 및 도료 작업자에게 자주 발생하는 연 중독증상과 관계없는 것은?

① 적혈구의 증가 ② 치은의 연선(Lead line)
③ 적혈구의 호염기성 반점 ④ 소변 중의 Coproporphyrin

해설 납(Pb)은 생체의 대사기능에 일체 불필요한 물질로서 혈청 내의 철착화물인 헴(Heme)의 합성에 관계하는 생화학반응을 방해함으로써 헤모글로빈(Hb)이 결핍되고 이로 인하여 적혈구 생산감소, 빈혈증상, 신장기능 장애, 나아가 중추신경 및 뇌기능 장애가 발생해 정신착란, 의식상실, 사망 등에 이르게 된다.

08 납중독을 확인하는 데 이용하는 시험으로 적절하지 않은 것은?

① 혈중의 납 ② EDTA 흡착능
③ 신경전달속도 ④ 헴(Heme)의 대사

해설 납중독 확인 시험항목
㉠ 혈중 납의 농도 ㉡ 헴(Heme)의 대사 ㉢ 신경전달속도
㉣ Ca−EDTA 이동시험 ㉤ ALA(Amino Levulinic Acid) 축적

09 납중독을 확인하는 시험이 아닌 것은?

① 혈중의 납 농도
② 소변 중 단백질
③ 말초신경의 신경전달 속도
④ ALA(Amino Levulinic Acid) 축적

10 납중독을 확인하기 위한 시험방법과 가장 거리가 먼 것은?

① 혈액 중 납 농도 측정
② 헴(Heme) 합성과 관련된 효소의 혈중농도 측정
③ 신경전달속도 측정
④ β−ALA 이동 측정

11 납에 노출된 근로자가 납중독이 되었는지를 확인하기 위하여 소변을 시료로 채취하였을 경우 다음 중 측정할 수 있는 항목이 아닌 것은?

① δ−ALA
② 납 정량
③ Coproporphyrin
④ Protoporphyrin

해설 Protoporphyrin은 혈중 납의 농도를 측정하는 것이다.

12 납중독에 대한 대표적인 임상증상으로 볼 수 없는 것은?

① 위장장해
② 안구장해
③ 중추신경장해
④ 신경 및 근육계통의 장해

해설 납의 임상증상

㉠ 납선(Lead Line)
㉡ 납빈혈
㉢ 망상적혈구 증가
㉣ 위장장애
㉤ 신경 및 근육장애
㉥ 중추신경계 장애

13 납이 인체 내로 흡수됨으로써 초래되는 현상이 아닌 것은?

① 혈색소량 저하
② 혈청 내 철 감소
③ 망상적혈구수의 증가
④ 소변 중 코프로폴피린 증가

해설 납중독의 4대 징후

잇몸에 특징적인 납선(Lead Line) 발생, 납빈혈(적혈구의 생성 감소, 혈색소량 감소) 발생, 망상적혈구와 친염기성 적혈구 수의 증가, 요 중 코프로포르피린 증가(검출)

14 다음 중 납중독의 주요 증상에 포함되지 않는 것은?

① 혈중의 Methallothionein 증가
② 적혈구 내 Protoporphyrin 증가
③ 혈색소량 저하
④ 혈청 내 철 증가

15 다음 중 납중독에서 나타날 수 있는 증상을 모두 나열한 것은?

ㄱ. 빈혈	ㄴ. 신장장해
ㄷ. 중추 및 말초신경장해	ㄹ. 소화기장해

① ㄱ, ㄷ
② ㄱ, ㄴ, ㄷ
③ ㄴ, ㄹ
④ ㄱ, ㄴ, ㄷ, ㄹ

16 납에 관한 설명으로 틀린 것은?

① 폐암을 야기하는 발암물질로 확인되었다.
② 축전지제조업, 광명단제조업 근로자가 노출될 수 있다.
③ 최근의 납의 노출 정도는 혈액 중 납 농도로 확인할 수 있다.
④ 납중독을 확인하는 데는 혈액 중 ZPP 농도를 이용할 수 있다.

해설 납은 폐암을 야기하는 발암물질로 확인되지 않았다.

17 다음 중 납중독이 발생할 수 있는 작업장과 가장 관계가 적은 것은?

① 납의 용해작업
② 고무제품 접착작업
③ 활자의 문선, 조판작업
④ 축전지의 납 도포 작업

해설 납축전지, 납제련소, 납용접 및 절단작업, 인쇄소(활자의 문선, 조판작업) 등에서 납이 배출된다.

18 다음 중 납중독에 관한 설명으로 틀린 것은?

① 혈청 내 철이 감소한다.
② 요 중 δ-ALAD 활성치가 저하된다.
③ 적혈구 내 프로토포르피린이 증가한다.
④ 임상증상은 위장계통 장해, 신경근육계통의 장해, 중추신경계통의 장해 등 크게 3가지로 나눌 수 있다.

해설 혈청 내 철이 증가한다.

19 다음 내용과 가장 관계가 깊은 물질은?

- 요 중 코프로포르피린 증가
- 요 중 델타 아미노레블린산 증가
- 혈 중 프로토포르피린 증가

① 납　② 비소　③ 수은　④ 카드뮴

20 다음 중 납중독에 관한 설명으로 옳은 것은?

① 유기납의 경우 주로 호흡기와 소화기를 통하여 흡수된다.
② 무기납중독은 약품에 의한 킬레이트화합물에 반응하지 않는다.
③ 납중독 치료에 사용되는 납배설 촉진제는 신장이 나쁜 사람에게는 금기로 되어 있다.
④ 혈중 납 양은 체내에 축적된 납의 총량을 반영하여 최근에 흡수된 납 양을 나타낸다.

해설 ㉠ 유기납의 경우 주로 호흡기와 피부를 통하여 흡수된다.
㉡ 유기납 화합물은 약품에 의한 킬레이트화합물에 반응하지 않는다.
㉣ 혈중 납 양은 최근에 흡수된 납 양을 나타낸다.

21 납중독에 대한 치료방법의 일환으로 체내에 축적된 납을 배출하도록 하는 데 사용되는 것은?

① DMPS　② 2-PAM
③ Atropin　④ Ca-EDTA

해설 납은 Ca-EDTA, Penicillamine 등의 배설촉진제를 사용하여 치료한다.

22 다음 중 납중독 진단을 위한 검사로 적합하지 않은 것은?

① 소변 중 코프로포르피린 배설량 측정
② 혈액검사(적혈구 측정, 전혈비중 측정)
③ 혈액 중 징크-프로토포르피린(ZPP)의 측정
④ 소변 중 β_2-microglobulin과 같은 저분자 단백질검사

해설 **납중독의 진단** : 직업력, 병력, 임상검사를 통한 진단을 한다.
㉠ 빈혈검사
㉡ 요 중의 코프로포르피린 및 δ-아미노레불린산(δ-ALA)의 배설량 측정
㉢ 혈액 및 요 중의 납량 정량
㉣ 혈액 중의 α-ALA 탈수효소 활성치 측정
㉤ 신경전달속도 : 신경자극이 전달되는 속도를 저하
㉥ 헴(Heme) 대사 : 세포 내에서 SH기와 결합하여 포르피린과 Heme 합성에 관여하는 효소작용을 방해
㉦ 혈중 징크프로토포르피린(ZPP : Zinc Protoporphyrin) 측정

ANSWER | 01 ① 02 ① 03 ③ 04 ③ 05 ④ 06 ② 07 ① 08 ② 09 ② 10 ④
11 ④ 12 ② 13 ② 14 ① 15 ④ 16 ① 17 ② 18 ① 19 ① 20 ③
21 ④ 22 ④

THEMA 90 기타 중금속

1. 망간(Mn)

(1) 개요

① 망간의 직업성 폭로는 철강제조에서 가장 많다.

② 망간 흄에 급성폭로되면 열, 오한, 호흡 곤란 등의 증상을 특징으로 하는 금속열을 일으키나 자연히 치유된다.

③ 만성폭로가 계속 되면 파킨슨 증후군과 거의 비슷한 증후군으로 진전되어 말이 느리고 단조로워진다.

④ 알루미늄, 구리와 합금제조, 화학공업, 건전지제조업, 전기용접봉 제조업, 도자기 제조업 등에서 발생한다.

⑤ 대부분의 생물체에 필수적인 원소이다.

(2) 체내 대사

① 호흡기를 통한 경로가 가장 많고 위험

② 소화기로 들어간 망간의 4%가 체내로 흡수

③ 체내에 흡수된 망간 중 10~20%는 간에 축적, 뇌혈관막과 태반을 통과

④ 폐 · 비장에도 축적되고, 손톱 · 머리카락에도 축적

(3) 증상 및 징후

① 초기단계

㉠ 무력증, 식욕감퇴, 두통, 현기증, 무관심, 무감동, 정서장해, 행동장해, 흥분성 발작, 망간 정신병, 발언 이상, 보행장해, 경련, 배통 등

㉡ 중독자의 80% : 성적 흥분 → 성욕 감퇴 → 무관심 상태

② 중기단계

파킨슨증후가 점차로 분명해짐

③ 말기단계

㉠ 근강직

㉡ 감각기능은 정상이나 정신력은 늦어지고, 글씨 쓰는 것이 불규칙하게 되며 글자를 읽을 수 없게 됨

㉢ 맥박에도 변화가 오는 수가 있음

(4) 대책

① 초기에 망간폭로를 중단하는 것이 중요

② 진행된 망간 중독에는 치료약이 없음

③ BAL, Ca－EDTA, Calcium Disodium－EDTA : 치료효과 없음

④ Penicillamine, Penthanil, L－dopa : 치료 가능성 있음

2. 비소(As)

(1) 개요

① 3가 비소의 독성이 5가 비소의 독성보다 강하다.
② 인간에 대한 발암성이 확인된 물질군(A1)에 포함된다.
③ 삼산화비소(AsH_3)가 가장 문제가 된다.
④ 작업현장에서 호흡기 노출이 가장 문제가 된다.

(2) 체내 대사

① 호흡기를 통하여 흡입된다.
② 상처에 접촉 시 피부를 통해서 흡입된다.
③ 생체 내의 SH기를 갖고 있는 효소작용을 저해하여 세포호흡에 장해를 준다.
④ 체내에서 As(Ⅲ)은 As(Ⅴ)로 산화되고, 그 반대도 가능하다.
⑤ 주로 뼈, 모발, 손톱 등에 축적되며, 골조직(뼈) 및 피부는 비소의 주요한 축적장기이다.

(3) 증상 및 징후

① 급성중독은 용혈성 빈혈을 일으키며, 두통, 오심, 흉부 압박감을 호소하기도 한다.
② 대표적 3대 증상은 복통, 황달, 빈뇨 등이다.
③ 만성적인 폭로에 의한 국소 증상으로는 손 · 발바닥에 나타나는 각화증, 각막궤양, 비중격천공, 탈모 등을 들 수 있다.

(4) 대책

① 먹었을 경우 토하게 하고, 활성화된 Charcoal과 설사약을 투여
② 확진되면 Dimercaprol로 시작
③ 삼산화 비소 중독 시 Dimercaprol이 효과가 없음
④ BAL을 투여

3. 금속열

(1) 개요

① 고농도의 금속산화물을 흡입함으로써 발병되는 일시적인 질병이다.
② 용접, 전기도금, 제련과정에서 발생하는 경우가 많다.
③ 월요일 출근 후에 심해져서 월요일열이라고도 한다.
④ 금속열이 발생하는 작업장에서는 개인 보호용구를 착용해야 한다.

(2) 원인물질

① 비교적 융점이 낮은 금속
② 아연(가장 큰 영향), 마그네슘, 망간산화물, 구리, 니켈, 카드뮴 등의 금속
③ 납은 금속열을 발생하지 않는다.

(3) 증상

① 체온이 높아지고 오한이 나며, 목이 마르고, 기침이 나고, 가슴이 답답해지며, 호흡곤란 증세가 나타난다.

② 금속 흄에 노출된 후 일정 시간의 잠복기를 지나 감기와 비슷한 증상이 나타난다.
③ 이러한 증상은 12~24시간이 지나면 완전히 없어진다.

연습문제

01 증상으로는 무력증, 식욕감퇴, 보행장해 등이 나타나며, 계속적인 노출 시에는 파킨슨씨 증상을 초래하는 유해물질은?

① 산화마그네슘　　② 망간
③ 산화칼륨　　④ 카드뮴

해설 망간의 증상
㉠ 초기단계
- 무력증, 식욕감퇴, 두통, 현기증, 무관심, 무감동, 정서장해, 행동장해, 흥분성 발작, 망간 정신병, 발언 이상, 보행장해, 경련, 배통 등
- 중독자의 80% : 성적 흥분 → 성욕 감퇴 → 무관심 상태

㉡ 중기단계
파킨슨 증후가 점차로 분명해짐

㉢ 말기단계
- 근강직
- 감각기능은 정상이나 정신력은 늦어지고, 글씨 쓰는 것이 불규칙하게 되며 글자를 읽을 수 없게 됨
- 맥박에도 변화가 오는 수가 있음

02 망간에 관한 설명으로 틀린 것은?

① 호흡기 노출이 주 경로이다.
② 언어장애, 균형감각상실 등의 증세를 보인다.
③ 전기용접봉 제조업, 도자기 제조업에서 발생된다.
④ 만성중독은 3가 이상의 망간화합물에 의해서 주로 발생한다.

해설 만성중독은 2가 이상의 망간화합물, 부식성은 3가 이상의 망간화합물에 의해서 주로 발생한다.

03 다음 중 망간에 관한 설명으로 틀린 것은?

① 주로 철합금으로 사용되며, 화학공업에서는 건전지 제조업에 사용된다.
② 급성중독 시 신장장애를 일으켜 요독증(Uremia)으로 8~10일 이내에 사망하는 경우도 있다.
③ 만성노출 시 언어가 느려지고 무표정하게 되며, 소자증(Micrographia) 등의 증상이 나타나기도 한다.
④ 망간은 호흡기, 소화기 및 피부를 통하여 흡수되며 이 중에서 호흡기를 통한 경로가 가장 많고 위험하다.

해설 망간은 급성중독 시 조증(들뜸병)의 정신병 양상을 나타낸다.

04 다음 중 망간중독에 관한 설명으로 틀린 것은?

① 금속망간의 직업성 노출은 철강제조 분야에서 많다.
② 치료제는 CaEDTA가 있으며 중독 시 신경이나 뇌세포 손상 회복에 효과가 있다.
③ 망간의 노출이 계속되면 파킨슨증후군과 거의 비슷하게 될 수 있다.
④ 이산화망간 흄의 급성 폭로되면 열, 오한, 호흡곤란 등의 증상을 특징으로 하는 금속열을 일으킨다.

해설 BAL, Ca－ETDA는 치료효과가 없으며, 망간에 의한 신경손상이 진행되어 일단 증상이 고정되면 회복이 어렵다.

05 다음 중 발암성이 있다고 밝혀진 중금속이 아닌 것은?

① 니켈　② 비소
③ 망간　④ 6가 크롬

06 다음의 사례에 의심되는 유해인자는?

> 48세의 이씨는 10년 동안 용접작업을 하였다. 1998년부터 왼쪽 손떨림, 구음장애, 왼쪽 상지의 근력 저하 등의 소견이 나타났고, 주위 사람으로부터 걸을 때 팔을 흔들지 않는다는 이야기를 들었다. 몇 개월 후 한의원에서 중풍의 진단을 받고 한 달 동안 치료를 하였으나 증상의 변화는 없었다. 자기공명영상촬영에서 뇌기저핵 부위에 고신호강도 소견이 있었다.

① 크롬　② 망간
③ 톨루엔　④ 크실렌

해설 망간은 파킨슨 증후군과 유사한 증상이 발생하며 신경세포손상, 언어장애, 안면경직, 수족떨림, 보행장애 등이 나타난다.

07 다음 중 비소에 대한 설명으로 틀린 것은?

① 5가보다는 3가의 비소화합물이 독성이 강하다.
② 장기간 노출 시 치아산식증을 일으킨다.
③ 급성중독은 용혈성 빈혈을 일으킨다.
④ 분말은 피부 또는 점막에 작용하여 염증 또는 궤양을 일으킨다.

해설 비소의 증상 및 징후
㉠ 급성중독은 용혈성 빈혈을 일으키며, 두통, 오심, 흉부 압박감을 호소하기도 한다.
㉡ 대표적 3대 증상은 복통, 황달, 빈뇨 등이다.
㉢ 만성적인 폭로에 의한 국소 증상으로는 손 · 발바닥에 나타나는 각화증, 각막궤양, 비중격천공, 탈모 등을 들 수 있다.

08 사업장 유해물질 중 비소에 관한 설명으로 틀린 것은?

① 삼산화비소가 가장 문제가 된다.
② 호흡기 노출이 가장 문제가 된다.
③ 체내 SH기를 파괴하여 독성을 나타낸다.
④ 용혈성 빈혈, 신장기능 저하, 흑피증(피부침착) 등을 유발한다.

해설 체내 SH기 그룹과 유기적인 결합을 일으켜서 독성을 나타낸다.

09 다음 중 급성 중독자에게 활성탄과 하제를 투여하고 구토를 유발시키며, 확진되면 Dimercaprol로 치료를 시작하는 유해물질은?(단, 쇼크의 치료는 강력한 정맥 수액제와 혈압상승제를 사용한다.)

① 납(Pb) ② 크롬(Cr) ③ 비소(As) ④ 카드뮴(Cd)

해설 비소
㉠ 특징
- 3가의 독성이 5가에 비해 강함
- 호흡기 노출이 가장 문제됨(작업현장)

㉡ 대책
- 먹었을 경우 토하게 하고, 활성화된 Charcoal과 설사약을 투여
- 확진되면 Dimercaprol로 치료시작
- 삼산화 비소 중독 시 Dimercaprol이 효과가 없음

10 다음 중 금속열을 일으키는 물질과 가장 거리가 먼 것은?

① 구리 ② 아연 ③ 수은 ④ 마그네슘

해설 금속열을 일으키는 물질
㉠ 구리 ㉡ 아연 ㉢ 망간 ㉣ 마그네슘
㉤ 니켈 ㉥ 카드뮴 ㉦ 안티몬

11 중금속 노출에 의하여 나타나는 금속열은 흄형태의 금속을 흡입하여 발생되는데, 감기증상과 매우 비슷하여 오한, 구토감, 기침, 전신위약감 등의 증상이 있으며, 월요일 출근 후에 심해져서 월요일열이라고도 한다. 다음 중 금속열을 일으키는 물질이 아닌 것은?

① 납 ② 카드뮴 ③ 산화아연 ④ 안티몬

12 금속열은 고농도의 금속산화물을 흡입함으로써 발병되는 질병이다. 다음 중 원인 물질로 가장 대표적인 것은?

① 니켈 ② 크롬 ③ 아연 ④ 비소

13 금속열에 관한 설명으로 틀린 것은?

① 고농도의 금속산화물을 흡입함으로써 발병된다.
② 용접, 전기도금, 제련과정에서 발생하는 경우가 많다.
③ 폐렴이나 폐결핵의 원인이 되며 증상은 유행성 감기와 비슷하다.
④ 주로 아연과 마그네슘의 증기가 원인이 되지만 다른 금속에 의하여 생기기도 한다.

해설 금속열은 폐렴이나 폐결핵의 원인이 되지 않으며 감기와 비슷한 증상이 나타나는 가역적 반응이다.

14 금속열에 관한 설명으로 틀린 것은?

① 금속열이 발생하는 작업장에서는 개인 보호용구를 착용해야 한다.
② 금속 흄에 노출된 후 일정 시간의 잠복기를 지나 감기와 비슷한 증상이 나타난다.
③ 금속열은 하루 정도가 지나면 증상은 회복되나 후유증으로 호흡기, 시신경 장애 등을 일으킨다.
④ 아연, 마그네슘 등 비교적 융점이 낮은 금속의 제련, 용해, 용접 시 발생하는 산화금속 흄을 흡입할 경우 생기는 발열성 질병이다.

해설 금속열은 감기와 비슷한 증상이 나타나는 회복 가능한 가역적 반응이다.

15 다음 중 중금속에 의한 폐기능의 손상에 관한 설명으로 틀린 것은?

① 철폐증(Siderosis)은 철분진 흡입에 의한 암 발생(A1)이며, 중피종과 관련이 없다.
② 화학적 폐렴은 베릴륨, 산화카드뮴 에어로졸 노출에 의하여 발생하며 발열, 기침, 폐기종이 동반된다.
③ 금속열은 금속이 용융점 이상으로 가열될 때 형성되는 산화금속을 흄 형태로 흡입할 때 발생한다.
④ 6가 크롬은 폐암과 비강암 유발인자로 작용한다.

해설 철폐증(Siderosis)은 철분진 흡입에 의한 질병이며, 중피종과 관련이 있다.

ANSWER | 01 ② 02 ④ 03 ② 04 ② 05 ③ 06 ② 07 ② 08 ③ 09 ③ 10 ③
11 ① 12 ③ 13 ③ 14 ③ 15 ①

THEMA 91 인체구조 및 대사

1. 생체 내 이동경로

① 흡수경로
  ㉠ 호흡기를 통한 흡수경로
  ㉡ 소화기를 통한 흡수경로
  ㉢ 피부를 통한 흡수경로

② 유해물질의 생체 내 이동경로
  유해물질의 흡수 → 혈액에 의한 이동 → 표적장기에 축적 → 독성작용 발휘

③ 생체막 투과(투과에 미치는 영향)
  ㉠ 유해물질의 크기
  ㉡ 유해물질의 용해성
  ㉢ 유해물질의 이온화
  ㉣ 유해물질의 지방용해성

2. 화학반응의 용량–반응

용량–반응의 관계는 유해화학물질의 노출량 또는 투여량(흡수량)에 따른 신체의 반응 정도를 나타내는 함수를 말한다.

① 용량 : 한 번에 투여하는 물질의 양을 말한다.

노출량(Dose)	환경 중 측정되는 생체이물의 양
흡수량	체내로 들어오는 실질적인 노출량
투여량	대개는 구강 또는 주사로 투여되는 양
총량	모든 개별 용량에 대한 합계

② 반응 : 노출된 근로자에게 미치는 건강상의 영향을 말한다.

③ 양–반응의 관계 : 하버(Haber)의 법칙

용량(유해물질지수, K) = 농도(C) × 노출시간(T)

3. 독성물질의 해독

① 생체전환
  ㉠ 생체전환은 생체이물(Xenobiotics, 생체로 유입된 외부 이물질)에 대한 제거의 첫 기전이며, 제1상 (단계)반응과 제2상 (단계)반응으로 구분
  ㉡ 제1상 반응 : 분해반응, 이화반응(산화, 환원, 가수분해 반응)

㉢ 제2상 반응 : 제1상 반응물질을 수용성 물질로 변화하여 배설을 촉진

② 독성 실험 단계

㉠ 제1단계(동물에 대한 급성폭로 실험)

- 치사율, 치사성과 기관장해에 대한 반응곡선 작성
- 눈과 피부에 대한 자극성을 실험
- 변이원성에 대한 1차적인 스크리닝 실험

㉡ 제2단계(동물에 대한 만성폭로 실험)

- 상승작용, 길항작용 등에 대한 실험
- 생식독성과 최기형성 실험
- 장기독성 실험
- 변이원성에 대하여 2차적인 스크리닝 실험

혼합물질의 상호작용	작용내용	예시
상가작용 (Additive Action)	2종 이상의 화학물질이 혼재하는 경우 인체의 같은 부위에 작용함으로써 그 유해성이 가중되는 것	2+4=6
상승작용 (Synergism)	각각의 단일물질에 노출되었을 때보다 훨씬 큰 독성을 발휘	1+3=10
잠재작용 (가승작용, 강화작용, Potentiation)	인체에 영향을 나타내지 않은 물질이 다른 독성물질과 노출되어 그 독성이 커질 경우	2+0=5
길항작용 (Antagonism)	2종 이상의 화합물이 있을 때 서로의 작용을 방해하는 것	4+6=8

길항작용의 종류	길항작용	예시
화학적 길항작용	두 화학물질이 반응하여 저독성의 물질로 변화되는 경우	수은의 독성은 Dimercaprol이 수은 이온을 킬레이팅시킴으로써 감소
기능적 길항작용	동일한 생리적 기능에 길항작용을 나타내는 경우	삼켜진 독은 위 속에 모탄을 삽입하여 흡수시킴
배분적 길항작용	독성물질의 생체과정인 흡수, 분포, 배설 등의 변화를 일으켜 독성이 낮아지는 경우	바비투레이트의 과량투여로 인한 혈압의 극심한 강하현상은 혈압을 증가시키기 위한 혈관 수축제를 투여함으로써 복귀시킬 수 있음
수용적 길항작용	두 화학물질이 같은 수용체에 결합하여 독성이 저하되는 경우	일산화탄소 중독은 산소를 이용하여 헤모글로빈 수용체로부터 일산화탄소를 치환시킴으로써 치료

③ 돌연변이

㉠ 돌연변이 : 유전정보물질(DNA)의 정보기구가 질적 · 양적으로 변화하는 것을 총칭

㉡ 돌연변이원 : 유전자의 순서, 염색체의 구조, 염색체의 숫자변이를 유도하는 물질

㉢ 점돌연변이 : 뉴클레오티드의 변화를 말하며, 대규모 돌연변이는 염색체 수나 구조에 변화가 오는 것을 말함

㉣ 점돌연변이의 주요 기전
염기의 치환 → 염기의 첨가 → 염기의 탈락

㉤ 대표적인 염색체 수 이상의 유전질환
클라인펠터증후군, 터너증후군, 다운증후군, 파타우증후군

㉥ 대표적인 염색체구조 이상의 유전질환
색소성건피증, 블롬 증후군, 판코니 증후군

㉦ 돌연변이 유발 인자
자외선, 아크리딘, 아질산, 브로모우라실

4. 생식독성

① 생식세포와 생식세포의 수정, 태아의 발육에 관련이 있는 부분에 영향을 미치는 독성

② 생식독성의 확인
복잡하고 다양한 요인에 의한 영향, 유해인자의 노출증명이 어려움, 개인의 건강상태의 차이로 인해 생식독성의 확인을 작업장에서 하기 어려움

③ 생식독성의 평가방법
㉠ 수태능력 시험 : 생식세포에 미치는 영향을 검색하는 시험방법
㉡ 최기형성 시험 : 임신 말기에 기형발생을 관찰하는 방법
㉢ 주산, 수유기 시험 : 기관형성 시점부터 이유기 · 분만 이후의 발육, 성장, 학습능력을 평가

④ 생식독성 유발인자
㉠ 남성 근로자 : 고온, X선, 마이크로파, 납, 카드뮴, 망간, 수은, 항암제, 마취제, 알킬화제, 이황화탄소, 염화비닐, 흡연, 음주, 마약, 호르몬제제 등
㉡ 여성 근로자 : 고열, X선, 저산소증, 납, 수은, 카드뮴, 항암제, 이뇨제, 알킬화제, 유기인계 농약, 음주, 흡연, 마약, 비타민 A, 칼륨 등
㉢ 독성물질의 용량, 개인의 감수성, 노출기간

5. 혈액독성의 평가

① 혈색소
㉠ 정상수치 약 12~16g/dL
㉡ 정상치보다 높으면 만성적인 두통, 홍조증, 황달
㉢ 정상치보다 낮으면 빈혈증상

② 백혈구 수
㉠ 정상수치 약 4,000~8,000개/μL
㉡ 정상수치보다 높으면 백혈병 증상
㉢ 정상수치보다 낮으면 재생 불량성 빈혈 의심

③ 혈소판 수
㉠ 정상수치 약 120~400개/μL
㉡ 정상수치보다 높으면 출혈 및 조직의 손상 의심

㉢ 정상수치보다 낮으면 골수기능 저하 의심

④ 혈구용적

㉠ 정상수치 약 34～48%

㉡ 정상수치보다 높으면 탈수증과 다혈구증 의심

㉢ 정상수치보다 낮으면 빈혈 의심

⑤ 적혈구 수

㉠ 정상수치

- 남 : 약 410～530만 개/μL
- 여 : 약 380～480만 개/μL

㉡ 정상수치보다 높으면 다혈증, 다혈구증 의심

㉢ 정상수치보다 낮으면 헤모글로빈 감소하여 현기증, 기절증상 의심

연습문제

01 Haber의 법칙을 가장 잘 설명한 공식은?(단, K는 유해지수, C는 농도, t는 시간이다.)

① K=C÷t ② K=C×t

③ K=t÷C ④ $K=C^2 \times t$

해설 양-반응의 관계 : 하버(Haber)의 법칙
용량(유해물질지수, K)=농도(C)×노출시간(T)

02 Haber의 법칙에서 유해물질지수는 노출시간(T)과 무엇의 곱으로 나타내는가?

① 상수 ② 용량 ③ 천정치 ④ 농도

해설 Haber의 법칙
K(유해물질지수)=C(유해물질농도)×T(노출시간)

03 다음 중 독성실험 단계에 있어 제1단계(동물에 대한 급성노출시험)에 관한 내용과 가장 거리가 먼 것은?

① 생식독성과 최기형성 독성실험을 한다.

② 눈과 피부에 대한 자극성 실험을 한다.

③ 변이원성에 대하여 1차적인 스크리닝 실험을 한다.

④ 치사성과 기관장애에 대한 양-반응 곡선을 작성한다.

해설 독성 실험 단계
㉠ 제1단계(동물에 대한 급성폭로 실험)
- 치사율, 치사성과 기관장해에 대한 반응곡선 작성
- 눈과 피부에 대한 자극성을 실험
- 변이원성에 대한 1차적인 스크리닝 실험

㉡ 제2단계(동물에 대한 만성폭로 실험)
- 상승작용, 길항작용 등에 대한 실험
- 생식독성과 최기형성 실험
- 장기독성 실험
- 변이원성에 대하여 2차적인 스크리닝 실험

04 다음 중 독성물질의 생체 내 변환에 관한 설명으로 틀린 것은?

① 생체 내 변환은 독성물질이나 약물의 제거에 대한 첫 번째 기전이며, 1상 반응과 2상 반응으로 구분된다.
② 1상 반응은 산화, 환원, 가수분해 등의 과정을 통해 이루어진다.
③ 2상 반응은 1상 반응이 불가능한 물질에 대한 추가적 축합반응이다.
④ 생체변환의 기전은 기존의 화합물보다 인체에서 제거하기 쉬운 대사물질로 변화시키는 것이다.

해설 2상 반응은 1상 반응물질을 수용성 물질로 변화하여 배설을 촉진하는 반응이다.

05 다음 중 피부 독성에 있어 경피흡수에 영향을 주는 인자와 가장 거리가 먼 것은?

① 개인의 민감도 ② 용매(Vehicle)
③ 화학물질 ④ 온도

해설 경피흡수에 영향을 주는 인자
㉠ 개인의 민감도 ㉡ 용매(Vehicle) ㉢ 화학물질

06 다음 중 남성 근로자에게 생식독성을 유발시키는 유해인자 또는 물질과 가장 거리가 먼 것은?

① X선 ② 항암제 ③ 염산 ④ 카드뮴

해설 생식독성 유발인자
㉠ 남성 근로자 : 고온, X선, 마이크로파, 납, 카드뮴, 망간, 수은, 항암제, 마취제, 알킬화제, 이황화탄소, 염화비닐, 흡연, 음주, 마약, 호르몬제제 등
㉡ 여성 근로자 : 고열, X선, 저산소증, 납, 수은, 카드뮴, 항암제, 이뇨제, 알킬화제, 유기인계농약, 음주, 흡연, 마약, 비타민 A, 칼륨 등
㉢ 독성물질의 용량, 개인의 감수성, 노출기간

07 남성 근로자의 생식독성 유발 유해인자와 가장 거리가 먼 것은?

① 고온 ② 저혈압증 ③ 항암제 ④ 마이크로파

08 여성 근로자의 생식독성인자 중 연결이 잘못된 것은?

① 중금속－납 ② 물리적 인자－X선
③ 화학물질－알킬화제 ④ 사회적 습관－루벨라 바이러스

09 인체 내에서 독성물질 간의 상호작용 중 그 성격이 다른 것은?

① 상가작용(Addition) ② 상승작용(Synergism)
③ 길항작용(Antagonism) ④ 가승작용(Potentiation)

해설 길항작용은 2종 이상의 화합물이 있을 때 서로의 적용을 방해하는 작용이다.

10 수치로 나타낸 독성의 크기가 각각 2와 3인 두 물질이 화학적 상호작용에 의해 상대적 독성이 9로 상승하였다면 이러한 상호작용을 무엇이라 하는가?

① 상가작용 ② 가승작용
③ 상승작용 ④ 길항작용

해설 상승작용
각각의 단일물질에 노출되었을 때보다 훨씬 큰 독성을 나타내는 작용이다.

11 동일한 독성을 가진 화학물질이 합류하여 각 물질의 독성의 합보다 큰 독성을 나타내는 작용은?

① 상승작용 ② 상가작용
③ 강화작용 ④ 길항작용

12 상대적 독성(수치는 독성의 크기)이 "2+0 → 10"의 형태로 나타나는 화학적 상호작용은?

① 상가작용(Additive) ② 가승작용(Potenriation)
③ 상쇄작용(Antagonism) ④ 상승작용(Synergistic)

해설 가승작용(잠재작용, 강화작용)
인체에 영향을 나타내지 않는 물질이 다른 독성물질과 노출되어 그 독성이 커지는 작용이다.

13 독성물질 간의 상호작용을 잘못 표현한 것은?(단, 숫자는 독성값을 표시한 것이다.)

① 길항작용 : 3+3=0 ② 상승작용 : 3+3=5
③ 상가작용 : 3+3=6 ④ 가승작용 : 3+0=10

14 화학물질의 상호작용인 길항작용 중 배분적 길항작용에 대하여 가장 적절히 설명한 것은?

① 두 물질이 생체에서 서로 반대되는 생리적 기능을 갖는 관계로 동시에 투여한 경우 독성이 상쇄 또는 감소되는 경우
② 두 물질을 동시에 투여하였을 때 상호반응에 의하여 독성이 감소되는 경우
③ 독성 물질의 생체과정인 흡수, 분포, 생전환, 배설 등의 변화를 일으켜 독성이 낮아지는 경우
④ 두 물질이 생체 내에서 같은 수용체에 결합하는 관계로 동시 투여 시 경쟁관계로 인하여 독성이 감소되는 경우

해설 길항작용

길항작용의 종류	길항작용	예시
화학적 길항작용	두 화학물질이 반응하여 저독성의 물질로 변화되는 경우	수은의 독성은 Dimercaprol이 수은 이온을 킬레이팅 시킴으로써 감소
기능적 길항작용	동일한 생리적 기능에 길항작용을 나타내는 경우	삼켜진 독은 위 속에 모탄을 삽입하여 흡수시킴
배분적 길항작용	독성물질의 생체과정인 흡수, 분포, 배설 등의 변화를 일으켜 독성이 낮아지는 경우	바비투레이트의 과량투여로 인한 혈압의 극심한 강하 현상은 혈압을 증가시키기 위한 혈관 수축제를 투여함으로써 복귀시킬 수 있음
수용적 길항작용	두 화학물질이 같은 수용체에 결합하여 독성이 저하되는 경우	일산화탄소 중독은 산소를 이용하여 헤모글로빈 수용체로부터 일산화탄소를 치환시킴으로써 치료

15 페노바비탈은 디란틴을 비활성화시키는 효소를 유도함으로써 급 · 만성의 독성이 감소될 수 있다. 이러한 상호작용을 무엇이라고 하는가?

① 상가작용 ② 부가작용 ③ 단독작용 ④ 길항작용

16 적혈구의 산소운반 단백질을 무엇이라 하는가?

① 백혈구 ② 단구 ③ 혈소판 ④ 헤모글로빈

해설 헤모글로빈은 적혈구에서 철을 포함하는 단백질로 산소를 운반하는 역할을 한다.

17 작업장에서 발생하는 독성물질에 대한 생식독성 평가에서 기형발생의 원리에 중요한 요인으로 작용하는 것과 거리가 먼 것은?

① 대사물질 ② 사람의 감수성
③ 노출시기 ④ 원인물질의 용량

해설 기형발생의 원리에 중요한 요인
㉠ 독성물질의 용량 ㉡ 사람의 감수성 ㉢ 노출시기(기간)

18 혈액독성의 평가내용으로 거리가 먼 것은?

① 백혈구수가 정상치보다 낮으면 재생 불량성 빈혈이 의심된다.
② 혈색소가 정상치보다 높으면 간장질환, 관절염이 의심된다.
③ 혈구용적이 정상치보다 높으면 탈수증과 다혈구증이 의심된다.
④ 혈소판수가 정상치보다 낮으면 골수기능저하가 의심된다.

해설 혈색소가 정상치보다 높으면 만성적인 두통, 홍조증, 황달이 의심된다.

ANSWER | 01 ② 02 ④ 03 ① 04 ③ 05 ④ 06 ③ 07 ② 08 ④ 09 ③ 10 ③
11 ① 12 ② 13 ② 14 ③ 15 ④ 16 ④ 17 ① 18 ②

PART 01 PART 02 PART 03 PART 04 PART 05 PART 06

THEMA 92 생물학적 모니터링(1)

1. 정의 및 목적

① 정의(NIOSH, 미국국립산업안전보건연구소)

생물학적 모니터링이란 참고치와 비교하여 건강위험성과 노출을 평가하기 위하여 인체의 조직, 분비물, 배설물, 호기 또는 이들 지표의 조합 등에서 작업장 화학물질 또는 이들의 대사산물을 측정 · 평가하는 것이다.

㉠ 인체 내재용량을 모니터링

㉡ 생물학적 검체(소변, 혈액, 호기 등)에서 물질별 결정인자를 생물학적 노출지수와 비교

㉢ 근로자의 혈액, 소변, 호기에서의 결정인자들을 측정하여 내부 노출량을 평가

② 목적

㉠ 유해물질에 노출된 근로자 개인에 관한 정보를 제공

㉡ 개인보호구의 효율성 평가와 기술적 대책, 보건관리에 관한 평가에 이용

㉢ 작업장 근로자 보호를 위한 모든 개선 전략을 적정하게 평가하기 위함

2. 검사방법의 분류

① 생체 시료나 호기 중 해당 물질 또는 대사산물을 측정

② 체내 노출량과 관련된 생물학적 영향의 정량화

③ 표적과 비표적 분자와 상호작용하는 활성 화학물질량의 측정

3. 체내 노출량

근로자의 신체 내로 효과적으로 들어간 화학물질의 양을 말하며, 최근에 흡수된 화학물질의 양, 여러 신체 부분이나 몸 전체에서 저장된 화학물질의 양, 화학물질이 영향을 나타내는 조직 부위에서 결합된 양을 말함

외부 노출량	지역모니터링	외부공기의 방출
	개인모니터링	외부공기의 노출
내부 노출량 (체내 노출량)	생물학적 모니터링	근로자의 흡입 · 축적 · 배출

4. 노출평가 방법

① 작업환경측정(개인시료 측정)

② 생물학적 모니터링

③ 건강감시(Medical Surveillance)

구분	작업환경측정	생물학적 모니터링
시료채취	작업환경 중	생체 내 시료
평가	초과 여부 판단	작업환경평가 및 건강위험도
노출기준	TLV	BEI
기타	시간 및 장소적 영향, 작업양 변동에 따른 영향	생물학적 대사의 개인차, 시료채취가 까다로움

연습문제

01 다음 중 생물학적 모니터링(Biological Monitoring)에 대한 개념을 잘못 설명한 것은?

① 내재용량은 최근에 흡수된 화학물질의 양이다.
② 화학물질이 건강상 영향을 나타내는 조직이나 부위에 결합된 양을 말한다.
③ 여러 신체 부분이나 몸 전체에서 저장된 화학물질 중 호흡기계로 흡수된 물질을 의미한다.
④ 생물학적 모니터링에는 노출에 대한 모니터링과 건강상의 영향에 대한 모니터링으로 나눌 수 있다.

해설 생물학적 모니터링이란 참고치와 비교하여 건강위험성과 노출을 평가하기 위하여 인체의 조직, 분비물, 배설물, 호기 또는 이들 지표의 조합 등에서 작업장 화학물질 또는 이들의 대사산물을 측정 · 평가하는 것이다.

02 생물학적 모니터링(Biological Monitoring)에 관한 설명으로 틀린 것은?

① 근로자 채용 후 검사 시기를 조정하기 위하여 실시한다.
② 건강에 영향을 미치는 바람직하지 않은 노출상태를 파악하는 것이다.
③ 최근의 노출량이나 과거로부터 축적된 노출량을 간접적으로 파악한다.
④ 건강상의 위험은 생물학적 검체에서 물질별 결정인자를 생물학적 노출지수와 비교하여 평가된다.

해설 생물학적 모니터링은 유해물질에 노출된 근로자의 인체침입경로, 노출시간 등 개인의 정보를 제공하는 데 목적이 있다.

03 작업장의 유해물질을 공기 중 허용농도에 의존하는 것 이외에 근로자의 노출상태를 측정하는 방법으로, 근로자들의 조직과 체액 또는 호기를 검사하는 건강장애를 일으키는 일이 없이 노출될 수 있는 양을 규정한 것은?

① LD ② SHD
③ BEI ④ STEL

04 생물학적 노출지수(BEI)에 관한 설명으로 틀린 것은?

① 시료는 소변, 호기 및 혈액 등이 주로 이용된다.
② 혈액에서 휘발성 물질의 생물학적 노출지수는 동맥 중의 농도를 말한다.
③ 유해물질의 대사산물, 유해물질 자체 및 생화학적 변화 등을 총칭한다.
④ 배출이 빠르고 반감기가 5분 이내의 물질에 대해서는 시료채취 시기가 대단히 중요하다.

해설 혈액에서 휘발성 물질의 생물학적 노출지수는 정맥 중 농도를 말한다.

05 다음 중 유해인자의 노출에 대한 생물학적 모니터링을 하는 방법과 가장 거리가 먼 것은?

① 유해인자의 공기 중 농도 측정
② 표적분자에 실제 활성인 화학물질에 대한 측정
③ 건강상 악영향을 초래하지 않는 내재용량의 측정
④ 근로자의 체액에서 화학물질이나 대사산물의 측정

해설 유해인자의 공기 중 농도는 작업환경측정(모니터링)과 관련이 있다.

06 작업환경측정과 비교한 생물학적 모니터링의 장점이 아닌 것은?

① 모든 노출경로에 의한 흡수 정도를 나타낼 수 있다.
② 분석수행이 용이하고 결과 해석이 명확하다.
③ 건강상의 위험에 대해서 보다 정확한 평가를 할 수 있다.
④ 작업환경측정(개인시료)보다 더 직접적으로 근로자 노출을 추정할 수 있다.

해설 생물학적 모니터링의 장점
㉠ 소화기, 호흡기, 피부 등에 의한 종합적인 노출을 평가할 수 있다.
㉡ 공기 중 오염물질의 농도를 측정하는 것보다 건강상의 위험을 보다 직접적으로 평가할 수 있다.
㉢ 인체 내 흡수된 내재용량이나 중요한 조직부위에 영향을 미치는 양을 모니터링할 수 있다.
㉣ 작업환경측정(개인시료)보다 더 직접적으로 근로자 노출을 추정할 수 있다.

07 노출에 대한 생물학적 모니터링의 단점이 아닌 것은?

① 시료채취의 어려움
② 근로자의 생물학적 차이
③ 유기시료의 특이성과 복잡성
④ 호흡기를 통한 노출만을 고려

해설 생물학적 모니터링의 단점
㉠ 시료채취가 어렵다.
㉡ 유기시료의 특이성이 존재하고 복잡하다.
㉢ 근로자마다 생물학적 차이가 나타날 수 있다.
㉣ 분석이 어려우며, 분석 시 오염에 노출될 수 있다.

08 생물학적 모니터링에 대한 설명으로 틀린 것은?

① 피부, 소화기계를 통한 유해인자의 종합적인 흡수 정도를 평가할 수 있다.

② 생물학적 시료를 분석하는 것은 작업환경측정보다 훨씬 복잡하고 취급이 어렵다.

③ 건강상의 영향과 생물학적 변수와 상관성이 높아 공기 중의 노출기준(TLV)보다 훨씬 많은 생물학적 노출지수(BEI)가 있다.

④ 근로자의 유해인자에 대한 노출 정도를 소변, 호기, 혈액 중에서 그 물질이나 대사산물을 측정함으로써 노출 정도를 추정하는 방법을 의미한다.

해설 건강상의 영향과 생물학적 변수와 상관성이 높지 않아 공기 중의 노출기준(TLV)보다 훨씬 적은 기준을 가지고 있다.

09 다음 중 생물학적 모니터링의 방법에서 생물학적 결정인자로 보기 어려운 것은?

① 체액의 화학물질 또는 그 대사산물

② 표적조직에 작용하는 활성 화학물질의 양

③ 건강상의 영향을 초래하지 않는 부위나 조직

④ 처음으로 접촉하는 부위에 직접 독성영향을 야기하는 물질

해설 생물학적 모니터링 검사방법의 분류

㉠ 생체 시료나 호기 중 해당 물질 또는 대사산물을 측정

㉡ 체내 노출량과 관련된 생물학적 영향의 정량화

㉢ 표적과 비표적 분자와 상호작용하는 활성 화학물질량의 측정

10 작업장에서 생물학적 모니터링의 결정인자를 선택하는 근거를 잘못 설명한 것은?

① 충분히 특이적이다.

② 적절한 민감도를 갖는다.

③ 분석적인 변이나 생물학적 변이가 타당해야 한다.

④ 톨루엔에 대한 건강위험 평가는 크레졸보다 마뇨산이 신뢰성이 있는 결정인자이다.

해설 톨루엔에 대한 건강위험 평가는 요 중 마뇨산, 혈액 · 호기에서는 톨루엔이 신뢰성 있는 결정인자이다.

ANSWER | 01 ③ 02 ① 03 ③ 04 ② 05 ① 06 ② 07 ④ 08 ③ 09 ④ 10 ④

THEMA 93 생물학적 모니터링(2)

1. 생물학적 지표

구분	유해물질	생물학적 노출지표물질
중금속	납	혈중 연, 요 중 연
	수은	요 중 수은
	카드뮴	혈중 카드뮴
유기용제	벤젠	요 중 페놀, S－phenylmercapturic Acid, t.t－muconic Acid
	톨루엔	요 중 마뇨산(Hippuric Acid)
	페놀	요 중 메틸마뇨산
	크실렌	요 중 메틸마뇨산
	스티렌	요 중 만델린산과 페닐글리옥시산
	트리클로로에틸렌	요 중 삼염화초산 또는 총삼염화물
	퍼클로로에틸렌	요 중 삼염화초산
	1, 1, 1－트리클로로에탄	요 중 삼염화초산 또는 총삼염화에탄올
	디메칠포름아미드	요 중 메틸포름아미드
	니트로벤젠	혈중 메타헤모글로빈
	메틸 n－부틸 케톤	요 중 2,5－hexanedione
	에틸벤젠	요 중 만델린산
특정 화학물질	일산화탄소	혈중 카복시헤모글로빈
	이황화탄소	요 중 TTCA(Thiothiazolidine－4－carboylic Acid), 요 중 이황화탄소
	노말헥산	요 중 2,5－hexanedione, 요 중 n－헥산
	사염화에틸렌	요 중 트리클로로초산, 요 중 삼염화에탄올

2. 생체시료 채취 및 분석방법

① 반감기가 5분 이내인 물질 : 작업 중 또는 작업 종료 시에 시료를 채취
  ㉠ 벤젠, 톨루엔, 크실렌, 페놀, 노말헥산, 아세톤, 이황화탄소, 일산화탄소 등
  ㉡ 인체에 축적되지 않으므로 시료 채취시기가 대단히 중요

② 반감기가 5시간을 넘어서 주중에 축적될 수 있는 물질 : 주중 마지막 작업 종료 후 트리클로로에틸렌, 수은, 6가 크롬 등

③ 반감기가 수년이어서 인체에 축적되는 물질 : 측정시기는 중요하지 않음. 납, 카드뮴 등 중금속류

3. 생체시료

① 소변분석 : 일반적으로 가장 많이 활용되는 생체시료이다. 많은 양의 시료 확보가 가능하며 가급적 신속하게 검사한다.

② 혈액분석 : 특정물질의 단백질 결합을 고려하여 분석, 휘발성 물질에 대한 BEI는 정맥혈과 관계가 있으며 동맥혈액을 대표하는 모세혈액에는 적용할 수 없다.

③ 호기분석 : 폐포 공기가 혼합된 호기 시료에서 측정한다.

4. 화학물질의 영향에 대한 생물학적 모니터링 대상

① 납 : 적혈구에서 ZPP

② 카드뮴 : 요에서 저분자 단백질

③ 일산화탄소 : 혈액에서 카르복시헤모글로빈

④ 니트로벤젠 : 혈액에서 메타헤모글로빈

5. ACGIH에서 권장하는 생물학적 노출기준(BEIs) 및 시료채취시기

화학물질명	생물학적 노출지표	시료채취시기	생물학적 노출기준(BEI_s)
벤젠	소변 중 S-phenylmercapturic Acid	작업 종료 후	25μg/g 크레아티닌
	소변 중 t,t-muconic acid	작업 종료 후	500μg/g 크레아티닌
페놀	소변 중 총 페놀	작업 종료 후	250mg/g 크레아티닌
크실렌	소변 중 메틸마뇨산	작업 종료 후	1.5g/g 크레아티닌
트리클로로에틸렌	소변 중 Trichloroacetic Acid	주중 마지막 작업 종료 후	15mg/L
수은	소변 중 총 무기수은	작업 시작 전	35μg/g 크레아티닌
	혈액 중 총 무기수은	주중 마지막 작업 종료 후	15μg/L
납	혈액 중 납	제한 없음	30μg/100mL
카드뮴	소변 중 카드뮴	제한 없음	5μg/g 크레아티닌
	혈액 중 카드뮴	제한 없음	5μg/L

6. 생물학적 노출기준과의 비교

① 측정값이 생물학적 노출지수 이하일 경우 작업조건과 노출상태는 양호

② 측정 근로자의 전부 혹은 대다수 근로자의 생물학적 노출지수가 초과한 경우 전반적인 노출수준 상태가 불량하므로 작업환경개선 실시

③ 대다수의 근로자가 노출지수 이하이나 소수의 근로자가 노출지수 이상으로 나타날 경우 작업방법이나 작업환경에 의한 것인지 비작업적 노출에 의한 내재용량의 변화에 의한 것인지 추후 조사를 통하여 해석

7. 생물학적 노출기준의 제한점 및 주의사항

① 생물학적 모니터링을 적용할 수 있는 물질은 아직 소수이다.
② 급성노출인 경우는 대사가 빠른 물질에 대해서만 노출에 대한 정보를 제공한다.
③ 평가량이 현재의 노출인지 축적된 노출량을 의미하는지 명확하지 않은 경우가 있다.
④ 현재는 생물학적 노출지표(BEIs)가 설정되어 있는 물질이 제한적이다.
⑤ 유해한 노출과 무해한 노출을 명확히 구분해주는 농도가 아니다.
⑥ 대기 및 수질오염 등 비직업성 노출의 안전수준을 결정하는 데 이용해서는 안 된다.
⑦ 직업성 질환이나 중독 정도를 평가하는 데 사용해서는 안 된다.
⑧ 주 5일, 1일 8시간 작업하는 경우에 적용한다.

연습문제

01 다음 중 유기용제 노출을 생물학적 모니터링으로 평가할 때 일반적으로 가장 많이 활용되는 생체시료는?

① 혈액 ② 피부
③ 모발 ④ 소변

해설 유기용제 노출을 생물학적 모니터링으로 평가할 때 일반적으로 가장 많이 활용되는 생체시료는 많은 양의 시료 확보가 가능한 소변이다.

02 다음 중 생물학적 모니터링을 할 수 없거나 어려운 물질은?

① 카드뮴 ② 유기용제
③ 톨루엔 ④ 자극성 물질

해설 자극성 물질은 생물학적 모니터링을 할 수 없거나 어려운 물질이다.

03 생물학적 모니터링을 위한 시료가 아닌 것은?

① 공기 중 유해인자
② 요 중의 유해인자나 대사산물
③ 혈액 중의 유해인자나 대사산물
④ 호기(Exhaled Air) 중의 유해인자나 대사산물

해설 생물학적 모니터링을 위한 시료
㉠ 소변분석
㉡ 혈액분석
㉢ 호기분석

04 벤젠 노출근로자에게 생물학적 모니터링을 하기 위하여 소변 시료를 확보하였다. 다음 중 분석해야 하는 대사산물로 옳은 것은?

① 마뇨산(Hippuric Acid)
② t,t－뮤코닉산(t,t－muconic Acid)
③ 메틸마뇨산(Methylhippuric Acid)
④ 트리클로로아세트산(Trichlroacetic Acid)

해설 벤젠의 대사산물
요 중 페놀, S－phenylmercapturic Acid, t,t－muconic Acid

05 벤젠을 취급하는 근로자를 대상으로 벤젠에 대한 노출량을 추정하기 위해 호흡기 주변에서 벤젠 농도를 측정함과 동시에 생물학적 모니터링을 실시하였다. 벤젠 노출로 인한 대사산물의 결정인자(Determinant)로 맞는 것은?

① 호기 중의 벤젠
② 소변 중의 마뇨산
③ 소변 중의 총 페놀
④ 혈액 중의 만델리산

해설 벤젠의 대사산물
㉠ 요 중 페놀
㉡ 요 중 t,t－뮤코닉산(t,t－muconic Acid)

06 크실렌의 생물학적 노출지표로 이용되는 대사산물은?(단, 소변에 의한 측정기준이다.)

① 페놀
② 만델린산
③ 마뇨산
④ 메틸마뇨산

해설 크실렌의 대사산물 : 요 중 메틸마뇨산

07 유해물질과 생물학적 노출지표와의 연결이 잘못된 것은?

① 벤젠－ 소변 중 페놀
② 톨루엔 － 소변 중 마뇨산
③ 크실렌 － 소변 중 카테콜
④ 스티렌 － 소변 중 만델린산

해설 크실렌의 대사산물 : 요 중 메틸마뇨산

08 유기용제에 대한 생물학적 지표로 이용되는 요 중 대사산물을 알맞게 짝지은 것은?

① 톨루엔 － 페놀
② 크실렌 － 페놀
③ 노말헥산 － 만델린산
④ 에틸벤젠 － 만델린산

해설 생물학적 노출지표
㉠ 톨루엔 : 요 중 마뇨산
㉡ 크실렌 : 요 중 메틸마뇨산
㉢ 노말헥산 : 요 중 n－헥산

09 다음 중 스티렌에 노출되었음을 알려주는 요 중 대사산물은?

① 페놀 ② 마뇨산 ③ 만델린산 ④ 메틸마뇨산

해설 스티렌의 대사산물
㉠ 요 중 만델린산
㉡ 요 중 페닐글리옥시산

10 Methyl n-butyl Ketone에 노출된 근로자의 소변 중 배설량으로 생물학적 노출지표에 이용되는 물질은?

① Quinol ② Phenol
③ 2, 5-hexanedione ④ 8-hydroxy Quinone

해설 Methyl n-butyl Ketone의 생물학적 노출지표물질은 2, 5-hexanedione이다.

11 2000년대 외국인 근로자에게 다발성말초신경병증을 집단으로 유발한 노말헥산(n-hexane)은 체내 대사과정을 거쳐 어떤 물질로 배설되는가?

① 2-hexanone ② 2,5-hexanedione
③ Hexachlorophene ④ Hexachloroethane

해설 노말헥산(n-hexane)은 체내 대사과정을 거쳐 2,5-hexanedione 물질로 배설된다.

12 이황화탄소를 취급하는 근로자를 대상으로 생물학적 모니터링을 하는 데 이용될 수 있는 생체 내 대사산물은?

① 소변 중 마뇨산
② 소변 중 메탄올
③ 소변 중 메틸마뇨산
④ 소변 중 TTCA(2-thiothiazolidine-4-carboxylic Acid)

해설 이황화탄소의 대사산물
㉠ 요 중 이황화탄소
㉡ 요 중 TTCA(2-thiothiazolidine-4-carboxylic Acid)

13 카드뮴의 노출과 영향에 대한 생물학적 지표를 맞게 나열한 것은?

① 혈중 카드뮴 - 혈중 ZPP ② 혈중 카드뮴 - 요 중 마뇨산
③ 혈중 카드뮴 - 혈중 포르피린 ④ 요 중 카드뮴 - 요 중 저분자량 단백질

해설 화학물질의 영향에 대한 생물학적 모니터링 대상
㉠ 납 : 적혈구에서 ZPP
㉡ 카드뮴 : 요에서 저분자 단백질
㉢ 일산화탄소 : 혈액에서 카르복시헤모글로빈
㉣ 니트로벤젠 : 혈액에서 메타헤모글로빈

$$상대위험비 = \frac{노출군에서의\ 발생률}{비노출군에서의\ 발생률}$$

(상대위험비가 1일 경우 노출과 질병 사이의 연관이 없으며, 1보다 작을 경우 질병에 대한 방어효과가 있는 것이다.)

㉤ 비교위험도 : 서로 다른 두 집단에서 얻어진 비율로 두 집단의 비율을 비교, 노출군의 비율을 비교군의 비율로 나눈값

$$비교위험도 = \frac{노출군의\ 발생률}{비교군의\ 발생률}$$

② 기여위해도(기여위험도, Attributable Risk)

위해도 차이라고도 부르며 노출그룹에서의 이환율에서 비노출그룹에서의 이환율을 차감하여 계산한다. 기여위험도는 순수하게 유해요인에 노출되어 나타난 위험도를 평가하기 위한 것으로 어떤 유해요인에 노출되어 얼마만큼 환자 수가 증가되어 있는지를 설명해 준다.

기여위해도(기여위험도) = 노출그룹의 이환율(발생률) − 비노출그룹의 이환율(발생률)

4. 환자대조군 연구에 의한 분석

코호트연구와는 달리 환자대조군 연구는 질병을 가진 사례집단과 질병이 없는 집단의 선정에서 출발한다. 사례집단이나 대조집단의 수를 조사자가 설정하기 때문에 연구에서 이환율이 바로 결정되지는 않는다. 따라서 상대위해도는 직접적으로 계산되지 않는다. 대신 상대위해도는 사례집단과 대조집단 내에서 상태적 노출빈도를 조사함으로써 평가할 수 있다.

이러한 평가를 교차비(Odds Ratio)라 부른다.

구분	사례집단	대조집단
노출군	a	b
비노출군	c	d

노출군의 a사례집단과 b대조집단이 어떤 위해성 인자에 노출된 환자대조군 연구를 볼 경우, c사례집단과 d대조집단은 노출되지 않았다고 가정한다.

(a+c) 사례집단과 (b+d) 대조집단이 있는 반면, (a+c) 사례개인들은 노출인자를 갖고 있지만 (c+d) 개인들은 그렇지 못하다. 여기서 노출된 a사례집단에서의 나머지 값은 a/c로 주어지며, 노출된 a대조집단에서의 나머지 값은 b/d로 주어진다. 교차비는 이들 집단의 나머지 값을 나눔으로써 구할 수 있다.

$$교차비 = \frac{노출된\ a사례집단에서의\ 나머지\ 값}{노출된\ a대조집단에서의\ 나머지\ 값} = \frac{\frac{a}{c}}{\frac{b}{d}} = \frac{ad}{bc}$$

교차비는 질병을 갖고 있는 사람이 질병이 없는 사람과 비교하여 얼마나 많이 자주 위해성인 자에 노출되었는가를 나타나는 지표이다.

① 교차비＝1일 경우

노출과 질병 간의 상관성이 없다면 노출되어 왔던 그룹에서의 나머지 값은 질병이 있는 그룹이나 질병이 없는 그룹에서의 나머지 값이 동일할 것이며 교차비는 1이 된다.

② 교차비＞1일 경우

노출로 인하여 질병에 대한 위해성이 증가되었다면 교차비는 1보다 커진다.

③ 교차비＜1일 경우

노출이 오히려 보호작용을 하였다면 교차비는 1보다 작은 값을 가질 것이다.

5. 측정타당도

① 측정의 정확도의 결과를 해설할 때 측정타당도가 매우 중요하다.

② 민감도, 가음성률, 가양성률, 특이도

구분		실제값		합계
		양성	음성	
검사법	양성	A	B	A+B
	음성	C	D	C+D
합계		A+C	B+D	

㉠ 민감도 : 실제 노출된 사람이 이 측정법으로 노출된 것으로 나타날 확률

$$\text{민감도} = \frac{A}{A+C}$$

㉡ 가음성률 : 민감도의 상대적 개념으로 "1−민감도"의 값

$$\text{가음성률} = \frac{B}{A+C}$$

㉢ 가양성률 : 특이도의 상대적 개념으로 "1−특이도"의 값

$$\text{가양성률} = \frac{B}{B+D}$$

㉣ 특이도 : 실제 노출되지 않은 사람이 이 측정방법에 의해 노출되지 않은 것으로 나타날 확률

$$\text{특이도} = \frac{D}{B+D}$$

연습문제

01 다음 중 위험도를 나타내는 지표가 아닌 것은?

① 발생률 ② 상대위험비
③ 기여위험비 ④ 교차비

해설 위험도의 종류
㉠ 상대위험도(상대위험비, 비교위험도, 위해비)
㉡ 기여위험도
㉢ 교차비

02 산업역학에서 이용되는 "상대위험도 = 1"이 의미하는 것은?

① 질병의 위험이 증가함 ② 노출군 전부가 발병하였음
③ 질병에 대한 방어효과가 있음 ④ 노출과 질병 발생 사이에 연관 없음

해설 상대위험비 $= \dfrac{\text{노출군에서의 발생률}}{\text{비노출군에서의 발생률}}$
㉠ 상대위험비 = 1 : 노출과 질병의 상관관계가 없다.
㉡ 상대위험비 > 1 : 노출과 질병의 상관관계가 있다.
㉢ 상대위험비 < 1 : 노출이 질병에 대한 방어효과가 있다.

03 다음 중 유해인자에 노출된 집단에서의 질병발생률과 노출되지 않은 집단에서 질병발생률과의 비를 무엇이라 하는가?

① 교차비 ② 상대위험도
③ 발병비 ④ 기여위험도

해설 상대위험비 $= \dfrac{\text{노출군에서의 발생률}}{\text{비노출군에서의 발생률}}$

04 크롬에 노출되지 않은 집단의 질병발생률은 1.0이었고, 노출된 집단의 질병발생률은 1.2였을 때, 다음 설명으로 옳지 않은 것은?

① 크롬의 노출에 대한 귀속위험도는 0.2이다.
② 크롬의 노출에 대한 비교위험도는 1.2이다.
③ 크롬에 노출된 집단의 위험도가 더 큰 것으로 나타났다.
④ 비교위험도는 크롬의 노출이 기여하는 절대적인 위험률의 정도를 의미한다.

해설 ㉠ 기여위험도(귀속위험도) $= 1.2 - 1.0 = 0.2$
㉡ 비교위험도(상대위험도) $= \dfrac{1.2}{1.0} = 1.2$
㉢ 기여위험도(귀속위험도)는 크롬의 노출이 기여하는 절대적인 위험률의 정도를 의미한다.

05 다음 표는 A작업장의 백혈병과 벤젠에 대한 코호트 연구를 수행한 결과이다. 이때 벤젠의 백혈병에 대한 상대위험비는 약 얼마인가?

	백혈병	백혈병 없음	합계
벤젠노출	5	14	19
벤젠비노출	2	25	27
합계	7	39	46

① 3.29 ② 3.55 ③ 4.64 ④ 4.82

해설 상대위험비 $= \dfrac{\text{노출군에서의 발생률}}{\text{비노출군에서의 발생률}} = \dfrac{5/19}{2/27} = 3.55$

06 다음 중 유병률과 발생률에 관한 설명으로 틀린 것은?

① 유병률은 발생률과는 달리 시간개념이 적다.
② 발생률은 조사 시점 이전에 이미 직업성 질병에 걸린 사람도 포함하여 산출된다.
③ 발생률은 위험에 노출된 인구 중 질병에 걸릴 확률의 개념이다.
④ 유병률은 어떤 시점에서 인구집단 내에 존재하던 환자의 비례적인 분율 개념이다.

해설 ㉠ 유병률은 어떤 특정한 시간에 전체 인구 중에서 질병을 가지고 있는 분율을 나타내는 것이다.
㉡ 발생률은 특정한 기간 동안에 일정한 위험집단 중에서 새롭게 질병이 발생하는 환자 수를 말한다.

07 다음 중 유병률(P)은 10% 이하이고, 발생률(I)과 평균이환기간(D)이 시간 경과에 따라 일정하다고 할 때 다음 중 유병률과 발생률 사이의 관계로 옳은 것은?

① $P = \dfrac{I}{D^2}$ ② $P = \dfrac{I}{D}$

③ $P = I \times D^2$ ④ $P = I \times D$

해설 유병률 = 발생률 × 이환기간 $= \dfrac{\text{종업원집단 내(인구집단 내) 이환된 환자 수}}{\text{종업원집단 수(인구집단 수)}}$

08 유기용제 중독을 스크린하는 다음 검사법의 민감도(Sensitivity)는 얼마인가?

구분		실제값(질병)		합계
		양성	음성	
검사법	양성	15	25	40
	음성	5	15	20
합계		20	40	60

① 25.0% ② 37.5% ③ 62.5% ④ 75.0%

해설 민감도 $= \dfrac{15}{20} \times 100 = 75\%$

09 최근 스마트 기기의 등장으로 이를 활용하는 방법이 빠르게 소개되고 있다. 소음측정을 위하여 개발된 스마트 기기용 애플리케이션의 민감도(Sensitivity)를 확인하려고 한다. 85dB을 넘는 조건과 그렇지 않은 조건을 애플리케이션과 소음측정기로 동시에 측정하여 다음과 같은 결과를 얻었다. 이 스마트 기기 애플리케이션의 민감도는 얼마인가?

- 애플리케이션을 이용하였을 때 85dB 이상이 30개소, 85dB 미만이 50개소
- 소음측정기를 이용하였을 때 85dB 이상이 25개소, 85dB 미만이 55개소
- 애플리케이션과 소음측정기 모두 85dB 이상은 18개소

① 60% ② 72% ③ 78% ④ 86%

해설 민감도 $= \frac{18}{25} \times 100 = 72\%$

10 표와 같은 크롬중독을 스크린하는 검사법을 개발하였다면 이 검사법의 특이도는 얼마인가?

구분		크롬중독진단		합계
		양성	음성	
검사법	양성	15	9	21
	음성	9	21	30
합계		24	30	54

① 68% ② 69% ③ 70% ④ 71%

해설 특이도는 실제 노출되지 않은 사람이 이 측정방법에서 노출되지 않은 확률을 의미한다.

특이도 $= \frac{21}{30} \times 100 = 70\%$

11 다음 표와 같은 망간중독을 스크린하는 검사법을 개발하였다면, 이 검사법의 특이도는 얼마인가?

구분		망간중독진단		합계
		양성	음성	
검사법	양성	17	7	24
	음성	5	25	30
합계		22	32	54

① 70.8% ② 77.3% ③ 78.1% ④ 83.3%

해설 특이도 $= \frac{25}{32} \times 100 = 78.13\%$

ANSWER | 01 ① 02 ④ 03 ② 04 ④ 05 ② 06 ② 07 ④ 08 ④ 09 ② 10 ③ 11 ③

PART 06

과년도 기출문제

SECTION 01

2018년 1회 기사

1과목 산업위생학 개론

01 전신피로의 정도를 평가하기 위하여 맥박을 측정한 값이 심한 전신피로 상태라고 판단되는 경우는?

① $HR_{30\sim60}=107$, $HR_{150\sim180}=89$, $HR_{60\sim90}=101$
② $HR_{30\sim60}=110$, $HR_{150\sim180}=95$, $HR_{60\sim90}=108$
③ $HR_{30\sim60}=114$, $HR_{150\sim180}=92$, $HR_{60\sim90}=118$
④ $HR_{30\sim60}=116$, $HR_{150\sim180}=102$, $HR_{60\sim90}=108$

해설

전신피로의 평가
작업을 마친 직후 회복기의 심박수를 측정하여 $HR_{30\sim60}$이 110을 초과하고, $HR_{150\sim180}$과 $HR_{60\sim90}$의 차이가 10 미만일 때 전신피로로 평가한다.
㉠ $HR_{30\sim60}$: 작업종료 후 30~60초 사이의 맥박수
㉡ $HR_{60\sim90}$: 작업종료 후 60~90초 사이의 맥박수
㉢ $HR_{150\sim180}$: 작업종료 후 150~180초 사이의 맥박수

02 산업위생전문가들이 지켜야 할 윤리강령에 있어 전문가로서의 책임에 해당하는 것은?

① 일반 대중에 관한 사항은 정직하게 발표한다.
② 위험요소와 예방조치에 관하여 근로자와 상담한다.
③ 과학적 방법의 적용과 자료의 해석에서 객관성을 유지한다.
④ 위험요인의 측정, 평가 및 관리에 있어서 외부의 압력에 굴하지 않고 중립적 태도를 취한다.

해설

산업위생전문가의 윤리강령
㉠ 기업체의 기밀은 외부에 누설하지 않는다.
㉡ 과학적 방법의 적용과 자료의 해석에서 객관성을 유지한다.
㉢ 근로자, 사회 및 전문직종의 이익을 위해 과학적 지식을 공개하여 발표한다.
㉣ 전문적인 판단이 타협에 의해서 좌우될 수도 있으나 이해관계가 있는 상황에서는 개입하지 않는다.
㉤ 위험요소와 예방조치에 관하여 근로자와 상담한다.
㉥ 성실성과 학문적 실력 면에서 최고 수준을 유지한다.
㉦ 전문 분야로서의 산업위생 발전에 기여한다.

03 Diethyl ketone(TLV = 200ppm)을 사용하는 근로자의 작업시간이 9시간일 때 허용기준을 보정하였다. OSHA 보정법과 Brief and Scala 보정법을 적용하였을 경우 보정된 허용기준치 간의 차이는 약 몇 ppm인가?

① 5.05 ② 11.11
③ 22.22 ④ 33.33

해설

㉠ OSHA

$$\text{보정노출기준} = \text{8시간 노출기준} \times \frac{\text{8시간}}{\text{노출기준/일}} = 200 \times \frac{8}{9} = 177.78\text{ppm}$$

㉡ Brief and Scala

$$\text{보정노출기준} = \text{노출기준} \times \frac{8}{H} \times \frac{24-H}{16} = 200 \times \frac{8}{9} \times \frac{24-9}{16} = 166.67\text{ppm}$$

허용기준치 간의 차 = 177.78 − 166.67 = 11.11ppm

04 18세기 영국의 외과의사 Pott에 의해 직업성 암(癌)으로 보고되었고, 오늘날 검댕 속의 다환방향족 탄화수소가 원인인 것으로 밝혀진 질병은?

① 폐암 ② 방광암
③ 중피종 ④ 음낭암

해설

Percivall Pott
㉠ 영국의 의과의사로 직업성 암을 최초로 보고하였으며 어린이 굴뚝청소부에게 많이 발생하는 음낭암을 발견하였다.
㉡ 음낭암의 원인물질은 검댕 속의 다환방향족 탄화수소(PAH)이다.

ANSWER | 01 ④ 02 ③ 03 ② 04 ④

05 산업안전보건법의 목적을 설명한 것으로 맞는 것은?

① 헌법에 의하여 근로조건의 기준을 정함으로써 근로자의 기본적 생활을 보장, 향상시키며 균형 있는 국가경제의 발전을 도모함
② 헌법의 평등이념에 따라 고용에서 남녀의 평등한 기회와 대우를 보장하고 모성보호와 작업능력을 개발하여 근로여성의 지위향상과 복지증진에 기여함
③ 산업안전 · 보건에 관한 기준을 확립하고 그 책임의 소재를 명확하게 하여 산업재해를 예방하고 쾌적한 작업환경을 조성함으로써 근로자의 안전과 보건을 유지 · 증진함
④ 모든 근로자가 각자의 능력을 개발, 발휘할 수 있는 직업에 취직할 기회를 제공하고, 산업에 필요한 노동력의 충족을 지원함으로써 근로자의 직업안정을 도모하고 균형 있는 국민경제의 발전에 이바지함

해설

산업안전보건법의 목적(법 제1조)
산업안전 및 보건에 관한 기준을 확립하고 그 책임의 소재를 명확하게 하여 산업재해를 예방하고 쾌적한 작업환경을 조성함으로써 노무를 제공하는 자의 안전 및 보건을 유지 · 증진함을 목적으로 한다.

06 방사성 기체로 폐암 발생의 원인이 되는 실내 공기 중 오염물질은?

① 석면　② 오존
③ 라돈　④ 포름알데히드

해설

라돈
㉠ 무색, 무미의 기체로 흙, 콘크리트 시멘트나 벽돌 등의 건축자재에 존재하였다가 공기 중으로 방출된다.
㉡ 공기보다 9배 가량 무거워 지하공간에서 농도가 높다.
㉢ 폐암을 유발하는 실내공기 오염물질이다.

07 육체적 작업능력(PWC)이 16kcal/min인 근로자가 1일 8시간 동안 물체를 운반하고 있다. 이때의 작업 대사량은 10kcal/min이고, 휴식 시의 대사량은 1.5kcal/min이다. 이 사람이 쉬지 않고 계속하여 일할 수 있는 최대 허용시간은 약 몇 분인가?(단, $\log T_{end} = b_0 + b_1 \cdot E$, $b_0 = 3.720$, $b_1 = -0.1949$이다.)

① 60분　② 90분
③ 120분　④ 150분

해설

$$\log(T_{end}) = 3.720 - 0.1949E$$
$$= 3.720 - 0.1949 \times 10 = 1.771$$
$$T_{end} = 10^{1.771} = 59.02\text{min}$$

08 산업재해의 기본원인인 4M에 해당되지 않는 것은?

① 방식(Mode)　② 설비(Machine)
③ 작업(Media)　④ 관리(Management)

해설

4M 요인
㉠ 인간관계(Man, 인간관계 · 의사소통의 불량)
㉡ 설비(Machine)
㉢ 관리(Management)
㉣ 작업환경(Media)

09 보건관리자를 반드시 두어야 하는 사업장이 아닌 것은?

① 도금업
② 축산업
③ 연탄 생산업
④ 축전지(납 포함) 제조업

10 고용노동부장관은 건강장해를 발생할 수 있는 업무에 일정 기간 이상 종사한 근로자에 대하여 건강관리수첩을 교부하여야 한다. 건강관리수첩 교부 대상 업무가 아닌 것은?

① 벤지딘염산염(중량비율 1% 초과 제제 포함) 제조 취급업무

ANSWER | 05 ③　06 ③　07 ①　08 ①　09 ②　10 ④

② 벤조트리클로리드 제조(태양광선에 의한 염소화 반응에 제조)업무
③ 제철용 코크스 또는 제철용 가스발생로 가스 제조 시 노 상부 또는 근접작업
④ 크롬산, 중크롬산, 또는 이들 염(중량비율 0.1% 초과 제제 포함)을 제조하는 업무

해설

크롬산, 중크롬산, 또는 이들 염(중량비율 1% 초과 제제 포함)을 제조하는 업무

11 직업성 질환에 관한 설명으로 틀린 것은?

① 직업성 질환과 일반 질환은 그 한계가 뚜렷하다.
② 직업성 질환은 재해성 질환과 직업병으로 나눌 수 있다.
③ 직업성 질환이란 어떤 직업에 종사함으로써 발생하는 업무상 질병을 의미한다.
④ 직업병은 저농도 또는 저수준의 상태로 장시간 걸쳐 반복노출로 생긴 질병을 의미한다.

해설

직업성 질환과 일반 질환은 구별하기가 어렵다.

12 교대근무제에 관한 설명으로 맞는 것은?

① 야간근무 종료 후 휴식은 24시간 전후로 한다.
② 야근은 가면(假眠)을 하더라도 10시간 이내가 좋다.
③ 신체적 적응을 위하여 야간근무의 연속일수는 대략 1주일로 한다.
④ 누적 피로를 회복하기 위해서는 정교대 방식보다는 역교대 방식이 좋다.

해설

교대근무제 관리원칙(바람직한 교대제)

㉠ 야근의 주기를 4~5일, 연속은 2~3일로 하고 각 반의 근무시간은 8시간으로 한다.
㉡ 교대방식은 역교대보다는 정교대(낮근무 → 저녁근무 → 밤근무) 방식이 좋다.
㉢ 야간근무 종료 후 휴식은 48시간 이상 부여한다.
㉣ 2교대면 3조, 3교대면 4조로 운영한다.
㉤ 야간근무 시 가면시간은 1시간 반 이상 부여해야 한다.(2~4시간)
㉥ 교대시간은 되도록 심야에 하지 않는다.(상오 0시 이전)
㉦ 일반적으로 오전 근무의 개시 시간은 오전 9시로 한다.
㉧ 보통 근로자가 3kg의 체중감소가 있을 때는 정밀검사를 권장하고, 야근은 가면을 하더라도 10시간 이내가 좋으며, 근무시간 간격은 15~16시간 이상으로 하는 것이 좋다.

13 300명의 근로자가 근무하는 A사업장에서 지난 한 해 동안 신체장애 12등급 4명과 3급 1명의 재해자가 발생하였다. 신체장애 등급별 근로손실일수가 다음 표와 같을 때 해당 사업장의 강도율은 약 얼마인가?(단, 연간 52주, 주당 5일, 1일 8시간을 근무하였다.)

신체장애 등급	근로손실 일수	신체장애 등급	근로손실 일수
1~3급	7,500일	9급	1,000일
4급	5,500일	10급	600일
5급	4,000일	11급	400일
6급	3,000일	12급	200일
7급	2,200일	13급	100일
8급	1,500일	14급	50일

① 0.33 ② 13.30
③ 25.02 ④ 52.35

해설

$$\text{강도율} = \frac{\text{근로손실일수}}{\text{총근로시간수}} \times 1,000 = \frac{(200\times4)+(7,500\times1)}{52\times5\times8\times300} \times 1,000 = 13.30$$

14 근골격계 질환에 관한 설명으로 틀린 것은?

① 점액낭염(Bursitis)은 관절 사이의 윤활액을 싸고 있는 윤활낭에 염증이 생기는 질병이다.
② 건초염(Tenosynovitis)은 건막에 염증이 생긴 질환이며, 건염(Tendonitis)은 건의 염증으로, 건염과 건초염은 정확히 구분하기 어렵다.
③ 수근관 증후군(Carpal Tunnel Syndrome)은 반복적이고, 지속적인 손목의 압박, 무리한 힘 등으로 인해 수근관 내부의 정중신경이 손상되어 발생한다.

◉ ANSWER | 11 ① 12 ② 13 ② 14 ④

④ 근염(Myositis)은 근육이 잘못된 자세, 외부의 충격, 과도한 스트레스 등으로 수축되어 굳어지면 근섬유의 일부가 띠처럼 단단하게 변하여 근육의 특정 부위에 압통, 방사통, 목 부위 운동제한, 두통 등의 증상으로 나타난다.

해설

근염

근육염이라고도 한다. 근육은 저항성이 강한 조직이기 때문에 좌상에 따른 화농이나 영양이 나쁜 중환자에게서 나타나며 주로 포도상구균에 의하여 발생한다. 근육, 힘줄, 인대 등에서의 지속적인 자극이 척수를 거쳐 관련 통증을 유발한다.

15 유해인자와 그로 인하여 발생되는 직업병의 연결이 틀린 것은?

① 크롬 – 폐암　② 이상기압 – 폐수종

③ 망간 – 신장염　④ 수은 – 악성중피종

해설

수은중독 증상

㉠ 주된 증상은 구내염, 근육진전, 정신증상 등이다.

㉡ 메틸수은은 미나마타병을 발생시킨다.

㉢ 급성중독은 신장장해, 구강의 염증, 폐렴, 기관지 자극 증상이 나타난다.

㉣ 만성중독은 식욕 부진, 신기능 부전, 구내염을 발생시킨다.

16 작업강도에 영향을 미치는 요인으로 틀린 것은?

① 작업밀도가 적다.

② 대인 접촉이 많다.

③ 열량 소비량이 크다.

④ 작업대상의 종류가 많다.

해설

작업강도 증가 요인

㉠ 작업이 정밀할수록(조작방법 등)

㉡ 작업의 종류가 많을수록

㉢ 열량 소비량이 많을수록(평가기준)

㉣ 작업속도가 빠를수록

㉤ 작업이 복잡할수록

㉥ 위험부담을 크게 느낄수록

㉦ 대인 접촉이나 제약조건이 많을수록

17 산업안전보건법령상 작업환경 측정에 관한 내용으로 틀린 것은?

① 모든 측정은 개인시료채취방법으로만 실시하여야 한다.

② 작업환경 측정을 실시하기 전에 예비조사를 실시하여야 한다.

③ 작업환경 측정자는 그 사업장에 소속된 사람으로 산업위생관리산업기사 이상의 자격을 가진 사람이다.

④ 작업이 정상적으로 이루어져 작업시간과 유해인자에 대한 근로자의 노출 정도를 정확히 평가할 수 있을 때 실시하여야 한다.

해설

작업환경 측정방법

㉠ 작업환경 측정을 하기 전에 예비조사를 할 것

㉡ 작업이 정상적으로 이루어져 작업시간과 유해인자에 대한 근로자의 노출 정도를 정확히 평가할 수 있을 때 실시할 것

㉢ 모든 측정은 개인시료채취방법으로 하되, 개인시료채취방법이 곤란한 경우에는 지역시료채취방법으로 실시할 것

18 중량물 취급작업 시 NIOSH에서 제시하고 있는 최대허용기준(MPL)에 대한 설명으로 틀린 것은?(단, AL은 감시기준이다.)

① 역학조사 결과 MPL을 초과하는 직업에서 대부분의 근로자들에게 근육, 골격 장애가 나타났다.

② 노동생리학적 연구결과, MPL에 해당되는 작업에서 요구되는 에너지 대사량은 5kcal/min를 초과하였다.

③ 인간공학적 연구결과 MPL에 해당되는 작업에서 디스크에 3,400N의 압력이 부과되어 대부분의 근로자들이 이 압력에 견딜 수 없었다.

④ MPL은 3AL에 해당되는 값으로 정신물리학적 연구결과, 남성근로자의 25% 미만과 여성근로자의 1% 미만에서만 MPL 수준의 작업을 수행할 수 있었다.

ANSWER | 15 ④　16 ①　17 ①　18 ③

해설

최대허용기준(MPL)의 설정 배경

㉠ 역학조사 결과 : 대부분의 근로자에 대한 장애 위험

㉡ 인간공학적 연구 결과 : L_5/S_1 디스크 압력이 6,400N 압력 부하 시 대부분 못 견딤

㉢ 노동생리학적 연구 결과 : 에너지 대사량 5.0kcal/min 초과

㉣ 정신물리학적 연구 결과 : 남자 25%, 여자 1% 미만 작업 가능

19 심리학적 적성검사에서 지능검사 대상에 해당되는 항목은?

① 성격, 태도, 정신상태

② 언어, 기억, 추리, 귀납

③ 수족협조능, 운동속도능, 형태지각능

④ 직무에 관련된 기본지식과 숙련도, 사고력

해설

심리학적 적성검사 항목

검사 종류	검사 항목
인성검사	성격, 태도, 정신상태
기능검사	직무에 관한 기본지식, 숙련도, 사고력
지능검사	언어, 기억, 추리, 귀납
지각동작검사	수족협조능, 운동속도능, 형태지각능

20 산업위생전문가의 과제가 아닌 것은?

① 작업환경의 조사

② 작업환경조사 결과의 해석

③ 유해물질과 대기오염의 상관성 조사

④ 유해인자가 있는 곳의 경고 주의판 부착

2과목 작업위생 측정 및 평가

21 입자상 물질의 크기 표시를 하는 방법 중 입자의 면적을 이등분하는 직경으로 과소평가의 위험성이 있는 것은?

① 마틴직경 ② 페렛직경

③ 스토크직경 ④ 등면적직경

22 시료채취 대상 유해물질과 시료채취 여과지를 잘못 짝지은 것은?

① 유리규산 – PVC 여과지

② 납, 철, 등 금속 – MCE 여과지

③ 농약, 알칼리성 먼지 – 은막 여과지

④ 다핵방향족탄화수소(PAHs) – PTFE 여과지

해설

은막 여과지(Silver Membrane Filter)

㉠ 화학물질과 열에 저항이 강하다.

㉡ 코크스오븐 배출물질을 포집할 수 있다.

㉢ 금속은, 결합제, 섬유 등을 소결하여 만든다.

23 작업환경 내 유해물질 노출로 인한 위해도의 결정 요인은 무엇인가?

① 반응성과 사용량 ② 위해성과 노출량

③ 허용농도와 노출량 ④ 반응성과 허용농도

해설

위해도의 결정요인

㉠ 위해성

㉡ 노출량

24 흡광도 측정에서 최초 광의 70%가 흡수될 경우 흡광도는 약 얼마인가?

① 0.28 ② 0.35

③ 0.46 ④ 0.52

해설

$$흡광도(A) = \log\frac{1}{t} = \log\frac{1}{0.3} = 0.523$$

◉ ANSWER | 19 ② 20 ③ 21 ① 22 ③ 23 ② 24 ④

25 포집기를 이용하여 납을 분석한 결과가 0.00189g이었을 때, 공기 중 납 농도는 약 몇 mg/m^3 인가?(단, 포집기의 유량 2.0L/min, 측정시간 3시간 2분, 분석기기의 회수율은 100%이다.)

① 4.61 ② 5.19
③ 5.77 ④ 6.35

해설

$$X(mg/m^3) = \frac{1.89mg}{\frac{2.0L}{min} \times 182min \times \frac{1m^3}{10^3L}} = 5.19mg/m^3$$

26 접착공정에서 본드를 사용하는 작업장에서 톨루엔을 측정하고자 한다. 노출기준의 10%까지 측정하고자 할 때, 최소 시료채취 시간은 약 몇 분인가?(단, 25℃, 1기압 기준이며 톨루엔의 분자량은 92.14, 기체크로마토그래피의 분석에서 톨루엔의 정량한계는 0.5mg, 노출기준은 100ppm, 채취유량은 0.15L/분이다.)

① 13.3 ② 39.6
③ 88.5 ④ 182.5

해설

$$최소\ 시료채취\ 시간 = \frac{채취\ 부피(L)}{채취\ 유량(L/min)}$$

㉠ $채취\ 부피(L) = \frac{LOQ(mg)}{노출기준농도(mg/m^3)} \times 1,000$

$= \frac{0.5mg}{37.69mg/m^3} \times 1,000 = 13.27L$

㉡ $노출기준\ 농도(mg/m^3) = \frac{(100 \times 0.1)mL}{m^3} \Big| \frac{92.14mg}{24.45mL}$

$= 37.69mg/m^3$

㉢ $채취유량(L/min) = 0.15L/min$

$\therefore$ $최소\ 시료채취\ 시간 = \frac{13.27L}{0.15L/min} = 88.47min$

27 다음 중 검지관법에 대한 설명과 가장 거리가 먼 것은?

① 반응시간이 빨라서 빠른 시간에 측정결과를 알 수 있다.
② 민감도가 낮기 때문에 비교적 고농도에만 적용이 가능하다.
③ 한 검지관으로 여러 물질을 동시에 측정할 수 있는 장점이 있다.
④ 오염물질의 농도에 비례한 검지관의 변색층 길이를 읽어 농도를 측정하는 방법과 검지관 안에서 색변화와 표준 색표를 비교하여 농도를 결정하는 방법이 있다.

해설

검지관법은 한 검지관으로 단일물질 측정만 가능하므로, 각 오염물질에 맞는 검지관을 선정해야 하는 불편이 있다.

28 공장 내 지면에 설치된 한 기계로부터 10m 떨어진 지점의 소음이 70dB(A)일 때, 기계의 소음이 50dB(A)로 들리는 지점은 기계에서 몇 m 떨어진 곳인가?(단, 점음원을 기준으로 하고, 기타 조건은 고려하지 않는다.)

① 50 ② 100
③ 200 ④ 400

해설

$$SPL_1 - SPL_2 = 20\log\frac{r_2}{r_1}$$

$$(70-50) = 20\log\frac{r_2}{10},\ 10^1 = \frac{r_2}{10}$$

$\therefore\ r_2 = 100m$

29 태양광선이 내리쬐지 않는 옥외 작업장에서 온도를 측정한 결과, 건구온도는 30℃, 자연습구온도는 30℃, 흑구온도는 34℃이었을 때 습구흑구온도지수(WBGT)는 약 몇 ℃인가?(단, 고용노동부 고시를 기준으로 한다.)

① 30.4 ② 30.8
③ 31.2 ④ 31.6

해설

옥내 WBGT(℃) = 0.7 × 자연습구온도 + 0.3 × 흑구온도
= 0.7 × 30℃ + 0.3 × 34℃ = 31.2℃

ANSWER | 25 ② 26 ③ 27 ③ 28 ② 29 ③

30 온도 표시에 관한 내용으로 틀린 것은?

① 냉수는 4℃ 이하를 말한다.
② 실온은 1~35℃를 말한다.
③ 미온은 30~40℃를 말한다.
④ 온수는 60~70℃를 말한다.

해설

냉수는 15℃ 이하를 말한다.

31 다음 중 복사기, 전기기구, 플라즈마 이온방식의 공기청정기 등에서 공통적으로 발생할 수 있는 유해물질로 가장 적절한 것은?

① 오존 ② 이산화질소
③ 일산화탄소 ④ 포름알데히드

해설

오존(O_3)
㉠ 무색이며 마늘 냄새 또는 생선 냄새의 취기를 가지고 있다.
㉡ 산화력이 강하므로 눈을 자극하고 물에 난용성이므로 쉽게 심부까지 도달하여 폐수종, 폐충혈 등을 유발한다.
㉢ 복사기, 전기기구 플라스마 이온방식의 공기청정기 등에서 공통적으로 발생한다.

32 "여러 성분이 있는 용액에서 증기가 나올 때, 증기의 각 성분의 부분압은 용액의 분압과 평형을 이룬다."는 내용의 법칙은?

① 라울의 법칙 ② 픽스의 법칙
③ 게이-뤼삭의 법칙 ④ 보일-샤를의 법칙

33 소음의 측정시간 및 횟수의 기준에 관한 내용으로 ( )에 들어갈 것으로 옳은 것은?(단, 고용노동부 고시를 기준으로 한다.)

> 단위작업장소에서의 소음발생시간이 6시간 이내인 경우나 소음발생원에서의 발생시간이 간헐적인 경우에는 발생시간 동안 연속 측정하거나 등간격으로 나누어 ( ) 이상 측정하여야 한다.

① 2회 ② 3회
③ 4회 ④ 6회

해설

단위작업장소에서의 소음발생시간이 6시간 이내인 경우나 소음발생원에서의 발생시간이 간헐적인 경우에는 발생시간 동안 연속 측정하거나 등간격으로 나누어 4회 이상 측정하여야 한다.

34 측정값이 17, 5, 3, 13, 8, 7, 12, 10일 때, 통계적인 대푯값 9.0은 다음 중 어느 통계치에 해당되는가?

① 최빈값 ② 중앙값
③ 산술평균 ④ 기하평균

해설

측정한 결과를 순서대로 나열하면
3, 5, 7, 8, 10, 12, 13, 17이므로
중앙값$=\frac{(8+10)}{2}=9$

35 전자기 복사선의 파장범위 중에서 자외선-A의 파장영역으로 가장 적절한 것은?

① 100~280nm ② 280~315nm
③ 315~400nm ④ 400~760nm

해설

자외선 파장범위
㉠ UV-A : 315~400nm
㉡ UV-B : 280~315nm
㉢ UV-C : 100~280nm

36 금속도장 작업장의 공기 중에 혼합된 기체의 농도와 TLV가 다음 표와 같을 때, 이 작업장의 노출지수(EI)는 얼마인가?(단, 상가 작용기준이며 농도 및 TLV의 단위는 ppm이다.)

기체명	기체의 농도	TLV
Toluene	55	100
MIBK	25	50
Acetone	280	750
MEK	90	200

① 1.573 ② 1.673
③ 1.773 ④ 1.873

ANSWER | 30 ① 31 ① 32 ① 33 ③ 34 ② 35 ③ 36 ④

해설

$$노출지수(EI) = \frac{C_1}{TLV_1} + \frac{C_2}{TLV_2} + \cdots + \frac{C_n}{TLV_n}$$
$$= \frac{55}{100} + \frac{25}{280} + \frac{60}{750} + \frac{90}{200} = 1.873$$

37 석면 측정방법 중 전자현미경법에 관한 설명으로 틀린 것은?

① 석면의 감별분석이 가능하다.
② 분석시간이 짧고 비용이 적게 소요된다.
③ 공기 중 석면시료 분석에 가장 정확한 방법이다.
④ 위상차현미경으로 볼 수 없는 매우 가는 섬유도 관찰이 가능하다.

해설

전자현미경법은 분석시간이 길고, 비용이 비싸다.

38 작업장 소음에 대한 1일 8시간 노출 시 허용기준은 몇 dB(A)인가?(단, 미국 OSHA의 연속소음에 대한 노출기준으로 한다.)

① 45　　② 60
③ 75　　④ 90

해설

소음의 노출기준(충격소음 제외)

1일 노출시간(hr)	소음강도[dB(A)]
8	90
4	95
2	100
1	105
1/2	110
1/4	115

39 다음 중 작업환경의 기류 측정기기와 가장 거리가 먼 것은?

① 풍차풍속계　　② 열선풍속계
③ 카타온도계　　④ 냉온풍속계

해설

작업환경의 기류 측정기기
㉠ 풍차풍속계　　㉡ 열선풍속계
㉢ 카타온도계　　㉣ 피토관
㉤ 마노미터　　㉥ 회전날개형 풍속계

40 두 집단의 어떤 유해물질의 측정값이 아래 도표와 같은 때 두 집단의 표준편차의 크기 비교에 대한 설명 중 옳은 것은?

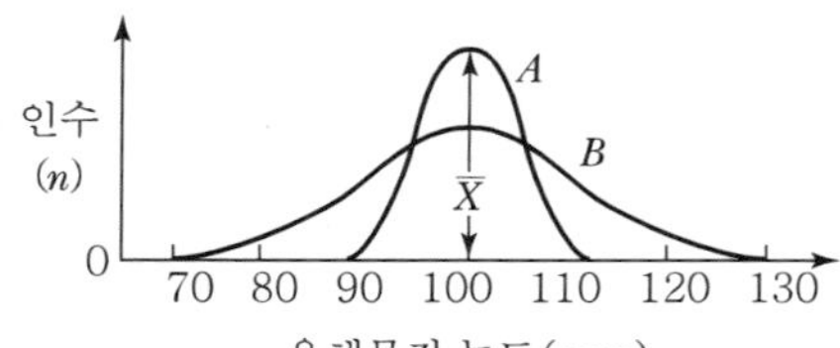

① A집단과 B집단은 서로 같다.
② A집단의 경우가 B집단의 경우보다 크다.
③ A집단의 경우가 B집단의 경우보다 작다.
④ 주어진 도표만으로 판단하기 어렵다.

해설

표준편차가 0에 가까울수록 측정값이 동일한 크기이며, 표준편차가 클수록 평균에서 멀어지는 것을 의미한다.

3과목 작업환경 관리대책

41 작업환경 개선의 기본원칙으로 짝지어진 것은?

① 대체, 시설, 환기　　② 격리, 공정, 물질
③ 물질, 공정, 시설　　④ 격리, 대체, 환기

해설

작업환경 개선의 4원칙
㉠ 대체(Substitution)　　㉡ 격리(Isolation)
㉢ 환기(Ventilation)　　㉣ 교육(Education)

42 다음 중 0.01μm 정도의 미세분진까지 처리할 수 있는 집진기로 가장 적합한 것은?

① 중력 집진기　　② 전기 집진기
③ 세정식 집진기　　④ 원심력 집진기

ANSWER | 37 ② 38 ④ 39 ④ 40 ③ 41 ④ 42 ②

43 공기 중의 포화증기압이 1.52mmHg인 유기용제가 공기 중에 도달할 수 있는 포화농도는 약 몇 ppm인가?

① 2,000　② 4,000
③ 6,000　④ 8,000

해설

$$포화농도(ppm) = \frac{증기압}{760} \times 10^6$$
$$= \frac{1.52}{760} \times 10^6 = 2{,}000ppm$$

44 송풍기에 연결된 환기 시스템에서 송풍량에 따른 압력손실 요구량을 나타내는 Q–P 특성곡선 중 Q와 P의 관계는?(단, Q는 풍량, P는 풍압이며, 유동조건은 난류형태이다.)

① $P \propto Q$　② $P^2 \propto Q$
③ $P \propto Q^2$　④ $P^2 \propto Q^3$

해설

시스템 곡선
송풍량에 따라 송풍기 정압이 변하는 경향을 나타내는 곡선으로 $P \propto Q^2$의 관계를 나타낸다.

45 그림과 같은 작업에서 상방흡인형의 외부식 후드의 설치를 계획하였을 때 필요한 송풍량은 약 몇 m^3/min인가?(단, 기온에 따른 상승기류는 무시함, P=2(L+W), V_c=1m/s)

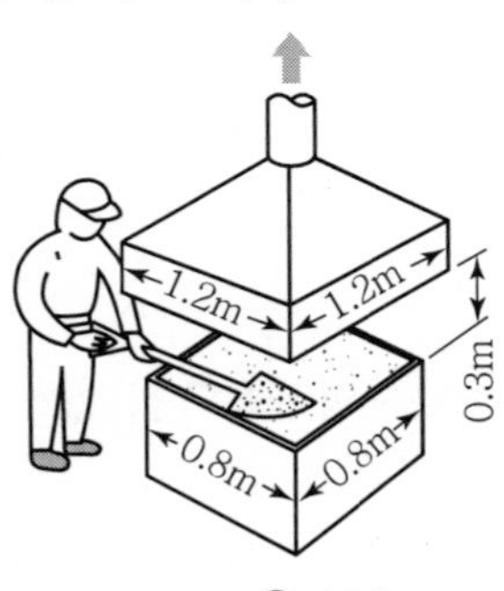

① 100　② 110
③ 120　④ 130

해설

H/L≤0.3인 장방형 후드의 필요송풍량
$Q(m^3/min) = 1.4 \times P \times H \times V_c$
$P = 2(L+H) = 2(1.2+1.2) = 4.8m$
$H = 0.3m$
$V_c = 1m/s$
$\therefore Q(m^3/min) = 1.4 \times 4.8 \times 0.3 \times 1$
$= 2.016m^3/s = 120.96m^3/min$

46 작업대 위에서 용접할 때 흄을 포집 제거하기 위해 작업면에 고정된 플랜지가 붙은 외부식 사각형 후드를 설치하였다면 소요 송풍량은 약 몇 m^3/min인가?(단, 개구면에서 작업지점까지의 거리는 0.25m, 제어속도는 0.5m/s, 후드 개구면적은 0.5m^2이다.)

① 0.281　② 8.430
③ 16.875　④ 26.425

해설

$Q(m^3/min) = 60 \times 0.5(10X^2 + A)V$
$= 60 \times 0.5(10 \times 0.25^2 + 0.5) \times 0.5$
$= 16.875m^3/min$

47 후드의 압력 손실계수가 0.45이고 속도압이 20mmH_2O일 때 압력손실(mmH_2O)은?

① 9　② 12
③ 20.45　④ 42.25

해설

$유입손실 = F \times VP = 0.45 \times 20 = 9mmH_2O$

48 화학공장에서 작업환경을 측정하였더니 TCE 농도가 10,000ppm이었다면, 오염공기의 유효비중은?(단, TCE의 증기비중은 5.7, 공기비중은 1.0이다.)

① 1.028　② 1.047
③ 1.059　④ 1.087

해설

$$유효비중 = \frac{(10{,}000 \times 5.7) + (990{,}000 \times 1.0)}{1{,}000{,}000} = 1.047$$

ANSWER | 43 ① 44 ③ 45 ③ 46 ③ 47 ① 48 ②

49 그림과 같은 국소배기장치의 명칭은?

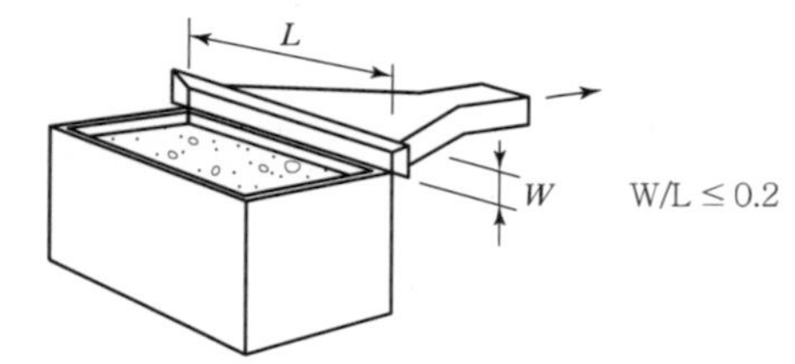

① 수형 후드　② 슬롯 후드
③ 포위형 후드　④ 하방형 후드

50 다음 중 유해성이 적은 물질로 대체한 예와 가장 거리가 먼 것은?

① 분체의 원료는 입자가 큰 것으로 바꾼다.
② 야광시계의 자판에 라듐 대신 인을 사용한다.
③ 아조 염료의 합성에서 디클로로벤지딘 대신 벤지딘을 사용한다.
④ 단열재 석면을 대신하여 유리섬유나 스티로폼으로 대체한다.

해설

아조 염료의 합성에서 벤지딘을 디클로로벤지딘으로 대체한다.

51 입자상 물질을 처리하기 위한 장치 중 고효율 집진이 가능하며 원리로 직접 차단, 관성충돌, 확산, 중력침강 및 정전기력 등이 복합적으로 작용하는 장치는?

① 여과집진장치　② 전기집진장치
③ 원심력집진장치　④ 관성력집진장치

52 직경이 5μm이고 밀도가 2g/cm^{3}인 입자의 종단속도는 약 몇 cm/sec인가?

① 0.07　② 0.15
③ 0.23　④ 0.33

해설

리프만(Lippman) 침강속도

$$V(cm/sec) = 0.003 \times SG \times d^2$$
$$= 0.003 \times 2 \times 5^2 = 0.15cm/sec$$

53 다음 중 가지 덕트를 주 덕트에 연결하고자 할 때, 각도로 가장 적합한 것은?

① 30°　② 50°
③ 70°　④ 90°

해설

직경이 다른 덕트를 연결할 때에는 경사 30℃ 이내의 테이퍼를 부착한다.

54 공기 중의 사염화탄소 농도가 0.2%일 때, 방독면의 사용 가능한 시간은 몇 분인가?(단, 방독면 정화통의 정화능력은 사염화탄소 0.5%에서 60분간 사용 가능하다.)

① 110　② 130
③ 150　④ 180

해설

$$\text{유효사용시간} = \frac{\text{시험가스농도} \times \text{표준유효시간}}{\text{공기 중 유해가스농도}}$$
$$= \frac{0.5 \times 60}{0.2} = 150\text{min}$$

55 어느 관내의 속도압이 3.5mmH_2O일 때, 유속은 약 몇 m/min인가?(단, 공기의 밀도는 1.21kg/m^{3}이고 중력가속도는 9.8m/s^{2}이다.)

① 352　② 381
③ 415　④ 452

해설

$$V = \sqrt{\frac{2 \times g \times VP}{\gamma}}$$
$$= \sqrt{\frac{2 \times 9.8 \times 3.5}{1.21}} = 7.53\text{m/s} ≒ 451.77\text{m/min}$$

56 호흡기 보호구의 밀착도 검사(Fit Test)에 대한 설명이 잘못된 것은?

① 정량적인 방법에는 냄새, 맛, 자극물질 등을 이용한다.
② 밀착도 검사란 얼굴피부 접촉면과 보호구 안면부가 적합하게 밀착되는지를 측정하는 것이다.

ANSWER | 49 ② 50 ③ 51 ① 52 ② 53 ① 54 ③ 55 ④ 56 ①

③ 밀착도 검사를 하는 것은 작업자가 작업장에 들어가기 전 누설 정도를 최소화시키기 위함이다.
④ 어떤 형태의 마스크가 작업자에게 적합한지, 마스크를 선택하는 데 도움을 주어 작업자의 건강을 보호한다.

해설

냄새, 맛, 자극물질 등을 이용하는 것은 정성적인 방법이다.

57 다음 중 방독마스크에 관한 설명과 가장 거리가 먼 것은?

① 일시적인 작업 또는 긴급용으로 사용하여야 한다.
② 산소농도가 15%인 작업장에서는 사용하면 안 된다.
③ 방독마스크의 정화통은 유해물질별로 구분하여 사용하도록 되어 있다.
④ 방독마스크 필터는 압축된 면, 모, 합성섬유 등의 재질이며 여과효율이 우수하여야 한다.

해설

필터의 재질이 면, 모, 합성섬유 금속섬유 등인 것은 방진마스크이다.

58 연속 방정식 Q=AV의 적용조건은?(단, Q=유량, A=단면적, V=평균속도이다.)

① 압축성 정상유동 ② 압축성 비정상유동
③ 비압축성 정상유동 ④ 비압축성 비정상유동

해설

연속 방정식은 비압축성 정상유동으로 가정한다.

59 공기의 유속을 측정할 수 있는 기구가 아닌 것은?

① 열선 유속계 ② 로터미터형 유속계
③ 그네날개형 유속계 ④ 회전날개형 유속계

해설

유속(기류) 측정기기
㉠ 열선 유속(풍속) ㉡ 피토관
㉢ 카타온도계 ㉣ 풍차풍속계
㉤ 마노미터 ㉥ 그네날개형 유속계
㉦ 회전날개형 유속계

60 슬롯의 길이가 2.4m, 폭이 0.4m인 플랜지 부착 슬롯형 후드가 설치되어 있을 때, 필요 송풍량은 약 몇 m^3/min인가?(단, 제어거리 0.5m, 제어속도 0.75m/s이다.)

① 135 ② 140
③ 145 ④ 150

해설

$$Q(m^3/min) = 60 \times 2.6LVX$$
$$= 60 \times 2.6 \times 2.4 \times 0.75 \times 0.5 = 140.4m^3/min$$

4과목 물리적 유해인자 관리

61 전리방사선에 관한 설명으로 틀린 것은?

① α선은 투과력은 약하나 전리작용은 강하다.
② β입자는 핵에서 방출되는 양자의 흐름이다.
③ γ선은 원자핵 전환에 따라 방출되는 자연 발생적인 전자파이다.
④ 양자는 조직 전리작용이 있으며 비정(飛程)거리는 같은 에너지의 α입자보다 길다.

해설

β선의 특징
㉠ 방사선 동위원소 붕괴 과정 중 원자핵에서 방출되는 음전하 입자
㉡ α입자보다 가볍고 속도는 10배 빠르므로 충돌할 때마다 방향을 바꿈
㉢ 외부조사보다 내부조사가 더 큰 건강상의 문제 발생

62 제2도 동상의 증상으로 적절한 것은?

① 따갑고 가려운 느낌이 생긴다.
② 혈관이 확장하여 발적이 생긴다.
③ 수포를 가진 광범위한 삼출성 염증이 생긴다.
④ 심부조직까지 동결되면 조직의 괴사와 괴저가 일어난다.

해설

동상의 종류
㉠ 제1도(발적)
• 피부 표면이 혈관 수축에 의해 청백색을 띠고, 마비에 의한 혈관확장 발생

◉ ANSWER | 57 ④ 58 ③ 59 ② 60 ② 61 ② 62 ③

- 이후 울혈이 나타나 피부가 자색을 띠고 동통 후 저리는 증상 발생

㉡ 제2도(수포 형성과 발적)
혈관마비는 동맥에까지 이르고 심한 울혈에 의해 피부에 종창을 초래(수포 동반 염증 발생)

㉢ 제3도(조직괴사로 괴저 발생)
혈행의 저하로 인하여 피부는 동결되고 괴사 발생

63 저기압의 작업환경에 대한 인체의 영향을 설명한 것으로 틀린 것은?

① 고도 18,000ft 이상이 되면 21% 이상의 산소를 필요로 하게 된다.
② 인체 내 산소 소모가 줄어들게 되어 호흡수, 맥박수가 감소한다.
③ 고도 10,000ft까지는 시력, 협조운동의 가벼운 장애 및 피로를 유발한다.
④ 고도 상승으로 기압이 저하되면 공기의 산소분압이 저하되고 동시에 폐포 내 산소분압도 저하된다.

해설

산소 결핍을 보충하기 위하여 호흡수, 맥박수가 증가된다.

64 일반소음에 대한 차음효과는 벽체의 단위표면적에 대하여 벽체의 무게가 2배 될 때마다 몇 dB씩 증가하는가?(단, 벽체 무게 이외의 조건은 동일하다.)

① 4 ② 6
③ 8 ④ 10

해설

$$TL = 20\log(m \cdot f) - 43dB$$
$$= 20\log(2) = 6.02\,dB$$

65 음의 세기가 10배로 되면 음의 세기 수준은?

① 2dB 증가 ② 3dB 증가
③ 6dB 증가 ④ 10dB 증가

해설

음의 세기 레벨(SIL : Sound Intensity Level)

$$SIL = 10\log\frac{I}{I_o} = 10\log 10 = 10dB$$

66 생체 내에서 산소 공급 정지가 몇 분 이상이 되면 활동성이 회복되지 않을 뿐만 아니라 비가역적인 파괴가 일어나는가?

① 1분 ② 1.5분
③ 2분 ④ 3분

해설

산소 결핍에 가장 민감한 조직 : 뇌의 대뇌 피질
㉠ 뇌 : 1일 500kcal의 에너지 소비, 산소 소비는 1일 100L
㉡ 산소 공급 정지가 1.5분 이내이면 모든 활동성이 복구되나 2분 이상이면 비가역적인 파괴 발생

67 방사능의 방어대책으로 볼 수 없는 것은?

① 방사선을 차폐한다.
② 노출시간을 줄인다.
③ 발생량을 감소시킨다.
④ 거리를 가능한 한 멀리한다.

해설

방사능의 방어대책
㉠ 시간 ㉡ 거리 ㉢ 차폐

68 마이크로파의 생물학적 작용과 거리가 먼 것은?

① 500cm 이상의 파장은 인체 조직을 투과한다.
② 3cm 이하 파장은 외피에 흡수된다.
③ 3~10cm 파장은 1mm~1cm 정도 피부 내로 투과한다.
④ 25~200cm 파장은 세포 조직과 신체기관까지 투과한다.

해설

200cm 이상의 파장은 인체 조직을 투과한다.

69 적외선의 생체작용에 관한 설명으로 틀린 것은?

① 조직에서의 흡수는 수분함량에 따라 다르다.
② 적외선이 조직에 흡수되면 화학반응을 일으켜 조직의 온도가 상승한다.

◉ ANSWER | 63 ② 64 ② 65 ④ 66 ③ 67 ③ 68 ① 69 ②

③ 적외선이 신체에 조사되면 일부는 피부에서 반사되고 나머지는 조직에 흡수된다.
④ 조사 부위의 온도가 오르면 혈관이 확장되어 혈류가 증가되며 심하면 홍반을 유발하기도 한다.

해설

적외선이 조직에 흡수되면 화학반응을 일으키지 않고 구성분자의 운동에너지를 증가시킨다.

70 산업안전보건법령상 이상기압에 의한 건강장해의 예방에 있어 사용되는 용어의 정의로 틀린 것은?

① 압력이란 절대압과 게이지압의 합을 말한다.
② 이상기압이란 압력이 제곱센티미터당 1킬로그램 이상인 기압을 말한다.
③ 고압작업이란 이상기압에서 잠함공법이나 그 외의 압기공법으로 하는 작업을 말한다.
④ 잠수작업이란 물속에서 공기압축기나 호흡용 공기통을 이용하여 하는 작업을 말한다.

해설

압력이란 단위면적당 받는 힘을 말한다.

71 전신진동에 관한 설명으로 틀린 것은?

① 말초혈관이 수축되고, 혈압 상승과 맥박 증가를 보인다.
② 산소소비량은 전신진동으로 증가되고, 폐환기도 촉진된다.
③ 전신진동의 영향이나 장애는 자율신경, 특히 순환기에 크게 나타난다.
④ 두부와 견부는 50~60Hz 진동에 공명하고, 안구는 10~20Hz 진동에 공명한다.

해설

두부와 견부는 20~30Hz 진동에 공명하고, 안구는 60~90Hz 진동에 공명한다.

72 고온 노출에 의한 장애 중 열사병에 관한 설명과 거리가 가장 먼 것은?

① 중추성 체온조절 기능장애이다.
② 지나친 발한에 의한 탈수와 염분 소실이 발생한다.
③ 고온다습한 환경에서 격심한 육체노동을 할 때 발병한다.
④ 응급조치 방법으로 얼음물에 담가서 체온을 39℃ 정도까지 내려주어야 한다.

해설

지나친 발한에 의한 탈수와 염분 소실이 발생하는 것은 열경련이다.

73 고압환경의 생체작용과 가장 거리가 먼 것은?

① 고공성 폐수종
② 이산화탄소(CO_2) 중독
③ 귀, 부비강, 치아의 압통
④ 손가락과 발가락의 작열통과 같은 산소 중독

해설

고공성 폐수종은 저압환경에서 발생한다.

74 0.01W의 소리에너지를 발생시키고 있는 음원의 음향파워레벨(PWL, dB)은 얼마인가?

① 100　　② 120
③ 140　　④ 150

해설

$$\mathrm{PWL} = 10\log\frac{W}{W_o}$$
$$= 10\log\frac{0.01}{10^{-12}} = 100\mathrm{dB}$$

75 빛과 밝기의 단위에 관한 설명으로 틀린 것은?

① 반사율은 조도에 대한 휘도의 비로 표시한다.
② 광원으로부터 나오는 빛의 양을 광속이라고 하며 단위는 루멘을 사용한다.
③ 입사면의 단면적에 대한 광도의 비를 조도라 하며 단위는 촉광을 사용한다.
④ 광원으로부터 나오는 빛의 세기를 광도라고 하며 단위는 칸델라를 사용한다.

해설

입사면의 단면적에 대한 광도의 비를 조도라 하며, 단위는 럭스(Lux)를 사용한다.

ANSWER | 70 ① 71 ④ 72 ② 73 ① 74 ① 75 ③

76 음의 세기(I)와 음압(P) 사이의 관계는 어떠한 비례관계가 있는가?

① 음의 세기는 음압에 정비례
② 음의 세기는 음압에 반비례
③ 음의 세기는 음압의 제곱에 비례
④ 음의 세기는 음압의 역수에 반비례

해설

음의 세기는 음압의 제곱에 비례한다.

77 소음성 난청에 대한 설명으로 틀린 것은?

① 손상된 섬모세포는 수일 내에 회복이 된다.
② 강렬한 소음에 노출되면 일시적으로 난청이 발생될 수 있다.
③ 일주일 정도가 지나도록 회복되지 않는 청력치의 감소 부분은 영구적 난청에 해당된다.
④ 강한 소음은 달팽이관 주변의 모세혈관 수축을 일으켜 이 부근에 저산소증을 유발한다.

해설

소음성 난청
강렬한 소음이나 지속적인 소음 노출에 의해 내이 코르티 기관의 섬모세포 손상으로 회복될 수 없는 영구적인 청력 저하가 발생하는 것이다.

78 실내 자연 채광에 관한 설명으로 틀린 것은?

① 입사각은 28° 이상이 좋다.
② 조명의 균등에는 북창이 좋다.
③ 실내 각 점의 개각은 40~50°가 좋다.
④ 창면적은 방바닥의 15~20%가 좋다.

해설

실내 각 점의 개각은 4~5°, 입사각은 28° 이상이 좋다.

79 흡음재의 종류 중 다공질 재료에 해당되지 않는 것은?

① 암면　　② 펠트(felt)
③ 발포수지재료　　④ 석고보드

해설

흡음재료의 종류
㉠ 다공질 흡음재료 : 암면, 유리섬유, 유리솜, 발포수지재료(연속기포), 폴리우레탄폼
㉡ 판구조 흡음재료 : 석고보드, 합판, 알루미늄, 하드보드, 철판

80 인체와 환경 간의 열교환에 관여하는 온열조건 인자가 아닌 것은?

① 대류　　② 증발
③ 복사　　④ 기압

해설

온열조건 인자
㉠ 대류　㉡ 증발　㉢ 복사　㉣ 전도

5과목 산업독성학

81 다음 설명 중 (　) 안의 내용을 올바르게 나열한 것은?

단시간노출기준(STEL)이란 (㉠)간의 시간가중평균노출값으로서 노출농도가 시간가중평균노출기준(TWA)을 초과하고 단시간노출기준(STEL) 이하인 경우에는 (㉡) 노출 지속시간이 15분 미만이어야 한다. 이러한 상태가 1일 (㉢) 이하로 발생하여야 하며, 각 노출의 간격은 (㉣) 이상이어야 한다.

① ㉠ : 5분, ㉡ : 1회, ㉢ : 6회, ㉣ : 30분
② ㉠ : 15분, ㉡ : 1회, ㉢ : 4회, ㉣ : 60분
③ ㉠ : 15분, ㉡ : 2회, ㉢ : 4회, ㉣ : 30분
④ ㉠ : 15분, ㉡ : 2회, ㉢ : 6회, ㉣ : 60분

해설

단시간노출기준(STEL)
15분간의 시간가중평균노출값으로서 노출농도가 시간가중평균노출기준(TWA)을 초과하고 단시간노출기준(STEL) 이하인 경우에는 1회 노출 지속시간이 15분 미만이어야 한다. 이러한 상태가 1일 4회 이하로 발생하여야 하며, 각 노출의 간격은 60분 이상이어야 한다.

ANSWER | 76 ③ 77 ① 78 ③ 79 ④ 80 ④ 81 ②

82 2000년대 외국인 근로자에게 다발성말초신경병증을 집단으로 유발한 노말헥산(n-hexane)은 체내 대사과정을 거쳐 어떤 물질로 배설되는가?

① 2-hexanone
② 2,5-hexanedione
③ Hexachlorophene
④ Hexachloroethane

해설

노말헥산(n-hexane)은 체내 대사과정을 거쳐 2,5-hexanedione 물질로 배설된다.

83 벤젠에 관한 설명으로 틀린 것은?

① 벤젠은 백혈병을 유발하는 것으로 확인된 물질이다.
② 벤젠은 지방족 화합물로서 재생불량성 빈혈을 일으킨다.
③ 벤젠은 골수독성(Myelotoxin) 물질이라는 점에서 다른 유기용제와 다르다.
④ 혈액조직에서 벤젠이 유발하는 가장 일반적인 독성은 백혈구 수의 감소로 인한 응고작용 결핍 등이다.

해설

벤젠(C_6H_6)
㉠ 상온 · 상압에서 향기로운 냄새가 나는 무색투명한 액체상 물질로 방향족 화합물이다.
㉡ 만성중독 시 골수독소, 재생불량성 빈혈, 백혈병 등을 일으킨다.

84 인체 내 주요 장기 중 화학물질 대사능력이 가장 높은 기관은?

① 폐 ② 간장
③ 소화기관 ④ 신장

해설

간은 독성 물질을 해독하는 역할을 하는 만큼 인체 내 주요 장기 중 화학물질 대사능력이 가장 높은 기관이다.

85 공기 중 입자상 물질의 호흡기계 축적기전에 해당하지 않는 것은?

① 교환 ② 충돌
③ 침전 ④ 확산

해설

입자상 물질의 호흡기계 축적기전
㉠ 충돌 ㉡ 차단 ㉢ 확산
㉣ 침전 ㉤ 정전기

86 독성실험 단계에 있어 제1단계(동물에 대한 급성노출시험)에 관한 내용과 가장 거리가 먼 것은?

① 생식독성과 최기형성 독성실험을 한다.
② 눈과 피부에 대한 자극성 실험을 한다.
③ 변이원성에 대하여 1차적인 스크리닝 실험을 한다.
④ 치사성과 기관장해에 대한 양-반응곡선을 작성한다.

해설

독성실험의 단계
㉠ 제1단계(동물에 대한 급성폭로실험)
- 치사율, 치사성과 기관장해에 대한 반응곡선 작성
- 눈과 피부에 대한 자극성을 실험
- 변이원성에 대한 1차적인 스크리닝 실험

㉡ 제2단계(동물에 대한 만성폭로실험)
- 상승작용, 길항작용 등에 대한 실험
- 생식독성과 최기형성 실험
- 장기독성 실험
- 변이원성에 대하여 2차적인 스크리닝 실험

87 단순 질식제로 볼 수 없는 것은?

① 메탄 ② 질소
③ 오존 ④ 헬륨

해설

단순 질식제
㉠ 정상적 호흡에 필요한 혈중 산소량을 낮추나 생리적으로 어떠한 작용도 하지 않는 불활성 가스를 말함
㉡ 종류 : 이산화탄소(탄산가스), 메탄, 질소, 수소, 에탄, 프로판, 에틸렌, 아세틸렌, 헬륨 등

◎ ANSWER | 82 ② 83 ② 84 ② 85 ① 86 ① 87 ③

88 화학물질의 투여에 의한 독성범위를 나타내는 안전역을 맞게 나타낸 것은?(단, LD는 치사량, TD는 중독량, ED는 유효량이다.)

① 안전역 $= ED_1/TD_{99}$
② 안전역 $= TD_1/ED_{99}$
③ 안전역 $= ED_1/LD_{99}$
④ 안전역 $= LD_1/ED_{99}$

해설

안전역(화학물질 투여에 의한 독성범위)

$$\text{안전역} = \frac{TD_{50}}{ED_{50}} = \frac{LD_1}{ED_{99}}$$

89 작업환경에서 발생되는 유해물질과 암의 종류를 연결한 것으로 틀린 것은?

① 벤젠 – 백혈병
② 비소 – 피부암
③ 포름알데히드 – 신장암
④ 1,3 부타디엔 – 림프육종

해설

포름알데히드는 혈액암, 비강암 등을 발생시킨다.

90 다음 표는 A작업장의 백혈병과 벤젠에 대한 코호트 연구를 수행한 결과이다. 이때 벤젠의 백혈병에 대한 상대위험비는 약 얼마인가?

구분	백혈병	백혈병 없음	합계
벤젠 노출	5	14	19
벤젠 비노출	2	25	27
합계	7	39	46

① 3.29　② 3.55
③ 4.64　④ 4.82

해설

$$\text{상대위험비} = \frac{\text{노출군에서의 발생률}}{\text{비노출군에서의 발생률}} = \frac{5/19}{2/27} = 3.55$$

91 탈지용 용매로 사용되는 물질로 간장, 신장에 만성적인 영향을 미치는 것은?

① 크롬　② 유리규산
③ 메탄올　④ 사염화탄소

해설

사염화탄소
㉠ 초기 증상으로는 지속적인 두통, 구역 또는 구토, 복부선통과 설사, 간압통 등이 나타난다.
㉡ 탈지용 용매로 사용되며 피부로부터 흡수되어 전신중독을 일으킬 수 있다.
㉢ 간의 중요한 장해인 중심소엽성 괴사를 일으키는 물질이다.
㉣ 고농도로 폭로되면 중추신경계 장해 외에 간장이나 신장에 장해가 일어나 황달, 단백뇨, 혈뇨의 증상을 나타낸다.
㉤ 간에 대한 독성작용이 강하며, 간에 중심소엽성 괴사를 일으킨다.

92 단백질을 침전시키며 thiol기(–SH)를 가진 효소의 작용을 억제하여 독성을 나타내는 것은?

① 수은　② 구리
③ 아연　④ 코발트

93 무기성 분진에 의한 진폐증이 아닌 것은?

① 면폐증　② 규폐증
③ 철폐증　④ 용접공폐증

해설

무기성 분진에 의한 진폐증
규폐증, 석면폐증, 흑연폐증, 탄소폐증, 탄광부폐증, 활석폐증, 용접공폐증, 철폐증, 베릴륨폐증, 알루미늄폐증, 규조토폐증, 주석폐증, 칼륨폐증, 바륨폐증

94 사업장에서 사용되는 벤젠은 중독증상을 유발시킨다. 벤젠중독의 특이증상으로 가장 적절한 것은?

① 조혈기관의 장해
② 간과 신장의 장해
③ 피부염과 피부암 발생
④ 호흡기계 질환 및 폐암 발생

◎ ANSWER | 88 ④　89 ③　90 ②　91 ④　92 ①　93 ①　94 ①

95 유해물질과 생물학적 노출지표와의 연결이 잘못된 것은?

① 벤젠 – 소변 중 페놀
② 톨루엔 – 소변 중 마뇨산
③ 크실렌 – 소변 중 카테콜
④ 스티렌 – 소변 중 만델린산

해설

크실렌의 생물학적 노출지표 – 소변 중 메틸마뇨산

96 중추신경계에 억제 작용이 가장 큰 것은?

① 알칸족 ② 알코올족
③ 알켄족 ④ 할로겐족

해설

유기용제의 중추신경계 활성 억제 작용의 크기
할로겐화화합물 > 에테르 > 에스테르 > 유기산 > 알코올 > 알켄 > 알칸

97 납중독의 초기 증상으로 볼 수 없는 것은?

① 권태, 체중감소
② 식욕저하, 변비
③ 연산통, 관절염
④ 적혈구 감소, Hb의 저하

해설

납이 체내에 흡수됨으로써 초래되는 현상
㉠ 적혈구 생존기간 감소
㉡ 적혈구 내 전해질 감소
㉢ 혈색소량 저하
㉣ 망상적혈구 수 증가
㉤ 혈청 내 철 증가
㉥ 요중 코프로폴피린 증가

98 가스상 물질의 호흡기계 축적을 결정하는 가장 중요한 인자는?

① 물질의 농도차 ② 물질의 입자분포
③ 물질의 발생기전 ④ 물질의 수용성 정도

해설

가스상 물질의 호흡기계 축적을 결정하는 가장 중요한 인자는 '물질의 수용성 정도'이다.

99 수은의 배설에 관한 설명으로 틀린 것은?

① 유기수은화합물은 땀으로 배설된다.
② 유기수은화합물은 주로 대변으로 배설된다.
③ 금속수은은 대변보다 소변으로 배설이 잘 된다.
④ 금속수은 및 무기수은의 배설경로는 서로 상이하다.

해설

금속수은 및 무기수은은 대변보다 소변으로 배설이 잘된다.

100 생물학적 노출지표(BEIs) 검사 중 1차 항목 검사에서 당일작업 종료 시 채취해야 하는 유해인자가 아닌 것은?

① 크실렌
② 디클로로메탄
③ 트리클로로에틸렌
④ N,N–디메틸포름아미드

해설

트리클로로에틸렌은 주말작업 종료 시 채취하는 유해인자이다.

ANSWER | 95 ③ 96 ④ 97 ③ 98 ④ 99 ④ 100 ③

SECTION 02

2018년 2회 기사

1과목 산업위생학 개론

01 미국산업위생학술원(AAIH)에서 채택한 산업위생전문가로서의 책임에 해당되지 않는 것은?

① 직업병을 평가하고 관리한다.
② 성실성과 학문적 실력에서 최고 수준을 유지한다.
③ 과학적 방법의 적용과 자료 해석의 객관성을 유지한다.
④ 전문분야로서의 산업위생을 학문적으로 발전시킨다.

해설

산업위생전문가의 책임
㉠ 기업체의 기밀은 외부에 누설하지 않는다.
㉡ 과학적 방법의 적용과 자료의 해석에서 객관성을 유지한다.
㉢ 근로자, 사회 및 전문직종의 이익을 위해 과학적 지식을 공개하여 발표한다.
㉣ 전문적인 판단이 타협에 의해서 좌우될 수도 있으나 이해관계가 있는 상황에서는 개입하지 않는다.
㉤ 위험요소와 예방조치에 관하여 근로자와 상담한다.
㉥ 성실성과 학문적 실력 면에서 최고 수준을 유지한다.
㉦ 전문 분야로서의 산업위생 발전에 기여한다.

02 산업안전보건법상 작업장의 체적이 150m^{3}이면 납의 1시간당 허용소비량(1시간당 소비하는 관리대상 유해물질의 양)은 얼마인가?

① 1g　② 10g
③ 15g　④ 30g

03 산업 스트레스의 반응에 따른 심리적 결과에 해당되지 않는 것은?

① 가정문제　② 돌발적 사고
③ 수면방해　④ 성(性)적 역기능

해설

산업 스트레스의 결과
㉠ 행동적 결과 : 흡연, 식욕감퇴, 행동의 격양(돌발적 사고), 알코올 및 약물 남용
㉡ 심리적 결과 : 불면증, 성적 욕구 감퇴, 가정 문제
㉢ 생리적 결과 : 두통, 우울증, 심장질환, 위장질환 등

04 화학물질의 노출기준에 관한 설명으로 맞는 것은?

① 발암성 정보물질의 표기로 "2A"는 사람에게 충분한 발암성 증거가 있는 물질을 의미한다.
② "Skin" 표시 물질은 점막과 눈 그리고 경피로 흡수되어 전신 영향을 일으킬 수 있는 물질을 의미한다.
③ 발암성 정보물질의 표기로 "2B"는 시험동물에서 발암성 증거가 충분히 있는 물질을 의미한다.
④ 발암성 정보물질의 표기로 "1"은 사람이나 동물에서 제한된 증거가 있지만, 구분 "2"로 분류하기에는 증거가 충분하지 않은 물질을 의미한다.

해설

국제암연구위원회(IARC)의 발암물질 구분 Group
㉠ Group 1 : 확실한 발암물질(인체 발암성 확인 물질)
㉡ Group 2A : 가능성이 높은 발암물질(인체 발암성 예측, 추정 물질)
㉢ Group 2B : 가능성 있는 발암물질(인체 발암성 가능 물질, 동물 발암성 확인 물질)
㉣ Group 3 : 발암성이 불확실한 물질(인체 발암성 미분류 물질)
㉤ Group 4 : 발암성이 없는 물질(인체 미발암성 추정 물질)

05 산업재해 발생의 역학적 특성에 대한 설명으로 틀린 것은?

① 여름과 겨울에 빈발한다.
② 손상 종류로는 골절이 가장 많다.
③ 작은 규모의 산업체에서 재해율이 높다.
④ 오전 11~12시, 오후 2~3시에 빈발한다.

ANSWER | 01 ① 02 ② 03 ② 04 ② 05 ①

해설

산업재해의 발생 특성
㉠ 봄, 가을에 빈발
㉡ 오전 11~12시, 오후 2시~3시에 빈발
㉢ 작은 규모의 산업체에서 재해율이 높음
㉣ 입사 6개월 미만의 신규근로자에게 높음

06 재해예방의 4원칙에 해당하지 않은 것은?

① 손실 우연의 원칙 ② 예방 가능의 원칙
③ 대책 선정의 원칙 ④ 원인 조사의 원칙

해설

산업재해예방의 4원칙
㉠ 원인 계기의 법칙 : 재해발생에는 반드시 그 원인이 있다.
㉡ 예방 가능의 원칙 : 재해는 원칙적으로 원인만 제거되면 예방이 가능하다.
㉢ 대책 선정의 원칙 : 재해예방을 위한 가능한 안전대책은 반드시 존재한다.
㉣ 손실 우연의 법칙 : 사고의 결과 생기는 상해의 종류와 정도는 사고 발생 시 사고대상의 조건에 따라 우연히 발생한다.

07 실내 환경과 관련된 질환의 종류에 해당되지 않는 것은?

① 빌딩증후군(SBS)
② 새집증후군(SHS)
③ 시각표시단말증후군(VDTS)
④ 복합화학물질과민증(MCS)

08 누적외상성 장애(CTDs : Cumulative Trauma Disorders)의 원인이 아닌 것은?

① 불안전한 자세에서 장기간 고정된 한 가지 작업
② 고온 작업장에서 갑작스럽게 힘을 주는 전신작업
③ 작업속도가 빠른 상태에서 힘을 주는 반복작업
④ 작업내용의 변화가 없거나 휴식시간 없이 손과 팔을 과도하게 사용하는 작업

09 실내공기질관리법상 다중이용시설의 실내공기질 권고기준 항목에 해당하는 것은?

① 석면 ② 오존
③ 라돈 ④ 일산화탄소

해설

다중이용시설의 실내공기질 권고기준 항목
㉠ 이산화질소 ㉡ 라돈
㉢ 총휘발성 유기화합물 ㉣ 곰팡이
㉤ 미세먼지(PM2.5)

10 산업위생의 정의에 포함되지 않는 것은?

① 예측 ② 평가
③ 관리 ④ 보상

해설

산업위생활동의 기본 4요소
㉠ 예측 ㉡ 인지(측정)
㉢ 평가 ㉣ 관리

11 PWC가 16kcal/min인 근로자가 1일 8시간 동안 물체를 운반하고 있다. 이때 작업대사량은 6kcal/min이고, 휴식 시의 대사량은 2kcal/min이다. 작업시간은 어떻게 배분하는 것이 이상적인가?

① 5분 휴식, 55분 작업
② 10분 휴식, 50분 작업
③ 15분 휴식, 45분 작업
④ 25분 휴식, 35분 작업

해설

$$T_{rest} = \frac{E_{max} - E_{task}}{E_{rest} - E_{task}} \times 100$$

$$= \frac{(PWC \times \frac{1}{3}) - \text{작업 시 대사량}}{\text{휴식 시 대사량} - \text{작업 시 대사량}} \times 100$$

$$= \frac{(16 \times \frac{1}{3}) - 6}{2 - 6} \times 100 = 16.67\%$$

- 적정 휴식시간(min) = $60 \times 0.1667 = 10\text{min}$
- 작업시간(min) = $60 \times 0.8333 = 50\text{min}$

◎ ANSWER | 06 ④ 07 ③ 08 ② 09 ③ 10 ④ 11 ②

12 전신피로 정도를 평가하기 위해 작업 직후의 심박수를 측정한다. 작업 종료 후 30~60초, 60~90초, 150~180초 사이의 평균 맥박수가 각각 $HR_{30\sim60}$, $HR_{60\sim90}$, $HR_{150\sim180}$일 때, 심한 전신피로 상태로 판단되는 경우는?

① $HR_{30\sim60}$이 110을 초과하고, $HR_{150\sim180}$과 $HR_{60\sim90}$의 차이가 10 미만인 경우
② $HR_{60\sim90}$이 110을 초과하고, $HR_{150\sim180}$과 $HR_{30\sim60}$의 차이가 10 미만인 경우
③ $HR_{150\sim180}$이 110을 초과하고, $HR_{30\sim60}$과 $HR_{60\sim90}$의 차이가 10 미만인 경우
④ $HR_{30\sim60}$과 $HR_{150\sim180}$의 차이가 10 이상이고, $HR_{150\sim180}$과 $HR_{60\sim90}$의 차이가 10 미만인 경우

해설

전신피로의 평가
작업을 마친 직후 회복기의 심박수를 측정하여 $HR_{30\sim60}$이 110을 초과하고, $HR_{150\sim180}$과 $HR_{60\sim90}$의 차이가 10 미만일 때 전신피로로 평가한다.
㉠ $HR_{30\sim60}$: 작업종료 후 30~60초 사이의 맥박수
㉡ $HR_{60\sim90}$: 작업종료 후 60~90초 사이의 맥박수
㉢ $HR_{150\sim180}$: 작업종료 후 150~180초 사이의 맥박수

13 매년 "화학물질과 물리적 인자에 대한 노출기준 및 생물학적 노출지수"를 발간하여 노출기준 제정에 있어서 국제적으로 선구적인 역할을 담당하고 있는 기관은?

① 미국산업위생학회(AIHA)
② 미국직업안전위생관리국(OSHA)
③ 미국국립산업안전보건연구원(NIOSH)
④ 미국정부산업위생전문가협의회(ACGIH)

14 알레르기성 접촉 피부염의 진단법은 무엇인가?

① 첩포시험 ② X-ray 검사
③ 세균검사 ④ 자외선검사

15 직업병의 예방대책 중 일반적인 작업환경관리의 원칙이 아닌 것은?

① 대치 ② 환기
③ 격리 또는 밀폐 ④ 정리정돈 및 청결유지

해설

작업환경 개선의 4원칙
㉠ 대치(Substitution) ㉡ 격리(Isolation)
㉢ 환기(Ventilation) ㉣ 교육(Education)

16 신체의 생활기능을 조절하는 영양소이며 작용면에서 조절 요소로만 나열된 것은?

① 비타민, 무기질, 물
② 비타민, 단백질, 물
③ 단백질, 무기질, 물
④ 단백질, 지방, 탄수화물

해설

식품과 영양소
㉠ 5대 영양소 : 단백질(1g당 4.1kcal 열량 발생), 탄수화물(1g당 4.1kcal 열량 발생), 지방(1g당 9.3kcal 열량 발생), 무기질, 비타민
㉡ 열량공급원 : 탄수화물, 지방, 단백질
㉢ 칼슘 : 치아와 골격 구성
㉣ 철분 : 혈액 중 헤모글로빈의 구성 성분
㉤ 생활기능 조절 : 비타민, 무기질, 물

17 산업안전보건법령상 물질안전보건자료(MSDS) 작성 시 포함되어야 할 항목이 아닌 것은?

① 유해성, 위험성
② 안전성 및 반응성
③ 사용빈도 및 타당성
④ 노출방지 및 개인보호구

해설

물질안전보건자료(MSDS) 작성 시 필수 포함사항
- 화학제품과 회사에 관한 정보
- 유해성, 위험성
- 구성 성분의 명칭 및 함유량
- 응급조치요령
- 폭발, 화재 시 대처방법
- 누출사고 시 대처방법
- 취급 및 저장방법

ANSWER | 12 ① 13 ④ 14 ① 15 ④ 16 ① 17 ③

- 노출방지 및 개인보호구
- 물리화학적 특성
- 안정성 및 반응성
- 독성에 관한 정보
- 환경에 미치는 영향
- 폐기 시 주의사항
- 운송에 필요한 정보
- 법적 규제현황
- 그 밖의 참고사항

18 앉아서 운전작업을 하는 사람들의 주의사항에 대한 설명으로 틀린 것은?

① 큰 트럭에서 내릴 때는 뛰어내려서는 안 된다.
② 차나 트랙터를 타고 내릴 때 몸을 회전해서는 안 된다.
③ 운전대를 잡고 있을 때에는 최대한 앞으로 기울이는 것이 좋다.
④ 방석과 수건을 말아서 허리에 받쳐 최대한 척추가 자연곡선을 유지하도록 한다.

해설

운전대를 잡고 있을 때에는 상체를 앞으로 심하게 기울이지 않는다.

19 체중이 60kg인 사람이 1일 8시간 작업 시 안전흡수량이 1mg/kg인 물질의 체내 흡수를 안전흡수량 이하로 유지하려면 공기 중 농도를 몇 mg/m^3 이하로 하여야 하는가?(단, 작업 시 폐환기율은 $1.25m^3/hr$, 체내 잔류율은 1.0으로 가정한다.)

① $0.06mg/m^3$　② $0.6mg/m^3$
③ $6mg/m^3$　④ $60mg/m^3$

해설

체내 흡수량(mg) = C×V×T×R

$$C = \frac{SHD}{V \times T \times R}$$

$$= \frac{1mg/kg \times 60kg}{1 \times 8hr \times 1.25m^3/hr} = 6mg/m^3$$

20 산업안전보건법령상 보건관리자의 자격에 해당하지 않는 사람은?

① 「의료법」에 따른 의사
② 「의료법」에 따른 간호사
③ 「국가기술자격법」에 따른 산업안전기사
④ 「산업안전보건법」에 따른 산업보건지도사

해설

보건관리자의 자격
㉠ 의료법에 따른 의사
㉡ 의료법에 따른 간호사
㉢ 산업보건지도사
㉣ 산업위생관리산업기사 또는 대기환경산업기사 이상의 자격을 취득한 사람
㉤ 인간공학기사 이상의 자격을 취득한 사람
㉥ 전문대학 이상의 학교에서 산업보건 또는 산업위생 분야의 학과를 졸업한 사람

2과목 작업위생 측정 및 평가

21 다음 중 원자흡광광도계에 대한 설명과 가장 거리가 먼 것은?

① 증기 발생 방식은 유기용제 분석에 유리하다.
② 흑연로 장치는 감도가 좋으므로 생물학적 시료 분석에 유리하다.
③ 원자화 방법에는 불꽃방식, 비불꽃방식, 증기 발생 방식이 있다.
④ 광원, 원자화 장치, 단색화 장치, 검출기, 기록계 등으로 구성되어 있다.

22 어느 작업장의 n-hexane의 농도를 측정한 결과가 24.5ppm, 20.2ppm, 25.1ppm, 22.4ppm, 23.9ppm일 때, 기하평균 값은 약 몇 ppm인가?

① 21.2　② 22.8
③ 23.2　④ 24.1

해설

기하평균(GM)

$GM = \sqrt[5]{(24.5 \times 20.2 \times 25.1 \times 22.4 \times 23.9)} = 23.15ppm$

ANSWER | 18 ③　19 ③　20 ③　21 ①　22 ③

23 다음 유기용제 중 실리카겔에 대한 친화력이 가장 강한 것은?

① 케톤류 ② 알코올류
③ 올레핀류 ④ 에스테르류

해설

실리카겔의 친화력(극성이 강한 순서)
물 > 알코올류 > 알데하이드류 > 케톤류 > 에스테르류 > 방향족탄화수소 > 올레핀류 > 파라핀류

24 레이저광의 노출량을 평가할 때 주의사항이 아닌 것은?

① 직사광과 확산광을 구별하여 사용한다.
② 각막 표면에서의 조사량 또는 노출량을 측정한다.
③ 눈의 노출기준은 그 파장과 관계없이 측정한다.
④ 조사량의 노출기준은 1mm 구경에 대한 평균치이다.

해설

레이저광에 대한 눈의 허용량은 그 파장에 따라 수정되어야 한다.

25 화학적 인자에 대한 작업환경 측정순서를 [보기]를 참고하여 올바르게 나열한 것은?

[보기]

A. 예비조사	B. 시료채취 전 유량보정
C. 시료채취 후 유량보정	D. 시료채취
E. 시료채취전략 수립	F. 분석

① A → B → C → D → E → F
② A → B → E → D → C → F
③ A → E → D → B → C → F
④ A → E → B → D → C → F

26 다음 화학적 인자 중 농도의 단위가 다른 것은?

① 흄 ② 석면
③ 분진 ④ 미스트

해설

석면의 농도 단위는 개/cc, 개/mL, 개/cm^3을 사용한다.

27 옥외(태양광선이 내리쬐지 않는 장소)의 온열조건이 다음과 같은 경우에 습구흑구온도지수(WBGT)는?

- 건구온도 : 30℃
- 흑구온도 : 40℃
- 자연습구온도 : 25℃

① 28.5℃ ② 29.5℃
③ 30.5℃ ④ 31.0℃

해설

옥내 WBGT(℃) = 0.7 × 자연습구온도 + 0.3 × 흑구온도
= 0.7 × 25℃ + 0.3 × 40℃ = 29.5℃

28 다음 중 파과 용량에 영향을 미치는 요인과 가장 거리가 먼 것은?

① 포집된 오염물질의 종류
② 작업장의 온도
③ 탈착에 사용하는 용매의 종류
④ 작업장의 습도

해설

고체 흡착제를 사용한 시료채취 시 영향인자
㉠ 온도 ㉡ 습도 ㉢ 유량속도 ㉣ 오염물 농도
㉤ 혼합물의 존재 ㉥ 흡착제의 크기 ㉦ 튜브의 내경

29 음압이 10N/m^2일 때, 음압수준은 약 몇 dB인가?(단, 기준음압은 0.00002N/m^2이다.)

① 94 ② 104
③ 114 ④ 124

해설

$$SPL = 20\log\frac{P}{P_o} = 20\log\frac{10}{0.00002} = 113.98dB$$

30 흡광광도계에서 단색광이 어떤 시료용액을 통과할 때 그 빛의 60%가 흡수될 경우, 흡광도는 약 얼마인가?

① 0.22 ② 0.37
③ 0.40 ④ 1.60

해설

$$흡광도(A) = \log\frac{1}{t} = \log\frac{1}{0.4} = 0$$

◉ ANSWER | 23 ② 24 ③ 25 ④ 26 ② 27 ② 28 ③ 29 ③ 30 ③

31 분진 채취 전후의 여과지 무게가 각각 21.3mg, 25.8mg이고, 개인시료채취기로 포집한 공기량이 450L일 경우 분진농도는 약 몇 mg/m³인가?

① 1 ② 10
③ 20 ④ 25

해설

$$X(mg/m^3) = \frac{(25.8-21.3)mg}{0.45m^3} = 10mg/m^3$$

32 다음 중 일정한 온도조건에서 가스의 부피와 압력이 반비례하는 것과 가장 관계가 있는 것은?

① 보일의 법칙 ② 샤를의 법칙
③ 라울의 법칙 ④ 게이-뤼삭의 법칙

33 다음 중 유도결합 플라스마 원자발광분석기의 특징과 가장 거리가 먼 것은?

① 분광학적 방해 영향이 전혀 없다.
② 검량선의 직선성 범위가 넓다.
③ 동시에 여러 성분의 분석이 가능하다.
④ 아르곤 가스를 소비하기 때문에 유지비용이 많이 든다.

해설

유도결합 플라스마의 특징
㉠ 동시에 여러 성분의 분석이 가능하다.
㉡ 검량선의 직선성 범위가 넓다.
㉢ 원자흡광광도계보다 더 좋거나 적어도 같은 정밀도를 갖는다.
㉣ 화학물질에 의한 방해로부터 거의 영향을 받지 않는다.
㉤ 아르곤 가스를 소비하기 때문에 유지비용이 많이 든다.
㉥ 이온화에너지가 낮은 원소들은 검출한계가 낮다.
㉦ 원자들은 높은 온도에서 많은 복사선을 방출하므로 분광학적 방해 영향이 있을 수 있다.

34 다음 2차 표준기구 중 주로 실험실에서 사용하는 것은?

① 비누거품미터 ② 폐활량계
③ 유리피스톤미터 ④ 습식테스트미터

해설

습식테스트미터는 실험실에서 주로 사용하고 건식가스미터는 현장에서 주로 사용한다.

35 소음 수준의 측정방법에 관한 설명으로 옳지 않은 것은?(단, 고용노동부 고시를 기준으로 한다.)

① 소음계의 청감보정회로는 A특성으로 하여야 한다.
② 연속음 측정 시 소음계 지시침의 동작은 빠른(Fast) 상태로 한다.
③ 측정위치는 지역시료채취방법의 경우에 소음측정기를 측정 대상이 되는 근로자의 주 작업행동 범위의 작업근로자 귀 높이에 설치한다.
④ 측정시간은 1일 작업시간 동안 6시간 이상 연속 측정하거나 작업시간을 1시간 간격으로 나누어 6회 이상 측정한다.

해설

연속음 측정 시 소음계 지시침의 동작은 느림(Slow) 상태로 한다.

36 다음 중 직독식 기구에 대한 설명과 가장 거리가 먼 것은?

① 측정과 작동이 간편하여 인력과 분석비를 절감할 수 있다.
② 연속적인 시료채취전략으로 작업시간 동안 완전한 시료채취에 해당된다.
③ 현장에서 실제 작업시간이나 어떤 순간에서 유해인자의 수준과 변화를 쉽게 알 수 있다.
④ 현장에서 즉각적인 자료가 요구될 때 민감성과 특이성이 있는 경우 매우 유용하게 사용될 수 있다.

해설

연속적인 시료채취전략으로 작업시간 동안 완전한 시료채취에 해당하는 것은 능동식 채취기구이다.

◉ ANSWER | 31 ② 32 ① 33 ① 34 ④ 35 ② 36 ②

37 산업위생 통계에 적용되는 용어 정의에 대한 내용으로 옳지 않은 것은?

① 상대오차=[(근사값−참값)/참값]으로 표현된다.
② 우발오차란 측정기기 또는 분석기기의 미비로 기인되는 오차이다.
③ 유효숫자란 측정 및 분석 값의 정밀도를 표시하는 데 필요한 숫자이다.
④ 조화평균이란 상이한 반응을 보이는 집단의 중심경향을 파악하고자 할 때 유용하게 이용된다.

해설

측정기기 또는 분석기기의 미비로 기인되는 오차는 계통오차이다.

38 Kata 온도계로 불감기류를 측정하는 방법에 대한 설명으로 틀린 것은?

① Kata 온도계의 구(球)부를 50~60℃의 온수에 넣어 구부의 알코올을 팽창시켜 관의 상부 눈금까지 올라가게 한다.
② 온도계를 온수에서 꺼내어 구(球)부를 완전히 닦아내고 스탠드에 고정한다.
③ 알코올의 눈금이 100°F에서 65°F까지 내려가는 데 소요되는 시간을 초시계로 4~5회 측정하여 평균을 낸다.
④ 눈금 하강에 소요되는 시간으로 Kata 상수를 나눈 값 H는 온도계의 구부 $1cm^2$에서 1초 동안에 방산되는 열량을 나타낸다.

해설

알코올의 눈금이 100°F에서 95°F까지 내려가는 데 소요되는 시간을 초시계로 4~5회 측정하여 평균을 낸다.

39 50% 톨루엔, 10% 벤젠, 40% 노말헥산으로 혼합된 원료를 사용할 때, 이 혼합물이 공기 중으로 증발한다면 공기 중 허용농도는 약 몇 mg/m^3인가? (단, 각각의 노출기준은 톨루엔 $375mg/m^3$, 벤젠 $30mg/m^3$, 노말헥산 $180mg/m^3$이다.)

① 115　　② 125
③ 135　　④ 145

해설

$$\text{혼합물 TLV} = \frac{1}{\frac{f_1}{TLV_1}+\frac{f_2}{TLV_2}+\frac{f_3}{TLV_3}} = \frac{1}{\frac{0.5}{375}+\frac{0.1}{30}+\frac{0.4}{180}} = 145.16mg/m^3$$

40 어느 작업장에서 소음의 음압수준(dB)을 측정한 결과 85, 87, 84, 86, 89, 81, 82, 84, 83, 88일 때, 중앙값은 몇 dB인가?

① 83.5　　② 84
③ 84.5　　④ 84.9

해설

측정한 결과를 순서대로 나열하면
81, 82, 83, 84, 84, 85, 86, 87, 88, 89이므로

$$\therefore \text{중앙값} = \frac{84+85}{2} = 84.5dB$$

3과목 작업환경 관리대책

41 다음 중 사용물질과 덕트 재질의 연결이 옳지 않은 것은?

① 알칼리 – 강판
② 전리방사선 – 중질 콘크리트
③ 주물사, 고온가스 – 흑피 강판
④ 강산, 염소계 용제 – 아연도금 강판

해설

강산, 염소계 용제는 스테인리스스틸 강판을 사용한다.

42 속도압에 대한 설명으로 틀린 것은?

① 속도압은 항상 양압 상태이다.
② 속도압은 속도에 비례한다.
③ 속도압은 중력가속도에 반비례한다.
④ 속도압은 정지상태에 있는 공기에 작용하여 속도 또는 가속을 일으키게 함으로써 공기를 이동하게 하는 압력이다.

해설

속도압은 속도의 제곱에 비례한다.

ANSWER | 37 ② 38 ③ 39 ④ 40 ③ 41 ④ 42 ②

43 후드로부터 0.25m 떨어진 곳에 있는 금속제품의 연마 공정에서 발생되는 금속먼지를 제거하기 위해 원형 후드를 설치하였다면, 환기량은 약 몇 m^3/sec인가?(단, 제어속도는 2.5m/sec, 후드 직경은 0.4m이고, 플랜지는 부착되지 않았다.)

① 1.9 ② 2.3
③ 3.2 ④ 4.1

해설

$$Q(m^3/min) = 60 \times (10X^2 + A) \cdot V_c$$
$$= (10 \times 0.25^2 + 0.126) \times 2.5 = 1.878m^3/s$$

여기서, $A = \frac{\pi}{4} \times 0.4^2 = 0.126m^2$

44 온도 125℃, 800mmHg인 관 내로 100m^3/min의 유량의 기체가 흐르고 있다. 표준상태에서 기체의 유량은 약 몇 m^3/min인가?(단, 표준상태는 20℃, 760mmHg로 한다.)

① 52 ② 69
③ 77 ④ 83

해설

$$V_2 = V_1 \times \frac{T_2}{T_1} \times \frac{P_1}{P_2}$$
$$= 100m^3/min \times \frac{273+20}{273+125} \times \frac{800}{760} = 77.49m^3/min$$

45 다음 중 국소배기시설의 필요환기량을 감소시키기 위한 방법과 가장 거리가 먼 것은?

① 가급적 공정의 포위를 최소화한다.
② 후드 개구면에서 기류가 균일하게 분포되도록 설계한다.
③ 포집형이나 리시버형 후드를 사용할 때에는 가급적 후드를 배출 오염원에 가깝게 설치한다.
④ 공정에서 발생 또는 배출되는 오염물질의 절대량을 감소시킨다.

해설

국소배기시설의 필요환기량 감소 방법

㉠ 가급적이면 공정(발생원)을 많이 포위한다.
㉡ 포집형 후드는 가급적 배출 오염원 가까이에 설치한다.
㉢ 후드 개구면에서 기류가 균일하게 분포되도록 설계한다.
㉣ 포집형이나 리시버형 후드를 사용할 때에는 가급적 후드를 배출 오염원에 가깝게 설치한다.
㉤ 공정에서의 발생 또는 배출되는 오염물질의 절대량을 감소시킨다.
㉥ 작업장 내 방해기류 영향을 최소화한다.

46 다음 중 보호구의 보호 정도를 나타내는 할당보호계수(APF)에 관한 설명으로 가장 거리가 먼 것은?

① 보호구 밖의 유량과 안의 유량 비(Q_o/Q_i)로 표현된다.
② APF를 이용하여 보호구에 대한 최대사용농도를 구할 수 있다.
③ APF가 100인 보호구를 착용하고 작업장에 들어가면 착용자는 외부 유해물질로부터 적어도 100배만큼의 보호를 받을 수 있다는 의미이다.
④ 일반적인 보호계수 개념의 특별한 적용으로서 적절히 밀착된 호흡기 보호구를 훈련된 일련의 착용자들이 작업장에서 착용하였을 때 기대되는 최소 보호정도치를 말한다.

해설

보호구 밖의 유량과 안의 유량 비(Q_o/Q_i)로 표현되는 것은 보호계수이다.

47 A용제가 800m^3 체적을 가진 방에 저장되어 있다. 공기를 공급하기 전에 측정한 농도가 400ppm이었을 때, 이 방을 환기량 40m^3/분으로 환기한다면 A용제의 농도가 100ppm으로 줄어드는 데 걸리는 시간은?(단, 유해물질은 추가적으로 발생하지 않고 고르게 분포되어 있다고 가정한다.)

① 약 16분 ② 약 28분
③ 약 34분 ④ 약 42분

해설

$$\ln\frac{C_t}{C_o} = -\frac{Q}{\forall} \times t$$
$$\ln\frac{100}{400} = -\frac{40m^3/min}{800m^3} \times t$$
$$\therefore t = 27.73min$$

ANSWER | 43 ① 44 ③ 45 ① 46 ① 47 ②

48 산업위생보호구의 점검, 보수 및 관리방법에 관한 설명 중 틀린 것은?

① 보호구의 수는 사용하여야 할 근로자의 수 이상으로 준비한다.
② 호흡용 보호구는 사용 전, 사용 후 여재의 성능을 점검하여 성능이 저하된 것은 폐기, 보수, 교환 등의 조치를 취한다.
③ 보호구의 청결 유지에 노력하고, 보관할 때에는 건조한 장소와 분진이나 가스 등에 영향을 받지 않는 일정한 장소에 보관한다.
④ 호흡용 보호구나 귀마개 등은 특정 유해물질 취급이나 소음에 노출될 때 사용하는 것으로서 그 목적에 따라 반드시 공용으로 사용해야 한다.

해설

호흡용 보호구나 귀마개 등은 특정 유해물질 취급이나 소음에 노출될 때 사용하는 것으로서 그 목적에 따라 반드시 전용으로 사용해야 한다.

49 국소배기장치를 설계하고 현장에서 효율적으로 적용하기 위해서는 적절한 제어속도가 필요하다. 이때 제어속도의 의미로 가장 적절한 것은?

① 공기정화기의 내부 공기의 속도
② 발생원에서 배출되는 오염물질의 발생 속도
③ 발생원에서 오염물질의 자유공간으로 확산되는 속도
④ 오염물질을 후드 안쪽으로 흡인하기 위하여 필요한 최소한의 속도

해설

제어속도
제어풍속이라고도 하며 후드 앞 오염원에서의 기류로서 오염공기를 후드로 흡인하는 데 필요한 최소한의 속도를 말한다.

50 덕트의 속도압이 35mmH_2O, 후드의 압력 손실이 15mmH_2O일 때, 후드의 유입계수는 약 얼마인가?

① 0.54 ② 0.68
③ 0.75 ④ 0.84

해설

$\Delta P = F \times VP$

$F\left(\frac{1-C_e^{\,2}}{C_e^{\,2}}\right) = \frac{\Delta P}{VP} = \frac{15}{35} = 0.429$

$\frac{1}{C_e^{\,2}} - 1 = 0.429,\ \frac{1}{C_e^{\,2}} = 1.429$

$C_e = \sqrt{\frac{1}{1.429}} = 0.84$

51 다음 중 Stokes 침강법칙에서 침강속도에 대한 설명으로 옳지 않은 것은?(단, 자유공간에서 구형의 분진 입자를 고려한다.)

① 기체와 분진입자의 밀도 차에 반비례한다.
② 중력 가속도에 비례한다.
③ 기체의 점성에 반비례한다.
④ 분자입자 직경의 제곱에 비례한다.

해설

침강속도는 분진의 입자와 기체의 밀도차에 비례한다.

52 A물질의 증기압이 50mmHg일 때, 포화증기 농도(%)는?(단, 표준상태를 기준으로 한다.)

① 4.8 ② 6.6
③ 10.0 ④ 12.2

해설

$\text{포화증기농도} = \frac{50\text{mmHg}}{760\text{mmHg}} \times 100 = 6.58\%$

53 작업환경의 관리원칙 중 대치로 적절하지 않은 것은?

① 성냥 제조 시에 황린 대신 적린을 사용한다.
② 분말로 출하되는 원료로 고형상태의 원료로 출하한다.
③ 광산에서 광물을 채취할 때 습식 공정 대신 건식 공정을 사용한다.
④ 단열재 석면을 대신하여 유리섬유나 암면 또는 스티로폼 등을 사용한다.

해설

광산에서 광물을 채취할 때 건식 공정 대신 습식 공정을 사용하여 분진 발생량을 감소시킨다.

ANSWER | 48 ④ 49 ④ 50 ④ 51 ① 52 ② 53 ③

54 작업환경에서 환기시설 내 기류에는 유체역학적 원리가 적용된다. 다음 중 유체역학적 원리의 전제조건과 가장 거리가 먼 것은?

① 공기는 건조하다고 가정한다.

② 공기의 압축과 팽창은 무시한다.

③ 환기시설 내외의 열교환은 무시한다.

④ 대부분 환기시설에서는 공기 중에 포함된 유해물질의 무게와 용량을 고려한다.

55 산업위생관리를 작업환경관리, 작업관리, 건강관리로 나눠서 구분할 때, 다음 중 작업환경관리와 가장 거리가 먼 것은?

① 유해 공정의 격리

② 유해 설비의 밀폐화

③ 전체환기에 의한 오염물질의 희석 배출

④ 보호구 사용에 의한 유해물질의 인체 침입 방지

해설

보호구 사용에 의한 유해물질의 인체 침입 방지는 건강관리에 해당한다.

56 원심력집진장치에 관한 설명 중 옳지 않은 것은?

① 비교적 적은 비용으로 집진이 가능하다.

② 분진의 농도가 낮을수록 집진효율이 증가한다.

③ 함진가스에 선회류를 일으키는 원심력을 이용한다.

④ 입자의 크기가 크고 모양이 구체에 가까울수록 집진효율이 증가한다.

해설

원심력집진장치는 입자의 크기가 크고, 유속이 적당히 빠르고, 유효회전수가 클수록 집진효율이 증가한다.

57 송풍기의 송풍량이 $2m^3/sec$이고, 전압이 $100mmH_2O$일 때, 송풍기의 소요동력은 약 몇 kW인가?(단, 송풍기의 효율이 75%이다.)

① 1.7　　② 2.6

③ 4.4　　④ 5.3

해설

송풍기의 소요동력(kW)

$$= \frac{\text{송풍량}(m^3/min) \times \text{송풍기 유효전압}(mmH_2O)}{6,120 \times \text{송풍기 효율}(\%)} \times \text{여유율}(\%)$$

$$= \frac{2m^3/sec \times 60sec/min \times 100mmH_2O}{6,120 \times 0.75} \times 1.0 = 2.6kW$$

58 보호구의 재질에 따른 효과적 보호가 가능한 화학물질을 잘못 짝지은 것은?

① 가죽 - 알코올

② 천연고무 - 물

③ 면 - 고체상 물질

④ 부틸고무 - 알코올

해설

보호장구의 재질별 적용 물질

재질	적용 물질
천연고무(Latex)	극성용제(산, 알칼리), 수용성(물)에 효과적
부틸(butyl) 고무	극성용제에 효과적
Nitrile 고무	비극성용제에 효과적
Neroprene 고무	비극성용제에 효과적
Vitron	비극성용제에 효과적
면	고체상 물질(용제에는 사용 불가)
가죽	용제에 사용 불가
알루미늄	고온, 복사열 취급 시 사용
Polyvinyl Chloride	수용성 용액

59 다음 중 장기간 사용하지 않았던 오래된 우물 속으로 작업을 위하여 들어갈 때 가장 적절한 마스크는?

① 호스마스크

② 특급의 방진마스크

③ 유기가스용 방독마스크

④ 일산화탄소용 방독마스크

해설

산소가 부족한 환경 또는 유해물질의 농도나 독성이 강한 작업장에서는 사용하는 마스크는 송기(호스, 에어라인)마스크이다.

ANSWER | 54 ④　55 ④　56 ②　57 ②　58 ①　59 ①

60 전기집진장치의 장점으로 옳지 않은 것은?

① 가연성 입자의 처리에 효율적이다.
② 넓은 범위의 입경과 분진농도에 집진효율이 높다.
③ 압력손실이 낮으므로 송풍기의 가동비용이 저렴하다.
④ 고온 가스를 처리할 수 있어 보일러와 철강로 등에 설치할 수 있다.

해설
전기집진장치로는 가연성 입자의 처리가 곤란하다.

4과목 물리적 유해인자 관리

61 한랭 노출 시 발생하는 신체적 장해에 대한 설명으로 틀린 것은?

① 동상은 조직의 동결을 말하며, 피부의 이론상 동결온도는 약 −1℃ 정도이다.
② 전신 체온강하는 장시간의 한랭 노출과 체열 상실에 따라 발생하는 급성 중증장해이다.
③ 참호족은 동결 온도 이하의 찬 공기에 단기간 접촉으로 급격한 동결이 발생하는 장애이다.
④ 침수족은 부종, 저림, 작열감, 소양감 및 심한 동통을 수반하며, 수포, 궤양이 형성되기도 한다.

해설
참호족은 지속적인 국소의 산소 결핍 때문이며 저온으로 모세혈관 벽이 손상되는 것이다.

62 방진재인 금속 스프링의 특징이 아닌 것은?

① 공진 시에 전달률이 좋지 않다.
② 환경요소에 대한 저항이 크다.
③ 저주파 차진에 좋으며 감쇠가 거의 없다.
④ 다양한 형상으로 제작이 가능하며 내구성이 좋다.

해설
금속 스프링의 특징
㉠ 환경요소(온도, 부식, 용해 등)에 대한 저항성이 크다.
㉡ 최대변위가 허용된다.
㉢ 저주파 차진에 좋다.
㉣ 뒤틀리거나 오무라들지 않는다.
㉤ 감쇠가 거의 없으며, 공진 시에 전달률이 매우 크다.
㉥ 고주파 진동 시에 단락된다.
㉦ 로킹이 일어나지 않도록 주의해야 한다.

63 비전리 방사선 중 보통 광선과는 달리 단일파장이고 강력하고 예리한 지향성을 지닌 광선은 무엇인가?

① 적외선　　② 마이크로파
③ 가시광선　　④ 레이저광선

해설
레이저(Laser)의 특징
㉠ 단색성　㉡ 간섭성　㉢ 지향성
㉣ 집속성　㉤ 고출력성

64 감압에 따른 인체의 기포 형성량을 좌우하는 요인과 가장 거리가 먼 것은?

① 감압속도
② 산소공급량
③ 조직에 용해된 가스량
④ 혈류를 변화시키는 상태

해설
질소 기포 형성의 결정인자
㉠ 조직에 용해된 가스량 : 체내 지방량, 노출 정도, 시간
㉡ 혈류를 변화시키는 주의 상태 : 연령, 기온, 온도, 공포감, 음주 등
㉢ 감압속도

65 감압병 예방을 위한 이상기압 환경에 대한 대책으로 적절하지 않은 것은?

① 작업시간을 제한한다.
② 가급적 빨리 감압시킨다.
③ 순환기에 이상이 있는 사람은 취업 또는 작업을 제한한다.
④ 고압환경에서 작업 시 헬륨−산소혼합가스 등으로 대체하여 이용한다.

해설
감압을 가능한 한 천천히 진행한다.

◉ ANSWER | 60 ① 61 ③ 62 ① 63 ④ 64 ② 65 ②

66 정밀작업과 보통작업을 동시에 수행하는 작업장의 적정 조도는?

① 150럭스 이상 ② 300럭스 이상
③ 450럭스 이상 ④ 750럭스 이상

해설

적정 조명 수준(안전보건규칙 제8조)
㉠ 초정밀작업 : 750Lux 이상
㉡ 정밀작업 : 300Lux 이상
㉢ 보통작업 : 150Lux 이상
㉣ 그 밖의 작업 : 75Lux 이상

67 전기성 안염(전광성 안염)과 가장 관련이 깊은 비전리 방사선은?

① 자외선 ② 가시광선
③ 적외선 ④ 마이크로파

해설

자외선의 안장애
㉠ 6~12시간에 증상이 최고도에 도달한다.
㉡ 결막염, 각막염(Welder's flash), 수포 형성, 안검부종, 전광성 안염, 수정체 단백질 변성 등을 일으킨다.
㉢ 흡수부위 : 각막, 결막(295nm 이하), 수정체 이상(295~380nm), 망막(390~400nm)

68 고압환경의 영향 중 2차적인 가압현상에 관한 설명으로 틀린 것은?

① 4기압 이상에서 공기 중의 질소 가스는 마취 작용을 나타낸다.
② 이산화탄소의 증가는 산소의 독성과 질소의 마취작용을 촉진시킨다.
③ 산소의 분압이 2기압을 넘으면 산소중독 증세가 나타난다.
④ 산소중독은 고압산소에 대한 노출이 중지되어도 근육경련, 환청 등 후유증이 장기간 계속된다.

해설

산소중독
㉠ 산소분압이 2기압을 넘으면 발생
㉡ 고압산소에 대한 노출이 중지되면 즉각 증상 호전(가역적)
㉢ 산소의 중독작용은 운동이나 이산화탄소의 존재로 악화
㉣ 수지와 족지의 작열통, 시력장해, 정신혼란, 근육경련
㉤ 1기압에서 순산소는 인후를 자극하나 비교적 짧은 시간의 노출이라면 중독증상은 나타나지 않음

69 현재 총 흡음량이 2,000sabins인 작업장의 천장에 흡음물질을 첨가하여 3,000sabins을 더할 경우 소음 감소는 어느 정도가 예측되겠는가?

① 4dB ② 6dB
③ 7dB ④ 10dB

해설

$$NR(dB) = 10\log\frac{A_2}{A_1}$$
$$= 10\log\frac{5,000}{2,000} = 3.98dB$$

70 인체와 작업환경 사이의 열교환이 이루어지는 조건에 해당되지 않는 것은?

① 대류에 의한 열교환
② 복사에 의한 열교환
③ 증발에 의한 열교환
④ 기온에 의한 열교환

해설

열평형방정식(한랭조건)
$\Delta S = M - E - R - C$

여기서, ΔS : 생체 열용량의 변화
M : 작업대사량
E : 증발에 의한 열방산
R : 복사에 의한 열득실
C : 대류에 의한 열득실

71 산업안전보건법령상 적정 공기의 범위에 해당하는 것은?

① 산소농도 18% 미만
② 이황화탄소 농도 10% 미만
③ 탄산가스 농도 10% 미만
④ 황화수소 농도 10ppm 미만

해설

적정 공기
㉠ 산소농도 : 18% 이상 23.5% 미만
㉡ 탄산가스 농도 : 1.5% 미만
㉢ 일산화탄소 농도 : 30ppm 미만
㉣ 황화수소 농도 : 10ppm 미만

ANSWER | 66 ② 67 ① 68 ④ 69 ① 70 ④ 71 ④

72 국소진동에 의하여 손가락의 창백, 청색증, 저림, 냉감, 동통이 나타나는 장해를 무엇이라 하는가?

① 레이노드 증후군
② 수근관통증 증후군
③ 브라운세커드 증후군
④ 스티브블래스 증후군

73 1,000Hz에서의 음압레벨을 기준으로 하여 등청감 곡선을 나타내는 단위로 사용되는 것은?

① mel ② bell
③ phon ④ sone

74 빛과 밝기에 관한 설명으로 틀린 것은?

① 광도의 단위로는 칸델라(candela)를 사용한다.
② 광원으로부터 한 방향으로 나오는 빛의 세기를 광속이라 한다.
③ 루멘(Lumen)은 1촉광의 광원으로부터 단위 입체각으로 나가는 광속의 단위이다.
④ 조도는 어떤 면에 들어오는 광속의 양에 비례하고, 입사면의 단면적에 반비례한다.

해설

루멘(Lumen, lm)
㉠ 1촉광의 광원으로부터 한 단위입체각으로 나가는 광속의 단위
㉡ 광속이란 광원에서 나오는 빛의 양

75 $A=\frac{Q}{V}=0.1m^2$인 경우 덕트의 관경은 얼마인가?

① 352mm ② 355mm
③ 357mm ④ 359mm

해설

$A=\frac{\pi}{4}D^2$, $D=\sqrt{\frac{4\times A}{\pi}}$

$\therefore D=\sqrt{\frac{4\times 0.1}{\pi}}=0.3568m=356.8mm$

76 이온화 방사선 중 입자방사선으로만 나열된 것은?

① α선, β선, γ선
② α선, β선, X선
③ α선, β선, 중성자선
④ α선, β선, γ선, 중성자선

해설

입자방사선
α선, β선, 중성자선

77 방사선의 투과력이 큰 것부터 작은 순으로 올바르게 나열한 것은?

① $X>\beta>\gamma$ ② $\alpha>X>\gamma$
③ $X>\beta>\alpha$ ④ $\gamma>\alpha>\beta$

해설

투과력 순서
중성자선 > γ선 · X선 > β선 > α선

78 소음이 발생하는 작업장에서 1일 8시간 근무하는 동안 100dB에 30분, 95dB에 1시간 30분, 90dB에 3시간 노출되었다면 소음노출지수는 얼마인가?

① 1.0 ② 1.1
③ 1.2 ④ 1.3

해설

$$소음노출지수=\frac{C_1}{T_1}+\frac{C_2}{T_2}+\cdots+\frac{C_n}{T_n}$$
$$=\frac{0.5}{2}+\frac{1.5}{4}+\frac{3}{8}=1.0$$

여기서, C_n : 노출시간, T_n : 허용노출시간

소음의 노출기준(충격소음 제외)

1일 노출시간(hr)	소음강도[dB(A)]
8	90
4	95
2	100
1	105
1/2	110
1/4	115

ANSWER | 72 ① 73 ③ 74 ② 75 ③ 76 ③ 77 ③ 78 ①

79 소음성 난청에 영향을 미치는 요소에 대한 설명으로 틀린 것은?

① 음압수준이 높을수록 유해하다.
② 저주파 음이 고주파 음보다 더 유해하다.
③ 지속적 노출이 간헐적 노출보다 더 유해하다.
④ 개인의 감수성에 따라 소음반응이 다양하다.

해설

고주파음이 저주파음보다 더욱 유해하다.

80 열경련(Heat Cramp)을 일으키는 가장 큰 원인은?

① 체온 상승 ② 중추신경마비
③ 순환기계 부조화 ④ 체내 수분 및 염분 손실

해설

열경련(Heat Cramp)
㉠ 원인 : 고온환경에서 심한 육체적 작업을 하면서 땀을 많이 흘릴 때 발생하며, 신체의 염분 손실을 충당하지 못할 때 발생한다.
㉡ 증상 : 수의근에 유통성 경련, 과도한 발한, 일시적 단백뇨, 혈액의 농축

5과목 산업독성학

81 산화규소는 폐암 등의 발암성이 확인된 유해인자이다. 종류에 따른 호흡성 분진의 노출기준을 연결한 것으로 맞는 것은?

① 결정체 석영 − 0.1mg/m^3
② 결정체 Tripoli − 0.1mg/m^3
③ 비결정체 규소 − 0.01mg/m^3
④ 결정체 Tridymite − 0.5mg/m^3

해설

산화규소의 형태별 노출기준
㉠ 결정체 석영 − 0.05mg/m^3
㉡ 비결정체 규소, 용융된 − 0.1mg/m^3
㉢ 결정체 Tridymite − 0.05mg/m^3

82 입자상 물질의 종류 중 액체나 고체의 2가지 상태로 존재할 수 있는 것은?

① 흄(Fume) ② 미스트(Mist)
③ 증기(Vapor) ④ 스모크(Smoke)

83 카드뮴의 인체 내 축적기관으로만 나열된 것은?

① 뼈, 근육 ② 간, 신장
③ 뇌, 근육 ④ 혈액, 모발

해설

흡수된 카드뮴은 혈장단백질과 결합하여 최종적으로 신장과 간에 축적된다.

84 적혈구의 산소 운반 단백질을 무엇이라 하는가?

① 백혈구 ② 단구
③ 혈소판 ④ 헤모글로빈

85 다음 중 노출기준이 가장 낮은 것은?

① 오존(O_3) ② 암모니아(NH_3)
③ 염소(Cl_2) ④ 일산화탄소(CO)

해설

화학물질의 노출기준
㉠ 오존(O_3) : TWA(0.08ppm), STEL(0.2ppm)
㉡ 암모니아(NH_3) : TWA(25ppm), STEL(35ppm)
㉢ 염소(Cl_2) : TWA(0.5ppm), STEL(1ppm)
㉣ 일산화탄소(CO) : TWA(30ppm), STEL(200ppm)

86 유해물질의 경구투여 용량에 따른 반응범위를 결정하는 독성검사에서 얻은 용량−반응곡선(Dose−response Curve)에서 실험동물군의 50%가 일정 시간 동안 죽는 치사량을 나타내는 것은?

① LC_{50} ② LD_{50}
③ ED_{50} ④ TD_{50}

87 골수장애로 재생불량성 빈혈을 일으키는 물질이 아닌 것은?

① 벤젠(Benzene)
② 2−브로모프로판(2−bromopropane)

ANSWER | 79 ② 80 ④ 81 ② 82 ④ 83 ② 84 ④ 85 ① 86 ② 87 ④

③ TNT(Trinitrotoluene)

④ 2,4-TDI(Toluene-2,4-diisocyanate)

해설

2,4-TDI(Toluene-2,4-diisocyanate)는 직업성 천식을 일으키는 물질이다.

88 ACGIH에서 발암물질을 분류하는 설명으로 틀린 것은?

① Group A1 : 인체 발암성 확인물질

② Group A2 : 인체 발암성 의심물질

③ Group A3 : 동물 발암성 확인물질, 인체 발암성 모름

④ Group A4 : 인체 발암성 미의심 물질

해설

국제암연구위원회(IARC)의 발암물질 구분 Group

㉠ Group 1 : 확실한 발암물질(인체 발암성 확인물질)
㉡ Group 2A : 가능성이 높은 발암물질(인체 발암성 예측, 추정물질)
㉢ Group 2B : 가능성 있는 발암물질(인체 발암성 가능물질, 동물 발암성 확인물질)
㉣ Group 3 : 발암성이 불확실한 물질(인체 발암성 미분류 물질)
㉤ Group 4 : 발암성이 없는 물질(인체 미발암성 추정물질)

89 벤젠을 취급하는 근로자를 대상으로 벤젠에 대한 노출량을 추정하기 위해 호흡기 주변에서 벤젠 농도를 측정함과 동시에 생물학적 모니터링을 실시하였다. 벤젠 노출로 인한 대사산물의 결정인자(Determinant)로 맞는 것은?

① 호기 중의 벤젠 ② 소변 중의 마뇨산

③ 소변 중의 총 페놀 ④ 혈액 중의 만델리산

해설

벤젠의 대사산물

㉠ 요 중 페놀
㉡ 요 중 t,t-뮤코닉산(Muconic Acid)

90 ACGIH에서 발암성 구분이 "A1"으로 정하고 있는 물질이 아닌 것은?

① 석면 ② 텅스텐

③ 우라늄 ④ 6가 크롬 화합물

해설

미국정부산업위생전문가협의회(ACGIH) 구분 Group

㉠ A1 : 인체 발암 확정 물질 : 아크릴로니트릴, 석면, 벤지딘, 6가 크롬 화합물, 베릴륨, 염화비닐, 우라늄
㉡ A2 : 인체 발암이 의심되는 물질(발암 추정물질)
㉢ A3 : 동물 발암성 확인물질
㉣ A4 : 인체 발암성 미분류 물질, 인체 발암성이 확인되지 않은 물질
㉤ A5 : 인체 발암성 미의심 물질

91 중금속 취급에 의한 직업성 질환을 나타낸 것으로 서로 관련이 가장 적은 것은?

① 니켈 중독 – 백혈병, 재생불량성 빈혈

② 납 중독 – 골수 침입, 빈혈, 소화기장애

③ 수은 중독 – 구내염, 수전증, 정신장애

④ 망간 중독 – 신경염, 신장염, 중추신경장해

해설

니켈 중독

㉠ 급성 중독 : 폐렴, 폐부종
㉡ 만성 중독 : 폐, 비강, 부비강의 암

92 다음 표와 같은 망간 중독을 스크린하는 검사법을 개발하였다면, 이 검사법의 특이도는 얼마인가?

구분		망간중독 진단		합계
		양성	음성	
검사법	양성	17	7	24
	음성	5	25	30
합계		22	32	54

① 70.8% ② 77.3%

③ 78.1% ④ 83.3%

해설

특이도는 실제 노출되지 않은 사람이 이 측정방법에서 노출되지 않은 확률을 의미한다.

$$특이도 = \frac{25}{32} \times 100 = 78.125\%$$

93 동일한 독성을 가진 화학물질이 합류하여 각 물질의 독성의 합보다 큰 독성을 나타내는 작용은?

① 상승작용 ② 상가작용

③ 강화작용 ④ 길항작용

ANSWER | 88 ④ 89 ③ 90 ② 91 ① 92 ③ 93 ①

94 진폐증의 독성병리기전에 대한 설명으로 틀린 것은?

① 진폐증의 대표적인 병리소견은 섬유증(Fibrosis)이다.
② 섬유증이 동반되는 진폐증의 원인물질로는 석면, 알루미늄, 베릴륨, 석탄분진, 실리카 등이 있다.
③ 폐포탐식세포는 분진탐식 과정에서 활성산소유리기에 의한 폐포상피세포의 증식을 유도한다.
④ 콜라겐 섬유가 증식하면 폐의 탄력성이 떨어져 호흡곤란, 지속적인 기침, 폐기능 저하를 가져온다.

해설

폐포탐식세포는 폐에 침입하는 각종 생물학적, 화학적 유해인자를 탐식하여 폐를 보호하는 작용을 한다.

95 자극성 가스이면서 화학질식제라 할 수 있는 것은?

① H_2S ② NH_3
③ Cl_2 ④ CO_2

96 입자상 물질의 호흡기계 침착기전 중 길이가 긴 입자가 호흡기계로 들어오면 그 입자의 가장자리가 기도의 표면을 스치게 됨으로써 침착하는 현상은?

① 충돌 ② 침전
③ 차단 ④ 확산

97 생물학적 모니터링을 위한 시료가 아닌 것은?

① 공기 중 유해인자
② 요 중의 유해인자나 대사산물
③ 혈액 중의 유해인자나 대사산물
④ 호기(Exhaled Air) 중의 유해인자나 대사산물

해설

생체 시료
㉠ 소변분석 : 가급적 신속하게 검사
㉡ 혈액분석 : 특정물질의 단백질 결합을 고려하여 분석, 휘발성 물질에 대한 BEI는 정맥혈과 관계가 있으며 동맥혈액을 대표하는 모세혈액에는 적용할 수 없다.
㉢ 호기분석 : 폐포 공기가 혼합된 호기 시료에서 측정

98 다음 중 납중독에서 나타날 수 있는 증상을 모두 나열한 것은?

ㄱ. 빈혈
ㄴ. 신장장해
ㄷ. 중추 및 말초신경 장해
ㄹ. 소화기 장애

① ㄱ, ㄷ ② ㄱ, ㄴ, ㄷ
③ ㄴ, ㄹ ④ ㄱ, ㄴ, ㄷ, ㄹ

99 남성 근로자의 생식독성 유발 유해인자와 가장 거리가 먼 것은?

① 고온 ② 저혈압증
③ 항암제 ④ 마이크로파

해설

생식독성 유발인자
㉠ 남성 근로자 : 고온, X선, 마이크로파, 납, 카드뮴, 망간, 수은, 항암제, 마취제, 알킬화제, 이황화탄소, 염화비닐, 흡연, 음주, 마약, 호르몬제제 등
㉡ 여성 근로자 : 고열, X선, 저산소증, 납, 수은, 카드뮴, 항암제, 이뇨제, 알킬화제, 유기인계 농약, 음주, 흡연, 마약, 비타민 A, 칼륨 등
㉢ 독성물질의 용량, 개인의 감수성, 노출기간

100 금속열에 관한 설명으로 틀린 것은?

① 금속열이 발생하는 작업장에서는 개인보호용구를 착용해야 한다.
② 금속흄에 노출된 후 일정 시간의 잠복기를 지나 감기와 비슷한 증상이 나타난다.
③ 금속열은 하루 정도가 지나면 증상은 회복되나 후유증으로 호흡기, 시신경 장애 등을 일으킨다.
④ 아연, 마그네슘 등 비교적 융점이 낮은 금속의 제련, 용해, 용접 시 발생하는 산화금속흄을 흡입할 경우 생기는 발열성 질병이다.

해설

금속열
금속흄에 노출된 후 일정 시간의 잠복기를 지나 감기와 비슷한 증상이 나타나다가 12~24시간이 지나면 완전히 없어진다.

◎ ANSWER | 94 ③ 95 ① 96 ③ 97 ① 98 ④ 99 ② 100 ③

SECTION

03 2018년 3회 기사

1과목 산업위생학 개론

01 작업장에서 누적된 스트레스를 개인 차원에서 관리하는 방법에 대한 설명으로 틀린 것은?

① 신체검사를 통하여 스트레스성 질환을 평가한다.
② 자신의 한계와 문제의 징후를 인식하여 해결방안을 도출한다.
③ 명상, 요가, 선(禪) 등의 긴장 이완훈련을 통하여 생리적 휴식상태를 점검한다.
④ 규칙적인 운동을 피하고, 직무 외적인 취미, 휴식, 즐거운 활동 등에 참여하여 대처능력을 함양한다.

해설

개인 차원의 스트레스 관리방안
㉠ 건강 검사
㉡ 명상, 요가 등 긴장 이완훈련
㉢ 규칙적인 운동
㉣ 직무 외적인 취미활동 참여
㉤ 자신의 한계와 문제의 징후를 인식하여 해결방안 도출

02 중대재해 또는 산업재해가 다발하는 사업장을 대상으로 유사사례를 감소시켜 관리하기 위하여 잠재적 위험성의 발견과 그 개선대책의 수립을 목적으로 고용노동부장관이 지정하는 자가 실시하는 조사·평가를 무엇이라 하는가?

① 안전·보건진단 ② 사업장 역학조사
③ 안전·위생진단 ④ 유해·위험성 평가

해설

안전·보건진단
산업안전보건법에서 산업재해를 예방하기 위하여 잠재적 위험성을 발견하고 그 개선대책을 수립할 목적으로 고용노동부장관이 지정하는 자가 하는 조사·평가를 말한다.

03 상시근로자수가 100명인 A 사업장의 연간 재해발생건수가 15건이다. 이때의 사상자가 20명 발생하였다면 이 사업장의 도수율은 약 얼마인가?(단, 근로자는 1인당 연간 2,200시간을 근무하였다.)

① 68.18 ② 90.91
③ 150.00 ④ 200.00

해설

도수율(빈도율, FR : Frequency Rate of Injury)

$$\text{도수율} = \frac{\text{재해발생건수}}{\text{연근로시간수}} \times 10^6$$

$$= \frac{15\text{건}}{2,200\text{시간} \times 100\text{명}} \times 10^6 = 68.18$$

04 1800년대 산업보건에 관한 법률로서 실제로 효과를 거둔 영국의 공장법의 내용과 거리가 가장 먼 것은?

① 감독관을 임명하여 공장을 감독한다.
② 근로자에게 교육을 시키도록 의무화한다.
③ 18세 미만 근로자의 야간작업을 금지한다.
④ 작업할 수 있는 연령을 8세 이상으로 제한한다.

해설

공장법(Factories Act, 1833년) : 산업보건에 관한 최초의 법
㉠ 18세 미만 근로자의 야간작업 금지
㉡ 작업할 수 있는 연령을 13세 이상으로 제한
㉢ 감독관을 임명하여 공장 감독
㉣ 근로자 교육 의무 부여

05 사무실 등 실내환경의 공기질 개선에 관한 설명으로 틀린 것은?

① 실내 오염원을 감소한다.
② 방출되는 물질이 없거나 매우 낮은(기준에 적합한) 건축자재를 사용한다.
③ 실외 공기의 상태와 상관없이 창문 개폐 횟수를 증가하여 실외 공기의 유입을 통한 환기 개선이 될 수 있도록 한다.

◎ ANSWER | 01 ④ 02 ① 03 ① 04 ④ 05 ③

④ 단기적 방법은 베이크 아웃(bake-out)으로 새 건물에 입주하기 전에 보일러 등으로 실내를 가열하여 각종 유해물질이 빨리 나오도록 한 후 이를 충분히 환기시킨다.

해설

창문 개폐 횟수를 증가하여 실외 공기의 유입을 통한 환기 개선을 할 때는 실외공기의 상태를 고려한다.

06 실내 공기오염과 가장 관계가 적은 인체 내의 증상은?

① 광과민증(Photosensitization)
② 빌딩증후군(Sick Building Syndrome)
③ 건물 관련 질병(Building Related Disease)
④ 복합화합물질민감증(Multiple Chemical Sensitivity)

07 육체적 작업능력(PWC)이 16kcal/min인 근로자가 1일 8시간 동안 물체를 운반하고 있고, 이때의 작업대사량은 9kcal/min이고, 휴식 시의 대사량은 1.5kcal/min이다. 적정 휴식시간과 작업시간으로 가장 적합한 것은?

① 매시간당 25분 휴식, 35분 작업
② 매시간당 29분 휴식, 31분 작업
③ 매시간당 35분 휴식, 25분 작업
④ 매시간당 39분 휴식, 21분 작업

해설

$$T_{rest}=\frac{E_{max}-E_{task}}{E_{rest}-E_{task}}\times 100$$

$$=\frac{(PWC\times\frac{1}{3})-\text{작업 시 대사량}}{\text{휴식 시 대사량}-\text{작업 시 대사량}}\times 100$$

$$=\frac{(16\times\frac{1}{3})-9}{1.5-9}\times 100=48.89\%$$

- 적정 휴식시간(min) = 60 × 0.4889 = 29.3min
- 작업시간(min) = 60 × 0.5111 = 30.7min

08 국소피로를 평가하기 위하여 근전도(EMG)검사를 실시하였다. 피로한 근육에서 측정된 현상을 설명한 것으로 맞는 것은?

① 총 전압의 증가
② 평균 주파수 영역에서 힘(전압)의 증가
③ 저주파수(0~40Hz) 영역에서 힘(전압)의 감소
④ 고주파수(40~200Hz) 영역에서 힘(전압)의 증가

해설

국소피로 평가방법
㉠ 총 전압 증가
㉡ 저주파수(0~40Hz)에서 힘의 증가
㉢ 고주파수(40~200Hz)에서 힘의 감소
㉣ 평균 주파수의 감소

09 다음은 A전철역에서 측정한 오존의 농도이다. 기하평균농도는 약 몇 ppm인가?

(단위 : ppm)

4.42	5.58	1.26	0.57	5.82

① 2.07 ② 2.21
③ 2.53 ④ 2.74

해설

기하평균(GM)

$$GM=\sqrt[5]{(4.42\times5.58\times1.26\times0.57\times5.82)}=2.53\text{ppm}$$

10 정상 작업영역에 대한 설명으로 맞는 것은?

① 두 다리를 뻗어 닿는 범위이다.
② 손목이 닿을 수 있는 범위이다.
③ 전박(前膊)과 손으로 조작할 수 있는 범위이다.
④ 상지(上肢)와 하지(下肢)를 곧게 뻗어 닿는 범위이다.

해설

정상 작업영역이란 상지를 자연스럽게 위로 내려 뻗어서 팔뚝과 손만으로 도달할 수 있는 범위를 말한다.(34~45cm 범위)

ANSWER | 06 ① 07 ② 08 ① 09 ③ 10 ③

11 산업재해 보상에 관한 설명으로 틀린 것은?

① 업무상의 재해란 업무상의 사유에 따른 근로자의 부상 · 질병 · 장해 또는 사망을 의미한다.
② 유족이란 사망한 자의 손자녀 · 조부모 또는 형제자매를 제외한 가족의 기본구성인 배우자 · 자녀 · 부모를 의미한다.
③ 장해란 부상 또는 질병이 치유되었으나 정신적 또는 육체적 훼손으로 인하여 노동능력이 상실되거나 감소된 상태를 의미한다.
④ 치유란 부상 또는 질병이 완치되거나 치료의 효과를 더 이상 기대할 수 없고 그 증상이 고정된 상태에 이르게 된 것을 의미한다.

해설

유족이란 사망한 자의 배우자(사실상 혼인관계에 있는 자를 포함한다.), 자녀, 부모, 손자녀, 조부모 또는 형제자매를 말한다.

12 산업피로의 예방대책으로 틀린 것은?

① 작업과정에 따라 적절한 휴식을 삽입한다.
② 불필요한 동작을 피하여 에너지 소모를 적게 한다.
③ 충분한 수면은 피로회복에 대한 최적의 대책이다.
④ 작업시간 중 또는 작업 전 · 후의 휴식시간을 이용하여 축구, 농구 등의 운동시간을 삽입한다.

13 신체적 결함과 그 원인이 되는 작업이 가장 적합하게 연결된 것은?

① 평발 – VDT 작업
② 진폐증 – 고압, 저압 작업
③ 중추신경 장해 – 광산작업
④ 경견완증후군 – 타이핑 작업

해설

신체적 결함과 부적합 작업
㉠ 평편족(평발) : 서서 하는 작업
㉡ 진폐증 : 먼지 유발 작업
㉢ 중추신경장애 : 이황화탄소 발생 작업
㉣ 경견완 증후군 : 타이핑 작업
㉤ 간기능 장애 : 화학공업
㉥ 심계항진 : 격심작업, 고소작업
㉦ 고혈압 : 이상기온, 이상기압에서의 작업
㉧ 빈혈 : 유기용제 취급작업
㉨ 당뇨증 : 외상받기 쉬운 작업

14 작업자의 최대작업영역(Maximum Working Area)이란 무엇인가?

① 하지(下肢)를 뻗어서 닿는 작업영역
② 상지(上肢)를 뻗어서 닿는 작업영역
③ 전박(前膊)을 뻗어서 닿는 작업영역
④ 후박(後膊)을 뻗어서 닿는 작업영역

해설

최대작업영역(Maximum Working Area)
위팔과 아래팔을 곧게 뻗어 닿는 영역, 상지를 뻗어서 닿는 범위를 말한다.(55～65cm 범위)

15 산업안전보건법령에 따라 작업환경 측정방법에 있어 동일 작업근로자수가 100명을 초과하는 경우 최대 시료채취 근로자수는 몇 명으로 조정할 수 있는가?

① 10명 ② 15명
③ 20명 ④ 50명

해설

단위작업장소에서 최고 노출근로자 2명 이상에 대하여 동시에 측정하되, 단위작업장소에 근로자가 1명인 경우에는 그러하지 아니하며, 동일 작업근로자수가 10명을 초과하는 경우에는 매 5명당 1명(1개 지점) 이상 추가하여 측정하여야 한다. 다만, 동일 작업근로자수가 100명을 초과하는 경우에는 최대 시료채취 근로자수를 20명으로 조정할 수 있다.

16 미국산업위생학회 등에서 산업위생전문가들이 지켜야 할 윤리강령을 채택한 바 있는데, 전문가로서의 책임에 해당하는 것은?

① 일반 대중에 관한 사항은 정직하게 발표한다.
② 성실성과 학문적 실력 측면에서 최고 수준을 유지한다.
③ 위험요소와 예방조치에 관하여 근로자와 상담한다.

ANSWER | 11 ② 12 ④ 13 ④ 14 ② 15 ③ 16 ②

④ 신뢰를 존중하여 정직하게 권고하고, 결과와 개선점을 정확히 보고한다.

해설

산업위생전문가로서의 책임
㉠ 기업체의 기밀은 외부에 누설하지 않는다.
㉡ 과학적 방법의 적용과 자료의 해석에서 객관성을 유지한다.
㉢ 근로자, 사회 및 전문직종의 이익을 위해 과학적 지식을 공개하여 발표한다.
㉣ 전문적인 판단이 타협에 의해서 좌우될 수도 있으나 이해관계가 있는 상황에서는 개입하지 않는다.
㉤ 위험요소와 예방조치에 관하여 근로자와 상담한다.
㉥ 성실성과 학문적 실력 면에서 최고 수준을 유지한다.
㉦ 전문 분야로서의 산업위생 발전에 기여한다.

17 사업주가 관계 근로자 외에는 출입을 금지시키고 그 뜻을 보기 쉬운 장소에 게시하여야 하는 작업장소가 아닌 것은?

① 산소농도가 18% 미만인 장소
② 탄산가스의 농도가 1.5%를 초과하는 장소
③ 일산화탄소의 농도가 30ppm을 초과하는 장소
④ 황화수소 농도가 100만분의 1을 초과하는 장소

해설

적정 공기
㉠ 산소농도 : 18% 이상 23.5% 미만
㉡ 탄산가스 농도 : 1.5% 미만
㉢ 일산화탄소 농도 : 30ppm 미만
㉣ 황화수소 농도 : 10ppm 미만

18 여러 기관이나 단체 중에서 산업위생과 관계가 가장 먼 기관은?

① EPA ② ACGIH
③ BOHS ④ KOSHA

해설

㉠ EPA : 미국환경보호청
㉡ ACGIH : 미국정부산업위생전문가협의회
㉢ BOHS : 영국산업위생학회
㉣ KOSHA : 안전보건공단

19 직업병의 진단 또는 판정 시 유해요인 노출 내용과 정도에 대한 평가가 반드시 이루어져야 한다. 이와 관련한 사항과 가장 거리가 먼 것은?

① 작업환경 측정 ② 과거 직업력
③ 생물학적 모니터링 ④ 노출의 추정

해설

과거 직업력이나 질병의 유무는 직업성 질환을 인정할 경우의 고려사항이다.

20 요통이 발생되는 원인 중 작업동작에 의한 것이 아닌 것은?

① 작업 자세의 불량
② 일정한 자세의 지속
③ 정적인 작업으로 전환
④ 체력의 과신에 따른 무리

해설

정적인 작업으로 전환은 근골격계 질환의 원인이다.

2과목 작업위생 측정 및 평가

21 태양광선이 내리 쬐는 옥외작업장에서 온도가 다음과 같을 때, 습구흑구 온도지수는 약 몇 ℃인가?(단, 고용노동부 고시를 기준으로 한다.)

- 건구온도 : 30℃
- 흑구온도 : 32℃
- 자연습구온도 : 28℃

① 27 ② 28
③ 29 ④ 31

해설

WBGT(℃) = (0.7 × 자연습구온도) + (0.2 × 흑구온도) + (0.1 × 건구온도)
= (0.7 × 28) + (0.2 × 32) + (0.1 × 30)
= 29℃

◉ ANSWER | 17 ④ 18 ① 19 ② 20 ③ 21 ③

22 다음 1차 표준 기구 중 일반적인 사용범위가 10~500mL/분이고, 정확도가 ±0.05~0.25%로 높아 실험실에서 주로 사용하는 것은?

① 폐활량계　　② 가스치환병
③ 건식 가스미터　　④ 습식 테스트미터

23 다음 중 고열 장해와 가장 거리가 먼 것은?

① 열사병　　② 열경련
③ 열호족　　④ 열발진

24 수은의 노출기준이 0.05mg/m^{3}이고 증기압이 0.0018mmHg인 경우, VHR(Vapor Hazard Ratio)는 약 얼마인가?(단, 25℃, 1기압 기준이며, 수은 원자량은 200.59이다.)

① 306　　② 321
③ 354　　④ 389

해설

증기화 위험률(VHR : Vapor Hazard Ratio)

$$VHR = \frac{C}{TLV} = \frac{\frac{0.0018mmHg}{760mmHg} \times 10^6}{0.05mg/m^3 \times \frac{24.15mL}{200.5mg}} = 388.61$$

25 다음 중 6가 크롬 시료 채취에 가장 적합한 것은?

① 밀리포어 여과지
② 증류수를 넣은 버블러
③ 휴대용 IR
④ PVC 막여과지

해설

PVC 여과지

㉠ 흡수성이 적고 가벼워 먼지의 중량분석에 적합하다.
㉡ 유리규산을 채취하여 X-선 회절법으로 분석하는 데 적절하다.
㉢ 6가 크롬, 아연산화물의 채취에 이용한다.
㉣ 수분에 대한 영향이 크지 않기 때문에 공해성 먼지 등의 중량분석을 위한 측정에 이용된다.

26 한 공정에서 음압수준이 75dB인 소음이 발생되는 장비 1대와 81dB인 소음이 발생되는 장비 1대가 각각 설치되어 있을 때, 이 장비들이 동시에 가동되는 경우 발생되는 소음의 음압수준은 약 몇 dB인가?

① 82　　② 84
③ 86　　④ 88

해설

$$L_{합} = 10\log(10^{\frac{L_1}{10}} + 10^{\frac{L_2}{10}} + \cdots + 10^{\frac{L_n}{10}})$$

$$PWL = 10\log(10^{\frac{75}{10}} \times 10^{\frac{81}{10}}) = 81.97dB$$

27 제관 공장에서 오염물질 A를 측정한 결과가 다음과 같다면, 노출농도에 대한 설명으로 옳은 것은?

- 오염물질 A의 측정값 : 5.9mg/m^3
- 오염물질 A의 노출기준 : 5.0mg/m^3
- SAE(시료채취 분석오차) : 0.12

① 허용농도를 초과한다.
② 허용농도를 초과할 가능성이 있다.
③ 허용농도를 초과하지 않는다.
④ 허용농도를 평가할 수 없다.

해설

$$표준화\ 값(Y) = \frac{TWA\ or\ STEL}{TLV} = \frac{5.9}{5} = 1.18$$

신뢰하한값(LCL) = Y − SAE = 1.18 − 0.12 = 1.06
∴ 허용기준을 초과한다.

28 근로자에게 노출되는 호흡성 먼지를 측정한 결과 다음과 같았다. 이때 기하평균농도는?(단, 단위는 mg/m^3)

2.4,	1.9,	4.5,	3.5,	5.0

① 3.04　　② 3.24
③ 3.54　　④ 3.74

해설

기하평균(GM)

$$GM = \sqrt[5]{(2.4 \times 1.9 \times 4.5 \times 3.5 \times 5.0)} = 3.24mg/m^3$$

◉ ANSWER | 22 ② 23 ③ 24 ④ 25 ④ 26 ① 27 ① 28 ②

29 어떤 작업장에서 액체 혼합물이 A가 30%, B가 50%, C가 20%인 중량비로 구성되어 있다면, 이 작업장의 혼합물의 허용농도는 몇 mg/m^3인가?(단, 각 물질의 TLV는 A의 경우 1,600mg/m^3, B의 경우 720mg/m^3, C의 경우 670mg/m^3이다.)

① 101 ② 257
③ 847 ④ 1,151

해설

$$\text{혼합물 TLV} = \frac{1}{\frac{f_1}{TLV_1}+\frac{f_2}{TLV_2}+\frac{f_3}{TLV_3}} = \frac{1}{\frac{0.3}{1,600}+\frac{0.5}{720}+\frac{0.2}{670}} = 847.13mg/m^3$$

30 작업장에서 5,000ppm의 사염화에틸렌이 공기 중에 함유되었다면 이 작업장 공기의 비중은 얼마인가?(단, 표준기압, 온도이며 공기의 분자량은 29이고, 사염화에틸렌의 분자량은 166이다.)

① 1.024 ② 1.032
③ 1.047 ④ 1.054

해설

$$\text{유효비중} = \frac{(5,000\times5.7)+(995,000\times1.0)}{1,000,000} = 1.0235$$

31 일산화탄소 0.1m^3가 밀폐된 차고에 방출되었다면, 이때 차고 내 공기 중 일산화탄소의 농도는 몇 ppm인가?(단, 방출 전 차고 내 일산화탄소 농도는 0ppm이며, 밀폐된 차고의 체적은 100,000m^3이다.)

① 0.1 ② 1
③ 10 ④ 100

해설

$$X(ppm) = \frac{0.1m^3}{100,000m^3}\times10^6 = 1ppm$$

32 입자상 물질을 입자의 크기별로 측정하고자 할 때 사용할 수 있는 것은?

① 가스크로마토그래프
② 사이클론
③ 원자발광분석기
④ 직경분립충돌기

33 어느 작업장에 있는 기계의 소음 측정 결과가 다음과 같을 때, 이 작업장의 음압레벨 합산은 약 몇 dB인가?

A기계 : 92dB, B기계 : 90dB, C기계 : 88dB

① 92.3 ② 93.7
③ 95.1 ④ 98.2

해설

$$L_{합} = 10\log(10^{\frac{L_1}{10}}+10^{\frac{L_2}{10}}+\cdots+10^{\frac{L_n}{10}})$$
$$= 10\log(10^{\frac{92}{10}}+10^{\frac{90}{10}}+10^{\frac{88}{10}}) = 95.07dB$$

34 작업장 소음수준을 누적소음노출량 측정기로 측정할 경우 기기 설정으로 옳은 것은?(단, 고용노동부 고시를 기준으로 한다.)

① Threshold=80dB, Criteria=90dB, Exchange Rate=5dB
② Threshold=80dB, Criteria=90dB, Exchange Rate=10dB
③ Threshold=90dB, Criteria=80dB, Exchange Rate=10dB
④ Threshold=90dB, Criteria=80dB, Exchange Rate=5dB

해설

누적소음노출량 측정기로 소음을 측정하는 경우에는 Criteria=90dB, Exchange Rate=5dB, Thredhold=80dB로 기기 설정을 하여야 한다.

ANSWER | 29 ③ 30 ① 31 ② 32 ④ 33 ③ 34 ①

35 로터미터에 관한 설명으로 옳지 않은 것은?

① 유량을 측정하는 데 가장 흔히 사용되는 기기이다.
② 바닥으로 갈수록 점점 가늘어지는 수직관과 그 안에서 자유롭게 상하로 움직이는 부자로 이루어져 있다.
③ 관은 유리나 투명 플라스틱으로 되어 있으며 눈금이 새겨져 있다.
④ 최대 유량과 최소 유량의 비율이 100 : 1 범위이고 대부분 ±0.5% 이내의 정확성을 나타낸다.

해설

최대 유량과 최소 유량의 비율이 10:1 범위이고 대부분 ±5% 이내의 정확성을 나타낸다.

36 어느 작업장에서 샘플러를 사용하여 분진농도를 측정한 결과, 샘플링 전후의 필터의 무게가 각각 32.4mg, 44.7mg이었을 때, 이 작업장의 분진 농도는 몇 mg/m^3인가?(단, 샘플링에 사용된 펌프의 유량은 20L/min이고, 2시간 동안 시료를 채취하였다.)

① 1.6 ② 5.1
③ 6.2 ④ 12.3

해설

$$X(mg/m^3) = \frac{(44.7-32.4)mg}{\frac{20L}{min}\times 120min \times \frac{1m^3}{10^3L}} = 5.125mg/m^3$$

37 온도 표시에 대한 설명으로 틀린 것은?(단, 고용노동부 고시를 기준으로 한다.)

① 절대온도는 °K로 표시하고 절대온도 0°K는 −273℃로 한다.
② 실온은 1~35℃, 미온은 30~40℃로 한다.
③ 온도의 표시는 셀시우스(Celcius)법에 따라 아라비아숫자의 오른쪽에 ℃를 붙인다.
④ 냉수는 5℃ 이하, 온수는 60~70℃를 말한다.

해설

냉수는 15℃ 이하, 온수는 60~70℃를 말한다.

38 다음은 가스상 물질의 측정횟수에 관한 내용이다. ( ) 안에 들어갈 내용으로 옳은 것은?

> 가스상 물질을 검지관 방식으로 측정하는 경우에는 1일 작업시간 동안 1시간 간격으로 ( ) 이상 측정하되 매 측정시간마다 2회 이상 반복 측정하여 평균값을 산출하여야 한다.

① 2회 ② 4회
③ 6회 ④ 8회

해설

가스상 물질을 검지관 방식으로 측정하는 경우에는 1일 작업시간 동안 1시간 간격으로 6회 이상 측정하되 매 측정시간마다 2회 이상 반복 측정하여 평균값을 산출하여야 한다.

39 측정값이 1, 7, 5, 3, 9일 때, 변이계수는 약 몇 %인가?

① 13 ② 63
③ 133 ④ 183

해설

$$\text{변이계수} = \frac{\text{표준편차}}{\text{산술평균}}\times 100$$

$$\text{산술평균} = \frac{(1+7+5+3+9)}{5} = 5$$

$$\text{표준편차} = \left(\frac{(1-5)^2+(7-5)^2+(5-5)^2+(3-5)^2+(9-5)^2}{(5-1)}\right)^{0.5} = 3.16$$

$$\therefore \text{변이계수} = \frac{3.16}{5}\times 100 = 63.25\%$$

40 허용기준 대상 유해인자의 노출농도 측정 및 분석방법에 관한 내용으로 틀린 것은?(단, 고용노동부 고시를 기준으로 한다.)

① 바탕시험(空試驗)을 하여 보정한다. : 시료에 대한 처리 및 측정을 할 때, 시료를 사용하지 않고 같은 방법으로 조작한 측정치를 빼는 것을 말한다.
② 감압 또는 진공 : 따로 규정이 없는 한 760mmHg 이하를 뜻한다.
③ 검출한계 : 분석기기가 검출할 수 있는 가장 적은 양을 말한다.

ANSWER | 35 ④ 36 ② 37 ④ 38 ③ 39 ② 40 ②

④ 정량한계 : 분석기기가 정량할 수 있는 가장 적은 양을 말한다.

해설

감압 또는 진공은 따로 규정이 없는 한 15mmHg 이하를 뜻한다.

3과목 작업환경 관리대책

41 직경이 400mm인 환기시설을 통해서 50mg/m^3의 표준상태의 공기를 보낼 때, 이 덕트 내의 유속은 약 몇 m/sec인가?

① 3.3 ② 4.4
③ 6.6 ④ 8.8

해설

$Q = A \times V$

$$V = \frac{Q}{A} = \frac{(50/60)m^3/sec}{(\frac{\pi}{4}\times 0.4^2)m^2} = 6.63m/sec$$

42 개구면적이 $0.6m^2$인 외부식 사각형 후드가 자유공간에 설치되어 있다. 개구면과 유해물질 사이의 거리는 0.5m이고 제어속도가 0.50m/s일 때, 필요한 송풍량은 약 몇 m^3/min인가?(단, 플랜지를 부착하지 않은 상태이다.)

① 126 ② 149
③ 164 ④ 182

해설

$$Q(m^3/min) = 60(10X^2 + A)V$$
$$= 60 \times (10 \times 0.5^2 + 0.6) \times 0.8 = 148.8m^3/min$$

43 테이블에 붙여서 설치한 사각형 후드의 필요 환기량(m^3/min)을 구하는 식으로 적절한 것은?(단, 플랜지는 부착되지 않았고, A(m^2)는 개구면적, X(m)는 개구부와 오염원 사이의 거리, V(m/sec)는 제어속도이다.)

① $Q = V \times (5X^2 + A)$
② $Q = V \times (7X^2 + A)$
③ $Q = 60 \times V \times (5X^2 + A)$
④ $Q = 60 \times V \times (7X^2 + A)$

44 다음 중 강제환기의 설계에 관한 내용과 가장 거리가 먼 것은?

① 공기가 배출되면서 오염장소를 통과하도록 공기 배출구와 유입구의 위치를 선정한다.
② 공기배출구와 근로자의 작업위치 사이에 오염원이 위치하지 않도록 주의하여야 한다.
③ 오염물질 배출구는 가능한 한 오염원으로부터 가까운 곳에 설치하여 점환기의 효과를 얻는다.
④ 오염원 주위에 다른 작업 공정이 있으면 공기배출량을 공급량보다 약간 크게 하여 음압을 형성하여 주위 근로자에게 오염물질이 확산되지 않도록 한다.

해설

공기배출구와 근로자의 작업위치 사이에 오염원이 위치해야 한다.

45 다음 중 작업환경 개선의 기본원칙인 대체의 방법과 가장 거리가 먼 것은?

① 시간의 변경 ② 시설의 변경
③ 공정의 변경 ④ 물질의 변경

해설

대체(Substitution)

㉠ 공정의 변경 ㉡ 시설의 변경 ㉢ 물질의 대체

46 다음 중 대체 방법으로 유해작업환경을 개선한 경우와 가장 거리가 먼 것은?

① 유연 휘발유를 무연 휘발유로 대체한다.
② 블라스팅 재료로서 모래를 철구슬로 대체한다.
③ 야광시계의 자판을 인에서 라듐으로 대체한다.
④ 보온재료의 석면을 유리섬유나 암면으로 대체한다.

해설

야광시계의 자판을 라듐에서 인으로 대체한다.

◉ ANSWER | 41 ③ 42 ② 43 ③ 44 ② 45 ① 46 ③

47 조용한 대기 중에 실제로 거의 속도가 없는 상태로 가스, 증기, 흄이 발생할 때, 국소환기에 필요한 제어속도 범위로 가장 적절한 것은?

① 0.25~0.5m/sec ② 0.1~0.25m/sec
③ 0.05~0.1m/sec ④ 0.01~0.05m/sec

해설

움직이지 않는 공기 중에 실제 거의 속도가 없는 상태로 유해물질이 발생하는 경우에는 제어속도를 0.25~0.5m/sec로 조절한다.

48 직경이 2μm이고 비중이 3.5인 산화철 흄의 침강속도는?

① 0.023cm/s ② 0.036cm/s
③ 0.042cm/s ④ 0.054cm/s

해설

리프만(Lippman) 침강속도

$$V(cm/sec) = 0.003 \times SG \times d^2$$
$$= 0.003 \times 3.5 \times 2^2 = 0.042cm/sec$$

49 다음 중 덕트의 설치 원칙과 가장 거리가 먼 것은?

① 가능한 한 후드와 먼 곳에 설치한다.
② 덕트는 가능한 한 짧게 배치하도록 한다.
③ 밴드의 수는 가능한 한 적게 하도록 한다.
④ 공기가 아래로 흐르도록 하향구배를 만든다.

해설

덕트는 가능한 한 후드와 가까운 곳에 설치한다.

50 송풍기의 송풍량이 4.17m^3/sec이고 송풍기 전압이 300mmH_2O인 경우 소요 동력은 약 몇 kW인가?(단, 송풍기 효율은 0.85이다.)

① 5.8 ② 14.4
③ 18.2 ④ 20.6

해설

$$kW = \frac{\Delta P \cdot Q}{6,120 \times \eta} \times \alpha$$
$$= \frac{300 \times 4.17 \times 60}{6,120 \times 0.85} = 14.43kW$$

51 다음 중 전기집진장치의 특징으로 옳지 않은 것은?

① 가연성 입자의 처리가 용이하다.
② 넓은 범위의 입경과 분진농도의 집진효율이 높다.
③ 압력손실이 낮아 송풍기의 가동비용이 저렴하다.
④ 고온 가스를 처리할 수 있어 보일러와 철강로 등에 설치할 수 있다.

해설

가연성 입자의 처리가 곤란한 것이 전기집진장치의 단점이다.

52 다음 중 밀어당김형 후드(Push-Pull Hood)가 가장 효과적인 경우는?

① 오염원의 발산량이 많은 경우
② 오염원의 발산농도가 낮은 경우
③ 오염원의 발산농도가 높은 경우
④ 오염원 발산면의 폭이 넓은 경우

해설

밀어당김형 후드(Push-Pull Hood)는 도금조와 같이 상부가 개방되어 있고, 개방면적이 넓어 한쪽 후드에서의 흡입만으로 충분한 흡인력이 발생하지 않는 경우에 적용한다.

53 다음 중 국소배기장치에서 공기공급시스템이 필요한 이유와 가장 거리가 먼 것은?

① 에너지 절감
② 안전사고 예방
③ 작업장의 교차기류 유지
④ 국소배기장치의 효율 유지

해설

공기공급시스템이 필요한 이유

㉠ 연료를 절약하기 위하여
㉡ 작업장 내 안전사고를 예방하기 위하여
㉢ 국소배기장치를 적절하게 가동시키기 위하여
㉣ 근로자에게 영향을 미치는 냉각기류를 제거하기 위하여
㉤ 실외공기가 정화되지 않은 채 건물 내로 유입되는 것을 막기 위하여
㉥ 국소배기장치의 효율 유지를 위하여

ANSWER | 47 ① 48 ③ 49 ① 50 ② 51 ① 52 ④ 53 ③

54 화재 및 폭발 방지 목적으로 전체 환기시설을 설치할 때, 필요환기량 계산에 필요 없는 것은?

① 안전계수
② 유해물질의 분자량
③ TLV(Threshold Limit Value)
④ LEL(Lower Explosive Limit)

해설

화재 및 폭발 방지를 위한 전체 환기

$$Q(m^3/hr) = \frac{24.1 \times \text{비중} \times \text{사용량}(L/hr) \times \text{안전계수} \times 100}{\text{그램분자량} \times LEL(\%) \times B}$$

㉠ $Q(m^3/hr)$: 필요환기량
㉡ 비중(kg/L)×사용량(L/hr) : 오염물질 발생량(kg/hr)
㉢ 안전계수
㉣ LEL : 폭발 하한치(%)
㉤ B : 온도에 따른 상수

55 다음 호흡용 보호구 중 안면밀착형인 것은?

① 두건형 ② 반면형
③ 의복형 ④ 헬멧형

해설

안면부의 형상에 따른 구분
㉠ 전면형 : 얼굴 전체를 보호할 수 있는 형태
㉡ 반면형 : 입과 코 부위만 보호할 수 있는 형태

56 분리식 특급 방진 마스크의 여과지 포집 효율은 몇 % 이상인가?

① 80.0 ② 94.0
③ 99.0 ④ 99.95

해설

특급은 99.95%, 1급은 94.0%, 2급은 80.0% 이상 포집할 수 있어야 한다.

57 다음 중 유해물질별 송풍관의 적정 반송속도로 옳지 않은 것은?

① 가스상 물질 − 10m/sec
② 무거운 물질 − 25m/sec
③ 일반 공업 물질 − 20m/sec
④ 가벼운 건조 물질 − 30m/sec

해설

덕트의 최소 설계속도(반송속도)

오염물질	예	V_T (m/sec)
가스, 증기, 미스트	각종 가스, 증기, 미스트	5~10
흄, 매우 가벼운 건조분진	산화아연, 산화알루미늄, 산화철 등의 흄, 나무, 고무, 플라스틱, 면 등의 미세한 분진	10
가벼운 건조분진	원면, 곡물 분진, 고무, 플라스틱, 톱밥 등의 분진, 버프 연마분진, 경금속 분진	15
일반 공업분진	털, 나무 부스러기, 대패 부스러기, 샌드블라스트, 그라인더 분진, 내화벽돌 분진	20
무거운 분진	납분진, 주물사, 금속가루 분진	25
무겁고 습한 분진	습한 납분진, 철분진, 주물사, 요업재료	25 이상

58 후드의 정압이 $12.00mmH_2O$이고 덕트의 속도압이 $0.80mmH_2O$일 때, 유입계수는 얼마인가?

① 0.129 ② 0.194
③ 0.258 ④ 0.387

해설

$SP = VP(1+F)$

$$F = \frac{SP}{VP} - 1 = \frac{12}{0.8} - 1 = 14$$

$$\frac{1}{C_e^{\,2}} - 1 = 14,\ \frac{1}{C_e^{\,2}} = 15$$

$$C_e = \sqrt{\frac{1}{15}} = 0.258$$

59 21℃의 기체를 취급하는 어떤 송풍기의 송풍량이 $20m^3/min$일 때, 이 송풍기가 동일한 조건에서 50℃의 기체를 취급한다면 송풍량은 몇 m^3/min인가?

① 10 ② 15
③ 20 ④ 25

해설

온도와 송풍량은 상관관계가 없다.

ANSWER | 54 ③ 55 ② 56 ④ 57 ④ 58 ③ 59 ③

60 다음 중 방진마스크에 대한 설명으로 옳지 않은 것은?

① 포집효율이 높은 것이 좋다.
② 흡기저항 상승률이 높은 것이 좋다.
③ 비휘발성 입자에 대한 보호가 가능하다.
④ 여과효율이 우수하려면 필터에 사용되는 섬유의 직경이 작고 조밀하게 압축되어야 한다.

해설

방진마스크의 흡기저항 상승률은 낮은 것이 좋다.

4과목 물리적 유해인자 관리

61 작업장의 습도를 측정한 결과 절대습도는 4.57mmHg, 포화습도는 18.25mmHg이었다. 이 작업장의 습도 상태에 대한 설명으로 맞는 것은?

① 적당하다.
② 너무 건조하다.
③ 습도가 높은 편이다.
④ 습도가 포화상태이다.

해설

상대습도(비교습도, 기습)
㉠ 포화습도에 대한 절대습도의 비를 %로 나타낸 단위
㉡ 비교습도 $= \dfrac{\text{절대습도}}{\text{포화습도}} \times 100 = \dfrac{4.57}{18.25} \times 100 = 25.04\%$
㉢ 적정습도는 상대습도 40~70%인데, 상대습도가 25.04%이기 때문에 너무 건조하다.

62 소음에 의한 인체의 장해 정도(소음성 난청)에 영향을 미치는 요인이 아닌 것은?

① 소음의 크기 ② 개인의 감수성
③ 소음 발생 장소 ④ 소음의 주파수 구성

해설

소음성 난청에 영향을 미치는 요소
㉠ 소음의 크기 : 음압수준이 높을수록 유해
㉡ 소음의 주파수 구성 : 고주파음이 저주파음보다 더욱 유해
㉢ 노출시간 : 계속적 노출이 간헐적 노출보다 유해
㉣ 개인의 감수성에 따라 소음반응은 다양하다.

63 소독작용, 비타민 D 형성, 피부 색소침착 등 생물학적 작용이 강한 특성을 가진 자외선(Dorno선)의 파장 범위는?

① 1,000~2,800Å ② 2,800~3,150Å
③ 3,150~4,000Å ④ 4,000~4,700Å

해설

도르노선의 파장범위는 290~315mm(2,900~3,150Å)이다.

64 이온화 방사선의 건강영향을 설명한 것으로 틀린 것은?

① α 입자는 투과력이 작아 우리 피부를 직접 통과하지 못하기 때문에 피부를 통한 영향은 매우 작다.
② 방사선은 생체 내 구성원자나 분자에 결합되어 전자를 유리시켜 이온화하고 원자의 들뜸현상을 일으킨다.
③ 반응성이 매우 큰 자유라디칼이 생성되어 단백질, 지질, 탄수화물, 그리고 DNA 등 생체 구성 성분을 손상시킨다.
④ 방사선에 의한 분자 수준의 손상은 방사선 조사 후 1시간 이후에 나타나고, 24시간 이후 DNA 손상이 나타난다.

해설

방사선에 의한 분자 수준의 손상은 초단위로 일어난다.

65 음의 세기레벨이 80dB에서 85dB로 증가하면 음의 세기는 약 몇 배가 증가하겠는가?

① 1.5배 ② 1.8배
③ 2.2배 ④ 2.4배

해설

$SIL = 10\log(\dfrac{I}{I_o})dB$

I_o(최소가청음의 세기) $= 10^{-12} W/m^2$

㉠ 80dB일 때 $80 = 10\log(\dfrac{I}{10^{-12}})dB$

$I = 10^{8} \times 10^{-12} = 10^{-4} W/m^2$

㉡ 85dB일 때 $85 = 10\log(\dfrac{I}{10^{-12}})dB$

$I = 10^{8.5} \times 10^{-12} = 3.16 \times 10^{-4} W/m^2$

$\therefore$ 증가율 $= \dfrac{3.16 \times 10^{-4} - 10^{-4}}{10^{-4}} = 2.16$배

ANSWER | 60 ② 61 ② 62 ③ 63 ② 64 ④ 65 ③

66 전신진동 노출에 따른 건강 장애에 대한 설명으로 틀린 것은?

① 평형감각에 영향을 줌
② 산소 소비량과 폐환기량 증가
③ 작업 수행 능력과 집중력 저하
④ 레이노드 증후군(Raynaud's Phenomenon) 유발

해설

레이노드 증후군(Raynaud's Disease)
말초혈관운동장애 및 혈액순환장애로 손가락의 감각이 마비되거나 창백해지며, 추운 환경에서 더욱 심해지는 현상으로 착암기 및 해머 등 공구 사용 작업 등이 원인이 될 수 있는데, 국소진동으로 나타나는 질병이다.

67 반향시간(Reverberation Time)에 관한 설명으로 맞는 것은?

① 반향시간과 작업장의 공간부피만 알면 흡음량을 추정할 수 있다.
② 소음원에서 소음 발생이 중지된 후 소음의 감소는 시간의 제곱에 반비례하여 감소한다.
③ 반향시간은 소음이 닿는 면적을 계산하기 어려운 실외에서의 흡음량을 추정하기 위하여 주로 사용한다.
④ 소음원에서 발생하는 소음과 배경소음 간의 차이가 40dB인 경우에는 60dB만큼 소음이 감소하지 않기 때문에 반향시간을 측정할 수 없다.

해설

잔향시간(반향시간)
㉠ 음원을 끈 순간부터 음압수준이 60dB 감소되는 데 소요되는 시간(sec)이다.
㉡ 작업장의 공간부피만 알면 흡음량을 추정할 수 있다.
㉢ 대상 실내의 평균흡음률을 측정할 수 있다.

68 소음의 종류에 대한 설명으로 맞는 것은?

① 연속음은 소음의 간격이 1초 이상을 유지하면서 계속적으로 발생하는 소음을 의미한다.
② 충격소음은 소음이 1초 미만의 간격으로 발생하면서, 1회 최대 허용기준은 120dB(A)이다.
③ 충격소음은 최대음압수준이 120dB(A) 이상인 소음이 1초 이상의 간격으로 발생하는 것을 의미한다.
④ 단속음은 1일 작업 중 노출되는 여러 가지 음압수준을 나타내며 소음의 반복음 간격이 3초보다 큰 경우를 의미한다.

해설

충격소음(소음이 1초 이상의 간격으로 발생하는 작업)
㉠ 120dB을 초과하는 소음이 1일 1만 회 이상 발생하는 작업
㉡ 130dB을 초과하는 소음이 1일 1천 회 이상 발생하는 작업
㉢ 140dB을 초과하는 소음이 1일 1백 회 이상 발생하는 작업

69 진동에 대한 설명으로 틀린 것은?

① 전신진동에 대해 인체는 대략 $0.01m/s^2$에서 $10m/s^2$까지의 진동 가속도를 느낄 수 있다.
② 진동 시스템을 구성하는 3가지 요소는 질량(Mass), 탄성(Elasticity)과 댐핑(Damping)이다.
③ 심한 진동에 노출될 경우 일부 노출군에서 뼈, 관절 및 신경, 근육, 혈관 등 연부조직에 병변이 나타난다.
④ 간헐적인 노출시간(주당 1일)에 대해 노출기준치를 초과하는 주파수 – 보정, 실효치, 성분가속도에 대한 급성노출은 반드시 더 유해하다.

해설

간헐적인 노출시간(주당 1일)에 대해 노출기준치를 초과하는 주파수 – 보정, 실효치, 성분가속도에 대한 급성노출은 반드시 더 유해하지 않다.

70 극저주파 방사선(Extremely Low Frequency Fields)에 대한 설명으로 틀린 것은?

① 강한 전기장의 발생원은 고전류장비와 같은 높은 전류와 관련이 있으며 강한 자기장의 발생원은 고전압장비와 같은 높은 전하와 관련이 있다.
② 작업장에서 발전, 송전, 전기 사용에 의해 발생되며 이들 경로에 있는 발전기에서 전력선, 전기설비, 기계, 기구 등도 잠재적인 노출원이다.

ANSWER | 66 ④ 67 ① 68 ③ 69 ④ 70 ①

③ 주파수가 1~3,000Hz에 해당되는 것으로 정의되며, 이 범위 중 50~60Hz의 전력선과 관련한 주파수의 범위가 건강과 밀접한 연관이 있다.
④ 특히 교류전기는 1초에 60번씩 극성이 바뀌는 60Hz의 저주파를 나타내므로 이에 대한 노출평가, 생물학적 및 인체영향 연구가 많이 이루어져 왔다.

해설

전기장의 발생원은 고전압장비, 자기장의 발생원은 고전류장비이다.

71 전리방사선에 해당하는 것은?

① 마이크로파 ② 극저주파
③ 레이저광선 ④ X선

해설

전리방사선의 종류
㉠ 전자기방사선 : γ선, X선
㉡ 입자방사선 : α선, β선, 중성자선

72 음력이 2watt인 소음원으로부터 50m 떨어진 지점에서의 음압수준(Sound Pressure Level)은 약 몇 dB인가?(단, 공기의 밀도는 1.2kg/m^3, 공기에서의 음속은 344m/s로 가정한다.)

① 76.6 ② 78.2
③ 79.4 ④ 80.7

해설

$$SPL = PWL - 20\log r - 11$$
$$= 10\log\frac{2}{10^{-12}} - 20\log 50 - 11 = 78.03\text{dB}$$

73 소음에 관한 설명으로 맞는 것은?

① 소음의 원래 정의는 매우 크고 자극적인 음을 일컫는다.
② 소음과 소음이 아닌 것은 소음계를 사용하면 구분할 수 있다.
③ 작업환경에서 노출되는 소음은 크게 연속음, 단속음, 충격음 및 폭발음으로 구분할 수 있다.
④ 소음으로 인한 피해는 정신적, 심리적인 것이며 신체에 직접적인 피해를 주는 것은 아니다.

해설

소음
㉠ 소음은 인간에게 불쾌감을 주는 음을 말한다.
㉡ 소음은 주관적인 음으로, 소음과 소음이 아닌 것은 소음계를 사용하여도 구분할 수 없다.
㉢ 소음으로 인한 피해는 정신적, 심리적, 신체에 직접적인 피해를 준다.

74 다음 그림과 같이 복사체, 열 차단판, 흑구온도계, 벽체의 순서로 배열하였을 때, 열 차단판의 조건이 어떤 경우에 흑구온도계의 온도가 가장 낮겠는가?

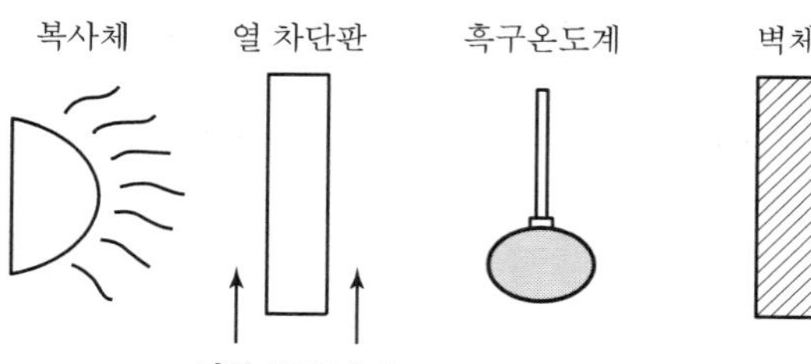

① 열 차단판 양면을 흑색으로 한다.
② 열 차단판 양면을 알루미늄으로 한다.
③ 복사체 쪽은 알루미늄, 온도계 쪽은 흑색으로 한다.
④ 복사체 쪽은 흑색, 온도계 쪽은 알루미늄으로 한다.

해설

복사열 차단은 반사율이 큰 알루미늄을 이용하는 것이 효과적이다.

75 작업장의 조도를 균등하게 하기 위하여 국소조명과 전체조명이 병용될 때, 일반적으로 전체조명의 조도는 국부조명의 어느 정도가 적당한가?

① $\frac{1}{20}\sim\frac{1}{10}$ ② $\frac{1}{10}\sim\frac{1}{5}$
③ $\frac{1}{5}\sim\frac{1}{3}$ ④ $\frac{1}{3}\sim\frac{1}{2}$

ANSWER | 71 ④ 72 ② 73 ③ 74 ② 75 ②

76 동상의 종류와 증상이 잘못 연결된 것은?

① 1도 : 발적
② 2도 : 수포 형성과 염증
③ 3도 : 조직괴사로 괴저 발생
④ 4도 : 출혈

해설

동상의 종류
㉠ 제1도(발적)
- 피부 표면이 혈관 수축에 의해 청백색을 띠고, 마비에 의한 혈관 확장 발생
- 이후 울혈이 나타나 피부가 자색을 띠고 동통 후 저리는 현상 발생

㉡ 제2도(수포 형성과 발적)
혈관마비는 동맥에까지 이르고 심한 울혈에 의해 피부에 종창을 초래(수포 동반 염증 발생)
㉢ 제3도(조직괴사로 괴저 발생)
혈행의 저하로 인하여 피부는 동결되고 괴사 발생

77 1기압(atm)에 관한 설명으로 틀린 것은?

① 약 $1kg_f/cm^2$과 동일하다.
② torr로는 0.76에 해당한다.
③ 수은주로는 760mmHg과 동일하다.
④ 수주(水柱)로는 10,332mmH_2O에 해당한다.

해설

1기압(atm)=760torr

78 산소농도가 6% 이하인 공기 중의 산소분압으로 맞는 것은?(단, 표준상태이며, 부피기준이다.)

① 45mmHg 이하 ② 55mmHg 이하
③ 65mmHg 이하 ④ 75mmHg 이하

해설

$$산소분압 = \frac{760mmHg}{} \bigg| \frac{6}{100} = 45.6mmHg$$

79 감압과 관련된 다음 설명 중 ( ) 안에 알맞은 내용으로 나열한 것은?

> 깊은 물에서 올라오거나 감압실 내에서 감압을 하는 도중에 폐압박의 경우와는 반대로 폐 속에 공기가 팽창한다. 이때는 감압에 의한 (㉠)과 (㉡)의 두 가지 건강상 문제가 발생한다.

① ㉠ 폐수종, ㉡ 저산소증
② ㉠ 질소기포 형성, ㉡ 산소중독
③ ㉠ 가스팽창, ㉡ 질소기포 형성
④ ㉠ 가스압축, ㉡ 이산화탄소중독

80 고압환경에서 발생할 수 있는 화학적인 인체 작용이 아닌 것은?

① 일산화탄소 중독에 의한 호흡곤란
② 질소마취작용에 의한 작업력 저하
③ 산소중독증상으로 간질 모양의 경련
④ 이산화탄소 분압 증가에 의한 동통성 관절 장애

해설

고압환경에서의 생체영향
㉠ 1차적 가압현상 : 울혈, 부종, 출혈, 부비강과 치아에 압통 등이 발생
㉡ 2차적 가압현상 : 질소 마취, 산소 중독, 이산화탄소의 작용

5과목 산업독성학

81 금속물질인 니켈에 대한 건강상의 영향이 아닌 것은?

① 접촉성 피부염이 발생한다.
② 폐나 비강에 발암작용이 나타난다.
③ 호흡기 장해와 전신중독이 발생한다.
④ 비타민 D를 피하주사하면 효과적이다.

해설

니켈에 노출되면 배설촉진제(Dithiocarb)를 투여한다.

ANSWER | 76 ④ 77 ② 78 ① 79 ③ 80 ① 81 ④

82 급성중독 시 우유와 계란의 흰자를 먹여 단백질과 해당 물질을 결합시켜 침전시키거나, BAL(Dimercaprol)을 근육주사로 투여하여야 하는 물질은?

① 납 ② 크롬
③ 수은 ④ 카드뮴

83 염료, 합성고무경화제의 제조에 사용되며 급성중독으로 피부염, 급성방광염을 유발하며, 만성중독으로는 방광, 요로계 종양을 유발하는 유해물질은?

① 벤지딘 ② 이황화탄소
③ 노말헥산 ④ 이염화메틸렌

84 작업환경 측정과 비교한 생물학적 모니터링의 장점이 아닌 것은?

① 모든 노출경로에 의한 흡수 정도를 나타낼 수 있다.
② 분석 수행이 용이하고 결과 해석이 명확하다.
③ 건강상의 위험에 대해서 보다 정확한 평가를 할 수 있다.
④ 작업환경 측정(개인시료)보다 더 직접적으로 근로자 노출을 추정할 수 있다.

해설

생물학적 모니터링의 장점
㉠ 소화기, 호흡기, 피부 등에 의한 종합적인 노출을 평가할 수 있다.
㉡ 공기 중 오염물질의 농도를 측정하는 것보다 건강상의 위험을 보다 직접적으로 평가할 수 있다.
㉢ 인체 내 흡수된 내재용량이나 중요한 조직부위에 영향을 미치는 양을 모니터링할 수 있다.
㉣ 작업환경 측정(개인시료)보다 더 직접적으로 근로자 노출을 추정할 수 있다.

85 납중독에 관한 설명으로 틀린 것은?

① 혈청 내 철이 감소한다.
② 요 중 δ-ALAD 활성치가 저하된다.
③ 적혈구 내 프로토포르피린이 증가한다.
④ 임상증상은 위장계통의 장해, 신경근육계통의 장해, 중추신경계통의 장해 등 크게 3가지로 나눌 수 있다.

해설

납중독 시 혈청 내 철이 증가한다.

86 직업성 천식이 유발될 수 있는 근로자와 거리가 가장 먼 것은?

① 채석장에서 돌을 가공하는 근로자
② 목분진에 과도하게 노출되는 근로자
③ 빵집에서 밀가루에 노출되는 근로자
④ 폴리우레탄 페인트 생산에 TDI를 사용하는 근로자

해설

직업성 천식
㉠ 작업장에서 흡입되는 물질에 의해 발생하는 천식을 말한다.
㉡ 처음 얼마 동안은 증상 없이 지내다가 수개월 혹은 수년 후에 천식증상이 나타나게 된다.
㉢ 증상은 주말이나 휴가 시엔 완화되고 직장에 복귀하면 악화되는 특징을 갖고 있다.
㉣ 직업성 천식을 일으키는 물질은 TDI(Toluene Diisocyanate), TMA(Trimelitic Anhydride), 디메틸에탄올아민, 목분진 등이다.

87 무기성 분진에 의한 진폐증이 아닌 것은?

① 규폐증(Silicosis)
② 연초폐증(Tabacosis)
③ 흑연폐증(Graphite Lung)
④ 용접공폐증(Welder's Lung)

해설

흡입성 분진의 종류에 따른 분류
㉠ 무기성 분진에 의한 진폐증
규폐증, 석면폐증, 흑연폐증, 탄소폐증, 탄광부폐증, 활석폐증, 용접공폐증, 철폐증, 베릴륨폐증, 알루미늄폐증, 규조토폐증, 주석폐증, 칼륨폐증, 바륨폐증
㉡ 유기성 분진에 의한 진폐증
면폐증, 설탕폐증, 농부폐증, 목재분진폐증, 연초폐증, 모발분진폐증

◉ ANSWER | 82 ③ 83 ① 84 ② 85 ① 86 ① 87 ②

88 작업장에서 생물학적 모니터링의 결정인자를 선택하는 근거를 설명한 것으로 틀린 것은?

① 충분히 특이적이다.
② 적절한 민감도를 갖는다.
③ 분석적인 변이나 생물학적 변이가 타당해야 한다.
④ 톨루엔에 대한 건강위험 평가는 크레졸보다 마뇨산이 신뢰성이 있는 결정인자이다.

해설

톨루엔에 대한 건강위험 평가는 요중 마뇨산, 혈액 · 호기에서의 톨루엔이 신뢰성 있는 결정인자이다.

89 피부 독성에 있어 경피 흡수에 영향을 주는 인자와 가장 거리가 먼 것은?

① 온도 ② 화학물질
③ 개인의 민감도 ④ 용매(Vehicle)

해설

경피 흡수에 영향을 주는 인자
㉠ 개인의 민감도
㉡ 용매(Vehicle)
㉢ 화학물질

90 할로겐화 탄화수소에 관한 설명으로 틀린 것은?

① 대개 중추신경계의 억제에 의한 마취작용이 나타난다.
② 가연성과 폭발의 위험성이 높으므로 취급 시 주의하여야 한다.
③ 일반적으로 할로겐화 탄화수소의 독성의 정도는 화합물의 분자량이 커질수록 증가한다.
④ 일반적으로 할로겐화 탄화수소의 독성의 정도는 할로겐원소의 수가 커질수록 증가한다.

해설

할로겐화 지방족 화합물은 인화점이 낮은 우수한 유기용제이며, 4－염화탄소류 등 할로겐화 탄화수소를 제외한 모든 유기용제는 인화성이 있는 가연성 물질이다.

91 유리규산(석영) 분진에 의한 규폐성 결정과 폐포벽 파괴 등 망상 내피계 반응은 분진입자의 크기가 얼마일 때 자주 일어나는가?

① 0.1~0.5μm ② 2~5μm
③ 10~15μm ④ 15~20μm

해설

유리규산(석영) 분진에 의한 규폐성 결정과 폐포벽 파괴 등 망상 내피계 반응은 분진입자의 크기가 2~5μm일 때 자주 일어난다.

92 피부는 표피와 진피로 구분하는데, 진피에만 있는 구조물이 아닌 것은?

① 혈관 ② 모낭
③ 땀샘 ④ 멜라닌 세포

93 호흡기계 발암성과의 관련성이 가장 낮은 것은?

① 석면 ② 크롬
③ 용접흄 ④ 황산니켈

해설

용접흄은 폐부종, 만성기관지염, 폐질환 등을 일으킨다.

94 화학적 질식제에 대한 설명으로 맞는 것은?

① 뇌순환 혈관에 존재하면서 농도에 비례하여 중추신경 작용을 억제한다.
② 피부와 점막에 작용하여 부식작용을 하거나 수포를 형성하는 물질로 고농도 하에서 호흡이 정지되고 구강 내 치아산식증 등을 유발한다.
③ 공기 중에 다량 존재하여 산소분압을 저하시켜 조직 세포에 필요한 산소를 공급하지 못하게 하여 산소부족 현상을 발생시킨다.
④ 혈액 중에서 혈색소와 결합한 후에 혈액의 산소운반능력을 방해하거나, 또는 조직세포에 있는 철 산화요소를 불활성화시켜 세포의 산소수용능력을 상실시킨다.

◉ ANSWER | 88 ④ 89 ① 90 ② 91 ② 92 ④ 93 ③ 94 ④

해설

화학적 질식제

㉠ 혈액 중의 혈색소와 직접 결합하여 산소운반능력을 방해하는 물질을 말하며, 이에 따라 세포의 산소수용능력을 상실케 한다.
㉡ 화학적 질식제에 고농도로 노출할 경우 폐 속으로 들어가는 산소의 활용을 방해하기 때문에 사망에 이르게 된다.

95 생물학적 모니터링을 위한 시료가 아닌 것은?

① 공기 중의 바이오 에어로졸
② 요 중의 유해인자나 대사산물
③ 혈액 중의 유해인자나 대사산물
④ 호기(Exhaled Air) 중의 유해인자나 대사산물

해설

공기 중 유해인자는 개인시료에 해당한다.

96 전신(계통)적 장해를 일으키는 금속 물질은?

① 납 ② 크롬
③ 아연 ④ 산화철

97 단순 질식제에 해당되는 물질은?

① 탄산가스 ② 아닐린가스
③ 니트로벤젠가스 ④ 황화수소가스

해설

단순질식제

㉠ 정상적 호흡에 필요한 혈중 산소량을 낮추나 생리적으로 어떠한 작용도 하지 않는 불활성 가스
㉡ 종류 : 이산화탄소(탄산가스), 메탄, 질소, 수소, 에탄, 프로판, 에틸렌, 아세틸렌, 헬륨 등

98 공기 중 일산화탄소 농도가 10mg/m^{3}인 작업장에서 1일 8시간 동안 작업하는 근로자가 흡입하는 일산화탄소의 양은 몇 mg인가?(단, 근로자의 시간당 평균 흡기량은 1,250L이다.)

① 10 ② 50
③ 100 ④ 500

해설

$$\text{일산화탄소(mg)} = \frac{10\text{mg}}{\text{m}^3}\bigg|\frac{1.25\text{m}^3}{\text{hr}}\bigg|\frac{8\text{hr}}{} = 100\text{mg}$$

[다른 풀이]

채내흡수량(mg) $= C \times V \times T \times R$
$= 10\text{mg/m}^3 \times 1.25\text{m}^3/\text{hr} \times 8\text{hr} \times 1.0$
$= 100\text{mg}$

99 직업성 피부질환 유발에 관여하는 인자 중 간접적 인자와 가장 거리가 먼 것은?

① 땀 ② 인종
③ 연령 ④ 성별

해설

직업성 피부질환 유발의 간접적 인자

㉠ 땀 ㉡ 인종
㉢ 연령 ㉣ 피부
㉤ 성별 ㉥ 계절

100 미국정부산업위생전문가협의회(ACGIH)의 발암물질 구분으로 동물 발암성 확인물질, 인체 발암성 모름에 해당되는 Group은?

① A2 ② A3
③ A4 ④ A5

해설

미국정부산업위생전문가협의회(ACGIH) 구분 Group

㉠ A1 : 인체 발암 확정 물질 : 아크릴로니트릴, 석면, 벤지딘, 6가 크롬 화합물, 베릴륨, 염화비닐, 우라늄
㉡ A2 : 인체 발암이 의심되는 물질(발암 추정물질)
㉢ A3 : 동물 발암성 확인물질, 인체 발암성 모름
㉣ A4 : 인체 발암성 미분류 물질, 인체 발암성이 확인되지 않은 물질
㉤ A5 : 인체 발암성 미의심 물질

ANSWER | 95 ① 96 ③ 97 ① 98 ③ 99 전항 정답 100 ②

SECTION 04

2019년 1회 기사

1과목 산업위생학 개론

01 미국산업위생학회(AHIA)에서 정한 산업위생의 정의로 옳은 것은?

① 작업장에서 인종 · 정치적 이념 · 종교적 갈등을 배제하고 작업자의 알 권리를 최대한 확보해 주는 사회과학적 기술이다.

② 작업자가 단순하게 허약하지 않거나 질병이 없는 상태가 아닌 육체적 · 정신적 및 사회적인 안녕 상태를 유지하도록 관리하는 과학과 기술이다.

③ 근로자 및 일반 대중에게 질병, 건강장애, 불쾌감을 일으킬 수 있는 작업 환경요인과 스트레스를 예측 · 측정 · 평가 및 관리하는 과학이며 기술이다.

④ 노동생산성보다는 인권이 소중하다는 이념하에 노사 간 갈등을 최소화하고 협력을 도모하여 최대한 쾌적한 작업환경을 유지 · 증진하는 사회과학이며 자연과학이다.

02 산업안전보건법에서 정하는 중대재해라고 볼 수 없는 것은?

① 사망자가 1명 이상 발생한 재해

② 부상자 또는 직업성 질병자가 동시에 10명 이상 발생한 재해

③ 3개월 이상의 요양을 요하는 부상자가 동시에 2명 이상 발생한 재해

④ 재산피해액 5천만 원 이상의 재해

해설

중대재해

산업재해 중 사망 등 재해 정도가 심하거나 다수의 재해자가 발생한 재해

㉠ 사망자가 1명 이상 발생한 재해

㉡ 3월 이상의 요양이 필요한 부상자가 동시에 2명 이상 발생한 재해

㉢ 부상자 또는 직업성 질병자가 동시에 10명 이상 발생한 재해

03 직업성 질환의 범위에 대한 설명으로 틀린 것은?

① 합병증이 원발성 질환과 불가분의 관계를 가지는 경우를 포함한다.

② 직업상 업무에 기인하여 1차적으로 발생하는 원발성 질환은 제외한다.

③ 원발성 질환과 합병 작용하여 제2의 질환을 유발하는 경우를 포함한다.

④ 원발성 질환 부위가 아닌 다른 부위에서도 동일한 원인에 의하여 제2의 질환을 일으키는 경우를 포함한다.

해설

직업성 질환의 범위

㉠ 업무에 기인하여 1차적으로 발생하는 원발성 질환 포함

㉡ 원발성 질환과 합병 작용하여 제2의 질환을 유발하는 경우 포함

㉢ 합병증이 원발성 질환과 불가분의 관계를 가지는 경우 포함

㉣ 원발성 질환과 떨어진 다른 부위에 동일한 원인에 의한 제2의 질환을 일으키는 경우 포함

04 육체적 작업능력(PWC)이 15kcal/min인 근로자가 1일 8시간 물체를 운반하고 있다. 이때의 작업대사율이 6.5kcal/min이고, 휴식 시의 대사량이 1.5kcal/min일 때 매 시간당 적정 휴식시간은 약 얼마인가?(단, Herting의 식을 적용한다.)

① 18분　② 25분
③ 30분　④ 42분

해설

$$T_{rest} = \frac{E_{max} - E_{task}}{E_{rest} - E_{task}} \times 100$$

$$= \frac{(PWC \times \frac{1}{3}) - \text{작업 시 대사량}}{\text{휴식 시 대사량} - \text{작업 시 대사량}} \times 100$$

$$= \frac{(15 \times \frac{1}{3}) - 6.5}{1.5 - 6.5} \times 100 = 30\%$$

적정 휴식시간(min) = 60 × 0.3 = 18min

ANSWER | 01 ③ 02 ④ 03 ② 04 ①

PART 01 PART 02 PART 03 PART 04 PART 05 PART 06

05 OSHA가 의미하는 기관의 명칭으로 맞는 것은?

① 세계보건기구
② 영국보건안전부
③ 미국산업위생협회
④ 미국산업안전보건청

06 산업안전보건법상 사무실 공기관리에 있어 오염물질에 대한 관리 기준이 잘못 연결된 것은?

① 미세먼지(PM10) – 50μg/m^3 이하
② 일산화탄소 – 10ppm 이하
③ 이산화탄소 – 1,000ppm 이하
④ 포름알데히드(HCHO) – 100μg/m^3 이하

해설

오염물질 관리기준

오염물질	관리기준
미세먼지(PM10)	100μg/m^3
초미세먼지(PM2.5)	50μg/m^3
이산화탄소(CO_2)	1,000ppm
일산화탄소(CO)	10ppm
이산화질소(NO_2)	0.1ppm
포름알데히드(HCHO)	100μg/m^3
총휘발성유기화합물(TVOC)	500μg/m^3
라돈(Radon)	148Bq/m^3
총부유세균	800CFU/m^3
곰팡이	500CFU/m^3

07 산업안전보건법령상 석면에 대한 작업환경측정결과 측정치가 노출기준을 초과하는 경우 그 측정일로부터 몇 개월에 몇 회 이상의 작업환경 측정을 하여야 하는가?

① 1개월에 1회 이상 ② 3개월에 1회 이상
③ 6개월에 1회 이상 ④ 12개월에 1회 이상

해설

3개월에 1회 이상 작업환경 측정을 실시하는 경우
㉠ 화학적 인자[발암성 물질(석면, 벤젠 등)만 해당한다]의 측정치가 노출기준을 초과
㉡ 화학적 인자(발암성 물질은 제외한다)의 측정치가 노출기준을 2배 이상 초과

08 신체적 결함과 이에 따른 부적합 작업을 짝지은 것으로 틀린 것은?

① 심계항진 – 정밀작업
② 간기능 장해 – 화학공업
③ 빈혈증 – 유기용제 취급작업
④ 당뇨증 – 외상받기 쉬운 작업

해설

심계항진 : 격심작업, 고소작업

09 산업피로에 대한 설명으로 틀린 것은?

① 산업피로는 원천적으로 일종의 질병이며 비가역적 생체 변화이다.
② 산업피로는 건강장해에 대한 경고반응이라고 할 수 있다.
③ 육체적, 정신적 노동부하에 반응하는 생체의 태도이다.
④ 산업피로는 생산성의 저하뿐만 아니라 재해와 질병의 원인이 된다.

해설

산업피로는 원칙적으로 질병이 아니며, 가역적 생체 변화이다.

10 물체의 실제 무게를 미국 NIOSH의 권고중량물한계기준(RWL : Recommended Weight Limit)으로 나누어준 값을 무엇이라 하는가?

① 중량상수(LC)
② 빈도승수(FM)
③ 비대칭승수(AM)
④ 중량물 취급지수(LI)

해설

중량물 취급지수(들기지수, LI : Lifting Index)

$$LI = \frac{\text{물체무게(kg)}}{\text{RWL(kg)}}$$

ANSWER | 05 ④ 06 ① 07 ② 08 ① 09 ① 10 ④

11 상시근로자수가 1,000명인 사업장에 1년 동안 6건의 재해로 8명의 재해자가 발생하였고, 이로 인한 근로손실일수는 80일이었다. 근로자가 1일 8시간씩 매월 25일씩 근무하였다면, 이 사업장의 도수율은 얼마인가?

① 0.03　② 2.50
③ 4.00　④ 8.00

해설

$$도수율(빈도율) = \frac{재해발생건수}{연근로시간수} \times 10^6 = \frac{6}{1,000 \times 8 \times 25 \times 12} \times 10^6 = 2.5$$

12 사고예방대책의 기본원리 5단계를 순서대로 나열한 것으로 맞는 것은?

① 사실의 발견 → 조직 → 분석 → 시정책(대책)의 선정 → 시정책(대책)의 적용
② 조직 → 분석 → 사실의 발견 → 시정책(대책)의 선정 → 시정책(대책)의 적용
③ 조직 → 사실의 발견 → 분석 → 시정책(대책)의 선정 → 시정책(대책)의 적용
④ 사실의 발견 → 분석 → 조직 → 시정책(대책)의 선정 → 시정책(대책)의 적용

해설

하인리히 사고방지 5단계
안전관리 조직 → 사실의 발견 → 분석평가 → 시정책의 선정 → 시정책의 적용

13 근육운동의 에너지원 중에서 혐기성 대사의 에너지원에 해당되는 것은?

① 지방　② 포도당
③ 글리코겐　④ 단백질

해설

혐기성 대사에 사용되는 에너지원
㉠ 아데노신 삼인산(ATP)
㉡ 크레아틴 인산(CP)
㉢ 포도당(Glucose)
㉣ 글리코겐(Glycogen)

14 실내공기의 오염에 따른 건강상의 영향을 나타내는 용어가 아닌 것은?

① 새집증후군　② 헌집증후군
③ 화학물질과민증　④ 스티븐슨존슨증후군

15 산업피로의 대책으로 적합하지 않은 것은?

① 불필요한 동작을 피하고 에너지 소모를 적게 한다.
② 작업과정에 따라 적절한 휴식시간을 가져야 한다.
③ 작업능력에는 개인별 차이가 있으므로 각 개인마다 작업량을 조정해야 한다.
④ 동적인 작업은 피로를 더하게 하므로 가능한 한 정적인 작업으로 전환한다.

해설

동적인 작업을 늘리고, 정적인 작업을 줄인다.

16 최대작업영역(Maximum Working Area)에 대한 설명으로 맞는 것은?

① 양팔을 곧게 폈을 때 도달할 수 있는 최대영역
② 팔을 위 방향으로만 움직이는 경우에 도달할 수 있는 작업영역
③ 팔을 아래 방향으로만 움직이는 경우에 도달할 수 있는 작업영역
④ 팔을 가볍게 몸체에 붙이고 팔꿈치를 구부린 상태에서 자유롭게 손이 닿는 영역

해설

최대작업영역(Maximum Working Area)
위팔과 아래팔을 곧게 뻗어 닿는 영역, 상지를 뻗어서 닿는 범위를 말한다.(55~65cm 범위)

17 1994년 ABIH(Amercian Board of Industrial Hygiene)에서 채택된 산업위생전문가의 윤리강령 내용으로 틀린 것은?

① 산업위생 활동을 통해 얻은 개인 및 기업의 정보는 누설하지 않는다.
② 과학적 방법의 적용과 자료의 해석에서 경험을 통한 전문가의 주관성을 유지한다.

◎ ANSWER | 11 ② 12 ③ 13 ③ 14 ④ 15 ④ 16 ① 17 ②

③ 전문적 판단이 타협에 의하여 좌우될 수 있거나 이해관계가 있는 상황에는 개입하지 않는다.
④ 쾌적한 작업환경을 만들기 위해 산업위생이론을 적용하고 책임 있게 행동한다.

해설

과학적 방법의 적용과 자료의 해석에서 경험을 통한 전문가의 객관성을 유지한다.

18 국가 및 기관별 허용기준에 대한 사용 명칭을 잘못 연결한 것은?

① 영국 HSE – OEL
② 미국 OSHA – PEL
③ 미국 ACGIH – TLV
④ 한국 – 화학물질 및 물리적 인자의 노출기준

해설

영국의 보건안전청(HSE)의 허용기준은 WEEL이다.

19 산업안전보건법에서 산업재해를 예방하기 위하여 잠재적 위험성을 발견하고 그 개선대책을 수립할 목적으로 고용노동부장관이 지정하는 자가 하는 조사 · 평가를 무엇이라 하는가?

① 위험성 평가　② 작업환경 측정 · 평가
③ 안전 · 보건 진단　④ 유해성 · 위험성 조사

20 밀폐공간과 관련된 설명으로 틀린 것은?

① 산소결핍이란 공기 중의 산소농도가 16% 미만인 상태를 말한다.
② 산소결핍증이란 산소가 결핍된 공기를 들이마심으로써 생기는 증상을 말한다.
③ 유해가스란 탄산가스, 일산화탄소, 황화수소 등의 기체로서 인체에 유해한 영향을 미치는 물질을 말한다.
④ 적정공기란 산소농도의 범위가 18% 이상 23.5% 미만, 탄산가스의 농도가 1.5% 미만, 일산화탄소의 농도가 30ppm 미만, 황화수소의 농도가 10ppm 미만인 수준의 공기를 말한다.

해설

산소결핍이란 공기 중의 산소농도가 18% 미만인 상태를 말한다.

2과목 작업위생 측정 및 평가

21 소음측정방법에 관한 내용으로 (　)에 알맞은 것은?(단, 고용노동부 고시를 기준으로 한다.)

> 소음이 1초 이상의 간격을 유지하면서 최대음압수준이 120dB(A) 이상의 소음인 경우에는 소음수준에 따른 (　) 동안의 발생횟수를 측정할 것

① 1분　② 2분
③ 3분　④ 5분

해설

소음이 1초 이상의 간격을 유지하면서 최대음압수준이 120dB(A) 이상의 소음인 경우에는 소음수준에 따른 1분 동안의 발생횟수를 측정하여야 한다.

22 다음 중 78℃와 동등한 온도는?

① 351°K　② 189°F
③ 26°F　④ 195°K

해설

°F = 1.8 × ℃ + 32 = 1.8 × 78 + 32 = 172.4°F
°K = 273 + ℃ = 273 + 78 = 351°K

23 다음 중 1차 표준기구가 아닌 것은?

① 오리피스미터　② 폐활량계
③ 가스치환병　④ 유리피스톤미터

해설

1차 표준기구
㉠ 폐활량계　㉡ 비누거품미터
㉢ 가스치환병　㉣ 유리피스톤미터
㉤ 흑연피스톤미터　㉥ 피토튜브

ANSWER | 18 ①　19 ③　20 ①　21 ①　22 ①　23 ①

24 입자의 가장자리를 이등분한 직경으로 과대평가될 가능성이 있는 직경은?

① 마틴 직경 ② 페렛 직경
③ 공기역학 직경 ④ 등면적 직경

25 유량, 측정시간, 회수율 및 분석에 의한 오차가 각각 18%, 3%, 9%, 5%일 때, 누적오차는 약 몇 %인가?

① 18 ② 21
③ 24 ④ 29

해설

누적오차 $= \sqrt{18^2+3^2+9^2+5^2} = 20.95\%$

26 출력이 0.4W인 작은 점음원에서 10m 떨어진 곳의 음압수준은 약 몇 dB인가?(단, 공기의 밀도는 1.18kg/m^3이고, 공기에서 음속은 344.4m/sec이다.)

① 80 ② 85
③ 90 ④ 95

해설

$$SPL = PWL - 20\log r - 11$$
$$= 10\log\frac{0.4}{10^{-12}} - 20\log 10 - 11 = 85.02\text{dB}$$

27 이황화탄소(CS_2)가 배출되는 작업장에서 시료분석 농도가 3시간에 3.5ppm, 2시간에 15.2ppm, 3시간에 5.8ppm일 때, 시간가중평균값은 약 몇 ppm인가?

① 3.7 ② 6.4
③ 7.3 ④ 8.9

해설

$$\text{TVA환산값} = \frac{C_1 \cdot T_1 + C_2 \cdot T_1 + \cdots + C_n \cdot T_n}{8}$$
$$= \frac{3.5\times3+15.2\times2+5.8\times3}{3+2+3} = 7.29\text{ppm}$$

28 옥외(태양광선이 내리쬐는 장소)에서 습구흑구온도지도(WBGT)의 산출식은?(단, 고용노동부 고시를 기준으로 한다.)

① (0.7×자연습구온도)+(0.2×건구온돈)+(0.1×흑구온도)
② (0.7×자연습구온도)+(0.2×흑구온도)+(0.1×건구온도)
③ (0.7×자연습구온도)+(0.3×흑구온도)
④ (0.7×자연습구온도)+(0.3×건구온도)

29 입자상 물질을 채취하기 위해 사용하는 막여과지에 관한 설명으로 틀린 것은?

① MCE 막여과지 : 산에 쉽게 용해되므로 입자상 물질 중의 금속을 채취하여 원자흡광광도법으로 분석하는 데 적당하다.
② PVC 막여과지 : 유리규산을 채취하여 X-선 회절법으로 분석하는 데 적절하다.
③ PEFE 막여과지 : 농약, 알칼리성 먼지, 콜타르 피치 등을 채취하는 데 사용한다.
④ 은막 여과지 : 금속은, 결합제, 섬유 등을 소결하여 만든 것으로 코크스오븐 배출물질을 채취하는 데 적당하나 열에 대한 저항이 약한 단점이 있다.

해설

은막 여과지(Silver Membrane Filter)
㉠ 화학물질과 열에 저항이 강하다.
㉡ 코크스오븐 배출물질을 포집할 수 있다.
㉢ 금속은, 결합제, 섬유 등을 소결하여 만든다.

30 다음은 가스상 물질을 측정 및 분석하는 방법에 대한 내용이다. ( ) 안에 알맞은 것은?(단, 고용노동부 고시를 기준으로 한다.)

> 가스상 물질을 검지관 방식으로 측정하는 경우에 1일 작업시간 동안 1시간 간격으로 (㉠)회 이상 측정하되 매 측정시간마다 (㉡)회 이상 반복 측정하여 평균값을 산출하여야 한다.

① ㉠ : 6 ㉡ : 2 ② ㉠ : 6 ㉡ : 3
③ ㉠ : 8 ㉡ : 2 ④ ㉠ : 8 ㉡ : 2

◎ ANSWER | 24 ② 25 ② 26 ② 27 ③ 28 ② 29 ④ 30 ①

해설

가스상 물질을 검지관 방식으로 측정하는 경우에는 1일 작업시간 동안 1시간 간격으로 6회 이상 측정하되 매 측정시간마다 2회 이상 반복 측정하여 평균값을 산출하여야 한다.

31 유사노출그룹에 대한 설명으로 틀린 것은?

① 유사노출그룹은 노출되는 유해인자의 농도와 특성이 유사하거나 동일한 근로자 그룹을 말한다.
② 역학조사를 수행할 때 사건이 발생된 근로자가 속한 유사노출그룹의 노출농도를 근거로 노출원인을 추정할 수 있다.
③ 유사노출그룹 설정을 위해 시료채취수가 과다해지는 경우가 있다.
④ 유사노출그룹은 모든 근로자의 노출 상태를 측정하는 효과를 가진다.

해설

시료채취수를 경제적으로 하는 데 활용한다.

32 입경이 20μm이고 입자비중이 1.5인 입자의 침강속도는 약 몇 cm/sec인가?

① 1.8 ② 2.4
③ 12.7 ④ 36.2

해설

리프만(Lippman) 침강속도

$$V(\text{cm/sec}) = 0.003 \times SG \times d^2 = 0.003 \times 1.5 \times 20^2 = 1.8\text{cm/sec}$$

33 측정결과를 평가하기 위하여 "표준화 값"을 산정할 때 필요한 것은?(단, 고용노동부 고시를 기준으로 한다.)

① 시간가중평균값(단시간 노출값)과 허용기준
② 평균농도와 표준편차
③ 측정농도와 시료채취분석오차
④ 시간가중평균값(단시간 노출값)과 평균농도

해설

$$\text{표준화 값}(Y) = \frac{\text{TWA or STEL}}{\text{TLV}}$$

34 원통형 비누거품미터를 이용하여 공기시료 채취기의 유량을 보정하고자 한다. 원통형 비누거품미터의 내경은 4cm이고 거품막이 30cm의 거리를 이동하는 데 10초의 시간이 걸렸다면 이 공기시료채취기의 유량은 약 몇 cm^3/sec인가?

① 37.7 ② 16.5
③ 8.2 ④ 2.2

해설

$$\text{포집유량}(L/\text{min}) = \frac{\text{부피}(L)}{\text{시간}(t)} = \frac{(\frac{\pi}{4} \times 4^2 \times 30)\text{cm}^3}{10\text{sec}} = 37.70\text{cm}^3/\text{sec}$$

35 온도 표시에 대한 설명으로 틀린 것은?(단, 고용노동부 고시를 기준으로 한다.)

① 절대온도는 °K로 표시하고 절대온도는 0°K는 −273°C로 한다.
② 실온은 1~35°C, 미온은 30~40°C로 한다.
③ 온도의 표시는 셀시우스(Celcius)법에 따라 아라비아숫자의 오른쪽에 °C를 붙인다.
④ 냉수는 4°C 이하, 온수는 60~70°C를 말한다.

해설

냉수는 15℃ 이하, 온수는 60~70℃를 말한다.

36 에틸렌글리콜이 20℃, 1기압에서 공기 중에서 증기압이 0.05mmHg라면, 20℃, 1기압에서 공기 중 포화농도는 약 몇 ppm인가?

① 55.4 ② 65.8
③ 73.2 ④ 82.1

해설

$$\text{포화농도} = \frac{\text{증기압}}{760} \times 10^6 = \frac{0.05}{760} \times 10^6 = 65.79\text{ppm}$$

37 유기용제 작업장에서 측정한 톨루엔 농도는 65, 150, 175, 63, 83, 112, 58, 49, 205, 178ppm일 때, 산술평균과 기하평균 값은 약 몇 ppm인가?

① 산술평균 108.4, 기하평균 100.4
② 산술평균 108.4, 기하평균 117.6

◉ ANSWER | 31 ③ 32 ① 33 ① 34 ① 35 ④ 36 ② 37 ③

③ 산술평균 113.8, 기하평균 100.4
④ 산술평균 113.8, 기하평균 117.6

해설

㉠ 산술평균

$= \frac{65+150+175+63+83+112+58+49+205+178}{10}$

$=113.8$

㉡ 기하평균

$= \sqrt[10]{(65\times150\times175\times63\times83\times112\times58\times49\times205\times178)}$

$=100.35\text{ppm}$

38 측정에서 변이계수(Coefficient of Variation)를 알맞게 나타낸 것은?

① 표준편차/산술평균 ② 기하평균/표준편차
③ 표준오차/표준편차 ④ 표준편차/표준오차

해설

변이계수 $= \frac{\text{표준편차}}{\text{산술평균}}$

39 다음 중 자외선에 관한 내용과 가장 거리가 먼 것은?

① 비전리 방사선이다.
② 인체와 관련된 Dorno선을 포함한다.
③ 100~1,000nm 사이의 파장을 갖는 전자파를 총칭하는 것으로 열선이라고도 한다.
④ UV-B는 약 280~315nm의 파장의 자외선이다.

40 입자의 크기에 따라 여과기전 및 채취효율이 다르다. 입자 크기가 0.1~0.5μm일 때 주된 여과 기전은?

① 충돌과 간섭 ② 확산과 간섭
③ 차단과 간섭 ④ 침강과 간섭

해설

입자의 크기별 포집효율
① 관성충돌 : 0.5μm 이상
② 차단(간섭), 확산 : 0.1~0.5μm
③ 확산 : 0.1μm 이하

3과목 작업환경 관리대책

41 공기가 20℃의 송풍관 내에서 20m/sec의 유속으로 흐를 때, 공기의 속도압은 약 몇 mmH_2O인가?(단, 공기 밀도는 1.2kg/m^3이다.)

① 15.5 ② 24.5
③ 33.5 ④ 40.2

해설

$VP = \frac{\gamma V^2}{2g} = \frac{1.2\times20^2}{2\times9.8} = 24.49mmH_2O$

42 보호구의 보호 정도와 한계를 나타내는 데 필요한 보호계수(PF)를 산정하고 공식으로 옳은 것은?(단, 보호구 밖의 농도는 C_o이고, 보호구 안의 농도는 C_i이다.)

① $PF = \frac{C_o}{C_i}$ ② $PF = \frac{C_i}{C_o}$
③ $PF = \left(\frac{C_i}{C_o}\right)\times100$ ④ $PF = \left(\frac{C_i}{C_o}\right)\times0.5$

43 작업환경 개선대책 중 격리와 가장 거리가 먼 것은?

① 국소배기장치의 설치
② 원격조정장치의 설치
③ 특수저장창고의 설치
④ 콘크리트 방호벽의 설치

해설

국소배기장치의 설치는 작업환경 개선대책 중 환기에 해당한다.

44 다음 중 전체환기를 적용할 수 있는 상황과 가장 거리가 먼 것은?

① 유해물질의 독성이 높은 경우
② 작업장 특성상 국소배기장치의 설치가 불가능한 경우
③ 동일 사업장에 다수의 오염발생원이 분산되어 있는 경우

ANSWER | 38 ① 39 ③ 40 ② 41 ② 42 ① 43 ① 44 ①

④ 오염발생원이 근로자가 작업하는 장소로부터 멀리 떨어져 있는 경우

해설

유해물질의 독성이 낮은 경우 전체환기를 적용할 수 있다.

45 푸시풀 후드(Push-Pull Hood)에 대한 설명으로 적합하지 않은 것은?

① 도금조와 같이 폭이 넓은 경우에 사용하면 포집효율을 증가시키면서 필요유량을 감소시킬 수 있다.
② 공정에서 작업물체를 처리조에 넣거나 꺼내는 중에 발생되는 공기막 파괴현상을 사전에 방지할 수 있다.
③ 개방조 한 변에서 압축공기를 이용하여 오염물질이 발생하는 표면에 공기를 불어 반대쪽에 오염물질이 도달하게 한다.
④ 제어속도는 푸시 제트기류에 의해 발생한다.

해설

공정에서 작업물체를 처리조에 넣거나 꺼내는 중에 공기막이 파괴되어 오염물질이 발생하는 단점이 있다.

46 다음 중 개인보호구에서 귀덮개의 장점과 가장 거리가 먼 것은?

① 귀 안에 염증이 있어도 사용 가능하다.
② 동일한 크기의 귀 덮개를 대부분의 근로자가 사용할 수 있다.
③ 멀리서도 착용 유무를 확인할 수 있다.
④ 고온에서 사용해도 불편이 없다.

해설

귀덮개는 고온에서 사용 시 불편하다.

47 회전수가 600rpm이고, 동력은 5kW인 송풍기의 회전수를 800rpm으로 상향조정하였을 때, 동력은 약 몇 kW인가?

① 6 ② 9
③ 12 ④ 15

해설

동력 : 송풍기 회전속도의 3승에 비례한다.

$$kW_2 = kW_1 \times \left(\frac{N_2}{N_1}\right)^3 = 5 \times \left(\frac{800}{600}\right)^3 = 11.85kW$$

48 후드의 유입계수가 0.7이고 속도압이 20mm H_2O일 때, 후드의 유입손실은 약 몇 mmH_2O인가?

① 10.5 ② 20.8
③ 32.5 ④ 40.8

해설

$$\text{유입손실} = F \times VP = \frac{1-C_e^2}{C_e^2} \times VP$$

$$= \frac{1-0.7^2}{0.7^2} \times 20 = 20.8mmH_2O$$

49 작업장에 설치된 후드가 100m^3/min으로 환기되도록 송풍기를 설치하였다. 사용함에 따라 정압이 절반으로 줄었을 때, 환기량의 변화로 옳은 것은?(단, 상사법칙을 적용한다.)

① 환기량이 33.3m^3/min으로 감소하였다.
② 환기량이 50m^3/min으로 감소하였다.
③ 환기량이 57.7m^3/min으로 감소하였다.
④ 환기량이 70.7m^3/min으로 감소하였다.

해설

㉠ 풍압 : 송풍기 회전속도의 2승에 비례한다.

$$0.5 = 1 \times \left(\frac{N_2}{N_1}\right)^2,\ \left(\frac{N_2}{N_1}\right) = \sqrt{0.5} = 0.707$$

㉡ 유량 : 송풍기의 회전속도에 비례한다.

$$Q_2 = 100 \times 0.707 = 70.7m^3/min$$

50 다음 중 덕트 합류 시 댐퍼를 이용한 균형 유지법의 특징과 가장 거리가 먼 것은?

① 임의로 댐퍼 조정 시 평형 상태가 깨진다.
② 시설 설치 후 변경이 어렵다.
③ 설계계산이 상대적으로 간단하다.
④ 설치 후 부적당한 배기유량의 조절이 가능하다.

해설

시설 설치 후 변경이 어려운 것은 정압조절평형법이다.

ANSWER | 45 ② 46 ④ 47 ③ 48 ② 49 ④ 50 ②

51 덕트 직경이 30cm이고 공기유속이 10m/sec일 때, 레이놀즈 수는 약 얼마인가?(단, 공기의 점성계수는 1.85×10^{-5}kg/sec · m, 공기밀도는 1.2kg/m^{3}이다.)

① 195,000　② 215,000
③ 235,000　④ 255,000

해설

$$R_e = \frac{D \cdot V}{\nu} = \frac{D \cdot V \cdot \rho}{\mu} = \frac{0.3m \times 10m/sec \times 1.2kg/m^3}{1.85 \times 10^{-5}kg/m^3} = 194,595$$

52 다음 중 도금조와 사형주조에 사용되는 후드 형식으로 가장 적절한 것은?

① 부스식　② 포위식
③ 외부식　④ 장갑부착상자식

53 환기량을 Q(m^3/hr), 작업장 내 체적을 V(m^3)라고 할 때, 시간당 환기 횟수(회/hr)로 옳은 것은?

① 시간당 환기 횟수=Q×V
② 시간당 환기 횟수=V/Q
③ 시간당 환기 횟수=Q/V
④ 시간당 환기 횟수=Q× $\sqrt{V}$

54 작업장의 음압수준이 86dB(A)이고, 근로자는 귀덮개(차음평가지수=19)를 착용하고 있을 때, 근로자에게 노출되는 음압수준은 약 몇 dB(A)인가?

① 74　② 76
③ 78　④ 80

해설

노출음압수준=음압수준−차음효과
차음효과=(NRR−7)×0.5=(19−7)×0.5=6dB(A)
∴ 노출음압수준=86−6=80dB(A)

55 작업장 내 열부하량이 5,000kcal/h이며, 외기 온도 20℃, 작업장 내 온도는 35℃이다. 이때 전체 환기를 위한 필요환기량은 약 몇 m^3/min인가?(단, 정압비열은 0.3kcal/m^3 · ℃이다.)

① 18.5　② 37.1
③ 185　④ 1,111

해설

$$\text{필요환기량}(Q) = \frac{H_s}{0.3 \times \Delta t} = \frac{5,000}{0.3 \times (35-20)} = 1,111.1m^3/hr = 18.52m^3/min$$

56 보호구의 재질과 적용 대상 화학물질에 대한 내용으로 잘못 짝지어진 것은?

① 천연고무 – 극성 용제
② Butyl 고무 – 비극성 용제
③ Nitrile 고무 – 비극성 용제
④ Neoprene 고무 – 비극성 용제

해설

Butyl 고무는 극성 용제에 효과적이다.

57 주물사, 고온가스를 취급하는 공정에 환기시설을 설치하고자 할 때, 다음 중 덕트의 재료로 가장 적당한 것은?

① 아연도금 강판　② 중질 콘크리트
③ 스테인리스 강판　④ 흑피 강판

해설

덕트의 재료
㉠ 아연도금강판 : 유기용제, 부식 · 마모의 우려가 없는 것
㉡ 스테인리스 강판 : 강산이나 염산을 유리하는 염소계 용제
㉢ 강판 : 수산화나트륨 등의 알칼리
㉣ 흑피강판 : 주물사, 고온가스
㉤ 중질 콘크리트 : 전리방사선

◉ ANSWER | 51 ① 52 ③ 53 ③ 54 ④ 55 ① 56 ② 57 ④

58 주물작업 시 발생되는 유해인자로 가장 거리가 먼 것은?

① 소음 발생　② 금속흄 발생
③ 분진 발생　④ 자외선 발생

59 사이클론 집진장치 블로다운에 대한 설명으로 옳은 것은?

① 유효 원심력을 감소시켜 선회기류의 흐트러짐을 방지한다.
② 관 내 분진 부착으로 인한 장치의 폐쇄현상을 방지한다.
③ 부분적 난류 증가로 집진된 입자가 재비산된다.
④ 처리배기량의 50% 정도가 재유입되는 현상이다.

해설

블로다운 효과
㉠ 유효 원심력을 증가시켜 선회기류의 흐트러짐을 방지한다.
㉡ 관 내 분진 부착으로 인한 장치의 폐쇄현상을 방지한다.
㉢ 부분적 난류 감소로 집진된 입자의 재비산을 방지한다.
㉣ 처리배기량의 5~10% 정도가 재유입되는 현상이다.

60 국소배기시설의 일반적 배열순서로 가장 적절한 것은?

① 후드 → 덕트 → 송풍기 → 공기정화장치 → 배기구
② 후드 → 송풍기 → 공기정화장치 → 덕트 → 배기구
③ 후드 → 덕트 → 공기정화장치 → 송풍기 → 배기구
④ 후드 → 공기정화장치 → 덕트 → 송풍기 → 배기구

4과목 물리적 유해인자 관리

61 소음성 난청(Noise Induced Hearing Loss : NIHL)에 관한 설명으로 틀린 것은?

① 소음성 난청은 4,000~6,000Hz 정도에서 가장 많이 발생한다.
② 일시적 청력 변화 때의 각 주파수에 대한 청력 손실의 양상은 같은 소리에 의하여 생긴 영구적 청력 변화 때의 청력 손실 양상과는 다르다.
③ 심한 소음에 노출되면 처음에는 일시적 청력 변화(Temporary Threshold Shift)를 초래하는데, 이것은 소음 노출을 중단하면 다시 노출 전의 상태로 회복되는 변화이다.
④ 심한 소음에 반복하여 노출되면 일시적 청력 변화는 영구적 청력 변화(Permanent Threshold Shift)로 변하며 코르티 기관에 손상이 온 것이므로 회복이 불가능하다.

해설

일시적 청력 변화 때의 각 주파수에 대한 청력 손실의 양상은 같은 소리에 의하여 생긴 영구적 청력 변화 때의 청력 손실 양상과 비슷하다.

62 다음 중 피부 투과력이 가장 큰 것은?

① X선　② α선
③ β선　④ 레이저

해설

㉠ 투과력 순서 : 중성자선 > γ선 · X선 > β선 > α선
㉡ 전리작용 순서 : α선 > β선 > γ선 · X선

63 사무실 실내환경의 이산화탄소(CO_2) 농도를 측정하였더니 750ppm이었다. 이산화탄소가 750ppm인 사무실 실내환경의 직접적 건강영향은?

① 두통　② 피로
③ 호흡곤란　④ 직접적 건강영향은 없다.

해설

이산화탄소의 대기 중 농도가 1.5% 이상이 되면 두통이나 현기증, 불쾌감 등이 나타난다.

ANSWER | 58 ④　59 ②　60 ③　61 ②　62 ①　63 ④

64 비전리방사선이 아닌 것은?

① 감마선 ② 극저주파
③ 자외선 ④ 라디오파

해설

비전리방사선의 종류
자외선, 가시광선, 적외선, 마이크로파, 라디오파, 초저주파, 극저주파

65 정상인이 들을 수 있는 가장 낮은 이론적 음압은 몇 dB인가?

① 0 ② 5
③ 10 ④ 20

해설

가청 소음도
0~130dB

66 다음 중 저온에 의한 장해에 관한 내용으로 틀린 것은?

① 근육 긴장이 증가하고 떨림이 발생한다.
② 혈압은 변화되지 않고 일정하게 유지된다.
③ 피부 표면의 혈관들과 피하조직이 수축된다.
④ 부종, 저림, 가려움, 심한 통증 등이 생긴다.

해설

저온환경에 노출되면 혈압이 일시적으로 상승된다.

67 자연조명에 관한 설명으로 틀린 것은?

① 창의 면적은 바닥 면적의 15~20% 정도가 이상적이다.
② 개각은 4~5°가 좋으며, 개각이 작을수록 실내는 밝다.
③ 균일한 조명을 요하는 작업실은 동북 또는 북창이 좋다.
④ 입사각은 28° 이상이 좋으며, 입사각이 클수록 실내는 밝다.

해설

개각과 입사각이 클수록 실내는 밝다.

68 각각 90dB, 90dB, 95dB, 100dB의 음압수준을 발생하는 소음원이 있다. 이 소음원들이 동시에 가동될 때 발생되는 음압수준은?

① 99dB ② 102dB
③ 105dB ④ 108dB

해설

$L_{합} = 10\log(10^{9.0} + 10^{9.0} + 10^{9.5} + 10^{10}) = 101.8\text{dB}$

69 소음의 흡음 평가 시 적용되는 반향시간(Reverberation Time)에 관한 설명으로 맞는 것은?

① 반향시간은 실내공간의 크기에 비례한다.
② 실내 흡음량을 증가시키면 반향시간도 증가한다.
③ 반향시간은 음압수준이 30dB 감소하는 데 소요되는 시간이다.
④ 반향시간을 측정하려면 실내 배경소음이 90dB 이상 되어야 한다.

해설

잔향시간(반향시간)
㉠ 음원을 끈 순간부터 음압수준이 60dB 감소되는 데 소요되는 시간(sec)이다.
㉡ 작업장의 공간부피만 알면 흡음량을 추정할 수 있다.
㉢ 대상 실내의 평균흡음률을 측정할 수 있다.

$$T(\text{sec}) = 0.161\frac{V}{A}$$

여기서, V : 작업공간 부피(m^3)
A : 흡음력(sabin, m^2)

70 사람이 느끼는 최소 진동역치로 맞는 것은?

① 35±5dB ② 45±5dB
③ 55±5dB ④ 65±5dB

해설

최소 진동역치 : 55±5dB

ANSWER | 64 ① 65 ① 66 ② 67 ② 68 ② 69 ① 70 ③

71 다음은 빛과 밝기의 단위를 설명한 것으로 ㉠, ㉡에 해당하는 용어로 맞는 것은?

> 1루멘의 빛이 $1ft^2$의 평면상에 수직방향으로 비칠 때, 그 평면의 빛의 양, 즉 조도를 (㉠)(이)라 하고, $1m^2$의 평면에 1루멘의 빛이 비칠 때의 밝기를 1(㉡)(이)라고 한다.

① ㉠ : 캔들(Candle), ㉡ : 럭스(Lux)
② ㉠ : 럭스(Lux), ㉡ : 캔들(Candle)
③ ㉠ : 럭스(Lux), ㉡ : 풋캔들(Foot Candle)
④ ㉠ : 풋캔들(Foot Candle), ㉡ : 럭스(Lux)

72 일반적으로 소음계의 A 특성치는 몇 phon의 등감곡선과 비슷하게 주파수에 따른 반응을 보정하여 측정한 음압수준을 말하는가?

① 40　　② 70
③ 100　　④ 140

해설

음압수준의 보정(특성보정치 기준 주파수=1,000Hz)
㉠ A특성치 : 40phon 등감곡선(인간의 청력 특성과 유사)
㉡ B특성치 : 70phon 등감곡선
㉢ C특성치 : 100phon 등감곡선
㉣ A특성치와 C특성치가 크면 저주파음이고 그 차이가 작으면 고주파음이다.

73 방사선 용어 중 조직(또는 물질)의 단위질량당 흡수된 에너지를 나타낸 것은?

① 등가선량　　② 흡수선량
③ 유효선량　　④ 노출선량

해설

흡수선량은 방사선이 피폭하는 물질에 흡수되는 단위질량당 에너지 양을 말한다.

74 온열지수(WBGT)를 측정하는 데 있어 관련이 없는 것은?

① 기습　　② 기류
③ 전도열　　④ 복사열

해설

온열요소
㉠ 기온(Air Temperature)
㉡ 기습(Humidity, 습도)
㉢ 기류(Air Velocity)
㉣ 복사열(Radiant Temperature)

75 다음의 설명에서 (　) 안에 들어갈 알맞은 숫자는?

> (　)기압 이상에서 공기 중의 질소가스는 마취작용을 나타내서 작업력의 저하, 기분의 변환, 여러 정도의 다행증(多幸症)이 일어난다.

① 2　　② 4
③ 6　　④ 8

해설

질소 마취
4기압 이상에서 공기 중의 질소가스는 마취작용을 일으키며 작업력의 저하, 기분의 변환, 다행증(Euphoria) 등이 발생한다.

76 저기압의 영향에 관한 설명으로 틀린 것은?

① 산소결핍을 보충하기 위하여 호흡수, 맥박수가 증가된다.
② 고도 18,000ft(5,468m) 이상이 되면 21% 이상의 산소가 필요하게 된다.
③ 고도 10,000ft(3,048m)까지는 시력, 협조운동의 가벼운 장해 및 피로를 유발한다.
④ 고도의 상승으로 기압이 저하되면 공기의 산소분압이 상승하여 폐포 내의 산소분압도 상승한다.

해설

고도의 상승으로 기압이 저하되면 공기의 산소분압이 저하되고 폐포 내의 산소분압도 낮아져 산소결핍증이 나타난다.

77 감압병의 예방 및 치료에 관한 설명으로 틀린 것은?

① 고압환경에서의 작업시간을 제한한다.
② 감압이 끝날 무렵에 순수한 산소를 흡입시키면 감압시간을 25%가량 단축시킬 수 있다.

ANSWER | 71 ④ 72 ① 73 ② 74 ③ 75 ② 76 ④ 77 ④

③ 특별히 잠수에 익숙한 사람을 제외하고는 10m/min 속도 정도로 잠수하는 것이 안전하다.
④ 헬륨은 질소보다 확산속도가 작고 체내에서 불안정적이므로 질소를 헬륨으로 대치한 공기로 호흡시킨다.

해설

헬륨은 질소보다 확산속도가 크며, 체내에서 안정적이므로 질소를 헬륨으로 대치한 공기를 호흡시킨다.

78 다음 중 적외선의 생체작용에 대한 설명으로 틀린 것은?

① 조직에 흡수된 적외선은 화학반응을 일으키는 것이 아니라 구성분자의 운동에너지를 증대시킨다.
② 만성노출에 따라 눈장해인 백내장을 일으킨다.
③ 700nm 이하의 적외선은 눈의 각막을 손상시킨다.
④ 적외선이 체외에서 조사되면 일부는 피부에서 반사되고 나머지만 흡수된다.

해설

1,400nm 이상의 적외선은 눈의 각막을 손상시킨다.

79 열사병(Heat Stroke)에 관한 설명으로 맞는 것은?

① 피부가 차갑고, 습한 상태로 된다.
② 보온을 시키고, 더운 커피를 마시게 한다.
③ 지나친 발한에 의한 탈수와 염분 소실이 원인이다.
④ 뇌 온도의 상승으로 체온조절중추의 기능이 장해를 받게 된다.

해설

열사병(Heat Stroke)
㉠ 고온다습한 환경에서 육체적 작업을 하거나 태양의 복사선을 두부에 직접적으로 받는 경우에 발생하며 발한에 의한 체열 방출 장해로 체내에 열이 축적되어 발생한다.
㉡ 증상
- 뇌 온도의 상승으로 체온조절중추 기능장해를 초래한다.
- 땀을 흘리지 못하므로 체열 방산이 안 되어 체온이 41~43℃까지 급상승되고, 혼수상태에 이를 수 있다.
- 정신착란, 의식결여, 경련 또는 혼수, 건조하고 높은 피부온도가 나타난다.

80 진동증후군(HAVS)에 대한 스톡홀름 워크숍의 분류로서 틀린 것은?

① 진동증후군의 단계를 0부터 4까지 5단계로 구분하였다.
② 1단계는 가벼운 증상으로 하나 또는 그 이상의 손가락 끝부분이 하얗게 변하는 증상을 의미한다.
③ 3단계는 심각한 증상으로 하나 또는 그 이상의 손가락 가운뎃마디 부분까지 하얗게 변하는 증상이 나타나는 단계이다.
④ 4단계는 매우 심각한 증상으로 대부분의 손가락이 하얗게 변하는 증상과 함께 손끝에서 땀의 분비가 제대로 일어나지 않는 등의 변화가 나타나는 단계이다.

해설

진동증후군의 3단계는 심각한 증상으로 대부분의 손가락에 빈번하게 나타난다.

5과목 산업독성학

81 할로겐화 탄화수소인 사염화탄소에 관한 설명으로 틀린 것은?

① 생식기에 대한 독성작용이 특히 심하다.
② 고농도에 노출되면 중추신경계 장애 외에 간장과 신장장애를 유발한다.
③ 신장장애 증상으로 감뇨, 혈뇨 등이 발생하며, 완전 무뇨증이 되면 사망할 수도 있다.
④ 초기 증상으로는 지속적인 두통, 구역 또는 구토, 복부선통과 설사, 간압통 등이 나타난다.

해설

사염화탄소(CCl_4)
㉠ 초기 증상으로는 지속적인 두통, 구역 또는 구토, 복부선통과 설사, 간압통 등이 나타난다.
㉡ 피부로부터 흡수되어 전신중독을 일으킬 수 있다.
㉢ 간의 중요한 장해인 중심소엽성 괴사를 일으키는 물질이다.
㉣ 고농도로 폭로되면 중추신경계 장해 외에 간장이나 신장에 장해가 일어나 황달, 단백뇨, 혈뇨의 증상을 나타낸다.
㉤ 간에 대한 독성작용이 강하며, 간의 중심소엽성 괴사를 일으킨다.

ANSWER | 78 ③ 79 ④ 80 ③ 81 ①

82 이황화탄소를 취급하는 근로자를 대상으로 생물학적 모니터링을 하는 데 이용될 수 있는 생체 내 대사산물은?

① 소변 중 마뇨산
② 소변 중 메탄올
③ 소변 중 메틸마뇨산
④ 소변 중 TTCA(2-thiothiazolidine-4-carboxylic Acid)

해설

이황화탄소의 대사산물
㉠ 요중 TTCA
㉡ 요중 이황화탄소

83 유해물질의 분류에 있어 질식제로 분류되지 않는 것은?

① H_2　② N_2
③ O_3　④ H_2S

해설

질식제
㉠ 단순 질식제 : 수소, 헬륨, 이산화탄소, 질소, 에탄, 메탄, 일산화질소 등
㉡ 화학적 질식제 : 일산화탄소, 청산 및 그 화합물, 아닐린, 톨루이딘, 니트로벤젠, 황화수소
㉢ 일산화탄소 : 탄소 또는 탄소화합물이 불완전연소할 때 발생되는 무색 무취의 기체. 혈액 중 헤모글로빈과의 결합력이 매우 강하여 체내 산소공급능력 방해

84 유기용제에 의한 장해의 설명으로 틀린 것은?

① 유기용제의 중추신경계 작용으로 잘 알려진 것은 마취작용이다.
② 사염화탄소는 간장과 신장을 침범하는 데 반하여 이황화탄소는 중추신경계통을 침해한다.
③ 벤젠은 노출 초기에는 빈혈증을 나타내고 장기간 노출되면 혈소판 감소, 백혈구 감소를 초래한다.
④ 대부분의 유기용제는 유독성의 포스겐을 발생시켜 장기간 노출 시 폐수종을 일으킬 수 있다.

해설

작업환경 내 발생하는 유기용제의 공통적인 대표적 비특이적 증상은 중추신경계 활성 억제이다.

85 작업장 내 유해물질 노출에 따른 위험성을 결정하는 주요 인자로만 나열된 것은?

① 독성과 노출량　② 배출농도와 사용량
③ 노출기준과 노출량　④ 노출기준과 노출농도

해설

유해물질 노출에 따른 위험성을 결정하는 주요 인자는 유해물질의 독성과 노출량이다.

86 메탄올에 관한 설명으로 틀린 것은?

① 특징적인 악성변화는 간 혈관육종이다.
② 자극성이 있고, 중추신경계를 억제한다.
③ 플라스틱, 필름 제조와 휘발유첨가제 등에 이용된다.
④ 시각장해의 기전은 메탄올의 대사산물인 포름알데히드가 망막조직을 손상시키는 것이다.

해설

간 혈관육종을 일으키는 물질은 염화비닐(CH_2CHCl)이다.

87 수은중독의 예방대책이 아닌 것은?

① 수은 주입 과정을 밀폐공간 안에서 자동화한다.
② 작업장 내에서 음식물 섭취와 흡연 등의 행동을 금지한다.
③ 수은 취급 근로자의 비점막 궤양 생성 여부를 면밀히 관찰한다.
④ 작업장에 흘린 수은은 신체가 닿지 않는 방법으로 즉시 제거한다.

해설

크롬 취급 근로자의 비점막의 염증 증상을 면밀히 관찰한다.(비중격 천공)

88 납의 독성에 대한 인체실험 결과, 안전흡수량이 체중(kg)당 0.005mg이었다. 1일 8시간 작업 시의 허용농도(mg/m^3)는?(단, 근로자의 평균 체중은 70kg, 해당 작업 시의 폐환기량(또는 호흡량)은 시간당 $1.25m^3$으로 가정한다.)

① 0.030　② 0.035
③ 0.040　④ 0.045

ANSWER | 82 ④ 83 ③ 84 ④ 85 ① 86 ① 87 ③ 88 ②

해설

SHD(안전흡수량) = C × T × R × V

$$C = \frac{SHD}{T \times R \times V} = \frac{0.005mg/kg \times 70kg}{8hr \times 1.25m^3/hr \times 1.0} = 0.035mg/m^3$$

89 페니실린을 비롯한 약품을 정제하기 위한 추출제 혹은 냉동제 및 합성수지에 이용되는 물질로 가장 적절한 것은?

① 벤젠 ② 클로로포름
③ 브롬화메틸 ④ 헥사클로로나프탈렌

해설

클로로포름($CHCl_3$)

㉠ 급성독성은 중추신경계(CNS) 억제에 기인한다.
㉡ 급성폭로에 의하여 간과 신장이 손상되고 심장도 예민하게 된다.
㉢ 피부자극은 적지만 눈에 폭로되면 고통스럽다.
㉣ 폭로가 계속되면 냄새에 순응되어 감지능력이 저하된다.
㉤ 페니실린을 비롯한 약품을 정제하기 위한 추출제 혹은 냉동제 및 합성수지에 이용한다.

90 다음의 설명에서 ㉠~㉢에 해당하는 내용이 맞는 것은?

> 단시간노출기준(STEL)이란 (㉠) 분간의 시간가중평균노출값으로서 노출농도가 시간가중평균노출기준(TWA)을 초과하고 단시간노출기준(STEL) 이하인 경우에는 1회 노출 지속시간이 (㉡) 분 미만이어야 하고, 이러한 상태가 1일 (㉢)회 이하로 발생하여야 하며, 각 노출의 간격은 60분 이상이어야 한다.

① ㉠ : 15, ㉡ : 20, ㉢ : 2
② ㉠ : 15, ㉡ : 15, ㉢ : 4
③ ㉠ : 20, ㉡ : 15, ㉢ : 2
④ ㉠ : 20, ㉡ : 20, ㉢ : 4

해설

단시간노출기준(STEL)

15분간의 시간가중평균노출값으로서 노출농도가 시간가중평균노출기준(TWA)을 초과하고 단시간노출기준(STEL) 이하인 경우에는 1회 노출 지속시간이 15분 미만이어야 하고, 이러한 상태가 1일 4회 이하로 발생하여야 하며, 각 노출의 간격은 60분 이상이어야 한다.

91 주로 비강, 인후두, 기관 등 호흡기의 기도 부위에 축적됨으로써 호흡기계 독성을 유발하는 분진은?

① 흡입성 분진 ② 호흡성 분진
③ 흉곽성 분진 ④ 총부유 분진

해설

호흡기(비강, 인후두, 기관) 어느 부위에 침착하더라도 독성을 나타내는 분진은 흡입성 분진(IPM)이다.

92 납중독을 확인하는 시험이 아닌 것은?

① 혈중의 납 농도
② 소변 중 단백질
③ 말초신경의 신경전달 속도
④ ALA(Amino Levulinic Acid) 축적

해설

납중독 확인시험 항목

㉠ 혈중 납의 농도 ㉡ 헴(Heme)의 대사
㉢ 신경전달 속도 ㉣ Ca-EDTA 이동시험
㉤ ALA(Amino Levulinic Acid) 축적

93 근로자의 화학물질에 대한 노출을 평가하는 방법으로 가장 거리가 먼 것은?

① 개인시료 측정
② 생물학적 모니터링
③ 유해성 확인 및 독성평가
④ 건강감시(Medical Surveillance)

해설

근로자의 화학물질에 대한 노출평가 방법

㉠ 개인시료 측정
㉡ 생물학적 모니터링
㉢ 건강감시(Medical Surveillance)

94 폐에 침착된 먼지의 정화과정에 대한 설명으로 틀린 것은?

① 어떤 먼지는 폐포벽을 통과하여 림프계나 다른 부위로 들어가기도 한다.
② 먼지는 세포가 방출하는 효소에 의해 용해되지 않으므로 점액층에 의한 방출 이외에는 체내에 축적된다.

◉ ANSWER | 89 ② 90 ② 91 ① 92 ② 93 ③ 94 ②

③ 폐에 침착된 먼지는 식세포에 의하여 포위되어, 먼지와 일부는 미세 기관지로 운반되고 점액 섬모운동에 의하여 정화된다.
④ 폐에서 먼지를 포위하는 식세포는 수명이 다한 후 사멸하고 다시 새로운 식세포가 먼지를 포위하는 과정이 계속적으로 일어난다.

해설

호흡기계로 들어온 먼지에 대한 인체의 방어기전
㉠ 점액 섬모운동에 의한 정화
㉡ 대식세포에 의한 정화

95 다음 중 인체에 흡수된 대부분의 중금속을 배설, 제거하는 데 가장 중요한 역할을 담당하는 기관은 무엇인가?

① 대장 ② 소장
③ 췌장 ④ 신장

해설

인체에 흡수된 대부분의 중금속을 배설, 제거하는 데 가장 중요한 역할을 담당하는 기관은 신장이다.

96 베릴륨 중독에 관한 설명으로 틀린 것은?

① 베릴륨의 만성중독은 Neighborhood Cases라고도 불린다.
② 예방을 위해 X선 촬영과 폐기능 검사가 포함된 정기 건강검진이 필요하다.
③ 염화물, 황화물, 불화물과 같은 용해성 베릴륨화합물은 급성중독을 일으킨다.
④ 치료는 BAL 등 금속배설 촉진제를 투여하며, 피부병소에는 BAL 연고를 바른다.

해설

베릴륨의 치료는 금속 배출 촉진제 Chelating Agent를 투여한다.

97 체내에 소량 흡수된 카드뮴은 체내에서 해독되는데 이들 반응에 중요한 작용을 하는 것은?

① 효소 ② 임파구
③ 간과 신장 ④ 백혈구

해설

체내에 흡수된 카드뮴은 혈액을 거쳐 2/3는 간과 신장으로 이동한다. 간과 신장에서 해독작용을 한다.

98 채석장 및 모래 분사 작업장(Sandblasting) 작업자들이 석영을 과도하게 흡입하여 발생하는 질병은?

① 규폐증 ② 탄폐증
③ 면폐증 ④ 석면폐증

99 유기용제의 종류에 따른 중추신경계 억제작용을 작은 것부터 큰 것으로 순서대로 나타낸 것은?

① 에스테르 < 유기산 < 알코올 < 알켄 < 알칸
② 에스테르 < 알칸 < 알켄 < 알코올 < 유기산
③ 알칸 < 알켄 < 알코올 < 유기산 < 에스테르
④ 알켄 < 알코올 < 에스테르 < 알칸 < 유기산

해설

유기용제의 중추신경계 활성억제 순서
할로겐화화합물 > 에테르 > 에스테르 > 유기산 > 알코올 > 알켄 > 알칸

100 메탄올의 시각장애 독성을 나타내는 대사단계의 순서로 맞는 것은?

① 메탄올 → 에탄올 → 포름산 → 포름알데히드
② 메탄올 → 아세트알데히드 → 아세테이트 → 물
③ 메탄올 → 아세트알데히드 → 포름알데히드 → 이산화탄소
④ 메탄올 → 포름알데히드 → 포름산 → 이산화탄소

해설

메탄올의 시작장애 대사단계 순서
메탄올 → 포름알데히드 → 포름산 → 이산화탄소

◉ ANSWER | 95 ④ 96 ④ 97 ③ 98 ① 99 ③ 100 ④

2019년 2회 기사

1과목 산업위생학 개론

01 산업안전보건법상 최근 1년간 작업공정에서 공정 설비의 변경, 작업방법의 변경, 설비의 이전, 사용 화학물질의 변경 등으로 작업환경 측정 결과에 영향을 주는 변화가 없는 경우 작업공정 내 소음 외의 다른 모든 인자의 작업환경 측정 결과가 최근 2회 연속 노출기준 미만인 사업장은 몇 년에 1회 이상 측정할 수 있는가?

① 6월 ② 1년
③ 2년 ④ 3년

해설

1년에 1회 이상 작업환경 측정
㉠ 작업공정 내 소음의 작업환경 측정 결과가 최근 2회 연속 85데시벨(dB) 미만
㉡ 작업공정 내 소음 외의 다른 모든 인자의 작업환경 측정 결과가 최근 2회 연속 노출기준 미만

02 해외 국가의 노출기준 연결이 틀린 것은?

① 영국 – WEL(Workplace Exposure Limit)
② 독일 – REL(Recommended Exposure Limit)
③ 스웨덴 – OEL(Occupational Exposure Limit)
④ 미국(ACGIH) – TLV(Threshold Limit Value)

해설

독일 – MAK(Maximale Arbeitsplatz Konzentration)

03 L_5/S_1 디스크에 얼마 정도의 압력이 초과되면 대부분의 근로자에게 장해가 나타나는가?

① 3,400N ② 4,400N
③ 5,400N ④ 6,400N

해설

L_5/S_1 디스크의 압력이 6,400N 압력 부하 시 대부분의 근로자가 견딜 수 없다.

04 Flex Time 제도의 설명으로 맞는 것은?

① 하루 중 자기가 편한 시간을 정하여 자유롭게 출·퇴근하는 제도
② 주휴 2일제로 주당 40시간 이상의 근무를 원칙으로 하는 제도
③ 연중 4주간 연차 휴가를 정하여 근로자가 원하는 시기에 휴가를 갖는 제도
④ 작업상 전 근로자가 일하는 중추시간(Core Time)을 제외하고 주당 40시간 내외의 근로조건하에서 자유롭게 출·퇴근하는 제도

05 하인리히의 사고연쇄반응 이론(도미노 이론)에서 사고가 발생하기 바로 직전의 단계에 해당하는 것은?

① 개인적 결함 ② 사회적 환경
③ 선진 기술의 미적용 ④ 불안전한 행동 및 상태

해설

하인리히의 도미노 이론(사고 발생의 연쇄성)
㉠ 1단계 : 사회적 환경 및 유전적 요소(기초원인)
㉡ 2단계 : 개인의 결함(간접원인)
㉢ 3단계 : 불안전한 행동 및 불안전한 상태(직접원인) → 제거(효과적)
㉣ 4단계 : 사고
㉤ 5단계 : 재해

06 화학물질의 국내 노출기준에 관한 설명으로 틀린 것은?

① 1일 8시간을 기준으로 한다.
② 직업병 진단 기준으로 사용할 수 없다.
③ 대기오염의 평가나 관리상 지표로 사용할 수 없다.
④ 직업성 질병의 이환에 대한 반증자료로 사용할 수 있다.

ANSWER | 01 ② 02 ② 03 ④ 04 ④ 05 ④ 06 ④

해설

미국정부산업위생전문가협의회(ACGIH)에서 제시한 허용농도(TLV) 적용상의 주의사항
㉠ 대기오염 평가 및 관리에 적용할 수 없다.
㉡ 반드시 산업위생전문가에 의하여 적용되어야 한다.
㉢ 24시간 노출 또는 정상 작업시간을 초과한 노출에 대한 독성평가에 적용하여서는 아니 된다.
㉣ 안전농도와 위험농도를 정확히 구분하는 경계선으로 사용하여서는 아니 된다.
㉤ 독성의 강도를 비교할 수 있는 지표로 사용하지 않아야 한다.
㉥ 기존의 질병이나 육체적 조건을 판단하기 위한 척도로 사용될 수 없다.
㉦ 피부로 흡수되는 양은 고려하지 않은 기준이다.
㉧ 사업장의 유해조건을 평가하고 건강장해를 예방하기 위한 지침이다.
㉨ 작업조건이 다른 나라에서 ACGIH-TLV를 그대로 적용할 수 없다.

07 사업장에서의 산업보건관리업무는 크게 3가지로 구분될 수 있다. 산업보건관리업무와 가장 관련이 적은 것은?

① 안전관리　② 건강관리
③ 환경관리　④ 작업관리

해설

산업보건관리업무
㉠ 건강관리　㉡ 환경관리　㉢ 작업관리

08 최근 실내공기질에서 문제가 되고 있는 방사성 물질인 라돈에 관한 설명으로 옳지 않은 것은?

① 무색, 무취, 무미한 가스로 인간의 감각에 의해 감지할 수 없다.
② 인광석이나 산업폐기물을 포함하는 토양, 석재, 각종 콘크리트 등에서 발생할 수 있다.
③ 라돈의 감마(γ)-붕괴에 의하여 라돈의 딸 핵종이 생성되며 이것이 기관지에 부착되어 감마선을 방출하여 폐암을 유발한다.
④ 우라늄 계열의 붕괴과정 일부에서 생성될 수 있다.

해설

라돈은 라듐의 α 붕괴에 의해 발생하며, 폐암을 유발한다.

09 어느 공장에서 경미한 사고가 3건이 발생하였다. 그렇다면 이 공장의 무상해사고는 몇 건이 발생하는가?(단, 하인리히의 법칙을 활용한다.)

① 25　② 31
③ 36　④ 40

해설

하인리히의 법칙(1 : 29 : 300)
330회의 사고 가운데 중상 또는 사망 1회, 경상 29회, 무상해사고 300회의 비율로 사고 발생
29 : 300 = 3 : X

$$X = \frac{3 \times 300}{29} = 31.03\text{회}$$

10 인간공학에서 고려할 인간의 특성과 가장 거리가 먼 것은?

① 감각과 지각
② 운동력과 근력
③ 감정과 생산능력
④ 기술, 집단에 대한 적응능력

해설

인간공학에서 고려할 인간의 특성
㉠ 인간의 습성
㉡ 신체의 크기와 작업환경
㉢ 기술, 집단에 대한 적응능력
㉣ 감각과 지각
㉤ 운동력과 근력
㉥ 민족

11 산업위생 분야에 종사하는 사람들이 반드시 지켜야 할 윤리강령의 전문가로서의 책임에 대한 설명 중 틀린 것은?

① 기업체의 기밀은 누설하지 않는다.
② 과학적 방법의 적용과 자료의 해석에서 객관성을 유지한다.
③ 근로자, 사회 및 전문직종의 이익을 위해 과학적 지식을 공개하고 발표한다.
④ 전문적 판단이 타협에 의하여 좌우될 수 있거나 이해관계가 있는 상황에는 적극적으로 개입한다.

◉ ANSWER | 07 ① 08 ③ 09 ② 10 ③ 11 ④

해설

전문적인 판단이 타협에 의해서 좌우될 수 있으나 이해관계가 있는 상황에서는 개입하지 않는다.

12 직업성 질환의 범위에 해당되지 않는 것은?

① 합병증 ② 속발성 질환
③ 선천적 질환 ④ 원발성 질환

해설

직업성 질환의 범위
㉠ 업무에 기인하여 1차적으로 발생하는 원발성 질환 포함
㉡ 원발성 질환과 합병 작용하여 제2의 질환을 유발하는 경우 포함
㉢ 합병증이 원발성 질환과 불가분의 관계를 가지는 경우 포함
㉣ 원발성 질환과 떨어진 다른 부위에 동일한 원인에 의한 제2의 질환을 일으키는 경우 포함

13 단기간 휴식을 통해서는 회복될 수 없는 발병단계의 피로를 무엇이라 하는가?

① 곤비 ② 정신피로
③ 과로 ④ 전신피로

해설

피로의 3단계
㉠ 보통피로 : 하루 잠을 자고 나면 완전히 회복되는 피로
㉡ 과로 : 다음 날까지 계속되는 피로의 상태로 단기간 휴식으로 회복 가능
㉢ 곤비 : 과로의 축적으로 단기간 휴식으로 회복될 수 없는 발병단계의 피로

14 NIOSH의 권고중량한계(Recommended Weight Limit : RWL)에 사용되는 승수(Multiplier)가 아닌 것은?

① 들기거리(Lift Multiplier)
② 이동거리(Distance Multiplier)
③ 수평거리(Horizontal Multiplier)
④ 비대칭각도(Asymmetry Multiplier)

15 인간공학에서 최대작업영역(Maximum Area)에 대한 설명으로 가장 적절한 것은?

① 허리에 불편 없이 적절히 조작할 수 있는 영역
② 팔과 다리를 이용하여 최대한 도달할 수 있는 영역
③ 어깨에서부터 팔을 뻗어 도달할 수 있는 최대 영역
④ 상완을 자연스럽게 몸에 붙인 채로 전완을 움직일 때 도달하는 영역

해설

최대작업영역(Maximum Area)
위팔과 아래팔을 곧게 뻗어 닿는 영역, 상지를 뻗어서 닿는 범위를 말한다.(55~65cm 범위)

16 심리학적 적성검사와 가장 거리가 먼 것은?

① 감각기능검사 ② 지능검사
③ 지각동작검사 ④ 인성검사

해설

심리학적 적성검사 항목

종류	검사항목
인성검사	성격, 태도, 정신상태
기능검사	직무에 관한 기본지식, 숙련도, 사고력
지능검사	언어, 기억, 추리, 귀납
지각동작검사	수족협조능, 운동속도능, 형태지각능

17 한 근로자가 트리클로로에틸렌(TLV 50ppm)이 담긴 탈지탱크에서 금속가공제품의 표면에 존재하는 절삭유 등의 기름 성분을 제거하기 위해 탈지작업을 수행하였다. 또 이 과정을 마치고 포장단계에서 표면 세척을 위해 아세톤(TLV 500ppm)을 사용하였다. 이 근로자의 작업환경 측정 결과는 트리클로로에틸렌이 45ppm, 아세톤이 100ppm이었을 때, 노출지수와 노출기준에 관한 설명으로 맞는 것은?(단, 두 물질은 상가작용을 한다.)

① 노출지수는 0.9이며, 노출기준 미만이다.
② 노출지수는 1.1이며, 노출기준을 초과하고 있다.
③ 노출지수는 6.1이며, 노출기준을 초과하고 있다.
④ 트리클로로에틸렌의 노출지수는 0.9, 아세톤의 노출지수는 0.2이며, 혼합물로서 노출기준 미만이다.

◎ ANSWER | 12 ③ 13 ① 14 ① 15 ③ 16 ① 17 ②

해설

$$노출지수(EI)=\frac{C_1}{TLV_1}+\frac{C_2}{TLV_2}+\cdots+\frac{C_n}{TLV_n}$$

$$=\frac{45}{50}+\frac{100}{500}=1.1$$

∴ 노출기준이 1.1이므로 노출기준을 초과하고 있다.

18 산업안전법령상 사무실 공기관리의 관리대상 오염물질의 종류에 해당하지 않는 것은?

① 오존(O_3) ② 총부유세균
③ 호흡성 분진(RPM) ④ 일산화탄소(CO)

19 산업위생 역사에서 영국의 외과의사 Percivall Pott에 대한 내용 중 틀린 것은?

① 직업성 암을 최초로 보고하였다.
② 산업혁명 이전의 산업위생 역사이다.
③ 어린이 굴뚝청소부에게 많이 발생하던 음낭암(Scrotal Cancer)의 원인물질을 검댕(Soot)이라고 규명하였다.
④ Pott의 노력으로 1788년 영국에서는 도제 건강 및 도덕법(Health and Morals of Apprentices Act)이 통과되었다.

해설

Pott의 노력으로 1788년에 굴뚝청소부법이 제정되었다.

20 젊은 근로자의 약한 쪽 손의 힘은 평균 50kp이고, 이 근로자가 무게 10kg인 상자를 두 손으로 들어 올릴 경우에 한 손의 작업강도(%MS)는 얼마인가?(단, 1kp는 질량 1kg을 중력의 크기로 당기는 힘을 말한다.)

① 5 ② 10
③ 15 ④ 20

해설

$$\%MS=\frac{RF}{MF}\times100$$

$$=\frac{5}{50}\times100=10\%$$

2과목 작업위생 측정 및 평가

21 어느 작업장에 9시간 작업시간 동안 측정한 유해인자의 농도는 0.045mg/m^3일 때, 95%의 신뢰도를 가진 하한치는 얼마인가?(단, 유해인자의 노출기준은 0.05mg/m^3, 시료채취 분석오차는 0.132이다.)

① 0.768 ② 0.929
③ 1.032 ④ 1.258

해설

$$표준화\ 값(Y)=\frac{TWA\ or\ STEL}{TLV}=\frac{0.045}{0.05}=0.9$$

하한값(LCL) = Y − SAE = 0.9 − 0.132 = 0.768

22 옥내 작업장에서 측정한 건구온도 73℃이고 자연습구온도 65℃, 흑구온도 81℃일 때, 습구흑구온도지수는?

① 64.4℃ ② 67.4℃
③ 69.8℃ ④ 71.0℃

해설

옥내 WBGT(℃) = 0.7 × 자연습구온도 + 0.3 × 흑구온도
= 0.7 × 65℃ + 0.3 × 81℃ = 69.8℃

23 다음 중 수동식 채취기에 적용되는 이론으로 가장 적절한 것은?

① 침강원리, 분산원리
② 확산원리, 투과원리
③ 침투원리, 흡착원리
④ 충돌원리, 전달원리

해설

수동식 채취기
공기채취용 펌프를 이용하지 않고 작업장에 존재하는 자연적인 기류를 이용하여 확산과 투과라는 물리적인 과정에 의해 공기 중 가스상 오염물질을 채취기까지 이동시켜 흡착제에 채취하는 장치를 말한다.

ANSWER | 18 ③ 19 ④ 20 ② 21 ① 22 ③ 23 ②

24 다음 중 흡착관인 실리카겔관에 사용되는 실리카겔에 관한 설명과 가장 거리가 먼 것은?

① 이황화탄소를 탈착용매로 사용하지 않는다.
② 극성 물질을 채취한 경우 물 또는 메탄올을 용매로 쉽게 탈착된다.
③ 추출용액이 화학분석이나 기기분석에 방해물질로 작용하는 경우가 많지 않다.
④ 파라핀류가 케톤류보다 극성이 강하기 때문에 실리카겔에 대한 친화력도 강하다.

해설

파라핀류가 케톤류보다 극성이 약하기 때문에 실리카겔에 대한 친화력도 약하다.

25 다음 중 PVC 막여과지에 관한 설명과 가장 거리가 먼 것은?

① 수분에 대한 영향이 크지 않다.
② 공해성 먼지, 총 먼지 등의 중량분석을 위한 측정에 이용된다.
③ 유리규산을 채취하여 X선 회절법으로 분석하는데 적절하다.
④ 코크스 제조공정에서 발생되는 코크스 오븐 배출물질을 채취하는 데 이용된다.

해설

코크스 제조공정에서 발생되는 코크스 오븐 배출물질을 채취하는 데 이용하는 것은 은막 여과지이다.

26 입자상 물질의 측정 및 분석방법으로 틀린 것은?(단, 고용노동부 고시를 기준으로 한다.)

① 석면의 농도는 여과채취방법에 의한 계수방법으로 측정한다.
② 규산염은 분립장치 또는 입자의 크기를 파악할 수 있는 기기를 이용한 여과채취방법으로 측정한다.
③ 광물성 분진은 여과채취방법에 따라 석영, 크리스토바라이트, 트리디마이트를 분석할 수 있는 적합한 분석방법으로 측정한다.
④ 용접흄은 여과채취방법으로 하되 용접보안면을 착용한 경우에는 그 내부에서 채취하고 중량분석방법과 원자 흡광분광기 또는 유도결합플라즈마를 이용한 분석방법으로 측정한다.

해설

호흡성 분진은 분진용 분립장치 또는 입자의 크기를 파악할 수 있는 기기를 이용한 여과채취방법으로 측정한다.

27 화학공장의 작업장 내에 먼지 농도를 측정하였더니 5, 6, 5, 6, 6, 6, 4, 8, 9, 8ppm일 때, 측정치의 기하평균은 약 몇 ppm인가?

① 5.13 ② 5.83
③ 6.13 ④ 6.83

해설

$$\text{기하평균(GM)} = \sqrt[10]{(5\times6\times5\times6\times6\times6\times4\times8\times9\times8)} = 6.128\text{ppm}$$

28 어느 작업환경에서 발생되는 소음원 1개의 음압수준이 92dB이라면, 이와 동일한 소음원이 8개일 때의 전체 음압수준은?

① 101dB ② 103dB
③ 105dB ④ 107dB

해설

$$SPL = 10\log(8\times10^{\frac{92}{10}}) = 101.03\text{dB}$$

29 다음은 작업장 소음 측정에서 관한 고용노동부 고시 내용이다. ( ) 안에 내용으로 옳은 것은?

> 누적소음 노출량 측정기로 소음을 측정하는 경우에는 Criteria 90dB, Exchange Rate 5dB, Threshold ( )dB로 기기를 설정한다.

① 50 ② 60
③ 70 ④ 80

해설

누적소음노출량 측정기로 소음을 측정하는 경우에는 Criteria=90dB, Exchange Rate=5dB, Thredhold=80dB로 기기 설정을 하여야 한다.

ANSWER | 24 ④ 25 ④ 26 ② 27 ③ 28 ① 29 ④

30 원자흡광광도계의 구성요소와 역할에 대한 설명 중 옳지 않은 것은?

① 광원은 속 빈 음극램프를 주로 사용한다.
② 광원은 분석 물질이 반사할 수 있는 표준 파장의 빛을 방출한다.
③ 단색화 장치는 특정 파장만 분리하여 검출기로 보내는 역할을 한다.
④ 원자화 장치에서 원자화 방법에는 불꽃 방식, 흑연로방식, 증기화 방식이 있다.

해설

광원은 분석물질이 잘 흡수할 수 있는 특정 파장의 빛을 방출하는 역할을 한다.

31 고체 흡착제를 이용하여 시료채취를 할 때 영향을 주는 인자에 관한 설명으로 옳지 않은 것은?

① 온도 : 고온일수록 흡착 성질이 감소하며 파과가 일어나기 쉽다.
② 오염물질농도 : 공기 중 오염물질의 농도가 높을수록 파과공기량이 증가한다.
③ 흡착제의 크기 : 입자의 크기가 작을수록 채취효율이 증가하나 압력강하가 심하다.
④ 시료채취유량 : 시료채취유량이 높으면 파과가 일어나기 쉬우며 코팅된 흡착제일수록 그 경향이 강하다.

해설

오염물질의 농도
공기 중 오염물질의 농도가 높을수록 파과용량은 증가하나 파과공기량은 감소한다.

32 다음 중 조선소에서 용접작업 시 발생 가능한 유해인자와 가장 거리가 먼 것은?

① 오존　　② 자외선
③ 황산　　④ 망간흄

33 상온에서 벤젠(C_6H_6)의 농도 $20mg/m^3$는 부피단위 농도로 약 몇 ppm인가?

① 0.06　　② 0.6
③ 6　　④ 60

해설

$$\text{ppm}(\text{mL/m}^3) = \frac{20\text{mg}}{\text{m}^3} \left| \frac{24.45\text{mL}}{78\text{mg}} \right. = 6.30\text{mL/m}^3$$

34 다음 중 비누거품방법(Bubble Meter Method)을 이용해 유량을 보정할 때의 주의사항과 가장 거리가 먼 것은?

① 측정시간의 정확성은 ±5초 이내이어야 한다.
② 측정장비 및 유량보정계는 Tygon Tube로 연결한다.
③ 보정을 시작하기 전에 충분히 충전된 펌프를 5분간 작동한다.
④ 표준뷰렛 내부 면을 세척제 용액으로 씻어서 비누거품이 쉽게 상승하도록 한다.

해설

비누거품미터의 측정시간 정확성은 ±0.1초 이내이어야 한다.

35 시료공기를 흡수, 흡착 등의 과정을 거치지 않고 진공채취병 등의 채취용기에 물질을 채취하는 방법은?

① 직접채취방법　　② 여과채취방법
③ 고체채취방법　　④ 액체채취방법

36 어느 작업장에서 A물질의 농도를 측정한 결과 각각 23.9ppm, 21.6ppm, 22.4ppm, 24.1ppm, 22.7ppm, 25.4ppm을 얻었다. 측정 결과에서 중앙값(Median)은 몇 ppm인가?

① 23.0　　② 23.1
③ 23.3　　④ 23.5

해설

측정한 결과를 순서대로 나열하면
21.6, 22.4, 22.7, 23.9, 24.1, 25.4이므로

$$\therefore \text{중앙값} = \frac{22.7+23.9}{2} = 23.3\text{dB}$$

◉ ANSWER | 30 ② 31 ② 32 ③ 33 ③ 34 ① 35 ① 36 ③

37 소음의 측정방법으로 틀린 것은?(단, 고용노동부 고시를 기준으로 한다.)

① 소음계의 청감보정회로는 A특성으로 한다.
② 소음계 지시침의 동작은 느린(Slow) 상태로 한다.
③ 소음계의 지시치가 변동하지 않는 경우에는 해당 지시치를 그 측정점에서의 소음수준으로 한다.
④ 소음이 1초 이상의 간격을 유지하면서 최대음압수준이 120dB(A) 이상의 소음인 경우에는 소음수준에 따른 10분 동안의 발생횟수를 측정한다.

해설

소음이 1초 이상의 간격을 유지하면서 최대음압수준이 120dB(A) 이상의 소음인 경우에는 소음수준에 따른 1분 동안의 발생횟수를 측정하여야 한다.

38 온도 표시에 대한 내용으로 틀린 것은?(단, 고용노동부 고시를 기준으로 한다.)

① 미온은 20~30℃를 말한다.
② 온수(溫水)는 60~70℃를 말한다.
③ 냉수(冷水)는 15℃ 이하를 말한다.
④ 상온은 15~25℃, 실온은 1~35℃을 말한다.

해설

미온은 30~40℃를 말한다.

39 작업환경 측정대상이 되는 작업장 또는 공정에서 정상적인 작업을 수행하는 동일 노출집단의 근로자가 작업하는 장소는?(단, 고용노동부 고시를 기준으로 한다.)

① 동일작업장소　② 단위작업장소
③ 노출측정장소　④ 측정작업장소

40 다음 중 작업환경 측정치의 통계처리에 활용되는 변이계수에 관한 설명과 가장 거리가 먼 것은?

① 평균값의 크기가 0에 가까울수록 변이계수의 의의는 작아진다.
② 측정단위와 무관하게 독립적으로 산출되며 백분율로 나타낸다.
③ 단위가 서로 다른 집단이나 특성값의 상호 산포도를 비교하는 데 이용될 수 있다.
④ 편차의 제곱 합들의 평균값으로 통계집단의 측정값들에 대한 균일성, 정밀성 정도를 표현한다.

해설

변위계수(CV)

㉠ 통계집단의 측정값들에 대한 균일성, 정밀성 정도를 표현한 값이다.
㉡ 평균값에 대한 표준편차의 크기를 백분율(%)로 나타낸 수치이다.
㉢ 변이계수는 %로 표현되므로 측정단위와 무관하게 독립적으로 산출된다.
㉣ 평균값의 크기가 0에 가까울수록 변이계수의 의의는 작아진다.
㉤ 단위가 서로 다른 집단이나 특성값의 상호산포도를 비교하는 데 이용될 수 있다.

$$변이계수 = \frac{표준편차}{산술평균} \times 100$$

3과목 작업환경 관리대책

41 다음 중 오염물질을 후드로 유입하는 데 필요한 기류의 속도인 제어속도에 영향을 주는 인자와 가장 거리가 먼 것은?

① 덕트의 재질
② 후드의 모양
③ 후드에서 오염원까지의 거리
④ 오염물질의 종류 및 확산상태

해설

제어속도의 범위 선택 시 고려사항

㉠ 작업장 내 기류
㉡ 유해물질의 사용량
㉢ 유해물질의 독성
㉣ 후드의 형상
㉤ 통제거리

ANSWER | 37 ④　38 ①　39 ②　40 ④　41 ①

42 다음 중 국소배기장치에 관한 주의사항과 가장 거리가 먼 것은?

① 유독물질의 경우에는 굴뚝에 흡인장치를 보강할 것
② 흡인되는 공기가 근로자의 호흡기를 거치지 않도록 할 것
③ 배기관은 유해물질이 발산하는 부위의 공기를 모두 흡입할 수 있는 성능을 갖출 것
④ 먼지를 제거할 때에는 공기속도를 조절하여 배기관 안에서 먼지가 일어나도록 할 것

해설

먼지를 제거할 때에는 공기속도를 조절하여 배기관 안에서 먼지가 일어나지 않도록 할 것

43 송풍기에 관한 설명으로 옳은 것은?

① 풍량은 송풍기의 회전수에 비례한다.
② 동력은 송풍기의 회전수의 제곱에 비례한다.
③ 풍력은 송풍기의 회전수의 세제곱에 비례한다.
④ 풍압은 송풍기의 회전수의 세제곱에 비례한다.

해설

송풍기 크기가 같고 공기 중의 비중이 일정할 때
㉠ 풍량은 회전수에 비례한다.
㉡ 풍압(전압)은 회전수에 제곱에 비례한다.
㉢ 동력은 회전수의 세제곱에 비례한다.

44 정압이 3.5cmH_2O인 송풍기의 회전속도를 180rpm에서 360rpm으로 증가시켰다면, 송풍기의 정압은 약 몇 cmH_2O인가?(단, 기타 조건은 같다고 가정한다.)

① 16　　② 14
③ 12　　④ 10

해설

송풍기의 상사법칙

$$\frac{FTP_2}{FTP_1} = \left(\frac{N_2}{N_1}\right)^2$$

$$FTP_2 = FTP_1 \times \left(\frac{N_2}{N_1}\right)^2 = 3.5 \times \left(\frac{360}{180}\right)^2 = 14mmH_2O$$

45 입자의 침강속도에 대한 설명으로 틀린 것은?(단, 스토크스 식을 기준으로 한다.)

① 입자 직경의 제곱에 비례한다.
② 공기와 입자 사이의 밀도차에 반비례한다.
③ 중력가속도에 비례한다.
④ 공기의 점성계수에 반비례한다.

해설

침강속도는 입자와 공기의 밀도차에 비례한다.

46 환기시설 내 기류가 기본적인 유체역학적 원리에 따르기 위한 전제조건과 가장 거리가 먼 것은?

① 공기는 절대습도를 기준으로 한다.
② 환기시설 내외의 열교환은 무시한다.
③ 공기의 압축이나 팽창은 무시한다.
④ 공기 중에 포함된 유해물질의 무게와 용량을 무시한다.

해설

공기는 건조공기 상태로 가정한다.

47 작업환경의 관리원칙인 대체 중 물질의 변경에 따른 개선 예와 가장 거리가 먼 것은?

① 성냥 제조 시 황린 대신 적린을 사용하였다.
② 세척작업에서 사염화탄소 대신 트리클로로에틸렌을 사용하였다.
③ 야광시계의 자판에서 인 대신 라듐을 사용하였다.
④ 보온 재료 사용에서 석면 대신 유리섬유를 사용하였다.

해설

야광시계의 자판을 라듐에서 인으로 대체한다.

48 다음 중 작업환경 개선을 위해 전체환기를 적용할 수 있는 상황과 가장 거리가 먼 것은?

① 오염발생원의 유해물질 발생량이 적은 경우
② 작업자가 근무하는 장소로부터 오염발생원이 멀리 떨어져 있는 경우

ANSWER | 42 ④ 43 ① 44 ② 45 ② 46 ① 47 ③ 48 ④

③ 소량의 오염물질이 일정 속도로 작업장으로 배출되는 경우
④ 동일 작업장에 오염발생원이 한군데로 집중되어 있는 경우

해설

동일 작업장에 오염발생원이 한군데로 집중되어 있는 경우는 국소환기를 적용하는 것이 바람직하다.

49 20℃의 송풍관 내부에 480m/min으로 공기가 흐르고 있을 때, 속도압은 약 몇 mmH_2O인가?(단, 0℃ 공기 밀도는 1.296kg/m^3로 가정한다.)

① 2.3　　② 3.9
③ 4.5　　④ 7.3

해설

$$VP = \frac{\gamma V^2}{2g}$$

$$= \frac{1.2 \times (480/60)^2}{2 \times 9.8} = 3.92mmH_2O$$

여기서, $\gamma = \frac{1.296kg}{m^3} \bigg| \frac{273}{273+20} = 1.2kg/m^3$

50 체적이 1,000m^3이고 유효환기량이 50m^3/min인 작업장에 메틸클로로포름 증기가 발생하여 100ppm의 상태로 오염되었다. 이 상태에서 증기발생이 중지되었다면 25ppm까지 농도를 감소시키는 데 걸리는 시간은?

① 약 17분　　② 약 28분
③ 약 32분　　④ 약 41분

해설

$$\ln\frac{C_t}{C_o} = -\frac{Q}{\forall} \times t$$

$$\ln\frac{25}{100} = -\frac{50m^3/min}{1,000m^3} \times t$$

$\therefore$ t = 27.73min

51 다음은 분진 발생 작업환경에 대한 대책이다. 옳은 것을 모두 고른 것은?

> ㉠ 연마작업에서는 국소배기장치가 필요하다.
> ㉡ 암석 굴진작업, 분쇄작업에서는 연속적인 살수가 필요하다.
> ㉢ 샌드블라스팅에 사용되는 모래를 철사나 금강사로 대치한다.

① ㉠, ㉡　　② ㉡, ㉢
③ ㉠, ㉢　　④ ㉠, ㉡, ㉢

52 보호장구의 재질과 대상 화학물질이 잘못 짝지어진 것은?

① 부틸고무 – 극성 용제
② 면 – 고체상 물질
③ 천연고무(latex) – 수용성 용액
④ Vitron – 극성 용제

해설

Vitron은 비극성 용제에 효과적이다.

53 다음 그림이 나타내는 국소배기장치의 후드 형식은?

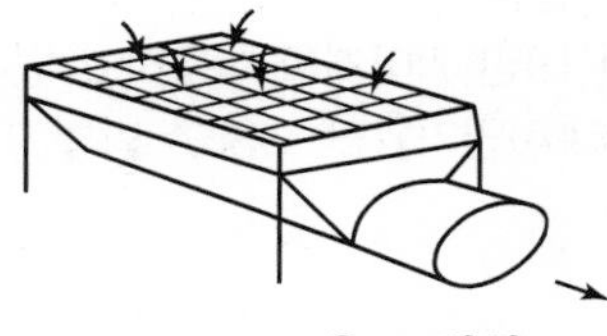

① 측방형　　② 포위형
③ 하방형　　④ 슬롯형

54 후드로부터 0.25m 떨어진 곳에 있는 공정에서 발생되는 먼지를, 제어속도가 5m/s, 후드 직경이 0.4m인 원형 후드를 이용하여 제거할 때, 필요 환기량은 약 몇 m^3/min인가?(단, 플랜지 등 기타 조건은 고려하지 않음)

① 205　　② 215
③ 225　　④ 235

ANSWER | 49 ② 50 ② 51 ④ 52 ④ 53 ③ 54 ③

해설

$$Q(m^3/min) = 60 \times (10X^2 + A) \cdot V_c$$
$$= 60 \times (10 \times 0.25^2 + 0.126) \times 5$$
$$= 225.3m^3/min$$

여기서, $A = \frac{\pi}{4} \times 0.4^2 = 0.126m^2$

55 슬로트 후드에서 슬로트의 역할은?

① 제어속도를 감소시킨다.
② 후드 제작에 필요한 재료를 절약한다.
③ 공기가 균일하게 흡입되도록 한다.
④ 제어속도를 증가시킨다.

56 1기압에서 혼합기체가 질소(N_2) 50vol%, 산소(O_2) 20vol%, 탄산가스(CO_2) 30vol%로 구성되어 있을 때, 질소(N_2)의 분압은?

① 380mmHg　　② 228mmHg
③ 152mmHg　　④ 740mmHg

해설

질소가스 분압 = 760mmHg × 0.5 = 380mmHg

57 어떤 작업장의 음압수준이 80dB(A)이고 근로자가 NRR이 19인 귀마개를 착용하고 있다면, 차음효과는 몇 dB(A)인가?(단, OSHA 방법 기준)

① 4　　② 6
③ 60　　④ 70

해설

차음효과 = (NRR − 7) × 0.5 = (19 − 7) × 0.5 = 6dB(A)

58 방진마스크에 관한 설명으로 옳지 않은 것은?

① 일반적으로 활성탄 필터가 많이 사용된다.
② 종류에는 격리식, 직결식, 면체여과식이 있다.
③ 흡기저항 상승률은 낮은 것이 좋다.
④ 비휘발성 입자에 대한 보호가 가능하다.

해설

필터의 재질은 면, 모, 합성섬유, 유리섬유, 금속섬유 등이다.

59 작업장에서 Methylene Chloride(비중 = 1.336, 분자량 = 84.94, TLV = 500ppm)를 500g/hr를 사용할 때, 필요한 환기량은 약 몇 m^3/min인가?(단, 안전계수는 7이고, 실내온도는 21℃이다.)

① 26.3　　② 33.1
③ 42.0　　④ 51.3

해설

$Q(m^3/hr)$

$$= \frac{24.1 \times \text{비중} \times \text{유해물질사용량}(L/hr) \times K \times 10^6}{\text{분자량} \times ppm}$$

$$= \frac{24.1 \times 0.5kg/hr \times 7 \times 10^6}{84.94kg \times 500} = 1{,}986.1m^3/hr$$

$$\therefore Q(m^3/min) = 1{,}986.1m^3/hr \times \frac{1hr}{60min}$$
$$= 33.1m^3/min$$

60 흡인 풍량이 200m^3/min, 송풍기 유효전압이 150mmH_2O, 송풍기 효율이 80%인 송풍기의 소요동력은?

① 3.5kW　　② 4.8kW
③ 6.1kW　　④ 9.8kW

해설

$$kW = \frac{\Delta P \cdot Q}{6{,}120 \times \eta} \times \alpha$$
$$= \frac{150 \times 200}{6{,}120 \times 0.8} = 6.12kW$$

4과목 물리적 유해인자 관리

61 작업장에서 사용하는 트리클로로에틸렌을 독성이 강한 포스겐으로 전환시킬 수 있는 광화학 작용을 하는 유해 광선은?

① 적외선　　② 자외선
③ 감마선　　④ 마이크로파

해설

트리클로로에틸렌이 고농도로 존재하는 작업장에서 아크용접을 실시할 경우 자외선의 영향으로 트리클로로에틸렌이 포스겐으로 전환될 수 있다.

◉ ANSWER | 55 ③ 56 ① 57 ② 58 ① 59 ② 60 ③ 61 ②

62 다음 중 투과력이 커서 노출 시 인체 내부에도 영향을 미칠 수 있는 방사선의 종류는?

① γ선 ② α선
③ β선 ④ 자외선

해설

투과력 순서
중성자선 > γ선 · X선 > β선 > α선

63 산업안전보건법령상 소음의 노출기준에 따르면 몇 dB(A)의 연속소음에 노출되어서는 안 되는가?(단, 충격소음은 제외한다.)

① 85 ② 90
③ 100 ④ 115

해설

소음의 노출기준(충격소음 제외)

1일 노출시간(hr)	소음강도[dB(A)]
8	90
4	95
2	100
1	105
1/2	110
1/4	115

※ 115dB(A)를 초과하는 소음 수준에 노출되어서는 안 됨

64 인공호흡용 혼합가스 중 헬륨 – 산소 혼합가스에 관한 설명으로 틀린 것은?

① 헬륨은 고압하에서 마취작용이 약하다.
② 헬륨은 분자량이 작아서 호흡저항이 적다.
③ 헬륨은 질소보다 확산속도가 작아 인체 흡수속도를 줄일 수 있다.
④ 헬륨은 체외로 배출되는 시간이 질소에 비하여 50% 정도밖에 걸리지 않는다.

해설

헬륨은 질소보다 확산속도가 커서 인체 흡수속도를 높일 수 있다.

65 개인의 평균 청력 손실을 평가하기 위하여 6분법을 적용하였을 때, 500Hz에서 6dB, 1,000Hz에서 10dB, 2,000Hz에서 10dB, 4,000Hz에서 20dB이면 이때의 청력 손실은 얼마인가?

① 10dB ② 11dB
③ 12dB ④ 13dB

해설

$$6분법\ 평균\ 청력손실 = \frac{a+2b+2c+d}{6}$$
$$= \frac{6+(2\times10)+(2\times10)+20}{6} = 11\text{dB}$$

66 옥타브밴드로 소음의 주파수를 분석하였다. 낮은 쪽의 주파수가 250Hz이고, 높은 쪽의 주파수가 2배인 경우 중심주파수는 약 몇 Hz인가?

① 250 ② 300
③ 354 ④ 375

해설

$$f_C = \sqrt{f_U \times f_L}$$
$$= \sqrt{250\times(2\times250)} = 353.55\text{Hz}$$

67 다음 중 체온의 상승에 따라 체온조절중추인 시상하부에서 혈액온도를 감지하거나 신경망을 통하여 정보를 받아들여 체온 방산작용이 활발해지는 작용은?

① 정신적 조절작용(Spiritual Thermo Regulation)
② 물리적 조절작용(Physical Thermo Regulation)
③ 화학적 조절작용(Chemical Thermo Regulation)
④ 생물학적 조절작용(Biological Thermo Regulation)

68 질소마취 증상과 가장 연관이 많은 작업은?

① 잠수작업 ② 용접작업
③ 냉동작업 ④ 금속제조작업

해설

질소마취 증상과 연관이 있는 작업으로는 잠수작업, 해저터널작업 등이 있다.

◎ ANSWER | 62 ① 63 ④ 64 ③ 65 ② 66 ③ 67 ② 68 ①

69 사무실 책상 면으로부터 수직으로 1.4m의 거리에 1,000cd(모든 방향으로 일정하다.)의 광도를 가지는 광원이 있다. 이 광원에 대한 책상에서의 조도(Intensity of Illumination, Lux)는 약 얼마인가?

① 410　② 444
③ 510　④ 544

해설

$$조도(Lux) = \frac{cd}{거리^2} = \frac{1,000}{1.4^2} = 510.2Lux$$

70 이상기압과 건강장해에 대한 설명으로 맞는 것은?

① 고기압 조건은 주로 고공에서 비행업무에 종사하는 사람에게 나타나며 이를 다루는 학문은 항공의학 분야이다.
② 고기압 조건에서의 건강장해는 주로 기후의 변화로 인한 대기압의 변화 때문에 발생하며 휴식이 가장 좋은 대책이다.
③ 고압 조건에서 급격한 압력저하(감압) 과정은 혈액과 조직에 녹아있던 질소가 기포를 형성하여 조직과 순환기계 손상을 일으킨다.
④ 고기압 조건에서 주요 건강장해 기전은 산소 부족이므로 일차적인 응급치료는 고압산소실에서 치료하는 것이 바람직하다.

71 다음 중 단기간 동안 자외선(UV)에 초과 노출될 경우 발생할 수 있는 질병은?

① Hypothermia
② Welder's Flash
③ Phossy Jaw
④ White Fingers Syndrome

해설

자외선의 안장해
결막염, 각막염(Welder's Flash), 수포 형성, 안검부종, 전광성 안염, 수정체 단백질 변성 등을 일으킨다.

72 일반적으로 전신진동에 의한 생체반응에 관여하는 인자로 가장 거리가 먼 것은?

① 온도　② 강도
③ 방향　④ 진동수

해설

전신진동의 생체반응 인자
㉠ 진동수
㉡ 진동강도
㉢ 진동방향
㉣ 진동노출(폭로)시간

73 저기압 환경에서 발생하는 증상으로 옳은 것은?

① 이산화탄소에 의한 산소중독증상
② 폐 압박
③ 질소마취 증상
④ 우울감, 두통, 식욕상실

해설

이산화탄소에 의한 산소중독증상, 폐 압박, 질소마취 증상은 고기압 환경에서 발생하는 증상이다.

74 다음 중 진동에 의한 장해를 최소화시키는 방법과 거리가 먼 것은?

① 진동의 발생원을 격리시킨다.
② 진동의 노출시간을 최소화시킨다.
③ 훈련을 통하여 신체의 적응력을 향상시킨다.
④ 진동을 최소화하기 위하여 공학적으로 설계 및 관리한다.

75 전리방사선에 대한 감수성이 가장 큰 조직은?

① 간　② 골수세포
③ 연골　④ 신장

해설

전리방사선의 영향에 대하여 감수성이 가장 큰 인체 내의 기관은 골수이다.

◉ ANSWER | 69 ③ 70 ③ 71 ② 72 ① 73 ④ 74 ③ 75 ②

76 고온환경에 노출된 인체의 생리적 기전과 가장 거리가 먼 것은?

① 수분 부족
② 피부혈관 확장
③ 근육이완
④ 갑상선자극호르몬 분비 증가

77 현재 총흡음량이 1,000sabins인 작업장에 흡음을 보강하여 4,000sabins을 더할 경우, 총 소음 감소는 약 얼마인가?(단, 소수점 첫째 자리에서 반올림)

① 5dB ② 6dB
③ 7dB ④ 8dB

해설

$$NR(dB) = 10\log\frac{A_2}{A_1} = 10\log\frac{5,000}{1,000} = 6.99dB$$

78 빛 또는 밝기와 관련된 단위가 아닌 것은?

① weber ② candela
③ lumen ④ footlambert

해설

weber는 자기선속(Magnetic Flux)의 국제단위이다.

79 다음 중 음의 세기레벨을 나타내는 dB의 계산식으로 옳은 것은?(단, I_0 = 기준음향의 세기, I = 발생음의 세기)

① $dB = 10\log\frac{I}{I_o}$ ② $dB = 20\log\frac{I}{I_o}$
③ $dB = 10\log\frac{I_o}{I}$ ④ $dB = 20\log\frac{I_o}{I}$

80 참호족에 관한 설명으로 맞는 것은?

① 직장(直腸) 온도가 35℃ 수준 이하로 저하되는 경우를 의미한다.
② 체온이 35~32.2℃에 이르면 신경학적 억제증상으로 운동실조, 자극에 대한 반응도 저하와 언어 이상 등이 온다.
③ 27℃에서는 떨림이 멎고 혼수에 빠지게 되고, 25~23℃에 이르면 사망하게 된다.
④ 근로자의 발이 한랭에 장기간 노출됨과 동시에 지속적으로 습기나 물에 잠기게 되면 발생한다.

5과목 산업독성학

81 다음 중 생물학적 모니터링에서 사용되는 약어의 의미가 틀린 것은?

① B – background, 직업적으로 노출되지 않은 근로자의 검체에서 동일한 결정인자가 검출될 수 있다는 의미
② Sc – susceptibiliy(감수성), 화학물질의 영향으로 감수성이 커질 수도 있다는 의미
③ Nq – nonqualitative, 결정인자가 동 화학물질에 노출되었다는 지표일 뿐이고 측정치를 정량적으로 해석하는 것은 곤란하다는 의미
④ Ns – nonspecific(비특이적), 특정 화학물질 노출에서뿐만 아니라 다른 화학물질에 의해서도 이 결정인자가 나타날 수 있다는 의미

해설

생물학적 모니터링에서 사용되는 약어
㉠ B : background
㉡ Sc : susceptibiliy(감수성)
㉢ Nq : nonquantitatively(비정량적)
㉣ Ns : nonspecific(비특이적)

82 다음 중 직업성 피부질환에 관한 설명으로 틀린 것은?

① 가장 빈번한 직업성 피부질환은 접촉성 피부염이다.
② 알레르기성 접촉 피부염은 일반적인 보호기구로도 개선 효과가 좋다.
③ 첩포시험은 알레르기성 접촉 피부염의 감작물질을 색출하는 임상시험이다.
④ 일부 화학물질과 식물은 광선에 의해서 활성화되어 피부반응을 보일 수 있다.

ANSWER | 76 ④ 77 ③ 78 ① 79 ① 80 ④ 81 ③ 82 ②

해설

알레르기성 접촉 피부염은 일반적인 보호기구로도 개선 효과가 적다.

83 노말헥산이 체내 대사과정을 거쳐 변환되는 물질로, 노말헥산에 폭로된 근로자의 생물학적 노출지표로 이용되는 물질로 옳은 것은?

① Hippuric Acid
② 2,5-hexanedione
③ Hydroquinone
④ 9-hydroxyquinoline

해설

노말헥산의 생물학적 노출지표
㉠ 요 중 2,5-hexanedione ㉡ 요 중 n-hexane

84 다음 중 석면작업의 주의사항으로 적절하지 않은 것은?

① 석면 등을 사용하는 작업은 가능한 한 습식으로 하도록 한다.
② 석면을 사용하는 작업장이나 공정 등은 격리시켜 근로자의 노출을 막는다.
③ 근로자가 상시 접근할 필요가 없는 석면 취급설비는 밀폐실에 넣어 양압을 유지한다.
④ 공정상 밀폐가 곤란한 경우, 적절한 형식과 기능을 갖춘 국소배기장치를 설치한다.

해설

근로자가 상시 접근할 필요가 없는 석면 취급설비는 밀폐실에 넣어 음압을 유지한다.

85 다음 중 카드뮴의 중독, 치료 및 예방대책에 관한 설명으로 틀린 것은?

① 소변 속의 카드뮴 배설량은 카드뮴 흡수를 나타내는 지표가 된다.
② BAL 또는 Ca-EDTA 등을 투여하여 신장에 대한 독작용을 제거한다.
③ 칼슘대사에 장해를 주어 신결석을 동반한 증후군이 나타나고 다량의 칼슘배설이 일어난다.
④ 폐활량 감소, 잔기량 증가 및 호흡곤란의 폐증세가 나타나며, 이 증세는 노출기간과 노출농도에 의해 좌우된다.

해설

카드뮴의 치료
㉠ BAL이나 Ca-ETDA 등 금속배설 촉진제의 사용 금지
㉡ 안정을 취하고 대중요법을 하는 동시에 산소흡입과 적절한 양의 스테로이드를 투여하면 효과적
㉢ 비타민 D를 600,000단위씩 1주 간격으로 6회 피하주사하면 효과적임

86 산업독성학에서 LC_{50}의 설명으로 맞는 것은?

① 실험동물의 50%가 죽게 되는 양이다.
② 실험동물의 50%가 죽게 되는 농도이다.
③ 실험동물의 50%가 살아남을 비율이다.
④ 실험동물의 50%가 살아남을 확률이다.

해설

LC_{50}은 실험동물의 50%가 죽게 되는 농도이다.

87 다음 중 크롬에 관한 설명으로 틀린 것은?

① 6가 크롬은 발암성 물질이다.
② 주로 소변을 통하여 배설된다.
③ 형광등 제조, 치과용 아말감 산업이 원인이 된다.
④ 만성 크롬중독인 경우 특별한 치료방법이 없다.

해설

형광등 제조, 치과용 아말감 산업이 원인인 것은 수은이다.

88 납중독을 확인하기 위한 시험방법과 가장 거리가 먼 것은?

① 혈액 중 납 농도 측정
② 헴(Heme) 합성과 관련된 효소의 혈중농도 측정
③ 신경전달속도 측정
④ β-ALA 이동 측정

해설

납중독 확인시험 항목
㉠ 혈중 납의 농도 ㉡ 헴(Heme)의 대사
㉢ 신경전달속도 ㉣ Ca-EDTA 이동시험
㉤ ALA(Amino Levulinic Acid) 축적

ANSWER | 83 ② 84 ③ 85 ② 86 ② 87 ③ 88 ④

89 동물실험에서 구해진 역치량을 사람에게 외삽하여 "사람에게 안전한 양"으로 추정한 것을 SHD(Safe Human Dose)라고 하는데 SHD 계산에 필요하지 않은 항목은?

① 배설률 ② 노출시간
③ 호흡률 ④ 폐흡수비율

해설

안전용량 SHD(mg/kg몸무게)=C×V×T×R
여기서, SHD(mg/kg몸무게) : 체내 흡수량(사람에 대한 안전 노출량)
C(mg/m^3) : 공기 중 유해물질 농도
V(m^3/hr) : 개인의 호흡률(폐환기율)
중노동($1.47m^3/hr$)
보통작업($0.98m^3/hr$)
T(hr) : 노출되는 시간, 일반적으로 8시간
R : 체내 잔류율(보통 1.0)

90 자동차 정비업체에서 우레탄 도료를 사용하는 도장작업 근로자에게서 직업성 천식이 발생되었을 때, 원인 물질로 추측할 수 있는 것은?

① 시너(Thinner)
② 벤젠(Benzene)
③ 크실렌(Xylene)
④ TDI(Toluene Diisocyanate)

해설

직업성 천식을 일으키는 물질
TDI(Toluene Diisocyanate), TMA(Trimelitic Anhydride), 디메틸에탄올아민, 목분진 등이다.

91 다음 중 유해물질의 독성 또는 건강영향을 결정하는 인자로 가장 거리가 먼 것은?

① 작업강도 ② 인체 내 침입경로
③ 노출농도 ④ 작업장 내 근로자수

해설

독성을 결정하는 인자
㉠ 작업의 강도
㉡ 농도와 폭로시간
㉢ 개인의 감수성, 민감성
㉣ 환경적 조건
㉤ 물리화학적 특성
㉥ 인체 침입경로

92 소변 중 화학물질 A의 농도는 28mg/mL, 단위시간(분)당 배설되는 소변의 부피는 1.5mL/min, 혈장 중 화학물질 A의 농도가 0.2mg/mL라면 단위시간(분)당 화학물질 A의 제거율(mL/min)은 얼마인가?

① 120 ② 180
③ 210 ④ 250

해설

$$\text{제거율(mg/mL)} = 1.5\text{mL/min} \times \frac{28\text{mg/mL}}{0.2\text{mg/mL}} = 210\text{mL/min}$$

93 다음 중 피부의 색소침착(Pigmentation)이 가능한 표피층 내의 세포는?

① 기저세포 ② 멜라닌세포
③ 각질세포 ④ 피하지방세포

해설

피부는 표피층과 진피층으로 구성되며, 표피층에는 피부의 색소침착이 가능한 멜라닌세포와 랑거한스세포가 있다.

94 다음 중 조혈장해를 일으키는 물질은?

① 납 ② 망간
③ 수은 ④ 우라늄

95 다음 중 다핵방향족 탄화수소(PAHs)에 대한 설명으로 틀린 것은?

① 철강제조업의 석탄 건류공정에서 발생된다.
② PAHs의 대사에 관여하는 효소는 시토크롬 P-448이다.
③ PAHs는 배설을 쉽게 하기 위하여 수용성으로 대사된다.
④ 벤젠고리가 2개 이상인 것으로 톨루엔이나 크실렌 등이 있다.

해설

다핵방향족 탄화수소류는 벤젠고리가 2개 이상 연결된 것으로 인체 대사에 관여하는 효소가 P-448로 대사되어 발암성을 나타낸다. 톨루엔이나 크실렌 등은 다핵방향족 탄화수소가 아니다.

◉ ANSWER | 89 ① 90 ④ 91 ④ 92 ③ 93 ② 94 ① 95 ④

96 다음 중 납중독의 주요 증상에 포함되지 않는 것은?

① 혈중의 Methallothionein 증가
② 적혈구 내 Protoporphyrin 증가
③ 혈색소량 저하
④ 혈청 내 철 증가

해설
혈중의 Methallothionein은 카드뮴과 관계가 있다.

97 화학적 질식제(Chemical Asphyxiant)에 심하게 노출되었을 경우 사망에 이르게 되는 이유로 적절한 것은?

① 폐에서 산소를 제거하기 때문
② 심장의 기능을 저하시키기 때문
③ 폐 속으로 들어가는 산소의 활용을 방해하기 때문
④ 신진대사 기능을 높여 가용한 산소가 부족해지기 때문

해설
화학적 질식제
㉠ 혈액 중의 혈색소와 직접 결합하여 산소운반능력을 방해하는 물질을 말하며 이에 따라 세포의 산소수용능력을 상실케 한다.
㉡ 화학적 질식제에 고농도로 노출할 경우 폐 속으로 들어가는 산소의 활용을 방해하기 때문에 사망에 이르게 된다.

98 다음 중 유해화학물질에 의한 간의 중요한 장해인 중심소엽성 괴사를 일으키는 물질로 옳은 것은?

① 수은 ② 사염화탄소
③ 이황화탄소 ④ 에틸렌글리콜

해설
사염화탄소는 간에 대한 독성작용이 강하며 간의 중심소엽성 괴사를 일으킨다.

99 다음 중 유해물질의 흡수에서 배설까지의 과정에 대한 설명으로 옳지 않은 것은?

① 흡수된 유해물질은 원래의 형태든, 대사산물의 형태로든 배설되기 위하여 수용성으로 대사된다.
② 흡수된 유해화학물질은 다양한 비특이적 효소에 의한 유해물질의 대사로 수용성이 증가되어 체외로의 배출이 용이하게 된다.
③ 간은 화학물질을 대사시키고 콩팥과 함께 배설시키는 기능을 담당하여, 다른 장기보다도 여러 유해물질의 농도가 낮다.
④ 유해물질은 조직에 분포되기 전에 먼저 몇 개의 막을 통과하여야 하며, 흡수속도는 유해물질의 물리화학적 성상과 막의 특성에 따라 결정된다.

해설
간은 화학물질을 대사시키고 콩팥과 함께 배설시키는 기능을 가지고 있으므로 다른 장기보다도 여러 유해물질의 농도가 높다.

100 다음 중 중금속에 의한 폐기능의 손상에 관한 설명으로 틀린 것은?

① 철폐증(Siderosis)은 철분진 흡입에 의한 암 발생(A1)이며, 중피종과 관련이 없다.
② 화학적 폐렴은 베릴륨, 산화카드뮴 에어로졸 노출에 의하여 발생하며 발열, 기침, 폐기종이 동반된다.
③ 금속열은 금속이 용융점 이상으로 가열될 때 형성되는 산화금속을 흄 형태로 흡입할 경우 발생한다.
④ 6가 크롬은 폐암과 비강암 유발인자로 작용한다.

해설
철폐증(Siderosis)은 철분진 흡입에 의한 질병이며, 중피종과 관련이 있다.

ANSWER | 96 ① 97 ③ 98 ② 99 ③ 100 ①

2019년 3회 기사

1과목 산업위생학 개론

01 영국에서 최초로 직업성 암을 보고하여, 1788년에 굴뚝청소부법이 통과되도록 노력한 사람은?

① Ramazzini ② Paracelsus
③ Percivall Pott ④ Robert Owen

해설

Percivall Pott
㉠ 영국의 의과의사로 직업성 암을 최초로 보고하였으며 어린이 굴뚝청소부에게 많이 발생하는 음낭암을 발견하였다.
㉡ 음낭암의 원인물질은 검댕 속의 다환방향족 탄화수소(PAH)이다.

02 다음 중 전신피로에 관한 설명으로 틀린 것은?

① 작업에 의한 근육 내 글리코겐 농도의 변화는 작업자의 훈련 유무에 따라 차이를 보인다.
② 작업강도가 증가하면 근육 내 글리코겐양이 비례적으로 증가되어 근육피로가 발생된다.
③ 작업강도가 높을수록 혈중 포도당 농도는 급속히 저하하며, 이에 따라 피로감이 빨리 온다.
④ 작업대사량의 증가에 따라 산소소비량도 비례하여 증가하나, 작업대사량이 일정 한계를 넘으면 산소소비량은 증가하지 않는다.

해설

작업강도가 증가하면 근육 내 글리코겐양이 감소되어 근육피로가 발생된다.

03 300명의 근로자가 1주일에 40시간, 연간 50주를 근무하는 사업장에서 1년 동안 50건의 재해로 60명의 재해자가 발생하였다. 이 사업장의 도수율은 약 얼마인가?(단, 근로자들은 질병, 기타 사유로 인하여 총 근로시간의 5%를 결근하였다.)

① 93.33 ② 87.72
③ 83.33 ④ 77.72

해설

도수율(빈도율)

$$\text{도수율} = \frac{\text{재해발생건수}}{\text{연근로시간수}} \times 10^6$$

$$= \frac{50\text{건}}{50\text{주} \times 40\text{시간/주} \times 300\text{명} \times 0.95} \times 10^6 = 87.72$$

04 정상작업영역에 대한 정의로 옳은 것은?

① 위팔은 몸통 옆에 자연스럽게 내린 자세에서 아래팔의 움직임에 의해 편안하게 도달 가능한 작업영역
② 어깨로부터 팔을 뻗어 도달 가능한 작업영역
③ 어깨로부터 팔을 머리 위로 뻗어 도달 가능한 작업영역
④ 위팔은 몸통 옆에 자연스럽게 내린 자세에서 손에 쥔 수공구의 끝부분이 도달 가능한 작업영역

해설

정상작업영역이란 상지(위팔)를 자연스럽게 내린 상태에서 팔뚝과 손만으로 도달할 수 있는 범위를 말한다.

05 다음 중 ACGIH에서 권고하는 TLV-TWA(시간 가중 평균치)에 대한 근로자 노출의 상한치와 노출가능시간의 연결로 옳은 것은?

① TLV-TWA의 3배 : 30분 이하
② TLV-TWA의 3배 : 60분 이하
③ TLV-TWA의 5배 : 5분 이하
④ TLV-TWA의 5배 : 15분 이하

해설

ACGIH에서의 노출 상한선과 노출시간 권고사항
㉠ TLV-TWA의 3배인 경우 : 노출시간 30분 이하
㉡ TLV-TWA의 5배인 경우 : 잠시라도 노출되어서는 안 됨

ANSWER | 01 ③ 02 ② 03 ② 04 ① 05 ①

06 다음 중 재해예방의 4원칙에 관한 설명으로 옳지 않은 것은?

① 재해 발생과 손실의 관계는 우연적이므로 사고의 예방이 가장 중요하다.
② 재해 발생에는 반드시 원인이 있으며, 사고와 원인의 관계는 필연적이다.
③ 재해는 예방이 불가능하므로 지속적인 교육이 필요하다.
④ 재해 예방을 위한 가능한 안전대책은 반드시 존재한다.

해설

산업재해 예방의 4원칙
㉠ 원인계기의 법칙 ㉡ 예방 가능의 원칙
㉢ 대책 선정의 원칙 ㉣ 손실우연의 법칙

07 다음 근육운동에 동원되는 주요 에너지 생산방법 중 혐기성 대사에 사용되는 에너지원이 아닌 것은?

① 아데노신 삼인산 ② 크레아틴 인산
③ 지방 ④ 글리코겐

해설

혐기성 대사 순서(시간대별)
ATP(아데노신 삼인산) → CP(크레아틴 인산) → Glycogen(글리코겐) or Glucose(포도당)

08 미국산업위생학술원(AAIH)이 채택한 윤리강령 중 산업위생전문가가 지켜야 할 책임과 가장 거리가 먼 것은?

① 기업체의 기밀은 누설하지 않는다.
② 과학적 방법의 적용과 자료의 해석에서 객관성을 유지한다.
③ 근로자, 사회 및 전문 직종의 이익을 위해 과학적 지식을 공개하고 발표한다.
④ 전문적 판단이 타협에 의하여 좌우될 수 있는 상황에 개입하여 객관적 자료로 판단한다.

해설

전문적인 판단이 타협에 의해서 좌우될 수도 있으나 이해관계가 있는 상황에서는 개입하지 않는다.

09 산업안전보건법령에 따라 단위작업장소에서 동일 작업근로자 13명을 대상으로 시료를 채취할 때의 최소 시료채취 근로자 수는 몇 명인가?

① 1명 ② 2명
③ 3명 ④ 4명

해설

단위작업장소에서 동일 작업 근로자 수가 10인을 초과하는 경우에는 매 5인당 1인(1개 지점) 이상 추가하여 측정하여야 한다.

10 다음 중 실내환경 공기를 오염시키는 요소로 볼 수 없는 것은?

① 라돈 ② 포름알데히드
③ 연소가스 ④ 체온

11 산업안전보건법령상의 "충격소음작업"은 몇 dB 이상의 소음이 1일 100회 이상 발생되는 작업을 말하는가?

① 110 ② 120
③ 130 ④ 140

해설

충격소음작업(소음이 1초 이상의 간격으로 발생하는 작업)
㉠ 120dB을 초과하는 소음이 1일 1만 회 이상 발생하는 작업
㉡ 130dB을 초과하는 소음이 1일 1천 회 이상 발생하는 작업
㉢ 140dB을 초과하는 소음이 1일 1백 회 이상 발생하는 작업

12 다음 중 작업병 예방을 위하여 설비 개선 등의 조치로는 어려운 경우 가장 마지막으로 적용하는 방법은?

① 격리 및 밀폐
② 개인보호구의 지급
③ 환기시설 등의 설치
④ 공정 또는 물질의 변경, 대치

ANSWER | 06 ③ 07 ③ 08 ④ 09 ③ 10 ④ 11 ④ 12 ②

13 다음 중 작업종류별 바람직한 작업시간과 휴식시간을 배분한 것으로 옳지 않은 것은?

① 사무작업 : 오전 4시간 중에 2회, 오후 1시에서 4시 사이에 1회, 평균 10~20분 휴식
② 정신집중작업 : 가장 효과적인 것은 60분 작업에 5분간 휴식
③ 신경운동성의 경속도 작업 : 40분간 작업과 20분간 휴식
④ 중근작업 : 1회 계속작업을 1시간 정도로 하고, 20~30분씩 오전에 3회, 오후에 2회 정도 휴식

해설

정신집중작업의 가장 효과적인 방법은 30분 작업에 5분간 휴식하는 것이다.

14 크롬에 노출되지 않은 집단의 질병발생률은 1.0이었고, 노출된 집단의 질병발생률은 1.2였을 때, 다음 설명으로 옳지 않은 것은?

① 크롬의 노출에 대한 귀속위험도는 0.2이다.
② 크롬의 노출에 대한 비교위험도는 1.2이다.
③ 크롬에 노출된 집단의 위험도가 더 큰 것으로 나타났다.
④ 비교위험도는 크롬의 노출이 기여하는 절대적인 위험률의 정도를 의미한다.

해설

㉠ 기여위험도(귀속위험도) $= 1.2 - 1.0 = 0.2$
㉡ 비교위험도(상대위험도) $= \frac{1.2}{1.0} = 1.2$
㉢ 기여위험도(귀속위험도)는 크롬의 노출이 기여하는 절대적인 위험률의 정도를 의미한다.

15 "근로자 또는 일반 대중에게 질병, 건강장해, 불편함, 심한 불쾌감 및 능률 저하 등을 초래하는 작업요인과 스트레스를 예측, 측정, 평가하고 관리하는 과학과 기술"이라고 산업위생을 정의한 기관은?

① 미국산업위생학회(AIHA)
② 국제노동기구(ILO)
③ 세계보건기구(WHO)
④ 산업안전보건청(OSHA)

16 다음 중 산업안전보건법령상 물질안전보건자료(MSDS)의 작성 원칙에 관한 설명으로 가장 거리가 먼 것은?

① MSDS의 작성단위를 「계량에 관한 법률」이 정의하는 바에 의한다.
② MSDS는 한글로 작성하는 것을 원칙으로 하되 화학물질명, 외국기관명 등의 고유명사는 영어로 표기할 수 있다.
③ 각 작성항목은 빠짐없이 작성하여야 하며, 부득이 어느 항목에 대해 관련 정보를 얻을 수 없는 경우, 작성란은 공란으로 둔다.
④ 외국어로 되어있는 MSDS를 번역하는 경우에는 자료의 신뢰성이 확보될 수 있도록 최초 작성기관명 및 시기를 함께 기재하여야 한다.

해설

각 작성항목은 빠짐없이 작성하여야 하지만 부득이 어느 항목에 대해 관련 정보를 얻을 수 없는 경우에는 작성란에 "자료 없음"이라고 기재한다.

17 미국산업안전보건연구원(NIOSH)의 중량물 취급 작업기준 중, 들어 올리는 물체의 폭에 대한 기준은 얼마인가?

① 55cm 이하 ② 65cm 이하
③ 75cm 이하 ④ 85cm 이하

18 다음 중 피로에 관한 설명으로 틀린 것은?

① 일반적인 피로감은 근육 내 글리코겐의 고갈, 혈중 글루코오스의 증가, 혈중 젖산의 감소와 일치하고 있다.
② 충분한 영양섭취와 휴식은 피로의 예방에 유효한 방법이다.
③ 피로의 주관적 측정방법으로는 CMI(Control Medical Index)를 이용한다.
④ 피로는 질병이 아니고 원래 가역적인 생체반응이며 건강장해에 대한 경고적 반응이다.

해설

피로의 발생기전
㉠ 산소와 영양소 등의 에너지원 발생 감소
㉡ 물질대사에 의한 피로물질의 체내 축적

◉ ANSWER | 13 ② 14 ④ 15 ① 16 ③ 17 ③ 18 ①

㉢ 체내 생리대사의 물리 · 화학적 변화
㉣ 여러 가지 신체조절기능의 저하
㉤ 피로물질 : 젖산, 초성포도당, 크레아티닌, 시스테인, 암모니아

19 산업안전보건법령상 사무실 공기관리에 대한 설명으로 옳지 않은 것은?

① 관리기준은 8시간 시간가중평균농도 기준이다.
② 이산화탄소와 일산화탄소는 비분산적외선검출기의 연속 측정에 의한 직독식 분석방법에 의한다.
③ 이산화탄소의 측정결과 평가는 각 지점에서 측정한 측정치 중 평균값을 기준으로 비교 · 평가한다.
④ 공기의 측정시료는 사무실 안에서 공기질이 가장 나쁠 것으로 예상되는 2곳 이상에서 채취하고, 측정은 사무실 바닥면으로부터 0.9~1.5m의 높이에서 한다.

해설

이산화탄소의 측정결과 평가는 각 지점에서 측정한 측정치 중 최댓값을 기준으로 비교 · 평가한다.

20 다음 중 노동의 적응과 장애에 관련된 내용으로 적절하지 않은 것은?

① 인체는 환경에서 오는 여러 자극(Stress)에 대하여 적응하려는 반응을 일으킨다.
② 인체에 적응이 일어나는 과정은 뇌하수체와 부신피질을 중심으로 한 특유의 반응이 일어나는데 이를 부적응증상군이라고 한다.
③ 직업에 따라 신체 형태와 기능에 국소적 변화가 일어나는데 이것을 직업성 변이(Occupational Stigmata)라고 한다.
④ 외부의 환경변화나 신체활동이 반복되면 조절기능이 원활해지며, 이에 숙련 습득된 상태를 순화라고 한다.

해설

인체에 적응이 일어나는 과정은 뇌하수체와 부신피질을 중심으로 한 특유의 반응이 일어나는데, 이를 적응증상군이라고 한다.

2과목 작업위생 측정 및 평가

21 누적소음노출량 측정기로 소음을 측정하는 경우, 기기 설정으로 적절한 것은?(단, 고용노동부 고시를 기준으로 한다.)

① Criteria = 80dB, Exchange Rate = 5dB, Threshold = 90dB
② Criteria = 80dB, Exchange Rate = 10dB, Threshold = 90dB
③ Criteria = 90dB, Exchange Rate = 10dB, Threshold = 80dB
④ Criteria = 90dB, Exchange Rate = 5dB, Threshold = 80dB

해설

누적소음노출량 측정기로 소음을 측정하는 경우에 Criteria는 90dB, Exchange Rate는 5dB, Threshold는 80dB로 기기를 설정해야 한다.

22 작업장에서 오염물질 농도를 측정했을 때 일산화탄소(CO)가 0.01%이었다면 이때 일산화탄소 농도(mg/m^3)는 약 얼마인가?(단, 25℃, 1기압 기준이다.)

① 95　② 105
③ 115　④ 125

해설

$$CO(mg/m^3) = \frac{0.01m^3}{100m^3}\bigg|\frac{28mg}{24.45mL}\bigg|\frac{10^6mL}{1m^3} = 114.52mg/m^3$$

23 누적소음노출량(D, %)을 적용하여 시간가중평균 소음수준(TWA, dB(A))을 산출하는 식은?(단, 고용노동부 고시를 기준으로 한다.)

① $TWA = 61.16\log(\frac{D}{100}) + 70$
② $TWA = 16.61\log(\frac{D}{100}) + 70$
③ $TWA = 16.61\log(\frac{D}{100}) + 90$
④ $TWA = 61.16\log(\frac{D}{100}) + 90$

ANSWER | 19 ③ 20 ② 21 ④ 22 ③ 23 ③

24 공기시료 채취 시 공기유량과 용량을 보정하는 표준기구 중 1차 표준기구는?

① 흑연피스톤미터 ② 로터미터
③ 습식 테스트미터 ④ 건식 가스미터

해설

1차 표준기구
㉠ 비누거품미터 ㉡ 폐활량계
㉢ 가스치환병 ㉣ 유리피스톤미터
㉤ 흑연피스톤미터 ㉥ 피토튜브

25 절삭작업을 하는 작업장의 오일미스트 농도 측정결과가 아래 표와 같다면 오일미스트의 TWA는 얼마인가?

측정시간	오일미스트 농도(mg/m^3)
09:00~10:00	0
10:00~11:00	1.0
11:00~12:00	1.5
13:00~14:00	1.5
14:00~15:00	2.0
15:00~17:00	4.0
17:00~18:00	5.0

① $3.24mg/m^3$ ② $2.38mg/m^3$
③ $2.16mg/m^3$ ④ $1.78mg/m^3$

해설

$$TWA=\frac{(1\times0)+(1\times1)+(1\times1.5)+(1\times1.5)+(1\times2)+(2\times4)+(1\times5)}{8}=2.38mg/m^3$$

26 다음 중 석면을 포집하는 데 적합한 여과지는?

① 은막 여과지 ② 섬유상 막여과지
③ PTFE 막여과지 ④ MCE 막여과지

해설

MCE 막여과지
산에 쉽게 용해되기 때문에 입자상 물질 중의 금속을 채취하여 원자흡광법을 분석하는 데 적정하며, 시료가 여과지의 표면 또는 가까운 데에 침착되므로 석면, 유리섬유 등 현미경분석을 위한 시료채취에도 이용된다.

27 입자상 물질인 흄(Fume)에 관한 설명으로 옳지 않은 것은?

① 용접공정에서 흄이 발생한다.
② 일반적으로 흄은 모양이 불규칙하다.
③ 흄의 입자크기는 먼지보다 매우 커 폐포에 쉽게 도달하지 않는다.
④ 흄은 상온에서 고체상태의 물질이 고온으로 액체화된 다음 증기화되고, 증기물의 응축 및 산화로 생기는 고체상의 미립자이다.

해설

흄의 입자크기는 먼지보다 매우 작아 폐포에 쉽게 도달한다.

28 다음 소음의 측정시간에 관련한 내용에서 ( )에 들어갈 수치로 알맞은 것은?(단, 고용노동부 고시를 기준으로 한다.)

> 단위작업장소에서의 소음발생시간이 6시간 이내인 경우나 소음발생원에서의 발생시간이 간헐적인 경우에는 발생시간 동안 연속 측정하거나 등간격으로 나누어 ( )회 이상 측정하여야 한다.

① 2 ② 4
③ 6 ④ 8

해설

소음의 측정시간
단위작업장소에서의 소음발생시간이 6시간 이내인 경우나 소음발생원에서의 발생시간이 간헐적인 경우에는 발생시간 동안 연속 측정하거나 등간격으로 나누어 4회 이상 측정하여야 한다.

29 일반적으로 소음계는 A, B, C 세 가지 특성에서 측정할 수 있도록 보정되어 있다. 그 중 A특성치는 몇 phon의 등감곡선에 기준한 것인가?

① 20phon ② 40phon
③ 70phon ④ 100phon

해설

음압수준의 보정(특성보정치 기준 주파수=1,000Hz)
㉠ A특성치 : 40phon 등감곡선(인간의 청력 특성과 유사)
㉡ B특성치 : 70phon 등감곡선
㉢ C특성치 : 100phon 등감곡선
㉣ A특성치와 C특성치가 크면 저주파음이고 차이가 작으면 고주파음이다.

ANSWER | 24 ① 25 ② 26 ④ 27 ③ 28 ② 29 ②

30 작업환경 측정의 단위표시로 틀린 것은?(단, 고용노동부 고시를 기준으로 한다.)

① 미스트, 흄의 농도는 ppm, mg/mm^3로 표시한다.
② 소음수준의 측정단위는 dB(A)로 표시한다.
③ 석면의 농도 표시는 섬유개수(개/cm^3)로 표시한다.
④ 고열(복사열 포함)의 측정단위는 섭씨온도(℃)로 표시한다.

31 다음의 유기용제 중 실리카겔에 대한 친화력이 가장 강한 것은?

① 알코올류　② 케톤류
③ 올레핀류　④ 에스테르류

해설

실리카겔의 친화력 순서
물 > 알코올류 > 알데하이드류 > 케톤류 > 에스테르류 > 방향족 탄화수소 > 올레핀류 > 파라핀류

32 작업환경 공기 중 A물질(TLV 10ppm)이 5ppm, B물질(TLV 100ppm)이 50ppm, C물질(TLV 100 ppm)이 60ppm 있을 때, 혼합물의 허용농도는 약 몇 ppm인가?(단, 상가작용 기준)

① 78　② 72
③ 68　④ 64

해설

$$\text{노출지수(EI)} = \frac{C_1}{TLV_1} + \frac{C_2}{TLV_2} + \frac{C_3}{TLV_3} + \cdots + \frac{C_n}{TLV_n}$$
$$= \frac{5}{10} + \frac{50}{100} + \frac{60}{100} = 1.6$$
$$\therefore \text{혼합물의 허용농도} = \frac{\text{혼합물의 농도}}{\text{노출지수(EI)}}$$
$$= \frac{(5+50+60)}{1.6} = 71.88\text{ppm}$$

33 입자상 물질을 채취하는 데 이용되는 PVC 여과지에 대한 설명으로 틀린 것은?

① 유리규산을 채취하여 X선 회절분석법에 적합하다.
② 수분에 대한 영향이 크지 않다.
③ 공해성 먼지, 총 먼지 등의 중량분석에 용이하다.
④ 산에 쉽게 용해되어 금속 채취에 적당하다.

해설

PVC 여과지(Polyvinyl Chloride Membrane Filter)
㉠ 흡수성이 작고 가벼워 먼지의 중량분석에 적합하다.
㉡ 유리규산을 채취하여 X선 회절법으로 분석하는 데 적절하다.
㉢ 6가 크롬, 아연산화물의 채취에 이용한다.
㉣ 수분에 대한 영향이 크지 않기 때문에 공해성 먼지 등의 중량분석을 위한 측정에 이용된다.

34 작업환경 측정 결과 측정치가 다음과 같은 때, 평균편차는 얼마인가?

7, 5, 15, 20, 8

① 2.8　② 5.2
③ 11　④ 17

해설

평균편차는 각 측정치가 평균에서의 차의 절댓값을 평균한 값으로 산포도의 한 개념이다.

$$\text{산술평균} = \frac{(7+5+15+20+8)}{5} = 11$$
$$\text{평균편차} = \frac{|7-11|+|5-11|+|15-11|+|20-11|+|8-11|}{5}$$
$$= 5.2$$

35 고열 측정방법에 관한 내용이다. ( ) 안에 들어갈 내용으로 맞는 것은?(단, 고용노동부 고시를 기준으로 한다.)

측정기기를 설치한 후 일정 시간 안정화시킨 후 측정을 실시하고, 고열작업에 대해 측정하고자 할 경우에는 1일 작업시간 중 최대로 높은 고열에 노출되고 있는 (㉠)시간을 (㉡)분 간격으로 연속하여 측정한다.

① ㉠ : 1, ㉡ : 5　② ㉠ : 2, ㉡ : 5
③ ㉠ : 1, ㉡ : 10　④ ㉠ : 2, ㉡ : 10

해설

고열 측정방법
측정기기를 설치한 후 일정 시간 안정화시킨 후 측정을 실시하고, 고열작업에 대해 측정하고자 할 경우에는 1일 작업시간 중 최대로 높은 고열에 노출되고 있는 1시간을 10분 간격으로 연속하여 측정한다.

◉ ANSWER | 30 ① 31 ① 32 ② 33 ④ 34 ② 35 ③

36 자연습구온도는 31℃, 흑구온도는 24℃, 건구온도는 34℃인 실내작업장에서 시간당 400칼로리가 소모된다면 계속작업을 실시하는 주조공장의 WBGT는 몇 ℃인가?(단, 고용노동부 고시를 기준으로 한다.)

① 28.9 ② 29.9
③ 30.9 ④ 31.9

해설
옥내 WBGT(℃) = 0.7×자연습구온도 + 0.3×흑구온도
= 0.7×31 + 0.3×24 = 28.9℃

37 초기 무게가 1.260g인 깨끗한 PVC 여과지를 하이볼륨(High-volume) 시료 채취기에 장착하여 작업장에서 오전 9시부터 오후 5시까지 2.5L/분의 유량으로 시료 채취기를 작동시킨 후 여과지의 무게를 측정한 결과가 1.280g이었다면 채취한 입자상 물질의 작업장 내 평균농도(mg/m^3)는?

① 7.8 ② 13.4
③ 16.7 ④ 19.2

해설

$$농도(mg/m^3) = \frac{(1{,}280-1{,}260)mg}{\frac{2.5L}{min}\Big|\frac{8hr}{}\Big|\frac{60min}{1hr}\Big|\frac{1m^3}{1{,}000L}}$$
$$= 16.67mg/m^3$$

38 흉곽성 입자상 물질(TPM)의 평균입경(μm)은? (단, ACGIH 기준)

① 1 ② 4
③ 10 ④ 50

해설
ACGIH 기준 입자상 물질의 평균입자크기
㉠ 흡입성 분진 : 100μm
㉡ 흉곽성 분진 : 10μm
㉢ 호흡성 분진 : 4μm

39 다음 중 표본에서 얻은 표준편차와 표본의 수만 가지고 얻을 수 있는 것은?

① 산술평균치 ② 분산
③ 변이계수 ④ 표준오차

40 다음 중 0.2~0.5m/sec 이하의 실내기류를 측정하는 데 사용할 수 있는 온도계는?

① 금속온도계 ② 건구온도계
③ 카타온도계 ④ 습구온도계

해설
카타온도계는 기류의 방향이 일정하지 않거나 실내 0.2~0.5m/s 정도의 불감기류를 측정할 때 사용한다.

3과목 작업환경 관리대책

41 다음 중 귀마개의 특징과 가장 거리가 먼 것은?

① 제대로 착용하는 데 시간이 걸린다.
② 보안경 사용 시 차음효과가 감소한다.
③ 착용 여부 파악이 곤란하다.
④ 귀마개 오염에 따른 감염 가능성이 있다.

해설
귀마개는 안경, 귀걸이, 머리카락, 모자 등에 의해 방해를 받지 않는다.

42 후드의 정압이 $50mmH_2O$이고 덕트 속도압이 $20mmH_2O$일 때, 후드의 압력손실계수는?

① 1.5 ② 2.0
③ 2.5 ④ 3.0

해설
SP = VP(1+F)
50 = 20(1+F)
∴ F = 1.5

43 다음 중 덕트 내 공기의 압력을 측정할 때 사용하는 장비로 가장 적절한 것은?

① 피토관 ② 타코메타
③ 열선유속계 ④ 회전날개형 유속계

해설
덕트 내 공기압력 측정장비
㉠ 피토관 ㉡ 경사마노미터
㉢ U자 마노미터 ㉣ 아네로이드 게이지
㉤ 마그네헬릭 게이지

ANSWER | 36 ① 37 ③ 38 ③ 39 ④ 40 ③ 41 ② 42 ① 43 ①

44 안지름이 200mm인 관을 통하여 공기를 $55m^3/min$의 유량으로 송풍할 때, 관 내 평균유속은 약 몇 m/sec인가?

① 21.8　② 24.5
③ 29.2　④ 32.2

해설

$$V = \frac{Q}{A} = \frac{55m^3}{min}\bigg|\frac{}{0.0314m^2}\bigg|\frac{1min}{60sec} = 29.19m/sec$$

$$A = \frac{\pi}{4}D^2 = \frac{\pi}{4}\times 0.2^2 = 0.0314m^2$$

45 작업환경 개선을 위한 물질의 대체로 적절하지 않은 것은?

① 주물공정에서 실리카모래 대신 그린모래로 주형을 채우도록 한다.
② 보온재로 석면 대신 유리섬유나 암면 등 사용한다.
③ 금속표면을 블라스팅할 때 사용재료를 철구슬 대신 모래를 사용한다.
④ 야광시계 자판의 라듐을 인으로 대체하여 사용한다.

해설

금속 표면을 블라스팅할 때 사용재료로 모래 대신 철구슬(Shot)을 사용한다.

46 내경 15mm인 관에 40m/min의 속도로 비압축성 유체가 흐르고 있다. 같은 조건에서 내경만 10mm로 변화하였다면, 유속은 약 몇 m/min인가?(단, 관 내 유체의 유량은 같다.)

① 90　② 120
③ 160　④ 210

해설

$$A_1V_1 = A_2V_2$$

$$\frac{\pi}{4}15^2\times 40 = \frac{\pi}{4}10^2\times V$$

$$\therefore\ V = 90m/min$$

47 방진마스크에 대한 설명으로 옳은 것은?

① 흡기저항 상승률이 높은 것이 좋다.
② 형태에 따라 전면형 마스크와 후면형 마스크가 있다.
③ 필터의 여과효율이 낮고 흡입저항이 클수록 좋다.
④ 비휘발성 입자에 대한 보호가 가능하고 가스 및 증기의 보호는 안 된다.

해설

방진마스크
㉠ 흡기저항 상승률이 낮은 것이 좋다.
㉡ 형태에 따라 전면형 마스크와 반면형 마스크가 있다.
㉢ 필터의 여과효율이 높고 흡입저항이 작을수록 좋다.

48 한랭작업장에서 일하고 있는 근로자의 관리에 대한 내용으로 옳지 않은 것은?

① 가장 따뜻한 시간대에 작업을 실시한다.
② 노출된 피부나 전신의 온도가 떨어지지 않도록 온도를 높이고 기류의 속도는 낮추어야 한다.
③ 신발은 발을 압박하지 않고 습기가 있는 것을 신는다.
④ 외부 액체가 스며들지 않도록 방수 처리된 의복을 입는다.

해설

신발은 발을 압박하지 않고 습기가 없는 것을 신는다.

49 국소배기시스템 설계에서 송풍기 전압이 $136mmH_2O$이고, 송풍량은 $184m^3/min$일 때, 필요한 송풍기 소요 동력은 약 몇 kW인가?(단, 송풍기의 효율은 60%이다.)

① 2.7　② 4.8
③ 6.8　④ 8.7

해설

$$kW = \frac{\Delta P\cdot Q}{6,120\times\eta}\times\alpha$$

$$= \frac{136\times 184}{6,120\times 0.6} = 6.81kW$$

◉ ANSWER | 44 ③　45 ③　46 ①　47 ④　48 ③　49 ③

50 스토크스 식에 근거한 중력침강속도에 대한 설명으로 틀린 것은?(단, 공기 중의 입자를 고려한다.)

① 중력가속도에 비례한다.
② 입자 직경의 제곱에 비례한다.
③ 공기의 점성계수에 반비례한다.
④ 입자와 공기의 밀도차에 반비례한다.

해설

침강속도(Stokes 법칙)

$$V_g = \frac{d_p^2(\rho_p - \rho)g}{18 \cdot \mu}$$

여기서, V_g : 중력침강속도(m/s)
ρ_p : 입자의 밀도(kg/m^3)
ρ : 공기의 밀도(kg/m^3)
g : 중력가속도($9.8m/s^2$)
μ : 가스의 점도(kg/m · s)

51 슬롯 길이가 3m이고, 제어속도가 2m/sec인 슬롯 후드에서 오염원이 2m 떨어져 있을 경우 필요 환기량은 몇 m^3/min인가?(단, 공간에 설치하며 플랜지는 부착되어 있지 않다.)

① 1,434 ② 2,664
③ 3,734 ④ 4,864

해설

$$Q(m^3/min) = 3.7 \cdot L \cdot V_c \cdot X$$
$$= 60 \times 3.7 \times 3 \times 2 \times 2 = 2,664 m/min$$

52 원심력 송풍기인 방사날개형 송풍기에 관한 설명으로 틀린 것은?

① 깃이 평판으로 되어 있다.
② 플레이트형 송풍기라고도 한다.
③ 깃의 구조가 분진을 자체 정화할 수 있도록 되어 있다.
④ 큰 압력 손실에서 송풍량이 급격히 떨어지는 단점이 있다.

해설

방사날개형 송풍기(평판형)

㉠ 플레이트 송풍기 또는 평판형 송풍기
㉡ 블레이드(깃)가 평판이고 강도가 매우 높게 설계
㉢ 고농도 분진 함유 공기나 부식성이 강한 공기를 이송시키는 데 사용
㉣ 터보 송풍기와 다익 송풍기의 중간 정도의 성능(효율)을 가짐
㉤ 직선 블레이드(깃)를 반경방향으로 부착시킨 것으로 구조가 간단하고 보수가 쉬움
㉥ 깃의 구조가 분진을 자체 정화할 수 있도록 되어 있다.

53 다음 중 방독마스크의 카트리지의 수명에 영향을 미치는 요소와 가장 거리가 먼 것은?

① 흡착제의 질과 양 ② 상대습도
③ 온도 ④ 분진 입자의 크기

해설

방독마스크의 카트리지 수명에 영향을 미치는 요소

㉠ 습도 및 온도 ㉡ 흡착제의 질과 양
㉢ 오염물질의 농도 ㉣ 착용자의 호흡률

54 다음 중 국소배기장치에서 공기공급시스템이 필요한 이유와 가장 거리가 먼 것은?

① 에너지 절감
② 안전사고 예방
③ 작업장의 교차기류 촉진
④ 국소배기장치의 효율 유지

해설

공기공급시스템이 필요한 이유

㉠ 연료를 절약하기 위하여
㉡ 작업장 내 안전사고를 예방하기 위하여
㉢ 국소배기장치를 적절하게 가동시키기 위하여
㉣ 근로자에게 영향을 미치는 냉각기류를 제거하기 위하여
㉤ 실외공기가 정화되지 않은 채 건물 내로 유입되는 것을 막기 위하여
㉥ 국소배기장치의 효율 유지를 위하여

55 0℃, 1기압에서 A기체의 밀도가 1.415kg/m^3일 때, 100℃, 1기압에서 A기체의 밀도는 몇 kg/m^3인가?

① 0.903 ② 1.036
③ 1.085 ④ 1.411

해설

$$A기체의 밀도(kg/m^3) = \frac{1.415kg}{m^3} \left| \frac{273}{273+100} \right. = 1.036$$

ANSWER | 50 ④ 51 ② 52 ④ 53 ④ 54 ③ 55 ②

56 오후 6시 20분에 측정한 사무실 내 이산화탄소의 농도는 1,200ppm, 사무실이 빈 상태로 1시간이 경과한 오후 7시 20분에 측정한 이산화탄소의 농도는 400ppm이었다. 이 사무실의 시간당 공기교환 횟수는?(단, 외부공기 중의 이산화탄소의 농도는 330ppm이다.)

① 0.56 ② 1.22
③ 2.52 ④ 4.26

해설

$$ACH = \frac{\ln(C_1 - C_o) - \ln(C_2 - C_o)}{hour}$$

여기서, C_1 : 측정 초기 이산화탄소 농도(ppm)
C_2 : t시간 후 이산화탄소 농도(ppm)
C_o : 외부공기 중 이산화탄소 농도(ppm)

$$\therefore ACH = \frac{\ln(1,200 - 330) - \ln(440 - 330)}{1hr} = 2.52$$

57 원심력 송풍기의 종류 중 전향 날개형 송풍기에 관한 설명으로 옳지 않은 것은?

① 다익형 송풍기라고도 한다.
② 큰 압력 손실에도 송풍량의 변동이 적은 장점이 있다.
③ 송풍기의 임펠러가 다람쥐 쳇바퀴 모양이며, 송풍기 깃이 회전방향과 동일한 방향으로 설계되어 있다.
④ 동일 송풍량을 발생시키기 위한 임펠러 회전속도가 상대적으로 낮아 소음문제가 거의 발생하지 않는다.

해설

전향 날개형 송풍기는 압력 손실이 적게 걸리거나 이송시켜야 하는 공기량이 많은 전체환기, 공기조화용으로 사용한다.

58 다음 중 국소배기장치 설계의 순서로 가장 적절한 것은?

① 소요풍량 계산 → 후드형식 선정 → 제어속도 결정
② 제어속도 결정 → 소요풍량 계산 → 후드형식 선정
③ 후드형식 선정 → 제어속도 결정 → 소요풍량 계산
④ 후드형식 선정 → 소요풍량 계산 → 제어속도 결정

해설

국소배기장치의 설계순서
후드의 형식 선정 → 제어속도 결정 → 소요풍량 계산 → 반송속도 결정 → 후드의 크기 결정 → 배관의 배치와 설치장소의 결정 → 공기정화기 선정 → 총압력손실 계산 → 송풍기 선정

59 다음 중 작업환경관리의 목적과 가장 거리가 먼 것은?

① 산업재해 예방 ② 작업환경의 개선
③ 작업능률의 향상 ④ 직업병 치료

60 필요 환기량을 감소시키는 방법으로 옳지 않은 것은?

① 가급적이면 공정이 많이 포위되지 않도록 하여야 한다.
② 후드 개구면에서 기류가 균일하게 분포되도록 설계한다.
③ 공정에서 발생 또는 배출되는 오염물질의 절대량을 감소시킨다.
④ 포집형이나 레시버형 후드를 사용할 때는 가급적 후드를 배출 오염원에 가깝게 설치한다.

해설

필요환기량을 감소시키기 위한 방법
㉠ 가급적이면 공정(발생원)을 많이 포위한다.
㉡ 포집형 후드는 가급적 배출 오염원 가까이에 설치한다.
㉢ 후드 개구면에서 기류가 균일하게 분포되도록 설계한다.
㉣ 포집형이나 레시버형 후드를 사용할 때에는 가급적 후드를 배출 오염원에 가깝게 설치한다.
㉤ 공정에서의 발생 또는 배출되는 오염물질의 절대량을 감소시킨다.
㉥ 작업장 내 방해기류 영향을 최소화한다.

◉ ANSWER | 56 ③ 57 ② 58 ③ 59 ④ 60 ①

4과목 물리적 유해인자 관리

61 국소진동에 노출된 경우에 인체에 장애를 발생시킬 수 있는 주파수 범위로 알맞은 것은?

① 10 ~150Hz　② 10~300Hz
③ 8~500Hz　④ 8~1,500Hz

해설

진동의 구분에 따른 장애 발생 주파수 범위
㉠ 전신진동 : 2~100Hz
㉡ 국소진동 : 8~1,500Hz

62 한랭환경으로 인하여 발생되거나 악화되는 질병과 가장 거리가 먼 것은?

① 동상(Frost Bite)
② 지단 자람증(Acrocyanosis)
③ 케이슨 병(Caisson Disease)
④ 레이노드씨 병(Raynaud's Disease)

해설

한랭환경에 의한 건강장해
㉠ 저체온증
㉡ 동상
㉢ 침수족(참호족)
㉣ 레이노드씨 병(Raynaud's Disease)
㉤ 지단 자람증(Acrocyanosis)
㉥ 알레르기
㉦ 상기도 손상

63 피부로 감지할 수 없는 불감기류의 최고 기류 범위는 얼마인가?

① 약 0.5m/s 이하　② 약 1.0m/s 이하
③ 약 1.3m/s 이하　④ 약 1.5m/s 이하

해설

불감기류 : 0.5m/s 미만 기류

64 산업안전보건법령상 적정한 공기에 해당하는 것은?(단, 다른 성분의 조건은 적정한 것으로 가정한다.)

① 탄산가스가 1.0%인 공기
② 산소농도가 16%인 공기
③ 산소농도가 25%인 공기
④ 황화수소 농도가 25ppm인 공기

해설

적정 공기
산소농도의 범위가 18% 이상 23.5% 미만, 탄산가스의 농도가 1.5% 미만, 일산화탄소 농도가 30ppm 미만, 황화수소의 농도가 10ppm 미만인 수준의 공기를 말한다.

65 높은(고) 기압에 의한 건강영향의 설명으로 틀린 것은?

① 청력의 저하, 귀의 압박감이 일어나며 심하면 고막파열이 일어날 수 있다.
② 부비강 개구부 감염 혹은 기형으로 폐쇄된 경우 심한 구토, 두통 등의 증상을 일으킨다.
③ 압력상승이 급속한 경우 폐 및 혈액으로 탄산가스의 일과성 배출이 일어나 호흡이 억제된다.
④ 3~4기압의 산소 혹은 이에 상당하는 공기 중 산소분압에 의하여 중추신경계의 장해에 기인하는 운동장해를 나타내는 데 이것을 산소중독이라고 한다.

해설

압력상승이 급속한 경우 호흡곤란이 생기며, 호흡이 빨라진다.

66 감압에 따른 기포형성량을 좌우하는 요인이 아닌 것은?

① 감압속도
② 체내 가스의 팽창 정도
③ 조직에 용해된 가스량
④ 혈류를 변화시키는 상태

해설

질소 기포 형성 결정인자
㉠ 조직에 용해된 가스량 : 체내 지방량, 노출 정도, 시간
㉡ 혈류를 변화시키는 주의 상태 : 연령, 기온, 온도, 공포감, 음주 등
㉢ 감압속도

ANSWER | 61 ④ 62 ③ 63 ① 64 ① 65 ③ 66 ②

67 소음작업장에서 각 음원의 음압레벨이 A=110dB, B=80dB, C=70dB이다. 음원이 동시에 가동될 때 음압레벨(SPL)은?

① 87dB ② 90dB
③ 95dB ④ 110dB

해설

$$L_{합} = 10\log(10^{\frac{L_1}{10}} + 10^{\frac{L_2}{10}} + \cdots + 10^{\frac{L_n}{10}})$$

$$= 10\log(10^{\frac{110}{10}} + 10^{\frac{80}{10}} + 10^{\frac{70}{10}}) = 110.0\text{dB}$$

68 진동에 의한 생체영향과 가장 거리가 먼 것은?

① C_5 dip 현상 ② Raynaud 현상
③ 내분기계 장해 ④ 뼈 및 관절의 장해

69 도르노선(Dorno Ray)에 대한 내용으로 맞는 것은?

① 가시광선의 일종이다.
② 280 ~315Å 파장의 자외선을 의미한다.
③ 소독작용, 비타민 D 형성 등 생물학적 작용이 강하다.
④ 절대온도 이상의 모든 물체는 온도에 비례하여 방출된다.

해설

도르노선(Dorno Ray)
㉠ 280~315nm(2,800~3,150Å)의 자외선을 의미한다.
㉡ 일명 건강선(생명선)이라 한다.
㉢ 피부의 색소 침착, 소독작용, 비타민 D 형성 등 생물학적 작용이 강하다.

70 소음 평가치의 단위로 가장 적절한 것은?

① Hz ② NRR
③ phon ④ NRN

해설

소음평가 단위의 종류
㉠ SIL : 회화방해레벨 ㉡ PSIL : 우선회화방해레벨
㉢ NC : 실내소음평가척도 ㉣ NRN : 소음평가지수
㉤ WECONL : 항공기 소음평가량

71 전리방사선의 단위에 관한 설명으로 틀린 것은?

① rad – 조사량과 관계없이 인체조직에 흡수된 양을 의미한다.
② rem – 1rad의 X선 혹은 감마선이 인체조직에 흡수된 양을 의미한다.
③ Curie – 1초 동안에 3.7×10^{10}개의 원자붕괴가 일어나는 방사능 물질의 양을 의미한다.
④ Roentgen(R) – 공기 중에 방사선에 의해 생성되는 이온의 양으로 주로 X선 및 감마선의 조사량을 표시할 때 쓰인다.

해설

rem은 흡수선량이 생체에 영향을 주는 정도를 표시하는 단위이다.

72 소음의 생리적 영향으로 볼 수 없는 것은?

① 혈압 감소 ② 맥박수 증가
③ 위분비액 감소 ④ 집중력 감소

해설

소음은 생리적 영향으로 혈압의 상승을 유발한다.

73 기류의 측정에 사용되는 기구가 아닌 것은?

① 흑구온도계 ② 열선풍속계
③ 카타온도계 ④ 풍차풍속계

해설

기류 측정기기
㉠ 피토관 ㉡ 회전날개형 풍속계
㉢ 그네날개형 풍속계 ㉣ 열선풍속계
㉤ 카타풍속계 ㉥ 풍향풍속계
㉦ 풍차풍속계

74 흑구온도가 260K이고, 기온이 251K일 때 평균복사온도는?(단, 기류속도는 1m/s이다.)

① 227.8 ② 260.7
③ 287.2 ④ 300.6

해설

$$T_w = T_g + 0.24\sqrt{V}(T_g - T_a)$$

$$= 200 + 0.24\sqrt{1}(260-251) = 262.16$$

ANSWER | 67 ④ 68 ① 69 ③ 70 ④ 71 ② 72 ① 73 ① 74 전항 정답

75 방사선을 전리방사선과 비전리방사선으로 분류하는 인자가 아닌 것은?

① 파장　② 주파수
③ 이온화하는 성질　④ 투과력

해설
전리방사선과 비전리방사선의 분류 인자
㉠ 주파수　㉡ 파장　㉢ 이온화하는 성질

76 일반적인 작업장의 인공조명 시 고려사항으로 적절하지 않은 것은?

① 조명도를 균등히 유지할 것
② 경제적이며 취급이 용이할 것
③ 가급적 직접조명이 되도록 설치할 것
④ 폭발성 또는 발화성이 없으며 유해가스를 발생하지 않을 것

해설
인공조명 시 고려사항
㉠ 조도는 작업상 충분할 것
㉡ 광색은 주광색에 가까울 것
㉢ 광원 주위를 밝게 하여 광도를 낮출 것
㉣ 폭발과 발화성이 없을 것
㉤ 유해가스를 발생하지 않을 것
㉥ 취급이 간편하고 경제적일 것
㉦ 광원은 작업상 간접조명이 좋으며 좌측 상방에 설치하는 것이 좋음
㉧ 광원 또는 전등의 휘도를 줄일 것
㉨ 광원에서 시선을 멀리 위치시킬 것
㉩ 균등한 조도를 유지할 것
㉪ 눈이 부신 물체와 시선과의 각을 크게 할 것

77 미국(EPA)의 차음평가수를 의미하는 것은?

① NRR　② TL
③ SNR　④ SLC80

78 조명을 작업환경의 한 요인으로 볼 때, 고려해야 할 사항이 아닌 것은?

① 빛의 색　② 조명 시간
③ 눈부심과 휘도　④ 조도와 조도의 분포

79 적외선의 생물학적 영향에 관한 설명으로 틀린 것은?

① 근적외선은 급성 피부화상, 색소침착 등을 일으킨다.
② 적외선이 흡수되면 화학반응에 의하여 조직 온도가 상승한다.
③ 조사 부위의 온도가 오르면 홍반이 생기고, 혈관이 확장된다.
④ 장기간 조사 시 두통, 자극작용이 있으며, 강력한 적외선은 뇌막자극 증상을 유발할 수 있다.

해설
적외선이 흡수되면 혈작용에 의하여 조직 온도가 상승한다.

80 자유공간에 위치한 점음원의 음향파워레벨(PWL)이 110dB일 때, 이 점음원으로부터 100m 떨어진 곳의 음압레벨(SPL)은?

① 49dB　② 59dB
③ 69dB　④ 79dB

해설
$$SPL(SIL) = PWL - 20\log r - 11$$
$$= 110 - 20\log 100 - 11 = 59dB$$

5과목 산업독성학

81 유해화학물질의 노출기준을 정하고 있는 기관과 노출기준 명칭의 연결이 옳은 것은?

① OSHA – REL　② AIHA – MAC
③ ACGIH – TLV　④ NIOSH – PEL

해설
기관별 노출기준
㉠ OSHA – PEL
㉡ AIHA – WEEL
㉢ NIOSH – REL

ANSWER | 75 ④ 76 ③ 77 ① 78 ② 79 ② 80 ② 81 ③

82 다음 중 인체 순환기계에 대한 설명으로 틀린 것은?

① 인체의 각 구성세포에 영양소를 공급하며, 노폐물 등을 운반한다.
② 혈관계의 동맥은 심장에서 말초혈관으로 이동하는 원심성 혈관이다.
③ 림프관은 체내에서 들어오는 감염성 미생물 및 이물질을 살균 또는 식균하는 역할을 한다.
④ 신체방어에 필요한 혈액응고효소 등을 손상받은 부위로 수송한다.

해설
㉠ 림프관은 모세혈관보다 크고 많은 구멍을 가진다.
㉡ 림프절은 체내에서 들어오는 감염성 미생물 및 이물질을 살균 또는 식균하는 역할을 한다.

83 산업안전보건법령상 기타 분진의 산화규소 결정체 함유율과 노출기준으로 맞는 것은?

① 함유율 : 0.1% 이상, 노출기준 : $5mg/m^3$
② 함유율 : 0.1% 이하, 노출기준 : $10mg/m^3$
③ 함유율 : 1% 이상, 노출기준 : $5mg/m^3$
④ 함유율 : 1% 이하, 노출기준 : $10mg/m^3$

해설
기타 분진 산화규소 결정체 함유율과 노출기준
① 산화규소 결정체 함유율 : 1% 이하
② 노출기준 : $10mg/m^3$

84 벤젠 노출 근로자의 생물학적 모니터링을 위하여 소변시료를 확보하였다. 다음 중 분석해야 하는 대사산물로 맞는 것은?

① 마뇨산(Hippuric Acid)
② t,t-뮤코닉산(t,t-muconic Acid)
③ 메틸마뇨산(Methylhippuric Acid)
④ 트리클로로아세트산(Trichloroacetic Acid)

해설
벤젠의 대사산물
요 중 페놀, S-phenylmercapturic Acid, t,t-muconic Acid

85 다음 표와 같은 크롬중독을 스크린하는 검사법을 개발하였다면 이 검사법의 특이도는 얼마인가?

구 분		크롬중독 진단		합계
		양성	음성	
검사법	양성	15	9	24
	음성	9	21	30
합계		24	30	54

① 68%　　② 69%
③ 70%　　④ 71%

해설
특이도
실제 노출되지 않은 사람이 이 측정방법에서 노출되지 않은 확률을 의미한다.
특이도 $= \frac{21}{30} \times 100 = 70\%$

86 직업성 천식의 발생기전과 관계가 없는 것은?

① Metallothionein　　② 항원공여세포
③ IgG　　④ Histamine

해설
카드뮴이 체내에 들어가면 Metallothionein(혈장단백질)이 관여하여 독성을 감소시키는 역할을 한다.

87 다음 중 달걀 썩는 것 같은 심한 부패성 냄새가 나는 물질로, 노출 시 중추신경의 억제와 후각의 마비 증상을 유발하며, 치료를 위하여 100% O_2를 투여하는 등의 조치가 필요한 물질은?

① 암모니아　　② 포스겐
③ 오존　　④ 황화수소

해설
황화수소(H_2S)
㉠ 썩은 달걀 냄새가 나는 무색의 기체
㉡ 주로 집수조, 맨홀 내부에서 발생됨
㉢ 급성중독에 의한 호흡마비증상(뇌의 호흡중추를 마비)

ANSWER | 82 ③ 83 ④ 84 ② 85 ③ 86 ① 87 ④

88 다음 중 ACGIH의 발암물질 구분 중 인체 발암성 미분류 물질 구분으로 알맞은 것은?

① A2 ② A3
③ A4 ④ A5

해설

미국정부산업위생전문가협의회(ACGIH) 구분 Group
㉠ A1 : 인체 발암 확정 물질 : 아크릴로니트릴, 석면, 벤지딘, 6가 크롬 화합물, 베릴륨, 염화비닐, 우라늄
㉡ A2 : 인체 발암이 의심되는 물질(발암 추정 물질)
㉢ A3 : 동물 발암성 확인 물질
㉣ A4 : 인체 발암성 미분류 물질, 인체 발암성이 확인되지 않은 물질
㉤ A5 : 인체 발암성 미의심 물질

89 다음 중 생물학적 모니터링에 관한 설명으로 적절하지 않은 것은?

① 생물학적 모니터링은 작업자의 생물학적 시료에서 화학물질의 노출 정도를 추정하는 것을 말한다.
② 근로자 노출 평가와 건강상의 영향 평가 두 가지 목적으로 모두 사용될 수 있다.
③ 내재용량은 최근에 흡수된 화학물질의 양을 말한다.
④ 내재용량은 여러 신체 부분이나 몸 전체에서 저장된 화학물질의 양을 말하는 것은 아니다.

해설

내재용량(체내 노출량)
체내 노출량은 최근에 흡수된 화학물질의 양을 나타낸다.

90 다음 중 핵산 하나를 탈락시키거나 첨가함으로써 돌연변이를 일으키는 물질은?

① 아세톤(Acetone)
② 아닐린(Aniline)
③ 아크리딘(Acridine)
④ 아세토니트릴(Acetonitrile)

91 다음 중 수은중독환자의 치료 방법으로 적합하지 않은 것은?

① Ca-EDTA 투여
② BAL(British Anti Lewisite) 투여
③ N-acetyl-D-penicillamine 투여
④ 우유와 계란의 흰자를 먹인 후 위 세척

해설

수은중독의 치료
㉠ 급성중독
- 우유와 계란의 흰자를 먹인다.
- 마늘계통의 식물을 섭취한다.
- BAL(British Anti Lewisite)을 투여한다.

㉡ 만성중독
- 수은 취급을 즉시 중단한다.
- BAL(British Anti Lewisite)을 투여한다.
- EDTA 투여는 금기한다.

92 직접적으로 벤지딘(Benzidine)에 장시간 노출되었을 때 암이 발생될 수 있는 인체 부위로 가장 적절한 것은?

① 피부 ② 뇌
③ 폐 ④ 방광

해설

벤지딘은 방광염, 요로계 종양 등을 일으킨다.

93 ACGIH에 의하여 구분된 입자상 물질의 명칭과 입경을 연결한 것으로 틀린 것은?

① 폐포성 입자상 물질 – 평균입경이 1μm
② 호흡성 입자상 물질 – 평균입경이 4μm
③ 흉곽성 입자상 물질 – 평균입경이 10μm
④ 흡입성 입자상 물질 – 평균입경이 0~100μm

94 다음 중 실험동물을 대상으로 투여 시 독성을 초래하지는 않지만 관찰 가능한 가역적인 반응이 나타나는 양을 의미하는 용어는?

① 유효량(ED) ② 치사량(LD)
③ 독성량(TD) ④ 서한량(PD)

ANSWER | 88 ③ 89 ④ 90 ③ 91 ① 92 ④ 93 ① 94 ①

해설

유효량(ED : Effective Dose)

㉠ 실험동물에게 투여했을 때 독성을 초래하지는 않지만 관찰 가능한 가역적인 반응(점막기관에 자극반응)이 나타나는 물질의 양을 말한다.

㉡ ED_{50}은 실험동물의 50%가 관찰 가능한 가역적인 반응을 나타내는 양이다.

95 다음 중 생체 내에서 혈액과 화학작용을 일으켜서 질식을 일으키는 물질은?

① 수소 ② 헬륨
③ 질소 ④ 일산화탄소

96 다음 중 수은중독에 관한 설명으로 틀린 것은?

① 수은은 주로 골 조직과 신경에 많이 축적된다.
② 무기수은염류는 호흡기나 경구적 어느 경로라도 흡수된다.
③ 수은중독의 특징적인 증상은 구내염, 근육진전 등이 있다.
④ 전리된 수은이온은 단백질을 침전시키고, thiol기(-SH)를 가진 효소작용을 억제한다.

해설

수은은 주로 신장과 간에 많이 축적된다.

97 다음 중 카드뮴에 관한 설명으로 틀린 것은?

① 카드뮴은 부드럽고 연성이 있는 금속으로 납광물이나 아연광물을 제련할 때 부산물로 얻어진다.
② 흡수된 카드뮴은 혈장단백질과 결합하여 최종적으로 신장에 축적된다.
③ 인체 내에서 철을 필요로 하는 효소와의 결합반응으로 독성을 나타낸다.
④ 카드뮴 흄이나 먼지에 급성 노출되면 호흡기가 손상되며 사망에 이르기도 한다.

해설

카드뮴은 간, 신장, 장관벽에 부착하여 효소의 유지에 필요한 -SH와 반응하여 조직세포에 독성으로 작용한다.

98 다음 중 진폐증 발생에 관여하는 인자와 가장 거리가 먼 것은?

① 분진의 노출기간 ② 분진의 분자량
③ 분진의 농도 ④ 분진의 크기

해설

진폐증 발생 요인

㉠ 분진의 농도
㉡ 분진의 크기
㉢ 분진의 노출기간 및 작업강도
㉣ 개인차

99 할로겐화 탄화수소에 속하는 삼염화에틸렌(Trichloroethylene)은 호흡기를 통하여 흡수된다. 삼염화에틸렌의 대사산물은?

① 사염화에탄올 ② 메틸마뇨산
③ 사염화에틸렌 ④ 페놀

100 다음 중 혈색소와 친화도가 산소보다 강하여 COHb를 형성하여 조직에서 산소 공급을 억제하며, 혈중 COHb의 농도가 높아지면 HbO_2의 해리작용을 방해하는 물질은?

① 일산화탄소 ② 에탄올
③ 리도카인 ④ 염소산염

해설

일산화탄소는 혈액 중 헤모글로빈과의 결합력이 산소보다 240배 강하여 체내 산소공급 능력을 방해하여 질식을 일으키며, 이는 혈색소와 친화도가 산소보다 강하여 COHb를 형성하여 조직에서 산소 공급을 억제한다. 이는 혈중 COHb의 농도가 높아지면 HbO_2의 해리작용을 방해하는 작용을 하기 때문이다.

ANSWER | 95 ④ 96 ① 97 ③ 98 ② 99 ① 100 ①

SECTION 07

2020년 통합 1·2회 기사

1과목 산업위생학 개론

01 직업성 질환 발생의 요인을 직접적인 원인과 간접적인 원인으로 구분할 때 직접적인 원인에 해당하지 않는 것은?

① 물리적 환경요인
② 화학적 환경요인
③ 작업강도와 작업시간적 요인
④ 부자연스런 자세와 단순 반복 작업 등의 작업요인

해설

직업병의 원인은 물리적 요인, 화학적 요인, 생물학적 요인 및 인간공학적 요인으로 나눌 수 있다.

02 산업안전보건법령상 시간당 200~350kcal의 열량이 소요되는 작업을 매시간 50% 작업, 50% 휴식 시의 고온노출기준(WBGT)은?

① 26.7℃ ② 28.0℃
③ 28.4℃ ④ 29.4℃

해설

고온의 노출기준

작업강도 / 작업·휴식시간비	경작업 (℃, WBGT)	중등작업 (℃, WBGT)	중작업 (℃, WBGT)
계속 작업	30.0	26.7	25.0
매시간 75% 작업, 25% 휴식	30.6	28.0	25.9
매시간 50% 작업, 50% 휴식	31.4	29.4	27.9
매시간 25% 작업, 75% 휴식	32.2	31.1	30.0

㉠ 경작업 : 200kcal까지의 열량이 소요되는 작업을 말하며, 앉아서 또는 서서 기계의 조정을 하기 위하여 손 또는 팔을 가볍게 쓰는 일 등을 뜻함
㉡ 중등작업 : 시간당 200~350kcal의 열량이 소요되는 작업을 말하며, 물체를 들거나 밀면서 걸어다니는 일 등을 뜻함
㉢ 중작업 : 시간당 350~500kcal의 열량이 소요되는 작업을 말하며, 곡괭이질 또는 삽질하는 일 등을 뜻함

03 산업안전보건법령상 사무실 오염물질에 대한 관리기준으로 옳지 않은 것은?

① 라돈 : 148Bq/m^3 이하
② 일산화탄소 : 10ppm 이하
③ 이산화질소 : 0.1ppm 이하
④ 포름알데히드 : 500μg/m^3 이하

해설

오염물질 관리기준

오염물질	관리기준
미세먼지(PM10)	100μg/m^3 이하
초미세먼지(PM2.5)	50μg/m^3 이하
일산화탄소(CO)	10ppm 이하
이산화탄소(CO_2)	1,000ppm 이하
포름알데히드(HCHO)	100μg/m^3 이하
총휘발성유기화합물(TVOC)	500μg/m^3 이하
총부유세균	800CFU/m^3 이하
이산화질소(NO_2)	0.1ppm 이하
라돈(Radon)	148Bq/m^3 이하
곰팡이	500CFU/m^3 이하

04 유해인자와 그로 인하여 발생되는 직업병이 올바르게 연결된 것은?

① 크롬 – 간암
② 이상기압 – 침수족
③ 망간 – 비중격천공
④ 석면 – 악성중피종

해설

유해인자별 직업병
㉠ 크롬 : 신장장애, 피부염(접촉성), 크롬폐증, 폐암, 비중격천공(6가 크롬)
㉡ 이상기압 : 감압병, 폐수종
㉢ 석면 : 악성중피종
㉣ 망간 : 파킨슨증후군(신경염), 신장염
㉤ 분진 : 규폐증
㉥ 수은 : 무뇨증, 미나마타병

ANSWER | 01 ③ 02 ④ 03 ④ 04 ④

PART 01 PART 02 PART 03 PART 04 PART 05 PART 06

05 근골격계 부담작업으로 인한 건강장해 예방을 위한 조치 항목으로 옳지 않은 것은?

① 근골격계 질환 예방관리 프로그램을 작성 · 시행할 경우에는 노사협의를 거쳐야 한다.
② 근골격계 질환 예방관리 프로그램에는 유해요인 조사, 작업환경개선, 교육 · 훈련 및 평가 등이 포함되어 있다.
③ 사업주는 25kg 이상의 중량물을 들어 올리는 작업에 대하여 중량과 무게중심에 대하여 안내표시를 하여야 한다.
④ 근골격계 부담작업에 해당하는 새로운 작업 · 설비 등을 도입한 경우, 지체 없이 유해요인조사를 실시하여야 한다.

해설

사업주는 5kg 이상의 중량물을 들어 올리는 작업에 근로자를 종사하도록 하는 때에는 다음과 같은 조치를 하여야 한다.
㉠ 주로 취급하는 물품에 대하여 근로자가 쉽게 알 수 있도록 물품의 중량과 무게중심에 대하여 작업장 주변에 안내표시를 할 것
㉡ 취급하기 곤란한 물품은 손잡이를 붙이거나 갈고리, 진공빨판 등 적절한 보조도구를 활용할 것

06 연평균 근로자 수가 5,000명인 사업장에서 1년 동안에 125건의 재해로 인하여 250명의 사상자가 발생하였다면, 이 사업장의 연천인율은 얼마인가?(단, 이 사업장의 근로자 1인당 연간 근로시간은 2,400시간이다.)

① 10　② 25
③ 50　④ 200

해설

연천인율(年千人率)
㉠ 근로자 1,000명당 1년간 발생하는 재해자 수
㉡ 근무시간이 같은 동종의 업체와 비교 가능

$$연천인율=\frac{재해자수}{연평균근로자수}\times 1{,}000 =\frac{250}{5{,}000}\times 1{,}000 = 50$$

07 영국의 외과의사 Pott에 의하여 발견된 직업성 암은?

① 비암　② 폐암
③ 간암　④ 음낭암

해설

Percivall Pott(영국)는 직업성 암을 최초로 발견하였고, 굴뚝청소부에게 많이 발생한 음낭암의 원인물질을 검댕(soot)이라고 규명하였다.

08 산업피로(Industrial Fatigue)에 관한 설명으로 옳지 않은 것은?

① 산업피로의 유발원인으로는 작업부하, 작업환경조건, 생활조건 등이 있다.
② 작업과정 사이에 짧은 휴식보다 장시간의 휴식시간을 삽입하여 산업피로를 경감시킨다.
③ 산업피로의 검사방법은 한 가지 방법으로 판정하기는 어려우므로 여러 가지 검사를 종합하여 결정한다.
④ 산업피로란 일반적으로 작업현장에서 고단하다는 주관적인 느낌이 있으면서, 작업능률이 떨어지고, 생체기능의 변화를 가져오는 현상이라고 정의할 수 있다.

해설

산업피로는 단시간씩 여러 번 나누어 휴식하는 것이 장시간 한 번 휴식하는 것보다 피로회복에 도움이 된다.

09 산업안전보건법령상 사무실 공기의 시료채취 방법이 잘못 연결된 것은?

① 일산화탄소 – 전기화학검출기에 의한 채취
② 이산화질소 – 캐니스터(Canister)를 이용한 채취
③ 이산화탄소 – 비분산적외선검출기에 의한 채취
④ 총부유세균 – 충돌법을 이용한 부유세균채취기로 채취

해설

이산화질소는 고체흡착관에 의해 시료를 채취하고, 분광광도계로 분석한다.

ANSWER | 05 ③　06 ③　07 ④　08 ②　09 ②

10 재해예방의 4원칙에 대한 설명으로 옳지 않은 것은?

① 재해발생에는 반드시 그 원인이 있다.
② 재해가 발생하면 반드시 손실도 발생한다.
③ 재해는 원인 제거를 통하여 예방이 가능하다.
④ 재해예방을 위한 가능한 안전대책은 반드시 존재한다.

해설

하인리히의 재해예방 4원칙

구분	내용
예방 가능의 원칙	천재지변을 제외한 모든 재해는 원칙적으로 예방이 가능하다.
손실 우연의 원칙	사고로 생기는 상해의 종류 및 정도는 우연적이다.
원인 계기의 원칙	사고와 손실의 관계는 우연적이지만 사고와 원인관계는 필연적이다.(사고에는 반드시 원인이 있다.)
대책 선정의 원칙	원인을 정확히 규명해서 대책을 선정하고 실시되어야 한다.(3E, 즉 기술, 교육, 관리를 중심으로)

11 작업환경측정기관이 작업환경측정을 한 경우 결과를 시료채취를 마친 날부터 며칠 이내에 관할 지방고용노동관서의 장에게 제출하여야 하는가?(단, 제출기간의 연장은 고려하지 않는다.)

① 30일 ② 60일
③ 90일 ④ 120일

해설

작업환경측정결과보고서는 시료채취를 마친 날부터 30일 이내에 관할 지방고용관서의 장에게 제출하여야 한다.

12 산업안전보건법령상 보건관리자의 업무가 아닌 것은?(단, 그 밖에 작업관리 및 작업환경관리에 관한 사항은 제외한다.)

① 물질안전보건자료의 게시 또는 비치에 관한 보좌 및 지도 · 조언
② 보건교육계획의 수립 및 보건교육 실시에 관한 보좌 및 지도 · 조언
③ 안전인증대상 기계 등 보건과 관련된 보호구의 점검, 지도, 유지에 관한 보좌 및 지도 · 조언
④ 전체 환기장치 등에 관한 설비의 점검과 작업방법의 공학적 개선에 관한 보좌 및 지도 · 조언

해설

안전인증대상 기계 · 기구 등과 자율안전확인대상 기계 · 기구 등 중 보건과 관련된 보호구(保護具) 구입 시 적격품 선정에 관한 보좌 및 조언 · 지도

13 인간공학에서 고려해야 할 인간의 특성과 가장 거리가 먼 것은?

① 인간의 습성
② 신체의 크기와 작업환경
③ 기술, 집단에 대한 적응능력
④ 인간의 독립성 및 감정적 조화성

해설

인간공학에서 고려해야 할 인간의 특성
㉠ 인간의 습성
㉡ 신체의 크기와 작업환경
㉢ 기술, 집단에 대한 적응능력
㉣ 감각과 지각
㉤ 운동력과 근력
㉥ 민족

14 산업안전보건법령상 유해위험방지계획서의 제출 대상이 되는 사업이 아닌 것은?(단, 모두 전기 계약용량이 300킬로와트 이상이다.)

① 항만운송사업
② 반도체 제조업
③ 식료품 제조업
④ 전자부품 제조업

해설

유해위험방지계획서 제출 대상 사업(전기 계약용량이 300킬로와트 이상)
㉠ 금속가공제품 제조업(기계 및 기구 제외)
㉡ 비금속 광물제품 제조업
㉢ 기타 기계 및 장비 제조업
㉣ 자동차 및 트레일러 제조업
㉤ 식료품 제조업
㉥ 고무제품 및 플라스틱 제조업
㉦ 목재 및 나무제품 제조업
㉧ 기타 제품 제조업
㉨ 1차 금속 제조업

◉ ANSWER | 10 ② 11 ① 12 ③ 13 ④ 14 ①

㉧ 가구 제조업
㉪ 화학물질 및 화학제품 제조업
㉫ 반도체 제조업
㉬ 전자부품 제조업

15 산업위생전문가의 윤리강령 중 "전문가로서의 책임"에 해당하지 않는 것은?

① 기업체의 기밀은 누설하지 않는다.
② 과학적 방법의 적용과 자료의 해석에서 객관성을 유지한다.
③ 근로자, 사회 및 전문 직종의 이익을 위해 과학적 지식은 공개하거나 발표하지 않는다.
④ 전문적 판단이 타협에 의하여 좌우될 수 있는 상황에는 개입하지 않는다.

해설

근로자, 사회 및 전문직종의 이익을 위해 과학적 지식을 공개하여 발표한다.

16 작업자세는 피로 또는 작업 능률과 밀접한 관계가 있는데, 바람직한 작업자세의 조건으로 보기 어려운 것은?

① 정적 작업을 도모한다.
② 작업에 주로 사용하는 팔은 심장높이에 두도록 한다.
③ 작업물체와 눈과의 거리는 명시거리로 30cm 정도를 유지토록 한다.
④ 근육을 지속적으로 수축시키기 때문에 불안정한 자세는 피하도록 한다.

해설

정적 작업을 피하고, 동적 작업을 도모한다.

17 지능검사, 기능검사, 인성검사는 직업적성검사 중 어느 검사항목에 해당되는가?

① 감각적 기능검사　② 생리적 적성검사
③ 신체적 적성검사　④ 심리적 적성검사

해설

적성검사

신체검사	검사항목
생리적 기능검사	심폐기능검사, 감각기능검사, 체력검사
심리적 기능검사	지각동작검사, 지능검사, 인성검사, 기능검사(언어, 기억, 추리 등)

18 산업위생 활동 중 유해인자의 양적, 질적인 정도가 근로자들의 건강에 어떤 영향을 미칠 것인지 판단하는 의사결정단계는?

① 인지　② 예측
③ 측정　④ 평가

해설

산업위생의 4가지 주요 활동
㉠ 예측 : 산업위생 활동에서 처음으로 요구되는 활동으로 근로자들의 건강장애, 영향을 사전에 예측
㉡ 인지(측정) : 현존 상황에서 존재하거나 잠재할 수 있는 유해인자의 파악, 구체적으로 정성 · 정량적으로 계측
㉢ 평가 : 유해인자에 대한 양, 정도가 근로자들의 건강에 어떤 영향을 미칠 것인지를 판단하는 의사결정단계
㉣ 관리 : 유해인자로부터 근로자를 보호하는 수단

19 근로자에 있어서 약한 손(왼손잡이의 경우 오른손)의 힘은 평균 45kp라고 한다. 이 근로자가 무게 18kg인 박스를 두 손으로 들어 올리는 작업을 할 경우의 작업강도(%MS)는?

① 15%　② 20%
③ 25%　④ 30%

해설

$$\%MS = \frac{RF}{MF} \times 100 = \frac{9}{45} \times 100 = 20\%$$

20 물체 무게가 2kg, 권고중량한계가 4kg일 때 NIOSH의 중량물 취급지수(LI : Lifting Index)는?

① 0.5　② 1
③ 2　④ 4

해설

$$\text{중량물 취급지수(LI)} = \frac{\text{물체무게(kg)}}{\text{RWL(kg)}} = \frac{2\text{kg}}{4\text{kg}} = 0.5$$

◉ ANSWER | 15 ③ 16 ① 17 ④ 18 ④ 19 ② 20 ①

2과목 작업위생 측정 및 평가

21 시료채취기를 근로자에게 착용시켜 가스·증기·미스트·흄 또는 분진 등을 호흡기 위치에서 채취하는 것을 무엇이라고 하는가?

① 지역시료채취
② 개인시료채취
③ 작업시료채취
④ 노출시료채취

해설

"개인시료채취"란 개인시료채취기를 이용하여 가스·증기·분진·흄(Fume)·미스트(Mist) 등을 근로자의 호흡위치(호흡기를 중심으로 반경 30cm인 반구)에서 채취하는 것을 말한다.

22 공장 내 지면에 설치된 한 기계로부터 10m 떨어진 지점의 소음이 70dB(A)일 때, 기계의 소음이 50dB(A)로 들리는 지점은 기계에서 몇 m 떨어진 곳인가?(단, 점음원을 기준으로 하고, 기타 조건은 고려하지 않는다.)

① 50 ② 100
③ 200 ④ 400

해설

$$SPL_1 - SPL_2 = 20\log\frac{r_2}{r_1}$$

$$70-50 = 20\log\frac{r_2}{10},\ 10^1 = \frac{r_2}{10}$$

$\therefore\ r_2 = 100\text{m}$

23 Low Volume Air Sampler로 작업장 내 시료를 측정한 결과 2.55mg/m^3이고, 상대농도계로 10분간 측정한 결과 155이고, Dark Count가 6일 때 질량농도의 변환계수는?

① 0.27 ② 0.36
③ 0.64 ④ 0.85

해설

Low Volume Air Sampler의 질량농도 변환계수(K)

$$K = \frac{C}{R-D}$$

여기서, C : 중량분석 실측치
R : Digital Counter 수
D : Dark Count 수

$$= \frac{2.55\text{mg/m}^3}{\left(\frac{155}{10}\right)-6} = 0.27\text{mg/m}^3$$

24 소음작업장에서 두 기계 각각의 음압레벨이 90dB로 동일하게 나타났다면 두 기계가 모두 가동되는 이 작업장의 음압레벨(dB)은?(단, 기타 조건은 같다.)

① 93 ② 95
③ 97 ④ 99

해설

$$L_{합} = 10\log\left(10^{\frac{L_1}{10}} + 10^{\frac{L_2}{10}} + \cdots + 10^{\frac{L_n}{10}}\right)$$

$$PWL = 10\log\left(2\times 10^{\frac{90}{10}}\right) = 93.01\text{dB}$$

25 대푯값에 대한 설명 중 틀린 것은?

① 측정값 중 빈도가 가장 많은 수가 최빈값이다.
② 가중평균은 빈도를 가중치로 택하여 평균값을 계산한다.
③ 중앙값은 측정값을 모두 나열하였을 때 중앙에 위치하는 측정값이다.
④ 기하평균은 n개의 측정값이 있을 때 이들의 합을 개수로 나눈 값으로 산업위생 분야에서 많이 사용한다.

해설

기하평균은 n개의 측정값이 있을 때 이들 곱의 N제곱근을 의미한다.

ANSWER | 21 ② 22 ② 23 ① 24 ① 25 ④

26 금속 도장 작업장의 공기 중에 혼합된 기체의 농도와 TLV가 다음 표와 같을 때, 이 작업장의 노출지수(EI)는 얼마인가?(단, 상가 작용 기준이며 농도 및 TLV의 단위는 ppm이다.)

기체명	기체의 농도	TLV
Touluene	55	100
MBK	25	50
Acetone	280	750
MEK	90	200

① 1.573
② 1.673
③ 1.773
④ 1.873

해설

$$노출지수(EI) = \frac{C_1}{TLV_1} + \frac{C_2}{TLV_2} + \cdots + \frac{C_n}{TLV_n}$$
$$= \frac{55}{100} + \frac{25}{50} + \frac{280}{750} + \frac{90}{200} = 1.873$$

27 허용농도(TLV) 적용상 주의할 사항으로 틀린 것은?

① 대기오염 평가 및 관리에 적용될 수 없다.
② 기존의 질병이나 육체적 조건을 판단하기 위한 척도로 사용될 수 없다.
③ 사업장의 유해조건을 평가하고 개선하는 지침으로 사용될 수 없다.
④ 안전농도와 위험농도를 정확히 구분하는 경계선이 아니다.

해설

미국정부산업위생전문가협의회(ACGIH)에서 제시한 허용농도(TLV) 적용상의 주의사항
㉠ 대기오염 평가 및 관리에 적용할 수 없다.
㉡ 반드시 산업위생 전문가에 의하여 적용되어야 한다.
㉢ 24시간 노출 또는 정상 작업시간을 초과한 노출에 대한 독성평가에 적용하여서는 아니 된다.
㉣ 안전농도와 위험농도를 정확히 구분하는 경계선으로 사용하여서는 아니 된다.
㉤ 독성의 강도를 비교할 수 있는 지표로 사용하지 않아야 한다.
㉥ 기존의 질병이나 육체적 조건을 판단하기 위한 척도로 사용될 수 없다.
㉦ 피부로 흡수되는 양은 고려하지 않은 기준이다.
㉧ 사업장의 유해조건을 평가하고 건강장해를 예방하기 위한 지침이다.
㉨ 작업조건이 다른 나라에서 ACGIH-TLV를 그대로 적용할 수 없다.

28 소음 측정을 위한 소음계(Sound Level Meter)는 주파수에 따른 사람의 느낌을 감안하여 세 가지 특성, 즉 A, B 및 C 특성에서 음압을 측정할 수 있다. 다음 중 A, B 및 C 특성에 대한 설명이 옳게 된 것은?

① A특성 보정치는 4,000Hz 수준에서 가장 크다.
② B특성 보정치와 C특성 보정치는 각각 70phon과 40phon의 등감곡선과 비슷하게 보정하여 측정한 값이다.
③ B특성 보정치(dB)는 2,000Hz에서 값이 0이다.
④ A특성 보정치(dB)는 1,000Hz에서 값이 0이다.

해설

① A특성 보정치는 2,000Hz 수준에서 가장 크다.
② B특성 보정치와 C특성 보정치는 각각 70phon과 85phon의 등감곡선과 비슷하게 보정하여 측정한 값이다.
③ A, B 및 C 특성 보정치는 1,000Hz에서 값이 0이다.

29 작업환경측정 및 정도관리 등에 관한 고시상 원자흡광광도법(AAS)으로 분석할 수 있는 유해인자가 아닌 것은?

① 코발트
② 구리
③ 산화철
④ 카드뮴

해설

원자흡광광도법(AAS)로 분석할 수 있는 유해인자

㉠ 구리	㉡ 납
㉢ 니켈	㉣ 크롬
㉤ 망간	㉥ 산화마그네슘
㉦ 산화아연	㉧ 산화철
㉨ 수산화나트륨	㉩ 카드뮴

◉ ANSWER | 26 ④ 27 ③ 28 ④ 29 ①

30 불꽃 방식 원자흡광광도계가 갖는 특징으로 틀린 것은?

① 분석시간이 흑연로 장치에 비하여 적게 소요된다.
② 혈액이나 소변 등 생물학적 시료의 유해금속 분석에 주로 많이 사용된다.
③ 일반적으로 흑연로 장치나 유도결합플라스마-원자발광분석기에 비하여 저렴하다.
④ 용질이 고농도로 용해되어 있는 경우 버너의 슬롯을 막을 수 있으며 점성이 큰 용액이 분무가 어려워 분무구멍을 막아버릴 수 있다.

해설

혈액이나 소변 등 생물학적 시료의 유해금속 분석에 주로 많이 사용되는 것은 흑연로 방식이다.

31 작업환경측정결과를 통계처리 시 고려해야 할 사항으로 적절하지 않은 것은?

① 대표성　② 불변성
③ 통계적 평가　④ 2차 정규분포 여부

32 1N-HCl(F=1.000) 500mL를 만들기 위해 필요한 진한 염산의 부피(mL)는?(단, 진한 염산의 물성은 비중 1.18, 함량 35%이다.)

① 약 18　② 약 36
③ 약 44　④ 약 66

해설

$$X(mL) = \frac{1eq}{L}\Big|\frac{0.5L}{}\Big|\frac{36.5g}{1eq}\Big|\frac{mL}{1.18g}\Big|\frac{100}{35} = 44.1mL$$

33 고온의 노출기준에서 작업자가 경작업을 할 때, 휴식 없이 계속 작업할 수 있는 기준에 위배되는 온도는?(단, 고용노동부 고시를 기준으로 한다.)

① 습구흑구온도지수 : 30℃
② 태양광이 내리쬐는 옥외장소
　자연습구온도 : 28℃
　흑구온도 : 32℃
　건구온도 : 40℃
③ 태양광이 내리쬐는 옥외장소
　자연습구온도 : 29℃
　흑구온도 : 33℃
　건구온도 : 33℃
④ 태양광이 내리쬐는 옥외 장소
　자연습구온도 : 30℃
　흑구온도 : 30℃
　건구온도 : 30℃

해설

고온의 노출기준

작업강도 / 작업·휴식시간비	경작업 (℃, WBGT)	중등작업 (℃, WBGT)	중작업 (℃, WBGT)
계속 작업	30.0	26.7	25.0
매시간 75% 작업, 25% 휴식	30.6	28.0	25.9
매시간 50% 작업, 50% 휴식	31.4	29.4	27.9
매시간 25% 작업, 75% 휴식	32.2	31.1	30.0

옥외 WBGT(℃) = (0.7×자연습구온도) + (0.2×흑구온도) + (0.1×건구온도)

② 옥외 WBGT(℃) = (0.7×28) + (0.2×32) + (0.1×40) = 30℃

③ 옥외 WBGT(℃) = (0.7×29) + (0.2×33) + (0.1×33) = 30.2℃

④ 옥외 WBGT(℃) = (0.7×30) + (0.2×30) + (0.1×30) = 30℃

34 다음 중 고열 측정기기 및 측정방법 등에 관한 내용으로 틀린 것은?

① 고열은 습구흑구온도지수를 측정할 수 있는 기기 또는 이와 동등 이상의 성능을 가진 기기를 사용한다.
② 고열을 측정하는 경우 측정기 제조자가 지정한 방법과 시간을 준수하여 사용한다.
③ 고열작업에 대한 측정은 1일 작업시간 중 최대로 고열에 노출되고 있는 1시간을 30분 간격으로 연속하여 측정한다.
④ 측정기의 위치는 바닥 면으로부터 50cm 이상, 150cm 이하의 위치에서 측정한다.

ANSWER | 30 ② 31 ④ 32 ③ 33 ③ 34 ③

해설

측정기기를 설치한 후 일정 시간 안정화시킨 후 측정을 실시하고, 고열작업에 대해 측정하고자 할 경우에는 1일 작업시간 중 최대로 높은 고열에 노출되고 있는 1시간을 10분 간격으로 연속하여 측정한다.

35 다음 중 활성탄에 흡착된 유기화합물을 탈착하는 데 가장 많이 사용하는 용매는?

① 톨루엔 ② 이황화탄소
③ 클로로포름 ④ 메틸클로로포름

36 입경이 50μm이고 비중이 1.32인 입자의 침강속도(cm/s)는 얼마인가?

① 8.6 ② 9.9
③ 11.9 ④ 13.6

해설

Lippman 침강속도

$$V(cm/sec) = 0.003 \times SG \times d^2 = 0.003 \times 1.32 \times 50^2 = 9.9cm/sec$$

37 작업자가 유해물질에 노출된 정도를 표준화하기 위한 계산식으로 옳은 것은?(단, 고용노동부 고시를 기준으로 하며, C는 유해물질의 농도, T는 노출시간을 의미한다.)

① $\dfrac{\sum_{n=1}^{m}(C_n \times T_n)}{8}$

② $\dfrac{8}{\sum_{n=1}^{m}(C_n) \times T_n}$

③ $\dfrac{\prod_{n=1}^{m}(C_n) \times T_n}{8}$

④ $\dfrac{\prod_{n=1}^{m}(C_n) + T_n}{8}$

해설

$$TWA = \frac{C_1T_1 + C_2T_2 + \cdots + C_nT_n}{8}$$

여기서, C : 유해인자의 측정농도(ppm 또는 mg/m^3)
T : 유해인자의 발생시간(hr)

38 원자흡광분광법의 기본 원리가 아닌 것은?

① 모든 원자들은 빛을 흡수한다.
② 빛을 흡수할 수 있는 곳에서 빛은 각 화학적 원소에 대한 특정 파장을 갖는다.
③ 흡수되는 빛의 양은 시료에 함유되어 있는 원자의 농도에 비례한다.
④ 컬럼 안에서 시료들은 충진제와 친화력에 의해서 상호 작용하게 된다.

39 다음 ( ) 안에 들어갈 수치는?

> 단시간노출기준(STEL) : ( )분간의 시간가중평균 노출값

① 10
② 15
③ 20
④ 40

40 흡수액 측정법에 주로 사용되는 주요 기구로 옳지 않은 것은?

① 테들러 백(Tedlar Bag)
② 프리티드 버블러(Fritted Bubbler)
③ 간이 가스 세척병(Simple Gas Washing Bottle)
④ 유리구 충진분리관(Packed Glass Bead Column)

3과목 작업환경 관리대책

41 무거운 분진(납분진, 주물사, 금속가루분진)의 일반적인 반송속도로 적절한 것은?

① 5m/s
② 10m/s
③ 15m/s
④ 25m/s

◉ ANSWER | 35 ② 36 ② 37 ① 38 ④ 39 ② 40 ① 41 ④

해설

덕트의 최소 설계속도(반송속도)

오염물질	예	V(m/sec)
가스, 증기, 미스트	각종 가스, 증기, 미스트	5~10
흄, 매우 가벼운 건조분진	산화아연, 산화알루미늄, 산화철 등의 흄, 나무, 고무, 플라스틱, 면 등의 미세한 분진	10
가벼운 건조분진	원면, 곡물분진, 고무, 플라스틱, 톱밥 등의 분진, 버프 연마분진, 경금속 분진	15
일반 공업분진	털, 나무부스러기, 대패부스러기, 샌드블라스트, 그라인더 분진, 내화벽돌 분진	20
무거운 분진	납분진, 주물사, 금속가루 분진	25
무겁고 습한 분진	습한 납분진, 철분진, 주물사, 요업재료	25 이상

42 여과제진장치의 설명 중 옳은 것은?

㉠ 여과속도가 클수록 미세입자 포집에 유리하다.
㉡ 연속식은 고농도 함진 배기가스 처리에 적합하다.
㉢ 습식 제진에 유리하다.
㉣ 조작 불량을 조기에 발견할 수 있다.

① ㉠, ㉢ ② ㉡, ㉣
③ ㉡, ㉢ ④ ㉠, ㉡

43 호흡기 보호구의 밀착도 검사(Fit Test)에 대한 설명이 잘못된 것은?

① 정량적인 방법에는 냄새, 맛, 자극물질 등을 이용한다.
② 밀착도 검사란 얼굴피부 접촉면과 보호구 안면부가 적합하게 밀착되는지를 측정하는 것이다.
③ 밀착도 검사를 하는 것은 작업자가 작업장에 들어가기 전 누설정도를 최소화시키기 위함이다.
④ 어떤 형태의 마스크가 작업자에게 적합한지 마스크를 선택하는 데 도움을 주어 작업자의 건강을 보호한다.

해설

정성적인 방법에는 냄새, 맛, 자극물질 등을 이용한다.

44 어떤 공장에서 접착공정이 유기용제 중독의 원인이 되었다. 직업병 예방을 위한 작업환경 관리대책이 아닌 것은?

① 신선한 공기에 의한 희석 및 환기 실시
② 공정의 밀폐 및 격리
③ 조업방법의 개선
④ 보건교육 미실시

해설

작업환경 개선의 4원칙
㉠ 대치(Substitution)
㉡ 격리(Isolation)
㉢ 환기(Ventilation)
㉣ 교육(Education)

45 후드의 개구(Opening) 내부로 작업환경의 오염공기를 흡인시키는 데 필요한 압력차에 관한 설명 중 적합하지 않은 것은?

① 정지상태의 공기 가속에 필요한 것 이상의 에너지이어야 한다.
② 개구에서 발생되는 난류 손실을 보전할 수 있는 에너지이어야 한다.
③ 개구에서 발생되는 난류 손실은 형태나 재질에 무관하게 일정하다.
④ 공기의 가속에 필요한 에너지는 공기의 이동에 필요한 속도압과 같다.

46 90° 곡관의 반경비가 2.0일 때 압력손실계수는 0.27이다. 속도압이 $14mmH_2O$라면 곡관의 압력손실(mmH_2O)은?

① 7.6 ② 5.5
③ 3.8 ④ 2.7

해설

$\Delta P = \xi \times VP = 0.27 \times 14 = 3.78mmH_2O$

◉ ANSWER | 42 ② 43 ① 44 ④ 45 ③ 46 ③

47 용기충진이나 컨베이어 적재와 같이 발생기류가 높고 유해물질이 활발하게 발생하는 작업조건의 제어속도로 가장 알맞은 것은?(단, ACGIH 권고 기준)

① 2.0 m/s
② 3.0 m/s
③ 4.0 m/s
④ 5.0 m/s

해설

용기충진이나 컨베이어 적재와 같이 발생기류가 높고 유해물질이 활발하게 발생하는 작업조건의 제어속도는 0.5~1.0m/s로 한다.

48 귀덮개의 장점을 모두 짝지은 것은?

A. 귀마개보다 쉽게 착용할 수 있다.
B. 귀마개보다 일관성 있는 차음효과를 얻을 수 있다.
C. 크기를 여러 가지로 할 필요가 없다.
D. 착용 여부를 쉽게 확인할 수 있다.

① A, B, C
② A, B, D
③ A, C, D
④ A, B, C, D

해설

귀덮개의 장점
㉠ 귀마개보다 일관성 있는 차음효과를 얻을 수 있다.
㉡ 동일한 크기의 귀덮개를 대부분의 근로자가 사용할 수 있다.
㉢ 멀리서도 착용 여부를 확인하기 쉽다.
㉣ 귀에 염증이 있어도 사용할 수 있다.
㉤ 크기가 커서 보관장소가 바뀌거나 잃어버릴 염려가 없다.
㉥ 간헐적 소음 노출 시 간편하게 착용 가능하다.

49 강제환기의 효과를 제고하기 위한 원칙으로 틀린 것은?

① 오염물질 배출구는 가능한 한 오염원으로부터 가까운 곳에 설치하여 점환기 현상을 방지한다.
② 공기배출구와 근로자의 작업위치 사이에 오염원이 위치하여야 한다.
③ 공기가 배출되면서 오염장소를 통과하도록 공기 배출구와 유입구의 위치를 선정한다.
④ 오염원 주위에 다른 작업 공정이 있으면 공기배출량을 공급량보다 약간 크게 하여 음압을 형성하여 주위 근로자에게 오염 물질이 확산되지 않도록 한다.

해설

전체환기(강제환기) 설치의 기본원칙
㉠ 배출공기를 보충하기 위하여 청정공기를 공급한다.
㉡ 오염물질 배출구는 가능한 한 오염원으로부터 가까운 곳에 설치하여 점환기의 효과를 얻는다.
㉢ 공기배출구와 근로자의 작업위치 사이에 오염원이 위치하여야 한다.
㉣ 공기가 배출되면서 오염장소를 통과하도록 공기 배출구와 유입구의 위치를 선정한다.
㉤ 배출된 공기가 재유입되지 않도록 배출구 높이를 설계하고 창문이나 출입문 위치를 피한다.

50 후드 흡인기류의 불량상태를 점검할 때 필요하지 않은 측정기기는?

① 열선풍속계
② Threaded Thermometer
③ 연기발생기
④ Pitot Tube

51 원심력 송풍기 중 다익형 송풍기에 관한 설명으로 가장 거리가 먼 것은?

① 송풍기의 임펠러가 다람쥐 쳇바퀴 모양으로 생겼다.
② 큰 압력손실에서 송풍량이 급격하게 떨어지는 단점이 있다.
③ 고강도가 요구되기 때문에 제작비용이 비싸다는 단점이 있다.
④ 다른 송풍기와 비교하여 동일 송풍량을 발생시키기 위한 임펠러 회전속도가 상대적으로 낮기 때문에 소음이 작다.

해설

다익형 송풍기는 강도가 중요하지 않기 때문에 저가로 제작이 가능하다.

ANSWER | 47 ① 48 ④ 49 ① 50 ② 51 ③

52 덕트(Duct)의 압력손실에 관한 설명으로 옳지 않은 것은?

① 직관에서의 마찰손실과 형태에 따른 압력손실로 구분할 수 있다.
② 압력손실은 유체의 속도압에 반비례한다.
③ 덕트 압력손실은 배관의 길이와 정비례한다.
④ 덕트 압력손실은 관직경과 반비례한다.

해설

덕트의 압력손실은 속도압에 비례한다.

53 송풍기 깃이 회전방향 반대편으로 경사지게 설계되어 충분한 압력을 발생시킬 수 있고, 원심력 송풍기 중 효율이 가장 좋은 송풍기는?

① 후향날개형 송풍기
② 방사날개형 송풍기
③ 전향날개형 송풍기
④ 안내깃이 붙은 축류 송풍기

해설

후향날개형 송풍기는 회전날개가 회전방향 반대편으로 경사지게 설계되어 있어 충분한 압력을 발생시킬 수 있고, 전향날개형 송풍기에 비해 효율이 우수하다.

54 전기집진장치의 장점으로 옳지 않은 것은?

① 가연성 입자의 처리에 효율적이다.
② 넓은 범위의 입경과 분진농도에 집진효율이 높다.
③ 압력손실이 낮으므로 송풍기의 가동비용이 저렴하다.
④ 고온 가스를 처리할 수 있어 보일러와 철강로 등에 설치할 수 있다.

해설

전기집진기(ESP)의 장점
㉠ 집진효율을 가지며, 습식 또는 건식으로도 제진할 수 있다.
㉡ 광범위한 온도와 대용량 범위에서 운전이 가능하다.
㉢ 압력손실이 적어 송풍기의 동력비가 적게 든다.
㉣ 500℃ 전후 고온의 입자상 물질도 처리가 가능하다.

55 어떤 원형 덕트에 유체가 흐르고 있다. 덕트의 직경을 1/2로 하면 직관부분의 압력손실은 몇 배로 되는가?(단, 달시의 방정식을 적용한다.)

① 4배 ② 8배
③ 16배 ④ 32배

해설

$$\Delta P = 4f \times \frac{L}{D} \times \frac{\gamma V^2}{2g}$$

덕트의 직경을 1/2로 하면

㉠ $D = \frac{1}{2}D$

㉡ $V = \frac{Q}{A} = \frac{Q}{\frac{\pi}{4} \times D^2} = \frac{Q}{\frac{\pi}{4} \times (\frac{1}{2}D)^2} = 4V$

$$\therefore \ \Delta P = 4f \times \frac{L}{\frac{1}{2}D} \times \frac{\gamma(4V)^2}{2g} = 32\text{배}$$

56 눈 보호구에 관한 설명으로 틀린 것은?(단, KS 표준 기준)

① 눈을 보호하는 보호구는 유해광선 차광 보호구와 먼지나 이물을 막아주는 방진안경이 있다.
② 400A 이상의 아크 용접 시 차광도 번호 14의 차광도 보호안경을 사용하여야 한다.
③ 눈, 지붕 등으로부터 반사광을 받는 작업에서는 차광도 번호 1.2-3 정도의 차광도 보호안경을 사용하는 것이 알맞다.
④ 단순히 눈의 외상을 막는 데 사용되는 보호안경은 열처리를 하거나 색깔을 넣은 렌즈를 사용할 필요가 없다.

57 소음 작업장에 소음수준을 줄이기 위하여 흡음을 중심으로 하는 소음저감 대책을 수립한 후, 그 효과를 측정하였다. 소음 감소효과가 있었다고 보기 어려운 경우는?

① 음의 잔향시간을 측정하였더니 잔향시간이 약간이지만 증가한 것으로 나타났다.
② 대책 후의 총흡음량이 약간 증가하였다.

ANSWER | 52 ② 53 ① 54 ① 55 ④ 56 ④ 57 ①

③ 소음원으로부터 거리가 멀어질수록 소음수준이 낮아지는 정도가 대책 수립 전보다 커졌다.
④ 실내상수 R을 계산해보니 R값이 대책 수립 전보다 커졌다.

해설
음의 잔향시간이 감소해야 소음 감소가 있다.

58 국소환기시설에 필요한 공기송풍량을 계산하는 공식 중 점흡인에 해당하는 것은?

① $Q = 4\pi \times x^2 \times V_c$
② $Q = 2\pi \times L \times x \times V_c$
③ $Q = 60 \times 0.75 \times V_c(10x^2 + A)$
④ $Q = 60 \times 0.75 \times V_c(10x^2 + A)$

59 확대각이 10°인 원형 확대관에서 입구직관의 정압은 $-15mmH_2O$, 속도압은 $35mmH_2O$이고, 확대된 출구직관의 속도압은 $25mmH_2O$이다. 확대 측의 정압(mmH_2O)은?(단, 확대각이 10°일 때 압력손실계수(ξ)는 0.28이다.)

① 7.8 ② 15.6
③ −7.8 ④ −15.6

해설
확대 측 정압$(SP_2) = SP_1 + R(VP_1 - VP_2)$
$= -15 + (1-0.28)(35-25)$
$= -7.8mmH_2O$

60 목재분진을 측정하기 위한 시료채취 장치로 가장 적합한 것은?

① 활성탄관(Charcoal Tube)
② 흡입성 분진 시료채취기(IOM Sampler)
③ 호흡성 분진 시료채취기(Aluminum Cyclone)
④ 실리카겔관(Silica Gel Tube)

4과목 물리적 유해인자 관리

61 질식 우려가 있는 지하 맨홀 작업에 앞서서 준비해야 할 장비나 보호구로 볼 수 없는 것은?

① 안전대 ② 방독마스크
③ 송기마스크 ④ 산소농도 측정기

해설
방독마스크는 산소농도가 부족한 지역에서 사용할 경우 질식에 의한 사고가 발생할 수 있기 때문에 사용에 주의가 필요하다.

62 진동 발생원에 대한 대책으로 가장 적극적인 방법은?

① 발생원의 격리 ② 보호구 착용
③ 발생원의 제거 ④ 발생원의 재배치

해설
발생원의 제거가 가장 적극적인 방법이라 할 수 있다.

63 전리방사선에 의한 장해에 해당하지 않는 것은?

① 참호족 ② 피부장해
③ 유전적 장해 ④ 조혈기능 장해

해설
참호족은 한랭에 장기간 폭로됨과 동시에 습기나 물에 잠기면 발생하며, 지속적인 국소 산소결핍으로 인한 모세혈관벽의 손상이 발생한다.

64 고소음으로 인한 소음성 난청 질환자를 예방하기 위한 작업환경 관리방법 중 공학적 개선에 해당하지 않는 것은?

① 소음원의 밀폐
② 보호구의 지급
③ 소음원의 벽으로 격리
④ 작업장 흡음시설의 설치

해설
보호구의 지급은 관리적 대책이다.

ANSWER | 58 ① 59 ③ 60 ② 61 ② 62 ③ 63 ① 64 ②

65 비이온화 방사선의 파장별 건강에 미치는 영향으로 옳지 않은 것은?

① UV−A : 315~400nm − 피부노화 촉진
② IR−B : 780~1,400nm − 백내장, 각막화상
③ UV−B : 280~315nm − 발진, 피부암, 광결막염
④ 가시광선 : 400~700nm − 광화학적이거나 열에 의한 각막손상, 피부화상

해설

적외선(780~12,000nm)의 물리화학적 성질
㉠ 보통 700~1,400nm의 IR−A를 말한다.(피해는 780nm에서 가장 크다.)
㉡ 근적외선(IR−A : 700~1,500nm), 중적외선(IR−B : 1,500~3,000nm), 원적외선(IR−C : 3,000~6,000nm 또는 6,000~12,000nm)으로 구분한다.
㉢ 일명 열선이라고 하며 온도에 비례하여 적외선을 복사한다.

66 WBGT에 대한 설명으로 옳지 않은 것은?

① 표시단위는 절대온도(K)이다.
② 기온, 기습, 기류 및 복사열을 고려하여 계산된다.
③ 태양광선이 있는 옥외 및 태양광선이 없는 옥내로 구분된다.
④ 고온에서의 작업휴식시간비를 결정하는 지표로 활용된다.

해설

WBGT의 표시단위는 섭씨온도(℃)이다.

67 작업자 A의 4시간 작업 중 소음노출량이 76%일 때, 측정시간에 있어서의 평균치는 약 몇 dB(A)인가?

① 88　　② 93
③ 98　　④ 103

해설

$$TWA = 90 + 16.61\log\frac{D}{12.5T}$$
$$= 90 + 16.61\log\frac{76}{12.5 \times 4} = 93.02dB$$

68 이온화 방사선과 비이온화 방사선을 구분하는 광자에너지는?

① 1eV　　② 4eV
③ 12.4eV　　④ 15.6eV

해설

전리방사선과 비전리방사선의 광자에너지 경계 : 12eV

69 이상기압에 의하여 발생하는 직업병에 영향을 미치는 유해인자가 아닌 것은?

① 산소(O_2)　　② 이산화황(SO_2)
③ 질소(N_2)　　④ 이산화탄소(CO_2)

해설

이산화황(SO_2)은 무색의 자극적인 냄새가 나는 독성이 강한 물질로 호흡기계 질환을 유발하는 대기오염물질이다.

70 이상기압에 의하여 발생하는 직업병에 영향을 미치는 유해인자가 아닌 것은?

① 창의 면적은 방바닥 면적의 15~20%가 이상적이다.
② 조도의 평등을 요하는 작업실은 남향으로 하는 것이 좋다.
③ 실내 각 점의 개각은 4~5°, 입사각은 28° 이상이 되어야 한다.
④ 유리창은 청결한 상태여도 10~15% 조도가 감소되는 점을 고려한다.

해설

균일한 조명을 요하는 작업실은 동북 또는 북향으로 하는 것이 좋다.

71 빛에 관한 설명으로 옳지 않은 것은?

① 광원으로부터 나오는 빛의 세기를 조도라 한다.
② 단위 평면적에서 발산 또는 반사되는 광량을 휘도라 한다.
③ 루멘은 1촉광의 광원으로부터 단위 입체각으로 나가는 광속의 단위이다.
④ 조도는 어떤 면에 들어오는 광속의 양에 비례하고, 입사면의 단면적에 반비례한다.

◉ ANSWER | 65 ② 66 ① 67 ② 68 ③ 69 ② 70 ② 71 ①

해설

광원으로부터 나오는 빛의 세기를 광도라 하며, 단위는 칸델라를 사용한다.

72 태양으로부터 방출되는 복사 에너지의 52% 정도를 차지하고 피부조직 온도를 상승시켜 충혈, 혈관 확장, 각막 손상, 두부장해를 일으키는 유해광선은?

① 자외선 ② 적외선
③ 가시광선 ④ 마이크로파

해설

적외선은 태양광선의 52% 정도를 차지하며, 금속의 용해작업, 노(Furnace)작업, 특히 제강, 용접, 야금공정, 초자제조공정, 레이저, 가열램프 등에서 발생한다.

73 감압병의 예방 및 치료의 방법으로 옳지 않은 것은?

① 감압이 끝날 무렵에 순수한 산소를 흡입시키면 예방적 효과와 함께 감압시간을 단축시킬 수 있다.
② 잠수 및 감압방법은 특별히 잠수에 익숙한 사람을 제외하고는 1분에 10m 정도씩 잠수하는 것이 안전하다.
③ 고압환경에서 작업 시 질소를 헬륨으로 대치하면 성대에 손상을 입힐 수 있으므로 할로겐 가스로 대치한다.
④ 감압병의 증상을 보일 경우 환자를 인공적 고압실에 넣어 혈관 및 조직 속에 발생한 질소의 기포를 다시 용해시킨 후 천천히 감압한다.

해설

헬륨은 질소보다 확산속도가 크며, 체내에서 안정적이므로 질소를 헬륨으로 대치한 공기를 호흡시킨다.

74 흑구온도는 32℃, 건구온도는 27℃, 자연습구온도는 30℃인 실내작업장의 습구흑구온도지수는?

① 33.3℃ ② 32.6℃
③ 31.3℃ ④ 30.6℃

해설

WBGT(옥내) = 0.7×NWT + 0.3×GT
= 0.7×30 + 0.3×32 = 30.6℃

75 저온환경에서 나타나는 일차적인 생리적 반응이 아닌 것은?

① 체표면적의 증가
② 피부혈관의 수축
③ 근육긴장의 증가와 떨림
④ 화학적 대사작용의 증가

해설

저온에 의한 1차적 생리적 반응
㉠ 근육긴장의 증가와 전율
㉡ 피부혈관 수축
㉢ 체표면적 감소
㉣ 화학적 대사작용 증가

76 소음에 의하여 발생하는 노인성 난청의 청력손실에 대한 설명으로 옳은 것은?

① 고주파 영역으로 갈수록 큰 청력손실이 예상된다.
② 2,000Hz에서 가장 큰 청력장애가 예상된다.
③ 1,000Hz 이하에서는 20~30dB의 청력손실이 예상된다.
④ 1,000~8,000Hz 영역에서는 0~20dB의 청력손실이 예상된다.

해설

노인성 난청
㉠ 노화에 의한 퇴행성 질환
㉡ 청력손실이 양 귀에 대칭적이고 점진적으로 발생
㉢ 고음 영역(6,000Hz)에서부터 청력손실이 발생

77 고압환경에서 발생할 수 있는 생체증상으로 볼 수 없는 것은?

① 부종 ② 압치통
③ 폐압박 ④ 폐수종

해설

고공성 폐수종은 저압환경에서 발생한다.

◉ ANSWER | 72 ② 73 ③ 74 ④ 75 ① 76 ① 77 ④

78 음(Sound)에 관한 설명으로 옳지 않은 것은?

① 음(음파)이란 대기압보다 높거나 낮은 압력의 파동이고, 매질을 타고 전달되는 진동에너지이다.
② 주파수란 1초 동안에 음파로 발생되는 고압력 부분과 저압력 부분을 포함한 압력 변화의 완전한 주기를 말한다.
③ 음의 단위는 물리적 단위를 쓰는 것이 아니라 감각수준인 데시벨(dB)이라는 무차원의 비교단위를 사용한다.
④ 사람이 대기압에서 들을 수 있는 음압은 0.000002 N/m^2에서부터 20N/m^2까지 광범위한 영역이다.

해설

사람이 들을 수 있는 음압은 0.00002~60N/m^2 범위로 dB로 표시하면 0~130dB이다.

79 흡음재의 종류 중 다공질 재료에 해당하지 않는 것은?

① 암면 ② 펠트(Felt)
③ 석고보드 ④ 발포 수지재료

해설

흡음재료의 종류
㉠ 다공질 흡음재료 : 암면, 유리섬유, 유리솜, 발포수지재료(연속기포), 폴리우레탄폼
㉡ 판구조 흡음재료 : 석고보드, 합판, 알루미늄, 하드보드, 철판

80 6N/m^2의 음압은 약 몇 dB의 음압수준인가?

① 90 ② 100
③ 110 ④ 120

해설

$$SPL = 20\log\frac{P}{P_o}$$
$$= 20\log\frac{6}{2\times10^{-5}} = 109.54\text{dB}$$

5과목 산업독성학

81 Metallothionein에 대한 설명으로 옳지 않은 것은?

① 방향족 아미노산이 없다.
② 주로 간장과 신장에 많이 축적된다.
③ 카드뮴과 결합하면 독성이 강해진다.
④ 시스테인이 주성분인 아미노산으로 구성된다.

해설

카드뮴이 체내에서 이동 및 분해하는 데는 분자량 10,500 정도의 저분자 단백질인 Metallothionein(혈장단백질)이 관여한다.

82 직업병의 유병률이란 발생률에서 어떠한 인자를 제거한 것인가?

① 기간 ② 집단 수
③ 장소 ④ 질병 종류

해설

㉠ 유병률은 어떤 특정한 시간에 전체 인구 중에서 질병을 가지고 있는 분율을 나타내는 것이다.
㉡ 발생률은 특정한 기간 동안에 일정한 위험집단 중에서 새롭게 질병이 발생하는 환자 수를 말한다.

83 투명한 휘발성 액체로 페인트, 시너, 잉크 등의 용제로 사용되며 장기간 노출될 경우 말초신경장해가 초래되어 사지의 지각상실과 신근마비 등 다발성 신경장해를 일으키는 파라핀계 탄화수소의 대표적인 유해물질은?

① 벤젠 ② 노말헥산
③ 톨루엔 ④ 클로로포름

84 급성 전신중독을 유발하는 데 있어 그 독성이 가장 강한 방향족 탄화수소는?

① 벤젠(Benzene) ② 크실렌(Xylene)
③ 톨루엔(Toluene) ④ 에틸렌(Ethylene)

해설

톨루엔($C_6H_5CH_3$)은 방향족 탄화수소 중 급성 전신중독을 일으키며 독성이 가장 강하다.

ANSWER | 78 ④ 79 ③ 80 ③ 81 ③ 82 ① 83 ② 84 ③

85 사업장에서 노출되는 금속의 일반적인 독성기전이 아닌 것은?

① 효소 억제
② 금속평형의 파괴
③ 중추신경계 활성억제
④ 필수 금속성분의 대체

해설

금속의 독성기전
㉠ 효소의 억제(효소의 구조 및 기능을 변화)
㉡ 간접영향(세포성분의 역할 변화)
㉢ 필수 금속성분의 대체(생물학적 대사과정들이 변화)
㉣ 필수 금속평형의 파괴
㉤ 설프하이드릴기(Sulfhydryl)와의 친화성으로 단백질 기능 변화

86 무기성 분진에 의한 진폐증에 해당하는 것은?

① 면폐증 ② 농부폐증
③ 규폐증 ④ 목재분진폐증

해설

무기성 분진에 의한 진폐증
규폐증, 석면폐증, 흑연폐증, 탄소폐증, 탄광부폐증, 활석폐증, 용접공폐증, 철폐증, 베릴륨폐증, 알루미늄폐증, 규조토폐증, 주석폐증, 칼륨폐증, 바륨폐증

87 생물학적 모니터링에 대한 설명으로 옳지 않은 것은?

① 화학물질의 종합적인 흡수 정도를 평가할 수 있다.
② 노출기준을 가진 화학물질의 수보다 BEI를 가지는 화학물질의 수가 더 많다.
③ 생물학적 시료를 분석하는 것은 작업환경 측정보다 훨씬 복잡하고 취급이 어렵다.
④ 근로자의 유해인자에 대한 노출 정도를 소변, 호기, 혈액 중에서 그 물질이나 대사산물을 측정함으로써 노출 정도를 추정하는 방법을 의미한다.

해설

생물학적 모니터링은 건강상의 영향과 생물학적 변수와 상관성이 높지 않아 공기 중의 노출기준(TLV)보다 훨씬 적은 기준을 가지고 있다.

88 니트로벤젠의 화학물질의 영향에 대한 생물학적 모니터링 대상으로 옳은 것은?

① 요에서의 마뇨산
② 적혈구에서의 ZPP
③ 요에서의 저분자량 단백질
④ 혈액에서의 메트헤모글로빈

해설

화학물질의 영향에 대한 생물학적 모니터링 대상
㉠ 납 : 적혈구에서 ZPP
㉡ 카드뮴 : 요에서 저분자 단백질
㉢ 일산화탄소 : 혈액에서 카르복시헤모글로빈
㉣ 니트로벤젠 : 혈액에서 메타헤모글로빈

89 직업성 천식을 유발하는 대표적인 물질로 나열된 것은?

① 알루미늄, 2-bromopropane
② TDI(Toluene Diisocyanate), Asbestos
③ 실리카, DBCP(1,2-dibromo-3-chloropropane)
④ TDI(Toluene Diisocyanate), TMA(Trimellitic Anhydride)

해설

직업성 천식을 일으키는 물질
TDI(Toluene Diisocyanate), TMA(Trimelitic Anhydride), 디메틸에탄올아민, 목분진, 밀가루

90 생리적으로는 아무 작용도 하지 않으나 공기 중에 많이 존재하여 산소분압을 저하시켜 조직에 필요한 산소의 공급부족을 초래하는 질식제는?

① 단순 질식제
② 화학적 질식제
③ 물리적 질식제
④ 생물학적 질식제

해설

단순 질식제
정상적 호흡에 필요한 혈중 산소량을 낮추나 생리적으로 어떠한 작용도 하지 않는 불활성 가스를 말한다.

ANSWER | 85 ③ 86 ③ 87 ② 88 ④ 89 ④ 90 ①

91 크롬화합물 중독에 대한 설명으로 옳지 않은 것은?

① 크롬중독은 뇨 중의 크롬양을 검사하여 진단한다.
② 크롬 만성중독의 특징은 코, 폐 및 위장에 병변을 일으킨다.
③ 중독치료는 배설촉진제인 Ca-EDTA를 투약하여야 한다.
④ 정상인보다 크롬취급자는 폐암으로 인한 사망률이 약 13~31배나 높다고 보고된 바 있다.

해설

크롬의 치료 및 대책
㉠ 크롬을 먹었을 경우의 응급조치 : 우유, 환원제로서 비타민 C 섭취
㉡ 만성 크롬중독
- 폭로중단 이외에 특별한 방법이 없다.
- BAL, EDTA는 아무런 효과가 없다.
- 코와 피부의 궤양은 10% $CaNa_2$ EDTA연고, 5% 티오황산소다(Sodium Thiosulfate) 용액, 5~10% 구연산 소다(Sodium Citrate) 용액을 사용한다.

92 기관지와 폐포 등 폐 내부의 공기 통로와 가스 교환 부위에 침착되는 먼지로서 공기역학적 지름이 30μm 이하의 크기를 가지는 것은?

① 흉곽성 먼지
② 호흡성 먼지
③ 흡입성 먼지
④ 침착성 먼지

해설

흉곽성 분진(TPM)
㉠ 기도나 폐포(하기도, 가스 교환부위)에 침착할 때 독성을 나타내는 물질
㉡ 평균입경 : 10μm
㉢ 채취기구 : PM10

93 자극성 접촉피부염에 대한 설명으로 옳지 않은 것은?

① 홍반과 부종을 동반하는 것이 특징이다.
② 작업장에서 발생빈도가 가장 높은 피부질환이다.
③ 진정한 의미의 알레르기 반응이 수반되는 것은 포함시키지 않는다.
④ 항원에 노출되고 일정시간이 지난 후에 다시 노출되었을 때 세포매개성 과민반응에 의하여 나타나는 부작용의 결과이다.

해설

자극성 접촉피부염은 과거 노출경험이 없어도 반응이 나타날 수 있다.

94 중금속과 중금속이 인체에 미치는 영향을 연결한 것으로 옳지 않은 것은?

① 크롬 – 폐암
② 수은 – 파킨슨병
③ 납 – 소아의 IQ 저하
④ 카드뮴 – 호흡기의 손상

해설

수은 중독의 특징적인 증상은 구내염, 정신 증상, 근육 진전이다. 급성 중독의 치료로는 우유나 달걀흰자를 먹이며, 만성 중독의 치료로는 수은 취급을 즉시 중지하고, BAL을 투여한다.

95 작업환경에서 발생할 수 있는 망간에 관한 설명으로 옳지 않은 것은?

① 주로 철합금으로 사용되며, 화학공업에서는 건전지 제조업에 사용된다.
② 만성 노출 시 언어가 느려지고 무표정하게 되며, 파킨슨 증후군 등의 증상이 나타나기도 한다.
③ 망간은 호흡기, 소화기 및 피부를 통하여 흡수되며, 이 중에서 호흡기를 통한 경로가 가장 많고 위험하다.
④ 급성 중독 시 신장장애를 일으켜 요독증(Uremia)으로 8~10일 이내 사망하는 경우도 있다.

해설

망간은 급성 중독 시 조증(들뜸병)의 정신병 양상을 나타낸다.

ANSWER | 91 ③ 92 ① 93 ④ 94 ② 95 ④

96 유해물질을 생리적 작용에 의하여 분류한 자극제에 관한 설명으로 옳지 않은 것은?

① 상기도의 점막에 작용하는 자극제는 크롬산, 산화에틸렌 등이 해당된다.
② 상기도 점막과 호흡기관지에 작용하는 자극제는 불소, 요오드 등이 해당된다.
③ 호흡기관의 종말기관지와 폐포 점막에 작용하는 자극제는 수용성이 높아 심각한 영향을 준다.
④ 피부와 점막에 작용하여 부식작용을 하거나 수포를 형성하는 물질을 자극제라고 하며 고농도로 눈에 들어가면 결막염과 각막염을 일으킨다.

해설

종말기관지 및 폐포 점막 자극제는 물에 녹지 않는 물질이며, 이산화질소, 삼염화비소, 포스겐 등이 있다.

97 어떤 물질의 독성에 관한 인체실험 결과 안전흡수량이 체중 1kg당 0.15mg이었다. 체중이 70kg인 근로자가 1일 8시간 작업할 경우, 이 물질의 체내흡수를 안전흡수량 이하로 유지하려면, 공기 중 농도를 약 얼마 이하로 하여야 하는가?(단, 작업 시 폐환기율(또는 호흡률)은 $1.3m^3/h$, 체내 잔류율은 1.0으로 한다.)

① $0.52mg/m^3$　② $1.01mg/m^3$
③ $1.57mg/m^3$　④ $2.02mg/m^3$

해설

체내 흡수량(SHD) = C × T × V × R

$$C = \frac{SHD}{T \times V \times R} = \frac{0.15mg/kg \times 70kg}{8hr \times 1.3m^3/hr \times 1} = 1.01mg/m^3$$

98 ACGIH에서 규정한 유해물질 허용기준에 관한 사항으로 옳지 않은 것은?

① TLV-C : 최고 노출기준
② TLV-STEL : 단기간 노출기준
③ TLV-TWA : 8시간 평균 노출기준
④ TLV-TLM : 시간가중 한계농도기준

99 먼지가 호흡기계로 들어올 때 인체가 가지고 있는 방어기전으로 가장 적정하게 조합된 것은?

① 면역작용과 폐 내의 대사작용
② 폐포의 활발한 가스교환과 대사작용
③ 점액 섬모운동과 가스교환에 의한 정화
④ 점액 섬모운동과 폐포의 대식세포의 작용

해설

인체 방어기전
㉠ 점액 섬모운동에 의한 정화
- 입자상 물질에 대한 가장 기초적인 방어작용
- 흡입된 공기 속 입자들은 호흡상피에서 분비된 점액의 점액층에 달라붙어 구강 쪽으로 향하는 섬모운동에 의해 외부로 배출
- 대표적인 예 : 객담
- 섬모운동 방해물질 : 담배연기, 카드뮴, 니켈, 암모니아, 수은 등

㉡ 대식세포에 의한 정화
- 기관지나 세기관지에 침착된 먼지는 대식세포가 둘러쌈
- 상부 기도로 옮겨지거나 대식세포가 방출하는 효소에 의해 제거
- 대식세포의 용해효소에 제거되지 않는 물질 : 석면, 유리규산

100 공기 중 입자상 물질의 호흡기계 축적기전에 해당하지 않는 것은?

① 교환　② 충돌
③ 침전　④ 확산

해설

호흡기계 축적 메커니즘
㉠ 충돌(관성충돌)
㉡ 침강(침전)
㉢ 확산
㉣ 차단

ANSWER | 96 ③ 97 ② 98 ④ 99 ④ 100 ①

SECTION 08

2020년 3회 기사

1과목 산업위생학 개론

01 주로 정적인 자세에서 인체의 특정부위를 지속적, 반복적으로 사용하거나 부적합한 자세로 장기간 작업할 때 나타나는 질환을 의미하는 것이 아닌 것은?

① 반복성 긴장장애
② 누적외상성 질환
③ 작업관련성 신경계 질환
④ 작업관련성 근골격계 질환

해설

근골격계 질환
㉠ 누적외상성 질환
㉡ 반복성 긴장장애
㉢ 작업관련성 근골격계 질환
㉣ 경견완증후군

02 육체적 작업 시 혐기성 대사에 의해 생성되는 에너지원에 해당하지 않는 것은?

① 산소(Oxygen) ② 포도당(Glucose)
③ 크레아틴 인산(CP) ④ 아데노신 삼인산(ATP)

해설

혐기성 대사 순서(시간대별)
ATP(아데노신삼인산) → CP(크레아틴인산) → Glycogen(글리코겐) or Glucose(포도당)

03 산업안전보건법령상 발암성 정보물질의 표기법 중 "사람에게 충분한 발암성 증거가 있는 물질"에 대한 표기방법으로 옳은 것은?

① 1 ② 1A
③ 2A ④ 2B

해설

산업안전보건법령상 사람에게 충분한 발암성 증거가 있는 물질은 1A로 분류되어 있다.

04 산업안전보건법령상 작업환경 측정에 대한 설명으로 옳지 않은 것은?

① 작업환경 측정의 방법, 횟수 등의 필요사항은 사업주가 판단하여 정할 수 있다.
② 사업주는 작업환경의 측정 중 시료의 분석을 작업환경 측정기관에 위탁할 수 있다.
③ 사업주는 작업환경 측정 결과를 해당 작업장의 근로자에게 알려야 한다.
④ 사업주는 근로자 대표가 요구할 경우 작업환경 측정 시 근로자 대표를 참석시켜야 한다.

해설

작업환경 측정의 방법, 횟수 등의 필요사항은 고용노동부령으로 정한다.

05 온도 25℃, 1기압하에서 분당 100mL씩 60분 동안 채취한 공기 중에서 벤젠이 5mg 검출되었다면 검출된 벤젠은 약 몇 ppm인가?(단, 벤젠의 분자량은 78이다.)

① 15.7 ② 26.1
③ 157 ④ 261

해설

$$\text{벤젠}(\text{mL/m}^3) = \frac{5\text{mg}}{100\text{mL/min} \times 60\text{min}} \left| \frac{24.45\text{mL}}{78\text{mg}} \right| \frac{10^6\text{mL}}{1\text{m}^3}$$
$$= 261.22\text{mL/m}^3$$

06 화학적 원인에 의한 직업성 질환으로 볼 수 없는 것은?

① 정맥류
② 수전증
③ 치아산식증
④ 시신경 장해

해설

정맥류는 물리적 원인에 의한 직업성 질환이다.

ANSWER | 01 ③ 02 ① 03 ② 04 ① 05 ④ 06 ①

07 다음 ( ) 안에 들어갈 알맞은 것은?

> 산업안전보건법령상 화학물질 및 물리적 인자의 노출기준에서 "시간가중평균노출기준(TWA)"이란 1일 (A)시간 작업을 기준으로 하여 유해인자의 측정치에 발생시간을 곱하여 (B)시간으로 나눈 값을 말한다.

① A : 6, B : 6　　② A : 6, B : 8
③ A : 8, B : 6　　④ A : 8, B : 8

해설

시간가중 평균농도(TWA : Time Weighted Average)

㉠ 1일 8시간 및 1주일 40시간의 평균농도로 거의 모든 근로자가 나쁜 영향을 받지 않고 노출될 수 있는 농도
㉡ 1일 8시간 작업을 기준으로 하여 유해인자의 측정치에 발생시간을 곱하여 8시간으로 나눈 값을 말하며, 다음 식에 따라 산출한다.

$$\text{TWA환산값} = \frac{C_1 \cdot T_1 + C_2 \cdot T_2 + \cdots + C_n \cdot T_n}{8}$$

여기서, C : 유해인자의 측정치(단위 : ppm, mg/m^3 또는 개/cm^3)
T : 유해인자의 발생시간(단위 : 시간)

08 산업위생전문가의 윤리강령 중 "근로자에 대한 책임"에 해당하는 것은?

① 적절하고도 확실한 사실을 근거로 전문적인 견해를 발표한다.
② 기업주에 대하여는 실현 가능한 개선점으로 선별하여 보고한다.
③ 이해관계가 있는 상황에서는 고객의 입장에서 관련 자료를 제시한다.
④ 근로자의 건강보호가 산업위생전문가의 1차적인 책임이라는 것을 인식한다.

해설

근로자에 대한 책임

㉠ 근로자의 건강보호가 산업위생전문가의 1차적인 책임이라는 것을 인식해야 한다.
㉡ 근로자와 기타 여러 사람의 건강과 안녕이 산업위생전문가의 판단에 좌우된다는 것을 깨달아야 한다.
㉢ 위험요소와 예방조치에 대하여 근로자와 상담해야 한다.
㉣ 위험요인의 측정, 평가 및 관리에 있어서 외부 영향력에 굴하지 않고 중립적(객관적) 태도를 취한다.

09 주요 실내 오염물질의 발생원으로 보기 어려운 것은?

① 호흡　　② 흡연
③ 자외선　　④ 연소기기

해설

주요 실내 오염물질의 발생원에는 호흡, 흡연, 연소기기, 석면, 라돈, 포름알데히드, 미생물 등이 있다.

10 산업피로의 종류에 대한 설명으로 옳지 않은 것은?

① 근육의 일부 부위에만 발생하는 국소피로와 전신에 나타나는 전신피로가 있다.
② 신체피로는 육체적 노동에 의한 근육의 피로를 말하는 것으로 근육노동을 할 경우 주로 발생된다.
③ 피로는 그 정도에 따라 보통피로, 과로 및 곤비로 분류할 수 있으며 가장 경증의 피로단계는 곤비이다.
④ 정신피로는 중추신경계의 피로를 말하는 것으로 정밀작업 등과 같은 정신적 긴장을 요하는 작업 시에 발생된다.

해설

피로의 3단계

㉠ 보통피로 : 하루 잠을 자고 나면 완전히 회복되는 피로
㉡ 과로 : 다음 날까지 계속되는 피로의 상태로 단시간 휴식으로 회복 가능
㉢ 곤비 : 과로의 축적으로 단기간 휴식으로 회복될 수 없는 발병단계의 피로

11 산업안전보건법령상 사업주가 사업을 할 때 근로자의 건강장해를 예방하기 위하여 필요한 보건상의 조치를 하여야 할 항목이 아닌 것은?

① 사업장에서 배출되는 기체 · 액체 또는 찌꺼기 등에 의한 건강장해
② 폭발성, 발화성 및 인화성 물질 등에 의한 위험작업의 건강장해
③ 계측감시, 컴퓨터 단말기 조작, 정밀공작 등의 작업에 의한 건강장해
④ 단순반복작업 또는 인체에 과도한 부담을 주는 작업에 의한 건강장해

◉ ANSWER | 07 ④　08 ④　09 ③　10 ③　11 ②

해설

사업주가 사업을 할 때 근로자의 건강장해를 예방하기 위하여 필요한 보건상의 조치를 하여야 할 항목

㉠ 사업장에서 배출되는 기체 · 액체 또는 찌꺼기 등에 의한 건강장해
㉡ 계측감시, 컴퓨터 단말기 조작, 정밀공작 등의 작업에 의한 건강장해
㉢ 단순반복작업 또는 인체에 과도한 부담을 주는 작업에 의한 건강장해
㉣ 원재료, 가스, 증기, 분진, 흄, 미스트, 산소결핍, 병원체 등에 의한 건강장해
㉣ 방사선, 유해광선, 고온, 저온, 초음파, 소음진동, 이상기압 등에 의한 건강장해
㉤ 환기 · 채광 · 조명 등의 적정기준을 유지하지 아니하여 발생하는 건강장해

12 육체적 작업능력(PWC)이 16kcal/min인 남성 근로자가 1일 8시간 동안 물체를 운반하는 작업을 하고 있다. 이때 작업대사율은 10kcal/min이고, 휴식 시 대사율은 2kcal/min이다. 매 시간마다 적정한 휴식 시간은 약 몇 분인가?(단, Hertig의 공식을 적용하여 계산한다.)

① 15분 ② 25분
③ 35분 ④ 45분

해설

$$T_{rest}=\frac{E_{max}-E_{task}}{E_{rest}-E_{task}}\times 100$$
$$=\frac{\left(PWC\times\frac{1}{3}\right)-\text{작업대사량}}{\text{휴식 시 대사량}-\text{작업대사량}}\times 100$$
$$=\frac{\left(16\times\frac{1}{3}\right)-10}{2-10}\times 100=58.33\%$$

적정휴식시간(min) $=60\times 0.5833=35$min

13 Diethyl Ketone(TLV = 200ppm)을 사용하는 근로자의 작업시간이 9시간일 때 허용기준을 보정하였다. OSHA 보정법과 Brief and Scala 보정법을 적용하였을 경우 보정된 허용기준치 간의 차이는 약 몇 ppm인가?

① 5.05 ② 11.11
③ 22.22 ④ 33.33

해설

㉠ OSHA

$$\text{보정노출기준}=\text{8시간 노출기준}\times\frac{\text{8시간}}{\text{노출기준/일}}$$
$$=200\times\frac{8}{9}=177.78\text{ppm}$$

㉡ Brief and Scala

$$\text{보정노출기준}=\text{노출기준}\times\frac{8}{H}\times\frac{24-H}{16}$$
$$=200\times\frac{8}{9}\times\frac{24-9}{16}=166.67\text{ppm}$$

㉢ 허용기준 간의 차 $=177.78-166.67=11.11$ppm

14 산업위생의 역사에서 직업과 질병의 관계가 있음을 알렸고, 광산에서의 납중독을 보고한 인물은?

① Loriga
② Paracelsus
③ Percival Pott
④ Hippocrates

해설

① Loriga : 레이노 현상의 증상 보고
② Paracelsus : 독성학의 아버지
③ Percivall Pott : 최초의 직업성 암인 음낭암을 발견(암의 원인 물질은 검댕)
④ Hippocrates : 광산에서의 납중독(역사상 최초로 기록된 직업병)

15 피로의 예방대책으로 적절하지 않은 것은?

① 충분한 수면을 갖는다.
② 작업환경을 정리 · 정돈한다.
③ 정적인 자세를 유지하는 작업을 동적인 작업으로 전환하도록 한다.
④ 작업과정 사이에 여러 번 나누어 휴식하는 것보다 장시간의 휴식을 취한다.

해설

일반적으로 단시간씩 여러 번 나누어 휴식하는 것이 장시간 한 번 휴식하는 것보다 피로회복에 도움이 된다.

ANSWER | 12 ③ 13 ② 14 ④ 15 ④

16 직업성 변이(Occupational Stigmata)의 정의로 옳은 것은?

① 직업에 따라 체온량의 변화가 일어나는 것이다.
② 직업에 따라 체지방량의 변화가 일어나는 것이다.
③ 직업에 따라 신체 활동량의 변화가 일어나는 것이다.
④ 직업에 따라 신체 형태와 기능에 국소적 변화가 일어나는 것이다.

해설

직업성 변이(Occupational Stigmata)란 직업에 따라 신체 형태와 기능에 국소적 변화가 일어나는 것을 말한다.

17 생체와 환경과의 열교환 방정식을 올바르게 나타낸 것은?(단, △S : 생체 내 열용량의 변화, M : 대사에 의한 열생산, E : 수분증발에 의한 열방산, R : 복사에 의한 열득실, C : 대류 및 전도에 의한 열득실이다.)

① $\Delta S = M + E \pm R - C$
② $\Delta S = M - E \pm R \pm C$
③ $\Delta S = R + M + C + E$
④ $\Delta S = C - M - R - E$

18 직업 적성에 대한 생리적 적성검사 항목에 해당하는 것은?

① 체력검사
② 지능검사
③ 인성검사
④ 지각동작검사

해설

적성검사

신체검사	검사항목
생리적 기능검사	심폐기능검사, 감각기능검사, 체력검사
심리적 기능검사	지각동작검사, 지능검사, 인성검사, 기능검사(언어, 기억, 추리 등)

19 다음 ( ) 안에 들어갈 알맞은 용어는?

( )은/는 근로자나 일반 대중에게 질병, 건강장애와 능률 저하 등을 초래하는 작업환경 요인과 스트레스를 예측, 인지(측정), 평가, 관리하는 과학인 동시에 기술을 말한다.

① 유해인자
② 산업위생
③ 위생인식
④ 인간공학

해설

미국산업위생학회(AIHA)에서 정한 산업위생의 정의
근로자나 일반 대중에게 질병, 건강장애와 안녕 방해, 심각한 불쾌감 및 능률 저하 등을 초래하는 작업환경 요인과 스트레스를 예측(Anticipation), 인지(측정, Recognition), 평가(Evaluation), 관리(Control)하는 과학과 기술(Art)이다.

20 근로시간 1,000시간당 발생한 재해에 의하여 손실된 총근로손실일수로 재해자의 수나 발생빈도와 관계없이 재해의 내용(상해 정도)을 측정하는 척도로 사용되는 것은?

① 건수율
② 연천인율
③ 재해 강도율
④ 재해 도수율

해설

강도율
㉠ 재해의 경중, 즉 강도의 정도를 손실일수로 나타내는 재해통계
㉡ 근로시간 1,000시간당 재해에 의해 잃어버린(상실되는) 근로손실일수

ANSWER | 16 ④ 17 ② 18 ① 19 ② 20 ③

2과목 작업위생 측정 및 평가

21 분석 용어에 대한 설명 중 틀린 것은?

① 이동상이란 시료를 이동시키는 데 필요한 유동체로서 기체일 경우를 GC라고 한다.
② 크로마토그램이란 유해물질이 검출기에서 반응하여 띠 모양으로 나타난 것을 말한다.
③ 전처리는 분석물질 이외의 것들을 제거하거나 분석에 방해되지 않도록 하는 과정으로서 분석기기에 의한 정량을 포함한다.
④ AAS 분석원리는 원자가 갖고 있는 고유한 흡수파장을 이용한 것이다.

해설

전처리는 분석하고자 하는 대상 물질의 방해요인을 제거하고 최적의 상태를 만들기 위한 작업을 말한다.

22 벤젠으로 오염된 작업장에서 무작위로 15개 지점의 벤젠의 농도를 측정하여 다음과 같은 결과를 얻었을 때, 이 작업장의 표준편차는?

(단위 : ppm)
8, 10, 15, 12, 9, 13, 16, 15,
11, 9, 12, 8, 13, 15, 14

① 4.7
② 3.7
③ 2.7
④ 0.7

해설

$$표준편차(SD)=\sqrt{\frac{\sum_{i=1}^{n}(x_i-\bar{x})^2}{N-1}}$$

㉠ $산술평균=\frac{8+10+15+\cdots+15+14}{15}=12$

㉡ $표준편차=\sqrt{\frac{(8-12)^2+(10-12)^2+(15-12)^2+\cdots+(15-12)^2+(14-12)^2}{15-1}}$

$=2.7$

23 방사선이 물질과 상호작용한 결과 그 물질의 단위질량에 흡수된 에너지(gray ; Gy)의 명칭은?

① 조사선량
② 등가선량
③ 유효선량
④ 흡수선량

해설

흡수선량
방사선이 피폭하는 물질에 흡수되는 단위질량당 에너지양을 말한다. 모든 종류의 이온화 방사선에 의한 외부노출, 내부노출 등 모든 경우에 적용한다.

24 두 개의 버블러를 연속적으로 연결하여 시료를 채취할 때, 첫 번째 버블러의 채취효율이 75%이고, 두 번째 버블러의 채취효율이 90%이면 전체 채취효율(%)은?

① 91.5
② 93.5
③ 95.5
④ 97.5

해설

$\eta_t=\eta_1+\eta_2(1-\eta_1)$
$=0.75+0.9(1-0.75)=0.975=97.5\%$

25 시료채취 매체와 해당 매체로 포집할 수 있는 유해인자의 연결로 가장 거리가 먼 것은?

① 활성탄관－메탄올
② 유리섬유 여과지－캡탄
③ PVC 여과지－석탄분진
④ MCE 막여과지－석면

해설

실리카겔관은 극성 물질을 채취한 경우 물 또는 메탄올을 용매로 쉽게 탈착된다.

ANSWER | 21 ③ 22 ③ 23 ④ 24 ④ 25 ①

26 작업환경측정 및 정도관리 등에 관한 고시상 시료채취 근로자수에 대한 설명 중 옳은 것은?

① 단위작업장소에서 최고 노출근로자 2명 이상에 대하여 동시에 개인시료채취방법으로 측정하되, 단위작업장소에 근로자가 1명인 경우에는 그러하지 아니하며, 동일 작업근로자수가 20명을 초과하는 경우에는 매 5명당 1명 이상 추가하여 측정하여야 한다.

② 단위작업장소에서 최고 노출근로자 2명 이상에 대하여 동시에 개인시료채취방법으로 측정하되, 동일 작업근로자수가 100명을 초과하는 경우에는 최대 시료채취 근로자수를 20명으로 조정할 수 있다.

③ 지역시료채취방법으로 측정을 하는 경우 단위작업장소 내에서 3개 이상의 지점에 대하여 동시에 측정하여야 한다.

④ 지역시료채취방법으로 측정을 하는 경우 단위작업장소의 넓이가 60평방미터 이상인 경우에는 매 30평방미터마다 1개 지점 이상을 추가로 측정하여야 한다.

해설

시료채취 근로자수

㉠ 단위작업장소에서 최고 노출근로자 2명 이상에 대하여 동시에 측정하되, 단위작업장소에 근로자가 1명인 경우에는 그러하지 아니하며, 동일 작업근로자수가 10명을 초과하는 경우에는 매 5명당 1명(1개 지점) 이상 추가하여 측정하여야 한다. 다만, 동일 작업근로자수가 100명을 초과하는 경우에는 최대 시료채취 근로자수를 20명으로 조정할 수 있다.

㉡ 지역시료채취방법에 따른 측정시료의 개수는 단위작업장소에서 2개 이상에 대하여 동시에 측정하여야 한다. 다만, 단위작업장소의 넓이가 50평방미터 이상인 경우에는 매 30평방미터마다 1개 지점 이상을 추가로 측정하여야 한다.

27 고성능 액체크로마토그래피(HPLC)에 관한 설명으로 틀린 것은?

① 주 분석대상 화학물질은 PCB 등의 유기화학물질이다.

② 장점으로 빠른 분석 속도, 해상도, 민감도를 들 수 있다.

③ 분석물질이 이동상에 녹아야 하는 제한점이 있다.

④ 이동상인 운반가스의 친화력에 따라 용리법, 치환법으로 구분된다.

해설

고성능 액체크로마토그래피(HPLC)는 고정상에 채운 분리관에 시료를 주입하는 방법과 이동상을 흘려주는 방법에 따라 전단분석, 치환법, 용리법의 3가지 조작법으로 구분된다.

28 18℃, 770mmHg인 작업장에서 Methylethyl Ketone의 농도가 26ppm일 때 mg/m^3 단위로 환산된 농도는?(단, Methylethyl Ketone의 분자량은 72g/mol이다.)

① 64.5 ② 79.4

③ 87.3 ④ 93.2

해설

$$X(\text{mg/m}^3) = \frac{26\text{mL}}{\text{m}^3}\left|\frac{72\text{mg}}{22.4\text{mL}}\right|\frac{273}{273+18}\left|\frac{770}{760}\right. = 79.43\text{mg/m}^3$$

29 작업장에 작동되는 기계 두 대의 소음레벨이 각각 98dB(A), 96dB(A)로 측정되었을 때, 두 대의 기계가 동시에 작동되었을 경우에 소음레벨(dB(A))은?

① 98 ② 100

③ 102 ④ 104

해설

$$L_{합} = 10\log\left(10^{\frac{L_1}{10}} + 10^{\frac{L_2}{10}} + \cdots + 10^{\frac{L_n}{10}}\right)$$
$$= 10\log\left(10^{\frac{98}{10}} + 10^{\frac{96}{10}}\right) = 100.12\text{dB}$$

◉ ANSWER | 26 ② 27 ④ 28 ② 29 ②

30 어떤 작업자에 50% Acetone, 30% Benzene, 20% Xylene의 중량비로 조성된 용제가 증발하여 작업환경을 오염시키고 있을 때, 이 용제의 허용농도(TLV ; mg/m^3)는?(단, Actone, Benzene, Xylene의 TLV는 각각 1,600, 720, $670mg/m^3$이고, 용제의 각 성분은 상가작용을 하며, 성분 간 비휘발도 차이는 고려하지 않는다.)

① 873
② 973
③ 1,073
④ 1,173

해설

$$\text{혼합물 허용농도} = \frac{1}{\frac{f_1}{TLV_1} + \frac{f_2}{TLV_2} + \cdots + \frac{f_n}{TLV_n}}$$

$$= \frac{1}{\frac{0.5}{1600} + \frac{0.3}{720} + \frac{0.2}{670}} = 973.07mg/m^3$$

31 시간당 약 150kcal의 열량이 소모되는 작업조건에서 WBGT 측정치가 30.6℃일 때 고온의 노출기준에 따른 작업휴식조건으로 적절한 것은?

① 매시간 75% 작업, 25% 휴식
② 매시간 50% 작업, 50% 휴식
③ 매시간 25% 작업, 75% 휴식
④ 계속 작업

해설

고온의 노출기준

작업강도 / 작업 · 휴식시간비	경작업 (℃, WBGT)	중등작업 (℃, WBGT)	중작업 (℃, WBGT)
계속 작업	30.0	26.7	25.0
매시간 75% 작업, 25% 휴식	30.6	28.0	25.9
매시간 50% 작업, 50% 휴식	31.4	29.4	27.9
매시간 25% 작업, 75% 휴식	32.2	31.1	30.0

㉠ 경작업 : 200kcal까지의 열량이 소요되는 작업을 말하며, 앉아서 또는 서서 기계의 조정을 하기 위하여 손 또는 팔을 가볍게 쓰는 일 등을 뜻함
㉡ 중등작업 : 시간당 200~350kcal의 열량이 소요되는 작업을 말하며, 물체를 들거나 밀면서 걸어다니는 일 등을 뜻함
㉢ 중작업 : 시간당 350~500kcal의 열량이 소요되는 작업을 말하며, 곡괭이질 또는 삽질하는 일 등을 뜻함

32 검지관의 장단점으로 틀린 것은?

① 측정대상물질의 동정이 미리 되어 있지 않아도 측정이 가능하다.
② 민감도가 낮으며 비교적 고농도에 적용이 가능하다.
③ 특이도가 낮다. 즉, 다른 방해물질의 영향을 받기 쉬워 오차가 크다.
④ 색이 시간에 따라 변화하므로 제조자가 정한 시간에 읽어야 한다.

해설

검지관은 미리 측정대상물질의 동정이 되어 있어야 측정이 가능하다.

33 MCE 여과지를 사용하여 금속성분을 측정, 분석한다. 샘플링이 끝난 시료를 전처리하기 위해 회화용액(Ashing Acid)을 사용하는데 다음 중 NIOSH에서 제시한 금속별 전처리 용액 중 적절하지 않은 것은?

① 납 : 질산
② 크롬 : 염산+인산
③ 카드뮴 : 질산, 염산
④ 다성분 금속 : 질산+과염소산

해설

NIOSH에서 제시한 금속별 전처리
㉠ 납화합물 : 질산
㉡ 크롬화합물 : 염산+질산
㉢ 카드뮴화합물 : 질산, 염산
㉣ 다성분 금속 : 질산+과염소산

ANSWER | 30 ② 31 ① 32 ① 33 ②

34 Kata 온도계로 불감기류를 측정하는 방법에 대한 설명으로 틀린 것은?

① Kata 온도계의 구(球)부를 50~60℃의 온수에 넣어 구부의 알코올을 팽창시켜 관의 상부 눈금까지 올라가게 한다.
② 온도계를 온수에서 꺼내어 구(球)부를 완전히 닦아내고 스탠드에 고정한다.
③ 알코올의 눈금이 100°F에서 65°F까지 내려가는 데 소요되는 시간을 초시계로 4~5회 측정하여 평균을 낸다.
④ 눈금 하강에 소요되는 시간으로 Kata 상수를 나눈 값 H는 온도계의 구부 $1cm^2$에서 1초 동안에 방산되는 열량을 나타낸다.

해설

알코올의 눈금이 100°F에서 95°F까지 내려가는 데 소요되는 시간을 초시계 4~5회 측정하여 평균을 낸다.

35 실리카겔 흡착에 대한 설명으로 틀린 것은?

① 실리카겔은 규산나트륨과 황산의 반응에서 유도된 무정형의 물질이다.
② 극성을 띠고 흡습성이 강하므로 습도가 높을수록 파과 용량이 증가한다.
③ 추출액이 화학분석이나 기기분석에 방해물질로 작용하는 경우가 많지 않다.
④ 활성탄으로 채취가 어려운 아닐린, 오르토-톨루이딘 등의 아민류나 몇몇 무기물질의 채취도 가능하다.

해설

추출액이 화학분석이나 기기분석에 방해물질로 작용하는 경우가 적다.

36 작업장에서 어떤 유해물질의 농도를 무작위로 측정한 결과가 아래와 같을 때, 측정값에 대한 기하평균(GM)은?

(단위 : ppm)
5, 10, 28, 46, 90, 200

① 11.4 ② 32.4
③ 63.2 ④ 104.5

해설

기하평균(GM)

$$GM = \sqrt[6]{(5\times10\times28\times46\times90\times200)} = 32.41\text{mg/L}$$

37 접착공정에서 본드를 사용하는 작업장에서 톨루엔을 측정하고자 한다. 노출기준의 10%까지 측정하고자 할 때, 최소 시료채취시간(min)은?(단, 작업장은 25℃, 1기압이며, 톨루엔의 분자량은 92.14, 기체크로마토그래피의 분석에서 톨루엔의 정량한계는 $0.5mg/m^3$, 노출기준은 100ppm, 채취유량은 0.15L/분이다.)

① 13.3 ② 39.6
③ 88.5 ④ 182.5

해설

$$\text{최소 시료채취시간} = \frac{\text{채취부피(L)}}{\text{채취유량(L/min)}}$$

㉠ $\text{채취부피(L)} = \dfrac{\text{LOQ(mg)}}{\text{노출기준농도}(mg/m^3)} \times 1{,}000$

$= \dfrac{0.5mg}{37.69mg/m^3} \times 1{,}000 = 13.27L$

㉡ $X(mg/m^3) = \dfrac{(100\times0.1)mL}{m^3} \bigg| \dfrac{92.14mg}{24.45mL}$

$= 37.69mg/m^3$

㉢ 채취유량(L/min) = 0.15L/min

∴ $\text{최소 시료채취시간} = \dfrac{13.27L}{0.15L/min} = 88.47min$

38 셀룰로오스 에스테르 막여과지에 관한 설명으로 옳지 않은 것은?

① 산에 쉽게 용해된다.
② 중금속 시료채취에 유리하다.
③ 유해물질이 표면에 주로 침착된다.
④ 흡습성이 적어 중량분석에 적당하다.

해설

MCE 여과지(Mixed Cellulose Ester Membrance)
㉠ 산에 쉽게 용해된다.
㉡ 입자상 물질 중의 금속을 채취하여 원자흡광법으로 분석하는 데 적정하다.
㉢ 흡수성이 높아 중량분석에는 부적합하다.

◉ ANSWER | 34 ③ 35 ② 36 ② 37 ③ 38 ④

㉣ 시료가 여과지의 표면 또는 가까운 데에 침착되므로 석면, 유리섬유 등 현미경 분석을 위한 시료채취에도 이용된다.

39 작업장 소음에 대한 1일 8시간 노출 시 허용기준(dB(A))은?(단, 미국 OSHA의 연속소음에 대한 노출기준으로 한다.)

① 45 ② 60
③ 75 ④ 90

해설

소음의 노출기준(충격소음 제외)

1일 노출시간(hr)	소음강도[dB(A)]
8	90
4	95
2	100
1	105
1/2	110
1/4	115

115dB(A)을 초과하는 소음 수준에 노출되어서는 안 됨

40 코크스 제조공정에서 발생되는 코크스오븐 배출물질을 채취할 때, 다음 중 가장 적합한 여과지는?

① 은막 여과지 ② PVC 여과지
③ 유리섬유 여과지 ④ PTFE 여과지

해설

은막 여과지(Silver Membrane Filter)
㉠ 화학물질과 열에 저항이 강하다.
㉡ 코크스오븐 배출물질을 포집할 수 있다.
㉢ 금속은, 결합제, 섬유 등을 소결하여 만든다.

3과목 작업환경 관리대책

41 덕트에서 평균속도압이 $25mmH_2O$일 때, 반송속도(m/s)는?

① 101.1 ② 50.5
③ 20.2 ④ 10.1

해설

$$V = \sqrt{\frac{2\times g\times VP}{\gamma}} = \sqrt{\frac{2\times 9.8\times 25}{1.21}} = 20.12\text{m/sec}$$

42 덕트 합류 시 댐퍼를 이용한 균형유지 방법의 장점이 아닌 것은?

① 시설 설치 후 변경에 유연하게 대처 가능
② 설치 후 부적당한 배기유량 조절 가능
③ 임의로 유량을 조절하기 어려움
④ 설계 계산이 상대적으로 간단함

해설

댐퍼조절 평형법(저항조절 평형법)의 장점
㉠ 시설 설치 후 변경이 쉽다.
㉡ 최소 설계풍량으로 평형유지가 가능하다.
㉢ 설계 계산이 간편하고 작업공정에 따라 덕트위치 변경이 가능하다.
㉣ 임의로 유량을 조절하기가 용이하다.
㉤ 덕트의 크기를 변경할 필요가 없으므로 이송속도를 설계값 그대로 유지한다.

43 송풍기의 송풍량과 회전수의 관계에 대한 설명 중 옳은 것은?

① 송풍량은 회전수에 비례한다.
② 송풍량은 회전수의 제곱에 비례한다.
③ 송풍량은 회전수의 세제곱에 비례한다.
④ 송풍량은 회전수에 역비례한다.

해설

송풍량은 회전수에 비례한다.

44 동일한 두께로 벽체를 만들었을 경우에 차음효과가 가장 크게 나타나는 재질은?(단, 2,000Hz 소음을 기준으로 하며, 공극률 등 기타 조건은 동일하다고 가정한다.)

① 납 ② 석고
③ 알루미늄 ④ 콘크리트

해설

재질의 비중(밀도)이 클수록 차음효과가 크다. 보기 중 납의 비중이 11 정도로 가장 크다.

ANSWER | 39 ④ 40 ① 41 ③ 42 ③ 43 ① 44 ①

45 다음 중 공기공급시스템(보충용 공기의 공급장치)이 필요한 이유를 모두 고른 것은?

a. 연료를 절약하기 위해서
b. 작업장 내 안전사고를 예방하기 위해서
c. 국소배기장치를 적절하게 가동시키기 위해서
d. 작업장의 교차기류를 유지하기 위해서

① a, b ② a, b, c
③ b, c, d ④ a, b, c, d

해설

공기공급시스템이 필요한 이유
㉠ 연료를 절약하기 위해서
㉡ 작업장 내 안전사고를 예방하기 위해서
㉢ 국소배기장치를 적절하게 가동시키기 위해서
㉣ 근로자에게 영향을 미치는 냉각기류를 제거하기 위해서
㉤ 실외공기가 정화되지 않은 채 건물 내로 유입되는 것을 막기 위해서
㉥ 국소배기장치의 효율 유지를 위해서
㉦ 작업장 내에 방해기류(교차기류)가 생기는 것을 방지하기 위해서

46 동력과 회전수의 관계로 옳은 것은?

① 동력은 송풍기 회전속도에 비례한다.
② 동력은 송풍기 회전속도의 제곱에 비례한다.
③ 동력은 송풍기 회전속도의 세제곱에 비례한다.
④ 동력은 송풍기 회전속도에 반비례한다.

해설

송풍기 동력은 송풍기 회전속도의 세제곱에 비례한다.

47 강제환기를 실시할 때 환기효과를 제고하기 위해 따르는 원칙으로 옳지 않은 것은?

① 배출공기를 보충하기 위하여 청정공기를 공급할 수 있다.
② 공기배출구와 근로자의 작업위치 사이에 오염원이 위치하여야 한다.
③ 오염물질 배출구는 가능한 한 오염원으로부터 가까운 곳에 설치하여 점환기 현상을 방지한다.
④ 오염원 주위에 다른 작업공정이 있으면 공기배출량을 공급량보다 약간 크게 하여 음압을 형성하여 주위 근로자에게 오염물질이 확산되지 않도록 한다.

해설

전체환기(강제환기) 설치의 기본원칙
㉠ 배출공기를 보충하기 위하여 청정공기를 공급한다.
㉡ 오염물질 배출구는 가능한 한 오염원으로부터 가까운 곳에 설치하여 점환기의 효과를 얻는다.
㉢ 공기배출구와 근로자의 작업위치 사이에 오염원이 위치하여야 한다.
㉣ 공기가 배출되면서 오염장소를 통과하도록 공기 배출구와 유입구의 위치를 선정한다.
㉤ 배출된 공기가 재유입되지 않도록 배출구 높이를 설계하고 창문이나 출입문 위치를 피한다.

48 점음원과 1m 거리에서 소음을 측정한 결과 95dB로 측정되었다. 소음수준을 90dB로 하는 제한구역을 설정할 때, 제한구역의 반경(m)은?

① 3.16 ② 2.20
③ 1.78 ④ 1.39

해설

점음원의 거리감쇠

$$SPL_1 - SPL_2 = 20\log\left(\frac{r_2}{r_1}\right)$$

$$95 - 90 = 20\log\left(\frac{r_2}{1}\right)$$

$$0.25 = \log\left(\frac{r_2}{1}\right)$$

$$10^{0.25} = r_2$$

$$\therefore r_2 = 1.78\text{m}$$

49 층류영역에서 직경이 2μm이며 비중이 3인 입자상 물질의 침강속도(cm/s)는?

① 0.032 ② 0.036
③ 0.042 ④ 0.046

해설

Lippman 침강속도

$$V(\text{cm/sec}) = 0.003 \times SG \times d^2 = 0.003 \times 3 \times 2^2 = 0.036\text{cm/sec}$$

◉ ANSWER | 45 ② 46 ③ 47 ③ 48 ③ 49 ②

50 입자상 물질을 처리하기 위한 공기정화장치로 가장 거리가 먼 것은?

① 사이클론
② 중력집진장치
③ 여과집진장치
④ 촉매 산화에 의한 연소장치

해설

입자상 물질을 처리하기 위한 공기정화장치
㉠ 중력집진장치 ㉡ 관성력집진장치
㉢ 원심력집진장치 ㉣ 세정집진장치
㉤ 여과집진장치 ㉥ 전기집진장치

51 공기가 흡인되는 덕트관 또는 공기가 배출되는 덕트관에서 음압이 될 수 없는 압력의 종류는?

① 속도압(VP) ② 정압(SP)
③ 확대압(EP) ④ 전압(TP)

해설

동압(속도압, VP : Velocity Pressure, mmH_2O)
㉠ 정지상태의 공기를 일정한 속도로 흐르도록 가속화시키는 데 필요한 압력을 말한다.
㉡ 단위체적의 유체가 갖고 있는 운동에너지이다.
㉢ 송풍기 위치와 상관없이 동압은 항상 양압이다.

52 다음의 보호장구의 재질 중 극성용제에 가장 효과적인 것은?

① Vitron ② Nitrile 고무
③ Neoprene 고무 ④ Butyl 고무

해설

보호장구의 재질별 적용물질

재질	적용물질
천연고무(Latex)	극성 용제(산, 알칼리), 수용성(물)에 효과적
부틸(butyl) 고무	극성 용제에 효과적
Nitrile 고무	비극성 용제에 효과적
Neroprene 고무	비극성 용제에 효과적
Vitron	비극성 용제에 효과적
면	고체상 물질(용제에는 사용 불가)
가죽	용제에 사용 불가
알루미늄	고온, 복사열 취급 시 사용
Polyvinyl Chloride	수용성 용액

53 귀덮개 착용 시 일반적으로 요구되는 차음 효과는?

① 저음에서 15dB 이상, 고음에서 30dB 이상
② 저음에서 20dB 이상, 고음에서 45dB 이상
③ 저음에서 25dB 이상, 고음에서 50dB 이상
④ 저음에서 30dB 이상, 고음에서 55dB 이상

해설

저주파 영역(2,000Hz)에서는 20dB, 고주파 영역(4,000Hz)에서는 45dB의 차음력이 있다.

54 움직이지 않는 공기 중으로 속도 없이 배출되는 작업조건(예시 : 탱크에서 증발)의 제어속도 범위(m/s)는?(단, ACGIH 권고 기준)

① 0.1~0.3 ② 0.3~0.5
③ 0.5~1.0 ④ 1.0~1.5

해설

제어속도 개략치

유해물질의 발생상태	공정 예	제어속도(m/s)
움직이지 않는 공기 중에 실제 거의 속도가 없는 상태로 유해물질이 발생하는 경우	용기의 액면으로부터 발생하는 가스, 증기, 흄 등	0.25~0.5
비교적 조용한 대기 중에 낮은 속도로 유해물질이 비산하는 경우	Booth식 Hood에 있어서의 분무도장작업, 간헐적인 용기 충진작업, 낮은 속도의 컨베이어 작업, 도금작업, 용접작업, 산세척작업	0.5~1.0
빠른 공기 이동이 있는 작업장소에 활발히 유해물질이 비산하는 경우	Booth식 Hood에 있어서의 분무도장작업, 함침(Dipping) 도장작업, 컨베이어의 낙하구 분쇄작업, 파쇄기	1.0~2.5
대단히 빠른 공기 이동이 있는 작업장소에 아주 빠른 속도로 유해물질이 비산하는 경우	연삭작업, 분무작업, 텀블링작업, 블라스트작업	2.5~10.0

ANSWER | 50 ④ 51 ① 52 ④ 53 ② 54 ②

55 기류를 고려하지 않고 감각온도(Effective Temperature)의 근사치로 널리 사용되는 지수는?

① WBGT
② Radiation
③ Evaporation
④ Glove Temperature

56 안전보건규칙상 국소배기장치의 덕트 설치 기준으로 틀린 것은?

① 가능하면 길이는 짧게 하고 굴곡부의 수는 적게 할 것
② 접속부의 안쪽은 돌출된 부분이 없도록 할 것
③ 덕트 내부에 오염물질이 쌓이지 않도록 이송속도를 유지할 것
④ 연결부위 등은 내부 공기가 들어오지 않도록 할 것

해설

덕트 연결부위는 용접하는 것이 바람직하다.

57 Stokes 침강법칙에서 침강속도에 대한 설명으로 옳지 않은 것은?(단, 자유공간에서 구형의 분진입자를 고려한다.)

① 기체와 분진입자의 밀도차에 반비례한다.
② 중력가속도에 비례한다.
③ 기체의 점도에 반비례한다.
④ 분진입자 직경의 제곱에 비례한다.

해설

입자의 침강속도는 입자의 밀도차에 비례한다.

58 호흡용 보호구 중 마스크의 올바른 사용법이 아닌 것은?

① 마스크를 착용할 때는 반드시 밀착성에 유의해야 한다.
② 공기정화식 가스마스크(방독마스크)는 방진마스크와는 달리 산소 결핍 작업장에서도 사용이 가능하다.
③ 정화통 혹은 흡수통(Canister)은 한번 개봉하면 재사용을 피하는 것이 좋다.
④ 유해물질의 농도가 극히 높으면 자기공급식 장치를 사용한다.

해설

방독마스크는 산소결핍의 위험이 있거나 가스상태의 유해물질이 존재하는 곳에서는 절대 착용이 불가하다.

59 21℃, 1기압의 어느 작업장에서 톨루엔과 이소프로필알코올을 각각 100g/h씩 사용(증발)할 때, 필요환기량(m^3/h)은?(단, 두 물질은 상가작용을 하며, 톨루엔의 분자량은 92, TLV는 50ppm, 이소프로필알코올의 분자량은 60, TLV는 200ppm이고, 각 물질의 여유계수는 10으로 동일하다.)

① 약 6,250 ② 약 7,250
③ 약 8,650 ④ 약 9,150

해설

$$Q(m^3/hr)=\frac{24.1\times \text{비중}\times \text{유해물질사용량}(L/hr)\times K\times 10^6}{\text{분자량}\times ppm}$$

㉠ 톨루엔

$$Q(m^3/hr)=\frac{24.1\times 0.1kg/hr\times 10\times 10^6}{92kg\times 50}=5{,}239.1m^3/hr$$

㉡ 이소프로필 알콜

$$Q(m^3/hr)=\frac{24.1\times 0.1kg/hr\times 10\times 10^6}{60kg\times 200}=2{,}008.3m^3/hr$$

$$\therefore Q(m^3/hr)=5{,}239.1+2{,}008.3=7{,}247.4m^3/hr$$

60 덕트에서 속도압 및 정압을 측정할 수 있는 표준기기는?

① 피토관
② 풍차풍속계
③ 열선풍속계
④ 임핀저관

◎ ANSWER | 55 ① 56 ④ 57 ① 58 ② 59 ② 60 ①

4과목 물리적 유해인자 관리

61 지적환경(Optimum Working Environment)을 평가하는 방법이 아닌 것은?

① 생산적(Productive) 방법
② 생리적(Physiological) 방법
③ 정신적(Psychological) 방법
④ 생물역학적(Biomechanical) 방법

해설

지적환경 평가방법
㉠ 생산적(Productive) 방법
㉡ 생리적(Physiological) 방법
㉢ 정신적(Psychological) 방법

62 감압환경의 설명 및 인체에 미치는 영향으로 옳은 것은?

① 인체와 환경 사이의 기압 차이 때문으로 부종, 출혈, 동통 등을 동반한다.
② 화학적 장해로 작업력의 저하, 기분의 변환, 여러 종류의 다행증이 일어난다.
③ 대기가스의 독성 때문으로 시력장애, 정신 혼란, 간질 모양의 경련을 나타낸다.
④ 용해질소의 기포형성 때문으로 동통성 관절장애, 호흡곤란, 무균성 골괴사 등을 일으킨다.

63 진동의 강도를 표현하는 방법으로 옳지 않은 것은?

① 속도(Velocity)
② 투과(Transmission)
③ 변위(Displacement)
④ 가속도(Acceleration)

해설

진동의 강도 표현 방법
㉠ 변위
㉡ 속도
㉢ 가속도

64 전리방사선의 흡수선량이 생체에 영향을 주는 정도를 표시하는 선당량(생체실효선량)의 단위는?

① R ② Ci
③ Sv ④ Gy

해설

시버트(Sv)
㉠ 흡수선량이 생체에 영향을 주는 정도로 표시하는 선당량(생체실효선량)의 단위
㉡ 등가선량의 단위
㉢ 시버트(Sv) = 흡수선량(Gy) × 방사선 가중치
㉣ 1Sv = 100rem

65 실효음압이 $2\times10^{-3}N/m^2$인 음의 음압수준은 몇 dB인가?

① 40 ② 50
③ 60 ④ 70

해설

$$SPL = 20\log\frac{P}{P_o} = 20\log\frac{2\times10^{-3}}{2\times10^{-5}} = 40dB$$

66 고압 작업환경만으로 나열된 것은?

① 고소작업, 등반작업
② 용접작업, 고소작업
③ 탈지작업, 샌드블라스트(Sand Blast)작업
④ 잠함(Caisson)작업, 광산의 수직갱 내 작업

해설

고압 작업환경
㉠ 잠함(Caisson)작업
㉡ 광산의 수직갱 내 작업
㉢ 해저의 터널작업

67 다음 ( ) 안에 들어갈 내용으로 옳은 것은?

> 일반적으로 ( )의 마이크로파는 신체를 완전히 투과하며 흡수되어도 감지되지 않는다.

① 150MHz 이하 ② 300MHz 이하
③ 500MHz 이하 ④ 1,000MHz 이하

ANSWER | 61 ④ 62 ④ 63 ② 64 ③ 65 ① 66 ④ 67 ①

해설

일반적으로 150MHz 이하의 마이크로파는 신체에 흡수되어도 감지할 수 없으나 1,000~3,000MHz에서는 심부까지 흡수된다.

68 저온에 의한 1차적인 생리적 영향에 해당하는 것은?

① 말초혈관의 수축
② 혈압의 일시적 상승
③ 근육긴장의 증가와 전율
④ 조직대사의 증진과 식욕항진

해설

저온에 의한 1차 생리반응
㉠ 체표면적 감소
㉡ 피부혈관 수축
㉢ 화학적 대사작용 증가
㉣ 근육긴장 증가 및 전율

69 실내 작업장에서 실내 온도조건이 다음과 같을 때 WBGT(℃)는?

- 흑구온도 32℃
- 건구온도 27℃
- 자연습구온도 30℃

① 30.1　② 30.6
③ 30.8　④ 31.6

해설

$$\begin{aligned}\text{WBGT(옥내)} &= 0.7\times \text{NWT} + 0.3\times \text{GT}\\ &= 0.7\times 30 + 0.3\times 32 = 30.6℃\end{aligned}$$

70 다음 중 살균력이 가장 센 파장영역은?

① 1,800~2,100Å　② 2,800~3,100Å
③ 3,800~4,100Å　④ 4,800~5,100Å

해설

254~280nm(2,540~2,800Å)의 파장은 살균작용을 하며, 소독목적으로 사용된다.

71 고압환경의 인체작용에 있어 2차적 가압현상에 해당하지 않는 것은?

① 산소 중독　② 질소 마취
③ 공기 전색　④ 이산화탄소 중독

해설

고압환경에서 2차적 가압현상
㉠ 질소 마취
㉡ 산소 중독
㉢ 이산화탄소(CO_2) 중독

72 다음 중 차음평가지수를 나타내는 것은?

① sone　② NRN
③ NRR　④ phon

73 소음성 난청에 대한 내용으로 옳지 않은 것은?

① 내이의 세포 변성이 원인이다.
② 음이 강해짐에 따라 정상인에 비해 음이 급격하게 크게 들린다.
③ 청력손실은 초기에 4,000Hz 부근에서 영향이 현저하다.
④ 소음 노출과 관계없이 연령이 증가함에 따라 발생하는 청력장애를 말한다.

해설

소음 노출과 관계없이 연령이 증가함에 따라 발생하는 청력장애는 노인성 난청이다.

74 소음계(Sound Level Meter)로 소음 측정 시 A 및 C특성으로 측정하였다. 만약 C특성으로 측정한 값이 A특성으로 측정한 값보다 훨씬 크다면 소음의 주파수 영역은 어떻게 추정이 되겠는가?

① 저주파수가 주성분이다.
② 중주파수가 주성분이다.
③ 고주파수가 주성분이다.
④ 중 및 고주파수가 주성분이다.

해설

A특성치와 C특성치의 차가 크면 저주파음이고 차가 작으면 고주파음이다.

◎ ANSWER | 68 ③　69 ②　70 ②　71 ③　72 ③　73 ④　74 ①

75 전리방사선 방어의 궁극적 목적은 가능한 한 방사선에 불필요하게 노출되는 것을 최소화하는 데 있다. 국제방사선방호위원회(ICRP)가 노출을 최소화하기 위해 정한 원칙 3가지에 해당하지 않는 것은?

① 작업의 최적화
② 작업의 다양성
③ 작업의 정당성
④ 개개인의 노출량의 한계

해설

방사선 방호원칙
정당화, 최적화, 선량한도

76 현재 총 흡음량이 1,200sabins인 작업장의 천장에 흡음물질을 첨가하여 2,800sabins을 더할 경우 예측되는 소음감소량(dB)은 약 얼마인가?

① 3.5
② 4.2
③ 4.8
④ 5.2

해설

$$NR(dB) = 10\log\frac{A_2}{A_1}$$
$$= 10\log\frac{2,800}{1,200} = 5.23dB$$

77 레이노 현상(Raynaud's Phenomenon)과 관련이 없는 것은?

① 방사선
② 국소진동
③ 혈액순환장애
④ 저온환경

해설

레이노 증후군(Raynaud's Disease)
손가락의 말초혈관운동장애로 인한 혈액순환장애로 손가락의 감각이 마비되고 창백해지며, 추운 환경에서 더욱 심해지는 현상이다. 착암기 및 해머 등 공구사용작업 등이 원인이 되는 질병으로 한랭작업조건에서 증상이 악화된다.

78 작업장 내 조명방법에 관한 내용으로 옳지 않은 것은?

① 형광등은 백색에 가까운 빛을 얻을 수 있다.
② 나트륨등은 색을 식별하는 작업장에 가장 적합하다.
③ 수은등은 형광물질의 종류에 따라 임의의 광색을 얻을 수 있다.
④ 시계공장 등 작은 물건을 식별하는 작업을 하는 곳은 국소조명이 적합하다.

해설

나트륨등은 가로등으로 사용하며, 색을 식별하는 작업장에 가장 적합하지 않다.

79 럭스(Lux)의 정의로 옳은 것은?

① $1m^2$의 평면에 1루멘의 빛이 비칠 때의 밝기를 의미한다.
② 1촉광의 광원으로부터 한 단위 입체각으로 나가는 빛의 밝기 단위이다.
③ 지름이 1인치인 촛불이 수평방향으로 비칠 때의 빛의 광도를 나타내는 단위이다.
④ 1루멘의 빛이 $1ft^2$의 평면상에 수직방향으로 비칠 때 그 평면의 빛의 양을 의미한다.

해설

럭스(Lux, 조도)
㉠ $1m^2$의 평면에 1루멘의 빛이 비칠 때 밝기($Lux = lumen/m^2$)
㉡ 1cd의 점광원으로부터 1m 떨어진 곳에 있는 광선의 수직인 면의 조명도
㉢ 광속의 양에 비례, 입사면의 단면적에 반비례

80 유해한 환경의 산소결핍 장소에 출입 시 착용하여야 할 보호구와 가장 거리가 먼 것은?

① 방독마스크　② 송기마스크
③ 공기호흡기　④ 에어라인마스크

해설

방독마스크는 산소농도가 부족한 지역에서 사용할 경우 질식에 의한 사고가 발생할 수 있기 때문에 사용에 주의가 필요하다.

◎ ANSWER | 75 ② 76 ④ 77 ① 78 ② 79 ① 80 ①

5과목 산업독성학

81 유해물질의 생리적 작용에 의한 분류에서 질식제를 단순 질식제와 화학적 질식제로 구분할 때 화학적 질식제에 해당하는 것은?

① 수소(H_2) ② 메탄(CH_4)
③ 헬륨(He) ④ 일산화탄소(CO)

해설

화학적 질식제의 종류
㉠ 일산화탄소(CO)
㉡ 황화수소(H_2S)
㉢ 시안화수소(HCN)

82 화학물질 및 물리적 인자의 노출기준에서 근로자가 1일 작업시간 동안 잠시라도 노출되어서는 아니 되는 기준을 나타내는 것은?

① TLV−C ② TLV−skin
③ TLV−TWA ④ TLV−STEL

해설

최고노출농도(Ceiling, C)
㉠ 근로자가 1일 작업시간 동안 잠시라도 노출되어서는 아니 되는 기준
㉡ 노출기준 앞에 "C"를 붙여 표시
㉢ 자극성 가스나 독작용이 빠른 물질 및 TLV−STEL이 설정되지 않는 물질에 적용

83 생물학적 모니터링을 위한 시료가 아닌 것은?

① 공기 중 유해인자
② 요 중의 유해인자나 대사산물
③ 혈액 중의 유해인자나 대사산물
④ 호기(Exhaled Air) 중의 유해인자나 대사산물

해설

생물학적 모니터링을 위한 시료
㉠ 소변분석
㉡ 혈액분석
㉢ 호기분석

84 흡인분진의 종류에 의한 진폐증의 분류 중 무기성 분진에 의한 진폐증이 아닌 것은?

① 규폐증
② 면폐증
③ 철폐증
④ 용접공폐증

해설

무기성 분진에 의한 진폐증
규폐증, 석면폐증, 흑연폐증, 탄소폐증, 탄광부폐증, 활석폐증, 용접공폐증, 철폐증, 베릴륨폐증, 알루미늄폐증, 규조토폐증, 주석폐증, 칼륨폐증, 바륨폐증

85 3가 및 6가 크롬의 인체 작용 및 독성에 관한 내용으로 옳지 않은 것은?

① 산업장의 노출의 관점에서 보면 3가 크롬이 6가 크롬보다 더 해롭다.
② 3가 크롬은 피부 흡수가 어려우나 6가 크롬은 쉽게 피부를 통과한다.
③ 세포막을 통과한 6가 크롬은 세포 내에서 수 분 내지 수 시간 만에 발암성을 가진 3가 형태로 환원된다.
④ 6가에서 3가로의 환원이 세포질에서 일어나면 독성이 적으나 DNA의 근위부에서 일어나면 강한 변이원성을 나타낸다.

해설

3가 크롬은 피부흡수가 어려우나 6가 크롬은 쉽게 피부를 통과하기 때문에 더 해롭다.

86 다음 중 만성중독 시 코, 폐 및 위장의 점막에 병변을 일으키며, 장기간 흡입하는 경우 원발성 기관지암과 폐암이 발생하는 것으로 알려진 대표적인 중금속은?

① 납(Pb)
② 수은(Hg)
③ 크롬(Cr)
④ 베릴륨(Be)

ANSWER | 81 ④ 82 ① 83 ① 84 ② 85 ① 86 ③

87 독성물질의 생체 내 변환에 관한 설명으로 옳지 않은 것은?

① 1상 반응은 산화, 환원, 가수분해 등의 과정을 통해 이루어진다.
② 2상 반응은 1상 반응이 불가능한 물질에 대한 추가적 축합반응이다.
③ 생체변환의 기전은 기존의 화합물보다 인체에서 제거하기 쉬운 대사물질로 변화시키는 것이다.
④ 생체 내 변환은 독성물질이나 약물의 제거에 대한 첫 번째 기전이며, 1상 반응과 2상 반응으로 구분된다.

해설

2상 반응은 1상 반응물질을 수용성 물질로 변환하여 배설을 촉진하는 반응이다.

88 다음 중금속 취급에 의한 대표적인 직업성 질환을 연결한 것으로 서로 관련이 가장 적은 것은?

① 니켈 중독 - 백혈병, 재생불량성 빈혈
② 납 중독 - 골수침입, 빈혈, 소화기장해
③ 수은 중독 - 구내염, 수전증, 정신장해
④ 망간 중독 - 신경염, 신장염, 중추신경장해

해설

니켈의 건강장해
㉠ 급성중독 : 폐부종, 폐렴
㉡ 만성중독 : 간장손상, 폐암, 비강암

89 다음 중 가스상 물질의 호흡기계 축적을 결정하는 가장 중요한 인자는?

① 물질의 농도차 ② 물질의 입자분포
③ 물질의 발생기전 ④ 물질의 수용성 정도

해설

가스상 물질의 호흡기계 축적을 결정하는 가장 중요한 인자는 "물질의 수용성 정도"이다.

90 중금속에 중독되었을 경우에 치료제로 BAL이나 Ca-EDTA 등 금속배설 촉진제를 투여해서는 안 되는 중금속은?

① 납 ② 비소
③ 망간 ④ 카드뮴

해설

카드뮴은 BAL이나 Ca-EDTA 등 금속배설 촉진제를 투여하면 신장에 대한 독성이 더 강해져 투여해서는 안 된다.

91 산업안전보건법령상 석면 및 내화성 세라믹 섬유의 노출기준 표시단위로 옳은 것은?

① % ② ppm
③ 개/cm^3 ④ mg/m^3

해설

석면 및 내화성 세라믹 섬유의 노출기준 표시단위는 개/cm^3이다.

92 피부독성 반응의 설명으로 옳지 않은 것은?

① 가장 빈번한 피부반응은 접촉성 피부염이다.
② 알레르기성 접촉피부염은 면역반응과 관계가 없다.
③ 광독성 반응은 홍반 · 부종 · 착색을 동반하기도 한다.
④ 담마진 반응은 접촉 후 보통 30~60분 후에 발생한다.

해설

알레르기성 접촉피부염은 면역반응과 관계가 있다.

93 산업안전보건법령상 사람에게 충분한 발암성 증거가 있는 물질(1A)에 포함되어 있지 않은 것은?

① 벤지딘(Benzidine)
② 베릴륨(Beryllium)
③ 에틸벤젠(Ethyl Benzene)
④ 염화비닐(Vinyl Chloride)

해설

사람에게 충분한 발암성 증거가 있는 물질(1A)
벤젠, 석면, 벤지딘, 베릴륨, 염화비닐, 6가 크롬, 아크릴로니트릴 등이다.

ANSWER | 87 ② 88 ① 89 ④ 90 ④ 91 ③ 92 ② 93 ③

94 단백질을 침전시키며 thiol기(-SH)를 가진 효소의 작용을 억제하여 독성을 나타내는 것은?

① 수은 ② 구리
③ 아연 ④ 코발트

해설
수은이온(Hg^{2+})은 단백질을 침전시키며 thiol기(-SH)를 가진 효소의 작용을 억제한다.

95 동물을 대상으로 약물을 투여했을 때 독성을 초래하지는 않지만 대상의 50%가 관찰 가능한 가역적인 반응이 나타나는 작용량을 무엇이라 하는가?

① LC_{50} ② ED_{50}
③ LD_{50} ④ TD_{50}

해설
ED_{50}은 실험동물의 50%가 관찰 가능한 가역적인 반응을 나타내는 양이다.

96 이황화탄소(CS_2)에 중독될 가능성이 가장 높은 작업장은?

① 비료 제조 및 초자공 작업장
② 유리 제조 및 농약 제조 작업장
③ 타르, 도장 및 석유 정제 작업장
④ 인조견, 셀로판 및 사염화탄소 생산 작업장

해설
이황화탄소(CS_2)는 주로 인조견, 셀로판 및 사염화탄소, 농약공장, 고무제품 제조 등의 생산 작업장에서 발생한다.

97 다음 사례의 근로자에게서 의심되는 노출인자는?

> 41세 A씨는 1990년부터 1997년까지 기계공구제조업에서 산소용접작업을 하다가 두통, 관절통, 전신근육통, 가슴 답답함, 이가 시리고 아픈 증상이 있어 건강검진을 받았다. 건강검진 결과 단백뇨와 혈뇨가 있어 신장질환 유소견자 진단을 받았다. 이 유해인자의 혈중, 소변 중 농도가 직업병 예방을 위한 생물학적 노출기준을 초과하였다.

① 납 ② 망간
③ 수은 ④ 카드뮴

98 유기용제의 중추신경 활성 억제의 순위를 큰 것에서부터 작은 순으로 나타낸 것 중 옳은 것은?

① 알켄 > 알칸 > 알코올
② 에테르 > 알코올 > 에스테르
③ 할로겐화합물 > 에스테르 > 알켄
④ 할로겐화합물 > 유기산 > 에테르

해설
중추신경계 억제작용 크기 순서
할로겐화합물 > 에테르 > 에스테르 > 유기산 > 알코올 > 알켄 > 알칸

99 다음 입자상 물질의 종류 중 액체나 고체의 2가지 상태로 존재할 수 있는 것은?

① 흄(Fume) ② 증기(Vapor)
③ 미스트(Mist) ④ 스모크(Smoke)

해설
스모크(Smoke)는 액체나 고체의 2가지 상태로 존재할 수 있다.

100 벤젠을 취급하는 근로자를 대상으로 벤젠에 대한 노출량을 추정하기 위해 호흡기 주변에서 벤젠 농도를 측정함과 동시에 생물학적 모니터링을 실시하였다. 벤젠 노출로 인한 대사산물의 결정인자(Determinant)로 옳은 것은?

① 호기 중의 벤젠 ② 소변 중의 마뇨산
③ 소변 중의 총페놀 ④ 혈액 중의 만델리산

해설
벤젠의 대사산물
㉠ 요 중 페놀
㉡ 요 중 t,t-뮤코닉산(t,t-muconic Acid)

ANSWER | 94 ① 95 ② 96 ④ 97 ④ 98 ③ 99 ④ 100 ③

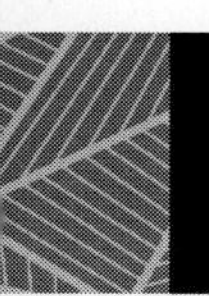

SECTION 09

2020년 4회 기사

1과목 산업위생학 개론

01 미국산업위생학술원(AAIH)에서 채택한 산업위생전문가의 윤리강령 중 기업주와 고객에 대한 책임과 관계된 윤리강령은?

① 기업체의 기밀은 누설하지 않는다.
② 전문적 판단이 타협에 의하여 좌우될 수 있는 상황에는 개입하지 않는다.
③ 근로자, 사회 및 전문 직종의 이익을 위해 과학적 지식을 공개하고 발표한다.
④ 결과와 결론을 뒷받침할 수 있도록 기록을 유지하고 산업위생사업을 전문가답게 운영, 관리한다.

해설

기업주와 고객에 대한 책임
㉠ 일반 대중에 관한 사항은 정직하게 발표한다.
㉡ 신뢰를 중요시하고, 결과와 권고사항에 대하여 사전 협의토록 한다.
㉢ 궁극적 책임은 기업주와 고객보다 근로자의 건강보호에 있다.
㉣ 결과와 결론을 뒷받침할 수 있도록 기록을 유지하고 산업위생사업을 전문가답게 운영, 관리한다.

02 산업안전보건법령상 보건관리자의 자격에 해당하지 않는 것은?

① 「의료법」에 따른 의사
② 「의료법」에 따른 간호사
③ 「국가기술자격법」에 따른 산업위생관리산업기사 이상의 자격을 취득한 사람
④ 「국가기술자격법」에 따른 대기환경기사 이상의 자격증을 취득한 사람

해설

보건관리자의 자격
㉠ 의료법에 따른 의사
㉡ 의료법에 따른 간호사
㉢ 산업보건지도사
㉣ 산업위생관리산업기사 또는 대기환경산업기사 이상의 자격을 취득한 사람
㉤ 인간공학기사 이상의 자격을 취득한 사람
㉥ 전문대학 이상의 학교에서 산업보건 또는 산업위생 분야의 학과를 졸업한 사람

03 근육과 뼈를 연결하는 섬유조직을 무엇이라 하는가?

① 건(Tendon)　　② 관절(Joint)
③ 뉴런(Neuron)　　④ 인대(Ligament)

해설

힘줄(건)은 근육과 뼈를 잇는 기능을 하며, 근육의 수축력을 이용하여 관절이 움직이도록 한다.

04 다음 중 18세기 영국에서 최초로 보고하였으며, 어린이 굴뚝청소부에게 많이 발생하였고, 원인물질이 검댕(Soot)이라고 규명된 직업성 암은?

① 폐암　　② 후두암
③ 음낭암　　④ 피부암

해설

Percivall Pott는 직업성 암을 최초로 발견하였고, 굴뚝청소부에게 많이 발생하던 음낭암(Scrotal Cancer)의 원인물질을 검댕(Soot)이라고 규명하였다.

05 다음의 직업성 질환과 그 원인이 되는 작업이 가장 적합하게 연결된 것은?

① 평편족 – VDT 작업
② 진폐증 – 고압 · 저압작업
③ 중추신경장해 – 광산작업
④ 목위팔(경견완)증후군 – 타이핑 작업

해설

신체적 결함과 부적합 작업
㉠ 평편족(평발) : 서서 하는 작업
㉡ 진폐증 : 먼지 유발 작업
㉢ 중추신경장해 : 이황화탄소 발생 작업

ANSWER | 01 ④　02 ④　03 ①　04 ③　05 ④

PART 01 PART 02 PART 03 PART 04 PART 05 PART 06

06 산업안전보건법령상 제조 등이 금지되는 유해물질이 아닌 것은?

① 석면
② 염화비닐
③ β-나프틸아민
④ 4-니트로디페닐

해설

제조 등이 금지되는 유해물질
㉠ 황린(黃燐) 성냥
㉡ 백연을 함유한 페인트(함유 용량 비율 2% 이하 제외)
㉢ 폴리클로리네이티드터페닐(PCT)
㉣ 4-니트로디페닐과 그 염
㉤ 베타-나프틸아민과 그 염
㉥ 석면
㉦ 벤젠을 함유한 고무풀(함유된 용량 비율 5% 이하 제외)
㉧ ㉢~㉥까지 어느 하나에 해당하는 물질을 함유한 제재(함유된 중량의 비율이 1% 이하인 것 제외)
㉨ 화학물질관리법 제2조 제5호에 따른 금지물질
㉩ 기타 보건상 해로운 물질로서 정책심의위원회의 심의를 거쳐 고용노동부장관이 정하는 유해물질

07 재해발생의 주요 원인에서 불안전한 행동에 해당하는 것은?

① 보호구 미착용
② 방호장치 미설치
③ 시끄러운 주위 환경
④ 경고 및 위험표지 미설치

해설

불완전한 행동(인적 요인)
㉠ 보호구 미착용 및 부적정 착용
㉡ 위험장소 접근
㉢ 기계 · 기구의 부적정 사용
㉣ 위험물 취급 부주의
㉤ 불안전한 작업자세

08 효과적인 교대근무제의 운용방법에 대한 내용으로 옳은 것은?

① 야간근무 종료 후 휴식은 24시간 전후로 한다.
② 야근은 가면(假眠)을 하더라도 10시간 이내가 좋다.
③ 신체적 적응을 위하여 야간근무의 연속일수는 대략 1주일로 한다.
④ 누적 피로를 회복하기 위해서는 정교대 방식보다는 역교대 방식이 좋다.

해설

교대근무제 관리원칙(바람직한 교대제)
㉠ 야근의 주기를 4~5일, 연속은 2~3일로 하고 각 반의 근무시간은 8시간으로 한다.
㉡ 교대방식은 역교대보다는 정교대(낮근무 → 저녁근무 → 밤근무) 방식이 좋다.
㉢ 야간근무 종료 후 휴식은 48시간 이상 부여한다.
㉣ 2교대면 3조, 3교대면 4조로 운영한다.
㉤ 야간근무 시 가면시간은 1시간 반 이상 부여해야 한다.(2~4시간)
㉥ 교대시간은 되도록 심야에 하지 않는다.(상오 0시 이전)
㉦ 일반적으로 오전 근무의 개시 시간은 오전 9시로 한다.
㉧ 보통 근로자가 3kg의 체중감소가 있을 때는 정밀검사를 권장하고, 야근은 가면을 하더라도 10시간 이내가 좋으며, 근무시간 간격은 15~16시간 이상으로 하는 것이 좋다.

09 산업안전보건법령상 입자상 물질의 농도 평가에서 2회 이상 측정한 단시간 노출농도값이 단시간 노출기준과 시간가중평균기준값 사이일 때 노출기준 초과로 평가해야 하는 경우가 아닌 것은?

① 1일 4회를 초과하는 경우
② 15분 이상 연속 노출되는 경우
③ 노출과 노출 사이의 간격이 1시간 이내인 경우
④ 단위작업장소의 넓이가 30평방미터 이상인 경우

해설

허용기준 TWA를 초과하고 허용기준 STEL 이하인 때에는 다음 어느 하나 이상에 해당되면 허용기준을 초과한 것으로 판정한다.
㉠ 1회 노출지속시간이 15분 이상인 경우
㉡ 1일 4회를 초과하여 노출되는 경우
㉢ 노출과 노출 사이의 간격이 1시간(60분) 이내인 경우

ANSWER | 06 ② 07 ① 08 ② 09 ④

10 다음 산업위생의 정의 중 ( ) 안에 들어갈 내용으로 볼 수 없는 것은?

> 산업위생이란, 근로자나 일반 대중에게 질병, 건강장애 등을 초래하는 작업환경 요인과 스트레스를 ( ) 하는 과학과 기술이다.

① 보상 ② 예측
③ 평가 ④ 관리

해설

산업위생이란, 근로자나 일반 대중에게 질병, 건강장애와 안녕 방해, 심각한 불쾌감 및 능률 저하 등을 초래하는 작업환경 요인과 스트레스를 예측(Anticipation), 인지(측정, Recognition), 평가(Evaluation), 관리(Control)하는 과학과 기술(Art)이다.

11 산업안전보건법령상 영상표시단말기(VDT) 취급 근로자의 작업자세로 옳지 않은 것은?

① 팔꿈치의 내각은 90° 이상이 되도록 한다.
② 근로자의 발바닥 전면이 바닥면에 닿는 자세를 기본으로 한다.
③ 무릎의 내각(Knee Angle)은 90° 전후가 되도록 한다.
④ 근로자의 시선은 수평선상으로부터 10~15° 위로 가도록 한다.

해설

근로자의 시선은 수평선상으로부터 10~15° 아래로 가도록 한다.

12 직업성 질환에 관한 설명으로 옳지 않은 것은?

① 직업성 질환과 일반 질환은 경계가 뚜렷하다.
② 직업성 질환은 재해성 질환과 직업병으로 나눌 수 있다.
③ 직업성 질환이란 어떤 직업에 종사함으로써 발생하는 업무상 질병을 의미한다.
④ 직업병은 저농도 또는 저수준의 상태로 장시간에 걸쳐 반복노출로 생긴 질병을 의미한다.

해설

직업성 질환과 일반 질환은 구별하기가 어렵다.

13 사고예방대책 기본 원리 5단계를 올바르게 나열한 것은?

① 사실의 발견 → 조직 → 분석 · 평가 → 시정방법의 선정 → 시정책의 적용
② 사실의 발견 → 조직 → 시정방법의 선정 → 시정책의 적용 → 분석 · 평가
③ 조직 → 사실의 발견 → 분석 · 평가 → 시정방법의 선정 → 시정책의 적용
④ 조직 → 분석 · 평가 → 사실의 발견 → 시정방법의 선정 → 시정책의 적용

해설

하인리히의 재해예방 5단계

㉠ 제1단계 : 조직(안전관리조직)
㉡ 제2단계 : 사실의 발견(현상파악)
㉢ 제3단계 : 분석 · 평가
㉣ 제4단계 : 시정방법의 선정(대책의 선정)
㉤ 제5단계 : 시정방법의 적용(목표달성)

14 유해물질의 생물학적 노출지수 평가를 위한 소변 시료채취방법 중 채취시간에 제한 없이 채취할 수 있는 유해물질은 무엇인가?(단, ACGIH 권장기준이다.)

① 벤젠 ② 카드뮴
③ 일산화탄소 ④ 트리클로로에틸렌

해설

중금속류 물질은 반감기가 길어 시료채취 제한이 없다.

15 A유해물질의 노출기준은 100ppm이다. 잔업으로 인하여 작업시간이 8시간에서 10시간으로 늘었다면 이 기준치는 몇 ppm으로 보정해 주어야 하는가?(단, Brief와 Scala의 보정방법을 적용하며, 1일 노출시간을 기준으로 한다.)

① 60 ② 70
③ 80 ④ 90

해설

$$RF = \frac{8}{H} \times \frac{24-H}{16} = \frac{8}{10} \times \frac{24-10}{16} = 0.7$$

∴ 허용농도=0.7×100ppm=70ppm

ANSWER | 10 ① 11 ④ 12 ① 13 ③ 14 ② 15 ②

16 젊은 근로자의 약한 손(오른손잡이인 경우 왼손)의 힘이 평균 45kp일 경우 이 근로자가 무게 10kg인 상자를 두 손으로 들어 올릴 경우의 작업강도(%MS)는 약 얼마인가?

① 1.1 ② 8.5
③ 11.1 ④ 21.1

해설

$$\%MS = \frac{RF}{MF} \times 100$$
$$= \frac{5}{45} \times 100 = 11.11\%$$

17 다음 중 최대작업영역(Maximum Area)에 대한 설명으로 옳은 것은?

① 작업자가 작업할 때 팔과 다리를 모두 이용하여 닿는 영역
② 작업자가 작업을 할 때 아래팔을 뻗어 파악할 수 있는 영역
③ 작업자가 작업할 때 상체를 기울여 손이 닿는 영역
④ 작업자가 작업할 때 위팔과 아래팔을 곧게 펴서 파악할 수 있는 영역

해설

최대작업영역(Maximum Area)
위팔과 아래팔을 곧게 뻗어 닿는 영역으로, 상지를 뻗어서 닿는 범위를 말한다.(55~65cm)

18 산업 스트레스의 반응에 따른 심리적 결과에 해당하지 않는 것은?

① 가정 문제
② 수면 방해
③ 돌발적 사고
④ 성(性)적 역기능

해설

산업 스트레스의 결과
㉠ 행동적 결과 : 흡연, 식욕감퇴, 행동의 격양(돌발적 사고), 알코올 및 약물 남용
㉡ 심리적 결과 : 불면증, 성적 욕구 감퇴, 가정 문제
㉢ 생리적 결과 : 두통, 우울증, 심장질환, 위장질환

19 전신피로의 원인으로 볼 수 없는 것은?

① 산소공급의 부족
② 작업강도의 증가
③ 혈중 포도당 농도의 저하
④ 근육 내 글리코겐 양의 증가

해설

전신피로의 생리적인 원인
㉠ 젖산의 증가
㉡ 작업강도의 증가
㉢ 혈중 포도당 농도 저하(가장 큰 원인)
㉣ 근육 내 글리코겐 감소
㉤ 산소공급의 부족

20 공기 중의 혼합물로서 아세톤 400ppm(TLV = 750ppm), 메틸에틸케톤 100ppm(TLV = 200ppm)이 서로 상가작용을 할 때 이 혼합물의 노출지수(EI)는 약 얼마인가?

① 0.82 ② 1.03
③ 1.10 ④ 1.45

해설

$$\text{노출지수(EI)} = \frac{C_1}{TLV_1} + \frac{C_2}{TLV_2} + \cdots + \frac{C_n}{TLV_n}$$
$$= \frac{400}{750} + \frac{100}{200} = 1.03$$

2과목 작업위생 측정 및 평가

21 공기 중에 카본 테트라클로라이드(TLV=10ppm) 8ppm, 1,2-디클로로에탄(TLV=50ppm) 40ppm, 1,2-디브로모에탄(TLV=20ppm) 10ppm으로 오염되었을 때, 이 작업장 환경의 허용기준 농도(ppm)는?(단, 상가작용을 기준으로 한다.)

① 24.5
② 27.6
③ 29.6
④ 58.0

◉ ANSWER | 16 ③ 17 ④ 18 ③ 19 ④ 20 ② 21 ②

해설

$$노출지수(EI) = \frac{C_1}{TLV_1} + \frac{C_2}{TLV_2} + \cdots + \frac{C_n}{TLV_n} = \frac{8}{10} + \frac{40}{50} + \frac{10}{20} = 2.1$$

$$보정된\ 허용기준 = \frac{(8+40+10)ppm}{2.1} = 27.62ppm$$

22 시간당 200~350kcal의 열량이 소모되는 중등작업 조건에서 WBGT 측정치가 31.1℃일 때 고열작업 노출기준의 작업휴식조건으로 가장 적절한 것은?

① 계속 작업
② 매시간 25% 작업, 75% 휴식
③ 매시간 50% 작업, 50% 휴식
④ 매시간 75% 작업, 25% 휴식

해설

고온의 노출기준

작업강도 / 작업·휴식시간비	경작업 (℃, WBGT)	중등작업 (℃, WBGT)	중작업 (℃, WBGT)
계속 작업	30.0	26.7	25.0
매시간 75% 작업, 25% 휴식	30.6	28.0	25.9
매시간 50% 작업, 50% 휴식	31.4	29.4	27.9
매시간 25% 작업, 75% 휴식	32.2	31.1	30.0

㉠ 경작업 : 200kcal까지의 열량이 소요되는 작업을 말하며, 앉아서 또는 서서 기계의 조정을 하기 위하여 손 또는 팔을 가볍게 쓰는 일 등을 뜻함
㉡ 중등작업 : 시간당 200~350kcal의 열량이 소요되는 작업을 말하며, 물체를 들거나 밀면서 걸어다니는 일 등을 뜻함
㉢ 중작업 : 시간당 350~500kcal의 열량이 소요되는 작업을 말하며, 곡괭이질 또는 삽질하는 일 등을 뜻함

23 다음 중 직독식 기구로만 나열된 것은?

① AAS, ICP, 가스모니터
② AAS, 휴대용 GC, GC
③ 휴대용 GC, ICP, 가스검지관
④ 가스모니터, 가스검지관, 휴대용 GC

24 입자상 물질을 채취하는 데 사용하는 여과지 중 막여과지(Membrane Filter)가 아닌 것은?

① MCE 여과지 ② PVC 여과지
③ 유리섬유 여과지 ④ PTFE 여과지

해설

막여과지에는 PVC 여과지, MCE 여과지, PTFE 여과지, 은막 여과지, Uncleopore가 있으며, 유리섬유 여과지는 섬유상 여과지이다.

25 연속적으로 일정한 농도를 유지하면서 만드는 방법 중 Dynamic Method에 관한 설명으로 틀린 것은?

① 농도변화를 줄 수 있다.
② 대개 운반용으로 제작된다.
③ 만들기가 복잡하고, 가격이 고가이다.
④ 소량의 누출이나 벽면에 의한 손실은 무시할 수 있다.

해설

Dynamics Method
㉠ 알고 있는 공기 중 농도를 만드는 방법이다.
㉡ 다양한 농도범위에서 제조 가능하다.
㉢ 다양한 실험을 할 수 있으며 가스, 증기, 에어로졸 실험도 가능하다.
㉣ 소량의 누출이나 벽면에 의한 손실은 무시할 수 있다.
㉤ 온습도 조절이 가능하다.
㉥ 농도변화를 줄 수 있다.
㉦ 만들기가 복잡하고, 가격이 고가이다.
㉧ 지속적인 모니터링이 필요하다.
㉨ 매우 일정한 농도를 유지하기 곤란하다.

26 다음 중 활성탄관과 비교한 실리카겔관의 장점과 가장 거리가 먼 것은?

① 수분을 잘 흡수하여 습도에 대한 민감도가 높다.
② 매우 유독한 이황화탄소를 탈착용매로 사용하지 않는다.
③ 극성 물질을 채취한 경우 물, 메탄올 등 다양한 용매로 쉽게 탈착된다.
④ 추출액이 화학분석이나 기기분석에 방해물질로 작용하는 경우가 많지 않다.

◉ ANSWER | 22 ② 23 ④ 24 ③ 25 ② 26 ①

해설

실리카겔관의 장점

㉠ 추출액이 화학분석이나 기기분석에 방해물질로 작용하는 경우가 많지 않다.
㉡ 유독한 이황화탄소를 탈착용매로 사용하지 않는다.
㉢ 활성탄으로 포집이 힘든 아닐린이나 아민류의 채취도 가능하다.
㉣ 극성 물질을 채취한 경우 물, 메탄올 등 다양한 용매로 쉽게 탈착된다.

27 호흡성 먼지에 관한 내용으로 옳은 것은?(단, ACGIH를 기준으로 한다.)

① 평균입경은 1μm이다.
② 평균입경은 4μm이다.
③ 평균입경은 10μm이다.
④ 평균입경은 50μm이다.

해설

호흡성 먼지의 평균입경은 4μm이다.

28 셀룰로오스 에스테르 막여과지에 대한 설명으로 틀린 것은?

① 산에 쉽게 용해된다.
② 유해물질이 표면에 주로 침착되어 현미경 분석에 유리하다.
③ 흡습성이 적어 중량분석에 주로 적용된다.
④ 중금속 시료채취에 유리하다.

해설

MCE 여과지(Mixed Cellulose Ester Membrance)

㉠ 산에 쉽게 용해된다.
㉡ 입자상 물질 중의 금속을 채취하여 원자흡광법으로 분석하는 데 적정하다.
㉢ 흡습성이 높아 중량분석에는 부적합하다.
㉣ 시료가 여과지의 표면 또는 가까운 데에 침착되므로 석면, 유리섬유 등 현미경 분석을 위한 시료채취에도 이용된다.

29 작업장의 유해인자에 대한 위해도 평가에 영향을 미치는 것과 가장 거리가 먼 것은?

① 유해인자의 위해성
② 휴식시간의 배분 정도
③ 유해인자에 노출되는 근로자 수
④ 노출되는 시간 및 공간적인 특성과 빈도

30 직경이 5μm, 비중이 1.8인 원형 입자의 침강속도(cm/min)는?(단, 공기의 밀도는 0.0012g/cm³, 공기의 점도는 1.807×10⁻⁴poise이다.)

① 6.1　　② 7.1
③ 8.1　　④ 9.1

해설

스토크(Stokes) 법칙의 침강속도

$$V_g = \frac{d_p^2(\rho_p - \rho)g}{18 \cdot \mu}$$

여기서, V_g : 침강속도(cm/sec)
g : 중력가속도(980cm/sec²)
d_p : 입자상 물질의 직경(cm)
ρ_p : 입자상 물질의 밀도(g/cm³)
ρ : 공기의 밀도(0.0012g/cm³)
μ : 공기의 점성계수

$$V_g = \frac{(5\times10^{-4})^2(1.8-0.0012)\times980}{18\times1.807\times10^{-4}}$$
$$= 0.1355\text{cm/s} = 8.13\text{cm/min}$$

31 어느 작업장의 소음 측정 결과가 다음과 같을 때, 총 음압레벨(dB(A))은?(단, A, B, C기계는 동시에 작동된다.)

- A기계 : 81dB(A)
- B기계 : 85dB(A)
- C기계 : 88dB(A)

① 84.7　　② 86.5
③ 88.0　　④ 90.3

해설

$$L_{합} = 10\log\left(10^{\frac{L_1}{10}} + 10^{\frac{L_2}{10}} + \cdots + 10^{\frac{L_n}{10}}\right)$$
$$= 10\log\left(10^{\frac{81}{10}} + 10^{\frac{85}{10}} + 10^{\frac{88}{10}}\right) = 90.31\text{dB}$$

ANSWER | 27 ② 28 ③ 29 ② 30 ③ 31 ④

32 작업환경 측정방법 중 소음측정시간 및 횟수에 관한 내용 중 ( ) 안에 들어갈 내용으로 옳은 것은?(단, 고용노동부 고시를 기준으로 한다.)

> 단위작업장소에서의 소음발생시간이 6시간 이내인 경우나 소음발생원에서의 발생시간이 간헐적인 경우에는 발생시간 동안 연속 측정하거나 등간격으로 나누어 ( )회 이상 측정하여야 한다.

① 2　　② 3
③ 4　　④ 6

해설

측정시간

㉠ 단위작업장소에서 소음수준은 규정된 측정위치 및 지점에서 1일 작업시간 동안 6시간 이상 연속 측정하거나 작업시간을 1시간 간격으로 나누어 6회 이상 측정하여야 한다. 다만, 소음의 발생특성이 연속음으로서 측정치가 변동이 없다고 자격자 또는 지정측정기관이 판단한 경우에는 1시간 동안을 등간격으로 나누어 3회 이상 측정할 수 있다.

㉡ 단위작업장소에서의 소음발생시간이 6시간 이내인 경우나 소음발생원에서의 발생시간이 간헐적인 경우에는 발생시간 동안 연속 측정하거나 등간격으로 나누어 4회 이상 측정하여야 한다.

33 레이저광의 폭로량을 평가하는 사항에 해당하지 않는 항목은?

① 각막 표면에서의 조사량(J/cm^2) 또는 폭로량을 측정한다.
② 조사량의 서한도는 1mm 구경에 대한 평균치이다.
③ 레이저광과 같은 직사광과 형광등 또는 백열등과 같은 확산광은 구별하여 사용해야 한다.
④ 레이저광에 대한 눈의 허용량은 폭로시간에 따라 수정되어야 한다.

34 분석기기에서 바탕선량(Background)과 구별하여 분석될 수 있는 최소의 양은?

① 검출한계　　② 정량한계
③ 정성한계　　④ 정도한계

해설

검출한계는 어느 정해진 분석절차로 신뢰성 있게 분석할 수 있는 분석물질의 가장 낮은 농도나 양이다.

35 작업장의 온도 측정결과가 다음과 같을 때, 측정결과의 기하평균은?

> (단위 : ℃)
> 5, 7, 12, 18, 25, 13

① 11.6℃　　② 12.4℃
③ 13.3℃　　④ 15.7℃

해설

기하평균(GM)

$$GM = \sqrt[6]{(5\times7\times12\times18\times25\times13)} = 11.62℃$$

36 금속제품을 탈지 세정하는 공정에서 사용하는 유기용제인 트리클로로에틸렌이 근로자에게 노출되는 농도를 측정하고자 한다. 과거의 노출농도를 조사해 본 결과, 평균 50ppm이었을 때, 활성탄관(100mg/50mg)을 이용하여 0.4L/min으로 채취하였다면 채취해야 할 시간(min)은?(단, 트리클로로에틸렌의 분자량은 131.39이고, 기체크로마토그래피의 정량한계는 시료당 0.5mg, 1기압, 25℃ 기준으로 하며, 기타 조건은 고려하지 않는다.)

① 2.4　　② 3.2
③ 4.7　　④ 5.3

해설

$$t = \frac{\forall}{Q}$$

㉠ $C(\text{농도}) = \dfrac{m(\text{질량})}{\forall(\text{부피})}$

$$\forall = \frac{m(\text{질량})}{C(\text{농도})} = \frac{0.5mg}{268.69mg/m^3} = 1.86\times10^{-3}m^3$$

여기서, $C(mg/m^3) = \dfrac{50mL}{m^3}\left|\dfrac{131.39mg}{24.45mL}\right. = 268.69mg/m^3$

㉡ $Q = 0.4L/min$

$$\therefore\ t = \frac{1.86\times10^{-3}m^3}{0.4L/min}\left|\frac{10^3L}{m^3}\right. = 4.65min$$

ANSWER | 32 ③　33 ④　34 ①　35 ①　36 ③

37 5M 황산을 이용하여 0.004M 황산용액 3L를 만들기 위해 필요한 5M 황산의 부피(mL)는?

① 5.6　　② 4.8
③ 3.1　　④ 2.4

해설

$$X(mL)=\frac{0.004mol}{L}\left|\frac{3L}{}\right|\frac{L}{5mol}\left|\frac{10^3mL}{1L}\right.=2.4mL$$

38 작업환경공기 중의 물질 A(TLV 50ppm)가 55ppm이고, 물질 B(TVL 50ppm)가 47ppm이며, 물질 C(TLV 50ppm)가 52ppm이었다면, 공기의 노출농도 초과도는?(단, 상가작용을 기준으로 한다.)

① 3.62　　② 3.08
③ 2.73　　④ 2.33

해설

$$노출지수(EI)=\frac{C_1}{TLV_1}+\frac{C_2}{TLV_2}+\cdots+\frac{C_n}{TLV_n}$$
$$=\frac{55}{50}+\frac{47}{50}+\frac{52}{50}=3.08$$

39 다음 중 정밀도를 나타내는 통계적 방법과 가장 거리가 먼 것은?

① 오차　　② 산포도
③ 표준편차　　④ 변이계수

40 빛의 파장의 단위로 사용되는 Å(angström)을 국제표준 단위계(SI)로 나타낸 것은?

① $10^{-6}m$　　② $10^{-8}m$
③ $10^{-10}m$　　④ $10^{-12}m$

해설

Å $= 10^{-10}m$

3과목 작업환경 관리대책

41 두 분지관이 동일 합류점에서 만나 합류관을 이루도록 설계되어 있다. 한쪽 분지관의 송풍량은 $200m^3/min$, 합류점에서의 이 관의 정압은 $-34mmH_2O$이며, 다른 쪽 분지관의 송풍량은 $160m^3/min$, 합류점에서의 이 관의 정압은 $-30mmH_2O$이다. 합류점에서 유량의 균형을 유지하기 위해서는 압력손실이 더 적은 관을 통해 흐르는 송풍량(m^3/min)을 얼마로 해야 하는가?

① 165　　② 170
③ 175　　④ 180

42 페인트 도장이나 농약 살포와 같이 공기 중에 가스 및 증기상 물질과 분진이 동시에 존재하는 경우 호흡 보호구에 이용되는 가장 적절한 공기 정화기는?

① 필터
② 만능형 캐니스터
③ 요오드를 입힌 활성탄
④ 금속산화물을 도포한 활성탄

43 전체환기시설을 설치하기 위한 기본원칙으로 가장 거리가 먼 것은?

① 오염물질 사용량을 조사하여 필요 환기량을 계산한다.
② 공기배출구와 근로자의 작업위치 사이에 오염원이 위치해야 한다.
③ 오염물질 배출구는 가능한 한 오염원으로부터 가까운 곳에 설치하여 점환기 효과를 얻는다.
④ 오염원 주위에 다른 작업공정이 있으면 공기 공급량을 배출량보다 크게 하여 양압을 형성시킨다.

해설

오염원 주위에 다른 작업 공정이 있으면 공기배출량을 공급량보다 약간 크게 하여 음압을 형성하여 주위 근로자에게 오염물질이 확산되지 않도록 한다.

ANSWER | 37 ④　28 ②　39 ①　40 ③　41 ②　42 ②　43 ④

44 송풍관(Duct) 내부에서 유속이 가장 빠른 곳은?(단, d는 송풍관의 직경을 의미한다.)

① 위에서 $\frac{1}{10}$d 지점

② 위에서 $\frac{1}{5}$d 지점

③ 위에서 $\frac{1}{3}$d 지점

④ 위에서 $\frac{1}{2}$d 지점

해설

베나 수축에서는 관 단면에서 유체의 유속이 가장 빠른 부분은 관 중심부이다.

45 작업장 용적이 10m×3m×40m이고 필요환기량이 120m^3/min일 때 시간당 공기교환횟수는?

① 360회 ② 60회

③ 6회 ④ 0.6회

해설

시간당 환기횟수(ACH)

$$\text{ACH} = \frac{\text{필요환기량}}{\text{작업장체적}} = \frac{120\text{m}^3/\text{min} \times 60\text{min}/1\text{hr}}{(10\times3\times40)\text{m}^3} = 6\text{회}/\text{hr}$$

46 국소배기시설이 희석환기시설보다 오염물질을 제거하는 데 효과적이므로 선호도가 높다. 이에 대한 이유가 아닌 것은?

① 설계가 잘된 경우 오염물질의 제거가 거의 완벽하다.

② 오염물질의 발생 즉시 배기시키므로 필요공기량이 적다.

③ 오염 발생원의 이동성이 큰 경우에도 적용 가능하다.

④ 오염물질 독성이 클 때도 효과적 제거가 가능하다.

해설

국소배기시설은 발생원이 고정되어 있는 경우 적용 가능하다.

47 산업안전보건법령상 관리대상 유해물질 관련 국소배기장치 후드의 제어풍속(m/s)의 기준으로 옳은 것은?

① 가스상태(포위식 포위형) : 0.4

② 가스상태(외부식 상방흡인형) : 0.5

③ 입자상태(포위식 포위형) : 1.0

④ 입자상태(외부식 상방흡인형) : 1.5

해설

국소배기장치 적정 제어풍속

물질 상태	후드 형식	제어풍속(m/s)
가스상	포위식 포위형 외부식 측방흡입형 외부식 하방흡인형 외부식 상방흡인형	0.4 0.5 0.5 1.0
입자상	포위식 포위형 외부식 측방흡입형 외부식 하방흡인형 외부식 상방흡인형	0.7 1.0 1.0 1.2

48 총흡음량이 900sabins인 소음발생작업장에 흡음재를 천장에 설치하여 2,000sabins 더 추가하였다. 이 작업장에서 기대되는 소음 감소치(NR ; dB(A))는?

① 약 3 ② 약 5

③ 약 7 ④ 약 9

해설

$$\text{NR(dB)} = 10\log\frac{A_2}{A_1}$$

$$= 10\log\frac{2{,}900}{900} = 5.08\text{dB}$$

49 외부식 후드(포집형 후드)의 단점이 아닌 것은?

① 포위식 후드보다 일반적으로 필요송풍이 많다.

② 외부 난기류의 영향을 받아서 흡입효과가 떨어진다.

③ 근로자가 발생원과 환기시설 사이에서 작업하게 되는 경우가 많다.

④ 기류속도가 후드 주변에서 매우 빠르므로 쉽게 흡인되는 물질의 손상이 크다.

◎ ANSWER | 44 ④ 45 ③ 46 ③ 47 ① 48 ② 49 ③

해설

외부식 후드는 다른 형태의 후드에 비해 작업자가 방해받지 않고 작업을 할 수 있어 일반적으로 많이 사용한다.

50 송풍기의 효율이 큰 순서대로 나열된 것은?

① 평판송풍기 > 다익송풍기 > 터보송풍기
② 다익송풍기 > 평판송풍기 > 터보송풍기
③ 터보송풍기 > 다익송풍기 > 평판송풍기
④ 터보송풍기 > 평판송풍기 > 다익송풍기

해설

송풍기의 효율 크기
터보송풍기 > 평판송풍기 > 다익송풍기

51 송풍기 입구 전압이 280mmH$_2$O이고 송풍기 출구 정압이 100mmH$_2$O이다. 송풍기 출구 속도압이 200mmH$_2$O일 때 전압(mmH$_2$O)은?

① 20　② 40
③ 80　④ 180

해설

$$TP = (SP_2 - P_1) + (VP_2 - VP_1)$$
$$= (SP_2 + VP_2) - (SP_1 + VP_1)$$
$$= 100 + 200 - 280 = 20\text{mmH}_2\text{O}$$

52 플레넘형 환기시설의 장점이 아닌 것은?

① 연마분진과 같이 끈적거리거나 보풀거리는 분진의 처리가 용이하다.
② 주관의 어느 위치에서도 분지관을 추가하거나 제거할 수 있다.
③ 주관은 입경이 큰 분진을 제거할 수 있는 침강식의 역할이 가능하다.
④ 분지관으로부터 송풍기까지 낮은 압력손실을 제공하여 운전동력을 최소화할 수 있다.

53 레시버식 캐노피형 후드를 설치할 때, 적절한 H/E는?(단, E는 배출원의 크기이고, H는 후드면과 배출원 간의 거리를 말한다.)

① 0.7 이하　② 0.8 이하
③ 0.9 이하　④ 1.0 이하

해설

레시버식 캐노피 후드는 배출원의 크기(E)에 대한 후드면과 배출원 간의 거리(H)의 비(H/E)를 0.7 이하로 설계하는 것이 바람직하다.

54 귀덮개의 차음성능기준상 중심주파수가 1,000Hz인 음원의 차음치(dB)는?

① 10 이상　② 20 이상
③ 25 이상　④ 35 이상

해설

중심주파수가 1,000Hz인 귀덮개의 차음치는 25dB 이상이다.

55 다음 중 작업장에서 거리, 시간, 공정, 작업자 전체를 대상으로 실시하는 대책은?

① 대체　② 격리
③ 환기　④ 개인보호구

56 작업대 위에서 용접할 때 흄(Fume)을 포집 제거하기 위해 작업면에 고정된 플랜지가 붙은 외부식 사각형 후드를 설치하였다면 소요 송풍량(m^3/min)은?(단, 개구면에서 작업지점까지의 거리는 0.25m, 제어속도는 0.5m/s, 후드 개구면적은 0.5m^{2}이다.)

① 0.281　② 8.430
③ 16.875　④ 26.425

해설

$$Q(\text{m}^3/\text{min}) = 60 \times 0.5(10X^2 + A) \cdot V_c$$
$$= 60 \times 0.5(10 \times 0.25^2 + 0.5) \times 0.5$$
$$= 16.875\text{m}^3/\text{min}$$

ANSWER | 50 ④ 51 ① 52 ① 53 ① 54 ③ 55 ② 56 ③

57 산업위생보호구의 점검, 보수 및 관리방법에 관한 설명 중 틀린 것은?

① 보호구의 수는 사용하여야 할 근로자의 수 이상으로 준비한다.
② 호흡용 보호구는 사용 전, 사용 후 여재의 성능을 점검하여 성능이 저하된 것은 폐기, 보수, 교환 등의 조치를 취한다.
③ 보호구의 청결 유지에 노력하고, 보관할 때에는 건조한 장소와 분진이나 가스 등에 영향을 받지 않는 일정한 정소에 보관한다.
④ 호흡용 보호구나 귀마개 등은 특정 유해물질 취급이나 소음에 노출될 때 사용하는 것으로서 그 목적에 따라 반드시 공용으로 사용해야 한다.

해설

호흡용 보호구나 귀마개 등은 특정 유해물질 취급이나 소음에 노출될 때 사용하는 것으로서 그 목적에 따라 반드시 전용으로 사용해야 한다.

58 세정집진장치의 특징으로 틀린 것은?

① 배출수의 재가열이 필요 없다.
② 포집효율을 변화시킬 수 있다.
③ 유출수가 수질오염을 야기할 수 있다.
④ 가연성, 폭발성 분진을 처리할 수 있다.

59 직관의 압력손실에 관한 설명으로 잘못된 것은?

① 직관의 마찰계수에 비례한다.
② 직관의 길이에 비례한다.
③ 직관의 직경에 비례한다.
④ 속도(관 내 유속)의 제곱에 비례한다.

해설

직관의 압력손실은 직관의 직경에 반비례한다.

60 덕트의 설치 원칙과 가장 거리가 먼 것은?

① 가능한 한 후드와 먼 곳에 설치한다.
② 덕트는 가능한 한 짧게 배치하도록 한다.
③ 밴드의 수는 가능한 한 적게 하도록 한다.
④ 공기가 아래로 흐르도록 하향구배를 만든다.

해설

덕트는 가능한 한 후드와 가까운 곳에 설치한다.

4과목 물리적 유해인자 관리

61 다음에서 설명하고 있는 측정기구는?

> 작업장의 환경에서 기류의 방향이 일정하지 않거나 실내 0.2~0.5m/s 정도의 불감기류를 측정할 때 사용되며 온도에 따른 알코올의 팽창, 수축원리를 이용하여 기류속도를 측정한다.

① 풍차풍속계
② 카타(Kata)온도계
③ 가열온도풍속계
④ 습구흑구온도계(WBGT)

62 진동에 의한 작업자의 건강장해를 예방하기 위한 대책으로 옳지 않은 것은?

① 공구의 손잡이를 세게 잡지 않는다.
② 가능한 한 무거운 공구를 사용하여 진동을 최소화한다.
③ 진동공구를 사용하는 작업시간을 단축시킨다.
④ 진동공구와 손 사이 공간에 방진재료를 채워 놓는다.

해설

진동에 의한 작업자의 건강장해를 예방하기 위한 대책
㉠ 진동공구의 손잡이를 너무 세게 잡지 않도록 작업자에게 주의시킨다.
㉡ 가능한 한 공구를 기계적으로 지지(支持)해주어야 한다.
㉢ 14℃ 이하의 옥외작업에서는 보온대책이 필요하다.
㉣ 진동공구를 사용하는 작업은 1일 2시간을 초과하지 말아야 한다.
㉤ 진동공구 사용 시 두꺼운 장갑을 착용한다.
㉥ 여러 번 자주 휴식하는 것이 좋다.
㉦ 진동공구에서의 진동 발생을 줄이기 위해 Chain Saw의 설계를 Motor Driven Machine으로 바꾼다.
㉧ 진동공구의 무게를 10kg 이상 초과하지 않게 한다.

ANSWER | 57 ④ 58 ① 59 ③ 60 ① 61 ② 62 ②

63 마이크로파가 인체에 미치는 영향으로 옳지 않은 것은?

① 1,000~10,000Hz의 마이크로파는 백내장을 일으킨다.
② 두통, 피로감, 기억력 감퇴 등의 증상을 유발시킨다.
③ 마이크로파의 열작용에 많은 영향을 받는 기관은 생식기와 눈이다.
④ 중추신경계는 1,400~2,800Hz 마이크로파 범위에서 가장 영향을 많이 받는다.

해설

일반적으로 150MHz 이하의 마이크로파는 신체에 흡수되어도 감지되지 않는다.

64 감압에 따르는 조직 내 질소기포 형성량에 영향을 주는 요인인 조직에 용해된 가스양을 결정하는 인자로 가장 적절한 것은?

① 감압속도
② 혈류의 변화 정도
③ 노출 정도와 시간 및 체내 지방량
④ 폐 내의 이산화탄소 농도

해설

질소기포 형성 결정인자
㉠ 조직에 용해된 가스양 : 체내 지방량, 노출 정도, 시간
㉡ 혈류를 변화시키는 주의 상태 : 연령, 기온, 온도, 공포감, 음주
㉢ 감압속도

65 다음 중 전리방사선에 대한 감수성이 가장 낮은 인체조직은?

① 골수 ② 생식선
③ 신경조직 ④ 임파조직

해설

방사선에 감수성이 큰 조직(순서대로)
㉠ 골수, 임파구, 임파선, 흉선 및 림프조직
㉡ 눈의 수정체
㉢ 성선(고환 및 난소), 타액선, 피부 등 상피세포
㉣ 혈관, 복막 등 내피세포
㉤ 결합조직과 지방조직
㉥ 뼈 및 근육조직
㉦ 폐, 위장관 등 내장기관 조직
㉧ 신경조직

66 비전리방사선 중 유도방출에 의한 광선을 증폭시킴으로써 얻는 복사선으로, 쉽게 산란하지 않으며 강력하고 예리한 지향성을 지닌 것은?

① 적외선 ② 마이크로파선
③ 가시광선 ④ 레이저광선

해설

레이저광선은 출력이 대단히 강력하고 극히 좁은 파장범위를 갖기 때문에 쉽게 산란하지 않는다.

67 한랭환경에서 발생할 수 있는 건강장해에 관한 설명으로 옳지 않은 것은?

① 혈관의 이상은 저온 노출로 유발되거나 악화된다.
② 참호족과 침수족은 지속적인 국소의 산소결핍 때문이며, 모세혈관 벽이 손상되는 것이다.
③ 전신체온강하는 단시간의 한랭폭로에 따른 일시적 체온상실에 따라 발생하는 중증장해에 속한다.
④ 동상에 대한 저항은 개인에 따라 차이가 있으나 중증환자의 경우 근육 및 신경조직 등 심부조직이 손상된다.

해설

전신체온강하는 장시간의 한랭 노출 시 체열의 손실로 말미암아 발생하는 급성중증장해이다.

68 일반소음의 차음효과는 벽체의 단위표면적에 대하여 벽체의 무게가 2배로 증가될 때 차음은 몇 dB 증가하는가?

① 2dB ② 6dB
③ 10dB ④ 15dB

해설

$TL = 20\log(m \cdot f) - 43\text{dB}$

$\therefore\ TL = 20\log 2 = 6.02\text{dB}$

ANSWER | 63 ④ 64 ③ 65 ③ 66 ④ 67 ③ 68 ②

69 $3N/m^3$의 음압은 약 몇 dB의 음압수준인가?

① 95 ② 104
③ 110 ④ 115

해설

$$SPL = 20\log\frac{P}{P_o}$$
$$= 20\log\frac{3}{2\times10^{-5}} = 103.52dB$$

70 손가락의 말초혈관운동의 장애로 인한 혈액순환장애로 손가락의 감각이 마비되고, 창백해지며, 추운 환경에서 더욱 심해지는 레이노(Raynaud) 현상의 주요 원인으로 옳은 것은?

① 진동 ② 소음
③ 조명 ④ 기압

해설

레이노 증후군(Raynaud's Disease)
손가락의 말초혈관운동장애로 인한 혈액순환장애로 손가락의 감각이 마비되고 창백해지며, 추운 환경에서 더욱 심해지는 현상이다. 착암기 및 해머 등 공구사용작업 등이 원인이 되는 질병으로 한랭작업조건에서 증상이 악화된다.

71 고열장해에 대한 내용으로 옳지 않은 것은?

① 열경련(Heat Cramps) : 고온환경에서 고된 육체적인 작업을 하면서 땀을 많이 흘릴 때 많은 물을 마시지만 신체의 염분 손실을 충당하지 못할 경우 발생한다.
② 열허탈(Heat Collapse) : 고열작업에 순화되지 못해 말초혈관이 확장되고, 신체 말단에 혈액이 과다하게 저류되어 뇌의 산소부족이 나타난다.
③ 열소모(Heat Exhaustion) : 과다발한으로 수분 · 염분손실에 의하여 나타나며, 두통, 구역감, 현기증 등이 나타나지만 체온은 정상이거나 조금 높아진다.
④ 열사병(Heat Sroke) : 작업환경에서 가장 흔히 발생하는 피부장해로서 땀에 젖은 피부 각질층이 떨어져 땀구멍을 막아 염증성 반응을 일으켜 붉은 구진 형태로 나타난다.

해설

열사병(Heat Stroke)
고온다습한 환경에서 육체적 작업을 하거나 태양의 복사선을 두부에 직접적으로 받는 경우에 발생하며 발한에 의한 체열방출 장해로 체내에 열이 축적되어 발생한다.

72 이상기압의 대책에 관한 내용으로 옳지 않은 것은?

① 고압실 내의 작업에서는 탄산가스의 분압이 증가하지 않도록 신선한 공기를 송기한다.
② 고압환경에서 작업하는 근로자에게는 질소의 양을 증가시킨 공기를 호흡시킨다.
③ 귀 등의 장해를 예방하기 위하여 압력을 가하는 속도를 매분당 $0.8kg/cm^2$ 이하가 되도록 한다.
④ 감압병의 증상이 발생하였을 때에는 환자를 바로 원래의 고압환경 상태로 복귀시키거나, 인공고압실에서 천천히 감압한다.

해설

고압환경에서 작업하는 근로자에게는 질소를 헬륨으로 대치한 공기를 흡입시킨다.

73 산소농도가 6% 이하인 공기 중의 산소분압으로 옳은 것은?(단, 표준상태이며, 부피기준이다.)

① 45mmHg 이하 ② 55mmHg 이하
③ 65mmHg 이하 ④ 75mmHg 이하

해설

$$산소분압 = \frac{760mmHg}{}\Big|\frac{6}{100} = 45.6mmHg$$

74 1fc(foot candle)은 약 몇 럭스(Lux)인가?

① 3.9 ② 8.9
③ 10.8 ④ 13.4

해설

$1fc = 10.8lumen/m^2 = 10.8Lux$

ANSWER | 69 ② 70 ① 71 ④ 72 ② 73 ① 74 ③

75 작업장 내의 직접조명에 관한 설명으로 옳은 것은?

① 장시간 작업에도 눈이 부시지 않는다.
② 조명기구가 간단하고, 조명기구의 효율이 좋다.
③ 벽이나 천장의 색조에 좌우되는 경향이 있다.
④ 작업장 내에 균일한 조도의 확보가 가능하다.

해설

직접조명
㉠ 반사갓을 이용하여 광속의 90~100%가 아래로 향하게 하는 방식이다.
㉡ 조명기구가 간단하고 조명효율이 좋다.
㉢ 경제적이고 설치가 간편하며, 벽체 · 천장 등의 오염으로 인한 조도의 감소가 적다.
㉣ 눈부심이 심하고 그림자가 뚜렷하다.
㉤ 국부적인 채광에 이용되며, 천장이 높거나 암색일 때 사용한다.
㉥ 균일한 조도를 얻기 어렵고, 휘도가 크다.

76 고압환경의 생체작용과 가장 거리가 먼 것은?

① 고공성 폐수종
② 이산화탄소(CO_2) 중독
③ 귀, 부비강, 치아의 압통
④ 손가락과 발가락의 작열통과 같은 산소중독

해설

고공성 폐수종은 저압환경에서 발생한다.

77 음압이 20N/m^2일 경우 음압수준(Sound Pressure Level)은 얼마인가?

① 100dB
② 110dB
③ 120dB
④ 130dB

해설

$$SPL = 20\log\frac{P}{P_o}$$
$$= 20\log\frac{20}{2\times10^{-5}} = 120\text{dB}$$

78 25℃일 때, 공기 중에서 1,000Hz인 음의 파장은 약 몇 m인가?(단, 0℃, 1기압에서의 음속은 331.5m/s이다.)

① 0.035
② 0.35
③ 3.5
④ 35

해설

$$\text{음의 파장}(\lambda) = \frac{C}{f}$$
$$C(\text{음속}) = 331.42 + (0.6\times t) = 331.42 + (0.6\times 25) = 346.42\text{m/sec}$$
$$\therefore \text{음의 파장}(\lambda) = \frac{346.42}{1,000} = 0.346\text{m}$$

79 난청에 관한 설명으로 옳지 않은 것은?

① 일시적 난청은 청력의 일시적인 피로현상이다.
② 영구적 난청은 노인성 난청과 같은 현상이다.
③ 일반적으로 초기 청력손실을 C_5-dip 현상이라 한다.
④ 소음성 난청은 내이의 세포변성을 원인으로 볼 수 있다.

해설

영구적 청력장해(소음성 난청)는 4,000Hz에서 가장 심하게 나타나는 데 비해 노인성 난청은 노화에 의한 퇴행성 질환으로 고음 영역(6,000Hz)부터 청력손실이 발생하는 특징이 있다.

80 다음 전리방사선 중 투과력이 가장 약한 것은?

① 중성자선
② γ선
③ β선
④ α선

해설

㉠ 투과력 순서 : 중성자선 > γ선 · X선 > β선 > α선
㉡ 전리작용 순서 : α선 > β선 > γ선 · X선

ANSWER | 75 ② 76 ① 77 ③ 78 ② 79 ② 80 ④

5과목 산업독성학

81 물질 A의 독성에 관한 인체실험 결과, 안전흡수량이 체중 kg당 0.1mg이었다. 체중이 50kg인 근로자가 1일 8시간 작업할 경우 이 물질의 체내흡수를 안전흡수량 이하로 유지하려면 공기 중 농도를 몇 mg/m^3 이하로 하여야 하는가?(단, 작업 시 폐환기율은 $1.25m^3/h$, 체내 잔류율은 1.0으로 한다.)

① 0.5　　② 1.0
③ 1.5　　④ 2.0

해설
체내흡수량(SHD) = C × T × V × R

$$C = \frac{SHD}{T \times V \times R} = \frac{0.1mg/kg \times 50kg}{8hr \times 1.25m^3/hr \times 1} = 0.5mg/m^3$$

82 소변을 이용한 생물학적 모니터링의 특징으로 옳지 않은 것은?

① 비파괴적 시료채취 방법이다.
② 많은 양의 시료 확보가 가능하다.
③ EDTA와 같은 항응고제를 첨가한다.
④ 크레아티닌 농도 및 비중으로 보정이 필요하다.

해설
소변분석
㉠ 일반적으로 가장 많이 활용되는 생체시료이다.
㉡ 많은 양의 시료 확보가 가능하며 가급적 신속하게 검사한다.
㉢ 비파괴적 시료채취 방법이다.
㉣ 크레아티닌 농도 및 비중으로 보정이 필요하다.

83 톨루엔(Toluene)의 노출에 대한 생물학적 모니터링 지표 중 소변에서 확인 가능한 대사산물은?

① Thiocyanate
② Glucuronate
③ Hippuric Acid
④ Organic Sulfate

해설
톨루엔(Toluene)의 생물학적 노출지표는 요 중 마뇨산(Hippuric Acid)이다.

84 생물학적 모니터링의 방법 중 생물학적 결정인자로 보기 어려운 것은?

① 체액의 화학물질 또는 그 대사산물
② 표적조직에 작용하는 활성 화학물질의 양
③ 건강상의 영향을 초래하지 않는 부위나 조직
④ 처음으로 접촉하는 부위에 직접 독성영향을 야기하는 물질

해설
생물학적 모니터링 검사방법의 분류
㉠ 생체시료나 호기 중 해당 물질 또는 대사산물을 측정
㉡ 체내 노출량과 관련된 생물학적 영향의 정량화
㉢ 표적과 비표적 분자와 상호작용하는 활성 화학물질량의 측정

85 작업환경 내의 유해물질과 그로 인한 대표적인 장애를 잘못 연결한 것은?

① 벤젠 – 시신경 장애
② 염화비닐 – 간 장애
③ 톨루엔 – 중추신경 억제
④ 이황화탄소 – 생식기능 장애

해설
벤젠의 특이증상은 조혈장애이다.

86 독성을 지속기간에 따라 분류할 때 만성독성(Chronic Toxicity)에 해당되는 독성물질 투여(노출) 기간은?(단, 실험동물에 외인성 물질을 투여하는 경우로 한정한다.)

① 1일 이상~14일 정도
② 30일 이상~60일 정도
③ 3개월 이상~1년 정도
④ 1년 이상~3년 정도

해설
반복투여독성시험 시험물질 투여기간
㉠ 아급성(Sub–acute)독성 : 1~3개월
㉡ 아민성(Sub–chronic)독성 : 3~6개월
㉢ 만성(Chronic)독성 : 6개월

ANSWER | 81 ① 82 ③ 83 ③ 84 ④ 85 ① 86 ③

87 단시간 노출기준이 시간가중평균농도(TLV-TWA)와 단기간 노출기준(TLV-STEL) 사이일 경우 충족시켜야 하는 3가지 조건에 해당하지 않는 것은?

① 1일 4회를 초과해서는 안 된다.
② 15분 이상 지속 노출되어서는 안 된다.
③ 노출과 노출 사이에는 60분 이상의 간격이 있어야 한다.
④ TLV-TWA의 3배 농도에는 30분 이상 노출되어서는 안 된다.

해설

허용기준 TWA를 초과하고 허용기준 STEL 이하인 때에는 다음 어느 하나 이상에 해당되면 허용기준을 초과한 것으로 판정한다.
㉠ 1회 노출지속시간이 15분 이상인 경우
㉡ 1일 4회를 초과하여 노출되는 경우
㉢ 노출과 노출 사이의 간격이 1시간(60분) 이내인 경우

88 직업성 폐암을 일으키는 물질과 가장 거리가 먼 것은?

① 니켈
② 석면
③ β-나프틸아민
④ 결정형 실리카

해설

β-나프틸아민은 방광종양을 일으킨다.

89 2000년대 외국인 근로자에게 다발성말초신경병증을 집단으로 유발한 노말헥산(n-hexane)은 체내 대사과정을 거쳐 어떤 물질로 배설되는가?

① 2-hexanone
② 2,5-hexanedione
③ hexachlorophene
④ hexachloroethane

해설

노말헥산(n-hexane)은 체내 대사과정을 거쳐 2,5-hexanedione 물질로 배설된다.

90 비중격 천공을 유발시키는 물질은?

① 납 ② 크롬
③ 수은 ④ 카드뮴

91 진폐증의 독성병리기전과 거리가 먼 것은?

① 천식
② 섬유증
③ 폐 탄력성 저하
④ 콜라겐 섬유 증식

해설

진폐증의 독성병리기전
㉠ 진폐증의 대표적인 병리소견은 섬유증(Fibrosis)이다.
㉡ 섬유증이 동반되는 진폐증의 원인물질로는 석면, 알루미늄, 베릴륨, 석탄분진, 실리카 등이 있다.
㉢ 콜라겐 섬유가 증식하면 폐의 탄력성이 떨어져 호흡곤란, 지속적인 기침, 폐기능 저하를 가져온다.

92 중금속 노출에 의하여 나타나는 금속열은 흄 형태의 금속을 흡입하여 발생되는데, 감기증상과 매우 비슷하여 오한, 구토감, 기침, 전신위약감 등의 증상이 있으며 월요일 출근 후에 심해져서 월요일열(Monday Fever)이라고도 한다. 다음 중 금속열을 일으키는 물질이 아닌 것은?

① 납 ② 카드뮴
③ 안티몬 ④ 산화아연

해설

금속열을 일으키는 물질
㉠ 구리 ㉡ 아연
㉢ 망간 ㉣ 마그네슘
㉤ 니켈 ㉥ 카드뮴
㉦ 안티몬

93 독성물질의 생체과정인 흡수, 분포, 생전환, 배설 등에 변화를 일으켜 독성이 낮아지는 길항작용(Antagonism)은?

① 화학적 길항작용 ② 기능적 길항작용
③ 배분적 길항작용 ④ 수용체 길항작용

◎ ANSWER | 87 ④ 88 ③ 89 ② 90 ② 91 ① 92 ① 93 ③

해설

길항작용의 종류

길항작용의 종류	길항작용	예시
화학적 길항작용	두 화학물질이 반응하여 저독성의 물질로 변화되는 경우	수은의 독성은 Dimer-caprol이 수은 이온을 킬레이팅시킴으로써 감소
기능적 길항작용	동일한 생리적 기능에 길항작용을 나타내는 경우	삼켜진 독은 위 속에 모탄을 삽입하여 흡수시킴
배분적 길항작용	독성물질의 생체과정인 흡수, 분포, 배설 등의 변화를 일으켜 독성이 낮아지는 경우	바비투레이트의 과량투여로 인한 혈압의 극심한 강하현상은 혈압을 증가시키기 위한 혈관 수축제를 투여함으로써 복귀시킬 수 있음
수용적 길항작용	두 화학물질이 같은 수용체에 결합하여 독성이 저하되는 경우	일산화탄소 중독은 산소를 이용하여 헤모글로빈 수용체로부터 일산화탄소를 치환시킴으로써 치료

94 합금, 도금 및 전지 등의 제조에 사용되며, 알레르기 반응, 폐암 및 비강암을 유발할 수 있는 중금속은?

① 비소 ② 니켈

③ 베릴륨 ④ 안티몬

해설

니켈

㉠ 합금, 도금, 전지 및 제강 등의 생산과정에서 발생한다.

㉡ 베릴륨, 수은 등과 함께 알레르기성 접촉피부염을 유발한다.

㉢ 폐암 및 비강암을 유발할 수 있으며, 금속열을 일으키는 물질이다.

95 독성 실험 단계에 있어 제1단계(동물에 대한 급성노출시험)에 관한 내용과 가장 거리가 먼 것은?

① 생식독성과 최기형성 독성실험을 한다.

② 눈과 피부에 대한 자극성 실험을 한다.

③ 변이원성에 대하여 1차적인 스크리닝 실험을 한다.

④ 치사성과 기관장해에 대한 양-반응곡선을 작성한다.

해설

독성 실험 단계

㉠ 제1단계(동물에 대한 급성폭로 실험)
- 치사율, 치사성과 기관장해에 대한 반응곡선 작성
- 눈과 피부에 대한 자극성을 실험
- 변이원성에 대한 1차적인 스크리닝 실험

㉡ 제2단계(동물에 대한 만정폭로 실험)
- 상승작용, 길항작용 등에 대한 실험
- 생식독성과 최기형성 실험
- 장기독성 실험
- 변이원성에 대하여 2차적인 스크리닝 실험

96 암모니아(NH_3)가 인체에 미치는 영향으로 가장 적합한 것은?

① 전구증상이 없이 치사량에 이를 수 있으며, 심한 경우 호흡부전에 빠질 수 있다.

② 고농도일 때 기도의 염증, 폐수종, 치아산식증, 위장장해 등을 초래한다.

③ 용해도가 낮아 하기도까지 침투하며, 급성 증상으로는 기침, 천명, 흉부압박감 외에 두통, 오심 등이 온다.

④ 피부, 점막에 작용하며 눈의 결막, 각막을 자극하며 폐부종, 성대경련, 호흡장애 및 기관지경련 등을 초래한다.

해설

암모니아(NH_3)

㉠ 알칼리성으로 자극적인 냄새가 강한 무색의 액체이다.

㉡ 비료, 냉동제 등에서 주요 사용된다.

㉢ 피부, 점막(코와 인후부)에 대한 자극성과 부식성이 강하여 고농도의 암모니아가 눈에 들어가면 시력 장해를 일으킨다.

㉣ 암모니아 중독 시 비타민 C가 효과적이다.

㉤ 중등도 이하의 농도에서 두통, 흉통, 오심, 구토, 무후가증을 일으킨다.

97 지방족 할로겐화 탄화수소물 중 인체 노출 시, 간의 장해인 중심소엽성 괴사를 일으키는 물질은?

① 톨루엔

② 노말헥산

③ 사염화탄소

④ 트리클로로에틸렌

ANSWER | 94 ② 95 ① 96 ④ 97 ③

해설

사염화탄소(CCl_4)

㉠ 특이한 냄새가 나는 무색의 액체이다.
㉡ 신장장애 증상으로 감뇨, 혈뇨 등이 발생하며 완전 무뇨증이 되면 사망할 수도 있다.
㉢ 초기 증상으로는 지속적인 두통, 구역 또는 구토, 복부선통과 설사, 간압통 등이 있다.
㉣ 간에 대한 독성작용이 강하며 간의 중심소엽성 괴사를 일으킨다.
㉤ 고온에서 금속과의 접촉으로 포스겐, 염화수소를 발생시킨다.
㉥ 고농도 폭로 시 중추신경계와 간장이나 신장에 장애를 일으킨다.

98 납중독을 확인하는 데 이용하는 시험으로 옳지 않은 것은?

① 혈중 납농도
② EDTA 흡착능
③ 신경전달속도
④ 헴(Heme)의 대사

해설

납중독 확인 시험항목

㉠ 혈중 납의 농도
㉡ 헴(Heme)의 대사
㉢ 신경전달속도
㉣ Ca-EDTA 이동시험
㉤ ALA(Amino Levulinic Acid) 축적

99 유기용제 중 벤젠에 대한 설명으로 옳지 않은 것은?

① 벤젠은 백혈병을 일으키는 원인물질이다.
② 벤젠은 만성장해로 조혈장해를 유발하지 않는다.
③ 벤젠은 빈혈을 일으켜 혈액의 모든 세포성분이 감소한다.
④ 벤젠은 주로 페놀로 대사되며 페놀은 벤젠의 생물학적 노출지표로 이용된다.

해설

벤젠은 방향족 탄화수소 중 저농도에 장기간 노출되어 만성중독(조혈장해)을 일으키는 경우에 가장 위험하다.

100 근로자의 유해물질 노출 및 흡수 정도를 종합적으로 평가하기 위하여 생물학적 측정이 필요하다. 또한 유해물질 배출 및 축적 속도에 따라 시료 채취시기를 적절히 정해야 하는데, 시료 채취시기에 제한을 가장 작게 받는 것은?

① 요 중 납
② 호기 중 벤젠
③ 요 중 총 페놀
④ 혈중 총 무기수은

해설

시료 채취시기

㉠ 요 중 납 : 제한 없음
㉡ 요 중 벤젠 : 작업 종료 후
㉢ 혈중 무기수은 : 주중 마지막 작업 종료 후
㉣ 요 중 총 페놀 : 작업 종료 후

◉ ANSWER | 98 ② 99 ② 100 ①

SECTION 10

2021년 1회 기사

1과목 산업위생학 개론

01 산업재해의 원인을 직접원인(1차원인)과 간접원인(2차원인)으로 구분할 때 직접원인에 대한 설명으로 옳지 않은 것은?

① 불안정한 상태와 불안전한 행위로 나눌 수 있다.
② 근로자의 신체적 원인(두통, 현기증, 만취상태 등)이 있다.
③ 근로자의 방심, 태만, 무모한 행위에서 비롯되는 인적 원인이 있다.
④ 작업장소의 결함, 보호장구의 결함 등의 물적 원인이 있다.

해설

산업재해의 원인
㉠ 직접원인 : 불안전한 행동(인적 원인), 불안전한 상태(물적 원인)
㉡ 간접원인 : 관리적 원인

02 작업장에서 누적된 스트레스를 개인차원에서 관리하는 방법에 대한 설명으로 옳지 않은 것은?

① 신체검사를 통하여 스트레스성 질환을 평가한다.
② 자신의 한계와 문제의 징후를 인식하여 해결방안을 도출한다.
③ 규칙적인 운동을 삼가고 흡연, 음주 등을 통해 스트레스를 관리한다.
④ 명상, 요가 등의 긴장이완훈련을 통하여 생리적 휴식상태를 점검한다.

해설

개인차원의 스트레스 관리방안
㉠ 건강 검사
㉡ 명상, 요가 등 긴장이완훈련
㉢ 규칙적인 운동
㉣ 직무 외적인 취미활동 참여
㉤ 자신의 한계와 문제의 징후를 인식하여 해결방안을 도출

03 어느 사업장에서 톨루엔($C_6H_5CH_3$)의 농도가 0℃일 때 100ppm이었다. 기압의 변화 없이 기온이 25℃로 올라갈 때 농도는 약 몇 mg/m^{3}인가?

① 325mg/m^3 ② 346mg/m^3
③ 365mg/m^3 ④ 376mg/m^3

해설

$$X(\mathrm{mg/m^3}) = \frac{100\mathrm{mL}}{\mathrm{m^3}} \bigg| \frac{92\mathrm{mg}}{22.4\mathrm{mL}} \bigg| \frac{273}{273+25} = 376.25\mathrm{mg/m^3}$$

04 인체의 항상성(Homeostasis) 유지기전의 특성에 해당하지 않는 것은?

① 확산성(Diffusion)
② 보상성(Compensatory)
③ 자가조절성(Self−Regulatory)
④ 되먹이기전(Feedback Mechanism)

해설

인체의 항상성(Homeostasis) 유지기전의 특성
㉠ 보상성(Compensatory)
㉡ 자가조절성(Self−Regulatory)
㉢ 되먹이기전(Feedback Mechanism)

05 산업안전보건법령상 밀폐공간작업으로 인한 건강장애의 예방에 있어 다음 각 용어의 정의로 옳지 않은 것은?

① "밀폐공간"이란 산소결핍, 유해가스로 인한 화재, 폭발 등의 위험이 있는 장소이다.
② "산소결핍"이란 공기 중의 산소농도가 16% 미만인 상태를 말한다.
③ "적정한 공기"란 산소농도의 범위가 18% 이상 23.5% 미만, 탄산가스농도가 1.5% 미만, 황화수소의 농도가 10ppm 미만인 수준의 공기를 말한다.
④ "유해가스"란 탄산가스, 일산화탄소, 황화수소 등의 기체로서 인체에 유해한 영향을 미치는 물질을 말한다.

ANSWER | 01 ② 02 ③ 03 ④ 04 ① 05 ②

해설

"산소결핍"이란 공기 중의 산소농도가 18% 미만인 상태를 말한다.

06 AIHA(American Industrial Hygiene Association)에서 정의하고 있는 산업위생의 범위에 해당하지 않는 것은?

① 근로자의 작업스트레스를 예측하여 관리하는 기술
② 작업장 내 기계의 품질향상을 위해 관리하는 기술
③ 근로자에게 비능률을 초래하는 작업환경요인을 예측하는 기술
④ 지역사회 주민들에게 건강장애를 초래하는 작업환경요인을 평가하는 기술

해설

미국산업위생학회(AIHA)에서 정한 산업위생의 정의
근로자나 일반대중에게 질병, 건강장애와 안녕방해, 심각한 불쾌감 및 능률저하 등을 초래하는 작업환경요인과 스트레스를 예측(Anticipation), 인지(측정, Recognition), 평가(Evaluation), 관리(Control)하는 과학과 기술(Art)이다.

07 하인리히의 사고예방대책 기본원리 5단계를 순서대로 나타낸 것은?

① 조직 → 사실의 발견 → 분석 · 평가 → 시정책의 선정 → 시정책의 적용
② 조직 → 분석 · 평가 → 사실의 발견 → 시정책의 선정 → 시정책의 적용
③ 사실의 발견 → 조직 → 분석 · 평가 → 시정책의 선정 → 시정책의 적용
④ 사실의 발견 → 조직 → 시정책의 선정 → 시정책의 적용 → 분석 · 평가

해설

하인리히의 사고예방 5단계
㉠ 제1단계 : 조직(안전관리조직)
㉡ 제2단계 : 사실의 발견(현상파악)
㉢ 제3단계 : 분석 · 평가
㉣ 제4단계 : 시정방법의 선정(대책의 선정)
㉤ 제5단계 : 시정방법의 적용(목표달성)

08 혈액을 이용한 생물학적 모니터링의 단점으로 옳지 않은 것은?

① 보관, 처치에 주의를 요한다.
② 시료채취 시 오염되는 경우가 많다.
③ 시료채취 시 근로자가 부담을 가질 수 있다.
④ 약물동력학적 변이요인들의 영향을 받는다.

해설

생물학적 모니터링의 단점
㉠ 시료채취가 어렵다.
㉡ 유기시료의 특이성이 존재하고 복잡하다.
㉢ 근로자마다 생물학적 차이가 나타날 수 있다.
㉣ 분석이 어려우며, 분석 시 오염에 노출될 수 있다.

09 산업안전보건법령상 위험성평가를 실시하여야 하는 사업장의 사업주가 위험성평가의 결과와 조치사항을 기록할 때 포함되어야 하는 사항으로 볼 수 없는 것은?

① 위험성결정의 내용
② 위험성평가 대상의 유해 · 위험요인
③ 위험성평가에 소요된 기간, 예산
④ 위험성결정에 따른 조치의 내용

해설

위험성평가의 결과와 조치사항을 기록할 때 포함되어야 하는 사항
㉠ 위험성결정의 내용
㉡ 위험성평가 대상의 유해 · 위험요인
㉢ 위험성결정에 따른 조치의 내용

10 단순반복동작작업 및 손, 손가락 또는 손목의 부적절한 작업방법과 자세 등으로 주로 손목부위에 발생하는 근골격계질환은?

① 테니스엘보 ② 회전근개손상
③ 수근관증후군 ④ 흉곽출구증후군

해설

수근관증후군(Carpal Tunnel Syndrome)은 반복적이고, 지속적인 손목의 압박, 무리한 힘 등으로 인해 수근관 내부에 정중신경이 손상되어 발생한다.

ANSWER | 06 ② 07 ① 08 ② 09 ③ 10 ③

11 작업자의 최대작업역(Maximum Area)이란?

① 어깨에서부터 팔을 뻗쳐 도달하는 최대영역
② 위팔과 아래팔을 상하로 이동할 때 닿는 최대범위
③ 상체를 좌우로 이동하여 최대한 닿을 수 있는 범위
④ 위팔을 상체에 붙인 채 아래팔과 손으로 조작할 수 있는 범위

해설

최대작업영역(Maximum Area)
위팔과 아래팔을 곧게 뻗어 닿는 영역, 상지를 뻗어서 닿는 범위를 말한다.(55~65cm)

12 미국산업위생학술원(AAIH)에서 정한 산업위생전문가들이 지켜야 할 윤리강령 중 전문가로서의 책임에 해당하지 않는 것은?

① 기업체의 기밀은 누설하지 않는다.
② 전문분야로서의 산업위생 발전에 기여한다.
③ 근로자, 사회 및 전문분야의 이익을 위해 과학적 지식을 공개하고 발표한다.
④ 위험요인의 측정, 평가 및 관리에 있어서 외부의 압력에 굴하지 않고 중립적 태도를 취한다.

해설

산업위생전문가로서 지켜야 할 책임
㉠ 기업체의 기밀은 외부에 누설하지 않는다.
㉡ 과학적 방법의 적용과 자료의 해석에서 객관성을 유지한다.
㉢ 근로자, 사회 및 전문직종의 이익을 위해 과학적 지식을 공개하여 발표한다.
㉣ 전문적인 판단이 타협에 의해서 좌우될 수 있으나 이해관계가 있는 상황에서는 개입하지 않는다.
㉤ 성실성과 학문적 실력면에서 최고수준을 유지한다.
㉥ 전문분야로서의 산업위생 발전에 기여한다.

13 턱뼈의 괴사를 유발하여 영국에서 사용금지된 최초의 물질은?

① 벤지딘(Benzidine)
② 청석면(Crocidolite)
③ 적린(Red Phosphorus)
④ 황린(Yellow Phosphorus)

해설

황린(Yellow Phosphorus)
인의 동소체의 일종으로 공기 중에서 피부와 접촉하면 심한 화상을 입고, 턱뼈의 인산칼슘과 반응하면 턱뼈가 괴사한다.

14 산업안전보건법령상 강렬한 소음작업에 대한 정의로 옳지 않은 것은?

① 90데시벨 이상의 소음이 1일 8시간 이상 발생하는 작업
② 105데시벨 이상의 소음이 1일 1시간 이상 발생하는 작업
③ 110데시벨 이상의 소음이 1일 30분 이상 발생하는 작업
④ 115데시벨 이상의 소음이 1일 10분 이상 발생하는 작업

해설

강렬한 소음작업
㉠ 90데시벨 이상의 소음이 1일 8시간 이상 발생하는 작업
㉡ 95데시벨 이상의 소음이 1일 4시간 이상 발생하는 작업
㉢ 100데시벨 이상의 소음이 1일 2시간 이상 발생하는 작업
㉣ 105데시벨 이상의 소음이 1일 1시간 이상 발생하는 작업
㉤ 110데시벨 이상의 소음이 1일 30분 이상 발생하는 작업
㉥ 115데시벨 이상의 소음이 1일 15분 이상 발생하는 작업

15 38세된 남성근로자의 육체적 작업능력(PWC)은 15kcal/min이다. 이 근로자가 1일 8시간 동안 물체를 운반하고 있으며 이때의 작업대사량이 7kcal/min이고, 휴식 시 대사량이 1.2kcal/min일 경우 이 사람이 쉬지 않고 계속하여 일을 할 수 있는 최대 허용시간(T_{end})은?(단, $\log T_{end} = 3.720 - 0.1949E$이다.)

① 7분 ② 98분
③ 227분 ④ 3,063분

해설

$\log(T_{end}) = 3.720 - 0.1949E$
$\log(T_{end}) = 3.720 - 0.1949 \times 7 = 2.3557$
$T_{end} = 10^{2.3557} = 226.83\text{min}$

◉ ANSWER | 11 ① 12 ④ 13 ④ 14 ④ 15 ③

16 다음 중 직업병의 발생원인으로 볼 수 없는 것은 어느 것인가?

① 국소난방
② 과도한 작업량
③ 유해물질의 취급
④ 불규칙한 작업시간

해설

국소난방은 직업병과 관련이 적다.

17 온도 25℃, 1기압하에서 분당 100mL씩 60분 동안 채취한 공기 중에서 벤젠이 3mg 검출되었다면 이때 검출된 벤젠은 약 몇 ppm인가?(단, 벤젠의 분자량은 78이다.)

① 11　② 15.7
③ 111　④ 157

해설

$$\text{벤젠}(mL/m^3) = \frac{3mg}{100mL/min \times 60min} \bigg| \frac{24.45mL}{78mg} \bigg| \frac{10^6mL}{1m^3} = 156.73mL/m^3$$

18 교대근무제의 효과적인 운영방법으로 옳지 않은 것은?

① 업무효율을 위해 연속근무를 실시한다.
② 근무교대시간은 근로자의 수면을 방해하지 않도록 정해야 한다.
③ 근무시간은 8시간을 주기로 교대하며 야간근무 시 충분한 휴식을 보장해 주어야 한다.
④ 교대작업은 피로회복을 위해 역교대 근무방식보다 전진근무방식(주간근무 → 저녁근 무 → 야간근무 → 주간근무)으로 하는 것이 좋다.

해설

교대근무제 관리원칙(바람직한 교대제)
㉠ 야근의 주기를 4~5일, 연속은 2~3일로 하고 각 반의 근무시간은 8시간으로 한다.
㉡ 교대방식은 역교대보다는 정교대(낮근무 → 저녁근무 → 밤근무)방식이 좋다.
㉢ 야간근무 종료 후 휴식은 48시간 이상 부여한다.
㉣ 2교대면 3조, 3교대면 4조로 운영한다.
㉤ 야간근무 시 가면시간은 1시간 반 이상 부여해야 한다.(2~4시간)
㉥ 교대시간은 되도록 심야에 하지 않는다.(상오 0시 이전)
㉦ 일반적으로 오전근무의 개시시간은 오전 9시로 한다.
㉧ 보통 근로자가 3kg의 체중감소가 있을 때는 정밀검사를 권장하고, 야근은 가면을 하더라도 10시간 이내가 좋으며, 근무시간 간격은 15~16시간 이상으로 하는 것이 좋다.

19 다음 물질에 대한 생물학적 노출지수를 측정하려 할 때 시료의 채취시기가 다른 하나는?

① 크실렌
② 이황화탄소
③ 일산화탄소
④ 트리클로로에틸렌

해설

시료의 채취시기
① 크실렌 : 작업종료 시
② 이황화탄소 : 작업종료 시
③ 일산화탄소 : 작업종료 시
④ 트리클로로에틸렌 : 주말작업종료 시

20 심한 작업이나 운동 시 호흡조절에 영향을 주는 요인과 거리가 먼 것은?

① 산소　② 수소이온
③ 혈중 포도당　④ 이산화탄소

해설

호흡조절에 영향을 주는 요인
㉠ 산소
㉡ 수소이온
㉢ 이산화탄소

ANSWER | 16 ①　17 ④　18 ①　19 ④　20 ③

2과목 작업위생 측정 및 평가

21 어느 작업장에서 소음의 음압수준(dB)을 측정한 결과가 85, 87, 84, 86, 89, 81, 82, 84, 83, 88일 때, 측정결과의 중앙값(dB)은?

① 83.5 ② 84.0
③ 84.5 ④ 84.9

해설

측정한 결과를 순서대로 나열하면,
81, 82, 83, 84, 84, 85, 86, 87, 88, 89

$\therefore$ 중앙값 $= \frac{84+85}{2} = 84.5\text{dB}$

22 직경 25mm 여과지(유효면적 385mm^2)를 사용하여 백석면을 채취한 후 분석한 결과 단위시야당 시료는 3.15개, 공시료는 0.05개였을 때 석면의 농도(개/cc)는?(단, 측정시간은 100분, 펌프유량은 2.0L/min, 단위시야의 면적은 0.00785mm^{2}이다.)

① 0.74 ② 0.76
③ 0.78 ④ 0.80

해설

$$\text{석면(개/cc)} = \frac{(C_s - C_b) \times A_s}{A_f \times T \times R} = \frac{(3.15-0.05) \times 385}{0.00785 \times 100 \times 0.2} = 760.9\text{개/L} = 0.76\text{개/cc}$$

23 측정기구와 측정하고자 하는 물리적 인자의 연결이 틀린 것은?

① 피토관 – 정압
② 흑구온도 – 복사온도
③ 아스만통풍건습계 – 기류
④ 가이거뮐러카운터 – 방사능

해설

아스만통풍건습계

㉠ 작업환경의 온도측정 시 일반적으로 많이 사용
㉡ 복사열을 차단하는 구부에 일정한 기류를 주기 위해 풍속관 속에 2개의 같은 눈금을 갖는 봉상수은온도계 사용

24 양자역학을 응용하여 아주 짧은 파장의 전자기파를 증폭 또는 발진하여 발생시키며, 단일파장이고 위상이 고르며 간섭현상이 일어나기 쉬운 특성이 있는 비전리방사선은?

① X–ray ② Microwave
③ Laser ④ Gamma–ray

해설

레이저광의 물리화학적 및 생물학적 작용

㉠ 레이저광에 가장 민감한 표적기관은 눈(백내장, 각막염)이다.
㉡ 레이저광은 출력이 대단히 강력하고 극히 좁은 파장범위를 갖기 때문에 쉽게 산란하지 않는다.
㉢ 유도방출에 의한 광선증폭을 뜻한다.
㉣ 보통 광선과는 달리 단일파장으로 강력하고 예리한 지향성을 가졌다.
㉤ 레이저장해는 광선의 파장과 특정조직의 광선흡수능력에 따라 장애 출현부위가 달라진다.
㉥ 피부에 대한 작용은 가역적이며, 열응고, 탄화, 괴사 등의 피부화상을 일으킨다.
㉦ 에너지의 양을 지속적으로 축적하여 강력한 파동을 발생시키는 것을 맥동파라고 한다.

25 태양광선이 내리쬐지 않는 옥외장소의 습구흑구온도지수(WBGT)를 산출하는 식은?

① WBGT=0.7×자연습구온도+0.3×흑구온도
② WBGT=0.3×자연습구온도+0.7×흑구온도
③ WBGT=0.3×자연습구온도+0.7×건구온도
④ WBGT=0.7×자연습구온도+0.3×건구온도

해설

습구흑구온도지수(WBGT)

㉠ 사용하기 쉽고 수정감각온도의 값과 비슷하며 우리나라 허용기준에 사용하는 지수
㉡ WBGT(옥외)=0.7×NWT+0.2×GT+0.1×DT
WBGT(옥내)=0.7×NWT+0.3×GT

26 일정한 온도조건에서 가스의 부피와 압력이 반비례하는 것과 가장 관계가 있는 법칙은?

① 보일의 법칙
② 샤를의 법칙
③ 라울의 법칙
④ 게이–뤼삭의 법칙

ANSWER | 21 ③ 22 ② 23 ③ 24 ③ 25 ① 26 ①

해설

보일의 법칙

㉠ 정의 : 일정한 온도에서 일정량의 기체부피는 압력에 반비례한다.

㉡ 관계식

$$\frac{P_1}{P_2}=\frac{V_2}{V_1},\ P_1V_1=P_2V_2$$

여기서, P_1 : 초기압력　　P_2 : 최종압력

V_1 : 초기부피　　V_2 : 최종부피

27 소음의 단위 중 음원에서 발생하는 에너지를 의미하는 음력(Sound Power)의 단위는?

① dB　　② Phon

③ W　　④ Hz

해설

음력(Sound Power, 음향파워, 음향출력)의 단위는 Watt(W)이다.

28 산업안전보건법령상 유해인자와 단위의 연결이 틀린 것은?

① 소음 – dB

② 흄 – mg/m^3

③ 석면 – 개/cm^3

④ 고열 – 습구흑구온도지수, ℃

해설

소음의 단위는 dB(A)이다.

29 작업장의 기본적인 특성을 파악하는 예비조사의 목적으로 가장 적절한 것은?

① 유사노출그룹 설정

② 노출기준 초과여부 판정

③ 작업장과 공정의 특성파악

④ 발생되는 유해인자 특성조사

해설

예비조사의 목적

㉠ 동일노출그룹(유사노출그룹)의 설정

㉡ 정확한 시료채취전략 수립

30 유기용제 취급 사업장의 메탄올농도 측정결과가 100, 89, 94, 99, 120ppm일 때, 이 사업장의 메탄올농도 기하평균(ppm)은?

① 99.4　　② 99.9

③ 100.4　　④ 102.3

해설

기하평균(GM)

$$GM=\sqrt[5]{(100\times89\times94\times99\times120)}=99.8\text{ppm}$$

31 소음의 변동이 심하지 않은 작업장에서 1시간 간격으로 8회 측정한 산술평균의 소음수준이 93.5 dB(A)이었을 때, 작업시간이 8시간인 근로자의 하루 소음노출량(Noise dose ; %)은?(단, 기준소음노출시간과 수준 및 Exchange Rate는 OSHA기준을 준용한다.)

① 104　　② 135

③ 162　　④ 234

해설

$$TWA=16.61\log\left(\frac{D}{100}\right)+90$$

$$93.5=16.61\log\left(\frac{D}{100}\right)+90$$

$$\log\left(\frac{D}{100}\right)=(93.5-90)/16.61$$

$$D(\%)=10^{\frac{3.5}{16.61}}\times100=162.44\%$$

32 흡착제를 이용하여 시료채취를 할 때 영향을 주는 인자에 관한 설명으로 틀린 것은?

① 흡착제의 크기 : 입자의 크기가 작을수록 표면적이 증가하여 채취효율이 증가하나 압력강하가 심하다.

② 흡착관의 크기 : 흡착관의 크기가 커지면 전체 흡착제의 표면적이 증가하여 채취용량이 증가하므로 파과가 쉽게 발생하지 않는다.

③ 습도 : 극성흡착제를 사용하면 수증기가 흡착되기 때문에 파과가 일어나기 쉽다.

④ 온도 : 온도가 높을수록 기공활동이 활발하여 흡착능이 증가하나 흡착제의 변형이 일어날 수 있다.

◎ ANSWER | 27 ③　28 ①　29 ①　30 ②　31 ③　32 ④

해설

모든 흡착은 발열반응이므로 온도가 낮을수록 흡착능이 증가한다.

33 0.04M HCl이 2% 해리되어 있는 수용액의 pH는?

① 3.1 ② 3.3
③ 3.5 ④ 3.7

해설

$pH = \log\frac{1}{[H^+]} = -\log[H^+]$

$HCl \rightleftarrows H^+ + Cl^-$

$pH = -\log[H^+] = -\log(0.02 \times 0.04) = 3.1$

34 포집효율이 90%와 50%인 임핀저(Impinger)를 직렬로 연결하여 작업장 내 가스를 포집할 경우 전체포집효율(%)은?

① 93 ② 95
③ 97 ④ 99

해설

$\eta_t = \eta_1 + \eta_2(1-\eta_1)$

$\eta_t = 0.9 + 0.5(1-0.9) = 0.95 = 95\%$

35 먼지를 크기별 분포로 측정한 결과를 토대로 기하표준편차(GSD)를 계산하고자 할 때 필요한 자료가 아닌 것은?

① 15.9%의 분포를 가진 값
② 18.1%의 분포를 가진 값
③ 50.0%의 분포를 가진 값
④ 84.1%의 분포를 가진 값

해설

기하표준편차(GSD)

84.1%에 해당하는 값을 50%에 해당하는 값으로 나눈 값이다.

$$기하표준편차(GSD) = \frac{84.1\%에\ 해당하는\ 값}{50\%에\ 해당하는\ 값} = \frac{50\%에\ 해당하는\ 값}{84.1\%에\ 해당하는\ 값}$$

36 복사기, 전기기구, 플라스마 이온방식의 공기청정기 등에서 공통적으로 발생할 수 있는 유해물질로 가장 적절한 것은?

① 오존 ② 이산화질소
③ 일산화탄소 ④ 포름알데히드

37 벤젠이 배출되는 작업장에서 채취한 시료의 벤젠농도 분석결과가 3시간 동안 4.5ppm, 2시간 동안 12.8ppm, 1시간 동안 6.8ppm일 때, 이 작업장의 벤젠 TWA(ppm)는?

① 4.5 ② 5.7
③ 7.4 ④ 9.8

해설

$$TWA = \frac{(3\times4.5)+(2\times12.8)+(1\times6.8)+(2\times0)}{8} = 7.65ppm$$

38 산업안전보건법령상 고열 측정시간과 간격으로 옳은 것은?

① 작업시간 중 노출되는 고열의 평균온도에 해당하는 1시간, 10분 간격
② 작업시간 중 노출되는 고열의 평균온도에 해당하는 1시간, 5분 간격
③ 작업시간 중 가장 높은 고열에 노출되는 1시간, 5분 간격
④ 작업시간 중 가장 높은 고열에 노출되는 1시간, 10분 간격

해설

고열 측정방법

1일 작업시간 중 최대로 높은 고열에 노출되고 있는 1시간을 10분 간격으로 연속하여 측정한다.

39 입자상 물질의 여과원리와 가장 거리가 먼 것은?

① 차단 ② 확산
③ 흡착 ④ 관성충돌

ANSWER | 33 ① 34 ② 35 ② 36 ① 37 ② 38 ④ 39 ③

해설

여과포집기전

여과포집방법은 시료공기를 여과지를 통하여 흡인함으로써 여과지의 공극보다 작은 입자가 여과지에 포집되는 방법이다. 주요 포집기전으로는 관성충돌, 차단, 확산이 있으며, 그 외 중력침강, 정전기침강, 체거름 등이 작용한다.

40 산화마그네슘, 망간, 구리 등의 금속분진을 분석하기 위한 장비로 가장 적절한 것은?

① 자외선/가시광선 분광광도계
② 가스크로마토그래피
③ 핵자기공명분광계
④ 원자흡광광도계

해설

원자흡광광도계

분석대상 원소가 포함된 시료를 불꽃이나 전기열에 의해 바닥상태의 원자로 해리시키고, 이 원자의 증기층에 특정 파장의 빛을 투과시키면 바닥상태의 분석대상 원자가 그 파장의 빛을 흡수하여 들뜬상태의 원자로 되는데, 이때 흡수하는 빛의 세기를 측정하는 분석기기로서 허용기준대상 유해인자 중 금속 및 중금속의 분석방법에 적용한다.

3과목 작업환경 관리대책

41 유해물질의 증기발생률에 영향을 미치는 요소로 가장 거리가 먼 것은?

① 물질의 비중
② 물질의 사용량
③ 물질의 증기압
④ 물질의 노출기준

해설

유해물질의 증기발생률에 영향을 미치는 요소
㉠ 물질의 비중
㉡ 물질의 사용량
㉢ 물질의 증기압

42 회전차 외경이 600mm인 원심송풍기의 풍량은 200m^3/min이다. 회전차 외경이 1,000mm인 동류(상사구조)의 송풍기가 동일한 회전수로 운전한다면 이 송풍기의 풍량(m^3/min)은?(단, 두 경우 모두 표준공기를 취급한다.)

① 333　　② 556
③ 926　　④ 2,572

해설

풍량은 송풍기 크기(회전차 직경)의 세제곱에 비례한다.

$$Q_2 = Q_1 \times \left(\frac{D_2}{D_1}\right)^3$$

$$Q_2 = 200 \times \left(\frac{1,000}{600}\right)^3 = 925.93\text{m}^3/\text{min}$$

43 후드의 유입계수가 0.82, 속도압이 50mmH$_2$O일 때 후드의 유입손실(mmH$_2$O)은?

① 22.4　　② 24.4
③ 26.4　　④ 28.4

해설

$$\text{유입손실} = F \times VP = \frac{1-C_e^2}{C_e^2} \times VP$$

$$= \frac{1-0.82^2}{0.82^2} \times 50 = 24.36\text{mmH}_2\text{O}$$

44 길이, 폭, 높이가 각각 25m, 10m, 3m인 실내에 시간당 18회의 환기를 하고자 한다. 직경 50cm의 개구부를 통하여 공기를 공급하고자 하면 개구부를 통과하는 공기의 유속(m/s)은?

① 13.7　　② 15.3
③ 17.2　　④ 19.1

해설

$$\text{시간당 환기횟수(ACH)} = \frac{\text{필요환기량}}{\text{작업장체적}}$$

$$\text{필요환기량} = \text{ACH} \times \text{작업장체적} = 18/\text{hr} \times (25 \times 10 \times 3)\text{m}^3 = 13,500\text{m}^3/\text{hr}$$

$$V = \frac{Q}{A} = \frac{13,500\text{m}^3/\text{hr} \times 1\text{hr}/3,600\text{sec}}{\frac{\pi}{4} \times 0.5^2\text{m}^2} = 19.1\text{m/sec}$$

◎ ANSWER | 40 ④ 41 ④ 42 ③ 43 ② 44 ④

45 입자상물질 집진기의 집진원리를 설명한 것이다. 아래의 설명에 해당하는 집진원리는?

> 분진의 입경이 클 때, 분진은 가스흐름의 궤도에서 벗어나게 된다. 즉 입자의 크기에 따라 비교적 큰 분진은 가스통과 경로를 따라 발산하지 못하고, 작은 분진은 가스와 같이 발산한다.

① 직접차단 ② 관성충돌
③ 원심력 ④ 확산

46 철재 연마공정에서 생기는 철가루의 비산을 방지하기 위해 가로 50cm, 높이 20cm인 직사각형 후드를 플랜지를 부착하여 바닥면에 설치하고자 할 때, 필요환기량(m^3/min)은?(단, 제어풍속은 ACGIH 권고치 기준의 하한으로 설정하며, 제어풍속이 미치는 최대거리는 개구면으로부터 30cm라 가정한다.)

① 112 ② 119
③ 253 ④ 238

해설

플랜지 부착, 바닥면에 설치한 필요환기량

$Q(m^3/min) = 60 \times 0.5(10X^2 + A) \cdot V_c$

㉠ $A = 0.5 \times 0.2 = 0.1m^2$
㉡ $X = 0.3m$
㉢ 철 연마공정에서 생기는 철가루 비산의 ACGIH 권고치 기준의 하한값 : 3.7m/s

$\therefore Q(m^3/min) = 60 \times 0.5(10 \times 0.3^2 + 0.1) \times 3.7 = 111m^3/min$

47 다음 중 위생보호구에 대한 설명과 가장 거리가 먼 것은?

① 사용자는 손질방법 및 착용방법을 숙지해야 한다.
② 근로자 스스로 폭로대책으로 사용할 수 있다.
③ 규격에 적합한 것을 사용해야 한다.
④ 보호구 착용으로 유해물질로부터의 모든 신체적 장해를 막을 수 있다.

해설

보호구 착용으로 유해물질로부터의 모든 신체적 장해를 막을 수 없다.

48 곡관에서 곡률반경비(R/D)가 1.0일 때 압력손실계수값이 가장 작은 곡관의 종류는?

① 2조각 관 ② 3조각 관
③ 4조각 관 ④ 5조각 관

해설

곡관에서 곡률반경비(R/D)가 1일 때 조각관의 수가 많을수록 압력손실계수는 작아진다.

49 작업 중 발생하는 먼지에 대한 설명으로 옳지 않은 것은?

① 일반적으로 특별한 유해성이 없는 먼지는 불활성 먼지 또는 공해성 먼지라고 하며, 이러한 먼지에 노출될 경우 일반적으로 폐용량에 이상이 나타나지 않으며, 먼지에 대한 폐의 조직반응은 가역적이다.
② 결정형 유리규산(Free Silica)은 규산의 종류에 따라 Cristobalite, Quartz, Tridymite, Tripoli가 있다.
③ 용융규산(Fused Silica)은 비결정형 규산으로 노출기준은 총먼지로 $10mg/m^3$이다.
④ 일반적으로 호흡성 먼지란 종말모세기관지나 폐포영역의 가스교환이 이루어지는 영역까지 도달하는 미세먼지를 말한다.

해설

용융규산(Fused Silica)은 비결정형 규산으로 노출기준은 총먼지로 $0.1mg/m^3$이다.

50 고열 배출원이 아닌 탱크 위에 한 변이 2m인 정방형 모양의 캐노피형 후드를 3측면이 개방되도록 설치하고자 한다. 제어속도가 0.25m/s, 개구면과 배출원 사이의 높이가 1.0m일 때 필요송풍량(m^3/min)은?

① 2.44 ② 146.46
③ 249.15 ④ 435.81

해설

3측면 개방 외부식 캐노피형 후드의 필요환기량

$Q(m^3/min) = 8.5 \times H^{1.8} \times W^{0.2} \times V_c = 8.5 \times 1^{1.8} \times 2^{0.2} \times 0.25 \times 60 = 146.46m^3/min$

◎ ANSWER | 45 ② 46 ① 47 ④ 48 ④ 49 ③ 50 ②

51 그림과 같은 형태로 설치하는 후드는?

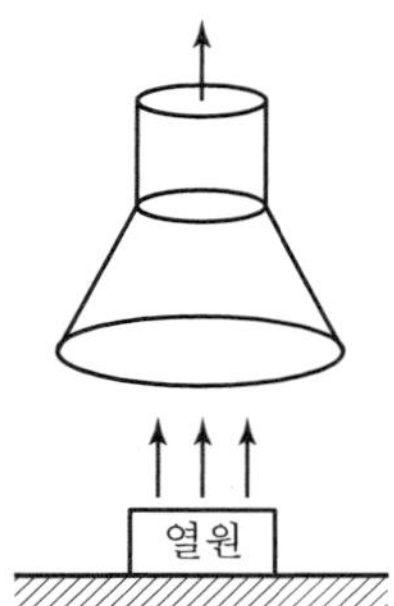

① 레시버식 캐노피형(Receiving Canopy Hoods)
② 포위식 커버형(Enclosures Cover Hoods)
③ 부스식 드래프트 체임버형(Booth Draft Chamber Hoods)
④ 외부식 그리드형(Exterior Capturing Grid Hoods)

52 산업안전보건법령상 안전인증 방독마스크에 안전인증표시 외에 추가로 표시되어야 할 항목이 아닌 것은?

① 포집효율
② 파과곡선도
③ 사용시간 기록카드
④ 사용상의 주의사항

해설

방독마스크에 안전인증표시 외에 추가로 표시되어야 할 항목
㉠ 파과곡선도
㉡ 사용시간 기록카드
㉢ 사용상의 주의사항
㉣ 정화통 외부측면의 표시색

53 에틸벤젠의 농도가 400ppm인 1,000m^3 체적의 작업장의 환기를 위해 90m^3/min 속도로 외부공기를 유입한다고 할 때, 이 작업장의 에틸벤젠농도가 노출기준(TLV) 이하로 감소하기 위한 최소소요시간(min)은?(단, 에틸벤젠의 TLV는 100ppm이고, 외부유입공기 중 에틸벤젠의 농도는 0ppm이다.)

① 11.8　② 15.4
③ 19.2　④ 23.6

해설

$$\ln\frac{C_t}{C_o}=-\frac{Q}{\forall}\times t$$

$$\ln\frac{100}{400}=-\frac{90\text{m}^3/\text{min}}{1{,}000\text{m}^3}\times t$$

$\therefore\ t = 15.40\text{min}$

54 다음 중 덕트에서 공기흐름의 평균속도압이 25mmH_2O였다면 덕트에서의 공기 반송속도(m/s)는?(단, 공기밀도는 1.21kg/m^{3}로 동일하다.)

① 10　② 15
③ 20　④ 25

해설

$$V=\sqrt{\frac{2\times g\times VP}{\gamma}}$$

$$=\sqrt{\frac{2\times 9.8\times 25}{1.21}}=20.12\text{m/sec}$$

55 강제환기를 실시할 때 환기효과를 제고시킬 수 있는 방법이 아닌 것은?

① 공기배출구와 근로자의 작업위치 사이에 오염원이 위치하지 않도록 하여야 한다.
② 배출구가 창문이나 문 근처에 위치하지 않도록 한다.
③ 오염물질 배출구는 가능한 한 오염원으로부터 가까운 곳에 설치하여 점환기효과를 얻는다.
④ 공기가 배출되면서 오염장소를 통과하도록 공기배출구와 유입구의 위치를 선정한다.

해설

전체환기(강제환기) 설치의 기본원칙
㉠ 배출공기를 보충하기 위하여 청정공기를 공급
㉡ 오염물질 배출구는 가능한 한 오염원으로부터 가까운 곳에 설치하여 점환기의 효과를 얻음
㉢ 공기배출구와 근로자의 작업위치 사이에 오염원이 위치
㉣ 공기가 배출되면서 오염장소를 통과하도록 공기배출구와 유입구의 위치를 선정
㉤ 배출된 공기가 재유입되지 않도록 배출구 높이를 설계하고 창문이나 출입문 위치를 피함

ⓞ ANSWER | 51 ① 52 ① 53 ② 54 ③ 55 ①

56 전기집진장치의 장단점으로 틀린 것은?

① 운전 및 유지비가 많이 든다.
② 고온가스처리가 가능하다.
③ 설치공간을 많이 차지한다.
④ 압력손실이 낮다.

해설

전기집진장치의 장단점

장점	단점
• 집진효율을 가지며, 습식 또는 건식으로도 제진할 수 있다. • 광범위한 온도와 대용량 범위에서 운전이 가능하다. • 압력손실이 적어 송풍기의 동력비가 적게 든다. • 500℃ 전후 고온의 입자상 물질도 처리가 가능하다.	• 운전조건의 변화에 따른 유연성이 적다. • 설치공간을 많이 차지한다. • 설치비용이 많이 든다. • 성상에 따라 전처리시설이 필요하다. • 가연성입자의 처리에 부적당하다.

57 산업위생관리를 작업환경관리, 작업관리, 건강관리로 나눠서 구분할 때, 다음 중 작업환경관리와 가장 거리가 먼 것은?

① 유해공정의 격리
② 유해설비의 밀폐화
③ 전체환기에 의한 오염물질의 희석 배출
④ 보호구 사용에 의한 유해물질의 인체 침입 방지

해설

보호구 사용에 의한 유해물질의 인체 침입 방지는 건강관리의 내용이다.

58 국소환기시스템의 슬롯(Slot)후드에 설치된 충만실(Plenum Chamber)에 관한 설명 중 옳지 않은 것은 어느 것인가?

① 후드가 크게 되면 충만실의 공기속도 손실도 고려해야 한다.
② 제어속도는 슬롯속도와는 관계가 없어 슬롯속도가 높다고 흡인력을 증가시키지는 않는다.
③ 슬롯에서의 병목현상으로 인하여 유체의 에너지가 손실된다.
④ 충만실의 목적은 슬롯의 공기유속을 결과적으로 일정하게 상승시키는 것이다.

해설

충만실(Plenum)
슬롯후드의 뒤쪽에 위치하여 압력을 균일화시키는 공간을 말한다.

59 귀마개에 관한 설명으로 가장 거리가 먼 것은?

① 휴대가 편하다.
② 고온작업장에서도 불편 없이 사용할 수 있다.
③ 근로자들이 착용하였는지 쉽게 확인할 수 있다.
④ 제대로 착용하는 데 시간이 걸리고 요령을 습득해야 한다.

해설

근로자들이 착용하였는지 쉽게 확인할 수 있는 것은 귀덮개이다.

60 덕트 설치 시 고려해야 할 사항으로 가장 거리가 먼 것은?

① 직경이 다른 덕트를 연결할 때는 경사 30° 이내의 테이퍼를 부착한다.
② 곡관의 곡률반경은 최대덕트직경의 3.0 이상으로 하며 주로 4.0을 사용한다.
③ 송풍기를 연결할 때에는 최소덕트직경의 6배 정도는 직선구간으로 한다.
④ 가급적 원형 덕트를 사용하며 부득이 사각형 덕트를 사용할 경우에는 가능한 한 정방형을 사용한다.

해설

곡관은 덕트보다 최소 0.76mm 정도 두꺼운 재질을 선택하며, 곡률반경은 최소덕트직경의 1.5 이상, 주로 2.0을 사용한다.

ANSWER | 56 ① 57 ④ 58 ④ 59 ③ 60 ②

4과목 물리적 유해인자 관리

61 귀마개의 차음평가수(NRR)가 27일 경우 이 귀마개의 차음효과는 얼마인가?(단, OSHA의 계산방법을 따른다.)

① 6dB ② 8dB
③ 10dB ④ 12dB

해설

차음효과 = (NRR − 7) × 0.5 = (27 − 7) × 0.5 = 10dB

62 소음성 난청에 영향을 미치는 요소의 설명으로 옳지 않은 것은?

① 음압수준 : 높을수록 유해하다.
② 소음의 특성 : 저주파음이 고주파음보다 유해하다.
③ 노출시간 : 간헐적 노출이 계속적 노출보다 덜 유해하다.
④ 개인의 감수성 : 소음에 노출된 사람이 똑같이 반응하지는 않으며, 감수성이 매우 높은 사람이 극소수 존재한다.

해설

소음성 난청에 영향을 미치는 요소
① 음압수준 : 높을수록 유해
② 소음의 특성 : 고주파음이 저주파음보다 더욱 유해
③ 노출시간 : 계속적 노출이 간헐적 노출보다 유해
④ 개인의 감수성에 따라 소음반응이 다양

63 진동작업장의 환경관리대책이나 근로자의 건강보호를 위한 조치로 옳지 않은 것은?

① 발진원과 작업자의 거리를 가능한 멀리한다.
② 작업자의 체온을 낮게 유지시키는 것이 바람직하다.
③ 절연패드의 재질로는 코르크, 펠트(Felt), 유리섬유 등을 사용한다.
④ 진동공구의 무게는 10kg을 넘지 않게 하며 방진장갑 사용을 권장한다.

해설

진동작업환경 관리대책
㉠ 발진원과 작업자의 거리를 가능한 멀리한다.
㉡ 작업 시에는 따뜻하게 체온을 유지해 준다.
㉢ 절연패드의 재질로는 코르크, 펠트(Felt), 유리섬유 등을 사용한다.
㉣ 진동공구의 무게는 10kg을 넘지 않게 하며 방진장갑 사용을 권장한다.
㉤ 여러 번 자주 휴식하는 것이 좋다.
㉥ 공구를 너무 세게 잡지 않는다.
㉦ 진동공구를 사용하는 작업은 1일 2시간 이상을 초과하지 말아야 한다.

64 한랭환경에 의한 건강장애에 대한 설명으로 옳지 않은 것은?

① 레이노씨 병과 같은 혈관 이상이 있을 경우에는 증상이 악화된다.
② 제2도 동상은 수포와 함께 광범위한 삼출성 염증이 발생하는 경우를 의미한다.
③ 참호족은 지속적인 국소의 영양결핍 때문이며, 한랭에 의한 신경조직의 손상이 발생한다.
④ 전신 저체온의 첫 증상은 억제하기 어려운 떨림과 냉(冷)감각이 생기고 심박동이 불규칙하며 느려지고, 맥박은 약해지며 혈압이 낮아진다.

해설

참호족과 침수족은 한랭에 장기간 폭로됨과 동시에 습기나 물에 잠기면 발생하며, 지속적인 국소 산소결핍으로 인한 모세혈관벽의 손상이 발생한다.

65 다음 중 피부에 강한 특이적 홍반작용과 색소침착, 피부암 발생 등의 장애를 모두 일으키는 것은?

① 가시광선
② 적외선
③ 마이크로파
④ 자외선

해설

자외선에 의한 피부장애
㉠ 대부분 상피세포부위에서 발생한다.
㉡ 피부암(280~320nm)을 유발한다.
㉢ 홍반 : 297nm, 멜라닌 색소침착 : 300~420nm에서 발생한다.
㉣ 광성피부염 : 건조하며 탄력성을 잃고 자극이 강해 염증, 주름살이 많아지는 증상이다.

ANSWER | 61 ③ 62 ② 63 ② 64 ③ 65 ④

66 인체에 미치는 영향이 가장 큰 전신진동의 주파수범위는?

① 2~100Hz ② 140~250Hz
③ 275~500Hz ④ 4,000Hz 이상

해설

진동에 따른 주파수범위
㉠ 전신진동 : 2~100Hz
㉡ 국소진동 : 8~1,500Hz

67 음력이 1.2W인 소음원으로부터 35m되는 자유공간지점에서의 음압수준(dB)은 약 얼마인가?

① 62 ② 74
③ 79 ④ 121

해설

$$SPL = PWL - 20\log r - 11$$
$$= 10\log\frac{1.2}{10^{-12}} - 20\log 35 - 11 = 78.91dB$$

68 극저주파 방사선(Extremely Low Frequency Fields)에 대한 설명으로 옳지 않은 것은?

① 강한 전기장의 발생원은 고전류장비와 같은 높은 전류와 관련이 있으며 강한 자기장의 발생원은 고전압장비와 같은 높은 전하와 관련이 있다.
② 작업장에서 발전, 송전, 전기사용에 의해 발생하며 이들 경로에 있는 발전기의 전력선, 전기설비, 기계, 기구 등도 잠재적인 노출원이다.
③ 주파수가 1~3,000Hz에 해당하는 것으로 정의되며, 이 범위 중 50~60Hz의 전력선과 관련한 주파수의 범위가 건강과 밀접한 연관이 있다.
④ 교류전기는 1초에 60번씩 극성이 바뀌는 60Hz의 저주파를 나타내므로 이에 대한 노출평가, 생물학적 및 인체영향 연구가 많이 이루어졌다.

해설

전기장의 발생원은 고전압장비와 관련이 있고, 자기장의 발생원은 고전류장비와 관련이 있다.

69 다음 중 전리방사선의 영향에 대하여 감수성이 가장 큰 인체 내의 기관은?

① 폐 ② 혈관
③ 근육 ④ 골수

해설

방사선에 감수성이 큰 조직(순서대로)
㉠ 골수, 임파구, 임파선, 흉선 및 림프조직
㉡ 눈의 수정체
㉢ 성선(고환 및 난소), 타액선, 피부 등 상피세포
㉣ 혈관, 복막 등 내피세포
㉤ 결합조직과 지방조직
㉥ 뼈 및 근육조직
㉦ 폐, 위장관 등 내장기관 조직
㉧ 신경조직

70 1루멘의 빛이 $1ft^2$의 평면상에 수직방향으로 비칠 때 그 평면의 빛 밝기를 나타내는 것은?

① 1Lux ② 1Candela
③ 1촉광 ④ 1Foot Candle

해설

빛의 단위
㉠ 촉광(Candle) : 빛의 세기인 광도의 단위
㉡ 루멘(Lumen : lm) : 1촉광의 광원으로부터 한 단위입체각으로 나갈 때 광속의 단위
㉢ Foot－Candle(fc) : 1루멘의 빛이 $1ft^2$ 평면상에 수직방향으로 비칠 때 그 평면의 빛 밝기($1Lumen/ft^2$)
㉣ Lux(조도) : $1m^2$의 평면에 1루멘의 빛이 비칠 때 밝기($Lux = Lumen/m^2$)
㉤ Lambert(L) : 빛을 완전히 확산시키는 평면 $1cm^2$에서 1루멘의 빛을 발하거나 반사시킬 때의 밝기

71 인체와 환경 간의 열교환에 관여하는 온열조건인자로 볼 수 없는 것은?

① 대류 ② 증발
③ 복사 ④ 기압

해설

열평형방정식(한랭조건)
$\Delta S = M - E - R - C$
여기서, ΔS : 생체열용량의 변화
M : 작업대사량
E : 증발에 의한 열방산
R : 복사에 의한 열득실
C : 대류에 의한 열득실

ANSWER | 66 ① 67 ③ 68 ① 69 ④ 70 ④ 71 ④

72 감압병의 증상에 대한 설명으로 옳지 않은 것은?

① 관절, 심부근육 및 뼈에 동통이 일어나는 것을 Bends라 한다.
② 흉통 및 호흡곤란은 흔하지 않은 특수형 질식이다.
③ 산소의 기포가 뼈의 소동맥을 막아서 후유증으로 무균성 골괴사를 일으킨다.
④ 마비는 감압증에서 나타나는 중증합병증이며 하지의 강직성마비가 나타나는데 이는 척수나 그 혈관에 기포가 형성되어 일어난다.

해설

질소의 기포가 뼈의 소동맥을 막아서 비감염성 골괴사를 일으키기도 하며, 대표적인 만성장애로 고압환경에 반복 노출 시 일어나기 쉬운 속발증이다.

73 작업환경조건을 측정하는 기기 중 기류를 측정하는 것이 아닌 것은?

① Kata온도계
② 풍차풍속계
③ 열선풍속계
④ Assmann 통풍건습계

해설

측정기기

측정	측정기기
온도 · 습도	아스만통풍건습계, 흑구온도계
기류	카타온도계, 풍차풍속계, 열선풍속계
소음	소음계, 소음노출량계

74 음의 세기(I)와 음압(P) 사이의 관계로 옳은 것은?

① 음의 세기는 음압에 정비례
② 음의 세기는 음압에 반비례
③ 음의 세기는 음압의 제곱에 비례
④ 음의 세기는 음압의 세제곱에 비례

해설

음의 세기는 음압의 제곱에 비례한다.

$$I = \frac{P^2}{\rho c}$$

75 고압환경의 인체작용에 있어 2차 가압현상에 대한 내용이 아닌 것은?

① 흉곽이 잔기량보다 적은 용량까지 압축되면 폐압박 현상이 나타난다.
② 4기압 이상에서 공기 중의 질소가스는 마취작용을 나타낸다.
③ 산소의 분압이 2기압을 넘으면 산소중독증세가 나타난다.
④ 이산화탄소는 산소의 독성과 질소의 마취작용을 증강시킨다.

해설

고압환경에서 2차적 가압현상
㉠ 질소마취
㉡ 산소중독
㉢ 이산화탄소(CO_2)중독

76 작업장에 흔히 발생하는 일반소음의 차음효과(Transmission Loss)를 위해서 장벽을 설치한다. 이때 장벽의 단위표면적당 무게를 2배씩 증가함에 따라 차음효과는 약 얼마씩 증가하는가?

① 2dB ② 6dB
③ 10dB ④ 16dB

해설

음파가 벽면에 수직입사할 때의 투과손실
$TL = 20\log(m \times f) - 43dB$
면밀도(m)가 2배 되면 약 6dB 정도의 투과손실치가 증가한다.

77 산업안전보건법령상 상시작업을 실시하는 장소에 대한 작업면의 조도기준으로 옳은 것은?

① 초정밀작업 : 1,000럭스 이상
② 정밀작업 : 500럭스 이상
③ 보통작업 : 150럭스 이상
④ 그 밖의 작업 : 50럭스 이상

해설

적정조명수준(안전보건규칙 제8조)
㉠ 초정밀작업 : 750Lux 이상
㉡ 정밀작업 : 300Lux 이상
㉢ 보통작업 : 150Lux 이상
㉣ 그 밖의 작업 : 75Lux 이상

ANSWER | 72 ③ 73 ④ 74 ③ 75 ① 76 ② 77 ③

78 인간생체에서 이온화시키는 데 필요한 최소에너지를 기준으로 전리방사선과 비전리방사선을 구분한다. 전리방사선과 비전리방사선을 구분하는 에너지의 강도는 약 얼마인가?

① 7eV　② 12eV
③ 17eV　④ 22eV

해설

전리방사선과 비전리방사선의 구분
㉠ 전리방사선과 비전리방사선의 광자에너지 경계 : 12eV
㉡ 구분인자 : 이온화 성질, 파장, 주파수
㉢ 원자력산업 등 내부피복장애 위험 핵종 : ^{3}H, ^{54}Mn, ^{59}Fe

79 산업안전보건법령상 근로자가 밀폐공간에서 작업을 하는 경우, 사업주가 조치해야 할 사항으로 옳지 않은 것은?

① 사업주는 밀폐공간 작업프로그램을 수립하여 시행하여야 한다.
② 사업주는 사업장 특성상 환기가 곤란한 경우에는 방독마스크를 지급하여 착용하도록 하고 환기를 하지 않을 수 있다.
③ 사업주는 근로자가 밀폐공간에서 작업을 하는 경우에 그 장소에 근로자를 입장시킬 때와 퇴장시킬 때마다 인원을 점검하여야 한다.
④ 사업주는 밀폐공간에는 관계근로자가 아닌 사람의 출입을 금지하고, 출입금지표지를 밀폐공간 근처의 보기 쉬운 장소에 게시하여야 한다.

해설

사업주는 근로자가 밀폐공간에서 작업을 하는 경우에 작업을 시작하기 전과 작업 중에 해당 작업장을 적정공기상태가 유지되도록 환기하여야 한다.

80 고온환경에서 심한 육체노동을 할 때 잘 발생하며, 그 기전은 지나친 발한에 의한 탈수와 염분소실로 나타나는 건강장애는?

① 열경련(Heat Cramps)
② 열피로(Heat Fatigue)
③ 열실신(Heat Syncope)
④ 열발진(Heat Rashes)

해설

열경련(Heat Cramp)
㉠ 원인 : 고온환경에서 심한 육체적 작업을 하면서 땀을 많이 흘릴 때 발생하며, 신체의 염분손실을 충당하지 못할 때 발생한다.
㉡ 증상 : 수의근에 유통성 경련, 과도한 발한, 일시적 단백뇨, 혈액의 농축

5과목 산업독성학

81 호흡기에 대한 자극작용은 유해물질의 용해도에 따라 구분되는데 다음 중 상기도점막자극제에 해당하지 않는 것은?

① 염화수소　② 아황산가스
③ 암모니아　④ 이산화질소

해설

상기도점막자극제
물에 잘 녹는 물질이며 암모니아, 크롬산, 염화수소, 불화수소, 아황산가스 등이 있다.

82 납중독에 대한 치료방법의 일환으로 체내에 축적된 납을 배출하도록 하는 데 사용하는 것은?

① Ca－EDTA　② DMPS
③ 2－PAM　④ Atropin

해설

납은 Ca－EDTA, Penicillamine등의 배설촉진제를 사용하여 치료한다.

83 다음에서 설명하고 있는 유해물질 관리기준은?

> 이것은 유해물질에 폭로된 생체시료 중의 유해물질 또는 그 대사물질 등에 대한 생물학적 감시(Monitoring)를 실시하여 생체 내에 침입한 유해물질의 총량 또는 유해물질에 의하여 일어난 생체변화의 강도를 지수로써 표현한 것이다.

◉ ANSWER | 78 ② 79 ② 80 ① 81 ④ 82 ① 83 ②

① TLV(Threshold Limit Value)
② BEI(Biological Exposure Indices)
③ THP(Total Health Promotion Plan)
④ STEL(Short Term Exposure Limit)

해설

BEI(Biological Exposure Indices)
작업장의 유해물질을 공기 중 허용농도에 의존하는 것 이외에 근로자의 노출상태를 측정하는 방법으로, 근로자들의 호기를 검사해서 건강장애를 일으키는 일이 없이 노출될 수 있는 양이 BEI이다.

84 수치로 나타낸 독성의 크기가 각각 2와 3인 두 물질이 화학적 상호작용에 의해 상대적 독성이 9로 상승하였다면 이러한 상호작용을 무엇이라 하는가?

① 상가작용 ② 가승작용
③ 상승작용 ④ 길항작용

해설

상승작용
각각의 단일물질에 노출되었을 때보다 훨씬 큰 독성을 나타내는 것을 말한다.

85 화학물질 및 물리적 인자의 노출기준상 산화규소 종류와 노출기준이 올바르게 연결된 것은?(단, 노출기준은 TWA기준이다.)

① 결정체 석영－0.1mg/m^3
② 결정체 트리폴리－0.1mg/m^3
③ 비결정체 규소－0.01mg/m^3
④ 결정체 트리디마이트－0.01mg/m^3

해설

산화규소의 노출기준
① 결정체 석영－0.05mg/m^3
③ 비결정체 규소－0.1mg/m^3
④ 결정체 트리디마이트－0.05mg/m^3

86 노출에 대한 생물학적 모니터링의 단점이 아닌 것은?

① 시료채취의 어려움
② 근로자의 생물학적 차이
③ 유기시료의 특이성과 복잡성
④ 호흡기를 통한 노출만을 고려

해설

생물학적 모니터링의 단점
㉠ 시료채취가 어렵다.
㉡ 유기시료의 특이성이 존재하고 복잡하다.
㉢ 근로자마다 생물학적 차이가 나타날 수 있다.
㉣ 분석이 어려우며, 분석 시 오염에 노출될 수 있다.

87 인체 내 주요 장기 중 화학물질 대사능력이 가장 높은 기관은?

① 폐 ② 간장
③ 소화기관 ④ 신장

해설

인체 내 주요 장기 중 화학물질 대사능력이 가장 높은 기관은 간이다.

88 중추신경계에 억제작용이 가장 큰 것은?

① 알칸족 ② 알켄족
③ 알코올족 ④ 할로겐족

해설

유기용제의 중추신경계 활성억제의 순위
할로겐화화합물 > 에테르 > 에스테르 > 유기산 > 알코올 > 알켄 > 알칸

89 망간중독에 대한 설명으로 옳지 않은 것은?

① 금속망간의 직업성 노출은 철강제조분야에서 많다.
② 망간의 만성중독을 일으키는 것은 2가의 망간화합물이다.
③ 치료제는 Ca－EDTA가 있으며 중독 시 신경이나 뇌세포 손상 회복에 효과가 크다.
④ 이산화망간 흄에 급성폭로되면 열, 오한, 호흡곤란 등의 증상을 특징으로 하는 금속열을 일으킨다.

해설

BAL, Ca－EDTA는 치료효과가 없으며, 망간에 의한 신경손상이 진행되어 일단 증상이 고정되면 회복이 어렵다.

◉ ANSWER | 84 ③ 85 ② 86 ④ 87 ② 88 ④ 89 ③

90 다음 단순에스테르 중 독성이 가장 높은 것은?

① 초산염 ② 개미산염
③ 부틸산염 ④ 프로피온산염

해설

단순에스테르 중에서 독성이 가장 높은 물질은 부틸산염이다.

91 작업장에서 생물학적 모니터링의 결정인자를 선택하는 기준으로 옳지 않은 것은?

① 검체의 채취나 검사과정에서 대상자에게 불편을 주지 않아야 한다.
② 적절한 민감도(Sensitivity)를 가진 결정인자이어야 한다.
③ 검사에 대한 분석적인 변이나 생물학적 변이가 타당해야 한다.
④ 결정인자는 노출된 화학물질로 인해 나타나는 결과가 특이하지 않고 평범해야 한다.

해설

생물학적 결정인자 선택기준 시 고려사항
결정인자는 공기 중에서 흡수된 화학물질에 의하여 생긴 가역적인 생화학적 변화이다.
㉠ 결정인자가 충분히 특이해야 한다.
㉡ 적절한 민감도를 지니고 있어야 한다.
㉢ 검사에 대한 분석과 생물학적 변이가 적어야 한다.
㉣ 검사 시 근로자에게 불편을 주지 않아야 한다.
㉤ 생물학적 검사 중 건강위험을 평가하기 위한 유용성 측면을 고려한다.

92 카드뮴의 만성중독증상으로 볼 수 없는 것은?

① 폐기능 장애 ② 골격계의 장애
③ 신장기능 장애 ④ 시각기능 장애

해설

카드뮴의 만성중독증상
㉠ 신장기능 장애
㉡ 골격계 장애
㉢ 폐기능 장애
㉣ 자각증상

93 인체에 흡수된 납(Pb) 성분이 주로 축적되는 곳은?

① 간 ② 뼈
③ 신장 ④ 근육

해설

납(Pb)의 체내대사
㉠ 무기납은 소화기 및 호흡기를 통하여 흡수된다.
㉡ 유기납은 피부를 통하여 흡수된다.
㉢ 납은 적혈구와 친화력이 강해 납의 95% 정도는 적혈구와 결합한다.
㉣ 뼈에서 안정된 상태로 존재한다.(뼈에는 약 90%가 축적)
㉤ 소화기로 섭취된 납은 입자의 크기에 따라 다르지만 약 10% 정도만이 소장에서 흡수되고, 나머지는 대변으로 배출된다.

94 작업자의 소변에서 마뇨산이 검출되었다. 이 작업자는 어떤 물질을 취급하였다고 볼 수 있는가?

① 톨루엔 ② 에탄올
③ 클로로벤젠 ④ 트리클로로에틸렌

해설

톨루엔에 대한 건강위험평가는 뇨 중 마뇨산, 혈액 · 호기에서는 톨루엔이 신뢰성 있는 결정인자이다.

95 중금속의 노출 및 독성기전에 대한 설명으로 옳지 않은 것은?

① 작업환경 중 작업자가 흡입하는 금속형태는 흄과 먼지형태이다.
② 대부분의 금속이 배설되는 가장 중요한 경로는 신장이다.
③ 크롬은 6가크롬보다 3가크롬이 체내흡수가 많이 된다.
④ 납에 노출될 수 있는 업종은 축전지 제조, 합금업체, 전자산업 등이다.

해설

3가크롬이 6가크롬보다 피부흡수가 어렵다.

ANSWER | 90 ③ 91 ④ 92 ④ 93 ② 94 ① 95 ③

96 약품정제를 하기 위한 추출제 등에 이용되는 물질로 간장, 신장의 암발생에 주로 영향을 미치는 것은?

① 크롬　② 벤젠
③ 유리규산　④ 클로로포름

해설

클로로포름($CHCl_3$)
㉠ 급성독성은 중추신경계(CNS) 억제를 유발한다.
㉡ 급성폭로에 의하여 간과 신장이 손상되고 심장도 예민하게 된다.
㉢ 피부자극은 적지만 눈에 폭로되면 고통스럽다.
㉣ 폭로가 계속되면 냄새에 순응하여 감지능력이 저하한다.
㉤ 페니실린을 비롯한 약품을 정제하기 위한 추출제 혹은 냉동제 및 합성수지에 이용된다.

97 다음 중 악성중피종(Mesothelioma)을 유발시키는 대표적인 인자는?

① 석면　② 주석
③ 아연　④ 크롬

해설

석면에 의한 건강장애
㉠ 석면은 마그네슘과 규소를 포함하고 있는 광물질로서 청석면(크로시돌라이트), 갈석면(아모사이트), 백석면(크리소타일) 등이 있다.
㉡ 자연계에서 산출되는 길고 가는 강한 섬유상 물질로서 내열성, 불활성, 절연성의 성질을 갖는다.
㉢ 석면은 폐암, 악성중피종, 석면폐증을 일으키는 발암물질이다.
㉣ 석면의 종류 중 청석면이 발암성이 가장 강한 것으로 알려져 있다.

98 유리규산(석영) 분진에 의한 규폐성 결정과 폐포벽 파괴 등 망상내피계 반응은 분진입자의 크기가 얼마일 때 자주 일어나는가?

① $0.1 \sim 0.5\mu m$　② $2 \sim 5\mu m$
③ $10 \sim 15\mu m$　④ $15 \sim 20\mu m$

해설

유리규산(석영) 분진에 의한 규폐성 결정과 폐포벽 파괴 등 망상내피계 반응은 분진입자의 크기가 $2 \sim 5\mu m$일 때 자주 일어난다.

99 입자상 물질의 호흡기계 침착기전 중 길이가 긴 입자가 호흡기계로 들어오면 그 입자의 가장자리가 기도의 표면을 스치게 됨으로써 침착하는 현상은?

① 충돌　② 침전
③ 차단　④ 확산

해설

차단
기도 표면에 섬유입자의 한쪽 끝이 접촉하여 간섭받음으로써 침착

100 다음에서 설명하는 물질은?

> 이것은 소방제나 세척액 등으로 사용되었으나 현재는 강한 독성 때문에 이용되지 않으며 고농도의 이 물질에 노출되면 중추신경계 장애 외에 간장과 신장장애를 유발한다. 대표적인 초기증상으로는 두통, 구토, 설사 등이 있으며 그 후에 알부민뇨, 혈뇨 및 혈중 Urea 수치의 상승 등의 증상이 있다.

① 납　② 수은
③ 황화수은　④ 사염화탄소

해설

사염화탄소(CCl_4)
㉠ 초기증상으로는 지속적인 두통, 구역 또는 구토, 복부산통과 설사, 간압통 등이 나타난다.
㉡ 피부로 흡수되어 전신중독을 일으킬 수 있다.
㉢ 간의 중요한 장애인 중심소염성 괴사를 일으키는 물질이다.
㉣ 고농도로 폭로되면 중추신경계 장애 외에 간장이나 신장에 장애가 일어나 황달, 단백뇨, 혈뇨의 증상을 나타낸다.

ANSWER | 96 ④　97 ①　98 ②　99 ③　100 ④

2021년 2회 기사

PART 01 PART 02 PART 03 PART 04 PART 05 PART 06

1과목 산업위생학 개론

01 산업안전보건법령상 물질안전보건자료 대상물질을 제조 · 수입하려는 자가 물질안전보건자료에 기재해야 하는 사항에 해당되지 않는 것은?(단, 그 밖에 고용노동부장관이 정하는 사항은 제외한다)

① 응급조치 요령
② 물리 · 화학적 특성
③ 안전관리자의 직무범위
④ 폭발 · 화재 시 대처방법

해설

물질안전보건자료(MSDS) 작성 시 반드시 포함되어야 하는 항목
㉠ 화학제품과 회사에 관한 정보
㉡ 유해성, 위험성
㉢ 구성성분의 명칭 및 함유량
㉣ 응급조치요령
㉤ 폭발, 화재 시 대치방법
㉥ 누출사고 시 대처방법
㉦ 취급 및 저장방법
㉧ 노출방지 및 개인보호구
㉨ 물리화학적 특성
㉩ 안정성 및 반응성
㉪ 독성에 관한 정보
㉫ 환경에 미치는 영향
㉬ 폐기 시 주의 사항
㉭ 운송에 필요한 정보
㉮ 법적 규제현황
㉯ 그 밖의 참고사항

02 산업피로에 대한 대책으로 옳은 것은?

① 커피, 홍차, 엽차 및 비타민 B_1은 피로회복에 도움이 되므로 공급한다.
② 신체리듬의 적응을 위하여 야간근무는 연속으로 7일 이상 실시하도록 한다.
③ 움직이는 작업은 피로를 가중시키므로 될수록 정적인 작업으로 전환하도록 한다.
④ 피로한 후 장시간 휴식하는 것이 휴식시간을 여러 번으로 나누는 것보다 효과적이다.

해설

산업피로의 예방 및 대책
㉠ 작업과정에 적절한 간격으로 휴식시간을 둔다.
㉡ 각 개인에 따라 작업량을 조절한다.
㉢ 개인의 숙련도 등에 따라 작업속도를 조절한다.
㉣ 동적인 작업을 늘리고, 정적인 작업을 줄인다.
㉤ 불필요한 동작을 피하고 에너지소모를 줄인다.
㉥ 커피, 홍차, 엽차 및 비타민 B_1은 피로회복에 도움이 되므로 공급한다.
㉦ 작업환경을 정리 · 정돈한다.
㉧ 충분한 수면은 피로회복에 대한 최적의 대책이다.
㉨ 작업시간 중 적당한 때에 체조를 한다.
㉩ 일반적으로 단시간씩 여러 번 나누어 휴식하는 것이 장시간 한 번 휴식하는 것보다 피로회복에 도움이 된다.

03 산업안전보건법령에서 정하고 있는 제조 등이 금지되는 유해물질에 해당하지 않는 것은?

① 석면(Asbestos)
② 크롬산아연(Zinc Chromates)
③ 황린성냥(Yellow Phosphorus Match)
④ β－나프틸아민과 그 염(β－Naphthylamine and Its Salts)

해설

제조 등이 금지되는 유해물질
㉠ 황린(黃燐)성냥
㉡ 백연을 함유한 페인트(함유 용량비율 2% 이하 제외)
㉢ 폴리클로리네이티드비페닐(PCT)
㉣ 4－니트로디페닐과 그 염
㉤ 악티노라이트석면, 안소필라이트석면 및 트레모라이트석면
㉥ 베타－나프틸아민과 그 염
㉦ 백석면, 청석면 및 갈석면
㉧ 벤젠을 함유한 고무풀(함유된 용량비율 5% 이하 제외)
㉨ ㉢~㉦까지 어느 하나에 해당하는 물질을 함유한 제재(함유된 중량의 비율이 1% 이하인 것 제외)
㉩ 화학물질관리법 제2조제5호에 따른 금지물질
㉪ 기타 보건상 해로운 물질로서 정책심의위원회의 심의를 거쳐 고용노동부장관이 정하는 유해물질

ANSWER | 01 ③ 02 ① 03 ②

04 산업안전보건법령상 중대재해에 해당하지 않는 것은?

① 사망자가 2명이 발생한 재해
② 상해는 없으나 재산피해 정도가 심각한 재해
③ 4개월의 요양이 필요한 부상자가 동시에 2명이 발생한 재해
④ 부상자 또는 직업성 질병자가 동시에 12명이 발생한 재해

해설

중대재해
㉠ 사망자가 1명 이상 발생한 재해
㉡ 3개월 이상의 요양이 필요한 부상자가 동시에 2명 이상 발생한 재해
㉢ 부상자 또는 직업성 질병자가 동시에 10명 이상 발생한 재해

05 근로자가 노동환경에 노출될 때 유해인자에 대한 해치(Hatch)의 양－반응관계곡선의 기관장애 3단계에 해당하지 않는 것은?

① 보상단계 ② 고장단계
③ 회복단계 ④ 향상성 유지단계

해설

해치(Hatch)의 기관장애 3단계
㉠ 항상성(Homeostasis)유지단계 : 정상적 상태
㉡ 보상(Comoensation)유지단계 : 노출기준 단계
㉢ 고장(Breakdown)장애단계 : 비가역적 단계

06 산업안전보건법령상 근로자에 대해 실시하는 특수건강진단 대상 유해인자에 해당하지 않는 것은?

① 에탄올(Ethanol)
② 가솔린(Gasoline)
③ 니트로벤젠(Nitrobenzene)
④ 디에틸에테르(Diethyl Ether)

해설

특수건강진단 대상 유해인자
㉠ 유기화합물(109종) : 가솔린, 니트로벤젠, 디에틸에테르 등
㉡ 금속류(20종) : 구리, 납 및 그 무기화합물 등, 니켈 및 그 무기화합물 등
㉢ 산 및 알칼리류(8종) : 무수초산, 불화수소, 시안화나트륨 등
㉣ 가스상태물질류(14종) : 불소, 브롬, 산화에틸렌 등
㉤ 허가대상 유해물질(112종)
㉥ 금속가공유

07 산업피로의 용어에 관한 설명으로 옳지 않은 것은?

① 곤비란 단시간의 휴식으로 회복될 수 있는 피로를 말한다.
② 다음 날까지도 피로상태가 계속되는 것을 과로라 한다.
③ 보통피로는 하룻밤 잠을 자고 나면 다음 날 회복되는 정도이다.
④ 정신피로는 중추신경계의 피로를 말하는 것으로 정밀작업 등과 같은 정신적 긴장을 요하는 작업 시에 발생한다.

해설

피로의 3단계
㉠ 보통피로 : 하루 잠을 자고 나면 완전히 회복되는 피로
㉡ 과로 : 다음 날까지 계속되는 피로의 상태로 단시간 휴식으로 회복 가능
㉢ 곤비 : 과로의 축적으로 단시간 휴식으로 회복될 수 없는 발병단계의 피로

08 사무실 공기관리지침에 관한 내용으로 옳지 않은 것은?(단, 고용노동부고시를 기준으로 한다.)

① 오염물질인 미세먼지(PM10)의 관리기준은 100 $\mu g/m^3$이다.
② 사무실 공기의 관리기준은 8시간 시간가중평균농도를 기준으로 한다.
③ 총부유세균의 시료채취방법은 충돌법을 이용한 부유세균채취기(Bioair Sampler)로 채취한다.
④ 사무실 공기질의 모든 항목에 대한 측정결과는 측정치 전체에 대한 평균값을 이용하여 평가한다.

해설

측정결과의 평가
㉠ 사무실 공기질의 측정결과는 측정치 전체에 대한 평균값을 오염물질별 관리기준과 비교하여 평가한다.
㉡ 이산화탄소는 각 지점에서 측정한 측정치 중 최고값을 기준으로 비교 · 평가한다.

◉ ANSWER | 04 ② 05 ③ 06 ① 07 ① 08 ④

09 근육운동을 하는 동안 혐기성 대사에 동원되는 에너지원과 가장 거리가 먼 것은?

① 글리코겐
② 아세트알데히드
③ 크레아틴인산(CP)
④ 아데노신삼인산(ATP)

해설

혐기성 대사(Aerobic Metabolism)
㉠ 근육에 저장된 화학적 에너지
㉡ 혐기성 대사 순서(시간대별)
ATP(아데노신삼인산) → CP(크레아틴인산) → Glycogen(글리코겐) or Glucose(포도당)

10 재해예방의 4원칙에 해당하지 않는 것은?

① 소실우연의 원칙
② 예방가능의 원칙
③ 대책선정의 원칙
④ 원인조사의 원칙

해설

산업재해예방의 4원칙
㉠ 원인계기의 원칙
㉡ 예방가능의 원칙
㉢ 대책선정의 원칙
㉣ 손실우연의 원칙

11 미국산업위생학술원(American Academy of Industrial Hygiene)에서 산업위생분야에 종사하는 사람들이 반드시 지켜야 할 윤리강령 중 전문가로서의 책임부분에 해당하지 않는 것은?

① 기업체의 기밀은 누설하지 않는다.
② 근로자의 건강보호 책임을 최우선으로 한다.
③ 전문분야로서의 산업위생을 학문적으로 발전시킨다.
④ 과학적 방법의 적용과 자료의 해석에서 객관성을 유지한다.

해설

산업위생전문가로서 지켜야 할 책임
㉠ 기업체의 기밀은 외부에 누설하지 않는다.
㉡ 과학적 방법의 적용과 자료의 해석에서 객관성을 유지한다.
㉢ 근로자, 사회 및 전문직종의 이익을 위해 과학적 지식을 공개하여 발표한다.
㉣ 전문적인 판단이 타협에 의해서 좌우될 수 있으나 이해관계가 있는 상황에서는 개입하지 않는다.
㉤ 성실성과 학문적 실력면에서 최고수준을 유지한다.
㉥ 전문분야로서의 산업위생 발전에 기여한다.

12 근골격계 질환에 관한 설명으로 옳지 않은 것은?

① 점액낭염(Bursitis)은 관절 사이의 윤활액을 싸고 있는 윤활낭에 염증이 생기는 질병이다.
② 건초염(Tendosynovitis)은 건막에 염증이 생긴 질환이며, 건염(Tendonitis)은 건의 염증으로, 건염과 건초염을 정확히 구분하기 어렵다.
③ 수근관증후군(Carpal Tunnel Syndrome)은 반복적이고, 지속적인 손목의 압박, 무리한 힘 등으로 인해 수근관 내부의 정중신경이 손상되어 발생한다.
④ 요추염좌(Lumbar Sprain)는 근육이 잘못된 자세, 외부의 충격, 과도한 스트레스 등으로 수축되어 굳어지면 근섬유의 일부가 띠처럼 단단하게 변하여 근육의 특정부위에 압통, 방사통, 목부위 운동제한, 두통 등의 증상이 나타난다.

해설

요추염좌는 요추(허리뼈)부위의 뼈와 뼈를 이어 주는 섬유조직인 인대가 손상되어 통증이 생기는 상태를 말한다.

13 토양이나 암석 등에 존재하는 우라늄의 자연적 붕괴로 생성되어 건물의 균열을 통해 실내공기로 유입되는 발암성 오염물질은?

① 라돈 ② 석면
③ 알레르겐 ④ 포름알데히드

해설

라돈(Rn)
㉠ 라돈은 무색무취의 기체로 액화되어도 색을 띠지 않는 물질이다.
㉡ 지구상에서 발견된 자연방사능물질 중의 하나이다.
㉢ 반감기는 3.8일이며, 라듐의 핵분열 시 생성되는 물질이다.
㉣ 우라늄-238 계열의 붕괴과정에서 만들어진 라듐-226의 괴변성 생성물질로서 인체에는 폐암을 유발시키는 오염물질이다.

ANSWER | 09 ② 10 ④ 11 ② 12 ④ 13 ①

ⓜ 화학적으로는 거의 반응을 일으키지 않고 흙속에서 방사선 붕괴를 일으킨다.
ⓑ 공기에 비하여 약 9배 무거워 지하공간에서 농도가 높게 나타나며 농도단위는 PCi/L(Bq)를 사용한다.
ⓢ 자연계에 널리 존재하며, 주로 건축자재를 통하여 인체에 영향을 미친다.
ⓞ 라듐의 α 붕괴에 의해 발생하며, 폐암을 유발한다.

14 다음 중 최초로 기록된 직업병은?

① 규폐증　② 폐질환
③ 음낭암　④ 납중독

해설

Percivall Pott는 직업성 암을 최초로 발견하였고, 굴뚝 청소부에게 많이 발생하던 음낭암(Scrotal Cancer)의 원인 물질을 검댕(Soot)이라고 규명하였다.

15 직업성 질환 중 직업상의 업무에 의하여 1차적으로 발생하는 질환은?

① 합병증　② 일반 질환
③ 원발성 질환　④ 속발성 질환

해설

직업성 질환이란 어떤 직업에 종사함으로써 발생하는 업무상 질병을 말하며 직업상의 업무에 의하여 1차적으로 발생하는 질환을 원발성 질환이라 한다.

16 산업위생활동 중 평가(Evaluation)의 주요과정에 대한 설명으로 옳지 않은 것은?

① 시료를 채취하고 분석한다.
② 예비조사의 목적과 범위를 결정한다.
③ 현장조사로 정량적인 유해인자의 양을 측정한다.
④ 바람직한 작업환경을 만드는 최종적인 활동이다.

해설

산업위생의 활동단계 중 평가는 유해인자에 대한 양, 정도가 근로자들의 건강에 어떤 영향을 미칠 것인지를 판단하는 의사결정단계이다. 물리적, 화학적, 생물학적, 인간공학적 유해인자의 목록작성은 인지의 단계이다.

평가(Evaluation)의 주요과정
㉠ 시료를 채취하고 분석한다.
㉡ 예비조사의 목적과 범위를 결정한다.
㉢ 현장조사로 정량적인 유해인자의 양을 측정한다.

17 톨루엔(TLV = 50ppm)을 사용하는 작업장의 작업시간이 10시간일 때 허용기준을 보정하여야 한다. OSHA보정법과 Brief and Scala보정법을 적용하였을 경우 보정된 허용기준치 간의 차이는?

① 1ppm　② 2.5ppm
③ 5ppm　④ 10ppm

해설

㉠ OSHA

$$\text{보정노출기준} = \text{8시간 노출기준} \times \frac{\text{8시간}}{\text{노출기준/일}} = 50 \times \frac{8}{10} = 40\,\text{ppm}$$

㉡ Brief and Scala

$$\text{보정노출기준} = \text{노출기준} \times \frac{8}{H} \times \frac{24-H}{16} = 50 \times \frac{8}{10} \times \frac{24-10}{16} = 35\,\text{ppm}$$

허용기준 간의 차 $= 40 - 35 = 5$ppm

18 마이스터(D.Meister)가 정의한 내용으로 시스템으로부터 요구된 작업결과(Performance)와의 차이(Deviation)가 의미하는 것은?

① 인간실수　② 무의식행동
③ 주변적 동작　④ 지름길반응

해설

인간실수의 정의(D.Meister)
마이스터는 인간실수를 시스템으로부터 요구된 작업결과와의 차이라고 정의했다. 즉, 시스템의 안전, 성능, 효율을 저하시키거나 감소시킬 수 있는 잠재력을 갖고 있는 부적절하거나 원치 않는 인간의 결정 또는 행동으로 어떤 허용범위를 벗어난 일련의 동작이라고 하였다.

19 작업대사율이 3인 강한 작업을 하는 근로자의 실동률(%)은?

① 50　② 60
③ 70　④ 80

해설

실동률(%) $= 85 - (5 \times R) = 85 - (5 \times 3) = 70\%$

ANSWER | 14 ④ 15 ③ 16 ④ 17 ③ 18 ① 19 ③

20 NIOSH에서 제시한 권장무게한계가 6kg이고, 근로자가 실제 작업하는 중량물의 무게가 12kg일 경우 중량물 취급지수(LI)는?

① 0.5 ② 1.0
③ 2.0 ④ 6.0

해설

$$중량물\ 취급지수(LI) = \frac{물체무게(kg)}{RWL(kg)} = \frac{12(kg)}{6(kg)} = 2$$

2과목 작업위생 측정 및 평가

21 세 개의 소음원의 소음수준을 한 지점에서 각각 측정해 보니 첫 번째 소음원만 가동될 때는 88dB, 두 번째 소음원만 가동될 때는 86dB, 세 번째 소음원만 가동될 때는 91dB이었다. 세 개의 소음원이 동시에 가동될 때 측정지점에서의 음압수준(dB)은?

① 91.6 ② 93.6
③ 95.4 ④ 100.2

해설

$$L_{합} = 10\log(10^{\frac{L_1}{10}} + 10^{\frac{L_2}{10}} + \cdots + 10^{\frac{L_n}{10}})$$

$$PWL = 10\log(10^{\frac{88}{10}} + 10^{\frac{86}{10}} + 10^{\frac{91}{10}}) = 93.6dB$$

22 고온의 노출기준을 구분하는 작업강도 중 중등작업에 해당하는 열량(kcal/h)은?

① 130 ② 221
③ 365 ④ 445

해설

중등작업
시간당 200~350kcal의 열량이 소요되는 작업을 말하며, 물체를 들거나 밀면서 걸어다니는 일 등을 뜻한다.

23 고열(Heat Stress)환경의 온열측정과 관련된 내용으로 틀린 것은?

① 흑구온도와 기온과의 차를 실효복사온도라 한다.
② 실제환경의 복사온도를 평가할 때는 평균복사온도를 이용한다.
③ 고열로 인한 환경적인 요인은 기온, 기류, 습도 및 복사열이다.
④ 습구흑구온도지수(WBGT) 계산 시에는 반드시 기류를 고려하여야 한다.

해설

습구흑구온도지수(WBGT) 계산 시에는 반드시 기류를 고려하지 않는다.

24 고체흡착관의 뒤층에서 분석된 양이 앞층의 25%였다. 이에 대한 분석자의 결정으로 바람직하지 않은 것은?

① 파과가 일어났다고 판단하였다.
② 파과실험의 중요성을 인식하였다.
③ 시료채취과정에서 오차가 발생하였다고 판단하였다.
④ 분석된 앞층과 뒷층을 합하여 분석결과로 이용하였다.

해설

고체흡착관의 뒤층에서 분석된 양이 앞층의 10% 이상이면 파과가 일어났다고 판단한다.

25 작업환경 내 105dB(A)의 소음이 30분, 110dB(A) 소음이 15분, 115dB(A)의 소음이 5분 발생하였을 때, 작업환경의 소음 정도는?(단,105, 110, 115dB(A)의 1일 노출허용 시간은 각각 1시간, 30분, 15분이고, 소음은 단속음이다.)

① 허용기준 초과
② 허용기준과 일치
③ 허용기준 미만
④ 평가할 수 없음(조건부족)

ANSWER | 20 ③ 21 ② 22 ② 23 ④ 24 ④ 25 ①

해설

$$소음허용기준 = \frac{C_1}{T_1} + \frac{C_2}{T_2} + \cdots + \frac{C_n}{T_n}$$
$$= \frac{30}{60} + \frac{15}{30} + \frac{5}{15} = 1.33$$

∴ 소음허용기준이 1 이상이므로 허용기준 초과 판정

26 입경범위가 0.1~0.5μm인 입자상물질이 여과지에 포집될 경우에 관여하는 주된 메커니즘은?

① 충돌과 간섭 ② 확산과 간섭
③ 확산과 충돌 ④ 충돌

해설

입자의 포집메커니즘에 따른 입자크기
① 관성충돌 : 0.5μm 이상
② 차단(간접), 확산 : 0.1~0.5μm
③ 확산 : 0.1μm 이하 포집메커니즘에 따른 입자크기

27 처음 측정한 측정치는 유량, 측정시간, 회수율, 분석에 의한 오차가 각각 15%, 3%, 10%, 7%이었으나 유량에 의한 오차가 개선되어 10%로 감소되었다면 개선 전 측정치의 누적오차와 개선 후 측정치의 누적오차의 차이(%)는?

① 6.5 ② 5.5
③ 4.5 ④ 3.5

해설

㉠ 개선 전 누적오차 $= \sqrt{15^2+3^2+10^2+7^2} = 19.57\%$
㉡ 개선 후 누적오차 $= \sqrt{10^2+3^2+10^2+7^2} = 16.06\%$
㉢ 누적오차의 차이 $= 19.57 - 16.06 = 3.51\%$

28 정량한계에 관한 설명으로 옳은 것은?

① 표준편차의 3배 또는 검출한계의 5배(또는 5.5배)로 정의
② 표준편차의 3배 또는 검출한계의 10배(또는 10.3배)로 정의
③ 표준편차의 5배 또는 검출한계의 3배(또는 3.3배)로 정의
④ 표준편차의 10배 또는 검출한계의 3배(또는 3.3배)로 정의

해설

정량한계(LOQ ; Limit Of Quantification) : 표준편차의 10배
㉠ LOQ는 정량결과가 신뢰성을 가지고 얻을 수 있는 양을 말한다.
㉡ LOQ 측정치는 공시료+10×표준편차로, 검량선의 방정식으로 구할 수도 있다.
㉢ 기기분석에서는 신호 대 잡음비가 10 : 1인 경우에 해당한다.
㉣ 정량한계=검출한계×3(또는 3.3)

29 TCE(분자량=131.39)에 노출되는 근로자의 노출농도를 측정하고자 한다. 추정되는 농도는 25ppm이고, 분석방법의 정량한계가 시료당 0.5mg일 때, 정량한계 이상의 시료량을 얻기 위해 채취하여야 하는 공기최소량은?(단,25℃, 1기압 기준)

① 약 2.4L ② 약 3.7L
③ 약 4.2L ④ 약 5.3L

해설

먼저 농도 25ppm을 mg/m^3로 환산한다.

㉠ $X(mg/m^3) = \frac{25mL}{m^3} \bigg| \frac{131.39mg}{24.45mL} = 134.35mg/m^3$

㉡ $최소공기량 = \frac{LOQ(mg)}{농도(mg/m^3)} = \frac{0.5mg}{134.35mg/m^3}$
$= 3.72 \times 10^{-3}m^3 = 3.72L$

30 두 집단의 어떤 유해물질의 측정값이 아래 도표와 같을 때 두 집단의 표준편차의 크기비교에 대한 설명 중 옳은 것은?

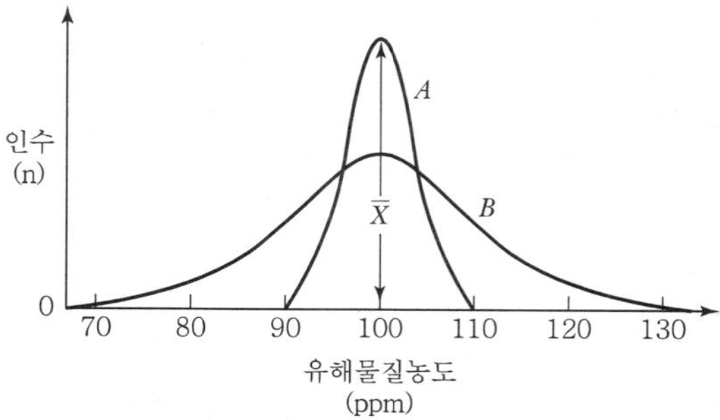

① A집단과 B집단은 서로 같다.
② A집단의 경우가 B집단의 경우보다 크다.
③ A집단의 경우가 B집단의 경우보다 작다.
④ 주어진 도표만으로 판단하기 어렵다.

◎ ANSWER | 26 ② 27 ④ 28 ④ 29 ② 30 ③

해설

표준편차가 0에 가까울수록 측정값이 동일한 크기이며 표준편차가 클수록 평균에서 멀어지는 것을 의미한다.

31 석면농도를 측정하는 방법에 대한 설명 중 (　) 안에 들어갈 적절한 기체는?(단, NIOSH방법 기준)

> 공기 중 석면농도를 측정하는 방법으로 충전식 휴대용 펌프를 이용하여 여과지를 통하여 공기를 통과시켜 시료를 채취한 다음, 이 여과지에 (A)증기를 씌우고 (B)시약을 가한 후 위상차현미경으로 400~500배의 배율에서 섬유수를 계수한다.

① 솔벤트, 메틸에틸케톤
② 아황산가스, 클로로포름
③ 아세톤, 트리아세틴
④ 트리클로로에탄, 트리클로로에틸렌

해설

석면농도 측정(NIOSH방법 기준)
공기 중 석면농도를 측정하는 방법으로 충전식 휴대용 펌프를 이용하여 여과지를 통하여 공기를 통과시켜 시료를 채취한 다음, 이 여과지에 아세톤 증기를 씌우고 트리아세틴 시약을 가한 후 위상차현미경으로 400~500배의 배율에서 섬유수를 계수한다.

32 옥내의 습구흑구온도지수(WBGT)를 계산하는 식으로 옳은 것은?

① WBGT = 0.1 × 자연습구온도 + 0.9 × 흑구온도
② WBGT = 0.9 × 자연습구온도 + 0.1 × 흑구온도
③ WBGT = 0.3 × 자연습구온도 + 0.7 × 흑구온도
④ WBGT = 0.7 × 자연습구온도 + 0.3 × 흑구온도

해설

옥내 WBGT(℃) = 0.7 × 자연습구온도 + 0.3 × 흑구온도

33 활성탄관에 대한 설명으로 틀린 것은?

① 흡착관은 길이 7cm, 외경 6mm인 것을 주로 사용한다.
② 흡입구 방향으로 가장 앞쪽에는 유리섬유가 장착되어 있다.
③ 활성탄입자는 크기가 20~40mesh인 것을 선별하여 사용한다.
④ 앞층과 뒤층을 우레탄폼으로 구분하며 뒤층이 100mg으로 앞층보다 2배 정도 많다.

해설

앞층과 뒤층을 우레탄폼으로 구분하며 앞층이 100mg으로 뒤층보다 2배 정도 많다.

34 금속가공유를 사용하는 절단작업 시 주로 발생할 수 있는 공기 중 부유물질의 형태로 가장 적합한 것은?

① 미스트(Mist)　② 먼지(Dust)
③ 가스(Gas)　④ 흄(Fume)

35 가스상 물질의 분석 및 평가를 위한 열탈착에 관한 설명으로 틀린 것은?

① 이황화탄소를 활용한 용매탈착은 독성 및 인화성이 크고 작업이 번잡하며 열탈착이 보다 간편한 방법이다.
② 활성탄관을 이용하여 시료를 채취할 경우, 열탈착에 300℃ 이상의 온도가 필요하므로 사용이 제한된다.
③ 열탈착은 용매탈착에 비하여 흡착제에 채취된 일부 분석물질만 기기로 주입되어 감도가 떨어진다.
④ 열탈착은 대개 자동으로 수행되며 탈착된 분석물질이 가스크로마토그래피로 직접 주입되도록 되어 있다.

◉ ANSWER | 31 ③ 32 ④ 33 ④ 34 ① 35 ③

해설

열탈착은 열과 불활성가스를 이용하여 탈착시키는 방법으로 탈착이 자동으로 수행되며 탈착된 분석물질이 가스크로마토그래피로 직접 주입되도록 되어 있고 한 번에 모든 시료가 주입된다.

36 시료를 10mL 채취하여 분석한 결과 납(Pb)의 양이 8.5μg이고 Blank 시료도 동일한 방법으로 분석한 결과 납의 양이 0.7μg이었다. 총 흡인유량이 60L일 때 작업환경 중 납의 농도(mg/m^3)는?(단, 탈착효율은 0.95이다.)

① 0.14　② 0.21
③ 0.65　④ 0.70

해설

$$X(mg/m^3) = \frac{\text{분석량}}{\text{인입유량} \times \text{탈착효율}} = \frac{(8.5-0.7)\mu g}{60L \times 0.95} = 0.137\mu g/L(mg/m^3)$$

37 1% Sodium Bisulfite의 흡수액 20mL를 취한 유리제품의 미드젯임핀저를 고속시료포집펌프에 연결하여 공기시료 0.480m^{3}를 포집하였다. 가시광선 흡광광도계를 이용하여 시료를 실험실에서 분석한 값이 표준검량선의 외삽법에 의하여 50μg/mL가 지시되었다. 표준상태에서 시료포집기간 동안의 공기 중 포름알데히드 증기의 농도(ppm)는?(단, 포름알데히드 분자량은 30g/moL이다.)

① 1.7　② 2.5
③ 3.4　④ 4.8

해설

포름알데히드농도(ppm, mL/m^3)

$$= \frac{50\mu g}{mL} \left| \frac{20mL}{0.48m^3} \right| \frac{1mg}{10^3\mu g} \left| \frac{24.45mL}{30mg} \right. = 1.70ppm$$

38 방사성물질의 단위에 대한 설명이 잘못된 것은?

① 방사능의 SI단위는 Becquerel(Bq)이다.
② 1Bq은 3.7×10^{10}dps이다.
③ 물질에 조사되는 선량은 Röntgen(R)으로 표시한다.
④ 방사선의 흡수선량은 Gray(Gy)로 표시한다.

해설

1Bq는 2.7×10^{-11}Ci이다.

39 누적소음노출량 측정기로 소음을 측정할 때 기기 설정값으로 옳은 것은?(단, 고용노동부고시를 기준으로 한다.)

① Threshold = 80dB, Criteria = 90dB, Exchange Rate = 5dB
② Threshold = 80dB, Criteria = 90dB, Exchange Rate = 10dB
③ Threshold = 90dB, Criteria = 80dB, Exchange Rate = 10dB
④ Threshold = 90dB, Criteria = 80dB, Exchange Rate = 5dB

해설

누적소음노출량 측정기로 소음을 측정하는 경우에는 Criteria = 90dB, Exchange Rate = 5dB, Threshold = 80dB로 기기 설정을 하여야 한다.

40 산업위생통계에 적용하는 변이계수에 대한 설명으로 틀린 것은?

① 표준오차에 대한 평균값의 크기를 나타낸 수치이다.
② 통계집단의 측정값들에 대한 균일성, 정밀성 정도를 표현하는 것이다.
③ 단위가 서로 다른 집단이나 특성값의 상호산포도를 비교하는 데 이용할 수 있다.
④ 평균값의 크기가 0에 가까울수록 변이계수의 의의가 작아지는 단점이 있다.

해설

변위계수(CV)

㉠ 통계집단의 측정값들에 대한 균일성, 정밀성 정도를 표현한 값이다.
㉡ 평균값에 대한 표준편차의 크기를 백분율(%)로 나타낸 수치이다.

ANSWER | 36 ① 37 ① 38 ② 39 ① 40 ①

㉢ 변이계수는 %로 표현되므로 측정단위와 무관하게 독립적으로 산출된다.
㉣ 평균값의 크기가 0에 가까울수록 변이계수의 의의는 작아진다.
㉤ 단위가 서로 다른 집단이나 특성값의 상호산포도를 비교하는 데 이용할 수 있다.

3과목 작업환경 관리대책

41 후드의 선택에서 필요환기량을 최소화하기 위한 방법이 아닌 것은?

① 측면조절판 또는 커텐 등으로 가능한 공정을 둘러쌀 것
② 후드를 오염원에 가능한 가깝게 설치할 것
③ 후드개구부로 유입되는 기류속도분포가 균일하게 되도록 할 것
④ 공정 중 발생하는 오염물질의 비산속도를 크게 할 것

해설

필요환기량을 감소시키기 위한 방법
㉠ 가급적이면 공정(발생원)을 많이 포위한다.
㉡ 포집형 후드는 가급적 배출오염원 가까이에 설치한다.
㉢ 후드개구면에서 기류가 균일하게 분포하도록 설계한다.
㉣ 포집형이나 레시버형 후드를 사용할 때에는 가급적 후드를 배출오염원에 가깝게 설치한다.
㉤ 공정에서의 발생 또는 배출되는 오염물질의 절대량을 감소시킨다.
㉥ 작업장 내 방해기류 영향을 최소화한다.

42 흡인풍량이 200m³/min, 송풍기 유효전압이 150mmH₂O, 송풍기 효율이 80%인 송풍기의 소요동력(kW)은?

① 4.1　　② 5.1
③ 6.1　　④ 7.1

해설

$$kW = \frac{\Delta P \cdot Q}{6,120 \times \eta} \times \alpha$$
$$= \frac{150 \times 200}{6,120 \times 0.8} = 6.12\text{kW}$$

43 50℃의 송풍관에 15m/s의 유속으로 흐르는 기체의 속도압(mmH_2O)은?

① 32.4　　② 22.6
③ 14.8　　④ 7.2

해설

$$VP = \frac{\gamma V^2}{2g}$$
$$= \frac{1.293 \times 15^2}{2 \times 9.8} = 14.83mmH_2O$$

44 플랜지 없는 외부식 사각형 후드가 설치되어 있다. 성능을 높이기 위해 플랜지 있는 외부식 사각형 후드를 작업대에 부착하였을 때, 필요환기량의 변화로 옳은 것은?(단, 포촉거리, 개구면적, 제어속도는 같다.)

① 기존 대비 10%로 줄어든다.
② 기존 대비 25%로 줄어든다.
③ 기존 대비 50%로 줄어든다.
④ 기존 대비 70%로 줄어든다.

해설

㉠ 플랜지 없는 외부식 후드 $Q_1 = 60V(10X^2 + A)$
㉡ 플랜지 있는 외부식 후드로 작업대에 후드 부착
$Q_2 = 60 \times 0.5V(10X^2 + A)$
$$\frac{Q_2}{Q_1} = \frac{60 \times 0.5V(10X^2 + A)}{60V(10X^2 + A)} = 0.5 \times 100 = 50\%$$

45 공기정화장치의 한 종류인 원심력집진기에서 절단입경의 의미로 옳은 것은?

① 100% 분리 포집되는 입자의 최소크기
② 100% 처리효율로 제거되는 입자크기
③ 90% 이상 처리효율로 제거되는 입자크기
④ 50% 처리효율로 제거되는 입자크기

해설

절단입경(Cut-Size)
50% 이상의 처리효율로 제거되는 입자의 입경

◉ ANSWER | 41 ④ 42 ③ 43 ③ 44 ③ 45 ④

46 덕트 내 공기흐름에서의 레이놀즈수(Reynolds Number)를 계산하기 위해 알아야 하는 모든 요소는?

① 공기 속도, 공기점성 계수, 공기 밀도, 덕트의 직경
② 공기속도, 공기밀도, 중력가속도
③ 공기속도, 공기온도, 덕트의 길이
④ 공기속도, 공기점성계수, 덕트의 길이

해설

$$Re = \frac{관성력}{점성력} = \frac{VD\rho}{\mu} = \frac{VD}{\nu}$$

여기서, V : 유체의 평균유속(m/sec)
D : 관의 직경(m)
ρ : 유체의 밀도(kg/m^3)
μ : 점성계수(kg/m · sec)
ν : 동점성계수(m^2/sec)

47 지름이 100cm인 원형 후드 입구로부터 200cm 떨어진 지점에 오염물이 있다. 제어풍속이 3m/s일 때, 후드의 필요환기량(m/s)은?(단, 자유공간에 위치하며 플랜지는 없다.)

① 143 ② 122
③ 103 ④ 83

해설

$Q(m^3/sec) = (10X^2 + A) \cdot V_c$

여기서, $A = \frac{\pi}{4} \times 1^2 = 0.7854m^2$

$= (10 \times 2^2 + 0.7854) \times 3 = 122.34m/sec$

48 보호구의 재질과 적용물질에 대한 내용으로 틀린 것은?

① 면 : 고체상물질에 효과적이다.
② 부틸(Butyl)고무 : 극성용제에 효과적이다.
③ 니트릴(Nitrile)고무 : 비극성용제에 효과적이다.
④ 천연고무(Latex) : 비극성용제에 효과적이다.

해설

천연고무(Latex)는 절단 및 찰과상 예방에 좋으며 수용성 용액, 극성용제에 효과적으로 적용할 수 있다.

49 방사형 송풍기에 관한 설명으로 가장 거리가 먼 것은?

① 고농도분진함유 공기나 부식성이 강한 공기를 이송시키는 데 많이 이용한다.
② 깃이 평판으로 되어 있다.
③ 가격이 저렴하고 효율이 높다.
④ 깃의 구조가 분진을 자체 정화할 수 있도록 되어 있다.

해설

방사날개형 송풍기(평판형)
㉠ 플레이트 송풍기 또는 평판형 송풍기
㉡ 블레이드(깃)가 평판이고 강도가 매우 높게 설계
㉢ 고농도분진함유 공기나 부식성이 강한 공기를 이송시키는 데 사용
㉣ 터보송풍기와 다익송풍기의 중간 정도의 성능(효율)을 가짐
㉤ 직선블레이드(깃)를 반경방향으로 부착시킨 것으로 구조가 간단하고 보수가 쉬움
㉥ 깃의 구조가 분진을 자체 정화할 수 있도록 되어 있음

50 원심력 송풍기 중 다익형 송풍기에 관한 설명으로 가장 거리가 먼 것은?

① 큰 압력손실에서도 송풍량이 안정적이다.
② 송풍기의 임펠러가 다람쥐 쳇바퀴모양으로 생겼다.
③ 강도가 크게 요구되지 않기 때문에 적은 비용으로 제작가능하다.
④ 다른 송풍기와 비교하여 동일 송풍량을 발생시키기 위한 임펠러의 회전속도가 상대적으로 낮기 때문에 소음이 작다.

해설

전향날개형 송풍기(다익형)
㉠ 송풍기의 회전날개가 회전방향과 동일한 방향으로 설계됨
㉡ 시로코송풍기 또는 다익형 송풍기라 함
㉢ 비교적 저가이나 높은 압력손실에서 송풍량이 급격히 감소
㉣ 압력손실이 적게 걸리거나 이송시켜야 하는 공기량이 많은 전체환기, 공기조화용으로 사용
㉤ 동일 송풍량을 발생시키기 위한 임펠러 회전속도는 상대적으로 낮아 소음문제가 거의 없음

ANSWER | 46 ① 47 ② 48 ④ 49 ③ 50 ①

51 1기압에서 혼합기체의 부피비가 질소 71%, 산소 14%, 탄산가스 15%로 구성되어 있을 때 질소의 분압(mmH_2O)은?

① 433.2 ② 539.6
③ 646.0 ④ 653.6

해설
질소가스 분압 = 760mmHg × 0.71 = 539.6mmHg

52 유입계수가 0.82인 원형 후드가 있다. 원형 덕트의 면적이 $0.0314m^2$이고 필요환기량이 $30m^3/min$이라고 할 때, 후드의 정압(mmH_2O)은?(단, 공기밀도는 $1.2kg/m^3$이다.)

① 16 ② 23
③ 32 ④ 37

해설
$SP = VP(1+F)$

㉠ $F = \frac{1-0.82^2}{0.82^2} = 0.4872$

㉡ $V = \frac{Q}{A} = \frac{30/60\,m^3/sec}{0.0314m^2} = 15.92\,m/sec$

㉢ $VP = \frac{\gamma \cdot V^2}{2g} = \frac{1.2 \times 15.92^2}{2 \times 9.8} = 15.52mmH_2O$

$\therefore\ SP = 15.52(1+0.4872) = 23.08\,mmH_2O$

53 송풍기의 회전수 변화에 따른 풍량, 풍압 및 동력에 대한 설명으로 옳은 것은?

① 풍량은 송풍기의 회전수에 비례한다.
② 풍압은 송풍기의 회전수에 반비례한다.
③ 동력은 송풍기의 회전수에 비례한다.
④ 동력은 송풍기 회전수의 제곱에 비례한다.

해설
송풍기의 상사법칙
㉠ 풍량은 회전수에 비례한다.
㉡ 풍압(전압)은 회전수의 제곱에 비례한다.
㉢ 동력은 회전수의 세제곱에 비례한다.

54 방진마스크에 대한 설명으로 가장 거리가 먼 것은?

① 방진마스크의 필터에는 활성탄과 실리카겔이 주로 사용된다.
② 방진마스크는 인체에 유해한 분진, 연무, 흄, 미스트, 스프레이 입자를 작업자가 흡입하지 않도록 하는 보호구이다.
③ 방진마스크의 종류에는 격리식과 직결식, 면체여과식이 있다.
④ 비휘발성 입자에 대한 보호만 가능하며, 가스 및 증기로부터의 보호는 안 된다.

해설
방진마스크의 필터에는 면, 모, 유리섬유, 합성섬유, 금속섬유 등을 사용한다.

55 작업환경개선에서 공학적인 대책과 가장 거리가 먼 것은?

① 교육 ② 환기
③ 대체 ④ 격리

해설
작업환경개선의 4원칙
㉠ 대체(Substitution)
㉡ 격리(Isolation)
㉢ 환기(Ventilation)
㉣ 교육(Education)
교육은 공학적 대책과 거리가 있다.

56 다음 중 특급분리식 방진마스크의 여과재분진 등의 포집효율은?

① 80% 이상 ② 94% 이상
③ 99.0% 이상 ④ 99.95% 이상

해설
방진마스크의 분진포집효율
㉠ 특급 : 분진포집효율 99.95% 이상
㉡ 1급 : 분진포집효율 94.0% 이상
㉢ 2급 : 분진포집효율 80.0% 이상

ANSWER | 51 ② 52 ② 53 ① 54 ① 55 ① 56 ④

57 국소환기장치설계에서 제어속도에 대한 설명으로 옳은 것은?

① 작업장 내의 평균유속을 말한다.
② 발산되는 유해물질을 후드로 흡인하는 데 필요한 기류속도이다.
③ 덕트 내의 기류속도를 말한다.
④ 일명 반송속도라고도 한다.

해설

제어속도
제어풍속이라고도 하며 후드 앞 오염원에서의 기류로서 오염공기를 후드로 흡인하는 데 필요하다.

58 온도 50℃인 기체가 관을 통하여 $20m^3/min$으로 흐르고 있을 때, 같은 조건의 0℃에서 유량(m^3/min)은?(단, 관 내 압력 및 기타 조건은 일정하다.)

① 14.7 ② 16.9
③ 20.0 ④ 23.7

해설

$$Q(m^3/min) = \frac{20\ m^3}{min} \bigg| \frac{273}{273+50} = 16.9m^3/min$$

59 작업환경관리대책 중 물질의 대체로 틀린 것은?

① 성냥을 만들 때 백린을 적린으로 교체한다.
② 보온재료인 유리섬유를 석면으로 교체한다.
③ 야광시계의 자판에 라듐 대신 인을 사용한다.
④ 분체입자를 큰 입자로 대체한다.

해설

보온재료로 석면 대신 유리섬유를 사용한다.

60 7m×14m×3m의 체적을 가진 방에 톨루엔이 저장되어 있고 공기를 공급하기 전에 측정한 농도가 300ppm이었다. 이 방으로 $10m^3/min$의 환기량을 공급한 후 노출기준인 100ppm로 도달하는 데 걸리는 시간(min)은?

① 12 ② 16
③ 24 ④ 32

해설

$$\ln\frac{C_t}{C_o} = -\frac{Q}{\forall} \times t$$

$$\ln\frac{100}{300} = -\frac{10m^3/min}{7 \times 14 \times 3m^3} \times t$$

$\therefore$ t = 32.30min

4과목 물리적 유해인자 관리

61 인체와 작업환경과의 사이에 열교환에 영향을 미치는 것으로 가장 거리가 먼 것은?

① 대류(Convection)
② 열복사(Radiation)
③ 증발(Evaporation)
④ 열순응(Acclimatization to Heat)

해설

열평형방정식(한랭조건)
$\Delta S = M - E - R - C$
여기서, ΔS : 생체열용량의 변화
M : 작업대사량
E : 증발에 의한 열방산
R : 복사에 의한 열득실
C : 대류에 의한 열득실

62 진동증후군(HAVS)에 대한 스톡홀름워크숍의 분류로서 옳지 않은 것은?

① 진동증후군의 단계를 0부터 4까지 5단계로 구분하였다.
② 1단계는 가벼운 증상으로 1개 또는 그 이상의 손가락 끝부분이 하얗게 변하는 증상을 말한다.
③ 3단계는 심각한 증상으로 1개 또는 그 이상의 손가락 가운데마디부분까지 하얗게 변하는 증상이 나타나는 단계이다.
④ 4단계는 매우 심각한 증상으로 대부분의 손가락이 하얗게 변하는 증상과 함께 손끝에서 땀의 분비가 제대로 일어나지 않는 등의 변화가 나타나는 단계이다.

ANSWER | 57 ② 58 ② 59 ② 60 ④ 61 ④ 62 ③

해설

진동증후군(HAVS)

단계	정도	증상
0	없음	없음
1	미미	가벼운 증상으로 1개 또는 그 이상의 손가락 끝부분이 하얗게 변하는증상이 나타난다.
2	보통	1개 또는 그 이상의 손가락 가운데마디부분까지 하얗게 변하는 증상이 나타난다.
3	심각	대부분의 손가락에 빈번하게 나타난다.
4	매우 심각	대부분의 손가락이 하얗게 변하는 증상과 함께 손끝에서 땀의 분비가 제대로 일어나지 않는 등의 변화가 나타난다.

63 다음에서 설명하는 고열장애는?

이것은 작업환경에서 가장 흔히 발생하는 피부장애로서 땀띠(Prickly Heat)라고도 말하며, 땀에 젖은 피부 각질층이 떨어져 땀구멍을 막아 한선 내에 땀의 압력으로 염증선반응을 일으켜 붉은 구진(Papules)형태로 나타난다.

① 열사병(Heat Stroke)
② 열허탈(Heat Collapse)
③ 열경련(Heat Cramps)
④ 열발진(Heat Rashes)

해설

열발진(Heat Rashes)
작업환경에서 흔히 발생하는 피부장애로 땀띠라고도 하며, 끊임없이 고온다습한 환경에 노출될 때 주로 문제가 된다.

64 1촉광의 광원으로부터 한 단위입체각으로 나가는 광속의 단위를 무엇이라 하는가?

① 럭스(Lux)
② 램버트(Lambert)
③ 캔들(Candle)
④ 루멘(Lumen)

해설

루멘(Lumen : lm)
㉠ 1촉광의 광원으로부터 한 단위입체각으로 나가는 광속의 단위
㉡ 광속이란 광원에서 나오는 빛의 양

65 전신진동노출에 따른 인체의 영향에 대한 설명으로 옳지 않은 것은?

① 평형감각에 영향을 미친다.
② 산소소비량과 폐환기량이 증가한다.
③ 작업수행능력과 집중력이 저하한다.
④ 지속노출 시 레이노씨 증후군(Reynaud's Phenomenon)을 유발한다.

해설

레이노씨 증후군(Reynaud's Phenomenon)은 국소진동의 영향이다.

66 감압에 따른 인체의 기포형성량을 좌우하는 요인과 가장 거리가 먼 것은?

① 감압속도
② 산소공급량
③ 조직에 용해된 가스량
④ 혈류를 변화시키는 상태

해설

질소기포 형성 결정인자
㉠ 조직에 용해된 가스량 : 체내지방량, 노출정도, 시간
㉡ 혈류변화 정도 : 연령, 기온, 온도, 공포감, 음주 등
㉢ 감압속도

67 산업안전보건법령상 이상기압에 의한 건강장애의 예방과 관련된 용어의 정의로 옳지 않은 것은?

① 압력이란 절대압과 게이지압의 합을 말한다.
② 고압작업이란 고기압에서 잠함공법이나 그 외의 압기공법으로 하는 작업을 말한다.
③ 기압조절실이란 고압작업을 하는 근로자 또는 잠수작업을 하는 근로자가 가압 또는 감압을 받는 장소를 말한다.
④ 표면공급식 잠수작업이란 수면 위의 공기압축기 또는 호흡용 기체통에서 압축된 호흡용 기체를 공급받으면서 하는 작업을 말한다.

해설

절대압이란 게이지압력과 작용압의 합을 말한다.

ANSWER | 63 ④ 64 ④ 65 ④ 66 ② 67 ①

68 1sone이란 몇 Hz에서, 몇 dB의 음압레벨을 갖는 소음의 크기를 말하는가?

① 1,000Hz, 40dB
② 1,200Hz, 45dB
③ 1,500Hz, 45dB
④ 2,000Hz, 48dB

해설

sone(Loudness : S)
㉠ 음의 감각량으로서 음의 대소를 표현하는 단위
㉡ 1,000Hz 순음이 40dB일 때 : 1sone
㉢ $S = 2^{(L_L - 40)/10}$(sone), $L_L = 33.3\log S + 40$(phon)
㉣ S의 값이 2배, 3배, 4배로 증가하면, 감각량의 크기도 2배, 3배, 4배 증가

69 비전리방사선의 종류 중 옥외작업을 하면서 콜타르의 유도체, 벤조피렌, 안트라센화합물과 상호작용하여 피부암을 유발시키는 것으로 알려진 비전리방사선은?

① 가시광선　② 자외선
③ 적외선　④ 마이크로파

해설

비전리방사선의 종류
㉠ 자외선　㉡ 가시광선
㉢ 적외선　㉣ 마이크로파
㉤ 라디오파　㉥ 초저주파
㉦ 극저주파

70 밀폐공간에서 산소결핍의 원인을 소모(Consumption), 치환(Displacement), 흡수(Absorption)로 구분할 때 소모에 해당하지 않는 것은?

① 용접, 절단, 불 등에 의한 연소
② 금속의 산화, 녹 등의 화학반응
③ 제한된 공간 내에서 사람의 호흡
④ 질소, 아르곤, 헬륨 등의 불활성가스 사용

해설

산소소모 장소
㉠ 제한된 공간 내에서 사람의 호흡
㉡ 용접, 절단, 불 등에 의한 연소
㉢ 금속의 산화, 녹 등의 화학반응

71 소독작용, 비타민D 형성, 피부색소침착 등 생물학적 작용이 강한 자외선(Dorno선)의 파장범위는 약 얼마인가?

① 1,000Å~2,800Å
② 2,800Å~3,150Å
③ 3,150Å~4,000Å
④ 4,000Å~4,700Å

해설

280~315nm(2,800~3,150Å)의 자외선을 도르노선(Dorno Ray)라고 한다.

72 소음의 흡음평가 시 적용되는 반향시간(Reverberation Time)에 관한 설명으로 옳은 것은?

① 반향시간은 실내공간의 크기에 비례한다.
② 실내흡음량을 증가시키면 반향시간도 증가한다.
③ 반향시간은 음압수준이 30dB 감소하는 데 소요되는 시간이다.
④ 반향시간을 측정하려면 실내배경소음이 90dB 이상 되어야 한다.

해설

잔향시간(반향시간)
㉠ 음원을 끈 순간부터 음압수준이 60dB 감소하는 데 소요되는 시간(sec)이다.
㉡ 작업장의 공간부피만 알면 흡음량을 추정할 수 있다.
㉢ 대상 실내의 평균흡음률을 측정할 수 있다.
㉣ 작업공간의 크기(부피)에 비례한다.

73 소음에 의한 인체의 장애 정도(소음성 난청)에 영향을 미치는 요인이 아닌 것은?

① 소음의 크기　② 개인의 감수성
③ 소음발생장소　④ 소음의 주파수 구성

해설

소음성 난청에 영향을 미치는 요소
㉠ 음압수준 : 높을수록 유해
㉡ 소음의 특성 : 고주파음이 저주파음보다 더욱 유해
㉢ 노출시간 : 계속적 노출이 간헐적 노출보다 유해
㉣ 개인의 감수성에 따라 소음반응이 다양

◉ ANSWER | 68 ① 69 ② 70 ④ 71 ② 72 ① 73 ③

74 전리방사선 중 전자기방사선에 속하는 것은?

① α선 ② β선
③ γ선 ④ 중성자

해설

전리방사선(이온화방사선)의 분류
㉠ 전자기방사선 : X-ray, γ선
㉡ 입자방사선 : α입자, β입자, 중성자

75 10시간 동안 측정한 누적소음노출량이 300%일 때 측정시간평균 소음수준은 약 얼마인가?

① 94.2dB(A) ② 96.3dB(A)
③ 97.4dB(A) ④ 98.6dB(A)

해설

$$TWA = 90 + 16.61\log\frac{D}{12.5T}$$
$$= 90 + 16.61\log\frac{300}{12.5 \times 10} = 96.31dB$$

76 자연조명에 관한 설명으로 옳지 않은 것은?

① 창의 면적은 바닥면적의 15~20% 정도가 이상적이다.
② 개각은 4~5°가 좋으며, 개각이 작을수록 실내는 밝다.
③ 균일한 조명을 요구하는 작업실은 동북 또는 북창이 좋다.
④ 입사각은 28° 이상이 좋으며, 입사각이 클수록 실내는 밝다.

해설

실내 각 점의 개각은 4~5°, 입사각은 28° 이상(개각이 클수록 실내는 밝다.)

77 출력이 10Watt인 작은 점음원으로부터 자유공간에 10m 떨어져 있는 곳은 음압레벨(Sound Pre-ssure Level)이 몇 dB 정도인가?

① 89 ② 99
③ 161 ④ 229

해설

$$SPL = PWL - 20\log r - 11$$
$$= 10\log\frac{10}{10^{-12}} - 20\log 10 - 11 = 99dB$$

78 한랭환경에서 인체의 일차적 생리반응으로 볼 수 없는 것은?

① 피부혈관의 팽창
② 체표면적의 감소
③ 화학적 대사작용의 증가
④ 근육긴장의 증가와 떨림

해설

한랭환경에서는 피부혈관이 수축한다.

79 다음 중 전리방사선에 대한 감수성의 크기를 올바른 순서대로 나열한 것은?

ㄱ. 상피세포
ㄴ. 골수, 흉선 및 림프조직(조혈기관)
ㄷ. 근육세포
ㄹ. 신경조직

① ㄱ > ㄴ > ㄷ > ㄹ
② ㄱ > ㄹ > ㄴ > ㄷ
③ ㄴ > ㄱ > ㄷ > ㄹ
④ ㄴ > ㄷ > ㄹ > ㄱ

해설

전리방사선에 대한 감수성 순서
골수, 흉선 및 림프조직(조혈기관) > 상피세포(내피세포) > 근육세포 > 신경조직

80 다음 중 이상기압의 인체작용으로 2차적인 가압현상과 가장 거리가 먼 것은?(단, 화학적 장애를 말한다.)

① 질소마취
② 산소중독
③ 이산화탄소의 중독
④ 일산화탄소의 작용

ANSWER | 74 ③ 75 ② 76 ② 77 ② 78 ① 79 ③ 80 ④

해설

고압환경에서 2차적 가압현상
㉠ 질소마취
㉡ 산소중독
㉢ 이산화탄소(CO_2)중독

5과목 산업독성학

81 건강영향에 따른 분진의 분류와 유발물질의 종류를 잘못 짝지은 것은?

① 유기성 분진 – 목분진, 면, 밀가루
② 알레르기성 분진 – 크롬산, 망간, 황
③ 진폐성 분진 – 규산, 석면, 활석, 흑연
④ 발암성 분진 – 석면, 니켈카보닐, 아민계 색소

해설

분진의 종류
㉠ 전신중독성 분진 : 망간, 아연 화합물
㉡ 발암성 분진 : 석면, 니켈카보닐, 아민계 색소
㉢ 알레르기성 분진 : 꽃가루, 털 등
㉣ 진폐성 분진 : 규산, 석면, 활석, 흑연
㉤ 유기성 분진 : 목분진, 면, 밀가루

82 적혈구의 산소운반단백질을 무엇이라 하는가?

① 백혈구　　② 단구
③ 혈소판　　④ 헤모글로빈

해설

헤모글로빈은 적혈구에서 철을 포함하는 단백질로 산소를 운반하는 역할을 한다.

83 흡입분진의 종류에 따른 진폐증의 분류 중 유기성 분진에 의한 진폐증에 해당하는 것은?

① 규폐증　　② 활석폐증
③ 연초폐증　　④ 석면폐증

해설

유기성 분진에 의한 진폐증
㉠ 면폐증
㉡ 설탕폐증
㉢ 농부폐증
㉣ 목재분진폐증
㉤ 연초폐증
㉥ 모발분진폐증

84 생물학적 모니터링(Biological Monitoring)에 관한 설명으로 옳지 않은 것은?

① 주목적은 근로자 채용 시기를 조정하기 위하여 실시한다.
② 건강에 영향을 미치는 바람직하지 않은 노출상태를 파악하는 것이다.
③ 최근의 노출량이나 과거로부터 축적된 노출량을 파악한다.
④ 건강상의 위험은 생물학적 검체에서 물질별 결정인자를 생물학적 노출지수와 비교하여 평가한다.

해설

생물학적 모니터링은 유해물질에 노출된 근로자의 인체침입경로, 노출시간 등 개인의 정보를 제공하는 데 목적이 있다.

85 단순질식제에 해당하는 물질은?

① 아닐린　　② 황화수소
③ 이산화탄소　　④ 니트로벤젠

해설

단순질식제
㉠ 정상적 호흡에 필요한 혈중 산소량을 낮추나 생리적으로 어떠한 작용도 하지 않는 불활성가스를 말함
㉡ 종류
이산화탄소(탄산가스), 메탄, 질소, 수소, 에탄, 프로판, 에틸렌, 아세틸렌, 헬륨 등

86 이황화탄소를 취급하는 근로자를 대상으로 생물학적 모니터링을 하는 데 이용할 수 있는 생체 내 대사산물은?

① 소변 중 마뇨산
② 소변 중 메탄올
③ 소변 중 메틸마뇨산
④ 소변 중 TTCA(2–thiothiazolidine–4–carboxylic acid)

◉ ANSWER | 81 ② 82 ④ 83 ③ 84 ① 85 ③ 86 ④

해설

이황화탄소의 생체 내 대사산물
㉠ 요 중 TTCA(2−thiothiazolidine−4−carboxylic acid)
㉡ 요 중 이황화탄소

87 다음 중 중추신경에 자극작용이 가장 강한 용기용제는?

① 아민 ② 알코올
③ 알칸 ④ 알데히드

해설

자극작용 크기순서
알칸 < 알코올 < 알데히드 또는 케톤 < 유기산 < 아민류

88 다음 중 납중독에서 나타날 수 있는 증상을 모두 나열한 것은?

ㄱ. 빈혈
ㄴ. 신장장애
ㄷ. 중추 및 말초신경장애
ㄹ. 소화기 장애

① ㄱ, ㄷ ② ㄴ, ㄹ
③ ㄱ, ㄴ, ㄷ ④ ㄱ, ㄴ, ㄷ, ㄹ

해설

납중독의 주요증상
㉠ 위장장애
㉡ 신장 및 근육계통의 장애
㉢ 중추신경장애
㉣ 빈혈

89 화학물질의 상호작용인 길항작용 중 독성물질의 생체과정인 흡수, 대사 등에 변화를 일으켜 독성이 감소하는 것을 무엇이라 하는가?

① 화학적 길항작용
② 배분적 길항작용
③ 수용체 길항작용
④ 기능적 길항작용

해설

길항작용

길항작용의 종류	길항작용	예시
화학적 길항작용	두 화학물질이 반응하여 저독성의 물질로 변화되는 경우	수은의 독성은 Dimercaprol이 수은이온을 킬레이팅시킴으로써 감소
기능적 길항작용	동일한 생리적 기능에 길항작용을 나타내는 경우	삼켜진 독은 위 속에 모탄을 삽입하여 흡수시킴
배분적 길항작용	독성물질의 생체과정인 흡수, 분포, 배설 등에 변화를 일으켜 독성이 낮아지는 경우	바비투레이트의 과량투여로 인한 혈압의 극심한 강하현상은 혈압을 증가시키기 위한 혈관수축제를 투여함으로써 복귀시킬 수 있음
수용적 길항작용	두 화학물질이 같은 수용체에 결합하여 독성이 저하되는 경우	일산화탄소중독은 산소를 이용하여 헤모글로빈 수용체로부터 일산화탄소를 치환시킴으로써 치료

90 직업성 천식에 관한 설명으로 옳지 않은 것은?

① 작업환경 중 천식을 유발하는 대표물질로 톨루엔 디이소시안산염(TDI), 무수트리멜리트산(TMA)이 있다.
② 일단 질환에 이환하게 되면 작업환경에서 추후 소량의 동일한 유발물질에 노출되더라도 지속적으로 증상이 발현된다.
③ 항원공여세포가 탐식되면 T림프구 중 I형 T림프구(Type I Killer T Cell)가 특정알레르기항원을 인식한다.
④ 직업성 천식은 근무시간에 증상이 점점 심해지고, 휴일 같은 비근무시간에 증상이 완화되거나 없어지는 특징이 있다.

해설

직업성 천식은 대식세포와 같은 항원공여세포가 탐식되면 T림프구 중 Ⅱ형 보조 T림프구가 특정알레르기항원을 인식한다.

◉ ANSWER | 87 ① 88 ④ 89 ② 90 ③

91 사염화탄소에 관한 설명으로 옳지 않은 것은?

① 생식기에 대한 독성작용이 특히 심하다.
② 고농도에 노출되면 중추신경계 장애 외에 간장과 신장장애를 유발한다.
③ 신장장애 증상으로 감뇨, 혈뇨 등이 발생하며, 완전무뇨증이 되면 사망할 수도 있다.
④ 초기증상으로는 지속적인 두통, 구역 또는 구토, 복부산통과 설사, 간압통 등이 나타난다.

해설

사염화탄소
㉠ 초기증상으로는 지속적인 두통, 구역 또는 구토, 복부산통과 설사, 간압통 등이 나타난다.
㉡ 탈지용매로 사용하며, 피부로 흡수되어 전신중독을 일으킬 수 있다.
㉢ 간에 대한 독성작용이 강하며, 간의 중요한 장애인 중심소엽성 괴사를 일으키는 물질이다.
㉣ 고농도로 폭로되면 중추신경계 장애 외에 간장이나 신장에 장애가 일어나 황달, 단백뇨, 혈뇨의 증상을 나타낸다.

92 카드뮴이 체내에 흡수되었을 경우 주로 축적되는 곳은?

① 뼈, 근육 ② 뇌, 근육
③ 간, 신장 ④ 혈액, 모발

해설

체내에 흡수된 카드뮴은 혈액을 거쳐 2/3는 간과 신장으로 이동한다. 간과 신장에서 해독작용을 한다.

93 다음 표는 A작업장이 백혈병과 벤젠에 대한 코호트연구를 수행한 결과이다. 이때 벤젠의 백혈병에 대한 상대위험비는 약 얼마인가?

백혈병 발생 유무 / 벤젠 노출 유무	백혈병 발생	백혈병 비발생	합계(명)
벤젠 노출군	5	14	19
벤젠 비노출군	2	25	27
합계	7	39	46

① 3.29 ② 3.55
③ 4.64 ④ 4.82

해설

$$상대위험비 = \frac{노출군에서의\ 발생률}{비노출군에서의\ 발생률} = \frac{5/19}{2/27} = 3.55$$

94 산업안전보건법령상 다음의 설명에서 ㉠~㉢에 해당하는 내용으로 옳은 것은?

> 단시간노출기준(STEL)이란 (㉠)분간의 시간가중평균노출값으로서 노출농도가 시간가중평균노출기준(TWA)을 초과하고 단시간노출기준(STEL) 이하인 경우에는 1회 노출지속시간이 (㉡)분 미만이어야 하며, 이러한 상태가 1일 (㉢)회 이하로 발생하여야 하고, 각 노출의 간격은 60분 이상이어야 한다.

① ㉠ : 15, ㉡ : 20, ㉢ : 2
② ㉠ : 20, ㉡ : 15, ㉢ : 2
③ ㉠ : 15, ㉡ : 15, ㉢ : 4
④ ㉠ : 20, ㉡ : 20, ㉢ : 4

해설

단시간노출기준(STEL)
15분간의 시간가중평균노출값으로서 노출농도가 시간가중평균노출기준(TWA)을 초과하고 단시간노출기준(STEL) 이하인 경우에는 1회 노출지속시간이 15분 미만이어야 하며, 이러한 상태가 1일 4회 이하로 발생하여야 하며, 각 노출의 간격은 60분 이상이어야 한다.

95 다음 중 중절모자를 만드는 사람들에게 처음으로 발견되어 Hatter's Shake라고 하며 근육경련을 유발하는 중금속은?

① 카드뮴 ② 수은
③ 망간 ④ 납

해설

수은(Hg)
㉠ 인간의 연금술, 의약품 등에 가장 오래 사용해 왔던 중금속 중의 하나이다.
㉡ 17세기 유럽에서 신사용 중절모자를 제조하는 데 사용하여 근육경련을 일으킨 물질이다.
㉢ 상온에서 액체상태인 유일한 금속으로 아말감(합금)을 만드는 특징이 있다.

◎ ANSWER | 91 ① 92 ③ 93 ② 94 ③ 95 ②

96 할로겐화탄화수소에 관한 설명으로 옳지 않은 것은?

① 대개 중추신경계의 억제에 의한 마취작용이 나타난다.

② 가연성과 폭발성의 위험성이 높으므로 취급 시 주의하여야 한다.

③ 일반적으로 할로겐화탄화수소의 독성 정도는 화합물의 분자량이 커질수록 증가한다.

④ 일반적으로 할로겐화탄화수소의 독성 정도는 할로겐원소의 수가 커질수록 증가한다.

해설

할로겐화탄화수소의 일반적 특성

㉠ 중추신경계 억제작용이 있음 → 마취작용이 나타남

㉡ 화합물의 분자량이 클수록, 할로겐원소가 커질수록 할로겐화탄화수소의 독성의 정도가 증가

㉢ 알켄족(불포화화합물, 이중결합)이 알칸족(포화화합물, 단일결합)보다 중추신경계에 대한 억제작용이 큼

㉣ 냉각제, 금속세척[대표적 TCE(트리클로로에틸렌)], 플라스틱 고무용제 등에 사용

97 다음 중 칼슘대사에 장애를 주어 신결석을 동반한 신증후군이 나타나고 다량의 칼슘배설이 일어나 뼈의 통증, 골연화증 및 골소공증과 같은 골격계 장애를 유발하는 중금속은?

① 망간 ② 수은

③ 비소 ④ 카드뮴

해설

카드뮴의 만성중독

㉠ 자각증상 : 가래, 기침, 후각 이상, 식욕부진, 위장장애, 체중감소, 치은부에서 연한 황색환상 색소침착

㉡ 신장기능장애 : 신세뇨관에 장애를 주어 요 중 카드뮴 배설량 증가, 단백뇨, 아미노산뇨, 당뇨, 인의 신세뇨관 재흡수 저하, 신석증 유발, Fanconi증후군

㉢ 폐기능장애 : 만성 기관지염이나 폐활량 감소, 잔기량 증가 및 호흡곤란의 폐증세가 나타나며, 이 증세는 노출기간과 노출농도에 의해 좌우됨

㉣ 골격계 장애 : 다량의 칼슘배설이 발생, 골연화증, 뼈 통증, 철결핍성 빈혈 유발

98 유기용제별 중독의 대표적인 증상으로 올바르게 연결된 것은?

① 벤젠 – 간장애

② 크실렌 – 조혈장애

③ 염화탄화수소 – 시신경장애

④ 에틸렌글리콜에테르 – 생식기능장애

해설

유기용제별 대표적 특이증상

㉠ 벤젠 : 조혈장애

㉡ 염화탄화수소 : 간장애

㉢ 이황화탄소 : 중추신경 및 말초신경장애

㉣ 메탄올 : 시신경장애

㉤ 메틸부틸케톤 : 말초신경장애

㉥ 노말헥산 : 다발성 신경장애

㉦ 에틸렌글리콜에테르류 : 생식기장애

99 폐에 침착된 먼지의 정화과정에 대한 설명으로 옳지 않은 것은?

① 어떤 먼지는 폐포벽을 통과하여 림프계나 다른 부위로 들어가기도 한다.

② 먼지는 세포가 방출하는 효소에 의해 용해되지 않으므로 점액층에 의한 방출 이외에는 체내에 축적된다.

③ 폐에 침착된 먼지는 식세포에 의하여 포위되어, 포위된 먼지의 일부는 미세기관지로 운반되고 점액섬모운동에 의하여 정화된다.

④ 폐에서 먼지를 포위하는 식세포는 수명이 다한 후 사멸하고 다시 새로운 식세포가 먼지를 포위하는 과정이 계속적으로 일어난다.

해설

호흡기계로 들어온 먼지에 대한 인체방어기전

㉠ 점액섬모운동에 의한 정화

㉡ 대식세포에 의한 정화

100 상기도 점막자극제로 볼 수 없는 것은?

① 포스겐 ② 크롬산

③ 암모니아 ④ 염화수소

해설

상기도 점막 자극제

물에 잘 녹는 물질이며 암모니아, 크롬산, 염화수소, 불화수소, 아황산가스 등이 있다.

ANSWER | 96 ② 97 ④ 98 ④ 99 ② 100 ①

SECTION 12

2021년 3회 기사

1과목 산업위생학 개론

01 교대근무에 있어 야간작업의 생리적 현상으로 옳지 않은 것은?

① 체중의 감소가 발생한다.
② 체온이 주간보다 올라간다.
③ 주간근무에 비하여 피로를 쉽게 느낀다.
④ 수면부족 및 식사시간의 불규칙으로 위장장애를 유발한다.

해설

야간작업 시 체온상승은 주간작업 시보다 낮기 때문에 작업능률이 떨어진다.

02 다음 중 산업안전보건법령상 제조 등이 허가되는 유해물질에 해당하는 것은?

① 석면(Asbestos)
② 베릴륨(Beryllium)
③ 황린 성냥(Yellow Phosphorus Match)
④ β－나프틸아민과 그 염(β－Naphthylamine and Its Salts)

해설

제조 등이 금지되는 유해물질
㉠ 황린(黃燐) 성냥
㉡ 백연을 함유한 페인트(함유용량비율 2% 이하 제외)
㉢ 폴리클로리네이티드비페닐(PCT)
㉣ 4－니트로디페닐과 그 염
㉤ 악티노라이트석면, 안소필라이트석면 및 트레모라이트석면
㉥ 베타－나프틸아민과 그 염
㉦ 백석면, 청석면 및 갈석면
㉧ 벤젠을 함유한 고무풀(함유된 용량비율 5% 이하 제외)
㉨ ㉢~㉦까지 어느 하나에 해당하는 물질을 함유한 제재(함유된 중량의 비율이 1% 이하인 것 제외)
㉩ 화학물질관리법 제2조제5호에 따른 금지물질
㉪ 기타 보건상 해로운 물질로서 정책심의위원회의 심의를 거쳐 고용노동부장관이 정하는 유해물질

03 미국산업위생학술원(AAIH)이 채택한 윤리강령 중 사업주에 대한 책임에 해당하는 내용은?

① 일반 대중에 관한 사항은 정직하게 발표한다.
② 위험요소와 예방조치에 관하여 근로자와 상담한다.
③ 성실성과 학문적 실력면에서 최고수준을 유지한다.
④ 근로자의 건강에 대한 궁극적인 책임은 사업주에게 있음을 인식시킨다.

해설

㉠ 일반대중에 관한 사항은 정직하게 발표한다.
㉡ 신뢰를 중요시하고, 결과와 권고사항에 대하여 사전 협의토록 한다.
㉢ 궁극적 책임은 기업주와 고객보다 근로자의 건강보호에 있다.
㉣ 결과와 결론을 뒷받침할 수 있도록 기록을 유지하고 산업위생사업을 전문가답게 운영, 관리한다.

04 직업적성검사 중 생리적 기능검사에 해당하지 않는 것은?

① 체력검사 ② 감각기능검사
③ 심폐기능검사 ④ 지각동작검사

해설

적성검사

신체검사	검사항목
생리적 기능검사	심폐기능검사, 감각기능검사, 체력검사
심리적 기능검사	지각동작검사, 지능검사, 인성검사, 기능검사(언어, 기억, 추리 등)

05 사무실공기관리지침상 오염물질과 관리기준이 잘못 연결된 것은?(단, 관리기준은 8시간 시간가중평균농도이며, 고용노동부고시를 따른다.)

① 총부유세균 － $800CFU/m^3$
② 일산화탄소(CO) － 100ppm
③ 초미세먼지(PM2.5) － $50\mu g/m^3$
④ 포름알데히드(HCHO) － $150\mu g/m^3$

ANSWER | 01 ② 02 ② 03 ④ 04 ④ 05 ④

해설

오염물질 관리기준

오염물질	관리기준
미세먼지(PM10)	100$\mu g/m^3$ 이하
초미세먼지(PM2.5)	50$\mu g/m^3$ 이하
일산화탄소(CO)	10ppm 이하
이산화탄소(CO_2)	1,000ppm 이하
포름알데히드(HCHO)	100$\mu g/m^3$
총휘발성유기화합물(TVOC)	500$\mu g/m^3$ 이하
총부유세균	800CFU/m^3 이하
이산화질소(NO_2)	0.1ppm 이하
라돈(Radon)	148Bq/m^3 이하
곰팡이	500CFU/m^3 이하

06 직업병 진단 시 유해요인 노출내용과 정도에 대한 평가요소와 가장 거리가 먼 것은?

① 성별
② 노출의 추정
③ 작업환경측정
④ 생물학적 모니터링

해설

유해요인 노출내용과 정도에 대한 평가
㉠ 노출기록
㉡ 작업환경측정
㉢ 생물학적 모니터링
㉣ 노출의 추정

07 산업위생의 목적과 가장 거리가 먼 것은?

① 근로자의 건강을 유지시키고 작업능률을 향상시킴
② 근로자들의 육체적, 정신적, 사회적 건강을 증진시킴
③ 유해한 작업환경 및 조건으로 발생한 질병을 진단하고 치료함
④ 작업환경 및 작업조건이 최적화되도록 개선하여 질병을 예방함

해설

산업위생의 목적
㉠ 작업조건의 개선
㉡ 근로자의 작업능률 향상
㉢ 근로자의 건강을 유지 및 증진
㉣ 산업재해의 예방
㉤ 직업성 질환 유소견자의 작업전환

08 미국에서 1910년 납(Lead)공장에 대한 조사를 시작으로 레이온공장의 이황화탄소중독, 구리광산에서 규폐증, 수은광산에서의 수은중독 등을 조사하여 미국의 산업보건분야에 크게 공헌한 선구자는?

① Leonard Hill
② Max Von Pettenkofer
③ Edward Chadwick
④ Alice Hamilton

해설

Alice Hamilton(미국, 1869~1970)
㉠ 미국의 여의사이며, 미국 최초의 산업위생학자, 산업의사로 인정받음
㉡ 20세기 초 미국의 산업보건분야에 크게 공헌(1910년 납공장에 대한 조사 시작)
㉢ 유해물질(납, 수은, 이황화탄소) 노출과 질병의 관계 규명
㉣ 미국의 산업재해보상법을 제정하는 데 크게 기여

09 미국산업안전보건연구원(NIOSH)에서 제시한 중량물의 들기작업에 관한 감시기준(Action Limit)과 최대허용기준(Maximum Permissible Limit)의 관계를 바르게 나타낸 것은?

① MPL = 5AL
② MPL = 3AL
③ MPL = 10AL
④ MPL = $\sqrt{2}$ AL

해설

최대허용기준은 감시기준의 3배이다.
MPL = 3AL

10 휘발성 유기화합물의 특징이 아닌 것은?

① 물질에 따라 인체에 발암성을 보이기도 한다.
② 대기 중에 반응하여 광화학스모그를 유발한다.
③ 증기압이 낮아 대기 중으로 쉽게 증발하지 않고 실내에 장기간 머무른다.
④ 지표면 부근 오존생성에 관여하여 결과적으로 지구온난화에 간접적으로 기여한다.

해설

휘발성 유기화합물(VOC)은 증기압이 높아 대기 중으로 쉽게 증발하고, 대기 중에서 질소산화물과 공존 시 태양광의 작용을 받아 광화학반응을 일으켜 오존 및 PAN 등 광화학 산화성 물질을 생성시켜 광화학스모그를 유발하는 물질의 총칭이다.

◎ ANSWER | 06 ① 07 ③ 08 ④ 09 ② 10 ③

11 근골격계 질환 평가방법 중 JSI(Job Strain Index)에 대한 설명으로 옳지 않은 것은?

① 특히 허리와 팔을 중심으로 이루어지는 작업평가에 유용하게 사용한다.
② JSI평과결과의 점수가 7점 이상은 위험한 작업이므로 즉시 작업개선이 필요한 작업으로 관리기준을 제시하게 된다.
③ 이 기법은 힘, 근육사용기간, 작업자세, 하루작업시간 등 6개의 위험요소로 구성되어, 이를 곱한 값으로 상지질환의 위험성을 평가한다.
④ 이 평가방법은 손목의 특이적인 위험성만을 평가하고 있어 제한적인 작업에 대해서만 평가가 가능하고, 손, 손목부위에서 중요한 진동에 대한 위험요인이 배제되었다는 단점이 있다.

해설

JSI(Job Strain Index)
㉠ 상지의 말단(손, 손목)의 작업 관련성 근골격계 위험요소평가
㉡ 장점 : 손, 손목부분을 평가하는 데 유리
㉢ 단점 : 손목의 특이적인 위험성만 평가하고 있어 제한적인 작업에 대해서만 평가가 가능하고 진동에 대한 위험요인 배제

12 RMR이 10인 격심한 작업을 하는 근로자의 실동률(A)과 계속작업의 한계시간(B)으로 옳은 것은? (단, 실동률은 사이토 오시마식을 적용한다.)

① A : 55%, B : 약 7분
② A : 45%, B : 약 5분
③ A : 35%, B : 약 3분
④ A : 25%, B : 약 1분

해설

실동률(%) $= 85 - (5 \times 10) = 35\%$
log(계속작업의 한계시간) $= 3.724 - 3.25\log(\text{RMR})$
$= 3.724 - 3.25\log 10 = 0.474$
$= 10^{0.474} = 2.98\text{min}$

13 산업안전보건법령상 작업환경측정에 관한 내용으로 옳지 않은 것은?

① 모든 측정은 지역시료채취방법을 우선으로 실시하여야 한다.
② 작업환경측정을 실시하기 전에 예비조사를 실시하여야 한다.
③ 작업환경측정자는 그 사업장에 소속된 사람으로 산업위생관리산업기사 이상의 자격을 가진 사람이다.
④ 작업이 정상적으로 이루어져 작업시간과 유해인자에 대한 근로자의 노출 정도를 정확히 평가할 수 있을 때 실시하여야 한다.

해설

모든 측정은 개인시료채취방법으로 하되, 개인시료채취방법이 곤란한 경우에는 지역시료채취방법으로 실시한다.

14 화학물질 및 물리적 인자의 노출기준상 사람에게 충분한 발암성 증거가 있는 물질의 표기는?

① 1A ② 1B
③ 2C ④ 1D

해설

발암성 정보물질의 표기는 「화학물질의 분류·표시 및 물질안전보건자료에 관한 기준」에 따라 다음과 같이 표기함
㉠ 1A : 사람에게 충분한 발암성 증거가 있는 물질
㉡ 1B : 시험동물에 발암성 증거가 충분히 있거나, 시험동물과 사람 모두에서 제한된 발암성 증거가 있는 물질
㉢ 2C : 사람이나 동물에 제한된 증거가 있지만, 구분1로 분류하기에는 증거가 충분하지 않은 물질

15 체중이 60kg인 사람이 1일 8시간 작업 시 안정흡수량이 1mg/kg인 물질의 체내흡수를 안전흡수량 이하로 유지하려면 공기 중 유해물질농도를 몇 mg/m^3 이하로 하여야 하는가?(단, 작업 시 폐환기율은 $1.25\text{m}^3/\text{hr}$, 체내잔류율은 1로 가정한다.)

① 0.06 ② 0.6
③ 6 ④ 60

해설

체내흡수량(SHD, mg)$= C \times V \times T \times R$,

$$C = \frac{\text{SHD}}{V \times T \times R} = \frac{1\text{mg/kg} \times 60\text{kg}}{1 \times 8\text{hr} \times 1.25\text{m}^3/\text{hr}} = 6\text{mg/m}^3$$

◉ ANSWER | 11 ① 12 ③ 13 ① 14 ① 15 ③

16 산업재해통계 중 재해발생건수(100만 배)를 총 연인원의 근로시간수로 나누어 산정하는 것으로 재해발생의 정도를 표현하는 것은?

① 강도율　② 도수율
③ 발생률　④ 연천인율

해설

도수율(빈도율)
㉠ 산업재해의 발생빈도를 나타내는 단위
㉡ 연간근로시간 합계 100만 시간당 재해발생건수

$$도수율 = \frac{재해발생건수}{연간\ 총\ 근로시간수} \times 1,000,000$$

17 산업안전보건법령상 작업환경측정 대상 유해인자(분진)에 해당하지 않는 것은?(단, 그 밖에 고용노동부장관이 정하여 고시하는 인체에 해로운 유해인자는 제외한다.)

① 면분진(Cotton Dusts)
② 목재분진(Wood Dusts)
③ 지류분진(Paper Dusts)
④ 곡물분진(Grain Dusts)

해설

작업환경측정 대상 유해인자(분진) 7종
㉠ 광물성 분진
㉡ 곡물분진
㉢ 면분진
㉣ 목재분진
㉤ 석면분진
㉥ 용접흄
㉦ 유리섬유

18 직업병 및 작업관련성 질환에 관한 설명으로 옳지 않은 것은?

① 작업관련성 질환은 작업에 의하여 악화되거나 작업과 관련하여 높은 발병률을 보이는 질병이다.
② 직업병은 일반적으로 단일요인에 의해, 작업관련성 질환은 다수의 원인요인에 의해서 발병한다.
③ 직업병은 직업에 의해 발생한 질병으로서 작업환경노출과 특정질병 간에 인과관계는 불분명하다.
④ 작업관련성 질환은 작업환경과 업무수행상의 요인들이 다른 위험요인과 함께 질병발생의 복합적 병인 중 한 요인으로서 기여한다.

해설

직업병은 직업에 의해 발생한 질병으로 직업적 노출과 특정질병 간에 비교적 명확한 인과관계가 있다.

19 업무상 사고나 업무상 질병을 유발할 수 있는 불완전한 행동의 직접원인에 해당되지 않는 것은?

① 지식의 부족　② 기능의 미숙
③ 태도의 불량　④ 의식의 우회

해설

불완전한 행동의 직접원인
㉠ 지식의 부족
㉡ 기능의 미숙
㉢ 태도의 불량
㉣ 인간에러

20 단기간의 휴식에 의하여 회복할 수 없는 병적 상태를 일컫는 용어는?

① 곤비　② 과로
③ 국소피로　④ 전신피로

해설

피로의 3단계
㉠ 보통피로 : 하루 잠을 자고 나면 완전히 회복하는 피로
㉡ 과로 : 다음 날까지 계속되는 피로의 상태로 단시간 휴식으로 회복 가능
㉢ 곤비 : 과로의 축적으로 단기간 휴식으로 회복할 수 없는 발병단계의 피로

◉ ANSWER | 16 ② 17 ③ 18 ③ 19 ④ 20 ①

2과목 작업위생 측정 및 평가

21 Fick법칙이 적용된 확산포집방법에 의하여 시료가 포집될 경우, 포집량에 영향을 주는 요인과 가장 거리가 먼 것은?

① 공기 중 포집대상물질농도와 포집매체에 함유된 포집대상물질의 농도 차이
② 포집기의 표면이 공기에 노출된 시간
③ 대상물질과 확산매체와의 확산계수 차이
④ 포집기에서 오염물질이 포집되는 면적

해설

Fick의 확산 제1법칙

$$W = D\left(\frac{A}{L}\right)(C_i - C_o),\ \text{또는}\ \frac{M}{A_t} = D\left(\frac{C_i - C_o}{L}\right)$$

여기서, W : 물질의 이동속도(ng/sec)
D : 확산계수(cm^2/sec)
A : 포집기에서 오염물질이 모집되는 면적 (확산경로의 면적, cm^2)
L : 확산경로의 길이(cm)
$C_i - C_o$: 공기 중 포집대상물질의 농도와 포집매질에 함유된 포집대상물질의 농도(ng/cm^3)
M : 물질의 질량(ng)
t : 포집기의 표면이 공기에 노출된 시간(sec)

22 산업안전보건법령상 소음측정방법에 관한 내용이다. (Ⓐ) 안에 맞는 내용은?

> 소음이 1초 이상의 간격을 유지하면서 최대음압수준이 (Ⓐ)dB(A) 이상의 소음인 경우에는 소음수준에 따른 1분 동안의 발생횟수를 측정할 것

① 110　　② 120
③ 130　　④ 140

해설

소음이 1초 이상의 간격을 유지하면서 최대음압수준이 120 dB(A) 이상의 소음인 경우에는 소음수준에 따른 1분 동안의 발생횟수를 측정할 것

23 입경이 20μm이고 입자비중이 1.5인 입자의 침강속도(cm/s)는?

① 1.8　　② 2.4
③ 12.7　　④ 36.2

해설

Lippman 침강속도

$$V(cm/sec) = 0.003 \times SG \times d^2 = 0.003 \times 1.5 \times 20^2 = 1.8cm/sec$$

24 산업안전보건법령상 단위작업장소의 작업근로자수가 17명일 때, 측정해야 할 근로자수는?(단, 시료채취는 개인시료채취로 한다.)

① 1　　② 2
③ 3　　④ 4

해설

시료채취 근로자수

㉠ 단위작업장소에서 최고노출근로자 2명 이상에 대하여 동시에 측정하되, 단위작업장소에 근로자가 1명인 경우에는 그러하지 아니하며, 동일 작업근로자수가 10명을 초과하는 경우에는 5명당 1명(1개 지점) 이상 추가하여 측정하여야 한다. 다만, 동일 작업근로자수가 100명을 초과하는 경우에는 최대 시료채취 근로자수를 20명으로 조정할 수 있다.
㉡ 지역시료채취방법에 따른 측정시료의 개수는 단위작업장소에서 2개 이상에 대하여 동시에 측정하여야 한다. 다만, 단위작업장소의 넓이가 50평방미터 이상인 경우에는 30평방미터마다 1개 지점 이상을 추가로 측정하여야 한다.

25 직독식 기구에 대한 설명으로 가장 거리가 먼 것은 어느 것인가?

① 측정과 작동이 간편하여 인력과 분석비를 절감할 수 있다.
② 연속적인 시료채취전략으로 작업시간 동안 하나의 완전한 시료채취에 해당한다.
③ 현장에서 실제 작업시간이나 어떤 순간에서 유해인자의 수준과 변화를 쉽게 알 수 있다.
④ 현장에서 즉각적인 자료가 요구될 때 민감성과 특이성이 있는 경우 매우 유용하게 사용될 수 있다.

ANSWER | 21 ③　22 ②　23 ①　24 ④　25 ②

해설

직독식 기구는 현장에서 곧바로 유해물질의 농도를 측정하는 방법으로 채취와 분석이 짧은 시간에 이루어져 작업장의 순간농도를 측정할 수 있는 장점이 있다.

26 공기 중 먼지를 채취하였는데 채취된 입자크기의 중앙값(Median)은 1.12μm이고 84%에 해당하는 크기가 2.68μm일 때, 기하표준편차값은?(단, 채취된 입경의 분포는 대수정규분포를 따른다.)

① 0.42 ② 0.94

③ 2.25 ④ 2.39

해설

기하표준편차는 84.1%에 해당하는 입경을 50%에 해당하는 입경의 값으로 나누는 값을 말한다.

$$\text{가하표준편차(GSD)} = \frac{\text{84.1에 해당하는 입경}}{\text{50\%에 해당하는 입경}} = \frac{2.68}{1.12} = 2.39$$

27 유해인자에 대한 노출평가방법인 위해도평가(Risk Assessment)를 설명한 것으로 가장 거리가 먼 것은?

① 위험이 가장 큰 유해인자를 결정하는 것이다.

② 유해인자가 본래 가지고 있는 위해성과 노출요인에 의해 결정된다.

③ 모든 유해인자 및 작업자공정을 대상으로 동일한 비중을 두면서 관리하기 위한 방안이다.

④ 노출량이 높고 건강상의 영향이 큰 유해인자인 경우 관리해야 할 우선순위도 높게 된다.

해설

모든 유해인자는 화학물질의 위해성, 공기 중으로 확산가능성, 노출근로자수, 사용시간 등을 고려하여 우선순위를 결정한다.

28 어느 작업장에서 시료채취기를 사용하여 분진농도를 측정한 결과 시료채취 전후 여과지의 무게가 각각 32.4, 44.7mg일 때, 이 작업장의 분진농도(mg/m^3)는?(단, 시료채취를 위해 사용한 펌프의 유량은 20L/min이고, 2시간 동안 시료를 채취하였다.)

① 5.1 ② 6.2

③ 10.6 ④ 12.3

해설

$$X(mg/m^3) = \frac{(44.7-32.4)mg}{\frac{20L}{min} \times 120min \times \frac{1m^3}{10^3L}} = 5.125\,mg/m^3$$

29 입자상물질을 채취하는 방법 중 직경분립충돌기의 장점으로 틀린 것은?

① 호흡기에 부분별로 침착한 입자크기의 자료를 추정할 수 있다.

② 흡입성, 흉곽성, 호흡성 입자의 크기별 분포와 농도를 계산할 수 있다.

③ 시료채취 준비에 시간이 적게 걸리며 비교적 채취가 용이하다.

④ 입자의 질량크기분포를 얻을 수 있다.

해설

시료채취 준비에 시간이 오래 걸리며 시료채취가 까다롭다.

30 실리카겔과 친화력이 가장 큰 물질은?

① 알데하이드류 ② 올레핀류

③ 파라핀류 ④ 에스테르류

해설

실리카겔의 친화력(극성이 강한 순서)

물 > 알코올류 > 알데하이드류 > 케톤류 > 에스테르류 > 방향족 탄화수소 > 올레핀류 > 파라핀류

31 측정값이 1, 7, 5, 3, 9일 때, 변이계수(%)는?

① 183 ② 133

③ 63 ④ 13

ANSWER | 26 ④ 27 ③ 28 ① 29 ③ 30 ① 31 ③

해설

$$변이계수 = \frac{표준편차}{산술평균} \times 100$$

㉠ 산술평균 $= \frac{(1+7+5+3+9)}{5} = 5$

㉡ 표준편차

$$= \left(\frac{(1-5)^2 + (7-5)^2 + (5-5)^2 + (3-5)^2 + (9-5)^2}{(5-1)} \right)^{0.5}$$

$= 3.16$

$\therefore$ 변이계수 $= \frac{3.16}{5} \times 100 = 63.25\%$

32 공기 중 유기용제시료를 활성탄관으로 채취하려할 때 가장 적절한 탈착용매는?

① 황산　　② 사염화탄소
③ 중크롬산칼륨　　④ 이황화탄소

해설

탈착용매(이황화탄소(CS_2))
㉠ 활성탄으로 시료채취 시 가장 많이 사용하는 탈착제이다.
㉡ 독성이 강하다.
㉢ 탈착효율이 좋다.
㉣ 인화성이 있어 화재의 위험이 있다.

33 시료채취방법 중 유해물질에 따른 흡착제의 연결이 적절하지 않은 것은?

① 방향족 유기용제류 − Charcoal Tube
② 방향족 아민류 − Silicagel Tube
③ 니트로벤젠 − Silicagel Tube
④ 알코올류 − Amberlite(XAD − 2)

해설

활성탄관을 사용하여 포집하기 용이한 시료
㉠ 할로겐화 탄화수소류
㉡ 방향족 탄화수소류
㉢ 알코올류
㉣ 에스테르류
㉤ 나프타류
㉥ 케논류
㉦ 비극성 유기용제

34 검지관의 장단점에 관한 내용으로 옳지 않은 것은?

① 사용이 간편하고, 복잡한 분석실 분석이 필요 없다.
② 산소결핍이나 폭발성 가스로 인한 위험이 있는 경우에도 사용이 가능하다.
③ 민감도 및 특이도가 낮고 색변화가 선명하지 않아 판독자에 따라 변이가 심하다.
④ 측정대상물질의 동정이 미리 되어 있지 않아도 측정을 용이하게 할 수 있다.

해설

검지관은 미리 측정대상물질의 동정이 되어 있어야 측정이 가능하다.

35 옥내의 습구흑구온도지수(WBGT)를 산출하는 식은?

① WBGT(℃) = 0.7 × 자연습구온도 + 0.3 × 흑구온도
② WBGT(℃) = 0.4 × 자연습구온도 + 0.6 × 흑구온도
③ WBGT(℃) = 0.7 × 자연습구온도 + 0.1 × 흑구온도 + 0.2 × 건구온도
④ WBGT(℃) = 0.7 × 자연습구온도 + 0.2 × 흑구온도 + 0.1 × 건구온도

해설

옥내 WBGT(℃) = 0.7 × 자연습구온도 + 0.3 × 흑구온도

36 어느 작업장에서 작동하는 기계 각각의 소음 측정결과가 아래와 같을 때, 총 음압수준(dB)은?(단, A, B, C기계는 동시에 작동한다.)

- A기계 : 93dB
- B기계 : 89dB
- C기계 : 88dB

① 91.5　　② 92.7
③ 95.3　　④ 96.8

ANSWER | 32 ④ 33 ④ 34 ④ 35 ① 36 ③

해설

$$L_{합} = 10\log(10^{\frac{L_1}{10}} + 10^{\frac{L_2}{10}} + \cdots + 10^{\frac{L_n}{10}})$$
$$= 10\log(10^{\frac{93}{10}} + 10^{\frac{89}{10}} + 10^{\frac{88}{10}}) = 95.34\ \text{dB}$$

37 87℃와 동등한 온도는?(단, 정수는 반올림한다.)

① 351K　② 189°F
③ 700°R　④ 186K

해설

$°F = 1.8 \times ℃ + 32 = 1.8 \times 87 + 32 = 188.6°F$
$°K = 273 + ℃ = 273 + 87 = 360°K$

38 근로자 개인의 청력손실 여부를 알기 위해 사용하는 청력측정용 기기는?

① Audiometer
② Noise Dosimeter
③ Sound Level Meter
④ Impact Sound Level Meter

해설

근로자 개인의 청력손실 여부를 알기 위해 사용하는 청력측정용 기기는 Audiometer이며, 근로자 개인의 노출량을 측정하는 기기는 Noise Dosimeter이다.

39 어떤 작업장의 8시간 작업 중 연속음 소음 100dB(A)이 1시간, 95dB(A)이 2시간 발생하고 그 외 5시간은 기준 이하의 소음이 발생하였을 때, 이 작업장의 누적소음도에 대한 노출기준평가로 옳은 것은?

① 0.75로 기준 이하였다.
② 1.0으로 기준과 같았다.
③ 1.25로 기준을 초과하였다.
④ 1.50으로 기준을 초과하였다.

해설

$$소음노출량(\%) = \left(\frac{C_1}{T_1} + \frac{C_2}{T_2}\right) \times 100$$
$$= \left(\frac{1}{2} + \frac{2}{4}\right) = 1.0\%$$

40 금속탈지공정에서 측정한 Trichloroethylene의 농도(ppm)가 아래와 같을 때, 기하평균농도(ppm)는?

> 101, 45, 51, 87, 36, 54, 40

① 49.7　② 54.7
③ 55.2　④ 57.2

해설

기하평균(GM)
$GM = \sqrt[7]{(101 \times 45 \times 51 \times 87 \times 36 \times 54 \times 40)} = 55.23\text{ppm}$

3과목 작업환경 관리대책

41 유해물질별 송풍관의 적정 반송속도로 옳지 않은 것은?

① 가스상 물질 : 10m/s
② 무거운 물질 : 25m/s
③ 일반 공업물질 : 20m/s
④ 가벼운 건조물질 : 30m/s

해설

적정 반송속도

오염물질	예	V_T (m/sec)
가스, 증기, 미스트	각종 가스, 증기, 미스트	5~10
흄, 매우 가벼운 건조분진	산화아연, 산화알루미늄, 산화철 등의 흄, 나무, 고무, 플라스틱, 면 등의 미세한 분진	10
가벼운 건조분진	원면, 곡물분진, 고무, 플라스틱, 톱밥 등의 분진, 버프연마분진, 경금속분진	15
일반 공업분진	털, 나무부스러기, 대패부스러기, 샌드블라스트, 그라인더분진, 내화벽돌분진	20
무거운 분진	납분진, 주물사, 금속가루분진	25
무겁고 습한 분진	습한 납분진, 철분진, 주물사, 요업재료	25 이상

ANSWER | 37 ② 38 ① 39 ② 40 ③ 41 ④

42 20℃, 1기압에서 공기유속은 5m/s, 원형덕트의 단면적은 1.13m^2일 때, Reynolds 수는?(단, 공기의 점성계수는 1.8×10^{-5}kg/s · m이고, 공기의 밀도는 1.2kg/m^3이다.)

① 4.0×10^5　　② 3.0×10^5
③ 2.0×10^5　　④ 1.0×10^5

해설

$$R_e = \frac{D \cdot V \cdot \rho}{\mu} = \frac{D \cdot V}{\nu}$$
$$= \frac{D \cdot V \cdot \rho}{\mu} = \frac{1.2m \times 5m/sec \times 1.2kg/m^3}{1.85\times10^{-5}kg/m \cdot sec}$$
$$= 389,189 \fallingdotseq 4.0\times10^5$$

43 유기용제 취급공정의 작업환경관리대책으로 가장 거리가 먼 것은?

① 근로자에 대한 정신건강 관리프로그램 운영
② 유기용제의 대체사용과 작업공정 배치
③ 유기용제 발산원의 밀폐 등 조치
④ 국소배기장치의 설치 및 관리

해설

근로자에 대한 정신건강 관리프로그램 운영은 작업환경관리, 작업관리, 건강관리 중 건강관리에 해당한다.

44 호흡용 보호구 중 방독 · 방진 마스크에 대한 설명으로 옳지 않은 것은?

① 방진마스크의 흡기저항과 배기저항은 모두 낮은 것이 좋다.
② 방진마스크의 포집효율과 흡기저항상승률은 모두 높은 것이 좋다.
③ 방독마스크는 사용 중에 조금이라도 가스냄새가 나는 경우 새로운 정화통으로 교체하여야 한다.
④ 방독마스크의 흡수제는 활성탄, 실리카겔, So-dalime 등이 사용된다.

해설

방진마스크는 포집효율이 우수하고, 흡기와 배기저항이 모두 낮은 것이 좋다.

45 환기시설 내 기류가 기본유체역학적 원리에 의하여 지배되기 위한 전제조건에 관한 내용으로 틀린 것은?

① 환기시설 내외의 열교환은 무시한다.
② 공기의 압축이나 팽창은 무시한다.
③ 공기는 포화수증기상태로 가정한다.
④ 대부분의 환기시설에서는 공기 중에 포함된 유해물질의 무게와 용량을 무시한다.

해설

유체역학적 원리의 전제조건
㉠ 공기는 건조하다고 가정한다.
㉡ 환기시설 내외의 열교환은 무시한다.
㉢ 공기의 압축이나 팽창은 무시한다.
㉣ 공기 중에 포함된 유해물질의 무게와 용량을 무시한다.

46 밀도가 1.225kg/m^3인 공기가 20m/s의 속도로 덕트를 통과하고 있을 때 동압(mmH_2O)은?

① 15　　② 20
③ 25　　④ 30

해설

속도압(동압)

$$VP = \frac{\gamma V^2}{2g} = \frac{1.225\times20^2}{2\times9.8} = 25mmH_2O$$

여기서, VP : 속도압(공기속도두, kgf/m^2 ≒ mmH_2O)
γ : 공기의 비중량(kg/m^3)
V : 공기의 속도(m/sec)
g : 중력가속도(9.8m/sec^2)

47 흡입관의 정압 및 속도압은 −30.5mmH_2O, 7.2mmH_2O이고, 배출관의 정압 및 속도압은 20mmH_2O, 15mmH_2O일 때, 송풍기의 유효전압(mmH_2O)은?

① 58.3　　② 64.2
③ 72.3　　④ 81.1

해설

$$FTP = TP_o - TP_i = (SP_o + VP_o) - (SP_i + VP_i)$$
$$= (20+15) - (-30.5+7.2) = 58.3mmH_2O$$

ANSWER | 42 ① 43 ① 44 ② 45 ③ 46 ③ 47 ①

48 호흡기보호구에 대한 설명으로 옳지 않은 것은?

① 호흡기보호구를 선정할 때는 기대되는 공기 중의 농도를 노출기준으로 나눈 값을 위해비(HR)라 하는데, 위해비보다 할당보호계수(APF)가 작은 것을 선택한다.

② 할당보호계수(APF)가 100인 보호구를 착용하고 작업장에 들어가면 외부 유해물질로부터 적어도 100배 만큼의 보호를 받을 수 있다는 의미이다.

③ 보호구를 착용함으로써 유해물질로부터 얼마만큼 보호해 주는지 나타내는 것을 보호계수(PF)라 한다.

④ 보호계수(PF)는 보호구 밖의 농도(C_o)와 안의 농도(C_i)의 비(C_o/C_i)로 표현할 수 있다.

해설

호흡용 보호구 선정 시 위해비보다 할당보호계수가 큰 것을 선택해야 한다.

49 터보(Turbo)송풍기에 관한 설명으로 틀린 것은?

① 후향날개형 송풍기라고도 한다.

② 송풍기의 깃이 회전방향 반대편으로 경사지게 설계되어 있다.

③ 고농도분진함유공기를 이송시킬 경우, 집진기 후단에 설치하여 사용해야 한다.

④ 방사날개형이나 전향날개형 송풍기에 비해 효율이 떨어진다.

해설

후향날개형 송풍기(터보형)

㉠ 장소의 제약을 받지 않는다.

㉡ 하향구배이므로 풍압이 바뀌어도 풍량의 변화가 비교적 작고 송풍기를 병렬로 배열해도 풍량에는 지장이 없다.

㉢ 소요풍압이 떨어져도 마력이 크게 올라가지 않는다.

㉣ 효율면에서 가장 좋은 송풍기이다.

㉤ 소음진동이 비교적 크다.

㉥ 고농도분진함유공기를 이송시킬 경우, 집진기 후단에 설치하여 사용해야 한다.

50 보호구의 재질에 따른 효과적 보호가 가능한 화학물질로 잘못 짝지은 것은?

① 가죽 – 알코올　② 천연고무 – 물

③ 면 – 고체상물질　④ 부틸고무 – 알코올

해설

가죽은 용제에는 사용하지 못한다.

51 심한 난류상태의 덕트 내에서 마찰계수를 결정하는데 가장 큰 영향을 미치는 요소는?

① 덕트의 직경　② 공기점도와 밀도

③ 덕트의 표면조도　④ 레이놀즈 수

해설

$$\Delta P = 4f \times \frac{L}{D} \times \frac{\gamma V^2}{2g} = 4f \times \frac{L}{D} \times VP$$

또는 $\Delta P = \lambda \times \frac{L}{D} \times \frac{\gamma V^2}{2g} = \lambda \times \frac{L}{D} \times VP$

여기서, VP : 속도압

f : 표면마찰계수, 페닝마찰계수, 무차원

L : 관의 길이(m)

D : 관의 직경(m)

γ : 비중량(kgf/m^3)

V : 유체의 속도(m/sec)

g : 중력가속도($9.8m/sec^2$)

λ : 관마찰계수, 다르시마찰계수, 무차원($\lambda = 4f$)

52 슬롯(Slot)후드의 종류 중 전원주형의 배기량은 1/4원주형 대비 약 몇 배인가?

① 2배　② 3배

③ 4배　④ 5배

해설

외부식 슬롯형 후드

$Q = 60 \times C \times L \times V \times X$

여기서, C : 형상계수

㉠ 전원주 : 5.0(3.7)

㉡ $\frac{3}{4}$ 원주 : 4.1(2.8)

㉢ $\frac{1}{2}$ 원주 : 2.8(2.6)

㉣ $\frac{1}{4}$ 원주 : 1.6

ANSWER | 48 ① 49 ④ 50 ① 51 ③ 52 ②

53 정압회복계수가 0.72이고 정압회복량이 7.2 mmH_2O인 원형 확대관의 압력손실(mmH_2O)은?

① 4.2　② 3.6
③ 2.8　④ 1.3

해설

$\Delta P = \xi \times (VP_1 - VP_2)$

㉠ $\xi = 1 - R = 1 - 0.72 = 0.28$

㉡ $VP_1 - VP_2 = (SP_2 - SP_1) + \Delta P = 7.2 + \Delta P$

$\Delta P = 0.28 \times (7.2 + \Delta P) = 2.016 + 0.28\Delta P$

$0.72\Delta P = 2.016$

$\therefore \Delta P = 2.8mmH_2O$

54 국소환기시설설계에 있어 정압조절평형법의 장점으로 틀린 것은?

① 예기치 않은 침식 및 부식이나 퇴적문제가 일어나지 않는다.
② 설치된 시설의 개조가 용이하여 장치변경이나 확장에 대한 유연성이 크다.
③ 설계가 정확할 때에는 가장 효율적인 시설이 된다.
④ 설계 시 잘못 설계된 분지관 또는 저항이 제일 큰 분지관을 쉽게 발견 할 수 있다.

해설

정압조절평형법의 장점
㉠ 예기치 않은 침식 및 부식이나 퇴적문제가 일어나지 않는다.
㉡ 설계가 확실할 때는 가장 효율적인 시설이 된다.
㉢ 설계 시 잘못 설계된 분지관 또는 저항이 제일 큰 분지관을 쉽게 발견할 수 있다.
㉣ 유속의 범위가 적절히 선택되면 덕트의 폐쇄가 일어나지 않는다.

55 송풍기 축의 회전수를 측정하기 위한 측정기구는?

① 열선풍속계(Hot Wire Anemometer)
② 타코미터(Tachometer)
③ 마노미터(Manometer)
④ 피토관(Pitot Tube)

해설

타코미터(Tachometer)는 송풍기 축의 회전수(회전속도)를 측정하는 측정기기이다.

56 전기도금공정에 가장 적합한 후드형태는?

① 캐노피후드
② 슬롯후드
③ 포위식 후드
④ 종형 후드

해설

도금사업장에 가장 권장하는 후드형태는 푸시풀 또는 슬롯후드이며, 근로자에게 오염물질이 더 가중될 위험이 있는 캐노피형은 피해야 한다.

57 신체보호구에 대한 설명으로 틀린 것은?

① 정전복은 마찰에 의하여 발생하는 정전기의 대전을 방지하기 위하여 사용한다.
② 방열의에는 석면제나 섬유에 알루미늄 등을 증착한 알루미나이즈 방열의가 사용된다.
③ 위생복(보호의)에서 방한복, 방한화, 방한모는 −18℃ 이하인 급냉동창고 하역작업 등에 이용한다.
④ 안면보호구에는 일반보호면, 용접면, 안전모, 방진마스크 등이 있다.

해설

안면보호구는 물체가 날아오거나, 자외선과 같은 유해광선 등의 위험으로부터 눈과 얼굴을 보호하기 위하여 착용하며, 종류에는 보안경, 보안면이 있다.

58 전체환기의 목적에 해당하지 않는 것은?

① 발생된 유해물질을 완전히 제거하여 건강을 유지 · 증진시킨다.
② 유해물질의 농도를 희석시켜 건강을 유지 · 증진시킨다.
③ 실내의 온도와 습도를 조절한다.
④ 화재나 폭발을 예방한다.

해설

전체환기의 목적
㉠ 유해물질의 농도가 감소하여 건강을 유지 · 증진시킨다.
㉡ 화재나 폭발을 예방한다.
㉢ 온도와 습도를 조절한다.

ANSWER | 53 ③ 54 ② 55 ② 56 ② 57 ④ 58 ①

59 회전차 외경이 600mm인 원심송풍기의 풍량은 200m^3/min이다. 회전차 외경이 1,200mm인 동류(상사구조)의 송풍기가 동일한 회전수로 운전된다면 이 송풍기의 풍량(m^3/min)은?(단, 두 경우 모두 표준공기를 취급한다.)

① 1,000 ② 1,200
③ 1,400 ④ 1,600

해설

풍량은 송풍기의 크기(회전차 직경)의 세제곱에 비례한다.

$$Q_2 = Q_1 \times \left(\frac{D_2}{D_1}\right)^3$$

$$= 200 \times \left(\frac{1,200}{600}\right)^3 = 1,600\text{m}^3/\text{min}$$

60 송풍기의 풍량조절기법 중에서 풍량(Q)을 가장 크게 조절할 수 있는 것은?

① 회전수조절법 ② 안내익조절법
③ 댐퍼부착조절법 ④ 흡입압력조절법

해설

회전수조절법
㉠ 풍량을 크게 바꾸려고 할 때 가장 적절한 방법이다.
㉡ 비용은 고가이나, 효율이 우수하다.

4과목 물리적 유해인자 관리

61 인체와 작업환경 사이에 열교환이 이루어지는 조건에 해당하지 않는 것은?

① 대류에 의한 열교환 ② 복사에 의한 열교환
③ 증발에 의한 열교환 ④ 기온에 의한 열교환

해설

열평형방정식(한랭조건)
$\Delta S = M - E - R - C$
여기서, ΔS : 생체열용량의 변화
M : 작업대사량
E : 증발에 의한 열방산
R : 복사에 의한 열득실
C : 대류에 의한 열득실

62 비전리방사선이 아닌 것은?

① 적외선 ② 레이저
③ 라디오파 ④ 알파(α)선

해설

비전리방사선의 종류
㉠ 자외선
㉡ 가시광선
㉢ 적외선
㉣ 마이크로파
㉤ 라디오파
㉥ 초저주파
㉦ 극저주파

63 산업안전보건법령상 소음작업의 기준은?

① 1일 8시간 작업을 기준으로 80데시벨 이상의 소음이 발생하는 작업
② 1일 8시간 작업을 기준으로 85데시벨 이상의 소음이 발생하는 작업
③ 1일 8시간 작업을 기준으로 90데시벨 이상의 소음이 발생하는 작업
④ 1일 8시간 작업을 기준으로 95데시벨 이상의 소음이 발생하는 작업

해설

소음작업은 1일 8시간 작업을 기준으로 85dB 이상의 소음이 발생하는 작업을 말한다.

64 고압환경의 2차적인 가압현상 중 산소중독에 관한 내용으로 옳지 않은 것은?

① 일반적으로 산소의 분압이 2기압이 넘으면 산소중독증세가 나타난다.
② 산소중독에 따른 증상은 고압산소에 대한 노출이 중지되면 멈추게 된다.
③ 산소의 중독작용은 운동이나 중등량의 이산화탄소 공급으로 다소 완화될 수 있다.
④ 수지와 족지의 작열통, 시력장애, 정신혼란, 근육경련 등의 증상을 보이며 나아가서는 간질형태의 경련을 나타낸다.

◎ ANSWER | 59 ④ 60 ① 61 ④ 62 ④ 63 ② 64 ③

해설

산소중독

㉠ 산소분압이 2기압을 넘으면 발생
㉡ 고압산소에 대한 노출이 중지되면 증상 즉각 호전(가역적)
㉢ 산소의 중독작용은 운동이나 이산화탄소의 존재로 악화
㉣ 수지와 족지의 작열통, 시력장애, 정신혼란, 근육경련
㉤ 1기압에서 순산소는 인후를 자극하나 비교적 짧은 시간의 노출이라면 중독증상은 나타나지 않음

65 산업안전보건법령상 고온의 노출기준 중 중등작업의 계속작업 시 노출기준은 몇 ℃(WBGT)인가?

① 26.7 ② 28.3
③ 29.7 ④ 31.4

해설

고온의 노출기준(단위 : ℃, WBGT)

작업강도 / 작업휴식시간비	경작업	중등작업	중작업
계속작업	30.0	26.7	25.0
매시간 75% 작업, 25% 휴식	30.6	28.0	25.9
매시간 50% 작업, 50% 휴식	31.4	29.4	27.9
매시간 25% 작업, 75% 휴식	32.2	31.1	30.0

66 빛과 밝기에 관한 설명으로 옳지 않은 것은?

① 광도의 단위로는 칸델라(Candela)를 사용한다.
② 광원으로부터 한방향으로 나오는 빛의 세기를 광속이라 한다.
③ 루멘(Lumen)은 1촉광의 광원으로부터 단위입체각으로 나가는 광속의 단위이다.
④ 조도는 어떤 면에 들어오는 광속의 양에 비례하고, 입사면의 단면적에 반비례한다.

해설

광원에서 나오는 빛의 세기를 광도(칸델라)라 한다.

67 일반소음에 대한 차음효과는 벽체의 단위표면적에 대하여 벽체의 무게가 2배될 때마다 약 몇 dB씩 증가하는가?(단, 벽체 무게 이외의 조건은 동일하다.)

① 4 ② 6
③ 8 ④ 10

해설

$TL = 20\log(m \cdot f) - 43dB$
$= 20\log(2) = 6.02dB$

68 다음 파장 중 살균작용이 가장 강한 자외선의 파장범위는?

① 220~234nm
② 254~280nm
③ 290~315nm
④ 325~400nm

해설

254~280nm의 파장은 살균작용을 하며, 소독목적으로 사용한다.

69 다음 중 레이노씨 현상(Reynaud's Phenomenon)의 주요원인으로 옳은 것은?

① 국소진동 ② 전신진동
③ 고온환경 ④ 다습환경

해설

레이노씨 증후군(Reynaud's Phenomenon)은 국소진동의 영향이다.

70 심한 소음에 반복노출되면, 일시적인 청력변화가 영구적 청력변화로 변하게 되는데, 이는 다음 중 어느 기관의 손상으로 인한 것인가?

① 원형창 ② 삼반규반
③ 유스타키오관 ④ 코르티기관

해설

영구적 청력장애
(소음성 난청 : Permanent Hearing Impairment)

㉠ 심한 소음에 반복하여 노출되면 일시적 청력변화가 영구적 청력 변화로 변하며 회복이 불가능하고, 4,000Hz에서 크게 발생
㉡ 신경의 비가역적 파괴(코르티기관 손상)

ANSWER | 65 ① 66 ② 67 ② 68 ② 69 ① 70 ④

71 감압병의 예방대책으로 적절하지 않은 것은?

① 호흡용 혼합가스의 산소에 대한 질소의 비율을 증가시킨다.

② 호흡기 또는 순환기에 이상이 있는 사람은 작업에 투입하지 않는다.

③ 감압병 발생 시 원래의 고압환경으로 복귀시키거나 인공고압실에 넣는다.

④ 고압실작업에서는 탄산가스의 분압이 증가하지 않도록 신선한 공기를 송기한다.

해설

헬륨은 질소보다 확산속도가 빠르며, 체내에서 안정적이므로 질소를 헬륨으로 대치한 공기를 호흡시킨다.

72 방진재료로 적절하지 않은 것은?

① 방진고무 ② 코르크

③ 유리섬유 ④ 코일용수철

해설

방진재료의 종류

㉠ 방진고무 ㉡ 코르크

㉢ 펠트 ㉣ 금속스프링

㉤ 공기스프링

73 한랭노출 시 발생하는 신체적 장애에 대한 설명으로 옳지 않은 것은?

① 동상은 조직의 동결을 말하며, 피부의 이론상 동결온도는 약 −1℃ 정도이다.

② 전신 체온강하는 장시간의 한랭노출과 체열상실에 따라 발생하는 급성중증장애이다.

③ 참호족은 동결 온도 이하의 찬공기에 단기간의 접촉으로 급격한 동결이 발생하는 장애이다.

④ 침수족은 부종, 저림, 작열감, 소양감 및 심한 동통을 수반하며, 수포, 궤양이 형성되기도 한다.

해설

참호족은 한랭에 장기간 폭로됨과 동시에 습기나 물에 잠기면 발생하며, 지속적인 국소산소결핍으로 인한 모세혈관벽의 손상이 발생한다.

74 전기성 안염(전광선 안염)과 가장 관련이 깊은 비전리방사선은?

① 자외선 ② 적외선

③ 가시광선 ④ 마이크로파

해설

자외선의 물리화학적 성질

㉠ 가시광선과 전리복사선 사이의 파장을 가진 전자파이다.

㉡ 구름이나 눈에 반사되며, 고층구름이 낀 맑은 날에 가장 많고 대기오염지표로 사용한다.

㉢ 살균작용, 각막염, 피부암 및 비타민D 합성에 밀접한 관련이 있다.

㉣ 200~315nm의 파장을 일명 화학선이라고 하며 광화학반응으로 단백질과 핵산분자의 파괴, 변성작용을 한다.

㉤ 눈과 피부에 영향이 크며, 눈에서는 270nm, 피부에서는 297nm 부분에서 가장 영향이 크다.

㉥ 254~280nm의 파장은 살균작용을 하며, 소독목적으로 사용한다.

㉦ 280~315nm(2,800~3,150Å)의 자외선을 도르노선(Dorno Ray)이라고 한다.

75 음원으로부터 40m되는 지점에서 음압수준이 75dB로 측정되었다면 10m되는 지점에서의 음압수준(dB)은 약 얼마인가?

① 84 ② 87

③ 90 ④ 93

해설

$$SPL_1 - SPL_2 = 20\log\left(\frac{r_2}{r_1}\right)$$

$$SPL_2 = SPL_1 - 20\log\frac{r_2}{r_1} = 75 - 20\log\frac{10}{40} = 87.04\text{dB}$$

76 산업안전보건법령상 정밀작업을 수행하는 작업장의 조도기준은?

① 150럭스 이상 ② 300럭스 이상

③ 450럭스 이상 ④ 750럭스 이상

해설

적정조명수준(안전보건규칙 제8조)

㉠ 초정밀작업 : 750Lux 이상

㉡ 정밀작업 : 300Lux 이상

㉢ 보통작업 : 150Lux 이상

㉣ 그 밖의 작업 : 75Lux 이상

◎ ANSWER | 71 ① 72 ③ 73 ③ 74 ① 75 ② 76 ②

77 1,000Hz에서의 음압레벨을 기준으로 하여 등청감곡선을 나타내는 단위로 사용하는 것은?

① mel ② bell
③ sone ④ phon

해설

1,000Hz에서의 음압레벨을 기준으로 하여 등청감곡선을 나타내는 단위는 phon이다.

78 이상기압의 영향으로 발생하는 고공성 폐수종에 관한 설명으로 옳지 않은 것은?

① 어른보다 아이들에게서 많이 발생한다.
② 고공순화된 사람이 해면에 돌아올 때에도 흔히 일어난다.
③ 산소공급과 해면귀환으로 급속히 소실되며, 증세가 반복되는 경향이 있다.
④ 진해성 기침과 과호흡이 나타나고 폐동맥 혈압이 급격히 낮아진다.

해설

고공성 폐수종
㉠ 진해성 기침과 호흡곤란 증세, 폐동맥 혈압의 상승
㉡ 어른보다는 아이들에게서 많이 발생
㉢ 고공순화된 사람이 해면에 돌아올 때에도 흔히 발생
㉣ 산소공급과 해면귀환으로 급속히 소실되며 증세는 반복해서 발병하는 경향

79 산업안전보건법령상 "적정한 공기"에 해당하지 않는 것은?(단, 다른 성분의 조건은 적정한 것으로 가정한다.)

① 탄산가스농도 – 1.5% 미만
② 일산화탄소농도 – 100ppm 미만
③ 황화수소농도 – 10ppm 미만
④ 산소농도 – 18% 이상 23.5% 미만

해설

적정공기
산소농도의 범위가 18% 이상 23.5% 미만, 탄산가스의 농도가 1.5% 미만, 일산화탄소의 농도가 30ppm 미만, 황화수소의 농도가 10ppm 미만인 수준의 공기를 말한다.

80 전리방사선이 인체에 미치는 영향에 관여하는 인자와 가장 거리가 먼 것은?

① 전리작용
② 피폭선량
③ 회절과 산란
④ 조직의 감수성

해설

전리방사선이 인체에 미치는 영향
㉠ 전리작용
㉡ 피폭선량
㉢ 조직의 감수성
㉣ 투과력

5과목 산업독성학

81 카드뮴에 노출되었을 때 체내의 주요 축적기관으로만 나열한 것은?

① 간, 신장 ② 심장, 뇌
③ 뼈, 근육 ④ 혈액, 모발

해설

체내에 흡수된 카드뮴은 혈액을 거쳐 2/3는 간과 신장으로 이동한다. 간과 신장에서 해독작용을 한다.

82 근로자가 1일 작업시간 동안 잠시라도 노출되어서는 아니되는 기준을 나타내는 것은?

① TLV – C
② TLV – STEL
③ TLV – TWA
④ TLV – skin

해설

최고노출농도(Ceiling, C)
㉠ 근로자가 1일 작업시간 동안 잠시라도 노출되어서는 아니되는 기준
㉡ 노출기준 앞에 "C"를 붙여 표시
㉢ 자극성 가스나 독작용이 빠른 물질 및 TLV – STEL이 설정되지 않은 물질 적용

ANSWER | 77 ④ 78 ④ 79 ② 80 ③ 81 ① 82 ①

83 다음 중 무기연에 속하지 않는 것은?

① 금속연 ② 일산화연
③ 사산화삼연 ④ 4메틸연

해설

납은 크게 무기납(Inorganic Lead)과 유기납(Organic Lead)으로 구분된다.

㉠ 무기납(Inorganic Lead) : 금속납(Pb)과 산화물인 일산화납(PbO), 사산화삼납(연단, 광명단, Pb_3O_4), 이산화납(PbO_2), 삼산화이납(Pb_2O_3) 등
㉡ 유기납 : 4메틸납(Tetramethyl Lead), 4에틸납(Tetraethyl Lead), 스테아린산납(Lead Stearate) 등

84 다음 중 규폐증(Silicosis)을 일으키는 원인물질과 가장 관계가 깊은 것은?

① 매연 ② 암석분진
③ 일반부유분진 ④ 목재분진

해설

규폐증(硅肺症)
이산화규소(SiO_2)를 들이마심으로써 문제가 되는 것인데 대부분의 광산이나 도자기작업장, 채석장, 석재공장, 터널 공사장 등 많은 작업장에서 규소가 문제를 일으킬 수 있다. 20년 정도의 긴 시간이 지나야 발병하는 경우가 대부분이지만 드물게는 몇 달 만에 증상이 생기는 경우도 있다. 섬유화뿐만 아니라 결핵도 악화시켜서 규폐결핵증이 되기 쉽다.

85 직업성 피부질환에 영향을 주는 직접적인 요인에 해당하는 것은?

① 연령 ② 인종
③ 고온 ④ 피부의 종류

해설

직업성 피부질환에 영향을 주는 직접적인 요인
㉠ 인종
㉡ 피부 종류
㉢ 연령 및 성별
㉣ 땀
㉤ 계절
㉥ 비직업성 피부질환의 공존
㉦ 온도 및 습도

86 인체 내에서 독성이 강한 화학물질과 무독한 화학물질이 상호작용하여 독성이 증가하는 현상을 무엇이라 하는가?

① 상가작용 ② 상승작용
③ 가승작용 ④ 길항작용

해설

혼합물질의 상호작용

혼합물질의 상호작용	작용내용	예시
상가작용 (Additive Action)	2종 이상의 화학물질이 혼재하는 경우 인체의 같은 부위에 작용함으로써 그 유해성이 가중되는 것	2+4=6
상승작용 (Synergism)	각각의 단일물질에 노출되었을 때보다 훨씬 큰 독성을 발휘	1+3=10
잠재작용 (가승작용, 강화작용, Potentiation)	인체에 영향을 나타내지 않은 물질이 다른 독성물질과 노출되어 그 독성이 커질 경우	2+0=5
길항작용 (Antagonism)	2종 이상의 화합물이 있을 때 서로의 작용을 방해하는 것	4+6=8

87 근로자의 소변 속에서 마뇨산(Hippuric Acid)이 다량검출 되었다면 이 근로자는 다음 중 어떤 유해물질에 폭로되었다고 판단되는가?

① 클로로포름 ② 초산메틸
③ 벤젠 ④ 톨루엔

해설

톨루엔에 대한 건강위험평가는 뇨 중 마뇨산, 혈액 · 호기에서는 톨루엔이 신뢰성 있는 결정인자이다.

88 납이 인체에 흡수됨으로써 초래되는 결과로 옳지 않은 것은?

① $\delta-$ALAD 활성치 저하
② 혈청 및 뇨 중 $\delta-$ALA 증가
③ 망상적혈구수의 감소
④ 적혈구 내 프로토포르피린 증가

◉ ANSWER | 83 ④ 84 ② 85 ③ 86 ③ 87 ④ 88 ③

해설

납이 체내에 흡수됨으로서 초래되는 현상
㉠ 적혈구 생존기간 감소
㉡ 적혈구 내 전해질 감소
㉢ 혈색소량 저하
㉣ 망상적혈구수 증가
㉤ 혈청 내 철 증가
㉥ 뇨 중 코프로포르피린 증가

89 유해물질의 경구투여용량에 따른 반응범위를 결정하는 독성검사에서 얻은 용량 – 반응곡선(Dose – Response Curve)에서 실험동물군의 50%가 일정 시간 동안 죽는 치사량을 나타내는 것은?

① LC50　② LD50
③ ED50　④ TD50

해설

치사량(LD ; Lethal Dose)
㉠ 실험동물에게 투여했을 때 실험동물을 죽게 하는 그 물질의 양을 말한다.
㉡ LD_{50}은 실험동물의 50%를 죽게 하는 양이다.
㉢ 변역 또는 95% 신뢰한계를 명시하여야 한다.
㉣ 치사량은 단위체중당으로 표시하는 것이 보통이다.

90 노말헥산이 체내대사과정을 거쳐 변환되는 물질로 노말헥산에 폭로된 근로자의 생물학적 노출지표로 이용되는 물질로 옳은 것은?

① Hippuric Acid
② 2, 5 – Hexanedione
③ Hydroquinone
④ 9 – Hydroxyquinoline

해설

노말헥산의 생물학적 노출지표는 뇨 중 2,5 – Hexanedione, 뇨 중 n – 헥산이다.

91 호흡기계로 들어온 입자상물질에 대한 제거기전의 조합으로 가장 적절한 것은?

① 면역작용과 대식세포의 작용
② 폐포의 활발한 가스교환과 대식세포의 작용
③ 점액섬모운동과 대식세포에 의한 정화
④ 점액섬모운동과 면역작용에 의한 정화

해설

호흡기계로 들어온 먼지에 대한 인체방어기전
㉠ 점액섬모운동에 의한 정화
㉡ 대식세포에 의한 정화

92 대상 먼지와 침강속도가 같고, 밀도가 1이며 구형인 먼지의 직경으로 환산하여 나타내는 입자상 물질의 직경을 무엇이라 하는가?

① 입체적 직경　② 등면적 직경
③ 기하학적 직경　④ 공기역학적 직경

해설

공기역학적 직경(Aerodynamic Diameter)
밀도가 $1g/cm^3$인 물질을 구 형태로 만든 표준입자를 다양한 입자크기로 만든 후에 대상입자와 낙하하는 속도가 동일한 표준입자의 직경을 대상입자의 직경으로 사용하는 방법을 말한다.

93 무색의 휘발성 용액으로서 도금사업장에서 금속표면의 탈지 및 세정용, 드라이클리닝, 접착제 등으로 사용하며, 간 및 신장장애를 유발시키는 유기용제는?

① 톨루엔　② 노말헥산
③ 클로로포름　④ 트리클로로에틸렌

해설

트리클로로에틸렌(TCE)
㉠ 무색의 휘발성 용액이며 클로로포름과 비슷한 달콤한 냄새가 난다.
㉡ 자동차 또는 금속산업에서 금속부품의 탈지(Degreasing) 용매로 활용되어 왔으며, 그 외에도 희석제, 세척제 및 다양한 제품의 중간산물로 사용하고 있다.

94 카드뮴의 중독, 치료 및 예방대책에 관한 설명으로 옳지 않은 것은?

① 소변 속의 카드뮴 배설량은 카드뮴 흡수를 나타내는 지표가 된다.
② BAL 또는 Ca – EDTA 등을 투여하여 신장에 대한 독작용을 제거한다.

ANSWER | 89 ② 90 ② 91 ③ 92 ④ 93 ④ 94 ②

③ 칼슘대사에 장애를 주어 신결석을 동반한 증후군이 나타나고 다량의 칼슘배설이 일어난다.
④ 폐활량 감소, 잔기량 증가 및 호흡곤란의 폐증세가 나타나며, 이 증세는 노출기간과 노출농도에 의해 좌우된다.

해설
카드뮴은 BAL 이나 Ca−EDTA 등 금속배설 촉진제를 투여하면 신장에 대한 독성이 더 강해져 투여해서는 안 된다.

95 금속열에 관한 설명으로 옳지 않은 것은?

① 금속열이 발생하는 작업장에서는 개인보호용구를 착용해야 한다.
② 금속흄에 노출된 후 일정시간의 잠복기를 지나 감기와 비슷한 증상이 나타난다.
③ 금속열은 일주일 정도가 지나면 증상은 회복되나 후유증으로 호흡기, 시신경장애 등을 일으킨다.
④ 아연, 마그네슘 등 비교적 융점이 낮은 금속의 제련, 용해, 용접 시 발생하는 산화금속흄을 흡입할 경우 생기는 발열성 질병이다.

해설
금속열의 증상
㉠ 체온이 높아지고 오한이 나며, 목이 마르고, 기침이 나며 가슴이 답답해지고, 호흡곤란 증세가 나타난다.
㉡ 금속흄에 노출된 후 일정시간의 잠복기를 지나 감기와 비슷한 증상이 나타난다.
㉢ 이러한 증상은 12~24시간이 지나면 완전히 없어진다.

96 피부는 표피와 진피로 구분하는데, 진피에만 있는 구조물이 아닌 것은?

① 혈관　② 모낭
③ 땀샘　④ 멜라닌세포

해설
표피층에는 멜라닌세포와 랑게르한스세포가 존재하고 자외선에 노출될 경우 멜라닌세포가 증가하여 각질층이 비후되어 자외선으로부터 피부를 보호한다.

97 대사과정에 의해서 변화된 후에만 발암성을 나타내는 간접발암원으로만 나열된 것은?

① Benzo(a)Pyrene, Ethylbromide
② Pah, Methyl Nitrosourea
③ Benzo(a)Pyrene, Dimethyl Sulfate
④ Nitrosamine, Ethyl Methanesulfonate

98 접촉성 피부염의 특징으로 옳지 않은 것은?

① 작업장에서 발생빈도가 높은 피부질환이다.
② 증상은 다양하지만 홍반과 부종을 동반하는 것이 특징이다.
③ 원인물질은 크게 수분, 합성화학물질, 생물성 화학물질로 구분할 수 있다.
④ 면역학적 반응에 따라 과거 노출경험이 있어야만 반응이 나타난다.

해설
접촉성 피부염
㉠ 작업장에서 발생빈도가 가장 높은 피부질환이다.
㉡ 과거 노출경험이 없어도 반응이 나타날 수 있다.
㉢ 습진의 일종이며 많이 사용하는 손에서 발생한다.

99 접촉에 의한 알레르기성 피부감작을 증명하기 위한 시험으로 가장 적절한 것은?

① 첩포시험　② 진균시험
③ 조직시험　④ 유발시험

해설
첩포시험(Patch Test)
'알레르기성 접촉피부염'이라 함은 대부분의 사람에게는 피부염을 일으키지 않으나 특수한 물질에 감작된 사람에게만 재감작 시 발생하는 피부염을 말하며, 알레르기성 접촉피부염을 일으키는 물질을 알레르겐이라고 한다. 정상인에게는 반응을 일으키지 않고 감작된 사람에게만 반응하는 일정한 농도로 조절한 알레르겐을 직경 약 8mm 정도의 알루미늄판을 부착한 특수용기에 담아 피부에 붙여 48시간과 96시간 후에 피부에 나타난 반응을 관찰하여 알레르기 접촉피부염 유무를 진단한다.

ANSWER | 95 ③　96 ④　97 ①　98 ④　99 ①

100 방향족 탄화수소 중 만성노출에 의한 조혈장애를 유발시키는 것은?

① 벤젠　　② 톨루엔
③ 클로로포름　　④ 나프탈렌

해설

유기용제별 대표적 특이증상(가장 심각한 독성)
㉠ 벤젠 : 조혈장애
㉡ 염화탄화수소 : 간장애
㉢ 이황화탄소 : 중추신경 및 말초신경장애
㉣ 메탄올 : 시신경장애
㉤ 메틸부틸케톤 : 말초신경장애
㉥ 노말헥산 : 다발성 신경장애
㉦ 에틸렌글리콜에테르류 : 생식기장애

◉ ANSWER | 100 ①

SECTION

13 2022년 1회 기사

1과목 산업위생학 개론

01 중량물 취급으로 인한 요통 발생에 관여하는 요인으로 볼 수 없는 것은?

① 근로자의 육체적 조건
② 작업빈도와 대상의 무게
③ 습관성 약물의 사용 유무
④ 작업습관과 개인적인 생활태도

해설

요통 발생에 관여하는 주된 요인

㉠ 작업습관(부적절한 자세와 작업방법)과 개인적인 생활태도
㉡ 작업빈도, 물체의 위치와 무게 및 크기 등과 같은 물리적 환경요인
㉢ 근로자의 육체적 조건(신체의 유연성, 근력 부족)
㉣ 요통 및 기타 장애의 경력

02 산업위생의 기본적인 과제에 해당하지 않는 것은?

① 작업환경이 미치는 건강장애에 관한 연구
② 작업능률 저하에 따른 작업조건에 관한 연구
③ 작업환경의 유해물질이 대기오염에 미치는 영향에 관한 연구
④ 작업환경에 의한 신체적 영향과 최적환경의 연구

해설

산업위생의 기본과제

㉠ 작업능력의 신장 및 저하에 따른 작업조건 및 정신적 조건의 연구
㉡ 최적 작업환경 조성에 관한 연구 및 유해 작업환경에 의한 신체적 영향 연구
㉢ 노동력의 재생산과 사회 · 경제적 조건에 관한 연구

03 작업 시작 및 종료 시 호흡의 산소소비량에 대한 설명으로 옳지 않은 것은?

① 산소소비량은 작업부하가 계속 증가하면 일정한 비율로 계속 증가한다.
② 작업이 끝난 후에도 맥박과 호흡수가 작업개시 수준으로 즉시 돌아오지 않고 서서히 감소한다.
③ 작업부하 수준이 최대 산소소비량 수준보다 높아지게 되면, 젖산의 제거 속도가 생성 속도에 못 미치게 된다.
④ 작업이 끝난 후에 남아 있는 젖산을 제거하기 위해서는 산소가 더 필요하며, 이때 동원되는 산소소비량을 산소부채(Oxygen Debt)라 한다.

해설

작업대사량이 증가하면 산소소비량도 비례하여 계속 증가하나 작업대사량이 일정 한계를 넘으면 산소소비량은 증가하지 않는다.

04 38세 된 남성 근로자의 육체적 작업능력(PWC)은 15 kcal/min이다. 이 근로자가 1일 8시간 동안 물체를 운반하고 있으며 이때의 작업대사량은 7kcal/min이고, 휴식 시 대사량은 1.2kcal/min이다. 이 사람의 적정 휴식시간과 작업시간의 배분(매시간별)은 어떻게 하는 것이 이상적인가?

① 12분 휴식, 48분 작업
② 17분 휴식, 43분 작업
③ 21분 휴식, 39분 작업
④ 27분 휴식, 33분 작업

해설

$$T_{rest} = \frac{E_{max} - E_{task}}{E_{rest} - E_{task}} \times 100$$

$$= \frac{\left(PWC \times \frac{1}{3}\right) - \text{작업 시 대사량}}{\text{휴식시대사량} - \text{작업 시 대사량}} \times 100$$

$$= \frac{\left(15 \times \frac{1}{3}\right) - 7.0}{1.2 - 7.0} \times 100 = 34.48\%$$

적정 휴식시간(min) = 60 × 0.4.48 = 20.69min

∴ 21분 휴식, 39분 작업

ANSWER | 01 ③ 02 ③ 03 ① 04 ③

PART 01 PART 02 PART 03 PART 04 PART 05 PART 06

05 산업위생의 역사에 있어 주요 인물과 업적의 인결이 올바른 것은?

① Percivall Pott – 구리광산의 산 증기 위험성 보고
② Hippocrates – 역사상 최초의 직업병(납중독) 보고
③ G. Agricola – 검댕에 의한 직업성 암의 최초 보고
④ Bernardino Ramazzini – 금속 중독과 수은의 위험성 규명

해설

① Percivall Pott – 최초로 직업성 암을 보고
③ Georgious Agricola – 저서인 '광물에 관하여'를 남김
④ Bernardino Ramazzini – '직업인의 질병(De Morbis Artificum Diatriba'을 발간

06 산업안전보건법령상 자격을 갖춘 보건관리자가 해당 사업장의 근로자를 보호하기 위한 조치에 해당하는 의료행위를 모두 고른 것은?(단, 보건관리자는 의료법에 따른 의사로 한정한다.)

가. 자주 발생하는 가벼운 부상에 대한 치료
나. 응급처치가 필요한 사람에 대한 처치
다. 부상 · 질병의 악화를 방지하기 위한 처치
라. 건강진단 결과 발견된 질병자의 요양지도 및 관리

① 가, 나　　② 가, 다
③ 가, 다, 라　　④ 가, 나, 다, 라

해설

보건관리자의 업무 등
해당 사업장의 근로자를 보호하기 위한 다음 각 목의 조치에 해당하는 의료행위(보건관리자가 별표 6 제1호 또는 제2호에 해당하는 경우로 한정한다)
가. 자주 발생하는 가벼운 부상에 대한 치료
나. 응급처치가 필요한 사람에 대한 처치
다. 부상 · 질병의 악화를 방지하기 위한 처치
라. 건강진단 결과 발견된 질병자의 요양 지도 및 관리
마. 가목부터 라목까지의 의료행위에 따르는 의약품의 투여

07 온도 25 ℃, 1기압하에서 분당 100mL씩 60분 동안 채취한 공기 중에서 벤젠이 5mg 검출되었다면 검출된 벤젠은 약 몇 ppm인가?(단, 벤젠의 분자량은 78이다.)

① 15.7　　② 26.1
③ 157　　④ 261

해설

$$\text{벤젠}(\mathrm{mL/m^3}) = \frac{5\mathrm{mg}}{100\mathrm{mL/min}\times 60\mathrm{min}} \Bigg| \frac{24.45\mathrm{mL}}{78\mathrm{mg}} \Bigg| \frac{10^6\mathrm{mL}}{1\mathrm{m^3}} = 261.22\mathrm{mL/m^3}$$

08 산업위생전문가들이 지켜야 할 윤리강령에 있어 전문가로서의 책임에 해당하는 것은?

① 일반 대중에 관한 사항은 정직하게 발표한다.
② 위험요소와 예방조치에 관하여 근로자와 상담한다.
③ 과학적 방법의 적용과 자료의 해석에서 객관성을 유지한다.
④ 위험요인의 측정, 평가 및 관리에 있어서 외부의 압력에 굴하지 않고 중립적 태도를 취한다.

해설

산업위생전문가로서 지켜야 할 책임
㉠ 기업체의 기밀은 외부에 누설하지 않는다.
㉡ 과학적 방법의 적용과 자료의 해석에서 객관성을 유지한다.
㉢ 근로자, 사회 및 전문직종의 이익을 위해 과학적 지식을 공개하여 발표한다.
㉣ 전문적인 판단이 타협에 의해서 좌우될 수 있으나 이해관계가 있는 상황에서는 개입하지 않는다.
㉤ 위험요소와 예방조치에 관하여 근로자와 상담한다.
㉥ 성실성과 학문적 실력 면에서 최고 수준을 유지한다.
㉦ 전문 분야로서의 산업위생 발전에 기여한다.

09 어떤 플라스틱 제조 공장에 200명의 근로자가 근무하고 있다. 1년에 40건의 재해가 발생하였다면 이 공장의 도수율은?(단, 1일 8시간, 연간 290일 근무기준이다.)

① 200　　② 86.2
③ 17.3　　④ 4.4

해설

도수율(빈도율)(F.R : Frequency Rate of Injury)

$$\text{도수율} = \frac{\text{재해발생건수}}{\text{연근로시간수}} \times 10^6 = \frac{40\text{건}}{290\text{일}\times 8\text{시간}\times 200\text{명}} \times 10^6 = 86.21$$

◉ ANSWER | 05 ② 06 ④ 07 ④ 08 ③ 09 ②

10 산업스트레스에 대한 반응을 심리적 결과와 행동적 결과로 구분할 때 행동적 결과로 볼 수 없는 것은?

① 수면 방해
② 약물 남용
③ 식욕 부진
④ 돌발 행동

해설

산업스트레스 결과
㉠ 행동적 결과 : 흡연, 식욕감퇴, 행동의 격양(돌발적 사고), 알코올 및 약물 남용
㉡ 심리적 결과 : 불면증, 성적 욕구 감퇴, 가정 문제
㉢ 생리적 결과 : 두통, 우울증, 심장질환, 위장질환 등

11 산업안전보건법령상 충격소음의 강도가 130 dB(A)일 때 1일 노출횟수 기준으로 옳은 것은?

① 50
② 100
③ 500
④ 1,000

해설

1일 노출횟수(회)	충격소음의 강도[dB(A)]
100	140
1,000	130
10,000	120

12 다음 중 일반적인 실내공기질 오염과 가장관련이 적은 질환은?

① 규폐증(Silicosis)
② 가습기 열병(Humidifier Fever)
③ 레지오넬라병 (Legionnaires Disease)
④ 과민성 폐렴(Hypersensitivity Pneumonitis)

해설

규폐증(Silicosis)은 유리규산(SiO_2) 분진 흡입으로 폐에 만성섬유증식이 나타나는 진폐증이다.

13 물체의 실제 무게를 미국 NIOSH의 권고 중량물한계기준(RWL : Recommended Weight Limit)으로 나눈 값을 무엇이라 하는가?

① 중량상수(LC)
② 빈도승수(FM)
③ 비대칭승수(AM)
④ 중량물 취급지수(LI)

해설

중량물 취급지수(들기지수, LI : Lifting Index)

$$LI = \frac{\text{물체무게(kg)}}{\text{RWL(kg)}}$$

14 산업안전보건법령상 사업주가 위험성 평가의 결과와 조치사항을 기록 · 보존할 때 포함되어야 할 사항이 아닌 것은?(단, 그 밖에 위험성 평가의 실시 내용을 확인하기 위하여 필요한 사항은 제외한다.)

① 위험성 결정의 내용
② 유해위험방지계획서 수립 유무
③ 위험성 결정에 따른 조치의 내용
④ 위험성 평가 대상의 유해 · 위험요인

해설

사업주가 위험성 평가의 결과와 조치사항을 기록 · 보존할 때 포함되어야 할 사항
㉠ 위험성평가 대상의 유해 · 위험요인
㉡ 위험성 결정의 내용
㉢ 위험성 결정에 따른 조치의 내용

15 다음 중 규폐증을 일으키는 주요 물질은?

① 면분진
② 석탄 분진
③ 유리규산
④ 납흄

해설

규폐증(Silicosis)은 유리규산(SiO_2) 분진 흡입으로 폐에 만성섬유증식이 나타나는 진폐증이다.

◉ ANSWER | 10 ① 11 ④ 12 ① 13 ④ 14 ② 15 ③

16 화학물질 및 물리적 인자의 노출기준 고시상 다음 (   ) 안에 들어갈 유해물질들 간의 상호작용은?

> **[노출기준 사용상의 유의사항]**
> 각 유해인자의 노출기준은 해당 유해인자가 단독으로 존재하는 경우의 노출기준을 말하며, 2종 또는 그 이상의 유해인자가 혼재하는 경우에는 각 유해인자의 (   )으로 유해성이 증가할 수 있으므로 법에 따라 산출하는 노출기준을 사용하여야 한다.

① 상승작용 ② 강화작용
③ 상가작용 ④ 길항작용

해설

노출기준 사용상의 유의사항
각 유해인자의 노출기준은 해당 유해인자가 단독으로 존재하는 경우의 노출기준을 말하며, 2종 또는 그 이상의 유해인자가 혼재하는 경우에는 각 유해인자의 상가작용으로 유해성이 증가할 수 있으므로 법에 따라 산출하는 노출기준을 사용하여야 한다.

17 A사업장에서 중대재해인 사망사고가 1년간 4건 발생하였다면 이 사업장의 1년간 4일 미만의 치료를 요하는 경미한 사고건수는 몇 건이 발생하는지 예측되는가?(단, Heinrich의 이론에 근거하여 추정한다.)

① 116 ② 120
③ 1,160 ④ 1,200

해설

하인리히의 법칙(1 : 29 : 300)
330회의 사고 가운데 중상 또는 사망 1회, 경상 29회, 무상해사고 300회의 비율로 사고 발생 $1:29=4:x$
$\therefore\ x=116$(건)

18 교대작업이 생기게 된 배경으로 옳지 않은 것은?

① 사회 환경의 변화로 국민생활과 이용자들의 편의를 위한 공공사업의 증가
② 의학의 발달로 인한 생체주기 등의 건강상 문제 감소 및 의료기관의 증가
③ 석유화학 및 제철업 등과 같이 공정상 조업 중단이 불가능한 산업의 증가
④ 생산설비의 완전가동을 통해 시설투자비용을 조속히 회수하려는 기업의 증가

해설

교대작업이 생기게 된 배경
㉠ 사회 환경의 변화로 국민생활과 이용자들의 편의를 위한 공공사업의 증가
㉡ 석유화학 및 제철업 등과 같이 공정상 조업 중단이 불가능한 산업의 증가
㉢ 생산설비의 완전가동을 통해 시설투자비용을 조속히 회수하려는 기업의 증가

19 작업장에 존재하는 유해인자와 직업성 질환의 연결이 옳지 않은 것은?

① 망간 – 신경염
② 무기 분진 – 진폐증
③ 6가 크롬 – 비중격천공
④ 이상기압 – 레이노씨병

해설

이상기압 – 폐수종(잠함병)

20 심한 노동 후의 피로 현상으로 단기간의 휴식에 의해 회복될 수 없는 병적 상태를 무엇이라 하는가?

① 곤비 ② 과로
③ 전신피로 ④ 국소피로

해설

피로의 3단계
㉠ 보통피로 : 하루 잠을 자고 나면 완전히 회복되는 피로
㉡ 과로 : 다음 날까지 계속되는 피로의 상태로 단시간 휴식으로 회복 가능
㉢ 곤비 : 과로의 축적으로 단기간 휴식으로 회복될 수 없는 발병단계의 피로

◉ ANSWER | 16 ③ 17 ① 18 ② 19 ④ 20 ①

2과목 작업위생 측정 및 평가

21 고체 흡착제를 이용하여 시료채취를 할 때 영향을 주는 인자에 관한 설명으로 틀린 것은?

① 오염물질 농도 : 공기 중 오염물질의 농도가 높을수록 파과 용량은 증가한다.
② 습도 : 습도가 높으면 극성 흡착제를 사용할 때 파과 공기량이 적어진다.
③ 온도 : 일반적으로 흡착은 발열 반응이므로 열역학적으로 온도가 낮을수록 흡착에 좋은 조건이다.
④ 시료채취유량 : 시료채취유량이 높으면 쉽게 파과가 일어나나 코팅된 흡착제인 경우는 그 경향이 약하다.

해설

시료채취유량
시료채취유량이 높으면 파과가 일어나기 쉬우며 코팅된 흡착제일수록 그 경향이 강하다.

22 불꽃방식의 원자흡광광도계의 특징으로 옳지 않은 것은?

① 조작이 쉽고 간편하다.
② 분석시간이 흑연로장치에 비하여 적게 소요된다.
③ 주입 시료액의 대부분이 불꽃 부분으로 보내지므로 감도가 높다.
④ 고체 시료의 경우 전처리에 의하여 매트릭스를 제거해야 한다.

해설

불꽃방식의 원자흡광광도계는 시료량이 많이 소요되며 감도가 낮다.

23 산업안전보건법령상 소음의 측정시간에 관한 내용 중 A에 들어갈 숫자는?

> 단위작업 장소에서 소음수준은 규정된 측정위치 및 지점에서 1일 작업시간 동안 A시간 이상 연속 측정하거나 작업시간을 1시간 간격으로 나누어 4회 이상 측정하여야 한다. 다만, … (후략)

① 2　　② 4
③ 6　　④ 8

해설

단위작업장소에서의 소음 발생시간이 6시간 이내인 경우나 소음발생원에서의 발생시간이 간헐적인 경우에는 발생시간 동안 연속 측정하거나 등간격으로 나누어 4회 이상 측정하여야 한다.

24 산업안전보건법령상 다음과 같이 정의되는 용어는?

> 작업환경 측정 · 분석 결과에 대한 정확성과 정밀도를 확보하기 위하여 작업환경 측정기관의 측정 · 분석 능력을 확인하고, 그 결과에 따라 지도 · 교육 등 측정 · 분석능력 향상을 위하여 행하는 모든 관리적 수단

① 정밀관리　　② 정확관리
③ 적정관리　　④ 정도관리

25 한 근로자가 하루 동안 TCE에 노출되는 것을 측정한 결과가 아래와 같을 때, 8시간 시간가중 평균치(TWA : ppm)는?

측정시간	노출농도(ppm)
1시간	10.0
2시간	15.0
4시간	17.5
1시간	0.0

① 15.7　　② 14.2
③ 13.8　　④ 10.6

해설

$$TWA = \frac{(10\times1)+(15\times2)+(17.5\times4)+(0\times1)}{1+2+4+1}$$
$$= 13.75\text{ppm}$$

ANSWER | 21 ④ 22 ③ 23 ③ 24 ④ 25 ③

26 피토관(Pitot Tube)에 대한 설명 중 옳은 것은?(단, 측정 기체는 공기이다.)

① Pitot Tube의 정확성에는 한계가 있어 정밀한 측정에서는 경사마노미터를 사용한다.
② Pitot Tube를 이용하여 곧바로 기류를 측정할 수 있다.
③ Pitot Tube를 이용하여 총압과 속도압을 구하여 정압을 계산한다.
④ 속도압이 $25mmH_2O$일 때 기류속도는 28.58m/s 이다.

해설

피토관을 이용한 보정방법
㉠ 공기의 흐름과 직접 마주치는 튜브는 총 압력을 측정한다.
㉡ 외곽 튜브는 정압을 측정한다.
㉢ $V = 4.043\sqrt{VP} = 4.043\sqrt{25} = 20m/sec$

27 산업안전보건법령상 작업환경측정 대상이 되는 작업장 또는 공정에서 정상적인 작업을 수행하는 동일 노출집단의 근로자가 작업을 하는 장소를 지칭하는 용어는?

① 동일작업 장소 ② 단위작업 장소
③ 노출측정 장소 ④ 측정작업 장소

28 근로자가 일정시간 동안 일정농도의 유해물질에 노출될 때 체내에 흡수되는 유해물질의 양은 아래의 식을 적용하여 구한다. 각 인자에 대한 설명이 틀린 것은?

체내 흡수량(mg) = C×T×R×V

① C : 공기 중 유해물질 농도
② T : 노출시간
③ R : 체내 잔류율
④ V : 작업공간 공기의 부피

해설

$V(m^3/hr)$: 개인의 호흡률(폐환기율)

29 고열(Heat Stress)의 작업환경 평가와 관련된 내용으로 틀린 것은?

① 가장 일반적인 방법은 습구흑구온도(WBGT)를 측정하는 방법이다.
② 자연습구온도는 대기온도를 측정하긴 하지만 습도와 공기의 움직임에 영향을 받는다.
③ 흑구온도는 복사열에 의해 발생하는 온도이다.
④ 습도가 높고 대기 흐름이 적을 때 낮은 습구온도가 발생한다.

해설

공기가 건조할수록 증발이 잘 일어나고 주위의 열을 빼앗아 습구온도가 낮아진다.

30 같은 작업 장소에서 동시에 5개의 공기시료를 동일한 채취조건하에서 채취하여 벤젠에 대해 아래의 도표와 같은 분석결과를 얻었다. 이때 벤젠 농도 측정의 변이계수(CV%)는?

공기시료번호	벤젠농도(ppm)
1	5.0
2	4.5
3	4.0
4	4.6
5	4.4

① 8% ② 14%
③ 56% ④ 96%

해설

$$변이계수 = \frac{표준편차}{산술평균} \times 100$$

㉠ $산술평균 = \frac{5.0+4.5+4.0+4.6+4.4}{5} = 4.5$

㉡ 표준편차

$$= \frac{(5-4.5)^2+(4.5-4.5)^2+(4.0-4.5)^2+(4.6-4.5)^2+(4.4-4.5)^2}{5-1} = 0.36$$

$$\therefore 변이계수 = \frac{0.36}{4.5} \times 100 = 8(\%)$$

ANSWER | 26 ① 27 ② 28 ④ 29 ④ 30 ①

31 작업장 내 다습한 공기에 포함된 비극성 유기증기를 채취하기 위해 이용할 수 있는 흡착제의 종류로 가장 적절한 것은?

① 활성탄(Activated Charcoal)
② 실리카겔(Silica Gel)
③ 분자체(Molecular Sieve)
④ 알루미나(Alumina)

해설

활성탄을 사용하여 채취하기 용이한 시료
㉠ 비극성 유기용제
㉡ 각종 방향족 유기용제
㉢ 할로겐화 지방족 유기용제
㉣ 에스테르류, 알코올류, 에테르류, 케톤류

32 산업안전보건법령상 가스상 물질의 측정에 관한 내용 중 일부이다. ( ) 안에 들어갈 내용으로 옳은 것은?

> 검지관 방식으로 측정하는 경우에는 1일 작업시간 동안 1시간 간격으로 ( )회 이상 측정하되 측정시간마다 2회 이상 반복 측정하여 평균값을 산출하여야 한다. 다만, … (후략)

① 2　　② 4
③ 6　　④ 8

해설

가스상 물질을 검지관 방식으로 측정하는 경우에는 1일 작업시간 동안 1시간 간격으로 6회 이상 측정하되 매 측정시간마다 2회 이상 반복 측정하여 평균값을 산출하여야 한다.

33 작업환경 중 A가 30ppm, B가 20ppm, C가 25ppm 존재할 때, 작업환경 공기의 복합노출지수는?(단 A, B, C의 TLV는 각각 50, 25, 50ppm이고, A, B, C는 상가작용을 일으킨다.)

① 1.3　　② 1.5
③ 1.7　　④ 1.9

해설

$$\text{복합노출지수(EI)} = \frac{30}{50} + \frac{20}{25} + \frac{25}{50} = 1.9$$

34 단위작업 장소에서 소음의 강도가 불규칙적으로 변동하는 소음을 누적소음 노출량 측정기로 측정하였다. 누적소음 노출량이 300%인 경우, 시간가중평균 소음수준[dB(A)]은?

① 92　　② 98
③ 103　　④ 106

해설

$$\text{TWA} = 16.61\log\left(\frac{D}{100}\right) + 90$$
$$= 16.61\log\left(\frac{300}{100}\right) + 90 = 97.92\text{dB(A)}$$

35 공장에서 A용제 30%(노출기준 1,200mg/m^3), B용제 30%(노출기준 1,400mg/m^3) 및 C용제 40%(노출기준 1,60mg/m^3)의 중량비로 조성된 액체용제가 증발되어 작업환경을 오염시킬 때, 이 혼합물의 노출기준(mg/m^3)은?(단, 혼합물의 성분은 상가작용을 한다.)

① 1,400　　② 1,450
③ 1,500　　④ 1,550

해설

혼합물의 노출기준(mg/m^3)
$$= \frac{1}{\frac{0.3}{1,200} + \frac{0.3}{1,400} + \frac{0.4}{1,600}} = 1,400\text{mg/m}^3$$

36 WBGT 측정기의 구성요소로 적절하지 않은 것은?

① 습구온도계
② 건구온도계
③ 카타온도계
④ 흑구온도계

해설

옥외(태양광선이 내리쬐는 장소) WBGT
WBGT(℃) = 0.7 × 자연습구온도 + 0.2 × 흑구온도 + 0.1 × 건구온도

ANSWER | 31 ① 32 ③ 33 ③ 34 ② 35 ① 36 ③

37 유량, 측정시간, 회수율 및 분석에 의한 오차가 각각 18%, 3%, 9%, 5%일 때, 누적오차(%)는?

① 18　② 21
③ 24　④ 29

해설

누적오차 $= \sqrt{18^2+3^2+9^2+5^2} = 20.95\%$

38 흡광광도법에 관한 설명으로 틀린 것은?

① 광원에서 나오는 빛을 단색화 장치를 통해 넓은 파장 범위의 단색 빛으로 변화시킨다.
② 선택된 파장의 빛을 시료액 층으로 통과시킨 후 흡광도를 측정하여 농도를 구한다.
③ 분석의 기초가 되는 법칙은 램버트 – 비어의 법칙이다.
④ 표준액에 대한 흡광도와 농도의 관계를 구한 후, 시료의 흡광도를 측정하여 농도를 구한다.

해설

흡광광도법
광원에서 나오는 빛을 단색화장치 또는 필터에 의하여 좁은 파장범위의 빛만을 선택하여 액층을 통과시킨 다음 광전측광으로 흡광도를 측정하여 목적성분의 농도를 정량하는 방법이다.

39 작업환경 중 분진의 측정 농도가 대수정규분포를 할 때, 측정 자료의 대표치에 해당되는 용어는?

① 기하평균치　② 산술평균치
③ 최빈치　④ 중앙치

해설

산업위생 분야에서는 작업환경 측정결과가 대수정규분포를 하는 경우 대푯값으로서 기하평균을 사용하고, 산포도로서 기하표준편차를 널리 사용한다.

40 진동을 측정하기 위한 기기는?

① 충격측정기(Impulse Meter)
② 레이저판독판(Laser Readout)
③ 가속측정기(Accelerometer)
④ 소음측정기(SoundLevel Meter)

해설

가속측정기(Accelerometer)
진동의 가속도를 측정 · 기록하는 진동계의 일종으로 어떤 물체의 속도변화비율(가속도)을 측정하는 장치이다.

3과목 작업환경 관리대책

41 국소배기 시설에서 장치 배치 순서로 가장 적절한 것은?

① 송풍기 → 공기정화기 → 후드 → 덕트 → 배출구
② 공기정화기 → 후드 → 송풍기 → 덕트 → 배출구
③ 후드 → 덕트 → 공기정화기 → 송풍기 → 배출구
④ 후드 → 송풍기 → 공기정화기 → 덕트 → 배출구

해설

국소배기 시설의 장치 배치 순서
후드 → 덕트 → 공기정화기 → 송풍기 → 배출구

42 금속을 가공하는 음압수준이 98dB(A)인 공정에서 NRR이 17인 귀마개를 착용했을 때의 차음효과[dB(A)]는?(단, OSHA의 차음효과 예측방법을 적용한다.)

① 2　② 3
③ 5　④ 7

해설

차음효과 $= (\text{NRR}-7)\times 0.5 = (17-7)\times 0.5 = 5\text{dB(A)}$

43 다음 중 중성자의 차폐(shielding) 효과가 가장 적은 물질은?

① 물　② 파라핀
③ 납　④ 흑연

해설

중성자의 차폐(Shielding) 물질
㉠ 물　㉡ 파라핀　㉢ 붕소 함유물질
㉣ 흑연　㉤ 콘크리트

ANSWER | 37 ② 38 ① 39 ① 40 ③ 41 ③ 42 ③ 43 ③

44 테이블에 붙여서 설치한 사각형 후드의 필요 환기량 Q(m^3/min)를 구하는 식으로 적절한 것은? (단, 플랜지는 부착되지 않았고, A(m^2)는 개구면적, X(m)는 개구부와 오염원 사이의 거리, V(m/s)는 제어 속도를 의미한다.)

① $Q = V \times (5X^2 + A)$
② $Q = V \times (7X^2 + A)$
③ $Q = 60 \times V \times (5X^2 + A)$
④ $Q = 60 \times V \times (7X^2 + A)$

45 원심력집진장치에 관한 설명 중 옳지 않은 것은?

① 비교적 적은 비용으로 집진이 가능하다.
② 분진의 농도가 낮을수록 집진효율이 증가한다.
③ 함진가스에 선회류를 일으키는 원심력을 이용한다.
④ 입자의 크기가 크고 모양이 구체에 가까울수록 집진효율이 증가한다.

해설

원심력집진장치는 입자의 크기가 크고, 유속이 적당히 빠르고, 유효회전수가 클수록 집진효율이 증가한다.

46 직경 38cm, 유효높이 2.5m의 원통형 백필터를 사용하여 60m^3/min의 함진 가스를 처리할 때 여과속도(cm/s)는?

① 25　　② 32
③ 50　　④ 64

해설

$$V = \frac{Q}{A\pi DL} = \frac{60/60\text{m}^3/\text{s}}{\pi \times 0.38 \times 2.5\text{m}^2} = 0.335\text{m/s}$$
$$= 33.5\text{cm/s}$$

47 표준상태(STP; 0℃, 1기압)에서 공기의 밀도가 1.293kg/m^3일 때, 40℃, 1기압에서 공기의 밀도(kg/m^3)는?

① 1.040　　② 1.128
③ 1.185　　④ 1.312

해설

$$X(\text{kg/m}^3) = \frac{1.293\text{kg}}{\text{m}^3} \Big| \frac{273}{273+40} = 1.128\text{kg/m}^3$$

48 국소배기장치로 외부식 측방형 후드를 설치할 때, 제어 풍속을 고려하여야 할 위치는?

① 후드의 개구면
② 작업자의 호흡 위치
③ 발산되는 오염 공기 중의 중심위치
④ 후드의 개구면으로부터 가장 먼 작업 위치

해설

외부식 측방형 후드에서의 제어속도(풍속)는 후드의 개구면으로부터 가장 먼 작업 위치에서 측정한다.

49 작업장에서 작업공구와 재료 등에 적용할 수 있는 진동대책과 가장 거리가 먼 것은?

① 진동공구의 무게는 10kg 이상 초과하지 않도록 만들어야 한다.
② 강철로 코일용수철을 만들면 설계를 자유롭게 할 수 있으나 Oil Damper 등의 저항요소가 필요할 수 있다.
③ 방진고무를 사용하면 공진 시 진폭이 지나치게 커지지 않지만 내구성, 내약품성이 문제가 될 수 있다.
④ 코르크는 정확하게 설계할 수 있고 고유진동수가 20Hz 이상이므로 진동 방지에 유용하게 사용할 수 있다.

해설

코르크
㉠ 재질이 일정하지 않고 균일하지 않으므로 정확한 설계가 어렵다.
㉡ 고유진동수가 10Hz 전후이므로 진동 방지라기보다는 강체 간 고체음의 전파 방지에 유효한 방진재료이다.

◉ ANSWER | 44 ③　45 ②　46 ②　47 ②　48 ④　49 ④

50 여과집진장치의 여과지에 대한 설명으로 틀린 것은?

① 0.1μm 이하의 입자는 주로 확산에 의해 채취된다.
② 압력강하가 적으면 여과지의 효율이 크다.
③ 여과지의 특성을 나타내는 항목으로 기공의 크기, 여과지의 두께 등이 있다.
④ 혼합섬유 여과지로 가장 많이 사용되는 것은 Microsorban 여과지이다.

해설

혼합섬유 여과지로 가장 많이 사용되는 것은 Glass Fiber 여과지이다.

51 일반적인 후드 설치의 유의사항으로 가장 거리가 먼 것은?

① 오염원 전체를 포위시킬 것
② 후드는 오염원에 가까이 설치할 것
③ 오염 공기의 성질, 발생상태, 발생원인을 파악할 것
④ 후드의 흡인방향과 오염 가스의 이동방향은 반대로 할 것

해설

후드의 흡인방향과 오염 가스의 이동방향은 같은 방향으로 할 것

52 앞으로 구부리고 수행하는 작업공정에서 올바른 작업자세라고 볼 수 없는 것은?

① 작업 점의 높이는 팔꿈치보다 낮게 한다.
② 바닥의 얼룩을 닦을 때에는 허리를 구부리지 말고 다리를 구부려서 작업한다.
③ 상체를 구부리고 작업을 하다가 일어설 때는 무릎을 굴절시켰다가 다리 힘으로 일어난다.
④ 신체의 중심이 물체의 중심보다 뒤쪽에 있도록 한다.

해설

신체의 중심이 물체의 중심보다 앞쪽에 있도록 한다.

53 호흡기 보호구의 사용 시 주의사항과 가장 거리가 먼 것은?

① 보호구의 능력을 과대평가하지 말아야 한다.
② 보호구 내 유해물질 농도는 허용기준 이하로 유지해야 한다.
③ 보호구를 사용할 수 있는 최대 사용가능농도는 노출기준에 할당보호계수를 곱한 값이다.
④ 유해물질의 농도가 즉시 생명에 위태로울 정도인 경우는 공기 정화식 보호구를 착용해야 한다.

해설

공기 정화식 보호구는 생명과 건강에 즉각적으로 위험을 줄 수 있는 고농도의 작업장에서 사용할 수 없으며, 유해물질의 종류에 맞게 정화물질을 잘 선택하여 사용해야 한다.

54 흡인구와 분사구의 등속선에서 노즐의 분사구 개구면 유속을 100%라고 할 때 유속이 10% 수준이 되는 지점은 분사구 내경(d)의 몇 배 거리인가?

① 5d ② 10d
③ 30d ④ 40d

해설

송풍기에 의한 기류의 흡기와 배기 시 흡기는 흡입면의 직경 1배인 위치에서는 입구 유속의 10%로 되고 배기는 출구면의 직경 30배인 위치에서 출구 유속의 10%로 된다. 따라서 국소환기 시스템의 후드는 오염발생원으로부터 가능한 한 최대한 가까운 곳에 설치해야 한다.

55 방진마스크의 성능 기준 및 사용 장소에 대한 설명 중 옳지 않은 것은?

① 방진마스크 등급 중 2급은 포집효율이 분리식과 안면부 여과식 모두 90% 이상이어야 한다.
② 방진마스크 등급 중 특급의 포집효율은 분리식의 경우 99.95% 이상, 안면부 여과식의 경우 99.0% 이상이어야 한다.
③ 베릴륨 등과 같이 독성이 강한 물질들을 함유한 분진이 발생하는 장소에서는 특급 방진마스크를 착용하여야 한다.
④ 금속흄 등과 같이 열적으로 생기는 분진이 발생하는 장소에서는 1급 방진마스크를 착용하여야 한다.

◎ ANSWER | 50 ④ 51 ④ 52 ④ 53 ④ 54 ③ 55 ①

해설

방진마스크 등급 중 2급은 포집효율이 85% 이상이어야 한다.

56 레시버식 캐노피형 후드 설치에 있어 열원 주위 상부의 퍼짐 각도는?(단, 실내에는 다소의 난기류가 존재한다.)

① 20°　　② 40°
③ 60°　　④ 90°

해설

레시버식 캐노피형 열원 주위 상부 퍼짐 각도는 난기류가 없으면 약 20° 이고, 난기류가 있는 경우는 약 40° 를 갖는다.

57 국소배기시설의 투자비용과 운전비를 저감하기 위한 조건으로 옳은 것은?

① 제어속도 증가
② 필요송풍량 감소
③ 후드 개구면적 증가
④ 발생원과의 원거리 유지

해설

국소배기시설에서 투자비용과 운전비를 저감하기 위한 최우선 과제는 필요송풍량의 감소이다.

58 정상류가 흐르고 있는 유체 유동에 관한 연속방정식을 설명하는 데 적용된 법칙은?

① 관성의 법칙　　② 운동량의 법칙
③ 질량보존의 법칙　　④ 점성의 법칙

해설

정상류로 흐르고 있는 유체가 임의의 한 단면을 통과하는 질량은 다른 임의의 단면을 통과하는 단위 시간당 질량과 같아야 한다는 질량보존의 법칙이 적용된다.

59 공기 중의 포화증기압이 1.52mmHg인 유기용제가 공기 중에 도달할 수 있는 포화농도(ppm)는?

① 2,000　　② 4,000
③ 6,000　　④ 8,000

해설

$$\text{포화농도(ppm)} = \frac{\text{증기압}}{760} \times 10^6 = \frac{1.52}{760} \times 10^6 = 2{,}000\text{ppm}$$

60 표준공기(21℃)에서 동압이 5mmHg일 때 유속(m/s)은?

① 9　　② 15
③ 33　　④ 45

해설

$$V_C = 4.043\sqrt{VP} = 4.043\sqrt{67.97} = 33.33\text{m/sec}$$

여기서, $VP = \frac{5\text{mmHg}}{} \left| \frac{10{,}332\text{mmH}_2\text{O}}{760\text{mmHg}} \right. = 67.97\text{mmH}_2\text{O}$

4과목 물리적 유해인자 관리

61 일반적으로 전신진동에 의한 생체반응에 관여하는 인자와 가장 거리가 먼 것은?

① 온도　　② 진동 강도
③ 진동 방향　　④ 진동수

해설

전신진동의 생체반응 인자

㉠ 진동수　　㉡ 진동 강도
㉢ 진동 방향　　㉣ 진동 노출(폭로)시간

62 반향시간(Reverberation Time)에 관한 설명으로 옳은 것은?

① 반향시간과 작업장의 공간부피만 알면 흡음량을 추정할 수 있다.
② 소음원에서 소음 발생이 중지한 후 소음의 감소는 시간의 제곱에 반비례하여 감소한다.
③ 반향시간은 소음이 닿는 면적을 계산하기 어려운 실외에서의 흡음량을 추정하기 위하여 주로 사용한다.
④ 소음원에서 발생하는 소음과 배경소음 간의 차이가 40dB인 경우에는 60dB만큼 소음이 감소하지 않기 때문에 반향시간을 측정할 수 없다.

ANSWER | 56 ② 57 ② 58 ③ 59 ① 60 ③ 61 ① 62 ①

해설

잔향시간(반향시간)
㉠ 음원을 끈 순간부터 음압수준이 60dB 감소되는 데 소요되는 시간(sec)이다.
㉡ 작업장의 공간부피만 알면 흡음량을 추정할 수 있다.
㉢ 대상 실내의 평균흡음률을 측정할 수 있다.

63 산업안전보건법령상 이상기압과 관련된 용어의 정의가 옳지 않은 것은?

① 압력이란 게이지 압력을 말한다.
② 표면공급식 잠수작업은 호흡용 기체통을 휴대하고 하는 작업을 말한다.
③ 고압작업이란 고기압에서 잠함공법이나 그 외의 압기 공법으로 하는 작업을 말한다.
④ 기압조절실이란 고압작업을 하는 근로자가 가압 또는 감압을 받는 장소를 말한다.

해설

표면공급식 잠수작업은 수면 위의 공기압축기 또는 호흡용 기체통에서 압축된 호흡용 기체를 공급받으면서 하는 작업을 말한다.

64 빛과 밝기의 단위에 관한 설명으로 옳지 않은 것은?

① 반사율은 조도에 대한 휘도의 비로 표시한다.
② 광원으로부터 나오는 빛의 양을 광속이라고 하며, 단위는 루멘을 사용한다.
③ 입사면의 단면적에 대한 광도의 비를 조도라 하며, 단위는 촉광을 사용한다.
④ 광원으로부터 나오는 빛의 세기를 광도라고 하며, 단위는 칸델라를 사용한다.

해설

입사면의 단면적에 대한 광도의 비를 조도라 하며, 단위는 럭스(Lux)을 사용한다.

65 전리방사선의 종류에 해당하지 않는 것은?

① γ선　② 중성자
③ 레이저　④ β선

해설

전리방사선의 종류
㉠ 전자기 방사선 : γ선, X선
㉡ 입자 방사선 : α선, β선, 중성자

66 다음 중 방사선에 감수성이 가장 큰 인체조직은?

① 눈의 수정체　② 뼈 및 근육조직
③ 신경조직　④ 결합조직과 지방조직

해설

방사선에 감수성이 큰 조직(순서대로)
㉠ 골수, 임파구, 임파선, 흉선 및 림프조직
㉡ 눈의 수정체
㉢ 성선(고환 및 난소), 타액선, 피부 등 상피세포
㉣ 혈관, 복막 등 내피세포
㉤ 결합조직과 지방조직
㉥ 뼈 및 근육조직
㉦ 폐, 위장관, 뼈 등 내장기관 조직
㉧ 신경조직

67 산소결핍이 진행되면서 생체에 나타나는 영향을 순서대로 나열한 것은?

㉠ 가벼운 어지러움　㉡ 사망
㉢ 대뇌피질의 기능 저하　㉣ 중추성 기능장애

① ㉠ → ㉢ → ㉣ → ㉡
② ㉠ → ㉣ → ㉢ → ㉡
③ ㉢ → ㉠ → ㉣ → ㉡
④ ㉢ → ㉣ → ㉠ → ㉡

해설

산소결핍 진행 시 생체 영향 순서
가벼운 어지러움 → 대뇌피질의 기능 저하 → 중추성 기능장애 → 사망

68 자외선으로부터 눈을 보호하기 위한 차광보호구를 선정하고자 하는데 차광도가 큰 것이 없어 두 개를 겹쳐서 사용하였다. 각각의 보호구의 차광도가 6과 3이었다면 두 개를 겹쳐서 사용한 경우의 차광도는?

① 6　② 8
③ 9　④ 18

ANSWER | 63 ② 64 ③ 65 ③ 66 ① 67 ① 68 ②

해설

차광도＝(6＋3)－1＝8

69 체온의 상승에 따라 체온조절중추인 시상하부에서 혈액 온도를 감지하거나 신경망을 통하여 정보를 받아들여 체온 방산작용이 활발해지는 작용은?

① 정신적 조절작용(Spiritual Thermoregulation)
② 화학적 조절작용(Chemical Themoregulation)
③ 생물학적 조절작용(Biological Thermoregulation)
④ 물리적 조절작용(Physical Thermoregulation)

70 다음 중 진동에 의한 장해를 최소화시키는 방법과 거리가 먼 것은?

① 진동의 발생원을 격리시킨다.
② 진동의 노출시간을 최소화시킨다.
③ 훈련을 통하여 신체의 적응력을 향상시킨다.
④ 진동을 최소화하기 위하여 공학적으로 설계 및 관리한다.

해설

훈련을 통하여 신체의 적응력을 향상시켜도 진동에 의한 장해를 최소화할 수 없다.

71 저온 환경에 의한 장해의 내용으로 옳지 않은 것은?

① 근육 긴장이 증가하고 떨림이 발생한다.
② 혈압은 변화되지 않고 일정하게 유지된다.
③ 피부 표면의 혈관들과 피하조직이 수축된다.
④ 부종, 저림, 가려움, 심한 통증 등이 생긴다.

해설

저온 환경에 노출되면 혈압이 일시적으로 상승된다.

72 작업장의 조도를 균등하게 하기 위하여 국소조명과 전체조명이 병용될 때, 일반적으로 전체조명의 조도는 국부조명의 어느 정도가 적당한가?

① $\frac{1}{20} \sim \frac{1}{10}$　　② $\frac{1}{10} \sim \frac{1}{5}$
③ $\frac{1}{5} \sim \frac{1}{3}$　　④ $\frac{1}{3} \sim \frac{1}{2}$

해설

전체조명의 조도는 국부조명에 의한 조도의 $\frac{1}{5} \sim \frac{1}{3}$ 정도가 되도록 조절한다.

73 다음 중 소음에 의한 청력장해가 가장 잘 일어나는 주파수 대역은?

① 1,000Hz　　② 2,000Hz
③ 4,000Hz　　④ 8,000Hz

해설

4,000Hz에서 청력장애가 현저하게 커지는 현상을 C5-dip 현상이라 한다.

74 다음 중 감압과정에서 감압속도가 너무 빨라서 나타나는 종격기종, 기흉의 원인이 되는 것은?

① 질소　　② 이산화탄소
③ 산소　　④ 일산화탄소

해설

감압속도가 너무 빠르면 폐포가 파열되고 흉부조직 내로 유입된 질소가스 때문에 공격기종, 기흉, 공기전색 등의 증상이 나타난다.

75 음향 출력이 1,000W인 음원이 반자유공간(반구면파)에 있을 때 20 m 떨어진 지점에서의 음의 세기는 약 얼마인가?

① $0.2W/m^2$　　② $0.4W/m^2$
③ $2.0W/m^2$　　④ $4.0W/m^2$

해설

$W = I \times S$

$$I = \frac{W}{S(2\pi r^2)} = \frac{1,000W}{(2\pi 20^2)m^2} = 0.4W/m^2$$

◎ ANSWER | 69 ④　70 ③　71 ②　72 ③　73 ③　74 ①　75 ②

76 다음에서 설명하는 고열 건강장해는?

> 고온 환경에서 강한 육체적 노동을 할 때 잘 발생하며, 지나친 발한에 의한 탈수와 염분소실이 발생하고 수의근의 유통성 경련증상이 나타나는 것이 특징이다.

① 열성 발진(Heat Rashes)
② 열사병(Heat Stroke)
③ 열 피로(Heat Fatigue)
④ 열 경련(Heat Cramps)

해설

열 경련(Heat Cramp)
고온환경에서 심한 육체적 노동을 할 때 잘 발생되며 그 기전은 지나친 발한에 의한 탈수와 염분 소실이다. 증상으로는 작업 시 많이 사용한 수의근(voluntary muscle)의 유통성 경련이 오는 것이 특징적이며, 이에 앞서 현기증, 이명, 두통, 구역, 구토 등의 전구증상이 나타난다.

77 마이크로파와 라디오파에 관한 설명으로 옳지 않은 것은?

① 마이크로파의 주파수 대역은 100~3,000MHz 정도이며, 국가(지역)에 따라 범위의 규정이 각각 다르다.
② 라디오파의 파장은 1MHz와 자외선 사이의 범위를 말한다.
③ 마이크로파와 라디오파의 생체작용 중 대표적인 것은 온감을 느끼는 열작용이다.
④ 마이크로파의 생물학적 작용은 파장뿐만 아니라 출력, 노출시간, 노출된 조직에 따라 다르다.

해설

라디오파(Radio Wave)는 가장 긴 파장을 가진 전자기파로 전파라고도 한다. 파장이 몇 m에서 수천 km에 이르는 전자기파로 주파수는 수백 Hz에서 몇 수백만 Hz에 해당한다.

78 18℃ 공기 중에서 800Hz인 음의 파장은 약 몇 m인가?

① 0.35　　② 0.43
③ 3.5　　④ 4.3

해설

$$\lambda = \frac{C}{f} = \frac{331.42 + (0.6 \times 18)}{800} = 0.43\text{m}$$

79 음압이 2배로 증가하면 음압레벨(sound pressure level)은 몇 dB 증가하는가?

① 2　　② 3
③ 6　　④ 12

해설

$$\text{SPL} = 20\log\frac{P}{P_o} = 20\log 2 = 6\text{dB}$$

80 고압환경의 영향 중 2차적인 가압 현상(화학적 장해)에 관한 설명으로 옳지 않은 것은?

① 4기압 이상에서 공기 중의 질소 가스는 마취작용을 나타낸다.
② 이산화탄소의 증가는 산소의 독성과 질소의 마취작용을 촉진시킨다.
③ 산소의 분압이 2기압을 넘으면 산소 중독 증세가 나타난다.
④ 산소중독은 고압산소에 대한 노출이 중지되어도 근육경련, 환청 등 후유증이 장기간 계속된다.

해설

고압산소에 대한 폭로가 중지되면 증상은 즉시 멈춘다. 즉, 가역적반응이다.

5과목 산업독성학

81 산업안전보건법령상 사람에게 충분한 발암성 증거가 있는 유해물질에 해당하지 않는 것은?

① 석면(모든 형태)
② 크롬광 가공(크롬산)
③ 알루미늄(용접 흄)
④ 황화니켈(흄 및 분진)

해설

사람에게 충분한 발암성 증거가 있는 유해물질
㉠ 석면　㉡ 아크릴로니트릴　㉢ 6가 크롬
㉣ 황화니켈　㉤ 벤지딘　㉥ 염화비닐

◉ ANSWER | 76 ④　77 ②　78 ②　79 ③　80 ④　81 ③

82 다음 설명에 해당하는 중금속은?

- 뇌홍의 제조에 사용
- 소화관으로는 2~7% 정도의 소량 흡수
- 금속 형태는 뇌, 혈액, 심근에 많이 분포
- 만성노출 시 식욕부진, 신기능부전, 구내염 발생

① 납(Pb) ② 수은(Hg)
③ 카드뮴(Cd) ④ 안티몬(Sb)

83 골수장애로 재생불량성 빈혈을 일으키는 물질이 아닌 것은?

① 벤젠(benzene)
② 2 – 브로모프로판(2 – Bromopropane)
③ TNT(Trinitrotoluene)
④ 2,4 – TDI(Toluene – 2,4 – Diisocyanate)

해설

2,4 – TDI(Toluene – 2,4 – diisocyanate)는 직업성 천식을 일으키는 물질이다.

84 호흡성 먼지(Respirable Particulate Mass)에 대한 미국 ACGIH의 정의로 옳은 것은?

① 크기가 10~100μm로 코와 인후두를 통하여 기관지나 폐에 침착한다.
② 폐포에 도달하는 먼지로 입경이 7.1μm 미만인 먼지를 말한다.
③ 평균 입경이 4μm이고, 공기역학적 직경이 10μm 미만인 먼지를 말한다.
④ 평균 입경이 10μm인 먼지로 흉곽성(Thoracic) 먼지라고도 한다.

해설

호흡성 먼지는 폐포에 침착하여 독성을 나타내며 평균 입자 크기는 4μm이다.

85 무기성 분진에 의한 진폐증이 아닌 것은?

① 규폐증(Silicosis)
② 연초폐증(Tabacosis)
③ 흑연폐증(Graphite Lung)
④ 용접공폐증(Welder's Lung)

해설

무기성 분진에 의한 진폐증
규폐증, 석면폐증, 흑연폐증, 탄소폐증, 탄광부폐증, 활석폐증, 용접공폐증, 철폐증, 베릴륨폐증, 알루미늄폐증, 규조토폐증, 주석폐증, 칼륨폐증, 바륨폐증

86 생물학적 모니터링에 관한 설명으로 옳지 않은 것을 모두 고른 것은?

A. 생물학적 검체인 호기, 소변, 혈액 등에서 결정인자를 측정하여 노출 정도를 추정하는 방법이다.
B. 결정인자는 공기 중에서 흡수된 화학물질이나 그것의 대사산물 또는 화학물질에 의해 생긴 비가역적인 생화학적 변화이다.
C. 공기 중의 농도를 측정하는 것이 개인의 건강위험을 보다 직접적으로 평가할 수 있다.
D. 목적은 화학물질에 대한 현재나 과거의 노출이 안전한 것인지를 확인하는 것이다.
E. 공기 중 노출기준이 설정된 화학물질의 수만큼 생물학적 노출기준(BEI)이 있다.

① A, B, C ② A, C, D
③ B, C, E ④ B, D, E

해설

- B : 결정인자는 공기 중에서 흡수된 화학물질에 의하여 생긴 가역적인 생화학적 변화이다.
- C : 생물학적 모니터링은 공기 중의 농도를 측정하는 것보다 건강상의 위험을 직접적으로 평가할 수 있다.
- E : 건강상의 영향과 생물학적 변수와 상관성이 있는 물질이 많지 않아 작업환경 측정에서 설정한 TLV보다 훨씬 적은 기준을 가지고 있다.

87 체내에 노출되면 Metallothionein이라는 단백질을 합성하여 노출된 중금속의 독성을 감소시키는 경우가 있는데 이에 해당되는 중금속은?

① 납 ② 니켈
③ 비소 ④ 카드뮴

해설

카드뮴은 체내에 들어가면 간에서 Metallothionein 생합성이 촉진되어 폭로된 중금속의 독성을 감소시키는 역할을 하나 다량의 카드뮴일 경우 합성이 되지 않아 중독작용을 일으킨다.

ANSWER | 82 ② 83 ④ 84 ③ 85 ② 86 ③ 87 ④

88 산업안전보건법령상 다음 유해물질 중 노출기준(ppm)이 가장 낮은 것은?(단, 노출기준은 TWA 기준이다.)

① 오존(O_3) ② 암모니아(NH_3)
③ 염소(Cl_2) ④ 일산화탄소(CO)

해설

유해물질별 노출기준(ppm)
① 오존(O_3) : 0.08 ② 암모니아(NH_3) : 25
③ 염소(Cl_2) : 0.5 ④ 일산화탄소(CO) : 30

89 유해인자에 노출된 집단에서의 질병 발생률과 노출되지 않은 집단에서 질병 발생률과의 비를 무엇이라 하는가?

① 교차비 ② 발병비
③ 기여위험도 ④ 상대위험도

해설

$$상대위험비 = \frac{노출군에서의\ 발생률}{비노출군에서의\ 발생률}$$

㉠ 상대위험비=1 : 노출과 질병의 상관관계가 없다.
㉡ 상대위험비>1 : 노출과 질병의 상관관계가 있다.
㉢ 상대위험비<1 : 노출이 질병에 대한 방어효과가 있다.

90 수은중독의 예방대책이 아닌 것은?

① 수은 주입 과정을 밀폐공간 안에서 자동화한다.
② 작업장 내에서 음식물 섭취와 흡연 등의 행동을 금지한다.
③ 수은 취급 근로자의 비점막 궤양 생성 여부를 면밀히 관찰한다.
④ 작업장에 흘린 수은은 신체가 닿지 않는 방법으로 즉시 제거한다.

해설

크롬 취급 근로자의 비점막 염증 증상을 면밀히 관찰한다.(비중격 천공)

91 일산화탄소 중독과 관련이 없는 것은?

① 고압산소실
② 카나리아새
③ 식염의 다량투여
④ 카르복시헤모글로빈(Carboxyhemoglobin)

해설

식염의 다량투여는 고온장애와 관련이 있다.

92 유해물질이 인체에 미치는 영향을 결정하는 인자와 가장 거리가 먼 것은?

① 개인의 감수성
② 유해물질의 독립성
③ 유해물질의 농도
④ 유해물질의 노출시간

해설

인체에 미치는 유해성을 좌우하는 인자
㉠ 유해물질의 노출 농도
㉡ 작업 강도
㉢ 유해물질의 노출시간
㉣ 개인의 감수성
㉤ 호흡량

93 벤젠의 생물학적 지표가 되는 대사물질은?

① Phenol
② Coproporphyrin
③ Hydroquinone
④ 1,2,4−Trihydroxybenzene

해설

벤젠은 주로 페놀로 대사되며 페놀은 벤젠의 생물학적 노출지표로 이용된다.

94 유기용제의 흡수 및 대사에 관한 설명으로 옳지 않은 것은?

① 유기용제가 인체로 들어오는 경로는 호흡기를 통한 경우가 가장 많다.
② 대부분의 유기용제는 물에 용해되어 지용성 대사산물로 전환되어 체외로 배설된다.
③ 유기용제는 휘발성이 강하기 때문에 호흡기를 통하여 들어간 경우에 다시 호흡기로 상당량이 배출된다.
④ 체내로 들어온 유기용제는 산화, 환원, 가수분해로 이루어지는 생전환과 포합체를 형성하는 포합반응인 두 단계의 대사과정을 거친다.

ANSWER | 88 ① 89 ④ 90 ③ 91 ③ 92 ② 93 ① 94 ②

해설

유기용제와 같은 지용성 화학물질은 지방에 대한 친화력이 높고 물에 대한 친화력이 낮아 신체조직의 지방, 지질 부분에 축적될 가능성이 높다.

95 다핵방향족 탄화수소(PAHs)에 대한 설명으로 옳지 않은 것은?

① 벤젠고리가 2개 이상이다.
② 대사가 활발한 다핵 고리 화합물로 되어 있으며 수용성이다.
③ 시토크롬(Cytochrome) P-450의 준개체단에 의하여 대사된다.
④ 철강 제조업에서 석탄을 건류할 때나 아스팔트를 콜타르 피치로 포장할 때 발생된다.

해설

다환방향족탄화수소는 2개 이상의 벤젠핵이 결합한 벌집 모양의 복잡한 구조를 하고 있으며 독특한 향기를 내는 방향족 화합물질이다. 대부분 물에 잘 용해되지 않고 공기 중에 쉽게 휘발하는 성질이 있다.

96 증상으로는 무력증, 식욕감퇴, 보행장해 등의 증상을 나타내며, 계속적인 노출 시에는 파킨슨씨 증상을 초래하는 유해물질은?

① 망간 ② 카드뮴
③ 산화칼륨 ④ 산화마그네슘

해설

망간(Mn)
㉠ 망간의 직업성 폭로는 철강 제조에서 가장 많다.
㉡ 망간 흄에 급성폭로되면 열, 오한, 호흡 곤란 등의 증상을 특징으로 하는 금속열을 일으키나 자연히 치유된다.
㉢ 만성폭로가 계속되면 파킨슨 증후군과 거의 비슷한 증후군으로 진전되어 말이 느리고 단조로워진다.
㉣ 알루미늄, 구리와 합금 제조, 화학공업, 건전지제조업, 전기용접봉 제조업, 도자기 제조업 등에서 발생한다.
㉤ 대부분의 생물체에 필수적인 원소이다.

97 다음 중 중추신경 활성억제 작용이 가장 큰 것은?

① 알칸 ② 알코올
③ 유기산 ④ 에테르

해설

유기용제의 중추신경계 활성억제 순위
할로겐화 화합물 > 에테르 > 에스테르 > 유기산 > 알코올 > 알켄 > 알칸

98 산업안전보건법령상 기타 분진의 산화규소 결정체 함유율과 노출기준으로 옳은 것은?

① 함유율 : 0.1% 이상, 노출기준 : 5mg/m^3
② 함유율 : 0.1% 이하, 노출기준 : 10mg/m^3
③ 함유율 : 1% 이상, 노출기준 : 5mg/m^3
④ 함유율 : 1% 이하, 노출기준 : 10mg/m^3

해설

기타 분진 함유율 및 노출기준
㉠ 산화규소 결정체 함유율 : 1% 이하
㉡ 노출기준 : 10mg/m^3

99 단순 질식제로 볼 수 없는 것은?

① 오존 ② 메탄
③ 질소 ④ 헬륨

해설

단순 질식제
㉠ 정상적 호흡에 필요한 혈중 산소량을 낮추나 생리적으로 어떠한 작용도 하지 않는 불활성 가스를 말함
㉡ 종류 : 이산화탄소(탄산가스), 메탄, 질소, 수소, 에탄, 프로판, 에틸렌, 아세틸렌, 헬륨 등

100 금속의 일반적인 독성작용 기전으로 옳지 않은 것은?

① 효소의 억제 ② 금속평형의 파괴
③ DNA 염기의 대체 ④ 필수 금속성분의 대체

해설

금속의 독성기전
㉠ 효소의 억제(효소의 구조 및 기능 변화)
㉡ 간접영향(세포성분의 역할 변화)
㉢ 필수 금속성분의 대체(생물학적 대사과정들의 변화)
㉣ 필수 금속평형의 파괴
㉤ 설프하이드릴기(Sulfhydryl)와의 친화성으로 단백질 기능 변화

ANSWER | 95 ② 96 ① 97 ④ 98 ④ 99 ① 100 ③

SECTION 14 2022년 2회 기사

1과목 산업위생학 개론

01 현재 총 흡음량이 1,200sabins인 작업장의 천장에 흡음 물질을 첨가하여 2,400sabins를 추가할 경우 예측되는 소음감음량(NR)은 약 몇 dB인가?

① 2.6 ② 3.5
③ 4.8 ④ 5.2

해설

$$NR(dB) = 10\log\frac{A_2}{A_1}$$
$$= 10\log\frac{3,600}{1,200} = 4.77dB$$

02 젊은 근로자에 있어서 약한 쪽 손의 힘은 평균 45kp라고 한다. 이러한 근로자가 무게 8kg인 상자를 양손으로 들어 올릴 경우 작업강도(%MS)는 약 얼마인가?

① 17.8% ② 8.9%
③ 4.4% ④ 2.3%

해설

$$\%MS = \frac{RF}{MF}\times 100$$
$$= \frac{8}{45}\times 100 = 17.8\%$$

03 누적외상성 질환(CTDs) 또는 근골격계 질환(MSDs)에 속하는 것으로 보기 어려운 것은?

① 건초염(Tendosynovitis)
② 스티븐스존슨증후군(Stevens Johnson synd-rome)
③ 손목뼈터널증후군(Carpal tunnel syndrome)
④ 기용터널증후군(Carpal tunnel syndrome)

해설

스티븐스존슨증후군은 트리클로로에틸렌 중독에 의한 직업병이다.

04 심리학적 적성검사에 해당하는 것은?

① 지각동작검사 ② 감각기능검사
③ 심폐기능검사 ④ 체력검사

해설

심리학적 적성검사 항목

검사종류	검사항목
인성검사	성격, 태도, 정신상태
기능검사	직무에 관한 기본지식, 숙련도, 사고력
지능검사	언어, 기억, 추리, 귀납
지각동작검사	수족 협조능, 운동속도능, 형태지각능력

05 산업위생의 4가지 주요 활동에 해당하지 않는 것은?

① 예측 ② 평가
③ 관리 ④ 제거

해설

산업위생의 정의에 있어 4가지 주요 활동
㉠ 예측 ㉡ 인지(측정) ㉢ 평가 ㉣ 관리

06 사고예방대책의 기본원리 5단계를 순서대로 나열한 것으로 옳은 것은?

① 사실의 발견 → 조직 → 분석 → 시정책(대책)의 선정 → 시정책(대책)의 적용
② 조직 → 분석 → 사실의 발견 → 시정책(대책)의 선정 → 시정책(대책)의 적용
③ 조직 → 사실의 발견 → 분석 → 시정책(대책)의 선정 → 시정책(대책)의 적용
④ 사실의 발견 → 분석 → 조직 → 시정책(대책)의 선정 → 시정책(대책)의 적용

해설

안전관리 조직 → 사실의 발견 → 분석평가 → 시정책의 선정 → 시정책의 적용

ANSWER | 01 ③ 02 ② 03 ② 04 ① 05 ④ 06 ③

07 산업안전보건법령상 보건관리자의 자격기준에 해당하지 않는 사람은?

① 「의료법」에 따른 의사
② 「의료법」에 따른 간호사
③ 「국가기술자격법」에 따른 환경기능사
④ 「산업안전보건법」에 따른 산업보건지도사

해설

보건관리자의 자격기준은 의료법에 의한 의사 또는 간호사, 산업안전보건법에 의한 산업보건 지도사, 국가기술자격법에 의한 산업위생관리 산업기사 또는 환경관리 산업기사(대기분야 한함) 등이다.

08 근육운동의 에너지원 중 혐기성 대사의 에너지원에 해당되는 것은?

① 지방 ② 포도당
③ 단백질 ④ 글리코겐

해설

혐기성 대사에 사용되는 에너지원

㉠ 아데노신 삼인산(ATP)
㉡ 크레아틴 인산(CP)
㉢ 포도당(Glucose)
㉣ 글리코겐(Glycogen)

09 산업재해의 기본원인을 4M(Management, Machine, Media, Man)이라고 할 때 다음 중 Man(사람)에 해당되는 것은?

① 안전교육과 훈련의 부족
② 인간관계 · 의사소통의 불량
③ 부하에 대한 지도 · 감독부족
④ 작업자세 · 작업동작의 결함

해설

4M 요인

㉠ 인간관계(Man, 인간관계 · 의사소통의 불량)
㉡ 설비(Machine)
㉢ 관리(Management)
㉣ 작업환경(Media)

10 직업성 질환의 범위에 해당되지 않는 것은?

① 합병증
② 속발성 질환
③ 선천적 질환
④ 원발성 질환

해설

직업성 질환의 범위

㉠ 업무에 기인하여 1차적으로 발생하는 원발성 질환 포함
㉡ 원발성 질환과 합병 작용하여 제2의 질환을 유발하는 경우 포함
㉢ 합병증이 원발성 질환과 불가분의 관계를 가지는 경우 포함
㉣ 원발성 질환과 떨어진 다른 부위에 동일한 원인에 의한 제2의 질환을 일으키는 경우 포함

11 18세기에 Percivall Pott가 어린이 굴뚝청소부에게서 발견한 직업성 질병은?

① 백혈병
② 골육종
③ 진폐증
④ 음낭암

해설

Percivall Pott(영국)

직업성 암을 최초로 발견, 굴뚝청소부에게 발생한 음낭암의 원인물질을 검댕(Soot)이라고 규명하였다.

12 산업피로의 대책으로 적합하지 않은 것은?

① 불필요한 동작을 피하고 에너지 소모를 적게 한다.
② 작업과정에 따라 적절한 휴식시간을 가져야 한다.
③ 작업능력에는 개인별 차이가 있으므로 각 개인마다 작업량을 조정해야 한다.
④ 동적인 작업은 피로를 더하게 하므로 가능한 한 정적인 작업으로 전환한다.

해설

동적인 작업을 늘리고, 정적인 작업을 줄인다.

ANSWER | 07 ③ 08 ④ 09 ② 10 ③ 11 ④ 12 ④

13 미국산업위생학술원(AAIH)에서 채택한 산업위생 분야에 종사하는 사람들이 지켜야 할 윤리강령에 포함되지 않는 것은?

① 국가에 대한 책임
② 전문가로서의 책임
③ 일반 대중에 대한 책임
④ 기업주와 고객에 대한 책임

해설

산업위생 전문가의 윤리강령
㉠ 전문가로서의 책임
㉡ 근로자에 대한 책임
㉢ 기업주와 고객에 대한 책임
㉣ 일반 대중에 대한 책임

14 사무실 공기관리 지침상 근로자가 건강장해를 호소하는 경우 사무실 공기관리 상태를 평가하기 위해 사업주가 실시해야 하는 조사 항목으로 옳지 않은 것은?

① 사무실 조명의 조도 조사
② 외부의 오염물질 유입경로 조사
③ 공기정화시설 환기량의 적정 여부 조사
④ 근로자가 호소하는 증상(호흡기, 눈, 피부자극 등)에 대한 조사

해설

사무실 공기관리상태 평가방법
㉠ 근로자가 호소하는 증상(호흡기, 눈, 피부자극 등)에 대한 조사
㉡ 외부의 오염물질 유입경로 조사
㉢ 공기정화시설 환기량의 적정 여부 조사
㉣ 사무실내 오염원 조사

15 ACGIH에서 제정한 TLVs(Threshold Limit Values)의 설정근거가 아닌 것은?

① 동물실험자료　② 인체실험자료
③ 사업장 역학조사　④ 선진국 허용기준

해설

TLVs(Threshold Limit Values)의 설정근거
㉠ 동물실험자료　㉡ 인체실험자료
㉢ 사업장 역학조사　㉣ 화학구조상의 유사성

16 다음 중 점멸-융합 테스트(Flicker Test)의 설정근거가 아닌 것은?

① 진동 측정　② 소음 측정
③ 피로도 측정　④ 열중증 판정

해설

점멸-융합 테스트(Flicker Test)는 정신적 피로의 정도를 측정하는 검사이다.

17 산업안전보건법령상 물질안전보건자료 작성 시 포함되어야 할 항목이 아닌 것은?(단, 그 밖의 참고사항은 제외한다.)

① 유해성 · 위험성
② 안정성 및 반응성
③ 사용빈도 및 타당성
④ 노출 방지 및 개인보호구

해설

물질안전보건자료(MSDS) 작성 시 반드시 포함되어야 할 항목
① 화학제품과 회사에 관한 정보
② 유해성, 위험성
③ 구성성분의 명칭 및 함유량
④ 응급조치요령
⑤ 폭발, 화재 시 대처방법
⑥ 누출사고 시 대처방법
⑦ 취급 및 저장방법
⑧ 노출 방지 및 개인보호구
⑨ 물리화학적 특성
⑩ 안정성 및 반응성
⑪ 독성에 관한 정보
⑫ 환경에 미치는 영향
⑬ 폐기 시 주의사항
⑭ 운송에 필요한 정보
⑮ 법적 규제현황
⑯ 그 밖의 참고사항

18 직업병의 원인이 되는 유해요인, 대상 직종과 직업병 종류의 연결이 잘못된 것은?

① 면분진-방직공-면폐증
② 이상기압-항공기 조종-잠함병
③ 크롬-도금-피부점막 궤양, 폐암
④ 납-축전지 제조-빈혈, 소화기장애

◉ ANSWER | 13 ① 14 ① 15 ④ 16 ③ 17 ③ 18 ②

해설

항공기 조종의 직업병으로는 항공치통, 항공이염, 항공부비감염 등이 있다.

19 산업안전보건법령상 특수건강진단 대상자에 해당하지 않는 것은?

① 고온환경하에서 작업하는 근로자
② 소음환경하에서 작업하는 근로자
③ 자외선 및 적외선을 취급하는 근로자
④ 저기압하에서 작업하는 근로자

해설

특수건강진단 대상자
소음, 진동, 방사선, 고기압, 저기압, 유해광선(자외선, 적외선, 마이크로마 및 라디오파)을 취급하는 근로자

20 방직공장의 면분진 발생 공정에서 측정한 공기 중 면분진 농도가 2시간은 2.5mg/m^3, 3시간은 1.8mg/m^3, 3시간은 2.6mg/m^3일 때, 해당 공정의 시간가중평균노출기준 환산값은 약 얼마인가?

① 0.86mg/m^3 ② 2.28mg/m^3
③ 2.35mg/m^3 ④ 2.60mg/m^3

해설

시간가중평균노출기준(TWA) =

$$\frac{(2\times2.5+3\times1.8+3\times2.6)\text{mg/m}^3}{8}=2.28(\text{mg/m}^3)$$

2과목 작업위생 측정 및 평가

21 작업환경측정치의 통계처리에 활용되는 변이계수에 관한 설명과 가장 거리가 먼 것은?

① 평균값의 크기가 0에 가까울수록 변이계수의 의의는 작아진다.
② 측정단위와 무관하게 독립적으로 산출되며 백분율로 나타낸다.
③ 단위가 서로 다른 집단이나 특성값의 상호 산포도를 비교하는 데 이용될 수 있다.
④ 편차의 제곱합들의 평균값으로 통계집단의 측정값들에 대한 균일성, 정밀성 정도를 표현한다.

해설

변위계수(CV)
㉠ 통계집단의 측정값들에 대한 균일성, 정밀성 정도를 표현한 값이다.
㉡ 평균값에 대한 표준편차의 크기를 백분율(%)로 나타낸 수치이다.
㉢ 변이계수는 %로 표현되므로 측정단위와 무관하게 독립적으로 산출된다.
㉣ 평균값의 크기가 0에 가까울수록 변이계수의 의의는 작아진다.
㉤ 단위가 서로 다른 집단이나 특성값의 상호산포도를 비교하는 데 이용될 수 있다.

$$\text{변이계수}=\frac{\text{표준편차}}{\text{산술평균}}\times100$$

22 산업안전보건법령상 1회라도 초과노출되어서는 안 되는 충격소음의 음압수준[dB(A)] 기준은?

① 120 ② 130
③ 140 ④ 150

해설

최대 음압수준이 140dB(A)을 초과하는 충격소음에 노출되어서는 안 된다.

ANSWER | 19 ① 20 ② 21 ④ 22 ③

23 예비조사 시 유해인자 특성 파악에 해당되지 않는 것은?

① 공정보고서 작성
② 유해인자의 목록 작성
③ 월별 유해물질 사용량 조사
④ 물질별 유해성 자료 조사

해설

예비조사 시 유해인자 특성 파악 사항
㉠ 유해인자의 목록 작성
㉡ 월별 유해물질 사용량 조사
㉢ 물질별 유해성 자료 조사
㉣ 유해인자의 발생주기 및 측정방법

24 분석에서 언급되는 용어에 대한 설명으로 옳은 것은?

① LOD는 LOQ의 10배로 정의하기도 한다.
② LOQ는 분석결과가 신뢰성을 가질 수 있는 양이다.
③ 회수율(%)은 $\frac{\text{첨가량}}{\text{분석량}} \times 100$으로 정의된다.
④ LOQ란 검출한계를 말한다.

해설

바르게 고치면,
① LOD는 LOQ의 3배로 정의하기도 한다.
③ 회수율(%)은 $\frac{\text{분석량}}{\text{첨가량}} \times 100$ 으로 정의된다.
④ LOQ란 정량한계를 말한다.

25 작업환경 내 유해물질 노출로 인한 위험성(위해도)의 결정 요인은?

① 반응성과 사용량
② 위해성과 노출요인
③ 노출기준과 노출량
④ 반응성과 노출기준

해설

위험성 결정 요인
㉠ 위해성
㉡ 노출량

26 AIHA에서 정한 유사노출군(SEG)별로 노출농도 범위, 분포 등을 평가하며 역학조사에 가장 유용하게 활용되는 측정방법은?

① 진단모니터링
② 기초모니터링
③ 순응도(허용기준 초과 여부)모니터링
④ 공정안전조사

해설

기초모니터링
유사노출군(SEG)별로 노출농도 범위, 분포 등을 평가하며 역학조사에 가장 유용하게 활용되는 측정방법이다.

27 알고 있는 공기 중 농도를 만드는 방법인 Dynamic Method에 관한 내용으로 틀린 것은?

① 만들기가 복잡하고 가격이 고가이다.
② 온 · 습도 조절이 가능하다.
③ 소량의 누출이나 벽면에 의한 손실은 무시할 수 있다.
④ 대개 운반용으로 제작하기가 용이하다.

해설

Dynamics Method
㉠ 알고 있는 공기 중 농도를 만드는 방법이다.
㉡ 다양한 농도범위에서 제조 가능하다.
㉢ 다양한 실험을 할 수 있으며 가스, 증기, 에어로졸 실험도 가능하다.
㉣ 소량의 누출이나 벽면에 의한 손실은 무시할 수 있다.
㉤ 온 · 습도 조절이 가능하다.
㉥ 농도변화를 줄 수 있다.
㉦ 만들기가 복잡하고, 가격이 고가이다.
㉧ 지속적인 모니터링이 필요하다.
㉨ 매우 일정한 농도를 유지하기 곤란하다.

28 기체크로마토그래피 검출기 중 PCBs나 할로겐 원소가 포함된 유기계 농약 성분을 분석할 때 가장 적당한 것은?

① NPD(질소 인 검출기)
② ECD(전자포획 검출기)
③ FID(불꽃 이온화 검출기)
④ TCD(열전도 검출기)

ANSWER | 23 ① 24 ② 25 ② 26 ② 27 ④ 28 ②

해설

전자포획 검출기(ECD)
할로겐화 탄화수소, 사염화탄소, 유기금속화합물, 염소를 함유한 농약의 검출에 널리 사용하는 검출기이다.

29 호흡성 먼지(RPM)의 입경(μm) 범위는?(단, 미국 ACGIH 정의 기준)

① 0~10 ② 0~20
③ 0~25 ④ 10~100

해설

호흡성 먼지는 폐포에 침착하여 독성을 나타내며 평균 입자 크기는 $4\mu m$이다.

30 원자흡광광도계의 표준시약으로서 적당한 것은?

① 순도가 1급 이상인 것
② 풍화에 의한 농도 변화가 있는 것
③ 조해에 의한 농도 변화가 있는 것
④ 화학 변화 등에 의한 농도 변화가 있는 것

해설

준시약의 구비조건
① 순도가 1급 이상인 것
② 풍화에 의한 농도 변화가 없는 것
③ 조해에 의한 농도 변화 없는 것
④ 화학 변화 등에 의한 농도 변화가 없는 것

31 공기 중 Acetone 500ppm, Sec-Butyl acetate 100ppm 및 Methyl Ehtyl Ketone 150ppm이 혼합물로서 존재할 때 복합노출지수(ppm)는?(단, Acetone, Sec-butyl Acetate 및 Methyl Ehtyl Ketone의 TLV는 각각 750, 200, 200ppm이다.)

① 1.25 ② 1.56
③ 1.74 ④ 1.92

해설

$$\text{노출지수(EI)} = \frac{C_1}{TLV_1} + \frac{C_2}{TLV_2} + \cdots + \frac{C_n}{TLV_n}$$
$$= \frac{500}{750} + \frac{100}{200} + \frac{150}{200} = 1.92$$

32 화학공장의 작업장 내에 Toluene 농도를 측정하였더니 5, 6, 5, 6, 6, 6, 4, 8, 9, 20ppm일 때, 측정치의 기하표준편차(GSD)는?

① 1.6 ② 3.2
③ 4.8 ④ 6.4

해설

기하평균(GM)
$$GM = \sqrt[n]{x_1 \times x_2 \times x_3 \cdots x_n}$$
$$= \sqrt[10]{5\times6\times5\times6\times6\times6\times4\times8\times9\times20} = 6.716\text{ppm}$$

기하표준편차(GSD)
$$\log(GSD) = \left[\frac{(\log X_1 - \log GM)^2 + (\log X_2 - \log GM)^2 + \cdots + (\log X_n - \log GM)^2}{N-1}\right]^{0.5}$$
$$= \left[\frac{(\log5 - \log6.716)^2 + (\log6 - \log6.716)^2 + \cdots + (\log20 - \log6.716)^2}{10-1}\right]^{0.5} = 0.194$$
$\therefore$ GSD = 1.6

33 고열장해와 가장 거리가 먼 것은?

① 열사병
② 열경련
③ 열호족
④ 열발진

해설

고열장해의 종류
㉠ 열사병 ㉡ 열경련
㉢ 열피로 ㉣ 열실신 ㉤ 열쇠약

34 산업안전보건법령상 누적소음노출량 측정기로 소음을 측정하는 경우의 기기 설정값은?

- Criteria (Ⓐ)dB
- Exchange Rate (Ⓑ)dB
- Threshold (Ⓒ)dB

① Ⓐ : 80, Ⓑ : 10, Ⓒ : 90
② Ⓐ : 90, Ⓑ : 10, Ⓒ : 80
③ Ⓐ : 80, Ⓑ : 5, Ⓒ : 90
④ Ⓐ : 90, Ⓑ : 5, Ⓒ : 80

ANSWER | 29 ① 30 ① 31 ④ 32 ① 33 ③ 34 ④

해설

누적소음노출량 측정기로 소음을 측정하는 경우에는 Criteria=90dB, Exchange Rate=5dB, Thredhold=80dB로 기기 설정을 하여야 한다.

35 직경분립충돌기에 관한 설명으로 틀린 것은?

① 흡입성, 흉곽성, 호흡성 입자의 크기별 분포와 농도를 계산할 수 있다.
② 호흡기의 부분별로 침착된 입자 크기를 추정할 수 있다.
③ 입자의 질량크기 분포를 얻을 수 있다.
④ 되튐 또는 과부하로 인한 시료 손실이 없어 비교적 정확한 측정이 가능하다.

해설

되튐으로 인한 시료의 손실이 일어날 수 있다.

36 옥외(태양광선이 내리쬐지 않는 장소)의 온열조건이 아래와 같을 때, WBGT(℃)는?

- 건구온도 : 30℃
- 흑구온도 : 40℃
- 자연습구온도 : 25℃

① 26.5 ② 29.5
③ 33 ④ 55.5

해설

옥내 WBGT(℃) = 0.7 × 자연습구온도 + 0.3 × 흑구온도
= 0.7 × 25℃ + 0.3 × 40℃ = 29.5℃

37 여과지에 관한 설명으로 옳지 않은 것은?

① 막 여과지에서 유해물질은 여과지 표면이나 그 근처에서 채취된다.
② 막 여과지는 섬유상 여과지에 비해 공기저항이 심하다.
③ 막 여과지는 여과지 표면에 채취된 입자의 이탈이 없다.
④ 섬유상 여과지는 여과지 표면뿐 아니라 단면 깊게 입자상 물질이 들어가므로 더 많은 입자상 물질을 채취할 수 있다.

해설

막 여과지는 여과지 표면에 채취된 입자들이 이탈되는 경향이 있으며, 섬유상 여과지에 비하여 채취할 수 있는 입자상 물질이 적다.

38 어느 작업장에서 A물질의 농도를 측정 한 결과가 아래와 같을 때, 측정 결과의 중앙값(median; ppm)은?

23.9	21.6	22.4	24.1	22.7	25.4

① 22.7
② 23.0
③ 23.3
④ 23.9

해설

측정한 결과를 순서대로 나열하면,
21.6, 22.4, 22.7, 23.9, 24.1, 25.4

$$\text{중앙값} = \frac{(22.7+23.9)}{2} = 23.3$$

39 복사선(Radiation)에 관한 설명 중 틀린 것은?

① 복사선은 전리작용의 유무에 따라 전리복사선과 비전리복사선으로 구분한다.
② 비전리복사선에는 자외선, 가시광선, 적외선 등이 있고, 전리복사선에는 X선, γ선 등이 있다.
③ 비전리복사선은 에너지 수준이 낮아 분자구조나 생물학적 세포조직에 영향을 미치지 않는다.
④ 전리복사선이 인체에 영향을 미치는 정도는 복사선의 형태, 조사량, 신체조직, 연령 등에 따라 다르다.

해설

비전리복사선의 에너지 수준이 분자구조에 영향을 미치지 못하더라도, 세포조직에서 에너지 준위를 변화시키고 생물학적 세포조직에 영향을 미칠 수 있다.

ANSWER | 35 ④ 36 ② 37 ③ 38 ③ 39 ③

40 산업안전보건법령에서 사용하는 용어의 정의로 틀린 것은?

① 신뢰도란 분석치가 참값에 얼마나 접근하였는가 하는 수치상의 표현을 말한다.
② 가스상 물질이란 화학적 인자가 공기 중으로 가스·증기의 형태로 발생되는 물질을 말한다.
③ 정도관리란 작업환경측정·분석 결과에 대한 정확성과 정밀도를 확보하기 위하여 작업환경측정기관의 측정·분석능력을 확인하고, 그 결과에 따라 지도·교육 등 측정·분석능력 향상을 위하여 행하는 모든 관리적 수단을 말한다.
④ 정밀도란 일정한 물질에 대해 반복측정·분석을 했을 때 나타나는 자료 분석치로 변동 크기가 얼마나 작은가 하는 수치상의 표현을 말한다.

해설

"정확도"란 분석치가 참값에 얼마나 접근하였는가 하는 수치상의 표현을 말한다.

3과목 작업환경 관리대책

41 후드 제어속도에 대한 내용 중 틀린 것은?

① 제어속도는 오염물질의 증발속도와 후드 주위의 난기류 속도를 합한 것과 같아야 한다.
② 포위식 후드의 제어속도를 결정하는 지점은 후드의 개구면이 된다.
③ 외부식 후드의 제어속도를 결정하는 지점은 유해물질이 흡인되는 범위 안에서 후드의 개구 면으로부터 가장 멀리 떨어진 지점이 된다.
④ 오염물질의 발생상황에 따라서 제어속도는 달라진다.

해설

제어속도

제어풍속이라고도 하며 후드 앞 오염원에서의 기류로서 오염공기를 후드로 흡인하는 데 필요한 최소풍속을 말한다.

42 전기 집진장치에 대한 설명 중 틀린 것은?

① 초기 설치비가 많이 든다.
② 운전 및 유지비가 비싸다.
③ 가연성 입자의 처리가 곤란하다.
④ 고온가스를 처리할 수 있어 보일러와 철강로 등에 설치할 수 있다.

해설

전기 집진장치는 집진효율이 높으며 운전 및 유지비가 저렴하다.

43 후드의 유입계수가 0.86, 속도압이 25(mmH_2O)일 때 후드의 압력손실(mmH_2O)은?

① 8.8 ② 12.2
③ 15.4 ④ 17.2

해설

압력손실(ΔP) $= F \times VP$

$$F = \frac{1-C_e^2}{C_e^2} = \frac{1-0.86^2}{0.86^2} = 0.35$$

$\therefore\ \Delta P = 0.35 \times 25 = 8.8mmH_2O$

44 국소배기시스템 설계과정에서 두 덕트가 한 합류점에서 만났다. 정압(절대치)이 낮은 쪽 대 정압이 높은 쪽의 정압비가 1 : 1.1로 나타났을 때, 적절한 설계는?

① 정압이 낮은 쪽의 유량을 증가시킨다.
② 정압이 낮은 쪽의 덕트 직경을 줄여 압력손실을 증가시킨다.
③ 정압이 높은 쪽의 덕트 직경을 늘려 압력손실을 감소시킨다.
④ 정압의 차이를 무시하고 높은 정압을 지배정압으로 계속 계산해 나간다.

해설

높은 쪽 정압과 낮은 쪽 정압의 비가 1.2 이하인 경우는 정압이 낮은 쪽의 유량을 증가시켜 압력을 조정하고, 정압비가 1.2보다 클 경우에는 정압이 낮은 쪽을 재설계하여야 한다.

ANSWER | 40 ① 41 ① 42 ② 43 ① 44 ①

45 플랜지 없는 외부식 사각형 후드가 설치되어 있다. 성능을 높이기 위해 플랜지 있는 외부식 사각형 후드를 작업대에 부착했을 때, 필요 환기량의 변화로 옳은 것은?(단, 포촉거리, 개구면적, 제어속도는 같다.)

① 기존 대비 10%로 줄어든다.
② 기존 대비 25%로 줄어든다.
③ 기존 대비 50%로 줄어든다.
④ 기존 대비 70%로 줄어든다.

해설

㉠ 플랜지 없는 외부식 후드 $Q_1 = 60V(10X^2 + A)$
㉡ 플랜지 있는 외부식 후드로 작업대에 부착 후드
$Q_2 = 60 \times 0.5V(10X^2 + A)$
$$\frac{Q_2}{Q_1} = \frac{60 \times 0.5V(10X^2 + A)}{60V(10X^2 + A)} = 0.5 \times 100 = 50\%$$

46 마스크 본체 자체가 필터 역할을 하는 방진마스크의 종류는?

① 격리식 방진마스크
② 직결식 방진마스크
③ 안면부 여과식 마스크
④ 전동식 마스크

해설

안면부 여과식 마스크는 마스크 본체 자체가 필터 역할을 하는 것이므로 코와 입 주변에서만 집중적으로 여과되는 일반 마스크와 달리, 호흡의 공기 압력에 의해 안면부 여과 필터의 전체 면적에서 골고루 여과작용이 가능하게 하는 것이다.

47 샌드 블라스트(Sand Blast) 그라인더 분진 등 보통 산업분진을 덕트로 운반할 때의 최소설계속도(m/s)로 가장 적절한 것은?

① 10 ② 15
③ 20 ④ 25

해설

덕트의 최소설계속도, 반응속도

오염물질	예	V_T (m/sec)
가스, 증기, 미스트	각종 가스, 증기, 미스트	5~10
흄, 매우 가벼운 건조분진	산화아연, 산화알루미늄, 산화철 등의 흄, 나무, 고무, 플라스틱, 면 등의 미세한 분진	10
가벼운 건조분진	원면, 곡물분진, 고무, 플라스틱, 톱밥 등의 분진, 버프연마분진, 경금속분진	15
일반 공업분진	털, 나무부스러기, 대패부스러기, 샌드 블라스트, 그라인더분진, 내화벽돌분진	20
무거운 분진	납분진, 주물사, 금속가루분진	25
무겁고 습한 분진	습한 납분진, 철분진, 주물사, 요업재료	25 이상

48 입자의 침강속도에 대한 설명으로 틀린 것은?(단, 스토크스 식을 기준으로 한다.)

① 입자 직경의 제곱에 비례한다.
② 공기와 입자 사이의 밀도차에 반비례한다.
③ 중력가속에 비례한다.
④ 공기의 점성계수에 반비례한다.

해설

입자의 침강속도(스토크스 식)

$V_g = \dfrac{dp^2(\rho_p - \rho)g}{18 \cdot \mu}$ 으로 입자의 밀도와 공기의 밀도 차에 비례한다.

49 어떤 공장에서 1시간에 0.2L의 벤젠이 증발되어 공기를 오염시키고 있다. 전체 환기를 위해 필요한 환기량(m^3/s)은?(단, 벤젠의 안전계수, 밀도 및 노출기준은 각각 6, 0.879g/mL, 0.5ppm이며, 환기량은 21℃, 1기압을 기준으로 한다.)

① 82
② 91
③ 146
④ 181

ANSWER | 45 ③ 46 ③ 47 ③ 48 ② 49 ④

해설

$$Q(m^3/hr) = \frac{24.1 \times 비중 \times 유해물질\ 사용량(L/hr) \times K \times 10^6}{분자량 \times ppm}$$

$$= \frac{24.1 \times 0.879kg/L \times 0.2L/hr \times 6 \times 10^6}{78kg \times 0.5}$$

$$= 651,812.3m^3/hr$$

$$\therefore\ Qm^3/sec = 651,812.3m^3/hr \times \frac{1hr}{3,600sec}$$

$$= 181.1m^3/sec$$

50 환기시스템에서 포착속도(Capture Velocity)에 대한 설명 중 틀린 것은?

① 먼지나 가스의 성상, 확산조건, 발생원 주변 기류 등에 따라서 크게 달라질 수 있다.
② 제어풍속이라고도 하며 후드 앞 오염원에서의 기류에서 오염공기를 후드로 흡인하는 데 필요하며, 방해기류를 극복해야 한다.
③ 유해물질의 발생기류가 높고 유해물질이 활발하게 발생할 때는 대략 15~20m/s이다.
④ 유해물질이 낮은 기류를 발생하는 도금 또는 용접 작업공정에서는 대략 0.5~1.0m/s이다.

해설

유해물질의 발생기류가 높고 유해물질이 활발하게 발생할 때는 대략 1.0~2.5m/s이다.

51 국소배기시설에서 필요 환기량을 감소시키기 위한 방법으로 틀린 것은?

① 후드 개구면에서 기류가 균일하게 분포되도록 설계한다.
② 공정에서 발생 또는 배출되는 오염물질의 절대량을 감소시킨다.
③ 포집형이나 레시버형 후드를 사용할 때에는 가급적 후드를 배출 오염원에 가깝게 설치한다.
④ 공정 내 측면 부착 차폐막이나 커튼 사용을 줄여 오염물질의 희석을 유도한다.

해설

공정 내 측면 부착 차폐막이나 커튼 사용을 증가시켜 오염물질의 희석을 방지한다.

52 다음 중 도금조와 사형주조에 사용되는 후드 형식으로 가장 적절한 것은?

① 부스식
② 포위식
③ 외부식
④ 장갑부착상자식

해설

도금조와 사형주조에 사용되는 후드는 외부식 후드를 사용한다.

53 차음보호구인 귀마개(Ear Plug)에 대한 설명으로 가장 거리가 먼 것은?

① 차음효과는 일반적으로 귀덮개보다 우수하다.
② 외청도에 이상이 없는 경우에 사용이 가능하다.
③ 더러운 손으로 만짐으로써 외청도를 오염시킬 수 있다.
④ 귀덮개와 비교하면 제대로 작용하는 데 시간은 걸리나 부피가 작아서 휴대하기가 편리하다.

해설

귀마개는 귀덮개보다 차음효과가 떨어지며, 귀에 질병이 있는 경우 착용이 불가능하다.

54 760mmH_2O를 mmHg로 환산한 것으로 옳은 것은?

① 5.6 ② 56
③ 560 ④ 760

해설

$$X(mmHg) = \frac{760mmH_2O}{} \left| \frac{760mmHg}{10,332mmH_2O} \right. = 55.9mmHg$$

ANSWER | 50 ③ 51 ④ 52 ③ 53 ① 54 ②

55 정압이 −1.6cmH_2O이고, 전압이 −0.7cm H_2O로 측정되었을 때, 속도압(VP ; cmH_2O)과 유속(u ; m/s)은?

① VP : 0.9, u : 3.8 ② VP : 0.9, u : 12
③ VP : 2.3 u : 3.8 ④ VP : 2.3, u : 12

해설

㉠ 속도압(VP) = 전압(TP) − 정압(SP) = −0.7−(−1.6 = 0.9cmH_2O

㉡ $V = 4.043\sqrt{VP} = 4.043\sqrt{9} = 12.13m/sec$

여기서, $VP(mmH_2O) = 0.9cmH_2O = 9mmH_2O$

56 사이클론 설계 시 블로다운 시스템에 적용되는 처리량으로 가장 적절한 것은?

① 처리 배기량의 1~2%
② 처리 배기량의 5~10%
③ 처리 배기량의 40~50%
④ 처리 배기량의 80~90%

해설

블로다운(Blow down)
더스트 박스(호퍼)에서 유입 유량의 5~10%에 상당하는 함진가스를 추출시켜 집진장치의 기능을 향상시킨다.

57 레시버식 캐노피형 후드의 유량비법에 의한 필요 송풍량(Q)을 구하는 식에서 "A"는?(단, q는 오염원에서 발생하는 오염기류의 양을 의미한다.)

Q = q + (1 + "A")

① 열상승 기류량 ② 누입한계 유량비
③ 설계유량비 ④ 유도 기류량

해설

소요 송풍량$(Q_T) = Q\{1 + (m \times K_L)\}$

여기서, Q : 오염기류의 양(m^3/hr)
m : 누출안전계수
K_L : 누입한계 유량비

58 방진마스크에 대한 설명 중 틀린 것은?

① 공기 중에 부유하는 미세 입자 물질을 흡입함으로써 인체에 장해의 우려가 있는 경우에 사용한다.
② 방진마스크의 종류에는 격리식과 직결식이 있고, 그 성능에 따라 특급, 1급 및 2급으로 나누어진다.
③ 장시간 사용 시 분진의 포집효율이 증가하고 압력강하는 감소한다.
④ 베릴륨, 석면 등에 대해서는 특급을 사용하여야 한다.

해설

장시간 사용 시 분진의 포집효율이 감소하고 압력강하는 증가한다.

59 오염물질의 농도가 200ppm까지 도달하였다가 오염물질 발생이 중지되었을 때, 공기 중 농도가 200ppm에서 19ppm으로 감소하는 데 걸리는 시간(min)은?(단, 환기를 통한 오염물질의 농도는 시간에 대한 지수함수(1차 반응)로 근사된다고 가정하고 환기가 필요한 공간의 부피는 3,000m^3, 환기 속도는 1.17m^3/s이다.)

① 89 ② 101
③ 109 ④ 115

해설

$$\ln\frac{C_t}{C_o} = -\frac{Q}{\forall} \times t$$

$$\ln\frac{19}{200} = -\frac{1.17m^3/s}{3,000m^3} \times t$$

$\therefore\ t = 6,035.6sec = 100.59min$

60 길이가 2.4m, 폭이 0.4m인 플랜지 부착 슬롯형 후드가 바닥에 설치되어 있다. 포촉점까지의 거리가 0.5m, 제어속도가 0.4m/s일 때 필요 송풍량(m^3/min)은?(단, 1/4 원주 슬롯형, C = 1.6 적용)

① 20.2 ② 46.1
③ 80.6 ④ 161.3

해설

$Q = C \times L \times V_c \times X$
$= 1.6 \times 2.4 \times 1.4 \times 0.5 = 2.688m^3/sec = 161.28m^3/min$

ANSWER | 55 ② 56 ② 57 ② 58 ③ 59 ② 60 ④

4과목 물리적 유해인자 관리

61 전기성 안염(전광선 안염)과 가장 관련이 깊은 비전리 방사선은?

① 자외선
② 적외선
③ 가시광선
④ 마이크로파

해설

자외선의 안장해
㉠ 6~12시간에 증상이 최고도에 도달한다.
㉡ 결막염, 각막염(Welder's flash), 수포 형성, 안검부종, 전광성 안염, 수정체 단백질 변성 등을 일으킨다.
㉢ 흡수부위 : 각막, 결막(295nm 이하), 수정체 이상(295~380nm), 망막(390~400nm)

62 방사선의 투과력이 큰 것에서부터 작은 순으로 올바르게 나열한 것은?

① X > β > γ　　② X > β > α
③ α > X > γ　　④ γ > α > β

해설

전리방사선의 투과력 순서
중성자 > γ선(X선) > β선 > α선

63 소음에 의한 인체의 장해(소음성 난청)에 영향을 미치는 요인이 아닌 것은?

① 소음의 크기　　② 개인의 감수성
③ 소음 발생 장소　　④ 소음의 주파수 구성

해설

소음성 난청에 영향을 미치는 요소
㉠ 음압수준 : 높을수록 유해
㉡ 소음의 특성 : 고주파음이 저주파음보다 더욱 유해
㉢ 노출시간 : 계속적 노출이 간헐적 노출보다 유해
㉣ 개인의 감수성에 따라 소음반응 다양

64 일반적으로 눈을 부시게 하지 않고 조도가 균일하여 눈의 피로를 줄이는 데 가장 효과적인 조명 방법은?

①

②
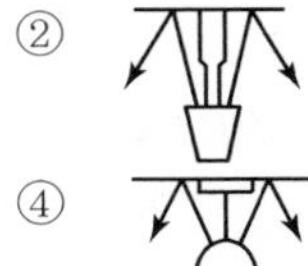
③
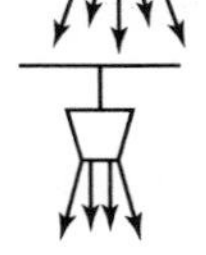
④

해설

간접조명
① 광속의 90~100% 위로 발산하여 천장 · 벽에서 반사, 확산시켜 균일한 조명도를 얻는 방식이다.
② 눈이 부시지 않고 조도가 균일하다.
③ 설치가 복잡하고 실내의 입체감이 작아지는 단점이 있다.
④ 기구효율이 나쁘고 경비가 많이 소요된다.

65 도르노선(Dorno Ray)에 대한 내용으로 옳은 것은?

① 가시광선의 일종이다.
② 280~315 Å 파장의 자외선을 의미한다.
③ 소독작용, 비타민 D 형성 등 생물학적 작용이 강하다.
④ 절대온도 이상의 모든 물체는 온도에 비례하여 방출한다.

해설

도르노선(Dorno Ray)
㉠ 일명 건강선(생명선)이라 한다.
㉡ 피부의 색소 침착, 소독작용, 비타민 D 형성 등 생물학적 작용이 강하다.
㉢ 280~315nm(2,800~3,150 Å)의 자외선을 도르노선이라고 한다.

66 산업안전보건법령상 충격소음의 노출기준과 관련된 내용으로 옳은 것은?

① 충격소음의 강도가 120dB(A)일 경우 1일 최대 노출 횟수는 1,000회이다.
② 충격소음의 강도가 130dB(A)일 경우 1일 최대 노출 횟수는 100회이다.
③ 최대 음압수준이 135dB(A)를 초과하는 충격소음에 노출되어서는 안 된다.
④ 충격소음이란 최대 음압수준이 120dB(A) 이상인 소음이 1초 이상의 간격으로 발생하는 것을 말한다.

ANSWER | 61 ① 62 ② 63 ③ 64 ② 65 ③ 66 ④

해설

충격소음작업(소음이 1초 이상의 간격으로 발생하는 작업)
㉠ 120데시벨을 초과하는 소음이 1일 1만 회 이상 발생하는 작업
㉡ 130데시벨을 초과하는 소음이 1일 1천 회 이상 발생하는 작업
㉢ 140데시벨을 초과하는 소음이 1일 1백 회 이상 발생하는 작업

67 감압에 따른 인체의 기포 형성량을 좌우하는 요인과 가장 거리가 먼 것은?

① 감압속도
② 산소공급량
③ 조직에 용해된 가스량
④ 혈류를 변화시키는 상태

해설

질소 기포 형성 결정인자
㉠ 조직에 용해된 가스량 : 체내 지방량, 노출정도, 시간
㉡ 혈류를 변화시키는 주의 상태 : 연령, 기온, 온도, 공포감, 음주 등
㉢ 감압속도

68 작업환경측정 및 정도관리 등에 관한 고시상 고열 측정방법으로 옳지 않은 것은?

① 예비조사가 목적인 경우 검지관방식으로 측정할 수 있다.
② 측정은 단위작업 장소에서 측정대상이 되는 근로자의 주 작업 위치에서 측정한다.
③ 측정기의 위치는 바닥면으로부터 50cm 이상 150cm 이하의 위치에서 측정한다.
④ 측정기를 설치한 후 충분히 안정화시킨 상태에서 1일 작업시간 중 가장 높은 고열에 노출되는 1시간을 10분 간격으로 연속하여 측정한다.

해설

고열 측정방법
㉠ 측정은 단위작업장소에서 측정대상이 되는 근로자의 작업행동범위에서 주 작업 위치의 바닥 면으로부터 50cm 이상, 150cm 이하의 위치에서 할 것
㉡ 측정구분 및 측정기기에 따른 측정시간은 아래와 같이 할 것

[측정 구분에 의한 측정기기와 측정시간]

구분	측정기기	측정시간
습구온도	0.5° 간격의 눈금이 있는 아스만통풍건습계, 자연습구온도를 측정할 수 있는 기기 또는 이와 동등 이상의 성능이 있는 측정기기	• 아스만통풍건습계 : 25분 이상 • 자연습구온도계 : 5분 이상
흑구 및 습구흑구 온도	직경이 5cm 이상 되는 흑구온도계 또는 습구흑구온도(WBGT)를 동시에 측정할 수 있는 기기	• 직경이 15cm일 경우 : 25분 이상 • 직경이 7.5cm 또는 5cm일 경우 : 5분 이상

69 지적환경(Optimum Working Environment)을 평가하는 방법이 아닌 것은?

① 생산적(Productive) 방법
② 생리적(Physiological) 방법
③ 정신적(Psychological) 방법
④ 생물역학적(Biomechanical) 방법

해설

지적환경 평가방법
㉠ 생산적(Productive) 방법
㉡ 생리적(Physiological) 방법
㉢ 정신적(Psychological) 방법

70 한랭작업과 관련된 설명으로 옳지 않은 것은?

① 저체온증은 몸의 심부온도가 35℃ 이하로 내려간 것을 말한다.
② 손가락의 온도가 내려가면 손동작의 정밀도가 떨어지고 시간이 많이 걸려 작업능률이 저하된다.
③ 동상은 혹심한 한냉에 노출됨으로써 피부 및 피하조직 자체가 동결하여 조직이 손상되는 것을 말한다.
④ 근로자의 발이 한랭에 장기간 노출되고 동시에 지속적으로 습기나 물에 잠기게 되면 '선단자람증'의 원인이 된다.

ANSWER | 67 ② 68 ① 69 ④ 70 ④

해설

근로자의 발이 한랭에 장기간 노출되고 동시에 지속적으로 습기나 물에 잠기게 되면 참수족이 발생한다.

71 다음 방사선 중 입자방사선으로만 나열된 것은?

① α선, β선, γ선
② α선, β선, X선
③ α선, β선, 중성자
④ α선, β선, γ선, 중성자

해설

입자 방사선
α선, β선, 중성자

72 다음 계측기기 중 기류 측정기가 아닌 것은?

① 흑구온도계　② 카타온도계
③ 풍차풍속계　④ 열선풍속계

해설

기류 측정기
㉠ 카타온도계
㉡ 풍차풍속계
㉢ 풍향풍속계
㉣ 열선풍속계
㉤ 피토관
㉥ 회전날개형 풍속계
㉦ 그네날개형 풍속계

73 다음은 빛과 밝기의 단위를 설명한 것으로 Ⓐ, Ⓑ에 해당하는 용어로 옳은 것은?

> 1루멘의 빛이 $1ft^2$의 평면상에 수직방향으로 비칠 때, 그 평면의 빛의 양, 즉 조도를 (Ⓐ)(이)라 하고, $1m^2$의 평면에 1루멘의 빛이 비칠 때의 밝기를 1(Ⓑ)(이)라고 한다.

① Ⓐ : 캔들(Candle), Ⓑ : 럭스(Lux)
② Ⓐ : 럭스(Lux), Ⓑ : 캔들(Candle)
③ Ⓐ : 럭스(Lux), Ⓑ : 풋캔들(Footcandle)
④ Ⓐ : 풋캔들(Footcandle), Ⓑ : 럭스(Lux)

해설

빛의 단위
㉠ 촉광(Candle) : 빛의 세기인 광도의 단위
㉡ 루멘(Lumen : lm) : 1촉광의 광원으로부터 한 단위입체각으로 나갈 때 광속의 단위
㉢ 풋캔들(Foot−Candle : fc) : 1루멘의 빛이 $1ft^2$ 평면상에 수직 방향으로 비칠 때 그 평면의 빛 밝기(1 lumen/ft^2)
㉣ 럭스(Lux, 조도) : $1m^2$의 평면에 1루멘의 빛이 비칠 때 밝기(Lux=Lumen/m^2)
㉤ 램버트(Lambert : L) : 빛을 완전히 확산시키는 평면의 $1cm^2$에서 1루멘의 빛을 발하거나 반사시킬 때의 밝기

74 고압환경에서의 2차적 가압현상(화학적 장해)에 의한 생체 영향과 거리가 먼 것은?

① 질소 마취　② 산소 중독
③ 질소기포 형성　④ 이산화탄소 중독

해설

고압환경에서의 2차적 가압현상
㉠ 질소 마취
㉡ 신소 중독
㉢ 이산화탄소(CO_2) 중독

75 다음 중 공장 내부에 기계 및 설비가 복잡하게 설치되어 있는 경우에 작업장 기계에 의한 흡음이 고려되지 않아 실제 흡음보다 과소평가되기 쉬운 흡음 측정방법은?

① Sabin Method
② Reveration Time Method
③ Sond Power Method
④ Loss Due To Distance Method

해설

Sabin Method
공장 내부에 기계 및 설비가 복잡하게 설치되어 있는 경우에 작업장 기계에 의한 흡음이 고려되지 않아 실제 흡음보다 과소평가되기 쉬운 흡음 측정방법이다.

ANSWER | 71 ③ 72 ① 73 ④ 74 ③ 75 ①

76 작업자 A의 4시간 작업 중 소음 노출량이 76%일 때, 측정시간에 있어서의 평균치는 몇 dB(A)인가?

① 88 ② 93
③ 98 ④ 103

해설

$$TWA = 90 + 16.61\log\frac{D}{12.5\times T}$$

$$= 90 + 16.61\log\frac{76}{12.5\times 4} = 93.02\text{dB}$$

77 진동이 인체에 미치는 영향에 관한 설명으로 옳지 않은 것은?

① 맥박수가 증가한다.
② 1~3 Hz에서 호흡이 힘들고 산소 소비가 증가한다.
③ 13Hz에서 허리, 가슴 및 등 쪽에 감각적으로 가장 심한 통증을 느낀다.
④ 신체의 공진현상은 앉아 있을 때가 서 있을 때보다 심하게 나타난다.

해설

3Hz 이하에서 멀미(Motion Sickness)를 느낀다.(급성적 증상으로 상복부의 통증과 팽만감 및 구토)

78 공장 내 각기 다른 3대의 기계에서 각각 90 dB(A), 95dB(A), 88dB(A)의 소음이 발생된다면 동시에 기계를 가동시켰을 때의 합산 소음[dB(A)]은 약 얼마인가?

① 96 ② 97
③ 98 ④ 99

해설

$$L_{합} = 10\log(10^{\frac{L_1}{10}} + 10^{\frac{L_2}{10}} \cdots + 10^{\frac{L_n}{10}})$$

$$= 10\log(10^{\frac{90}{10}} + 10^{\frac{95}{10}} + 10^{\frac{88}{10}}) = 96.81\text{dB}$$

79 사람이 느끼는 최소 진동역치로 옳은 것은?

① 35±5dB ② 45±5dB
③ 55±5dB ④ 65±5dB

해설

진동
㉠ 진동 : 물체의 전후 및 상하 운동으로 물체의 중심이 흔들리는 현상
㉡ 진동의 강도 : 정상 정지위치로부터 최대변위
㉢ 최소 진동역치 : 55±5dB
㉣ 공명 : 발생한 진동에 맞추어 생체가 진동하는 성질(진동의 증폭)
㉤ 수직진동은 4~8Hz, 수평진동은 1~2Hz에서 가장 민감

80 산업안전보건법령상 적정 공기의 범위에 해당하는 것은?

① 산소농도 18% 미만
② 일산화탄소 농도 30ppm 미만
③ 탄산가스 농도 10% 미만
④ 황화수소 농도 5ppm 미만

해설

적정 공기
산소농도의 범위가 18% 이상 23.5% 미만, 탄산가스의 농도가 1.5% 미만, 일산화탄소 농도가 30ppm 미만, 황화수소의 농도가 10ppm 미만인 수준의 공기를 말한다.

5과목 산업독성학

81 규폐증(Silicosis)에 관한 설명으로 옳지 않은 것은?

① 직업적으로 석영 분진에 노출될 때 발생하는 진폐증의 일종이다.
② 석면의 고농도 분진을 단기적으로 흡입할 때 주로 발생되는 질병이다.
③ 채석장 및 모래분사 작업장에 종사하는 작업자들이 잘 걸리는 폐질환이다.
④ 역사적으로 보면 이집트의 미라에서도 발견되는 오래된 질병이다.

ANSWER | 76 ② 77 ③ 78 ② 79 ③ 80 ② 81 ②

해설

규폐증(硅肺症)
이산화규소(SiO_2)를 들이마심으로써 문제가 되는 것인데 대부분의 광산이나 도자기 작업장, 채석장, 석재공장, 터널공사장 등 많은 작업장에서 규소가 문제를 일으킬 수 있다. 20년 정도의 긴 시간이 지나야 발병하는 경우가 대부분이지만 드물게는 몇 달 만에 증상이 생기는 경우도 있다. 섬유화뿐만 아니라 결핵도 악화시켜서 규폐결핵증이 되기 쉽다.

82 입자상 물질의 하나인 흄(Fume)의 발생기전 3단계에 해당하지 않는 것은?

① 산화 ② 입자화
③ 응축 ④ 증기화

해설

흄(Fume)
금속이 용해되어 액상물질로 되고 이것이 가스상 물질로 기화된 후 다시 응축되어 발생되는 고체입자를 말하며, 흔히 산화(Oxidation) 등의 화학반응을 수반한다. 용접흄이 여기에 속하며, 상온 · 상압하에서는 고체상태이다.
기화 → 산화 → 응축 반응순으로 진행된다.

83 다음 중 20년간 석면을 사용하여 자동차 브레이크 라이닝과 패드를 만들었던 근로자가 걸릴 수 있는 대표적인 질병과 거리가 가장 먼 것은?

① 폐암 ② 석면폐증
③ 악성중피종 ④ 급성골수성백혈병

해설

석면의 영향
㉠ 폐암 ㉡ 석면폐증 ㉢ 악성중피종

84 유해물질의 생체 내 배설과 관련된 설명으로 옳지 않은 것은?

① 유해물질은 대부분 위(胃)에서 대사된다.
② 흡수된 유해물질은 수용성으로 대사된다.
③ 유해물질의 분포량은 혈중농도에 대한 투여량으로 산출한다.
④ 유해물질의 혈장농도가 50%로 감소하는 데 소요되는 시간을 반감기라고 한다.

해설

유해물질의 생체 내 배설에 있어서 중요한 기관은 신장, 폐, 간이며 배출은 생체전환과 분배과정이 동시에 일어난다.

85 화학물질을 투여한 실험동물의 50%가 관찰 가능한 가역적인 반응을 나타내는 양을 의미하는 것은?

① ED_{50}
② LC_{50}
③ LE_{50}
④ TE_{50}

해설

유효량(ED : Effective Dose)
㉠ 실험동물에게 투여했을 때 독성을 초래하지는 않지만 관찰 가능한 가역적인 반응(점막기관에 자극반응)이 나타나는 물질의 양을 말한다.
㉡ ED_{50}은 실험동물의 50%가 관찰 가능한 가역적인 반응을 나타내는 양이다.

86 다음 중 조혈장기에 장해를 입히는 정도가 가장 낮은 것은?

① 망간
② 벤젠
③ 납
④ TNT

해설

납은 조혈장기와는 관계가 없다.

87 금속의 독성에 관한 일반적인 특성을 설명한 것으로 옳지 않은 것은?

① 금속의 대부분은 이온상태로 작용한다.
② 생리과정에 이온상태의 금속이 활용되는 정도는 용해도에 달려 있다.
③ 금속이온과 유기화합물 사이의 강한 결합력은 배설률에도 영향을 미치게 한다.
④ 용해성 금속염은 생체 내 여러 가지 물질과 작용하여 수용성 화합물로 전환된다.

ANSWER | 82 ② 83 ④ 84 ① 85 ① 86 ① 87 ④

해설

금속독성의 일반적 특성

㉠ 금속은 대부분 호흡기를 통해서 흡수된다.
㉡ 작업환경 중 작업자가 흡입하는 금속형태는 흄과 먼지 형태이다.
㉢ 금속의 대부분은 이온상태로 작용한다.
㉣ 생리과정에 이온상태의 금속이 활용되는 정도는 용해도에 달려 있다.
㉤ 용해성 금속염은 생체내 여러 가지 물질과 작용하여 지용성 화합물로 전환된다.
㉥ 작업장 내에서 휴식시간에 음료수, 음식 등에 오염된 채로 소화관을 통해서 흡수될 수 있다.
㉦ 유해화학물질이 체내에서 해독되는 데 중요한 작용을 하는 것은 효소이다.

88 작업자가 납 흄에 장기간 노출되어 혈액 중 납의 농도가 높아졌을 때 일어나는 혈액 내 현상이 아닌 것은?

① K와 수분이 손실된다.
② 삼투압에 의하여 적혈구가 위축된다.
③ 적혈구 생존시간이 감소한다.
④ 적혈구 내 전해질이 급격히 증가한다.

해설

적혈구 내 전해질이 감소한다.

89 화학물질의 생리적 작용에 의한 분류에서 종말기관지 및 폐포점막 자극제에 해당되는 유해가스는?

① 불화수소　② 이산화질소
③ 염화수소　④ 아황산가스

해설

종말기관지 및 폐포 점막 자극제는(물에 녹지 않는 물질이며 이산화질소, 삼염화비소, 포스겐 등)이 해당된다.

90 단시간노출기준(STEL)은 근로자가 1회 몇 분 동안 유해인자에 노출되는 경우의 기준을 말하는가?

① 5분
② 10분
③ 15분
④ 30분

해설

단시간노출농도(STEL : Short Term Exposure Limit)

㉠ 근로자가 1회에 15분간 유해요인에 노출되는 경우의 기준
㉡ 노출간격이 1시간 이상인 경우 1일 작업시간 동안 4회까지 노출이 허용되는 농도
㉢ 각 노출의 간격은 60분 이상
㉣ 만성중독이나 고농도에서 급성중독을 초래하는 유해물질에 적용
㉤ 시간가중 평균농도에 대한 보완적인 기준

91 폴리비닐 중합체를 생산하는 데 많이 쓰이며 간장해와 발암작용이 있다고 알려진 물질은?

① 납
② PCB
③ 염화비닐
④ 포름알데히드

해설

포름알데히드

㉠ 매우 자극적인 냄새가 나는 무색의 수용성 가스로, 인화폭발의 위험성이 있음
㉡ 합성수지의 원료로 주로 이용되며 건축마감재, 단열재에서 주로 발생
㉢ 피부, 점막에 대한 자극이 강하고, 고농도 흡입 시 기관지염, 폐수종을 일으킴
㉣ 발암성 물질 1A
㉤ 폴리비닐 중합체 생산에 사용

92 알레르기성 접촉 피부염에 관한 설명으로 옳지 않은 것은?

① 알레르기성 반응은 극소량 노출에 의해서도 피부염이 발생할 수 있는 것이 특징이다.
② 알레르기성 반응을 일으키는 관련 세포는 대식세포, 림프구, 랑거한스 세포로 구분된다.
③ 항원에 노출되고 일정시간이 지난 후에 다시 노출되었을 때 세포매개성 과민반응에 의하여 나타나는 부작용의 결과이다.
④ 알레르기원에 노출되고 이 물질이 알레르기원으로 작용하기 위해서는 일정기간이 소요되며 그 기간을 휴지기라 한다.

ANSWER | 88 ④　89 ②　90 ③　91 ③　92 ④

해설

알레르기성 접촉 피부염
니켈, 베릴륨, 수은, 코발트 포르말린, 방향족 탄화수소, 크롬 화합물 등
㉠ 항원에 노출되고 일정 시간이 지난 후에 다시 노출되었을 때 세포매개성 과민반응에 의하여 나타나는 부작용의 결과이다.
㉡ 알레르기성 반응은 극소량 노출에 의해서도 피부염이 발생할 수 있는 것이 특징이다.
㉢ 알레르기 반응을 일으키는 관련 세포는 대식세포, 림프구, 랑거한스 세포로 구분된다.

93 망간중독에 관한 설명으로 옳지 않은 것은?

① 호흡기 노출이 주 경로이다.
② 언어장애, 균형감각 상실 등의 증세를 보인다.
③ 전기용접봉 제조업, 도자기 제조업에서 빈번하게 발생된다.
④ 만성중독은 3가 이상의 망간화합물에 의해서 주로 발생한다.

해설

망간(Mn)
㉠ 망간의 직업성 폭로는 철강제조에서 가장 많다.
㉡ 망간 흄에 급성폭로되면 열, 오한, 호흡곤란 등의 증상을 특징으로 하는 금속열을 일으키나 자연히 치유된다.
㉢ 만성폭로가 계속되면 파킨슨 증후군과 거의 비슷한 증후군으로 진전되어 말이 느리고 단조로워진다.
㉣ 알루미늄, 구리와 합금 제조, 화학공업, 건전지 제조업, 전기용접봉 제조업, 도자기 제조업 등에서 발생한다.
㉤ 대부분의 생물체에 필수적인 원소이다.

94 남성 근로자의 생식독성 유발요인이 아닌 것은?

① 풍진　② 흡연
③ 망간　④ 카드뮴

해설

식독성 유발인자
㉠ 남성 근로자 : 고온, X선, 마이크로파, 납, 카드뮴, 망간, 수은, 항암제, 마취제, 알킬화제, 이황화탄소, 염화비닐, 흡연, 음주, 마약, 호르몬제제 등
㉡ 여성 근로자 : 고열, X선, 저산소증, 납, 수은, 카드뮴, 항암제, 이뇨제, 알킬화제, 유기인계 농약, 음주, 흡연, 마약, 비타민 A, 칼륨 등
㉢ 독성물질의 용량, 개인의 감수성, 노출기간

95 연(납)의 인체 내 침입경로 중 피부를 통하여 침입하는 것은?

① 일산화연　② 4메틸연
③ 아질산염　④ 금속염

해설

유기납(4메틸납, 4에틸납)은 피부를 통하여 체내에 흡수된다.

96 산업역학에서 상대위험도의 값이 1인 경우가 의미하는 것은?

① 노출되면 위험하다.
② 노출되어서는 절대 안 된다.
③ 노출과 질병 발생 사이에는 연관이 없다.
④ 노출되면 질병에 대하여 방어효과가 있다.

해설

$$\text{상대위험비} = \frac{\text{노출군에서의 발생률}}{\text{비노출군에서의 발생률}}$$

㉠ 상대위험비 = 1 : 노출과 질병의 상관관계가 없다.
㉡ 상대위험비 > 1 : 노출과 질병의 상관관계가 있다.
㉢ 상대위험비 < 1 : 노출이 질병에 대한 방어효과가 있다.

97 유해물질과 생물학적 노출지표의 연결이 잘못된 것은?

① 벤젠 – 소변 중 페놀
② 크실렌 – 소변 중 카테콜
③ 스티렌 – 소변 중 만델린 산
④ 퍼클로로에틸렌 – 소변 중 삼연화초산

해설

크실렌 – 요 중 메틸마뇨산

98 다음 설명에 해당하는 중금속의 종류는?

> 이 중금속 중독의 특징적인 증상은 구내염, 정신증상, 근육 진전이다. 급성중독 시 우유나 달걀의 흰자를 먹이며, 만성중독 시 취급을 즉시 중지하고 BAL을 투여한다.

① 납　② 크롬
③ 수은　④ 카드뮴

ANSWER | 93 ④ 94 ① 95 ② 96 ③ 97 ② 98 ③

해설

수은에 대한 설명이다.

99 납에 노출된 근로자가 납중독되었는지를 확인하기 위하여 소변을 시료로 채취하였을 경우 측정할 수 있는 항목이 아닌 것은?

① 델타-ALA
② 납 정량
③ Coproporphyrin
④ Protoporphyrin

해설

Protoporphyrin은 혈중 납 농도를 측정하는 것이다.

100 다음 중 중추신경 억제작용이 가장 큰 것은?

① 알칸 ② 에테르
③ 알코올 ④ 에스테르

해설

중추신경계 억제작용 및 자극작용

할로겐화 화합물 > 에테르 > 에스테르 > 유기산 > 알코올 > 알켄 > 알칸

ANSWER | 99 ④ 100 ②

SECTION 15

2018년 1회 산업기사

1과목 산업위생학 개론

01 착암기 또는 해머(Hammer) 같은 공구를 장기간 사용한 근로자에게 가장 유발되기 쉬운 국소진동에 의한 신체 증상은?

① 피부암　② 소화 장애
③ 불면증　④ 레이노드씨 현상

02 산업위생전문가의 윤리강령 중 전문가로서의 책임과 가장 거리가 먼 것은?

① 학문적으로 최고 수준을 유지한다.
② 이해관계가 상반되는 상황에는 개입하지 않는다.
③ 위험요인과 예방조치에 관하여 근로자와 상담한다.
④ 과학적 방법을 적용하고 자료해석에서 객관성을 유지한다.

해설

산업위생전문가의 책임
㉠ 기업체의 기밀은 외부에 누설하지 않는다.
㉡ 과학적 방법의 적용과 자료의 해석에서 객관성을 유지한다.
㉢ 근로자, 사회 및 전문직종의 이익을 위해 과학적 지식을 공개하여 발표한다.
㉣ 전문적인 판단이 타협에 의해서 좌우될 수도 있으나 이해관계가 있는 상황에서는 개입하지 않는다.
㉤ 위험요소와 예방조치에 관하여 근로자와 상담한다.
㉥ 성실성과 학문적 실력 면에서 최고 수준을 유지한다.
㉦ 전문 분야로서의 산업위생 발전에 기여한다.

03 산업위생의 정의에 포함되지 않는 산업위생전문가의 활동은?

① 지역 주민의 건강의식에 대하여 설문지로 조사한다.
② 지하상가 등에서 공기 시료 등을 채취하여 유해인자를 조사한다.
③ 지역주민의 혈액을 직접 채취하고 생체시료 중의 중금속을 분석한다.
④ 특정 사업장에서 발생한 직업병의 사회적인 영향에 대하여 조사한다.

해설

지역주민이 아닌 근로자의 혈액을 직접 채취하고 생체시료 중의 중금속을 분석한다.

04 고온다습한 작업환경에서 격심한 육체적 노동을 하거나 옥외에서 태양의 복사열을 두부에 직접적으로 받는 경우 체온조절기능의 이상으로 발생하는 증상은?

① 열경련(Heat Cramp)
② 열사병(Heat Stroke)
③ 열피비(Heat Exhaustion)
④ 열쇠약(Heat Prostration)

해설

열사병(Heat Stroke)
고온다습한 환경에서 육체적 작업을 하거나 태양의 복사선을 두부에 직접적으로 받는 경우에 발생하며 발한에 의한 체열방출 장해로 체내에 열이 축적되어 발생한다.

05 상온에서 음속은 약 344m/s이다. 주파수가 2kHz인 음의 파장은 얼마인가?

① 0.172m　② 1.72m
③ 17.2m　④ 172m

해설

음의 파장(λ) $= \frac{C}{f} = \frac{344\text{m/s}}{2{,}000/\text{s}} = 0.172\text{m}$

06 노출기준 선정의 근거자료로 가장 거리가 먼 것은?

① 동물실험자료
② 인체실험자료

ANSWER | 01 ④　02 ③　03 ③　04 ②　05 ①　06 ④

③ 산업장 역학조사자료

④ 화학적 성질의 안정성

해설

노출기준 설정의 이론적 배경

㉠ 사업장 역학조사 : 노출기준 설정 시 가장 중요
㉡ 인체실험자료 : 안전한 물질을 대상으로 시행
㉢ 동물실험자료 : 인체실험이나 사업장 역학조사자료 부족 시 적용
㉣ 화학구조의 유사성 : 노출기준 추정 시 가장 기초적인 단계

07 작업대사율(RMR) = 7로 격심한 작업을 하는 근로자의 실동률(%)은?(단, 사이토와 오시마의 식을 이용한다.)

① 20 ② 30
③ 40 ④ 50

해설

실동률(%) = 85 − (5 × RMR) = 85 − (5 × 7) = 50%

08 작업 자세는 피로 또는 작업능률과 관계가 깊다. 가장 바람직하지 않은 자세는?

① 작업 중 가능한 한 움직임을 고정한다.
② 작업대와 의자의 높이는 개인에게 적합하도록 조절한다.
③ 작업물체와 눈과의 거리는 약 30~40cm 정도 유지한다.
④ 작업에 주로 사용하는 팔의 높이는 심장 높이로 유지한다.

해설

피로를 예방하기 위해서는 정적인 작업을 적정한 동적인 작업으로 전환한다.

09 한랭작업을 피해야 하는 대상자로 가장 거리가 먼 사람은?

① 심장질환자 ② 고혈압 환자
③ 위장장애자 ④ 내분비 장애자

해설

한랭작업을 피해야 할 대상자

㉠ 심장질환자 ㉡ 고혈압 환자
㉢ 위장장애자 ㉣ 심혈관질환자

10 미국정부산업위생전문가협의회(ACGIH)의 발암물질 구분 중 발암성 확인물질을 표시한 것은?

① A1 ② A2
③ A3 ④ A4

해설

미국정부산업위생전문가협의회(ACGIH) 구분 Group

㉠ A1 : 인체 발암 확정 물질 : 아크릴로니트릴, 석면, 벤지딘, 6가 크롬화합물, 베릴륨, 염화비닐, 우라늄
㉡ A2 : 인체 발암이 의심되는 물질(발암 추정물질)
㉢ A3 : 동물 발암성 확인 물질, 인체 발암성 모름
㉣ A4 : 인체 발암성 미분류 물질, 인체 발암성이 확인되지 않은 물질
㉤ A5 : 인체 발암성 미의심 물질

11 미국국립산업안전보건연구원(NIOSH)에서 정하고 있는 중량물 취급 작업기준이 아닌 것은?

① 감시기준(Action Limit : AL)
② 허용기준(Threshold Limit Values : TLV)
③ 권고기준(Recommended Weight Limit : RWL)
④ 최대허용기준(Maximum Permissible Limit : MPL)

12 근육운동에 필요한 에너지를 생성하는 방법에는 혐기성 대사와 호기성 대사가 있다. 혐기성 대사의 에너지원이 아닌 것은?

① 지방
② 크레아틴인산
③ 글리코겐
④ 아데노신 삼인산(ATP)

해설

혐기성 대사 순서(시간대별)

ATP(아데노신 삼인산) → CP(크레아틴 인산) → Glycogen(글리코겐) or Glucose(포도당)

ANSWER | 07 ④ 08 ① 09 ④ 10 ① 11 ② 12 ①

13 산업안전보건법상 신규화학물질의 유해성 · 위험성 조사에서 제외되는 화학물질이 아닌 것은?

① 원소
② 방사성 물질
③ 일반 소비자의 생활용이 아닌 인공적으로 합성된 화학물질
④ 고용노동부장관이 환경부장관과 협의하여 고시하는 화학물질 목록에 기록되어 있는 물질

해설

유해성 · 위험성 조사 제외 화학물질
㉠ 원소
㉡ 천연으로 산출된 화학물질
㉢ 방사성 물질
㉣ 고용노동부장관이 명칭, 유해성 · 위험성, 조치사항 및 연간 제조량 · 수입량을 공표한 물질로서 공표된 연간 제조량 · 수입량 이하로 제조하거나 수입한 물질
㉤ 고용노동부장관이 환경부장관과 협의하여 고시하는 화학물질 목록에 기록되어 있는 물질

14 피로한 근육에서 측정된 근전도(EMG)의 특성만을 맞게 나열한 것은?

① 저주파(0~40Hz)에서 힘의 감소, 총 전압의 감소
② 저주파(0~40Hz)에서 힘의 증가, 평균주파수의 감소
③ 고주파(40~200Hz)에서 힘의 감소, 총 전압의 감소
④ 고주파(40~200Hz)에서 힘의 증가, 평균주파수의 감소

해설

국소피로 평가방법
㉠ 총 전압 증가
㉡ 저주파수(0~40Hz) 힘의 증가
㉢ 고주파수(40~200Hz) 힘의 감소
㉣ 평균 주파수의 감소

15 산업심리학(Industrial Psychology)의 주된 접근방법은 무엇인가?

① 인지적 접근방법 및 행동학적 접근방법
② 인지적 접근방법 및 생물학적 접근방법
③ 행동적 접근방법 및 정신분석적 접근방법
④ 생물학적 접근방법 및 정신분석적 접근방법

해설

산업심리학의 주된 접근방법에는 인지적 접근방법과 행동학적 접근방법이 있다.

16 한국의 산업위생 역사에 대한 연혁으로 틀린 것은?

① 산업보건연구원 개원 – 1992년
② 수은중독으로 문송면 군의 사망 – 1988년
③ 한국산업위생학회 창립 – 1990년
④ 산업위생 관련 자격제도 도입 – 1981년

해설

산업위생 관련 자격제도는 1986년 도입되었다.

17 산업안전보건법령상 보관하여야 할 서류와 그 보존기간이 잘못 연결된 것은?

① 건강진단 결과를 증명하는 서류 : 5년간
② 보건관리업무 수탁에 관한 서류 : 3년간
③ 작업환경 측정 결과를 기록한 서류 : 3년간
④ 발암성 확인물질을 취급하는 근로자에 대한 건강진단 결과의 서류 : 30년간

해설

작업환경 측정 결과를 기록한 서류는 5년간 보존한다.

18 노출기준(TLV)의 적용에 관한 설명으로 적절하지 않은 것은?

① 대기오염 평가 및 관리에 적용할 수 없다.
② 반드시 산업위생전문가에 의하여 적용되어야 한다.
③ 독성의 강도를 비교할 수 있는 지표로 사용된다.
④ 기존의 질병이나 육체적 조건을 판단하기 위한 척도로 사용될 수 없다.

해설

노출기준(TLV)은 독성의 강도를 비교할 수 있는 지표로 사용할 수 없다.

ANSWER | 13 ③ 14 ② 15 ① 16 ④ 17 ③ 18 ③

19 자동차 부품을 생산하는 A공장에서 250명의 근로자가 1년 동안 작업하는 가운데 21건의 재해가 발생하였다면, 이 공장의 도수율은 약 얼마인가? (단, 1년에 300일, 1일에 8시간 근무하였다.)

① 35 ② 36
③ 42 ④ 43

해설

도수율(빈도율, FR : Frequency Rate of Injury)

$$도수율 = \frac{재해발생건수}{연근로시간수} \times 10^6$$
$$= \frac{21건}{300일 \times 8시간 \times 250명} \times 10^6 = 35$$

20 NOISH에서 권장하는 중량물 취급작업 시 감시기준(AL)이 20kg일 때, 최대허용기준(MPL)은 몇 kg인가?

① 25 ② 30
③ 40 ④ 60

해설

최대허용기준(MPL) = 3AL

∴ MPL = 3 × 20kg = 60kg

2과목 작업위생 측정 및 평가

21 입자상 물질의 크기를 표시하는 방법 중 어떤 입자가 동일한 종단침강속도를 가지며 밀도가 1g/cm^{3}인 가상적인 구형 직경을 무엇이라고 하는가?

① 페렛직경 ② 마틴직경
③ 질량중위직경 ④ 공기역학적 직경

22 태양이 내리쬐지 않는 옥외 작업장에서 자연습구온도가 24℃이고 흑구온도가 26℃일 때, 작업환경의 습구흑구온도지수는?

① 21.6℃ ② 22.6℃
③ 23.6℃ ④ 24.6℃

해설

옥내 WBGT(℃) = 0.7 × 자연습구온도 + 0.3 × 흑구온도
= 0.7 × 24℃ + 0.3 × 26℃ = 24.6℃

23 다음 중 기체크로마토그래프에서 주입한 시료를 분리관을 거쳐 검출기까지 운반하는 가스에 대한 설명과 가장 거리가 먼 것은?

① 운반가스는 주로 질소, 헬륨이 사용된다.
② 운반가스는 활성이며, 순수하고 습기가 조금 있어야 한다.
③ 가스를 기기에 연결시킬 때 누출 부위가 없어야 한다.
④ 운반가스의 순도는 99.99% 이상의 순도를 유지해야 한다.

해설

운반가스는 충전물이나 시료에 대하여 불활성이며 불순물 또는 수분이 없어야 한다.

24 주물공장에서 근로자에게 노출되는 호흡성 먼지를 측정한 결과(mg/m^3)가 다음과 같았다면 기하평균농도(mg/m^3)는?

2.5, 2.1, 3.1, 5.2, 7.2

① 3.6 ② 3.8
③ 4.0 ④ 4.2

해설

기하평균(GM)

$$GM = \sqrt[5]{(2.5 \times 2.1 \times 3.1 \times 5.2 \times 7.2)} = 3.6\text{mg/L}$$

25 다음 중 불꽃방식의 원자흡광 분석장치의 일반적인 특징과 가장 거리가 먼 것은?

① 시료량이 많이 소요되며 감도가 낮다.
② 가격이 흑연로장치에 비하여 저렴하다.
③ 분석시간이 흑연로장치에 비하여 길게 소요된다.
④ 고체시료의 경우 전처리에 의하여 매트릭스를 제거하여야 한다.

해설

불꽃원자화 장치는 분석시간이 빠르고 정밀도가 높다.

ANSWER | 19 ① 20 ④ 21 ④ 22 ④ 23 ② 24 ① 25 ③

26 원자흡광 분석장치에서 단색광이 미지 시료를 통과할 때, 최초 광의 80%가 흡수되었다면 흡광도는 약 얼마인가?

① 0.7 ② 0.8
③ 0.9 ④ 1.0

해설

흡광도(A) $= \log\frac{1}{t}$

여기서, t : 투과도

∴ 흡광도(A) $= \log\frac{1}{0.2} = 0.7$

27 500mL 용량의 뷰렛을 이용한 비누거품미터의 거품 통과시간을 3번 측정한 결과, 각각 10.5초, 10초, 9.5초일 때, 이 개인시료포집기의 포집유량은 약 몇 L/분인가?(단, 기타 조건은 고려하지 않는다.)

① 0.3 ② 3
③ 0.5 ④ 5

해설

$$포집유량(L/min) = \frac{부피(L)}{시간(t)} = \frac{0.5L}{\frac{(10.5+10+9.5)sec}{3} \times 1min/60sec} = 3L/min$$

28 탈착용매로 사용되는 이황화탄소에 관한 설명으로 틀린 것은?

① 이황화탄소는 유해성이 강하다.
② 기체크로마토그래프에서 피크가 크게 나와 분석에 영향을 준다.
③ 주로 활성탄관으로 비극성유기용제를 채취하였을 때 탈착용매로 사용한다.
④ 상온에서 휘발성이 강하여 장시간 보관하면 휘발로 인해 분석농도가 정확하지 않다.

해설

탈착효율이 좋은 용매이며 가스크로마토그래프(FID)에서 피크가 작게 나온다.

29 다음 중 극성이 가장 큰 물질은?

① 케톤류 ② 올레핀류
③ 에스테르류 ④ 알데하이드류

해설

극성이 강한 순서
물 > 알코올류 > 알데하이드류 > 케톤류 > 에스테르류 > 방향족 탄화수소 > 올레핀류 > 파라핀류

30 다음 중 2차 표준기구와 가장 거리가 먼 것은?

① 폐활량계 ② 열선기류계
③ 오리피스미터 ④ 습식 테스트미터

해설

2차 표준기구
㉠ 로터미터 ㉡ 습식 테스트미터
㉢ 건식 가스미터 ㉣ 오리피스
㉤ 열선기류계

31 다음 흡착제 중 가장 많이 사용하는 것은?

① 활성탄 ② 실리카겔
③ 알루미나 ④ 마그네시아

32 다음 중 흡착제인 활성탄에 대한 설명과 가장 거리가 먼 것은?

① 비극성류 유기용제의 흡착에 효과적이다.
② 휘발성이 큰 저분자량의 탄화수소 화합물의 채취효율이 떨어진다.
③ 표면의 산화력이 작기 때문에 반응성이 큰 알데하이드의 포집에 효과적이다.
④ 케톤의 경우 활성탄 표면에서 물을 포함하는 반응에 의해 파괴되어 탈착률과 안정성에서 부적절하다.

해설

활성탄은 표면의 산화력으로 인해 반응성이 큰 메르캅탄, 알데히드 포집에는 부적합하다.

ANSWER | 26 ① 27 ② 28 ② 29 ④ 30 ① 31 ① 32 ③

33 작업환경 중 A가 30ppm, B가 20ppm, C가 25ppm 존재할 때, 작업환경 공기의 복합노출지수는?(단, A, B, C의 TLV는 각각 50, 25, 50ppm이고, A, B, C는 상가작용을 일으킨다.)

① 1.3 ② 1.5
③ 1.7 ④ 1.9

해설

$$노출지수(EI) = \frac{C_1}{TLV_1} + \frac{C_2}{TLV_2} + \cdots + \frac{C_n}{TLV_n}$$
$$= \frac{30}{50} + \frac{20}{25} + \frac{25}{50} = 1.9$$

34 유량, 측정시간, 회수율 및 분석 등에 의한 오차가 각각 15, 3, 9, 5%일 때, 누적오차는 약 몇 %인가?

① 18.4 ② 20.3
③ 21.5 ④ 23.5

해설

$누적오차 = \sqrt{15^2 + 3^2 + 9^2 + 5^2} = 18.44\%$

35 측정에서 사용되는 용어에 대한 설명이 틀린 것은?(단, 고용노동부의 고시를 기준으로 한다.)

① "검출한계"란 분석기기가 검출할 수 있는 가장 작은 양을 말한다.
② "정량한계"란 분석기기가 정성적으로 측정할 수 있는 가장 작은 양을 말한다.
③ "회수율"이란 여과지에 채취된 성분을 추출과정을 거쳐 분석 시 실제 검출되는 비율을 말한다.
④ "탈착효율"이란 흡착제에 흡착된 성분을 추출과정을 거쳐 분석 시 실제 검출되는 비율을 말한다.

해설

정량한계는 분석기기가 정량할 수 있는 가장 작은 양을 말한다.

36 시료채취방법에서 지역시료(Area Sample) 포집의 장점과 거리가 먼 것은?

① 근로자 개인시료의 채취를 대신할 수 있다.
② 특정 공정의 농도분포 변화 및 환기장치의 효율성 변화 등을 알 수 있다.
③ 특정 공정의 계절별 농도변화 및 공정의 주기별 농도변화 등의 분석이 가능하다.
④ 측정결과를 통해서 근로자에게 노출되는 유해인자의 배경농도와 시간별 변화 등을 평가할 수 있다.

해설

지역시료는 근로자의 개인시료의 채취를 대신할 수 없다.

37 100ppm을 %로 환산하면 몇 %인가?

① 1% ② 0.1%
③ 0.01% ④ 0.001%

해설

$$X(\%) = 100ppm \times \frac{1\%}{10^4 ppm} = 0.01\%$$

38 누적소음노출량 측정기를 사용하여 소음을 측정할 때, 우리나라 기준에 맞는 Criteria 및 Exchange Rate는?(단, 고용노동부 고시를 기준으로 한다.)

① Criteria : 80DB, Exchange Rate : 5dB
② Criteria : 80DB, Exchange Rate : 10dB
③ Criteria : 90DB, Exchange Rate : 5dB
④ Criteria : 90DB, Exchange Rate : 10dB

해설

누적소음노출량 측정기로 소음을 측정하는 경우에는 Criteria=90dB, Exchange Rate=5dB, Thredhold=80dB로 기기 설정을 하여야 한다.

ANSWER | 33 ④ 34 ① 35 ② 36 ① 37 ③ 38 ③

39 PVC 필터를 이용하여 먼지 포집 시 필터 무게는 채취 후 18.115mg이며 채취 전 무게는 14.316mg이었다. 이때 공기채취량이 400L이라면 포집된 먼지의 농도는 약 몇 mg/m^3인가?(단, 공시료의 무게 차이는 없었던 것으로 가정한다.)

① 8.5 ② 9.5
③ 8,000 ④ 9,500

해설

$$X(mg/m^3) = \frac{(18.115 - 14.316)mg}{0.4m^3} = 9.50mg/m^3$$

40 소음 수준 측정 시 소음계의 청감보정회로는 어떻게 조정하여야 하는가?(단, 고용노동부 고시를 기준으로 한다.)

① A특성 ② C특성
③ S특성 ④ K특성

3과목 작업환경 관리

41 저온에 의한 생리반응 중 이차적인 생리적 반응으로 옳지 않은 것은?

① 혈압이 일시적으로 상승한다.
② 피부혈관의 수축으로 순환기능이 감소된다.
③ 말초혈관의 수축으로 표면조직의 냉각이 온다.
④ 근육활동이 감소하여 식욕이 떨어진다.

해설

저온에 의한 2차 생리반응
㉠ 말초혈관의 수축
㉡ 혈압의 일시적 상승
㉢ 조직대사의 증진과 식욕항진

42 입자상 물질의 종류 중 연마, 분쇄, 절삭 등의 작업공정에서 고형 물질이 파쇄되어 발생되는 미세한 고체입자를 무엇이라 하는가?

① 흄(Fume) ② 먼지(Dust)
③ 미스트(Mist) ④ 연기(Smoke)

43 다음 중 방사선에 감수성이 가장 낮은 인체조직은?

① 골수 ② 근육
③ 생식선 ④ 림프세포

해설

방사선에 감수성이 큰 인체조직(순서대로)
㉠ 골수, 임파구, 임파선, 흉선 및 림프조직
㉡ 눈의 수정체
㉢ 성선(고환 및 난소), 타액선, 피부 등 상피세포
㉣ 혈관, 복막 등 내피세포
㉤ 결합조직과 지방조직
㉥ 뼈 및 근육조직
㉦ 폐, 위장관, 뼈 등 내장기관 조직
㉧ 신경조직

44 작업공정에서 발생되는 소음의 음압수준이 90dB(A)이고 근로자는 귀덮개(NRR=27)를 착용하고 있다면, 근로자에게 실제 노출되는 음압수준은 약 몇 dB(A)인가?(단, OSHA를 기준으로 한다.)

① 95 ② 90
③ 85 ④ 80

해설

차음효과 $= (NRR - 7) \times 0.5 = (27 - 7) \times 0.5 = 10dB$
노출되는 음압수준은 $90 - 10 = 80dB$이다.

45 다음 중 깊은 물에서 올라오거나 감압실 내에서 감압을 하는 도중에 발생하는 기포 형성으로 인해 건강상 문제를 유발하는 가스의 종류는?

① 질소 ② 수소
③ 산소 ④ 이산화탄소

46 소음방지를 위한 흡음재료의 선택 및 사용상 주의사항으로 틀린 것은?

① 막진동이나 판진동형의 것은 도장 여부에 따라 흡음률의 차이가 크다.
② 실의 모서리나 가장자리 부분에 흡음제를 부착시키면 흡음효과가 좋아진다.

ANSWER | 39 ② 40 ① 41 ④ 42 ② 43 ② 44 ④ 45 ① 46 ①

③ 다공질 재료는 산란되기 쉬우므로 표면을 얇은 직물로 피복하는 것이 바람직하다.
④ 흡음재료를 벽면에 부착할 때 한곳에 집중하는 것보다 전체 내벽에 분산하여 부착하는 것이 흡음력을 증가시킨다.

해설

막진동이나 판진동형의 것은 도장 여부에 따른 흡음률의 차이가 작다.

47 다음 중 실내 오염원인 라돈에 관한 설명과 가장 거리가 먼 것은?

① 라돈 가스는 호흡하기 쉬운 방사선 물질이다.
② 라돈은 폐암의 발생률을 높이고 있는 것으로 보고되었다.
③ 라돈 가스는 공기보다 9배 무거워 지표에 가깝게 존재한다.
④ 핵폐기물장 주변 또는 핵발전소 부근에서 주로 방출되고 있다.

해설

라돈은 자연계에 널리 존재하며, 주로 건축자재를 통하여 인체에 영향을 미친다.

48 다음 중 인체가 느낄 수 있는 최저한계 기류의 속도는 약 몇 m/sec인가?

① 0.5　② 1
③ 5　④ 10

해설

인체가 느낄 수 있는 최저한계 기류의 속도는 0.5m/sec이다.

49 방진마스크의 밀착성 시험 중 정량적인 방법에 관한 설명으로 옳은 것은?

① 간단하게 실험할 수 있다.
② 누설의 판정기준이 지극히 개인적이다.
③ 시험장치가 비교적 저가이며 측정조작이 쉽다.
④ 일반적으로 보호구의 안과 밖에서 농도의 차이나 압력의 차이로 밀착 정도를 수적인 방법으로 나타낸다.

해설

밀착도 검사

㉠ 정성적 밀착도 검사(QLFT) : 사람의 오감, 즉 냄새, 맛, 자극 등을 이용하여 마스크 안으로 오염물질의 침투 여부를 판단하는 방법이다.
㉡ 정량적 밀착도 검사(QNFT) : 오염물질의 누설 정도를 양적으로 확인하기 위한 검사이다. 호흡보호구를 착용한 후 호흡보호구의 안과 밖에서 Corn Oil이나 공기 중 에어로졸의 농도를 비교하거나 착용자가 호흡할 때 생기는 압력의 차이를 이용하여 새어 들어오는 정도를 양적으로 비교하는 방법이다.

50 다음 중 작업환경 개선대책 중 격리에 대한 설명과 가장 거리가 먼 것은?

① 작업자와 유해요인 사이에 물체에 의한 장벽을 이용한다.
② 작업자와 유해요인 사이에 명암에 의한 장벽을 이용한다.
③ 작업자와 유해요인 사이에 거리에 의한 장벽을 이용한다.
④ 작업자와 유해요인 사이에 시간에 의한 장벽을 이용한다.

해설

명암은 격리와 상관이 없다.

51 산소농도 단계별 증상 중 산소농도가 6~10%인 산소 결핍 작업장에서의 증상으로 가장 적절한 것은?

① 순간적인 실신이나 혼수
② 계산착오, 두통, 메스꺼움
③ 귀울림, 맥박수 증가, 호흡수 증가
④ 의식 상실, 안면 창백, 전신 근육경련

해설

산소농도별 증상(4단계)

단계	산소농도(%)	증상
1	12~16	맥박과 호흡수 증가, 근력저하, 집중력 저하, 귀울림, 두통 등
2	9~14	판단력 저하, 불안정한 정신상태, 체온상승, 전신 근육경련 등
3	6~10	중추신경장해, 전신 근육경련, 의식상실, 안면 창백, 10분 이내 사망 등
4	4 이하	실신, 혼수, 1분 이내 뇌사

ANSWER | 47 ④ 48 ① 49 ④ 50 ② 51 ④

52 할당보호계수가 25인 반면형 호흡기 보호구를 구리흄이 존재하는 작업장에서 사용한다면 최대사용농도는 몇 mg/m^{3}인가?(단, 허용농도는 0.3mg/m^{3}이다.)

① 3.5 ② 5.5
③ 7.5 ④ 9.5

해설

최대사용농도(MUC) = 노출기준 × APF

$\therefore$ MC = 0.3mg/m^3 × 25 = 7.5mg/m^3

53 다음 전리방사선의 종류 중 투과력이 가장 강한 것은?

① X선 ② 중성자선
③ 알파선 ④ 감마선

해설

투과력 순서

중성자선 > γ선 · X선 > β선 > α선

54 작업환경 중에서 발생되는 분진에 대한 방진대책을 수립하고자 한다. 다음 중 분진 발생 방지대책으로 가장 적합한 방법은?

① 전체환기
② 작업시간의 조정
③ 물 등에 의한 취급 물질의 습식화
④ 방진마스크나 송기마스크에 의한 흡입방지

해설

분진 발생 방지대책

㉠ 방진마스크 착용 ㉡ 습식화
㉢ 발생원 밀폐 ㉣ 대체

55 기계 A의 소음이 85dB(A), 기계 B의 소음이 84dB(A)일 때, 총 음압수준은 약 몇 dB(A)인가?

① 84.7 ② 86.3
③ 87.5 ④ 90.4

해설

$$L_{합} = 10\log(10^{\frac{L_1}{10}} + 10^{\frac{L_2}{10}} + \cdots + 10^{\frac{L_n}{10}})$$

$$= 10\log(10^{\frac{85}{10}} + 10^{\frac{84}{10}}) = 87.54\text{dB}$$

56 작업환경 개선대책 중 대체의 방법으로 옳지 않은 것은?

① 분체의 원료는 입자가 큰 것으로 바꾼다.
② 야광시계의 자판에서 라듐을 인으로 대체한다.
③ 금속제품 도장용으로 유기용제를 수용성 도료로 전환한다.
④ 아조염료의 합성에서 원료로 디클로로벤지딘을 사용하던 것을 방부기능의 벤지딘으로 바꾼다.

해설

아조염료의 합성에서 원료로 벤지딘을 사용하던 것을 방부기능의 디클로로벤지딘으로 바꾼다.

57 음원에서 10m 떨어진 곳에서 음압수준이 89dB(A)일 때, 음원에서 20m 떨어진 곳에서의 음압수준은 약 몇 dB(A)인가?(단, 점음원이고 장해물이 없는 자유공간에서 구면상으로 전파한다고 가정한다.)

① 77 ② 80
③ 83 ④ 86

해설

$$SPL_1 - SPL_2 = 20\log\left(\frac{r_2}{r_1}\right)$$

$$SPL_2 = SPL_1 - 20\log\frac{r_2}{r_1} = 89 - 20\log\frac{20}{10} = 82.98\text{dB}$$

58 체내로 흡입하게 되면 부식성이 강하여 점막 등에 침착되어 궤양을 유발하고 장기적으로 취급하면 비중격 천공을 일으키는 물질은?

① 크롬 ② 수은
③ 아세톤 ④ 카드뮴

59 비교원성 진폐증의 종류로 가장 알맞은 것은?

① 규폐증 ② 주석폐증
③ 석면폐증 ④ 탄광부 진폐증

해설

비교원성 진폐증의 종류

㉠ 용접공폐증 ㉡ 주석폐증
㉢ 바륨폐증 ㉣ 칼륨폐증

ANSWER | 52 ③ 53 ② 54 ③ 55 ③ 56 ④ 57 ③ 58 ① 59 ②

60 다음 중 고압환경에서 인체작용인 2차적인 가압현상에 관한 설명과 가장 거리가 먼 것은?

① 산소의 분압이 2기압을 넘으면 산소중독 증세가 나타난다.
② 이산화탄소는 산소의 독성과 질소의 마취작용을 증가시킨다.
③ 질소의 분압이 2기압을 넘으면 근육경련, 정신혼란과 같은 현상이 발생한다.
④ 4기압 이상에서 공기 중의 질소가스는 마취작용을 나타내며 작업력의 저하, 기분의 변환, 다행증을 일으킨다.

해설

고압환경에서의 2차적 생체영향

㉠ 고압에서 대기가스의 독성 때문에 나타나는 현상(체액과 지방조직 내 질소기포 증가)
㉡ 질소 마취
- 4기압 이상에서 공기 중의 질소가스가 마취작용
- 작업력의 저하, 기분의 변환 등 다행증(Euphoria) 발생

㉢ 산소 중독
- 산소분압이 2기압을 넘으면 발생
- 고압산소에 대한 노출이 중지되면 즉각 증상 호전(가역적)
- 산소의 중독작용은 운동이나 이산화탄소의 존재로 악화
- 수지와 족지의 작열통, 시력장해, 정신혼란, 근육경련
- 1기압에서 순산소는 인후를 자극하나 비교적 짧은 시간의 노출이라면 중독증상은 나타나지 않음

4과목 산업환기

61 전자부품을 납땜하는 공정에 외부식 국소배기장치를 설치하려고 한다. 후드의 규격은 400mm×400mm, 제어거리(X)를 20cm, 제어속도(V_C)를 0.5m/sec로 하고자 할 때의 소요 풍량(m^3/min)보다 후드에 플랜지를 부착하여 공간에 설치하면 소요풍량(m^3/min)은 얼마나 감소하는가?

① 1.2 ② 2.2
③ 3.2 ④ 4.2

해설

$Q(m^3/min) = 60 \times (10X^2 + A) \cdot V_c$

$= 60 \times (10 \times 0.2^2 + 0.4 \times 0.4) \times 0.5$

$= 16.8m^3/min$

플랜지 부착 시 감소된 소요풍량

$= Q \times 0.75 = 16.8 \times 0.25 = 4.2m^3/min$

62 전기집진기(ESP : Electrostatic Precipitator)의 장점이라고 볼 수 없는 것은?

① 좁은 공간에서도 설치가 가능하다.
② 보일러와 철강로 등에 설치할 수 있다.
③ 약 500℃ 전후 고온의 입자상 물질도 처리가 가능하다.
④ 넓은 범위의 입경과 분진의 농도에서 집진효율이 높다.

해설

전기집진장치는 넓은 설치면적이 필요하다.

63 블로다운(Blow Down) 효과와 관련이 있는 공기정화장치는?

① 전기집진장치 ② 원심력집진장치
③ 중력집진장치 ④ 관성력집진장치

해설

블로다운(Blow Down)
사이클론의 집진효율을 향상시키기 위한 방법으로 더스트박스(호퍼)에서 유입유량의 5~10%에 상당하는 함진가스를 추출시켜 집진장치의 성능을 향상시키는 방식이다.

64 용융로 상부의 공기 용량은 200m³/min, 온도는 400℃, 1기압이다. 이것을 21℃, 1기압의 상태로 환산하면 공기의 용량은 약 몇 m³/min가 되겠는가?

① 82.6 ② 87.4
③ 93.4 ④ 116.6

해설

$$V_2 = V_1 \times \frac{T_2}{T_1} \times \frac{P_1}{P_2}$$

$$= 200m^3/min \times \frac{273+21}{273+400} \times \frac{1}{1} = 87.37m^3/min$$

ANSWER | 60 ③ 61 ④ 62 ① 63 ② 64 ②

65 작업공정에서는 이상이 없다고 가정할 때, [보기]의 후드를 효율이 가장 우수한 것부터 나쁜 순으로 나열한 것은?(단, 제어속도는 1m/sec, 제어거리는 0.5m, 개구면적은 $2m^2$으로 동일하다.)

[보기]
㉠ 포위식 후드
㉡ 테이블에 고정된 플랜지가 붙은 외부식 후드
㉢ 자유공간에 설치된 외부식 후드
㉣ 자유공간에 설치된 플랜지가 붙은 외부식 후드

① ㉠ – ㉢ – ㉡ – ㉣
② ㉡ – ㉠ – ㉢ – ㉣
③ ㉠ – ㉡ – ㉣ – ㉢
④ ㉡ – ㉠ – ㉣ – ㉢

해설
후드의 효율 순서
포위식 > 테이블에 고정된 플랜지가 붙은 외부식 후드 > 자유공간에 설치된 플랜지가 붙은 외부식 후드 > 자유공간에 설치된 외부식 후드

66 국소배기장치의 기본 설계 시 가장 먼저 해야 하는 것은?

① 적정 제어풍속을 정한다.
② 후드의 형식을 선정한다.
③ 각각의 후드에 필요한 송풍량을 계산한다.
④ 배관계통을 검토하고 공기정화장치와 송풍기의 설치위치를 정한다.

해설
국소배기장치의 설계순서
후드의 형식 선정 → 제어속도 결정 → 소요풍량 계산 → 반송속도 결정 → 후드의 크기 결정 → 배관의 배치와 설치장소의 결정 → 공기정화기 선정 → 총압력손실 계산 → 송풍기 선정

67 정압, 속도압, 전압에 관한 설명 중 틀린 것은?

① 정압이 대기압보다 높으면 (+) 압력이다.
② 정압이 대기압보다 낮으면 (−) 압력이다.
③ 정압과 속도압의 합을 총압 또는 전압이라고 한다.
④ 공기흐름이 기인하는 속도압은 항상 (−) 압력이다.

해설
속도압은 정지상태의 공기가 일정한 속도로 흐르도록 가속화시키는 데 필요한 압력을 말하며, 공기의 운동에너지에 비례한다. 따라서 속도압(동압)은 0 또는 양압(+)이다.

68 사무실 직원이 모두 퇴근한 직후인 오후 6시에 측정한 공기 중 CO_2 농도는 1,200ppm, 사무실이 빈 상태로 3시간 경과한 오후 9시에 측정한 CO_2 농도는 400ppm이었다면, 이 사무실의 시간당 공기교환 횟수는?(단, 외부공기 중 CO_2 농도는 330ppm으로 가정한다.)

① 0.68 ② 0.84
③ 0.93 ④ 1.26

해설

$$\mathrm{ACH} = \frac{\ln(C_1 - C_o) - \ln(C_2 - C_o)}{\mathrm{hr}}$$

여기서, C_1 : 초기 CO_2 농도
C_2 : t시간 후 CO_2 농도
C_o : 외부공기 중 CO_2 농도

$$\therefore \mathrm{ACH} = \frac{\ln(1,200-330) - \ln(400-330)}{3} = 0.84\text{회/hr}$$

69 국소배기장치의 압력손실이 증가되는 경우가 아닌 것은?

① 덕트를 길게 한다.
② 덕트의 직경을 줄인다.
③ 덕트를 급격하게 구부린다.
④ 곡관의 곡률반경을 크게 한다.

해설
곡관의 곡률반경비를 크게 할수록 압력손실은 작아진다.

ANSWER | 65 ③ 66 ② 67 ④ 68 ② 69 ④

70 에너지 절약의 일환으로 실내 공기를 재순환시켜 외부 공기와 혼합하여 공급하는 경우가 많다. 재순환 공기 중 CO_2의 농도가 70ppm, 급기 중 CO_2의 농도가 600ppm이었다면, 급기 중 외부공기의 함량은 몇 %인가?(단, 외부공기 중 CO_2의 농도는 300ppm이다.)

① 25% ② 43%
③ 50% ④ 86%

해설

$$급기\ 중\ 외부공기\ 함량(OA,\ \%) = \left(\frac{C_R - C_S}{C_R - C_o}\right) \times 100$$

$$OA(\%) = \frac{700-600}{700-300} \times 100 = 25\%$$

71 전체환기 방식에 대한 설명 중 틀린 것은?

① 자연환기는 기계환기보다 보수가 용이하다.
② 효율적인 자연환기는 냉방비 절감효과가 있다.
③ 청정공기가 필요한 작업장은 실내압을 양압(+)으로 유지한다.
④ 오염이 높은 작업장은 실내압을 매우 높은 양압(+)으로 유지하여야 한다.

해설

오염이 높은 작업장은 실내압을 음압(−)으로 유지하여야 한다.

72 제어속도의 범위를 선택할 때 고려되는 사항으로 가장 거리가 먼 것은?

① 근로자 수 ② 작업장 내 기류
③ 유해물질의 사용량 ④ 유해물질의 독성

해설

제어속도의 범위 선택 시 고려사항
㉠ 작업장 내 기류
㉡ 유해물질의 사용량
㉢ 유해물질의 독성
㉣ 후드의 형상
㉤ 통제거리

73 전자부품을 납땜하는 공정에 외부식 국소배기장치를 설치하고자 한다. 후드의 규격은 400mm×400mm, 반송속도를 1,200m/min으로 하고자 할 때 덕트 내에서 속도압은 약 몇 mmH_2O인가?(단, 덕트 내의 온도는 21℃이며, 이때 가스의 밀도는 $1.2kg/m^3$이다.)

① 24.5 ② 26.6
③ 27.4 ④ 28.5

해설

$$VP = \frac{\gamma V^2}{2g}$$

$$V = (1{,}200/60)m/s = 20m/s$$

$$\therefore\ VP = \frac{1.2 \times 20^2}{2 \times 9.8} = 24.49mmH_2O$$

74 송풍기 상사법칙과 관련이 없는 것은?

① 송풍량 ② 축동력
③ 회전수 ④ 덕트의 길이

해설

송풍기의 상사법칙
㉠ 풍량은 회전수에 비례한다.
㉡ 풍압은 회전수의 제곱에 비례한다.
㉢ 동력은 회전수의 세제곱에 비례한다.

75 국소배기시스템에 설치된 충만실(Plenum Chamber)에 있어 가장 우선적으로 높여야 하는 효율의 종류는?

① 정압효율 ② 집진효율
③ 배기효율 ④ 정화효율

해설

국소배기시스템에 설치된 충만실(Plenum Chamber)에서 가장 우선적으로 높여야 하는 효율은 배기효율이다.

ANSWER | 70 ① 71 ④ 72 ① 73 ① 74 ④ 75 ③

76 그림과 같이 Q_1과 Q_2에서 유입된 기류가 합류관인 Q_3로 흘러갈 때, Q_3의 유량(m^3/min)은 약 얼마인가?(단, 합류와 확대에 의한 압력손실은 무시한다.)

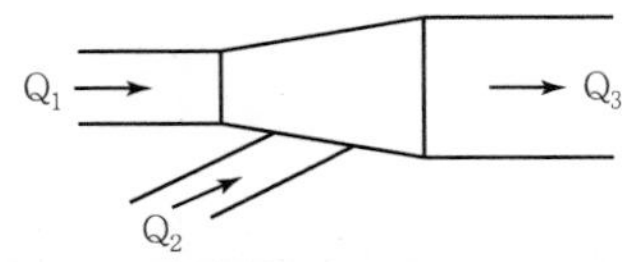

구분	직경(mm)	유속(m/s)
Q_1	200	10
Q_2	150	14
Q_3	350	–

① 33.7 ② 36.3
③ 38.5 ④ 40.2

해설

$Q_3 = Q_1 + Q_2$

$Q_1 = A_1 \times V_1 = \frac{\pi}{4} \times 0.2^2 \times 10 = 0.314 m/s$

$Q_2 = A_2 \times V_2 = \frac{\pi}{4} \times 0.15^2 \times 14 = 0.247 m/s$

$\therefore\ Q_3 = 0.314 + 0.247 = 0.561 m/s = 33.66 m/min$

77 유입계수(Ce)가 0.6인 플랜지 부착 원형 후드가 있다. 이때 후드의 유입손실계수(F_h)는 얼마인가?

① 0.52 ② 0.98
③ 1.26 ④ 1.78

해설

$F_h = \frac{1 - C_e^2}{C_e^2} = \frac{1 - 0.6^2}{0.6^2} = 1.78$

78 국소배기장치의 설계 시 송풍기의 동력을 결정할 때 가장 필요한 정보는?

① 송풍기 동압과 가격
② 송풍기 동압과 효율
③ 송풍기 전압과 크기
④ 송풍기 전압과 필요송풍량

79 건조 공기가 원형식 관 내를 흐르고 있다. 속도압이 $6mmH_2O$이면 풍속은 얼마인가?(단, 건조공기의 비중량은 $1.2kgf/m^3$이며, 표준상태이다.)

① 5m/sec ② 10m/sec
③ 15m/sec ④ 20m/sec

해설

$V = 4.043\sqrt{VP} = 4.043\sqrt{6} = 9.9 m/sec$

80 사염화에틸렌 2,000ppm이 공기 중에 존재한다면 공기와 사염화에틸렌 혼합물의 유효비중(Effective Specific Gravity)은 얼마인가?(단, 사염화에틸렌의 증기비중은 5.7이다.)

① 1.0094 ② 1.823
③ 2.342 ④ 3.783

해설

$유효비중 = \frac{(2{,}000 \times 5.7) + (998{,}000 \times 1.0)}{1{,}000{,}000} = 1.0094$

ANSWER | 76 ① 77 ④ 78 ④ 79 ② 80 ①

2018년 2회 산업기사

1과목 산업위생학 개론

01 상시 근로자가 300명인 신발 제조업에서 산업안전보건법에 따라 선임하여야 하는 보건 관리자에 관한 설명으로 맞는 것은?

① 선임하여야 하는 보건관리자의 수는 1명이다.
② 보건 관련 전공자 2명을 보건관리자로 선임하여야 한다.
③ 보건관리자의 자격을 가진 2명의 보건관리자를 선임하여야 하며, 그 중 1명은 의사나 간호사이어야 한다.
④ 보건관리자의 자격을 가진 3명의 보건관리자를 선임하여야 하며, 그 중 1명은 의사나 간호사이어야 한다.

해설

보건관리자를 두어야 할 사업의 종류 · 규모, 보건관리자의 수 및 선임방법

업종	상시 근로자수	보건관리자수
광업, 섬유제품 염색업, 모피제조업, 신발, 석유정제, 화학물질, 의료용물질, 고무, 1차 금속, 전자부품, 기계, 전기, 자동차 및 트레일러, 운송장비 제조업 등	2,000명 이상	2명 이상(반드시 의사 또는 간호사 포함)
	500~2,000명	2명 이상
	50~500명	1명 이상

02 산업피로의 예방과 회복 대책으로 틀린 것은?

① 작업환경을 정리 · 정돈한다.
② 커피, 홍차 또는 엽차를 마신다.
③ 적절한 간격으로 휴식시간을 둔다.
④ 작업속도를 가능한 늦게 하여 정적 작업이 되도록 한다.

해설

동적인 작업을 늘리고, 정적인 작업을 줄인다.

03 다음의 설명에서 (   ) 안에 들어갈 용어로 맞는 것은?

(   )는 대류현상에 의해 발생하는 공기의 흐름을 뜻한다. 따뜻한 공기가 건물의 상층에서 새어나올 경우 실내공기는 하층에서 고층으로 이동하며 외부 공기는 건물 저층의 입구를 통해 안으로 들어오게 된다. 이 (   )로 공기의 흐름은 계단 같은 수직 공간, 엘리베이터의 통로, 기타 다른 구멍을 통해 층 사이에 오염물질을 이동시킬 수 있다.

① 연돌효과(Stack Effect)
② 균형효과(Balance Effect)
③ 호손효과(Hawthorne Effect)
④ 공기연령효과(Air-age Effect)

04 직업성 질환을 인정할 때 고려해야 할 사항으로 틀린 것은?

① 업무상 재해라고 할 수 있는 사건의 유무
② 작업환경과 그 작업에 종사한 기간 또는 유해 작업의 정도
③ 같은 작업장에서 비슷한 증상을 나타내는 환자의 발생 유무
④ 의학상 특징적으로 나타나는 예상되는 임상검사 소견의 유무

해설

직업성 질환을 인정할 때 고려사항
㉠ 작업환경과 그 작업에 종사한 기간 또는 유해작업의 정도
㉡ 작업환경 측정자료와 취급물질의 유해성 자료
㉢ 유해화학물질에 의한 중독증(직업병)
㉣ 직업병에서 특이하게 볼 수 있는 증상
㉤ 의학상 특징적인 임상검사 소견의 유무
㉥ 유해물질에 폭로된 때부터 발병까지 시간적 간격 및 증상의 경로 추이
㉦ 발병 이전의 신체 이상과 과거력
㉧ 업무에 기인하지 않은 다른 질환과의 상관성
㉨ 같은 작업장에서 비슷한 증상을 나타내는 환자의 발생 유무

ANSWER | 01 ① 02 ④ 03 ① 04 ①

05 사업주는 사업장에 쓰이는 모든 대상 화학물질에 대한 물질안전보건자료를 취급 근로자가 쉽게 볼 수 있도록 비치 및 게시하여야 한다. 비치 및 게시를 하기 위한 장소로 잘못된 것은?

① 대상 화학물질 취급 작업 공정 내
② 사업장 내 근로자가 가장 보기 쉬운 장소
③ 안전사고 또는 직업병 발생 우려가 있는 장소
④ 위급상황 시 보건관리자가 바로 활용할 수 있는 문서보관실

06 운반작업을 하는 젊은 근로자의 약한 손(오른손잡이의 경우 왼 손)의 힘은 40kp이다. 이 근로자가 무게 10kg인 상자를 두 손으로 들어 올릴 경우 적정 작업시간은 약 몇 분인가?(단, 공식은 $671,120 \times 작업강도^{-2.222}$를 적용한다.)

① 25분　　② 41분
③ 55분　　④ 122분

해설

$$\%MS = \frac{5}{40} \times 100 = 12.5\%$$

$$적정\ 작업시간(sec) = 671,120 \times \%12.5^{-2.222} = 2,451.69sec \fallingdotseq 41min$$

07 다음 약어의 용어들은 무엇을 평가하는 데 사용되는가?

OWAS, RULA, REBA, SI

① 직무 스트레스 정도
② 근골격계 질환의 위험요인
③ 뇌심혈관계 질환의 정략적 분석
④ 작업장 국소 및 전체 환기효율 비교

08 산업위생 분야에 관련된 단체와 그 약자를 연결한 것으로 틀린 것은?

① 영국산업위생학회 – BOHS
② 미국산업위생학회 – ACGIH
③ 미국직업안전위생관리국 – OSHA
④ 미국국립산업안전보건연구원 – NIOSH

해설

미국산업위생학회 – AIHA

09 인간공학에서 적용하는 정적 치수(Static Dimensions)에 관한 설명으로 틀린 것은?

① 동적인 치수에 비하여 데이터가 적다.
② 일반적으로 표(Table)의 형태로 제시된다.
③ 구조적 치수로 정적 자세에서 움직이지 않는 피측정자를 인체 계측기로 측정한 것이다.
④ 골격 치수(팔꿈치와 손목 사이와 같은 관절 중심거리 등)와 외곽치수(머리둘레 등)로 구성된다.

해설

인간공학에서 적용하는 정적 치수(구조적 인체 치수, Static Dimensions)

㉠ 정적 자세에서 움직이지 않는 피측정자를 인체 계측기로 측정한 것이다.
㉡ 동적인 치수에 비하여 데이터가 많다.
㉢ 구조적 인체치수의 종류로는 팔길이, 앉은키, 눈높이 등이 있다.
㉣ 골격 치수(팔꿈치와 손목 사이와 같은 관절 중심거리 등)와 외곽치수(머리둘레 등)로 구성된다.
㉤ 일반적으로 표(Table)의 형태로 제시된다.
㉥ 마틴측정기, 실루엣 사진기

10 산업안전보건법의 "사무실 공기 관리지침"에서 오염물질로 관리기준이 설정되지 않은 것은?

① 총부유세균　　② CO(일산화탄소)
③ SO_2(이산화황)　　④ CO_2(이산화탄소)

해설

사무실 공기 관리지침 대상항목

㉠ 미세먼지(PM10)
㉡ 초미세먼지(PM2.5)
㉢ 이산화탄소(CO_2)
㉣ 일산화탄소(CO)
㉤ 이산화질소(NO_2)
㉥ 포름알데히드(HCHO)
㉦ 총휘발성유기화합물(TVOC)
㉧ 라돈(Radon)
㉨ 총부유세균
㉩ 곰팡이

ANSWER | 05 ④ 06 ② 07 ② 08 ② 09 ① 10 ③

11 산업안전보건법령상 보건관리자의 자격과 선임제도에 대한 설명으로 틀린 것은?

① 상시 근로자가 100인 이상 사업장은 보건관리자의 자격기준에 해당하는 자 중 1인 이상을 보건관리자로 선임하여야한다.
② 보건관리대행은 보건관리자의 직무인 보건관리를 전문으로 행하는 외부기관에 위탁하여 수행하는 제도로 1990년부터 법적 근거를 갖고 시행되고 있다.
③ 작업환경상에 유해요인이 상존하는 제조업은 근로자의 수가 2,000명을 초과하는 경우에 「의료법」에 따른 의사 또는 간호사인 보건관리자 1인을 포함하는 2인의 보건관리자를 선임하여야 한다.
④ 보건관리자의 자격기준은 의료법에 의한 의사 또는 간호사, 산업안전보건법에 의한 산업보건지도사, 국가기술자격법에 의한 산업위생관리 산업기사 또는 환경관리 산업기사(대기분야 한함) 등이다.

해설

상시 근로자가 50인 이상 사업장은 보건관리자의 자격기준에 해당하는 자 중 1인 이상을 보건관리자로 선임하여야 한다.

12 미국 국립산업안전보건연구원에서는 중량물 취급작업에 대하여 감시기준(Action Limit)과 최대허용기준(Maximum Permissible Limit)을 설정하여 권고하고 있다. 감시기준이 30kg일 때 최대허용기준은 얼마인가?

① 45kg ② 60kg
③ 75kg ④ 90kg

해설

최대허용기준(MPL) = 3AL
∴ MPL = 3 × 30kg = 90kg

13 인조견, 셀로판 등에 이용되고 실험실에서 추출용 등의 시약으로 쓰이고 장기간에 걸쳐 고농도로 폭로되면 기질적 뇌손상, 말초신경병, 신경행동학적 이상, 시각 · 청각장해 등이 발생하는 유기용제는 어느 것인가?

① 벤젠 ② 사염화탄소
③ 메타놀 ④ 이황화탄소

14 화학물질이 2종 이상 혼재하는 경우, 다음 공식에 의하여 계산된 EI 값이 1을 초과하지 아니하면 기준치를 초과하지 아니하는 것으로 인정할 때, 이 공식을 적용하기 위하여 각각의 물질 사이의 관계는 어떤 작용을 하여야 하는가?(단, C는 화학물질 각각의 측정치, T는 화학물질 각각의 노출기준을 의미한다.)

$$EI = \frac{C_1}{T_1} + \frac{C_2}{T_2} + \cdots + \frac{C_n}{T_n}$$

① 가승작용(Potentiation)
② 상가작용(Additive Effect)
③ 상승작용(Synergistic Effect)
④ 길항작용(Antagonistic Effect)

15 전신피로에 있어 생리학적 원인에 해당되지 않는 것은?

① 산소공급 부족
② 체내 젖산농도의 감소
③ 혈중 포도당 농도의 저하
④ 근육 내 글리코겐양의 감소

해설

전신피로의 생리적 원인
㉠ 젖산의 증가
㉡ 작업강도의 증가
㉢ 혈중 포도당 농도 저하(가장 큰 원인)
㉣ 근육 내 글리코겐 감소
㉤ 산소공급의 부족

16 호기적 산화를 도와서 근육의 열량공급을 원활하게 해주기 때문에 근육노동에 있어서 특히 주의해서 보충해 주어야 하는 것은?

① 비타민 A ② 비타민 C
③ 비타민 B_1 ④ 비타민 D_4

ANSWER | 11 ① 12 ④ 13 ④ 14 ② 15 ② 16 ③

17 산업위생전문가가 지켜야 할 윤리강령 중 "기업주와 고객에 대한 책임"에 관한 내용에 해당하는 것은?

① 신뢰를 중요시하고, 결과와 권고사항을 정확히 보고한다.
② 산업위생전문가의 첫 번째 책임은 근로자의 건강을 보호하는 것임을 인식한다.
③ 건강에 유해한 요소들을 측정, 평가, 관리하는데 객관적인 태도를 유지한다.
④ 건강의 유해요인에 대한 정보와 필요한 예방대책에 대해 근로자들과 상담한다.

해설

기업주와 고객에 대한 책임
㉠ 일반 대중에 관한 사항은 정직하게 발표한다.
㉡ 위험요소와 예방조치에 관하여 근로자와 상담한다.
㉢ 궁극적 책임은 기업주와 고객보다 근로자의 건강보호에 있다.
㉣ 신뢰를 중요시하고, 결과와 권고사항에 대하여 사전 협의토록 한다.
㉤ 결과와 결론을 뒷받침할 수 있도록 기록을 유지하고 산업위생사업을 전문가답게 운영 · 관리한다.

18 ILO와 WHO 공동위원회의 산업보건에 대한 정의와 가장 관계가 적은 것은?

① 작업조건으로 인한 질병을 치료하는 학문과 기술
② 작업이 인간에게, 또 일하는 사람이 그 직무에 적합하도록 마련하는 것
③ 근로자를 생리적으로나 심리적으로 적합한 작업환경에 배치하여 일하도록 하는 것
④ 모든 직업에 종사하는 근로자들의 육체적, 정신적, 사회적 건강을 고도로 유지 · 증진시키는 것

해설

국제노동기구(ILO)와 세계보건기구(WHO) 공동위원회의 산업보건 정의
㉠ 근로자들의 육체적, 정신적, 사회적 건강을 유지 증진
㉡ 근로자를 생리적, 심리적으로 적합한 작업환경에 배치
㉢ 작업조건으로 인한 질병예방 및 건강에 유해한 취업방지

19 스트레스(Stress)는 외부의 스트레스 요인(Stressor)에 의해 신체의 항상성이 파괴되면서 나타나는 반응이다. 다음의 설명 중 ( )에 해당하는 용어로 맞는 것은?

> 인간은 스트레스 상태가 되면 부신피질에서 ( )이라는 호르몬이 과잉 분비되어 뇌의 활동 등을 저해하게 된다.

① 코티졸(Cortisol)
② 도파민(Dopamine)
③ 옥시토신(Oxytocin)
④ 아드레날린(Adrenalin)

20 작업에 소모된 열량이 4,500kcal, 안정 시 열량이 1,000kcal, 기초대사량이 1,500kcal일 때, 실동률은 약 얼마인가?(단, 사이토(齋藤)와 오시마(大島)의 경험식을 적용한다.)

① 70.0% ② 73.3%
③ 84.4% ④ 85.0%

해설

$$\text{RMR} = \frac{\text{작업 시 소요열량} - \text{안정 시 소요열량}}{\text{기초대사량}}$$
$$= \frac{(4,500 - 1,000)\text{kcal}}{1,500\text{kcal}} = 2.33$$

$\text{실동률}(\%) = 85 - (5 \times 2.33) = 73.35\%$

2과목 작업위생 측정 및 평가

21 고체 포집법에 관한 설명으로 틀린 것은?

① 시료공기를 흡착력이 강한 고체의 작은 입자층을 통과시켜 포집하는 방법이다.
② 실리카겔은 산과 같은 극성물질의 포집에 사용되며 수분의 영향을 거의 받지 않으므로 널리 사용된다.
③ 시료의 채취는 사용하는 고체입자층의 포집효율을 고려하여 일정한 흡입유량으로 한다.

ANSWER | 17 ① 18 ① 19 ① 20 ② 21 ②

④ 포집된 유기물은 일반적으로 이황화탄소(CS_2)로 탈착하여 분석용 시료로 사용된다.

해설

실리카겔은 극성을 띠고 흡습성이 강하므로 습도가 높을수록 파과용량이 감소하여 파과되기 쉽다.

22 일반적인 사람이 느끼는 최소 진동역치는 얼마인가?

① 55±5dB ② 70±5dB
③ 90±5dB ④ 105±5dB

23 입자상 물질의 측정방법 중 용접흄 측정에 관한 설명으로 옳은 것은?(단, 고용노동부 고시를 기준으로 한다.)

① 용접흄은 여과채취방법으로 하되 용접 보안면을 착용한 경우에는 보안면 반경 15cm 이하의 거리에서 채취한다.
② 용접흄은 여과채취방법으로 하되 용접 보안면을 착용한 경우에는 보안면 반경 30cm 이하의 거리에서 채취한다.
③ 용접흄은 여과채취방법으로 하되 용접 보안면을 착용한 경우에는 그 내부에서 채취한다.
④ 용접흄은 여과채취방법으로 하되 용접 보안면을 착용한 경우는 용접 보안면 외부의 호흡기 위치에서 채취한다.

해설

용접흄은 여과채취방법으로 하되 용접 보안면을 착용한 경우에는 그 내부에서 채취하고 중량분석방법과 원자흡광광도계 또는 유도결합플라스마를 이용한 분석방법으로 측정한다.

24 작업장 공기 중 사염화탄소(TLV=10ppm)가 5ppm, 1,2-디클로로에탄(TLV=50ppm)이 12ppm, 1,2-디브로메탄(TLV=20ppm)이 8ppm일 때 노출지수는?(단, 상가작용 기준)

① 1.04 ② 1.14
③ 1.24 ④ 1.34

해설

$$\text{노출지수(EI)} = \frac{C_1}{TLV_1} + \frac{C_2}{TLV_2} + \cdots + \frac{C_n}{TLV_n} = \frac{5}{10} + \frac{12}{50} + \frac{8}{20} = 1.14$$

25 다음 중 중금속을 신속하고 정확하게 측정할 수 있는 측정기기는?

① 광학현미경
② 원자흡광광도계
③ 가스크로마토그래피
④ 비분산적외선 가스분석계

26 Perchloroethylene 40%(TLV : 670mg/m^3), Methylene Chloride 40%(TLV : 720mg/m^3), Heptane 20%(TLV : 1,600mg/m^3)의 중량비로 조성된 유기용매가 증발되어 작업장을 오염시키고 있다. 이들 혼합물의 허용농도는 약 몇 mg/m^{3}인가?

① 910 ② 997
③ 876 ④ 780

해설

$$\text{혼합물 TLV} = \frac{1}{\frac{f_1}{TLV_1} + \frac{f_2}{TLV_2} + \frac{f_3}{TLV_3}} = \frac{1}{\frac{0.4}{670} + \frac{0.4}{720} + \frac{0.2}{1600}} = 782.74\text{mg/m}^3$$

27 흡광광도법에서 단색광이 시료액을 통과하여 그 광의 50%가 흡수되었을 때 흡광도는?

① 0.6 ② 0.5
③ 0.4 ④ 0.3

해설

$$\text{흡광도(A)} = \log\frac{1}{t} = \log\frac{1}{0.5} = 0.301$$

ANSWER | 22 ① 23 ③ 24 ② 25 ② 26 ④ 27 ④

28 공기 중에 부유하고 있는 분진을 충돌 원리에 의해 입자크기별로 분리하여 측정할 수 있는 장비는?

① Cascade Impactor
② Personal Distribution
③ Low Volume Sampler
④ High Volume Sampler

29 인쇄 또는 도장 작업에서 사용하는 페인트, 시너 또는 유성 도료 등에 의해 발생되는 유해인자 중 유기용제를 포집하는 방법은?

① 활성탄법
② 여과 포집법
③ 직독식 분진측정계법
④ 증류수 흡수액 임핀저법

30 다음 중 측정기 또는 분석기기의 미비로 기인되는 것으로 실험자가 주의하면 제거 또는 보정이 가능한 오차는?

① 우발적 오차 ② 무작위 오차
③ 계통적 오차 ④ 시간적 오차

31 음압이 100배 증가하면 음압 수준은 몇 dB 증가하는가?

① 10 ② 20
③ 30 ④ 40

해설

SPL = 20log100 = 40dB

32 채취한 금속 분석에서 오차를 최소화하기 위해 여과지에 금속을 10μg 첨가하고 원자흡광도계로 분석하였더니 9.5μg이 검출되었다. 실험에 보정하기 위한 회수율은 몇 %인가?

① 80 ② 85
③ 90 ④ 95

해설

$$\text{회수율}(\%) = \frac{\text{분석량}}{\text{첨가량}} \times 100 = \frac{9.5}{10} \times 100 = 95\%$$

33 온도 27℃인 때의 체적이 1m³인 기체를 온도 127℃까지 상승시켰을 때의 체적은?

① $1.13m^3$ ② $1.33m^3$
③ $1.47m^3$ ④ $1.73m^3$

해설

$$X(m^3) = 1m^3 \times \frac{273+127}{273+27} = 1.33m^3$$

34 지역시료 채취방법과 비교한 개인시료 채취방법의 장점으로 옳은 것은?

① 오염물질의 방출원을 찾아내기 쉽다.
② 작업자에게 노출되는 정도를 알 수 있다.
③ 어떤 장소의 고정된 위치에서 시료를 채취하기 때문에 경제적이다.
④ 특정 공정의 계절별 농도 변화, 농도분포의 변화, 공의 주기별 농도 변화를 알 수 있다.

35 다음 중 실리카겔에 대한 친화력이 가장 큰 물질은?

① 파라핀계 ② 에스테르류
③ 알데하이드류 ④ 올레핀류

해설

실리카겔의 친화력(극성이 강한 순서)
물 > 알코올류 > 알데하이드류 > 케톤류 > 에스테르류 > 방향족 탄화수소 > 올레핀류 > 파라핀류

36 다음 중 기류 측정과 가장 거리가 먼 것은?

① 풍차풍속계 ② 열선풍속계
③ 카타온도계 ④ 아스만통풍건습계

해설

아스만통풍건습계는 습도를 측정하는 기기이다.

ANSWER | 28 ① 29 ① 30 ③ 31 ④ 32 ④ 33 ② 34 ② 35 ③ 36 ④

37 다음은 작업장 소음 측정시간 및 횟수 기준에 관한 내용이다. ( ) 안에 내용으로 옳은 것은?(단, 고용노동부 고시를 기준으로 한다.)

> 단위작업장소에서 소음수준은 규정된 측정위치 및 지점에서 1일 작업시간 동안 6시간 이상 연속측정하거나 작업시간을 1시간 간격으로 나누어 6회 이상 측정하여야 한다. 다만, 소음의 발생특성이 연속음으로서 측정치가 변동이 없다고 자격자 또는 지정측정기관이 판단하는 경우에는 1시간 동안을 등간격으로 나누어 ( ) 측정할 수 있다.

① 2회 이상　② 3회 이상
③ 4회 이상　④ 5회 이상

38 흡착제 중 다공성 중합체에 관한 설명으로 틀린 것은?

① 활성탄보다 비표면적이 작다.
② 특별한 물질에 대한 선택성이 좋다.
③ 활성탄보다 흡착용량이 크며 반응성도 높다.
④ Tenax GC 열안정성이 높아 열탈착에 의한 분석이 가능하다.

해설

다공성 중합체는 활성탄에 비해 비표면적, 흡착용량, 반응성은 작지만 특수한 물질 채취에 용이하다.

39 2N-HCl 용액 100mL를 이용하여 0.5N 용액을 조제하려 할 때 희석에 필요한 증류수의 양은?

① 100mL　② 200mL
③ 300mL　④ 400mL

해설

$$\text{농도} = \frac{\text{용질}}{\text{용액}}$$

$$0.5 = \frac{0.2 \times 100}{100\text{mL} + X}$$

$$\therefore X = 300\text{mL}$$

40 다음 중 1ppm과 같은 것은?

① 0.01%　② 0.001%
③ 0.0001%　④ 0.00001%

해설

$$X(\%) = 1\text{ppm} \times \frac{1\%}{10^4\text{ppm}} = 0.0001\%$$

3과목 작업환경 관리

41 작업장 소음에 대한 차음효과는 벽체의 단위 표면적에 대하여 벽체의 무게를 2배로 할 때마다 몇 dB씩 증가하는가?

① 3　② 6
③ 9　④ 12

해설

$$TL = 20\log(m \cdot f) - 43\text{dB}$$
$$= 20\log(2) = 6.02\text{dB}$$

42 분진작업장의 작업환경 관리대책 중 분진 발생 방지나 분진비산 억제대책으로 가장 적절한 것은?

① 작업의 강도를 경감시켜 적업자의 호흡량을 감소
② 작업자가 착용하는 방진마스크를 송기마스크로 교체
③ 광석 분쇄 · 연마 작업 시 물을 분사하면서 하는 방법으로 변경
④ 분진 발생 공정과 타 공정을 교대로 근무하게 하여 노출시간 감소

해설

비산분진을 억제하는 가장 좋은 방법은 습식을 이용하는 것이다.

ANSWER | 37 ② 38 ③ 39 ③ 40 ③ 41 ② 42 ③

43 진동방지대책 중 발생원에 관한 대책으로 가장 옳은 것은?

① 거리감쇠를 크게 한다.

② 수진 측에 탄성지지를 한다.

③ 수진점 근방에 방진구를 판다.

④ 기초중량을 부가 및 경감한다.

해설

발생원 대책
㉠ 진동원 제거
㉡ 저진동 기계 교체
㉢ 탄성지지
㉣ 가진력 감쇠
㉤ 기초 중량의 부가 및 경감
㉥ 동적 흡인

44 폐에 깊숙이 들어갈 수 있는 호흡성 섬유라 한다. 이 섬유의 길이와 길이 대 너비의 비로 가장 적절한 것은?

① 길이 1μm 이상, 길이 대 너비의 비 5:1

② 길이 3μm 이상, 길이 대 너비의 비 2:1

③ 길이 3μm 이상, 길이 대 너비의 비 5:1

④ 길이 5μm 이상, 길이 대 너비의 비 3:1

45 다음 중 수은 작업장의 작업환경 관리대책으로 가장 적합하지 못한 것은?

① 수은 주입 과정을 자동화시킨다.

② 수거한 수은은 물과 함께 통에 보관한다.

③ 수은은 쉽게 증발하기 때문에 작업장의 온도를 80℃로 유지한다.

④ 독성이 적은 대체품을 연구한다.

해설

실내온도를 가능한 낮게 유지하고 국소배기장치를 설치한다.

46 상온, 상압에서 액체 또는 고체 물질이 증기압에 따라 휘발 또는 승화하여 기체로 되는 것은?

① 흄 ② 증기

③ 가스 ④ 미스트

47 다음 중 투과력이 가장 강한 것은?

① X선 ② 중성자선

③ 감마선 ④ 알파선

해설

전리방사선이 인체에 미치는 영향
㉠ 투과력 순서 : 중성자선 > γ선 · X선 > β선 > α선
㉡ 전리작용 순서 : α선 > β선 > γ선 · X선

48 근로자가 귀덮개(NRR = 31)를 착용하고 있는 경우 미국 OSHA의 방법으로 계산한다면, 차음효과는 몇 dB인가?

① 5 ② 8

③ 10 ④ 12

해설

차음효과 = (NRR − 7) × 0.5 = (31 − 7) × 0.5 = 12dB(A)

49 다음 중 채광에 관한 일반적인 설명으로 틀린 것은?

① 입사각은 28° 이하가 좋다.

② 실내 각 점의 개각은 4~5°가 좋다.

③ 창의 면적은 바닥면적의 15~20%가 이상적이다.

④ 균일한 조명을 요하는 작업실은 동북 또는 북창이 좋다.

해설

실내 각 점의 개각은 4~5°, 입사각은 28° 이상이 좋다.

50 다음 작업환경의 관리 원칙 중 격리에 대한 내용과 가장 거리가 먼 것은?

① 도금조, 세척조, 분쇄기 등을 밀폐한다.

② 페인트 분무를 담그거나 전기흡착식 방법으로 한다.

③ 소음이 발생하는 경우 방음과 흡음재를 보강한 상자로 밀폐한다.

④ 고압이나 고속회전이 필요한 기계인 경우 강력한 콘크리트 시설에 방호벽을 쌓고 원격조정한다.

해설

페인트 분무를 담그거나 전기흡착식 방법으로 하는 것은 대치 중 공정의 변경이다.

ANSWER | 43 ④ 44 ④ 45 ③ 46 ② 47 ② 48 ④ 49 ① 50 ②

51 진동에 관한 설명으로 틀린 것은?

① 진동량은 변위, 속도, 가속도로 표현한다.
② 진동의 주파수는 그 주기현상을 가리키는 것으로 단위는 Hz이다.
③ 전신진동 노출 진동원은 주로 교통기관, 중장비 차량, 큰 기계 등이다.
④ 전신진동인 경우에는 8~1,500Hz, 국소진동의 경우에는 2~100Hz의 것이 주로 문제가 된다.

해설

진동의 구분에 따른 주파수 범위
㉠ 전신진동 : 2~100Hz
㉡ 국소진동 : 8~1,500Hz

52 자외선은 살균작용, 각막염, 피부암 및 비타민 D 합성과 밀접한 관계가 있다. 이 자외선의 가장 대표적인 광선을 Dorno Ray라 하는데 이 광선의 파장으로 가장 적절한 것은?

① 280~315Å ② 390~515Å
③ 2,800~3,150Å ④ 3,900~5,700Å

해설

도르노선의 파장범위는 290~315nm(2,900~3,150Å)이다.

53 출력 0.1W의 점음원으로부터 100m 떨어진 곳의 SPL은?(단, SPL = PWL−20log r−11)

① 약 50dB ② 약 60dB
③ 약 70dB ④ 약 80dB

해설

$$SPL = PWL - 20\log r - 11$$
$$= 10\log\frac{0.1}{10^{-12}} - 20\log 100 - 11 = 59dB$$

54 유해작업환경 개선대책 중 대체에 해당되는 내용으로 옳지 않은 것은?

① 보온재료는 유리섬유 대신 석면 사용
② 소음이 많이 발생하는 리베팅 작업 대신 너트와 볼트 작업으로 전환
③ 성냥 제조 시 황린 대신 적린 사용
④ 작은 날개로 고속 회전시키는 송풍기를 큰 날개로 저속 회전시킴

해설

보온재료는 석면 대신 유리섬유를 사용한다.

55 고기압 환경에서 발생할 수 있는 장해에 영향을 주는 화학물질과 가장 거리가 먼 것은?

① 산소 ② 질소
③ 아르곤 ④ 이산화탄소

해설

고압환경에서의 2차적 가압현상
㉠ 질소마취
㉡ 산소중독
㉢ 이산화탄소중독

56 감압환경에서 감압에 따른 질소기포 형성량에 영향을 주는 요인과 가장 거리가 먼 것은?

① 감압속도
② 폐내 가스팽창
③ 조직에 용해된 가스량
④ 혈류를 변화시키는 상태

해설

질소 기포 형성 결정인자
㉠ 조직에 용해된 가스량 : 체내 지방량, 노출 정도, 시간
㉡ 혈류를 변화시키는 주의 상태 : 연령, 기온, 온도, 공포감, 음주 등
㉢ 감압속도

57 방진마스크의 종류가 아닌 것은?

① 특급 ② 0급
③ 1급 ④ 2급

해설

방진마스크의 종류
㉠ 특급
㉡ 1급
㉢ 2급

ANSWER | 51 ④ 52 ③ 53 ② 54 ① 55 ③ 56 ② 57 ②

58 방진마스크의 구비조건으로 틀린 것은?

① 흡기저항이 높을 것
② 배기저항이 낮을 것
③ 여과재 포집효율이 높을 것
④ 착용 시 시야 확보가 용이할 것

해설

흡기와 배기저항 모두 낮은 것이 좋다.

59 다음 중 전리방사선이 아닌 것은?

① 알파선　② 베타선
③ 중성자선　④ UV-선

해설

전리방사선의 종류
㉠ 전자기방사선 : γ선, X선
㉡ 입자방사선 : α선, β선, 중성자선

60 다음 중 대상 먼지와 같은 침강속도를 가지며 밀도가 1인 가상적인 구형 입자상 물질의 직경은?

① 마틴 직경
② 등면적 직경
③ 공기역학적 직경
④ 공기기하학적 직경

4과목 산업환기

61 직경이 3μg이고, 비중이 6.6인 흄(Fume)의 침강속도는 약 몇 cm/s인가?

① 0.01　② 0.12
③ 0.18　④ 0.26

해설

$$V_g(\text{cm/s}) = 0.003 \times \rho \times d_p^2$$
$$= 0.003 \times 6.6 \times 3^2 = 0.18\text{cm/s}$$

62 21℃, 1기압에서 벤젠 1.5L가 증발할 때, 발생하는 증기의 용량은 약 몇 L인가?(단, 벤젠의 분자량은 78.11, 비중은 0.879이다.)

① 305.1　② 406.8
③ 457.7　④ 542.2

해설

$$X(L) = \frac{1.5L}{} \left| \frac{0.879kg}{L} \right| \frac{24.4L}{78.11g} \left| \frac{10^3 g}{1kg} \right. = 406.81L$$

63 다음 설명 중 (　　) 안의 내용으로 올바르게 나열한 것은?

> 공기속도는 송풍기로 공기를 불 때 덕트 직경의 30배 거리에서 (㉠)로 감소하나 공기를 흡인할 때는 기류의 방향과 관계없이 덕트 직경과 같은 거리에서 (㉡)로 감소한다.

① ㉠ : 1/10, ㉡ : 1/10
② ㉠ : 1/10, ㉡ : 1/30
③ ㉠ : 1/30, ㉡ : 1/30
④ ㉠ : 1/30, ㉡ : 1/10

해설

흡기와 배기
송풍기로 공기를 불어넣어 줄 때는 덕트 직경의 30배 거리에서 공기속도는 1/10으로 감소하나, 공기를 흡입할 경우에는 기류의 방향에 관계없이 덕트직경과 같은 거리에서 1/10으로 감소한다. 따라서 국소배기시설의 후드는 유해물질 발생원으로부터 가까운 곳에 설치해야 한다.

64 작업환경 개선을 위한 전체환기시설의 설치조건으로 적절하지 않은 것은?

① 유해물질 발생량이 많아야 한다.
② 유해물질 발생량이 비교적 균일해야 한다.
③ 독성이 낮은 유해물질을 사용하는 장소여야 한다.
④ 공기 중 유해물질의 농도가 허용농도 이하여야 한다.

해설

전체환기는 유해물질의 독성이 낮거나 발생량이 비교적 적은 경우 사용한다.

ANSWER | 58 ① 59 ④ 60 ③ 61 ③ 62 ② 63 ① 64 ①

65 화재 · 폭발 방지를 위한 전체환기량 계산에 관한 설명으로 틀린 것은?

① 화재 · 폭발 농도 하한치를 활용한다.
② 온도에 따른 보정계수는 120℃ 이상의 온도에서는 0.3을 적용한다.
③ 공정의 온도가 높으면 실제 필요환기량은 표준환기량에 대해서 절대온도에 따라 재계산한다.
④ 안전계수가 4라는 의미는 화재 · 폭발이 일어날 수 있는 농도에 대해 25% 이하로 낮춘다는 의미이다.

해설

온도에 따른 상수
㉠ 120℃ 이하 : 1.0
㉡ 120℃ 이상 : 0.7

66 송풍기의 효율이 0.6이고, 송풍기의 유효전압이 60mmH₂O일 때, 30m³/min의 공기를 송풍하는 데 필요한 동력(kW)은 약 얼마인가?

① 0.1 ② 0.3
③ 0.5 ④ 0.7

해설

$$\text{kW} = \frac{\Delta P \cdot Q}{6{,}120 \times \eta} \times \alpha = \frac{60 \times 30}{6{,}120 \times 0.6} = 0.49\text{kW}$$

67 국소배기장치가 효과적인 기능을 발휘하기위해서는 후드를 통해 배출되는 것과 같은 양의 공기가 외부로부터 보충되어야 한다. 이것을 무엇이라 하는가?

① 테이크 오프(Take Off)
② 충만실(Plenum Chamber)
③ 메이크업 에어(Make Up Air)
④ 인 앤 아웃 에어(In & Out Air)

68 국소배기장치의 덕트를 설계하여 설치하고자 한다. 덕트는 직경 200mm의 직관 및 곡관을 사용하도록 하였다. 이때 마찰손실을 감소시키기 위하여 곡관 부위의 새우 곡관 등은 최소 몇 개 이상이 가장 적당한가?

① 2개 ② 3개
③ 4개 ④ 5개

해설

덕트의 직경이 150mm보다 작을 경우는 새우등 3개, 150mm보다 클 경우는 새우등 5개를 사용한다.

69 전기집진장치에 관한 설명으로 틀린 것은?

① 운전 및 유지비가 저렴하다.
② 넓은 범위의 입경과 분진농도에 집진효율이 높다.
③ 기체상의 오염물질을 포집하는 데 매우 유리하다.
④ 초기 설치비가 많이 들고, 넓은 설치공간이 요구된다.

해설

전기집진장치는 입자상 물질을 포집하는 장치이다.

70 반경비가 2.0인 90° 원형 곡관의 속도압은 20mmH₂O이고, 압력손실계수가 0.27이다. 이 곡관의 곡관각을 65°로 변경하면, 압력손실은 얼마인가?

① $3.0\text{mmH}_2\text{O}$ ② $3.9\text{mmH}_2\text{O}$
③ $4.2\text{mmH}_2\text{O}$ ④ $5.4\text{mmH}_2\text{O}$

해설

$$\Delta P = \xi \times VP \times \frac{\theta}{90} = 0.27 \times 20 \times \frac{65}{90} = 3.9\text{mmH}_2\text{O}$$

71 국소환기 시설의 일반적인 배열순서로 가장 적합한 것은?

① 덕트 – 후드 – 송풍기 – 공기정화기
② 후드 – 송풍기 – 공기정화기 – 덕트
③ 덕트 – 송풍기 – 공기정화기 – 후드
④ 후드 – 덕트 – 공기정화기 – 송풍기

ANSWER | 65 ② 66 ③ 67 ③ 68 ④ 69 ③ 70 ② 71 ④

해설

국소배기시설의 구성
후드 → 덕트(송풍관) → 공기정화장치 → 송풍기 → 배출구

72 가스, 증기, 흄 및 극히 가벼운 물질의 반송속도(m/s)로 가장 적합한 것은?

① 5~10 ② 15~10
③ 20~23 ④ 23 이상

해설

덕트의 최소 설계속도(반송속도)

오염물질	예	V_T (m/sec)
가스, 증기, 미스트	각종 가스, 증기, 미스트	5~10
흄, 매우 가벼운 건조분진	산화아연, 산화알루미늄, 산화철 등의 흄, 나무, 고무, 플라스틱, 면 등의 미세한 분진	10
가벼운 건조분진	원면, 곡물분진, 고무, 플라스틱, 톱밥 등의 분진, 버프 연마분진, 경금속 분진	15
일반 공업분진	털, 나무 부스러기, 대패 부스러기, 샌드블라스트, 그라인더 분진, 내화벽돌 분진	20
무거운 분진	납분진, 주물사, 금속가루 분진	25
무겁고 습한 분진	습한 납분진, 철분진, 주물사, 요업재료	25 이상

73 필요송풍량을 Q(m^3/min), 후드의 단면적을 a(m^2), 후드면과 대상물질 사이의 거리를 X(m), 그리고 제어속도를 V_c(m/s)라 했을 때 관계식으로 맞는 것은?(단, 형식은 외부식이다.)

① $Q=\dfrac{60\times V_c\times X}{a}$

② $Q=\dfrac{60\times V_c\times a}{X}$

③ $Q=60\times X\times a\times V_c$

④ $Q=60\times V_c\times(10X^2+a)$

74 표준상태에서 동압(VP)이 $4mmH_2O$라면, 관 내 유속은?(단, 공기의 밀도량 1.21kg/Sm^3이다.)

① 5.1m/sec ② 5.3m/sec
③ 5.5m/sec ④ 8.0m/sec

해설

$$V(m/s)=\sqrt{\frac{2\cdot g\cdot VP}{\gamma}}=\sqrt{\frac{2\times9.8\times4}{1.2}}=8.08m/s$$

75 외부식 포집형 후드에 플랜지를 부착하면 부착하지 않은 것보다 약 몇 % 정도의 필요송풍량을 줄일 수 있는가?

① 10% ② 25%
③ 50% ④ 75%

76 다음의 내용과 가장 관련 있는 것은?

> 입자상 물질, 즉 분진, 미스트 또는 흄을 함유한 공기를 수평덕트에서 이송시킬 때 침강에 의해 덕트 하부에 퇴적되지 않게 하여야 하는 최소한의 유지조건

① 반송속도 ② 덕트 내 정압
③ 공기 팽창률 ④ 오염물질 제거율

77 송풍기에 관한 설명으로 맞는 것은?

① 프로펠러 송풍기는 구조가 가장 간단하지만, 많은 양의 공기를 이송시키기 위해서는 그만큼의 많은 비용이 소요된다.
② 저농도 분진 함유 공기나 금속성이 많이 함유된 공기를 이송시키는 데 많이 이용되는 송풍기는 방사 날개형 송풍기(평판형 송풍기)이다.
③ 동일 송풍량을 발생시키기 위한 전향 날개형 송풍기의 임펠러 회전속도는 상대적으로 낮기 때문에 소음문제가 거의 발생하지 않는다.
④ 후향 날개형 송풍기는 회전날개가 회전방향 반대편으로 경사지게 설계되어 있어 충분한 압력을 발생시킬 수 있고, 전향 날개형 송풍기에 비해 효율이 떨어진다.

해설

송풍기
㉠ 프로펠러 송풍기는 구조가 간단하고 값이 저렴하여 화장실, 음식점 등의 벽면에 부착하여 사용하며, 적은 비용으로 많은 양의 공기를 이송시킬 수 있다.

ANSWER | 72 ① 73 ④ 74 ④ 75 ② 76 ① 77 ③

㉡ 방사날개형 송풍기는 고농도 분진 함유 공기나 부식성이 강한 공기를 이송시키는 데 사용된다.
㉢ 후향 날개형 송풍기는 회전날개가 회전방향 반대편으로 경사지게 설계되어 있으며 충분한 압력을 발생시킬 수 있어 효율이 우수하다.

78 유입계수가 0.6인 플랜지 부착 원형 후드가 있다. 덕트의 직경은 10cm이고, 필요환기량이 $20m^3$/min라고 할 때, 후드정압(SP_h)은 약 몇 mmH_2O인가?

① −448.2　　② −306.4
③ −236.4　　④ −110.2

해설

$SP = VP(1+F)$

$$V = \frac{Q}{A} = \frac{20/60m^3/sec}{\frac{\pi}{4} \times 0.1^2 m^2} = 42.44m/sec$$

$$VP = \left(\frac{V}{4.043}\right)^2 = \left(\frac{42.44}{4.043}\right)^2 = 110.19mmH_2O$$

$$F = \frac{1-C_e^2}{C_e^2} = \frac{1-0.6^2}{0.6^2} = 1.78$$

$\therefore SP = 110.19(1+1.78) = 306.33mmH_2O$

79 공기정화장치 입구 및 출구의 정압이 동시에 감소되는 경우의 원인으로 맞는 것은?

① 송풍기의 능력 저하
② 분지관과 후드 사이의 분진 퇴적
③ 주관과 분지관 사이의 분진 퇴적
④ 공기정화장치 앞쪽 주관의 분진 퇴적

해설

공기정화장치 전후에서 정압 감소의 발생원인
㉠ 송풍기의 능력 저하
㉡ 송풍기 점검 뚜껑이 열림
㉢ 송풍기와 송풍관의 연결부위가 풀림
㉣ 송풍기의 능력 저하 또는 송풍기와 덕트의 연결부위 풀림
㉤ 배기 측 송풍관이 막힘

80 후드 직경(F_3), 열원과 후드까지의 거리(H), 열원의 폭(E) 간의 관계를 가장 적절히 나타낸 식은? (단, 레시버식 캐노피 후드 기준이다.)

① $F_3 = E + 0.3H$　　② $F_3 = E + 0.5H$
③ $F_3 = E + 0.6H$　　④ $F_3 = E + 0.8H$

해설

$F_3 = E + 0.8H$
여기서, F_3 : 후드의 직경
E : 열원의 직경
H : 후드 높이

ANSWER | 78 ② 79 ① 80 ④

SECTION 17

2018년 3회 산업기사

1과목 산업위생학 개론

01 직업병의 예방대책에 관한 설명으로 가장 거리가 먼 것은?

① 유해요인을 적절하게 관리하여야 한다.
② 유해요인에 노출되고 있는 모든 근로자를 보호하여야 한다.
③ 건강장해에 대한 보건교육을 해당 근로자에게만 실시한다.
④ 근로자들이 업무를 수행하는 데 불편함이나 스트레스가 없도록 하여야 하며, 새로운 유해요인이 발생되지 않아야 한다.

해설
건강장해에 대한 보건교육은 모든 근로자에게 실시한다.

02 유해물질 허용농도의 종류 중 근로자가 1일 작업시간 동안 잠시라도 노출되어서는 아니 되는 기준을 나타내는 것은?

① PEL ② TLV – TWA
③ TLV – C ④ TLV – STEL

해설
고노출농도(Ceiling, C)
㉠ 근로자가 1일 작업시간 동안 잠시라도 노출되어서는 아니 되는 기준
㉡ 노출기준 앞에 "C"를 붙여 표시
㉢ 자극성 가스나 독작용이 빠른 물질 및 TLV–STEL이 설정되지 않는 물질 적용

03 미국산업위생학술원에서 채택한 산업위생전문가 윤리강령의 내용과 거리가 먼 것은?

① 기업체의 비밀은 누설하지 않는다.
② 사업주와 일반 대중의 건강 보호가 1차적 책임이다.
③ 위험요소와 예방조치에 관하여 근로자와 상담한다.
④ 전문적 판단이 타협에 의해서 좌우될 수 있으나 이해관계가 있는 상황에서는 개입하지 않는다.

해설
근로자의 건강보호가 산업위생전문가의 1차적인 책임이다.

04 작업 자세는 에너지 소비량에 영향을 미친다. 바람직한 작업자세가 아닌 것은?

① 정적 작업을 피한다.
② 불안정한 자세를 피한다.
③ 작업물체와 몸과의 거리를 약 30cm 유지토록 한다.
④ 원활한 혈액의 순환을 위해 작업에 사용하는 신체 부위를 심장 높이보다 아래에 두도록 한다.

해설
원활한 혈액의 순환을 위해 작업에 사용하는 신체 부위를 심장 높이보다 위에 두도록 한다.

05 야간교대 근무자의 건강관리대책상 필요한 조건 중 관계가 가장 적은 것은?

① 난방, 조명 등 환경조건을 갖출 것
② 작업량이 과중하지 않도록 할 것
③ 야근에 부적합한 자를 가려내는 검진을 할 것
④ 육체적으로나 정신적으로 생체의 부담도가 심하게 나타나는 순으로 저녁근무, 밤근무, 낮근무 순서로 할 것

해설
근무반 교대 방향은 아침반 → 저녁반 → 야간반으로 정방향 순환이 되게 한다.

06 재해율을 산정할 때 근로자가 사망한 경우에는 근로손실일수는 얼마로 하는가?(단, 국제노동기구의 기준에 따른다.)

① 3,000일 ② 4,000일
③ 5,500일 ④ 7,500일

ANSWER | 01 ③ 02 ③ 03 ② 04 ④ 05 ④ 06 ④

07 Shimonson이 말하는 산업피로 현상이 아닌 것은?

① 활동자원의 소모
② 조절기능의 장애
③ 중간대사물질의 소모
④ 체내의 물리화학적 변화

해설

Shimonson의 산업피로 현상
㉠ 활동자원의 소모
㉡ 조절기능의 장애
㉢ 중간대사물질의 축적
㉣ 체내의 물리화학적 변화

08 우리나라 산업위생의 역사에 있어서 1981년에 일어난 일과 가장 관계가 깊은 것은?

① ILO 가입
② 근로기준법 제정
③ 산업안전보건법 공포
④ 한국산업위생학회 창립

해설

1981년 산업안전보건법이 공포되었다.

09 피로한 근육에서 측정된 근전도(EMG)의 특징으로 맞는 것은?

① 저주파수(0~40Hz) 힘의 증가, 총전압의 감소
② 고주파수(40~200Hz) 힘의 감소, 총전압의 증가
③ 저주파수(0~40Hz) 힘의 감소, 평균주파수의 증가
④ 고주파수(40~200Hz) 힘의 증가, 평균주파수의 증가

해설

국소피로 평가방법
㉠ 총 전압 증가
㉡ 저주파수(0~40Hz) 힘의 증가
㉢ 고주파수(40~200Hz) 힘의 감소
㉣ 평균주파수의 감소

10 실내공기질관리법령상 다중이용시설에 적용되는 실내공기질 권고기준 대상 항목이 아닌 것은?

① 석면　② 라돈
③ 이산화질소　④ 총휘발성유기화합물

해설

실내공기질 권고기준 대상 항목
㉠ 이산화질소
㉡ 라돈
㉢ 총휘발성유기화합물
㉣ 미세먼지(PM2.5)
㉤ 곰팡이

11 태양광선이 없는 옥내 작업장의 WBGT(℃)를 나타내는 공식은 무엇인가?(단, NWB는 자연습구온도, DB는 건구온도, GT는 흑구온도이다.)

① WGBT＝0.7NWB+0.3GT
② WGBT＝0.7NWB+0.3DB
③ WGBT＝0.7NWB+0.2GT+0.1DB
④ WGBT＝0.7NWB+0.2DB+0.1GT

12 산업위생에 대한 일반적인 사항의 설명 중 틀린 것은?

① 유독물질 발생으로 인한 중독증을 관리하는 것으로 제조업 근로자가 주 대상이다.
② 작업환경 요인과 스트레스에 대해 예측, 인식, 평가, 관리하는 과학과 기술이다.
③ 사업장의 노출 정도에 따라 사업장에서 발생하는 유해인자에 대해 적절한 관리와 대책을 제시한다.
④ 산업위생전문가는 전문가로서의 책임, 근로자에 대한 책임, 기업주와 고객에 대한 책임, 일반 대중에 대한 책임 등의 윤리강령을 준수할 필요가 있다.

해설

산업위생은 모든 직업에 종사하는 근로자들의 육체적, 정신적, 사회적 건강을 고도로 유지·증진시키는 것이다.

◉ ANSWER | 07 ③ 08 ③ 09 ② 10 ① 11 ① 12 ①

13 작업환경 측정 및 지정측정기관 평가 등에 관한 고시에 있어 시료채취 근로자수는 단위작업 장소에서 최고 노출근로자 몇 명 이상에 대하여 동시에 측정하도록 되어 있는가?

① 2명 ② 3명
③ 5명 ④ 10명

해설
단위작업 장소에서 최고 노출근로자 2명 이상에 대하여 동시에 측정하되, 단위작업 장소에 근로자가 1명인 경우에는 그러하지 아니하며, 동일 작업근로자수가 10명을 초과하는 경우에는 매 5명당 1명(1개 지점) 이상 추가하여 측정하여야 한다. 다만, 동일 작업근로자수가 100명을 초과하는 경우에는 최대 시료채취 근로자수를 20명으로 조정할 수 있다.

14 인체의 구조에서 앉을 때, 서 있을 때, 물체를 들어 올릴 때 및 뛸 때 발생하는 압력이 가장 많이 흡수되는 척추의 디스크는?

① L_5/S_1 ② L_3/S_2
③ L_2/S_1 ④ L_1/S_5

15 인간공학적 방법에 의한 작업장 설계 시 정상작업영역의 범위로 가장 적절한 것은?

① 물건을 잡을 수 있는 최대 영역
② 팔과 다리를 뻗어 파악할 수 있는 영역
③ 상완과 전완을 곧게 뻗어서 파악할 수 있는 영역
④ 상완을 자연스럽게 수직으로 늘어뜨린 상태에서 전완을 뻗어 파악할 수 있는 영역

해설
정상작업영역이란 상지를 자연스럽게 위로 내려 뻗어서 팔뚝과 손만으로 도달할 수 있는 범위를 말한다.(34~45cm 범위)

16 산업안전보건법상 제조업에서 상시 근로자가 몇 명 이상인 경우 보건관리자를 선입하여야 하는가?

① 5명 ② 50명
③ 100명 ④ 300명

해설
일반제조업에서는 상시 근로자수가 50~1,000명일 때 보건관리자수를 1명 이상 두어야 한다.

17 산업안전보건법령상 최근 1년간 작업공정에서 공정설비의 변경, 작업방법의 변경, 설비의 이전, 사용 화학물질의 변경 등으로 작업환경 측정결과에 영향을 주는 변화가 없는 경우로 해당 유해인자에 대한 작업환경 측정을 1년에 1회 이상으로 할 수 있는 경우는?

① 작업장 또는 작업공정이 신규로 가동되는 경우
② 작업공정 내 소음의 작업환경 측정결과가 최근 2회 연속 90dB 미만인 경우
③ 작업환경 측정 대상 유해인자에 해당하는 화학적 인자의 측정치가 노출기준을 초과하는 경우
④ 작업공정 내 소음 외의 다른 모든 인장의 작업환경측정결과가 최근 2회 연속 노출기준 미만인 경우

해설
1년에 1회 이상 작업환경 측정
㉠ 작업공정 내 소음의 작업환경 측정결과가 최근 2회 연속 85dB 미만
㉡ 작업공정 내 소음 외의 다른 모든 인자의 작업환경 측정결과가 최근 2회 연속 노출기준 미만

18 국소피로와 관련한 작업강도와 적정 작업시간의 관계를 설명한 것 중 틀린 것은?

① 힘의 단위는 kp(kilopound)로 표시한다.
② 적정 작업시간은 작업강도와 대수적으로 비례한다.
③ 1kp(kilopound)는 2.2pounds의 중력에 해당한다.
④ 작업강도가 10% 미만인 경우 국소피로는 오지 않는다.

해설
적정 작업시간은 작업강도와 대수적으로 반비례한다.

ANSWER | 13 ① 14 ① 15 ④ 16 ② 17 ④ 18 ②

19 근골격계 질환을 예방하기 위한 조치로 적절한 것은?

① 손잡이에 완충물질을 사용하지 않는다.
② 작업의 방법이나 위치를 변화시키지 않는다.
③ 임팩트 렌지나 천공 해머를 사용하지 않는다.
④ 가능한 파워 그립보다 펀치 그립을 사용할 수 있도록 설계한다.

해설

근골격계 질환 예방 조치
㉠ 손잡이는 접촉면적을 크게 하고 완충물질을 사용한다.
㉡ 동일한 자세 작업을 피하고 작업대사량을 줄인다.
㉢ 가능하면 손가락으로 잡는 Pinch Grip보다는 손바닥으로 감싸 안아 잡은 Power Grip을 이용한다.
㉣ 동력공구는 그 무게를 지탱할 수 있도록 매단다.
㉤ 차단이나 진동 패드, 진동 장갑 등으로 손에 전달되는 진동 효과를 줄인다.
㉥ 손바닥 전체에 스트레스를 분포시키는 손잡이를 가진 수공구를 선택한다.
㉦ 작업방법이나 위치를 계속 변화시킨다.
㉧ 작업시간을 조절하고 과도한 힘을 주지 않는다.

20 생리학적 적성검사 항목이 아닌 것은?

① 체력검사 ② 지각동작검사
③ 감각지능검사 ④ 심폐기능검사

해설

적성검사

신체검사	검사항목
생리적 기능검사	심폐기능검사, 감각기능검사, 체력검사
심리적 기능검사	지각동작검사, 지능검사, 인성검사, 기능검사(언어, 기억, 추리 등)

2과목 작업위생 측정 및 평가

21 개인시료채취기를 사용할 때 적용되는 근로자의 호흡위치로 옳은 것은?(단, 고용노동부 고시를 기준으로 한다.)

① 호흡기를 중심으로 직경 30cm인 반구
② 호흡기를 중심으로 반경 30cm인 반구
③ 호흡기를 중심으로 직경 45cm인 반구
④ 호흡기를 중심으로 반경 45cm인 반구

해설

"개인시료채취"란 개인시료채취기를 이용하여 가스 · 증기 · 분진 · 흄(Fume) · 미스트(Mist) 등을 근로자의 호흡위치(호흡기를 중심으로 반경 30cm인 반구)에서 채취하는 것을 말한다.

22 작업환경 측정결과의 평가에서 작업시간 전체를 1개의 시료로 측정할 경우의 노출결과 구분이 바르게 표기된 것은?

① 하한치(LCL)〉1일 때 노출기준 미만
② 상한치(UCL)≤1일 때 노출기준 초과
③ 하한치(LCL)≤1, 상한치(UCL)<1일 때, 노출기준 초과 가능
④ 하한치(LCL)>1일 때 노출기준 초과

해설

하한치(LCL)의 값이 1보다 클 경우 노출기준을 초과한 것으로 평가한다.

23 수분에 대한 영향이 크지 않으므로 먼지의 중량 분석에 적절하고, 특히 유리규산을 채취하여 X선 회절법으로 분석하는 데 적합한 여과지는?

① MCE 막여과지 ② 유리섬유 여과지
③ PVC 막여과지 ④ 은막 여과지

해설

PVC 여과지(Polyvinyl Chloride Membrane Filter)
㉠ 흡수성이 적고 가벼워 먼지의 중량분석에 적합하다.
㉡ 유리규산을 채취하여 X선 회절법으로 분석하는 데 적절하다.
㉢ 6가 크롬, 아연산화물의 채취에 이용한다.
㉣ 수분에 대한 영향이 크지 않기 때문에 공해성 먼지 등의 중량분석을 위한 측정에 이용된다.

ANSWER | 19 ③ 20 ② 21 ② 22 ④ 23 ③

24 증기상인 A물질 100ppm은 약 몇 mg/m^3인가?(단, A물질의 분자량은 58이고, 25℃, 1기압을 기준으로 한다.)

① 237 ② 287
③ 325 ④ 349

해설

$$X(mg/m^3) = \frac{100mL}{m^3} \left| \frac{58mg}{24.45mL} \right. = 237.22mg/m^3$$

25 어느 작업장의 벤젠 농도(ppm)를 5회 측정한 결과가 각각 30, 33, 29, 27, 31일 때, 벤젠의 기하평균농도는 약 몇 ppm인가?

① 29.9 ② 30.5
③ 30.9 ④ 31.1

해설

기하평균(GM)

$$GM = \sqrt[5]{(30 \times 33 \times 29 \times 27 \times 31)} = 29.93ppm$$

26 각각의 포집효율이 80%인 임핀저 2개를 직렬로 연결하여 시료를 채취하는 경우 최종 얻어지는 포집효율은?

① 90% ② 92%
③ 94% ④ 96%

해설

$$\eta_t = \eta_1 + \eta_2(1-\eta_1)$$
$$= 0.8 + 0.8(1-0.8) = 0.96 = 96\%$$

27 순간시료채취에서 가스나 증기상 물질을 직접 포집하는 방법이 아닌 것은?

① 주사기에 의한 포집
② 진공 플라스크에 의한 포집
③ 시료 채취 백에 의한 포집
④ 흡착제에 의한 포집

해설

순간시료채취기구
㉠ 주사기 ㉡ 진공 플라스크
㉢ 액체치환병 ㉣ 시료채취백

28 다음 중 충격소음에 대한 설명으로 가장 적절한 것은?

① 최대음압수준이 120dB(A) 이상의 소음이 1초 이상의 간격으로 발생하는 소음을 말한다.
② 최대음압수준이 140dB(A) 이상의 소음이 1초 이상의 간격으로 발생하는 소음을 말한다.
③ 최대음압수준이 120dB(A) 이상의 소음이 5초 이상의 간격으로 발생하는 소음을 말한다.
④ 최대음압수준이 140dB(A) 이상의 소음이 5초 이상의 간격으로 발생하는 소음을 말한다.

해설

충격소음(소음이 1초 이상의 간격으로 발생하는 작업)
㉠ 120dB을 초과하는 소음이 1일 1만 회 이상 발생하는 작업
㉡ 130dB을 초과하는 소음이 1일 1천 회 이상 발생하는 작업
㉢ 140dB을 초과하는 소음이 1일 1백 회 이상 발생하는 작업

29 유량, 측정시간, 회수율, 분석에 의한 오차(%)가 각각 15, 3, 5, 9일 때 누적오차는?

① 18.4% ② 19.4%
③ 20.4% ④ 21.4%

해설

$$누적오차 = \sqrt{15^2 + 3^2 + 9^2 + 5^2} = 18.44\%$$

30 혼합유기용제의 구성비(중량비)는 다음과 같을 때, 이 혼합물의 노출농도(TLV)는?

- 메틸클로로포름 30%(TLV : 1,900mg/m³)
- 헵탄 50%(TLV : 1,600mg/m³)
- 퍼클로로에틸렌 20%(TLV : 335mg/m³)

① $937mg/m^3$ ② $1,087mg/m^3$
③ $1,137mg/m^3$ ④ $12,837mg/m^3$

해설

$$혼합물\ TLV = \frac{1}{\frac{f_1}{TLV_1} + \frac{f_2}{TLV_2} + \frac{f_3}{TLV_3}}$$
$$= \frac{1}{\frac{0.3}{1,900} + \frac{0.5}{1,600} + \frac{0.2}{335}} = 936.85mg/m^3$$

ANSWER | 24 ① 25 ① 26 ④ 27 ④ 28 ① 29 ① 30 ①

31 여과지의 공극보다 작은 입자가 여과지에 채취되는 기전은 여과이론으로 설명할 수 있다. 다음 중 펌프를 이용하여 공기를 흡인하여 채취할 때 크게 작용하는 기전이 아닌 것은?

① 간섭 ② 중력침강
③ 관성충돌 ④ 확산

32 A 물건을 제작하는 공정에서 100% TCE를 사용하고 있다. 작업자의 잘못으로 TCE가 휘발되었다면 공기 중 TEC 포화농도는?(단, 0℃, 1기압에서 환기가 되지 않고, TCE의 증기압은 19mmHg이다.)

① 19,000ppm ② 22,000ppm
③ 25,000ppm ④ 28,000ppm

해설

$$\text{포화농도(ppm)} = \frac{\text{증기압}}{760} \times 10^6 = \frac{19}{760} \times 10^6 = 25{,}000\text{ppm}$$

33 정량한계에 관한 내용으로 옳은 것은?(단, 고용노동부 고시를 기준으로 한다.)

① 분석기기가 정량할 수 있는 가장 작은 오차를 말한다.
② 분석기기가 정량할 수 있는 가장 작은 양을 말한다.
③ 분석기기가 정량할 수 있는 가장 작은 정밀도를 말한다.
④ 분석기기가 정량할 수 있는 가장 작은 편차를 말한다.

해설

정량한계는 분석기기가 정량할 수 있는 가장 작은 양을 말한다.

34 실리카겔관을 이용하여 포집한 물질을 분석할 때 보정해야 하는 실험은?

① 특이성 실험 ② 산화율 실험
③ 탈착효율 실험 ④ 물질의 농도범위 실험

35 펌프를 사용하여 유속 1.7L/min으로 8시간 동안 공기를 포집하였을 때, 펌프에 포집된 공기의 양은 약 몇 m^3인가?

① 0.82 ② 1.41
③ 1.70 ④ 2.14

해설

$$X(m^3) = \frac{1.7L}{min} \times \frac{8hr}{} \times \frac{60min}{1hr} \times \frac{1m^3}{10^3L} = 0.816m^3$$

36 작업환경 측정단위에 대한 설명으로 옳은 것은?

① 분진은 mL/m^3으로 표시한다.
② 석면의 표시단위는 ppm/m^3으로 표시한다.
③ 고열(복사열 포함)의 측정 단위는 습구 · 흑구온도지수(WBGT)를 구하여 섭씨온도(℃)로 표시한다.
④ 가스 및 증기의 노출기준 표시단위는 MPa/L로 표시한다.

해설

㉠ 분진은 mg/m^3으로 표시한다.
㉡ 석면의 표시단위는 개/cc으로 표시한다.
㉢ 가스 및 증기의 노출기준 표시단위는 ppm, mg/m^3로 표시한다.

37 용광로가 있는 철강 주물공장의 옥내 습구흑구온도지수(WBGT)는?(단, 작업장 내 건구온도는 32℃이고, 자연습구온도는 30℃이며, 흑구온도는 34℃이다.)

① 30.5℃ ② 31.2℃
③ 32.5℃ ④ 33.4℃

해설

옥내 WBGT(℃) = 0.7 × 자연습구온도 + 0.3 × 흑구온도
= 0.7 × 30℃ + 0.3 × 34℃ = 31.2℃

ANSWER | 31 ② 32 ③ 33 ② 34 ③ 35 ① 36 ③ 37 ②

38 흡착제인 활성탄의 제한점에 관한 설명으로 옳지 않은 것은?

① 휘발성이 매우 큰 저분자량의 탄화수소 화합물의 채취효율이 떨어진다.
② 암모니아, 에틸렌, 염화수소와 같은 저비점 화합물에 효과가 적다.
③ 표면에 산화력이 없어 반응성이 작은 알데하이드 포집에 부적합하다.
④ 비교적 높은 습도는 활성탄의 흡착용량을 저하시킨다.

해설

표면의 산화력으로 인해 반응성이 적은 Mercaptan, Aldehyde 포집에 부적합하다.

39 직경이 5μm이고 비중이 1.2인 먼지입자의 침강속도는 약 몇 cm/sec인가?

① 0.01 ② 0.03
③ 0.09 ④ 0.3

해설

리프만(Lippman) 침강속도

$V(cm/sec) = 0.003 \times SG \times d^2$

$= 0.003 \times 1.2 \times 5^2 = 0.09cm/sec$

40 흡광도법에서 단색광이 시료액을 통과하여 그 광의 30%가 흡수되었을 때 흡광도는?

① 0.15 ② 0.3
③ 0.45 ④ 0.6

해설

흡광도$(A) = \log\frac{1}{t}$

여기서, t : 투과도

$\therefore$ 흡광도$(A) = \log\frac{1}{0.7} = 0.155$

3과목 작업환경 관리

41 소음과 관련된 내용으로 옳지 않은 것은?

① 음압 수준은 음압과 기준 음압의 비를 대수 값으로 변환하고 제곱하여 산출한다.
② 사람의 귀는 자극의 절대 물리량에 1차식으로 비례하여 반응한다.
③ 음 강도는 단위시간당 단위면적을 통과하는 음에너지이다.
④ 음원에서 발생하는 에너지는 음력이다.

해설

사람의 귀는 자극의 절대 물리량에 대수적으로 비례하여 반응한다.

42 적외선에 관한 설명으로 가장 거리가 먼 것은?

① 적외선은 대부분 화학작용을 수반하며 가시광선과 자외선 사이에 있다.
② 적외선에 강하게 노출되면 안검록염, 각막염, 홍채 위축, 백내장 등을 일으킬 수 있다.
③ 일명 열선이라고 하며 온도에 비례하여 적외선을 복사한다.
④ 적외선 중 가시광선과 가까운 쪽을 근적외선이라 한다.

해설

적외선은 대부분 화학작용을 수반하지 않는다.

43 일반적으로 더운 환경에서 고된 육체적인 작업을 하면서 땀을 많이 흘릴 때 신체의 염분 손실을 충당하지 못하여 발생하는 고열 장해는?

① 열발진 ② 열사병
③ 열실신 ④ 열경련

44 유해물질이 발생하는 공정에서 유해인자에 농도를 깨끗한 공기를 이용하여 그 유해물질을 관리하는 가장 적합한 작업환경 관리대책은?

① 밀폐 ② 격리
③ 환기 ④ 교육

◎ ANSWER | 38 ③ 39 ③ 40 ① 41 ② 42 ① 43 ④ 44 ③

해설

유해물질이 발생하는 공정에서 작업자가 수동작업을 하는 경우 해당 공정에 가장 현실적이고 적합한 작업환경 관리 대책은 환기이다.

45 잠수부가 해저 30m에서 작업을 할 때 인체가 받는 절대압은?

① 3기압 ② 4기압
③ 5기압 ④ 6기압

46 다음 중 납중독이 조혈 기능에 미치는 영향으로 옳은 것은?

① 혈색소량 증가
② 적혈구 수 증가
③ 혈청 내 철 감소
④ 적혈구 내 프로토포르피린 증가

해설

납 중독이 조혈기능에 미치는 영향
㉠ 혈색소량 감소
㉡ 적혈구 수 감소
㉢ 혈청 내 철 증가
㉣ 적혈구 내 프로토포르피린 증가
㉤ 적혈구의 생존기간 감소

47 입자(비중 5)이 직경이 3μ m인 먼지가 다른 방해기류가 없이 층류 이동을 할 경우 50cm 높이의 챔버 상부에서 하부까지 침강할 때 필요한 시간은 약 몇 분인가?

① 3.1 ② 6.2
③ 12.4 ④ 24.8

해설

리프만(Lippman) 침강속도

$$V(\text{cm/sec}) = 0.003 \times SG \times d^2 = 0.003 \times 5 \times 3^2 = 0.135\text{cm/sec}$$

$$\text{필요시간} = \frac{\text{길이}}{\text{속도}} = \frac{50\text{cm}}{0.135\text{cm/s}} = 370.37\text{sec} = 6.17\text{min}$$

48 밝기의 단위인 루멘(Lumen)에 대한 설명으로 가장 정확한 것은?

① 1Lux의 광원으로부터 단위 입사각으로 나가는 광도의 단위이다.
② 1Lux의 광원으로부터 단위 입사각으로 나가는 휘도의 단위이다.
③ 1촉광의 광원으로부터 단위 입사각으로 나가는 조도의 단위이다.
④ 1촉광의 광원으로부터 단위 입사각으로 나가는 광속의 단위이다.

49 적용 화학물질이 정제 벤토나이트 겔, 염화비닐수지이며 분진, 전해약품 제조, 원료 취급작업에서 주로 사용되는 보호크림으로 가장 적절한 것은?

① 피막형 크림 ② 차광 크림
③ 소수성 크림 ④ 친수성 크림

50 음압이 2N/m^2일 때 음압수준은 몇 dB인가?

① 90 ② 95
③ 100 ④ 105

해설

$$SPL = 20\log\frac{P}{P_o} = 20\log\frac{2}{2\times10^{-5}} = 100\text{dB}$$

51 다음 중 작업과 보호구를 가장 적절하게 연결한 것은?

① 전기용접 – 차광안경
② 노면토석 굴착 – 방독마스크
③ 도금공장 – 내열복
④ Tank 내 분무도장 – 방진마스크

해설

㉠ 노면토석 굴착 – 방진마스크
㉡ 도금공장 – 방독마스크
㉢ Tank 내 분무도장 – 송기마스크

ANSWER | 45 ② 46 ④ 47 ② 48 ④ 49 ① 50 ③ 51 ①

52 보호장구의 재질별 효과적인 적용 물질로 옳은 것은?

① 면 – 비극성 용제
② Butyl 고무 – 비극성 용제
③ 천연고무(Latex) – 극성 용제
④ Vitron – 극성 용제

해설

보호장구의 재질별 적용 물질

재질	적용 물질
천연고무(Latex)	극성용제(산, 알칼리), 수용성(물)에 효과적
부틸(Butyl) 고무	극성용제에 효과적
Nitrile 고무	비극성용제에 효과적
Neroprene 고무	비극성용제에 효과적
Vitron	비극성용제에 효과적
면	고체상 물질(용제에는 사용 불가)
가죽	용제에 사용 불가
알루미늄	고온, 복사열 취급 시 사용
Polyvinyl Chloride	수용성 용액

53 작업장에서 발생된 분진에 대한 작업환경 관리대책과 가장 거리가 먼 것은?

① 국소배기장치의 설치
② 발생원의 밀폐
③ 방독마스크의 지급 및 착용
④ 전체환기

해설

분진발생 작업환경 관리대책
㉠ 발생원의 밀폐
㉡ 국소배기장치의 설치
㉢ 전체환기
㉣ 방진마스크 착용
㉤ 습식 장치

54 일반적인 소음관리대책 중에서 소음원 대책에 해당하지 않는 것은?

① 차음, 흡음
② 보호구 착용
③ 소음원의 밀폐와 격리
④ 공정의 변경

해설

소음의 발생원 대책
㉠ 저소음형 기계 사용, 작업방법 변경, 기기 변경
㉡ 소음원 밀폐, 방음 커버 설치
㉢ 소음기 사용
㉣ 방진 및 제진(동적 흡진)
㉤ 기초중량의 부가 및 경감
㉥ 불평형력의 균형

55 고압환경에서 가압에 의해 발생하는 장해로 볼 수 없는 것은?

① 질소마취 작용　② 산소중독 현상
③ 질소기포 형성　④ 이산화탄소 중독

해설

질소기포 형성은 저압환경에서의 생체영향이다.

56 다음 중 피부노화와 피부암에 영향을 주는 비전리 방사선은?

① UV–A　② UV–B
③ UV–D　④ UV–F

57 다음 중 입자상 물질의 크기 표시에 있어서 입자의 면적을 이등분하는 직경으로 과소평가의 위험성이 있는 것은?

① Martin 직경　② Feret 직경
③ 공기역학적 직경　④ 등면적 직경

58 다음 중 저온에 따른 일차적 생리적 영향은?

① 식욕 변화　② 혈압 변화
③ 말초냉각　④ 피부혈관 수축

해설

저온에 의한 1차 생리반응
㉠ 체표면적 감소
㉡ 피부혈관 수축
㉢ 화학적 대사작용 증가
㉣ 근육긴장 증가 및 전율

◎ ANSWER | 52 ③　53 ③　54 ②　55 ③　56 ②　57 ①　58 ④

59 다음 중 소음성 난청에 대한 설명으로 옳지 않은 것은?

① 음압수준이 높을수록 유해하다.
② 저주파음이 고주파음보다 더욱 유해하다.
③ 간헐적 노출이 계속된 노출보다 덜 유해하다.
④ 심한 소음에 반복하여 노출되면 일시적 청력 변화는 영구적 청력 변화로 변한다.

해설

소음성 난청에 영향을 미치는 요소
㉠ 소음이 크기 : 음압수준이 높을수록 유해
㉡ 소음의 주파수 구성 : 고주파음이 저주파음보다 더욱 유해
㉢ 노출시간 : 계속적 노출이 간헐적 노출보다 유해
㉣ 개인의 감수성에 따라 소음반응이 다양

60 흄(Fume)에 대한 설명으로 알맞은 내용은?

① 기체상태로 있던 무기물질이 승화하거나, 화학적 변화를 일으켜 형성된 고형의 미립자
② 금속을 용융하는 경우 발생되는 증기가 공기에 의해 산화되어 만들어진 미세한 금속산화물
③ 콜로이드보다 입자의 크기가 크고 단시간 동안 공기 중에 부유할 수 있는 고체 입자
④ 액체물질이던 것이 미립자가 되어 공기 중에 분산된 입자

해설

흄(Fume)
금속이 용해되어 액상 물질로 되고 이것이 가스상 물질로 기화된 후 다시 응축되어 발생되는 고체입자를 말한다. 흔히 산화(Oxidation) 등의 화학반응을 수반하는데, 용접흄이 여기에 속한다. 상온 · 상압하에서는 고체상태이며, 기화 → 산화 → 응축 반응 순으로 진행된다.

4과목 산업환기

61 다음 그림과 같이 국소배기장치에서 공기정화기가 막혔을 경우 정압의 절댓값은 이전 측정에 비해 어떻게 변하는가?

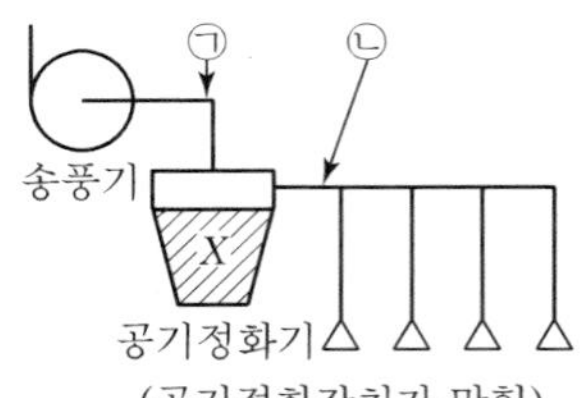

① ㉠ : 감소, ㉡ : 증가
② ㉠ : 증가, ㉡ : 감소
③ ㉠ : 감소, ㉡ : 감소
④ ㉠ : 거의 정상, ㉡ : 증가

해설

공기정화장치의 분진이 퇴적되면 압력 손실이 증가하고 공기정화장치의 전방 정압은 감소, 후방 정압은 증가한다.

62 직경이 10cm인 원형 후드가 있다. 관내를 흐르는 유량이 $0.1m^3/sec$라면 후드 입구에서 15cm 떨어진 후드 축선상에서의 제어속도는?(단, Della Valle의 경험식을 이용한다.)

① 0.25m/sec ② 0.29m/sec
③ 0.35m/sec ④ 0.43m/sec

해설

$Q(m^3/s) = (10X^2 + A) \cdot V_c$

$$V_c = \frac{Q}{(10X^2 + A)} = \frac{0.1}{10 \times 0.15^2 + 0.00785} = 0.43m/s$$

여기서, $A = \frac{\pi}{4} \times 0.1^2 = 0.00785m^2$

63 두 개의 덕트가 합류될 때 정압(SP)에 따른 개선사항이 잘못된 것은?

① 0.95 ≤ (낮은 SP/ 높은 SP) : 차이를 무시
② 두 개의 덕트가 합류될 때 정압의 차이가 없는 것이 이상적

◉ ANSWER | 59 ② 60 ② 61 ② 62 ④ 63 ③

③ (낮은 SP/높은 SP) < 0.8 : 정압이 높은 덕트의 직경을 다시 설계

④ 0.8 ≤ (낮은 SP/ 높은 SP) < 0.95 : 정압이 낮은 덕트의 유량을 조정

해설

(낮은 SP/높은 SP) < 0.8 : 정압이 낮은 덕트의 직경을 다시 설계

64 자유공간에 떠 있는 직경 30cm인 원형 개구 후드의 개구 면으로부터 30cm 떨어진 곳의 입자를 흡인하려고 한다. 제어풍속을 0.6m/s으로 할 때 후드정압 SP_h는 약 몇 mmH_2O인가?(단 원형 개구 후드의 유입손실계수 F_h는 0.93이다.)

① −14.0 ② −12.0
③ −10.0 ④ −8.0

해설

$SP = VP(1+F)$

$$Q(m^3/s) = (10X^2 + A) \cdot V_c$$
$$= (10 \times 0.3^2 + \frac{\pi}{4} \times 0.3^3) \times 0.6$$
$$= 0.582 m^3/s$$
$$V = \frac{Q}{A} = \frac{0.582 m^3/sec}{\left(\frac{\pi}{4} \times 0.3^2\right) m^2} = 8.23 m/sec$$
$$VP = \left(\frac{V}{4.043}\right)^2 = \left(\frac{8.23}{4.043}\right)^2 = 4.14 mmH_2O$$
$$\therefore\ SP = 4.14(1+0.93) = 7.99 mmH_2O$$

65 다음 설명에 해당하는 국소배기와 관련한 용어는?

- 후드 근처에서 발생되는 오염물질을 주변의 방해기류를 극복하고 후드 쪽으로 흡인하기 위한 유체의 속도를 의미한다.
- 후드 앞 오염원에서의 기류로 오염공기를 후드로 흡인하는 데 필요하며 방해 기류를 극복해야 한다.

① 면속도 ② 제어속도
③ 플레넘속도 ④ 슬롯속도

66 27℃, 1기압에서의 2L의 산소 기체를 327℃, 2기압으로 변화시키면 그 부피는 몇 L가 되겠는가?

① 0.5 ② 1.0
③ 2.0 ④ 4.0

해설

$$V_2 = V_1 \times \frac{T_2}{T_1} \times \frac{P_1}{P_2}$$
$$= 2L \times \frac{273+327}{273+27} \times \frac{1}{2} = 2L$$

67 국소배기시스템 설치 시 고려사항으로 가장 적절하지 않은 것은?

① 가급적 원형 덕트를 사용한다.
② 후드는 덕트보다 두꺼운 재질을 선택한다.
③ 곡관의 곡률반경은 최소 덕트 직경의 1.5배 이상으로 하며, 주로 2배를 사용한다.
④ 송풍기를 연결할 때에는 최소 덕트 직경의 2배 정도는 직선구간으로 하여야 한다.

해설

송풍기를 연결할 때에는 최소 덕트 직경의 6배 정도는 직선구간으로 하여야 한다.

68 다음 그림과 같이 단면적이 작은 쪽이 ㉠, 큰 쪽이 ㉡인 사각형 덕트의 확대관에 대한 압력손실을 구하는 방법으로 가장 적절한 것은?(단, 경사각은 $\theta_1 > \theta_2$이다.)

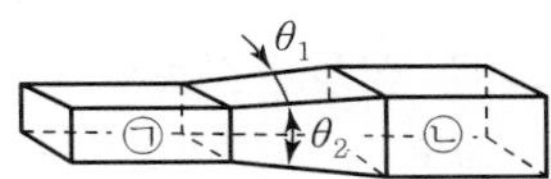

① θ_1의 각도를 경사각으로 한 단면적을 이용한다.
② θ_2의 각도를 경사각으로 한 단면적을 이용한다.
③ 두 각도의 평균값을 이용한 단면적을 이용한다.
④ 작은 쪽(㉠)과 큰 쪽(㉡)의 등가(상당) 직경을 이용한다.

해설

장방형 덕트관의 압력손실을 계산할 때는 상당직경을 이용한다.

ANSWER | 64 ④ 65 ② 66 ③ 67 ④ 68 ④

69 국소배기장치에 주로 사용하는 터보 송풍기에 관한 설명으로 틀린 것은?

① 송풍량이 증가해도 동력이 증가하지 않는다.
② 방사 날개형 송풍기나 전향 날개형 송풍기에 비해 효율이 좋다.
③ 직선 익근을 반경 방향으로 부착시킨 것으로 구조가 간단하고 보수가 용이하다.
④ 고농도 분진 함유 공기를 이송시킬 경우, 회전날개 뒷면에 퇴적되어 효율이 떨어진다.

해설

직선 익근을 반경 방향으로 부착시킨 것으로 구조가 간단하고 보수가 용이한 송풍기는 방사날개형 송풍기이다.

70 사이클론의 집진효율을 향상시키기 위해 Blow Down 방법을 이용할 때, 사이클론의 더스트 박스 또는 멀티 사이클론의 호퍼부에서 처리배기량의 몇 %를 흡입하는 것이 가장 이상적인가?

① 1~3%
② 5~10%
③ 15~20%
④ 25~30%

해설

블로다운(Blow Down)
더스트 박스(호퍼)에서 유입유량의 5~10%에 상당하는 함진가스를 추출시켜 집진장치의 기능을 향상시킨다.

71 유해작업장의 분진이 바닥이나 천장에 쌓여서 2차 발진된다. 이것을 방지하기 위한 공학적 대책으로 오염농도를 희석시키는데, 이때 사용되는 주요 대책방법으로 가장 적절한 것은?

① 개인보호구 착용
② 칸막이 설치
③ 전체환기시설 가동
④ 소음기 설치

72 후드의 종류에서 외부식 후드가 아닌 것은?

① 루바형 후드
② 그리드형 후드
③ 슬롯형 후드
④ 드래프트 챔버형 후드

해설

외부식 후드의 형태
㉠ 슬롯형 ㉡ 루바형 ㉢ 그리드형 ㉣ 원형 또는 장방형
※ 드래프트 챔버형 후드는 부스식 후드의 일종이다.

73 전체환기를 적용하기에 가장 적합하지 않은 곳은?

① 오염물질의 독성이 낮은 곳
② 오염물질의 발생원이 이동하는 곳
③ 오염물질 발생량이 많고 널리 퍼져 있는 곳
④ 작업공정상 국소배기장치의 설치가 불가능한 곳

해설

전체환기의 조건
㉠ 유해물질의 독성이 낮을 경우
㉡ 오염발생원이 이동성인 경우
㉢ 오염물질이 증기나 가스인 경우
㉣ 오염물질의 발생량이 비교적 적은 경우
㉤ 동일한 작업장에 오염원이 분산되어 있는 경우
㉥ 동일 작업장에 다수의 오염원이 분산되어 있는 경우
㉦ 배출원에서 유해물질이 시간에 따라 균일하게 발생하는 경우
㉧ 근로자의 근무장소가 오염원에서 충분히 멀리 떨어져 있는 경우
㉨ 오염발생원에서 유해물질 발생량이 적어 국소배기 설치가 비효율적인 경우

74 송풍기의 소요동력을 계산하는 데 필요한 인자로 볼 수 없는 것은?

① 송풍기의 효율
② 풍량
③ 송풍기 날개 수
④ 송풍기 전압

해설

송풍기 선정 시 필요 요소
㉠ 송풍량
㉡ 소요동력
㉢ 송풍기 정압
㉣ 송풍기 전압
㉤ 송풍기 크기 및 회전속도

75 피토튜브와 마노미터를 이용하여 측정된 덕트 내 동압이 20mmH_2O일 때, 공기의 속도는 약 몇 m/s인가?(단, 덕트 내의 공기는 21℃, 1기압으로 가정한다.)

① 14
② 18
③ 22
④ 24

해설

$V = 4.043\sqrt{VP} = 4.043\sqrt{20} = 18.08\text{m/sec}$

ANSWER | 69 ③ 70 ② 71 ③ 72 ④ 73 ③ 74 ③ 75 ②

76 폭발방지를 위한 환기량은 해당 물질의 공기 중 농도를 어느 수준 이하로 감소시키는 것인가?

① 폭발농도 하한치 ② 노출기준 하한치
③ 노출기준 상한치 ④ 폭발농도 상한치

해설

화재 및 폭발방지를 위한 전체환기

$$Q(m^3/hr) = \frac{24.1 \times 비중 \times 사용량(L/hr) \times 안전계수 \times 100}{그램분자량 \times LEL(\%) \times B}$$

여기서, LEL : 폭발농도 하한치(%)

77 분압이 1.5mmHg인 물질이 표준상태의 공기 중에서 도달할 수 있는 최고 농도(%)는 약 얼마인가?

① 0.2% ② 1.1%
③ 2.0% ④ 11.0%

해설

$$포화증기농도 = \frac{1.5}{760} \times 100 = 0.2\%$$

78 실내공기의 풍속을 측정하는 데 사용하는 기구는?

① 카타온도계 ② 유량계
③ 복사온도계 ④ 회전계

해설

카타온도계는 작업환경 내의 기류 방향이 일정하지 않을 경우에 기류속도를 측정한다.

79 톨루엔은 0℃일 때, 증기압이 6.8mmHg이고, 25℃일 때는 증기압이 7.4mmHg이다. 기온이 0℃일 때와 25℃일 때의 포화농도 차이는 약 몇 ppm인가?

① 790 ② 810
③ 830 ④ 850

해설

$$포화증기농도(ppm) = \frac{증기압}{760} \times 10^6$$

㉠ 0℃일 때 포화증기농도(ppm)

$$= \frac{6.8}{760} \times 10^6 = 8,947.37ppm$$

㉡ 25℃일 때 포화증기농도(ppm)

$$= \frac{7.4}{760} \times 10^6 = 9,736.84ppm$$

∴ 포화농도 차이 = 9,736.84 − 8,947.37 = 789.47ppm

80 국소환기장치에서 플랜지(Flange)가 벽, 바닥, 천장 등에 접하고 있는 경우 필요환기량은 약 몇 %가 절약되는가?

① 10 ② 25
③ 30 ④ 50

해설

㉠ 외부식 후드의 필요환기량

$Q(m^3/sec) = (10X^2 + A) \cdot V_c$

㉡ 플랜지 부착 시 필요환기량

$Q(m^3/sec) = 0.5(10X^2 + A) \cdot V_c$

∴ 필요환기량은 50%가 절약된다.

◉ ANSWER | 76 ① 77 ① 78 ① 79 ① 80 ④

SECTION 18

2019년 1회 산업기사

1과목 산업위생학 개론

01 국제노동기구(ILO) 협약에 제시된 산업보건관리업무와 가장 거리가 먼 것은?

① 산업보건교육, 훈련과 정보에 관한 협력
② 작업능률 향상과 생산성 제고에 관한 기회
③ 작업방법의 개선과 새로운 설비에 대한 건강상 계획의 참여
④ 직장에 있어서의 건강 유해요인에 대한 위험성의 확인과 평가

해설

국제노동기구(ILO) 협약에 제시된 산업보건관리업무
㉠ 산업보건교육, 훈련과 정보에 관한 협력
㉡ 작업방법의 개선과 새로운 설비에 대한 건강상 계획의 참여
㉢ 직장에 있어서의 건강 유해요인에 대한 위험성의 확인과 평가

02 산업피로의 종류 중, 과로 상태가 축적되어 단기간의 휴식으로 회복할 수 없는 병적인 상태로, 심하면 사망에까지 이를 수 있는 것은?

① 곤비 ② 피로
③ 과로 ④ 실신

해설

피로의 3단계
㉠ 보통피로 : 하루 잠을 자고 나면 완전히 회복되는 피로
㉡ 과로 : 다음 날까지 계속되는 피로의 상태로 단기간 휴식으로 회복 가능
㉢ 곤비 : 과로의 축적으로 단기간 휴식으로 회복될 수 없는 발병단계의 피로

03 VDT 작업자세로 틀린 것은?

① 팔꿈치의 내각은 90° 이상이어야 함
② 발의 위치는 앞꿈치만 닿을 수 있도록 함
③ 화면과 근로자의 눈과의 거리는 40cm 이상이 되게 함
④ 의자에 앉을 때는 의자 깊숙이 앉아 의자등받이에 등이 충분히 지지되어야 함

해설

발의 위치는 발바닥 전체가 바닥면에 닿도록 한다.

04 미국산업위생학회(AIHA)의 산업위생에 대한 정의로 가장 적합한 것은?

① 근로자나 일반 대중의 육체적, 정신적, 사회적 건강을 고도로 유지·증진시키는 과학과 기술
② 작업조건으로 인하여 근로자에게 발생할 수 있는 질병을 근본적으로 예방하고 치료하는 학문과 기술
③ 근로자나 일반 대중에게 육체적, 생리적, 심리적으로 최적의 환경을 제공하여 최고의 작업능률을 높이기 위한 과학과 기술
④ 근로자나 일반 대중에게 질병, 건강장애와 안녕방해, 심각한 불쾌감 및 능률저하 등을 초래하는 작업환경 요인과 스트레스를 예측, 측정, 평가하고 관리하는 과학과 기술

05 NIOSH에서는 권장무게한계(RWL)와 최대허용한계(MPL)에 따라 중량물 취급작업을 분류하고 각각의 대책을 권고하고 있는데, MPL을 초과하는 경우에 대한 대책으로 가장 적절한 것은?

① 문제 있는 근로자를 적절한 근로자로 교대시킨다.
② 반드시 공학적 방법을 적용하여 중량물 취급작업을 다시 설계한다.
③ 대부분의 정상근로자들에게 적절한 작업조건으로 현 수준을 유지한다.
④ 적절한 근로자의 선택과 적정 배치 및 훈련, 그리고 작업방법의 개선이 필요하다.

ANSWER | 01 ② 02 ① 03 ② 04 ④ 05 ②

해설

NIOSH 권고기준에 의한 중량물 취급작업의 분류와 대책
㉠ MPL을 초과하는 경우 : 반드시 공학적 방법을 적용한 중량물 취급작업 재설계
㉡ RWL(또는 AL)과 MPL 사이의 영역 : 적절한 근로자의 선택과 적정 배치 및 훈련, 작업방법 개선
㉢ RWL 이하의 영역 : 권고치 이하로서 대부분의 정상 근로자들에게 적합한 작업조건

06 산업안전보건법령상 기관석면조사 대상으로서 건축물이나 설비의 소유주 등이 고용노동부장관에게 등록한 자로 하여금 그 석면을 해체 · 제거하도록 하여야 하는 함유량과 면적기준으로 틀린 것은?

① 석면이 1퍼센트(무게 퍼센트)를 초과하여 함유된 분무재 또는 내화피복재를 사용한 경우
② 파이프에 사용된 보온재에서 석면이 1퍼센트(무게 퍼센트)를 초과하여 함유되어 있고, 그 보온재 길이의 합이 25미터 이상인 경우
③ 석면이 1퍼센트(무게 퍼센트)를 초과하여 함유된 관련 규정에 해당하는 자재의 면적의 합이 15제곱미터 이상 또는 그 부피의 합이 1세제곱미터 이상인 경우
④ 철거 · 해체하려는 벽체재료, 바닥재, 천장재 및 지붕재 등의 자재에 석면이 1퍼센트(무게 퍼센트)를 초과하여 함유되어 있고 그 자재의 면적의 합이 50제곱미터 이상인 경우

해설

석면이 1wt%를 초과하여 함유된 개스킷의 면적의 합이 $15m^2$ 이상 또는 그 부피의 합이 $1m^3$ 이상인 경우

07 화학물질의 분류 · 표시 및 물질안전보건자료에 관한 기준상 발암성 물질 구분에 있어 사람에게 충분한 발암성 증거가 있는 물질의 분류는?

① Ca ② A1
③ C1 ④ 1A

해설

산업안전보건법상 사람에게 충분한 발암성 증거가 있는 물질(1A)로 분류되어 있다.

08 다음의 설명과 관련이 있는 것은?

> 진동 작업에 따른 증상으로 손과 손가락의 혈관이 수축하며 혈행(血行)이 감소하여 손이나 손가락이 창백해지고 바늘로 찌르듯이 저리며 통증이 심하다. 또한 추운 곳에서 작업할 때 더욱 악화될 수 있다.

① Raynaud's Syndrome
② Carpal Tunnel Syndrome
③ Thoracic Outlet Syndrome
④ Multiple Chemical Sensitivity

09 재해발생이론 중, 하인리히의 도미노 이론에서 재해 예방을 위한 가장 효과적인 대책은?

① 사고 제거
② 인간결함 제거
③ 불안전한 상태 및 행동 제거
④ 유전적 요인과 사회환경 제거

해설

하인리히의 도미노 이론(사고 발생의 연쇄성)
㉠ 1단계 : 사회적 환경 및 유전적 요소(기초 원인)
㉡ 2단계 : 개인의 결함(간접 원인)
㉢ 3단계 : 불안전한 행동 및 불안전한 상태(직접 원인) → 제거(효과적)
㉣ 4단계 : 사고
㉤ 5단계 : 재해

10 생물학적 모니터링의 대상물질과 대사산물의 연결이 틀린 것은?

① 카드뮴 : 카드뮴(혈중)
② 수은 : 무기수은(혈중)
③ 크실렌 : 메틸마뇨산(소변 중)
④ 이황화탄소 : 카르복시헤모글로빈(혈중)

해설

이황화탄소의 대사산물
㉠ 요 중 TTAC
㉡ 요 중 이황화탄소

ANSWER | 06 ② 07 ④ 08 ① 09 ③ 10 ④

11 피로의 예방대책으로 가장 거리가 먼 것은?

① 작업 환경은 항상 정리, 정돈한다.
② 작업시간 중 적당한 때에 체조를 한다.
③ 동적 작업은 피하고 되도록 정적 작업을 수행한다.
④ 불필요한 동작을 피하고 에너지 소모를 적게 한다.

해설

피로 예방을 위해서는 정적 작업을 피하고, 동적 작업을 도모한다.

12 PWC가 16.5kcal/min인 근로자가 1일 8시간 동안 물체를 운반하고 있다. 이때의 작업대사량은 10kcal/min이고, 휴식 시의 대사량은 1.2kcal/min이다. Herting의 식을 이용했을 때 적절한 휴식시간 비율은 약 몇 %인가?

① 41 ② 46
③ 51 ④ 56

해설

$$T_{rest} = \frac{E_{max} - E_{task}}{E_{rest} - E_{task}} \times 100$$

$$= \frac{(PWC \times \frac{1}{3}) - \text{작업 시 대사량}}{\text{휴식 시 대사량} - \text{작업 시 대사량}} \times 100$$

여기서, $E_{max} = PWC \times \frac{1}{3} = 16.5 \times \frac{1}{3} = 5.5$

$$T_{rest} = \frac{5.5 - 10}{1.2 - 10} \times 100 = 51.14\%$$

13 세계 최초의 직업성 암으로 보고된 음낭암의 원인물질로 규명된 것은?

① 납(Lead) ② 황(Sulfur)
③ 구리(Copper) ④ 검댕(Soot)

해설

영국의 외과의사인 Percivall Pott은 직업성 암을 최초로 발견하였는데, 굴뚝청소부에게 발생한 음낭암의 원인물질을 검댕(Soot) 이라고 규명하였다.

14 근육운동에 필요한 에너지는 혐기성 대사와 호기성 대사를 통해 생성된다. 혐기성과 호기성 대사에 모두 에너지원으로 작용하는 것은?

① 지방(Fat)
② 단백질(Protein)
③ 포도당(Glucose)
④ 아데노신 삼인산(ATP)

해설

혐기성과 호기성 대사에 모두 에너지원으로 작용하는 것은 포도당(Glucose)이다.

15 사무실 실내환경의 복사기, 전기기구, 전기집진기형 공기정화기에서 주로 발생되는 유해 공기 오염물질은?

① O_3 ② CO_2
③ VOCs ④ HCHO

해설

오존(O_3)

㉠ 무색이며 마늘 냄새 또는 생선 냄새의 취기를 가지고 있다.
㉡ 산화력이 강하므로 눈을 자극하고 물에 난용성이므로 쉽게 심부까지 도달하여 폐수종, 폐충혈 등을 유발한다.
㉢ 복사기, 전기기구 플라스마 이온방식의 공기청정기 등에서 공통적으로 발생한다.

16 메틸에틸케톤(MEK) 50ppm(TLV 200ppm), 트리클로로에틸렌(TCE) 25ppm(TLV50 ppm), 크실렌(Xylene) 30ppm(TLV 100ppm)이 공기 중 혼합물로 존재할 경우 노출지수와 노출기준 초과 여부로 맞는 것은?(단, 혼합물질은 상가작용을 한다.)

① 노출지수 0.5, 노출기준 미만
② 노출지수 0.5, 노출기준 초과
③ 노출지수 1.05, 노출기준 미만
④ 노출지수 1.05, 노출기준 초과

해설

$$\text{노출지수(EI)} = \frac{C_1}{TLV_1} + \frac{C_2}{TLV_2} + \cdots + \frac{C_n}{TLV_n}$$

$$= \frac{50}{200} + \frac{25}{50} + \frac{30}{100} = 1.05$$

∴ 노출지수가 1.05이므로 노출기준 초과 판정

ANSWER | 11 ③ 12 ③ 13 ④ 14 ③ 15 ① 16 ④

17 무게 10kg의 물건을 근로자가 들어 올리려고 한다. 해당 작업조건의 권고기준(RWL)이 5kg이고 이동거리가 20cm일 때, 중량물취급지수(LI)는 얼마인가?(단, 1분 2회씩 1일 8 시간을 작업한다.)

① 1　　② 2
③ 3　　④ 4

해설

중량물 취급지수(LI) $= \frac{\text{물체무게(kg)}}{\text{RWL(kg)}} = \frac{10\text{kg}}{5\text{kg}} = 2$

18 작업대사율이 4인 경우 실동률은 약 몇 %인가?(단, 사이토와 오시마 식을 적용한다.)

① 25　　② 40
③ 65　　④ 85

해설

실동률(%) $= 85 - (5 \times \text{RMR})$
$= 85 - (5 \times 4) = 65\%$

19 산업피로의 발생요인 중 작업부하와 관련이 가장 적은 것은?

① 적응 조건　　② 작업 강도
③ 작업 자세　　④ 조작 방법

해설

작업강도 증가 요인
㉠ 작업이 정밀할수록(조작방법 등)
㉡ 작업의 종류가 많을수록
㉢ 열량 소비량이 많을수록(평가기준)
㉣ 작업속도가 빠를수록
㉤ 작업이 복잡할수록
㉥ 위험부담을 크게 느낄수록
㉦ 대인 접촉이나 제약조건이 많을수록

20 상용 근로자 건강진단의 목적과 가장 거리가 먼 것은?

① 근로자가 가진 질병의 조기 발견
② 질병이환 근로자의 질병 치료 및 취업 제한
③ 근로자가 일에 부적합한 인적 특성을 지니고 있는지 여부 확인
④ 일이 근로자 자신과 직장동료의 건강에 불리한 영향을 미치고 있는지 여부의 발견

해설

근로자의 건강진단 목적
㉠ 근로자가 가진 질병의 조기 발견
㉡ 근로자가 일에 부적합한 인적 특성을 지니고 있는지 여부 확인
㉢ 일이 근로자 자신과 직장동료의 건강에 불리한 영향을 미치고 있는지 여부의 발견
㉣ 근로자의 질병예방과 건강증진

2과목 작업위생 측정 및 평가

21 다음 중 작업장 내 소음을 측정 시 소음계의 청감보정회로로 옳은 것은?(단, 고용노동부 고시를 기준으로 한다.)

① A특성　　② W특성
③ E특성　　④ S특성

해설

소음계의 청감보정회로는 A특성으로 하여야 한다.

22 가스 및 증기시료 채취 시 사용되는 고체흡착식 방식 중 활성탄에 관한 설명과 가장 거리가 먼 것은?

① 증기압이 낮고 반응성이 있는 물질의 분리에 사용된다.
② 제조과정 중 탄화 과정은 약 600℃의 무산소상태에서 이루어진다.
③ 포집한 시료는 이황화탄소로 탈착시켜 가스크로마토그래피로 미량 분석이 가능하다.
④ 사업장에 작업 시 발생되는 유기용제를 포집하기 위해 가장 많이 사용된다.

해설

활성탄은 증기압이 높을수록 흡착량이 증가한다.

◎ ANSWER | 17 ② 18 ③ 19 ① 20 ② 21 ① 22 ①

23 작업장의 습도에 대한 설명으로 틀린 것은?

① 상대습도는 ppm으로 나타낸다.
② 온도변화에 따라 상대습도는 변한다.
③ 온도변화에 따라 포화수증기량은 변한다.
④ 공기 중 상대습도가 높으면 불쾌감을 느낀다.

해설

상대습도는 백분율(%)로 나타낸다.

24 먼지 입경에 따른 여과 메커니즘 및 채취효율에 관한 설명과 가장 거리가 먼 것은?

① 약 0.3μm인 입자가 가장 낮은 채취효율을 가진다.
② 0.1μm 미만인 입자는 주로 간섭에 의하여 채취된다.
③ 0.1μm~0.5μm 입자는 주로 확산 및 간섭에 의하여 채취된다.
④ 입자크기가 먼지채취효율에 영향을 미치는 중요한 요소이다.

해설

입자크기별 포집효율
㉠ 관성충돌 : 0.5μm 이상
㉡ 차단(간접), 확산 : 0.1~0.5μm
㉢ 확산 : 0.1μm 이하

25 자동차 도장공정에서 노출되는 톨루엔의 측정 결과 85ppm이고, 1일 10시간 작업한다고 가정할 때, 고용노동부에서 규정한 보정 노출기준(ppm)과 노출평가 결과는?(단, 톨루엔의 8시간 노출기준은 100ppm이라고 가정한다.)

① 보정 노출기준 : 30, 노출평가 결과 : 미만
② 보정 노출기준 : 50, 노출평가 결과 : 미만
③ 보정 노출기준 : 80, 노출평가 결과 : 초과
④ 보정 노출기준 : 125, 노출평가 결과 : 초과

해설

$$\text{보정된 노출기준} = \text{8시간 노출기준} \times \frac{\text{8시간}}{\text{노출시간}}$$

$$= 100\text{ppm} \times \frac{8}{10} = 80\text{ppm}$$

∴ 측정 농도가 85ppm이므로 노출기준 초과

26 가스상 물질의 시료 포집 시 사용하는 액체포집방법의 흡수효율을 높이기 위한 방법으로 옳지 않은 것은?

① 시료채취속도를 높여 채취유량을 줄이는 방법
② 채취효율이 좋은 프리티드 버블러 등의 기구를 사용하는 방법
③ 흡수용액의 온도를 낮추어 오염물질의 휘발성을 제한하는 방법
④ 두 개 이상의 버블러를 연속적으로 연결하여 채취효율을 높이는 방법

해설

시료채취속도를 낮게 하여 채취유량을 줄인다.

27 다음 중 직경분립충돌기의 특징과 가장 거리가 먼 것은?

① 입자의 질량크기 분포를 얻을 수 있다.
② 시료채취가 용이하고 비용이 저렴하다.
③ 흡입성, 흉곽성, 호흡성 입자의 크기별로 분포를 얻을 수 있다.
④ 호흡기에 부분별로 침착된 입자크기의 자료를 추정할 수 있다.

해설

시료채취 준비에 시간이 오래 걸리며 시료채취가 까다롭다.

28 옥외 작업장(태양광선이 내리쬐는 장소)의 WBGT 지수 값은 얼마인가?(단, 자연습구온도 : 29℃, 건구온도 : 33℃, 흑구온도 : 36℃, 기류속도 : 1m/s이고 고용노동부 고시를 기준으로 한다.)

① 29.7℃ ② 30.8℃
③ 31.6℃ ④ 32.3℃

해설

$$\text{옥외 WBGT(℃)} = (0.7 \times \text{자연습구온도}) + (0.2 \times \text{흑구온도}) + (0.1 \times \text{건구온도})$$
$$= (0.7 \times 29) + (0.2 \times 36) + (0.1 \times 33)$$
$$= 30.8℃$$

ANSWER | 23 ① 24 ② 25 ③ 26 ① 27 ② 28 ②

29 1,1,1-trichloroethane 1,750mg/m^{3}을 ppm 단위로 환산한 것은?(단, 25℃, 1기압 1,1,1-trichloroethane의 분자량은 133이다.)

① 약 227ppm ② 약 322ppm
③ 약 452ppm ④ 약 527ppm

해설

$$ppm(mL/m^3) = \frac{1,750mg}{m^3} \Big| \frac{24.45mL}{133mg} = 321.71ppm$$

30 기체크로마토그래피와 고성능액체크로마토그래피의 비교로 옳지 않은 것은?

① 기체크로마토그래피는 분석시료의 휘발성을 이용한다.
② 고성능액체크로마토그래피는 분석시료의 용해성을 이용한다.
③ 기체크로마토그래피의 분리기전은 이온배제, 이온교환, 이온분배이다.
④ 기체크로마토그래피의 이동상은 기체이고 고성능액체크로마토그래피의 이동상은 액체이다.

해설

기체크로마토그래피는 분리관(칼럼) 내 충전물의 흡착성 또는 용해성 차이에 따라 전개시켜 분리관 내에서 이동속도가 달라지는 것을 이용한 것이다.

31 납흄에 노출되고 있는 근로자의 납 노출농도를 측정한 결과 0.056mg/m^{3}이었다. 미국 OSHA의 평가방법에 따라 이 근로자의 노출을 평가하면?(단, 시료채취 및 분석오차(SAE) = 0.082이고 납에 대한 허용기준은 0.05mg/m^{3}이다.)

① 판정할 수 없음
② 허용기준을 초과함
③ 허용기준을 초과하지 않음
④ 허용기준을 초과할 가능성이 있음

해설

$$표준화\ 값(Y) = \frac{TWA\ or\ STEL}{TLV} = \frac{0.056}{0.05} = 1.12$$

하한값(LCL) = Y − SAE = 1.12 − 0.082 = 1.038
∴ 하한값이 1 이상이므로 허용기준을 초과한다.

32 유사노출그룹을 가장 세분하게 분류할 때, 다음 중 분류기준으로 가장 적합한 것은?

① 공정 ② 조직
③ 업무 ④ 작업범주

해설

유사노출그룹은 조직, 공정, 작업범주 그리고 공정과 작업내용별로 구분하여 설정한다.

33 다음 중 일반적인 사람들이 들을 수 있는 가청 주파수 범위로 가장 적절한 것은?

① 약 2~2,000Hz
② 약 20~20,000Hz
③ 약 200~200,000Hz
④ 약 2000~2,000,000Hz

해설

사람이 직접 귀로 들을 수 있는 가청주파수의 범위는 20~20,000Hz이다.

34 다음 입자상 물질의 크기 표시 중 입자의 면적을 2등분하는 선의 길이로 과소평가의 위험이 있는 것은?

① 페렛 직경 ② 마틴 직경
③ 등면적 직경 ④ 공기역학적 직경

해설

마틴(Martin's) 직경
㉠ 입자의 크기를 이등분하는 선을 직경으로 사용하는 방법이다.
㉡ 실제 직경보다 과소평가되는 경향이 있다.

35 여과지에 금속농도 100mg을 첨가한 후 분석하여 검출된 양이 80mg이었다면 회수율은 몇 %인가?

① 40 ② 80
③ 125 ④ 150

해설

$$회수율 = \frac{검출량}{첨가량} \times 100 = \frac{80}{100} \times 100 = 80\%$$

ANSWER | 29 ② 30 ③ 31 ② 32 ③ 33 ② 34 ② 35 ②

PART 01 PART 02 PART 03 PART 04 PART 05 PART 06

36 공기 중 석면 시료 분석에 가장 정확한 방법으로 석면의 감별 분석이 가능하며 위상차 현미경으로 볼 수 없는 매우 가는 섬유도 관찰이 가능하지만, 값이 비싸고 분석시간이 많이 소요되는 방법은?

① X선 회절법 ② 편광현미경법
③ 전자현미경법 ④ 직독식 현미경법

37 탈착효율 실험은 고체흡착관을 이용하여 채취한 유기용제의 분석에 관련된 실험이다. 이 실험의 목적과 가장 거리가 먼 것은?

① 탈착효율의 보정 ② 시약의 오염 보정
③ 흡착관의 오염 보정 ④ 여과지의 오염 보정

해설

여과지의 오염 보정은 회수율 실험의 목적이다.

38 다음 중 활성탄관으로 포집한 시료를 열탈착할 때의 특징으로 옳은 것은?

① 작업이 번잡하다.
② 탈착효율이 나쁘다.
③ 300℃ 이상 고온에서 사용 가능하다.
④ 한 번에 모든 시료가 주입되어 여분의 분석물질이 남지 않는다.

해설

열탈착
㉠ 흡착관에 열을 가하여 탈착시키는 방법이다.
㉡ 작동으로 수행되어 작업이 간단하다.
㉢ 300℃ 이상 고온에서 사용이 제한된다.
㉣ 한 번에 모든 시료가 주입되어 여분의 분석물질이 남지 않는다.

39 다음 중 표준기구에 관한 설명으로 가장 거리가 먼 것은?

① 폐활량계는 1차 용량표준으로 자주 사용된다.
② 펌프의 유량을 보정하는 데 1차 표준으로 비누거품 미터가 널리 사용된다.
③ 1차 표준기구는 물리적 차원인 공간의 부피를 직접 측정할 수 있는 기구를 말한다.
④ Wet-test Meter(용량측정용)는 용량 측정을 위한 1차 표준으로 2차 표준용량 보정에 사용된다.

해설

Wet-test미터, Rota미터, Orifice미터는 2차 표준기구이다.

40 흡습성이 적고 가벼워 먼지의 중량분석, 유리규산 채취, 6가 크롬 채취에 적용되는 여과지는?

① PVC 여과지
② 은막 여과지
③ 유리섬유 여과지
④ 셀룰로오스에스테르 여과지

해설

PVC 여과지
㉠ 흡습성이 적고 가벼워 먼지의 중량분석에 적합하다.
㉡ 유리규산을 채취하여 X선 회절법으로 분석하는 데 적절하다.
㉢ 6가 크롬, 아연산화물의 채취에 이용한다.
㉣ 수분에 대한 영향이 크지 않기 때문에 공해성 먼지 등의 중량분석을 위한 측정에 이용된다.

3과목 작업환경 관리

41 방진마스크의 여과효율을 검정할 때 사용하는 먼지의 크기는 몇 μm인가?

① 0.1 ② 0.3
③ 0.5 ④ 1.0

해설

방진마스크의 여과효율을 검정할 때 사용하는 먼지의 크기는 0.3μm이다.

42 다음 중 입자상 물질에 속하지 않는 것은?

① 흄 ② 분진
③ 증기 ④ 미스트

해설

증기는 상온, 상압 상태에서 고체 또는 액체상 물질이 기체화된 물질이다.

ANSWER | 36 ③ 37 ④ 38 ④ 39 ④ 40 ① 41 ② 42 ③

43 다음 중 적외선에 관한 설명과 가장 거리가 먼 것은?

① 가시광선보다 긴 파장으로 가시광선에 가까운 쪽을 근적외선, 먼 쪽을 원적외선이라고 부른다.
② 적외선은 일반적으로 화학작용을 수반하지 않는다.
③ 적외선에 강하게 노출되면 각막염, 백내장과 같은 장애를 일으킬 수 있다.
④ 적외선은 지속적 적외선, 맥동적 적외선으로 구분된다.

해설

적외선은 원적외선, 중적외선, 근적외선으로 분류한다.

44 음압레벨이 80dB로 동일한 두 소음이 합쳐질 경우 총 음압레벨은 약 몇 dB인가?

① 81　　② 83
③ 85　　④ 87

해설

$L_{합} = 10\log(10^{8.0} + 10^{8.0}) = 83\text{dB}$

45 다음 중 감압병 예방을 위한 환경관리 및 보건관리 대책과 가장 거리가 먼 것은?

① 질소가스 대신 헬륨가스를 흡입시켜 작업하게 한다.
② 감압을 가능한 한 짧은 시간에 시행한다.
③ 비만자의 작업을 금지시킨다.
④ 감압이 완료되면 산소를 흡입시킨다.

해설

감압은 가능한 한 천천히 신중하게 실행한다.

46 다음 중 한랭작업장에서 위생상 준수해야 할 사항과 가장 거리가 먼 것은?

① 건조한 양말의 착용
② 적절한 온열장치 이용
③ 팔다리 운동으로 혈액순환 촉진
④ 약간 작은 장갑과 방한화의 착용

해설

약간 큰 장갑과 방한화를 착용한다.

47 밀폐공간에서 작업할 때 관리방법으로 옳지 않은 것은?

① 비상 시 탈출할 수 있는 경로를 확인 후 작업을 시작한다.
② 작업장에 들어가기 전에 산소농도와 유해물질의 농도를 측정한다.
③ 환기량은 급기량이 배기량보다 약 10% 많게 한다.
④ 산소결핍 및 황화수소의 노출이 과도하게 우려되는 작업장에서는 방독마스크를 착용한다.

해설

방진마스크와 방독마스크는 산소결핍 장소에서는 사용해서는 안 된다.

48 다음 중 비타민 D의 형성과 같이 생물학적 작용이 활발하게 일어나게 하는 Dorno선과 가장 관계 있는 것은?

① UV-A　　② UV-B
③ UV-C　　④ UV-S

해설

㉠ 도르노선(Dorno Ray)
280~315nm[2,800~3,150Å, 1Å(angstrom) : SI 단위로 10^{-10}m]의 파장을 갖는 자외선을 도르노선이라고 하며, 인체에 유익한 작용을 하여 건강선(생명선)이라고도 한다. 또한 소독작용, 비타민 D의 형성, 피부의 색소침착 등 생물학적 작용이 강하다.

㉡ 자외선의 분류와 영향
- UV-C(100~280nm) : 발진, 경미한 홍반
- UV-B(258~315nm) : 발진, 경미한 홍반, 피부암, 광결막염
- UV-A(315~400nm) : 발진, 홍반, 백내장

ANSWER | 43 ④　44 ②　45 ②　46 ④　47 ④　48 ②

49 1/1 옥타브밴드의 중심주파수가 500Hz일 때, 하한과 상한 주파수로 가장 적합한 것은?(단, 정비형 필터 기준으로 한다.)

① 354Hz, 707Hz ② 365Hz, 746Hz
③ 373Hz, 746Hz ④ 382Hz, 764Hz

해설

1/1 옥타브밴드

$\frac{f_U}{f_L} = 2^{1/1}$, $f_U = 2f_L$

$f_C = \sqrt{f_U \times f_L} = \sqrt{2f_L \times f_l} = \sqrt{2}\, f_L$

㉠ $f_L = \frac{f_C}{\sqrt{2}} = \frac{500}{\sqrt{2}} = 353.55\text{Hz}$

㉡ $f_U = 2 \times f_L = 2 \times 353.55 = 707.1\text{Hz}$

50 분진 흡입에 따른 진폐증 분류 중 유기성 분진에 의한 진폐증은?

① 규폐증 ② 주석폐증
③ 농부폐증 ④ 탄소폐증

해설

유기성 분진에 의한 진폐증

㉠ 농부폐증 ㉡ 면폐증
㉢ 연초폐증 ㉣ 설탕폐증
㉤ 목재분진폐증 ㉥ 모발분진폐증

51 입자상 물질이 호흡기 내로 침착하는 작용기전이 아닌 것은?

① 침강 ② 확산
③ 회피 ④ 충돌

52 작업장에서 훈련된 착용자들이 적절히 밀착이 이루어진 호흡기 보호구를 착용하였을 때, 기대되는 최소 보호정도치는?

① 정도보호계수 ② 밀착보호계수
③ 할당보호계수 ④ 기밀보호계수

53 인공조명의 조명방법에 관한 설명으로 옳지 않은 것은?

① 간접조명은 강한 음영으로 분위기를 온화하게 만든다.
② 간접조명은 설비비가 많이 소요된다.
③ 직접조명은 조명효율이 크다.
④ 일반적으로 분류하는 인공적인 조명방법은 직접조명, 간접조명, 반간접조명 등으로 구분할 수 있다.

해설

강한 음영을 나타내는 것은 직접조명이다.

54 다음 중 음압레벨(Lp)을 구하는 식은?(단, P : 측정되는 음압, P_o : 기준음압)

① $Lp = 10\log_{10}\frac{P_o}{P}$ ② $Lp = 10\log_{10}\frac{P}{P_o}$
③ $Lp = 20\log_{10}\frac{P_o}{P}$ ④ $Lp = 20\log_{10}\frac{P}{P_o}$

55 다음 그림에서 음원의 방향성(Directivity)은?

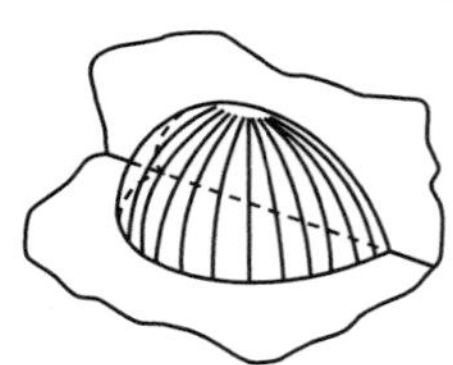

① 1 ② 2
③ 3 ④ 4

56 다음 중 방진마스크의 종류가 아닌 것은?

① 0급 ② 1급
③ 2급 ④ 특급

해설

방진마스크의 종류

㉠ 특급 ㉡ 1급 ㉢ 2급

ANSWER | 49 ① 50 ③ 51 ③ 52 ③ 53 ① 54 ④ 55 ④ 56 ①

57 다음 중 작업과 관련 위생 보호구가 올바르게 짝지어진 것은?

① 전기 용접작업 – 차광안경
② 분무 도장작업 – 방진마스크
③ 갱내의 토석 굴착작업 – 방독마스크
④ 철판 절단을 위한 프레스 작업 – 고무제 보호의

해설

전기 용접작업의 개인보호구에는 차광안경, 용접 헬멧, 흄용 방진마스크 등이 있다.

58 다음 중 먼지 시료를 채취하는 여과지 선정의 고려사항과 가장 거리가 먼 것은?

① 여과지 무게 ② 흡습성
③ 기계적인 강도 ④ 채취효율

해설

여과지(여과재) 선정 시 고려사항
㉠ 포집 대상 입자의 입도분포에 대하여 포집효율이 높아야 한다.
㉡ 포집 시의 흡입저항은 될 수 있는 대로 낮아야 한다.
㉢ 접거나 구부리더라도 파손되지 않고 찢어지지 않아야 한다.
㉣ 여과재는 될 수 있는 대로 흡습률이 낮아야 한다.

59 이상기압에 관한 설명으로 옳지 않은 것은?

① 수면 하에서의 압력은 수심이 10m가 깊어질 때마다 약 1기압씩 높아진다.
② 공기 중의 질소 가스는 2기압 이상에서 마취 증세가 나타난다.
③ 고공성 폐수종은 어른보다 어린이에게 많이 일어난다.
④ 급격한 감압 조건에서는 혈액과 조직에 용해되어 있던 질소가 기포를 형성하는 현상이 일어난다.

해설

공기 중의 질소 가스는 4기압 이상에서 마취 증세가 나타난다.

60 다음 중 저온환경에서 발생할 수 있는 건강장해는?

① 감압증 ② 산식증
③ 고산병 ④ 참호족

해설

한랭환경에 의한 건강장해
㉠ 저체온증
㉡ 동상
㉢ 침수족(참호족)
㉣ 레이노드씨 병(Raynaud's Disease)
㉤ 지단자람증(Acrocyanosis)
㉥ 알레르기
㉦ 상기도 손상

4과목 산업환기

61 자유 공간에 떠 있는 직경 20cm인 원형 개구 후드의 개구면으로부터 20cm 떨어진 곳의 입자를 흡인하려고 한다. 제어풍속을 0.8m/s로 할 때 필요 환기량은 약 몇 m^3/min인가?

① 5.8 ② 10.5
③ 20.7 ④ 30.4

해설

$$Q(m^3/min) = 60(10X^2 + A) \cdot V_c$$
$$= 60(10 \times 0.2^2 + 0.03) \times 0.8 = 20.64m^3/min$$

여기서, $A = \frac{\pi}{4} \times 0.2^2 = 0.03m^2$

62 산업환기 시스템에 대한 설명으로 틀린 것은?

① 원형 덕트를 우선시한다.
② 합류점에서 정압이 큰 쪽이 공기흐름을 지배하므로 지배정압(SP Governing)이라 한다.
③ 댐퍼를 이용한 균형방법은 주로 시설 설치 전에 댐퍼를 가지덕트에 설치하여 유량을 조절하게 된다.
④ 후드 정압은 정지상태의 공기를 가속시키는 데 필요한 에너지(속도압)와 난류손실의 합으로 표현된다.

ANSWER | 57 ① 58 ① 59 ② 60 ④ 61 ③ 62 ③

PART 01 PART 02 PART 03 PART 04 PART 05 PART 06

해설

댐퍼를 이용한 균형방법은 주로 시설 설치 후에 댐퍼를 가지덕트에 설치하여 유량을 조절하게 된다.

63 다음 중 원심력을 이용한 공기정화장치에 해당하는 것은?

① 백필터(Bag Filter)
② 스크러버(Scrubber)
③ 사이클론(Cyclone)
④ 충진탑(Packed Tower)

64 전체환기시설의 설치조건으로 가장 거리가 먼 것은?

① 오염물질이 증기나 가스인 경우
② 오염물질의 발생량이 비교적 적은 경우
③ 오염물질의 노출기준 값이 매우 작은 경우
④ 동일한 작업장에 오염원이 분산되어 있는 경우

해설

전체환기의 조건
㉠ 유해물질의 독성이 낮은 경우
㉡ 오염발생원이 이동성인 경우
㉢ 오염물질의 증기나 가스인 경우
㉣ 오염물질의 발생량이 비교적 적은 경우
㉤ 동일한 작업장에 오염원이 분산되어 있는 경우
㉥ 동일 작업장에 다수의 오염원이 분산되어 있는 경우
㉦ 배출원에서 유해물질이 시간에 따라 균일하게 발생하는 경우
㉧ 근로자의 근무장소가 오염원에서 충분히 멀리 떨어져 있는 경우
㉨ 오염발생원에서 유해물질 발생량이 적어 국소배기 설치가 비효율적인 경우

65 다음의 내용에서 ㉠, ㉡에 해당하는 숫자로 맞는 것은?

> 산업환기 시스템에서 공기유량(m^3/sec)이 일정할 때, 덕트 직경을 3배로 하면 유속은 (㉠)로, 직경은 그대로 하고 유속을 1/4로 하면 압력손실은 (㉡)로 변한다.

① ㉠ : 1/3, ㉡ : 1/8　② ㉠ : 1/12, ㉡ : 1/6
③ ㉠ : 1/6, ㉡ : 1/12　④ ㉠ : 1/9, ㉡ : 1/16

해설

$Q = A \times V = \frac{\pi}{4}D^2 \times V$

유량이 일정할 때 $V \propto \frac{1}{D^2} = \frac{1}{3^2} = \frac{1}{9}$

$\Delta P = 4f \times \frac{1}{D} \times \frac{\gamma V^2}{2g}$

나머지 조건이 같을 때 $\Delta P \propto V^2 = \frac{1}{4^2} = \frac{1}{16}$

66 후드에서의 유입손실이 전혀 없는 이상적인 후드의 유입계수는 얼마인가?

① 0　② 0.5
③ 0.8　④ 1.0

해설

유입계수(C_e)
㉠ 실제 후드 내로 유입되는 유량과 이론상 후드 내로 유입되는 유량의 비를 의미한다.
㉡ 후드에서의 압력손실이 유량의 저하로 나타나는 현상이다.
㉢ 손실이 일어나지 않은 이상적인 후드의 유입계수는 1이 된다.

67 작업장 내의 열부하량이 200,000kcal/h이며, 외부의 기온은 25℃이고, 작업장 내의 기온은 35℃이다. 이러한 작업장의 전체환기에 필요환기량(m^3/min)은 약 얼마인가?(단, 정압비열은 0.3kcal/m^3 · ℃)

① 1,100　② 1,600
③ 2,100　④ 2,600

해설

$$필요환기량(Q) = \frac{H_s}{0.3 \times \Delta t} = \frac{200,000}{0.3 \times (35-25)} = 66,666.67m^3/hr = 1,111.11m^3/min$$

68 유해가스의 처리방법 중, 연소를 통한 처리방법에 대한 설명이 아닌 것은?

① 처리경비가 저렴하다.
② 제거효율이 매우 높다.
③ 저농도 유해물질에도 적합하다.
④ 배기가스의 온도를 높여야 한다.

해설

연소실 내부의 온도가 높아야 한다.

ANSWER | 63 ③　64 ③　65 ④　66 ④　67 ①　68 ④

69 급기구와 배기구의 직경을 d라고 할 때, 급기구와 배기구로부터 각각 일정거리에서의 유속이 최초 속도의 10%가 되는 거리는 얼마인가?

① 급기구 : 1d, 배기구 : 30d
② 급기구 : 2d, 배기구 : 10d
③ 급기구 : 10d, 배기구 : 2d
④ 급기구 : 30d, 배기구 : 1d

해설

공기속도는 송풍기로 공기를 불 때 덕트 직경의 30배 거리에서 1/10로 감소하나, 공기를 흡인할 때는 기류의 방향과 관계없이 덕트 직경과 같은 거리에서 1/10로 감소한다.

70 [보기]를 이용하여 일반적인 국소배기장치의 설계순서를 가장 적절하게 나열한 것은?

[보기]
㉠ 반송속도의 결정 ㉡ 제어속도의 결정
㉢ 송풍기의 선정 ㉣ 후드 크기의 결정
㉤ 덕트 직경의 산출 ㉥ 필요송풍량의 계산

① ㉥ → ㉡ → ㉢ → ㉣ → ㉤ → ㉠
② ㉥ → ㉢ → ㉡ → ㉠ → ㉣ → ㉤
③ ㉢ → ㉡ → ㉣ → ㉠ → ㉥ → ㉤
④ ㉡ → ㉥ → ㉠ → ㉤ → ㉣ → ㉢

해설

국소배기장치의 설계순서 : 후드의 형식 선정 → 제어속도 결정 → 소요풍량 계산 → 반송속도 결정 → 후드의 크기 결정 → 배관의 배치와 설치장소의 결정 → 공기정화기 선정 → 총압력손실 계산 → 송풍기 선정

71 국소배기장치의 투자비용과 전력소모비를 적게 하기 위하여 최우선으로 고려하여야 할 사항은?

① 제어속도를 최대한 증가시킨다.
② 덕트의 직경을 최대한 크게 한다.
③ 후드의 필요 송풍량을 최소화한다.
④ 배기량을 많게 하기 위해 발생원과 후드 사이의 거리를 가능한 한 멀게 한다.

해설

국소배기장치의 투자비용과 전력소모비를 적게 하기 위하여 최우선으로 고려할 사항은 필요송풍량의 감소이다.

72 작업장의 크기가 세로 20m, 가로 30m, 높이 6m이고, 필요환기량이 $120m^3/min$일 때, 1시간당 공기 교환 횟수는 몇 회인가?

① 1 ② 2
③ 3 ④ 4

해설

$$\text{시간당 환기횟수(ACH)} = \frac{\text{필요환기량}}{\text{작업장체적}} = \frac{120m^3/min \times 60min/1hr}{(20 \times 30 \times 6)m^3} = 2\text{회}/hr$$

73 자연환기방식에 의한 전체환기의 효율은 주로 무엇에 의해 결정되는가?

① 풍압과 실내 · 외 온도 차이
② 대기압과 오염물질의 농도
③ 오염물질의 농도와 실내 · 외 습도 차이
④ 작업자 수와 작업장 내부 시설의 차이

해설

자연환기방식은 작업장 내의 풍압과 실내 · 외 온도 차이에 의해서 효율이 결정된다.

74 전압, 속도압, 정압에 대한 설명으로 틀린 것은?

① 속도압은 항상 양압이다.
② 정압은 속도압에 의존하여 발생한다.
③ 전압은 속도압과 정압을 합한 값이다.
④ 송풍기의 전 · 후 위치에 따라 덕트 내의 정압이 음(−)이나 양(+)으로 된다.

해설

정압은 독립적으로 발생한다.

75 어느 공기정화장치의 압력손실이 $300mmH_2O$, 처리가스량이 $1,000m^3/min$, 송풍기의 효율이 80%이다. 이 장치의 소요 동력은 약 몇 kW인가?

① 56.9 ② 61.3
③ 72.5 ④ 80.6

해설

$$kW = \frac{\Delta P \cdot Q}{6,120 \times \eta} \times \alpha = \frac{300 \times 1,000}{6,120 \times 0.8} = 61.27kW$$

ANSWER | 69 ① 70 ④ 71 ③ 72 ② 73 ① 74 ② 75 ②

76 80℃에서 공기의 부피가 $5m^3$일 때, 21℃에서 이 공기의 부피는 약 몇 m^3인가?(단, 공기의 밀도는 $1.2kg/m^3$이고, 기압의 변동은 없다.)

① 4.2　　② 4.8
③ 5.2　　④ 5.6

해설

$$V_2 = V_1 \times \frac{T_2}{T_1} \times \frac{P_1}{P_2}$$
$$= 5 \times \frac{273+21}{273+80} \times \frac{1}{1} = 4.16m^3$$

77 송풍기의 바로 앞부분(Up Stream)까지의 정압이 $-200mmH_2O$, 뒷부분(Down Stream)에서의 정압이 $10mmH_2O$이다. 송풍기의 바로 앞부분과 뒷부분에서의 속도압이 모두 $8mmH_2O$일 때 송풍기 정압(mmH_2O)은 얼마인가?

① 182　　② 190
③ 202　　④ 218

해설

$$FSP = (SP_o - SP_i) - VP_i$$
$$= (10-(-200)) - 8 = 202mmH_2O$$

78 제어속도에 관한 설명으로 옳은 것은?

① 제어속도가 높을수록 경제적이다.
② 제어속도를 증가시키기 위해서 송풍기 용량의 증가는 불가피하다.
③ 외부식 후드에서 후드와 작업지점과의 거리를 줄이면 제어속도가 증가한다.
④ 유해물질을 실내의 공기 중으로 분산시키지 않고 후드 내로 흡인하는 데 필요한 최대 기류속도를 의미한다.

79 후드의 형태 중 포위식이 외부식에 비하여 효과적인 이유로 볼 수 없는 것은?

① 제어풍량이 적기 때문이다.
② 유해물질이 포위되기 때문이다.
③ 플랜지가 부착되어 있기 때문이다.
④ 영향을 미치는 외부기류를 사방면에서 차단하기 때문이다.

해설

포위식과 외부식 모두 플랜지 부착이 가능하다.

80 사염화에틸렌 10,000ppm이 공기 중에 존재한다면 공기와 사염화에틸렌 혼합물의 유효비중은 얼마인가?(단, 사염화에틸렌의 증기비중은 5.7로 한다.)

① 1.0047　　② 1.047
③ 1.47　　④ 10.47

해설

$$\text{유효비중} = \frac{(10,000 \times 5.7) + (990,000 \times 1.0)}{1,000,000} = 1.047$$

ANSWER | 76 ① 77 ③ 78 ③ 79 ③ 80 ②

SECTION 19

2019년 2회 산업기사

1과목 산업위생학 개론

01 산업위생과 관련된 정보를 얻을 수 있는 기관으로 관계가 가장 적은 것은?

① EPA ② AIHA
③ OSHA ④ ACGIH

해설
EPA는 미국환경보호청의 약자이다.

02 ACGIH TLV의 적용상 주의사항으로 맞는 것은?

① TLV는 독성의 강도를 비교할 수 있는 지표가 된다.
② 반드시 산업위생전문가에 의하여 적용되어야 한다.
③ TLV는 안전농도와 위험농도를 정확히 구분하는 경계선이 된다.
④ 기존의 질병이나 육체적 조건을 판단하기 위한 척도로 사용될 수 있다.

해설
미국정부산업위생전문가협의회(ACGIH)에서 제시한 허용농도(TLV) 적용상의 주의사항
㉠ 대기오염 평가 및 관리에 적용할 수 없다.
㉡ 반드시 산업위생전문가에 의하여 적용되어야 한다.
㉢ 24시간 노출 또는 정상 작업시간을 초과한 노출에 대한 독성 평가에 적용하여서는 아니 된다.
㉣ 안전농도와 위험농도를 정확히 구분하는 경계선으로 사용하여서는 아니 된다.
㉤ 독성의 강도를 비교할 수 있는 지표로 사용하지 말아야 한다.
㉥ 기존의 질병이나 육체적 조건을 판단하기 위한 척도로 사용될 수 없다.
㉦ 피부로 흡수되는 양은 고려하지 않은 기준이다.
㉧ 사업장의 유해조건을 평가하고 건강장해를 예방하기 위한 지침이다.
㉨ 작업조건이 다른 나라에서 ACGIH-TLV를 그대로 적용할 수 없다.

03 VDT 증후군에 해당하지 않는 질병은?

① 안면피부염 ② 눈 질환
③ 감광성 간질 ④ 전리방사선 질환

04 피로의 예방대책과 가장 거리가 먼 것은?

① 개인별 작업량을 조절한다.
② 작업환경을 정비, 정돈한다.
③ 동적 작업을 정적 작업으로 바꾼다.
④ 작업과정에 적절한 간격으로 휴식시간을 둔다.

해설
피로 예방을 위해서는 동적인 작업을 늘리고, 정적인 작업은 줄인다.

05 작업환경 측정 및 지정측정기관 평가 등에 관한 고시에 있어 정도관리의 실시 시기 및 구분에 관한 설명으로 틀린 것은?

① 정기정도관리는 매년 분기별로 각 1회 실시한다.
② 작업환경측정기관으로 지정받고자 하는 경우 특별정도관리를 실시한다.
③ 정기정도관리의 세부실시계획은 실무위원회가 정하는 바에 따른다.
④ 정기 · 특별정도관리 결과 부적합 평가를 받은 기관은 최초 도래하는 해당 정도관리를 다시 받아야 한다.

해설
정기정도관리는 매년 반기별로 각 1회 실시한다.

06 실내환경의 빌딩 관련 질환에 관한 설명으로 틀린 것은?

① 레지오넬라 질환은 주요 호흡기 질병의 원인균 중 하나로서 1년까지도 물속에서 생존하는 균으로 알려져 있다.

ANSWER | 01 ① 02 ② 03 ④ 04 ③ 05 ① 06 ④

② 과민성 폐렴은 고농도의 알레르기 유발물질에 직접 노출되거나 저농도에 지속적으로 노출될 때 발생한다.

③ SBS(Sick Building Syndrome)는 점유자들이 건물에서 보내는 시간과 관계하여 특별한 증상 없이 건강과 편안함에 영향을 받는 것을 의미한다.

④ BRI(Building Related Illness)는 건물 공기에 대한 노출로 인해 야기된 질병을 지칭하는 것으로, 증상의 진단이 불가능하며 직접적인 원인을 알 수 없는 질병을 뜻한다.

해설

빌딩 관련 질병(BRI : Building Related Illness)
빌딩 거주와 관련한 질환의 증상이 확인되고 빌딩 실내에 존재하는 원인, 즉 오염물질과 직접적으로 관련지을 수 있는 질환을 말하며 대표적인 질환으로는 레지오넬라병(Legionnaire's Disease), 과민성 폐렴 등이 있다.

07 원인별로 분류한 직업병과 직종이 잘못 연결된 것은?

① 규폐증 – 채석광, 채광부
② 구내염, 피부염 – 제강공
③ 소화기 질병 – 시계공, 정밀기계공
④ 탄저병, 파상풍 – 피혁 제조, 축산, 제분

해설

시계공–근시, 정밀기계공–안구진탕증

08 피로측정 분류법과 측정 대상 항목이 올바르게 연결된 것은?

① 자율신경검사 – 시각, 청각, 촉각
② 운동기능검사 – GSR, 연속반응시간
③ 순환기능검사 – 심박수, 혈압, 혈류량
④ 심적기능검사 – 호흡기 중의 산소농도

해설

㉠ 자율신경검사 : 호흡기 중의 산소농도
㉡ 운동기능검사 : 시각, 청각, 촉각
㉢ 심적기능검사 : GSR, 연속반응시간

09 1일 12시간 톨루엔(TLV 50ppm)을 취급할 때 노출기준을 Brief&Scala의 방법으로 보정하면 얼마가 되는가?

① 15ppm ② 25ppm
③ 50ppm ④ 100ppm

해설

$$RF = \frac{8}{H} \times \frac{24-H}{16} = \frac{8}{12} \times \frac{24-12}{16} = 0.5$$

∴ 허용농도 = 0.5 × 50ppm = 25ppm

10 심한 근육노동을 하는 근로자에게 충분히 공급되어야 할 비타민은?

① 비타민 A ② 비타민 B_1
③ 비타민 C ④ 비타민 B_2

11 교대근무제를 실시하려고 할 때, 교대제 관리 원칙으로 틀린 것은?

① 야근은 2~3일 이상 연속하지 않을 것
② 근무시간의 간격은 24시간 이상으로 할 것
③ 야근 시 가면이 필요하며 이를 제도화할 것
④ 각 반의 근로시간은 8시간을 기준으로 할 것

해설

근무시간 간격은 15~16시간 이상으로 하는 것이 좋다.

12 일본에서 발생한 중금속 중독사건으로, 이른바 이타이이타이(itai–itai) 병의 원인물질에 해당하는 것은?

① 크롬(Cr) ② 납(Pb)
③ 수은(Hg) ④ 카드뮴(Cd)

13 직업과 적성에 있어 생리적 적성검사에 해당하지 않는 것은?

① 체력검사 ② 지각동작검사
③ 감각기능검사 ④ 심폐기능검사

ANSWER | 07 ③ 08 ③ 09 ② 10 ② 11 ② 12 ④ 13 ②

해설

적성검사

신체검사	검사항목
생리적 기능검사	심폐기능검사, 감각기능검사, 체력검사
심리적 기능검사	지각동작검사, 지능검사, 인성검사, 기능검사(언어, 기억, 추리 등)

14 기초대사량이 1.5kcal/min이고, 작업대사량이 225kcal/hr인 사람이 작업을 수행할 때, 작업의 실동률(%)은 얼마인가?(단, 사이토와 오시마의 경험식을 적용한다.)

① 61.5 ② 66.3
③ 72.5 ④ 77.5

해설

실동률(%) $= 85 - (5 \times \text{RMR})$

$$\text{작업대사량(RMR)} = \frac{\text{작업대사량}}{\text{기초대사량}}$$
$$= \frac{225\text{kcal/hr}}{1.5\text{kcal/min} \times 60\text{min/hr}} = 2.5\text{MR}$$

∴ 실동률(%) $= 85 - (5 \times 2.5) = 72.5\%$

15 피로를 일으키는 인자에 있어 외적 요인에 해당하는 것은?

① 작업 환경 ② 적응 능력
③ 영양 상태 ④ 숙련 정도

해설

산업피로의 발생요인

㉠ 외부적 요인 : 작업환경 조건, 작업시간과 작업자세의 적부, 작업의 강도와 양의 적절성
㉡ 신체적 요인(개인) : 신체적 조건, 적응능력, 영양상태, 작업의 숙련 정도

16 석면에 대한 설명으로 틀린 것은?

① 우리나라 석면의 노출기준은 0.5개/cc이다.
② 석면 관련 질병으로는 석면폐, 악성중피종, 폐암 등이 있다.
③ 석면 함유 물질이란 순수한 석면만으로 제조되거나 석면에 다른 섬유물질이나 비섬유질이 혼합된 물질을 의미한다.
④ 건축물에 사용되는 석면 대체품은 유리면, 암면 등 인조광물섬유 보온재와 석고보드, 세라믹 섬유 등의 규산칼슘 보온재가 있다.

해설

우리나라 석면의 노출기준은 0.1개/cc이다.

17 사고(事故)와 재해(災害)에 대한 설명 중 틀린 것은?

① 재해란 일반적으로 사고의 결과로 일어난 인명이나 재산상의 손실을 가져올 수 있는 계획되지 않거나 예상하지 못한 사건을 의미한다.
② 재해는 인명의 상해를 수반하는 경우가 대부분인데 이 경우를 상해라 하고, 인명 상해나 물적 손실 등 일체의 피해가 없는 사고를 아차사고(Near Accident)라고 한다.
③ 버드의 법칙은 1 : 10 : 30 : 600이라는 비율을 도출하여 하인리히의 법칙과 다른 면을 보여주고 있다. 차이점이라면 30건의 물적 손해만 생긴 소위 무상해사고를 별도로 구분한 것이다.
④ 하인리히 법칙은 한 사람의 중상자가 발생하였다고 하면 같은 원인으로 30명의 경상자가 생겼을 것이고, 같은 성질의 사고가 있었으나 부상을 입지 않은 무상해자가 생겼다고 할 때 330번은 무상해, 30번은 경상, 1번은 사망이라는 비율이 된다는 것이다.

해설

하인리히의 법칙(1 : 29 : 300)
330회의 사고 가운데 중상 또는 사망 1회, 경상 29회, 무상해사고 300회의 비율이 된다.

18 산업안전보건법령에서 정의한 강렬한 소음작업에 해당하는 작업은?

① 90dB 이상의 소음이 1일 4시간 이상 발생되는 작업
② 95dB 이상의 소음이 1일 2시간 이상 발생되는 작업
③ 100dB 이상의 소음이 1일 1시간 이상 발생되는 작업

◎ ANSWER | 14 ③ 15 ① 16 ① 17 ④ 18 ④

④ 110dB 이상의 소음이 1일 30분 이상 발생되는 작업

해설

강렬한 소음작업
㉠ 90dB 이상의 소음이 1일 8시간 이상 발생하는 작업
㉡ 95dB 이상의 소음이 1일 4시간 이상 발생하는 작업
㉢ 100dB 이상의 소음이 1일 2시간 이상 발생하는 작업
㉣ 105dB 이상의 소음이 1일 1시간 이상 발생하는 작업
㉤ 110dB 이상의 소음이 1일 30분 이상 발생하는 작업
㉥ 115dB 이상의 소음이 1일 15분 이상 발생하는 작업

19 미국 NIOSH에서 제안된 인양작업(lifting)의 감시기준(AL)에 대한 설정기준의 내용으로 틀린 것은?

① 남자의 99%, 여자의 75%가 작업 가능하다.
② 작업강도, 즉 에너지 소비량이 3.5kcal/min이다.
③ 5번 요추와 1번 천추에 미치는 압력이 3,400N의 부하이다.
④ AL을 초과하면 대부분의 근로자들에게 근육 및 골격장애가 발생한다.

해설

감시기준의 설정 배경
㉠ 역학조사 결과 : 소수 근로자에 대한 장애 위험
㉡ 생물역학적 연구 결과 : L_5/S_1 디스크 압력이 3,400N 미만인 경우 대부분의 근로자가 견딤
㉢ 노동생리학적 연구 결과 : 에너지 대사량 3.5kcal/min
㉣ 정신물리학적 연구 결과 : 남자 99%, 여자 75% 이상에서 작업 가능

20 산업안전보건법령상 보건관리자의 자격기준에 해당하지 않는 자는?

① 「의료법」에 의한 의사
② 「의료법」에 의한 간호사
③ 「위생사에 관한 법률」에 의한 위생사
④ 「고등교육법」에 의한 전문대학에서 산업보건 관련학과를 졸업한 사람

해설

보건관리자의 자격
㉠ 의료법에 따른 의사
㉡ 의료법에 따른 간호사
㉢ 산업보건지도사
㉣ 산업위생관리산업기사 또는 대기환경산업기사 이상의 자격을 취득한 사람
㉤ 인간공학기사 이상의 자격을 취득한 사람
㉥ 전문대학 이상의 학교에서 산업보건 또는 산업위생 분야의 학과를 졸업한 사람

2과목 작업위생 측정 및 평가

21 공기 중에 톨루엔(TLV = 100ppm)이 50ppm, 크실렌(TLV = 100ppm)이 80ppm, 아세톤(TLV = 750ppm) 이 1,000ppm으로 측정되었다면, 이 작업환경의 노출지수 및 노출기준 초과 여부는?(단, 상가작용을 한다고 가정한다.)

① 노출지수 : 2.63, 초과함
② 노출지수 : 2.05, 초과함
③ 노출지수 : 0.63, 초과하지 않음
④ 노출지수 : 0.83, 초과하지 않음

해설

$$노출지수(EI) = \frac{C_1}{TLV_1} + \frac{C_2}{TLV_2} + \cdots + \frac{C_n}{TLV_n}$$
$$= \frac{50}{100} + \frac{80}{100} + \frac{1,000}{750} = 2.63$$

∴ 노출지수가 1보다 크기 때문에 초과 판정

22 다음 중 ( ) 안에 들어갈 내용으로 옳은 것은?

> 산업위생통계에서 측정방법의 정밀도는 동일 집단에 속한 여러 개의 시료를 분석하여 평균치와 표준편차를 계산하고 표준편차를 평균치로 나눈 값, 즉 ( )로 평가한다.

① 분산수 ② 기하평균치
③ 변이계수 ④ 표준오차

23 통계자료 표에서 M±SD는 무엇을 의미하는가?

① 평균치와 표준편차 ② 평균치와 표준오차
③ 최빈치와 표준편차 ④ 중앙치와 표준오차

ANSWER | 19 ④ 20 ③ 21 ① 22 ③ 23 ①

24 어느 작업환경의 소음을 측정하여 보니 허용기준 4시간인 95dB(A)의 소음이 210분 발생되고 있었고, 허용기준 8시간인 90dB(A)의 소음이 270분 발생되고 있었을 때, 노출지수는 약 얼마인가? (단, 상가효과를 고려한다.)

① 1.14 ② 1.24

③ 1.34 ④ 1.44

해설

$$노출지수(EI) = \frac{C_1}{TLV_1} + \frac{C_2}{TLV_2} + \cdots + \frac{C_n}{TLV_n}$$

$$= \frac{210}{240} + \frac{270}{480} = 1.44$$

25 흡광광도법으로 시료용액의 흡광도를 측정한 결과 흡광도가 검량선의 영역 밖이었다. 시료용액을 2배로 희석하여 흡광도를 측정한 결과 흡광도가 0.4였을 때, 이 시료용액의 농도는?

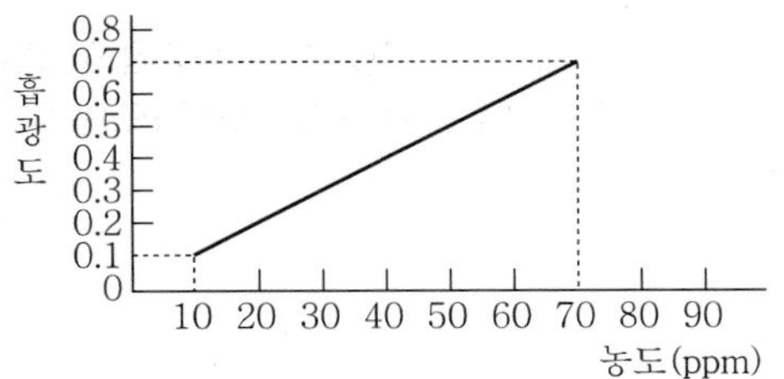

① 20ppm ② 40ppm

③ 80ppm ④ 160ppm

해설

흡광도가 0.4일 때 시료용액의 농도는 40ppm이고, 이 용액은 2배 희석된 용액이므로 시료용액의 농도는 80ppm이 된다.

26 충격소음에 대한 설명으로 옳은 것은?(단, 고용노동부 고시를 기준으로 한다.)

① 최대음압수준에 130dB(A) 이상인 소음이 1초 이상의 간격으로 발생하는 것

② 최대음압수준에 130dB(A) 이상인 소음이 10초 이상의 간격으로 발생하는 것

③ 최대음압수준에 120dB(A) 이상인 소음이 1초 이상의 간격으로 발생하는 것

④ 최대음압수준에 120dB(A) 이상인 소음이 10초 이상의 간격으로 발생하는 것

27 다음 중 석면에 관한 설명으로 틀린 것은?

① 석면의 종류에는 백석면, 갈석면, 청석면 등이 있다.

② 시료 채취에는 셀룰로오즈 에스테르 막여과지를 사용한다.

③ 시료 채취 시 유량보정은 시료채취 전·후에 실시한다.

④ 석면분진의 농도는 여과포집법에 의한 중량분석 방법으로 측정한다.

해설

석면의 농도는 여과채취방법에 의한 계수방법 또는 이와 동등 이상의 분석방법으로 측정한다.

28 태양광선이 내리쬐지 않는 옥외작업장에서 자연습구온도 20℃, 건구온도 25℃, 흑구온도가 20℃일 때, 습구흑구온도지수(WBGT)는?

① 20℃ ② 20.5℃

③ 22.5℃ ④ 23℃

해설

옥내 WBGT(℃) = 0.7×자연습구온도 + 0.3×흑구온도
= 0.7×20℃ + 0.3×20℃ = 20℃

29 소음측정에 관한 설명으로 틀린 것은?(단, 고용노동부 고시를 기준으로 한다.)

① 소음수준을 측정할 때에는 측정대상이 되는 근로자의 주 작업행동 범위의 작업근로자 귀 높이에 설치하여야 한다.

② 단위작업장소에서의 소음발생시간이 6시간 이내인 경우에는 발생시간을 등간격으로 나누어 2회 이상 측정하여야 한다.

③ 누적소음노출량 측정기로 소음을 측정하는 경우에는 Criteria는 90dB, Exchange Rate는 5dB, Threshold는 80dB로 기기를 설정해야 한다.

ANSWER | 24 ④ 25 ③ 26 ③ 27 ④ 28 ① 29 ②

④ 소음이 1초 이상의 간격을 유지하면서 최대음압수준이 120dB(A) 이상의 소음인 경우에는 소음수준에 따른 1분 동안의 발생횟수를 측정하여야 한다.

해설

단위작업장소에서 소음수준은 규정된 측정위치 및 지점에서 1일 작업시간 동안 6시간 이상 연속측정하거나 작업시간을 1시간 간격으로 나누어 6회 이상 측정하여야 한다. 다만, 소음의 발생특성이 연속음으로서 측정치가 변동이 없다고 자격자 또는 지정측정기관이 판단하는 경우에는 1시간 동안을 등간격으로 나누어 3회 이상 측정할 수 있다.

30 유해화학물질 분석 시 침전법을 이용한 적정이 아닌 것은?

① Volhard법 ② Mohr법

③ Fajans법 ④ Stiehler법

해설

Volhard법, Mohr법, Fajans법 등이 침전적정법이다.

31 작업환경 중 유해금속을 분석할 때 사용되는 불꽃방식 원자흡광광도계에 관한 설명으로 틀린 것은?

① 가격이 흑연로장치에 비하여 저렴하다.

② 분석시간이 흑연로장치에 비하여 적게 소요된다.

③ 감도가 높아 혈액이나 소변시료에서의 유해금속 분석에 많이 이용된다.

④ 고체시료의 경우 전처리에 의하여 매트릭스를 제거해야 한다.

해설

불꽃방식 원자흡광광도계의 장단점

㉠ 장점
- 가격이 흑연로장치나 유도결합 플라스마-원자발광 분석기보다 저렴하다.
- 분석이 빠르고, 정밀도가 높다.
- 쉽고 간편하다.

㉡ 단점
- 많은 양의 시료가 필요하다.
- 감도가 제한되어 있어 저농도에서 사용이 어렵다.
- 고체시료의 경우 전처리에 의하여 기질을 제거해야 한다.

32 다음 중 시료채취방법 중에서 개인시료채취 시 채취지점으로 옳은 것은?(단, 고용노동부 고시를 기준으로 한다.)

① 근로자의 호흡위치(호흡기를 중심으로 반경 30cm인 반구)

② 근로자의 호흡위치(호흡기를 중심으로 반경 60cm인 반구)

③ 근로자의 호흡위치(바닥면을 기준으로 1.2~1.5m 높이의 고정된 위치)

④ 근로자의 호흡위치(바닥면을 기준으로 0.9~1.2m 높이의 고정된 위치)

해설

개인시료채취란 개인시료채취기를 이용하여 가스·증기·분진·흄(Fume)·미스트(Mist) 등을 근로자의 호흡위치(호흡기를 중심으로 반경 30cm인 반구)에서 채취하는 것을 말한다.

33 물질 Y가 20℃, 1기압에서 증기압이 0.05 mmHg이면, 물질Y의 공기 중의 포화농도는 약 몇 ppm인가?

① 44 ② 66

③ 88 ④ 102

해설

$$\text{포화농도} = \frac{\text{증기압}}{760} \times 10^6 = \frac{0.05}{760} \times 10^6 = 65.79\text{ppm}$$

34 다음 중 온도 표시에 관한 내용으로 틀린 것은?(단, 고용노동부 고시를 기준으로 한다.)

① 미온은 30~40℃를 말한다.

② 온수는 40~50℃를 말한다.

③ 냉수는 15℃ 이하를 말한다.

④ 찬 곳은 따로 규정이 없는 한 0~15℃의 곳을 말한다.

해설

온수는 60~70℃를 말한다.

ANSWER | 30 ④ 31 ③ 32 ① 33 ② 34 ②

35 유량 및 용량을 보정하는 데 사용되는 1차 표준 장비는?

① 오리피스미터 ② 로터미터
③ 열선기류계 ④ 가스치환병

해설

1차 표준기구
㉠ 폐활량계
㉡ 비누거품미터
㉢ 가스치환병
㉣ 유리피스톤미터
㉤ 흑연피스톤미터
㉥ 피토튜브

36 공기 중 석면 농도의 단위로 옳은 것은?

① 개/cm^3 ② ppm
③ mg/m^3 ④ g/m^2

해설

석면의 농도 단위로는 개/cc, 개/mL, 개/cm^3을 사용한다.

37 100g의 물에 40g의 용질 A를 첨가하여 혼합물을 만들었을 때, 혼합물 중 용질 A의 중량%(wt%)는 약 얼마인가?(단, 용질 A가 충분히 용해한다고 가정한다.)

① 28.6wt% ② 32.7wt%
③ 34.5wt% ④ 40.0wt%

해설

$$\text{용질의 중량}(\%) = \frac{\text{용질}(g)}{\text{용매}(g) + \text{용질}(g)} \times 100$$
$$= \frac{40g}{100g + 40g} \times 100 = 28.57\%$$

38 회수율 시험은 여과지를 이용하여 채취한 금속을 분석한 것을 보정하는 실험이다. 다음 중 회수율을 구하는 식은?

① $\text{회수율}(\%) = \frac{\text{분석량}}{\text{첨가량}} \times 100$

② $\text{회수율}(\%) = \frac{\text{첨가량}}{\text{분석량}} \times 100$

③ $\text{회수율}(\%) = \frac{\text{분석량}}{1 - \text{첨가량}} \times 100$

④ $\text{회수율}(\%) = \frac{\text{첨가량}}{1 - \text{분석량}} \times 100$

39 입자의 가장자리를 이등분하는 직경으로 과대평가의 위험성이 있는 입자상 물질의 직경은?

① 마틴직경 ② 페렛직경
③ 등거리직경 ④ 등면적직경

40 다음 중 PVC 막여과지를 사용하여 채취하는 물질에 관한 내용과 가장 거리가 먼 것은?

① 유리규산을 채취하여 X선 회절법으로 분석하는 데 적절하다.
② 6가 크롬, 아연산화물의 채취에 이용된다.
③ 압력에 강하여 석탄건류나 증류 등의 공정에서 발생하는 PAHs 채취에 이용된다.
④ 수분에 대한 영향이 크지 않기 때문에 공해성 먼지 등의 중량분석을 위한 측정에 이용된다.

해설

PAHs 채취가 가능한 것은 PTEF 막여과지이다.

3과목 작업환경 관리

41 출력 0.01W의 점음원으로부터 100m 떨어진 곳의 음압수준은?(단, 무지향성 음원, 자유공간의 경우)

① 49dB ② 53dB
③ 59dB ④ 63dB

해설

$$SPL = PWL - 20\log r - 11$$
$$= 10\log\frac{0.01}{10^{-12}} - 20\log 100 - 11 = 49dB$$

ANSWER | 35 ④ 36 ① 37 ① 38 ① 39 ② 40 ③ 41 ①

42 공기 중에 발산된 분진입자는 중력에 의하여 침강하는데 스토크스식이 많이 사용되고 있다. 침강속도 식으로 맞는 것은?(단, V : 침강속도, ρ_1 : 먼지밀도, ρ : 공기밀도, μ : 공기의 점성, d : 먼지직경, g : 중력가속도)

① $V = \frac{2(\rho - \rho_1)\mu d^2}{9g}$ ② $V = \frac{2(\rho_1 - \rho)\mu d}{9g}$

③ $V = \frac{(\rho_1 - \rho) g d^2}{18\mu}$ ④ $V = \frac{(\rho - \rho_1) g d}{18\mu}$

43 진폐증을 일으키는 분진 중에서 폐암과 가장 관련이 많은 것은?

① 규산분진 ② 석면분진

③ 활석분진 ④ 규조토분진

44 다음 중 방진재료와 가장 거리가 먼 것은?

① 방진고무 ② 코르크

③ 강화된 유리섬유 ④ 펠트

해설

방진재료

㉠ 방진고무
㉡ 코르크
㉢ 펠트
㉣ 금속스프링
㉤ 공기스프링

45 다음 중 먼지가 발생하는 작업장에서 가장 완벽한 대책은?

① 근로자가 방진마스크를 착용한다.
② 발생된 먼지를 습식법으로 제어한다.
③ 전체환기를 실시한다.
④ 발생원을 완전히 밀폐한다.

46 기압에 관한 설명으로 틀린 것은?

① 1기압은 수은주로 760mmHg에 해당한다.
② 수면 하에서의 압력은 수심이 10m 깊어질 때마다 1기압씩 증가한다.
③ 수심 20m에서의 절대압은 2기압이다.
④ 잠함작업이나 해저터널 굴진작업 내 압력은 대기압보다 높다.

해설

절대압=대기압+작용압
수심 20m에서의 절대압은 3기압이다.

47 고압환경에서 작업하는 사람에게 마취작용(다행증)을 일으키는 가스는?

① 이산화탄소 ② 질소

③ 수소 ④ 헬륨

48 유기용제를 사용하는 도장작업의 관리방법에 관한 설명으로 옳지 않은 것은?

① 흡연 및 화기 사용을 금지시킨다.
② 작업장의 바닥을 청결하게 유지한다.
③ 보호장갑은 유기용제에 대한 흡수성이 우수한 것을 사용한다.
④ 옥외에서 스프레이 도장작업 시 유해가스용 방독마스크를 착용한다.

해설

보호장갑은 유기용제에 대한 흡수성이 없는 것을 사용한다.

49 다음 중 유해한 작업환경에 대한 개선대책인 대치의 내용과 가장 거리가 먼 것은?

① 공정의 변경 ② 작업자의 변경

③ 시설의 변경 ④ 물질의 변경

해설

대치(Substitution)
㉠ 공정의 변경 ㉡ 시설의 변경 ㉢ 물질의 대치

50 1촉광의 광원으로부터 단위 입체각으로 나가는 광속의 단위는?

① Lumen ② Foot Candle

③ Lux ④ Lambert

ANSWER | 42 ③ 43 ② 44 ③ 45 ④ 46 ③ 47 ② 48 ③ 49 ② 50 ①

51 청력 보호를 위한 귀마개의 감음효과는 주로 어느 주파수 영역에서 가장 크게 나타나는가?

① 회화 음역 주파수 영역
② 가청주파수 영역
③ 저주파수 영역
④ 고주파수 영역

해설

귀마개(Ear Plug)
㉠ 귀마개란 근로자가 작업하고 있을 때 발생하는 소음에 의해서 청력장해를 받을 우려가 있는 경우에 귓구멍에 집어넣어서 사용하는 보호구이다.
㉡ 저주파영역(2,000Hz)에서는 20dB, 고주파영역(4,000Hz)에서는 25dB의 차음력이 있다.

52 피부 보호장구의 재질과 적용 화학물질이 올바르게 연결되지 않은 것은?

① Neoprene 고무 – 비극성 용제
② Nitrile 고무 – 비극성 용제
③ Butyl 고무 – 비극성 용제
④ Polyvinyl Chloride – 수용성 용액

해설

Butyl 고무는 극성 용제에 효과적이다.

53 공기 중 입자상 물질은 여러 기전에 의해 여과지에 채취된다. 차단, 간섭 기전에 영향을 미치는 요소와 가장 거리가 먼 것은?

① 입자크기 ② 입자밀도
③ 여과지의 공경 ④ 여과지의 고형분

해설

차단, 간섭 기전에 영향을 미치는 요소
㉠ 입자크기 ㉡ 여과지 공경
㉢ 여과지 고형분 ㉣ 섬유의 직경

54 일반적으로 사람이 느끼는 최소 진동역치는?

① 25±5dB ② 35±5dB
③ 45±5dB ④ 55±5dB

해설

최소 진동역치 : 55±5dB

55 다음 중 산소 결핍의 위험이 적은 작업장소는?

① 전기용접 작업을 하는 작업장
② 장기간 미사용한 우물의 내부
③ 장시간 밀폐된 화학물질의 저장탱크
④ 화학물질 저장을 위한 지하실

56 저온환경에서 발생할 수 있는 건강장해에 관한 설명으로 틀린 것은?

① 전신체온 강하는 장시간의 한랭 노출 시 체열의 손실로 인해 발생하는 급성 중증장해이다.
② 제3도 동상은 수포와 함께 광범위한 삼출성 염증이 일어나는 경우를 말한다.
③ 피로가 극에 달하면 체열의 손실이 급속히 이루어져 전신의 냉각상태가 수반된다.
④ 참호족은 지속적인 국소의 산소 결핍 때문이며 저온으로 모세혈관 벽이 손상되는 것이다.

해설

동상의 종류
㉠ 제1도(발적)
- 피부 표면의 혈관 수축에 의해 청백색을 띠고, 마비에 의한 혈관확장 발생
- 이후 울혈이 나타나 피부가 자색을 띠고 동통 후 저리는 현상

㉡ 제2도(수포 형성과 발적)
혈관마비는 동맥에까지 이르고 심한 울혈에 의해 피부에 종창을 초래(수포 동반 염증 발생)
㉢ 제3도(조직괴사로 괴저 발생)
혈행의 저하로 인하여 피부는 동결되고 괴사 발생

57 저온환경이 인체에 미치는 영향으로 옳지 않은 것은?

① 식욕감소 ② 혈압변화
③ 피부혈관의 수축 ④ 근육긴장

58 다음 중 영상표시단말기(VDT)로 작업하는 사업장의 환경관리에 대한 설명과 가장 거리가 먼 것은?

① 작업 중 시야에 들어오는 화면, 키보드, 서류 등의 주요 표면 밝기는 차이를 두어 입체감이 있도록 한다.

◎ ANSWER | 51 ④ 52 ③ 53 ② 54 ④ 55 ① 56 ② 57 ① 58 ①

② 실내조명은 화면과 명암의 대조가 심하지 않고 동시에 눈부시지 않도록 하여야 한다.
③ 정전기 방지는 접지를 이용하거나 알코올 등으로 화면을 세척한다.
④ 작업장 주변 환경의 조도는 화면의 바탕 색상이 검은색일 때에는 300~500Lux를 유지하면 좋다.

해설

작업 중 시야에 들어오는 화면, 키보드, 서류 등의 주요 표면 밝기는 차이를 작게 한다.

59 다음 중 밀폐공간 작업에서 사용하는 호흡보호구로 가장 적절한 것은?

① 방진마스크 ② 송기마스크
③ 방독마스크 ④ 반면형 마스크

60 밀폐공간 작업 시 작업의 부하인자에 대한 설명으로 틀린 것은?

① 모든 옥외작업의 경우와 거의 같은 양상의 근력부하를 갖는다.
② 탱크바닥에 있는 슬러지 등으로부터 황화수소가 발생한다.
③ 철의 녹 사이에 황화물이 혼합되어 있으며 아황산가스가 발생할 수 있다.
④ 산소농도가 25% 이하가 되면 산소결핍증이 되기 쉽다.

해설

산소결핍증은 산소가 결핍된 공기(산소농도의 범위가 18퍼센트 미만)를 들이마심으로써 생기는 증상이다.

4과목 산업환기

61 아세톤이 공기 중에 10,000ppm으로 존재한다. 아세톤 증기비중이 2.0이라면, 이때 혼합물의 유효비중은?

① 0.98 ② 1.01
③ 1.04 ④ 1.07

해설

$$유효비중=\frac{(10,000\times2.0)+(990,000\times1.0)}{1,000,000}=1.01$$

62 터보팬형 송풍기의 특징을 설명한 것으로 틀린 것은?

① 소음은 비교적 낮으나 구조가 가장 크다.
② 통상적으로 최고속도가 높으므로 효율이 높다.
③ 규정 풍량 이외에서는 효율이 갑자기 떨어지지 않는다.
④ 소요정압이 떨어져도 동력은 크게 상승하지 않으므로 시설저항 및 운전상태가 변하여도 과부하가 걸리지 않는다.

해설

터보팬형 송풍기는 소음이 크며, 장소에 제약을 받지 않는다.

63 국소배기장치에서 송풍량이 30m³/min이고 덕트의 직경이 200mm이면, 이때 덕트 내의 속도는 약 몇 m/s인가?(단, 원형 덕트인 경우이다.)

① 13 ② 16
③ 19 ④ 21

해설

$$V=\frac{Q}{A}=\frac{30m^3}{min}\left|\frac{}{0.0314m^2}\right|\frac{1min}{60sec}=15.92m/sec$$

$$A=\frac{\pi}{4}D^2=\frac{\pi}{4}\times0.2^2=0.0314m^2$$

ANSWER | 59 ② 60 ④ 61 ② 62 ① 63 ②

64 국소배기장치에서 후드를 추가로 설치해도 쉽게 정압 조절이 가능하고, 사용하지 않는 후드를 막아 다른 곳에 필요한 정압을 보낼 수 있어 현장에서 가장 편리하게 사용할 수 있는 압력 균형 방법은?

① 댐퍼 조절법　② 회전수 변화
③ 압력 조절법　④ 안내익 조절법

해설

댐퍼 조절 평형법(저항 조절 평형법)
㉠ 배출원이 많아서 여러 개의 후드를 배관에 연결하는 경우에 사용하는 방법으로 배관의 압력손실이 많을 때 사용한다.
㉡ 저항이 작은 쪽은 송풍관에 댐퍼를 설치하여 저항이 같아지도록 조여주는 방법이다.

65 일반적으로 국소배기장치를 가동할 경우에 가장 적합한 상황에 해당하는 것은?

① 최종 배출구가 작업장 내에 있다.
② 사용하지 않는 후드는 댐퍼로 차단되어 있다.
③ 증기가 발생하는 도장작업 지점에는 여과식 공기정화장치가 설치되어 있다.
④ 여름철 작업장 내에서는 오염물질 발생장소를 향하여 대형 선풍기가 바람을 불어주고 있다.

해설

㉠ 최종 배출구는 작업장 밖에 있어야 한다.
㉡ 증기가 발생하는 도장작업 지점에는 흡착식 공기정화장치가 설치되어 있다.
㉢ 여름철 작업장 내에서는 오염물질이 진행되는 방향으로 대형 선풍기가 바람을 불어주고 있다.

66 덕트 내에서 압력손실이 발생되는 경우로 볼 수 없는 것은?

① 정압이 높은 경우
② 덕트 내부면과 마찰
③ 가지 덕트 단면적의 변화
④ 곡관이나 관의 확대에 의한 공기의 속도 변화

해설

덕트 내 압력손실
㉠ 마찰압력손실 : 공기와 덕트 면의 접촉에 의한 마찰에 의해 발생한다.
㉡ 난류압력손실 : 곡관에 의한 공기 기류의 방향 전환이나 수축, 확대 등에 의한 덕트 단면적의 변화에 의해 발생한다.

67 접착제를 사용하는 A공정에서는 메틸에틸케톤(MEK)과 톨루엔이 발생, 공기 중으로 완전혼합 된다. 두 물질은 모두 마취작용을 하므로 상가효과가 있다고 판단되며, 각 물질의 사용 정보가 다음과 같을 때 필요환기량(m^3/min)은 약 얼마인가?(단, 주위는 25℃, 1기압 상태이다.)

- MEK
  - 안전계수 : 4　　– 분자량 : 72.1
  - 비중 : 0.805　　– TLV : 200ppm
  - 사용량 : 시간당 2L
- 톨루엔
  - 안전계수 : 5　　– 분자량 : 92.13
  - 비중 : 0.866　　– TLV : 50ppm
  - 사용량 : 시간당 2L

① 182　② 558
③ 765　④ 946

해설

$$Q(m^3/hr) = \frac{24.45 \times 비중 \times 유해물질사용량(L/hr) \times K \times 10^6}{분자량 \times ppm}$$

㉠ MEK

$$Q(m^3/hr) = \frac{24.45 \times 0.805kg/L \times 2L/hr \times 4 \times 10^6}{72.1kg \times 200} = 10{,}919.4m^3/hr$$

㉡ 톨루엔

$$Q(m^3/hr) = \frac{24.45 \times 0.866kg/L \times 2L/hr \times 5 \times 10^6}{92.13kg \times 50} = 45{,}964.8m^3/hr$$

$$\therefore Q(m^3/hr) = 10{,}919.4 + 45{,}946.8 = 56{,}884.2m^3/hr = 948.07m^3/min$$

68 국소배기장치를 유지 · 관리하기 위한 자체검사 관련 필수 측정기와 관련이 없는 것은?

① 절연저항계
② 열선풍속계
③ 스모크테스터
④ 고도측정계

◎ ANSWER | 64 ① 65 ② 66 ① 67 ④ 68 ④

해설

국소배기설비 점검 시 갖추어야 할 필수장비
㉠ 연기발생기(발연관, Smoke Tester)
㉡ 청음기(청음봉)
㉢ 절연저항계
㉣ 표면온도계 및 초자온도계

69 그림과 같은 송풍기 성능곡선에 대한 설명으로 맞는 것은?

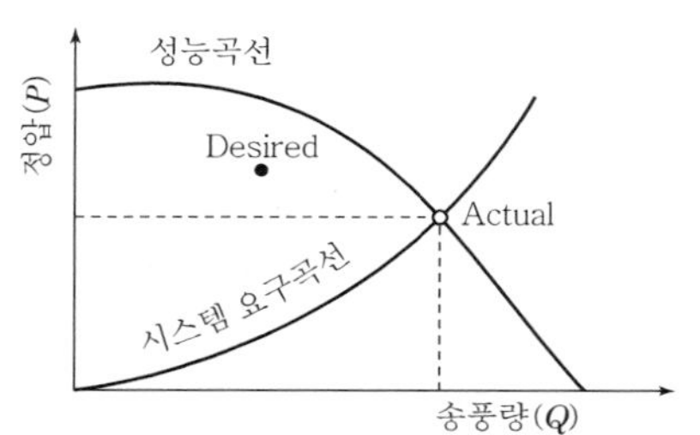

① 송풍기의 선정이 적절하여 원했던 송풍량이 나오는 경우이다.
② 성능이 약한 송풍기를 선정하여 송풍량이 작게 나오는 경우이다.
③ 너무 큰 송풍기를 선정하고, 시스템 압력손실도 과대평가된 경우이다.
④ 송풍기의 선정은 적절하나 시스템의 압력손실이 과대평가되어 송풍량이 예상보다 많이 나오는 경우이다.

해설

Desired점은 시스템 압력손실이 과대평가된 것이고 너무 큰 송풍기를 선정한 것이다.

70 직경이 38cm, 유효높이 5m인 원통형 백필터를 사용하여 $0.5m^3/s$의 함진가스를 처리할 때, 여과속도(cm/s)는 약 얼마인가?

① 6.4　② 7.4
③ 8.4　④ 9.4

해설

$$V = \frac{Q}{A(\pi DL)}$$
$$= \frac{0.5m^3/s}{\pi \times 0.38 \times 5m^2} = 0.084m/s = 8.4cm/s$$

71 전체환기가 필요한 경우가 아닌 것은?

① 배출원이 고정되어 있을 때
② 유해물질이 허용농도 이하일 때
③ 발생원이 다수 분산되어 있을 때
④ 오염물질이 시간에 따라 균일하게 발생될 때

해설

전체환기의 조건
㉠ 유해물질의 독성이 낮은 경우
㉡ 오염발생원이 이동성인 경우
㉢ 오염물질의 증기나 가스인 경우
㉣ 오염물질의 발생량이 비교적 적은 경우
㉤ 동일한 작업장에 오염원이 분산되어 있는 경우
㉥ 동일 작업장에 다수의 오염원이 분산되어 있는 경우
㉦ 배출원에서 유해물질이 시간에 따라 균일하게 발생하는 경우
㉧ 근로자의 근무장소가 오염원에서 충분히 멀리 떨어져 있는 경우
㉨ 오염발생원에서 유해물질 발생량이 적어 국소배기 설치가 비효율적인 경우

72 24시간 가동되는 작업장에서 환기하여야 할 작업장 실내 체적은 $3,000m^3$이다. 환기시설에 의해 공급되는 공기의 유량이 $4,000m^3/hr$ 일 때, 이 작업장에서의 시간당 환기횟수는 얼마인가?

① 1.2회　② 1.3회
③ 1.4회　④ 1.5회

해설

$$시간당\ 환기횟수(ACH) = \frac{필요환기량}{작업장체적}$$
$$= \frac{4,000m^3/hr}{3,000m^3} = 1.33회/hr$$

73 산업환기에서 의미하는 표준공기에 대한 설명으로 맞는 것은?

① 표준공기는 0℃, 1기압(760mmHg)인 상태이다.
② 표준공기는 21℃, 1기압(760mmHg)인 상태이다.
③ 표준공기는 25℃, 1기압(760mmHg)인 상태이다.
④ 표준공기는 32℃, 1기압(760mmHg)인 상태이다.

◎ ANSWER | 69 ③　70 ③　71 ①　72 ②　73 ②

74 표준공기 21℃(비중량 $\gamma = 1.2kg/m^3$)에서 800m/min의 유속으로 흐르는 공기의 속도압은 몇 mmH_2O인가?

① 10.9　② 24.6
③ 35.6　④ 53.2

해설

$$VP = \frac{\gamma V^2}{2g}$$
$$= \frac{1.2 \times (800/60)^2}{2 \times 9.8} = 10.88mmH_2O$$

75 탱크에서 증발, 탈지와 같이 기류의 이동이 없는 공기 중에서 속도 없이 배출되는 작업조건인 경우 제어속도의 범위로 가장 적절한 것은?(단, 미국정부산업위생전문가협의회의 권고기준이다.)

① 0.10~0.15m/s　② 0.15~0.25m/s
③ 0.25~0.50m/s　④ 0.50~1.00m/s

해설

제어속도 개략치(ACGIH)

유해물질의 발생상태	공정 예	제어속도 (m/s)
움직이지 않는 공기 중에 속도 없이 유해물질이 발생하는 경우	용기의 액면으로부터 발생하는 가스, 증기, 흄 등	0.25~0.5
비교적 조용한 대기 중에 낮은 속도로 유해물질이 비산하는 경우	Booth식 Hood에서의 분무도장작업, 간헐적인 용기 충진작업, 낮은 속도의 컨베이어작업, 도금작업, 용접작업, 산세척작업	0.5~1.0
빠른 공기 이동이 있는 작업장소에 활발히 유해물질이 비산하는 경우	Booth식 Hood에서의 분무도장작업, 함침(Dipping) 도장작업, 컨베이어의 낙하구 분쇄작업, 파쇄기	1.0~2.5
대단히 빠른 공기 이동이 있는 작업장소에 아주 빠른 속도로 유해물질이 비산하는 경우	연삭작업, 분무작업, 텀블링작업, 블라스트작업	2.5~10.0

76 SF_6 가스를 이용하여 주택의 침투(자연환기)를 측정하려고 한다. 시간(t)=0분일 때, SF_6 농도는 $40\mu g/m^3$이고, 시간(t)=30분일 때, $7\mu g/m^3$였다. 주택의 체적이 $1,500m^3$이라면, 이 주택의 침투(또는 자연환기)량은 몇 m^3/hr인가?(단, 기계환기는 전혀 없고, 중간과정의 결과는 소수점 셋째자리에서 반올림하여 구한다.)

① 5,130　② 5,235
③ 5,335　④ 5,735

해설

$$\ln\frac{C_t}{C_o} = -\frac{Q}{\forall} \times t$$
$$\ln\frac{7}{40} = -\frac{Q(m^3/hr)}{1,500m^3} \times 0.5hr$$
$$\therefore\ Q = 5,228.9m^3/hr$$

77 전자부품을 납땜하는 공정에 외부식 국소배기장치를 설치하고자 한다. 후드의 규격은 가로 · 세로 각각 400mm이고, 제어거리는 20cm, 제어속도는 0.5m/s, 반송속도는 1,200m/min으로 하고자 할 때 필요 소요풍량(m^3/min)은?(단, 플랜지는 없으며, 자유공간에 설치한다.)

① 13.2　② 15.6
③ 16.8　④ 18.4

해설

$$Q(m^3/min) = 60 \times (10X^2 + A) \cdot V_c$$
$$= 60 \times (10 \times 0.2^2 + 0.4 \times 0.4) \times 0.5$$
$$= 16.8m^3/min$$

78 전기집진기의 장점이 아닌 것은?

① 운전 및 유지비가 비싸다.
② 넓은 범위의 입경과 분진농도에 집진효율이 높다.
③ 압력손실이 낮으므로 송풍기의 가동비용이 저렴하다.
④ 고온가스를 처리할 수 있어 보일러와 철강로 등에 설치할 수 있다.

해설

운전 및 유지비가 저렴하다.

◎ ANSWER | 74 ① 75 ③ 76 ② 77 ③ 78 ①

79 덕트의 설치를 결정할 때 유의사항으로 적절하지 않은 것은?

① 청소구를 설치한다.
② 곡관의 수를 적게 한다.
③ 가급적 원형 덕트를 사용한다.
④ 가능한 곡관의 곡률반경을 작게 한다.

해설

곡관의 곡률반경은 최소 덕트 직경의 1.5 이상을 사용한다.

80 푸시-풀(Push-Pull) 후드에서 효율적인 조(Tank)의 길이로 맞는 것은?

① 1.0~2.2m　　② 1.2~2.4m
③ 1.4~2.6m　　④ 1.5~3.0m

ANSWER | 79 ④ 80 ②

SECTION 20

2019년 3회 산업기사

1과목 산업위생학 개론

01 산업안전보건법령상 바람직한 VDT(Video Display Terminal) 작업자세로 틀린 것은?

① 무릎의 내각(Knee Angle)은 120° 전후가 되도록 한다.
② 아래팔은 손등과 일직선을 유지하여 손목이 꺾이지 않도록 한다.
③ 눈으로부터 화면까지의 시거리는 40cm 이상을 유지한다.
④ 작업자의 시선은 수평선상으로부터 아래로 10°~15° 이내로 한다.

해설

무릎의 내각은 90° 전후가 되도록 한다.

02 산업안전보건법령상 보건관리자의 업무에 해당하지 않는 것은?

① 물질안전보건자료의 작성
② 산업재해 발생의 원인 조사 · 분석 및 재발방지를 위한 기술적 보좌 및 조언 · 지도
③ 산업안전보건위원회에서 심의 · 의결한 업무와 안전보건관리규정 및 취업규칙에서 정한 업무
④ 안전인증대상 기계 · 기구 등과 자율안전확인대상 기계 · 기구 등 중 보건과 관련된 보호구 구입 시 적격품 선정에 관한 보좌 및 조언 · 지도

03 400명의 근로자가 1일 8시간, 연간 300일을 근무하는 사업장이 있다. 1년 동안 30건의 재해가 발생하였다면 도수율은?

① 26.26　　② 28.75
③ 31.25　　④ 33.75

해설

도수율(빈도율, FR : Frequency Rate of Injury)

$$= \frac{\text{재해발생건수}}{\text{연근로시간수}} \times 10^6$$

$$= \frac{30\text{건}}{300\text{일} \times 8\text{시간} \times 400\text{명}} \times 10^6 = 31.25$$

04 공장의 기계시설을 인간공학적으로 검토할 때, 준비단계에서 검토할 내용으로 적절한 것은?

① 공장설계에 있어서의 기능적 특성, 제한점을 고려한다.
② 인간-기계 관계의 구성인자 특성을 명확히 알아낸다.
③ 각 작업을 수행하는 데 필요한 직종 간의 연결성을 고려한다.
④ 인간-기계 관계 전반에 걸친 상황을 실험적으로 검토한다.

해설

인간공학 활용 3단계

㉠ 1단계 : 준비단계 – 인간과 기계와의 관계 구성인자의 특성 파악
㉡ 2단계 : 선택단계 – 작업 수행에 필요한 직종 간의 연결성, 공장설계에 있어서 기능적 특성, 경제적 효율, 제한점 고려
㉢ 3단계 : 검토단계 – 인간 · 기계 관계의 비합리적인 면을 수정 · 보완

05 산업안전보건법령상 작업환경 측정에서 소음수준의 측정단위로 옳은 것은?

① phon　　② dB(A)
③ dB(B)　　④ dB(C)

06 산업안전보건법령상 쾌적한 사무실 공기를 유지하기 위해 관리해야 할 사무실 오염물질에 해당하지 않는 것은?

① 흄　　② 이산화질소
③ 포름알데히드　　④ 총휘발성유기화합물

ANSWER | 01 ① 02 ① 03 ③ 04 ② 05 ② 06 ①

해설

사무실 공기관리지침상 관리대상 오염물질
㉠ 미세먼지(PM10)
㉡ 초미세먼지(PM2.5)
㉢ 이산화탄소(CO_2)
㉣ 일산화탄소(CO)
㉤ 이산화질소(NO_2)
㉥ 포름알데히드(HCHO)
㉦ 총휘발성유기화합물(TVOC)
㉧ 라돈(Radon)
㉨ 총부유세균
㉩ 곰팡이

07 피로의 예방대책으로 적절하지 않은 것은?

① 적당한 작업속도를 유지한다.
② 불필요한 동작을 피하도록 한다.
③ 너무 정적인 작업은 동적인 작업으로 바꾸도록 한다.
④ 카페인이 적당히 들어 있는 커피, 홍차 및 엽차를 마신다.

08 기초대사량이 75kcal/h이고, 작업대사량이 4kcal/min인 작업을 계속하여 수행하고자 할 때, 아래 식을 참고하면 계속작업한계시간은?(단, T_{end}는 계속작업한계시간, RMR은 작업대사율을 의미한다.)

$$\log\ T_{end} = 3.724 - 3.25 \times \log(\text{RMR})$$

① 1.5시간 ② 2시간
③ 2.5시간 ④ 3시간

해설

log(계속작업의 한계시간) = 3.724 − 3.25log(RMR)
= 3.724 − 3.25log3.2 = 2.082

∴ 계속작업의 한계시간 = $10^{2.082}$ = 120.78min
= 2.01hr

여기서,

$$\text{작업대사량(RMR)} = \frac{\text{작업대사량}}{\text{기초대사량}} = \frac{4\text{kcal/min} \times 60\text{min/hr}}{75\text{kcal/hr}} = 3.2$$

09 NIOSH에서 정한 중량물 취급작업 권고치(Action Limit : AL)에 영향을 가장 많이 주는 요인은 무엇인가?

① 빈도 ② 수평거리
③ 수직거리 ④ 이동거리

해설

중량물 취급작업 권고치(Action Limit : AL)에 영향을 주는 정도
빈도 > 수평거리 > 수직거리 > 이동거리

10 물질에 관한 생물학적 노출지수(BEIs)를 측정하려 할 때, 반감기가 5시간을 넘어서 주중(週中)에 축적될 수 있는 물질로 주말작업 종료 시에 시료를 채취하는 것은?

① 이황화탄소 ② 자일렌(크실렌)
③ 일산화탄소 ④ 트리클로로에틸렌

해설

반감기가 5시간을 넘어서 주중에 축적될 수 있는 물질(주중 마지막 작업 종료 후)
트리클로로에틸렌, 수은, 6가 크롬 등

11 외부환경의 변화에 신체반응의 항상성이 작용하는 현상의 명칭으로 적합한 것은?

① 신체의 변성현상 ② 신체의 회복현상
③ 신체의 이상현상 ④ 신체의 순응현상

12 산업안전보건법령상의 충격소음 노출기준에서 충격소음의 강도가 140dB(A)일 때 1일 노출횟수는?

① 10 ② 100
③ 1,000 ④ 10,000

해설

충격소음의 노출기준

1일 노출횟수(회)	충격소음의 강도[dB(A)]
100	140
1,000	130
10,000	120

◉ ANSWER | 07 ④ 08 ② 09 ① 10 ④ 11 ④ 12 ②

13 어떤 작업의 강도를 알기 위하여 작업대사율(RMR)을 구하려고 한다. 작업 시 소요된 열량이 5,000kcal, 기초대사량이 1,200kcal, 안정 시 열량이 기초대사량의 1.2배인 경우 작업대사율은 약 얼마인가?

① 1　② 2
③ 3　④ 4

해설

$$RMR = \frac{\text{작업 시 소요열량} - \text{안정 시 소요열량}}{\text{기초대사량}}$$

$$= \frac{(5{,}000 - 1.2 \times 1{,}200)\text{kcal}}{1{,}200\text{kcal}} = 2.967$$

14 직업성 피부질환과 원인이 되는 화학적 요인의 연결로 옳지 않은 것은?

① 색소 감소 – 모노벤질 에테르
② 색소 증가 – 콜타르
③ 색소 감소 – 하이드로퀴논
④ 색소 증가 – 3차 부틸 페놀

해설

색소 증가 원인물질
㉠ 콜타르
㉡ 자외선(햇빛)

15 국제노동기구(ILO)와 세계보건기구(WHO)공동위원회에서 정한 산업보건의 정의에 포함된 내용으로 적합하지 않은 것은?

① 근로자의 건강 진단 및 산업재해 예방
② 근로자들의 육체적, 정신적, 사회적 건강을 유지 · 증진
③ 근로자를 생리적, 심리적으로 적합한 작업환경에 배치
④ 작업조건으로 인한 질병예방 및 건강에 유해한 취업 방지

해설

국제노동기구(ILO)와 세계보건기구(WHO) 공동위원회에서 정한 산업보건의 정의
㉠ 근로자들의 육체적, 정신적, 사회적 건강을 유지 · 증진
㉡ 근로자를 생리적, 심리적으로 적합한 작업환경에 배치
㉢ 작업조건으로 인한 질병예방 및 건강에 유해한 취업 방지

16 산업안전보건법령상 보건관리자의 자격에 해당되지 않는 것은?

① 「의료법」에 따른 의사
② 「의료법」에 따른 간호사
③ 「산업안전보건법」에 따른 산업안전지도사
④ 「고등교육법」에 따른 전문대학에서 산업위생 분야의 학과를 졸업한 사람

해설

보건관리자의 자격
㉠ 의료법에 따른 의사
㉡ 의료법에 따른 간호사
㉢ 산업보건지도사
㉣ 산업위생관리산업기사 또는 대기환경산업기사 이상의 자격을 취득한 사람
㉤ 인간공학기사 이상의 자격을 취득한 사람
㉥ 전문대학 이상의 학교에서 산업보건 또는 산업위생 분야의 학과를 졸업한 사람

17 사업장에서 부적응의 결과로 나타나는 현상을 모두 고른 것은?

㉠ 생산성의 저하　㉡ 사고/재해의 증가
㉢ 신경증의 증가　㉣ 규율의 문란

① ㉠, ㉡, ㉢　② ㉠, ㉢, ㉣
③ ㉡, ㉢, ㉣　④ ㉠, ㉡, ㉢, ㉣

18 미국산업위생학술원(AIHA)에서 채택한 산업위생전문가가 지켜야 할 윤리강령의 구성이 아닌 것은?

① 국가에 대한 책임
② 전문가로서의 책임
③ 근로자에 대한 책임
④ 기업주와 고객에 대한 책임

해설

산업위생전문가의 윤리강령
㉠ 전문가로서의 책임
㉡ 근로자에 대한 책임
㉢ 기업주와 고객에 대한 책임
㉣ 일반 대중에 대한 책임

ANSWER | 13 ③　14 ④　15 ①　16 ③　17 ④　18 ①

19 그리스의 히포크라테스에 의하여 역사상 최초로 기록된 직업병은?

① 납중독 ② 음낭암
③ 진폐증 ④ 수은중독

20 피로에 관한 설명으로 옳지 않은 것은?

① 정신피로나 신체피로가 각각 단독으로 나타나는 경우는 매우 희박하다.
② 정신피로는 주로 말초신경계의 피로를, 근육피로는 중추신경계의 피로를 의미한다.
③ 과로는 하룻밤 잠을 잘 자고 난 다음날까지도 피로상태가 계속되는 것을 의미한다.
④ 피로는 질병이 아니며 원래 가역적인 생체반응이고 건강장해에 대한 경고적 반응이다.

해설

정신피로는 주로 중추신경계의 피로를, 근육피로는 말초신경계의 피로를 의미한다.

2과목 작업위생 측정 및 평가

21 유사노출그룹을 분류하는 단계가 바르게 표시된 것은?

① 조직 → 공정 → 작업범주 → 유해인자
② 조직 → 작업범주 → 공정 → 유해인자
③ 조직 → 유해인자 → 공정 → 작업범주
④ 조직 → 작업범주 → 유해인자 → 공정

해설

유사노출그룹은 조직, 공정, 작업범주 그리고 작업내용별로 구분하여 설정한다.

22 펌프의 유량을 보정하는 데 1차 표준으로서 가장 널리 사용하는 기기는?

① 오리피스미터 ② 비누거품미터
③ 건식가스미터 ④ 로터미터

23 입자상 물질을 채취하기 위해 사용되는 직경분립충돌기에 비해 사이클론이 갖는 장점과 가장 거리가 먼 것은?

① 입자의 질량크기 분포를 얻을 수 있다
② 매체의 코팅과 같은 별도의 특별한 처리가 필요 없다.
③ 호흡성 먼지에 대한 자료를 쉽게 얻을 수 있다.
④ 충돌기에 비해 사용이 간편하고 경제적이다.

해설

입자의 질량크기 분포를 얻을 수 있는 것은 직경분립충돌기의 장점이다.

24 태양광선이 내리쬐지 않는 옥내의 습구흑구온도지수(WBGT)의 계산식은?

① WBGT=(0.7흑구온도)+(0.3자연습구온도)
② WBGT=(0.3흑구온도)+(0.7자연습구온도)
③ WBGT=(0.7흑구온도)+(0.3건구온도)
④ WBGT=(0.3흑구온도)+(0.7건구온도)

25 납과 그 화합물을 여과지로 채취한 후 농도를 분석할 수 있는 기기는?

① 원자흡광분석기 ② 이온크로마토그래프
③ 광학현미경 ④ 액체크로마토그래프

26 흑연로장치가 부착된 원자흡광광도계로 카드뮴을 측정 시 Blank 시료를 10번 분석한 결과 표준편차가 0.03μg/L였다. 이 분석법의 검출한계는 약 몇 μg/L인가?

① 0.01 ② 0.03
③ 0.09 ④ 0.15

해설

검출한계(LOD)는 표준편차의 3배이다.
$\therefore$ 0.09μg/L×3=0.09μg/L

ANSWER | 19 ① 20 ② 21 ① 22 ② 23 ① 24 ② 25 ① 26 ③

27 석면의 공기 중 농도를 표현하는 표준단위로 사용하는 것은?(단, 고용노동부 고시를 기준으로 한다.)

① ppm　② 개/cm^3
③ $\mu m/m^3$　④ mg/m^3

28 가스교환 부위에 침착할 때 독성을 일으킬 수 있는 물질로서 평균 입경이 4μm인 입자상 물질은?(단, ACGIH 기준)

① 흡입성 입자상 물질　② 흉곽성 입자상 물질
③ 복합성 입자상 물질　④ 호흡성 입자상 물질

29 가스크로마토그래프 내에서 운반기체가 흐르는 순서로 맞는 것은?

① 분리관 → 시료주입구 → 기록계 → 검출기
② 분리관 → 검출기 → 시료주입구 → 기록계
③ 시료주입구 → 분리관 → 기록계 → 검출기
④ 시료주입구 → 분리관 → 검출기 → 기록계

30 액체포집법과 관련 있는 것은?

① 실리카겔관　② 필터
③ 활성탄관　④ 임핀저

31 작업환경 측정결과가 다음과 같을 때, 노출지수는?(단, 상가작용한다고 가정한다.)

- 아세톤 : 400ppm (TLV : 750ppm)
- 부틸아세테이트 : 150ppm (TLV : 200ppm)
- 메틸에틸케톤 : 100ppm (TLV : 200ppm)

① 11.5　② 5.56
③ 1.78　④ 0.78

해설

$$노출지수(EI)=\frac{C_1}{TLV_1}+\frac{C_2}{TLV_2}+\cdots+\frac{C_n}{TLV_n}$$
$$=\frac{400}{750}+\frac{150}{200}+\frac{100}{200}=1.78$$

32 강렬한 소음에 노출되는 6시간 동안 측정한 누적소음노출량이 110%이었을 때 근로자는 평균적으로 몇 dB의 소음수준에 노출된 것인가?

① 90.8　② 91.8
③ 92.8　④ 93.8

해설

$$TWA=16.61\log\left(\frac{D}{12.5\times t}\right)+90$$
$$=16.61\log\frac{110}{12.5\times 6}+90=92.76dB$$

33 작업장의 일산화탄소 농도가 14.9ppm이라면, 이 공기 $1m^3$ 중에 일산화탄소는 약 몇 mg인가?(단, 0℃, 1기압 상태이다.)

① 10.8　② 12.5
③ 15.3　④ 18.6

해설

$$X(mg)=\frac{14.9mL}{m^3}\bigg|\frac{28mg}{22.4mL}=18.63mg/m^3$$

34 MCE 막여과지에 관한 설명으로 틀린 것은?

① MCE 막여과지는 수분을 흡수하지 않기 때문에 중량분석에 잘 적용된다.
② MCE 막여과지는 산에 쉽게 용해된다.
③ 입자상 물질 중의 금속을 채취하여 원자흡광법으로 분석하는 데 적절하다.
④ 시료가 여과지의 표면 또는 표면 가까운 곳에 침착되므로 석면의 현미경 분석을 위한 시료 채취에 이용된다.

해설

MCE 여과지(Mixed Cellulose Ester Membrance)
㉠ 산에 쉽게 용해된다.
㉡ 입자상 물질 중의 금속을 채취하여 원자흡광법으로 분석하는 데 적정하다.
㉢ 흡수성이 높아 중량분석에는 부적합하다.
㉣ 시료가 여과지의 표면 또는 가까운 데에 침착되므로 석면, 유리섬유 등 현미경 분석을 위한 시료 채취에도 이용된다.

ANSWER | 27 ② 28 ④ 29 ④ 30 ④ 31 ③ 32 ③ 33 ④ 34 ①

35 하루 11시간 일할 때, 톨루엔(TLV = 100ppm)의 노출기준을 Brief와 Scala의 보정방법을 이용하여 보정하면 얼마인가?(단, 1일 노출시간을 기준으로 할 때, TLV 보정계수 = 8/H(24−H)/16이다.)

① 0.38ppm ② 38ppm
③ 59ppm ④ 169ppm

해설

보정농도 = TLV × RF

$$RF = \frac{8}{H} \times \frac{24-H}{16} = \frac{8}{11} \times \frac{24-11}{16} = 0.59$$

∴ 보정농도 = 100ppm × 0.59 = 59ppm

36 부피비로 0.001%는 몇 ppm인가?

① 10 ② 100
③ 1,000 ④ 10,000

해설

$$ppm = 0.001\% \times \frac{10^4 ppm}{1\%} = 10ppm$$

37 배경소음(Background Noise)을 가장 올바르게 설명한 것은?

① 관측하는 장소에 있어서의 종합된 소음을 말한다.
② 환경 소음 중 어느 특정 소음을 대상으로 할 경우 그 이외의 소음을 말한다.
③ 레벨 변화가 적고 거의 일정하다고 볼 수 있는 소음을 말한다.
④ 소음원을 특정시킨 경우 그 음원에 의하여 발생한 소음을 말한다.

38 가스상 물질을 검지관방식으로 측정하는 내용의 일부이다. ( ) 안에 들어갈 내용으로 옳은 것은?(단, 고용노동부 고시를 기준으로 한다.)

> 검지관방식으로 측정하는 경우에는 1일 작업시간 동안 1시간 간격으로 (ⓐ)회 이상 측정하되 측정시간마다 (ⓑ)회 이상 반복 측정하여 평균값을 산출하여야 한다.

① ⓐ : 6, ⓑ : 2 ② ⓐ : 4, ⓑ : 1
③ ⓐ : 10, ⓑ : 2 ④ ⓐ : 12, ⓑ : 1

해설

검지관방식으로 측정하는 경우에는 1일 작업시간 동안 1시간 간격으로 6회 이상 측정하되 측정시간마다 2회 이상 반복 측정하여 평균값을 산출하여야 한다.

39 벤젠 100mL에 디티존 0.1g을 넣어 녹인 용액을 10배 희석시키면 디티존의 농도는 약 몇 μg/mL인가?

① 1 ② 10
③ 100 ④ 1,000

해설

$$\text{디티존 농도}(\mu g/mL) = \frac{0.1g}{100mL} \left| \frac{10^6 \mu g}{1g} \right. \times \frac{1}{10} = 100\mu g/mL$$

40 고열의 측정방법에 대한 내용이 다음과 같을 때, ( ) 안에 들어갈 내용으로 옳은 것은?(단, 고용노동부 고시를 기준으로 한다.)

> 측정기기를 설치한 후 일정 시간 안정화시킨 후 측정을 실시하고, 고열작업에 대해 측정하고자 할 경우에는 1일 작업시간 중 최대로 높은 고열에 노출되고 있는 ( ) 간격으로 연속하여 측정한다.

① 5분을 1분 ② 10분을 1분
③ 1시간을 10분 ④ 8시간을 1시간

해설

측정기기를 설치한 후 일정 시간 안정화시킨 후 측정을 실시하고, 고열작업에 대해 측정하고자 할 경우에는 1일 작업 시간 중 최대로 높은 고열에 노출되고 있는 1시간을 10분 간격으로 연속하여 측정한다.

ANSWER | 35 ③ 36 ① 37 ② 38 ① 39 ③ 40 ③

3과목 작업환경 관리

41 고압에 의한 장해를 방지하기 위하여 인공적으로 만든 호흡용 혼합가스인 헬륨-산소혼합가스에 관한 설명으로 옳지 않은 것은?

① 질소 대신에 헬륨을 사용한 가스이다.
② 헬륨의 분자량이 작아서 호흡저항이 적다.
③ 고압에서 마취작용이 강하여 심해 잠수에는 사용하기 어렵다.
④ 헬륨은 체외로 배출되는 시간이 질소에 비하여 50% 정도밖에 걸리지 않는다.

해설

헬륨-산소혼합가스는 호흡저항이 적어 잠수사에게 사용한다.

42 다음 중 아크용접에서 용접흄 발생량을 증가시키는 경우와 가장 거리가 먼 것은?

① 아크 길이가 긴 경우
② 아크 전압이 낮은 경우
③ 봉 극성이 (-)극성인 경우
④ 토치의 경사각도가 큰 경우

해설

아크용접에서 용접흄 발생이 증가하는 경우
㉠ 아크 길이가 긴 경우
㉡ 아크 전압이 높은 경우
㉢ 봉 극성이 (-)극성인 경우
㉣ 토치의 경사각도가 큰 경우

43 다음 중 작업장에서 사용물질의 독성이나 위험성을 줄이기 위하여 사용물질을 변경하는 경우로 가장 적절한 것은?

① 분체의 원료는 입자가 큰 것으로 전환한다.
② 금속제품 도장용으로 수용성 도료를 유기용제로 전환한다.
③ 아조 염료 합성원료로 디클로로벤지딘을 벤지딘으로 전환한다.
④ 금속제품의 탈지에 계면활성제를 사용하던 것을 트리클로로에틸렌으로 전환한다.

해설

㉠ 금속제품 도장용으로 유기용제를 수용성 도료로 전환한다.
㉡ 아주염료의 합성에서 벤지딘을 디클로로벤지딘으로 전환한다.
㉢ 금속제품의 탈지에 트리클로로에틸렌을 대신하여 계면활성제로 변경한다.

44 다음 중 환경개선에 관한 내용과 가장 거리가 먼 것은?

① 분진작업에는 습식 방법의 고려가 필요하다.
② 제진장치의 선정에 있어서는 함유분진의 입경분포를 고려한다.
③ 유기용제를 사용하는 경우에는 되도록 휘발성이 적은 물질로 대체한다.
④ 전체환기장치의 경우 공기의 입구와 출구를 근접한 위치에 설치하여 환기효과를 증대한다.

해설

전체 환기장치의 경우 오염물질 배출구는 가능한 한 오염원으로부터 가까운 곳에 설치하여 점환기 효과를 얻는다.

45 물질안전보건자료(MSDS)에 포함되는 내용이 아닌 것은?

① 작업환경 측정방법
② 대상화학물질의 명칭
③ 안전 · 보건상의 취급 주의사항
④ 건강 유해성 및 물리적 위험성

해설

물질안전보건자료(MSDS)에 포함되는 내용
㉠ 대상화학물질의 명칭
㉡ 구성성분의 명칭 및 함유량
㉢ 안전 · 보건상의 취급 주의사항
㉣ 건강 유해성 및 물리적 위험성
㉤ 그 밖에 고용노동부령으로 정하는 사항

46 고온작업환경에서 열중증의 예방대책으로 가장 잘 짝지어진 것은?

㉠ 열원의 차폐
㉡ 근로시간 및 작업강도의 조절
㉢ 보호구의 착용
㉣ 수분 및 염분의 공급

◎ ANSWER | 41 ③ 42 ② 43 ① 44 ④ 45 ① 46 ④

① ㉠, ㉡ ② ㉡, ㉢
③ ㉠, ㉡, ㉢ ④ ㉠, ㉡, ㉢, ㉣

47 출력이 0.005W인 음원의 음력수준은 약 몇 dB인가?

① 83 ② 93
③ 97 ④ 100

해설

$$PWL = 10\log(\frac{0.005}{10^{-12}}) = 96.99\text{dB}$$

48 온도 표시에 관한 내용으로 틀린 것은?(단, 고용노동부 고시를 기준으로 한다.)

① 실온은 15~20℃를 말한다.
② 미온은 30~40℃를 말한다.
③ 상온은 15~25℃를 말한다.
④ 찬 곳은 따로 규정이 없는 한 0~15℃의 곳을 말한다.

해설

상온은 15~25℃, 실온은 1~35℃, 미온은 30~40℃로 하고, 찬 곳은 따로 규정이 없는 한 0~15℃의 곳을 말한다.

49 다음 중 전리방사선의 장애와 예방에 관한 설명과 가장 거리가 먼 것은?

① 작업절차 등을 고려하여 방사선에 노출되는 시간을 짧게 한다.
② 방사선의 종류, 에너지에 따라 적절한 차폐대책을 수립한다.
③ 방사선원을 납, 철, 콘크리트 등으로 차폐하여 작업장의 방사선량률을 저하시킨다.
④ 방사선 노출 수준은 거리에 반비례하여 증가하므로 발생원과의 거리를 관리하여야 한다.

해설

방사선 노출 수준은 거리의 제곱에 비례하여 감소하므로 발생원과의 거리를 관리하여야 한다.

50 다음 중 산소가 결핍된 장소에서 사용할 보호구로 가장 적절한 것은?

① 방진마스크
② 에어라인 마스크
③ 산성가스용 방독마스크
④ 일산화탄소용 방독마스크

해설

산소가 결핍된 장소에서는 송기마스크 또는 에어라인 마스크를 착용해야 한다.

51 다음 중 분진작업장의 관리방법에 대한 설명과 가장 거리가 먼 것은?

① 습식으로 작업한다.
② 작업장의 바닥에 적절히 수분을 공급한다.
③ 샌드블라스팅 작업 시에는 모래 대신 철을 사용한다.
④ 유리규산 함량이 높은 모래를 사용하여 마모를 최소화한다.

해설

유리규산 함량이 낮은 모래를 사용하여 마모를 최소화한다.

52 다음 중 방독마스크의 흡착제로 주로 사용되는 물질과 가장 거리가 먼 것은?

① 활성탄 ② 금속섬유
③ 실리카겔 ④ 소다라임

해설

방독마스크의 흡착제의 재질
㉠ 활성탄(Activated Carbon)
㉡ 실리카겔(Silicagel)
㉢ 소다라임(Sodalime)
㉣ 제올라이트(Zeolite)

53 고압환경에 관한 설명으로 옳지 않은 것은?

① 산소의 분압이 2기압이 넘으면 산소중독 증세가 나타난다.
② 폐 내의 가스가 팽창하고 질소기포를 형성한다.

ANSWER | 47 ③ 48 ① 49 ④ 50 ② 51 ④ 52 ② 53 ②

③ 공기 중의 질소는 4기압 이상에서 마취작용을 나타낸다.
④ 산소의 중독작용은 운동이나 이산화탄소의 존재로 보다 악화된다.

해설

폐 내의 가스가 팽창하고 질소기포를 형성하는 것은 저압 환경에서 발생하는 일이다.

54 점음원에서 발생되는 소음이 10m 떨어진 곳에서 음압 레벨이 100dB일 때, 이 음원에서 30m 떨어진 곳의 음압 레벨은 약 몇 dB인가?(단, 점음원이고 장해물이 없는 자유공간에서 구면상으로 전파한다고 가정한다.)

① 72.3dB　② 88.1dB
③ 90.5dB　④ 92.3dB

해설

$$SPL_1 - SPL_2 = 20\log\left(\frac{r_2}{r_1}\right)$$

$$SPL_2 = SPL_1 - 20\log\frac{r_2}{r_1} = 100 - 20\log\frac{30}{10} = 90.46dB$$

55 다음 중 자외선에 관한 설명으로 가장 거리가 먼 것은?

① 자외선의 파장은 가시광선보다 작다.
② 자외선에 노출되어 피부암이 발생할 수 있다.
③ 구름이나 눈에 반사되지 않아 대기오염의 지표로도 사용된다.
④ 일명 화학선이라고 하며 광화학반응으로 단백질과 핵산분자의 파괴, 변성작용을 한다.

해설

자외선은 구름이나 눈에 반사되며 맑은날 가장 많고 대기오염의 지표로도 사용된다.

56 벽돌 제조, 도자기 제조 과정 등에서 발생하고 폐암, 결핵과 같은 질환을 유발하는 진폐증은?

① 규폐증　② 면폐증
③ 석면폐증　④ 용접폐증

해설

규폐증(硅肺症)
이산화규소(SiO_2)를 들이마심으로써 발생하며, 대부분의 광산이나 도자기 작업장, 채석장, 석재공장, 터널공사장 등 많은 작업장에서 규소가 문제를 일으킬 수 있다. 20년 정도의 긴 시간이 지나야 발병하는 경우가 대부분이지만 드물게는 몇 달 만에 증상이 생기는 경우도 있다. 섬유화뿐만 아니라 결핵도 악화시켜서 규폐결핵증이 되기 쉽다.

57 수심 20m인 곳에서 작업하는 잠수부에게 작용하는 절대압은?

① 1기압　② 2기압
③ 3기압　④ 4기압

해설

절대압(＝게이지압력＋1)＝2+1＝3(기압)
작용압(게이지압)은 수심 10m마다 1기압씩 증가한다.

58 전리방사선 중 입자방사선이 아닌 것은?

① α입자　② β입자
③ γ입자　④ 중성자

해설

입자방사선에는 α입자, β입자, 중성자 등이 있다.

59 재질이 일정하지 않고 균일하지 않아 정확한 설계가 곤란하며 처짐을 크게 할 수 없어 진동방지보다는 고체음의 전파방지에 유익한 방진재료는?

① 코르크　② 방진고무
③ 공기용수철　④ 금속코일용수철

60 소음노출량계로 측정한 노출량이 200%일 경우 8시간 시간가중평균(TWA)은 약 몇 dB인가?(단, 우리나라 소음의 노출기준을 적용한다.)

① 80dB　② 90dB
③ 95dB　④ 100dB

해설

$$TWA = 90 + 16.61\log\frac{D}{100}$$

$$= 90 + 16.61\log\frac{200}{100} = 95dB$$

ANSWER | 54 ③　55 ③　56 ①　57 ③　58 ③　59 ①　60 ③

4과목 산업환기

61 후드의 선정원칙으로 틀린 것은?

① 필요환기량을 최대한으로 한다.
② 추천된 설계사양을 사용해야 한다.
③ 작업자의 호흡영역을 보호해야 한다.
④ 작업자가 사용하기 편리하도록 한다.

해설

후드의 선정조건
㉠ 필요환기량을 최소화할 것
㉡ 작업자의 호흡영역을 보호할 것
㉢ 작업에 방해되지 않을 것
㉣ 작업자가 사용하기 편리하도록 만들 것
㉤ 오염물질에 따른 후드 재질 선택을 신중하게 할 것
㉥ 추천된 설계사양을 사용할 것

62 국소배기장치의 원형 덕트의 직경은 0.173m이고, 직선 길이는 15m, 속도압은 20mmH_2O, 관마찰계수가 0.016일 때, 덕트의 압력손실(mmH_2O)은 약 얼마인가?

① 12　② 20
③ 26　④ 28

해설

$$\Delta P = f_d \times \frac{L}{D} \times \frac{\gamma V^2}{2g}$$
$$= 0.016 \times \frac{15}{0.173} \times 20 = 27.75\text{mmH}_2\text{O}$$

63 다음은 덕트 내 기류에 대한 내용이다. ㉠과 ㉡에 들어갈 내용으로 맞는 것은?

> 유체가 관 내를 아주 느린 속도로 흐를 때는 소용돌이나 선회운동을 일으키지 않고 관벽에 평행으로 유동한다. 이와 같은 흐름을 (㉠)(이)라 하며 속도가 빨라지면 관 내 흐름은 크고 작은 소용돌이가 혼합된 형태로 변하여 혼합 상태로 흐른다. 이런 모양의 흐름을 (㉡)(이)라 한다.

① ㉠ : 난류, ㉡ : 층류
② ㉠ : 층류, ㉡ : 난류
③ ㉠ : 유선운동, ㉡ : 층류
④ ㉠ : 층류, ㉡ : 천이유동

64 작업장 내의 실내환기량을 평가하는 방법과 거리가 먼 것은?

① 시간당 공기교환 횟수
② Tracer 가스를 이용하는 방법
③ 이산화탄소 농도를 이용하는 방법
④ 배기 중 내부공기의 수분함량 측정

해설

실내환기량 평가방법
㉠ 시간당 공기교환 횟수
㉡ CO_2를 이용한 시간당 공기교환 횟수
㉢ 트레이서(Tracer) 가스를 이용하는 방법

65 주형을 부수고 모래를 터는 장소에서 포위식 후드를 설치하는 경우의 최소 제어풍속으로 맞는 것은?

① 0.5m/s　② 0.7m/s
③ 1.0m/s　④ 1.2m/s

해설

제어속도 개략치

유해물질의 발생상태	공정 예	제어속도 (m/s)
움직이지 않는 공기 중에 속도 없이 유해물질이 발생하는 경우	용기의 액면으로부터 발생하는 가스, 증기, 흄 등	0.25~0.5
비교적 조용한 대기 중에 낮은 속도로 유해물질이 비산하는 경우	Booth식 Hood에서의 분무도장작업, 간헐적인 용기 충진작업, 낮은 속도의 컨베이어작업, 도금작업, 용접작업, 산세척작업	0.5~1.0
빠른 공기 이동이 있는 작업장소에 활발히 유해물질이 비산하는 경우	Booth식 Hood에서의 분무도장작업, 함침(Dipping) 도장작업, 컨베이어의 낙하구 분쇄작업, 파쇄기	1.0~2.5
대단히 빠른 공기 이동이 있는 작업장소에 아주 빠른 속도로 유해물질이 비산하는 경우	연삭작업, 분무작업, 텀블링작업, 블라스트 작업	2.5~10.0

ANSWER | 61 ① 62 ④ 63 ② 64 ④ 65 ②

66 각형 직관에서 장변이 0.3m, 단변이 0.2m일 때, 상당직경(Equivalent Diameter)은 약 몇 m인가?

① 0.24 ② 0.34
③ 0.44 ④ 0.54

해설

상당직경 $= \frac{2ab}{a+b} = \frac{2\times0.3\times0.2}{0.3+0.2} = 0.24m$

67 송풍기에 관한 설명으로 틀린 것은?

① 원심력 송풍기로는 다익팬, 레이디얼팬, 터보팬 등이 해당된다.
② 터보형 송풍기는 압력 변동이 있어도 풍량의 변화가 비교적 작다.
③ 다익형 송풍기는 구조상 고속회전이 어렵고, 큰 동력의 용도에는 적합하지 않다.
④ 평판형 송풍기는 타 송풍기에 비하여 효율이 낮아 미분탄, 톱밥 등을 비롯한 고농도 분진이나 마모성이 강한 분진의 이송용으로는 적당하지 않다.

해설

방사날개형 송풍기(평판형)
㉠ 플레이트 송풍기 또는 평판형 송풍기
㉡ 블레이드(깃)가 평판이고 매우 강도가 높게 설계됨
㉢ 고농도 분진 함유 공기나 부식성이 강한 공기를 이송시키는 데 사용함
㉣ 터보 송풍기와 다익 송풍기의 중간 정도의 성능(효율)을 가짐
㉤ 직선 블레이드(깃)를 반경 방향으로 부착시킨 것으로 구조가 간단하고 보수가 쉬움
㉥ 깃의 구조가 분진을 자체 정화할 수 있도록 되어 있음

68 송풍기의 동작점(Point of Operation) 설명으로 옳은 것은?

① 송풍기의 정압과 송풍기의 전압이 만나는 점
② 송풍기의 성능곡선과 시스템 요구곡선이 만나는 점
③ 급기 및 배기에 따른 음압과 양압이 송풍기에 영향을 주는 점
④ 송풍량이 Q일 때 시스템의 압력손실을 나타낸 곡선

해설

송풍기의 동작점
송풍기의 성능곡선과 시스템 요구곡선이 만나는 점을 말한다.

69 150℃, 720mmHg에서 100m^{3}인 공기는 21℃, 1기압에서는 약 얼마의 부피로 변하는가?

① 47.8m^3 ② 57.2m^3
③ 65.8m^3 ④ 77.2m^3

해설

$$V_2 = V_1 \times \frac{T_2}{T_1} \times \frac{P_1}{P_2}$$
$$= 100 \times \frac{273+21}{273+150} \times \frac{720}{760} = 65.86m^3$$

70 다음의 조건에서 캐노피(Canopy) 후드의 필요환기량(m^3/s)은?

- 장변 : 2m
- 단변 : 1.5m
- 개구면과 배출원과의 높이 : 0.6m
- 제어속도 : 0.25m/s
- 고열배출원이 아니며, 사방이 노출된 상태

① 1.47 ② 2.47
③ 3.47 ④ 4.47

해설

배출원의 크기(E)에 대한 후드면과 배출원 간의 거리(H)의 비(H/E)가 0.3보다 작을 때 필요환기량
$Q = 1.4 \times P \times H \times V$
$= 1.4 \times 7m \times 0.6m \times 0.25m/s = 1.47m/s$
여기서, P : 캐노피의 둘레길이(2L+2W)

ANSWER | 66 ① 67 ④ 68 ② 69 ③ 70 ①

71 일반적으로 사용하고 있는 흡착탑 점검을 위하여 압력계를 이용하여 흡착탑 차압을 측정하고자 한다. 차압의 측정범위와 측정방법으로 가장 적절한 것은?

① 차압계 정압측정범위 : 50mmH_2O

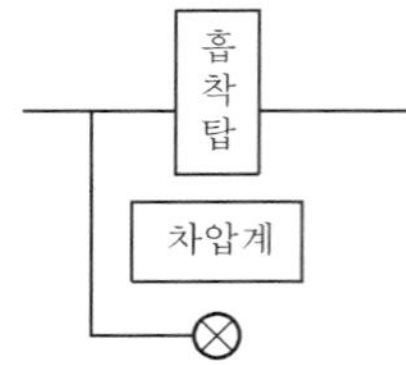

② 차압계 정압측정범위 : 50mmH_2O

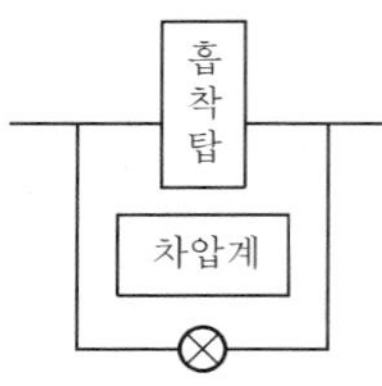

③ 차압계 정압측정범위 : 500mmH_2O

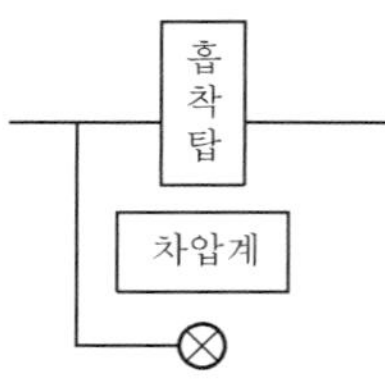

④ 차압계 정압측정범위 : 500mmH_2O

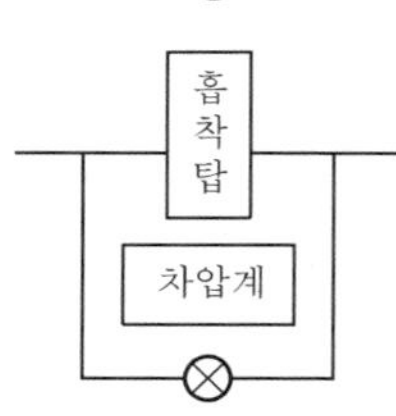

해설

흡착탑의 점검은 흡착탑 전후의 정압을 측정하여 압력손실이 200mmH_2O 이상의 차압계를 선정한다.

72 직경 150mm인 덕트 내 정압은 −64.5mmH_2O이고, 전압은 −31.5mmH_2O이다. 이때 덕트 내의 공기 속도(m/s)는 약 얼마인가?

① 23.23 ② 32.09
③ 32.47 ④ 39.61

해설

$$V = \sqrt{\frac{2 \cdot g \cdot VP}{\gamma}}$$

$$VP = TP - SP = -31.5 - (-64.5) = 33mmH_2O$$

$$\therefore V = \frac{\sqrt{2 \cdot g \cdot VP}}{\gamma} = \sqrt{\frac{2 \times 9.8 \times 38.56}{1.2}} = 23.22m/sec$$

73 용접용 후드의 정압이 처음에는 18mmH_2O이었고, 이때의 유량은 50m^3/min이었다. 최근에 조사해본 결과 정압이 14mmH_2O이었다면, 최근의 유량(m^3/min)은?

① 44.10 ② 46.10
③ 48.10 ④ 50.10

해설

$$\frac{Q_2}{Q_1} = \sqrt{\frac{SP_2}{SP_1}}$$

$$Q_2 = Q_1 \times \sqrt{\frac{SP_2}{SP_1}} = 50 \times \sqrt{\frac{14}{18}} = 40.10m^3/min$$

74 작업장 내에서는 톨루엔(분자량 92, TLV 50ppm)이 시간당 300g씩 증발되고 있다. 이 작업장에 전체 환기장치를 설치할 경우 필요환기량은 약 얼마인가?(단, 주위는 21℃, 1기압이고, 여유계수는 5로 하며, 비중 0.87 톨루엔은 모두 공기와 완전 혼합된 것으로 한다.)

① 110.98m^3/min ② 130.98m^3/min
③ 4,382.60m^3/min ④ 7,858.70m^3/min

해설

$$Q(m^3/hr) = \frac{24.1 \times \text{비중} \times \text{유해물질사용량}(L/hr) \times K \times 10^6}{\text{분자량} \times ppm}$$

$$= \frac{24.1m^3 \times 0.3kg/hr \times 5 \times 10^6}{92kg \times 50}$$

$$= 7,858.7m^3/hr$$

$$\therefore Q(m^3/min) = 7,858.7m^3/hr \times \frac{1hr}{60min}$$

$$= 130.98m^3/min$$

75 일반적으로 후드에서 정압과 속도압을 동시에 측정하고자 할 때 측정공의 위치는 후드 또는 덕트의 연결부로부터 얼마 정도 떨어져 있는 것이 가장 적절한가?

① 후드 길이의 1~2배 지점
② 후드 길이의 3~4배 지점
③ 덕트 직경의 1~2배 지점
④ 덕트 직경의 4~6배 지점

ANSWER | 71 ④ 72 ① 73 ① 74 ② 75 ④

해설

후드와 덕트가 일직선으로 연결된 경우 덕트 직경의 2~4배 지점에서 측정하며, 후드가 곡관덕트와 연결되는 경우는 덕트 직경의 4~6배 지점에서 측정한다.

76 다음 설명에 해당하는 집진장치로 맞는 것은?

- 고온 가스의 처리가 가능하다.
- 가연성 입자의 처리가 곤란하다.
- 넓은 범위의 입경과 분진농도에 집진효율이 높다.
- 초기 설치비가 많이 들고, 넓은 설치공간이 요구된다.

① 여과집진장치 ② 벤츄리스크러버
③ 전기집진장치 ④ 원심력집진장치

77 환기와 관련한 식으로 옳지 않은 것은?(단, 관련 기호는 표를 참고하시오.)

기호	설명	기호	설명
Q	유량	SP_h	후드정압
A	단면적	TP	전압
V	유속	VP	동압
D	직경	SP	정압
C_e	유입계수		

① $Q=AV$ ② $A=\frac{\pi D^2}{4}$
③ $VP=TP+SP$ ④ $C_e=\sqrt{\frac{VP}{SP_h}}$

해설

$VP=TP-SP$

78 포위식 후드의 장점이 아닌 것은?

① 작업장의 완전한 오염방지가 가능
② 난기류 등의 영향을 거의 받지 않음
③ 다른 종류의 후드보다 작업방해가 적음
④ 최소의 환기량으로 유해물질의 제거 가능

해설

포위형 후드
㉠ 발생원을 완전히 포위하는 형태의 후드이다.
㉡ 포집효과가 가장 우수하며, 필요환기량이 가장 적다.
㉢ 후드의 개방면에서 측정한 속도로서 면속도가 제어속도가 되는 형태의 후드이다.
㉣ 오염물질의 독성이 강한 물질을 제어하는 데 적합한 후드이다.
㉤ 작업장 내 난기류의 영향을 받지 않는다.

79 전체 환기시설을 설치하기 위한 조건으로 적절하지 않은 것은?

① 유해물질의 발생량이 많다.
② 독성이 낮은 유해물질을 사용하고 있다.
③ 공기 중 유해물질의 농도가 허용농도 이하로 낮다.
④ 근로자의 작업위치가 유해물질 발생원으로부터 멀리 떨어져 있다.

해설

전체 환기시설은 유해물질의 발생량이 적거나 독성이 낮을 경우에 적용한다.

80 후드의 유입계수가 0.75이고, 관내 기류속도가 25m/s일 때, 후드의 압력 손실은 약 몇 mmH_2O인가?(표준상태에서 공기의 밀도는 $1.20kg/m^3$으로 한다.)

① 22 ② 25
③ 30 ④ 31

해설

압력손실(ΔP) $=F\times VP$

$$F=\frac{1-C_e^2}{C_e^2}=\frac{1-0.75^2}{0.75^2}=0.778$$

$$VP=\frac{\gamma V^2}{2g}=\frac{1.2\times 25^2}{2\times 9.8}=38.27mmH_2O$$

∴ 압력손실(ΔP) $=0.778\times 38.27=29.8mmH_2O$

ANSWER | 76 ③ 77 ③ 78 ③ 79 ① 80 ③

SECTION 21

2020년 통합 1·2회 산업기사

1과목 산업위생학 개론

01 정교한 작업을 위한 작업대 높이의 개선 방법으로 가장 적절한 것은?

① 팔꿈치 높이를 기준으로 한다.
② 팔꿈치 높이보다 5cm 정도 낮게 한다.
③ 팔꿈치 높이보다 10cm 정도 낮게 한다.
④ 팔꿈치 높이보다 5~10cm 정도 높게 한다.

해설

작업대 높이
㉠ 정밀작업 : 팔꿈치 높이보다 5~10cm 높게 설계
㉡ 일반작업 : 팔꿈치 높이보다 5~10cm 낮게 설계
㉢ 힘든 작업(중작업) : 팔꿈치 높이보다 10~20cm 낮게 설계

02 상시근로자가 100명인 A사업장의 지난 1년간 재해통계를 조사한 결과 도수율이 4이고, 강도율이 1이었다. 이 사업장의 지난해 재해발생건수는 총 몇 건이었는가?(단, 근로자는 1일 10시간씩 연간 250일을 근무하였다.)

① 1 ② 4
③ 10 ④ 250

해설

도수율(빈도율, FR : Frequency Rate of Injury)

$$도수율=\frac{재해발생건수}{연근로시간수}\times 10^6$$

$$4=\frac{재해발생건수}{100\times 10\times 250}\times 10^6$$

∴ 재해발생건수 = 1건

03 피로를 가장 적게 하고 생산량을 최고로 증대시킬 수 있는 경제적인 작업속도를 무엇이라고 하는가?

① 부상속도 ② 지적속도
③ 허용속도 ④ 발한속도

해설

지적속도
산업피로를 가장 적게 하고, 생산량을 최고로 올릴 수 있는 경제적인 작업속도

04 산업안전보건법령상 역학조사의 대상으로 볼 수 없는 것은?

① 건강진단의 실시결과 근로자 또는 근로자의 가족이 역학조사를 요청하는 경우
② 근로복지공단이 고용노동부장관이 정하는 바에 따라 업무상 질병 여부의 결정을 위하여 역학조사를 요청하는 경우
③ 건강진단의 실시 결과만으로 직업성 질환에 걸렸는지를 판단하기 곤란한 근로자의 질병에 대하여 건강진단기관의 의사가 역학조사를 요청하는 경우
④ 직업성 질환에 걸렸는지 여부로 사회적 물의를 일으킨 질병에 대하여 작업장 내 유해요인과의 연관성 규명이 필요한 경우로 지방고용노동관서의 장이 요청하는 경우

해설

역학조사의 대상
㉠ 건강진단의 실시 결과만으로 직업성 질환에 걸렸는지를 판단하기 곤란한 근로자의 질병에 대하여 사업주, 근로자 대표, 보건관리자 또는 건강진단기관의 의사가 역학조사를 요청하는 경우
㉡ 근로복지공단이 고용노동부장관이 정하는 바에 따라 업무상 질병 여부의 결정을 위하여 역학조사를 요청하는 경우
㉢ 직업성 질환에 걸렸는지 여부로 사회적 물의를 일으킨 질병에 대하여 작업장 내 유해요인과의 연관성 규명이 필요한 경우로 지방고용노동관서의 장이 요청하는 경우

05 직업병이 발생된 원진레이온에서 원인이 되었던 물질은?

① 납 ② 수은
③ 이황화탄소 ④ 사염화탄소

◉ ANSWER | 01 ④ 02 ① 03 ② 04 ① 05 ③

해설

원진레이온 공장에서 집단적인 직업병을 유발하였던 물질은 이황화탄소(CS_2)이다.

06 산업안전보건법령상 보건관리자의 업무에 해당하지 않는 것은?

① 사업장 순회점검, 지도 및 조치 건의
② 위험성 평가에 관한 보좌 및 지도 · 조언
③ 물질안전보건자료의 게시 또는 비치에 관한 보좌 및 지도 · 조언
④ 산업안전보건관리비의 집행 감독 및 그 사용에 관한 수급인 간의 협의 · 조정

해설

보건관리자의 업무(직무)

㉠ 산업안전보건위원회에서 심의 · 의결한 업무와 안전보건관리규정 및 취업규칙에서 정한 업무
㉡ 안전인증대상 기계 · 기구 등과 자율안전확인대상 기계 · 기구 등 중 보건과 관련된 보호구(保護具) 구입 시 적격품 선정에 관한 보좌 및 조언 · 지도
㉢ 물질안전보건자료의 게시 또는 비치에 관한 보좌 및 조언 · 지도
㉣ 위험성 평가에 관한 보좌 및 조언 · 지도
㉤ 산업보건의의 직무
㉥ 해당 사업장 보건교육계획의 수립 및 보건교육 실시에 관한 보좌 및 조언 · 지도
㉦ 해당 사업장의 근로자를 보호하기 위한 다음 각 목의 조치에 해당하는 의료행위
- 외상 등 흔히 볼 수 있는 환자의 치료
- 응급처치가 필요한 사람에 대한 처치
- 부상 · 질병의 악화를 방지하기 위한 처치
- 건강진단 결과 발견된 질병자의 요양 지도 및 관리
- 위의 의료행위에 따르는 의약품의 투여

㉧ 작업장 내에서 사용되는 전체환기장치 및 국소배기장치 등에 관한 설비의 점검과 작업방법의 공학적 개선에 관한 보좌 및 조언 · 지도
㉨ 사업장 순회점검 · 지도 및 조치의 건의
㉩ 산업재해 발생의 원인 조사 · 분석 및 재발 방지를 위한 기술적 보좌 및 조언 · 지도
㉪ 산업재해에 관한 통계의 유지 · 관리 · 분석을 위한 보좌 및 조언 · 지도
㉫ 법 또는 법에 따른 명령으로 정한 보건에 관한 사항의 이행에 관한 보좌 및 조언 · 지도
㉬ 업무수행 내용의 기록 · 유지
㉭ 그 밖에 작업관리 및 작업환경관리에 관한 사항

07 누적외상성 질환의 발생과 가장 관련이 적은 것은?

① 18℃ 이하에서 하역 작업
② 진동이 수반되는 곳에서의 조립 작업
③ 나무망치를 이용한 간헐성 분해 작업
④ 큰 변화가 없는 동일한 연속동작의 운반 작업

해설

누적외상성 질환(CTDs)의 주요 요인

㉠ 부적절한 작업자세
㉡ 반복적인 동작
㉢ 무리한 힘을 사용
㉣ 저온 및 진동

08 만성중독 시 나타나는 특징으로 코점막의 염증, 비중격천공 등의 증상이 나타나는 대표적인 물질은?

① 납
② 크롬
③ 망간
④ 니켈

해설

유해인자별 직업병

㉠ 크롬 : 신장장애, 피부염(접촉성), 크롬폐증, 폐암, 비중격천공(6가 크롬)
㉡ 이상기압 : 감압병, 폐수종
㉢ 석면 : 악성중피종
㉣ 망간 : 파킨슨증후군(신경염), 신장염
㉤ 분진 : 규폐증
㉥ 수은 : 무뇨증, 미나마타병

09 직업병을 일으키는 물리적인 원인에 해당하지 않는 것은?

① 온도
② 유해광선
③ 유기용제
④ 이상기압

해설

유기용제는 직업병을 일으키는 화학적 원인이다.

ANSWER | 06 ④ 07 ③ 08 ② 09 ③

10 산업안전보건법령에 의한 「화학물질 및 물리적 인자의 노출기준」에서 정한 노출기준 표시단위로 옳지 않은 것은?

① 증기 : ppm ② 고온 : WBGT(℃)
③ 분진 : mg/m^3 ④ 석면분진 : 개수/m^3

해설

석면 및 내화성 세라믹섬유의 노출기준 표시단위는 세제곱센티미터당 개수(개/cm^3)를 사용한다.

11 다음 적성검사 중 심리학적 검사에 해당하지 않는 것은?

① 지능검사 ② 인성검사
③ 감각기능검사 ④ 지각동작검사

해설

심리학적 적성검사의 검사항목

검사종류	검사항목
인성검사	성격, 태도, 정신상태
기능검사	직무에 관한 기본지식, 숙련도, 사고력
지능검사	언어, 기억, 추리, 귀납
지각동작검사	수족협조능, 운동속도능, 형태지각능

12 피로 측정 및 판정에서 가장 중요하며 객관적인 자료에 해당하는 것은?

① 개인적 느낌 ② 생체기능의 변화
③ 작업능률 저하 ④ 작업자세의 변화

해설

피로의 측정 및 판정에서 가장 중요하고 객관적인 자료는 생체기능의 변화이다.

13 작업자가 유해물질에 어느 정도 노출되었는지를 파악하는 지표로서 작업자의 생체시료에서 대사산물 등을 측정하여 유해물질의 노출량을 추정하는 데 사용되는 것은?

① BEI ② TLV−TWA
③ TLV−S ④ Excursion Limit

해설

BEI(Biological Exposure Indices : 생물학적 노출지수)
작업자가 유해물질에 어느 정도 노출되었는지를 파악하는 지표로서 작업자의 생체시료에서 대사산물 등을 측정하여 유해물질의 노출량을 추정하는 데 사용한다.

14 산업안전보건법령에 의한 「화학물질의 분류 · 표시 및 물질안전보건자료에 관한 기준」에서 정하는 경고표지의 색상으로 옳은 것은?

① 경고표지 전체의 바탕은 흰색으로, 글씨와 테두리는 검정색으로 하여야 한다.
② 경고표지 전체의 바탕은 흰색으로, 글씨와 테두리는 붉은색으로 하여야 한다.
③ 경고표지 전체의 바탕은 노란색으로, 글씨와 테두리는 검정색으로 하여야 한다.
④ 경고표지 전체의 바탕은 노란색으로, 글씨와 테두리는 붉은색으로 하여야 한다.

해설

경고표지의 색상 및 위치
㉠ 경고표지 전체의 바탕은 흰색으로, 글씨와 테두리는 검정색으로 하여야 한다.
㉡ 경고표지는 취급근로자가 사용 중에도 쉽게 볼 수 있는 위치에 견고하게 부착하여야 한다.

15 육체적 작업능력(PWC)이 16kcal/min인 근로자가 물체운반작업을 하고 있다. 작업대사량은 7kcal/min, 휴식 시의 대사량이 2kcal/min일 때 휴식 및 작업시간을 가장 적절히 배분한 것은?(단, Hertig의 식을 이용하며, 1일 8시간 작업기준이다.)

① 매시간 약 5분 휴식하고, 55분 작업한다.
② 매시간 약 10분 휴식하고, 50분 작업한다.
③ 매시간 약 15분 휴식하고, 45분 작업한다.
④ 매시간 약 20분 휴식하고, 40분 작업한다.

해설

$$T_{rest} = \frac{E_{max} - E_{task}}{E_{rest} - E_{task}} \times 100 = \frac{\left(PWC \times \frac{1}{3}\right) - \text{작업대사량}}{\text{휴식 시 대사량} - \text{작업대사량}} \times 100$$

◉ ANSWER | 10 ④ 11 ③ 12 ② 13 ① 14 ① 15 ④

$$= \frac{\left(16 \times \frac{1}{3}\right) - 7}{2 - 7} \times 100 = 33.33\%$$

적정휴식시간(min) = 60 × 0.3333 = 20min

작업시간(min) = 60 × 0.6667 = 40min

16 미국의 ACGIH, AIHA, ABIH 등에서 채택한 산업위생에 종사하는 사람들이 반드시 지켜야 할 윤리강령 중 전문가로서의 책임에 해당하지 않는 것은?

① 전문분야로서의 산업위생을 학문적으로 발전시킨다.

② 과학적 방법을 적용하고 자료해석에 객관성을 유지한다.

③ 근로자, 사회 및 전문분야의 이익을 위해 과학적 지식을 공개한다.

④ 위험요인의 측정, 평가 및 관리에 있어서 외부의 압력에 굴하지 않고 중립적 태도를 취한다.

해설

산업위생전문가로서 지켜야 할 책임

㉠ 기업체의 기밀은 외부에 누설하지 않는다.

㉡ 과학적 방법의 적용과 자료의 해석에서 객관성을 유지한다.

㉢ 근로자, 사회 및 전문직종의 이익을 위해 과학적 지식을 공개하여 발표한다.

㉣ 전문적인 판단이 타협에 의해서 좌우될 수 있으나 이해관계가 있는 상황에서는 개입하지 않는다.

㉤ 성실성과 학문적 실력 면에서 최고 수준을 유지한다.

㉥ 전문분야로서의 산업위생 발전에 기여한다.

17 NIOSH의 들기 작업 권장무게한계(RWL)에서 중량물상수와 수평위치값의 기준으로 옳은 것은?

① 중량물상수 : 18kg, 수평위치값 : 20cm

② 중량물상수 : 20kg, 수평위치값 : 23cm

③ 중량물상수 : 23kg, 수평위치값 : 25cm

④ 중량물상수 : 25kg, 수평위치값 : 30cm

18 산업위생의 기본적인 과제와 가장 거리가 먼 것은?

① 작업환경에 의한 신체적 영향과 최적 환경의 연구

② 작업능력의 신장과 저하에 따르는 정신적 조건의 연구

③ 작업능력의 신장과 저하에 따르는 작업조건의 연구

④ 신기술 개발에 따른 새로운 질병의 치료에 관한 연구

해설

산업위생의 기본적인 과제

㉠ 작업환경에 의한 정신적 영향과 적합한 환경의 연구

㉡ 노동 재생산과 사회·경제적 조건의 연구

㉢ 작업능률 저하에 따른 작업조건에 관한 연구

㉣ 작업환경에 의한 신체적 영향과 최적 환경의 연구

㉤ 작업근로자의 작업자세와 육체적 부담의 인간공학적 평가

㉥ 고령근로자 및 여성근로자의 작업조건과 정신적 조건의 평가

㉦ 기존 및 신규 화학물질의 유해성 평가 및 사용대책의 수립

19 작업에 소요된 열량이 400kcal/시간인 작업의 작업대사율(RMR)은 약 얼마인가?(단, 작업자의 기초대사량은 60kcal/시간이며, 안정 시 열량은 기초대사량의 1.2배이다.)

① 2.8　　② 3.4

③ 4.5　　④ 5.5

해설

$$\text{RMR} = \frac{\text{작업 시 소요열량} - \text{안정 시 소요열량}}{\text{기초대사량}}$$

$$= \frac{(400 - 1.2 \times 60)\text{kcal}}{60\text{kcal}} = 5.47$$

20 혐기성 대사에서 혐기성 반응에 의해 에너지를 생산하지 않는 것은?

① 지방

② 포도당

③ 크레아틴인산(CP)

④ 아데노신삼인산(ATP)

해설

혐기성 대사 순서(시간대별)

ATP(아데노신삼인산) → CP(크레아틴인산) → Glycogen(글리코겐) or Glucose(포도당)

ANSWER | 16 ④ 17 ③ 18 ④ 19 ④ 20 ①

2과목 작업위생 측정 및 평가

21 산에 쉽게 용해되므로 입자상 물질 중의 금속을 채취하여 원자흡광법으로 분석하는 데 적당하며, 석면의 현미경 분석을 위한 시료채취에도 이용되는 여과지는?

① PVC 막여과지 ② 섬유상 여과지
③ PTFE 막여과지 ④ MCE 막여과지

해설

MCE 여과지(Mixed Cellulose Ester Membrance)
㉠ 산에 쉽게 용해된다.
㉡ 입자상 물질 중의 금속을 채취하여 원자흡광법으로 분석하는 데 적정하다.
㉢ 흡수성이 높아 중량분석에는 부적합하다.
㉣ 시료가 여과지의 표면 또는 가까운 데에 침착되므로 석면, 유리섬유 등 현미경 분석을 위한 시료채취에도 이용된다.

22 다음 중 검지관 측정법의 장단점으로 틀린 것은?

① 숙련된 산업위생전문가가 아니더라도 어느 정도만 숙지하면 사용할 수 있다.
② 다른 방해물질의 영향을 받기 쉬워 오차가 크다.
③ 근로자에게 노출된 TWA를 측정하는 데 유리하다.
④ 밀폐공간에서 산소부족 또는 폭발성 가스로 인한 안전이 문제가 될 때 유용하게 사용될 수 있다.

해설

검지관 측정법은 숙련된 산업위생전문가가 아니더라도 어느 정도만 숙지하면 사용할 수 있다.

23 포스겐($COCl_2$) 가스 농도가 120μg/m^3이었을 때, ppm으로 환산하면 약 몇 ppm인가?(단, $COCl_2$의 분자량은 99이고, 25℃, 1기압을 기준으로 한다.)

① 0.03 ② 0.2
③ 2.6 ④ 29

해설

$$\text{ppm}(\text{mL/m}^3) = \frac{0.12\text{mg}}{\text{m}^3} \left| \frac{24.45\text{mL}}{99\text{mg}} \right. = 0.0296 = 0.03\text{ppm}$$

24 코크스 제조공정에서 발생되는 코크스오븐 배출물질을 채취하는 데 많이 이용되는 여과지는?

① PVC 막여과지 ② 은막 여과지
③ MCE 막여과지 ④ 유리섬유 여과지

해설

은막 여과지는 열적, 화학적 안정성이 있고 코크스오븐 배출물질을 포집할 수 있다.

25 원자흡광분석기에서 빛이 어떤 시료 용액을 통과할 때 그 빛의 85%가 흡수될 경우의 흡광도는?

① 0.64 ② 0.76
③ 0.82 ④ 0.91

해설

$$\text{흡광도}(A) = \log\frac{1}{t}$$

여기서, t : 투과도

$$\text{흡광도}(A) = \log\frac{1}{0.15} = 0.82$$

26 고유량 공기 채취 펌프를 수동 무마찰 거품관으로 보정하였다. 비눗방울이 300cm^3의 부피까지 통과하는 데 12.5초 걸렸다면 유량(L/min)은?

① 1.4 ② 2.4
③ 2.8 ④ 3.8

해설

$$\text{포집유량}(\text{L/min}) = \frac{\text{비누거품이 통과한 부피(L)}}{\text{비누거품이 통과한 시간(min)}} = \frac{0.3\text{L}}{(12.5/60)\text{min}} = 1.44\text{L/min}$$

27 사업장에서 70dB과 80dB의 소음이 발생하는 장비가 각각 설치되어 있을 때, 장비 2대가 동시에 가동할 때 발생되는 소음은 몇 dB인가?

① 75.0 ② 80.4
③ 82.4 ④ 86.6

해설

$$L_{합} = 10\log\left(10^{\frac{L_1}{10}} + 10^{\frac{L_2}{10}} + \cdots + 10^{\frac{L_n}{10}}\right) = 10\log\left(10^{\frac{70}{10}} + 10^{\frac{80}{10}}\right) = 80.41\text{dB}$$

ANSWER | 21 ④ 22 ③ 23 ① 24 ② 25 ③ 26 ① 27 ②

28 일정한 부피조건에서 가스의 압력과 온도가 비례한다는 것과 관계 있는 것은?

① 게이-루삭의 법칙
② 라울의 법칙
③ 보일의 법칙
④ 하인리히의 법칙

해설

게이-루삭의 법칙
㉠ 정의 : 일정한 체적하에서 절대압력은 절대온도에 비례한다.
㉡ 관계식

$$P \propto T \rightarrow \frac{P_1}{T_1} = \frac{P_2}{T_2}$$

여기서, P_1 : 초기압력, P_2 : 최종압력
T_1 : 초기온도, T_2 : 최종온도

29 소음의 음압수준(LP)을 구하는 식은?(단, P : 음압, P_o : 기준 음압)

① $L_P = 10\log\left(\frac{P}{P_o}\right)$

② $L_P = 20\log P + \log P_o$

③ $L_P = \log\left(\frac{P}{P_o}\right) + 20$

④ $L_P = 20\log\left(\frac{P}{P_o}\right)$

30 주물공장 내에서 비산되는 먼지를 측정하기 위해서 High Volume Air Sampler를 사용하였을 때, 분당 3L로 60분간 포집한 결과 여과지의 무게가 2.46mg이면, 주물공장 내 먼지 농도는 약 몇 mg/m^3인가?(단, 포집 전의 여과지의 무게는 1.66mg이다.)

① 2.44 ② 3.54
③ 4.44 ④ 5.54

해설

$$X(mg/m^3) = \frac{(2.46-1.66)mg}{\frac{3L}{min} \times 60min \times \frac{1m^3}{10^3L}} = 4.44mg/m^3$$

31 가스크로마토그래피-질량분석기(GC-MS)를 이용하여 물질분석을 할 때 사용하는 일반적인 이동상 가스는 무엇인가?

① 헬륨 ② 질소
③ 수소 ④ 아르곤

해설

운반가스
운반가스는 충전물이나 시료에 대하여 불활성이고 사용하는 검출기의 작동에 적합하고 순도는 99.99% 이상이어야 한다. 일반적으로 기체크로마토그래피-질량분석기에서는 헬륨가스를 많이 이용한다.

32 다음 중 고분자화합물질의 분석에 적합하며 이동상으로 액체를 사용하는 분석기기는?

① GC ② XRD
③ ICP ④ HPLC

해설

고성능액체크로마토그래피(HPLC) 원리
㉠ 끓는점이 높아 가스크로마토그래피를 적용하기 곤란한 고분자화합물이나 열에 불안정한 물질, 극성이 강한 물질들을 고정상과 액체이동상 사이의 물리화학적 반응성의 차이를 이용하여 서로 분리하는 분석기기이다.
㉡ 허용기준 대상 유해인자 중 포름알데히드, 2,4-톨루엔디이소시아네이트 등의 정성 및 정량분석 방법에 적용한다.
㉢ 고정상에 채운 분리관에 시료를 주입하는 방법과 이동상을 흘려주는 방법에 따라 전단분석, 치환법, 용리법의 3가지 조작법으로 구분된다.

33 가스상 물질을 채취하는 흡착제로서 활성탄 대비 실리카겔이 갖는 장점이 아닌 것은?

① 극성 물질을 채취한 경우 물, 메탄올 등 다양한 용매로 쉽게 탈착된다.
② 비교적 고온에서도 흡착이 가능하다.
③ 추출액이 화학분석이나 기기분석에 방해물질로 작용하는 경우가 많지 않다.
④ 활성탄으로 채취가 어려운 아닐린과 같은 아민류나 몇몇 무기물질의 채취도 가능하다.

ANSWER | 28 ① 29 ④ 30 ③ 31 ① 32 ④ 33 ②

해설

실리카겔의 장점
㉠ 추출액이 화학분석이나 기기분석에 방해물질로 작용하는 경우가 많지 않다.
㉡ 유독한 이황화탄소를 탈착용매로 사용하지 않는다.
㉢ 활성탄으로 포집이 힘든 아닐린이나 아민류의 채취도 가능하다.
㉣ 극성 물질을 채취한 경우 물, 메탄올 등 다양한 용매로 쉽게 탈착된다.

34 부탄올 흡수액을 이용하여 시료를 채취한 후 분석된 양이 75μg이며, 공시료에 분석된 평균량은 0.5μg, 공기채취량은 10L일 때, 부탄의 농도는 약 몇 mg/m^3인가?(단, 탈착효율은 100%이다.)

① 7.45　　② 9.1
③ 11.4　　④ 14.8

해설

$$X(mg/m^3) = \frac{(75-0.5)\mu g}{10L} = 7.45\mu g/L = 7.45mg/m^3$$

35 음력이 1.0W인 작은 점음원으로부터 500m 떨어진 곳의 음압레벨은 약 몇 dB(A)인가?(단, 기준음력은 10–12W이다.)

① 50　　② 55
③ 60　　④ 65

해설

$$SPL = PWL - 20\log r - 11$$
$$= 10\log\frac{1}{10^{-12}} - 20\log 500 - 11 = 55.02dB$$

36 가스크로마토그래피(GC)에서 이황화탄소, 니트로메탄을 분석할 때 주로 사용하는 검출기는?

① 불꽃이온화검출기(FID)
② 열전도도검출기(TCD)
③ 전자포획검출기(ECD)
④ 불꽃광전자검출기(FPD)

해설

검출기의 특성

종류	용도 및 감도	운반가스
열전도도검출기(TCD)	감도 및 물에 대한 영향으로 자주 쓰이지 않음	H_2나 He
불꽃이온화검출기(FID)	유기물질(유기용제)에 대해 고감도	N_2나 He
전자포획형 검출기(ECD)	할로겐, 니트로기 등에 고감도(PCB, 유기수은 등)	He
알칼리열이온화 검출기(FTD)	유기인화합물, 유기질소화합물에 고감도	N_2나 He
불꽃광도형 검출기(FPD)	악취 관계 물질의 분석(유기황, 유기인, CS_2 등)	

37 다음 중 1차 표준기구가 아닌 것은?

① 가스치환병　　② 건식 가스미터
③ 폐활량계　　④ 비누거품미터

해설

1차 표준기구
㉠ 비누거품미터　　㉡ 폐활량계
㉢ 가스치환병　　㉣ 유리피스톤미터
㉤ 흑연피스톤미터　　㉥ 피토튜브

38 하루 8시간 작업하는 근로자가 200ppm 농도에서 1시간, 100ppm 농도에서 2시간, 50ppm에서 3시간 동안 TCE에 노출되었을 때, 이 근로자가 8시간 동안 노출된 TWA 농도는?

① 약 35.8ppm　　② 약 68.8ppm
③ 약 91.8ppm　　④ 약 116.8ppm

해설

$$TWA = \frac{(200\times1)+(100\times2)+(50\times3)}{8} = 68.75ppm$$

39 누적소음노출량 측정기로 소음을 측정하는 경우 소음계의 Exchange Rate 설정 기준은?(단, 고용노동부 고시를 기준으로 한다.)

① 1dB　　② 3dB
③ 5dB　　④ 10dB

◎ ANSWER | 34 ① 35 ② 36 ④ 37 ② 38 ② 39 ③

해설

누적소음노출량 측정기로 소음을 측정하는 경우에 Criteria는 90dB, Exchange Rate는 5dB, Threshold는 80dB로 기기를 설정할 것

40 공기 중 석면 농도를 허용기준과 비교할 때 가장 일반적으로 사용되는 석면 측정방법은?

① 광학현미경법 ② 전자현미경법
③ 위상차현미경법 ④ 직독식 현미경법

해설

석면 측정에 가장 많이 이용되는 것은 위상차 현미경이다.

3과목 작업환경 관리

41 주물사업장에서 습구흑구온도를 측정한 결과 자연습구온도 40℃, 흑구온도 42℃, 건구온도 41℃로 확인되었다면 습구흑구온도지수는?(단, 옥외(태양광선이 내리쬐지 않는 장소)를 기준으로 한다.)

① 41.5℃ ② 40.6℃
③ 40.0℃ ④ 39.6℃

해설

옥내 WBGT(℃) = 0.7×자연습구온도 + 0.3×흑구온도
= 0.7×40℃ + 0.3×42℃ = 40.6℃

42 비중격천공의 원인물질로 알려진 중금속은?

① 카드뮴(Cd) ② 수은(Hg)
③ 크롬(Cr) ④ 니켈(Ni)

해설

크롬에 장기간 노출되면 뼈의 연골부에 구멍이 뚫리는 비중격천공이 발생한다.

43 염료, 합성고무 등의 원료로 사용되며 저농도로 장기간 폭로 시 혈액장애, 간장장애를 일으키고 재생불량성 빈혈, 백혈병까지 발병할 수 있는 물질은?

① 노르말핵산 ② 벤젠
③ 사염화탄소 ④ 알킬수은

해설

벤젠은 방향족 화합물로서 장기간 폭로 시 혈액장애, 간장장애를 일으키고 재생불량성 빈혈, 백혈병을 일으킨다.

44 분진이 발생하는 사업장의 작업공정개선 대책으로 틀린 것은?

① 생산공정을 자동화 또는 무인화
② 비산 방지를 위하여 공정을 습식화
③ 작업장 바닥을 물세척이 가능하게 처리
④ 분진에 의한 폭발은 없으므로 근로자의 보건 분야 집중 관리

45 공기 중 트리클로로에틸렌이 고농도로 존재하는 작업장에서 아크용접을 실시하는 경우 트리클로로에틸렌은 어떠한 물질로 전환될 수 있는가?

① 사염화탄소 ② 벤젠
③ 이산화질소 ④ 포스겐

해설

트리클로로에틸렌(TCE)은 자외선과 광화학반응을 일으켜 포스겐으로 전환되므로 아크용접을 실시하는 경우 트리클로로에틸렌이 고농도로 존재하는 사업장에서 포스겐으로 전환될 수 있다.

46 인공조명을 선정 및 설치할 때, 고려사항으로 틀린 것은?

① 폭발과 발화성이 없을 것
② 균등한 조도를 유지할 것
③ 유해가스를 발생하지 않을 것
④ 광원은 우하방에 위치할 것

해설

광원은 작업상 간접조명이 좋으며 좌측 상방에 설치하는 것이 좋다.

47 전신진동의 주파수 범위로 가장 적절한 것은?

① 1~100Hz ② 100~250Hz
③ 250~1,000Hz ④ 1,000~4,000Hz

◎ ANSWER | 40 ③ 41 ② 42 ③ 43 ② 44 ④ 45 ④ 46 ④ 47 ①

해설

진동의 구분에 따른 주파수 범위
㉠ 전신진동 : 2~100Hz
㉡ 국소진동 : 8~1,500Hz

48 소음에 대한 차음을 위해 사용하는 귀덮개와 귀마개를 비교 설명한 내용으로 옳지 않은 것은?

① 귀덮개는 한 가지의 크기로 여러 사람에게 적용 가능하다.
② 귀덮개는 고온다습한 작업장에서 착용하기 어렵다.
③ 귀덮개는 귀마개보다 작업자가 착용하고 있는지 여부를 체크하기 쉽다.
④ 귀덮개는 귀마개보다 개인차가 크다.

해설

귀덮개는 귀마개보다 개인차가 작다.

49 공기 중 유해물질의 농도 표시를 할 때 ppm 단위를 사용하지 않는 물질은?(단, 고용노동부 고시를 기준으로 한다.)

① 석면 ② 증기
③ 가스 ④ 분진

해설

석면 및 내화성 세라믹섬유의 노출기준 표시단위는 세제곱센티미터당 개수(개/cm^3)를 사용한다.

50 밀폐공간에서 작업할 때의 관리대책으로 틀린 것은?

① 작업지휘자를 선임하여 작업을 지휘한다.
② 환기는 급기량보다 배기량이 많도록 조절한다.
③ 작업 전에 산소 농도가 18% 이상이 되는지 확인한다.
④ 작업 전에 폭발성 가스농도는 폭발하한농도의 10% 이하가 되는지 확인한다.

해설

환기량은 급기량이 배기량보다 약 10% 많게 한다.

51 고압환경의 영향 중 2차적인 가압현상과 가장 거리가 먼 것은?

① 질소 마취 ② 산소 중독
③ 폐 내 가스 팽창 ④ 이산화탄소 중독

해설

고압환경에서 2차적 가압현상
㉠ 질소 마취
㉡ 산소 중독
㉢ 이산화탄소(CO_2) 중독

52 고압환경에서 나타나는 질소의 마취작용에 관한 설명으로 옳지 않은 것은?

① 공기 중 질소가스는 4기압 이상에서 마취작용을 나타낸다.
② 작업력 저하, 기분의 변화 및 정도를 달리하는 다행증이 일어난다.
③ 질소의 물에 대한 용해도는 지방에 대한 용해도보다 5배 정도 높다.
④ 고압환경의 화학적 장해이다.

해설

질소의 지방 용해도는 물에 대한 용해도보다 5배 정도 높다.

53 유해화학물질에 대한 발생원 대책으로 원재료의 대체방법이 다음과 같을 때, 옳은 것만으로 짝지어진 것은?

- A : 아조 염료 합성 – 벤지딘를 디클로로벤지딘으로 교체
- B : 성냥 제조 – 백린(황린)을 적린으로 교체
- C : 샌드블라스팅 – 모래를 철구슬로 교체
- D : 야광시계의 자판 – 인을 라듐으로 교체

① A, B, C
② A, C, D
③ B, C, D
④ A, B, C, D

해설

야광시계의 자판을 라듐에서 인으로 대치한다.

ANSWER | 48 ④ 49 ① 50 ② 51 ③ 52 ③ 53 ①

54 방독마스크 내 흡수제의 재질로 적당하지 않은 것은?

① Fiber Glass
② Silica Gel
③ Activated Carbon
④ Soda Lime

해설

방독마스크의 흡수제의 재질
㉠ 활성탄(Activated Carbon)
㉡ 실리카겔(Silica Gel)
㉢ 소다라임(Soda Lime)
㉣ 제올라이트

55 방독마스크의 정화통 능력이 사염화탄소 0.4%에 대해서 표준유효시간 100분인 경우, 사염화탄소의 농도가 0.15%인 환경에서 사용 가능한 시간은?

① 약 267분
② 약 200분
③ 약 100분
④ 약 67분

해설

$$유효사용시간=\frac{시험가스농도\times표준유효시간}{공기\ 중\ 유해가스농도}=\frac{0.4\times100}{0.15}=266.67\text{min}$$

56 가로 15m, 세로 25m, 높이 3m인 작업장에 음의 잔향시간을 측정해보니 0.238초였을 때, 작업장의 총 흡음력을 30% 증가시키면 변경된 잔향시간은 약 몇 초인가?

① 0.217 ② 0.196
③ 0.183 ④ 0.157

해설

$$잔향시간(T)=\frac{0.161V}{A}$$

$$A(흡음력)=\frac{0.161\times(15\times25\times3)}{0.238}=761.03\text{m}^2$$

$$\therefore\ 잔향시간(T)=\frac{0.161\times(15\times25\times3)}{761.03\times1.3}=0.183\text{sec}$$

57 방독마스크의 방독물질별 정화통 외부 측면의 표시색 연결이 틀린 것은?

① 유기화합물용 정화통 – 갈색
② 암모니아용 정화통 – 녹색
③ 할로겐용 정화통 – 파란색
④ 아황산용 정화통 – 노란색

해설

할로겐용 정화통 외부 측면의 표시색은 회색이다.

58 전리방사선에 속하는 것은?

① 가시광선 ② X선
③ 적외선 ④ 라디오파

해설

전리방사선의 종류
㉠ 전자기방사선 : γ선, X선
㉡ 입자방사선 : α선, β선, 중성자선

59 차음평가수(NRR)가 27인 귀마개를 착용하고 일하고 있을 때, 차음효과는 몇 dB인가?(단, 미국산업안전보건청(OSHA)을 기준으로 한다.)

① 5 ② 10
③ 20 ④ 27

해설

차음효과$=(\text{NRR}-7)\times0.5=(27-7)\times0.5=10\text{dB(A)}$

60 다음 작업 중 적외선에 가장 많이 노출될 수 있는 작업에 해당하는 것은?

① 보석세공작업
② 초자제조작업
③ 수산양식작업
④ X선 촬영작업

해설

적외선의 배출원
태양광선(52%), 금속의 용해작업, 노(furnace)작업, 특히 제강, 용접, 야금공정, 초자제조공정, 레이저, 가열램프 등에서 발생한다.

ANSWER | 54 ① 55 ① 56 ③ 57 ③ 58 ② 59 ② 60 ②

4과목 산업환기

61 환기장치에서 관경이 350mm인 직관을 통하여 풍량 100m³/min의 표준공기를 송풍할 때 관 내 평균풍속은 약 몇 m/sec인가?

① 17
② 32
③ 42
④ 52

해설

$Q = A \times V$

$V = \frac{Q}{A} = \frac{(100/60)\text{m}^3/\text{sec}}{\left(\frac{\pi}{4} \times 0.35^2\right)\text{m}^2} = 17.32\text{m/sec}$

62 A사업장에서 적용 중인 후드의 유입계수가 0.8이라면, 유입손실계수는 약 얼마인가?

① 0.56
② 0.73
③ 0.83
④ 0.93

해설

$F = \frac{1 - C_e^2}{C_e^2} = \frac{1 - 0.8^2}{0.8^2} = 0.56$

63 일반적으로 제어속도를 결정하는 인자와 가장 거리가 먼 것은?

① 작업장 내의 온도와 습도
② 후드에서 오염원까지의 거리
③ 오염물질의 종류 및 확산 상태
④ 후드의 모양과 작업장 내의 기류

해설

제어속도 결정 인자
㉠ 오염물질의 종류 및 확산 상태
㉡ 후드에서 오염원까지의 거리
㉢ 후드의 모양과 작업장 내의 기류
㉣ 작업장 내 방해기류

64 실내의 중량 절대습도가 80kg/kg, 외부의 중량 절대습도가 60kg/kg, 실내의 수증기가 시간당 3kg씩 발생할 때 수분 제거를 위하여 중량단위로 필요한 환기량(m³/min)은 약 얼마인가?(단, 공기의 비중량은 1.2kg$_f$/m³으로 한다.)

① 0.21
② 4.17
③ 7.52
④ 12.50

해설

$Q(\text{m}^3/\text{min}) = \frac{W}{1.2 \times \Delta G}$

$= \frac{3\text{kg/hr}}{1.2 \times (80 - 60)} \times 100 = 12.5\text{m}^3/\text{hr}$

$= 0.208\text{m}^3/\text{min}$

65 다음 중 송풍기의 정압효율이 가장 우수한 형식은?

① 평판형
② 터보형
③ 축류형
④ 다익형

해설

터보형 송풍기는 정압효율이 다른 원심형 송풍기에 비해 비교적 좋다.

66 플랜지가 붙은 슬롯 후드가 있다. 제어거리가 30cm, 제어속도가 1m/s일 때, 필요송풍량(m³/min)은 약 얼마인가?(단, 슬롯의 길이는 10cm이다.)

① 2.88
② 4.68
③ 8.64
④ 12.64

해설

$Q(\text{m}^3/\text{min}) = 60 \times 2.6LVX$

$= 60 \times 2.6 \times 0.1 \times 1 \times 0.3$

$= 4.68\text{m}^3/\text{min}$

ANSWER | 61 ① 62 ① 63 ① 64 ① 65 ② 66 ②

67 전압, 정압, 속도압에 관한 설명으로 옳지 않은 것은?

① 속도압과 정압을 합한 값을 전압이라 한다.
② 속도압은 공기가 정지할 때 항상 발생한다.
③ 정압은 사방으로 동일하게 미치는 압력으로 공기를 압축 또는 팽창시키며, 공기흐름에 대한 저항을 나타내는 압력으로 이용된다.
④ 속도압이란 정지상태의 공기를 일정한 속도로 흐르도록 가속화시키는 데 필요한 압력을 의미하며, 공기의 운동에너지에 비례한다.

해설

속도압은 정지상태의 공기를 일정한 속도로 흐르도록 가속화시키는 데 필요한 압력을 말한다.

68 외부식 후드의 흡인기능의 불량 원인과 거리가 먼 것은?

① 송풍기의 용량이 부족한 경우
② 제어속도가 필요속도보다 큰 경우
③ 후드 입구에 심한 난기류가 형성된 경우
④ 송풍관과 덕트 연결부에 공기누설량이 큰 경우

해설

제어속도가 필요속도보다 큰 경우 흡인기능이 양호해진다.

69 입자상 물질의 원심력을 집진장치에 주로 이용하는 공기정화장치는?

① 침강실 ② 벤투리스크러버
③ 사이클론 ④ 백(Bag) 필터

70 전체환기시설의 설치 전제조건과 가장 거리가 먼 것은?

① 오염물질의 발생량이 적은 경우
② 오염물질의 독성이 비교적 낮은 경우
③ 오염물질이 시간에 따라 균일하게 발생하는 경우
④ 동일작업장소에 배출원이 한 곳에 집중되어 있는 경우

해설

전체환기의 조건
㉠ 유해물질의 독성이 낮은 경우
㉡ 오염발생원이 이동성인 경우
㉢ 오염물질이 증기나 가스인 경우
㉣ 오염물질의 발생량이 비교적 적은 경우
㉤ 동일한 작업장에 오염원이 분산되어 있는 경우
㉥ 동일한 작업장에 다수의 오염원이 분산되어 있는 경우
㉦ 배출원에서 유해물질이 시간에 따라 균일하게 발생하는 경우
㉧ 근로자의 근무장소가 오염원에서 충분히 멀리 떨어져 있는 경우
㉨ 오염발생원에서 유해물질 발생량이 적어 국소배기설치가 비효율적인 경우

71 1기압, 0℃에서 공기의 비중량이 1.293kg$_f$/m^{3}일 경우, 동일 기압에서 23℃일 때 공기의 비중량은 약 얼마인가?

① 0.950kg$_f$/m^3 ② 1.015kg$_f$/m^3
③ 1.193kg$_f$/m^3 ④ 1.205kg$_f$/m^3

해설

$$\text{공기의 비중량}(\gamma) = 1.293\text{kg}_f/\text{m}^3 \times \frac{273}{273+23} = 1.193\text{kg}_f/\text{m}^3$$

72 공기정화장치의 입구와 출구의 정압이 동시에 감소되었다면, 국소배기장치(설비)의 이상원인으로 가장 적합한 것은?

① 제진장치 내의 분진퇴적
② 분지관과 후드 사이의 분진퇴적
③ 분지관의 시험공과 후드 사이의 분진퇴적
④ 송풍기의 능력 저하 또는 송풍기와 덕트의 연결부위 풀림

해설

공기정화장치의 전후에서 정압 감소의 발생원인
㉠ 송풍기의 능력 저하
㉡ 송풍기 점검 뚜껑의 열림
㉢ 송풍기와 송풍관의 연결부위가 풀림
㉣ 송풍기의 능력 저하 또는 송풍기와 덕트의 연결부위 풀림
㉤ 배기 측 송풍관이 막힘

ANSWER | 67 ② 68 ② 69 ③ 70 ④ 71 ③ 72 ④

73 송풍관 내에서 기류의 압력손실 원인과 관계가 가장 적은 것은?

① 기체의 속도 ② 송풍관의 형상
③ 분진의 크기 ④ 송풍관의 직경

해설

덕트 내 압력손실에 영향을 주는 인자
㉠ 기체의 속도
㉡ 송풍관(덕트)의 형상
㉢ 송풍관(덕트)의 직경
㉣ 송풍관(덕트)의 조도

74 후드를 선정 및 설계할 때 고려해야 할 사항으로 옳지 않은 것은?

① 가급적이면 공정을 많이 포위한다.
② 가급적 후드를 배출 오염원에 가깝게 설치한다.
③ 후드 개구면에서 기류가 균일하게 분포되도록 설계한다.
④ 공정에서 발생, 배출되는 오염물질의 절대량은 최소발생량을 기준으로 한다.

해설

필요환기량을 감소시키기 위한 방법
㉠ 가급적이면 공정(발생원)을 많이 포위한다.
㉡ 포집형 후드는 가급적 배출 오염원 가까이에 설치한다.
㉢ 후드 개구면에서 기류가 균일하게 분포되도록 설계한다.
㉣ 포집형이나 레시버형 후드를 사용할 때에는 가급적 후드를 배출 오염원에 가깝게 설치한다.
㉤ 공정에서 발생 또는 배출되는 오염물질의 절대량을 감소시킨다.
㉥ 작업장 내 방해기류의 영향을 최소화한다.

75 Push-Pull형 환기장치에 관한 설명으로 옳지 않은 것은?

① 도금조, 자동차도장 공정에서 이용할 수 있다.
② 일반적인 국소배기장치 후드보다 동력비가 많이 든다.
③ 한쪽에서는 공기를 불어 주고(Push) 다른 쪽에서는 공기를 흡인(Pull)하는 장치이다.
④ 공정상 포착거리가 길어서 단지 공기를 제어하는 일반적인 후드로는 효과가 낮을 때 이용하는 장치이다.

해설

포집효율을 증가시키면서 필요유량을 감소시킬 수 있어 동력비가 적게 든다.

76 자동차 공업사에서 톨루엔이 분당 8g 증발되고 있다. 톨루엔의 MW는 92이고, 노출기준은 50ppm이다. 톨루엔의 공기 중 농도를 노출기준 이하로 유지하고자 한다면 이를 위해서 공급해 주어야 할 전체환기량(m^3/min)은?(단, 혼합물을 위한 여유계수(K)는 5이다.)

① 120 ② 180
③ 210 ④ 240

해설

$$Q(m^3/hr) = \frac{24.1 \times 비중 \times 유해물질사용량(L/hr) \times K \times 10^6}{분자량 \times ppm}$$

$$Q(m^3/min) = \frac{24.1m^3 \times 0.008kg/min \times 5 \times 10^6}{92kg \times 50} = 209.57m^3/min$$

77 작업장의 크기가 12m×22m×45m인 곳에서의 톨루엔 농도가 400ppm이다. 이 작업장으로 600m^3/min의 공기가 유입되고 있다면 톨루엔 농도를 100ppm까지 낮추는 데 필요한 환기시간은 약 얼마인가?(단, 공기와 톨루엔은 완전혼합된다고 가정한다.)

① 27.45분 ② 31.44분
③ 35.45분 ④ 39.44분

해설

$$t = -\frac{V}{Q}\ln\left(\frac{C_2}{C_1}\right) = -\frac{12 \times 22 \times 45m^3}{600m^3/min}\ln\left(\frac{100}{400}\right) = 27.45min$$

78 직경이 2μm, 비중이 6.6인 산화철 흄(Fume)의 침강속도는 약 얼마인가?

① 0.08m/min ② 0.08cm/s
③ 0.8m/min ④ 0.8cm/s

ANSWER | 73 ③ 74 ④ 75 ② 76 ③ 77 ① 78 ②

해설

Lippman 침강속도

$$V(cm/sec) = 0.003 \times SG \times d^2 = 0.003 \times 6.6 \times 2^2 = 0.08cm/sec$$

79 국소배기설비 점검 시 반드시 갖추어야 할 필수장비로 볼 수 없는 것은?

① 청음기 ② 연기발생기
③ 테스트 해머 ④ 절연저항계

해설

국소배기설비 점검 시 반드시 갖추어야 할 필수장비
㉠ 연기발생기(발연관, Smoke Tester)
㉡ 청음기(청음봉)
㉢ 절연저항계
㉣ 표면온도계 및 초자온도계
㉤ 줄자

80 송풍기의 상사법칙에서 회전수(N)와 송풍량(Q), 소요동력(L), 정압(P)의 관계를 올바르게 나타낸 것은?

① $\frac{Q_1}{Q_2} = \left(\frac{N_1}{N_2}\right)^2$ ② $\frac{Q_1}{Q_2} = \left(\frac{N_1}{N_2}\right)^3$
③ $\frac{P_1}{P_2} = \left(\frac{N_1}{N_2}\right)^2$ ④ $\frac{L_1}{L_2} = \left(\frac{Q_1}{Q_2}\right)^2$

ANSWER | 79 ③ 80 ③

SECTION 22 2020년 3회 산업기사

1과목 산업위생학 개론

01 작업강도와 관련된 내용으로 옳지 않은 것은?

① 실동률은 95−(5×RMR)로 구할 수 있다.
② 일반적으로 열량 소비량을 기준으로 평가한다.
③ 작업대사율(RMR)은 작업대사량을 기초대사량으로 나눈 값이다.
④ 작업대사율(RMR)은 작업강도를 에너지소비량으로 나타낸 하나의 지표이지 작업강도를 정확하게 나타냈다고는 할 수 없다.

해설

실동률(%)=85−(5×R)로 구할 수 있다.

02 NIOSH의 중량물 취급기준으로 적용할 수 있는 작업상황이 아닌 것은?

① 작업장 내의 온도가 적절해야 한다.
② 물체를 잡을 때 불편함이 없어야 한다.
③ 빠른 속도로 두 손으로 들어 올리는 작업이라야 한다.
④ 물체의 폭이 75cm 이하로서 두 손을 적당히 벌리고 작업할 수 있어야 한다.

해설

보통 속도로 두 손으로 들어 올리는 작업이라야 한다.

03 미국산업위생학술원(AAIH)은 산업위생전문가들이 지켜야 할 윤리강령을 채택하고 있다. 윤리강령의 4개 분류에 속하지 않은 것은?

① 전문가로서의 책임
② 근로자에 대한 책임
③ 기업주와 고객에 대한 책임
④ 정부와 공직사회에 대한 책임

해설

산업위생전문가의 윤리강령
㉠ 전문가로서의 책임
㉡ 근로자에 대한 책임
㉢ 기업주와 고객에 대한 책임
㉣ 일반 대중에 대한 책임

04 산업안전보건법령상 건강진단기관이 건강진단을 실시하였을 때에는 그 결과를 고용노동부장관이 정하는 건강진단개인표에 기록하고, 건강진단을 실시한 날로부터 며칠 이내에 근로자에게 송부하여야 하는가?

① 15일
② 30일
③ 45일
④ 60일

해설

건강진단기관이 건강진단을 실시하였을 때에는 그 결과를 고용노동부장관이 정하는 건강진단개인표에 기록하고, 건강진단 실시일부터 30일 이내에 근로자에게 송부하여야 한다.

05 근로자의 약한 쪽 손(오른손잡이의 경우 왼손)의 힘이 평균 40kp(kilo−pound)이다. 이러한 근로자가 무게 10kg인 상자를 두 손으로 들어 올리는 작업을 할 때의 작업강도(%MS)는?

① 12.5
② 25
③ 40
④ 80

해설

$$\%MS = \frac{RF}{MF} \times 100$$
$$= \frac{5}{40} \times 100 = 12.5\%$$

ANSWER | 01 ① 02 ③ 03 ④ 04 ② 05 ①

06 근로자가 휴식 중일 때의 산소소비량(Oxygen Uptake)이 약 0.25L/min일 경우 운동할 때의 산소소비량은 약 얼마까지 증가하는가?(단, 일반적인 성인 남성의 경우이며, 산소공급이 충분하다고 가정한다.)

① 2.0L/min
② 5.0L/min
③ 9.5L/min
④ 15.0L/min

해설

산소소비량(Oxygen Uptake)
㉠ 근로자가 휴식 중일 때의 산소소비량≒0.25L/min
㉡ 근로자가 운동할 때의 산소소비량≒5L/min

07 산업위생활동 범위인 예측, 인지, 평가, 관리 중 인지(Recognition)에 대한 설명으로 옳지 않은 것은?

① 상황이 존재(설치)하는 상태에서 유해인자에 대한 문제점을 찾아내는 것이다.
② 현장조사로 정량적인 유해인자의 양을 측정하는 것으로 시료의 채취와 분석이다.
③ 인식단계에서의 이러한 활동들은 사업장의 특성, 근로자의 작업특성, 유해인자의 특성에 근거한다.
④ 건강에 장해를 줄 수 있는 물리적 · 화학적 · 생물학적 · 인간공학적 유해인자 목록을 작성하고, 작업내용을 검토하고, 설치된 각종 대책과 관련된 조치들을 조사하는 활동이다.

해설

산업위생활동 중 인지
㉠ 현존 상황에서 존재 혹은 잠재하고 있는 유해인자에 대한 문제점을 파악
㉡ 유해인자를 물리적 · 화학적 · 생물학적 · 인간공학적으로 구분하고 설치된 각종 대책과 관련된 조치를 조사하는 활동
㉢ 사업장의 특성, 근로자의 작업특성, 유해인자의 특성에 근거
※ 현장조사로 정량적인 유해인자의 양을 측정하는 것으로서 시료의 채취와 분석은 측정에 해당한다.

08 다음 중 영양소와 그 영양소의 결핍으로 인한 주된 증상의 연결로 옳지 않은 것은?

① 비타민 A－야맹증
② 비타민 B_1－구루병
③ 비타민 B_2－구강염, 구순염
④ 비타민 K－혈액 응고작용 지연

해설

비타민 B1
㉠ 각기병, 신경염
㉡ 근육운동(노동) 시 섭취 필요
㉢ 작업강도가 높은 근로자의 근육에 호기적 산화 보조 영양소

09 일하는 데 가장 적합한 환경을 지적환경(Optimum Working Environment)이라고 한다. 이러한 지적환경을 평가하는 방법과 거리가 먼 것은?

① 신체적(Physical) 방법
② 생산적(Productive) 방법
③ 생리적(Physiological) 방법
④ 정신적(Psychological) 방법

해설

지적환경 평가방법
㉠ 생산적(Productive) 방법
㉡ 생리적(Physiological) 방법
㉢ 정신적(Psychological) 방법

10 작업대사율(RMR)이 10인 작업을 하는 근로자의 계속작업 한계시간은 약 몇 분인가?

① 0.5분
② 1.5분
③ 3.0분
④ 4.5분

해설

실동률(%)＝85－(5×10)＝35%
log(계속작업 한계시간)＝3.724－3.25logR
＝3.724－3.25log10＝0.474
∴ 계속작업 한계시간＝$10^{0.474}$＝2.98min

ANSWER | 06 ② 07 ② 08 ② 09 ① 10 ③

11 Methyl Chloroform(TLV = 350ppm)을 1일 12시간 작업할 때 노출기준을 Brief & Scala 방법으로 보정하면 몇 ppm으로 하여야 하는가?

① 150　　② 175

③ 200　　④ 250

해설

$$RF = \frac{8}{H} \times \frac{24-H}{16}$$
$$= \frac{8}{12} \times \frac{24-12}{16} = 0.5$$

∴ 허용농도 = 0.5 × 350ppm = 175ppm

12 피로의 종류 중 다음 날까지 피로상태가 계속 유지되는 것은?

① 과로　　② 전신피로

③ 피로　　④ 국소피로

해설

피로의 3단계

㉠ 보통피로 : 하루 잠을 자고 나면 완전히 회복되는 피로

㉡ 과로 : 다음 날까지 계속되는 피로의 상태로 단시간 휴식으로 회복 가능

㉢ 곤비 : 과로의 축적으로 단기간 휴식으로 회복될 수 없는 발병단계의 피로

13 접착제 등의 원료로 사용되며 피부나 호흡기에 자극을 주어 새집증후군의 주요한 원인으로 지목되고 있는 실내공기 중 오염물질은?

① 라돈

② 이산화질소

③ 오존

④ 포름알데히드

해설

포름알데히드

㉠ 자극취가 있는 무색의 수용성 가스이다.

㉡ 건축물에 사용되는 단열재와 섬유 옷감에서 주로 발생한다.

㉢ 눈과 코를 자극하며 동물실험 결과 발암성이 있는 물질이다.

㉣ 접착제 등의 원료로 사용되며, 새집증후군의 원인물질이다.

14 산업안전보건법령상 작업환경측정 시 측정의 기본 시료채취방법은?

① 개인시료채취

② 지역시료채취

③ 직독식 시료채취

④ 고체흡착 시료채취

해설

모든 측정은 개인시료채취방법으로 하되, 개인시료채취방법이 곤란한 경우에는 지역시료채취방법으로 실시한다.

15 근골격계 질환을 예방하기 위한 작업환경개선의 방법으로 인체측정치를 이용한 작업환경의 설계가 이루어질 때 가장 먼저 고려되어야 할 사항은?

① 조절가능 여부

② 최대치의 적용 여부

③ 최소치의 적용 여부

④ 평균치의 적용 여부

해설

근골격계 질환을 예방하기 위한 작업환경개선의 방법으로 인체측정치를 이용한 작업환경의 설계가 이루어질 때 가장 먼저 고려되어야 할 사항은 조절가능 여부이다.

16 재해율 통계방법 중 강도율을 나타낸 것은?

① $\frac{\text{연간 총재해자수}}{\text{연간 평균근로자수}} \times 1,000$

② $\frac{\text{연간 총재해자수}}{\text{연간 평균근로자수}} \times 1,000,000$

③ $\frac{\text{연간 총근로손실일수}}{\text{연간 평균총근로자수}} \times 1,000$

④ $\frac{\text{연간 재해발생건수}}{\text{연간 평균총근로시간수}} \times 1,000,000$

해설

강도율은 연근로시간 1,000시간당 재해로 인하여 손실된 근로일수를 말한다.

$$\text{강도율} = \frac{\text{근로손실일수}}{\text{총근로시간수}} \times 10^3$$

ANSWER | 11 ② 12 ① 13 ④ 14 ① 15 ① 16 ③

17 한국의 산업위생 역사 중 연도와 활동이 잘못 연결된 것은?

① 1958년 – 석탄공사, 장성공사, 장성병원, 중앙 실험실 설치
② 1962년 – 가톨릭 산업의학연구소 설립
③ 1989년 – 작업환경측정 정도관리제도 도입
④ 1990년 – 한국산업위생학회 창립

해설

1992년에 작업환경측정 정도관리제도가 도입되었다.

18 규폐증은 공기 중 분진 내에 어느 물질이 함유되어 있을 때 주로 발생하는가?

① 석면 ② 목재
③ 크롬 ④ 유리규산

해설

규폐증은 규산분진 흡입으로 폐에 만성 섬유증식이 나타나는 진폐증이다.

19 산업안전보건법령상 사무실 공기관리지침 중 오염물질 관리기준이 설정되지 않은 것은?

① 이산화황 ② 총부유세균
③ 일산화탄소 ④ 이산화탄소

해설

오염물질 관리기준

오염물질	관리기준
미세먼지(PM10)	100㎍/m^3 이하
초미세먼지(PM2.5)	50㎍/m^3 이하
일산화탄소(CO)	10ppm 이하
이산화탄소(CO_2)	1,000ppm 이하
포름알데히드(HCHO)	100㎍/m^3 이하
총휘발성유기화합물(TVOC)	500㎍/m^3 이하
총부유세균	800CFU/m^3 이하
이산화질소(NO_2)	0.1ppm 이하
라돈(Radon)	148Bq/m^3 이하
곰팡이	500CFU/m^3 이하

20 산업안전보건법령상 석면해체작업장의 석면농도 측정방법으로 옳지 않은 것은?(단, 작업장은 실내이며, 석면 해체 · 제거 작업이 모두 완료되어 작업장의 밀폐시설 등이 정상적으로 가동되는 상태)

① 밀폐막이 손상되지 않고 외부로부터 작업장이 차폐되어 있음을 확인해야 한다.
② 작업이 완료되면 작업장 바닥이 젖어 있거나 물이 고여 있지 않음을 확인해야 한다.
③ 작업장 내 침전된 분진이 비산(飛散)될 경우 근로자에게 영향을 미치므로 비산이 되기 전 즉시 시료를 채취한다.
④ 시료채취펌프를 이용하여 멤브레인 여과지(Mixed Cellulose Ester Membrance Filter)로 공기 중 입자상 물질을 여과 채취한다.

해설

작업장 내 침전된 분진이 비산(飛散)될 경우 근로자에게 영향을 미치므로 비산시킨 후 시료를 채취한다.

2과목 작업위생 측정 및 평가

21 직접포집방법에 사용되는 시료채취백의 특징과 거리가 먼 것은?

① 가볍고 가격이 저렴할 뿐 아니라 깨질 염려가 없다.
② 개인시료 포집도 가능하다.
③ 연속시료채취가 가능하다.
④ 시료채취 후 장시간 보관이 가능하다.

해설

시료채취백의 특징

㉠ 가볍고 가격이 저렴할 뿐 아니라 깨질 염려가 없다.
㉡ 시료채취 전에 백의 내부를 불활성 가스로 몇 번 치환하여 내부 오염물질을 제거한다.
㉢ 백의 재질이 채취하고자 하는 오염물질에 대한 투과성이 낮아야 한다.
㉣ 백의 재질과 오염물질 간에 반응성이 없어야 한다.
㉤ 분석할 때까지 오염물질이 안정하여야 한다.
㉥ 가볍고 가격이 저렴할 뿐 아니라 깨질 염려가 없다.
㉦ 이전 시료채취로 인한 잔류효과가 적어야 한다.
㉧ 연속시료 채취도 가능하다.
㉨ 개인시료 포집도 가능하다.

ANSWER | 17 ③ 18 ④ 19 ① 20 ③ 21 ④

22 유량, 측정시간, 회수율 및 분석 등에 의한 오차가 각각 15, 3, 9, 5%일 때, 누적오차는 약 몇 %인가?

① 18.4　② 20.3
③ 21.5　④ 23.5

해설

누적오차 $= \sqrt{15^2+3^2+9^2+5^2} = 18.44\%$

23 가스상 유해물질을 검지관 방식으로 측정하는 경우 측정시간 간격과 측정횟수로 옳은 것은?(단, 고용노동부 고시를 기준으로 한다.)

① 측정지점에서 1일 작업시간 동안 1시간 간격으로 3회 이상 측정하여야 한다.
② 측정지점에서 1일 작업시간 동안 1시간 간격으로 4회 이상 측정하여야 한다.
③ 측정지점에서 1일 작업시간 동안 1시간 간격으로 6회 이상 측정하여야 한다.
④ 측정지점에서 1일 작업시간 동안 1시간 간격으로 8회 이상 측정하여야 한다.

해설

가스상 유해물질 검지관 방식 측정
측정지점에서 1일 작업시간 동안 1시간 간격으로 6회 이상 측정하되, 측정시간마다 2회 이상 반복 측정하여 평균값을 산출하여야 한다.

24 검출한계(LOD)에 관한 내용으로 옳은 것은?

① 표준편차의 3배에 해당
② 표준편차의 5배에 해당
③ 표준편차의 10배에 해당
④ 표준편차의 20배에 해당

해설

검출한계(LOD : Limit of Detection) : 표준편차의 3배

25 검지관의 장점에 대한 설명으로 틀린 것은?

① 사용이 간편하다.
② 특이도가 높다.
③ 반응시간이 빠르다.
④ 산업보건전문가가 아니더라도 어느 정도 숙지하면 사용할 수 있다.

해설

검지관의 장점
㉠ 복잡한 분석이 필요 없고 사용이 간편하다.
㉡ 반응시간이 빨라 빠른 시간에 측정결과를 알 수 있다.
㉢ 맨홀, 밀폐공간에서 유용하게 사용될 수 있다.
㉣ 숙련된 산업위생전문가가 아니더라도 어느 정도만 숙지하면 사용할 수 있다.

26 여과지의 종류 중 MEC Membrance Filter에 관한 내용으로 틀린 것은?

① 셀룰로오스부터 PVC, PTFE까지 다양한 원료로 제조된다.
② 시료가 여과지의 표면 또는 표면 가까운 데에 침착되므로 석면, 유리섬유 등 현미경 분석을 위한 시료채취에 이용된다.
③ 입자상 물질에 대한 중량분석에 많이 사용된다.
④ 입자상 물질 중의 금속을 채취하여 원자흡광광도법으로 분석하는 데 적정하다.

해설

MCE 여과지(Mixed Cellulose Ester Membrance)
㉠ 산에 쉽게 용해된다.
㉡ 입자상 물질 중의 금속을 채취하여 원자흡광법으로 분석하는 데 적정하다.
㉢ 흡수성이 높아 중량분석에는 부적합하다.
㉣ 시료가 여과지의 표면 또는 가까운 데에 침착되므로 석면, 유리섬유 등 현미경 분석을 위한 시료채취에도 이용된다.

27 다음 중 개인용 방사선 측정기로 의료용 진단에서 가장 널리 사용되고 있는 측정기는?

① X선 필름
② Lux Meter
③ 개인시료 포집장치
④ 상대농도 측정계

해설

방사선 측정기로 의료용 진단에서 가장 널리 사용되고 있는 측정기는 X선 필름이다.

ANSWER | 22 ① 23 ③ 24 ① 25 ② 26 ③ 27 ①

28 아세톤, 부틸아세테이트, 메틸에틸케톤 1 : 2 : 1 혼합물의 허용농도(ppm)는?(단, 아세톤, 부틸아세테이트, 메틸에틸케톤의 TLV값은 각각 750ppm, 200ppm, 200ppm이다.)

① 약 225 ② 약 235
③ 약 245 ④ 약 255

해설

$$혼합물\ 허용농도 = \frac{1}{\frac{f_1}{TLV_1}+\frac{f_2}{TLV_2}+\cdots+\frac{f_n}{TLV_n}}$$

아세톤(25%), 부틸아세테이트(50%), 메틸에틸케톤(25%)이므로

$$혼합물\ 허용농도 = \frac{1}{\frac{0.25}{750}+\frac{0.5}{200}+\frac{0.25}{200}} = 244.90\text{ppm}$$

29 근로자가 노출되는 소음의 주파수 특성을 파악하여 공학적인 소음관리대책을 세우고자 할 때 적용하는 소음계로 가장 적당한 것은?

① 보통소음계
② 적분형 소음계
③ 누적소음폭로량 측정계
④ 옥타브밴드분석 소음계

해설

음의 주파수 특성을 파악하여 공학적인 소음관리대책을 세우고자 할 때 적용하는 소음계는 옥타브밴드분석 소음계이다.

30 시료 전처리인 회화(Ashing)에 대한 설명 중 틀린 것은?

① 회화용액에 주로 사용되는 것은 염산과 질산이다.
② 회화 시 실험용기에 의한 영향은 거의 없으므로 일반 유리제품을 사용한다.
③ 분석하고자 하는 금속을 제외한 나머지의 기질과 산을 제거하는 과정을 회화라 한다.
④ 시료가 다상의 성분일 경우에는 여러 종류의 산을 혼합하여 사용한다.

31 분석기기마다 바탕선량(Background)과 구별하여 분석될 수 있는 가장 적은 분석물질의 양을 무엇이라 하는가?

① 검출한계(Limit of Detection : LOD)
② 정량한계(Limit of Quantification : LOQ)
③ 특이성(Specificity)
④ 검량선(Calibretion Graph)

해설

검출한계(LOD : Limit of Detection)

㉠ 공시료와 통계적으로 다르게 결정될 수 있는 가장 낮은 농도이다.
㉡ 표준편차의 3배로 정의된다.
㉢ 기기분석에 있어서 LOD는 신호 대 잡음비가 3 : 1인 경우에 해당한다.

32 미국산업위생전문가협의회(ACGIH)에서 정의한 흉곽성 입자상 물질의 평균입경(μm)은?

① 3 ② 4
③ 5 ④ 10

해설

입자상 물질의 정의(ACGIH)

분진(먼지)	정의	입경의 범위(μm)
흡입성(IPM)	호흡기 어느 부위에 침착하더라도 독성을 나타내는 물질	0~100
흉곽성(TPM)	기도나 폐포에 침착할 때 독성을 나타내는 물질	10
호흡성(RPM)	가스교환부위, 즉 폐포에 침착할 때 독성을 나타내는 물질	4

33 하루 중 80dB(A)의 소음이 발생하는 장소에서 1/3 근무하고, 70dB(A)의 소음이 발생하는 장소에서 2/3 근무한다고 할 때, 이 근로자의 평균소음피폭량(dB(A))은?

① 80 ② 78
③ 76 ④ 74

해설

$$L_{합} = 10\log\left(10^{\frac{L_1}{10}}+10^{\frac{L_2}{10}}+\cdots+10^{\frac{L_n}{10}}\right)$$
$$= 10\log\left(10^{\frac{80}{10}}\times\frac{1}{3}+10^{\frac{70}{10}}\times\frac{2}{3}\right) = 76.02\text{dB(A)}$$

◉ ANSWER | 28 ③ 29 ④ 30 ② 31 ① 32 ④ 33 ③

34 활성탄에 흡착된 증기(유기용제 – 방향족 탄화수소)를 탈착시키는 데 일반적으로 사용하는 용매는?

① Chloroform ② Methyl Chloroform
③ H_2O ④ CS_2

해설
활성탄으로 시료채취 시 가장 많이 사용되는 탈착용매는 이황화탄소(CS_2)이다.

35 가스크로마토그래피(GC) 분리관의 성능은 분해능과 효율로 표시할 수 있다. 분해능을 높이려는 조작으로 틀린 것은?

① 분리관의 길이를 길게 한다.
② 이론층 해당 높이를 최대로 하는 속도로 운반가스의 유속을 결정한다.
③ 고체 지지체의 입자 크기를 작게 한다.
④ 일반적으로 저온에서 좋은 분해능을 보이므로 온도를 낮춘다.

해설
분해능(Resolution)
㉠ 분해능 또는 분리능은 인접되는 성분끼리 분리된 정도를 정량적으로 나타낸 값으로 분해능이 높으면 분리된 정도가 크므로 바람직하다.
㉡ 분해능을 높이는 방법
- 시료의 양을 적게 한다.
- 고정상의 양을 적게 한다.
- 고체 지지체의 입자 크기를 작게 한다.
- 분리관(Colume)의 길이를 길게 한다.
- 온도를 낮춘다.

36 소음계의 성능에 관한 설명으로 틀린 것은?

① 측정 가능 주파수 범위는 31.5Hz~8kHz 이상이어야 한다.
② 지시계기의 눈금오차는 0.5dB 이내이어야 한다.
③ 측정 가능 소음도 범위는 10~150dB 이상이어야 한다.
④ 자동차 소음 측정에 사용되는 것의 측정가능 소음도 범위는 45~130dB 이상이어야 한다.

해설
측정 가능 소음도 범위는 35~130dB 이상이어야 한다.

37 20mL의 1% Sodium Bisulfite를 담은 임핀저를 이용하여 포름알데히드가 함유된 공기 0.4m^{3}를 채취하여 비색법으로 분석하였다. 검량선과 비교한 결과 시료용액 중 포름알데히드 농도는 40㎍/mL이었다. 공기 중 포름알데히드 농도(ppm)는?(단, 25℃, 1기압 기준이며, 포름알데히드의 분자량은 30g/mol이다.)

① 0.8
② 1.6
③ 3.2
④ 6.4

해설

$$X(\text{ppm}) = \frac{40\mu g}{mL}\left|\frac{20mL}{0.4m^3}\right|\frac{1mg}{10^3\mu g}\left|\frac{24.45mL}{30mg}\right. = 1.63mL/m^3$$

38 임핀저(Impinger)를 이용하여 채취할 수 있는 물질이 아닌 것은?

① 각종 금속류의 먼지
② 이소시아네이트(Isocyanates)류
③ 톨루엔 디아민(Toluene Diamine)
④ 활성탄이나 실리카겔로 흡착이 되지 않는 증기, 가스와 산

해설
임핀저는 가스, 증기, 산, 미스트, 여러 형태의 에어로졸 포집에 사용한다. 각종 금속류의 먼지는 MIC 막여과지를 이용하여 채취한다.

39 다음 내용은 고용노동부 작업환경측정 고시의 일부분이다. ㉠에 들어갈 내용은?

> "개인시료채취"란 개인시료채취기를 이용하여 가스 · 증기 · 분진 · 흄(Fume) · 미스트(Mist) 등을 근로자의 호흡위치(㉠)에서 채취하는 것을 말한다.

① 호흡기를 중심으로 반경 10cm인 반구
② 호흡기를 중심으로 반경 30cm인 반구
③ 호흡기를 중심으로 반경 50cm인 반구
④ 호흡기를 중심으로 반경 100cm인 반구

ANSWER | 34 ④ 35 ② 36 ③ 37 ② 38 ① 39 ②

해설

"개인시료채취"란 개인시료채취기를 이용하여 가스 · 증기 · 분진 · 흄(Fume) · 미스트(Mist) 등을 근로자의 호흡위치(호흡기를 중심으로 반경 30cm인 반구)에서 채취하는 것을 말한다.

40 공기 중 입자상 물질의 여과에 의한 채취원리가 아닌 것은?

① 직접차단(Direct Interception)
② 관성충돌(Inertial Impaction)
③ 확산(Diffusion)
④ 흡착(Adsorption)

해설

여과에 의한 채취원리
㉠ 관성충돌
㉡ 직접차단
㉢ 확산
㉣ 중력침강
㉤ 정전기 침강

3과목 작업환경 관리

41 방진마스크의 필터에 사용되는 재질과 가장 거리가 먼 것은?

① 활성탄
② 합성섬유
③ 면
④ 유리섬유

해설

방진마스크의 필터에는 면, 모, 유리섬유, 합성섬유, 금속섬유 등을 사용한다.

42 음압레벨이 80dB인 소음과 40dB인 소음의 음압 차이는?

① 2배 ② 20배
③ 40배 ④ 100배

해설

$SPL = 20\log\frac{P}{P_o}$, P_o(최소음압실효치) $= 2\times10^{-5}\text{N/m}^2$

㉠ $80 = 20\log\frac{P}{2\times10^{-5}}$

$P_{80} = 10^4\times2\times10^{-5}\text{N/m}^2$

㉡ $40 = 20\log\frac{P}{2\times10^{-5}}$

$P_{40} = 10^2\times2\times10^{-5}\text{N/m}^2$

$\therefore \frac{10^4\times2\times10^{-5}}{10^2\times2\times10^{-5}} = 100$배

43 소음방지대책으로 가장 효과적인 방법은?

① 소음원의 제거 및 억제
② 음향재료에 의한 흡음
③ 장해물에 의한 차음
④ 소음기 이용

해설

소음방지대책으로 가장 효과적인 방법은 소음원의 제거 및 억제이다.

44 자외선이 피부에 미치는 영향에 대한 설명으로 틀린 것은?

① 1,000~2,800Å의 자외선에 노출 시 홍반현상 및 즉시 색소침착 발생
② 2,800~3,200Å의 자외선에 노출 시 피부암 발생 가능
③ 자외선 조사량이 너무 많을 시 모세혈관벽의 투과성 증가
④ 자외선에 노출 시 표피의 두께 증가

해설

자외선의 피부장해
㉠ 대부분 상피세포부위에서 발생한다.
㉡ 피부암(280~320nm)을 유발한다.
㉢ 홍반 : 297nm, 멜라닌 색소 침착 : 300~420nm에서 발생한다.
㉣ 광성 피부염 : 건조, 탄력성을 잃고 자극이 강해 염증, 주름살이 많아지는 증상이다.

◎ ANSWER | 40 ④ 41 ① 42 ④ 43 ① 44 ①

45 정화능력이 사염화탄소의 농도 0.7%에서 50분인 방독마스크를 사염화탄소의 농도가 0.2%인 작업장에서 사용할 때 방독마스크의 사용 가능한 시간(분)은?

① 110
② 125
③ 145
④ 175

해설

방독면의 유효사용시간

$$\text{유효사용시간} = \frac{\text{시험가스농도} \times \text{표준유효시간}}{\text{공기 중 유해가스농도}}$$

$$= \frac{0.7\% \times 50\text{분}}{0.2\%} = 175\text{분}$$

46 자연채광에 관한 설명으로 틀린 것은?

① 창의 방향은 많은 채광을 요구하는 경우 남향이 좋다.
② 균일한 조명을 요하는 작업실은 북창이 좋다.
③ 창의 면적은 벽면적의 15~50%가 이상적이다.
④ 실내 각 점의 개각은 4~5°, 입사각은 28° 이상이 좋다.

해설

창의 면적은 바닥면적의 15~20%가 이상적이다.

47 음원에서 10m 떨어진 곳에서 음압수준이 89 dB(A)일 때, 음원에서 20m 떨어진 곳에서의 음압수준[dB(A)]은?(단, 점음원이고 장해물이 없는 자유공간에서 구면상으로 전파한다고 가정한다.)

① 77
② 80
③ 83
④ 86

해설

$$SPL_1 - SPL_2 = 20\log\left(\frac{r_2}{r_1}\right)$$

$$SPL_2 = SPL_1 - 20\log\frac{r_2}{r_1} = 89 - \log\frac{20}{10} = 82.98\text{dB(A)}$$

48 다음 중 작업에 기인하여 전신진동을 받을 수 있는 작업자로 가장 올바른 것은?

① 병타 작업자 ② 착암 작업자
③ 해머 작업자 ④ 교통기관 승무원

해설

전신진동을 받을 수 있는 작업자는 교통기관 승무원이다.

49 유해화학물질이 체내로 침투되어 해독하는 경우 해독반응에 가장 중요한 작용을 하는 것은?

① 적혈구 ② 효소
③ 림프 ④ 백혈구

해설

유해화학물질이 체내로 침입되어 해독하는 경우 해독반응에 가장 중요한 작용을 하는 것은 효소이다.

50 안전보건규칙상 적정공기의 물질별 농도범위로 틀린 것은?

① 산소 – 18% 이상, 23.5% 미만
② 탄산가스 – 2.0% 미만
③ 일산화탄소 – 30ppm 미만
④ 황화수소 – 10ppm 미만

해설

적정공기의 농도범위

㉠ 산소 농도 : 18% 이상 23.5% 미만
㉡ 탄산가스 농도 : 1.5% 미만
㉢ 일산화탄소 농도 : 30ppm 미만
㉣ 황화수소 농도 : 10ppm 미만
※ 산소결핍 : 공기 중의 산소 농도가 18% 미만인 상태

51 공기역학적 직경의 의미로 옳은 것은?

① 먼지의 면적을 2등분하는 선의 길이
② 먼지와 침강속도가 같고, 밀도가 1이며, 구형인 먼지의 직경
③ 먼지의 한쪽 끝 가장자리에서 다른 쪽 끝 가장자리까지의 거리
④ 먼지의 면적과 동일한 면적을 가지는 구형의 직경

ANSWER | 45 ④ 46 ③ 47 ③ 48 ④ 49 ② 50 ② 51 ②

해설

공기역학적 직경(Aerodynamic Diameter)
밀도가 $1g/cm^3$인 물질로 구 형태를 만든 표준입자를 다양한 입자크기로 만든 후에 대상입자와 낙하하는 속도가 동일한 표준입자의 직경을 대상입자의 직경으로 사용하는 방법을 말한다.

52 감압병 예방 및 치료에 관한 설명으로 옳지 않은 것은?

① 감압병의 증상이 발생하였을 경우 환자를 원래의 고압환경으로 복귀시킨다.
② 고압환경에서 작업할 때에는 질소를 아르곤으로 대치한 공기를 호흡시키는 것이 좋다.
③ 잠수 및 감압방법에 익숙한 사람을 제외하고는 1분에 10m 정도씩 잠수하는 것이 좋다.
④ 감압이 끝날 무렵에 순수한 산소를 흡입시키면 예방적 효과와 함께 감압시간을 단축시킬 수 있다.

해설

헬륨은 질소보다 확산속도가 크며, 체내에서 안정적이므로 질소를 헬륨으로 대치한 공기를 호흡시킨다.

53 장기간 사용하지 않은 오래된 우물에 들어가서 작업하는 경우 작업자가 반드시 착용해야 할 개인보호구는?

① 입자용 방진마스크
② 유기가스용 방독마스크
③ 일산화탄소용 방독마스크
④ 송기형 호스마스크

해설

산소가 부족한 환경 또는 유해물질의 농도나 독성이 강한 작업장에서 사용하는 마스크는 송기(호스, 에어라인)마스크이다.

54 수은 작업장의 작업환경관리대책으로 가장 적합하지 않은 것은?

① 수은 주입과정을 자동화시킨다.
② 수거한 수은은 물과 함께 통에 보관한다.
③ 수은은 쉽게 증발하기 때문에 작업장의 온도를 80℃로 유지한다.
④ 독성이 적은 대체품을 연구한다.

해설

실내온도를 가능한 한 낮고 일정하게 유지시킨다.

55 고압환경에서 발생할 수 있는 장해에 영향을 주는 화학물질과 가장 거리가 먼 것은?

① 산소 ② 질소
③ 아르곤 ④ 이산화탄소

해설

고압환경에서 2차적 가압현상
㉠ 질소 마취
㉡ 산소 중독
㉢ 이산화탄소(CO_2) 중독

56 작업장의 조명관리에 관한 설명으로 옳지 않은 것은?

① 간접조명은 음영과 현휘로 인한 입체감과 조명효율이 높은 것이 장점이다.
② 반간접조명은 간접과 직접조명을 절충한 방법이다.
③ 직접조명은 작업면의 빛의 대부분이 광원 및 반사용 삿갓에서 직접 온다.
④ 직접조명은 기구의 구조에 따라 눈을 부시게 하거나 균일한 조도를 얻기 힘들다.

해설

간접조명
㉠ 광속의 90~100% 위로 발산하여 천장 · 벽에서 반사, 확산시켜 균일한 조명도를 얻는 방식이다.
㉡ 눈이 부시지 않고 조도가 균일하다.
㉢ 설치가 복잡하고 실내의 입체감이 작아지는 단점이 있다.
㉣ 기구효율이 나쁘고 경비가 많이 소요된다.

57 보호구 밖의 농도가 300ppm이고 보호구 안의 농도가 12ppm이었을 때 보호계수(Protection Factor : PF)는?

① 200 ② 100
③ 50 ④ 25

◎ ANSWER | 52 ② 53 ④ 54 ③ 55 ③ 56 ① 57 ④

해설

$$보호계수(PF)=\frac{C_o}{C_i}=\frac{300}{12}=25$$

58 작업 중 잠시라도 초과되어서는 안 되는 농도를 나타낸 단위는?

① TLV ② TLV-TWA
③ TLV-C ④ TLV-STEL

해설

최고노출농도(Ceiling, C)
㉠ 근로자가 1일 작업시간 동안 잠시라도 노출되어서는 아니 되는 기준
㉡ 노출기준 앞에 "C"를 붙여 표시
㉢ 자극성 가스나 독작용이 빠른 물질 및 TLV-STEL이 설정되지 않는 물질에 적용

59 금속에 장기간 노출되었을 때 발생할 수 있는 건강장애가 잘못 연결된 것은?

① 납 - 빈혈
② 크롬 - 운동장애
③ 망간 - 보행장애
④ 수은 - 뇌신경세포 손상

해설

크롬에 장기간 노출되면 신장장애, 위장장애, 점막장애, 피부장애가 발생한다.

60 태양복사광선의 파장범위에 따른 구분으로 옳은 것은?

① 300nm - 적외선
② 600nm - 자외선
③ 700nm - 가시광선
④ 900nm - Dorno선

해설

태양복사광선의 파장범위
㉠ 자외선 : 200~380nm
㉡ 가시광선 : 400~800nm
㉢ 도르노선(Dorno Ray) : 280~315nm

4과목 산업환기

61 산업안전보건법령에서 규정한 관리대상 유해물질 관련 물질의 상태 및 국소배기장치 후드의 형식에 따른 제어풍속으로 틀린 것은?

① 외부식 상방흡인형(가스상) : 1.0m/s
② 외부식 측방흡인형(가스상) : 0.5m/s
③ 외부식 상방흡인형(입자상) : 1.0m/s
④ 외부식 측방흡인형(입자상) : 1.0m/s

해설

외부식 상방흡인형(입자상) : 1.2m/s

62 일반적으로 외부식 후드에 플랜지를 부착하면 약 어느 정도 효율이 증가될 수 있는가?(단, 플랜지의 크기는 개구면적의 제곱근 이상으로 한다.)

① 15%
② 25%
③ 35%
④ 45%

해설

후드에 플랜지를 부착할 경우 필요환기량은 약 25% 정도 감소한다.

63 흡인유량을 320m^3/min에서 200m^3/min으로 감소시킬 경우 소요동력은 몇 % 감소하는가?

① 14.4
② 18.4
③ 20.4
④ 24.4

해설

$$\frac{kW_2}{kW_1}=\left(\frac{Q_2}{Q_1}\right)^3=\left(\frac{200}{320}\right)^3=0.244$$

소요동력은 24.4% 감소한다.

ANSWER | 58 ③ 59 ② 60 ③ 61 ③ 62 ② 63 ④

64 송풍기의 설계 시 주의사항으로 옳지 않은 것은?

① 송풍관의 중량을 송풍기에 가중시키지 않는다.
② 송풍기의 덕트 연결부위는 송풍기와 덕트가 같이 진동할 수 있도록 직접 연결한다.
③ 배기가스의 입자의 종류와 농도 등을 고려하여 송풍기의 형식과 내마모 구조를 고려한다.
④ 송풍량과 송풍압력을 만족시켜 예상되는 풍량의 변동범위 내에서 과부하하지 않고 운전이 되도록 한다.

해설

송풍기와 덕트 사이에 Flexible을 설치하여 진동을 절연한다.

65 대기압이 760mmHg이고, 기온이 25℃에서 톨루엔의 증기압은 약 30mmHg이다. 이때 포화증기 농도는 약 몇 ppm인가?

① 10,000
② 20,000
③ 30,000
④ 40,000

해설

$$\text{포화증기 농도(ppm)} = \frac{\text{증기압}}{760} \times 10^6 = \frac{30}{760} \times 10^6 = 39,473.7\text{ppm}$$

66 덕트 제작 및 설치에 대한 고려사항으로 옳지 않은 것은?

① 가급적 원형 덕트를 설치한다.
② 덕트 연결부위는 가급적 용접하는 것을 피한다.
③ 직경이 다른 덕트를 연결할 때에는 경사 30° 이내의 테이퍼를 부착한다.
④ 수분이 응축될 경우 덕트 내로 들어가지 않도록 경사나 배수구를 마련한다.

해설

덕트 연결부위는 용접하는 것이 바람직하다.

67 메틸에틸케톤이 5L/h로 발산되는 작업장에 대해 전체환기를 시키고자 할 경우 필요환기량(m^3/min)은?(단, 메틸에틸케톤의 분자량은 72.06, 비중은 0.805, 21℃, 1기압 기준이며, 안전계수는 2, TLV는 200ppm이다.)

① 224
② 244
③ 264
④ 284

해설

$$Q(m^3/hr) = \frac{24.1 \times \text{비중} \times \text{유해물질사용량(L/hr)} \times K \times 10^6}{\text{분자량} \times ppm}$$

$$= \frac{24.1 \times 0.805kg/L \times 5L/hr \times 2 \times 10^6}{72.06kg \times 200}$$

$$= 13,461.35m^3/hr = 224.4m^3/min$$

$$\therefore Q(m^3/min) = 17,872m^3/hr \times \frac{1hr}{60min} = 298m^3/min$$

68 국소배기장치의 배기덕트 내 공기에 의한 마찰손실과 관련이 없는 것은?

① 공기 조성
② 공기 속도
③ 덕트 직경
④ 덕트 길이

69 습한 납 분진, 철 분진, 주물사, 요업재료 등과 같이 일반적으로 무겁고 습한 분진의 반송속도(m/s)로 옳은 것은?

① 5~10
② 15
③ 20
④ 25 이상

ANSWER | 64 ② 65 ④ 66 ② 67 ① 68 ① 69 ④

해설

덕트의 최소 설계속도, 반송속도

오염물질	예	V_T (m/sec)
가스, 증기, 미스트	각종 가스, 증기, 미스트	5~10
흄, 매우 가벼운 건조분진	산화아연, 산화알루미늄, 산화철 등의 흄, 나무, 고무, 플라스틱, 면 등의 미세한 분진	10
가벼운 건조분진	원면, 곡물분진, 고무, 플라스틱, 톱밥 등의 분진, 버프 연마분진, 경금속 분진	15
일반 공업분진	털, 나무부스러기, 대패부스러기, 샌드블라스트, 그라인더 분진, 내화벽돌 분진	20
무거운 분진	납분진, 주물사, 금속가루 분진	25
무겁고 습한 분진	습한 납분진, 철분진, 주물사, 요업재료	25 이상

70 환기시스템 자체검사 시에 필요한 측정기로서 공기의 유속 측정과 관련이 없는 장비는?

① 피토관
② 열선풍속계
③ 스모크 테스터
④ 흑구건구온도계

해설

흑구건구온도계는 온도를 측정하는 장비이다.

71 국소배기장치의 설계 시 후드의 성능을 유지하기 위한 방법이 아닌 것은?

① 제어속도를 유지한다.
② 주위의 방해기류를 제어한다.
③ 후드의 개구면적을 최소화한다.
④ 가급적 배출오염원과 멀리 설치한다.

해설

후드의 성능을 유지하기 위해서는 가급적 배출오염원과 가까이 설치한다.

72 스크러버(Scrubber)라고도 불리며 분진 및 가스 함유 공기를 물과 접촉시킴으로써 오염물질을 제거하는 방법의 공기정화장치는?

① 세정 집진장치 ② 전기 집진장치
③ 여포 집진장치 ④ 원심력 집진장치

73 그림과 같이 작업대 위의 용접 흄을 제거하기 위해 작업면 위에 플랜지가 붙은 외부식 후드를 설치했다. 개구면에서 포작점까지의 거리는 0.3m, 제어속도는 0.5m/s, 후드 개구면의 면적이 $0.6m^2$일 때 Della Valle 식을 이용한 필요송풍량(m^3/min)은 약 얼마인가?(단, 후드 개구의 폭/높이는 0.2보다 크다.)

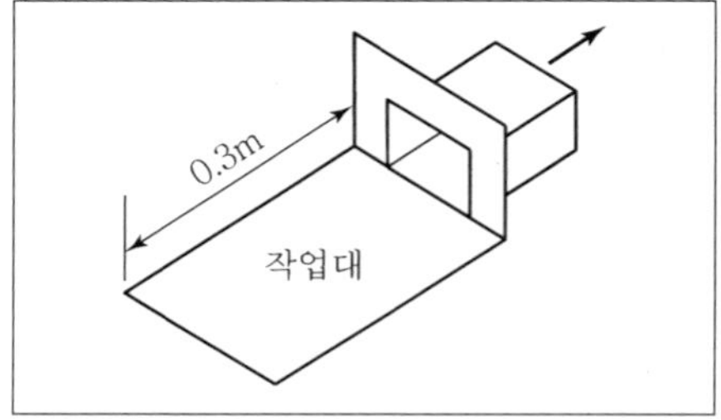

① 18 ② 23
③ 32 ④ 45

해설

작업대 위에 플랜지가 부착된 외부식 후드에서

$Q = 60 \times 0.5V\ (10X^2 + A)$

$= 60 \times 0.5 \times 0.5 \times (10 \times 0.3^2 + 0.6$

$= 22.5m^3/min$

74 환기시설을 효율적으로 운영하기 위해서는 공기공급시스템이 필요한데, 그 이유로 적절하지 않은 것은?

① 연료를 절약하기 위해서
② 작업장의 교차기류를 활용하기 위해서
③ 근로자에게 영향을 미치는 냉각기류를 제거하기 위해서
④ 실외공기가 정화되지 않은 채 건물 내로 유입되는 것을 막기 위해서

◉ ANSWER | 70 ④ 71 ④ 72 ① 73 ② 74 ②

해설

공기공급시스템이 필요한 이유
㉠ 연료를 절약하기 위해서
㉡ 작업장 내 안전사고를 예방하기 위해서
㉢ 국소배기장치를 적절하게 가동시키기 위해서
㉣ 근로자에게 영향을 미치는 냉각기류를 제거하기 위해서
㉤ 실외공기가 정화되지 않은 채 건물 내로 유입되는 것을 막기 위해서
㉥ 국소배기장치의 효율 유지를 위해서
㉦ 작업장 내에 방해기류(교차기류)가 생기는 것을 방지하기 위해서

75 20℃, 1기압에서의 유체의 점성계수는 1.8×10^{-5}kg/m · sec이고, 공기밀도는 1.2kg/m^3, 유속은 1.0m/sec이며, 덕트 직경이 0.5m일 경우의 레이놀즈 수는?

① 1.27×10^5
② 1.79×10^5
③ 2.78×10^4
④ 3.33×10^4

해설

$$R_e = \frac{D \cdot V \cdot \rho}{\mu} = \frac{D \cdot V}{\nu}$$
$$= \frac{0.5\text{m} \times 1.0\text{m/sec} \times 1.2\text{kg/m}^3}{1.85 \times 10^{-5}\text{kg/m} \cdot \text{sec}}$$
$$= 32,432.4$$

76 0℃, 1기압에서 공기의 비중량은 1.293kg_f/m^3이다. 65℃의 공기가 송풍관 내를 15m/s의 유속으로 흐를 때, 속도압은 약 몇 mmH_2O인가?

① 20 ② 16
③ 12 ④ 18

해설

$$VP = \frac{\gamma V^2}{2g}$$
$$= \frac{1.044 \times 15^2}{2 \times 9.8} = 11.98\text{mmH}_2\text{O}$$

여기서, $\gamma = \frac{1.293\text{kg}}{\text{m}^3} \bigg| \frac{273}{273+65} = 1.044\text{kg/m}^3$

77 압력에 관한 설명으로 옳지 않은 것은?

① 정압이 대기압보다 작은 경우도 있다.
② 정압과 속도압의 합을 전압이라고 한다.
③ 속도압은 공기흐름으로 인하여 (−)압력이 발생한다.
④ 정압은 속도압과 관계없이 독립적으로 발생한다.

해설

속도압은 정지상태의 공기가 일정한 속도로 흐르도록 가속화시키는 데 필요한 압력을 말하며, 공기의 운동에너지에 비례한다. 따라서 속도압(동압)은 0 또는 양압(+)이다.

78 후드의 형식 분류 중 포위식 후드에 해당하는 것은?

① 슬롯형
② 캐노피형
③ 건축부스형
④ 그리드형

79 흡착법에서 사용하는 흡착제 중 일반적으로 사용되고 있으며, 비극성의 유기용제를 제거하는 데 유용한 것은?

① 활성탄
② 실리카겔
③ 활성알루미나
④ 합성제올라이트

해설

비극성의 유기용제를 제거하는 데 유용한 흡착제는 활성탄이다.

80 다음 중 전체환기방식을 적용하기에 적절하지 못한 것은?

① 목재분진
② 톨루엔 증기
③ 이산화탄소
④ 아세톤 증기

◉ ANSWER | 75 ④ 76 ③ 77 ③ 78 ③ 79 ① 80 ②

산업위생관리
기사 · 산업기사 필기

발행일 | 2020. 4. 20. 초판발행
2021. 1. 20. 개정 1판1쇄
2022. 1. 20. 개정 2판1쇄
2023. 1. 10. 개정 3판1쇄

저 자 | 이 철 한
발행인 | 정 용 수
발행처 | 예문사

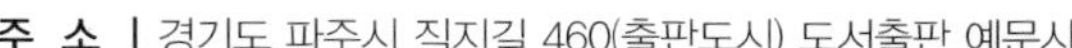

주 소 | 경기도 파주시 직지길 460(출판도시) 도서출판 예문사
TEL | 031) 955－0550
FAX | 031) 955－0660
등록번호 | 11－76호

정가 : 37,000원

ISBN 978-89-274-4788-7 13530